ERWIN SCHRÖDINGER

GESAMMELTE ABHANDLUNGEN

Band 2

Beiträge zur Feldtheorie

COLLECTED PAPERS

Volume 2

Contributions to Field Theory

ERWIN SCHRÖDINGER

COLLECTED PAPERS

Volume 2

Contributions to Field Theory

Published by the
Austrian Academy of Sciences

VERLAG DER ÖSTERREICHISCHEN AKADEMIE DER WISSENSCHAFTEN

FRIEDR. VIEWEG & SOHN BRAUNSCHWEIG/WIESBADEN

VIENNA 1984

ERWIN SCHRÖDINGER

GESAMMELTE ABHANDLUNGEN

Band 2
Beiträge zur Feldtheorie

Herausgegeben von der
Österreichischen Akademie der Wissenschaften

VERLAG DER ÖSTERREICHISCHEN AKADEMIE DER WISSENSCHAFTEN
FRIEDR. VIEWEG & SOHN BRAUNSCHWEIG/WIESBADEN

WIEN 1984

Vertriebsrechte in der Bundesrepublik Deutschland, in den USA
und in allen englischsprachigen Ländern
Friedr. Vieweg & Sohn Verlagsgesellschaft, Braunschweig/Wiesbaden

Vertriebsrechte in allen übrigen Ländern:
Verlag der Österreichischen Akademie der Wissenschaften

Bildnachweis:
Dr. Andreas Krafack
Österreichische Akademie der Wissenschaften
Ruth Braunizer

Gesamtwerk – ISBN 3 7001 0573 8 / ISBN 3-528-07135-4 (Vieweg)
Band 2 — ISBN 3 7001 0575 4 / ISBN 3-528-07132-X (Vieweg)

Druck: Ernst Becvar, A-1150 Wien

Erwin Schrödinger.

Zum Geleit

Der 50. Jahrestag der Verleihung des Nobelpreises für Physik an Erwin Schrödinger ist für die Österreichische Akademie der Wissenschaften ein willkommener Anlaß, die Gesammelten Abhandlungen dieses bedeutenden Forschers, der ihr wirkliches Mitglied war, zu veröffentlichen. Berücksichtigt wurden die – zum Teil nur schwer zugänglichen – Arbeiten Schrödingers, die in Zeitschriften erschienen sind, einschließlich der populärwissenschaftlichen Artikel und Handbuchartikel. Nicht berücksichtigt wurden seine Bücher.

Die Grundlage für die Herausgabe dieser Gesammelten Abhandlungen bildete die Separatasammlung der Zentralbibliothek für Physik in Wien, die Schrödinger – zum Teil mit eigenhändigen Bemerkungen versehen – bereits zu Lebzeiten der Bibliothek überlassen hat.

Der Dank der Akademie gilt jenen, die dazu beigetragen haben, daß diese Publikation zustande kam: Frau Ruth Braunizer, der Tochter Erwin Schrödingers, ist zu danken für die Genehmigung des Nachdruckes jener Abhandlungen, die in Periodika erschienen sind. Unserem wirklichen Mitglied Walter Thirring haben wir besonders zu danken für die konsequente Verfolgung der Idee der Herausgabe dieser Gesammelten Abhandlungen. Durch seine persönliche Bekanntschaft mit Schrödinger waren seine Ratschläge besonders wertvoll. Im Vorwort zeichnet W. Thirring in knapper und präziser Form die Persönlichkeit Schrödingers nach und beleuchtet in seiner Einleitung zu den einzelnen Bänden die Bedeutung und auch die Grenzen der Arbeiten Schrödingers im Lichte der heutigen Forschung. Zu danken ist ferner der Zentralbibliothek, insbesondere Frau Hofrat Dr. A. Dick, Frau Dr. G. Kerber und Herrn Direktor Dr. W. Kerber für die sorgfältige Aufarbeitung des Nachlasses, wodurch die Bibliographie Schrödingers wesentlich vervollständigt werden konnte, die Auswahl der Druckvorlagen und die erforderlichen Vorarbeiten für die Drucklegung des Werkes.

Leopold Schmetterer
Generalsekretär

VORWORT

Mit Erwin Schrödinger hatte die Österreichische Akademie der Wissenschaften einen der originellsten und vielseitigsten Denker dieses Jahrhunderts zum Mitglied. Das 50. Jubiläum der Verleihung des Nobelpreises an ihn ist ein willkommener Anlaß für die Herausgabe seiner wissenschaftlichen Schriften. Allerdings konnte nur das in Zeitschriften und Zeitungen veröffentlichte Material reproduziert werden, so daß die vorliegende Sammlung nur teilweise die Spannweite seines Geistes wiedergibt. So fehlen hier seine Ideen über das Leben, die in seinem Buch *What Is Life?* niedergelegt sind. Diese visionäre Schau, welche die Existenz eines molekularen Kodes erahnt und die hochaktuelle Frage der Entropiebilanz bei der Entstehung hochgeordneter Strukturen aufwirft, fand in seinen anderen Publikationen keinen Niederschlag. Wenig findet der Leser hier über Schrödingers philosophisches Weltbild, obgleich man durch seine Bücher *Mind and Matter* und *Meine Weltansicht* den Eindruck bekommt, daß er dies als Kernstücke seines Denkens ansah, für das die Physik nur von marginaler Relevanz war.

Die hier gesammelten Schriften zeigen weniger den Denker, der mit Besessenheit über Fragen nachgrübelt, die jenseits menschlicher Erkenntnisfähigkeit zu liegen scheinen und sich nicht scheut, diese Spekulationen der Mitwelt darzulegen, wir sehen hier den unermüdlichen Gelehrten, der jedes unverstandene Phänomen analysiert. So umfaßt sein Œuvre praktisch die ganze Physik und ist hier in vier Sachgebiete aufgeteilt. Natürlich ergaben sich auch Grenzfälle, die sich nicht in dieses Schema pressen ließen, und hier blieb die Einteilung willkürlich.

Als Mensch war Schrödinger ein Wahrheitssucher, der sich der Grenzen menschlichen Denkens wohl bewußt war, und nichts lag ihm ferner als pompöser Endgültigkeitsanspruch oder rechthaberische Eitelkeit. Seinem Vorbild nachzustreben, bedeutet für den Herausgeber nicht nur Berechtigung, sondern sogar Verpflichtung, kritische Objektivität walten zu lassen. Die Einleitungen zu den einzelnen Bänden sollen daher keiner Schrödinger so verhaßt gewesenen Heldenverehrung dienen, und wo seine Ideen falsch, unfruchtbar oder nicht schlußkräftig waren, da soll dies ruhig ausgesprochen werden. Tatsächlich brachte es Schrödingers Wagemut, stets geistiges Neuland zu betreten, mit sich, daß er vielfach zu früh war, und die Resultate unvollständig oder nicht stichhaltig bleiben mußten. So erscheinen heute seine frühen Arbeiten über Magnetismus oder manches in der statistischen Mechanik als leerer Wahn, denn ohne Quantentheorie lassen sich diese Phänomene nicht verstehen. Hier teilte er allerdings das Schicksal einer Physikergeneration und war dann selbst einer der ersten, die wesentlich zur Verbesserung der Situation beigetragen haben. Leider schwanden im Alter auch seine geistigen Kräfte, und zum Schluß begannen sich Genialität, Skurrilität und Eigensinn zu vermengen. Um jedoch historische Genauigkeit zu wahren, sind auch die letzten Arbeiten reproduziert.

Schrödinger war ein Meister vieler Sprachen, und die Lektüre seiner Bücher und Schriften bereitet stets auch literarischen Genuß. Als Kostprobe haben wir daher auch von ihm verfaßte Arbeiten in Französisch oder Spanisch aufgenommen; man muß mit Staunen feststellen, wie präzise er sich auch in Sprachen ausdrücken konnte, mit denen er nicht täglich umging. Viele seiner Schriften sind aus Vorlesungen hervorgegangen, auf die er sich sorgfältig vorbereitete und die pädagogische Meisterstücke sind. Sein Vortrag ging allerdings nicht über das Manuskript hinaus, er war nicht brillant, da er vorlas und so manchmal bei der Rechnung durch eher triviale Punkte verwirrt wurde.

Die gesammelten Schriften halten wohl viel aus dem Denken Schrödingers fest, den Menschen Schrödinger können sie nicht reproduzieren. Wir sehen nicht seine Liebenswürdigkeit und Großzügigkeit, wenig von seinem leicht erregbaren Gemüt, welches ihn für administrative Positionen zu keiner idealen Besetzung machte, ihm aber während der Hitlerdiktatur eine Zivilcourage verlieh, die man bei vielen Gelehrten vermißte. Obgleich Einzelgänger und nicht Konformist, oder vielleicht gerade darum, verkörperte er viele Ideale, die wir in einem wahrhaft großen Forscher zu sehen hoffen. Die Herausgabe seiner Schriften ist nur ein kleiner Dank einer Akademie, die stolz darauf ist, daß sie ihn zu ihren Mitgliedern zählen durfte.

Walter Thirring

INHALTSVERZEICHNIS

von Band 2

Bibliographische Angaben zu den Veröffentlichungen sind dem Schriftenverzeichnis im Anhang zu entnehmen. Die Titel der Abhandlungen sind originalgetreu wiedergegeben.

ANHANG

EINLEITUNG

Schrödingers Arbeiten über Feldtheorie kreisen um einige Leitmotive, zu denen er gerne zurückkehrte. Sein Ideenreichtum läßt auch hier die Vision vieler späterer Entwicklungen erkennen. Auf diesem Gebiet war ihm aber der große Wurf versagt; was ihm hier beschert war, ist ein typisches Gelehrtenschicksal: Er zeigt durch scharfsinnige Bemerkungen Irrwege auf, ist aber von anderen Illusionen so fasziniert, daß er selbst in die Irre geht. Er folgt unbeirrt seinen Gedanken, die ihn fast heute ungeheuer aktuelle Resultate entdecken lassen, aber er ist zu früh dran, ihm fehlt noch ein wesentlicher Baustein, und so versinkt seine Leistung wieder in Vergessenheit. Er investiert sehr viel Energie in seine GUT (General Unitary Field Theory), aber schließlich erlahmt sein Interesse, und alles verdorrt wieder, allerdings nur an der Oberfläche. In der Tiefe keimt der von ihm gestreute Samen und bringt letztlich woanders vielfache Frucht.

Zunächst stand bei Schrödingers Interesse an der Feldtheorie die phänomenologische Elektrodynamik im Vordergrund. Er lieferte hier einige Beiträge, teils auch experimenteller Natur, und war eifriger Verfechter der auf Faraday und Maxwell zurückgehenden Auffassungen über die Natur der Elektrizität. Bald darauf hatte jedoch Einstein die klassische Feldtheorie auf damals ungeahnte Höhen geführt und seine allgemeine Relativitätstheorie wurde in Wien bald nach ihrer Aufstellung tiefgehend untersucht. Hier entstand Wesentliches zu ihrem Verständnis. Schon 1917 wies Schrödinger darauf hin, daß man Energie und Impuls des Gravitationsfeldes wegtransformieren kann, ein Faktum, das heute in den Eichtheorien sein Analogon gefunden hat und das man verstehen muß, um nicht begrifflichen Denkfehlern zu unterliegen. Eine Arbeit aus dieser Zeit über den Einstein – de Sitter-Raum zeigt, daß man damals mit den Annahmen über die Eigenschaften der Materie nicht gerade zimperlich war. Schrödinger interpretiert das kosmologische Glied als Dichte und Druck von Materie, und da er erstere als positiv annimmt, wird letzterer riesig negativ. Schrödinger erkennt, daß dies ein fürchterlicher „innerer Zug" sein muß, hält ihn aber nicht für bedenklich. Er scheint vom Machschen Prinzip sehr beeindruckt zu sein, so daß er für einen hochsymmetrischen Kosmos auch Eigenschaften der Materie mit entsprechender Symmetrie postuliert, sogar wenn man sie zunächst nicht bemerkt.

Ein Gebiet, das Schrödinger bearbeitet und wo er sein handwerkliches Können unter Beweis stellt, ist die Born–Infeldsche nichtlineare Elektrodynamik. Er findet ein neues Variationsprinzip, er konstruiert exakte, wellenartige Lösungen, doch leider war die ganze Kunst in eine Theorie investiert, die in der Natur nicht realisiert ist.

Eddingtons Spekulationen haben Schrödinger stark beeindruckt, insbesondere seine Relation $N = 10^{80}$ = Zahl der Protonen = $(10^{40})^2$ = (Weltradius/Kernradius)^2

verfolgte ihn so sehr, daß er sie in populären Schriften weitergab. Ja sie schien ihn sogar zu verblenden, denn sie verführte ihn zu einer Arbeit, die einen groben Fehler übernimmt und unkritisch weiterverbreitet. Eddington glaubte obige Relation ableiten zu können, und Schrödinger (Nuovo Climento *15* (1938), 249), stellte dies so dar, daß dic Eigenschwingungen der Welt nach Fermistatistik aufgefüllt sind und die Fermienergie mit der Masse der Teilchen identifiziert wird. Nun ist intuitiv klar, daß dieses Bild nicht die obigen Zahlen geben kann, denn es gibt im Mittel ein Teilchen pro m^3, und die Energie eines Teilchens mit 1 m Wellenlänge ist viel kleiner als sogar die Elektronmasse. Der Fehler ist leicht zu finden: Schrödinger übernimmt von Eddington einen Ausdruck für die Energie, der $\sim N^{1/2}$ statt, wie es sein muß, $\sim N^{1/3}$ ist. An anderer Stelle wird $N^{1/2}$ als Schwankung des Schwerpunkts der Welt angesprochen, was aber den logischen Zusammenhang mit der Masse abschneidet. Der Unterschied von $N^{1/6}$ gibt für $N = 10^{80}$ gerade die 13 Zehnerpotenzen, durch die man zur richtigen Größenordnung käme. Es scheint, daß Eddington mit der relativistischen Fermistatistik auf Kriegsfuß war, er hatte auch Chandrasekhars korrekte Ableitungen der kritischen Sternmasse als Unsinn abgetan. Dieses Mißtrauen findet man sogar noch in relativ junger Zeit (siehe etwa H. Bondi, Helv. Phys. Acta, Suppl. IV, p. 71 [1956]). Die Ausführungen in Schrödingers Arbeit beweisen aber, daß er die richtige Intuition über die Fermistatistik hatte, aber ihm fällt nicht auf, daß Eddington hier numerisch völlig daneben greift. Jedenfalls regte dies Schrödinger zu einer Reihe von Arbeiten über die Eigenschwingungen des Universums an, in denen ihm die geniale Erkenntnis aufleuchtet, daß im expandierenden Weltall Teilchen erzeugt werden müßten. Da Schrödingers Priorität in dieser hochaktuellen Frage nicht allgemein bekannt ist, sei wörtlich zitiert:

"Generally speaking this is a phenomenon of outstanding importance. With particles it would mean production or annihilation of matter, merely by the expansion, whereas with light there would be a production of light travelling in the opposite direction, thus a sort of reflexion of light in homogeneous space. Alarmed by these prospects, I have investigated the question in more detail." (Physica *6*, p. 900 [1939].)

Der Wunsch, die allgemeine Relativitätstheorie weiter zu verallgemeinern, um auch andere Wechselwirkungen in diesen schönen geometrischen Rahmen zu betten, wurde bald nach 1916 laut. Schrödinger hat sich dieser Frage erst in den vierziger Jahren in einer langen Reihe von Arbeiten gewidmet. Folgendes scheint dazu bemerkenswert:

1. Schrödinger betrachtet den affinen Zusammenhang als primäre Größe und kommt so zu einer Theorie mit Torsion. Er scheint weder die etwa 20 Jahre älteren Arbeiten von E. Cartan mit derselben Verallgemeinerung noch die von Cartan ausgehenden Impulse, welche die moderne Differentialgeometrie geprägt haben, zu kennen. Dadurch erfordern seine Überlegungen sehr viel harte Rechenarbeit.
2. Schrödinger dürfte als erster den Einbau des Mesonfeldes in eine vereinheitlichte Feldtheorie angestrebt haben. Der Schritt zu den nichtabelschen Eichtheorien ist ihm nicht gelungen, obgleich die Ingredienzien schon vorhanden gewesen wären.

Kaluza und Klein hatten schon Anfang der zwanziger Jahre gezeigt, wie eine abelsche Eichtheorie mit der allgemeinen Relativitätstheorie zu verschmelzen ist, und die nicht-abelsche innere Gruppe SU(2) wurde damals in der unmittelbaren Nähe Schrödingers von W. Heitler untersucht. Dennoch gingen damals ganze Generationen von Physikern an der wahren Struktur der Naturgesetze vorbei und Andeutungen in der Richtung von O. Klein aus dem Jahre 1939 fanden keine Beachtung. (O. Klein, Sur la théorie des champs associés à des particules chargées, in: Les nouvelles théories de la physique, Réunion, Varsovie 1938, Paris 1939, p. 81–98.)

Schließlich war es noch die Masse μ des Photons, die Schrödinger keine Ruhe ließ. Insbesondere die Diskontinuität: 3 Polarisationsrichtungen für $\mu \neq 0$, nur zwei bei $\mu = 0$ schien ihm paradox. Erst gegen Ende seines Lebens klärte er das Paradoxon insofern auf, als die Kopplung des longitudinalen Photons mit μ stetig verschwindet. Im Zusammenhang mit dieser Frage stieß Schrödinger wieder einmal fast auf eine der fruchtbarsten Entdeckungen der neueren Feldtheorie, den sogenannten „Higgs-Mechanismus". Dirac hatte 1951 vorgeschlagen, daß der elektromagnetische Strom dem Vektorpotential proportional sein sollte, und Schrödinger sah sofort (Nature *169* [1952] 538), daß dies auf klassischem Niveau entsteht, wenn man ein komplexes skalares Feld an das elektromagnetische ankoppelt. Allerdings betrachtete Schrödinger nicht die Selbstkopplung des Skalarfeldes, welches erst die Größe des Massentermes bestimmt, hier fällt Schrödinger keine Priorität zu. Aber daß so die relativistischen Londonschen Gleichungen entstehen, wurde zwar später vielfach wiederentdeckt, findet sich aber meines Wissens zuerst hier bei Schrödinger.

Schrödingers Arbeiten über Feldtheorie sind eine Fundgrube von Ideen, es klingen viele der heutigen Entwicklungen auf dem Gebiet an. Seine Meisterschaft auf dem Gebiet hat er in den zwei schönen Büchern *Space – Time Structure* und *Expanding Universes* hinterlassen.

Walter Thirring

Beiträge zur Feldtheorie
Contributions to Field Theory

Aus den Sitzungsberichten der kaiserl. Akademie der Wissenschaften in Wien.
Mathem.-naturw. Klasse; Bd. CXIX. Abt. IIa. Juli 1910.

Über die Leitung der Elektrizität auf der Oberfläche von Isolatoren an feuchter Luft

von

Erwin Schrödinger.

(Mit 3 Textfiguren.)

(**Vorgelegt in der Sitzung am 30. Juni 1910.**)

Ausgehend von der bekannten Tatsache, daß elektrostatische Versuche in feuchter Luft schlecht gelingen, habe ich versucht, den Einfluß der Feuchtigkeit auf die im Laboratorium am meisten verwendeten isolierenden Materialien zu studieren.[1] Zu diesem Zwecke wurde ein Stab aus dem betreffenden Material an seinen Enden mit Stanniol umwickelt und derart in einen kleinen Blechkasten gebracht, daß das eine Stabende mit einer 160zelligen Akkumulatorenbatterie, das andere mit dem Ladestift eines Elektroskops durch eine isolierte Leitung verbunden werden konnte. Auf dem Boden des Kastens stand ein flaches Gefäß mit verdünnter Schwefelsäure gemessener Konzentration. Ich nahm an, daß sich im Laufe eines Tages in dem wohlverschlossenen Kasten ein Grad der relativen Feuchtigkeit einstellt, der nur wenig von dem theoretisch berechneten Wert abweicht.[2]

Wenn die Oberfläche des Stabes durch Feuchtigkeit leitend wird, lädt sich das Elektroskop über ihn auf. Aus der Aufladegeschwindigkeit und der Kapazität des Elektroskops läßt sich die Stromstärke, aus dieser und der elektromotorischen Kraft der Batterie der Widerstand der Staboberfläche berechnen.

---

[1] Mir ist hierüber nur eine systematische Versuchsreihe an einer Glasplatte bekannt: Trouton and Searle, Phil. Mag., XII (1906), p. 336.

[2] Berechnet nach Landolt-Börnstein, Phys.-chem. Tabellen (1905), p. 166 f.

Natürlich muß darauf Rücksicht genommen werden, daß der Stromübergang bei variabler Spannung stattfindet, weil sich das Elektroskop während des Versuches auflädt. Dabei wird es notwendig, über die Abhängigkeit zwischen Spannung und Stromstärke eine bestimmte Annahme zu machen. Knapp nacheinander bei wechselnder Elektrodenspannung ausgeführte Messungen [1] ergaben unter Annahme linearer Abhängigkeit ziemlich gut übereinstimmende Werte für den Widerstand. Nur eine Messungsreihe am Bernstein macht eine Ausnahme. Hier zeigt sich ein deutlicher Gang in dem Sinne, daß der Widerstand bei abnehmender Spannung zunimmt. Immerhin konnte zur Reduktion, da nur kleine Intervalle der Spannung in Betracht kamen, das Ohm'sche Gesetz verwendet werden.

In den folgenden drei Tabellen sind die Resultate für Ebonit, Glas und Bernstein wiedergegeben. Die erste Spalte bezeichnet die Reihenfolge der Messungen, die zweite die relative Feuchtigkeit in Prozenten, die dritte und vierte die Werte des Widerstandes in Ohmbillionen, aus zwei verschieden langen Beobachtungen unabhängig berechnet. Die dritte Spalte ist zuverlässiger.

Die mit einem Sternchen versehenen Zeilen sind aus einem noch zu erörternden Grunde bei der ersten Betrachtung der Tabellen auszulassen.

Ebonit, poliert.

(1 *cm* dick, $13^1/_2$ *cm* lang.)

Nr.	Prozent Feuchtigkeit	w ($10^{12}\Theta$)	
4	82	85·2	84·4
5	82	91·5	84·6
6	85	45·2	44·1
8	88	18·8	18·5
7	90	8·0	8·3
*13	90	0·2	—
9	91	8·6	8·6
10	93	3·9	3·5
11	96	1·1	1·1
12	100	$<$ 0·05	—

[1] Siehe die Tabellen auf p. 8 [1212].

Glas.

(1·2 *cm* dick, 10½ *cm* lang, $d_{20} = 2\cdot52$.)

Nr.	Prozent Feuchtigkeit	w (10^{2} Θ)	
3	46	(177·2)	154
2	49	90·3	86
5	53½	22·3	22
4	55½	24·7	26
*11	55½	11·1	12
*13	55½	5·8	5
*15	55½	1·7	1·7
7	58½	5·0	5
6	60	3·1	3
8	60	3·3	3·3
9	62½	1·4	1·1
10	64½	0·7	0·7
12	68½	0·2	—
14	71½	0·1	—

Bernstein, poliert.

(0·5 *cm* dick, 2 *cm* lang.)

Nr.	Prozent Feuchtigkeit	w (10^{12} Θ)	
2	77½	409	—
3	80	294	—
4	82	204	—
10	82	198	—
*12	82	94	—
*14	82	42	—
*16	82	1·4	—
5	85	98	—
6	86	65	—
7	88	40	—
8	90	20	19·3
9	93	4	4·8
11	96	1·6	—
13	99	0·4	—
15	100	sehr klein	—

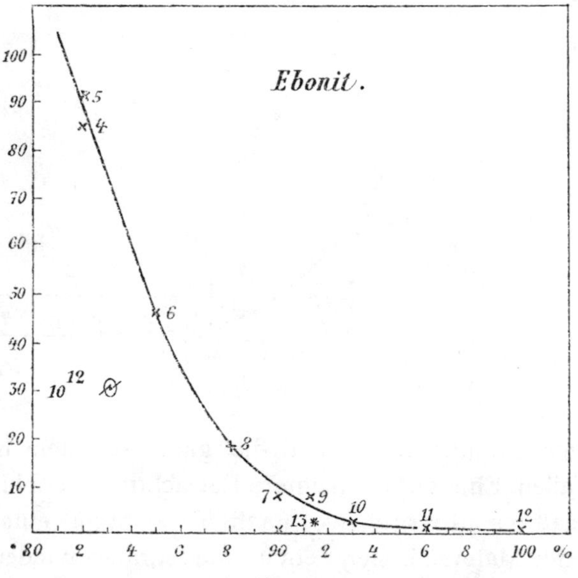

Fig. 1.

Die drei Kurven werden vielleicht eine bessere Übersicht gestatten als die Tabellen. Die Ordnungszahlen und Sternchen sind darauf ebenfalls eingetragen. Mit einem Sternchen sind

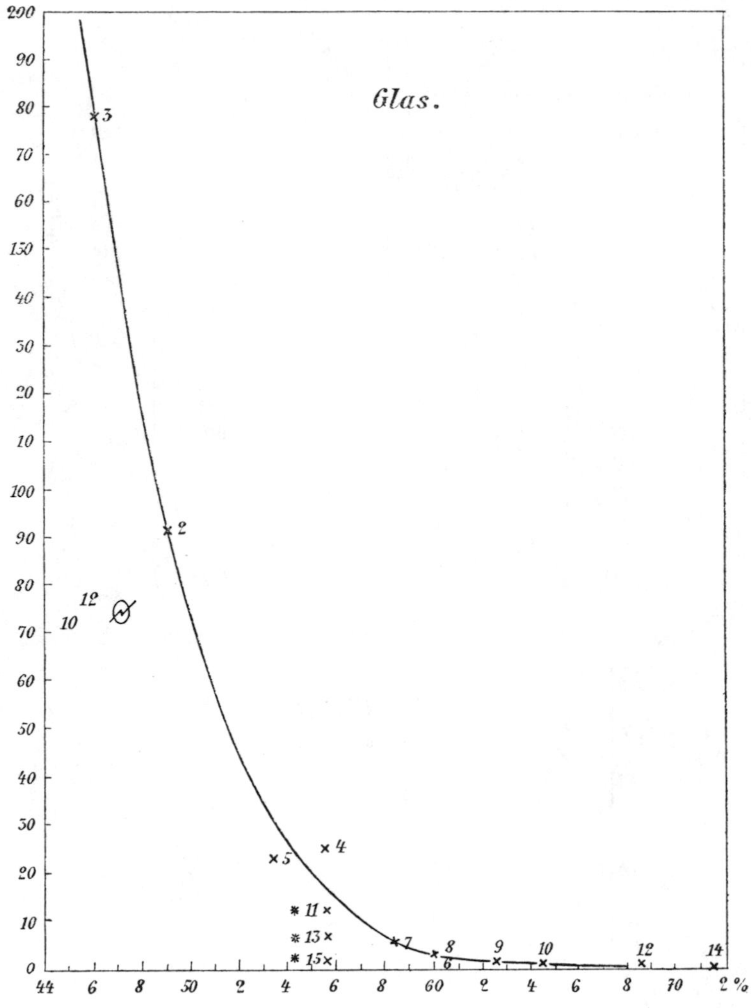

Fig. 2.

diejenigen Punkte bezeichnet, die ganz aus dem Kurvenzug herausfallen. Eine aufmerksamere Betrachtung der Numerierung zeigt, daß es die sind, wo nach Erreichung eines für das betreffende Material hohen Feuchtigkeitsgrades wieder auf einen niedrigeren zurückgegangen wurde. Dies bedeutet eine sehr

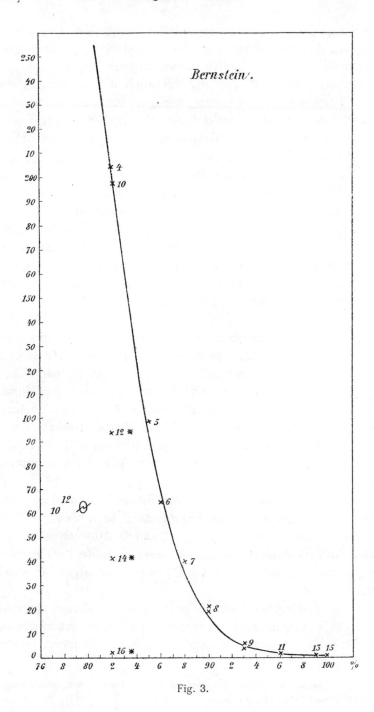

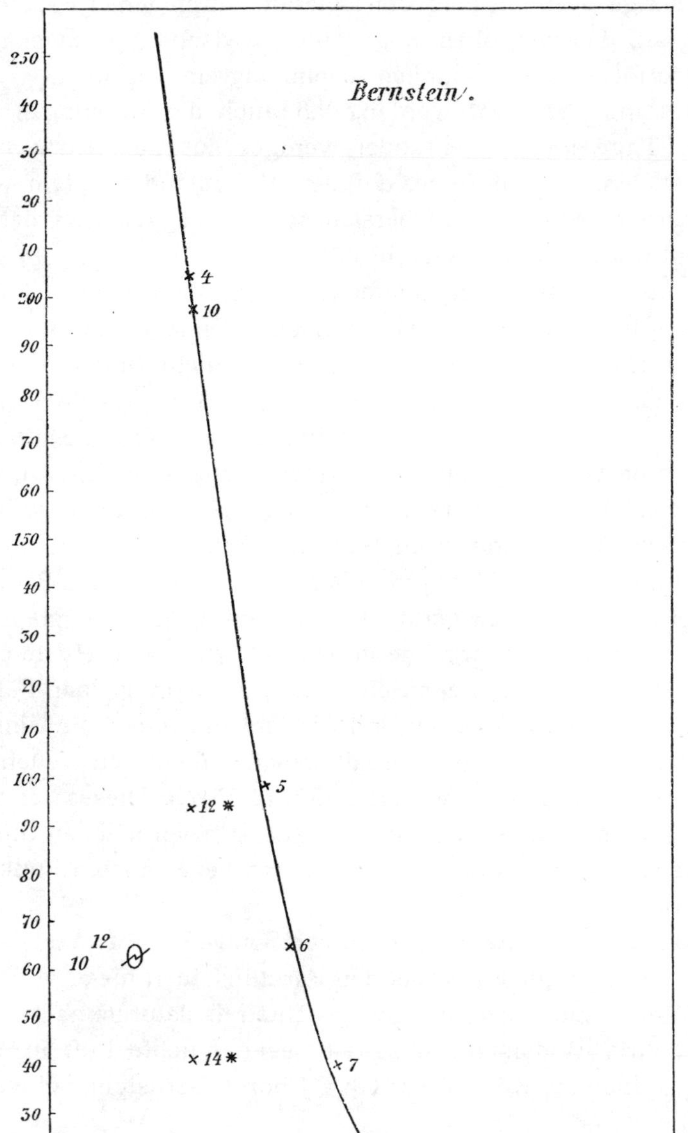

Bernstein.
250
40
30
20
10
200
90
80
70
60
150
40
30
20
10
100
90
80
70
60
50
40
30
20
10
0
76
8
80
2
4
6
8
90
2
4
6
8
100
%
4
10
5
12
14
16
6
7
8
9
11
13
15
10
12

Fig. 3.

nachhaltige Beeinflussung der Isolation durch jenen Feuchtigkeitsgrad, da, wie oben angedeutet, zwischen je zwei aufeinanderfolgenden Messungen regelmäßig ein Tag liegt.

Es muß erwähnt werden, daß auch die Messungen der ersten Tage immer mehr oder weniger aus dem Kurvenzug herausfielen, in dem Sinne, daß der Widerstand zu klein war. Sie wurden der besseren Übersicht wegen weggelassen, darum beginnt die Numerierung nicht mit 1.

Außer diesen drei Stoffen wurden noch Schwefel und Paraffin untersucht. Stäbe von ähnlichen Dimensionen wie der Glas- und Ebonitstab leiteten überhaupt nicht (untere Grenze für die Größenordnung des Widerstandes: 3 bis $8 . 10^{15}\,\Theta$). Das ist besonders beim Schwefel erstaunlich, da hier in gesättigter Luft kleine Wasserperlen auf der Oberfläche sichtbar wurden. Nur bei bedeutender Verkürzung der Stablänge, auf 1 *cm* oder Bruchteile davon, trat beim Sättigungspunkt oder in dessen unmittelbarster Umgebung merkbare Leitung auf; beim Paraffin war sie auch da sehr gering und ich bin geneigt zu glauben, daß sie nur durch Vorgänge im Dielektrikum, wie Hysteresis, vorgetäuscht wurde. Beim Schwefel war sie in solchen Fällen meist außerordentlich groß und verschwand, wenn sie einmal eingetreten war, erst bei verhältnismäßig niedrigen Feuchtigkeitsgraden (z. B. erst zwischen 65 und $55\,^0/_0$). Dieses letztere Verhalten ist analog dem der drei zuerst besprochenen Stoffe, wie es sich in den mit einem Sternchen bezeichneten Punkten ausspricht.

Behauchen hatte bei den kurzen Schwefelstäben stets sehr starke Leitung zur Folge, bei den Paraffinstäben nie.

Wollte man also die untersuchten Isolatoren nach dem Grade ihrer Widerstandsfähigkeit gegen feuchte Luft in eine Reihe ordnen, so wäre diese: Glas, Ebonit, Bernstein, Schwefel, Paraffin.[1]

In den besprochenen Fällen, wo die Isolation dauernd durch die Feuchtigkeit gelitten hatte, versuchte ich noch, ob sich der Schaden durch Austrocknen oder Abflammen wieder

---

[1] Eine Reduktion wegen der verschiedenen Dimensionen meiner Stäbe ändert an diesen Verhältnissen nichts.

gutmachen läßt. Zirka zweistündiges Austrocknen mit konzentrierter H_2SO_4 hatte beim Ebonit sehr geringen, beim Glas etwas besseren, aber auch keinen vollständigen Erfolg. Dagegen erwies sich Abflammen beim Bernstein als äußerst wirksam, denn danach war die Isolation besser als am Anfang der Versuchsreihe. Beim Schwefel ist das einfachste Mittel Erneuerung der Oberfläche durch Abschmirgeln.

Schließlich konnte ich gelegentlich eine Angabe von Faraday[1] und Warburg und Ihmori[2] bestätigen, wonach die große Hygroskopizität des Glases auf seinem Gehalt an (halbgebundenem) Alkali beruht; denn nach 5 Minuten langem Auskochen in siedendem Wasser, wodurch die Oberfläche alkaliärmer wird, isolierte mein Stab merklich besser als früher.

Die zuletzt gemachten Angaben sind alle so zu verstehen: Es wurde die betreffende Prozedur (z. B. zweistündiges Austrocknen) mit dem Stabe vorgenommen, sodann wurde der Stab in eine Feuchtigkeit gebracht, die innerhalb des früher untersuchten Bereiches lag. Der Erfolg der Prozedur wurde darnach beurteilt, um wie viel der jetzt aufgenommene Punkt oberhalb oder unterhalb der früher gezeichneten Kurve lag.

Es sei mir noch gestattet Herrn Hofrat Franz Exner, an dessen Institut die vorliegende Arbeit ausgeführt wurde, und Herrn Prof. v. Schweidler für ihre gütige Unterstützung wärmstens zu danken.

---

1 Phil. Trans., 1830, part I, F., On the manufacture of glass for optical purposes, § 112.

2 Wied. Ann., Bd. 27 (1886), p. 489.

Ohm'sches Gesetz.[1]

Glas.

E (im Mittel)	*w*
315	91
233	95
294	24·7
211	24·7
172	25·3
288	6·5
209	6·7
288	6·8
171	7·0
300	5·2
259	5·4
216	5·3
176	5·1
299	3·5
258	3·5
216	3·5
175	3·67
133	3·65
92	3·67
50	3·69

Ebonit.

E (im Mittel)	*w*
281	7·9
202	8·0
288	3·7
247	3·7
207	3·8
128	3·85

Bernstein.

E (im Mittel)	*w*
327	91
283	94·8
244	99·7
200	102·1
161	107·5

E bedeutet das arithmetische Mittel der Spannungen am Anfang und am Ende des Versuches. *w* ist der Stabwiderstand, mit Rücksicht auf die variable Spannung unter Annahme des Ohm'schen Gesetzes berechnet. *E* in V, *w* in 10^{12} Ω.

[1] Zu p. 2 [1206].

Notiz über die Theorie der anomalen elektrischen Dispersion;

von E. Schrödinger.

(Eingegangen am 9. November 1913.)

Vor kurzem hat Herr Debije [1]) den Einfluß der von ihm in den Molekülen dielektrischer Flüssigkeiten vermuteten elektrischen Doppelpole auf die elektrische Dispersion dieser Flüssigkeiten berechnet. Die elegante Lösung dieses schwierigen Problems gelang ihm durch den überaus glücklichen Gedanken, die Einsteinschen Gesetze für die Brownsche Molekularbewegung heranzuziehen. Hierdurch wird außerdem eine Stelle der Dispersionsformel, an der sonst vage Elektronenkonstanten zu stehen pflegen, durch die makroskopisch beobachtbare Konstante der inneren Reibung ausgefüllt, was aus denselben Gründen erfreulich ist, wie seinerzeit die Einführung der Elastizitätskoeffizienten in die Quantenformel für die spezifische Wärme [2]).

Es war zu hoffen, daß die Berücksichtigung der konstanten Dipole, die auf eine Reihe anderer Erscheinungen neues Licht geworfen hat [3]), vielleicht auch hier zur Aufklärung der Schwierigkeiten führen würde, welche der Verlauf der Dispersionskurve im elektrischen Teil des Spektrums bietet. Das kann natürlich nur dann der Fall sein, wenn die konstanten Dipole ein neues mathematisches Element in die Dispersionstheorie liefern, das die Polarisationselektronen nicht liefern. Leider stellt sich nun heraus, daß diese Hoffnung trügerisch war. Der Ausdruck, den Debije für den komplexen Brechungsexponenten erhält, stimmt nämlich formal genau überein mit einer Formel, die Drude [4])

---

[1]) P. Debije, Verh. d. D. Phys. Ges. **15**, 777, 1913.

[2]) P. Debije, Ann. d. Phys. (4) **39**, 789, 1912.

[3]) P. Debije, Phys. ZS. **13**, 97, 295, 1912. E. Schrödinger, Wien. Ber. **121** [2a], 1937, 1912. Ich habe schon dort (S. 1970) auf die Wichtigkeit der Berechnung des Dispersionseffektes der Dipole hingewiesen.

[4]) P. Drude, Wied. Ann. **64**, 131, 1898.

unter der Annahme einer aperiodisch gedämpften Elektronengattung abgeleitet hat. Da Herr Debije dies nicht eigens betont hat, möchte ich es in dieser Notiz auseinander setzen und einige Bemerkungen daran knüpfen.

Drude findet l. c. für das Quadrat des komplexen Brechungsindex

$$\mathfrak{n}^2 = n^2(1 - i\varkappa)^2 = \varepsilon_0 + \sum_h \frac{\varepsilon_h}{1 + i\,\frac{a_h}{\vartheta}}. \qquad 1)$$

$2\pi\vartheta$ ist die Schwingungsdauer der Wellen, ε_0 ist die Dielektrizitätskonstante für sehr rasche Schwingungen und wird dort mit dem Quadrat des optischen Brechungsindex identifiziert, ε_h und a_h sind gewisse Elektronenkonstanten, wobei sich der Index h auf verschiedene Arten aperiodisch gedämpfter Elektronen bezieht. Nehmen wir nur eine Art an, so ist das Summenzeichen zu unterdrücken. Für $\vartheta = \infty$ wird $\mathfrak{n}^2 = \varepsilon_\infty = \varepsilon_0 + \varepsilon_1$; wir können also für 1) auch schreiben:

$$\mathfrak{n}^2 = \frac{\varepsilon_\infty + \frac{i a_1}{\vartheta}\,\varepsilon_0}{1 + \frac{i a_1}{\vartheta}}. \qquad 2)$$

Führt man statt ϑ die Frequenz ω ein $\left(\vartheta = \frac{1}{\omega}\right)$ und setzt

$$a_1\,\frac{\varepsilon_0 + 2}{\varepsilon_\infty + 2} = \tau, \qquad 3)$$

so wird

$$\mathfrak{n}^2 = \frac{\frac{\varepsilon_\infty}{\varepsilon_\infty + 2} + i\omega\tau\,\frac{\varepsilon_0}{\varepsilon_0 + 2}}{\frac{1}{\varepsilon_\infty + 2} + i\omega\tau\,\frac{1}{\varepsilon_0 + 2}}, \qquad 4)$$

was formal genau mit der Debijeschen Gleichung 14') übereinstimmt, nur sind die Zeichen ε_0 und ε_∞ dort mit vertauschter Bedeutung verwendet. τ ist bei Debije die „Relaxationszeit" der Dipole und hat den Wert $\frac{8\pi\eta a^3}{kT}$ [1]). Bei uns hier ist τ von derselben Dimension und ungefähren Größenordnung wie a_1. Diese Größe tritt bei Drude als Reibungswiderstand in der Bewegungs-

---

[1]) η Koeffizient der inneren Reibung, a Molekülradius, k Boltzmannkonstante, T absolute Temperatur.

gleichung des Elektrons auf, welche (bei fehlendem äußeren Feld) lautet:

$$\xi + a_1 \dot{\xi} = 0. \qquad 5)\,[1]$$

Wenn für $t = 0$ $\xi = \xi_0$ und $\dot{\xi} = 0$ ist, so wird

$$\xi(t) = \xi_0 e^{-\frac{t}{a_1}}.$$

a_1 ist die Zeit, in der die Elongation eines Elektrons, wenn es ohne Anfangsgeschwindigkeit sich selbst überlassen wird, auf den e^{ten} Teil herabsinkt, also auch eine Art Relaxationszeit.

Wir erkennen mit Bedauern, daß die schöne DEBIJEsche Theorie keine neuen mathematischen Elemente liefert. Die Dipole erzeugen genau den gleichen Dispersionseffekt wie eine bestimmte Gattung aperiodisch gedämpfter Elektronen. Mehrere Elektronengattungen von dieser Art sind schon mathematisch leistungsfähiger als die Dipole. Die Kurven von n und $\varkappa$, die Herr DEBIJE S. 792 mitteilt, entsprechen genau auch der DRUDEschen Theorie.

Nun hat MERCZYNG [2]) kürzlich an einem umfangreichen experimentellen Material nachgewiesen, daß die DRUDEsche Theorie mit einer Elektronengattung den Beobachtungen nicht gerecht wird. Dasselbe gilt demnach von der DEBIJEschen Theorie. Dipole und aperiodische Elektronen oder mehrere Gattungen der letzteren könnten helfen. Natürlich wird die Theorie dadurch konstantenreich, schmiegsam und eben deshalb weniger vertrauenswürdig.

Glücklicherweise wird zur Absonderung des Dipoleffektes die Temperaturabhängigkeit der Dispersionskurve herangezogen werden können. Freilich handelt es sich dabei um lange Reihen mühsamer, mit äußerster Sorgfalt durchzuführender Experimentaluntersuchungen. Übrigens läßt sich auch von dieser Seite her schon jetzt mit Bestimmtheit sagen, daß die Dipole allein zur Erklärung des großen Unterschiedes zwischen statischer und optischer Dielektrizitätskonstante nicht ausreichen.

---

[1]) Siehe z. B. P. DRUDE, Lehrbuch der Optik, S. 364 ff., 1906. Das Trägheitsglied mit $\ddot{\xi}$ wird eben bei dieser Theorie als verschwindend klein gegen das Reibungsglied angenommen.

[2]) H. MERCZYNG, Ann. d. Phys. (4) **39**, 1059, 1912. MERCZYNG prüft die DRUDEsche Formel an Glyzerin, Äthylalkohol, Wasser, Essigsäure, Amylalkohol, Anilin.

Für die statische Dielektrizitätskonstante gilt nämlich

$$\varepsilon_{\text{statisch}} = \frac{1 + 2\left(\frac{a}{T} + b\right)}{1 - \left(\frac{a}{T} + b\right)}. \qquad 6)^{1)}$$

T ist die absolute Temperatur, die Konstante b rührt von den Polarisationselektronen, a von den Dipolen her. Man müßte nun die optische Dielektrizitätskonstante einfach durch Nullsetzen von a erhalten:

$$\varepsilon_{\text{optisch}} = \frac{1 + 2b}{1 - b}. \qquad 7)$$

Dieser Wert fällt aber immer noch viel zu groß aus, wenn man die l. c. für einige Flüssigkeiten berechneten [2]) Werte von b einsetzt. Man erhält z. B. für Äthylalkohol $\frac{1+2b}{1-b} = 14{,}7$ ($b = 0{,}82$), für Amylalkohol $\frac{1+2b}{1-b} = 8{,}7$ ($b = 0{,}72$). Merczyng [3]) findet aber schon bei 4,7 cm Luftwellenlänge $n^2 = 5{,}06$ (Äthylalkohol) bzw. $n^2 = 3{,}31$ (Amylalkohol) und die optischen Werte liegen natürlich noch tiefer. Nur beim Äthyläther, also gerade bei einer Flüssigkeit, die keine so große statische Dielektrizitätskonstante hat (4,3), stimmt $\frac{1+2b}{1-b}$ mit n^2_{optisch} nahe überein ($b = 0{,}25$, $n^2_{\text{optisch}} = 1{,}9$).

Hieraus geht also zum zweitenmal mit Deutlichkeit hervor, daß außer den Dipolen noch andere Teile der Dielektrizitätskonstante (s. v. v.) den langsamen Schwingungen folgen, den raschen nicht. Wie oben bemerkt, könnte man z. B. eine Gattung aperiodischer Elektronen neben den Dipolen heranziehen. Der Effekt wäre derselbe wie bei zwei Gattungen solcher Elektronen mit verschiedenen Relaxationszeiten, deren eine von der Temperatur abhängt, die andere nicht.

Es gibt noch eine andere Möglichkeit, welche freilich die Auffindung einer einfachen, allgemein gültigen, elektrischen Dispersionsformel von vornherein ausschließen würde. Colley [4]) und

---

[1]) P. Debije, Phys. ZS. **13**, 97, 1912.

[2]) Aus den Temperaturkurven von R. Abegg und W. Seitz, ZS. f. phys. Chem. **29**, 242 u. 491, 1899.

[3]) H. Merczyng, Ann. d. Phys. (4) **33**, 1, 1910 und **34**, 1015, 1911.

[4]) A. Colley, Journ. d. russ. phys. Ges. (phys. Teil) **39**, 210, 1907; **40**, 121 u. 228, 1908. Phys. ZS. **10**, 471 u. 657, 1909; **11**, 324, 1910.

Obolensky[1]) haben einige Flüssigkeiten mit einer Drahtwellenanordnung untersucht, welche wegen der geringen Dämpfung der verwendeten Wellen und der Möglichkeit, die Wellenlänge kontinuierlich zu variieren, Feinheiten in der Struktur der Dispersionskurve aufzufinden gestattete, die allen früheren Beobachtern entgehen mußten. Sie haben bei allen untersuchten Dielektrizis scharfe, schmale Dispersionsstreifen zum Teil in sehr großer Zahl aufgefunden. Diese müssen von schwach gedämpften schwingungsfähigen Gebilden herrühren, deren Eigenperiode an der betreffenden Stelle des Spektrums liegt, ähnlich denen, die in der optischen und ultraoptischen Dispersionstheorie seit Helmholtz angenommen werden. Nach dem Passieren eines solchen Streifens in der Richtung abnehmender Wellenlängen beteiligen sich die betreffenden Gebilde nicht mehr merklich am Brechungsindex; sie schwingen bei den höheren Frequenzen nicht mehr mit. Allerdings bewirkt ein einzelner Streifen oder auch mehrere hintereinander tatsächlich meist keine merkliche Verkleinerung des Brechungsindex. Der Beitrag der Gebilde von einer Gattung, d. h. von einer und derselben Eigenperiode, ist sehr klein. Es läßt sich von vornherein nichts darüber sagen, ob die Summe der Einzelbeiträge eine merkliche Größe erreicht oder nicht[2]). Jedenfalls ist das möglich, und es ist möglich, daß eine große Zahl von Streifen, verteilt über das Gebiet von etwa 100 bis 1 cm Luftwellenlänge, zusammen mit der Dipolhypothese den mittleren Verlauf der Dispersionskurve erklären könnte, für welchen die Dipole allein, wie oben gezeigt, nicht ausreichen. Der mittlere Verlauf hinge dann aber ebensosehr von der Dichteverteilung der Streifen und der Größe ihrer einzelnen Beiträge ab, wie von den Eigenschaften der Dipole. Und da die Streifen sicher von Substanz zu Substanz individuell verschieden sind und kaum einfache Gesetze befolgen dürften, wäre dann die Aufstellung einer theoretisch begründeten, allgemein gültigen, elektrischen Dispersionsformel mit nur einer oder wenigen individuell variierenden

[1]) N. Obolensky, Journ. d. russ. phys. Ges. (phys. Teil) **41**, 265, 1909. Phys. ZS. **11**, 433, 1910.

[2]) Würde man die Struktur der Streifen genau kennen, ihre Breite, dann die Höhe und Tiefe der Maxima und Minima, so ließe sich daraus ihr Einfluß auf den übrigen Teil der Dispersionskurve erschließen. Aber die bisherigen Daten hierüber sind noch zu unsicher, weil sie sich noch mit der Versuchsanordnung (Dämpfung der Wellen) ändern.

Konstanten überhaupt ein wenig aussichtsreiches Beginnen. Es handelt sich hier eben um ein viel größeres Spektralgebiet als in der Optik, wo die Dispersionsformel nur eine einzige Oktave zu umspannen braucht, und zwar in der Optik durchsichtiger Körper eben eine Oktave, in der keine Streifen liegen.

Der heutige Stand der Dispersionsfrage im elektrischen Spektrum läßt, glaube ich, zwei Gruppen von Experimentaluntersuchungen als besonders wünschenswert erscheinen.

Erstens: Es muß der Einfluß der Temperatur auf den mittleren Verlauf der Dispersionskurve untersucht werden, d. h. es ist auch bei Messungen mit kurzen Wellen die Temperatur zu variieren. Dabei genügt eine von den gewöhnlichen Anordnungen [Reflexionsmethode nach COLE [1]), Interferenzmethode nach KOSSONOGOW [2])]. Für dieselben Flüssigkeiten ist gleichzeitig der Koeffizient der inneren Reibung in seiner Abhängigkeit von der Temperatur zu messen [3]). Hierdurch wird sich der Einfluß des Dipolgliedes absondern lassen.

Zweitens: Die Detailuntersuchungen von COLLEY und OBOLENSKY sind fortzusetzen, und zwar auf einen möglichst großen Teil des Spektrums auszudehnen, um zu sehen, ob auch die Streifen für die Erklärung des Gesamtverlaufes herangezogen werden müssen, oder ob es sich dabei um eine sekundäre, übergelagerte Erscheinung handelt. Für diese Untersuchung ist von den bisher bekannten Methoden wohl nur die COLLEYsche geeignet.

Daß daneben und zur Kontrolle auch Bestimmungen der Absorption und ihrer Temperaturabhängigkeit wünschenswert sind, ist selbstverständlich [4]).

Wien, II. Physik. Institut der Universität, 8. Nov. 1913.

---

[1]) A. D. COLE, Wied. Ann. **57**, 290, 1896. H. MERCZYNG, Ann. d. Phys. (4) **33**, 1, 1910. F. ECKERT, Verh. d. D. Phys. Ges. **15**, 307, 1913.

[2]) J. KOSSONOGOW, Phys. ZS. **3**, 207, 1902.

[3]) Siehe P. DEBIJE, Verh. d. D. Phys. Ges. **15**, 790, 1913.

[4]) Betreffs ausführlicher Literaturangaben verweise ich auf meinen demnächst erscheinenden Artikel „Dielektrizität" im ersten Band des Handbuches der Elektrizität von GRAETZ.

Physikalische Zeitschrift. 15. Jahrgang. 1914. Seite 79—86.

Über die Schärfe der mit Röntgenstrahlen erzeugten Interferenzbilder.

Von E. Schrödinger.

Die Herren Born und v. Kármán[1]) haben vor einiger Zeit ein dynamisches Modell für Kristalle des regulären Systems erdacht, welches das thermische Verhalten eines solchen Kristalls sehr gut wiederzugeben scheint, insbesondere die Beziehung zwischen den thermischen und den elastischen Eigenschaften. Es gelang an der Hand des Modells, nicht nur die Quantenformel für die spezifischen Wärmen in eine Form zu bringen, welche sich dem wahren Verlauf weit besser anschließt, als die ursprüngliche Einsteinsche Formel[2]), sondern auch die einzelnen Reststrahlenfrequenzen mit bemerkenswerter Genauigkeit aus den Elastizitätskonstanten der betreffenden Kristalle zu berechnen. Der wesentliche Fortschritt des Born-Kármánschen Modells bestand darin, daß nicht, wie in der ersten Einsteinschen Fassung, die Wärmeschwingungen der Atome als voneinander unabhängig und daher monochromatisch betrachtet wurden[3]). Vielmehr suchten sie den tatsächlichen Verhältnissen dadurch nahezukommen, daß sie die Atome nicht an ihre Mittellagen, sondern aneinander durch quasielastische Kräfte gekoppelt vorstellten. Hierdurch erhalten sie, statt eines monochromatischen, ein System mit einem ganzen Spektrum von Eigenschwingungen, und gerade hierin liegt seine Leistungsfähigkeit für die quantitativ richtige Wiedergabe der oben genannten Phänomene.

Es scheint mir nun, daß dieses Modell auch das geeignetste sein müßte, um den wahrscheinlichen Einfluß der Wärmebewegung auf die Interferenzerscheinungen zu beurteilen, die mit Röntgenstrahlen an regulären Kristallen erhalten werden. Schon die Rechnung, die Herr Debye[1]) an dem monochromatischen Modell durchgeführt hat, hat wertvolle Aufschlüsse geliefert und insbesondere den Zusammenhang aufgedeckt, der zwischen der ausgezeichneten Eigenschaft des Diamanten, in großen Raumwinkeln und sogar nach rückwärts Interferenzbilder zu liefern, und seiner geringen Kompressibilität besteht. Nun spielt im Debyeschen Endresultat gerade die Schwingungszahl der Atome die entscheidende Rolle. Es ist daher zu erwarten, daß der Übergang zu dem gewiß berechtigteren polychromatischen Modell das Resultat ändert, und, wenn die Änderung wesentlich ist, daß sie den Tatsachen besser entspricht.

In dieser Mitteilung wird zunächst ein eindimensionales Atomgitter mit eindimensionaler Wärmebewegung behandelt, da das dreidimensionale Problem, wenn man die Annahme der Unabhängigkeit der Atomschwingungen fallen läßt, ziemlich bedeutende mathematische Schwierigkeiten bietet. Das wesentlich neue Resultat der folgenden Überlegungen, nämlich, daß die Interferenzbilder mit steigender Temperatur immer breiter und verschwommener werden und allmählich in eine gleichmäßige Erhellung des Gesichtsfeldes übergehen, wird sicher auch beim Übergang zu drei Dimensionen erhalten bleiben. Ebenso halte ich zunächst noch an der statistischen Mechanik in ihrer gewöhnlichen Form fest, d. h. ich nehme Äquipartition der Energie an. Es ist aber vorauszusehen, daß gerade das hier zugrunde gelegte Modell die Berücksichtigung der Quantentheorie in der einfachsten und richtigsten Form ermöglichen wird, da es, wie die Arbeiten von Born und v. Kármán und Thirring gezeigt haben, das „elastische Spektrum" eines regulären Kristalls gut wiederzugeben scheint. Ich bin damit beschäftigt, die Theorie auf den dreidimensionalen Fall und unter Rücksicht auf die Quantenhypothese auszudehnen.

1) Born u. v. Kármán, diese Zeitschr. **13**, 297, 1912; **14**, 15 u. 65, 1913 Siehe auch Hans Thirring, diese Zeitschr. **14**, 867, 1913.

2) A. Einstein, Ann. d. Phys. **22**, 180 u. 800, 1907.

3) Bekanntlich hat Einstein selbst auf das Ungenügende des monochromatischen Modells für das Problem der spezifischen Wärmen hingewiesen; Ann. d. Phys. **34**, 170 u. 590, 1911; **35**, 679, 1911.

1) P. Debye, Verh. d. D. Phys. Ges. **15**, 678 u. 738, 1913.

Im folgenden schließe ich mich in allen Äußerlichkeiten möglichst nahe an die Darstellung des Herrn Debye an, um den Vergleich zu erleichtern.

Auf der x-Achse eines ebenen Koordinatensystems liegen $2N+1$ Atome, deren Ruhelagen den konstanten Abstand a voneinander haben. In die Ruhelage des mittleren Atoms legen wir den Ursprung. Die Atome seien gezwungen, auf der x-Achse zu bleiben, sollen sich aber auf ihr infolge der Wärmebewegung aus ihren Ruhelagen entfernen. Je zwei Nachbaratome sollen eine Kraft aufeinander ausüben, welche im Abstand a verschwindet, der Abstandsänderung proportional, und zwar in größerem Abstand als a anziehend, in kleinerem Abstand abstoßend ist. Eines oder beide Randatome können wir uns in ähnlicher Weise elastisch an ihre Ruhelage gebunden denken; es kommt darauf übrigens nicht wesentlich an.

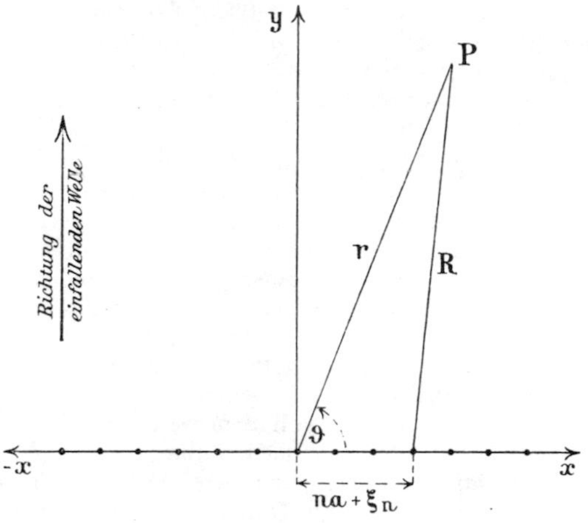

Fig. 1.

Jedes Atom enthalte nun einen elektrischen Resonator (gebundenes Elektron), der Schwingungen in der z-Richtung ausführt (senkrecht zur Zeichenebene). Diese Resonatoren sollen durch eine von der negativen y-Richtung her einfallende primäre ebene Welle angeregt werden, so daß alle dieselbe Phase haben, auch dann, wenn die Anregung etwa stoßweise erfolgt und ein solcher Stoß die Atome nicht in ihrer Ruhelage antrifft.

Wir wollen die (relative) Verteilung der Strahlungsintensität berechnen, welche die Atomresonatoren auf einem Kreis in der xy-Ebene hervorbringen, dessen Radius groß ist gegen die Länge der Atomreihe, und zwar unter Rücksicht auf die Wärmebewegung, d. h. die mittlere Intensität für die verschiedenen Konfigurationen, welche das Punktgitter nacheinander annimmt. Wir berechnen also zunächst die Intensitätsverteilung für eine bestimmte Konfiguration, sodann, nach den Gesetzen der statistischen Mechanik, die Wahrscheinlichkeit dieser Konfiguration und integrieren das Produkt über alle möglichen Konfigurationen. Dieses Verfahren rührt von Debye her und ist berechtigt, wenn

1. die Elektronenschwingungen sehr rasch erfolgen gegenüber den Lagenänderungen der Atome;

2. die Geschwindigkeit der letzteren klein ist gegen die Lichtgeschwindigkeit, so daß der Dopplereffekt zu vernachlässigen ist;

3. die Beobachtungsdauer so lang ist, daß sich während derselben alle Konfigurationen wirklich mit einer ihrer statistischen Wahrscheinlichkeit entsprechenden Häufigkeit realisieren.

Daß die ersten beiden Bedingungen erfüllt sind in dem Fall, auf welchen unsere Rechnung angewendet werden soll, davon überzeugt man sich leicht durch einige kurze Überschlagsrechnungen. Die dritte Bedingung ist nichts anderes als die Einschränkung, die alle Naturgesetze sich seit Boltzmann gefallen lassen müssen.

Die elektrische Amplitude der Strahlung eines Resonators von der Wellenlänge λ ist im Abstand R in der Äquatorebene proportional dem reellen Teil von

$$e^{-i\varkappa R}\, e^{i\varkappa c t}, \tag{1}$$

wobei

$$\varkappa = \frac{2\pi}{\lambda} \tag{2}$$

gesetzt ist, c die Lichtgeschwindigkeit, t die Zeit und λ die Wellenlänge der Strahlung bedeutet. Außer einem konstanten Faktor unterdrücken wir dabei auch den reziproken Radius, der als langsam veränderliche Funktion für uns nicht in Betracht kommt.

Seien nun x, y und $r = \sqrt{x^2 + y^2}$ die Koordinaten bzw. der Fahrstrahl zum Aufpunkt P. Wir betrachten nur Punkte, deren r sehr groß ist gegen $(2N+1)a$. Ferner sei ξ_n die Entfernung des $n$ten Atoms aus seiner Ruhelage, so daß seine x-Koordinate $na + \xi_n$ beträgt. Für dieses Atom wird dann

$$R = r - \frac{x}{r}(na + \xi_n), \tag{3}$$

wenn wir das Quadrat von $\frac{na + \xi_n}{r}$ gegen die Einheit vernachlässigen. Der $n$te Atomresonator erzeugt also im Punkte P die elektrische Amplitude

$$e^{i\varkappa c t}\, e^{-i\varkappa r}\, e^{i\varkappa \frac{x}{r}(na + \xi_n)}. \tag{4}$$

Setzen wir noch $\frac{x}{r} = \cos\vartheta$ und summieren über alle n von $-N$ bis $+N$, so erhalten wir

$$e^{i\varkappa ct}\, e^{-i\varkappa r} \sum_n e^{i\varkappa \cos\vartheta\,(na+\xi_n)}. \qquad (5)$$

Einen Ausdruck, welcher der Intensität proportional ist, erhalten wir durch Multiplikation mit dem konjugiert komplexen Wert:

$$J = \sum_m \sum_n e^{i\varkappa a \cos\vartheta\,(n-m)}\, e^{i\varkappa \cos\vartheta\,(\xi_n - \xi_m)}. \qquad (6)$$

Der reelle Ausdruck J ist ein relatives Maß der Intensität auf einem großen Kreis um den Ursprung in ihrer Abhängigkeit vom „Beugungswinkel" ϑ.

Nun haben wir die Wahrscheinlichkeit eines bestimmten Wertesystems ξ_n zu berechnen. Sei m die Atommasse und $f \cdot \xi$ die elastische Kraft, welche Nachbaratome im Abstand $a+\xi$ aufeinander ausüben, dann lautet die Bewegungsgleichung des $n$ten Atoms

$$\left.\begin{aligned} m\ddot{\xi}_n &= f(\xi_{n+1}-\xi_n) - f(\xi_n - \xi_{n-1}) \\ &= f(\xi_{n+1}+\xi_{n-1}-2\xi_n). \end{aligned}\right\} \qquad (7)$$

Dies gilt auch noch für $n = \pm N$, wenn wir die an sich bedeutungslosen Zeichen ξ_{N+1} und ξ_{-N-1} als Nullen lesen und die Randatome elastisch an ihre Ruhelagen binden. Die potentielle und die kinetische Energie des Systems haben die Werte

$$V = \frac{f}{2}\sum_n (\xi_{n+1}-\xi_n)^2 \qquad U = \frac{m}{2}\sum_n \dot{\xi}_n^2. \qquad (8)$$

Die Wahrscheinlichkeit dw, daß die ξ_n Werte zwischen ξ_n und $\xi_n + d\xi_n$ haben, beträgt also

$$dw = C e^{-\frac{f}{2kT}\sum_n (\xi_{n+1}-\xi_n)^2}\, d\xi_{-N} \cdots d\xi_{+N}. \qquad (9)$$

(k Boltzmannkonstante, T absolute Temperatur.) Den Proportionalitätsfaktor C werden wir später in bekannter Weise bestimmen. Wir erhalten nun die gesuchte mittlere Intensität J_m, indem wir die Ausdrücke (6) und (9) multiplizieren und nach allen ξ_n von $-\infty$ bis $+\infty$ integrieren:

$$J_m = C \sum_n \sum_m e^{i\varkappa a (n-m)\cos\vartheta} \int_{-\infty}^{+\infty} \cdots \int_{-\infty}^{+\infty} e^{-\frac{f}{2kT}\sum_l (\xi_{l+1}-\xi_l)^2 + i\varkappa\cos\vartheta\,(\xi_n - \xi_m)} \cdot d\xi_{-N} \cdots d\xi_{+N}. \qquad (10)^{1)}$$

Die Auswertung des vielfachen Integrals gelingt sehr leicht, wenn man statt der ξ_n Normalkoordinaten einführt. Es ist bekanntlich immer möglich, $2N+1$ unabhängige Linearfunktionen der ξ_n, nennen wir sie $a_{-N}, a_{-N+1}, \ldots a_{N-1}, a_N$, anzugeben, derart, daß durch die Transformation

$$\xi_n = \sum_{i=-N}^{+N} \alpha_{ni}\, a_i \qquad (11)$$

die Ausdrücke (8) die Gestalt bekommen

$$U = \frac{m}{2}\sum_n \dot{a}_n^2 \qquad V = \frac{f}{2}\sum_n p_n a_n^2. \qquad (12)$$

Die Bewegungsgleichungen (7) nehmen in den Normalkoordinaten a_n die Gestalt an

$$m\ddot{a}_n = -f p_n a_n. \qquad (13)$$

Jede mögliche Bewegung des Systems besteht also aus einer Superposition von Sinusschwingungen der Normalkoordinaten, wobei jede mit der ihr eigentümlichen Frequenz

$$\nu_n = \sqrt{\frac{f}{m}}\sqrt{p_n} \qquad (14)$$

schwingt. Auf die Bestimmung des Koeffizientenschemas der $(2N+1)^2$ Größen α_{ni} brauchen wir nicht einzugehen, sondern merken nur an, daß es die Bedingungen erfüllt

$$\left.\begin{aligned} \sum_n \alpha_{ni}\,\alpha_{nk} &= 0 \qquad i \neq k \\ &= 1 \qquad i = k. \end{aligned}\right\} \qquad (15)$$

Mit der Transformation (11), unter Rücksicht auf die transformierte Gestalt der potentiellen Energie nach (12), verwandelt sich nun der Ausdruck (10) in den folgenden:

$$J_m = \Delta C \sum_m \sum_n e^{i\varkappa a (n-m)\cos\vartheta} \int_{-\infty}^{+\infty} \cdots \int_{-\infty}^{+\infty} e^{-\frac{f}{2kT}\sum_l p_l a_l^2 + i\varkappa\cos\vartheta \sum_l a_l(\alpha_{nl}-\alpha_{ml})}\, da_{-N} \cdots da_{+N}. \qquad (16)$$

Δ ist die Funktionaldeterminante der ξ_n nach den a_n, d. i. die Determinante des Koeffizientenquadrats der α_{ni}. Das $2N+1$fache Integral zerfällt nun in ein Produkt von Integralen von der Gestalt

$$\int_{-\infty}^{+\infty} e^{-\frac{f p_l}{2kT} a_l^2 + i\varkappa\cos\vartheta\, a_l(\alpha_{nl}-\alpha_{ml})}\, da_l. \qquad (17)$$

Dieses Integral hat den Wert

$$\left(\frac{2\pi kT}{f p_l}\right)^{\frac{1}{2}} \cdot e^{-\frac{kT}{2f}\varkappa^2\cos^2\vartheta\,\frac{(\alpha_{nl}-\alpha_{ml})^2}{p_l}}, \qquad (18)$$

und zwar auch dann, wenn $n = m$ ist.

Das vielfache Integral aus (16) erhalten wir, indem wir alle $2N+1$ Faktoren wie (18) multiplizieren. Das gibt

$$\left(\frac{2\pi kT}{f}\right)^{\frac{2N+1}{2}} \left(\prod_l p_l\right)^{-\frac{1}{2}} e^{-\frac{kT}{2f}\varkappa^2\cos^2\vartheta \sum_l \frac{(\alpha_{nl}-\alpha_{ml})^2}{p_l}}. \qquad (19)$$

1) Unser Ausdruck unterscheidet sich von dem Debyeschen Ausdruck (5) (l. c., S. 682) nur durch den Wert der potentiellen Energie und dadurch, daß wir die Wärmebewegung auf die x-Achse beschränken.

Bevor wir dies in (16) eintragen, berechnen wir den Faktor C, indem wir (9) über alle Werte der Variablen integrieren und das Resultat der Einheit gleichsetzen. Natürlich führen wir ebenfalls die Normalkoordinaten ein:

$$1 = \Delta C \int_{-\infty}^{+\infty} \cdots \int_{-\infty}^{+\infty} e^{-\frac{f}{2kT}\sum_l p_l a_l^2} da_{-N} \cdots da_{+N}. \quad (20)$$

Die Integrationen sind wieder unabhängig voneinander und man erhält leicht

$$\Delta C = \left(\frac{f}{2\pi kT}\right)^{\frac{2N+1}{2}} (\prod_l p_l)^{\frac{1}{2}}. \quad (21)$$

Indem wir jetzt (19) und (21) in (16) eintragen, erhalten wir

$$J_m = \sum_m \sum_n e^{i\varkappa a(n-m)\cos\vartheta - \frac{kT}{2f}\varkappa^2 \cos^2\vartheta \sum_l \frac{(\alpha_{nl} - \alpha_{ml})^2}{p_l}}. \quad (22)$$

Unsere nächste Aufgabe wäre nun die Ausrechnung der Summen im Exponenten der e-Potenz. Dieselben lassen sich, wie hier nicht gezeigt werden soll, auf algebraischem Wege ermitteln, ohne daß Gleichungen von höherem als dem ersten Grade gelöst werden müssen. Der Gang der weiteren Rechnung wird aber äußerst unübersichtlich, weil die Bedingungen, unter denen die beiden Randatome stehen, die Rechnung wesentlich beeinflussen. Da aber die diesbezüglichen Annahmen physikalisch wohl ziemlich bedeutungslos sein dürften, gestatten wir uns mit Rücksicht darauf, daß N in Wirklichkeit jedenfalls eine sehr große Zahl ist, die Annäherung, jene Summen durch diejenigen Werte zu ersetzen, welche sie für eine unendliche Atomreihe annehmen. Dieses Verfahren, das übrigens auch die Herren Born und v. Kármán bei ihren Rechnungen an dem Punktgitter angewendet haben, ist vielleicht nicht vollkommen einwandfrei, erspart uns aber langwierige und uninteressante algebraische Überlegungen, die, wie ich glaube, jedes inneren Zusammenhanges mit dem vorliegenden physikalischen Problem entbehren.

Der Übergang vom endlichen auf das unendliche System ist in den zitierten Arbeiten von Born und v. Kármán ausführlich besprochen, wir können uns daher hier auf die notwendigsten Angaben beschränken. Das eigentümlichste an diesem Übergang ist dies: während bei endlichem N die Zahl der ξ_n und die Zahl der a_n natürlich immer genau gleich ist, unterscheiden sie sich, wenn der Ausdruck erlaubt ist, im transzendenten Fall der Größenordnung nach. Während nämlich das Wertsystem der ξ_n dann der abzählbar unendlichen Menge der ganzen Zahlen entspricht, gehen die Normalkoordinaten in ein Kontinuum über. An die Stelle der Abhängigkeit vom Index der Normalkoordinate tritt eine kontinuierliche Abhängigkeit von einer Variablen, die wir φ nennen werden. Während die endlichen Summen nach dem Index von ξ_n in unendliche Summen übergehen, erscheinen statt der Summen nach dem Index von a_n oder nach dem zweiten Index der α Integrale nach φ.

Das unendliche System homogener linearer Differentialgleichungen (7) läßt sich lösen durch den Ansatz

$$\left.\begin{aligned} \xi_n = \frac{1}{\sqrt{2\pi}} \int_0^{2\pi} a(\varphi, t) \cos n\varphi \, d\varphi + \\ + \frac{1}{\sqrt{2\pi}} \int_0^{2\pi} b(\varphi, t) \sin n\varphi \, d\varphi. \end{aligned}\right\} \quad (23)$$

Er befriedigt dieselben, wenn a und b den partiellen Differentialgleichungen genügen

$$\left.\begin{aligned} m\frac{\partial^2 a}{\partial t^2} &= -4f\sin^2\frac{\varphi}{2}\cdot a, \\ m\frac{\partial^2 b}{\partial t^2} &= -4f\sin^2\frac{\varphi}{2}\cdot b, \end{aligned}\right\} \quad (24)$$

auf welche man durch Einsetzen von (23) in (7) geführt wird. Jede Bewegung des Systems kann also als Superposition von Sinusschwingungen der kontinuierlichen Folge von Normalkoordinaten $a(\varphi, t)$ und $b(\varphi, t)$ angesehen werden, deren „Eigenfrequenz" als Funktion von φ zu betrachten ist,

$$\nu(\varphi) = 2\sqrt{\frac{f}{m}} \sin\frac{\varphi}{2}.$$

Das entsprechende p hat nach Analogie mit (14) den Wert

$$p(\varphi) = 4\sin^2\frac{\varphi}{2}. \quad (25)$$

Die Darstellung (23) entspricht der früheren Transformation (11). Der Umkehrung des Gleichungssystems (11) würde eine Fourierdarstellung der Funktionen $a(\varphi, t)$ und $b(\varphi, t)$ nach Kosinussen bzw. Sinussen der Vielfachen von φ entsprechen, in welcher $\frac{\xi_n + \xi_{-n}}{\sqrt{2\pi}}$ bzw. $\frac{\xi_n - \xi_{-n}}{\sqrt{2\pi}}$ die Fourier-Koeffizienten bilden. Aus (23) entnehmen wir, daß dem Koeffizientenschema der α_{ni} die Größen

$$\frac{\cos n\varphi}{\sqrt{2\pi}} \quad \text{und} \quad \frac{\sin n\varphi}{\sqrt{2\pi}} \quad (26)$$

entsprechen. In Analogie mit (15) gilt

$$\frac{1}{2\pi}\int_0^{2\pi}(\cos n\varphi\cos m\varphi+\sin n\varphi\sin m\varphi)\,d\varphi=0$$

für $n \neq m$ und

$$\frac{1}{2\pi}\int_0^{2\pi}(\cos^2 n\varphi+\sin^2 n\varphi)\,d\varphi=1,$$

welch letztere Relation natürlich durch geeignete Adjustierung des konstanten Faktors in (23) herbeigeführt werden mußte.

Für die $\sum_l \frac{(\alpha_{nl}-\alpha_{ml})^2}{p_l}$, deren Auswertung uns zur Betrachtung des transzendenten Problems bewogen hat, erhalten wir nun nach (26) und (25):

$$\sum_l \frac{(\alpha_{nl}-\alpha_{ml})^2}{p_l}$$

entspricht

$$\frac{1}{2\pi}\int_0^{2\pi}\frac{(\cos n\varphi-\cos m\varphi)^2+(\sin n\varphi-\sin m\varphi)^2\,d\varphi}{4\sin^2\frac{\varphi}{2}}=S(n,m).$$

Obwohl sich das Integral S schlimmstenfalls auch direkt ausrechnen ließe, will ich doch den Weg andeuten, wie man es am raschesten findet. Indem man $\frac{\varphi}{2}$ als Integrationsvariable einführt, erhält man leicht

$$S(n,m)=\frac{1}{\pi}\int_0^{\pi}\frac{\sin^2(n-m)x}{\sin^2 x}\,dx.$$

Nun gibt die partielle Integration von $\frac{dx}{\sin^2 x}$

$$S(n,m)=\frac{n-m}{\pi}\int_0^{\pi}\frac{\sin 2(n-m)x\cos x}{\sin x}\,dx.$$

Durch Spaltung des Zählers findet man

$$S(n,m)=\frac{n-m}{2\pi}\int_0^{\pi}\frac{\sin[2(n-m)+1]x}{\sin x}\,dx+\frac{n-m}{2\pi}\int_0^{\pi}\frac{\sin[2(n-m)-1]x}{\sin x}\,dx.$$

Und von diesen beiden Integralen läßt sich zeigen, daß sie gleich sind, da ihre Differenz verschwindet. Daher ist jedes von ihnen auch gleich

$$\pm\int_0^{\pi}\frac{\sin x}{\sin x}\,dx=\pm\pi,$$

je nach dem Vorzeichen von $n-m$. Somit ist

$$S(n,m)=|n-m|.$$

Diesen Wert tragen wir, wie vorgesehen, für die Summen im Exponenten von (22) ein und erhalten für die mittlere Intensität

$$J_m=\sum_m\sum_n e^{i\varkappa a\cos\vartheta(n-m)-\frac{kT}{2f}\varkappa^2\cos^2\vartheta\,|n-m|}.$$

Die Doppelsumme ist ausnahmslos über alle Werte von m und n (d. i. von $-N$ bis $+N$) zu erstrecken. Wir wollen zur Abkürzung setzen

$$\alpha=\varkappa a\cos\vartheta \quad \varepsilon=\frac{kT}{f}\varkappa^2\frac{\cos^2\vartheta}{2}, \tag{27}$$

also

$$J_m=\sum_m\sum_n e^{i\alpha(n-m)-\varepsilon|n-m|}. \tag{28}$$

Auf elementarem Wege, der nur durch die Achtung auf das Absolutzeichen etwas mühsam ist, findet man zunächst

$$\left.\begin{aligned}J_m=(2N+1)+\frac{(2N+1)e^{i\alpha-\varepsilon}}{1-e^{i\alpha-\varepsilon}}+\\+\cdot-\frac{[1-e^{(i\alpha-\varepsilon)(2N+1)}]e^{i\alpha-\varepsilon}}{[1-e^{i\alpha-\varepsilon}]^2}-\cdot\end{aligned}\right\} \tag{29}$$

Der Punkt, welcher an Stelle des dritten und fünften Gliedes steht, bedeutet jedesmal den konjugiert komplexen Wert des vorhergehenden Gliedes. Der Ausdruck J_m ist also reell, wie es sein muß. Man hat nun noch die imaginären e-Potenzen in passender Weise zu reellen Winkelfunktionen zusammenzufassen; dabei ist es vorteilhaft, die ersten drei und die letzten zwei Glieder von (29) zu vereinigen. Eine etwas umständliche Rechnung liefert den endgültigen Ausdruck von J_m:

$$\left.\begin{aligned}J_m=&\frac{\frac{1}{2}(e^{\varepsilon}-e^{-\varepsilon})(2N+1)}{\frac{1}{2}\left(e^{\frac{\varepsilon}{2}}-e^{-\frac{\varepsilon}{2}}\right)^2+2\sin^2\frac{\alpha}{2}}-\\&-\frac{\left[\frac{1}{2}\left(e^{\frac{\varepsilon}{2}}-e^{-\frac{\varepsilon}{2}}\right)^2-(e^{\varepsilon}+e^{-\varepsilon})\sin^2\frac{\alpha}{2}\right]\left[(1-e^{-(2N+1)\varepsilon})+2e^{-(2N+1)\varepsilon}\sin^2\frac{2N+1}{2}\alpha\right]+\frac{1}{2}e^{-(2N+1)\varepsilon}(e^{\varepsilon}-e^{-\varepsilon})\sin\alpha\sin(2N+1)\alpha}{\left[\frac{1}{2}\left(e^{\frac{\varepsilon}{2}}-e^{-\frac{\varepsilon}{2}}\right)^2+2\sin^2\frac{\alpha}{2}\right]^2}.\end{aligned}\right\} \tag{30}$$

Diese etwas kompliziert gebaute Formel gibt zusammen mit (27) die Intensität des Beugungsbildes als Funktion des Beugungswinkels ϑ und der Temperatur T. Wir müssen uns nun mit der Diskussion dieser Formel befassen, und ich bemerke vorausgreifend, daß für alle diejenigen Werte von ε, welche überhaupt eine merkliche Änderung des Beugungsbildes durch die Wärmebewegung ergeben, nur der erste Term von (30) in Betracht kommt.

Für $\varepsilon = 0$ geht (30) in die gewöhnliche Gitterformel über:

$$J_m = \frac{\sin^2 \frac{2N+1}{2}\alpha}{\sin^2 \frac{\alpha}{2}}, \tag{31}$$

und zwar nimmt der zweite Term diesen Wert an, während der erste verschwindet. Für kleine ε kommt also der zweite Term jedenfalls in Betracht. Sobald aber ε nur ein beträchtliches Vielfaches von $\frac{1}{2N+1}$ geworden ist, verschwindet umgekehrt der zweite Term gegen den ersten. Da sich nun herausstellen wird, daß auch dann die Struktur des Beugungsbildes sich nur um Beträge geändert hat, die kaum meßbar sein dürften, wenn N nur einigermaßen groß ist ($= 10^4$ oder 10^5), wollen wir uns die etwas mühsame Diskussion in dem Zwischengebiet von $\varepsilon = 0$ bis $\varepsilon = \frac{40 \text{ bis } 50}{2N+1}$ ersparen.

Wenn ε mindestens diesen Betrag hat, verschwindet die Potenz $e^{-(2N+1)\varepsilon}$ gegen 1 und wir können den zweiten Term spalten in den echten Bruch

$$\frac{\frac{1}{2}\left(e^{\frac{\varepsilon}{2}} - e^{-\frac{\varepsilon}{2}}\right)^2 - (e^{\varepsilon} + e^{-\varepsilon})\sin^2\frac{\alpha}{2}}{\frac{1}{2}\left(e^{\frac{\varepsilon}{2}} - e^{-\frac{\varepsilon}{2}}\right)^2 + 2\sin^2\frac{\alpha}{2}}$$

und einen zweiten Bruch, dessen Nenner derselbe ist, wie der des ersten Terms, und dessen Zähler gleich 1 ist. Der Zähler des ersten Terms ist aber mindestens von der Größenordnung $\varepsilon(2N+1)$, der erste Term übertrifft also den zweiten mindestens um das 40—50fache, nach unserer Annahme. Wir haben also jetzt nur mehr mit der einfacheren Formel

$$J_m = \frac{\frac{1}{2}(e^{\varepsilon} - e^{-\varepsilon})(2N+1)}{\frac{1}{2}\left(e^{\frac{\varepsilon}{2}} - e^{-\frac{\varepsilon}{2}}\right)^2 + 2\sin^2\frac{\alpha}{2}} \tag{32}$$

zu tun.

Untersuchen wir nun die Struktur des Beugungsbildes in der Nähe eines sekundären Maximums[1]), wie es, abgesehen von der Wärmebewegung, nach (31) an den Stellen

$$\alpha = 2n\pi, \quad n = \pm 1, \pm 2 \ldots$$

auftritt. Wenn wir uns auf die nächste Umgebung eines solchen Maximums beschränken, können wir ε als konstant ansehen. Wir setzen ferner in der Umgebung von $\alpha = 2n\pi$

$$\alpha = 2n\pi + \varepsilon z. \tag{33}$$

Dann ist z der Zuwachs des Beugungskosinus $\cos\vartheta$, und zwar in solchem Maß gemessen, daß $z = 1$ einen Zuwachs um den Bruchteil $\frac{\varepsilon}{2\pi}$ des Abstands zweier benachbarter Maxima (ebenfalls im „Kosinusmaß" gemessen) bedeutet. Sei zunächst ε immer noch klein gegen 1. Dann können wir in (32) die Potenzen und den Sinus entwickeln und beim ersten Glied abbrechen:

$$J_m = 2\frac{2N+1}{\varepsilon}\frac{1}{1+z^2}. \tag{34}$$

Die Funktion $\frac{1}{1+z^2}$ bestimmt also den Verlauf der Intensität innerhalb eines Beugungsbildes. Sie ist in Fig. 2 dargestellt

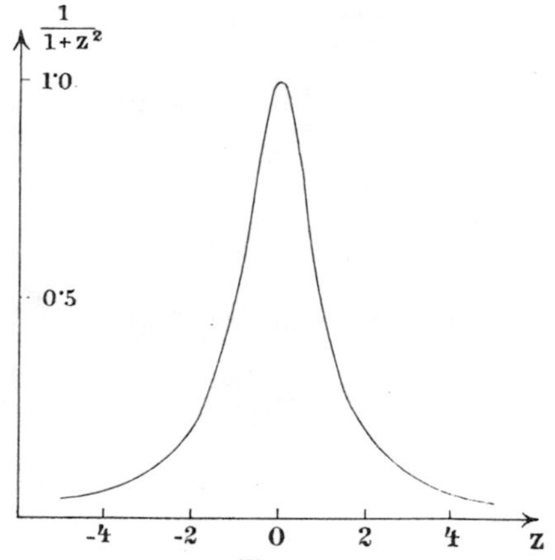

Fig. 2.

Für einen bestimmten Wert von z beträgt die Intensität einen ganz bestimmten Bruchteil der zentralen Intensität, z. B. für $z = 1$ genau die Hälfte, für $z = 3$ ein Zehntel. Einem bestimmten z entspricht aber nach (33) eine um so größere Entfernung vom zentralen Maximum, je größer ε, d. h. je höher die Temperatur. Definieren

1) Im primären Maximum verschwindet ε nach (27) mit $\cos\vartheta$. Dies hängt, wie überhaupt die Art der Abhängigkeit des ε vom Beugungswinkel ϑ damit zusammen, daß wir die Wärmebewegung der Atome auf die x-Achse beschränkt haben. Wir dürfen also auf diese Abhängigkeit für die physikalische Anwendung kein besonderes Gewicht legen.

wir also als die Ränder des Beugungsbildes zwei Stellen, wo die Intensität auf einen bestimmten Bruchteil, etwa auf 1 Proz. der zentralen Intensität, gesunken ist, so können wir sagen:

1. Die Beugungsbilder werden mit zunehmender Temperatur immer breiter und verschwommener, und zwar in annähernd symmetrischer Weise. Ihre in der angegebenen Weise definierte Breite ist der absoluten Temperatur proportional.

Der Koeffizient der quasielastischen Kraft f ist dabei als unabhängig von der Temperatur angesehen. Ferner

2. Die zentrale Intensität eines Beugungsbildes ist nach (34) umgekehrt proportional mit ε, also umgekehrt proportional der absoluten Temperatur.

3. Die gesamte Strahlungsmenge, die einem Beugungsbild zugesandt wird, ist unabhängig von der Temperatur.

Denn die zwischen ϑ und $\vartheta + d\vartheta$ ausgesandte Strahlung ist proportional mit $J_m\, d\vartheta$ und wir haben nach (27^1) und (33)

$$|d\vartheta| = \frac{1}{\varkappa a \sin\vartheta}\, d\alpha = \frac{\varepsilon}{\varkappa a \sin\vartheta}\, dz,$$

also nach (34)

$$\int J_m\, d\vartheta = \frac{2(2N+1)}{\varkappa a \sin\vartheta} \int\limits_{-\infty}^{+\infty} \frac{dz}{1+z^2}.$$

Da es sich nur um die nächste Umgebung eines Bildes handelt, kann $\sin\vartheta$ bei der Integration als konstant gelten. Wir dürfen dieselbe aber trotzdem von $-\infty$ bis $+\infty$ erstrecken, da die großen z ohnedies verschwindende Beiträge liefern. Wir erhalten also für die gesamte Lichtmenge in einem Beugungsbild

$$\int J_m\, d\vartheta = \frac{2\pi(2N+1)}{\varkappa a \sin\vartheta} \tag{35}$$

und dies ist unabhängig von ε. —

Wir haben nun noch den Beweis nachzutragen, daß für die kleinsten Werte von ε, welche wir betrachtet haben, etwa für $\varepsilon = \frac{50}{2N+1}$, die Beugungsbilder praktisch noch vollkommen scharf sind. Der Abstand von der Bildmitte beträgt in Bruchteilen des Abstands zweier benachbarter Bilder

$$\frac{\varepsilon z}{2\pi} = \frac{50 z}{2\pi(2N+1)}.$$

Nun ist schon für $z = 10$ die Intensität nach (34) auf weniger als 1 Proz. gesunken. Das Beugungsbild wird also praktisch gewiß nicht breiter erscheinen als

$$\frac{2 \times 50 \times 10}{2\pi(2N+1)} \times \left\{\begin{matrix}\text{Bilder-}\\ \text{abstand}\end{matrix}\right\} = \frac{159}{2N+1} \times \left\{\begin{matrix}\text{Bilder-}\\ \text{abstand.}\end{matrix}\right.$$

Wenn N nur eine halbwegs große Zahl ist (etwa gleich 10^4 oder 10^5), dürfte diese Verbreiterung wohl noch nicht wahrnehmbar sein. Übrigens sei ausdrücklich hervorgehoben, daß für einen numerisch bestimmten Wert von ε der Grad der Verwaschenheit der Beugungsbilder, soweit er von der Wärmebewegung herrührt, unabhängig ist von der Zahl der Gitterpunkte. Nur bedeutet eben die untere Grenze $\left(\varepsilon = \frac{50}{2N+1}\right)$, von der ab sich die Diskussion der Formel (30) so sehr vereinfacht, einen um so größeren Wert von ε, je kleiner die Zahl der Gitterpunkte. Sollte diese wirklich beträchtlich kleiner sein als wir annehmen, dann müßte eben auch der zweite Term von (30) der Diskussion unterzogen werden. Wir würden aber für denselben numerischen Wert von ε auch ungefähr denselben Grad von Unschärfe finden, wie jetzt, vorausgesetzt, daß N nicht so klein ist, daß schon die Beugungsbilder des ruhenden Gitters merklich verwaschen sind. —

Wenn ε mit der Einheit vergleichbar wird, dürfen wir in (32) nicht mehr e^ε durch $1+\varepsilon$ annähern, und man überzeugt sich leicht, daß die Ausdehnung der Beugungsbilder dann schon so groß wird, daß auch die Ersetzung von $\sin\frac{\alpha}{2}$ durch das Argument nicht mehr gestattet ist. Ferner müßten wir innerhalb eines solchen breiten verwaschenen Streifens auch die Abhängigkeit der Größe ε vom Beugungswinkel in Betracht ziehen. Wir wollen aber diesen Vorgang des vollständigen Verschwimmens der Bilder schon aus dem Grunde nicht näher verfolgen, weil eben die Art dieser Abhängigkeit in unserem vereinfachten eindimensionalen Problem gewiß nicht den Tatsachen entspricht, da sie lediglich davon herrührt, daß wir die Wärmebewegung auf die x-Achse beschränkt haben; wir wissen aber aus den oben zitierten Arbeiten des Herrn Debye, daß beim dreidimensionalen Gitter ein ganz anderer Richtungseffekt auftritt, welcher der verschiedenen Phase der Anregung in der Fortpflanzungsrichtung der primären Welle sein Entstehen verdankt.

Wir wollen nur noch anmerken, daß für große Werte von ε unser Resultat wieder mit dem Debyeschen zusammenkommt. Wenn ε ein erhebliches Vielfaches der Einheit ist, so erhalten wir aus (32)

$$J_m = 2N + 1,$$

also eine gleichmäßige Erhellung von beträchtlich geringerer Intensität als die ursprüngliche in den ungestörten Maximis [$(2N+1)^2$].

Die Diskussion der wirklich auftretenden

numerischen Werte von ε verschiebe ich bis zur Behandlung des dreidimensionalen Problems. Statt des Koeffizienten f der quasielastischen Kraft, der hier nach (27²) die Größe des Temperatureffekts mitbestimmt, werden dann die makroskopisch beobachtbaren Elastizitätsmoduln des Kristalls eingeführt werden können und eine genauere Durchrechnung einzelner Fälle ermöglichen.

Es kann aber wohl keinem Zweifel unterliegen, daß die bis jetzt aufgestellten Gesetze auch für den dreidimensionalen Fall Geltung haben werden, freilich nur für genügend hohe Temperaturen, da wir die Wahrscheinlichkeit einer bestimmten Konfiguration nach den Gesetzen der statistischen Mechanik ohne Rücksicht auf die Quantentheorie berechnet haben. Wir fassen unser vorläufiges Resultat zusammen:

Die mit Kristallgittern von Röntgenstrahlen erhaltenen Beugungsbilder müssen mit wachsender Temperatur immer breiter und verschwommener werden und allmählich in eine gleichmäßige Erhellung des Gesichtsfeldes übergehen.

Wien, 27. November 1913, II. Physikalisches Institut der Universität.

(Eingegangen 28. November 1913.)

Physikalische Zeitschrift. 15. Jahrgang. 1914. Seite 497—503.

Zur Theorie des Debyeeffekts.

Von Erwin Schrödinger.

Neulich habe ich in dieser Zeitschrift ein Problem behandelt[1]), welches mir geeignet schien, Aufschluß zu erhalten über die feineren Details des Debyeeffekts (Temperatureinfluß bei Kristallröntgenogrammen), nämlich über die Intensitätsverteilung in den einzelnen Maximis, während die Rechnungen des Herrn Debye nach meiner Ansicht nur die gröberen Züge der Erscheinung, nämlich die Intensitätsverteilung unter den verschiedenen Maximis, enthüllt haben[2]).

Auf einer Geraden dachte ich mir $2N+1$ elastisch gekoppelte Massenpunkte (Atome). Senkrecht zu der Geraden ließ ich eine ebene Welle einfallen, welche je einen Resonator im „Innern" jedes Massenpunktes zu Sekundärstrahlung anregen sollte. Es galt die mittlere Intensitätsverteilung (Zeitmittel!) in der durch die Punktreihe und die Richtung der einfallenden Strahlung gelegten Ebene zu berechnen für Punkte, deren Entfernung von der Atomreihe groß ist gegen deren Länge. Für die mittlere Intensität der Sekundärstrahlung erhielt ich den Ausdruck (l. c., Gl. (22))

$$I_m = \sum_{-N}^{+N}{}_m \sum_{-N}^{+N}{}_n e^{i\varkappa a(n-m)\cos\vartheta - \frac{kT}{2f}\varkappa^2\cos^2\vartheta \sum_{-N}^{+N}{}_l \frac{(\alpha_{nl}-\alpha_{ml})^2}{p_l}}, \tag{1}$$

Hierin bedeutet

$\frac{2\pi}{\varkappa}$ die Wellenlänge der Sekundärstrahlung,

a den „kraftfreien" Atomabstand

1) „Über die Schärfe der mit Röntgenstrahlen erzeugten Interferenzbilder", diese Zeitschr. **15**, 79, 1914.

2) P. Debye, Verh. d. D. Phys. Ges. **15**, 678, 738, 857, 1913; Ann. d. Phys. **43**, 49, 1914. Selbstverständlich sollen die Worte „grob" und „fein" nur die rein geometrischen Verhältnisse bezeichnen. Interessanter ist vielleicht die Verteilung unter den Maximis wegen der Beziehung zur Nullpunktsenergie (siehe die zuletzt zitierte Arbeit).

ϑ den Winkel zwischen der Atomreihe und der Beobachtungsrichtung,
k die Boltzmannsche Entropiekonstante,
T die absolute Temperatur,
f den Parameter der quasielastischen Kraft zwischen Nachbaratomen.

Die α_{nl} sind die normierten Eigenfunktionen bei der Darstellung der Verschiebungen ξ_n der Massenpunkte durch die Normalkoordinaten a_l

$$\xi_n = \sum_{-N}^{+N}{}_l\, \alpha_{nl} a_l. \tag{2}$$

Die p_l sind, von einem konstanten Faktor abgesehen, die Quadrate der Eigenfrequenzen der betreffenden Normalkoordinaten.

Der Rechenvorgang bei der Auswertung des Ausdrucks (1) wird nun, wie ich erwähnte, wesentlich beeinflußt durch die Annahme, welche man über die beiden Randatome macht, ob man dieselben z. B. als fix, als frei, als elastisch an ihre Ruhelage gebunden ansieht oder dgl. Die Eigenfunktionen α_{nl} hängen nämlich von diesen Randbedingungen ab. Die physikalische Aussage des Endresultats für I_m bleibt aber davon unberührt, wenn die Zahl der Atome nur genügend groß ist, und I_m läßt sich durch eine einfache Approximationsmethode, welche die Randbedingungen nicht berücksichtigt, mit der wünschenswerten Genauigkeit finden.

Diese Tatsache ist seither in Zweifel gezogen worden[1]). Da hierdurch die Eindeutigkeit des Resultats und damit die physikalische Brauchbarkeit des Modells überhaupt in Frage gestellt ist, erscheint es nötig, den strengen Beweis für die Unabhängigkeit des Endresultats von den Randbedingungen nunmehr in extenso zu erbringen. Dies geschieht in § 1. § 2 enthält einige Bemerkungen, die sich an die Rechnungen von § 1 knüpfen und mir von Interesse zu sein scheinen. In § 3 wird die physikalische Bedeutung meiner Endformel ausführlicher erörtert.

§ 1.

Gitterlinie mit beliebigen Randbedingungen.

Wir vermeiden jetzt den Grenzübergang $N=\infty$, welcher zu den oben erwähnten Bedenken Anlaß gegeben hat. Wir werden zeigen, daß man aus (1) schon bei genügend großem endlichen N unabhängig von den Randbedingungen für I_m wesentlich dasselbe Resultat erhält, das ich neulich angegeben habe (Gl. (32), l. c.).

Für die einfachen Summen im Exponenten von (1) findet man bei endlichem N, wenn die Randpunkte frei sind

$$\sum_{-N}^{+N}{}_l \frac{(\alpha_{nl}-\alpha_{ml})^2}{p_l} = |n-m|. \qquad (3)^{1)}$$

Bei festen Randpunkten findet man

$$\sum_{-N}^{+N}{}_l \frac{(\alpha_{nl}-\alpha_{ml})^2}{p_l} = |n-m| - \frac{(n-m)^2}{2N}. \qquad (4)^{1)}$$

Der Wert (3) ist derselbe, den mein Approximationsverfahren lieferte. Die Rechnungen meiner ersten Arbeit, z. B. die Formel (30) l. c., gelten also in aller Strenge bei beliebigem N für freie Randpunkte.

Es gilt nun zu zeigen, daß man auch mit (4) bei genügend großem, endlichen N wesentlich das gleiche Resultat für die Doppelsumme (1) erhält wie mit (3), was deshalb besonders bemerkenswert ist, weil sogar die Mehrzahl der Ausdrücke (4) sich merklich von den entsprechenden Ausdrücken (3) unterscheidet. Infolge der besonderen Natur der Doppelsumme kommen aber (bei genügend großem N) in ihr nur jene Glieder in Betracht, für welche kein merklicher Unterschied zwischen (3) und (4) besteht.

Um dies zu zeigen, führen wir in (1) die Abkürzungen ein

$$\alpha = \varkappa a \cos\vartheta, \quad \varepsilon = \frac{kT}{f}\varkappa^2 \frac{\cos^2\vartheta}{2}. \tag{5}$$

Wir erhalten dann aus (1) mit (4)

$$I_m = \sum_{-N}^{+N}{}_m \sum_{-N}^{+N}{}_n e^{i\alpha(n-m) - \varepsilon|n-m| + \varepsilon\frac{(n-m)^2}{2N}}. \tag{6}$$

Zunächst kann man hier alle Glieder mit gleichem $n-m$ zusammenfassen und erhält die einfache Summe

$$I_m = \sum_{-2N}^{+2N}{}_k (2N+1-|k|)\, e^{i\alpha k - \varepsilon|k| + \varepsilon\frac{k^2}{2N}} =$$
$$= 2\sum_{0}^{+2N}{}_k (2N+1-k)\cos\alpha k\cdot e^{-\varepsilon k\left(1-\frac{k}{2N}\right)} - (2N+1). \tag{7}$$

Nun sei P eine ganze Zahl kleiner als N, über welche wir noch verfügen werden. Wir zerlegen die Summation in folgende Teilstrecken

$$\sum_{0}^{P-1}, \quad \sum_{P}^{2N-P}, \quad \sum_{2N-P+1}^{2N}.$$

1) „Zum Problem des Interferenzbildes einer Gitterlinie", von Johann Kern, diese Zeitschr. 15, 337, 1914.

1) J. Kern, l. c., S. 341. Wir bezeichnen hier wieder die Anzahl der Punkte mit $2N+1$, während Herr Kern N dafür schreibt. Die Ungeradheit ist aber natürlich nicht wesentlich!

Wir werden nun sukzessive die Fehler abschätzen, die wir begehen, wenn wir 1. die beiden letzten Summen unterdrücken, 2. in der ersten Summe das quadratische Glied im Exponenten fortlassen, 3. den Faktor $2N+1-k$ durch $2N+1$ ersetzen, 4. die Summe nunmehr statt bis $P-1$ bis ∞ erstrecken. Die Summe, die übrig bleibt, läßt sich dann leicht ausführen. Dann wird sich zeigen, daß man, wenn N genügend groß ist, P immer so wählen kann, daß die begangenen Fehler von kleinerer Größenordnung sind als das Resultat.

Schätzen wir nun die einzelnen Fehler nach ihrem Absolutbetrag. In der zweiten Teilsumme ersetzen wir alle Kosinusse durch $+1$, die beiden anderen Faktoren durch die größten Werte, die sie auf dieser Strecke annehmen; die Zahl der Summanden ist $2N-2P+1$. So erhalten wir

$$\left|2\sum_{P}^{2N-P}\right| < 2(2N-2P+1)(2N-P+1)e^{-\varepsilon P\left(1-\frac{P}{2N}\right)}. \tag{I}$$

Ähnlich gibt die dritte Teilsumme

$$\left|2\sum_{2N-P+1}^{2N}\right| < 2P^2. \tag{II}$$

Demnach wird (vorbehaltlich der Fehlerschätzung)

$$I_m = 2\sum_1^{P-1}{}^k \cos\alpha k\cdot e^{-\varepsilon k+\frac{\varepsilon k^2}{2N}}(2N+1-k) - \\ -(2N+1).$$

Lassen wir nun in dieser Summe die Faktoren $e^{\frac{\varepsilon k^2}{2N}}$ weg, so begehen wir einen Fehler, der ersichtlich kleiner ist als

$$|3.\,\text{Fehler}| < 2(2N+1)\left(e^{\frac{\varepsilon P^2}{2N}}-1\right)\sum_0^{P-1}{}^k e^{-\varepsilon k}$$
$$< 2(2N+1)\left(e^{\frac{\varepsilon P^2}{2N}}-1\right)\frac{1-e^{-\varepsilon P}}{1-e^{-\varepsilon}}. \tag{III}$$

Wenn wir dann noch den Faktor $2N+1-k$ durch $2N+1$ ersetzen, ist der Fehler kleiner als

$$|4.\,\text{Fehler}| < 2\sum_1^{P-1}{}^k k = P(P-1). \tag{IV}$$

Es bleibt dann

$$I_m = (2N+1)\left(2\sum_0^{P-1}{}^k \cos\alpha k\cdot e^{-\varepsilon k}-1\right).$$

Endlich erstrecken wir die Summe statt bis $P-1$ bis ∞ und begehen damit einen fünften Fehler, der kleiner bleibt als

$$\left.\begin{aligned}|5.\,\text{Fehler}| &< 2(2N+1)\sum_P^{\infty}{}^k e^{-\varepsilon k}\\ &< 2(2N+1)\frac{e^{-\varepsilon P}}{1-e^{-\varepsilon}}.\end{aligned}\right\} \tag{V}$$

Vorbehaltlich der Abschätzung der Fehler (I) bis (V) gilt also

$$I_m = (2N+1)\left(2\sum_0^{\infty}{}^k \cos\alpha k\cdot e^{-\varepsilon k}-1\right).$$

Die Summe läßt sich leicht ausführen, indem man die Kosinusse wieder zerlegt, und man findet nach einigen Reduktionen

$$I_m = \frac{\frac{1}{2}(e^{\varepsilon}-e^{-\varepsilon})(2N+1)}{\frac{1}{2}\left(e^{\frac{\varepsilon}{2}}-e^{-\frac{\varepsilon}{2}}\right)^2+2\sin^2\frac{\alpha}{2}}, \tag{8}$$

was genau mit dem Ausdruck (32) auf S. 84 meiner ersten Abhandlung über einstimmt, aus dem ich alle meine Resultate abgeleitet habe.

Es erübrigt nur noch die Abschätzung der Fehler (I) bis (V) im Verhältnis zu dem Wert (8) von I_m. Nun ist nach (8) immer

$$I_m > \frac{e^{\frac{\varepsilon}{2}}-e^{-\frac{\varepsilon}{2}}}{e^{\frac{\varepsilon}{2}}+e^{-\frac{\varepsilon}{2}}}(2N+1).$$

Setzt man also für ε eine, übrigens beliebig kleine, untere Schranke δ fest, so ist

$$I_m \geqq g(2N+1), \tag{9}$$

wo g ein fester Wert, nämlich $=\frac{e^{\frac{\delta}{2}}-e^{-\frac{\delta}{2}}}{e^{\frac{\delta}{2}}+e^{-\frac{\delta}{2}}}$ (die hyperbolische Tangente wächst immer mit dem Argument). Man braucht nun in den Ausdrücken (I) bis (V) nur etwa $P=\sqrt[3]{2N+1}$ (oder der nächstbenachbarten ganzen Zahl) zu setzen, so erkennt man, daß für $\varepsilon \geqq \delta$ alle diese Ausdrücke gegen (9) zu vernachlässigen sind, wenn N nur genügend groß ist; die Formel (8) gilt dann also mit beliebiger Annäherung zunächst für solche ε.

Das genügt aber, um bei hinreichend großem N die Formel (8) für beliebiges ε anwenden zu dürfen. Man kann nämlich die Schranke δ von vornherein so klein wählen, daß (8) für $\varepsilon \leqq \delta$ ein beliebig wenig gestörtes Beugungsbild liefert. Denn je kleiner ε, desto rascher erfolgt nach (8) der seitliche Abfall von den ungestörten Maximis aus ($\alpha = 2\pi \times$ ganze Zahl). Dann wird aber für $\varepsilon \leqq \delta$ auch die Doppelsumme (6) ein merklich scharfes Beugungsbild liefern, und zwar a) für $\varepsilon = \delta$, weil hier die Näherung (8) noch gilt, b) für $\varepsilon < \delta$ nach ihrem Bau a fortiori. Somit dürfen wir die Näherung (8) für alle ε verwenden, wenn N nur hinreichend groß ist.

Damit ist also bewiesen, daß man bei hinreichend großem N auch bei festgehaltenen Randpunkten dieselbe Beugungsfigur erhält wie bei freien[1]).

Man könnte natürlich außer den beiden Randbedingungen, für welche wir die Frage hiermit erledigt haben, auch noch viele andere betrachten. Nicht nur könnte man einen oder beide Randpunkte durch beliebige Kräfte an ihre Ruhelagen fesseln; am naheliegendsten wäre es vielleicht, sie von Gasmolekülen bombardieren zu lassen, mit denen sie im Wärmegleichgewicht stehen. Es ist nicht daran zu denken, die Rechnung für alle erdenklichen Arten solcher Randbedingungen durchzuführen. Aber ich denke die Erledigung der beiden extremen Fälle: Randpunkte frei und Randpunkte fest, wird hinreichen, um zu zeigen, daß die Lösung im allgemeinen vollkommen bestimmt ist, und daß daher der am Ende der Arbeit des Herrn Kern gegen die Problemstellung erhobene Vorwurf dieselbe nicht trifft[2]).

§ 2.

Die Laue-Tankschen „einheitlich schwingenden" Bezirke.

Nicht ohne Interesse ist der mathematische Grund, warum das quadratische Glied in (4) die Doppelsumme (1) bei genügend großem N nicht mehr beeinflußt, obwohl es, wie bemerkt, bei beliebig großem N die Mehrzahl der Summen (4) gegen (3) wesentlich herabdrückt. An der Hand der vorstehenden Entwicklungen erkennt man: das rührt davon her, daß in der Doppelsumme nicht alle Werte der Differenz $m - n$ gleich oft auftreten, sondern die großen, mit N vergleichbaren, bei denen das quadratische Glied etwas austrägt, selten gegenüber den kleinen, bei denen das quadratische Glied nichts austrägt. Der Umstand, daß die kleineren Differenzen für das Resultat allein maßgebend sind, berührt physikalisch außerordentlich sympathisch. Denn das kommt darauf hinaus, daß der Gesamtbeitrag aller jener Atompaare, welche eine bestimmte Distanz voneinander haben, um so mehr zu vernachlässigen ist, je größer diese Distanz, daß also die Interferenzerscheinung wesentlich durch das Zusammenwirken verhältnismäßig nahe benachbarter Atome zustande kommt[1]). Dieses ungemein plausible Ergebnis fließt hier „automatisch" aus den Grundlagen der Born- und v. Kármánschen Theorie, ohne daß es nötig wäre, eine Modifikation derselben, etwa irgendwelche Annahmen über die Dämpfung oder Zerstreuung elastischer Wellen im Kristall einzuführen[2]).

Lassen wir die Überlegungen der Anmerkung 1) gelten, so daß wir von dem sonderbaren Verhalten des Debyeschen Schwächungsfaktors bei festen Randpunkten absehen können, so werden auch die Einzelbeiträge der Atompaare mit wachsender Distanz immer kleiner, ihre Strahlungen „interferieren immer schlechter" und es wird sich eine gewisse (mit zunehmender Temperatur abnehmende) Distanz angeben lassen, bei welcher die Interferenzfähigkeit praktisch aufgehört hat. Dies stimmt nun in bemerkenswerter Weise mit den Vorstellungen überein, welche man sich vor der Entwicklung der Debyeschen Theorie von dem Einfluß der Wärmebewegung auf das Zustandekommen der Interferenzerscheinung gemacht hatte. Planck[3]), dann v. Laue und Tank[4]) sprachen die Ver-

1) Es ist besonders zu betonen, daß nach den Grundlagen unserer Rechnung immer alle $2N+1$ Atome als bestrahlt und strahlend angesehen werden, nicht etwa nur ein kleines mittleres Stück einer sehr ausgedehnten Atomreihe; in dem letzteren Fall wäre das eben abgeleitete Resultat ziemlich selbstverständlich.

2) Befremden muß die Ansicht des Herrn Kern, daß an der von ihm vermuteten Unbestimmtheit der Umstand schuld sei, daß der Einfachheit halber zunächst das eindimensionale Problem behandelt wurde. Ich hätte es für einleuchtend gehalten, daß genau dieselben Verhältnisse, welche hier eine Unbestimmtheit der Lösung vortäuschen konnten, auch beim dreidimensionalen Problem auftreten müssen, nur in entsprechend verwickelterer Form.

1) Der Beitrag eines einzelnen Atompaares nimmt, wenn man mit (4) statt mit (3) rechnet, nicht beständig ab mit zunehmender Entfernung. Der Debyesche Schwächungsfaktor (in diesem Falle $e^{-\varepsilon|n-m|+\varepsilon\frac{(n-m)^2}{2N}}$) wächst wieder, wenn die Entfernung die halbe Länge der Atomreihe überschreitet, und wird für $n - m = 2N$, d. i. für das äußerste (ruhende) Punktepaar wieder $= 1$ (man vergleiche die Figur bei Kern, l. c.). Dieses physikalisch unsinnige Resultat, daß weiter entfernte Punkte wieder „besser interferieren", rührt davon her, daß die Bedingung „Randpunkte fest" wesentlich unrealisierbar ist. Denn irgendein Mechanismus, welcher die unveränderliche Distanz dieser beiden Punkte garantieren sollte, müßte ja doch selbst wieder aus Molekülen bestehen, denen sich die Wärmebewegung der Punktreihe mitteilen würde; er würde daher Längenschwankungen von derselben Größenordnung wie die freie Punktreihe erleiden.

Ich habe nur deshalb mit dem Resultat (4) weitergerechnet, weil ich die Eindeutigkeit des Endresultats auch für den Fall sicherstellen wollte, daß man die eben gemachte Bemerkung nicht für stichhaltig gelten läßt.

2) Vgl. P. Debye, Ann. d. Phys. **43**, 65, 1914; J. Kern, l. c., S. 339, Anm.

3) Bei einer Diskussion in der Deutschen Phys. Ges.

4) M. v. Laue und F. Tank, Ann. d. Phys. **41**, 1010, 1913.

mutung aus, „daß vielleicht erhebliche Teile des Raumgitters nach Amplitude und Phase fast die gleichen Schwingungen haben und sich so relativ zueinander nicht oder nur unbeträchtlich verschieben; es würde dann zwar nicht der ganze Kristall, so weit er bestrahlt ist, als ein einheitliches Raumgitter wirken, wohl aber wäre dies bei jedem derartigen Teil der Fall".

Ich glaube, daß diesen Vermutungen eine intuitive Erkenntnis des wahren Sachverhaltes zugrunde lag. Tatsächlich kann man ja in den angeführten Worten eine rohe Beschreibung (mehr konnte nicht beabsichtigt sein) des Vorgangs erblicken, wie er sich nach unserer Analyse darstellt.

v. Laue und Tank vermuteten auch, daß die Größe jener „einheitlich schwingenden" Bezirke mit zunehmender Temperatur abnehmen muß. Sie erschlossen daraus einen Einfluß der Temperatur auf die Länglichkeit der Flecken, welche von der Krümmung der einfallenden Welle herrührt; die letztere ist nämlich um so eher zu vernachlässigen, je kleiner die Bezirke sind, die als einheitliche Raumgitter wirken. Es ist klar, daß ein derartiger Temperatureinfluß sich auch nach der hier dargelegten Theorie ergeben muß, und daß er dem Experiment zugänglich sein könnte. Leider ist es mir bisher noch nicht gelungen, im dreidimensionalen Fall die Rechnung auch nur für eine ebene Primärwelle bis zu Ende zu führen.

Nach der ersten exakten Berechnung des Temperatureinflusses durch Debye ergab sich dann allerdings die scheinbare Unrichtigkeit der Planck-Laue-Tankschen Vermutungen. Die Durchrechnung[1]) unter Rücksicht auf die Wärmebewegung nach Debyes Vorgang ergab Unabhängigkeit der Fleckenform von der Temperatur auch bei Krümmung der Primärwelle. Dafür, daß die Länglichkeit bei wachsender Entfernung Antikathode—Kristall weit eher verschwindet als verständlich ist, wenn man den ganzen bestrahlten Teil des Kristalls als einheitliches Raumgitter auffaßt, machen die Herren v. Laue und Tank in ihrer zweiten Arbeit ausschließlich strukturelle „Fehler" des Kristalls verantwortlich (l. c., S. 1566). Nach unserer Theorie könnte, wie gesagt, auch die erste Auffassung v. Laues die richtige sein. Die Debyesche Theorie scheint mir wegen gewisser Vernachlässigungen, die ihr derzeit noch anhaften, nicht imstande, so feine Details des Interferenzbildes richtig wiederzugeben[2]).

Die Tatsache, daß nur Atompaare, welche nicht allzu weit voneinander entfernt sind, eine merkliche Interferenzintensität liefern, läßt auch das einem natürlichen Instinkt entspringende Bedenken verschwinden, man könnte durch die Methode der Normalschwingungen, wonach die sin- und cos-Wellen, in welche man sich die Wärmebewegung zerlegt denkt, im ganzen Gitter als kohärent angesehen werden, dem physikalischen Problem Gewalt angetan haben. Diesem Bedenken entstammen, wie ich glaube, die Debyeschen Überlegungen über die „Reichweite" elastischer Wellen im Kristall. Nach meiner Ansicht ist man (abgesehen von etwaigen „strukturellen Fehlern", von denen man natürlich von vornherein nicht wissen kann, wie stark sie die beobachteten Erscheinungen beeinflussen) vollkommen berechtigt, ja verpflichtet, die wirkliche Kohärenz in dem ganzen betrachteten Gebiet anzunehmen[1]). Daß die Bewegungen entfernterer Atome in keiner merklichen Abhängigkeit mehr stehen, ergibt sich dann „automatisch", wie sich daran erkennen läßt, daß ihre Strahlungen nicht mehr merklich interferieren. Der Fall liegt ähnlich, wie beispielsweise in der Planckschen Strahlungstheorie, wenn man den Lichtvektor in einem Punkt einer (physikalisch!) monochromatischen Welle für einen beliebig langen Zeitraum, etwa für ein ganzes Jahr, in eine Fourierreihe entwickelt. Die Partialschwingungen dieser Fourierreihe erfolgen wirklich während eines ganzen Jahres streng kohärent, und das steht keineswegs in Widerspruch mit der Tatsache, daß die Interferenzfähigkeit desselben Lichtstrahls „mit sich selbst" (wenn man ihn etwa durch partielle Reflexion in zwei „identische" spaltet) schon nach einer Wegdifferenz der Komponenten von wenigen Dezimetern aufhört. Im Gegenteil ergibt sich dieses Resultat auch hier durch eine statistische Überlegung „von selbst", wenn man eine den tatsächlichen Verhältnissen entsprechende Annahme über den Grad der Monochromasie des Lichtstrahls macht, d. h. über die Zahl der Fourierglieder, welche zu seiner Darstellung notwendig sind.

1) M. v. Laue und F. Tank, Ann. d. Phys. **42**, 1561, 1913.

2) Debye hebt (l. c., S. 65) ausdrücklich hervor, daß der dort vorgenommenen Mittelbildung über die Phase δ die Voraussetzung zugrunde liegt, daß schon die Schwingungen von Nachbaratomen voneinander ganz unabhängig sind. Er erhält dadurch für alle Atompaare denselben Schwächungsfaktor. Dies ist der mathematische Grund für die Schärfe der Bilder überhaupt und speziell auch für das Fehlen eines Einflusses der Wärmebewegung auf die „Länglichkeit".

1) Natürlich nicht mehr, wenn man Abweichungen vom Hookeschen Gesetz annimmt. Inwieweit andere Erscheinungsgebiete hierzu nötigen, soll hier nicht diskutiert werden [siehe P. Debye, Vorträge über die kinetische Theorie der Materie und der Elektrizität, S. 19 ff., Teubner 1914]. Für die Theorie des Debyeeffekts scheint mir das überflüssig, zumal es die Durchführung einer exakten Theorie so gut wie unmöglich macht.

§ 3.
Die physikalische Deutung der Formel (8).

Schließlich möchte ich noch einige Worte über die Deutung der Formel (8) hinzufügen, da mir eine Bemerkung in der oben zitierten Arbeit des Herrn Kern gezeigt hat, daß die Form, in der ich die daraus folgenden Schlüsse in meiner ersten Arbeit ausgesprochen habe, zu Mißverständnissen Anlaß geben kann.

Zunächst wiederhole ich, daß eine quantitative Übereinstimmung mit der Erfahrung von dem eindimensionalen Modell nicht erwartet werden darf, wohl aber eine qualitative.

Sei $\alpha_0 = 2n\pi$ der Wert von α in einem Maximum der ungestörten Interferenzfigur, und $\alpha' = \alpha - \alpha_0$. Wir beschränken uns auf kleine Werte von ε und α'. Wir werden sehen, daß wir jedenfalls für die Darstellung der bisher beobachteten Fälle damit unser Auslangen finden. Es wird sich nämlich zeigen, daß die Flecken unter gewissen Umständen wegen Lichtschwäche verschwinden, noch bevor eine starke Verbreiterung, das vollständige Verschwimmen, eingetreten ist. — Für kleine ε und α' nimmt (8) näherungsweise die Gestalt an

$$I_m = \frac{2(2N+1)}{\varepsilon} \frac{1}{1+\left(\frac{\alpha'}{\varepsilon}\right)^2}. \qquad (10)$$

Das Differential des Beugungswinkels ϑ ist nach (5)

$$d\vartheta = \pm \frac{d\alpha'}{\varkappa a \sin\vartheta} \qquad (11)$$

$\left(\frac{2}{\varkappa}\right.$ Wellenlänge, a Gitterabstand$\left.\right)$. Die zwischen ϑ und $\vartheta + d\vartheta$ auftreffende Energie ist also proportional mit

$$I_m d\vartheta = \frac{2(2N+1)}{\varkappa a \sin\vartheta} \frac{\frac{d\alpha'}{\varepsilon}}{1+\left(\frac{\alpha'}{\varepsilon}\right)^2}, \qquad (12)$$

Zur Berechnung der Gesamtintensität eines Flecks habe ich nun nach α' von $-\infty$ bis $+\infty$ integriert und finde sie unabhängig von der Temperatur; das ist (unter gewissen Vernachlässigungen) richtig, wenn man eben die gesamte der Umgebung eines Flecks zugestrahlte Energiemenge finden will. Aber man darf daraus nicht den Schluß ziehen, daß die photographisch gemessene Intensität des Flecks von der Temperatur unabhängig sein muß.

Um eine erkennbare Schwärzung auf der photographischen Platte hervorzubringen, ist bei bestimmter Belichtungsdauer eine gewisse Minimalintensität notwendig, welche von der Belichtungsdauer und von der Stärke des allgemeinen „Schleiers" abhängt, der in größerem oder geringerem Maße stets vorhanden ist. Sei diese Minimalintensität I_0, dann wird zunächst die bemerkbare Ausdehnung eines Flecks durch die Größe $2\alpha_0'$ gemessen, wo

$$I_0 = \frac{2(2N+1)}{\varepsilon} \frac{1}{1+\left(\frac{\alpha_0'}{\varepsilon}\right)^2}, \qquad (12)$$

also

$$2\alpha_0' = 2\varepsilon \sqrt{\frac{2(2N+1)}{\varepsilon I_0} - 1}. \qquad (13)$$

Nennen wir $I_{\max}$ den Wert von I_m für $\alpha' = 0$, also

$$I_{\max} = \frac{2(2N+1)}{\varepsilon}, \qquad (14)$$

so können wir auch schreiben

$$2\alpha_0' = 2\varepsilon \sqrt{\frac{I_{\max}}{I_0} - 1}. \qquad (15)$$

Da ε mit der absoluten Temperatur proportional ist [Gl. (5)], so ergibt sich aus (13): Die photographische Breite des Beugungsbildes muß bei konstanter Exposition mit wachsender Temperatur erst zu- und dann wieder abnehmen, bis sie bei einer bestimmten (von der Expositionsdauer abhängigen!) Temperatur verschwindet, und zwar nach (15) natürlich dort, wo $I_{\max} = I_0$ geworden ist. Die maximale Breite des Flecks tritt auf, wenn $\varepsilon = \frac{2N+1}{I_0}$, also $I_{\max} = 2I_0$ ist. Sie beträgt 2ε. Bei dem doppelten Wert der Temperatur verschwindet dann das Bild. Wenn die betreffenden ε noch klein sind gegen 1 (für diesen Fall allein gelten diese einfachen Rechnungen), wird also das vollständige Verschwimmen des Flecks sich überhaupt der Beobachtung entziehen.

Die mittlere photographische Intensität hängt natürlich noch ab von dem Schwärzungsgesetz. Wäre die Schwärzung der Intensität I_m proportional, so könnten wir sie (für bestimmte Expositionsdauer) durch den Mittelwert von I_m messen. Wir erhalten aus (11) und (12)

$$\overline{I_m} = \frac{2(2N+1)}{\varkappa a \sin\vartheta} \frac{\int\limits_{-\alpha_0'}^{+\alpha_0'} \frac{\frac{d\alpha'}{\varepsilon}}{1+\left(\frac{\alpha'}{\varepsilon}\right)^2}}{\int\limits_{-\alpha_0'}^{+\alpha_0'} \frac{d\alpha'}{\varkappa a \sin\vartheta}} = \frac{2(2N+1)}{\alpha_0'} \operatorname{arctg} \frac{\alpha_0'}{\varepsilon}, \qquad (16)$$

da ϑ in dem kleinen Bereich als konstant gelten kann. Um die Art der Abhängigkeit von der Temperatur zu erkennen, ist es am bequemsten,

$$\frac{a_0'}{\varepsilon} = \sqrt{\frac{I_{max}}{I_0} - 1} = y \qquad (17)$$

als Variable einzuführen. Diese Größe nimmt nach (14) und (5) mit wachsender Temperatur beständig ab von positiven Werten bis zur 0. Man erhält nun leicht

$$\overline{I_m} = I_0 \frac{(1 + y^2)\operatorname{arctg} y}{y}, \qquad (18)$$

und dieser Ausdruck ändert sich für positives Argument beständig im gleichen Sinn wie y[1])

Auch nach unserer Theorie muß also bei konstanter Expositionszeit die mittlere photographische Intensität eines Flecks mit wachsender Temperatur beständig abnehmen, wenn man nur berücksichtigt, daß die Strahlungsintensität einen gewissen Schwellenwert überschreiten muß, damit überhaupt eine Schwärzung bemerkbar ist, und wenn man oberhalb dieses Schwellenwertes annimmt, daß die Schwärzung der auftreffenden Energie proportional ist. Man darf wohl annehmen, daß auch das richtige Schwärzungsgesetz, welches, soviel ich weiß, für diese Aufnahmen noch nicht bekannt ist, an dem Resultat qualitativ nichts ändern wird.

Es ist nicht zu erwarten, daß man die hier skizzierten Erscheinungen in der Erfahrung reinlich bestätigt finden wird. Insbesondere die Form und räumliche Ausdehnung der Flecken muß notwendig noch von so vielen anderen Faktoren abhängen (endliche Distanz zwischen Antikathode und Kristall, Kristall und Platte; endliche Ausdehnung des Brennflecks; Inhomogenität der einfallenden Welle; Strukturfehler, deren gröbste in der „Streifung" zutage treten), daß der Temperatureinfluß möglicherweise vollständig überdeckt sein kann. Deswegen scheint es aber nicht minder nötig, die Theorie desselben möglichst detailliert zu entwickeln, da man doch nur dann hoffen darf, eine komplexe Erscheinung in ihre Bestandteile aufzulösen, wenn man den möglichen Einfluß jedes einzelnen Faktors kennt.

1) Der Differentialquotient nach y ist

$$\frac{y + (y^2 - 1)\operatorname{arctg} y}{y^2}.$$

Für $y > 1$ ist das sicher positiv. Für $0 < y < 1$ setzen wir $y = \operatorname{tg}\frac{x}{2}$, so daß $0 < x < \frac{\pi}{2}$, und erhalten

$$\frac{(\operatorname{tg} x - x)\cos x}{2\sin^2\frac{x}{2}},$$

was in dem betrachteten Gebiet ebenfalls immer positiv ist.

Daß die photographische Intensität eines Flecks mit steigender Temperatur abnimmt und schließlich verschwindet, ein Resultat, welches gleichmäßig aus meiner und aus der Debyeschen Theorie folgt, wird durch die Erfahrung bestätigt[1]).

Es scheint mir also nicht, daß meine Theorie, wie Herr Kern l. c. gemeint hat, mit den bisherigen Erfahrungen in Widerspruch steht, sondern im Gegenteil, daß sie mit denselben vollkommen im Einklang ist.

Zusammenfassung.

1. Das Interferenzbild einer Gitterlinie hängt, wenn die Zahl der Punkte hinreichend groß ist, nicht von den Randbedingungen ab.

2. Dies rührt daher, daß nur solche Atompaare merklich zur Interferenzintensität beitragen, welche nicht zu weit voneinander abstehen. Dieses dem natürlichen Empfinden entsprechende Resultat ergibt sich nach der hier dargelegten Theorie automatisch, ohne besondere Annahmen, was mir als ein Vorzug erscheint.

3. Die ursprüngliche Laue-Tanksche Auffassung, daß das rasche Verschwinden der länglichen Fleckenform bei Vergrößerung des Abstandes Kristall—Antikathode von der Wärmebewegung herrührt, muß nicht notwendig falsch sein, wie aus der Debyeschen Theorie zu folgen schien. Würde diese Auffassung durch die Erfahrung bestätigt, so wäre das als eine Bestätigung der hier dargelegten Theorie anzusehen.

4. Auch aus ihr ergibt sich eine Abnahme der photographisch beobachteten Fleckenintensität und ein schließliches Verschwinden bei steigender Temperatur, was mit den Beobachtungen stimmt. Die Fleckengröße und -form dürfte aber in den meisten Fällen wesentlich durch andere Faktoren bedingt sein.

1) Vgl. hierzu: M. v. Laue und J. Steph. van der Lingen, Experimentelle Untersuchungen über den Debyeeffekt, diese Zeitschr. 15, 75, 1914.

Wien, II. physikal. Institut der Universität, den 4. April 1914.

(Eingegangen 6. April 1914.)

Aus den Sitzungsberichten der Kaiserl. Akademie der Wissenschaften in Wien.
Mathem.-naturw Klasse; Bd. CXXIII. Abt. IIa. Juli 1914.

Mitteilungen aus dem Institut für Radiumforschung.

LXI.

Über die weiche (β) Sekundärstrahlung von γ-Strahlen

von

K. W. Fritz Kohlrausch und **Erwin Schrödinger.**

(Mit 17 Textfiguren.)

(Vorgelegt in der Sitzung am 2. Juli 1914.)

I. Einleitung.

Wenn die harte Strahlung eines Ra-Präparats (vorwiegend γ-Strahlen von *Ra-C*) auf Materie auftreffen, so gehen von den getroffenen Stellen nach allen Richtungen Strahlen aus. Von dieser Strahlung ist ein Teil von nahezu derselben Durchdringungsfähigkeit wie die primären Strahlen; man kann ihn daher entweder als »gestreute« Primärstrahlung oder als richtige Sekundärstrahlung auffassen.[1] Ein anderer Teil ist viel weicher und von der β-Type.

Bei allen Versuchen mit γ-Strahlung treten diese beiden Typen auf, und zwar nicht nur an den Wänden des Ionisationsgefäßes, sondern auch an allen übrigen vom Primärstrahl getroffenen Gegenständen, an der übrigen Apparatur, an den Zimmerwänden, Tischplatte, Türen usf. Es ist klar, daß man in den auf letztgenannte Art entstehenden Sekundärstrahlen mit einer unter Umständen sehr störenden Fehlerquelle zu kämpfen hat; dieselbe muß unbedingt vom Beobachtungsraum

---

[1] Nach Analogie mit den Röntgenstrahlen kann man schließen, daß beide Auffassungen zutreffen.

ferngehalten werden. Für die weiche Sekundärstrahlung ist dies leicht; für die harte kann es aber nur dadurch geschehen, daß man das Präparat allseitig mit einer genügend starken Schichte absorbierender Substanz bedeckt[1] und das ausgeblendete Strahlenbündel, das auf die Ionisationskammer fällt, darnach erst in größerer Entfernung von derselben wieder auf feste Materie auftreffen läßt.

Anders steht es mit der Sekundärstrahlung der Ionisationskammer. Die an ihren Wänden entstehende harte Sekundärstrahlung ist erfahrungsgemäß unbedeutend. Die weiche Sekundärstrahlung dagegen bildet einen sehr großen Bruchteil des gesamten Effektes, was man daran erkennt, daß derselbe um einige 100% geändert werden kann, wenn man Material und Dicke der Wände variiert. Es scheint also, daß es hauptsächlich diese weiche Sekundärstrahlung ist, an der man eigentlich die Intensität der γ-Strahlung mißt. Gegen diesen Vorgang wäre, wenn man sich nur über die Tatsache klar ist, gar nichts einzuwenden und es wäre ganz verfehlt, etwa für diesen Teil der Sekundärstrahlung Korrektionen anbringen zu wollen. Es wäre auch prinzipiell nichts gewonnen, wenn man mit einer Ionisationskammer ohne Wände arbeiten könnte, denn wahrscheinlich wird auch die scheinbar direkte Ionisierung der Luft durch die Vermittlung einer an den Luftmolekülen erregten β-Strahlung bewirkt, die aber, entsprechend der geringen Dichte der Luft, viel schwächer ist. Es liegt gar kein Grund vor, nicht den viel stärkeren Effekt an den Kammerwänden, die man ohnedies nicht entbehren kann, zu benützen.

Angesichts dieser Tatsachen scheint es aber um so notwendiger, die Eigenschaften dieser sekundären β-Strahlen auf das sorgfältigste zu erforschen. Es liegt über sie bereits eine große Zahl von Untersuchungen vor, deren Hauptergebnisse die folgenden sind:

1. Es handelt sich um einen Volumeffekt.

---

[1] Die Wichtigkeit dieser Maßregel hat unseres Wissens zum erstenmal A. Brommer gebührend hervorgehoben. Wiener Sitzungsber., *121*, 1563 (1912); Anzeiger Nr. VIII, 13. März 1913; Phys. Zeitschr., *13*, 1037 (1912).

2. Die Härte der sekundären β-Strahlen geht parallel mit der Härte der primären γ-Strahlen.

3. Man hat zu unterscheiden zwischen der Einfallsstrahlung (incident radiation) und der Austrittstrahlung (emergence radiation), von denen die erstere scheinbar an der der Strahlenquelle zugewendeten, also zuerst getroffenen Plattenseite, die letztere an der abgewendeten entsteht.

4. Die »Stärke« der Eintrittsstrahlung ist angenähert proportional dem Atomgewicht der Plattensubstanz.

5. Die Stärke der Austrittstrahlung ordnet sich nach dem Atomgewicht auf einer nach unten konvexen, parabelartigen Kurve, mit dem Minimum für Zink.

6. Was den Mechanismus des Vorganges betrifft, so scheint man anzunehmen, daß die erregte Elektronenstrahlung ursprünglich in der Richtung des primären γ-Impulses sich bewegt und infolge eines »Skattering«-Effektes an den Atomen abgelenkt, beziehungsweise nach rückwärts gebogen wird.

Schon diese allgemeinen Resultate enthalten in sich Unklarheiten. Sehen wir von Punkt 2, der in dieser Arbeit nicht behandelt wurde, ab und nehmen Punkt 1, den Volumeffekt, als erwiesene Tatsache an. Dann ist es ganz unwahrscheinlich, daß zwischen Eintritt- und Austrittstrahlung scharf getrennt werden kann und die Begriffe können wohl nur als kurze Ausdrucksweise für die Art der Messung, ob diesseits oder jenseits des Sekundärstrahlers beobachtet wurde, aufgefaßt werden. Es ist vielmehr anzunehmen, daß beide stetig ineinander übergehen; ist dies aber der Fall, dann verlieren die Ausdrücke und damit auch die in Punkt 4 und 5 erwähnten Tatsachen ihre physikalische Bedeutung. Und was Punkt 6 anbelangt, so ist daran zu erinnern, daß mehrere Beobachter bei Sekundärstrahlern von hohem Atomgewicht (z. B. Blei) ein Überwiegen der Eintrittstrahlung über die Austrittstrahlung gefunden haben. Ein Skattering-Effekt an Elektronen, die sich in bestimmter Richtung bewegen, könnte aber wohl höchstens bewirken, daß die ausgezeichnete Richtung ganz verschwindet, nicht aber, daß eine neue, bevorzugte Richtung auftritt. Nun wird allerdings die Erklärung dieser Tatsache auch für alle anderen Auffassungen des Vorganges Schwierigkeiten bereiten und es sei damit nur gesagt, daß das ganze Erscheinungsgebiet noch lange nicht als abgeschlossen zu betrachten ist.

Im folgenden teilen wir nun die Resultate unserer Messungen über die weiche Sekundärstrahlung, die von γ-Strahlen (Ra-*C*) erregt werden, mit. Die Versuche, die mit Unterstützung der Kaiserlichen Akademie der Wissenschaften im Wiener Radiuminstitut angestellt wurden, sind, wie wir glauben, unter definierteren Bedingungen als dies bisher geschehen ist, ausgeführt und gestatten eine quantitative Darstellung.

II. Die Versuchsanordnung.

a) Da nach unserer Meinung ein guter Teil der oft so widersprechenden Resultate bei elektrischen Messungen an γ-Strahlen daher rührt, daß die Versuchsapparatur infolge ungenügender, nicht allseitiger Abdeckung der Strahlenquelle zu wenig vor dem Einflusse der an der ganzen Umgebung entstehenden und mit ihr variierenden Sekundärstrahlung geschützt ist, war unser Hauptaugenmerk zunächst darauf gerichtet, ein definiertes γ-Strahlbündel herzustellen. Da wir gegen Blei als Absorber wegen seiner abnormen Eigenschaften Mißtrauen hegten, benützten wir Quecksilber. Um die γ-Strahlen auf $1^0/_{00}$ ihres Anfangswertes herabzudrücken, bedarf es einer etwa 11 *cm* dicken Hg-Schichte. Es wurde demnach eine Eisenkugel von 15 *cm* innerer Lichte und 1·5 *cm* Wandstärke gebaut, die horizontal ein mit den Kugelwänden quecksilberdicht verschraubtes Führungsrohr (0·2 *cm* Wandstärke, 2 *cm* innere Lichte) zur Aufnahme des Präparats enthielt. Letzteres, 120 *mg* $RaCl_2$, war zunächst in ein dünnwandiges Glasrohr von 0·4 *cm* Weite und 3 *cm* Länge eingeschmolzen, wurde zum Schutze gegen Beschädigungen in zwei weitere Glasrohre gesetzt und konnte in der in Fig. 1 dargestellten Weise mit Hilfe einer Eisenpatrone in die Kugel eingeführt werden.[1]

[1] In der Figur sind zwecks Raumersparnis die Größenverhältnisse nicht richtig wiedergegeben.

In das das Ra enthaltende Mittelstück der Patrone waren rechts und links Eisenrohre eingeschraubt und mit Korkstoppel im Führungsrohr gehalten. Der noch überbleibende freie Raum konnte durch Heben eines Quecksilberniveaus mit Hg gefüllt werden, so daß das Präparat tatsächlich bis auf zwei Richtungen allseitig von einem genügend starken Absorber umgeben war. Das in diesen Messungen[1] benutzte rechte Strahlrohr hatte 0·3 *cm* Wandstärke und 0·4 *cm* innere

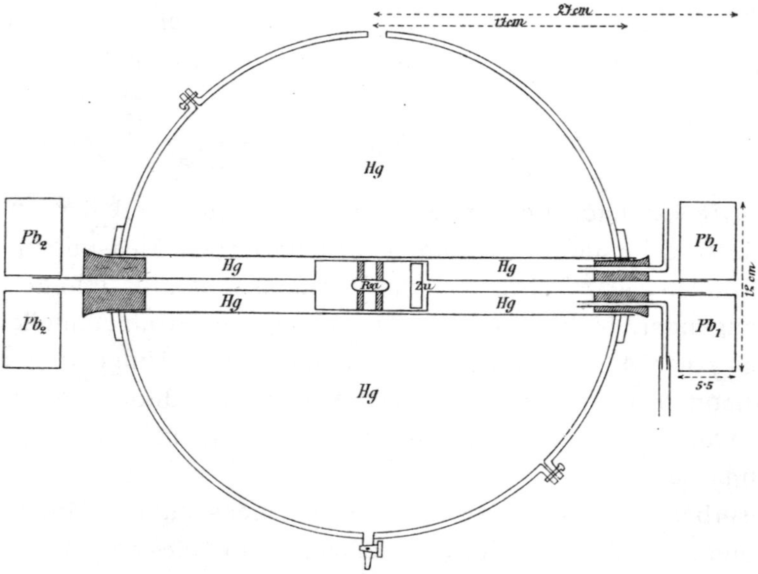

Fig. 1.

Lichte; die Innenseite war nicht glatt, sondern gewindeartig eingeschnitten, um störende regelmäßige Reflexionen möglichst zu vermeiden. Eine eventuell durch die Eisenteile des Führungs- und Strahlrohres hindurchgegangene Strahlung traf auf den 5·5 *cm* dicken Bleiklotz (Pb_1 und Pb_2). Die β-Strahlung des Präparats wurde durch Absorption in der 0·5 *cm* dicken Zinkscheibe (Zn) entfernt. Daß das austretende Strahlenbündel keine β-Strahlen enthielt, wenigstens für unsere Messungsempfindlichkeit nicht merkbar, zeigten mehrfache Kontrollversuche mit dem Magnetfelde.

[1] Die linke Seite der Anordnung wurde für photographische Zwecke benutzt.

Diese ganze, im gefüllten Zustand etwa 250 *kg* schwere Kugel konnte um eine horizontale und eine vertikale Achse im Bereiche von zirka 30° gedreht werden. Sie war so aufgestellt, daß die γ-Strahlen zuerst den weiter unten zu besprechenden Ionisationsapparat trafen und dann zwei Zimmer durchlaufen konnten, ohne auf sekundärstrahlende Wände zu stoßen.

Da wir die Absicht haben, noch einige Untersuchungen, deren Voraussetzung und Beweiskraft auf der Verwendung eines wohldefinierten, mehr oder weniger parallelen γ-Bündels beruht, mit diesem Apparate vorzunehmen, so möge an dieser Stelle an einigen Beispielen gezeigt werden, inwieweit die gewünschte Ausblendung erreicht war.

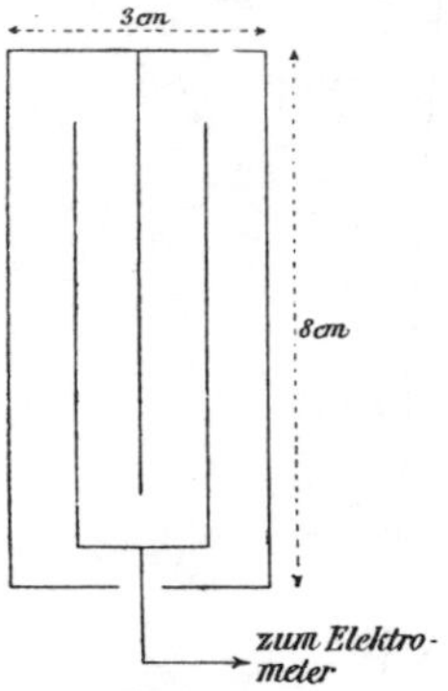

1. Eine mit einem Binant-Elektrometer verbundene Ionisierungskammer, die ähnlich wie ein Fünfplattenkondensator gebaut war (Plattengröße 20×8 *cm*, Material 0·3 *mm* Bleiblech), war mit der Stirnseite, deren Querschnitt nebenstehende Skizze darstellt, dem Strahl zugewendet und konnte auf einer Kreisperipherie (Radius 120 *cm*, Mittelpunkt nahe dem Strahler) in der Strahlebene bewegt werden. Fig. 2 stellt den Ionisationsstrom in Skalenteilen pro Minute als Funktion der Kammerstellung (in Bogengraden) dar. Man sieht das scharfe Maximum, wenn die Kammer den Strahl passiert, das steil bis zum Wert 25 Skalenteile pro Minute abfällt; die bei dem Wert 21 gezogene Horizontale stellt den Ionisationsstrom vor, der ohne Präparat gemessen wurde.

2. Ein ähnlicher Versuch möge wegen seines zunächst überraschenden Resultates angeführt werden. Auf einem Elster-Geitel-Einfadenelektrometer wurde eine Ionisationskammer in Form eines horizontalen Zylinders von 7·5 *cm* Durchmesser mit koaxialer Innenelektrode aufgesetzt. Die Kammer bestand aus 0·1 *cm* starkem Messingblech und war an den Stirnflächen mit Al-Folie verschlossen. Der isolierte Außenzylinder war hoch aufgeladen. Wurde analog wie bei

dem früheren Versuche Ionisierungskammer + Elektrometer in der Strahlebene auf einem Kreise so gedreht, daß die eine Stirnfläche immer dem in der Quecksilberkugel liegenden Präparate zugewendet war, so erhielt man die Ionisierungsstärke als Funktion der Elektrometerstellung so, wie dies in

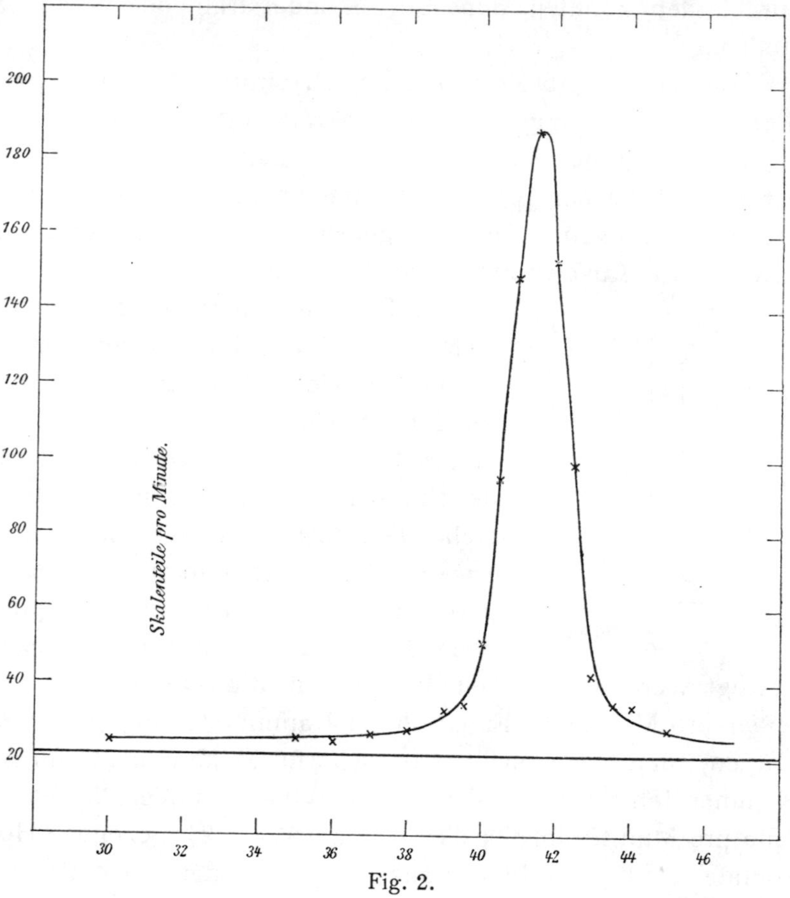

Fig. 2.

Fig. 3 wiedergegeben ist. Aus verschiedenen Versuchen (z. B. ändert sich die Zackendistanz nicht mit der Entfernung von der Strahlenquelle) ergab sich die Erklärung für diese Erscheinung: die beiden Maxima der Kurven entsprechen den Stellungen der Ionisierungskammer, wo die Zylinderwände vom Strahl streifend getroffen werden.[1] Man erkennt hier

[1] Auf den großen Einfluß der streifenden Inzidenz, der im folgenden durch rein geometrische Beziehungen seine Erklärung finden wird, hat

augenfällig, wie wenig Anteil an der Ionisation die γ-Strahlung selbst, beziehungsweise ihre an Luft erregte Sekundärstrahlung hat. Denn der Einschnitt zwischen beiden Maxima läge sicher noch tiefer, wenn keine Zentralelektrode, die ja in dieser Stellung vom Strahl getroffen wird, vorhanden wäre.

3. Weitere Aufklärung über Strahlbreite und -schärfe gaben photographische Aufnahmen. Eine in der Entfernung von 42 *cm* vom Kugelmittelpunkt im Strahl exponierte Platte

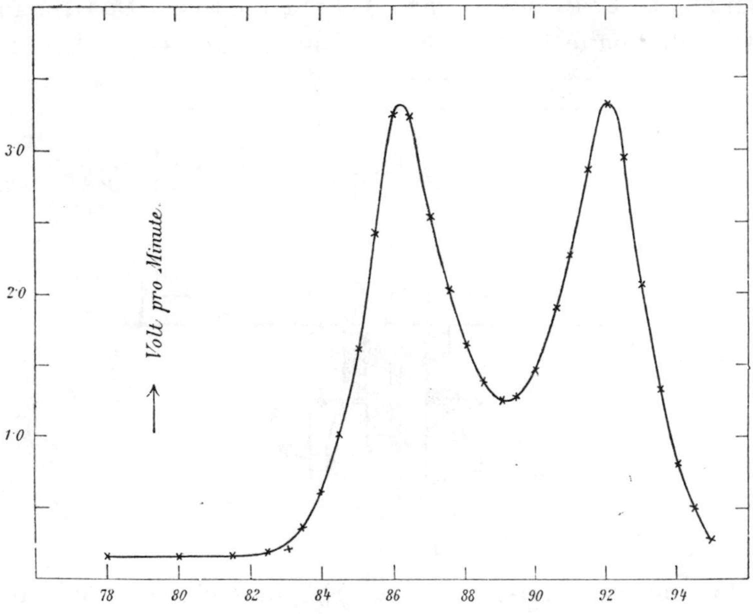

Fig. 3.

gab nach 6 Stunden Exposition einen scharf begrenzten Fleck von 0·55 *cm* Radius und schleierte, sofern sie nur genügend vor Licht geschützt war, auch nach tagelanger Exposition nicht.

b) In einer Entfernung von 15 *cm* von der in Fig. 1 gezeichneten Bleiblende Pb_1 (42 *cm* vom Kugelmittelpunkt) befand sich das Ionisationsgefäß, das durch eine gegen äußere Störungen sorgfältig geschützte, 250 *cm* lange Leitung mit

V. F. Hess, Phys. Zeitschr., *14*, 1135 (1913) zuerst hingewiesen. Allerdings handelt es sich dort hauptsächlich wohl um die harte Sekundärstrahlung.

einem Binantelektrometer verbunden war. Da bei so langen Leitungen vorhandene Kontaktpotentialdifferenzen einen nicht unbeträchtlichen »freien« Strom (i_0, vgl. p. 12) bedingen, der wegen seiner Variabilität störend wirken kann, wurden Zuleitungsdraht und »Erdschutz« aus möglichst gleichem Material (Zn) hergestellt. Der noch verbleibende, scheinbar unvermeidliche Rest dieses freien Stromes wurde noch weiter herabgedrückt durch Anlegen einer geringen, kompensierenden Spannung (—0·46 Volt)[1] an das Schutzrohr. Das Binantelektrometer hatte bei den Nadelspannungen ± 80 Volt und

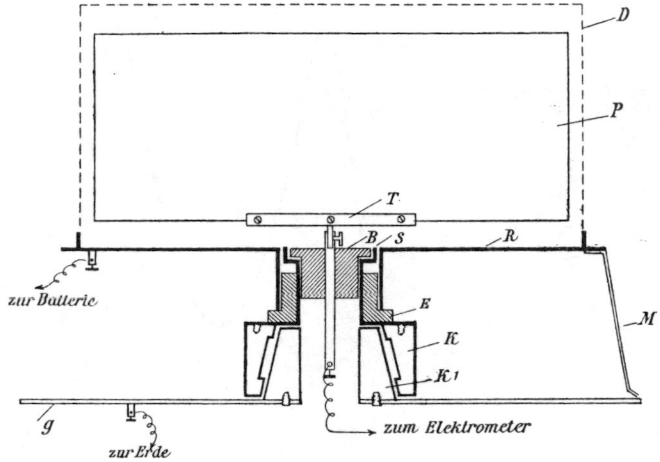

Fig. 4*a*.

bei 250 *cm* Skalendistanz eine Empfindlichkeit von rund 1450 Skalenteile pro Volt. Sie wurde täglich mindestens einmal kontrolliert und erwies sich als ungemein konstant. Eine rohe Kapazitätsbestimmung ergab für die Kapazität des ganzen Systems Elektrometer + Zuleitung + Ionisationsgefäß 189 ± 5 *cm*. Das Instrument hat sich in jeder Beziehung ausgezeichnet bewährt und ist weit einfacher zu behandeln als die Quadrantelektrometer.

c) Die Konstruktion des Ionisationsgefäßes ist in den Fig. 4 *a* und 4 *b* dargestellt. Auf einer fixen, kreisförmigen Zinkplatte *G*, deren Rand eine Gradteilung trägt, sitzt der zweiteilige Konus *K'K* auf. Um den mit *G* verschraubten,

[1] Anmerkung bei der Korrektur: Diese große Kompensationspannung ist begreiflich; denn bei einer zufälligen späteren Untersuchuog des Zuleitungsdrahtes zeigte es sich, daß der vermeintliche Zn-Draht aus — Aluminium war!

durchbohrten Vollkonus K' dreht sich der bewegliche Hohlkonus K und mit ihm das ganze Ionisationsgefäß, also sowohl die innere als die äußere Elektrode. An K angeschraubt ist zunächst der Erdring S, der innen den Bernstein B und damit das ganze isolierte, mit dem Binanten verbundene System trägt. T ist ein Träger, in den mit Hilfe von 6 Schrauben (drei in der Figur sichtbar) Platten verschiedener Dicke, bis zu 0·5 *cm*, vertikal justiert werden können. An der Außenseite des Erdringes S ist, durch den Ebonitring E isoliert, die Messingplatte R befestigt. Sie trägt einerseits eine Mire M, die über der Kreisteilung von G spielt und andrerseits einen abnehmbaren Aluminiumtopf D von der Wandstärke 0·03 *cm*. Die verschiedenen Dimensionen sind: Radius der Messingplatte 10·5 *cm*, Radius und Höhe des Topfes 10, beziehungsweise 10·3 *cm*, Größe der eingelegten Platten 7×19 *cm*. Die Platte steht demnach von den Seitenwänden um 0·5 *cm*, von der Decke um 1·6 *cm*, vom Boden um 1·7 *cm* ab. Die Bodenplatte R ist in Fig. 4 *b* von oben gesehen wiedergegeben. Man sieht den Bernstein B, den Erdring S und erkennt ferner, daß R aus zwei Hälften besteht, die voneinander isoliert sind durch von unten angeschraubte Ebonitstreifen. Dementsprechend ist auch der Al-Topf D in zwei Teile geschnitten, die ebenfalls durch Ebonit isoliert sind. Die Trennungsschlitze betragen in allen Fällen 0·1 *cm*, die Ebonitstreifen liegen immer an der Außenseite des Gefäßes. Al-Topf und Grundplatte zusammen bilden dann ein in der Mitte auseinandergeschnittenes Ionisationsgefäß und wenn die Platte P so eingesetzt wird, daß ihre Flächen in die Schnittebene fallen, sind die beiden Räume fast vollkommen getrennt. Die beiden Hälften der Außenwand können nun je nach Wunsch auf gleiche oder entgegengesetzt gleiche Spannung gebracht werden; dementsprechend mißt man am Elektrometer die Summe oder die Differenz der in beiden Kammerhälften bestehenden Ströme. Die Spannung ($\pm$ 320 Volt) wurde einer Akkumulatorenbatterie entnommen; durch Vorversuche haben wir uns überzeugt, daß Sättigungsstrom vorhanden ist.

Das Ionisationsgefäß wurde so aufgestellt, daß der γ-Strahl die Platten genau in der Mitte, also in der Drehungsachse traf. Die richtige Stellung wurde auf photographischem Wege ermittelt. Die Entfernung bis zum Präparat betrug 42 *cm*, die Strahlbreite an dieser Stelle (vgl. p. 8) 1·1 *cm* im Durchmesser.

Ist die Ionisierungskammer so gestellt, daß der Strahl senkrecht auf die Platte P trifft (Inzidenzwinkel $\vartheta = 0$), so sind Resultate zu erwarten, wie sie von Eve, Bragg und Madsen u. a. m. erhalten wurden; durch die Drehbarkeit der Anordnung hatten wir die Möglichkeit, die Abhängigkeit des Effektes vom Einfallswinkel zu untersuchen. Wir konnten so

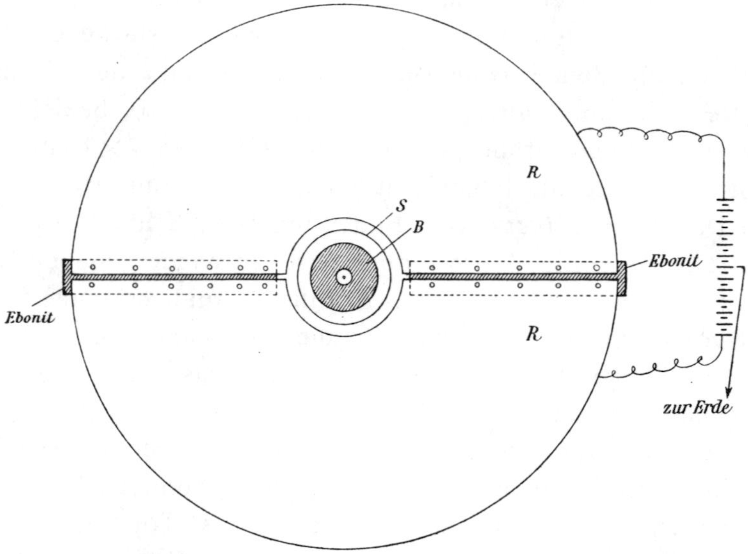

Fig. 4 *b*.

bis zu 75° Inzidenz gehen; Versuche bei noch schieferem Einfall erschienen untunlich, da die Gefahr nahe lag, daß der den Al-Topf in zwei Hälften teilende Ebonitstreifen in den Bereich des Strahlenkegels gelange.

III. Die Messungen und ihre Resultate.

Der Vorgang bei den Messungen war nun folgender: Bei jedem Plattenwechsel wurde nach Aufsetzen des Al-Topfes 10 Minuten gewartet, damit die Luft im Ionisationsgefäß »altern« konnte. Dann wurde gemessen.

1. i_{++} Beide Hälften der Außenelektrode sind + geladen. Das Elektrometer wird anfangs negativ aufgeladen, etwa bis zum Teilstrich —90, isoliert, und die Zeit zum Durchlaufen von 100 Teilstrichen (von —50 über 0 bis +50) gestoppt; Mittel aus drei Ablesungen.
2. i_{--} Beide Hälften der Außenelektrode sind — geladen; drei Zeitablesungen für 100 partes, von +50 über 0 bis —50.
3. i_{+-} Die vordere Elektrode +, die rückwärtige — geladen; abgelesen wird die Anzahl der durchlaufenen Teilstriche in 5 Minuten, wobei ein Vorversuch Vorzeichen und Höhe der anfänglichen Elektrometerladung so zu bestimmen hat, daß der durchlaufene Weg sich annähernd gleich auf die + und — Seite verteilt.
4. i_{-+} Die hintere Elektrode +, die vordere — geladen; sonst wie bei 3.

Durch diese Art zu messen ist erstens der Isolationsverlust eliminiert, der in jeder Messung in der ersten Hälfte positiv, in der zweiten negativ auftritt, sich also kompensiert.

Ferner setzt sich jeder der gemessenen vier Stromwerte zunächst aus drei Teilen zusammen; aus den beiden Sättigungsströmen (i_1) und (i_2) in der vorderen und rückwärtigen Kammerhälfte und aus dem freien Strom i_0 (vgl. p. 9) in der Zuleitung zum Elektrometer. Es ist ersichtlich, daß diese drei Bestandteile durch folgende Kombinationen der vier Messungen sich trennen lassen:

$$i_{++} - i_{--} = i_{+-} - i_{-+} = 2 i_0,$$
$$(i_{++} + i_{--}) + (i_{+-} + i_{-+}) = 4(i_1),$$
$$(i_{++} + i_{--}) - (i_{+-} + i_{-+}) = 4(i_2).$$

Hiervon kann die erste Beziehung als Kontrolle für das richtige Funktionieren der elektrometrischen Anlage benützt werden; i_0 betrug maximal 10%, gewöhnlich aber nur 3% der gemessenen i_{++} oder i_{--} Werte.

Die Sättigungsströme (i_1) und (i_2) enthalten nun aber selbst noch eine Reihe von Bestandteilen, die zu korrigieren sind, wenn der Effekt, der von der Platte allein herrührt, erhalten werden soll. Wäre kein Präparat vorhanden, so würde in jeder Hälfte der Ionisierungskammer ein Strom herrschen, der von der natürlichen Ionisierung der Luft, von Gefäßaktivität etc. herrührt; wir wollen diese »natürliche Zerstreuung« mit NZ bezeichnen. Ferner würde der γ-Strahl auch ohne Sekundärstrahler (Platte und Gefäßwände) ionisieren und einen Strom γ erzeugen. Endlich wird an den beiden vom Strahl getroffenen Stellen des Al-Topfes Sekundärstrahlung erzeugt. Und zwar entsteht in der vorderen Kammer eine »Austrittstrahlung« A, in der rückwärtigen eine »Eintrittstrahlung« E. Und schließlich ist noch zu berücksichtigen, daß die beiden von der Wirkung des γ-Strahles herrührenden Korrektionen in der hinteren Kammer infolge der Absorptionswirkung der Platte geschwächt werden. Bezeichnen wir nun mit i_1 (Eintrittstrahlung) und i_2 (Austrittstrahlung) den gesuchten Effekt an der betreffenden Platte, so gilt nach obigem:

$$i_1 = (i_1) - A - NZ - \gamma, \qquad (a)$$

$$i_2 = (i_2) - NZ - (E+\gamma)e^{-\mu d \sec \vartheta}, \qquad (b)$$

wenn μ den Absorptionskoeffizienten der γ-Strahlen in der untersuchten Plattensubstanz, d die Plattendicke und ϑ den Inzidenzwinkel bedeuten.

Die einzelnen Korrektionen NZ, γ, A und E sind nun zu bestimmen. Es ergab sich aus einer Reihe von Messungen vor und nach der ganzen Versuchsserie für NZ der Wert 0·032[1] für jede Gefäßhälfte; und zwar, bis auf Blei, übereinstimmend für alle Materialien und Dicken. Blei machte, wie zu erwarten, eine Ausnahme, indem die dickste Platte den Wert auf 0·066 erhöhte, die übrigen Platten Werte zwischen 0·035 und 0·045 ergaben (vgl. p. 20). Mit diesen Daten wurde wie mit Konstanten gerechnet; Schwankungen in dieser an sich kleinen Korrektion lägen innerhalb der Versuchsgenauigkeit.

---

1 Von nun an sind unter den angegebenen Stromwerten immer Millivolt pro Sekunde zu verstehen.

Die Summen $A+\gamma$ und $E+\gamma$ lassen sich prinzipiell aus Ermittlung der Werte $(i_1)_0$ und $(i_2)_0$ für eine unendlich dünne Platte als Strahler unter Abzug der bereits bekannten Korrektion NZ bestimmen. Sicherer verfuhren wir auf folgende Weise. Trägt man die für verschieden dicke[1] Al-Platten gefundenen Größen (i_1) und (i_2) als Funktion der Dicke auf (Fig. 5), so erhält man erstens durch Extrapolation auf die Dicke 0 die gesuchten Werte; die Richtigkeit der Extrapolation wurde zweitens erhärtet durch einen weiteren Versuch,

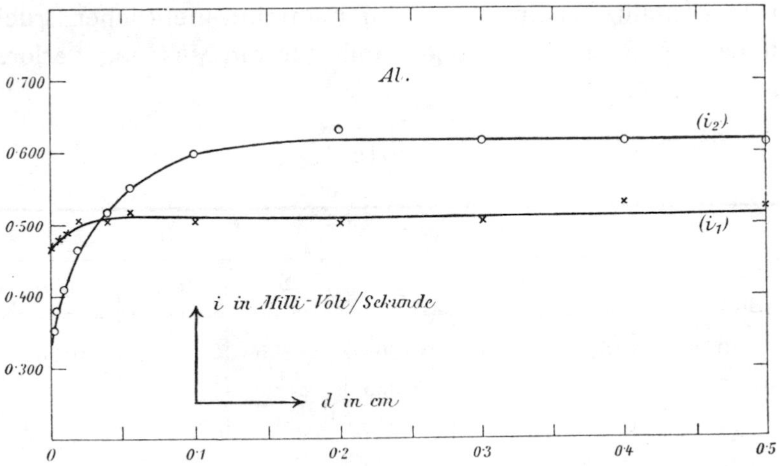

Fig. 5.

bei dem als Platte dünne Folie[1] (0·001 *cm*) diente, in die an der Durchstoßstelle des Primärstrahles ein Loch von doppeltem Durchmesser des photographischen Strahlenbildes geschnitten worden war. Die folgende Tabelle enthält die gewonnenen Werte für $(i_1)_0$, $(i_2)_0$ und $\Sigma = (i_1)_0+(i_2)_0$ bei verschiedenen Inzidenzwinkeln; und zwar wurden die Rubriken I zu Beginn, die Rubriken II zu Ende der hier mitgeteilten Beobachtungen erhalten. Es ist von Interesse zu bemerken, daß man die Lochfolie um 15 bis 20° gegen den Strahl neigen muß,

[1] Die dünnste, hier benützte Al-Folie (0·001 *cm*), ebenso wie die »Lochfolie« wurden, da sie allein zu wenig Halt hatten, auf einen schmalen Al-Rahmen gespannt. Nach den oben über die Strahlbreite gegebenen Daten wurde der Rahmen sicher nicht vom Primärstrahl getroffen.

um konstante Werte für $(i_1)_0$ und $(i_2)_0$ zu erhalten. Die Summe Σ, die ja aus $\frac{i_{++}+i_{--}}{2}$ gewonnen wird, ändert sich zwar nicht, dagegen die Einzelwerte, zu deren Bestimmung es der Differenz $\frac{i_{+-}+i_{-+}}{2}$ bedarf. Und letztere fällt begreiflicherweise für kleine ϑ zu klein aus, da bei entgegengesetzten Ladungen der Kammerhälften einige Kraftlinien durch das Loch hindurch von einer Kammerwand zur anderen laufen. Bei senkrechter Inzidenz, wo der Primärstrahl genau mit diesen Kraftlinien zusammenfällt, scheint ihnen ein immerhin merklicher Bruchteil der Ionen zu folgen und damit für die Messung verloren zu gehen.

Tabelle 1.

ϑ	I			II		
	Σ	$(i_1)_0$	$(i_2)_0$	Σ	$(i_1)_0$	$(i_2)_0$
0	0·802	0·435	0·368	0·805	0·442	0·362
5	0·798	0·440	0·359			
10	0·801	0·446	0·355			
{ 15	0·796	0·457	0·339			
{ 20	0·802	0·460	0·342	0·807	0·459	0·349 }
{ 30	0·808	0·464	0·344	0·803	0·453	0·340 }
{ 40	0·806	0·462	0·344	0·812	0·465	0·347 }

Die Mittelwerte aus der Tabelle für $(i_1)_0$ und $(i_2)_0$ passen, wie man sieht, vollkommen in den Kurvenzug der Fig. 5 hinein.

Wir erhalten so:

$$NZ+\gamma+A = (i_1)_0 = 0{\cdot}461; \quad \gamma+A = 0{\cdot}429,$$
$$NZ+\gamma+E = (i_2)_0 = 0{\cdot}344; \quad \gamma+E = 0{\cdot}312.$$

Es erübrigt nur mehr, γ zu bestimmen; die Kenntnis des Wertes vermittelt der Schnittpunkt der Kurven in Fig. 5. Dieser sollte dort liegen, wo die Versuchsplatte die Dicke der Kammerwände erreicht, da sich dann die Ströme in den beiden Hälften aus vier paarweise gleichen Größen

$$NZ+\gamma+A+E = (i_1) = (i_2)$$

zusammensetzt. Tatsächlich liegt der Schnittpunkt bei einer etwas größeren Plattendicke (bei 0·0364 statt bei 0·03 *cm*), was damit zusammenhängen dürfte, daß die Kammer aus etwas stärkerem Al-Blech getrieben wurde und dabei an Dicke ab-, an spezifischem Gewichte möglicherweise etwas zugenommen hat. Die Schnittpunktsordinate ist 0·508; die Differenz dieser Zahl gegen die oben gegebenen liefert γ[1] und damit A und E. Man erhält so als die Gesamtbilanz für die Plattendicke 0:

	Vordere Kammer	Hintere Kammer
Primärer γ-Strahl	$\gamma = 0·265$	$\gamma = 0·265$
Natürliche Zerstreuung	$NZ = 0·032$	$NZ = 0·032$
Beitrag der vorderen Kammerwand, Austrittstrahlung	$A = 0·164$	
Beitrag der hinteren Kammerwand, Eintrittstrahlung		$E = 0·047$

Die Korrektur 0·461 für die vordere Kammer bleibt (mit Ausnahme der Messungen an Pb, wo die speziellen Werte für NZ einzusetzen sind) immer die gleiche. Bei der Korrektur der Werte für die hintere Kammer ist entsprechend der Formel auf p. 13 nur NZ konstant (abgesehen von Pb) und $\gamma+E$ sind für jede Platte und Neigung entsprechend der stattfindenden Absorption individuell zu korrigieren.

Damit sind alle prinzipiellen Korrektionen erledigt. Es möge nur noch folgendes erwähnt werden: Da wir anfangs nicht sicher waren, ob nicht äußere Einflüsse, wie Luftdruck,

[1] Ob die Wirkung des Primärstrahles direkt oder indirekt (sekundäre β-Strahlung des Gases) ist, können diese Versuche natürlich nicht entscheiden. Daß sie aber vorhanden und nicht, wie zahlreich angenommen wird, sehr klein gegen die Sekundärstrahlung auch dünner Wände ist, scheint uns damit zweifelsfrei festgestellt. Vgl. die ausführliche Diskussion bei W. H. Bragg, Phil. Mag., *20*, 397 (1910); ferner V. F. Hess, Phys. Zeitschr., *14*, 1135 (1913).

Temperatur etc., die Vergleichbarkeit der Messungen stören könnte, haben wir täglich mindestens einmal ein und dieselbe (0·04 *cm*) Al-Platte als Standard bei $\vartheta = 0$ gemessen. Von einem Einfluß äußerer Faktoren, der sich so hätte zeigen müssen, war nichts zu merken. Dagegen hat uns diese Vorsichtsmaßregel die Aufdeckung einer anderen, nicht erwarteten Störung ermöglicht. Einmal im Verlauf der Untersuchung mußte die benutzte Akkumulatorenbatterie frisch geladen werden. Nach Wiederaufnahme der Messungen ergab die Vergleichsplatte durchwegs um 6% tiefere Werte als früher und auch die Kurve, die wir gerade in Arbeit hatten (Pb), zeigte einen Knick. Multiplikation aller später gefundenen Ströme mit dem Faktor 1·061, das ist der Quotient aus dem Mittelwert aller früher gemessenen Stromwerte für die Vergleichsplatte durch den Mittelwert aller später gemessenen, beseitigte alle Unstimmigkeiten (vgl. z. B. die Übereinstimmung der Werte unter I und II in Tabelle 1) und wurde daher für berechtigt erachtet, wenn wir auch den Grund der Änderung nicht mit Sicherheit ermitteln konnten. Am wahrscheinlichsten ist eine Kapazitätsänderung durch Senken der Nadel oder des Zuleitungsdrahtes o. dgl.

Ferner ermöglicht die Häufung der gleichwertigen Versuche mit der Standardplatte eine Angabe über die Genauigkeit der Messungen. Aus 30 Werten für (i_1), respektive (i_2) ergibt sich als mittlerer Fehler der Einzelmessung 1·9%.

In den folgenden Tabellen 2 bis 6 werden die gefundenen Zahlenwerte mitgeteilt, und zwar die korrigierten Werte i_1 und i_2, das ist also die Größe der Eintritt-, beziehungsweise Austrittstrahlung für Platten verschiedener Dicke, verschiedenen Materials und bei verschiedenen Einfallswinkeln ϑ. Bei Blei sind aus später auszuführenden Gründen auch die Rohwerte (i_1) und (i_2) angeführt. Bei Fe, Sn und Ni wurde nur für $\vartheta = 0$ gemessen.

Tabelle 2.

Al.

d	0·001	0·0015	0·005	0·009	0·02	0·040	0·057	0·1	0·2	0·3	0·4	0·5
						i_1						
0°	0·008	0·016	0·017	0·026	0·041	0·041	0·052	0·044	0·044	0·048	0·068	0·061
20	005	017	019	017	036	046	050	048	054	042	076	066
35	005	013	022	032	046	062	078	072	074	071	096	094
50	008	009	032	049	067	096	118	122	133	120	141	147
65	015	017	058	090	138	190	237	259	269	256	291	298
75	024	041	108	163	276	275	490	513	539	519	579	607
						i_2						
0°	0·012	0·001	0·035	0·067	0·122	0·177	0·209	0·259	0·294	0·284	0·283	0·285
20	003	001	037	072	125	181	213	270	306	292	303	304
35	008	001	043	074	140	207	238	292	327	317	321	319
50	018	012	058	094	169	242	288	344	389	373	370	372
65	032	025	079	139	252	347	406	484	517	487	487	482
75	053	052	128	209	381	444	648	733	745	687	682	674

Tabelle 3.

Cu.

d	0·005	0·01	0·019	0·04	0·065	0·08	0·103	0·235	0·278	0·4	0·5
						i_1					
0°	0·065	0·095	0·119	0·125	0·115	0·131	0·121	0·118	0·112	0·123	0·111
20	054	092	116	131	127	135	120	127	130	127	121
35	069	112	133	154	155	148	152	149	157	154	151
50	086	149	189	203	204	203	198	203	211	217	217
65	136	244	296	321	334	323	325	349	352	361	357
75	218	414	479	562	568	549	566	608	614	617	599
						i_2					
0°	0·053	0·119	0·164	0·196	0·200	0·207	0·174	0·188	0·177	0·195	0·173
20	055	113	166	208	202	202	184	193	191	203	186
35	070	137	170	222	228	225	213	217	213	221	199
50	088	175	239	278	282	281	268	258	258	269	242
65	122	264	346	401	407	396	393	368	353	341	313
75	197	422	516	626	612	590	581	503	487	432	385

Tabelle 4.

Zn.

d	0·027	0·037	0·05	0·086	0·100	0·206	0·301	0·420	0·487
					i_1				
0°	0·111	0·123	0·121	0·127	0·132	0·138	0·124	0·149	0·127
20	112	120*	120	149	137	149	139	164	141
35	134	146	148	169	165	178	172	186	173
50	186	194	210	225	222	236	227	246	237
65	301	331	327	354	379	380	377	389	394
75	514	551	584	607	611	647	638	659	671
					i_2				
0°	0·172	0·172	0·199	0·210	0·214	0·203	0·209	0·197	0·199
20	177	179*	203	225	216	212	220	199	217
35	202	244	238	246	249	242	251	224	241
50	244	260	286	308	303	294	299	273	275
65	354	384	417	428	444	407	401	357	368
75	556	581	636	647	630	575	542	465	454

* Bei 15° statt bei 20°.

Tabelle 5.

Pb.

d	0·01	0·026	0·052	0·087	0·115	0·29	0·325	0·515
				(i_1)				
0°	0·747	0·813	0·823	0·826	0·850	0·827	0·812	0·843
20	761	833	842	834	854	851	831	868
35	802	880	896	879	911	885	883	922
50	877	978	987	989	1·028	1·020	993	1·021
65	1·055	1·211	1·241	1·244	1·278	1·285	1·258	1·267
75	1·415	1·669	1·740	1·740	1·757	1·765	1·723	1·732

Tabelle 5 (Fortsetzung).

Pb.

d	0·01	0·026	0·052	0·087	0·115	0·29	0·325	0·515
				i_1				
0°	0·283	0·342	0·355	0·353	0·379	0·354	0·343	0·348
20	297	362	374	361	380	378	362	373
35	338	409	428	406	437	412	414	427
50	413	507	519	516	554	547	524	526
65	519	740	773	771	804	812	789	772
75	951	1·198	1·27	1·270	1·283	1·292	1·254	1·237
				(i_2)				
0°	0·631	0·642	0·615	0·629	0·615	0·536	0·494	0·457
20	637	666	644	629	626	530	503	455
35	657	692	680	655	654	544	525	478
50	743	784	763	739	711	581	539	487
65	927	983	940	871	842	616	591	482
75	1·245	1·319	1·250	1·100	1·019	·663	617	480
NZ	0·035	0·042	0·038	0·044	0·045	0·044	0·040	0·066

$$\gamma = 0·265$$
$$E = 0·047$$
$$A = 0·164$$

				i_2				
0°	0·286	0·292	0·272	0·286	0·275	0·222	0·188	0·149
20	292	316	301	287	287	218	200	151
35	330	343	339	315	318	238	228	183
50	389	436	424	400	380	287	256	211
65	584	638	607	547	524	350	338	245
75	904	980	930	790	723	440	409	298

Tabelle 6.

Fe			Ni			Sn		
d	i_1	i_2	d	i_1	i_2	d	i_1	i_2
0·075	0·107	0·217	0·01	0·081	0·169	0·03	0·197	0·188
1	107	214	02	115	190	06	214	209
21	117	224	03	111	193	11	219	—
295	120	217	05	124	197	2	221	212
45	120	202	083	118	199	25*	—	200
			15*	115	190	305	229	200
			2	120	189	4	216	194
			25	131	189	5	222	191
			31	138	183			
			45*	116	178			

* Zusammengesetzt aus zwei Platten.

In den folgenden Figuren Nr. 6 bis 13 sind diese Versuchsresultate graphisch wiedergegeben; und zwar gibt jede Figur die Änderung von i_1, respektive i_2 mit der Plattendicke. Die fünf Kurven jeder Figur entsprechen den Einfallswinkeln $\vartheta = 0°, 35°, 50°, 65°, 75°$; $\vartheta = 20°$ wurde, um das Bild nicht zu verwirren, fortgelassen. Die eingetragenen Punkte sind beobachtet, die ausgezogenen Kurven aus der im übernächsten Abschnitt V gegebenen Theorie berechnet. Nur in Fig. 13 bei Pb, i_2, sind die punktierten Kurven nur gezogen worden, um die Zusammengehörigkeit der Beobachtungspunkte zu zeigen. Die Kurve ist nicht gerechnet.

IV. Allgemeiner Charakter der Resultate.

Suchen wir uns zunächst den qualitativen Charakter dieser Ergebnisse klar zu machen. Bei festgehaltenem Einfallswinkel wächst die Intensität anfangs sehr rasch, dann langsamer mit der Plattendicke. Bei einer gewissen Dicke, die

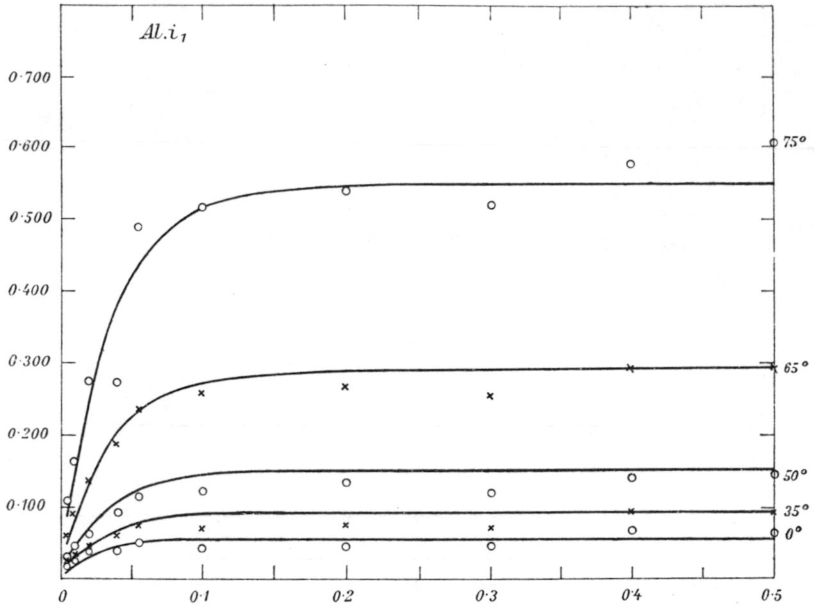

Al.i₁
0·700
0·600
0·500
0·400
0·300
0·200
0·100
75°
65°
50°
35°
0°
0
0·1
0·2
0·3
0·4
0·5

Fig. 6.

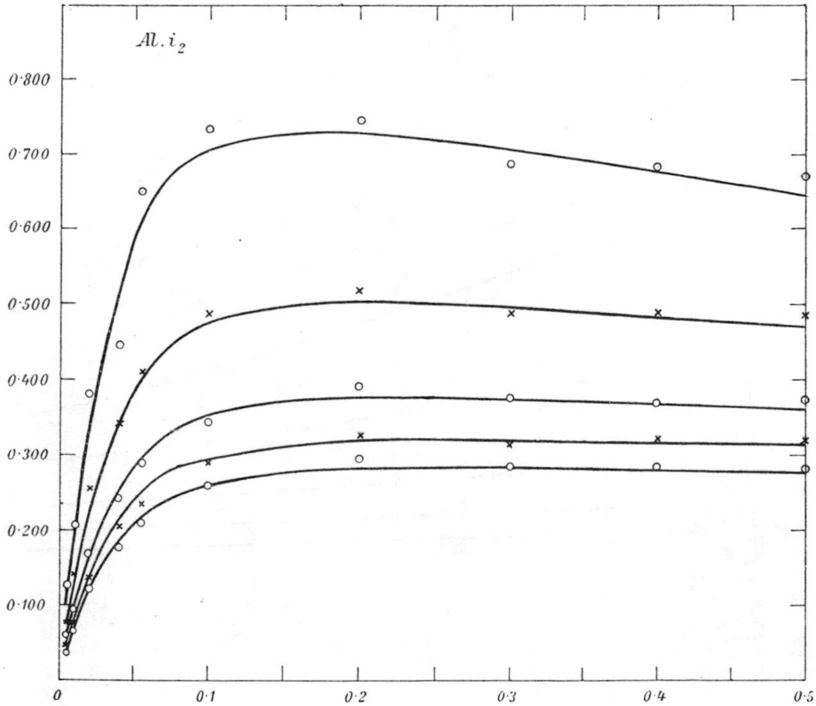

Al.i₂
0·800
0·700
0·600
0·500
0·400
0·300
0·200
0·100
0
0·1
0·2
0·3
0·4
0·5

Fig. 7.

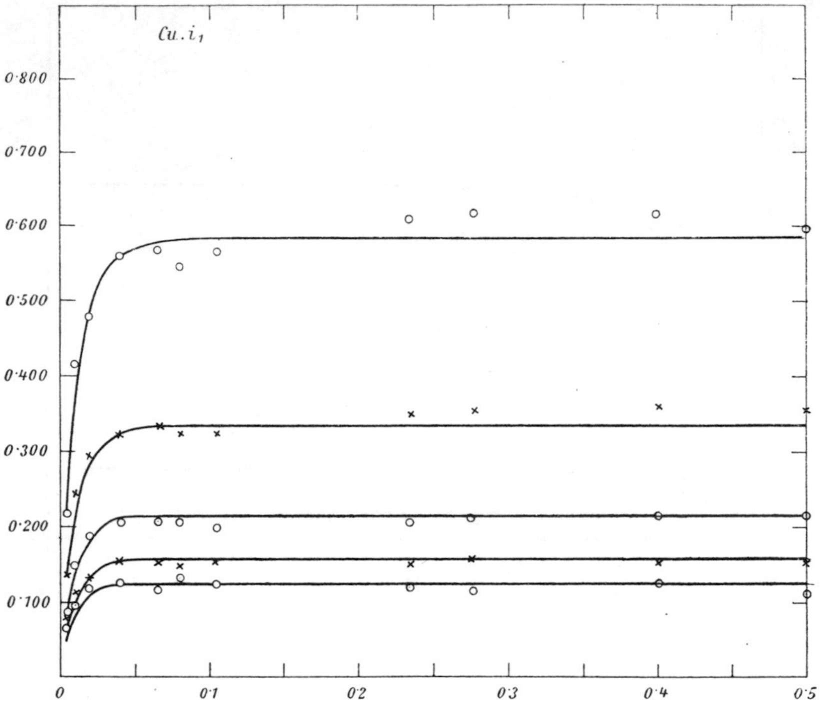
Cu.i₁
0·800
0·700
0·600
0·500
0·400
0·300
0·200
0·100
0
0·1
0·2
0·3
0·4
0·5

Fig. 8.

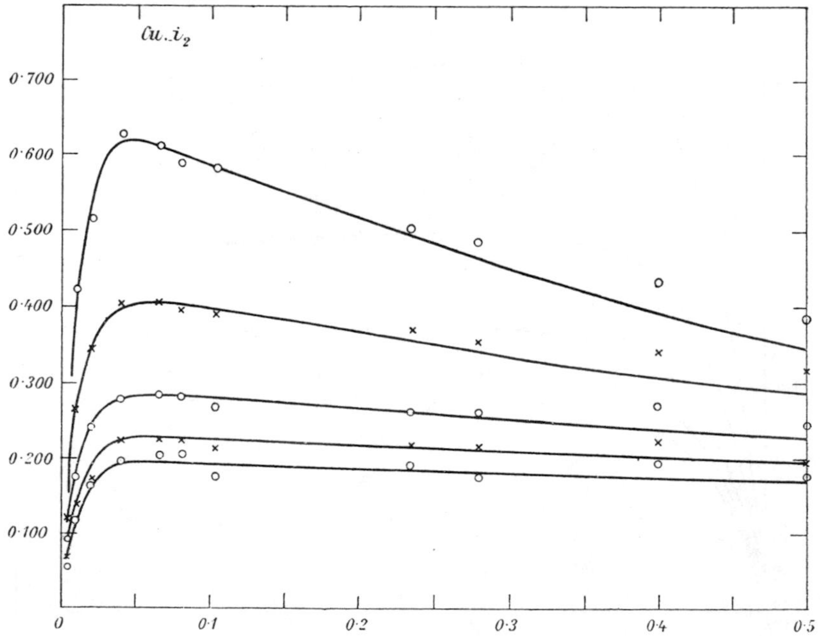
Cu.i₂
0·700
0·600
0·500
0·400
0·300
0·200
0·100
0
0·1
0·2
0·3
0·4
0·5

Fig. 9.

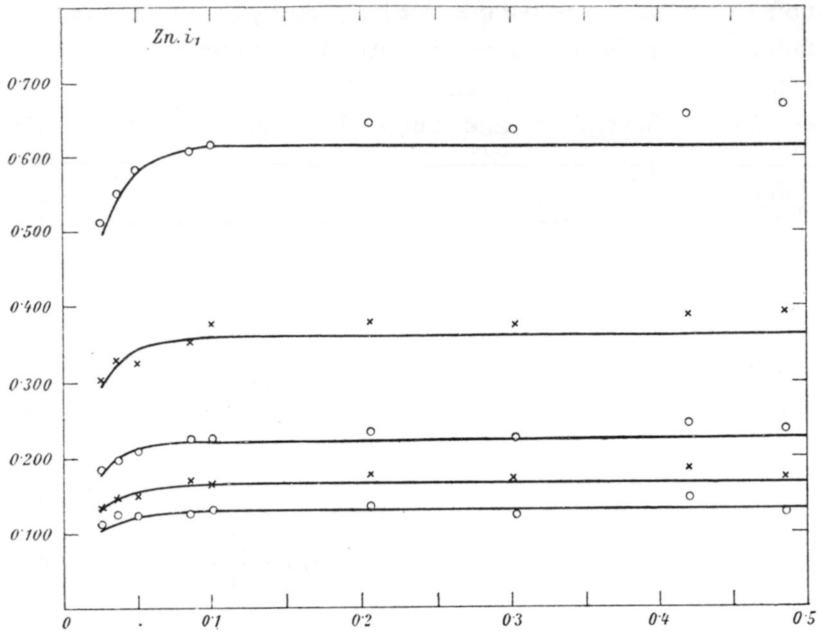

Zn. i_1
0·700
0·600
0·500
0·400
0·300
0·200
0·100
0
0·1
0·2
0·3
0·4
0·5

Fig. 10.

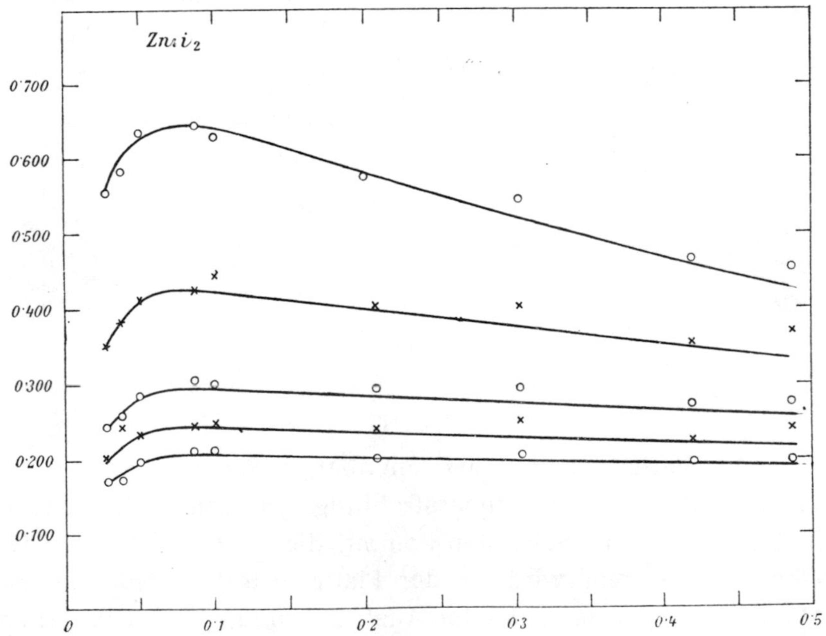

Zn. i_2
0·700
0·600
0·500
0·400
0·300
0·200
0·100
0
0·1
0·2
0·3
0·4
0·5

Fig. 11.

von Substanz zu Substanz variiert, dagegen nicht vom Einfallswinkel abhängt, wird die Einfallstrahlung konstant, es tritt eine Art »Sättigung« ein. Die Austrittstrahlung geht durch ein flaches Maximum und zeigt dann einen flachen Abfall.

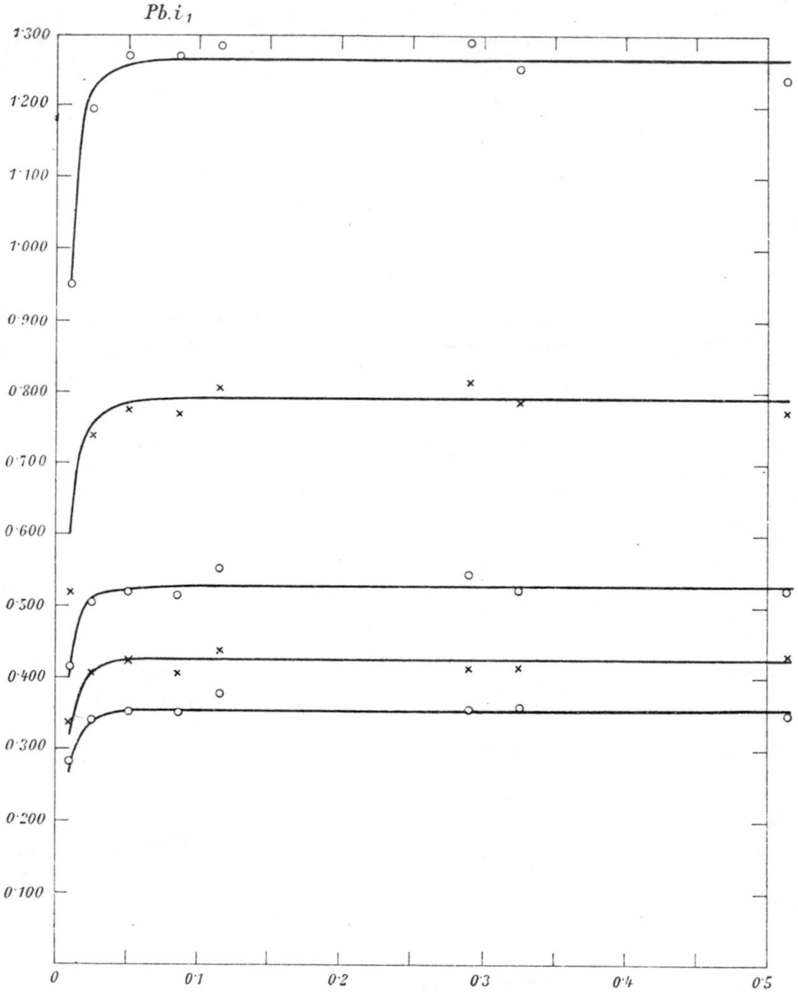

Fig. 12.

Die Sättigungsdicke ist offenbar nichts anderes als die »Reichweite« der Sekundärstrahlung in dem betreffenden Material. Was aus Schichten kommt, die noch tiefer unter der Oberfläche liegen, wird in der Platte selbst vollständig absorbiert. Der flache Abfall der Austrittstrahlung rührt natürlich von der Absorption des Primärstrahles her. Die Absorptionskoeffizienten lassen sich daraus, wie wir sehen werden, in guter Übereinstimmung mit früheren Beobachtern berechnen. Die ersten Teile der Kurven lassen erkennen, daß die Sekundärstrahlung ungefähr dieselbe Durchdringlichkeit besitzt wie die primären β-Strahlen des Radiums. Die im folgenden Abschnitt

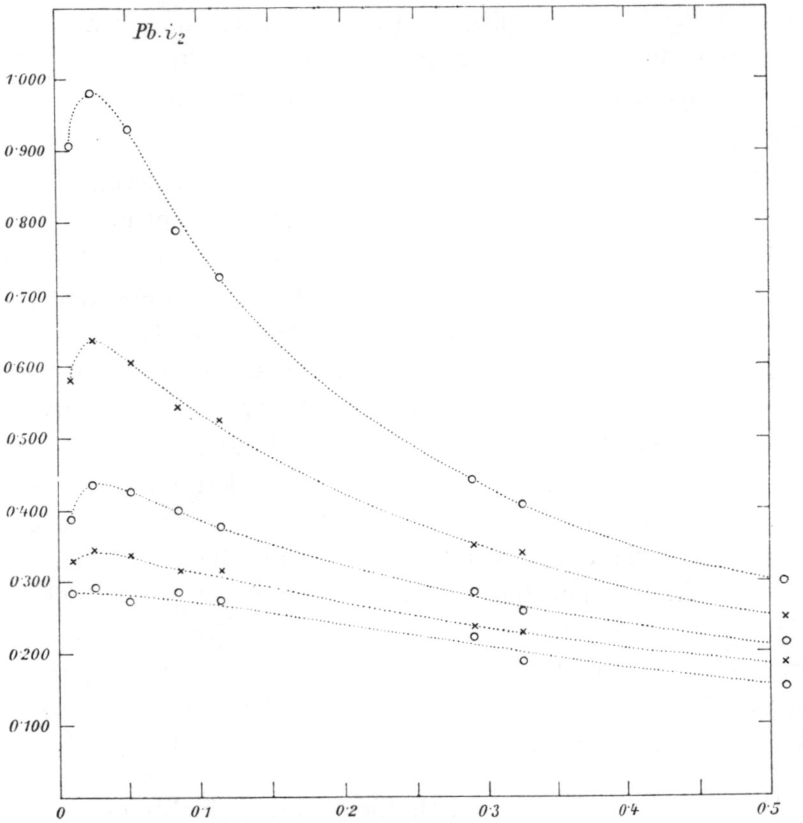

Fig. 13.

entwickelte Theorie wird uns die Absorptionskoeffizienten finden lassen.

Die Sättigungswerte der Eintrittstrahlung sind verschieden (mit einer Ausnahme stets kleiner) von den entsprechenden Werten der Austrittstrahlung und a fortiori kleiner als die Werte, welche die Austrittstrahlung erreichen würde, wenn der Primärstrahl nicht vorher in der Platte selbst geschwächt würde. Diese Tatsache ist lange bekannt. Es folgt daraus, daß die Strahlung nicht gleichmäßig nach allen Seiten von den getroffenen Volumelementen ausgeht. Bragg[1] und mit ihm Rutherford[2] nehmen an, daß die Elektronen zunächst die Richtung des Primärstrahles haben und erst durch Zusammenstöße in andere Richtungen abgelenkt werden. Wir halten diese Auffassung für unzutreffend und werden eine andere vorschlagen. Wenigstens müßte die Streuung schon auf Strecken, die klein sind gegen die Reichweite und viel kleiner als die Schichtdicken, die wir untersucht haben, eine sehr starke sein.

Es scheint nämlich, daß nicht nur die Kurven für die Austrittstrahlung, sondern auch die für die Eintrittstrahlung direkt auf den »0«-Punkt zielen und dort eine von »0« verschiedene Neigung haben. Man betrachte insbesondere die Punktfolgen der Fig. 6, welche am nächsten an den »0«-Punkt heranreichen. Man kann nun leicht einsehen, daß für die Eintrittstrahlung die Neigung im Ursprung verschwinden müßte, wenn das sekundäre Elektron von dem Atom, von dem es ausgeht, in der Richtung des γ-Strahles ausginge, so daß auf der Eintrittseite nur solche Elektronen die Platte verlassen würden, die durch darauffolgende Zusammenstöße aus ihrer Richtung abgelenkt worden sind. Denn für kleine Schichtdicken ist jedenfalls die im ganzen erzeugte Elektronenzahl der Schichtdicke proportional. Die Wahrscheinlichkeit, für ein Elektron nach seiner Aussendung irgendeine vorgegebene Ablenkung zu erfahren, z. B. $> \frac{\pi}{2}$, wächst sicherlich für kleine Schichtdicken auch mit irgendeiner positiven Potenz der letzteren: mit der ersten, wenn die Ablenkungen im allgemeinen nur durch einen einzigen Zusammenstoß hervorgebracht werden; wenn durch sehr viele, dann wahrscheinlich mit der Quadratwurzel. Jedenfalls müßte also die Eintrittstrahlung mit einer höheren als der ersten Potenz der Schichtdicke proportional sein, die

---

[1] W. H. Bragg, Phil. Mag., *20*, 387 (1910). — Bragg and Madsen, Phil. Mag., *16*, 933 (1908).

[2] Rutherford, Handbuch der Radiologie, II., p. 230.

i_1-Kurven müßten sich also im »0«-Punkt der Abszissenachse anschmiegen. Es müßte in dem aufsteigenden Ast ein Wendepunkt da sein und, angenommen auch, daß alle untersuchten Dicken schon jenseits dieses Wendepunktes liegen, so müßten doch die Kurven nach rückwärts verlängert nach einer positiven Abszisse zielen. Das ist innerhalb der Grenzen der Meßgenauigkeit nicht der Fall. Bevor es gelingt, die letztere noch weiter zu steigern, ist es also jedenfalls einfacher, anzunehmen, daß die Elektronen von vornherein in verschiedenen Richtungen von den getroffenen Volumelementen ausgehen, da für die entgegengesetzte Annahme, die sich ja vielleicht bei der Untersuchung noch dünnerer Schichten als richtig erweisen könnte, bis jetzt jede Basis fehlt.

Die starke Abhängigkeit vom Einfallswinkel läßt sich qualitativ sehr leicht verstehen. Es handelt sich hier nicht um einen spezifischen Effekt der Einfallsrichtung (wie etwa bei der regulären Reflexion des Lichtes an der Grenzfläche zweier durchsichtiger Medien), sondern um rein geometrische durch die Versuchsanordnung herbeigeführte Verhältnisse. Es gelangt nämlich Sekundärstrahlung an die Oberfläche aus einem Zylinder, dessen Höhe gleich der Reichweite und dessen Basis gleich der vom Strahl getroffenen Fläche ist, und diese nimmt wie $\sec\vartheta$ zu. Wäre die Sekundärstrahlung gleichmäßig nach allen Richtungen verteilt, so würde die Abhängigkeit vom Winkel durch die Funktion $\sec\vartheta$ gegeben sein, nur wäre für die Austrittstrahlung noch die stärkere Absorption des Primärstrahles in der schräg gestellten Platte zu berücksichtigen. In Wahrheit liegen die Verhältnisse etwas komplizierter, da bei schiefem Einfall auch Elektronen, deren Bahn einen Winkel $< \frac{\pi}{2}$ mit der Richtung des Primärstrahles einschließen, zur Eintrittstrahlung beitragen und zur Austrittstrahlung auch solche, die unter einem Winkel $> \frac{\pi}{2}$ abgehen. Es muß also ein allmählicher Übergang stattfinden.

Aus der im folgenden Abschnitt entwickelten Theorie ergibt sich die praktische Näherungsregel, daß man, um die

$\frac{\text{Eintritt}}{\text{Austritt}}$strahlung bei einem beliebigen Winkel zu finden, den Mittelwert zwischen der Eintrittstrahlung für $\vartheta = 0$ und dem Wert der Austrittstrahlung für $\vartheta = 0$, der ohne Absorption des Primärstrahles in der Platte vorhanden sein würde, mit sec ϑ zu multiplizieren, $\frac{\text{hiervon}}{\text{hierzu}}$ die halbe Differenz der beiden zu $\frac{\text{subtrahieren}}{\text{addieren}}$ und (falls es sich um die Austrittstrahlung handelt) noch für Absorption in der schräg gestellten Platte zu korrigieren hat.

V. Theorie der Versuche.

Um eine strengere mathematische Darstellung der vorstehenden Versuchsresultate zu ermöglichen, nehmen wir folgende Elementargesetze an. Doch sei nochmals ausdrücklich hervorgehoben, daß wir dieselben durch unsere Versuche nicht als bewiesen erachten. Wir wollen mit dieser Darstellung nur überhaupt einmal den Weg einer mathematisch strengen und daher in sich widerspruchsfreien Theorie solcher Sekundärstrahlungsversuche betreten, was unseres Wissens bisher noch nicht geschehen ist.

Die Annahmen, die wir der Rechnung zugrunde legen, sind diese:

1. Die Primärstrahlung wird gar nicht gestreut, sondern nach einem rein exponentiellen Gesetz absorbiert, wie monochromatisches Licht in einem nicht trüben, absorbierenden Medium (Absorptionskoeffizient μ).

2. Ein Volumelement $d\tau$, das von einer Strahlung der Intensität J (in beliebigem Maß gemessen) getroffen wird, sendet in ein Raumwinkelelement $d\omega$, dessen Achse den Winkel χ mit dem Primärstrahl einschließt, eine Sekundärstrahlungsmenge

$$di = \Psi(\chi) J dw\, d\tau, \qquad (1)$$

wo Ψ eine Funktion von χ allein ist, deren Form aber noch vom Material der Platte und von der Natur der Primärstrahlung abhängen wird.[1]

3. Die Sekundärstrahlung wird ebenfalls nicht gestreut, sondern nach einem einfachen Exponentialgesetz absorbiert (Absorptionskoeffizient μ').

Es ist nicht unsere Absicht, diese Elementargesetze durch einen Mechanismus der wechselseitigen Einwirkung von Materie und γ-Strahl wahrscheinlich zu machen, sondern nur zu zeigen, daß dieselben imstande sind, mit einer einfachen Annahme über die Funktion Ψ, unsere Versuche, bei denen doch die Bedingungen ziemlich weitgehend variiert wurden, recht befriedigend darzustellen.

Sei nun (Fig. 14) ss' ein Elementarbündel (Querschnitt $d\sigma$) unseres Parallelstrahlenbündels von γ-Strahlen der Intensität J. Es treffe unter dem Winkel ϑ auf eine Platte von der Dicke d. Wir wollen zunächst von der Sekundärstrahlung eines Volumelements $d\tau$ auf dem Wege des Strahles den Teil berechnen, der diesseits der Platte austritt, also den Beitrag von $d\tau$ zur Einfallstrahlung.

$d\tau$ liege y *cm* senkrecht unter der Plattenoberfläche, es sei begrenzt durch das Elementarbündel und zwei zu diesem senkrechte Ebenen im Abstand $\sec\vartheta . y$ und $\sec\vartheta (y + dy)$ von der Eintrittstelle des Bündels in die Platte. Dann ist

$$d\tau = \sec\vartheta . dy\, d\sigma.$$

Die Primärstrahlung erreicht $d\tau$ mit der Intensität $Je^{-\mu y \sec\vartheta}$. Um die Richtung eines von $d\tau$ ausgehenden sekundären Bündels festzulegen, führen wir den Winkel ψ ein, den es mit

[1] Die Funktion Ψ entspricht wohl dem, was Bragg in seiner Korpuskulartheorie der β- und γ-Strahlen als Ablenkungsoval (deflexion oval) seiner »entities« beschreibt [W. H. Bragg, Phil. Mag., *20*, 393 (1910)]. Will man, wie Rutherford es tut (Handbuch der Radiologie, II., p. 230), doch daran festhalten, daß die Sekundärelektronen anfangs nur in der Richtung des Primärstrahles ausgehen und die Verteilung über alle Winkel erst einem nachträglichen scattering zuschreiben, so muß man unsere Funktion Ψ als eine rein phänomenologische Beschreibung der aus diesem scattering resultierenden Verteilung ansehen.

der Plattennormale N einschließt, und einen Azimutwinkel φ, der um N herum von 0 bis 2π gezählt wird. Zufolge dem zweiten Elementargesetz sendet dann $d\tau$ in das Raumwinkelelement $d\omega = \sin\psi d\psi d\varphi$ die Strahlung

$$\Psi . J e^{-\mu y \sec \vartheta} . \sin \psi \sec \vartheta \, dy \, d\sigma \, d\psi \, d\varphi. \qquad (2)$$

(Fig. 14 ist so vorzustellen, daß der Sekundärstrahl nicht in der Zeichenebene liegt). Diese Strahlung hat, bevor

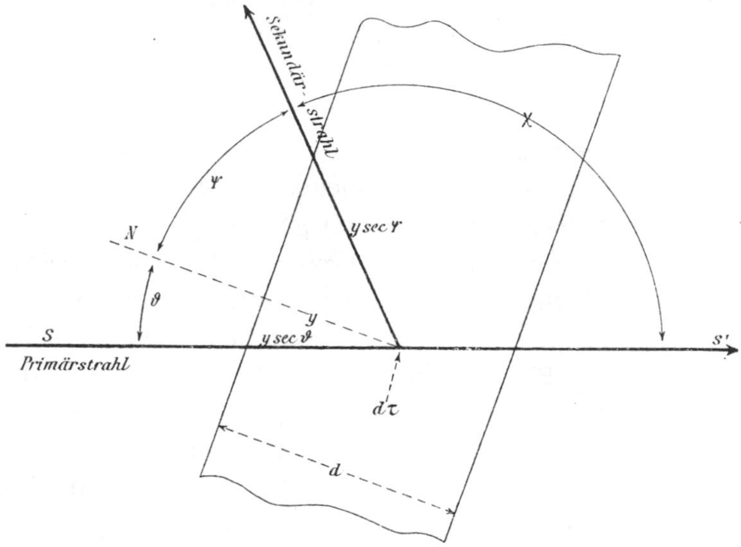

Fig. 14.

sie die Plattenoberfläche erreicht, den Weg $y \sec \psi$ in der Platte zurückzulegen, wodurch sie auf den Bruchteil $e^{-\mu' y \sec \psi}$ geschwächt wird. Mit diesem Faktor haben wir (2) zu multiplizieren und sodann nach ψ von 0 bis $\frac{\pi}{2}$, nach φ von 0 bis 2π zu integrieren, um den Gesamtbeitrag von $d\tau$ zur Eintrittstrahlung zu erhalten:

$$di = J dy d\sigma \int_0^{\frac{\pi}{2}} d\psi \int_0^{2\pi} d\varphi \Psi . e^{-y(\mu \sec \vartheta + \mu' \sec \psi)} \sin \psi \sec \vartheta. \quad (3)$$

Die gesamte Einfallstrahlung, i_1, ergibt sich durch Integration über alle Volumelemente, die der Strahl trifft. Es ist also dy von 0 bis d, $d\sigma$ über den ganzen endlichen Querschnitt des Strahles zu integrieren. Bei der letzteren Integration variiert nur eventuell J und das Integral

$$\int J\,d\sigma = \Gamma$$

ist einfach ein Maß der Gesamtstärke des Primärstrahles, mit der der ganze Effekt natürlich proportional ist. Es ist also

$$i_1 = \Gamma . \int_0^d dy \int_0^{2\pi} d\varphi \int_0^{\frac{\pi}{2}} d\psi \Psi . e^{-y(\mu \sec \vartheta + \mu' \sec \psi)} \sec \vartheta . \sin \psi. \tag{4}$$

Wir wollen nicht darauf eingehen, welche Schlüsse dieser Ausdruck, in dem sich die Integration nach y übrigens noch ohne weiteres ausführen ließe, auf die Abhängigkeit der Einfallstrahlung von der Plattendicke d zu ziehen gestattet, auch ohne spezielle Annahme über die Funktion Ψ. Zur vollständigen Durchführung bedürfen wir jedenfalls einer solchen. Ψ hängt nach Annahme nur von dem Winkel χ (Fig. 14) zwischen Primär- und Sekundärstrahl ab. Aus dem Überwiegen der Austrittstrahlung über die Eintrittstrahlung dürfen wir wohl auf ein Maximum bei $\chi = 0$ und ein Minimum bei $\chi = \pi$ schließen. Da nun aus dem sphärischen Dreieck mit den Seiten ϑ, ψ, $\pi - \chi$ und dem Winkel φ bei N[1] der $\cos \chi$ einfach berechnet werden kann:

$$\cos(\pi - \chi) = -\cos \chi = \cos \vartheta \cos \psi + \sin \vartheta \sin \psi \cos \varphi, \tag{5}$$

so erweist sich die Annahme

$$\Psi = k(1 + \beta \cos \chi) \tag{6}$$

als die einfachste, welche diesen Bedingungen genügt.

Von den beiden Materialkonstanten k und β können wir k als den auf die Volumeinheit bezogenen Sekundärstrahlungskoeffizienten, β als Asymmetriekoeffizienten bezeichnen. Denn die Gesamtstrahlung eines Volumelements $d\tau$ ist nach (1)

[1] Als »0«-Ebene des Azimuts φ ist dabei die Einfallsebene gewählt.

$$\int di = J d\tau \int \Psi(\chi) d\omega = 2\pi J d\tau \int_0^{\pi} k(1+\beta\cos\chi)\sin\chi\, d\chi$$
$$= 4\pi k J d\tau,$$

also mit k proportional.

Indem wir (5) in (6) und dann (6) in (4) einsetzen und die einfache Integration nach φ ausführen, finden wir

$$i_1 = 2\pi k \Gamma \int_0^{\frac{\pi}{2}} d\psi \int_0^d dy (\sec\vartheta - \beta\cos\psi)\sin\psi\, e^{-y(\mu\sec\vartheta + \mu'\sec\psi)}. \tag{7}$$

Es empfiehlt sich jetzt zur Vereinfachung der Rechnung von der Tatsache Gebrauch zu machen, daß die Sekundärstrahlung, um welche es sich handelt, außerordentlich weich ist gegen die Primärstrahlung ($\mu' \gg \mu$). Infolgedessen verschwindet der zweite Exponentialfaktor für alle Werte von y, für welche es eventuell nicht gestattet wäre, den ersten Exponentialfaktor durch eine lineare Funktion zu approximieren. Nur für extrem hohe Werte von $\sec\vartheta$, d. h. für fast streifende Inzidenz gilt diese Annäherung nicht mehr. Mit anderen Worten: man darf die Absorption der harten Strahlung als linear ansehen in der dünnen Schicht, aus welcher überhaupt weiche Sekundärstrahlung an die Oberfläche zurückkommt, außer wenn diese dünne Schicht vom Primärstrahl sehr schräg durchlaufen wird. Führt man diese Vernachlässigung ein und außerdem als neue Variable

$$x = \sec\psi,$$

so erhält man

$$i_1 = 2\pi k \Gamma \int_1^{\infty} dx \int_0^d dy \left(\frac{\sec\vartheta}{x^2} - \frac{\beta}{x^3}\right)(1 - y\mu\sec\vartheta)e^{-\mu' x y}. \tag{8}$$

Die Quadraturen lassen sich nun zum Teil ausführen, zum Teil führen sie, wie immer bei derartigen Absorptionsrechnungen[1] auf das sogenannte Exponentialintegral

[1] Siehe z. B. L. V. King, Phil. Mag., *23*, 242 (1912); E. Schrödinger, Wiener Sitzungsber., *121*, (IIa.), 2391 (1913); Soddy und Russell, Phil. Mag., *19*, 725 (1910).

$$-Ei(-x)=\int_x^\infty \frac{e^{-x}}{x}\,dx,$$

für welches Tabellen vorhanden sind.[1] Das Resultat läßt sich in der einfachsten und für die numerische Rechnung geeignetsten Form aussprechen, wenn man die folgenden vier Funktionen einführt:

$$\begin{aligned}
\sigma_1(x) &= 1-(1-x)e^{-x}+x^2 Ei(-x)\\
\sigma_2(x) &= 1-e^{-x}-x(1-\sigma_1),\\
\sigma_3(x) &= 1-e^{-x}+\frac{x}{2}(1-\sigma_1),\\
\sigma_4(x) &= 1-e^{-x}-xe^{-x}+\frac{x^2}{2}(1-\sigma_1).
\end{aligned} \tag{9}$$

Ihr Verlauf ist in Fig. 15 dargestellt. σ_1 und σ_3 einerseits, σ_2 und σ_4 andrerseits sind einander sehr ähnlich. Mit der Funktion $1-e^{-x}$, welche zur Darstellung solcher Verhältnisse,

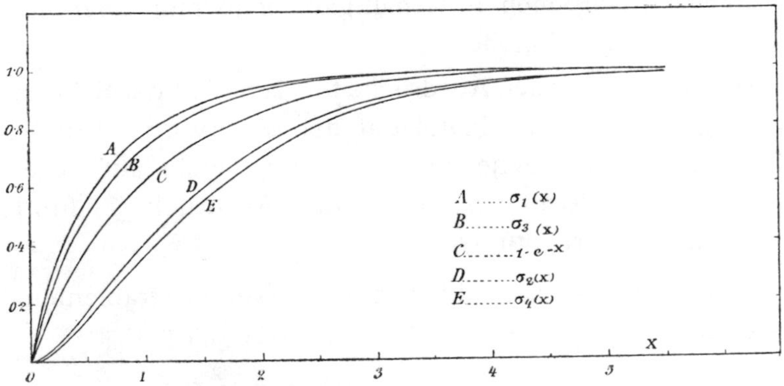

Fig. 15.

wie sie hier vorliegen, öfters zu Unrecht angewendet wird, haben sie die Eigenschaft gemein, bei $x=0$ zu verschwinden und sich für größere x rasch der Einheit zu nähern.

[1] z. B. Láska, Sammlung von Formeln der reinen und angewandten Mathematik, Braunschweig 1888—1894, p. 292.

Die Ausrechnung von (8) ergibt nun

$$i_1 = \frac{\pi k \Gamma}{\mu'}\left[\sec\vartheta \,.\, \sigma_1(\mu' d) - \frac{2\beta}{3}\sigma_3(\mu' d) - \frac{2\mu \sec^2\vartheta}{3\mu'}\sigma_2(\mu' d) + \right.$$
$$\left. + \frac{\mu\beta\sec\vartheta}{2\mu'}\sigma_4(\mu' d)\right]. \qquad (10)$$

Wegen der Kleinheit von $\frac{\mu}{\mu'}$ bilden, wenn ϑ nicht ganz nahe an 90° liegt — und nur dann gilt unsere Näherung — die letzten beiden Glieder nur kleine Korrektionen. Es wird darum fast immer gestattet sein, σ_4 durch σ_2 zu ersetzen und sich mit einer ganz rohen Auswertung dieser Funktion zu begnügen. Zur rohen Orientierung genügt es sogar, die Korrektionsglieder ganz fortzulassen und σ_1 statt σ_3 zu nehmen $\left(\frac{\sigma_3}{\sigma_1}\text{ ist für } x = 0\ 0\cdot 75 \text{ und nähert sich rasch der Einheit}\right)$. Man hätte dann

$$i_1 = \frac{\pi k \Gamma}{\mu'}\sigma_1(\mu' d)\left(\sec\vartheta - \frac{2\beta}{3}\right). \qquad (11)$$

Bei einigen Ansprüchen an Genauigkeit muß man aber natürlich auf (10) zurückgreifen.

Die entsprechenden Ausdrücke für **den** Teil der Sekundärstrahlung, welcher die Platte auf der **abgewendeten** Seite verläßt, erhält man ohne neue Rechnung leicht auf folgende Weise. Alle Überlegungen, die zu dem Ausdruck (7) führten, bleiben ungeändert, nur ist

1. als Schwächungsfaktor für ein Sekundärstrahlenbündel der Richtung (φ, ψ) statt $e^{-\mu' y \sec\psi}$ zu setzen $e^{+\mu'(d-y)\sec\psi}$;

2. die Integration nach ψ ist statt von 0 bis $\frac{\pi}{2}$ von $\frac{\pi}{2}$ bis π zu erstrecken.

Also erhält man an Stelle von (7) für die **Austrittstrahlung**

$$i_2 = 2\pi k \Gamma \int_{\frac{\pi}{2}}^{\pi} d\psi \int_0^d dy (\sec\vartheta - \beta\cos\psi)\sin\psi\, e^{-y\mu\sec\vartheta + (d-y)\mu'\sec\psi}. \qquad (7')$$

Führt man hier die Transformation aus

$$\psi = \pi - \psi', \quad y = d - y',$$

so findet man

$$i_2 = 2\pi k \Gamma . e^{-\mu d \sec \vartheta} \int_0^{\frac{\pi}{2}} d\psi' \int_0^d dy' (\sec \vartheta + \beta \cos \psi') \sin \psi' \cdot \\ \cdot e^{y'(\mu \sec \vartheta - \mu' \sec \psi')}. \quad (7'')$$

Dieser Ausdruck unterscheidet sich aber von (7) nur durch den Faktor $e^{-\mu d \sec \vartheta}$ und durch den Vorzeichenwechsel von μ und β. Die Annäherung von $e^{+y'\mu \sec \vartheta}$ durch die Linearfunktion ist in denselben Grenzen gestattet wie früher (es ist dazu also nicht notwendig, daß die Absorption der Primärstrahlung in der ganzen Dicke der Platte oder gar in einer Platte der Dicke $d \sec \vartheta$ gering sei). Man hat also einfach die genannten Änderungen an dem Endresultat für i_1 vorzunehmen, d. i. an (10); das gibt

$$i_2 = \frac{\pi k \Gamma}{\mu'} e^{-\mu d \sec \vartheta} \Big[\sec \vartheta . \sigma_1(\mu' d) + \frac{2\beta}{3} \sigma_3(\mu' d) + \\ + \frac{2\mu \sec^2 \vartheta}{3\mu'} \sigma_2(\mu' d) + \frac{\mu\beta \sec \vartheta}{2\mu'} \sigma_4(\mu' d) \Big]. \quad (10')$$

Als orientierende Näherung kann wieder gelten:

$$i_2 = \frac{\pi k \Gamma}{\mu'} . e^{-\mu d \sec \vartheta} \sigma_1(\mu' d) \left(\sec \vartheta + \frac{2\beta}{3} \right). \quad (11')$$

Für die weitere Verwendung ersetzen wir noch den Faktor durch eine einzige Konstante

$$\frac{\pi k \Gamma}{\mu'} = C \quad (12)$$

und resumieren:

Akzeptiert man die im Anfang dieses Abschnittes aufgestellten drei Elementargesetze und setzt speziell

$$\Psi(\chi) = k(1 + \beta \cos \chi),$$

dann muß eine Platte von der Dicke d, die von einem parallelen γ-Strahlenbündel unter dem Einfallswinkel ϑ getroffen wird, die Eintrittstrahlung

$$i_1 = C\left(\sec\vartheta.\sigma_1 - \frac{2\beta}{3}\sigma_3 - \frac{2\mu\sec^2\vartheta}{3\mu'}\sigma_2 + \frac{\mu\beta\sec\vartheta}{2\mu'}\sigma_4\right) \quad (13)$$

und die Austrittstrahlung

$$i_2 = C.e^{-\mu d \sec\vartheta}\left(\sec\vartheta.\sigma_1 + \frac{2\beta}{3}\sigma_3 + \right.$$

$$\left. + \frac{2\mu\sec^2\vartheta}{3\mu'}\sigma_2 + \frac{\mu\beta\sec\vartheta}{2\mu'}\sigma_4\right) \quad (14)$$

abgeben. Die σ sind die durch (9) definierten, in Fig. 15 dargestellten Funktionen, gebildet vom Argument $\mu' d$; C ist außer mit der Stärke des Primärstrahles mit dem Quotienten aus dem Volumstrahlungskoeffizienten k durch den Absorptionskoeffizienten μ' der Sekundärstrahlung proportional.

VI. Darstellung der Beobachtungen durch die Theorie.

Bei der Anpassung der Theorie an die im Abschnitt III mitgeteilten Beobachtungen verfahren wir so, daß wir den Wert von μ als vorgegeben betrachten, und zwar benützen wir als die zuverlässigsten die von Soddy und Russel[1] bestimmten Zahlen. C, β und μ' werden durch systematisches Probieren ermittelt. Die ausgezogenen Kurven der Figuren 6 bis 13 geben i_1 und i_2 nach Gleichung (13) und (14), und zwar mit den in Tabelle 7 folgenden Konstanten.[2]

---

[1] Mr. et Mrs. Soddy, Mr. Russell, Phil. Mag., *18*, 620 (1909); *19*, 725 (1910); *21*, 130 (1911). — (Auch Rutherford, Handbuch der Radiologie, II, p. 220).

[2] Für Fe, Ni, Sn sind keine Kurven gezeichnet worden, da wir hier nur so viele Beobachtungen anstellten, um C und β berechnen zu können, aber nicht genug, um eine Prüfung der Theorie auch an diesen Substanzen zu gestatten.

Tabelle 7.

	Al	Fe	Ni	Cu	Zn	Sn	Pb
μ	0·115	0·304	—	0·351	0·278	0·281	0·495
μ'	17·5	—	—	58	40	—	92
C	0·175	0·171	0·164	0·162	0·173	0·220	0·325
β	1·000	0·497	0·372	0·389	0·369	0·000	−0·138
Atomgewicht	27	56	59	64	65	119	207
ρ (Dichte)	2·8	7·8	8·8	8·9	7·1	7·3	11·3
μ'/ρ	6·2	—	—	6·5	5·6	—	8·4

Einige Worte über die Art der Konstantenermittlung werden die Beurteilung der Frage erleichtern, ob die erzielte Übereinstimmung die gewählte mathematische Darstellung als zutreffend erscheinen läßt und welche Bedeutung den geringen systematischen Abweichungen beizumessen ist.

C und β sind bei jeder Substanz durch die Grenzwerte für große Schichtdicken der beiden untersten Kurven (i_1 und i_2 für $\vartheta = 0$) fast vollkommen festgelegt. Seien s_1 und $s_2 . e^{-\mu d \sec \vartheta}$ (μ ist ja bekannt!) diese beiden Grenzwerte, so hat man nach (11 und 11′) sehr angenähert

$$s_1 = C\left(1 - \frac{2\beta}{3}\right), \quad s_2 = C\left(1 + \frac{2\beta}{3}\right).$$

Dann ist nur mehr μ' verfügbar. Diese Konstante beeinflußt fast nur die Art des anfänglichen steilen Anstieges aller Kurven und die Abszisse, wo das Maximum von i_2, beziehungsweise (praktische) Konstanz von i_1 erreicht wird. Sie wird, da die Gestalt der σ-Funktionen (Fig. 15) bekannt ist, den betreffenden Anfangspunkten in leicht ersichtlicher Weise angepaßt. Daß die relative Höhe der Grenzwerte, beziehungsweise Maxima der übrigen acht Kurven im Verhältnis zu den beiden untersten richtig wiedergegeben wird, liegt nicht mehr im Bereich der Willkür der Konstantenbestimmung und darf als eine sehr vollkommene Bestätigung der Theorie angesehen werden.

Die einzigen systematischen Abweichungen von der Formel liegen in den letzten Teilen der Kurven von Cu und Zn, vielleicht auch von Al (von der Austrittstrahlung des Bleis wird sogleich gesprochen werden). Die beobachteten Strahlungen erheben sich hier etwas über die theoretisch berechneten. Ohne Zweifel rührt dieser Anstieg von der harten Sekundärstrahlung (sekundärer γ-Strahlung) der Platte her, welche wir nicht berücksichtigt haben. Diese harte Strahlung würde ihren maximalen Betrag erst bei sehr viel größeren Schichtdicken erreichen. Der von uns untersuchte Dickenbereich entspricht für sie noch dem allerersten Teil der σ-Kurven (Fig. 15), wo sie angenähert proportional mit dem Argument ansteigen. Läßt man für die harte Strahlung eine ähnliche Theorie gelten, wie wir sie im vorigen Abschnitte für die weiche entwickelt haben, so kann man, am besten aus dem leichten Anstieg der i_1-Kurven eine ganz rohe Schätzung des Volumstrahlungskoeffizienten der harten Sekundärstrahlung gewinnen, da sich die Neigungen im Ursprung ungefähr wie die Volumstrahlungskoeffizienten verhalten:

$$\frac{\partial}{\partial d}\left[C\sigma_1(\mu' d).\left(\sec\vartheta - \frac{2\beta}{3}\right)\right]_{d=0} =$$

$$= \mu' C\left(\sec\vartheta - \frac{2\beta}{3}\right)\left[\frac{d\sigma_1(x)}{dx}\right]_{x=0}$$

$$= \text{const.}\, k.^{1}$$

Beim Kupfer findet man für den Volumstrahlungskoeffizienten der harten Strahlung $0 \cdot 9\,^0/_0$ von dem der weichen, beim Zink $1 \cdot 4\,^0/_0$. Als Maß der Strahlungen ist dabei natürlich die Ionisierung in dem gleichen Ionisierungsgefäß (beschrieben auf p. 9 dieser Arbeit) angesehen, von dessen

[1] Man benutzt zur Berechnung natürlich die oberste i_1-Kurve, wo wegen der Größe von $\sec\vartheta$ (3·864) eine etwaige Verschiedenheit der Asymmetriekoeffizienten β für die harte und weiche Strahlung am wenigsten austrägt. Die vernachlässigten Glieder mit $\frac{\mu}{\mu'}$, $\left(\frac{\mu}{\mu'}\right)^2$ etc. beeinflussen die Neigung im Ursprung nicht.

Zentrum die Strahlen ausgehen. Wir erwähnen dies ausdrücklich, weil Verhältniszahlen von β- und γ-Strahlungen nur bei genauer Angabe der Meßmethode einen Sinn haben.[1]

Beim Blei ist auf der Eintrittseite (Fig. 12) von harter Sekundärstrahlung nichts zu bemerken, in Übereinstimmung mit einem Resultat von Eve,[2] der die harte Einfallstrahlung des Bleis im Verhältnis zu der anderer Metalle auffallend klein fand.

Es erübrigt noch, die Verhältnisse bei der Austrittstrahlung des Bleis zu besprechen (Fig. 13). Wir haben die theoretischen Kurven hier nicht eingetragen, weil eine adäquate Darstellung unmöglich war, und zwar weder wenn man an dem Soddy-Russel'schen μ festhielt, noch mit irgendeinem anderen für alle Schichtdicken konstanten Absorptionskoeffizienten [für die Eintrittstrahlung spielt μ nach Gleichung (13) nur eine ganz untergeordnete Rolle]. Wir haben nicht versucht, die im Abschnitt V entwickelte Theorie in diesem Sinn abzuändern, da hierbei für willkürliche Annahmen ein zu großer Spielraum bleibt; wir wollen aber doch noch zeigen, daß aus unseren Resultaten unzweideutig die Inkonstanz von μ gerade in den kleinen Schichtdicken, die hier in Betracht kommen, folgt.

Die i_1-Kurven für Blei zeigen, daß von 1 *mm* Schichtdicke aufwärts die Klammergrößen in (13) und (14) praktisch konstant geworden sind. Von da an klingt also i_2 einfach nach dem Absorptionsgesetz der Primärstrahlung ab. Das Gesetz dieser Abklingung darf man aber nicht aus den korrigierten i_2-Werten ableiten, da bei der Korrektur (siehe p. 13) schon der Soddy-Russel'sche Absorptionskoeffizient verwendet wurde. Aus dem dort Gesagten [Gleichung (*b*), p. 13] zusammen mit Gleichung (14), p. 37, erkennt man aber, daß das Aggregat

$$i_2+E+\gamma = (i_2)-NZ$$

[1] Unsere Zahlen sind nicht vergleichbar mit den von A. S. Eve, Phil. Mag., *16*, 233 (1908), angegebenen.

[2] A. S. Eve, Phil. Mag., *16*, 230 (1908). Auch J. P. V. Madsen, Phil. Mag., *17*, 447 (1909).

nach dem Absorptionsgesetz der Primärstrahlung abnehmen muß. Der Logarithmus dieser Größe ist in Fig. 16 als Funktion der Schichtdicke d sec ϑ aufgetragen, wobei die Kurven 1, 2, 3, 4, 5 den Einfallswinkeln $\vartheta = 0, 35, 50, 65, 75°$ ent-

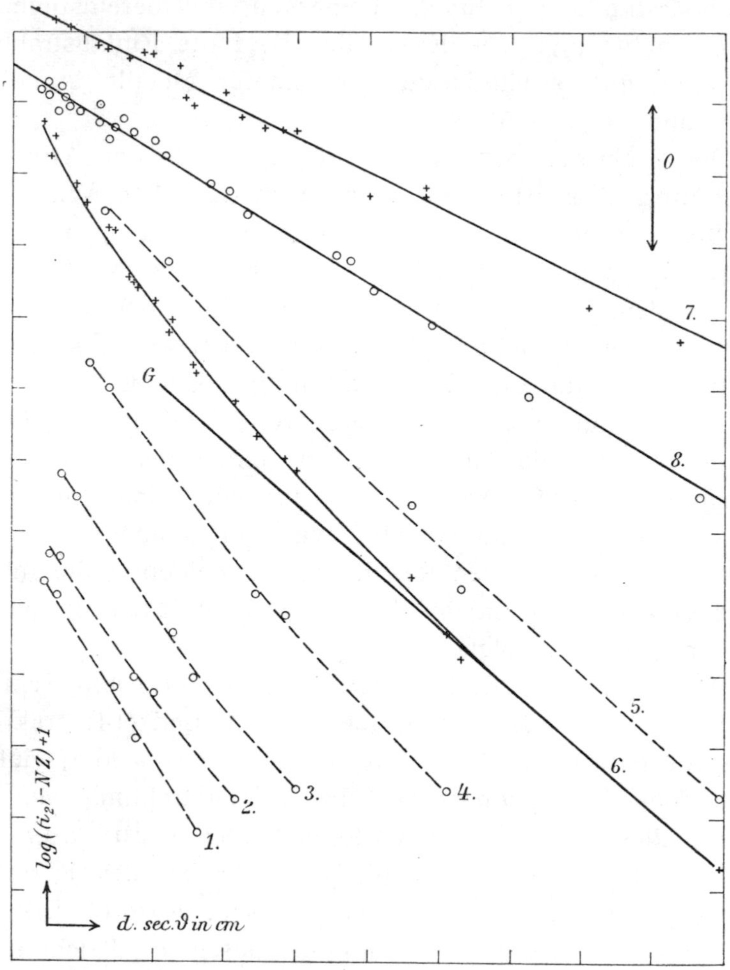

Fig. 16.

sprechen. Durch passende Verschiebung parallel zur Ordinatenachse (die multiplikative, beziehungsweise im Logarithmus additive Konstante ist natürlich für die einzelnen Kurven verschieden) lassen sich sämtliche Punkte in einer einzigen Kurve 6 anordnen, welche also das logarithmische Absorptionsgesetz der primären γ-Strahlung für Blei von 1 bis 20 *mm*

Schichtdicke darstellt. Die Neigung der Geraden *g* entspricht dem Soddy-Russell'schen Absorptionskoeffizienten $0 \cdot 495\ cm^{-1}$. Es ist somit aufgeklärt, warum wir in diesem Falle zu einer adäquaten Darstellung nicht gelangen konnten. Der hier, wie wir glauben, einwandfrei festgelegte Hardeningeffekt[1] des Bleis steht übrigens nicht im Widerspruch zu den Soddy-Russell-schen Ergebnissen, da auch diese Forscher den streng exponentiellen Abfall erst von etwa 14 *mm* Schichtdicke an festgestellt haben [vgl. Fig. 3 auf p. 645 Phil. Mag., *18* (1909)].

In anderen Metallen scheint das Exponentialgesetz bis herab zu den kleinsten Schichtdicken zu gelten. Wenigstens lassen die Kurven 7 und 8 in Fig. 16, die für Zn und Cu in derselben Weise erhalten wurden, nichts von einem Hardening-effekt erkennen und schließen sich den Geraden, deren Neigung den Soddy-Russel'schen μ-Werten entspricht, gut an.[2]

Nach der heute wohl noch allgemein herrschenden Meinung, daß homogene Strahlung nach einem rein exponentiellen Gesetz absorbiert wird, scheint es schwer, eine Erklärung für die Ausnahmsstellung des Bleis zu finden. Die Kurve (6) läßt sich zwar ausgezeichnet als Logarithmus der Summe von zwei Exponentialfunktionen auffassen (nach Abzug der härteren erhält man logarithmisch genau eine Gerade). Die Koeffizienten verhalten sich wie $1 : 3 \cdot 11$. Die Konstanten sind $2 \cdot 88$, beziehungsweise $0 \cdot 495\ cm^{-1}$. Man könnte an die Ra-*B*-Strahlung denken, die ungefähr diese Härte hat. Es wäre aber merkwürdig, daß die beiden γ-Strahltypen in Blei ganz verschieden, in den beiden anderen Metallen aber nahezu in gleicher Weise absorbiert werden sollten.

Gray[3] ist der Ansicht, daß die rein exponentielle Absorption, die schließlich in allen Metallen eintritt, nicht davon herrührt, daß das Strahlenbündel homogen, sondern daß es

1 Wir bezeichnen mit diesem Worte nur die experimentelle Tatsache einer »gegen die Abszissenachse konvexen« Absorption.

2 Für Al ist die Absorption zu klein, um eine Prüfung zuzulassen. Die harte Sekundärstrahlung, welche die Neigung etwas zu gering erscheinen lassen würde (siehe oben, p. 39), wurde beim Cu und Zn nach den Kurven für die Einfallstrahlung wegkorrigiert.

3 J. A. Gray, Phil. Mag., *26*, 620 (1913).

in ganz bestimmter, für das betreffende Atomgewicht charakteristischer Weise inhomogen geworden ist. Schließt man sich dem an, so fällt die Erklärung nicht schwer: unser Strahlenbündel kommt ja aus 5 *mm* Zink, es besitzt die für das Zink charakteristische Heterogenität. Es wird daher im Zink und im nahestehenden Kupfer exponentiell absorbiert, dagegen im Blei anfangs »gehärtet«.

VII. Weitere Versuche zur Feststellung der Qualität der weichen Sekundärstrahlung.

In Tabelle 7 haben wir die Absorptionskoeffizienten μ' der Sekundärstrahlung von vier Substanzen in den betreffenden Substanzen selbst angeführt. Die Genauigkeit, mit der diese Zahlen durch die Messungen selbst festgelegt sind, läßt sich schwer abschätzen; sehr groß dürfte sie nicht sein. Bragg und Madsen[1] haben, allerdings wie oben (p. 34) bemerkt, mit einer unrichtigen Annahme über die Absorptionsfunktion, aus ihren Messungen folgende μ' für die Austrittstrahlung berechnet:

		μ'
Substanz	Pb	84 cm^{-1}
»	Sn	50
»	Cu	51
»	Al	14

Nach ihrer Angabe ist die Qualität der Strahlung vom Material unabhängig, beispielsweise ist der Absorptionskoeffizient in Aluminium für die Strahlungen von Cu, Zn, Al etc. derselbe.

Wir haben versucht, diesen Sachverhalt zu prüfen und zugleich zu sehen, ob ein merklicher Unterschied in der Härte der Ein- und Austrittstrahlung vorhanden ist. Es wurde z. B. für eine 0·1 *cm* dicke Kupferplatte, also hinreichend dick, um die maximale Eintrittstrahlung zu geben, zuerst allein, dann bedeckt mit verschieden dicken Aluminumfolien, i_1 und i_2

[1] W. H. Bragg und J. P. V. Madsen, Phil. Mag., *16*, 931 (1908).

nach der früher angegebenen Methode gemessen. Die Aluminiumfolien wurden das eine Mal vorne, dann hinten auf die Kupferplatte aufgelegt. Da die Ein- und Austrittstrahlungen für die betreffenden Folien allein bekannt waren, ließ sich daraus in leicht ersichtlicher Weise die Schwächung der Cu-Strahlung durch die Aluminiumschichten berechnen, und zwar getrennt für die Ein- und Austrittstrahlung.

Die Schwächung erfolgt natürlich wieder nicht nach einer einfachen e-Potenz, sondern sehr angenähert nach der Funktion $1 - \sigma_1(\mu' d)$, wo μ' den Absorptionskoeffizienten der Cu-Strahlung in Al, d die Dicke der Al-Schicht bedeutet. Die Theorie läßt sich übrigens in ganz derselben Weise, wie es oben für eine einzige Platte geschehen ist, streng entwickeln. Es treten, wie zu vermuten, keine neuen σ-Funktionen auf, sondern nur wieder die, deren Graph in Fig. 15 gezeichnet ist.

Da unsere Messungen in dieser Richtung nicht zahlreich genug sind, um quantitative Schlüsse zu gestatten, geben wir sie nicht im Detail wieder. Qualitativ ergab sich:

1. Die Härte der Sekundärstrahlung scheint tatsächlich wenig oder gar nicht von der Substanz des Strahlers abzuhängen.

2. Die Eintrittstrahlung ist merklich weicher als die Austrittstrahlung. Die oben in Tabelle 7 angeführten μ' haben demnach nur die Bedeutung von Mittelwerten.

Der letztere Umstand hilft vielleicht über die im ersten Augenblick befremdende, aber von Bragg und uns übereinstimmend festgestellte Tatsache hinweg, daß die Austrittstrahlung des Bleis kleiner ist als die Eintrittstrahlung ($\beta < 0$). Da weiche β-Strahlung auf gleichen Wegstrecken mehr Ionen erzeugt als härtere und wir stillschweigend immer die auf gleichen Wegstrecken erzeugten Ionenzahlen als Maß der Strahlung festsetzen, so folgt aus $i_2 < i_1$ oder $\beta < 0$ noch nicht mit Notwendigkeit, daß die Elektronen- oder gar die Energieabgabe beim Blei gerade in der entgegengesetzten Richtung ein Maximum hat, wie bei den anderen Metallen, was einigermaßen unwahrscheinlich wäre.

VIII. Die Materialkonstanten.

Was den Versuch betrifft, eine etwaige gesetzmäßige Abhängigkeit der Konstanten der Sekundärstrahlung von anderen Eigenschaften des Materials aufzudecken (Atomgewicht, Dichte), so möchten wir zunächst zu den bisher in dieser Richtung unternommenen Versuchen Stellung nehmen. Als Maß für die Sekundärstrahlung einer Substanz wurde gewöhnlich[1] die maximale Ein- und Austrittstrahlung angesehen, also nach unserer Bezeichnungsweise

$$C\left(1-\frac{2\beta}{3}\right) \quad \text{und} \quad C\left(1+\frac{2\beta}{3}\right),$$

wenn man die letztere noch für Absorption des Primärstrahles korrigiert und die kleinen Glieder mit $\frac{\mu}{\mu'}$ vernachlässigt. Für beide ergab sich eine sehr verschiedene Abhängigkeit vom Atomgewicht, nämlich für i_1 ein kontinuierlicher Anstieg, für i_2 ein Minimum bei mittleren Atomgewichten. Verglichen mit dieser Auffassung scheinen uns unsere Konstanten C und β, die im wesentlichen nichts anderes sind als Summe und relative Differenz der maximalen Aus- und Eintrittstrahlung eine etwas einfachere Darstellung des nämlichen Sachverhaltes zu ermöglichen (siehe Fig. 17 und Tabelle 7). C ist für die niedrigen Atomgewichte (bis Zn = 65) fast konstant, von da an steigt es ungefähr linear an. β zeigt einen regelmäßigen Abfall mit wachsendem Atomgewicht.

Was zunächst C betrifft, so ist es vielleicht nicht ganz überflüssig, darauf hinzuweisen, in wie zusammengesetzter Art auch noch diese Konstante mit den vom theoretischen Standpunkt als primitiv anzusehenden Materialkonstanten zusammenhängt und wie wenig man berechtigt ist, gerade C als Maß der Strahlung anzusehen. Nach (12) ist C ceteris

[1] Vgl. u. a. G. Kučera, Ann. d. Phys., *18*, 974 (1905); W. H. Bragg und J. P. V. Madsen, Phil. Mag., *16*, 918 (1908); A. S. Eve, Phil. Mag., *18*, 275 (1909).

paribus proportional mit $\frac{k}{\mu'}$, d. h. mit dem Quotienten aus dem Volumstrahlungskoeffizienten und dem Absorptionskoeffizienten der Sekundärstrahlung.[1] Die (angenäherte) Konstanz von C für die leichten Atome bedeutet also nicht, daß der Volumstrahlungskoeffizient konstant ist, sondern daß er annähernd in derselben Weise sich ändert wie μ'. Nun scheint μ', das übrigens schwer genau zu bestimmen ist, für diese Atome annähernd mit der Dichte proportional zu sein (vgl. die letzte Zeile der Tabelle 7). Dasselbe gilt demnach von dem Volumstrahlungskoeffizienten und wir gelangen erst auf diesem Umweg zu dem Satz, daß die leichten Atome annähernd Masse für Masse gleich stark strahlen, die schwereren dagegen stärker, schon deshalb, weil C zunimmt, und da auch $\frac{\mu'}{\rho}$ wächst, a fortiori.

Wir wollen damit übrigens noch nicht entscheiden, daß gerade der Massenstrahlungskoeffizient als primitive Materialkonstante zu deklarieren ist. Für eventuelle spätere Verwendung stellen wir diejenigen Aggregate zusammen, die nach unserer Ansicht möglicherweise hierfür in Betracht kommen könnten (ρ = Dichte, A = Atomgewicht), indem wir zugleich Namen vorschlagen:

$\mu' C \sim k$ ..... Volumstrahlungskoeffizient.

$\frac{\mu' C}{\rho} \sim \frac{k}{\rho}$ .... Massenstrahlungskoeffizient.

$\frac{\mu' C A}{\rho} \sim \frac{k A}{\rho}$ .. Atomstrahlungskoeffizient.

---

[1] Oder mit dem Quotienten $\frac{\text{Massenstrahlungskoeffizient}}{\text{Massenabsorptionskoeffizient}}$. C fällt also mit der Größe zusammen, die W. H. Bragg [Phil. Mag., *20*, 408 (1910)] $k \times d$ nennt, Massenstrahlungskoeffizient mal »Massen-range«. Seine Annahme, daß der erstere für alle Substanzen gleich ist, ist aber unrichtig. Mit den l. c., p. 410, angeführten Messungen von Porter stimmen unsere Resultate sehr gut überein.

Bei Betrachtung der β-Kurve (Fig. 17) springt eine Schwierigkeit ins Auge. β erreicht schon für Al ($A = 23$) seinen größtmöglichen Wert 1 und man weiß nicht, was für noch leichtere Atome geschehen sollte, da ein $\beta > 1$ unsinnig wäre. Offenbar ist dies eine Schwierigkeit, nicht des Gegenstandes selbst, sondern unserer mathematischen Formulierung. Sie läßt sich beheben, wenn man unseren Ansatz (6), der ja

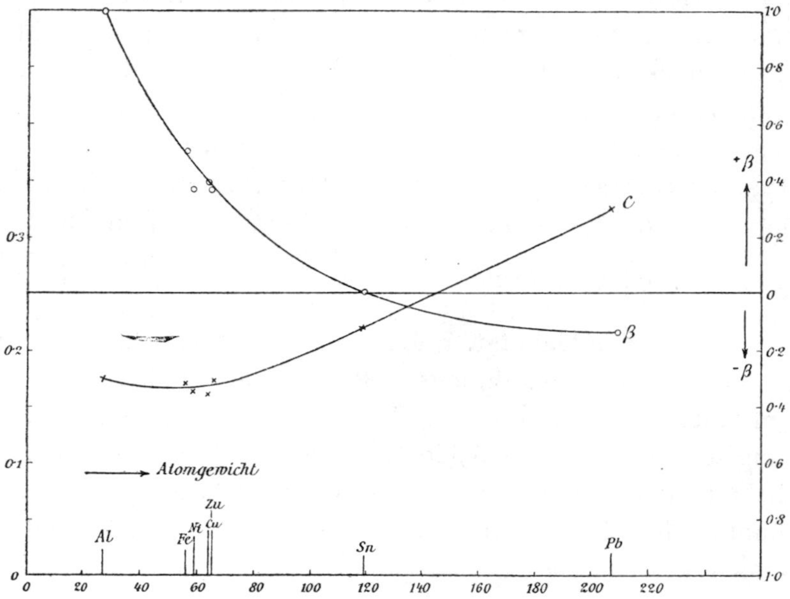

Fig. 17.

aus Opportunitätsrücksichten entsprungen ist, nur als erste Annäherung auffaßt. In Wahrheit dürften noch Glieder mit höheren Potenzen von $\cos\chi$ folgen und instinktmäßig kann man vermuten, daß dieselben umso weniger vernachläßigt werden dürfen, je mehr schon das erste Glied austrägt, also bei starker Asymmetrie.

IX. Zusammenfassung.

1. Wenn eine Metallplatte von einem Bündel harter γ-Strahlen (Ra-C) senkrecht getroffen wird, so entsteht an der getroffenen Stelle eine weiche Sekundärstrahlung, und zwar sowohl auf der dem Primärstrahl zugewendeten Seite (incidence

radiation), als auch auf der abgewendeten (emergence radiation). Beide Strahlungen wachsen für sehr dünne Folien mit der Plattendicke proportional, später verzögert. Die Einfallstrahlung erreicht bald einen Grenzwert, die Austrittstrahlung geht durch ein Maximum, das in der Regel größer ist als der Grenzwert der Eintrittstrahlung und nimmt sodann nach dem Absorptionsgesetz der Primärstrahlung ab. Diese Ergebnisse sind mit denen früherer Beobachter in Einklang.

2. Die Abhängigkeit beider Strahlungen von der Plattendicke läßt sich quantitativ wiedergeben durch die Annahmen:

a) Es handelt sich um einen Volumeffekt.

b) die Sekundärstrahlung des Volumelements verteilt sich nicht gleichmäßig auf alle Raumwinkel, sondern in bestimmter Weise so, daß die Richtung des Primärstrahles bevorzugt ist.

c) Primäre und sekundäre Strahlung werden nach einem Exponentialgesetz absorbiert.

3. Diese Annahmen lassen dann die Effekte bei beliebiger schräger Inzidenz vorausberechnen. Die Resultate der Rechnung wurden in einem großen Winkelbereich und in vier verschiedenen Metallen (Al, Cu, Zn, Pb) geprüft und mit der Erfahrung in befriedigender Übereinstimmung gefunden.

4. Daß die Sekundärelektronen ursprünglich nur in der Richtung des Primärstrahles ausgehen, wie zuweilen angenommen wird, ist unwahrscheinlich wegen des Verhaltens der Eintrittstrahlung bei sehr kleinen Schichtdicken.

5. Die von einer bestimmten γ-Strahlung an einer bestimmten Substanz erregte sekundäre β-Strahlung ist durch drei Konstanten zu charakterisieren, etwa: Massenstrahlungskoeffizient, Asymmetriekoeffizient, Absorptionskoeffizient. Aus Messungen an sieben Metallen schließen wir, daß die Massenstrahlung annähernd konstant ist für die niedrigen Atomgewichte bis zum Zink; von da an wächst sie bis auf mehr als den doppelten Betrag beim Blei. Die Asymetrie nimmt mit wachsendem Atomgewicht ab, verschwindet beim Zinn und ist für Blei negativ. Der Absorptionskoeffizient der Sekundärstrahlung scheint nicht von der Natur des Strahlers, sondern nur vom Absorber und (nach den Angaben früherer

Beobachter) von der Härte des Primärstrahles abzuhängen. Die Eintrittstrahlung scheint immer etwas weicher zu sein als die Austrittstrahlung, doch ließ sich die Theorie unserer Versuche unter Annahme eines für beide gleichen Absorptionskoeffizienten durchführen, dem also nur die Bedeutung eines Mittelwertes zukommt.

6. Der Massenstrahlungskoeffizient der sekundären γ-Strahlung (wenn man sie als richtige Sekundärstrahlung auffaßt) läßt sich für Cu und Zn ganz roh abschätzen zu etwa 1 % von dem der sekundären β-Strahlung. Als Maß der Strahlung sind dabei natürlich, wie durchwegs in dieser Arbeit, die in demselben Ionisierungsgefäß erzeugten Ionenzahlen angesehen.

Dielektrizität.

Von E. SCHRÖDINGER.

(Die Literatur ist bis Ende 1912 berücksichtigt worden.)

I. Theorie.

1. Historische Einleitung.

Es hat sich gezeigt, daß auch Körper, in denen ein merklicher Leitungsstrom nicht auftritt, wenn man in ihnen ein elektrisches Feld erregt, doch eine Veränderung durch dasselbe erleiden, wodurch sie selbst wieder die Feldverteilung beeinflussen. Diese Veränderung ist ihrer Natur nach von der Leitung verschieden, da alle Wirkungen des Feldes in einem Isolator vollständig rückgängig gemacht werden[1]), sobald das Feld zu wirken aufhört, während durch den Leitungsstrom fortwährend Elektrizität transportiert wird, die beim Aufhören des Feldes im allgemeinen nicht wieder in ihre alte Verteilung zurückkehrt. Man bezeichnet die Eigenschaft der ponderablen Materie, solche reversible Änderungen im elektrischen Feld zu erleiden, als Dielektrizität, und die Körper, insofern sie dieselben erleiden, als Dielektrika.

Die dielektrischen Eigenschaften eines Körpers sind um so schwerer zu untersuchen, ja vielleicht sogar zu definieren[2]), je größer sein Leitvermögen ist. Die Dielektrizität ist daher hauptsächlich an schlechtleitenden Körpern untersucht worden und so kommt es, daß die Begriffe Dielektrikum und Isolator in mancher Hinsicht zusammenfallen.

Nachdem schon MUSSCHENBROEK[3]), WILKE[3]), CUTHBERSON[3]) und CAVENDISH[3]) den Einfluß der isolierenden Zwischenkörper auf die Verteilung eines elektrostatischen Feldes bemerkt hatten, war FARADAY[4]) der erste, der mit allem Nachdruck auf die große Rolle des Zwischenmediums bei den scheinbaren elektrischen Fernwirkungen hinwies und Versuche anstellte, durch welche die Abhängigkeit derselben von der Natur des Zwischenmediums deutlich zutage trat. Wir charakterisieren heute einen Isolator in dielektrischer Hinsicht durch eine Materialkonstante, die Dielektrizitätskonstante (D. K.), welche man definieren kann als das Verhältnis der Kapazitäten eines Kondensators, wenn er das eine Mal die isolierende Substanz, das zweite Mal Luft (genauer das Vakuum) als Zwischenmedium enthält. Die Versuche von FARADAY sind die ersten, aus denen sich die D. K. der von ihm untersuchten Isolatoren wenigstens annähernd berechnen läßt[5]). — FARADAY kam bekanntlich zu der Überzeugung, daß der Fülle neuer von ihm entdeckter elektromagnetischer Erscheinungen die zu seiner Zeit geltende Fernwirkungstheorie nicht gerecht werden konnte. Es war ihm jedoch aus Mangel an mathematischer Schulung nicht möglich, seine geniale Auffassung, wonach sich alle scheinbaren Fernwirkungen in Wahrheit von Punkt zu Punkt durch das Zwischenmedium hindurch fortpflanzen, den Zeitgenossen mundgerecht zu machen. Daher stehen auch die Theorien, welche in der Folgezeit für die Erscheinung

[1]) Abgesehen von den sogenannten Anomalien, siehe den folgenden Aufsatz VON SCHWEIDLER.
[2]) Siehe z. B. über die Frage der D. K. der Metalle E. COHN, Phys. Ztschr. 4. 619. 1903.
[3]) Siehe die Literatur in G. WIEDEMANN, Elektrizität 2. 1. 1894.
[4]) M. FARADAY, Experimental Researches, XI. Reihe, 1252 ff. 1837. Deutsche Ausgabe von S. KALISCHER 1. 354 ff. 1891.
[5]) Siehe z. B. WINKELMANN, Handbuch der Physik, Bd. IV, p. 77 f.

der dielektrischen Erregung gegeben wurden, alle noch auf dem Boden der alten Fernwirkungstheorie.

Diese gelangt zu einer vollständigen Beschreibung des Verhaltens der Dielektrika im elektrostatischen Feld durch folgende rein phänomenologische Annahme. Durch die elektrische Fernkraft E (mechanische Kraft auf einen kleinen Probekörper mit der Ladungseinheit) wird jedes Volumelement $d\tau$ des Dielektrikums in einen solchen Zustand versetzt („polarisiert"), daß es dieselben Fernkräfte ausübt, wie ein elektrischer Doppelpol vom Moment (Produkt eines Pols in den Abstand der Pole) $kE\,d\tau$, dessen Achse in die Kraftrichtung fällt. k ist eine Materialkonstante, welche als Dielektrisierungszahl bezeichnet wird und mit der die Dielektrizitätskonstante ε durch die Gleichung:

$$\varepsilon = 1 + 4\pi k \tag{1}$$

zusammenhängt.

Von dieser Annahme aus lassen sich alle elektrostatischen Probleme mit beliebigen Dielektrizis behandeln. Die weitere Durchführung ist eine rein mathematische Aufgabe der Potentialtheorie, welche sich vollkommen deckt mit der von Poisson[1]) schon im Jahre 1823 gegebenen Theorie der magnetischen Influenz.

Das Zustandekommen dieser Polarisation läßt sich nun durch die verschiedensten speziellen Annahmen über die Konstitution der materiellen Körper erklären. Clausius[2]) nahm an, daß der Isolator eine große Zahl kleiner leitender Körperchen enthält, in welchen durch elektrostatische Influenz die Elektrizitäten geschieden werden, und Lampa[3]) hat diese Theorie auf Kristalle ausgedehnt, indem er den Körperchen eine anisotrope Anordnung gibt.

Helmholtz[4]) nimmt an, daß die Moleküle elektrisch geladene Teilchen (Ionen) enthalten, welche durch die äußere elektrische Kraft nach entgegengesetzten Richtungen aus ihrer Ruhelage gezogen werden und so die Dipole bilden. Er steht übrigens nicht mehr auf dem Standpunkte der Fernwirkungstheorie und geht hauptsächlich auf die elektromagnetische Erklärung der optischen Vorgänge aus. Die Elektronentheorie (p. 170) knüpft durchaus an seine Ideen an.

Es ist endlich noch eine dritte Vorstellung möglich, welche an die Poisson-Ampèresche von den Elementarmagneten anknüpft. Man kann sich denken, daß die Moleküle eines Dielektrikums schon bei Abwesenheit der äußeren Kraft elektrisch polar sind, und die Wirkung der letzteren nur darin suchen, daß sie die Molekülachsen, die früher gleichmäßig nach allen Richtungen verteilt waren, teilweise in die Kraftrichtung ausrichtet. Diese Vorstellung, mit der Helmholtzschen vereinigt, ist neuerdings von Debye[5]) und Schrödinger[6]) befürwortetet worden.

Der Faradaysche Ideenkreis wurde zuerst von Maxwell[7]) wieder aufgegriffen, in seiner ganzen Tragweite erkannt und durch strenge mathematische Gestaltung allgemein zugänglich gemacht. Da seine Theorie der elektromagnetischen Vorgänge in der Form, die ihr Hertz[8]) gegeben hat, nämlich losgelöst von allen speziellen Vorstellungen über die mechanische Struktur des Äthers,

---

[1]) S. D. Poisson, Sur la théorie du magnétisme. Mem. de l'Acad. française **5**. 1822 und **6**. 1823.

[2]) R. Clausius, Mechanische Wärmetheorie **2**. 64. (2. Aufl.) 1879. — Siehe auch die Versuche von A. Geissen, Diss., Straßburg 1905. (Beibl. **30**. 40. 1906.)

[3]) A. Lampa, Wien. Ber. **104**. IIa. 681. 1895; ibid. **111**. IIa. 982. 1902; siehe auch O. Wiener, Phys. Ztschr. **5**. 332. 1904; Leipz. Ber. **61**. 113. 1909; **62**. 256. 1910.

[4]) H. v. Helmholtz, Crelles Journ. **72**. 57. 1870; Ges. Abh. **1**. 545.

[5]) P. Debye, Phys. Ztschr. **13**. 97. 1912; **13**. 295. 1912.

[6]) E. Schrödinger, Wien. Ber. **21**. IIa. 1937. 1912; siehe auch Kroò, Phys. Ztschr. **13**. 246. 1912.

[7]) J. C. Maxwell, Phil. Trans. **155**. 459. 1865.

[8]) H. Hertz, Ausbreitung der elektrischen Kraft, p. 208; Ann. **40**. 577. 1890.

heute noch das feste Fundament bildet, auf dem alle neueren Theorien der Elektrizität sich aufbauen, wollen wir zunächst eine Darstellung der MAXWELLschen Theorie für nichtleitende, unmagnetisierbare Dielektrika voranschicken.

2. Die Maxwellsche Theorie der Dielektrika.[1])

Der Zustand eines Volumelementes des freien Äthers (Vakuum) läßt sich nach MAXWELL durch die Angabe zweier Vektoren beschreiben, den Vektor der elektrischen Feldstärke $\mathfrak{E}$ und den Vektor der magnetischen Feldstärke $\mathfrak{H}$. Ihre räumliche Verteilung ist im freien Äther ganz allgemein der Bedingung unterworfen, daß sie quellenfrei ist, d. h. es ist[2]):

$$\operatorname{div} \mathfrak{E} = 0 \quad , \tag{2}$$

$$\operatorname{div} \mathfrak{H} = 0 \quad . \tag{3}$$

Ihre zeitlichen Änderungen werden durch ihre räumliche Verteilung in der folgenden Weise bestimmt[3]):

$$\frac{1}{c}\dot{\mathfrak{E}} = \operatorname{rot} \mathfrak{H} \quad , \tag{4}$$

$$-\frac{1}{c}\dot{\mathfrak{H}} = \operatorname{rot} \mathfrak{E} \quad . \tag{5}$$

c ist eine Naturkonstante (Konstante des Äthers), welche sich durch rein elektromagnetische Messungen ermitteln läßt. Ein Element des Äthers, in welchem die Feldstärken $\mathfrak{E}$ und $\mathfrak{H}$ herrschen, soll hiedurch einen Energievorrat aufgespeichert haben, welcher gleich ist dem Produkt aus dem Volumen des Elementes in die Energiedichte:

$$u = \frac{1}{8\pi}(\mathfrak{E}^2 + \mathfrak{H}^2) \quad . \tag{6}$$

Über die Natur des Äthers machen wir mit H. HERTZ gar keine weiteren Annahmen, als eben die, daß er jener doppelten vektoriellen Erregung ($\mathfrak{E}$, $\mathfrak{H}$) fähig ist, die sich nach den Gleichungen (2) bis (5) verhält und die Energiedichte (6) hervorruft. Durch die letztere ist erst der Zusammenhang mit beobachtbaren Erscheinungen (ponderomotorische Kräfte) gegeben, da $\mathfrak{E}$ und $\mathfrak{H}$ der direkten Beobachtung unzugänglich sind.

In einem unmagnetisierbaren ponderablen Körper definieren wir noch zwei weitere Erregungsvektoren:

die dielektrische Erregung $\mathfrak{D}$

und

die Dichte des Leitungsstromes $\mathfrak{J}$.

In dem System der Gleichungen (2) bis (6) ändert sich nur die Gleichung (4) und in Gleichung (6) der elektrische Anteil der Energiedichte. Ferner gilt Gleichung (2) im allgemeinen nicht. Die Gleichungen für das Dielektrikum lauten:

$$\operatorname{div} \mathfrak{H} = 0 \quad , \tag{3'}$$

[1]) Wir beschränken uns hier und im folgenden stets auf den Fall, daß alle Körper ruhen.

[2]) Über die Bezeichnungen und Operationen der Vektoralgebra siehe z. B. ABRAHAM-FÖPPL, Theorie der Elektrizität I. (4. Aufl., B. G. Teubner, 1912).

[3]) Der Punkt bedeutet, wie üblich, Differentiation nach der Zeit.

$$\mathrm{rot}\ \mathfrak{H} = \frac{4\pi}{c}(\dot{\mathfrak{D}} + \mathfrak{J}) \quad , \tag{4'}$$

$$\mathrm{rot}\ \mathfrak{E} = -\frac{1}{c}\dot{\mathfrak{H}} \quad , \tag{5'}$$

$$u = \frac{1}{2}\mathfrak{D}\mathfrak{E} + \frac{1}{8\pi}\mathfrak{H}^2 \tag{6'}$$

Die Erregungen $\mathfrak{D}$ und $\mathfrak{J}$ sind beide proportional dem gleichzeitigen Feldwert $\mathfrak{E}$ an der betreffenden Stelle. Die Proportionalitätsfaktoren sind Materialkonstanten des Dielektrikums. Wir setzen:

$$\mathfrak{D} = \frac{\varepsilon}{4\pi}\mathfrak{E} \quad , \tag{7}$$

$$\mathfrak{J} = \sigma\mathfrak{E} \text{ [1]} \tag{8}$$

und nennen:

- ε die Dielektrizitätskonstante (in England vielfach auch spezifische induktive Kapazität nach FARADAY),
- σ das spezifische Leitvermögen.

Man sieht, daß im freien Äther $\varepsilon = 1$ und $\sigma = 0$ ist, da dann Gleichung (3') bis (6') mit Gleichung (7) und (8) in Gleichung (3) bis (6) übergehen.

Um aus den Gleichungen (3'), (4'), (5'), (7) und (8) die 12 Komponenten von $\mathfrak{E}$, $\mathfrak{H}$, $\mathfrak{D}$ und $\mathfrak{J}$ aus gegebenen Anfangsbedingungen für alle Zeiten zu berechnen, bedarf es noch Bedingungen für die Grenzflächen zweier Medien, an denen die Materialkonstanten ε und σ sprunghaft wechseln. Diese Bedingungen lassen sich jedoch aus den Gleichungen selbst nach dem HELMHOLTZschen Prinzip der Kontinuität der Übergänge gewinnen. Damit nach Gleichung (5') und (4') in einer zunächst kontinuierlich gedachten Übergangsschicht nicht unendlich große zeitliche Änderungen von $\mathfrak{D}$ und $\mathfrak{H}$ oder eine unendliche Stromdichte $\mathfrak{J}$ auftrete, müssen die tangentiellen Komponenten von $\mathfrak{E}$ und $\mathfrak{H}$ ($\mathfrak{E}_{||}$, $\mathfrak{H}_{||}$) stetig durch die Grenzfläche gehen. Dann folgt aber wieder aus Gleichung (4'), daß auch die senkrechte Komponente von $\dot{\mathfrak{D}}$ ($\dot{\mathfrak{D}}_{\perp}$) und aus Gleichung (3'), daß die senkrechte Komponente von $\mathfrak{H}$ ($\mathfrak{H}_{\perp}$) stetig sein muß. Wir haben demnach die Grenzbedingungen:

$$\mathfrak{E}_{||},\ \dot{\mathfrak{D}}_{\perp} \text{ und } \mathfrak{H} \text{ kontinuierlich!} \tag{9}$$

Ist $\mathfrak{E}$ an einer Stelle eines leitenden Körpers ($\sigma \neq 0$) konstant, so herrscht dort eine konstante Stromdichte $\mathfrak{J}$ (z. B. an einer Stelle des Schließungsdrahtes, der die Klemmen einer konstanten Säule verbindet). $\dot{\mathfrak{D}}$ ist dann jedenfalls gleich 0 und Gleichung (4') bestimmt den magnetischen Wirbel und damit die scheinbare magnetische Fernwirkung des stromdurchflossenen Volumelementes. Das Auftreten der nach der Zeit differenzierten Glieder in Gleichung (4) und (4') kann man folgendermaßen deuten:

Nach MAXWELL ruft jede zeitliche Änderung der elektrischen Feldstärke dieselben magnetischen Wirkungen hervor, wie ein gewöhnlicher Leitungsstrom; und zwar ist die Dichte des „äquivalenten" Leitungsstromes, wenn die Feldänderung im Äther erfolgt:

$$\frac{1}{4\pi}\frac{\partial\mathfrak{E}}{\partial t} \quad , \tag{10}$$

[1] Von den sogenannten eingeprägten elektrischen Kräften, wie sie z. B. im Innern galvanischer Elemente oder an der Lötstelle zweier verschiedener Metalle auftreten, sehen wir ab.

wenn sie dagegen in einem (homogenen, isotropen) Körper der D. K. ε erfolgt:

$$\frac{\partial \mathfrak{D}}{\partial t} = \frac{\varepsilon}{4\pi} \frac{\partial \mathfrak{E}}{\partial t} \quad . \tag{11}$$

Man bezeichnet die Ausdrücke (10) bzw. (11) als „Dichte des Verschiebungsstromes“ [1]).

Man kann also sagen: In der MAXWELLschen Theorie ist die D. K. das Verhältnis des Verschiebungsstromes in dem Dielektrikum zu dem Verschiebungsstrom, der dieselbe Feldänderung im freien Äther begleiten würde. Und da man sich am besten vorstellt, daß der Äther alle Materie durchdringt, kann man auch sagen: Im Dielektrikum kommt zu dem „Verschiebungsstrom im Äther“ noch ein „Verschiebungsstrom in der Materie“ vom Betrag $\frac{\varepsilon - 1}{4\pi} \frac{\partial \mathfrak{E}}{\partial t}$ hinzu. Man bezeichnet ihn wohl auch als „Polarisationsstrom“, indem man die Größe $\frac{\varepsilon - 1}{4\pi} \mathfrak{E}$ Polarisation nennt. $\frac{\varepsilon - 1}{4\pi}$ ist die früher (p. 158) erwähnte Dielektrisierungszahl.

Eine zweite unmittelbare Bedeutung der D. K. ergibt sich direkt aus den Ausdrücken (6) und (6′) für die Energiedichte, in Verbindung mit Gleichung (7):

Die D. K. ist das Verhältnis der elektrischen Energiedichte im Dielektrikum zu derjenigen, die bei gleichem Feld im freien Äther herrschen würde.

a) Die statische D. K.

Betrachten wir zunächst das Problem der Elektrostatik, das dann vorliegt, wenn alle Größen von der Zeit unabhängig und die Dichte des Leitungsstromes überall gleich 0 ist. Da also $\dot{\mathfrak{E}} = \mathfrak{J} = 0$ ist, verschwindet nicht nur [nach Gleichung (3′)] div $\mathfrak{H}$, sondern auch [nach Gleichung (4′)] rot $\mathfrak{H}$, was zur Folge hat, daß $\mathfrak{H}$ selbst im ganzen Raume verschwinden muß (ein zeitlich konstantes Magnetfeld würde sich übrigens dem elektrostatischen Feld glatt überlagern, ohne es zu beeinflussen). Da ferner $\mathfrak{J} = 0$ sein soll, muß $\mathfrak{E}$ überall dort verschwinden [nach Gleichung (8)], wo $\sigma \neq 0$ ist. Wir haben also nur zu unterscheiden zwischen „Leitern“ und idealnichtleitenden Dielektrizis ($\sigma = 0$). Die Feldgleichungen in den Leitern kümmern uns nicht, die Leiter spielen überhaupt nur eine Rolle als Grenzen der Dielektrika. Von den Grenzbedingungen (9) interessiert uns nur die eine, daß $\mathfrak{E}_{||}$ stetig sein und daher, da $\mathfrak{E}$ im Innern des Leiters verschwindet, die elektrische Feldstärke auf der Leiteroberfläche senkrecht stehen muß.

Im Innern der Dielektrika dienen zur Bestimmung von $\mathfrak{E}$ und $\mathfrak{D}$ die Gleichungen:

$$\text{rot}\, \mathfrak{E} = 0 \quad , \tag{12}$$

$$\mathfrak{D} = \frac{\varepsilon}{4\pi} \mathfrak{E} \tag{7}$$

zusammen mit den Randbedingungen (9). Die Energie reduziert sich auf den elektrischen Anteil:

$$u_e = \frac{1}{2} \mathfrak{E}\mathfrak{D} = \frac{\varepsilon}{8\pi} \mathfrak{E}^2 \quad . \tag{13}$$

[1]) Über einen direkten Nachweis der magnetischen Wirkungen des Verschiebungsstromes siehe E. KOCH, S.-A. Sitz.-Ber., Marburg 1909, p. 235. (Diss. Marburg 1910.)

Aus Gleichung (12) folgt, daß $\mathfrak{E}$ sich von einem Potential ableiten läßt:

$$\mathfrak{E} = - \operatorname{grad} \varphi \tag{14}$$

und die Potentialtheorie lehrt, daß:

$$\varphi = \frac{1}{4\pi} \int \frac{\operatorname{div} \mathfrak{E}}{r} d\tau \quad , \tag{15}$$ [1]

wobei das Raumintegral über alle Volumelemente $d\tau$ zu erstrecken ist, r den Abstand des Aufpunktes von $d\tau$ bedeutet.

φ ist das gewöhnliche elektrostatische Potential, das nach Gleichung (15) in der Ausdrucksweise der Fernwirkungstheorie „herrührt“ oder „erzeugt wird“ von einer Raumdichte $\frac{1}{4\pi} \operatorname{div} \mathfrak{E}$. Wir bezeichnen:

$$\varrho_f = \frac{1}{4\pi} \operatorname{div} \mathfrak{E} \tag{16}$$

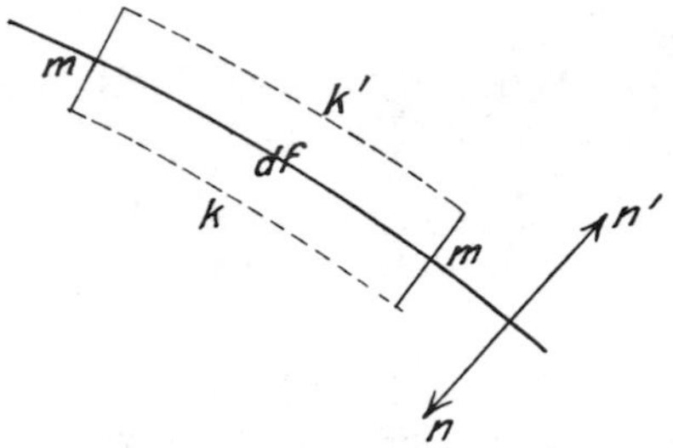

Figur 123.

als „Dichte der freien Ladung“.

An der Grenzfläche zweier Dielektrika oder zwischen Leiter und Dielektrikum wird ϱ_f im allgemeinen unendlich. Es treten nämlich flächenhafte Verteilungen der div $\mathfrak{E}$ auf. Denn sei df (Figur 123) ein Element der Grenzfläche, und schließen wir dasselbe durch zwei parallele Flächenstücke k und k' und durch die Zylinderfläche m ein, so erhalten wir für die ganze freie Elektrizitätsmenge im Innern des kleinen Zylinders

$$\int \varrho_f \, d\tau = \frac{1}{4\pi} \int \operatorname{div} \mathfrak{E} \, d\tau = \frac{1}{4\pi} \int \mathfrak{E}_n \, df = \frac{df}{4\pi} (\mathfrak{E}_n + \mathfrak{E}_{n'})^{2)} \quad ,$$

da das Flächenintegral über m klein von höherer Ordnung wird. $\mathfrak{E}_n$ und $\mathfrak{E}_{n'}$ sind die Normalkomponenten von $\mathfrak{E}$ zu beiden Seiten von df, die Normale jedesmal in das Innere des betreffenden Mediums gerichtet.

Wir haben also an einer solchen Grenzfläche eine Oberflächendichte der freien Elektrizität im Betrage

$$\sigma_f = \frac{1}{4\pi} (\mathfrak{E}_n + \mathfrak{E}_{n'}) \quad . \tag{17}$$

Diese verschwindet im allgemeinen nicht. Denn nach (9) ist stets $\dot{\mathfrak{D}}_\perp$ stetig, also

$$\dot{\mathfrak{D}}_n + \dot{\mathfrak{D}}_{n'} = 0 \tag{18}$$

oder, wenn ε und ε' die beiden D. K. sind, so ist

[1]) Unstetigkeitsflächen von $\mathfrak{E}$ können zu diesem Raumintegral endliche Beiträge liefern, welche durch Grenzannäherung zu ermitteln sind. Siehe das Folgende.

[2]) Nach einem bekannten Satze der Potentialtheorie ist das Raumintegral über die Divergenz eines beliebigen Vektors gleich dem Integral über seine Normalkomponente, über die ganze Oberfläche des betreffenden Raumes erstreckt (Normale nach außen!).

$$\frac{d}{dt}\left(\frac{\varepsilon}{4\pi}\mathfrak{E}_n + \frac{\varepsilon'}{4\pi}\mathfrak{E}_{n'}\right) = 0 \quad , \tag{19}$$

der Klammerausdruck also von der Zeit unabhängig. Dies gilt, wie die Grenzbedingungen (9), ganz allgemein, also auch für irgendwelche Zwischenzustände, durch die das System von einem Zustand elektrostatischen Gleichgewichts zu einem anderen übergeht. Hieraus folgt, daß, wenn $\varepsilon \neq \varepsilon'$, σ_f nach Gleichung (17) im allgemeinen $\neq 0$ sein wird.

Die Größe, die nach Gleichung (19) von der Zeit ganz unabhängig ist, ist die Flächendivergenz des Vektors $\mathfrak{D} = \frac{\varepsilon}{4\pi}\mathfrak{E}$ (so wie die rechte Seite von Gleichung (17) die Flächendivergenz von $\frac{1}{4\pi}\mathfrak{E}$). Man bezeichnet nun

$$\varrho_w = \operatorname{div}\mathfrak{D} = \frac{\varepsilon}{4\pi}\operatorname{div}\mathfrak{E} \tag{20}$$

als „Raumdichte der wahren Elektrizität" und demgemäß

$$\sigma_w = \mathfrak{D}_n + \mathfrak{D}_{n'} = \frac{\varepsilon}{4\pi}\mathfrak{E}_n + \frac{\varepsilon'}{4\pi}\mathfrak{E}_{n'} \tag{21}$$

als ihre Flächendichte. Die Rechtfertigung liegt einerseits in der Gleichung (19), wonach σ_w an der Grenzfläche zweier Nichtleiter, wenn überhaupt von 0 verschieden, unter allen Umständen konstant ist[1]), anderseits darin, daß sich leicht zeigen läßt[2]), daß es tatsächlich die div $\mathfrak{D}$ ist, welche durch den Leitungsstrom J „transportiert" wird.

Ist das eine Medium (etwa auf der Seite n') ein Leiter, so verschwinden in ihm die elektrischen Vektoren, und es ist an der Grenzfläche des Leiters

$$\sigma_f = \frac{1}{4\pi}\mathfrak{E}_n \quad , \qquad \sigma_w = \frac{\varepsilon}{4\pi}\mathfrak{E}_n \quad . \tag{22}$$

Die Normale n weist ins Innere des Dielektrikums, ε ist seine D. K.

Wenn eine Grenzfläche zweier Dielektrika zu irgendeiner Zeit keine wahren Ladungen trug, so erhält sie nach Gleichung (19) auch nie solche. Es gilt dann immer

$$\varepsilon\,\mathfrak{E}_n + \varepsilon'\,\mathfrak{E}_{n'} = 0 \quad .$$

Hieraus und aus der Stetigkeit der zur Fläche parallelen Komponente folgt das sogenannte Brechungsgesetz der elektrischen Kraftlinien[3]) (Figur 124):

Die Tangenten der Winkel, welche die elektrischen Feldstärken mit dem Lot auf die Grenzfläche bilden, verhalten sich wie die D. K.

Ein Leiter verhält sich dabei augenscheinlich wie ein Medium von unendlich großer D. K.

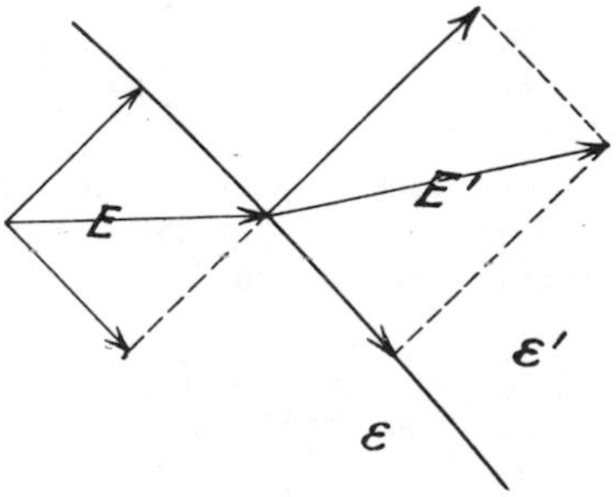

Figur 124.

In Gleichung (15) haben wir das Potential φ in einer Form dargestellt, die im Sinne der Fernwirkungstheorie der

---

1) Für $\varrho_w = \operatorname{div}\mathfrak{D}$ läßt sich im Innern eines idealen Nichtleiters durch Differentiation von Gleichung (4') nach den Koordinaten leicht das Gleiche nachweisen.

2) Durch Integration der div von Gleichung (4') über einen beliebigen Raumteil.

3) Experimentell geprüft durch W. v. Bezold, Ann. **21**. 401. 1884. — A. Pérot, C. R. **113**. 415. 1891. — F. Lohnstein, Ann. **44**. 164. 1891; s. auch H. Péllat, C. R. **119**. 675. 1894.

Auffassung entspricht, daß es durch die freien Ladungen erzeugt wird. Man kann durch eine leichte Umformung auch die p. 158 erwähnte Auffassung zutage treten lassen, daß jedes Volumelement $d\tau$ des „polarisierten" Dielektrikums die Fernwirkung eines elektrischen Dipols vom Moment $\frac{\varepsilon - 1}{4\pi}\mathfrak{E}\,d\tau$ ausübt.

Beschränkt man das Raumintegral auf der rechten Seite von Gleichung (15) auf die einzelnen homogenen Teile, so sind noch Oberflächenintegrale über die Unstetigkeitsflächen (Grenzflächen zweier Medien) hinzuzufügen und φ wird

$$\varphi = \sum \frac{1}{4\pi}\int \frac{\operatorname{div}\mathfrak{E}}{r}\,d\tau + \sum \frac{1}{4\pi}\int \frac{\mathfrak{E}_n + \mathfrak{E}_{n'}}{r}\,df \quad . \tag{23}$$

Die Raumintegrale entsprechen den freien räumlichen Ladungen der einzelnen homogenen Teile, die Flächenintegrale den freien Ladungen der Grenzflächen. Betrachten wir nun eines der Raumintegrale und zerlegen es formal in die zwei Teile

$$\frac{1}{4\pi}\int \frac{\operatorname{div}\mathfrak{E}}{r}\,d\tau = \frac{\varepsilon}{4\pi}\int \frac{\operatorname{div}\mathfrak{E}}{r}\,d\tau - \frac{\varepsilon - 1}{4\pi}\int \frac{\operatorname{div}\mathfrak{E}}{r}\,d\tau \quad . \tag{24}$$

Den zweiten Teil formen wir nach dem GREENschen Satz[1]) um, unter Rücksicht auf Gleichung (14):

$$\left.\begin{aligned}\int \frac{\operatorname{div}\mathfrak{E}}{r}\,d\tau &= -\int \frac{1}{r}\,\Delta\varphi\,d\tau \\ &= \int \operatorname{grad}\left(\frac{1}{r}\right)\operatorname{grad}\varphi\,d\tau + \int \frac{1}{r}\frac{\partial\varphi}{\partial n}\,df \quad . \\ &= -\int \operatorname{grad}\left(\frac{1}{r}\right)\cdot\mathfrak{E}\,d\tau - \int \frac{1}{r}\,\mathfrak{E}_n\,df\end{aligned}\right\} \tag{25}$$

Das gibt in Gleichung (24) eingesetzt:

$$\left.\begin{aligned}\frac{1}{4\pi}\int \frac{\operatorname{div}\mathfrak{E}}{r}\,d\tau &= \frac{\varepsilon}{4\pi}\int \frac{\operatorname{div}\mathfrak{E}}{r}\,d\tau + \frac{\varepsilon - 1}{4\pi}\int \operatorname{grad}\left(\frac{1}{r}\right)\cdot\mathfrak{E}\,d\tau + \\ &+ \frac{\varepsilon - 1}{4\pi}\int \frac{1}{r}\,\mathfrak{E}_n\,df \quad .\end{aligned}\right\} \tag{26}$$

In derselben Weise werden alle Raumintegrale in Gleichung (23) umgeformt, wobei jede Unstetigkeitsfläche zwei Flächenintegrale liefert (als Grenzfläche des einen und des andern Mediums). Man erhält schließlich

$$\left.\begin{aligned}\varphi = \sum \frac{\varepsilon}{4\pi}\int \frac{\operatorname{div}\mathfrak{E}}{r}\,d\tau &+ \sum \frac{\varepsilon - 1}{4\pi}\int \operatorname{grad}\left(\frac{1}{r}\right)\cdot\mathfrak{E}\,d\tau + \\ &+ \sum \frac{1}{4\pi}\int \frac{1}{r}\left(\varepsilon\,\mathfrak{E}_n + \varepsilon'\,\mathfrak{E}_{n'}\right)df \quad .\end{aligned}\right\} \tag{27}$$

Die erste und dritte Summe stellt nun die Wirkung aller wahren Raum- bzw. Flächenladungen dar, die mittlere gibt die Wirkung der Polarisation der

[1]) Siehe z. B. ABRAHAM-FÖPPL, Theorie der Elektrizität I., p. 43, IV. Aufl. 1912.

Dielektrika. Seien x, y, z die Koordinaten eines Volumelements $d\tau$ des Dielektrikums, x', y', z' die des Aufpunkts, also $r^2 = (x'-x)^2 + (y'-y)^2 + (z'-z)^2$, so ist der Beitrag von $d\tau$ zum Potential im Aufpunkt

$$\left.\begin{aligned} &\frac{\varepsilon - 1}{4\pi}\left(\frac{x'-x}{r^3}\mathfrak{E}_x + \frac{y'-y}{r^3}\mathfrak{E}_y + \frac{z'-z}{r^3}\mathfrak{E}_z\right)d\tau + \\ &\qquad + \frac{\varepsilon}{4\pi}\cdot\frac{1}{r}\left(\frac{\partial\mathfrak{E}_x}{\partial x} + \frac{\partial\mathfrak{E}_y}{\partial y} + \frac{\partial\mathfrak{E}_z}{\partial z}\right)d\tau \;. \end{aligned}\right\} \tag{28}$$

Der zweite Term ist das Potential der wahren Ladung von $d\tau$, der erste ist das Potential eines kleinen Dipols mit den Momentkomponenten

$$\frac{\varepsilon-1}{4\pi}\mathfrak{E}_x\,d\tau \;, \qquad \frac{\varepsilon-1}{4\pi}\mathfrak{E}_y\,d\tau \;, \qquad \frac{\varepsilon-1}{4\pi}\mathfrak{E}_z\,d\tau \;. \tag{29}$$

Hierdurch ist der Anschluß an die älteren Theorien hergestellt.

Betrachten wir eine Anzahl von Leitern, welche in ein unendliches homogenes Dielektrikum mit der D. K. ε eingebettet seien. Die wahre Dichte sei im Dielektrikum überall $= 0$, also im Dielektrikum

$$\varepsilon \operatorname{div} \mathfrak{E} = \operatorname{div} \mathfrak{E} = 0 \tag{30}$$

oder nach Gleichung (14)

$$\operatorname{div} \operatorname{grad} \varphi = \Delta\varphi = 0 \;. \tag{31}$$

Im Innern der Leiter muß $\mathfrak{E}$ verschwinden, also ist hier

$$\varphi = \text{konst.} \tag{32}$$

Die Potentialtheorie lehrt, daß φ durch diese Bedingungen [Gleichungen (31) und (32)] und durch die weitere Forderung, daß es kontinuierlich sein muß (sonst würden ∞ große Feldstärken folgen), vollkommen bestimmt ist, wenn die Konstanten in Gleichung (32) für jeden Leiter vorgeschrieben werden. Die wahre Ladung jeder Leiteroberfläche berechnet sich dann nach Gleichung (22^2) und (14) zu

$$e = \frac{\varepsilon}{4\pi}\int \mathfrak{E}_n\,df = -\frac{\varepsilon}{4\pi}\int \frac{\partial\varphi}{\partial n}\,df \tag{33}$$

über die ganze Oberfläche des Leiters.

Hält man die Leiterpotentiale konstant, so ist die Potentialverteilung unabhängig von der D. K. des Mediums. Aber die wahren Elektrizitätsmengen, welche auf die Leiter gebracht werden müssen, um diese Potentiale hervorzubringen, ist im Dielektrikum ε mal so groß als im leeren Raum ($\varepsilon = 1$). Hält man umgekehrt die Ladungen e fest, so nehmen alle Potentiale im Verhältnis $\varepsilon : 1$ ab. In der Elektrostatik wird gezeigt, daß im Falle $\varepsilon = 1$ die Ladung jedes Leiters eine lineare Funktion aller Leiterpotentiale ist, z. B.:

$$\left.\begin{aligned} e_1 &= c_{11}\varphi_1 + c_{12}\varphi_2 + \dots \\ e_2 &= c_{21}\varphi_1 + c_{22}\varphi_2 + \dots \\ &\dots\dots\dots\dots \end{aligned}\right\} \tag{34}$$

wobei allgemein $c_{ik} = c_{ki}$ ist. Man nennt $c_{11}, c_{22}, \dots$ die Kapazität des ersten, zweiten, ... Leiters, $c_{12}, \dots$ den Influenzierungskoeffizienten zwischen dem ersten und zweiten Leiter usw. Tauchen wir nun das Leitersystem in ein Dielektrikum ein, so muß nach dem oben Gesagten

$$\left.\begin{array}{l} e_1 = \varepsilon c_{11} \varphi_1 + \varepsilon c_{12} \varphi_2 + \ldots \\ e_2 = \varepsilon c_{21} \varphi_1 + \varepsilon c_{22} \varphi_2 + \ldots \\ \ldots\ldots\ldots\ldots\ldots \end{array}\right\} \quad (35)$$

Die Kapazität eines Leiters und der Influenzierungskoeffizient eines Leiterpaares sind also proportional der D. K. des umgebenden Mediums.

Hierauf gründen sich wichtige Methoden zur Bestimmung der D. K. (siehe unten p. 178).

Auch die ponderomotorischen Kräfte, welche auf die Leiter wirken, hängen von der D. K. des Mediums ab. Um sie zu berechnen, müssen wir die Energie in Betracht ziehen. Diese ist nach Gleichung (13) gegeben durch das über das ganze Dielektrikum[1]) erstreckte Raumintegral:

$$U = \int u_e \, d\tau = \frac{1}{2} \int \mathfrak{E} \mathfrak{D} \, d\tau = \frac{\varepsilon}{8\pi} \int (\text{grad } \varphi)^2 \, d\tau \quad . \qquad (36)$$

Nun sei die geometrische Konfiguration des Leitersystems bestimmt durch eine Anzahl allgemeiner Koordinaten $p_1, p_2 \ldots p_n$. Wir erteilen einer davon, etwa p_1, einen kleinen Zuwachs δp_1 und kommen so von der Konfiguration I. zu der Konfiguration II. Für diese sei bei unveränderter wahrer Ladung jedes einzelnen Leiters die Potentialverteilung φ'. Die Energie ist dann in der Konfiguration II:

$$U' = \frac{\varepsilon}{8\pi} \int (\text{grad } \varphi')^2 \, d\tau \quad . \qquad (37)$$

Dann ist die (verallgemeinerte) Kraft, womit das elektrische Feld die Koordinate p_1 zu vergrößern strebt:

$$P_1 = \frac{U - U'}{\delta p_1} = \frac{1}{\delta p_1} \cdot \frac{\varepsilon}{8\pi} \left(\int (\text{grad } \varphi)^2 \, d\tau - \int (\text{grad } \varphi')^2 \, d\tau \right) \; .$$

φ und φ' sind nach dem oben Gesagten unabhängig von ε, wenn man die Leiterpotentiale konstant hält; hält man dagegen die Ladungen der Leiter konstant, so sind sie umgekehrt proportional mit ε. Daraus folgt:

„Die Kräfte zwischen Leitern, welche (etwa mittels galvanischer Ketten) auf konstantes Potential geladen sind, ändern sich proportional mit der D. K. des Zwischenmediums, die Kräfte zwischen isolierten Leitern umgekehrt proportional.[2])

Auch auf diesen Satz gründen sich experimentelle Methoden für die D. K. In Praxi ist es natürlich nicht möglich, die Leiter in ein unendliches Dielektrikum einzuschließen. Da alle ponderomotorischen Kräfte, ebenso die Ladungen (und daher auch die Kapazitäten und Influenzierungskoeffizienten) sich aus der Feldverteilung berechnen, werden die aufgestellten Sätze mit um so

[1]) In den Leitern verschwindet ja u_e.

[2]) Als Spezialfall erscheint das COULOMBsche Gesetz in den beiden Formen:

$$P = \frac{1}{\varepsilon} \frac{e_w e_w'}{r^2} = \varepsilon \frac{e_f e_f'}{r^2} \quad ,$$

je nachdem man die wahren oder die freien Ladungen in Betracht zieht.

besserer Annäherung auf einen Leiter anwendbar sein, je weniger das von ihm ausgehende Kraftfeld dadurch verändert würde, daß man auch den übrigen Teil des Raumes mit dem Dielektrikum ausfüllt. Hierzu muß man offenbar die Anordnung so treffen, daß alle Kraftlinien möglichst vollständig im Innern des Dielektrikums verlaufen. Bei Kondensatoren ist die Bedingung um so besser erfüllt, je kleiner der Plattenabstand im Verhältnis zur Plattengröße.

Wie die Kräfte auf Leiter, so hängen auch die Kräfte, die bewegliche Dielektrika im Feld erfahren, von der D. K. des umgebenden Mediums ab, aber auch noch von ihrer eigenen D. K. Der Leiter bildet dabei (bei gegebenem äußeren Feld) immer eine Art Grenzfall. Er verhält sich wie ein Dielektrikum mit der D. K. ∞. Wir müssen diesbezüglich wie überhaupt bezüglich aller Detailfragen auf ausführlichere Darstellungen der Elektrostatik und auf die Originalliteratur verweisen.[1])

Solange man es mit stationären und quasistationären elektrischen Strömen zu tun hat, spielt theoretisch und experimentell die D.K. keine wesentlich andere Rolle als in der Elektrostatik, nämlich die, die Kapazitäten und die ponderomotorischen Wirkungen geladener Leiter zu modifizieren. Die darauf gegründeten Methoden zu ihrer Bestimmung sind aber deshalb vorteilhafter als die rein elektrostatischen, weil sie meist geringere Ansprüche an die Isolation des Dielektrikums stellen. Insbesondere kommen in Betracht alle dynamischen Methoden der Kapazitätsbestimmung und die Kraftwirkungen zwischen Leitern oder zwischen Leiter und Dielektrikum, wobei die Leiter nicht auf konstantes, sondern auf Wechselpotential geladen werden.

b) Die dynamische D. K. Elektromagnetischer Brechungsindex.

Eine gesonderte Behandlung verlangen dagegen jene Lösungen des Gleichungssystems (3′) bis (8), welche sehr rasch veränderlichen Zuständen entsprechen. Man bezeichnet solche Vorgänge im allgemeinsten Sinn des Wortes als elektromagnetische Wellen. Wendet man auf Gleichung (4′) die Operation rot an und differenziert Gleichung (5′) nach der Zeit, so erhält man mit Rücksicht auf Gleichung (7) und (8) durch Elimination:

$$\varDelta \mathfrak{H} - \frac{\varepsilon}{c^2} \ddot{\mathfrak{H}} - \frac{4\pi\sigma}{c^2} \dot{\mathfrak{H}} = 0 \qquad (38)$$

und in ähnlicher Weise (unter der Voraussetzung $\varrho_f = \operatorname{div} \mathfrak{E} = 0$):

$$\varDelta \mathfrak{E} - \frac{\varepsilon}{c^2} \ddot{\mathfrak{E}} - \frac{4\pi\sigma}{c^2} \dot{\mathfrak{E}} = 0\,. \qquad (39)$$

Die Feldstärken genügen also im ladungsfreien homogenen Dielektrikum der sogenannten Wellengleichung für gedämpfte Wellen (falls $\sigma \neq 0$). Die einfachste Wellenform, die uns als Beispiel dienen soll, ist eine ebene, linear polarisierte, fortschreitende Sinuswelle. Die Feldstärken hängen dann bei geeigneter Wahl des Achsenkreuzes außer von der Zeit nur von einer Koordinate (etwa x)

[1]) Enzykl. d. math. Wiss. V. **2**. 325. — A. Stepanoff, Electrician **24**. 56. 1889. — Fr. C. Nipher, Trans. Acc. St. Louis **1**. 109. 1898. — S. P. Tompson, Electrician **34**. 601. 1894. — M. Gouy, C. R. **121**. 53. 1895; Journ. de Phys. (3) **5**. 154. 1896. — H. Pellat, C. R. **125**. 699. 1897. — H. Pellat und P. Sacerdote, C. R. **126**. 817. 1898. — H. Pellat, C. R. **128**. 1218 u. 1312. 1899. — A. A. Petrowsky, C. R. **130**. 112. 1900. — H. Pellat, Ann. chim. phys. **18**. 150. 571. 1899. — Lienard, C. R. **128**. 1568. 1899. — J. A. Fleming und A. W. Ashton, Phil. Mag. **2**. 228. 1901. — J. Buchanan, Phil. Mag. (6) **3**. 240. 1902. — F. Maccarone, Nouv. Cim. (5) **2**. 88. 1901; Phys. Ztschr. **3**. 57. 1901. — F. Beaulard, Journ. de phys. (4) **5**. 165. 1906. — R. Magini, Phys. Ztschr. **8**. 39 und 136. 1907. — E. Cohn, Elm. Feld 99. — P. Floquet, C. R. **151**. 545. 1910.

ab, welche die Fortschreitungsrichtung des Wellenzuges bezeichnet. Sie können proportional gesetzt werden dem reellen Teil eines Ausdruckes von der Form:

$$A e^{-\frac{2\pi\nu\varkappa x}{V}} e^{2\pi\nu i\left(\frac{x}{V}-t\right)} \text{[1)]} \quad . \tag{40}$$

A ist eine für jede Feldkomponente verschiedene Konstante, die (eventuell komplexe) Amplitude. ν ist die Schwingungszahl (Zahl der Perioden pro Zeiteinheit), V ersichtlich die Fortpflanzungsgeschwindigkeit (dieselbe Erregung, die zur Zeit t an der Stelle x herrscht, herrscht zur Zeit $t+1$ an der Stelle $x+V$). $\varkappa$ wird als Absorptionsindex bezeichnet. Da die Wellenlänge im Dielektrikum

$$\lambda' = \frac{V}{\nu} \quad , \tag{41}$$

so hat $\varkappa$ die Bedeutung, daß die Amplitude auf der Strecke einer Wellenlänge auf den Bruchteil $e^{-2\pi\varkappa}$ geschwächt wird. Die Dauer einer Schwingung ist

$$\tau = \frac{1}{\nu} \quad . \tag{42}$$

Sei τ oder ν vorgeschrieben, so genügt der Ausdruck (40) bei geeigneter Wahl von V und $\varkappa$ tatsächlich der Wellengleichung (39). Sei zunächst das Medium der freie Äther ($\varepsilon = 1$, $\sigma = 0$), so finden wir durch Einsetzen des Ausdruckes (40) in Gleichung (39)

$$\varkappa = 0 \quad , \qquad V = c \quad . \tag{43}$$

Die Wellen sind hier ungedämpft und die Fortpflanzungsgeschwindigkeit von der Schwingungszahl unabhängig gleich der elektromagnetisch (als Umrechnungszahl der beiden Maßsysteme) definierten Konstante c. Im leeren Raum findet weder Dispersion noch Absorption der elektromagnetischen Wellen statt. Die Tatsache, daß c numerisch gleich der Lichtgeschwindigkeit ist, hat bekanntlich (MAXWELL) zu der Vermutung geführt, daß das Licht aus elektromagnetischen Wellenzügen bestehe.

Sei nun zunächst nur ε von 1 verschieden, dagegen $\sigma = 0$ (idealnichtleitendes Dielektrikum). Man findet dann:

$$\varkappa = 0 \quad , \qquad V = \frac{c}{\sqrt{\varepsilon}} \quad . \tag{44}$$

In einem nichtleitenden Dielektrikum findet nach der MAXWELLschen Theorie also ebenfalls weder Dispersion noch Absorption statt. Die Fortpflanzungsgeschwindigkeit ist hier jedoch kleiner als im Äther. Das Verhältnis

$$\frac{c}{V} = n \quad , \tag{45}$$

welches auch gleich dem Verhältnis $\frac{\lambda}{\lambda'}$ der Wellenlänge im Äther zu der im Dielektrikum ist, nennt man, wie in der Optik, den Brechungsindex. Die zweite Gleichung (44) oder nach Gleichung (45)

$$n^2 = \varepsilon \tag{46}$$

ist die berühmte MAXWELLsche Relation zwischen Brechungsindex und D. K.[2])

---

[1]) Über das Rechnen mit komplexen Größen vgl. z. B. P. DRUDE, Lehrbuch der Optik.

[2]) Wäre die Permeabilität μ (siehe Magnetismus) $\neq 1$, so würde sich ergeben $n^2 = \varepsilon\mu$ und es wäre auch im folgenden stets $\varepsilon\mu$ statt ε zu schreiben. Tatsächlich ist in allen Dielektrizis μ sehr nahe gleich 1.

Nimmt man nämlich die elektromagnetische Natur des Lichtes an, so sollte der optische Brechungsindex mit dem elektromagnetischen identisch, also nach der reinen MAXWELLschen Theorie von der Schwingungszahl unabhängig und gleich der Quadratwurzel aus der D. K. sein. Keines von beiden ist strenge der Fall, doch stimmt die D. K. in manchen Fällen sehr angenähert mit dem Quadrat eines mittleren Wertes des Brechungsindex überein und diese Übereinstimmung wird oft besser, wenn man mittels einer passenden optischen Dispersionsformel (z. B. der sogen. CAUCHYschen) den Brechungsindex für unendlich lange Wellen extrapoliert. Besonders bei den elementaren Gasen und bei einigen anderen chemischen Elementen stimmt die Beziehung recht gut, wie z. B. die folgende Tabelle[1]) zeigt:

	ε	n_∞^2
Schwefel	3,59	3,59
	3,83	3,89
	4,62	4,60
Diamant	5,50	5,66
Phosphor (gelb) . . .	3,60	4,22
Selen (glasig)	6,60	6,02
Jod	4,00	?
Brom	3,10	2,53
Chlor (flüssig) . . .	1,88	1,87 (D-Linie)
Wasserstoff	1,00026	1,00028
Luft	1,00059	1,00059

Aber in vielen anderen Fällen stimmt die Beziehung ganz und gar nicht. So z. B. bei Wasser (ε etwa 80, n^2 etwa 2) und den meisten organischen Flüssigkeiten. Wir dürfen uns darüber nicht wundern, denn schon das Vorhandensein von Dispersion und Absorption überhaupt sowohl im optischen als im elektrischen Spektralgebiet zeigt, daß die Theorie in dieser einfachen Form jedenfalls unzulänglich ist.

Ist $\sigma \neq 0$, besitzt das Dielektrikum also merkliche Leitfähigkeit, so treten allerdings an Stelle der einfachen Beziehungen (44) bzw. (46) kompliziertere. Man findet durch Einsetzen des Ausdruckes (40) in die Wellengleichung (39):

$$\varkappa = \frac{\dfrac{2\sigma}{\varepsilon\nu}}{1 + \sqrt{1 + \left(\dfrac{2\sigma}{\varepsilon\nu}\right)^2}} \tag{47}$$

$$\varepsilon = n^2(1 - \varkappa^2) \quad . \tag{48}$$

n hat wie früher die Bedeutung $\dfrac{c}{V}$.

Merkliche Leitfähigkeit hat also nach MAXWELL sowohl Absorption als Dispersion zur Folge. In einigen Fällen, besonders bei Elektrolyten stellt Gleichung (47) den Zusammenhang zwischen Leitfähigkeit und Absorption der Wellen des elektrischen Spektralgebietes recht gut dar (siehe unten p. 210). Doch versagt sie vollständig zur Erklärung der oft bedeutenden Absorptionskoeffizienten in der Optik, die tatsächlich mit der Leitfähigkeit in gar keinem Zusammenhang stehen und ebensowenig erscheint die optische Dispersion durch die Leitfähigkeit bestimmt, wie es nach Gleichung (47) und (48) der Fall sein müßte.

P. DRUDE[2]) hat zuerst gezeigt, daß auch im elektrischen Spektrum solche „anomale" Absorption vorkommt, welche mit der Leitfähigkeit nicht zusammen-

[1]) Nach W. SCHMIDT, Ann. **11.** 121. 1903.
[2]) P. DRUDE, Ztschr. f. phys. Chem. **23.** 281. 1897.

hängt. Die einzige Theorie, welche einige Übersicht über die heute vorliegenden Beobachtungen gestattet, ist die Übertragung der in der Optik bewährten HELMHOLTZschen Dispersionstheorie, welche wir daher im folgenden Abschnitt in dem modernen Gewand der Elektronentheorie, das ihr H. A. LORENTZ gegeben hat, darstellen wollen.

3. Die Elektronentheorie der Absorption und Dispersion.[1])

Die Elektronentheorie[2]) ist insofern eine Weiterbildung der MAXWELLschen, als sie im freien Äther auch die Gleichungen (2) bis (5) zwischen zwei elektromagnetischen Vektoren annimmt. Wir schreiben für diese jetzt $\mathfrak{e}$ und $\mathfrak{h}$, und es soll in dem von Materie und Ladung entblösten Raum gelten:

$$\left.\begin{aligned} \operatorname{rot} \mathfrak{h} &= \frac{1}{c}\dot{\mathfrak{e}} & \operatorname{div} \mathfrak{h} &= 0 \\ \operatorname{rot} \mathfrak{e} &= -\frac{1}{c}\dot{\mathfrak{h}} & \operatorname{div} \mathfrak{e} &= 0 \end{aligned}\right\} \tag{49}$$

Statt nun, wie es die MAXWELLsche Theorie tut, für jede Substanz ein neues System von Grundgleichungen aufzustellen (nämlich mit besonderen Materialkonstanten ε, σ und μ) sucht die Elektronentheorie alle elektromagnetischen Eigenschaften der Materie zu erklären durch das Vorhandensein sehr kleiner elektrisch geladener Bezirke, der Elektronen, und durch die Kräfte, wodurch dieselben mit den ponderablen Atomen verknüpft sind. Ohne auf die eigentliche Elektronendynamik einzugehen, können wir uns die Elektronen für die Zwecke dieses Abschnittes vorstellen als sehr kleine, starre, starr mit Elektrizität geladene Körperchen, welche entweder eine bestimmte träge Masse besitzen, oder nur jene, welche ihnen infolge ihrer Ladung zukommt (siehe elektromagnetische Masse). Sei ϱ die elektrische Dichte, der Vektor $\mathfrak{v}$ die Geschwindigkeit eines Volumelements im Innern des Elektrons, so sollen dort die Gleichungen gelten:

$$\left.\begin{aligned} \operatorname{rot} \mathfrak{h} &= \frac{1}{c}(\dot{\mathfrak{e}} + 4\pi\varrho\mathfrak{v}) & \operatorname{div} \mathfrak{h} &= 0 \\ \operatorname{rot} \mathfrak{e} &= -\frac{1}{c}\dot{\mathfrak{h}} & \operatorname{div} \mathfrak{e} &= 4\pi\varrho \end{aligned}\right\} \tag{50}$$

Durch das Feld soll auf das Elektron eine Kraft $\mathfrak{k}$ ausgeübt werden. Definieren wir als Kraft pro Ladungseinheit

$$\mathfrak{f} = \mathfrak{e} + \frac{1}{c}[\mathfrak{v} \cdot \mathfrak{h}] \quad ; \tag{51}$$

so soll $\mathfrak{k}$ gegeben sein durch

$$\mathfrak{k} = \int \varrho \mathfrak{f}\, d\tau \quad , \tag{52}$$

wobei das Integral über alle Volumelemente $d\tau$ des Elektrons zu erstrecken ist. Außerdem sollen Kräfte irgendwelcher Natur zwischen den Elektronen und den ponderablen Atomen wirken. Diese Kräfte sind es, welche einerseits alle ponderomotorischen Wirkungen des Feldes ($\mathfrak{e}$, $\mathfrak{h}$) auf die ponderablen Körper übertragen und durch welche umgekehrt die Körper die Bewegung der Elektronen und damit das Feld beeinflussen. Durch Spezialisierung der Annahme über die

[1]) H. A. LORENTZ, The theory of electrons, 1909.
[2]) Siehe d. Handbuch, Bd. V.

Zahl und Verteilung der im Innern der Körper vorhandenen Elektronen und über jene Wechselwirkungskräfte sucht die Elektronentheorie alle elektromagnetischen Körpereigenschaften nachzubilden, wie z. B. diejenigen, welche durch die MAXWELLschen Materialkonstanten ε, σ und μ charakterisiert werden.

Da überall, wo Elektronen vorhanden sind, die Feldstruktur eine äußerst verwickelte und unregelmäßige sein muß, können wir jedenfalls im Innern der ponderablen Körper die Vektoren $\mathfrak{e}$ und $\mathfrak{h}$ nicht ohne weiteres mit den beobachtbaren Vektoren der MAXWELLschen Theorie identifizieren. Wir wenden hier, wie in jeder Molekulartheorie, Mittelwertsbildung an, um zu beobachtbaren Größen zu gelangen. Einen räumlichen Mittelwert über einen Bereich, der sehr viele Elektronen enthält, deuten wir durch einen Querstrich an. Man sieht leicht, daß der Querstrich und die in den Gleichungen (50) geforderten Differentiationen vertauschbar sind. So erhält man:

$$\left.\begin{aligned} \operatorname{rot}\bar{\mathfrak{h}} &= \frac{1}{c}(\dot{\bar{\mathfrak{e}}} + 4\pi\,\overline{\varrho\,\mathfrak{v}}) \qquad & \operatorname{div}\bar{\mathfrak{h}} &= 0 \\ \operatorname{rot}\bar{\mathfrak{e}} &= -\frac{1}{c}\dot{\bar{\mathfrak{h}}} & \operatorname{div}\bar{\mathfrak{e}} &= 4\pi\bar{\varrho} \end{aligned}\right\} \tag{53}$$

Wir identifizieren nun (in nicht magnetisierbaren Körpern) $\bar{\mathfrak{e}}$ und $\bar{\mathfrak{h}}$ mit den MAXWELLschen Vektoren $\mathfrak{E}$ und $\mathfrak{H}$. Der Mittelwert von ϱ, das wir früher schlechtweg als elektrische Dichte bezeichneten, fällt dann mit der freien Dichte ϱ_f zusammen. Ferner tritt in der ersten Gleichung das Glied $\overline{\varrho\,\mathfrak{v}}$ auf an Stelle von

$$\mathfrak{J} + \frac{\dot{\mathfrak{D}} - \dot{\mathfrak{E}}}{4\pi} = \sigma\mathfrak{E} + \frac{\varepsilon - 1}{4\pi}\dot{\mathfrak{E}} \quad , \tag{54}$$

d. i. die Summe von Leitungsstrom und dem sogenannten Polarisationsstrom (p. 161). Man nennt $\overline{\varrho\,\mathfrak{v}}$ den Konvektionsstrom der Elektronen, eine Bezeichnung, die verständlich wird, wenn man sich etwa vorstellt, daß N Elektronen mit der Ladung e in der Volumeinheit vorhanden und mit der mittleren Geschwindigkeit $\mathfrak{c}$ bewegt wären. Dann würde

$$\overline{\varrho\,\mathfrak{v}} = Ne\mathfrak{c} \quad ,$$

also die Komponente von $\overline{\varrho\,\mathfrak{v}}$ in einer beliebigen Richtung gleich der gesamten Elektrizitätsmenge, die pro Zeiteinheit durch eine senkrecht zu dieser Richtung gestellte Flächeneinheit transportiert wird. Die Elektronentheorie erklärt also sowohl den Leitungs- als den Polarisationsstrom als Konvektionsstrom der Elektronen.

Wir beschränken uns hier auf ein nichtleitendes, nicht magnetisierbares Dielektrikum. Wir stellen uns vor, daß in einem solchen die Elektronen an feste Plätze in den Molekülen gebunden sind, derart, daß sie bei Entfernung aus diesen Lagen durch intraatomistische Kräfte dahin zurückgezogen werden (sogenannte Polarisationselektronen). Dabei soll die Summe aller Ladungen eines Moleküls $= 0$ sein, da der Körper als ganzer ungeladen erscheint.

Wir nennen das über das Volumen eines Moleküls erstreckte Integral

$$\mathfrak{p} = \int \varrho\,\mathfrak{r}\,d\tau \tag{55}$$

das elektrische Moment des Moleküls, indem wir mit $\mathfrak{r}$ den von einem im Molekül festen Punkt gezogenen Fahrstrahl bezeichnen. Zur Vereinfachung nehmen wir an, daß in jedem Molekül nur zwei Elektronen mit den Ladungen $+e$ und $-e$ vorhanden seien, deren eines (etwa $-e$) mit dem Molekül starr verbunden, das zweite in der oben geschilderten Art beweglich sei, wobei seine Ruhelage mit der von $-e$ zusammenfalle. Ist dann $\mathfrak{r}$ der Fahrstrahl von $-e$ nach $+e$, so wird

$$\mathfrak{p} = e\,\mathfrak{r} \quad . \tag{56}$$

Die Summe aller $\mathfrak{p}$ pro Volumseinheit nennen wir das elektrische Moment der Volumeinheit oder die Polarisation

$$\mathfrak{P} = \sum \mathfrak{p} = \sum e\,\mathfrak{r} \quad . \tag{57}$$

Dann zeigt eine Überlegung, die wir hier nicht streng reproduzieren wollen, daß

$$\overline{\varrho\,\mathfrak{v}} = \frac{\partial}{\partial t} \sum e\,\mathfrak{r} = \frac{\partial \mathfrak{P}}{\partial t} \quad , \tag{58}$$

wenn wir Rotationen von Molekülen oder einzelnen Elektronen ausschließen (hierdurch würde Magnetisierbarkeit entstehen). Setzen wir noch, wie erwähnt,

$$\bar{\mathfrak{e}} = \mathfrak{E} \quad , \qquad \bar{\mathfrak{h}} = \mathfrak{H} \quad , \tag{59}$$

so erhalten wir aus den Gleichungen (53)

$$\left.\begin{aligned} \operatorname{rot} \mathfrak{H} &= \frac{1}{c}(\dot{\mathfrak{E}} + 4\pi \dot{\mathfrak{P}}) \qquad & \operatorname{div} \mathfrak{H} &= 0 \\ \operatorname{rot} \mathfrak{E} &= -\frac{1}{c}\,\dot{\mathfrak{H}} & \operatorname{div} \mathfrak{E} &= 4\pi \bar{\varrho} \end{aligned}\right\} \tag{60}$$

Die ersten drei Gleichungen stimmen genau mit den Gleichungen (3′) bis (5′) der MAXWELLschen Theorie überein (mit $\sigma = 0$), nur steht der Vektor $\mathfrak{P}$ für

$$\mathfrak{P} = \mathfrak{D} - \frac{1}{4\pi}\mathfrak{E} \quad . \tag{61}$$

Dieser Vektor, den wir schon bei Darstellung der MAXWELLschen Theorie als Polarisation bezeichnet haben, gewinnt also jetzt eine konkrete physikalische Bedeutung als mittlere Verschiebung der Ladungen der Polarisationselektronen. Die letzte der Gleichungen (60) entspricht der früheren Gleichung (16) auf p. 162.

Der wesentliche Fortschritt der Elektronentheorie liegt aber erst in der Beziehung zwischen $\mathfrak{E}$ und $\mathfrak{P}$. Sie wird durch die Bewegungsgleichung des Polarisationselektrons im elektrischen Feld geliefert.

Auf ein Polarisationselektron sollen folgende Kräfte wirken:

1. Jene Kraft, welche es in die Ruhelage zurücktreibt. Sie sei der Entfernung aus derselben proportional, also etwa

$$-f\mathfrak{r} \quad ; \tag{62}$$

2. Eine Art Reibung, welche der Geschwindigkeit proportional und entgegengerichtet ist

$$-g\dot{\mathfrak{r}} \quad . \tag{63}$$

3. Die Kraft des Eigenfeldes. Sie kommt, wie wir hier nicht zeigen wollen, als die oben erwähnte elektromagnetische Masse (siehe diese) in Rechnung, braucht also, wenn wir dem Elektron eine gewisse Masse m zuschreiben, nicht besonders berücksichtigt zu werden.

4. Die Kraft des äußeren Feldes. Sie ist nach Gleichungen (51) und (52) einfach

$$e\mathfrak{e} \quad , \tag{64}$$

wenn die Geschwindigkeit $\mathfrak{v}$ so klein gegen die Lichtgeschwindigkeit c ist, daß wir den zweiten (magnetischen) Kraftanteil wegen der Kleinheit des Verhältnisses $\frac{|\mathfrak{v}}{c}$ vernachlässigen können.

Aus diesen vier Kräften ergibt sich die Bewegungsgleichung

$$m\ddot{\mathfrak{r}} = -f\mathfrak{r} - g\dot{\mathfrak{r}} + e\mathfrak{e} \quad . \tag{65}$$

Seien N Moleküle in der Volumeinheit vorhanden, so erhalten wir durch Division mit Ne und Summation über alle Moleküle der Volumeinheit unter Rücksicht auf Gleichung (57)

$$\frac{m}{Ne^2}\ddot{\mathfrak{P}} = -\frac{g}{Ne^2}\dot{\mathfrak{P}} - \frac{f}{Ne^2}\mathfrak{P} + \bar{\bar{\mathfrak{e}}} \quad . \tag{66}$$

$\bar{\bar{\mathfrak{e}}}$ ist nicht genau derselbe Mittelwert wie $\bar{\mathfrak{e}}$, denn dies war der Mittelwert von $\mathfrak{e}$ in dem ganzen Volumelement, während es sich jetzt nur um diejenigen Werte von $\mathfrak{e}$ handelt, die an der Stelle jedes Elektrons wirken, abzüglich der Wirkung des betreffenden Elektrons selbst. Wollte man einfach $\bar{\bar{\mathfrak{e}}} = \bar{\mathfrak{e}}$ setzen, so würde das darauf hinauskommen, die Wechselwirkung der polarisierten Moleküle zu vernachlässigen. HELMHOLTZ[1]), LORENTZ[2]) und PLANCK[3]) haben in ihren Dispersionstheorien gezeigt, daß man für das Feld, das von den übrigen Elektronen an der Stelle eines unter ihnen erzeugt wird, im Mittel setzen kann

$$a\mathfrak{P} \quad ,$$

wobei, wie hier nicht gezeigt werden kann, in isotropen Körpern $a = \frac{4\pi}{3}$ oder sehr nahe $\frac{4\pi}{3}$ ist.[4]) Wir haben dann also

$$\bar{\bar{\mathfrak{e}}} = \bar{\mathfrak{e}} + a\mathfrak{P} = \mathfrak{E} + a\mathfrak{P} \quad . \tag{67}$$

Setzen wir noch zur Abkürzung

$$\frac{m}{Ne^2} = m' \quad , \qquad \frac{f}{Ne^2} = f' \qquad \frac{g}{Ne^2} = g' \quad , \tag{68}$$

so wird Gleichung (66)

$$m'\ddot{\mathfrak{P}} = \mathfrak{E} + (a - f')\mathfrak{P} - g'\dot{\mathfrak{P}} \quad . \tag{69}$$

[1]) H. v. HELMHOLTZ, Berl. Ber. 1892, p. 1093.

[2]) H. A. LORENTZ, La theorie electromagnétique de MAXWELL, Leiden 1892.

[3]) M. PLANCK, Berl. Ber. 1902, p. 470; 1903, p. 480; 1904, p. 740; 1905, p. 382. — Siehe auch P. DRUDE, Lehrbuch der Optik, p. 368, 1906. — WINKELMANN, Handbuch der Physik, Bd. IV, p. 1319. — PLANCK reduziert außerdem die Zahl der Konstanten der Gleichungen (65) bzw. (66), indem er die Dämpfung der Elektronenbewegung lediglich der ausgesendeten Strahlung zuschreibt.

[4]) Siehe auch H. A. LORENTZ, The Theory of electrons, p. 138, 1909.

Diese Differentialgleichung tritt an Stelle der einfachen Gleichung $\mathfrak{P} = \frac{\varepsilon - 1}{4\pi} \mathfrak{E}$ (bzw. $\mathfrak{D} = \frac{\varepsilon}{4\pi} \mathfrak{E}$) der MAXWELLschen Theorie zu den Grundgleichungen hinzu.

Betrachtet man wie oben eine ebene, linear polarisierte, fortschreitende, gedämpfte Sinuswelle, d. h. setzt alle Komponenten proportional

$$A e^{-\frac{2\pi\nu\varkappa x}{V}} \cdot e^{2\pi\nu i\left(\frac{x}{V} - t\right)} , \tag{70}$$

so folgt zunächst durch Einsetzen in die Grundgleichungen (60) im ungeladenen Dielektrikum ($\varrho = 0$)

$$n^2 (1 + i\varkappa)^2 \mathfrak{E} = \mathfrak{E} + 4\pi \mathfrak{P} \ . \tag{71}$$

[n hat dieselbe Bedeutung wie oben Gleichung (45) p. 168.] Die Differentialgleichung (69) liefert

$$\mathfrak{E} = (\alpha - i\beta) \mathfrak{P} \ , \tag{72}$$

worin gesetzt ist

$$\left.\begin{aligned} \alpha &= f' - a - 4\pi^2 \nu^2 m' \\ \beta &= 2\pi\nu g' \end{aligned}\right\} \tag{73}$$

Der Vergleich der Gleichungen (71) und (72) ergibt nun

$$n^2 (1 + i\varkappa)^2 - 1 = \frac{4\pi}{\alpha - i\beta}$$

oder

$$\left.\begin{aligned} n^2 (1 - \varkappa^2) &= 1 + \frac{4\pi\alpha}{\alpha^2 + \beta^2} \\ n^2 \varkappa &= \frac{2\pi\beta}{\alpha^2 + \beta^2} \end{aligned}\right\} \tag{74}$$

Diese Relationen geben zusammen mit den Beziehungen (73) und (68) den Brechungs- und Absorptionsindex n und $\varkappa$ als Funktionen der Elektronenkonstanten und der Schwingungzahl ν.

Was zunächst das Verhältnis zur D. K. anlangt, so erhalten wir für dieselbe aus Gleichung (72) unter Rücksicht auf Gleichung (61) einen komplexen Wert:

$$\mathfrak{D} = \frac{1}{4\pi} \mathfrak{E} + \mathfrak{P} = \frac{1}{4\pi} \left(1 + \frac{4\pi}{\alpha - i\beta}\right) \mathfrak{E} \ . \tag{75}$$

Halten wir die Gleichung (7) der MAXWELLschen Theorie als Definition der D. K. aufrecht, so wird der reelle Teil von ε

$$\varepsilon = 1 + \frac{4\pi\alpha}{\alpha^2 + \beta^2} = n^2 (1 - \varkappa^2) \ . \tag{76}$$

Das ist genau dieselbe Relation, die wir oben [p. 169, Gleichung (48)] für leitende Dielektrika abgeleitet hatten. Wir bezeichnen darum allgemein das Aggregat $n^2 (1 - \varkappa^2)$, das von der Schwingungszahl abhängt, als dynamische Dielektrizitätskonstante des Mediums für die Schwingungszahl ν.[1])

[1]) P. DRUDE, Ztschr. f. phys. Chem. **23**. 296. 1897; Ann. **61**. 466. 1897. — H. MERCZYNG, Ann. **33**. 15. 1910. — F. BEAULARD, C. R. **146**. 960. 1908.

Ist ν sehr klein (langsame Schwingungen), so verschwindet β und damit auch $\varkappa$, und es wird $n^2 = \varepsilon$. Für sehr lange Wellen nähert sich also das Quadrat des Brechungsindex der statischen Dielektrizitätskonstante.

Ist ν nicht klein, so haben wir verschiedene Fälle zu unterscheiden, je nach der Größe der Dämpfung der Elektronenschwingungen. Sei zunächst der Reibungswiderstand [(63)] verschwindend klein, so daß wir $g = g' = \beta = 0$ setzen können. Wir erhalten dann aus Gleichung (74) und (73):

$$\left.\begin{aligned} n^2 &= 1 + \frac{4\pi}{f' - a - 4\pi^2 m' \nu^2} \\ \varkappa &= 0 \quad . \end{aligned}\right\} \qquad (77)$$

Für alle ν, für welche wir reelle und endliche Werte von n erhalten, wächst der Brechungsindex mit abnehmender Schwingungszahl (sogenannte normale Dispersion). Es findet keine Absorption statt und die MAXWELLsche Relation ist erfüllt. Gehen wir auf die Bedeutung von f' und m' nach den Gleichungen (68) zurück und setzen für a den Wert $\frac{4\pi}{3}$ (p. 173), so läßt sich aus Gleichung (77) die Beziehung ableiten:

$$\frac{n^2 - 1}{n^2 + 2} = \frac{4\pi e^2}{3(f - 4\pi^2 m \nu^2)} \cdot N \quad . \qquad (78)$$

Unter der Annahme, daß Ladung e und Masse m, ferner f, der Proportionalitätsfaktor der rücktreibenden Kraft, Elektronen- bzw. Molekularkonstanten seien, und daß die Zahl der schwingenden Elektronen N der Dichte d des Körpers proportional sei, folgt, daß:

$$\frac{n^2 - 1}{n^2 + 2} \, \frac{1}{d} = \text{konst.} \quad , \qquad (79)$$

d. h. dieser Ausdruck sollte bei Dichteänderungen (z. B. Temperatur-, Druck-, Aggregatzustandsänderungen) seinen Wert nicht ändern. Diese Beziehung von LORENTZ[1]) und LORENZ[2]) enthält als Spezialfall (für $\nu = 0$) die schon aus der CLAUSIUSschen Theorie (p. 158) für die statische D. K. abgeleitete sogenannte CLAUSIUS-MOSOTTIsche Relation:

$$\frac{\varepsilon - 1}{\varepsilon + 2} \, \frac{1}{d} = \text{konst.} \quad . \qquad (80)$$

Diese Formeln stellen oft eine gewisse Annäherung dar, stimmen aber nur in wenigen Fällen gut[3]), zuweilen allerdings auch bei sehr bedeutenden Dichteänderungen, wie bei der Verdampfung von Wasser, Schwefelkohlenstoff, Äthyläther und Stickoxydul.

Für Mischungen ergibt eine ähnliche Rechnung die Mischregel:

$$\frac{n^2 - 1}{n^2 + 2} v = \frac{n_1^2 - 1}{n_1^2 + 2} v_1 + \frac{n_2^2 - 1}{n_2^2 + 2} v_2 + \ldots \quad , \qquad (81)$$

[1]) H. A. LORENTZ, Ann. **9**. 642. 1880; siehe auch H. A. LORENTZ, The theory of electrons, p. 145. 1909.

[2]) R. LORENZ, Ann. **11**. 77. 1880; **20**. 19. 1883. — G. SAGNAC, Journ. de physique (4) **6**. 273. 1907 leitet dieselbe Gleichung aus der CLAUSIUS-MOSOTTIschen Theorie ab. — Siehe auch H. POINCARÉ, Electricité et optique **1**. 81. 1890; ferner G. ADLER, Wien. Ber. **99**. (2a) 1044. 1900.

[3]) G. RUDORF, Jahrb. d. Rad. 1910. (Bericht.)

12*

worin $n, n_1, n_2 \ldots$ die Brechungsindizes, $v, v_1, v_2 \ldots$ die Volumina der Mischung bzw. der Komponenten bedeuten. Aber auch diese Mischregel stimmt, wie mehrere andere theoretisch nicht begründete, nur in einzelnen Fällen (siehe Abschnitt V. 2., p. 229).

In dem jetzt behandelten Falle erleidet nach Gleichung (77¹) der Brechungsindex für ein bestimmtes ν eine Diskontinuität, wenn nämlich α verschwindet, d. i. für:

$$\nu = \frac{1}{2\pi}\sqrt{\frac{f' - a}{m'}} = \nu_0 \quad . \tag{82}$$

Nach den älteren Theorien, welche $a = 0$ setzen, wäre dies [nach Gleichung (65) und (68)] die Eigenschwingungszahl eines Elektrons bei verschwindender Dämpfung und verschwindendem äußeren Feld. Die Diskontinuität rührt daher, daß in der Umgebung von $\nu = \nu_0$ die Vernachlässigung einer wenn auch noch so geringen Dämpfung nicht mehr gestattet ist. Denn wenn α verschwindet, so wird, wie man leicht aus den Gleichungen (74) erkennt, der Absorptionskoeffizient gerade in dem Fall sehr bedeutende Werte annehmen, wenn β (also g' bzw. g) klein ist. Aber je kleiner β, um so enger ist auch das Schwingungszahlengebiet, auf welches diese bedeutende Absorption sich erstreckt. Schon für Werte von ν, die sich nur wenig von ν_0 unterscheiden, wird unsere frühere Betrachtung eintreten können, welche β vernachlässigt und zu den Gleichungen (77) führt.

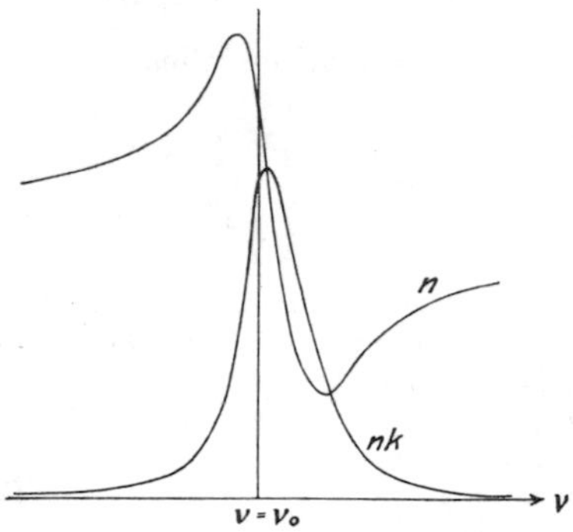

Figur 125.

Den Verlauf von n und $n\varkappa$ in dem kritischen Gebiet, wie er sich aus den Gleichungen (74) und (73) bei mäßigem g' ergibt, zeigt Figur 125. Man bezeichnet die Erscheinung, daß n in einem gewissen Spektralgebiet mit wachsendem ν abnimmt und gleichzeitig $\varkappa$ bedeutende Werte erreicht, als anomale Dispersion bzw. Absorption. Das Gebiet nennt man einen Absorptions- oder Dispersionsstreifen. Es läßt sich, wie bemerkt, leicht aus den Gleichungen (74) und (73) zeigen, daß der Streifen um so schmäler, intensiver und schärfer ist, je geringer das Dämpfungsglied (g bzw. g'), dagegen um so breiter, schwächer und verwaschener, je größer dasselbe.

Würden wir nicht eine sondern mehrere Arten schwingender Elektronen angenommen haben, so hätten wir statt der Gleichungen (74) erhalten:

$$\left.\begin{aligned} n^2(1 - \varkappa^2) &= 1 + \sum \frac{4\pi\,\alpha_i}{\alpha_i^2 + \beta_i^2} \\ n^2\varkappa &= \sum \frac{2\pi\,\beta_i}{\alpha_i^2 + \beta_i^2} \quad , \end{aligned}\right\} \tag{83}$$

worin α_i, β_i sich auf die $i$te Elektronengattung beziehen. Es müssen so viele Dispersionsstreifen auftreten, als Elektronengattungen mit verschiedenen Eigenschwingungszahlen ν_i vorhanden sind. In der Umgebung einer solchen (etwa ν_k) verschwindet das betreffende α_k, es sind alle β_i zu vernachlässigen außer β_k. Alle anderen Glieder erzeugen normale Dispersion nach Gleichung (77¹), nur das $k$te ruft die in Figur 125 dargestellte Erscheinung hervor.

Anomale Dispersion und Absorption sind in der Optik längst hinlänglich bekannt. Es lassen sich hier in vielen Fällen die Dispersionskurven auch außerhalb der Absorptionsgebiete durch Gleichungen von der Form (77) (eventuell mit mehreren Gliedern) quantitativ wiedergeben. Bei den langsameren elektrischen Schwingungen glaubte man anfangs eine Schwierigkeit für die Anwendung der Theorie darin zu finden, daß man Eigenperioden der Moleküle, die so großen Wellenlängen entsprechen, für unwahrscheinlich hielt[1]. Doch hat vor einigen Jahren COLLEY[2] im elektrischen Spektrum von Wasser und anderen Flüssigkeiten zahlreiche Dispersionsstreifen von dem durch Figur 125 dargestellten Charakter aufgefunden und damit bewiesen, daß wenigstens in einigen Fällen die Dispersion im elektrischen Spektrum von derselben Natur ist wie im optischen[3].

Ein Unterschied gegen das optische Gebiet liegt jedoch in folgendem; der Verlauf des elektrischen Brechungsindex läßt sich außerhalb der Absorptionsstreifen nicht durch Gleichungen von der Form (77) darstellen, da meist in dem ganzen elektrischen Teil des Spektrums (abgesehen von den relativ kleinen Störungen in den Streifen) die Dispersion anomal ist: Der Brechungsindex nimmt mit wachsendem ν kontinuierlich von einem großen Wert für langsame Schwingungen zu dem oft viel kleineren optischen Wert hin ab (siehe unten p. 205 ff.). Und auch die durch Leitfähigkeit nicht erklärbare Absorption ist nicht auf schmale Absorptionsstreifen beschränkt, sondern erstreckt sich oft über ausgedehnte Gebiete (siehe unten p. 210 ff.).

DRUDE[1] hat versucht die Theorie diesen Tatsachen auf folgende Art anzupassen. Je größer g' ist, auf um so größere Gebiete erstreckt sich die Absorption und anomale Dispersion. Er nimmt nun an, daß Elektronengattungen vorhanden sind, für welche g' so bedeutende Werte hat, daß man [genau umgekehrt wie in der Optik, Gleichungen (77)] den Trägheitswiderstand, dem das Glied mit m' entspricht, gegen den Reibungswiderstand vernachlässigen kann.

Für eine solche Elektronengattung erhält man:

$$\left.\begin{aligned} n^2(1-\varkappa^2) &= 1 + \frac{4\pi(f'-a)}{(f'-a)^2 + 4\pi^2\nu^2 g'^2} \\ n^2\varkappa &= \frac{4\pi^2\nu g'}{(f'-a)^2 + 4\pi^2\nu^2 g'^2}\,. \end{aligned}\right\} \quad (84)$$

n nimmt von $\nu = 0$ an mit wachsendem ν beständig ab, während $\varkappa$ an einer Stelle ein flaches Maximum zeigt und in einem ausgedehnten Gebiet eine merkliche Größe behält. Qualitativ stimmt das mit den Beobachtungen. Allerdings hat kürzlich MERCZYNG[4] gezeigt, daß eine einzige stark gedämpfte Elektronengattung nicht ausreicht, um die vorliegenden Messungen quantitativ zu umfassen[5].

---

[1]) P. DRUDE, Ann. **64**. 131. 1898.

[2]) Siehe unten p. 189 ff. 205.

[3]) Erwähnenswert zur Stütze der Theorie sind Versuche an künstlichen Resonatorensystemen, wobei es gelang, das Phänomen der anomalen Dispersion deutlich zu imitieren. Siehe CL. SCHAEFER, Berl. Ber. 1906, p. 769; ferner A. GARBASSO, Atti Ac. di Torino **28**. 1893. — A. GARBASSO und E. ASCHKINASS, Ann. **53**. 534. 1894. — E. ASCHKINASS und CL. SCHAEFER, Ann. **5**. 485. 1901. — CL. SCHAEFER und M. LANGWITZ, Ann. **20**. 355. 1906. — CL. SCHAEFER, Ann. **16**. 106. 1905.

[4]) H. MERCZYNG, Ann. **39**. 1059. 1912.

[5]) Eine rein phänomenologische Verallgemeinerung der MAXWELLschen Theorie hat U. CISOTTI, Cim. (6) **2**. 234 und 360. 1911 vorgeschlagen. — Die Absorption elektrischer Wellen in einem Gas behandelt in etwas anderer Art F. HASENÖHRL, Wien. Ber. **111**. (2a). 1230. 1902; **112**. (2a). 30. 1903.

II. Experimentelle Methoden zur Bestimmung der Dielektrizitätskonstante.

Entsprechend der großen Bedeutung, welche den Dielektrizis bei den verschiedenartigsten elektromagnetischen Vorgängen zukommt, sind die Methoden zur Bestimmung der D. K. außerordentlich mannigfach. Für die Verwendbarkeit einer besonderen Anordnung kommt in Betracht: 1. der Aggregatzustand des Dielektrikums; 2. ob die D. K. sich merklich oder nur sehr wenig von 1 unterscheidet (letzteres nur bei Gasen); 3. die Größe der Leitfähigkeit des Dielektrikums; 4. die verfügbare Substanzmenge; 5. die Schwingungszahl, für welche die D. K. zu bestimmen ist.

Wir geben im folgenden bei Besprechung der verschiedenen Anordnungen gleichzeitig einzelne experimentelle Resultate, und zwar hauptsächlich für chemisch definierte Substanzen, um den Vergleich zu ermöglichen. Wegen einer vollständigen tabellarischen Zusammenstellung aller wichtigeren Messungsergebnisse müssen wir auf LANDOLT-BÖRNSTEINs Physikalisch-chemische Tabellen 4. Aufl. p. 1212 ff. verweisen[1]. Arbeiten, welche zu den später zu besprechenden Fragen (Dispersion und Absorption, Abhängigkeit von der Temperatur usw.) in näherer Beziehung stehen, sind erst dort besprochen. Den Messungen an Kristallen und Gasen haben wir eigene Abschnitte dieses Kapitels gewidmet (p. 191 und 193).

Alle Methoden gehen auf drei Grundtypen zurück:

1. Kapazitätsmethoden.
2. Kraftwirkungsmethoden.
3. Wellenmethoden.

1. Kapazitätsmethoden.

Sie beruhen im wesentlichen auf dem Satz (p. 166), daß die Kapazität eines Kondensators oder die Influenzladung auf einem Leiter ε-mal größer ist in einem Medium mit der D. K. ε. Meist mißt man die Kapazität eines Versuchskondensators, wenn einmal Luft, das andere Mal das Dielektrikum das Zwischenmedium bildet. Alle Methoden der Kapazitätsvergleichung sind anwendbar, auf eine absolute Bestimmung kommt es dabei nicht an. Ältere Messungen dieser Art rühren her außer von FARADAY[2] noch von BELLI[3], HARRIS[4], ROSSETTI[5], FELICI[6]. BOLTZMANN[7] fand es vorteilhafter, nicht das ganze Dielektrikum zu ersetzen, sondern zwischen die Kondensatorplatten (Abstand d) eine Platte der Dicke a einzuschieben. Das Kapazitätsverhältnis ist dann

$$\frac{C'}{C} = \frac{d\varepsilon}{a + (d - a)\varepsilon} \quad .$$

Statt des Plattenabstandes a kann man auch die Verschiebung δ messen, welche nötig ist, um die frühere Kapazität herzustellen. Dann ist

$$\varepsilon = \frac{d}{d - \delta}$$ [8].

---

[1] Über die älteren Resultate (bis 1902) ist auch sehr vollständig von GRAETZ in WINKELMANNs Handbuch (2. Aufl. 1903) Bd. IV. 98 ff. referiert.

[2] M. FARADAY, Experimental researches, XI. Reihe 1252 ff. 1837. — Deutsche Ausgabe von S. KALISCHER **1.** 354 ff. 1891.

[3] BELLI, Corso element. de fisica **3.** 239. 1858.

[4] S. HARRIS, Phil. Trans. **132.** 165. 1842.

[5] ROSSETTI, Nouv. Cim. (2) **10.** 171. 1873.

[6] FELICI, Nouv. Cim. (2) **5.** 5. und **6.** 73. 1871.

[7] L. BOLTZMANN, Wien. Ber. (2) **66.** 1. 1872; **67.** 17. 1873.

[8] F. KOHLRAUSCH, Lehrb. d. prakt. Phys. p. 617, 1912.

Von Vorteil ist es, die Wirkung am Meßinstrument (z. B. Quadrantelektrometer) durch die Wirkung eines Meßkondensators zu kompensieren [GIBBSON und BARCLAY[1]), HOPKINSON[2]), WILSON[3])].

Auf diesem Wege bestimmte in neuerer Zeit L. MALCLÉS[4]) die D. K. von

Benzin 2,28 Vaselinöl 1,90 Terpentinöl 2,02.

GORDON[5]) benutzt einen aus fünf Platten bestehenden Kondensator, der in gewisser Weise mit einem Induktorium als Elektrizitätsquelle und mit einem Quadrantelektrometer als 0-Instrument verbunden wird[6]). Dieselbe Anordnung benutzten auch HOPKINSON[7]), NEGREANO[8]), HASENÖHRL[9]).

WÜLLNER[10]) elektrisierte eine Metallplatte und beobachtete elektrometrisch die Potentialänderung, die eintrat, wenn er die Platte einer ebenen Oberfläche des Dielektrikums näherte.

WINKELMANN[11]) und DONLE[12]) maßen die Influenzwirkung einer durch ein andererseits geerdetes Induktorium aufgeladenen Platte auf parallele Platten in verschiedenen Abständen vor und nach dem Einschieben von Platten des festen Dielektrikums. Der erste benutzte ein Telephon (als 0-Instrument), der zweite ein Elektrodynamometer.

Auch Flüssigkeiten lassen sich nach den angegebenen Methoden untersuchen, indem man sie in planparallele Glaströge bringt; für die Glaswände muß eine Korrektion in Abzug gebracht werden [GORDON, HOPKINSON, WINKELMANN, DONLE, WÜLLNER, NEGREANO, HASENÖHRL[13])].

STANKEWITSCH[14]) bildete nach dem Muster des CHRISTIANSENschen Wärmeleitungsapparates einen Doppelkondensator, dessen beide Teile mit verschiedenen Flüssigkeiten gefüllt wurden.

In neuester Zeit wurde die Methode des gewöhnlichen aus nur zwei Platten bestehenden Kondensators in der Physik. Techn. Reichsanstalt von GRÜNEISEN und GIEBE[15]) auf ihre Fehlerquellen untersucht. Sie fanden die Verwendung eines Dreiplattenkondensators vorteilhaft, dessen äußere Platten zur Erde abgeleitet sind, da die Korrektionen dann kleiner werden und genauer angebbar sind.

Eine zur Bestimmung der D. K. oft verwendete Art der Kapazitätsmessung ist die mit dem ballistischen Galvanometer. Entlädt man durch ein Galvanometer eine Elektrizitätsmenge in einer gegen seine Periode kurzen Zeit, so ist der Ausschlag bekanntlich der entladenen Menge proportional. Den Faktor

---

1) GIBBSON und BARCLAY, Phil. Trans. (2) **161**. 573. 1873.

2) HOPKINSON, Proc. Roy. Soc. London **26**. 298. 1877; **43**. 156. 1887; Phil. Trans. **168**. 17. 1878; **172**. 85. 1881.

3) H. A. WILSON, Proc. Roy. Soc. (A) **82**. 409. 1909.

4) L. MALCLÉS, C. R. **145**. 1326. 1907.

5) E. GORDON, Phil. Trans. **170**. 417. 1879.

6) F. KOHLRAUSCH, Lehrb. d. prakt. Physik, p. 618, 1912.

7) HOPKINSON, l. c.

8) NEGREANO, C. R. **104**. 423. 1887.

9) F. HASENÖHRL, Comm. Phys. Lab. Leiden Nr. 51, 1900. [Beibl. **24**. 119. 1900].

10) A. WÜLLNER, Ber. d. Münch. Ak. 1873; Ann. **1**. 247. 1874; **32**. 19. 1887; Exp. Physik 4. Aufl. **4**. 333. 1886.

11) A. WINKELMANN, Ann. **38**. 161. 1889; **40**. 732. 1890; siehe auch E. COHN, Ann. **46**. 135. 1892; A. WINKELMANN, ib. p. 666, 1892; E. COHN, Ann. **47**. 752. 1892; A. WINKELMANN, ib. **48**. 180. 1893. — W. NERNST, Ann. **57**. 209. 1896. — A. HEYDWEILLER, ib. p. 694, 1896.

12) W. DONLE, Ann. **40**. 307. 1890.

13) Siehe jedoch den prinzipiellen Einwand W. NERNSTs, Ann. **57**. 212. 1896.

14) B. W. STANKEWITSCH, Ann. **52**. 700. 1894.

15) E. GRÜNEISEN und E. GIEBE, Phys. Ztschr. **13**. 1097. 1912; Verh. D. Phys. Ges. **14**. 921. 1912.

braucht man nicht zu kennen, da es sich meist nur um den Vergleich von Kapazitäten handelt. Man erhält trotz der kurzen Entladungsdauer offenbar den rein statischen Wert der D. K. Selbstverständlich muß man den Kondensator so lange mit dem Galvanometer verbunden lassen, bis die Kondensatorschwingung vollständig abgeklungen ist. Dagegen muß man wegen der Rückstandsladung (siehe Rückstand) den Kontakt lösen, bevor noch ein merklicher Teil davon freigeworden ist[13]).

QUINCKE[2]) verwendete wohl als erster das ballistische Galvanometer zur Bestimmung der D. K. des Glases von Thermometerkugeln, erhielt aber sehr schwankende Resultate. J. KLEMENCIC[3]) bestimmte so die D. K. von Glimmer zu 6,64, während BOUTY[4]) dieselbe = 10 fand. Weiter wurde es verwendet von BOUTY[5]), BEAULARD[6]), FLEMING und DEWAR[7]) (siehe unten p. 214) u. a.

Bei der ballistischen Methode erweist es sich vorteilhaft, die Ausschläge ballistisch zu multiplizieren. Statt dessen kann man aber auch einen Dauerausschlag herstellen, indem man den Kondensator n-mal in der Sekunde lädt und durch das Galvanometer entlädt. Bewirkt dieselbe E. M. K., welche den Kondensator auflädt, bei einem Gesamtwiderstand R denselben Ausschlag, so ist die Kapazität

$$C = \frac{1}{nR} \quad .$$

W. SIEMENS[8]) verwendete zu dem Zweck eine automatische Wippe, deren sich nach ihm noch WEBER[9]), SCHILLER[10]), SILOW[11]) bedienten, THOMSON und SEARLE[12]) einen rotierenden Unterbrecher, J. J. THOMSON[13]), E. COHN und F. HEERWAGEN[14]), MARX[15]), MORRIS-AIREY und SPENCER[16]) mit Vorteil eine elektromagnetische Stimmgabel mit Quecksilberkontakt, wodurch eine höhere Frequenz ermöglicht wird.

Eigenartig ist ein Vorgang von ERSKYNE[17]). Er verglich die unbekannte Kapazität mit der eines Meßkondensators, wenn beide durch ihre Entladung die gleiche Entmagnetisierung einer Stahlnadel hervorbrachten. Seine Resultate stimmen gut mit denen anderer Beobachter.

ELSAS[18]) nahm die Abgleichung zweier Kondensatoren mittelst des von ihm beschriebenen Differentialinduktors[19]) vor. Ein Telephon diente als 0-Instrument. Die gleiche Methode verwendete O. WERNER[20]). Eine verwandte Methode bringt neuerdings KALISCHER[21]) zur Kapazitätsvergleichung in Vorschlag. Ein Telephon spricht an, wenn durch ein Mikrophon die Primärspule eines Induktoriums er-

---

1) A. ZELENY, Phys. Rev. **22**. 65. 1906.
2) G. QUINCKE, Ann. **10**. 185. 1880; **19**. 556 und 705. 1883; **28**. 530. 1886.
3) J. KLEMENCIC, Wien. Ber. (2) **96**. 807. 1887.
4) E. BOUTY, C. R. **110**. 846. 1890.
5) E. BOUTY, C. R. **114**. 533. 1892; ib. p. 1421.
6) F. BEAULARD, C. R. **119**. 268. 1894; Journ. d. phys. (3) **4**. 552. 1893.
7) J. A. FLEMING und J. DEWAR, Proc. Roy. Soc. London **60**. 258. 1896.
8) W. SIEMENS, Ann. **102**. 91. 1857.
9) G. WEBER, bei G. QUINCKE, Ann. **19**. 726. 1883.
10) N. SCHILLER, Ann. **152**. 555. 1874.
11) P. SILOW, Ann. **156**. 389. 1885.
12) J. J. THOMSON und SEARLE, Phil. Trans. **181**. 593. 1890; Proc. Roy. Soc. **47**. 376. 1890.
13) J. J. THOMSON, Proc. Roy. Soc. London **46**. 292. 1889.
14) E. COHN und F. HEERWAGEN, Ann. **43**. 354. 1891.
15) E. MARX, Ann. (4) **12**. 504. 1902.
16) H. MORRIS-AIREY und E. D. SPENCER, Manchester Soc. Febr. 16. 1904.
17) J. A. ERSKYNE, Ann. **66**. 269. 1898.
18) A. ELSAS, Ann. **44**. 654. 1891.
19) A. ELSAS, Ann. **42**. 165. 1891.
20) O. WERNER, Ann. **47**. 613. 1892.
21) KALISCHER, Elektrotechn. Ztschr. **26**. 680. 1905.

regt wird, dessen Sekundärspule an ihren Enden mit ungleichen Kapazitäten belastet ist. Zur D. K.-Bestimmung wurde sie bisher nicht angewendet.

P. THOMAS[1]) schaltet in einen Wechselstromkreis einen Kondensator und einen Widerstand in Serie, und vergleicht den Spannungsabfall längs beider mittelst zweier gleichgebauter Dolezalekelektrometer. Aus zwei Messungen bei verschiedener Frequenz läßt sich gleichzeitig der OHMsche Widerstand des Kondensators berechnen.

Sehr bequem ist die Kapazitätsvergleichung in der WHEATSTONEschen Brücke. Sie wurde wohl zuerst von PALAZ[2]) und von SALVIONI[3]) angewendet. Ausgedehnte Verwendung fand sie erst, seitdem NERNST[4]) die Anordnung für den besonderen Zweck in eine kompendiöse Form gebracht und die Kompensation des Leitvermögens ermöglicht hatte. In den vier Zweigen einer mit Wechselstrom (Zuleitungen A und B, Figur 126) beschickten und mit einem Telephon T ausgestatteten WHEATSTONEschen Brücke liegen: zwei gleiche elektrolytische Widerstände w_0, ferner ein Meß- und ein konstanter Hilfskondensator C_1 und C_2. Diesen sind variable Kompensationswiderstände w parallelgeschaltet. Der Versuchskondensator C wird einmal zu C_1, einmal zu C_2 parallelgeschaltet. Die zum Wiederverstummen des Telephons notwendige Verschiebung des Meßkondensators mißt die doppelte Kapazität von C (samt Zuleitungen). Der Einfluß der letzteren kann eliminiert werden, indem man zwei Eichflüssigkeiten benutzt (Luft und eine von bekannter D. K.). Merkliche Leitfähigkeit in C wird durch Regulieren der Widerstände w kompensiert (ohne diese Kompensation entsteht kein scharfes Telephonminimum, da hiefür außer der Gleichheit der Kapazitäten auch Gleichheit der Widerstände erforderlich ist).

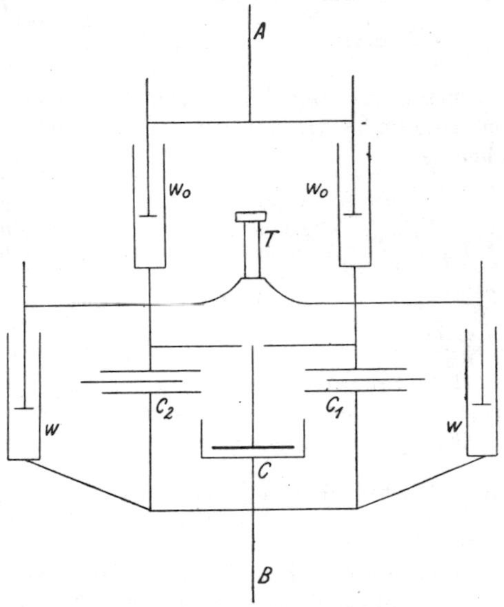

Figur 126.

Diese Methode ist wegen ihrer Handlichkeit und Genauigkeit sehr viel verwendet worden, besonders für das Studium der Temperaturabhängigkeit der D.K. und der Beziehungen zur chemischen Konstitution (SILBERSTEIN, LINEBARGER, PHILIP, RATZ, DRUDE, LOEWE, LINDE, ABEGG, SEITZ, BÄDECKER, FERRY, WALDEN u. a.). Um eine bestimmte Schwingungszahl herauszugreifen, kann man auch ein abgestimmtes Nullinstrument, z. B. ein Vibrationsgalvanometer[5]), anwenden. Auch ein Telephon mit akustischem Kugelresonator[6]) ist vorgeschlagen worden.

[1]) P. THOMAS, Phys. Rev. **31**. 278. 1910.
[2]) PALAZ, Inaug.-Diss. Zürich 1886 [Beibl. **11**. 259. 1887].
[3]) SALVIONI, Acc. dei Lincei (3) **4**. 136. 1888 [Beibl. **12**. 483. 1888].
[4]) W. NERNST, Ztschr. f. phys. Chem. **14**. 622. 1894; siehe auch J. C. PHILIP, ib. **24**. 18. 1895; B. B. TURNER, ib. **35**. 385. 1900; K. TANGL, Ann. **23**. 559. 1907.
[5]) M. WIEN, Ann. **4**. 429. 1901.
[6]) M. WIEN, Phys. Ztschr. **13**. 1034. 1912; siehe auch HEYDWEILLER, Ann. **57**. 694. 1896; M. WIEN, Ann. **58**. 66. 1896.

STARKE[1]) hat die NERNSTsche Methode auf feste Körper ausgedehnt durch einen Kunstgriff, der prinzipiell auf alle Kapazitätsmethoden anwendbar ist. Er gleicht die D. K. eines Flüssigkeitsgemisches so lange ab, bis durch Einsenken einer Platte des festen Körpers in die Flüssigkeit die Kapazität des Kondensators nicht mehr geändert wird. Dann muß der Körper dieselbe D. K. haben wie die Flüssigkeit. v. PIRANI[2]) bestimmte auf diesem Wege die D. K. einiger Jenaer Glassorten, einiger technischer Isolatoren, ferner:

Sylvin	5,03	Schwefel	3,98
Steinsalz	6,12	Schwefel (spröde) ...	4,22
Gips	5,66	Schwefel (knapp unter dem Siedepunkt)	3,42
Diamant (mit metallischen Einschlüssen?) ...	16,47	Flüssige Luft	1,432
Selen	7,44		

Besonders sorgfältige Bestimmungen nach der NERNSTschen Methode rühren von TURNER[3]) her, der sich auch bemühte, möglichst reine Substanzen zu erhalten:

Benzol	2,288 ± 0,0008	bei 18° C
Äther	4,367 ± 0,0018	
Anilin	7,316 ± 0,013	
Orthonitrotoluol .	27,71 ± 0,05	
Wasser	81,07 ± 0,19	
Nitrobenzol ..	36,45 ± 0,07	
Metaxylol ...	2,376 ± 0,001	

Die Erfahrungen TURNERS wurden von PHILIP und HAYNES[4]) bei der Bestimmung der D. K. von Phenolen und ihren Äthern in Benzol- und Metaxylollösung benuzt, wobei sich eine schon früher[5]) an anderen Flüssigkeiten geprüfte Mischregel (Aditivität von $\frac{\sqrt{\varepsilon}-1}{d}$, siehe p. 230) als annähernd gültig erwies.

Eine etwas andere Form variabler Kondensatoren (mikrometrische Variation des Plattenabstandes) benutzte VELEY[6]). Er fand folgende D. K.-Werte:

Benzol	2,27	(17°)
Tetrachlorkohlenstoff .	2,049	(12,5°)
Äthylenchlorid ...	11,29	(17°)
Monochlorbenzol ..	10,95	(10,8°)

Schon lange bevor die später zu besprechende LECHER-DRUDEsche Methode (p. 187 zur direkten Bestimmung des Brechungsindex ausgearbeitet war, versuchten einzelne Forscher die Kapazitätsmessungen mit möglichst schnellen Schwingungen auszuführen, da die Vermutung nahe lag, daß das Versagen der MAXWELLschen Relation $\varepsilon = n^2_{\text{optisch}}$ in der Dispersion begründet sei. SCHILLER[7]) maß mittelst eines HELMHOLTZschen Pendelunterbrechers die Schwingungsdauer von (freilich sehr langsamen) oszillierenden Kondensatorentladungen. Sie ist cet. par. der Wurzel aus der Kapazität proportional. Dieselben Stoffe untersuchte er mit Siemenswippe und ballistischem Galvanometer. Er fand so:

---

[1]) H. STARKE, Ann. **60**. 629. 1897; **61**. 804. 1897; siehe auch K. F. LOEWE, Ann. **66**. 403 und 596. 1898.
[2]) M. v. PIRANI, Diss. Berlin 1903.
[3]) B. B. TURNER, Ztschr. f. phys. Chem. **35**. 385. 1900.
[4]) J. C. PHILIP und D. HAYNES, Journ. chem. Soc. **513**. 998. 1905.
[5]) J. C. PHILIP, Ztschr. f. phys. Chem. **24**. 18. 1897.
[6]) V. H. VELEY, Phil. Mag. **6**. 11. 73. 1906.
[7]) N. SCHILLER, Ann. **152**. 555. 1874.

Ladungsdauer ca.	0,0006 Sek.	0.02 Sek.
Hartgummi	2,21	2,76
Reiner Kautschuk (braun) . .	2,12	2,34
Vulkanisierter Kautschuk (grau) .	2,69	2,94
Paraffin (durchsichtig)	1,68	1,92
Paraffin (milchweiß)	1,85	2,47
Halbweißes Glas	3,31	4,12
Weißes Spiegelglas	5,83	6,34

Doch dürfte das Anwachsen der D. K. mit der Ladungsdauer hier eher durch sogenannte Anomalien als durch wahre Dispersion begründet sein. Dieselbe Methode verwendeten noch LINDE[1]) (verflüssigte Gase), ARONS[2]) u. a.

COHN und ARONS[3]) stellten aperiodische Entladungen her (sehr großer Widerstand) und maßen die Zeit, in der die Ladung auf einen bestimmten Bruchteil herabsank.

Die Messung der Wellenlänge HERTZscher Wellen längs Drähten wurde von J. J. THOMSON[4]) zur Bestimmung der Eigenfrequenz eines Kondensators und damit seiner Kapazität und der D. K. seines Dielektrikums benutzt. Diese Methode wurde aber bald zugunsten der DRUDEschen verlassen, als deren Vorläuferin sie angesehen werden kann.

Eine von H. HERTZ angegebene Anordnung führte THWING[5]) aus und maß so zum erstenmal eine sehr große Zahl von D. K. bei einer Frequenz von der Größenordnung 10^7. Zwei Drahtvierecke werden auf Resonanz abgestimmt, dann der Versuchskondensator, der in dem einen enthalten ist, durch einen variablen Meßkondensator ersetzt und wieder Resonanz hergestellt. Ähnlich arbeiteten FERRY[6]) und NIVEN[7]). E. MARX[8]) substituierte ebenfalls durch einen Meßkondensator, bediente sich aber als Kriterium der wiederhergestellten Schwingungszahl statt der Resonanz des folgenden Umstandes: zwei parallel geschaltete Widerstände, deren einer eine bedeutende, der andere keine Selbstinduktion besitzt, lassen sich nur für eine ganz bestimmte Schwingungszahl abgleichen, und diese läßt sich dann aus Widerstand und Selbstinduktion berechnen. Die Gleichheit der Stromstärken wird mit zwei Thermoelementen und Galvanometer als 0-Instrument konstatiert. Bezüglich weiterer Details müssen wir auf die Originalabhandlung verweisen.

POLLOCK und VONWILLER[9]) benutzen bei einer der LECHER-DRUDEschen ähnlichen Anordnung den Umstand, daß die Intensität der Drahtwellen, die sie mit einem RUTHERFORDschen magnetischen Detektor[10]) bestimmen, sehr von der Güte der Resonanz zwischen dem Drahtsystem und dem Erreger abhängt. Der Funkenstrecke des letzteren schalten sie einen verstellbaren Plattenkondensator parallel, dessen Dielektrikum einmal eine Platte der zu untersuchenden Substanz, das zweite Mal eine Luftplatte von solcher Dicke bildet, daß die Intensität der Wellen in dem gekoppelten Drahtsystem in beiden Fällen die gleiche ist. Dann muß auch die Schwingungszahl des Erregers, mithin die Kapazität die gleiche sein, woraus sich die D. K. der Platte berechnen läßt. Sie finden so für die

---

[1]) F. LINDE, Ann. **56**. 546. 1893.
[2]) L. ARONS, Ann. **53**. 95. 1894.
[3]) E. COHN und L. ARONS, Ann. **28**. 454. 1886.
[4]) J. J. THOMSON, Proc. Roy. Soc. London **46**. 292. 1889; siehe auch W. CASSIE, Proc. Roy. Soc. **48**. 357. 1889.
[5]) C. B. THWING, Ztschr. f. phys Chem. **14**. 286. 1894 (siehe unten p. 200 f.).
[6]) E. S. FERRY, Phil. Mag. (5) **44**. 404. 1897.
[7]) NIVEN, Proc. Roy. Soc. **85**. 139. 1911.
[8]) E. MARX, Ann. (4) **12**. 491. 1903.
[9]) J. A. POLLOCK und O. U. VONWILLER, Phil. Mag. (6) **3**. 586. 1902.
[10]) E. RUTHERFORD, Phil. Trans. **189**. 8. 1897.

D. K. einer Glasplatte 7,87 bei $\nu = 2 \cdot 10^7$, während sich mit dem absoluten Elektrometer 7,79 bei 50 Wechseln pro Sekunde ergab. Nach derselben Methode fanden Vonwiller und Mason[1]) $\varepsilon = 6{,}14$ für reines Selen bei 23,6° C und einer Frequenz $2{,}4 \cdot 10^7$, und $\varepsilon = 6{,}13$ bei 16° C und 50 Wechseln pro Sekunde.

Schließlich läßt auch die Brückenanordnung die Verwendung sehr schneller Schwingungen zu[2]). In den vier Brückenzweigen liegen vier Kondensatoren, zwei nahe gleiche, dann ein Meß- und der Versuchskondensator. An Stelle des Telephons tritt als 0-Instrument oder „Detektor“ eine kleine Funkenstrecke.

Statt der Funkenstrecke verwenden Nernst und v. Lerch[3]) mit Vorteil den Schloemilchschen[4]) elektrolytischen Detektor mit Telephon. Sie bestimmten so die folgenden D. K. bei 18° C:

	Nernst und v. Lerch	Drude[5])	Turner[6])
Chloroform	5,1	4,95	5,2
Äthyläther	4,37	4,36	4,37
Äthylalkohol	25,9	—	26,8
Wasser	81,7	81,7	81,1

Scheer[7]) gelang es, die Funkenstrecke durch einen empfindlichen Kohärer aus weichem Eisenfeilicht zu ersetzen. In der Brücke liegen einerseits ein Solenoid, anderseits — parallel zu ihm — ein Leitungszweig, der den Kohärer, ein Spiegelgalvanometer und ein Element enthält, so daß der Stromkreis des Elements durch das Solenoid geschlossen ist. Das Verschwinden der Schwingungen in der Brücke zeigt sich durch vollkommene Galvanometerruhe an.

2. Kraftwirkungsmethoden.

Dieselben zerfallen in zwei Gruppen. Bei der ersten werden die Kräfte auf Leiter gemessen, die nach p. 166 von der D. K. des Zwischenmediums abhängen. Bei der zweiten handelt es sich um die Kräfte, welche ein Stück des Dielektrikums in einem elektrischen Feld infolge der darauf influenzierten Polarisationsladungen angreifen. Das erste Prinzip wurde in der Regel so verwirklicht, daß man in eine der üblichen Elektrometertypen statt Luft das zu untersuchende Material als Zwischenmedium einführte. Bei vollständiger Ausfüllung wird hiedurch die Voltempfindlichkeit auf das ε-fache gesteigert und wenn man die Spannung mit einem zweiten Elektrometer oder sonstwie mißt, kann man ε berechnen.

Silow[8]) und nach seinem Vorgang Cohn und Arons[9]), Tereschin[10]), Tomaszewski[11]), Pérot[12]), Heerwagen[13]), Landolt und Jahn[14]), Franke[15]), Smale[16]), Palmer[17]) verwendeten zu dem Zweck das Quadrantelektrometer.

[1]) O. U. Vonwiller und W. H. Mason, Proc. Roy. Soc. (A) **79**. 175. 1907.
[2]) W. Nernst, Ann. **60**. 600. 1897.
[3]) W. Nernst und F. v. Lerch, Gött. Nachr. 1904, Heft 2, p. 167; Ann. (4) **15**. 836. 1904.
[4]) W. Schloemilch, Elektrot. Ztschr. 1903, Heft 47.
[5]) P. Drude, Ztschr. f. phys. Chem. **23**. 267. 1897.
[6]) D. A. Turner, Ztschr. f. phys. Chem. **35**. 385. 1900.
[7]) W. Scheer, Diss. Greifswald 1904 [Beibl. **29**. 102. 1905].
[8]) P. Silow, Ann. **156**. 389. 1875.
[9]) E. Cohn und L. Arons, Ann. **33**. 13. 1888; siehe auch M. Gouy, C. R. **106**. 540 und 930. 1888.
[10]) S. Tereschin, Ann. **36**. 792. 1889.
[11]) F. Tomaszewsky, Ann. **33**. 33. 1888.
[12]) A. Pérot, Journ. de Phys. (2) **10**. 149. 1891.
[13]) F. Heerwagen, Ann. **48**. 35. 1892.
[14]) H. Landolt und H. Jahn, Ztschr. f. phys. Chem. **10**. 282. 1892.
[15]) Franke, Ann. **50**. 163. 1893.
[16]) J. F. Smale, Ann. **57**. 215. 1896; **60**. 627. 1897.
[17]) A. de Forest Palmer jr., Phys. Rev. **14**. 38. 1902; **16**. 267. 1903.

Von Vorteil ist die Verwendung eines zweiten ganz gleich gebauten Elektrometers zur Spannungsmessung oder auch eines Doppel-(Differenzial-)elektrometers (z. B. PÉROT); ferner die Anwendung von Wechselstrom, um die galvanische Polarisation zu vermeiden (so SMALE, bei dem jedoch die Elektrometer eine etwas abweichende Gestalt hatten)[1].

ROSA[2]) maß die Drehungen eines aufgehängten Leiters in der Nähe eines festen, wenn sie sich in verschiedenen Flüssigkeiten befanden.

QUINCKE[3]), POLLOCK und VONWILLER[4]), VONWILLER und MASON[5]) bestimmten mit der Wage die Kraft auf die bewegliche Platte des absoluten Schutzringelektrometers (siehe dort) vor und nach dem Einschieben einer Platte des Dielektrikums von bekannter Dicke. CARDANI[6]) benutzte ein von ihm angegebenes, etwas abgeändertes absolutes Elektrometer (siehe dort).

FLOQUET[7]) brachte zwischen die beiden konaxialen Zylinder des absoluten Elektrometers von BICHAT und BLONDLOT[8]) einen Paraffinzylinder und bestimmte mit der Wage die Kraft in Richtung der Zylinderachse auf den Paraffinzylinder, dann auf den beweglichen Metallzylinder bei Anwesenheit und bei Abwesenheit des Paraffinzylinders. Er berechnete hieraus für konstantes und für Wechselpotential (Frequenz 50) übereinstimmende Werte, im Mittel $\varepsilon = 2{,}295$. Eine Wellenmethode[9]) ($\lambda = 36 - 100$ cm) gab im Mittel $\varepsilon = 2{,}281$.

LEFÈVRE[10]) brachte in die Drehwage zwischen die beiden Kugeln eine Platte des Dielektrikums und berechnete ε aus der hierdurch veränderten Anziehung der Kugeln.

Das zweite Prinzip (Kräfte auf Dielektrika) wurde zuerst von MATTEUCI[11]) verwendet. Er bestimmte die Schwingungsdauer dielektrischer Zylinder unter dem influenzierenden Einfluß einer geladenen Konduktorkugel.

BOLTZMANN[12]) arbeitete als erster eine genaue Methode aus. Er verglich die Ablenkung einer kleinen, beweglich aufgehängten dielektrischen Kugel mit der einer gleich großen, gleich schweren mit Stanniol überzogenen in dem gleichen (inhomogenen) Feld. Die Theorie liefert für das Verhältnis der Kräfte (Ablenkungen)

$$\frac{A'}{A} = \frac{\varepsilon - 1}{\varepsilon + 2}\,.$$

Die Ladung der Standkugel mußte dabei sehr rasch gewechselt werden (64 mal pro Sek.), da die Ablenkungen mit der Zeit anwuchsen (Leitung und „Anomalie"). BOLTZMANN selbst und ROMICH und NOWAK[13]) wendeten diese Methode hauptsächlich auf Kristalle an, wo sie den Vorteil geringen Materialbedarfs bietet.

---

[1]) Gegen die Elektrometermethode sind von NERNST (Ann. **57**. 211. 1896) auf Grund von Kontrollversuchen Einwände erhoben worden.

[2]) E. ROSA, Phil. Mag. **5**. 31 und 188. 1892; **34**. 344. 1892; Phys. Rev. **1**. 233. 1892; **2**. 600. 1892.

[3]) QUINCKE, Ann. **28**. 530. 1886.

[4]) J. A. POLLOCK und O. U. VONWILLER, Phil. Mag. (6) **3**. 586. 1902.

[5]) O. U. VONWILLER und W. H. MASON, Proc. Roy. Soc. (A) **79**. 175. 1907.

[6]) P. CARDANI, Rend. Lincei (15) **1**. 48 und 91. 1892.

[7]) P. FLOQUET, C. R. **151**. 545. 1910.

[8]) E. BICHAT und R. BLONDLOT, Journ. de phys. (2) **5**. 325 und 437. 1886; Arch. sc. phys. et nat. (3) **28**. 40. 1892; Physikalische Revue **2**. 360. 1892.

[9]) M. GUTTON, C. R. **80**. 1119. 1900.

[10]) J. LEFÈVRE, C. R. **113**. 688. 1891; **114**. 834. 1892.

[11]) C. MATTEUCI, Ann. chim. phys. (3) **27**. 133. 1849; C. R. **48**. 780. 1859; siehe auch E. ROOT, Pogg. Ann. **158**. 31. 1876.

[12]) L. BOLTZMANN, Wien. Ber. (2) **68**. 81. 1873; **70**. 307. 1874; Ann. **151**. 482. 1874; **153**. 525. 1874.

[13]) ROMICH und NOWAK, Wien. Ber. **70**. (2) 380. 1874.

Graetz und Fomm[1]) fanden eine neue Methode zur Bestimmung der D. K., indem sie die Drehungen von Scheiben und Stäben aus der dielektrischen Substanz in einem homogenen Wechselfeld von 100 (Ruhmkorff) bis ca. 10^6—10^7 Schwingungen pro Sekunde maßen. Sie fanden für

Schwefel (frisch) . . .	4,31	Paraffin	2,20
Schwefel (alt)	3,798	Wasser	73,54

unabhängig von der Wechselzahl. Weitere Resultate siehe Abschnitt III.

Nach derselben Methode arbeiteten Lombardi[2]) und Fellinger[3]) (siehe Kristalle).

F. Beaulard[4]) entwickelt eingehend die Theorie der Kraftwirkung auf Ellipsoide und wendet die Methode auf Flüssigkeiten in dünnwandigen ellipsoidischen Glasgefäßen an. Seine Resultate weichen sehr von denen anderer Forscher ab (siehe unten p. 209 und p. 211).

Der Matteucische Weg, die Schwingungsdauer mit und ohne Feld zu bestimmen, wurde wieder aufgenommen von Thornton[5]) (Zylinder und Ellipsoide, 80—85 Wechsel pro Sekunde). Seine Resultate stimmen gut mit älteren Bestimmungen und sind folgende:

Geschmolzener Quarz	3,78	Chattertonmasse	3.98
Flintglas $d = 4{,}65$	10,64	Ebonit	2,79
„ $d = 4{,}12$	8,52	Bernstein	2,80
„ $d = 3{,}30$	6,98	Elfenbein	6,90
Paraffin	2,326	Kanadabalsam	2,72
Bienenwachs	4,75	Kolophonium	3,09
Schellack	2,49	Kautschuk	3,08
Siegellack	4,56	Schwefel	4,03
„	5,2	Olivenöl	3,16
Guttapercha	4,43	Schweres Paraffinöl ($d = 0{,}885$) . .	2,55
		Wasser	∞

Trouton und Lilly[6]) beobachteten die Ablenkung einer dielektrischen Elektrometernadel, die zwischen die Platten eines horizontalen Kondensators hineingezogen wurde. Resultate hat die Methode noch nicht geliefert.

J. Billitzer[7]) bestimmte die D. K. sehr kleiner Substanzmengen, indem er mikroskopisch die Kraftwirkung eines elektrischen Feldes auf Fäden oder Kügelchen beobachtete, die sich in einem Gemisch wechselnder Zusammensetzung von Aceton ($\varepsilon = 1{,}85$) und Hexan ($\varepsilon = 20{,}44$) befanden. Die Wirkung verschwindet bzw. wechselt das Zeichen, wenn die D. K. gleich werden.

Fortin[8]) berechnete die D. K. des Petroleums aus der Änderung der kapillaren Steighöhe zwischen den Platten eines Kondensators, wenn zwischen denselben ein Wechselfeld von 42 Perioden pro Sekunde und bis zu 20 000 V/cm hergestellt wurde. Die Steighöhenänderung betrug bis zu $2\,{}^1\!/_2$ mm. Die Theorie ergibt dafür:

$$\Delta h = \frac{\varepsilon - 1}{8\pi d g} E^2 ,$$

[1]) L. Graetz und L. Fomm, Ann. **53**. 85. 1894; **54**. 626. 1895; Münchener Ber. **24**. 184. 1894.
[2]) L Lombardi, Nouv. Cim. (4) **2**. 203. 1896.
[3]) R. Fellinger, Ann. **7**. 333. 1902.
[4]) F. Beaulard, C. R. **141**. 656. 1905; Journ. de phys. (4) **5**. 165. 1906; C. R. **146**. 960. 1908; **151**. 55. 1910. — F. Beaulard und L. Maury, Journ. de Phys. (4) **9**. 39. 1910.
[5]) W. M. Thornton, Proc. Roy. Soc. (A) **82**. 422. 1909; Phil. Mag. (6) **19**. 390. 1910.
[6]) F. T. Trouton und W. E. Lilly, Phil. Mag. (5) **33**. 529. 1892.
[7]) J. Billitzer, Wien. Ber. **111** (2a). 814. 1902.
[8]) Ch. Fortin, C. R. **140**. 576. 1905; siehe auch M. Pellat, C. R. **123**. 691. 1896.

worin d die Dichte, g die Schwerebeschleunigung, E die effektive Feldstärke bedeutet. Die Kapillartension selbst ändert sich durch das Feld nicht. Für Petroleum ergab sich $\varepsilon = 2{,}08$.

QUINCKE[1]) maß manometrisch die Druckänderung in einer Luftblase, welche sich in dem flüssigen Dielektrikum zwischen den geladenen Kondensatorplatten befand. Die Resultate für die D. K. stimmen gut mit den nach anderen Methoden erhaltenen. Dieselbe Methode verwendete noch CLARK[2]).

COEHN und RAYDT[3]) fanden, daß bei der elektrischen Endosmose (siehe dort) die Aufladung der Flüssigkeit gegen die Gefäßwand der Differenz ihrer D. K. proportional ist. Die Aufladung wurde ermittelt aus der durch elektrische Überführung erhaltenen Steighöhe. Der Körper mit höherer D. K. lädt sich positiv. Die unter Annahme der exakten Gültigkeit des Ladungsgesetzes berechneten Werte von ε sind bei einer größeren Anzahl von Flüssigkeiten mit anderen Bestimmungen in gutem Einklang.

3. Wellenmethoden.

Die in diesem Abschnitt besprochenen Methoden (mit Ausnahme der sogenannten zweiten DRUDEschen) unterscheiden sich prinzipiell von den früheren. Denn es wird bei ihnen nicht direkt ε, sondern n bestimmt (z. B. direkt das Verhältnis $\left(\frac{\text{Wellenlänge in Luft}}{\text{Wellenlänge im Dielektrikum}}\right)$ und wir sahen oben (p. 168f. und 174), daß die MAXWELLsche Relation $\varepsilon = n^2$ zwar für dieselbe Schwingungszahl in Strenge gilt bei nicht absorbierenden Körpern, daß dagegen bei absorbierenden Körpern

$$\varepsilon = n^2(1 - \varkappa^2) \quad ,$$

wo $\varkappa$ der Absorptionsindex. In vielen Fällen ist $\varkappa$ zwar sehr klein, doch erreicht es zuweilen auch bedeutende Werte (siehe Abschnitt III). Eine Umrechnung vorzunehmen ist aber entweder unmöglich oder empfiehlt sich nicht wegen mangelnder oder ungenügender Kenntnis von $\varkappa$. Jedenfalls ist prinzipiell immer zwischen ε und n^2 zu unterscheiden, eine Unterscheidung, die zuweilen in der älteren Literatur nicht genügend berücksichtigt worden ist.

Außer der direkten Bestimmung des Wellenlängenverhältnisses (LECHER-DRUDEsche Methode) kommt zweitens noch in Betracht die Nachbildung optischer Versuche mit elektrischen Wellen (Prismenmethode von ELLINGER, Reflexionsmethode von COLE, Interferenzmethode von KOSSONOGOW).

Die Methoden der ersten Art beruhen auf den von LECHER[4]) entdeckten und studierten Resonanzerscheinungen an dem nach ihm benannten Paralleldrahtsystem. Nachdem schon J. J. THOMSON[5]) und WAITZ[6]) Versuche über die Fortpflanzungsgeschwindigkeit elektrischer Wellen längs Drähten, die in verschiedene Dielektrika eingebettet sind, angestellt hatten, wurde die Verwendung der Lecherdrähte zu diesem Zweck ausgebildet von RUBENS[7]), ARONS[8]), COHN[9]), ZEEMANN[9]), BLONDLOT[10]) und MAZOTTO[11]) und sehr eingehend studiert von DRUDE[12]), wobei

[1]) G. QUINCKE, Ann. **19**. 705. 1883.
[2]) CLARK, Phys. Rev. **6**. 120. 1898.
[3]) A. COEHN und U. RAYDT, Gött. Nachr. 1909, p. 263; Ann. (4) **30**. 777. 1909.
[4]) E. LECHER, Ann. **41**. 850. 1890.
[5]) J. J. THOMSON, Phil. Mag. (5) **30**. 129. 1890.
[6]) K. WAITZ, Ann. **41**. 494. 1890; **44**. 527. 1891.
[7]) H. RUBENS, Ann. **42**. 153. 1891.
[8]) L. ARONS und H. RUBENS, Ann. **42**. 581. 1891; **44**. 206. 1891; **45**. 381. 1892.
[9]) E. COHN, Ann. **45**. 370. 1892; E. COHN und P. ZEEMANN, Ann. **57**. 15. 1896.
[10]) R. BLONDLOT, C. R. **119**. 595 1894.
[11]) D. MAZOTTO, Rend. Acc. Lincei (5) **4**. I. 240. 1895; Nouv. Cim. (4) **1**. 308. 1895.
[12]) P. DRUDE, Ann. **55**. 633. 1895; **58**. 1. 1896; **59**. 17. 1896; **61**. 466. 1897.

sich schließlich folgende zwei Anordnungen als brauchbar und bequem herausstellten[1]).

Die sogenannte erste DRUDEsche Anordnung zeigt Figur 127. *EE* ist ein BLONDLOTscher Erreger, der von einem Induktorium (Zuleitungsfunkenstrecken!) oder besser[2]) von einem Teslatransformator gespeist wird. Er ist umgeben von

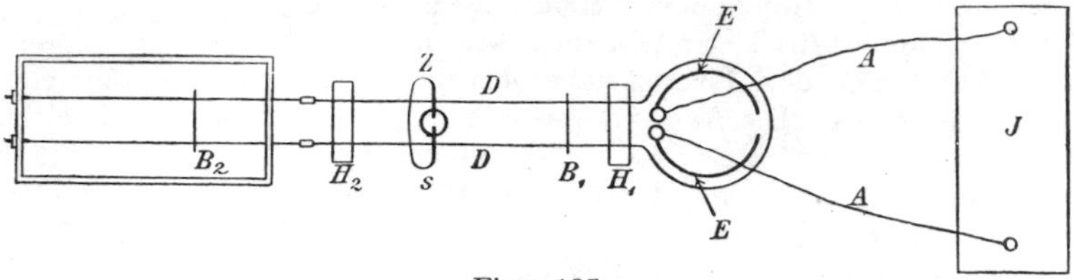

Figur 127.

einem 1 mm dicken, kreisförmig gebogenen Kupferdraht, von welchem die Lecherdrähte *DD* (1—2 cm Abstand) ausgehen. B_1 ist eine Drahtbrücke, H_1, H_2 Ebonithalter. Der Erreger liegt in Petroleum. Links von H_2 kann mittels der angedeuteten Klemmschräubchen entweder der in der Figur gezeichnete Flüssigkeitstrog, in den hinein die Drähte sich fortsetzen, oder eine etwa 2 m lange Fortsetzung der Luftdoppelleitung angelegt werden. B_2 ist eine zweite entweder in der Flüssigkeit oder in Luft verschiebbare Drahtbrücke. Es bilden sich nun stehende Wellen längs des Drahtsystems, welche nahe B_1 und B_2 Spannungsknoten haben. Maximale Erregung des Sekundärsystems (zwischen B_1 und B_2) und daher maximales Aufleuchten der Zehnderröhre *Z*, die nahe einem Spannungsbauch liegt, tritt ein, wenn das Sekundärsystem mit dem Primärsystem (rechts von B_1) in Resonanz steht. Dies wird durch Verschieben von B_2 erreicht. Zwei Resonanzlagen von B_2 unterscheiden sich um $\frac{1}{2}\lambda$ bzw. um $\frac{1}{2}\lambda'$ (in der Flüssigkeit). Die Flüssigkeitsgrenze muß sehr nahe mit einem vorher in Luft ermittelten Spannungsknoten zusammenfallen.

Die zweite DRUDEsche Anordnung ist in Verbindung mit einem Teslatransformator in Figur 128 gezeichnet. Es bleibt die erste Brücke *B* und die Geißlerröhre *V*. Außerdem befindet sich nur noch am Ende der hier posaunenartig ausziehbaren Paralleldrähte ein kleiner mit Luft oder Flüssigkeit be-

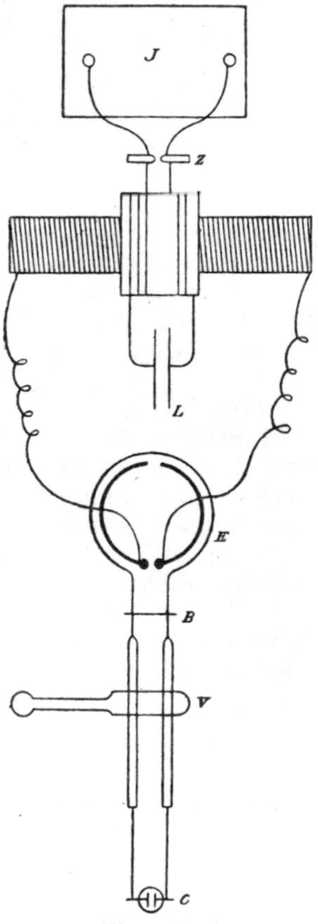

Figur 128.

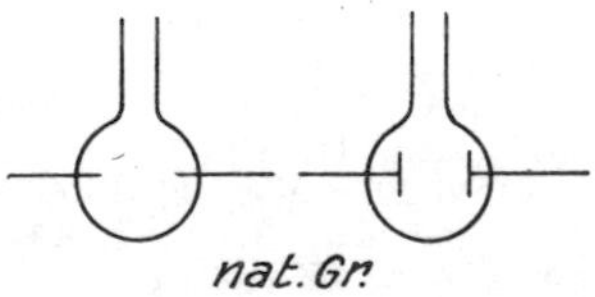

Figur 129.

[1]) P. DRUDE, Ztschr. f. phys. Chem. **23**. 267. 1897.
[2]) P. DRUDE, Ann. **8**. 336. 1902; Ztschr. f. phys. Chem. **40**. 635. 1902.

schickter Kondensator C (wie Figur 129). Von der Kapazität, also der D. K. in C hängt die Länge der Drähte ab, bei der V maximal aufleuchtet. Am besten ist empirische Eichung mit einer Reihe bekannter Eichflüssigkeiten. — In dieser Form ist die Methode der von THWING nahe verwandt (siehe oben p. 183). Der Unterschied besteht wesentlich darin, daß bei THWING die Resonanz durch Änderung der Kapazität, hier durch Änderung der Selbstinduktion hergestellt wird. Sie liefert wie jene direkt den Wert von ε, nicht den von n (oder n^2) wie die erste, und gehört strenge genommen zu den Kapazitätsmethoden. Wir führen sie nur deshalb an dieser Stelle an, weil sie mit fast demselben Instrumentarium bewerkstelligt wird und bei denselben Schwingungszahlen zu arbeiten gestattet wie die erste.

Diese beiden DRUDEschen Anordnungen wurden insbesondere zu Dispersionsmessungen vielfach verwendet[1]) und erfuhren noch mancherlei Verbesserungen.

So bringt SCHAEFER[2]) an dem Erreger und dem Primärsystem einen gemeinsamen Posaunenauszug an, um die Wellenlänge variieren zu können, ohne die Resonanz zwischen beiden und damit die Intensität der Schwingungen im Primärsystem zu verringern.

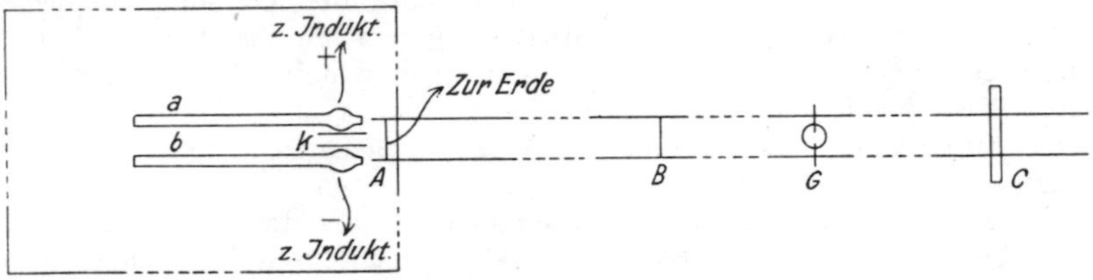

Figur 130.

Den von STARKE[3]) bei der Nernstmethode verwendeten Kunstgriff (siehe oben p. 182), feste Körper durch Einsenken in ein Flüssigkeitsgemisch von gleicher D. K. zu bestimmen, übertrugen LÖWE[4]) und W. SCHMIDT[5]) auf die zweite DRUDEsche Anordnung. Der letztere fand dabei die Verwendung von aus Kristallen hergestellten Pulvern vorteilhaft, in Fällen, wo die D. K. in einer Richtung so groß war, daß keine passende Eichflüssigkeit aufgetrieben werden konnte.

Die Genauigkeit der DRUDEschen Methode wurde bedeutend gesteigert von COLLEY[6]). Seine experimentell und theoretisch gründlich durchgearbeitete Anordnung bietet wesentliche Vorzüge. Infolge der viel geringeren Dämpfung ist die Wellenlänge weit genauer definiert und während der Versuchsdauer absolut konstant, da sie von der Eigenperiode des Erregers in weiten Grenzen unabhängig ist. Sie hängt nur von der des Primärsystems ab und läßt sich durch einen Handgriff bequem und schnell variieren. Diese Vorteile erreicht er wesentlich dadurch, daß er den Erreger nicht induktiv, wie DRUDE, sondern direkt mit dem Primärsystem koppelt. Derselbe besteht aus drei Teilen (Figur 130), den dicken Kupferdrähten a und b, welche direkt von einem Induktorium (unter Zwischenschaltung von zwei Funkenstrecken) gespeist sind, dann der Brücke A, auf welche

[1]) Viele Neubestimmungen an organischen Lösungsmitteln bei P. WALDEN, Ztschr. f. phys. Chem. **46**. 103. 1903; **54**. 129. 1906; **70**. 569. 1910; Bull. Petersbourg p. 305. 1912.
[2]) CL. SCHAEFER, Berl. Ber. 1906. p. 769.
[3]) H. STARKE, Ann. **60**. 629. 1897.
[4]) K. F. LÖWE, Ann. **66**. 403 und 596. 1898.
[5]) W. SCHMIDT, Ann. **9**. 919. 1902; **11**. 114. 1903 (Resultate siehe unter „Kristalle"); siehe auch F. A. SCHULZE, Ann. (4) **14**. 388. 1904.
[6]) A. R. COLLEY, Journ. d. russ. phys. Ges. (phys. Teil) **38**. 431. 1906; **39**. 210. 1907; **40**. 121. 228. 245. 269. 1908; Phys. Ztschr. **10**. 329. 471. 657. 1909; **11**. 324. 1910.

von a und b gleichzeitig Funken überspringen. Um die Gleichzeitigkeit zu erreichen, sind die Drähte a und b durch die angelöteten Kondensatorplatten K gekoppelt. Die Brücke A ist in der Mitte geerdet, von ihren Enden führen die Lecherdrähte durch zwei Öffnungen des mit Petroleum gefüllten Troges, in welchem der Vibrator liegt, hinaus in die Luft. Sie sind in einiger Entfernung durch eine zweite Brücke B verbunden. Die Eigenschwingungen des Drahtvierecks zwischen A und B (Primärsystem) bestimmen die Wellenlänge der entstehenden Schwingung. Sie läßt sich durch Verschieben von B regulieren. Die Bestimmung von λ und λ' geschieht durch Verschieben einer dritten Brücke C in der Luft bzw. in der Flüssigkeit bis zum maximalen Aufleuchten des Geißlerrohres G, welches die Resonanz des Sekundärsystems (zwischen B und C) mit dem Primärsystem anzeigt. — Als noch vorteilhafter hat sich eine zweite Anordnung erwiesen, bei der das Primärsystem auf der anderen Seite von A ganz in Petroleum liegt. a und b müssen dann 25—30° aus der Ebene der Drähte herausgedreht werden. Resultate siehe unter „Dispersion".

Die theoretische Voraussetzung dafür, daß die Wellenlänge im Dielektrikum genau im Verhältnis $n:1$ verkleinert wird, ist unendliche Ausdehnung desselben; praktisch genügen schon verhältnismäßig dünne Hüllen[1]). HARMS[2]) hat für einen Draht und dielektrische Hüllen verschiedener Dicke die Rechnung durchgeführt und WEISS[3]) fand seine Resultate bestätigt, indem er die Lecherdrähte der DRUDEschen Anordnung, jeden einzeln, mit einer zylindrischen Flüssigkeitshülle umgab. Statt der Drahtbrücken verwendeten COLLEY und WEISS Schirme von größerer Ausdehnung, da hiedurch die Wellen vollständiger reflektiert und die Störungen an den freien Drahtenden vermieden werden.

In diesem Zusammenhang sei bemerkt, daß auch die Wellen längs dielektrischen Drähten von HONDROS und DEBYE[4]) theoretisch untersucht wurden. Eine experimentelle Prüfung steht aus.

ARNDT[5]) verwendete zur Erzeugung der Schwingungen den Poulsenbogen, wodurch er ebenfalls den Vorteil sehr reiner und schwach gedämpfter Schwingungen erzielte.

Der DRUDEschen Methode verwandt ist eine von BECKER[6]) und KIESSLING[7]) verwendete. Nach dem Muster v. LANGS[8]) bilden sie den QUINCKEschen akustischen Interferenzversuch mit elektrischen Wellen nach.

Während es sich bei den bisher erwähnten Anordnungen stets um die Wellen längs Leitersystemen handelte, wurden von anderen Forschern mit freien elektromagnetischen Wellen optische Methoden nachgebildet.

Hierher gehört zunächst die Prismenmethode von ELLINGER[9]), LEBEDEW[10]) und LAMPA[11]). Der letztere führte auf diesem Weg Messungen mit den kürzesten bisher erreichten Wellenlängen durch. Doch sind gegen die Prismenmethode von W. R. BLAIR[12]) Einwände erhoben worden.

COLE[13]) und MERCZYNG[14]) maßen die Intensität der reflektierten Wellen bei

---

1) P. DRUDE, Ztschr. f. phys. Chem. **23**. 278. 1897.
2) F. HARMS, Ann. **23**. 44. 1907.
3) H. WEISS, Ann. (4) **28**. 651. 1909.
4) D. HONDROS und P. DEBYE, Ann. (4) **32**. 465. 1910.
5) S. ARNDT, Diss. Leipzig 1910. [Beibl. **35**. 553. 1911.]
6) A. BECKER, Ann. **8**. 22. 1902.
7) K. KISSLING, Diss. Greifswald 1902.
8) V. v. LANG, Ann. **57**. 430. 1896.
9) H. ELLINGER, Ann. **46**. 511. 1892; **48**. 108. 1893.
10) P. LEBEDEW, Ann. **56**. 1. 1895.
11) A. LAMPA, Ann. **61**. 79. 1897.
12) W. R. BLAIR, Amer. Phys. Soc. 19. April 1907. [Phys. Rev. **24**. 531. 1907] siehe p. 209.
13) A. D. COLE, Ann. **57**. 290. 1896.
14) H. MERCZYNG, Ann. (4) **33**. 1. 1910; C. R. **149**. 981. 1909.

verschiedenen Einfallswinkeln. Sie konnten die Gültigkeit der FRESNELschen Formeln bestätigen und den elektrischen Brechungsindex der reflektierenden Fläche daraus berechnen.

J. KOSSONOGOW[1]) brachte in die Brennlinien zweier einander zugewendeter parabolischer Zylinderspiegel, welche mit Stanniolstreifen beklebt sind, so daß sie eine Wellenlänge selektiv reflektieren, einen RIGHIschen Erreger und einen Kohärer als Empfänger. Die beiden Hälften des Sendespiegels wurden mit verschieden hohen Flüssigkeitsschichten abgedeckt. Bei bestimmten Höhenunterschieden zeigt sich ein Minimum der Kohärererregung infolge der Interferenz des rechten und linken Wellenzuges. Hieraus läßt sich die Wellenlänge in der Flüssigkeit berechnen.

BLAIR[2]) untersuchte mit einem dem MICHELSONschen Interferometer nachgebildeten Apparat die Phasenverschiebung der Wellen eines Hochfrequenzkreises beim Durchgang durch dünne Schichten eines Dielektrikums. Aus seinen Versuchen ergibt sich der elektrische Brechungsindex des Wassers für $\nu = 1{,}5 \cdot 10^9$ zu 8,92 in guter Übereinstimmung mit den Resultaten anderer Beobachter.

4. Messungen an Gasen.

Die D. K. der Gase sind so wenig von der des leeren Raumes ($\varepsilon = 1$) verschieden, daß nur hochempfindliche 0-Methoden den Unterschied erkennen und messen lassen. FARADAY und andere Forscher bemühten sich vergebens, einen Unterschied im dielektrischen Verhalten verschiedener Gase zu entdecken[3]). Andererseits kommt bei den Gasen die ausgezeichnete Isolation und der Mangel jeder Spur von Rückstand[4]) zustatten.

BOLTZMANN[5]) gelangte als erster so zum Ziel, daß er nur die Differenz der Ladungen, welche beim Wechsel des Gases im Kondensator auftritt, auf ein hochempfindliches Elektrometer einwirken ließ. Er fand $\varepsilon - 1$ dem Druck proportional. Seine Resultate für Normaldruck sind unten in der Tabelle angeführt. Die MAXWELLsche Relation zeigt sich ziemlich gut erfüllt.

Weitere Versuche von AYRTON und PERRY[6]), welche zwei Kondensatoren gleichzeitig auf das Elektrometer wirken ließen, sind sicher in der Größenordnung von $\varepsilon - 1$ unrichtig, so daß wir sie übergehen.

Bestätigt und erweitert wurden die BOLTZMANNschen Resultate durch KLEMENCIC, der die Methode der rasch wiederholten Entladung durch ein Galvanometer anwendete. Für Dämpfe gilt nach ihm das MAXWELLsche Gesetz nicht.

LEBEDEW[7]) arbeitete wieder nach dem Vorbild HOPKINSONS[8]) mit Kompensation der Ladungen am Elektrometer. Er bezieht sich auf den Wert 1,00059 von BOLTZMANN und KLEMENCIC für Luft von 0° und wendet zur Reduktion bis 126° das Dichtegesetz für $\varepsilon - 1$ an.

An Dämpfen fand allerdings BÄDECKER[9]), daß die Proportionalität von $\varepsilon - 1$ mit der Dichte bei Temperaturänderungen durchaus nicht mehr gilt.

---

1) J. KOSSONOGOW, Phys. Ztschr. **3**. 207. 1902; siehe auch H. RUBENS, Ztschr. f. d. phys. u. chem. Unterr. 1897.

2) WM. R. BLAIR, Proc. of the Am. Phys. Soc. 1. Dez. 1906; 19. April 1907; Bull. Mount. Weather Obs. **1**. 65. 161. 1908.

3) Siehe hierüber E. BOUTY, C. R. **129**. 204. 1899; **131**. 443. 1900; Rapp. du Congr. intern. de Phys. **2**. 341. 1900 (Paris).

4) Die gegenteiligen Resultate von J. TOWBRIDGE und W. C. SABINE [Phil. Mag. (5) **30**. 323. 1890; Phys. Rev. **1**. 183. 1892. — J. TOWBRIDGE, Rep. Brit. Ass. Leeds 781. 1890] dürften wohl anders zu deuten sein.

5) L. BOLTZMANN, Wien. Ber. **69**. 795. 1874; Ann. **155**. 407. 1873.

6) W. E. AYRTON und PERRY, Asiatic Soc. of Japan, 18. April 1877; siehe GORDON, Electricity **1**. 130. 1879.

7) P. LEBEDEW, Ann. **44**. 288. 1891.

8) HOPKINSON, Proc. Roy. Soc. **43**. 156. 1887.

9) K. BÄDECKER, Ztschr. f. phys. Chem. **36**. 305. 1901.

Er erhielt nach der NERNSTschen Methode[1]) für die Temperaturabhängigkeit von $\varepsilon - 1 = k$ folgende empirische Formeln:

Schwefelkohlenstoff . .	$k = \frac{0{,}00323}{1 + 0{,}00366\, t}$
Schwefeldioxyd	$k = 9{,}93 \cdot 10^{-3} [1 - 6{,}23 \cdot 10^{-3}\, t + 1{,}87 \cdot 10^{-5}\, t^2]$
Ammoniak	$k = 7{,}18 \cdot 10^{-3} [1 - 7{,}60 \cdot 10^{-3} (t - 20) + 3{,}61 \cdot 10^{-5} (t - 20)^2]$
Wasserdampf	$k = 7{,}05 \cdot 10^{-3} [1 - 0{,}02 (t - 145)]$
Chlorwasserstoff . . .	$k = 0{,}0026$ (bei ca. 100°)
Methylalkohol	$k = 6{,}00 \cdot 10^{-3} [1 - 7{,}75 \cdot 10^{-3} (t - 110) + 5{,}8 \cdot 10^{-5} (t - 110)^2]$
Äthylalkohol	$k = 6{,}47 \cdot 10^{-3} [1 - 8{,}47 \cdot 10^{-3} (t - 110) + 7{,}38 \cdot 10^{-5} (t - 110)^2]$
Stickstoffperoxyd . . .	unregelmäßig, offenbar wegen der teilweisen Dissoziation.

VERAIN[2]) arbeitete wieder nach der Methode von LEBEDEW. Er findet für Luft und Kohlendioxyd $\frac{\varepsilon - 1}{d}$ in weiten Temperatur- und Druckgrenzen merklich konstant, für Schwefeldioxyd nicht, in Übereinstimmung mit BÄDECKER.

Nach der Methode von HOPKINSON-LEBEDEW bestimmte ferner HOCHHEIM[3]) die D. K. des Heliums zu $1{,}000074 \pm 0{,}000004$ (auf 760 mm und 0° C reduziert). Stellt man diesen Wert drei ziemlich abweichenden Werten des Brechungsindex gegenüber:

$$n^2 = 1{,}0000842 \text{ (RAYLEIGH)}$$
$$n^2 = 1{,}0000724 \text{ (RAMSAY-TRAVERS)}$$
$$n^2 = 1{,}0000662 \text{ (SCHEEL-SCHMIDT)}$$

so erscheint die MAXWELLsche Relation auch hier annähernd erfüllt.

Die Abhängigkeit vom Druck wurde in weiten Grenzen untersucht von OCCHIALINI[4]) und TANGL[5]). Der erstere verglich die Ladungen eines Gaskondensators und eines variablen Meßkondensators am Elektrometer bei schnellen Schwingungen (10^4/pro Sekunde). TANGL arbeitete nach der von PHILIP und BÄDECKER modifizierten NERNSTschen Methode. Er bezieht sich auf den Wert für Luft von BOLTZMANN und KLEMENCIC. Seine Resultate sind folgende:

Atmosphären	H_2 (20°)	N_2 (20°)	Luft (19°)
1	1,000273	1,000581	1,000576
20	1,00500	1,01086	1,01080
40	1,00986	1,02185	1,02171
60	1,01460	1,03299	1,03281
80	1,01926	1,04406	1,04386
100	1,02378	1,05498	1,05494
n_∞^2 bei 1 Atm.	1,000273	1,000580	1,000577

Die Zahlen sind im allgemeinen auf eine Einheit der vorletzten der Dezimale unsicher. n_∞^2 ist aus optischen Werten extrapoliert. Die MAXWELLsche Relation stimmt, wie man sieht, ausgezeichnet. Von den drei Ausdrücken:

$$\frac{\varepsilon - 1}{\sigma}, \quad \frac{\varepsilon - 1}{\varepsilon + 2}\,\frac{1}{\sigma} \quad \text{und} \quad \frac{\varepsilon - 1}{P}$$

(σ Dichte, P Druck) ist keiner genau, alle drei mit großer Annäherung konstant, doch stimmt die Formel mit P am schlechtesten. Für Gemische von H_2 und

[1]) Siehe auch J. C. PHILIP, Ztschr. f. phys. Chem. **24**. 18. 1895.
[2]) L. VERAIN, Thèses, Paris, Gauthiers-Villars.
[3]) E. HOCHHEIM, Verh. D. Phys. Ges. **10**. 446. 1908.
[4]) A. OCCHIALINI, Rend. Lincei **14**. 613. 1905; Phys. Ztschr. **6**. 669. 1905.
[5]) K. TANGL, Ann. **23**. 559. 1907; **26**. 59. 1908.

N_2 berechnet sich $\varepsilon - 1$ nach der Gesellschaftsrechnung, d. h. die Polarisationen addieren sich. Bei OCCHIALINI stimmt die CLAUSIUS-MOSOTTIsche Formel bedeutend schlechter, doch dürfte dies nach TANGL auf einem kleinen Fehler im Absolutwert von ε beruhen.

Ebenfalls mit schnellen Schwingungen arbeitete ROHMANN [1]). Er konstatierte die Gleichheit des Produktes Kapazität $\times$ Selbstinduktion in zwei lose gekoppelten Stromkreisen, welche die Gaskondensatoren enthielten, mittels des Kurzschlußringdynamometers von L. MANDELSTAMM und N. PAPALEXI [2]).

Die folgende Tabelle gibt die vorliegenden Messungsresultate über die D. K. von Gasen und Dämpfen bei Normaldruck und den beigefügten Temperaturen. In der letzten Spalte steht das Quadrat des optischen Brechungsindex für 0^0 C. Die Relation $\varepsilon = n^2$ gilt, wie man sieht, mit guter Annäherung für elementare Gase, bei den höher zusammengesetzten dagegen meist gar nicht.

Gasart	BOTLZMANN	KEMENCIC	TANGL (T.) HOCHHEIM (H.) VERAIN (V.)	ROHMANN (R.) VERAIN (V.)	n^2 optisch bei 0^0 C.
Wasserstoff . . .	1,000264 (0°)	1,000264 (0°)	T. 1,000273 (0°)	R. 1,000282 (0°)	1,0002774
Helium	—	—	H. 1,000074 (0°)	—	ca. 1,00007
Stickstoff	—	—	T. 1,000581 (0°)	R. 1,000606 (0°)	1,000592
Sauerstoff	—	—	—	R. 1,000547 (0°)	1,0005436
Luft	1.000590 (0°)	1,000586 (0°)	T. 1,000576 (0°)	R. 1,000580 (0°)	1,0005854
	—	—	V. 1,000585 (0°)	[angenommen]	
Kohlenoxyd . . .	1,000690 (0°)	1,000695 (0°)	—	—	1,0006700
Kohlendioxyd . .	1,000946 (0°)	1,000985 (0°)	V. 1,000975 (0°)	R. 1,000989 (0°	1,0009088
Methan	1,000944 (0°)	1,000953 (0°	—	—	1,000884
			BÄDECKER		
Äthylen	1,001312 (0°)	1,001456 (0°		—	1,001440
Stickoxydul . . .	1,000994 (0°)	1,001158 (0°		R. 1,001129 (0°	1,001032
Schwefeldioxyd . .	—	1,00954 (0°)	1,00993 (0°)	V. 1,00906 (0°)	1,001407
Ammoniak . . .	—	—	1,00718 (20°)	—	1,00754
Wasserdampf . . .	—	—	1,00705 (145°)	—	1,00508
Chlorwasserstoff . .	—	—	1,00258 (100°)	—	1,00896
Stickstoffperoxyd .	—	—	1,0018 (60°)	—	—
Schwefelkohlenstoff .	—	1,00290 (0°)	1,00239 (100°)	—	1.002956
Tetrachlorkohlenstoff	—	—	1,00304 (110°)	—	1,00356
Chloroform . . .	—	—	1,00420 (120°)	—	1,00293
Methylenchlorid . .	—	—	1,00651 (100°)	—	—
Äthylchlorid . . .	—	1,01552 (0°)	—	—	1,002358
	LEBEDEW				
Äthylbromid . . .		1,01546 (0°)	—	—	1,002436
Methyläther . . .		—	1,00743 (0°)	—	1,001782
Äthyläther . . .	1,0045 (100°)	1,00743 (0°)	1,00516 (100°)	—	1,003074
Methylalkohol . .	1,0057 (100°)	—	1,00600 (110°)	—	1,001098
Äthylalkohol . . .	1,0065 (100°)	—	1,00647 (110°)	—	1,001742
Methylformiat . .	1,0069 (100°)	—	—	—	—
Äthylformiat . . .	1,0083 (100°)	—	—	—	1,002399
Methylacetat . . .	1,0073 (100°)	—	—	—	1,00228
Äthylpropionat . .	1,0140 (100°)	—	—	—	—
Benzol	1,0027 (100°)	—	1,00292 (110°)	—	1,00365
Toluol	1,0043 (100°)	—	—	—	—

5. Messungen an Kristallen.

In einem nichtregulären Kristall ist die Richtung der dielektrischen Erregung $\mathfrak{D}$ (Abschn. I, 2.) im allgemeinen von der Richtung des Feldes $\mathfrak{E}$ verschieden. An Stelle der einfachen Beziehung $4\pi\,\mathfrak{D} = \varepsilon\,\mathfrak{E}$ treten in der MAXWELLschen Theorie Gleichungen von der Form

1) H. ROHMANN, Diss. Straßburg 1910; Ann. (4) **34**. 979. 1911.
2) L. MANDELSTAMM und N. PAPALEXI, Ann. (4) **33**. 490. 1910.

$$4\pi\mathfrak{D}_x = \varepsilon_{11}\mathfrak{E}_x + \varepsilon_{12}\mathfrak{E}_y + \varepsilon_{13}\mathfrak{E}_z$$
$$4\pi\mathfrak{D}_y = \varepsilon_{21}\mathfrak{E}_x + \varepsilon_{22}\mathfrak{E}_y + \varepsilon_{23}\mathfrak{E}_z$$
$$4\pi\mathfrak{D}_z = \varepsilon_{31}\mathfrak{E}_x + \varepsilon_{32}\mathfrak{E}_y + \varepsilon_{33}\mathfrak{E}_z$$

Durch Wahl des Hauptkoordinatensystems als Achsenkreuz reduzieren sich diese Gleichungen bei allen außer den monoklinen und triklinen Kristallen auf

$$4\pi\mathfrak{D}_x = \varepsilon_a\mathfrak{E}_x \qquad 4\pi\mathfrak{D}_y = \varepsilon_b\mathfrak{E}_y \qquad 4\pi\mathfrak{D}_z = \varepsilon_c\mathfrak{E}_z$$

Wir haben also drei verschiedene D. K. in den drei Achsenrichtungen zu unterscheiden, die sogenannten Hauptdielektrizitätskonstanten. Natürlich können zwei von ihnen oder auch alle drei (reguläre Kristalle) einander gleich werden[1]).

Ein besonderes Interesse knüpft sich bei den Kristallen an die Frage, ob die Haupt-D. K. mit den Quadraten der Hauptbrechungsindizes übereinstimmen oder ob wenigstens qualitativ der Charakter der elektrischen und optischen Doppelbrechung der nämliche ist.

Dabei ist die D. K. in irgendeiner Richtung stets mit dem Brechungsindex für solche Wellen zu vergleichen, deren elektrische Schwingungsrichtung in diese Achse fällt, deren Polarisationsebene also auf ihr senkrecht steht. Z. B. entspricht bei optisch einachsigen Kristallen die D. K. in Richtung der Achse ($\varepsilon_{\parallel}$) dem Extraordinarius, die D. K. senkrecht zur Achse ($\varepsilon_{\perp}$) dem Ordinarius.

Die ersten von ROOT[2]) nach einer der MATTEUCI-THORNTONschen (siehe oben p. 186) ähnlichen Schwingungsmethode angestellten Versuche ergaben tatsächlich wenigstens qualitative Übereinstimmung; die von BOLTZMANN[3]) nach der Attraktionsmethode bestimmten Haupt-D. K. des Schwefels

$$\varepsilon_a = 3{,}811 \qquad \varepsilon_b = 3{,}970 \qquad \varepsilon_c = 4{,}773$$

bildeten durch ihre gute Übereinstimmung mit

$$n_a^2 = 3{,}591 \qquad n_b^2 = 3{,}886 \qquad n_c^2 = 4{,}596$$

lange Zeit eine der wichtigsten Stützen der elektromagnetischen Theorie des Lichtes. Allein schon die nach derselben Methode ausgeführten Messungen von ROMICH und NOWAK[4]) (R. und N. in der Tabelle p. 195) ergaben bei Flußspat, Kalkspat und Quarz nur mehr qualitative Übereinstimmung, die elektrischen Werte waren bedeutend größer als die optischen.

Weitere Untersuchungen von CURIE[5]) (C.), BOREL[6]) (C. B.), STARKE[7]) (S.), FELLINGER[8]) (F.), THORNTON[9]) (T.), v. PIRANI[10]) (P.), LEBEDEW[11]) (L.) und W. SCHMIDT[12]) stellen wir in den folgenden Tabellen zusammen (größtenteils der

[1]) Näheres siehe bei W. VOIGT, Lehrbuch der Kristallphysik, p. 410, 1910.
[2]) E. ROOT, Pogg. Ann. **158**. 31. 1876. — Ältere Versuche von O. KNOBLAUCH (Pogg. Ann. **83**. 289. 1851) waren wohl durch Leitfähigkeit gestört.
[3]) L. BOLTZMANN, Wien. Ber. (2) **68**. 81. 1870; ib. **70**. 307. 1874; Ann. **153**. 525. 1874; siehe auch die Tabelle p. 196.
[4]) ROMICH und NOWAK, Wien. Ber. **70**. (2) 380. 1874.
[5]) J. CURIE, Ann. Chim. Phys. (6) **17**. 385; **18**. 203. 1889.
[6]) CH. BOREL, C. R. **116**. 1509. 1893; Arch. de Genève **30**. 131. 219. 327. 1893.
[7]) H. STARKE, Ann. **60**. 641. 1897; **61**. 804. 1897.
[8]) R. FELLINGER, Ann. **7**. 333. 1902.
[9]) W. M. THORNTON, Proc. Roy. Soc. (A) **82**. 422. 1909.
[10]) M. VON PIRANI, Diss. Berlin 1903.
[11]) LEBEDEW, Ann. **56**. 6. 1896.
[12]) W. SCHMIDT, Ann. (4) **9**. 919. 1902; **11**. 114. 1903.

ersten SCHMIDTschen Arbeit entnommen). Die zweite und dritte Spalte gibt die mit zwei verschiedenen Anordnungen (zweite DRUDEsche Methode) von SCHMIDT gefundenen Haupt-D. K., die vierte die Hauptbrechungsindizes, die fünfte die Resultate der anderen Beobachter; die verwendeten Schwingungszahlen waren: SCHMIDT ν = ca. 10^8; C. $\nu = 0$; C. B. $\nu = 170$; S. F. T. R. und N. ν = ca. 100; P. ν = ca. 500; L. $\nu = 5 \cdot 10^{10}$.

1. Reguläre Kristalle.

Kristall	ε nach SCHMIDT I.	ε nach SCHMIDT II.	n optisch	ε, andere Beobachter
Steinsalz	5,50	5,60	1,5441	5,85 (C.), 6,29 (S.), 6,12 (P.)[1]
Sylvin	4,65	4,75	1,5900	4,94 (S.), 5,03 (P.)
Flußspat	6,70	6,70	1,4340	6,80 (C.), 6,92 (S.), 6,72 (R. u. N.)
Alaun	6,40	6,25	1,4558	6,40 (C.), 6,67 (S.)
Zinkblende . . .	7,74	7,85	2,369	—
Diamant	—	5,50	—	5,66[2]) 16,47 (P.)[3]

2. Optisch einachsige Kristalle.

Kristall	$\varepsilon_\perp$ u. $\varepsilon_\parallel$ nach SCHMIDT I.	SCHMIDT II.	n ord. / n extraord.	$\varepsilon_\perp$ und $\varepsilon_\parallel$, andere Beobachter
Vesuvian .	8,45	8,30	1,722	
	8,85	9,05	1,720	
Zirkon .	—	12,8	1,9239	
	—	12,6	1,9682	
Rutil . .	—	89	2,6158	
	—	173	2,9029	
Quarz . .	4,36	4,32	1,5442	4,49 (C.), 4,69 (F.), 4,85 (P.), 4,55 (T.)
	4,60	4,60	1,5534	4,55 (C.), 5,06 (F.), 4,98 (P.), 4,60 (T.)
,, . .	—	—	—	4,58 (T.)[4], 4,73 (S.), 4,6 (R. u. N.)[5]
	—	—	—	4,61 (T.)[4]—4,6 (R. u. N.)
Beryll (grünlich)	6,10	6,05	1,5764	7,58 (C.), 7,85 (S.)
	5,50	5,50	1,5709	
Beryll (bläulich)	6,00	6,05	1,5731	6,24 (C.), 7,44 (S.)
	5,50	5,55	1,5681	
Turmalin .	6,80	6,75	1,6462	7,10 (C.), 7,13 (F.)
	5,53	5,65	1,6254	6,05 (C.), 6,54 (F.)
Apatit . .	9,50	9,50	1,632	
	7,42	7,40	1,628	
Kalkspat .	8,65	8,50	1,6583	8,48 (C.), 8,49 (F.), 8,54 (S.), 8,78 (P.), 7,7 (R. u. N.)
	8,05	8,00	1,4864	8,02 (C.), 7,56 (F.), 8,25 (S.), 8,29 (P.), 7,5 (R. u. N.)
Dolomit .	7,75	7,80	1,6920	
	6,60	6,80	1,5095	
Eisenspat .	7,82	7,90	starke neg.	
	6,80	6,90	Doppelbrech.	
Pennin .	—	—	1,577	
	4,90	4,80	1,573	
Pyromorphit	26,5	26,0	negative	
	—	ca. 150	Doppelbrech.	

---

[1]) F. BRAUN, Ann. **31**. 855. 1887 fand kleine Abweichungen in verschiedenen Richtungen, die jedoch auf Unvollkommenheit des Materials beruhen dürften.
[2]) n^2 optisch extrapoliert.
[3]) Mit metallischen Einschlüssen?
[4]) n^2 optisch extrapoliert.
[5]) Siehe auch unten p. 198.

3. Optisch zweiachsige Kristalle.

Kristall	$\varepsilon_a, \varepsilon_b, \varepsilon_c$ nach SCHMIDT I.	II.	n_a, n_b, n_c	$\varepsilon_a, \varepsilon_b, \varepsilon_c$, andere Beobachter
Schwefel	3,55	3,62	1,9510	3,65 (C. B.), 4,8 (L.) [1]
	3,80	3,85	2,0375	3,85 (C. B.), — (L.)
	4,63	4,60	2,2402	4,66 (C. B.), 5,0 (L.)
Aragonit I	9,90	9,80	1,6803	9,14 (F.)
	7,70	7,68	1,6853	— (F.)
	6,70	6,55	1,5298	6,01 (F.)
Aragonit II	10,00	9,80	1,6804	
	7,80	7,70	1,6852	
	6,60	6,55	1,5302	
Cerussit	25,5	25,4	2,0780	
	22,8	23.2	2,0763	
	20,0	19,2	1,8037	
Witherit	7,77	7,80	1,677	
	7,38	7,50	1,676	
	6,42	6,35	1,521	
Topas	6,72	6,65	1,6320	—
	6,72	6,70	1,6329	—
	6,25	6,30	1,6394	6,56 (C.)
Baryt I	7,60	7,65	1,6480	7,13 (F.)
	12,30	12,20	1,6370	11,91 (F.)
	7,55	7,70	1,6360	— (F.)
Baryt II	7,70	7,70	—	6,97 (F.)
	—	(11,00)	—	10,09 (F.)
	7,65	7,73	—	7,00 (F.)
Cölestin I	7,90	(8,10)	1,6309	
	17,8	(18,5)	1,6234	
	8,10	8,30	1,6217	
Cölestin II	—	7,70	1,6309	
	—	18,50	1,6234	
	—	8,30	1,6217	
Anhydrit	—	—	1,6104	
	5,70	5,60	1,5794	
	6,36	6,35	1,5693	
Gips	—	—	—	6,33 (C.), 5,04 (S.), 5,61 [THWING [2]]
	—	—	—	
	—	—	—	

BOREL bestimmte außerdem noch eine größere Anzahl rhombischer und klinorhombischer Kristalle, deren Haupt-D. K. wir im folgenden mitteilen; bei den ersteren bedeuten *a*, *b*, *c* die Richtungen der größten, mittleren, kleinsten „optischen Elastizität", denen also bei Übereinstimmung der optischen und dielektrischen Eigenschaften die kleinste, mittlere, größte D. K. entsprechen sollte. Bezüglich der genauen Orientierung der letzteren verweisen wir auf die Originalabhandlung und bemerken nur, daß auch hier die Übereinstimmung im allgemeinen nicht vorhanden ist.

4. Rhombische Kristalle.

Kristall	ε_a	ε_b	ε_c
Magnesiumsulfat $SO_4Mg + 7H_2O$	5,26	6,05	8,28
Kaliumsulfat SO_4K_2	6,09	5,68	4,48
Seignettesalz $C_4H_4O_6KNa + 4H_2O$	6,70	6,92	8,89
Zitronensäure $C_6H_8O_7$	4,71	4,25	3,28

[1] Siehe auch oben p. 194.
[2] C. B. THWING, Ztschr. f. phys. Chem. **14**. 286. 1894.

5. Klinorhombische Kristalle.

Kristall	ε_a	ε_b	ε_c
$(SO_4)_2Mg(NH_3)_2 + 6H_2O$	8,54	7,06	6,10
$(SO_4)_2Mn(NH_3)_2 + 6H_2O$	6,83	5,91	4,61
$(SO_4)_2Zn(NH_3)_2 + 6H_2O$	7,56	6,62	5,35
$(SO_4)_2NiK_2 + 6H_2O$	7,06	6,37	5,52
$(SO_4)_2CoK_2 + 6H_2O$	10,71	9,35	8,46
$(SO_4)_2Ni(NH_3)_2 + 6H_2O$	6,76	5,38	5,08
$(SO_4)_2Co(NH_3)_2 + 6H_2O$	6,13	5,78	5,58
$(SO_4)_2ZnK_2 + 6H_2O$	—	6,42	—
$AsO_4Na_2H + 12H_2O$	7,26	5,91	5,28

Quantitative Übereinstimmung zwischen ε und n^2, auch wenn man n für unendlich lange Wellen extrapoliert, besteht im allgemeinen nicht. Die optisch einachsigen Kristalle sind im allgemeinen, wenn sie optisch positiv (negativ) sind, auch dielektrisch positiv (negativ). Eine Ausnahme machen Zirkon, Vesuvian und Pyromorphit, bei denen zur größeren D.K. der kleinere Brechungsindex gehört. Dagegen ist bei den zweiachsigen Kristallen die Reihenfolge der größten, mittleren, kleinsten D. K. im allgemeinen nicht dieselbe wie für die Brechungsindizes. Auch kommt es vor, daß optisch zweiachsige Kristalle dielektrisch nahezu einachsig erscheinen (Baryt, Cölestin, Topas).

Hieraus ist zu schließen[1]), daß die meisten Kristalle in dem Zwischengebiet, also entweder im Ultrarot oder für kurze elektrische Wellen anomale Dispersion besitzen, und zwar verschieden in den verschiedenen Richtungen, so daß unter Umständen die Brechungsindizes ihre Reihenfolge wechseln. Für eine ganz bestimmte Schwingungszahl muß dann z. B. ein Zirkonkristall isotrop, Aragonit optisch einachsig erscheinen. Nach der Elektronentheorie wird man sich vorstellen, daß die an den Elektronen angreifenden quasielastischen Kräfte und daher auch ihre Schwingungszahlen in verschiedenen Richtungen verschieden sind. Graetz zieht hieraus auch Schlüsse auf die Spaltbarkeit, die in manchen Fällen zutreffen. Eine ähnliche Form der Dispersion kommt übrigens auch im Gebiet des sichtbaren Spektrums vor. Z. B. steht beim Brookit (Titanoxyd) die Ebene der optischen Achsen für rot und gelb senkrecht auf der für grün und blau[2]).

Anomale Absorption konnte von W. Schmidt (siehe oben) deutlich beim Anhydrit, minder stark auch bei einigen anderen Kristallen an einem verminderten Leuchten der Zehnderröhre erkannt werden.

Anomale Dispersion fanden Graetz und Fomm[3]) (Kraftwirkungsmethode siehe oben p. 186) beim Beryll. Es ergab sich für:

$\nu =$	ca. 100	$a \cdot 10^6$	$1{,}4a \cdot 10^6$	$1{,}5a \cdot 10^6$	$1{,}8a \cdot 10^6$
$\varepsilon_{\parallel} =$	6,31	8,62	6,83	6,10	8,15

(a zwischen 1 und 10).

Ferry[4]) fand nach der Methode von Starke (siehe oben p. 182):

[1]) L. Graetz, Boltzmannjubelband p. 477, 1904.
[2]) P. Groth, Physikalische Kristallographie, 3. Aufl., p. 109 und 390. 1895.
[3]) L. Graetz und L. Fomm, Ann. **54**. 638. 1895.
[4]) E. S. Ferry, Phil. Mag. (5) **44**. 404. 1897.

Weitere Literatur über die D. K. von Kristallen:
H. L. Curtis, Americ. Phys. Soc. 27. Dezember 1911. — G. W. Pierce und R. D. Evans, Proc. Am. Acad. 1912. — F. A. Schultze, Marburger Ber. 1907, p. 126.

Über flüssige Kristalle:
C. Sultze, Diss. Halle 1908. — B. Specht, Diss. Halle 1908 (Fortschr. **64**. II. 52. 1908). — W. Voupel, Diss. Halle 1911 (Fortschr. **67**. II. 53. 1911).

Weitere experimentelle Literatur über D. K.:
A. Schweitzer, Mitt. phys. Ges. Zürich 1902, Nr. 2, p. 7. (Kabelmasse). — A. Artom, S. A. Atti di Torino **37**. 475. 1902 (Diamant). — J. Kossonogow, Journ. russ. phys. chem.

		$\nu = 500$	$\nu = 33 \cdot 10^6$
Quarz	$\perp$ Achse	$\varepsilon = 4{,}46$	$\varepsilon = 4{,}34$
	$\parallel$ Achse	$\varepsilon = 4{,}38$	$\varepsilon = 4{,}27$

III. Experimentelle Resultate über elektrische Dispersion und Absorption.

1. Dispersion.

Unter elektrischer Dispersion versteht man die Abhängigkeit des Brechungsindex n für elektrische Wellen oder der dynamischen Dielektritätskonstante ε (siehe oben p. 174) von der Wellenlänge λ, bzw. von der Schwingungszahl ν der erregenden Feldstärke. Die Theorie ergibt für den Zusammenhang der Größen n^2 und ε die Gleichung:

$$\varepsilon = n^2(1 - \varkappa^2) \quad ,$$

p. 169, Gleichung (48) und p. 174, Gleichung (76), wo $\varkappa$ der Absorptionsindex. Jedenfalls muß also zwischen diesen beiden Größen strenge geschieden werden, besonders da die angeführte Gleichung noch nicht als absolut sichergestellt gelten kann [1]).

Sowohl ε als n sind strenge zu definieren nur für eine ganz bestimmte Frequenz, d. h. für eine reine ungedämpfte Sinusschwingung. Hieraus ergibt sich eine, zwar nicht prinzipielle, aber praktisch sehr bedeutsame Schwierigkeit. Bei den meisten Anordnungen ist es nämlich nicht möglich, eine auch nur annähernd reine, ungedämpfte Schwingung herzustellen. Was dann tatsächlich gemessen wird, ist nicht die D. K. oder der Brechungsindex bei einer bestimmten Frequenz, sondern ein schlecht definierter Mittelwert, wodurch feinere Strukturen der Dispersionskurve vollständig verwischt werden können.[2])

Eine zweite Schwierigkeit liegt darin, daß gewisse, bei allen Methoden in größerem oder geringerem Maß auftretende Fehlerquellen, die den Wert der D. K. fälschen (meist vergrößern), mit zunehmender Frequenz immer mehr zurücktreten (mangelhafte Isolation, Leitfähigkeit und elektrolytische Polarisation des Dielektrikums). Hierdurch wird leicht ein Gang der D. K. vorgetäuscht, der nicht auf wahrer Dispersion beruht. Man kann die Fehler wohl beseitigen, indem man zu höheren Frequenzen übergeht, aber man kann dann eben die Dispersionkurve erst von diesen höheren Frequenzen an verfolgen.

Eine dritte Schwierigkeit ist wohl prinzipieller Natur. Nicht bloß die Dispersion, sondern auch die sogenannte Anomalie des Dielektrikums, die sich z. B. in der Rückstandsbildung äußert[3]), bewirkt eine (von diesem Standpunkt aus schein-

---

Ges. **35.** (phys. T.) 331. 1903 (Dispersion). — M. PETROWA, Journ. russ. phys. chem. Ges. **36.** 93. 1904 (Science Abstr. [A] **7.** 542. 1904.). — E. WILSON und T. Michel, Electrician **54.** 880. 1905 (Glimmer). — J. H. MATHEWS, Journ. phys. Chem. **9.** 641. 1905. (Zahlreiche Bestimmungen und Bibliographie.) — A. CAMPBELL, Proc. Roy. Soc. (A) **78.** 196. 1906; Nat. Phys. Lab. **2.** 255. 1907 (getrocknetes Kabelpapier und trockene Zellulose). — L. KAHLENBERG und R. B. ANTHONY, Journ. chim. phys. **4.** 358. 1906 (ölsaure Schwermetalle). — E. DARMOIS, Mesures de constantes diélectriques, Diplôme d'études supérieures, Toulouse Ed. Privat 1907. — F. ULMER, Diss. Berlin 1907; S. A. Jahrb. d. Hamb. Wiss. Anst. **25.** 21. 1907 (Hölzer). — K. SPORZYNSKY, Sitzungsber. d. math.-phys. Vereins zu Warschau 1907/08, p. 95. — H. F. HAWORTH, Proc. Roy. Soc. (A) **81.** 221. 1908 (Porzellan). — G. ERCOLINI, Cim. (5) **18.** 320. 1909 (Bericht). — H. LÖWY, Ann. (4) **36.** 125. 1911 (Gesteine). — W. RUDOLPH, Diss. Leipzig 1911. — A. CAMPBELL, Proc. Phys. Soc. London **24.** 181. 1912.

[1]) D. h. es ist nicht sicher, ob im Falle anomaler Absorption (p. 211) alle Methoden wirklich das Aggregat $n^2(1 - \varkappa^2)$ liefern.

[2]) Über den Einfluß der Dämpfung siehe besonders A. COLLEY, Phys. Ztschr. **10.** 477. 1909; **11.** 328. 1910 und N. OBOLENSKY, Phys. Ztschr. **11.** 433. 1910. — Über die bei der NERNSTschen Anordnung wirksame Frequenz siehe HEYDWEILLER, Ann. **57.** 694. 1896 und M. WIEN, Ann. **58.** 66. 1896. — S. ferner W. VOIGT, Lehrbuch d. Kristallphysik p. 464, 1910.

[3]) Artikel VON SCHWEIDLER, Anomalien der dielektrischen Erscheinungen.

bare) Änderung der D. K. mit der Ladungsdauer oder Wechselzahl[1]), die aber durch die Natur des Dielektrikums (nicht durch Zufälligkeiten der Versuchsanordnung) bestimmt wird. Der Einfluß tritt zwar auch mit zunehmender Frequenz immer mehr zurück, doch scheint es zweifelhaft, ob überhaupt und wo die Grenze zwischen diesen beiden Erscheinungen zu ziehen ist[2]).

Zu beachten ist ferner bei der geringen Übereinstimmung, welche die von verschiedenen Beobachtern ermittelten Werte der D. K. im allgemeinen zeigen, daß sichere Schlüsse über Dispersion sich meist nur aus den Resultaten desselben Beobachters an derselben Substanzprobe ziehen lassen. Die D. K. ist eben überhaupt eine sehr schwer reproduzierbare Konstante, vielleicht deshalb, weil kleine Beimengungen fremder Stoffe einen großen Einfluß auf sie haben mögen[3]).

Obwohl im elektrischen Spektrum Abnahme des Brechungsindex mit zunehmender Frequenz die Regel zu sein scheint, behält man doch die Bezeichnungsweise der Optik bei und nennt diesen Fall anomale, den umgekehrten dagegen normale elektrische Dispersion.

Wir gehen nun dazu über, die Untersuchungen einzelner Forscher zu besprechen.

a) Ältere Versuche.

J. J. Thomson[4]) bestimmte im Jahre 1889 nach der p. 183 genannten Methode die D. K. einer Glassorte zu 2,7 bei $25 \cdot 10^6$ Schwingungen pro Sekunde, während er bei einigen Hunderteln Sekunde Ladungsdauer 9—11 fand. Dies würde anomaler Dispersion entsprechen. Bei Ebonit und Schwefel fand er nur unbedeutende Änderungen (von 1,9 auf 2,1, von 2,4 auf 2,27).

Ähnlich große Abnahme der Kapazität von Leidener Flaschen aus Glas beim Übergang zu sehr schnellen Schwingungen (10^5 bis 10^6) fanden später Broca und Turchini[5]). In beiden Fällen dürfte es sich wohl nicht um einen reinen Dispersionseffekt handeln.

Normale Dispersion konstatierte mit Sicherheit zum erstenmal E. Lecher[6]). Er fand für ε:

Spiegelglas	Solinglas	Hartgummi	Ladungszeit in Sekunden
4,67	4,64	2,64	0,5
5,34	5,09	2,81	0,0005
7,31	6,50	3,01	0,0000003

Blondlot[7]) findet gleich Thomson scheinbare anomale Dispersion.

Arons und Rubens[8]) bestätigten das Lechersche Resultat an Glas und fanden das gleiche bei flüssigem und festem Paraffin und Olivenöl, während bei Rizinusöl, Xylol, Petroleum die D. K. mit wachsender Frequenz abnahm; doch fallen die Unterschiede wohl in die Fehlergrenzen.

Pérot[9]) maß die D. K. von Harz und Glas nach fünf verschiedenen

---

[1]) Siehe z. B. E. v. Schweidler, Ann. (4) **24**. 711. 1907. [Wien. Ber. **116**. 1055. 1907.].

[2]) Praktisch kaum von Bedeutung ist die von G. Coffin (Phys. Rev. **25**. 123. 1907) behandelte scheinbare Kapazitätsverminderung bei höherer Frequenz wegen ungenügender Leitung der Kondensatorplatten.

[3]) Siehe z. B. A. Lenert, Verh. D. Phys. Ges. **12**. 1051. 1910. — Daß Absorption oft durch geringe Verunreinigungen herbeigeführt werden kann, hat u. a. W. Schmidt (Ann. (4) **11**. 114. 1903) bemerkt.

[4]) J. J. Thomson, Proc. Roy. Soc. London **46**. 292. 1889.

[5]) A. Broca und Turchini, C. R. **140**. 780. 1905.

[6]) E. Lecher, Ann. **42**. 142. 1891; Wien. Ber. **99**. 488. 1890; siehe auch E. Cohn und F. Heerwagen, Ann. **43**. 343. 1891.

[7]) R. Blondlot, C. R. **112**. 1058. 1891.

[8]) L. Arons u. H. Rubens, Ann. **42**. 581. 1891; **44**. 206. 1891; **45**. 381. 1892; siehe auch K. Waitz, Ann. **44**. 527. 1891.

[9]) A. Pérot, C. R. **115**. 38 und 165. 1892.

Methoden bei verschiedenen Frequenzen, doch lassen sich aus seinen Resultaten keine sicheren Schlüsse ziehen.

Sehr verwendbar erwies sich die Kraftwirkungsmethode von GRAETZ und FOMM. An Schwefel, Paraffin und Wasser fanden diese Forscher[1]) von ν = ca. 100 bis ν = ca. $1{,}8 \cdot 10^6$ keine Dispersion, dagegen anomale bei Bromblei, Jodblei und Beryll:

ν =	100	$1\,a \cdot 10^6$	$1{,}4\,a \cdot 10^6$	$1{,}5\,a \cdot 10^6$	$1{,}8\,a \cdot 10^6$
Bromblei[2]) . . .	—	48,64	43,69	42,94	41,79
Jodblei[2])	—	172,8	147,7	—	113,2
Beryll	6,31	8,62	6,83	6,60	8,15

a bedeutet eine Zahl zwischen 1 und 10. Der Gang für Beryll stimmt genau mit dem überein, was die Theorie beim Durchgang durch einen Absorptionsstreifen erwarten läßt. Es ist der erste Fall in dem dieses charakteristische Verhalten des Brechungsindex im Gebiet elektrischer Wellen nachgewiesen wurde.

NORTHRUP[3]) fand für ε bei:

ν =	ca. 200	10^6 bis 10^7
Paraffin	2,32	2,25
Glas	6,25	5,86

FERRY[4]) maß mit Wechselströmen und Telephon, anderseits nach einer der THWINGschen ähnlichen Resonanzmethode und fand für ε bei:

	$\nu = 500$	$\nu = 33 \cdot 10^6$
Ebonit	2,55	2,32
Rizinusöl	4,65	4,49
Olivenöl	3,13	3,02
Baumwollsamenöl	3,09	3,00
Petroleum	2,05	1,99

b) Die Resultate der DRUDEschen Methode.

Reicheres Beobachtungsmaterial, insbesondere über Flüssigkeiten wurde erst durch die Ausbildung der beiden von P. DRUDE[5]) beschriebenen Methoden geliefert, deren erste den elektrischen Brechungsindex, die zweite die dynamische D.K. liefert.

---

[1]) L. GRAETZ und L. FOMM, München. Ber. **24**. 184. 1894; Ann. **54**. 626. 1895; siehe auch L. LOMBARDI, Cim. (4) **2**. 203. 1896.

[2]) Nach A. LENERT (Verh. D. Ph. Ges. **12**. 1051. 1910) sind allerdings die D. K. der reinen Bleihaloide bedeutend kleiner. Er findet für

	$PbCl_2$	$PbBr_2$	PbJ_2	$PbFl_2$
ε =	4,20	4,89	2,35	3,62

Dagegen wurde der Wert für Beryll durch H. STARKE (Ann. **60**. 629. 1897) bestätigt.

[3]) E. NORTHRUP, Phil. Mag. **39**. 78. 1895.

[4]) E. S. FERRY, Phil. Mag. (5) **44**. 404. 1897.

[5]) P. DRUDE, Ztschr. f. phys. Chem. **23**. 267. 1897, siehe oben p. 188.

Die übrige Literatur zu den Tabellen ist folgende:

N . . . W. NERNST, Ztschr. f. phys. Chem. **14**. 658. 1894. — Te . . . S. TERESCHIN, Ann. **36**. 792. 1889. — Th . . . C. B. THWING, Ztschr. f. phys. Chem. **14**. 286. 1894. — C . . . CAMPETTI, Acc. dei Lincei (5) **3**. II. 16. 1894. — LJ . . . H. LANDOLT und H. JAHN, Ztschr. f. phys. Chem. **10**. 282. 1892. — L . . . K. F. LÖWE, Ann. **66**. 394. 1898 (enthält auch Beobachtungen von STIESSBERGER). — Tu . . . B. B. TURNER, Ztschr. f. phys. Chem. **35**. 385. 1900. — CA . . . E. COHN und L. ARONS, Ann. **28**. 454. 1886; **33**. 31. 1888. — Sm . . . F. J. SMALE, Ann. **57**. 215. 1896. — R . . . F. RATZ, Ztschr. f. phys. Chem. **19**. 94. 1896. — Li . . . C. E. LINEBARGER, Ztschr. f. phys. Chem. **20**. 131. 1896. — F . . . A. FRANKE, Ann. **50**. 163. 1893. — E . . . J. A. ERSKINE, Ann. **66**. 269. 1898. — AR . . . L. ARONS u. H. RUBENS, Ann. **42**. 581. 1891; **44**. 206. 1891. — W_1 . . . P. WALDEN, Ztschr. f. phys. Chem. **46**. 181. 1903. — W_2 . . . P. WALDEN, Ztschr. f. phys. Chem. **70**. 573. 1910. — Sch . . . H. SCHLUNDT, Journ. phys. Chem. **5**. 157. 503. 1901. — M . . . J. H. MATHEWS, Journ. phys. Chem. **9**. 641. 1905. — Au . . . W. AUGUSTIN, Diss. Leipzig 1898.

Tabellen über die Abhängigkeit der D. K. von der Frequenz.

Substanz	Andere Beobachter ε für $\nu < 10^5$	Andere Beobachter ε für ν = ca. 10^6	DRUDE ε für $\nu = 4\cdot 10^8$	
Äthylalkohol	N 25,9	Th 25,02	23,0	—
	Te 25,5	C 24,8	—	—
	LJ 26,31	—	—	—
Methylalkohol	Te 32,7	Th 34,05	33,2	—
	LJ 34,78	—	—	—
Propylalkohol	Te 22,8	Th 20,5	12,3 (15°)	—
	LJ 22,30	—	—	—
Isopropylalkohol	L 26	Th 19,82	15,4	—
Butylalkohol	L 19,2	—	7,6	—
,, sek. . . .	L 15,5	—	11,4	—
,, tert. . . .	L 11,4	—	6,5	—
Isobutylalkohol	LJ 18,61	—	6,1	—
	Tu 18,9 (18°)	—	—	—
Amylalkohol	CA 15	Th 14,62	10,8	—
	Te 15,9	—	($\nu = 1,5\cdot 10^8$)	—
	Sm 15,8	—	5,51	—
	R 15,571	—	($\nu = 4\cdot 10^8$)	—
	N 15,95	—	—	—
	LJ 16,67	—	—	—
Allylalkohol	—	Th 21,60	20,6 (21°)	—
Heptylalkohol	L 6,56	—	4,1	—
Benzylalkohol	L 16,3	—	10,6	—
	W_2 13,1 (19°)	—	—	—
Äther	N 4,52 (18°)	Th 4,27	4,36 (18°)	—
	R 4,3150(15°)	—	—	—
	Tu 4,367 (18°)	—	—	—
Methylformiat	Te 9,9 (13,5°)	—	8,87 (19°)	—
	W_2 8,23 (21°)	—	—	—
Äthylformiat	Te 9,1 (14°)	—	8,27 (39°)	—
	LJ 9,102(8,1°)	—	—	—
Propylformiat	LJ 9,011 (0°)	—	7,72 (19°)	—
Isobutylformiat	Te 8,4 (13,5°)	—	6,41 (19°)	—
	LJ 7,280(22,9°)	—	—	—
Amylformiat	Te 7,7 (15°)	—	5,61 (19°)	—
Methylacetat	L 6,84 (20°)	—	7,03 (20°)	—
	Te 7,7 (14°)	—	—	—
	L 7,08 (26°)	—	—	—
	LJ 8,016 (0°)	—	—	—
Äthylacetat	Te 6,5 (14°)	—	5,85 (20°)	—
	L 6,11 (20°)	—	—	—
	L 6,12 (20°)	—	—	—
	Li 6,16 (20°)	—	—	—
	LJ 6,738 (0°)	—	—	—
Propylacetat	Te 6,3 (13°)	—	5,65 (20°)	—
	L 5,73 (20°)	—	—	—
	LJ 6,639	—	—	—
Isobutylacetat	Te 5,8 (14,5°)	—	5,65 (20°)	—
	Li 5,26 (20°)	—	—	—
	LJ 5,681(23,7°)	—	—	—
Butylacetat	Li 5,01 (20°)	—	5,00 (20°)	—
Amylacetat	Te 5,2 (14,5°)	—	4,79 (20°)	—
	Li 4,81 (20°)	—	—	—
	LJ 5,069(23,7°)	—	—	—
Phenylacetat	Li 5,23 (20°)	—	5,29 (20°)	—
Äthylpropionat	Te 6,0 (14°)	—	5,68 (20°)	—
	Li 5,64 (20°)	—	—	—
	L 5,58 (20°)	—	—	—
Äthylbutyrat	Te 5,3 (14°)	—	5,12 (20°)	—
	Li 5,08 (20°)	—	—	—
	L 5,00 (20°)	—	—	—

Substanz	Andere Beobachter ε für $\nu < 10^5$	ε für ν = ca. 10^6	DRUDE ε für $\nu = 4 \cdot 10^8$	WALDEN 1 ε für $\nu = 4 \cdot 10^8$
Äthylvalerat	Te 4,9 (14⁰)	—	4,70 (20⁰)	—
	Li 4,71 (20⁰)	—	—	—
	L 4,65 (20⁰)	—	—	—
Methylbenzoat	Te 7,2 (13⁰)	—	6,62 (18⁰)	—
	L 6,58 (18⁰)	—	—	—
Äthylbenzoat	Te 6,5 (13⁰)	—	6,04 (18⁰)	—
	L 6,63 (18⁰)	—	—	—
	Li 4,85 (20⁰)	—	—	—
Amylbenzoat	Te 6,0 (14⁰)	—	4,99 (19⁰)	—
	L 5,03 (19⁰)	—	—	—
Acetophenon	Tu 18,6 (20⁰)	Th 16,24	15,6 (21⁰)	—
	W_2 18,1 (21⁰)	—	—	—
Aldehyd	—	,, 18,55	21,1	—
Salizylaldehyd	—	,, 19,21	17,9 (17⁰)	13,9 (20⁰)
Propylaldehyd	—	,, 14,41	18,5 (17⁰)	—
Benzaldehyd	—	,, 14,48	16,9 (22⁰)	—
Valeraldehyd	—	,, 11,76	10,1 (17⁰)	—
Chloral	—	,, 5,47	6,67 (20⁰)	—
Aceton	—	,, 21,85	20,7 (17⁰)	20,7 (20⁰)
Methyläthylketon . . .	—	,, 18,44	17,8	—
Acetylchlorid	—	,, 25,30	15,4 (18⁰)	—
Methylpropylketon . . .	—	,, 16,75	15,1 (17⁰)	—
Dipropylketon	—	,, 12,44	12,6	—
Methylhexylketon . . .	—	,, 10,42	10,5	—
Schwefelkohlenstoff . .	F 2,63	Th 2,50	2,64	—
	R 2,5984	E 2,58	—	—
Chloroform	N 5,14	Th 3,95	4,95 (17⁰)	—
	R 4,8004	—	—	—
	Tu 5,2 (18⁰)	—	—	—
Bromoform	Tu 4,51 (20,7⁰)	Th 4,72	4,43 (17⁰)	—
Tetrachlorkohlenstoff . .	Te 2,2	—	2,18	—
	Tu 2,246 (18⁰)	—	—	—
Äthylbromid	Tu 9,7 (18⁰)	—	8,90	—
Azethylchlorid	W_2 15,5 (20⁰)	Th 25,3	15,4 (18⁰)	15,5 (20⁰)
Chloral	—	,, 5,47	6,67 (20⁰)	—
Anilin	Te 7,5	—	7,15	—
	N 7,13	—	—	—
	R 7,22	—	—	—
	Tu 7,316 (18⁰)	—	—	—
	Sm 7,5	—	—	—
Nitrobenzol	L 37,4	Th 32,19	34,0	—
	Tu 36,45 (18⁰)	—	—	—
	W_2 35,5 (20½⁰)	—	—	—
Äthylnitrat	W_2 19,6 (21⁰)	Th 17,72	19,6	19,4 (20⁰)
Benzol	Sm 2,3	—	2,262	—
	R 2,2582	—	—	—
	N 2,251	—	—	—
	LJ 2,20	—	—	—
	Tu 2,288 (18⁰)	—	—	—
Toluol	LJ 2,37	Th 2,37	2,31 (19⁰)	—
	N 2,355	—	—	—
	R 2,3444	—	—	—
Orthoxylol	CA 2,375	AR 2,25	2,57	—
	Te 2,35	($\nu = 5 \cdot 10^7$)	—	—
	N 2,57	—	—	—
	LJ 2,58	—	—	—
Paraxylol	N 2,25	—	2,20 (17⁰)	—
	LJ 2,23	—	—	—

Substanz	Andere Beobachter ε für $\nu < 10^5$	ε für $\nu =$ ca. 10^6	DRUDE ε für $\nu = 4 \cdot 10^8$	WALDEN 1 ε für $\nu = 4 \cdot 10^8$
Metaxylol	N 2,37	—	2,37 (17°)	—
	LJ 2,345	—	—	—
	Tu 2,376 (18°)	—	—	—
Isopropylbenzol	N 2,369	—	2,42	—
(Kumol)	LJ 2,37	—	—	—
Ameisensäure	—	Th 62	57,0 (20°)	—
Essigsäure	F 9,7	—	6,46	—
	—	—	7,07 ($\nu = 1{,}5 \cdot 10^8$)	—
Propionsäure	—	Th 5,5	3,15 (17°)	—
Buttersäure n.	F 3,0	„ 3,16	2,85 (20°)	—
	Te 3,0	—	—	—
Valeriansäure n.	—	Th 3,06	2,64	—
Milchsäure	L 23	„ 20,9	19,2 (19°)	—
Cyanessigester	L 23	—	26,7	26,2 (20°)
	W_2 27,7 (21°)	—	—	—
Kreosol	L 10,3	Th 11,75	6	—
Benzaldoxim	L 3,75	—	3,34	—
Benzoylessigester	L 12,4	—	14,3	9,2 (20°)
Oxymethylenacetessigester	L 7,92	—	7,6	—
Karvenon	L 18,81	—	18,0	—
Benzoylacetessigester	L 11,45	—	8,4	—
Acetonoxaläthylester	L 16	—	16,4	—
Salizylsäureäthylester	L 8,39	—	8,2	—
Zimtsäureester	L 6,45	—	5,26	—
Benzalmalonsäureester	L 7,35	—	4,3	—
Akonitsäureester	L 6,29	—	5,65	—
Glyzerin	—	Th 56,20	39,1 ($\nu = 1{,}5 \cdot 10^8$)	—
			16,5 ($\nu = 4 \cdot 10^8$)	—

Substanz	WALDEN 2 ε für $\nu < 10^5$	DRUDE ε für $\nu = 4 \cdot 10^8$	WALDEN 1 ε für $\nu = 4 \cdot 10^8$
Acetylaceton	23,4 (18°)	26,0	25,1 (20°)
l-Äpfelsäurediäthylester	—	10,0	9,3 (20°)
Benzylcyanid	18,23 (21,5°)	15,0	16,7 (20°)
Benzonitril	26,2 (22,4°)	26,0	Sch 26,2
Äthylbromid	9,4 (21°)	8,9 (18°)	—
	Tu 9,7 (18°)	—	—
Benzaldehyd	18,1 (19 1/2°)	17,7 (15°)	M 14,0 (18°)
Acetal	3,45 (24°)	3,59 (21°)	—
Furfurol	42,0 (19,5°)	39,4 (20°)	36,5 (20°)
Acetonitril	38,8 (20°)	Sch 36,4	35,8 (20°)
Propionitril	27,5 (21°)	Sch 26,5	27,2 (20°)
Äthylenglykol	41,2 (20°)	—	34,5 (20°)
Nitromethan	39,4 (20°)	Sch 40,4	38,2 (20°)
Symm. Diäthylsulfit	15,9 (19,5°)	—	16,0 (20°)
Asymm. Diäthylsulfit	41,9 (20°)	—	38,6 (20°)
Dimethylsulfat	54,8 (21°)	—	46,5 (20°)
Essigsäureanhydrid	20,7 (18,5°)	—	17,9 (20°)
Tetranitromethan	2,13 (23,5°)	—	2,2 (20°)
Acetaldoxim	2,98 (22,5°)	—	3,4 (25°)
Äthylrhodanid	29,3 (21°)	M 31,0 (12°)	26,5 (20°)
Äthylsenföl	19,5 (21°)	M 18,7 (18°)	19,4 (20°)
Paraldehyd	14,6 (20°)	—	11,8 (20°)
Sulfurylchlorid	10,0 (21,5°)	Sch 9,2 (22°)	8,5 (22°)

Substanz	WALDEN 2 ε für $\nu < 10^5$	SCHLUNDT ε für $\nu = 4 \cdot 10^8$	And. Beobachter ε für $\nu = 4 \cdot 10^8$
Anisol	4,3 (23,5°)	—	M 3,55 (18°)
Methylanilin	5,93 (21°)	Sch 5,8 (20°)	M 5,3 (13°)
Dimethylanilin	4,48 (20°)	Sch 5,07 (20°)	M 5,0 (18°)
Brombenzol	5,21 (23,5°)	—	Au 5,3 (20°)

Substanz	WALDEN 2 ε für $\nu < 10^5$	SCHLUNDT ε für $\nu = 4 \cdot 10^8$
Brom	4,6 (1°)	Sch 3,2 (23°)
Chlorschwefel	4,9 (22°)	Sch 4,8 (23°)
Zinnchlorid	3,2 (22°)	Sch 3,2 (22°)
Phosphortrichlorid	4,7 (22°)	Sch 3,7 (18°)
Phosphoroxychlorid . . .	12,7 (22°)	Sch 13,9 (22°)

Wir geben in den vorstehenden Tabellen die DRUDEschen Resultate auszugsweise zusammen mit denen anderer Beobachter an, wobei wir jedoch unter „ε" auch die (verhältnismäßig wenigen) nach der ersten Methode beobachteten Zahlen anführen, da nur in drei Fällen die Absorption so groß war, daß der Unterschied zwischen ε und n^2 ins Gewicht fällt und DRUDE hier selbst die Umrechnung nach der Formel $\varepsilon = n^2(1 - \varkappa^2)$ vorgenommen hat (nämlich bei Äthylalkohol $\varkappa = 0{,}21$, Amylalkohol $\varkappa = 0{,}51$, Glyzerin $\varkappa = 0{,}50$).

Die Fülle dieses Beobachtungsmaterials läßt wohl den Schluß zu, daß merkliche und zum Teil sehr bedeutende anomale Dispersion im elektrischen Spektrum der organischen Flüssigkeiten am häufigsten vorkommt, während normale Dispersion von ähnlicher Größe sehr selten ist. Mit einiger Sicherheit festgestellt hält DRUDE die normale Dispersion folgender Substanzen:

$\nu =$	$7{,}9 \cdot 10^8$	$4 \cdot 10^8$	$1{,}5 \cdot 10^8$	$2{,}5 \cdot 10^6$ [1]	$< 10^5$
Acetaldehyd . . .	22,4	21,3	—	18,6	17
Benzaldehyd . . .	18,4	17,7	17,2	14,5	14
Aceton	22,0	20,9	20,6	21,8	17
Diäthylketon . .	18,2	17,0	16,7	—	14

Auffallend starke normale Dispersion ergibt sich für Nitromethan und Salizylaldehyd aus den Werten von WALDEN[2]) einerseits, THWING[3]) und DRUDE anderseits.

$\nu =$	WALDEN $< 10^5$	THWING ca. 10^6	DRUDE $4 \cdot 10^8$
Nitromethan . .	38,2 (20°)	56,56	—
Salizylaldehyd . .	13,9 (20°)	19,21	17,9 (17°)

Eine wenn auch geringe Zunahme von n mit wachsender Schwingungszahl (von $\nu = 4 \cdot 10^8$ bis $7{,}5 \cdot 10^8$) findet auch HORMELL[4]) bei einer Anzahl von Paraffinen. Der Brechungsindex für Na-Licht fügt sich jedesmal der Reihe an.

E. MARX[5]), der ebenfalls nach der Drahtwellenmethode arbeitete, hat aus den Resultaten früherer Beobachter (und seinen eigenen) Dispersionskurven für

[1]) C. B. THWING, Ztschr. f. phys. Chem. **14**. 286. 1894.
[2]) P. WALDEN, Ztschr. f. phys. Chem. **70**. 573. 1910.
[3]) C. B. THWING, Ztschr. f. phys. Chem. **14**. 286. 1894.
[4]) W. G. HORMELL, Phil. Mag. (6) **3**. 52. 1902.
[5]) E. MARX, Ann. **66**. 411 und 603. 1898.

Wasser, Benzol und Äthylalkohol zusammenzustellen gesucht. Er selbst[1]) fand keine Dispersion zwischen $\nu = 10^7$ und 10^8 bei Benzol, Petroleum und Wasser.

Eine Anzahl definierter Jenenser Glassorten wurde von STARKE[2]) und LÖWE[3]) untersucht. In der folgenden Tabelle sind unter ε_{SN} und ε_{LN} die von STARKE bzw. LÖWE nach der Nernstmethode, unter ε_{LD} die von LÖWE nach der Drudemethode erhaltenen Werte der D. K. angeführt:

Glasart	Fabr. Nr.[4])	ε_{LD}	ε_{LN}	ε_{SN}
Boratcrown	S 196	5,05	5,52	5,48
Boratsilikatcrown	O 2238	6,15	6.20	6,20
Leichtes Posphatcrown . .	S 218	6,20	6,40	6,39
Schweres Boratsilikatcrown	O 1580	7,65	7,83	7,81
Silikatflint	O 1353	7,30	8,29	8,28
Schwerstes Barytcrown . .	O 1993	7,42	7,96	8,40
Crown mit hoher Dispersion	O 2074	7,70	9,14	9,13
Gewöhnliches Silikatflint .	O 2051	7,62	7,78	7,77
Gewöhnliches Silikatcrown .	O 1542	7,10	7,00	7,20
Boratflint	S 99	7,63	8,06	—

c) Neuere Resultate.

Eine neue Phase in der Erkenntnis des elektrischen Spektrums bedeutet die Ausgestaltung der ersten DRUDEschen Anordnung durch A. COLLEY[5]). Sie wurde oben p. 189 besprochen. Dadurch, daß er mit sehr wenig gedämpften Wellen arbeitete, deren Länge er kontinuierlich verändern konnte, gelang es ihm, Feinheiten in der Struktur der elektrischen Spektren nachzuweisen, welche allen früheren Beobachtern entgehen mußten (vgl. p. 198). Er entdeckte so im Spektrum von Wasser, Äthylalkohol, Benzol, Toluol und Aceton eine große Zahl von Dispersionsstreifen, d. h. von Gebieten, in denen der elektrische Brechungsindex als Funktion der Frequenz genau den charakteristischen Verlauf der Fig. 125 auf p. 176 zeigt, der von der Theorie vorausgesagt wird, wenn eine Moleküleigenschwingung in dem betreffenden Gebiete liegt. Reihen sich mehrere solche Dispersionsstreifen aneinander, so entsteht eine wellen- oder zackenförmige Kurve. Hiedurch ist der Beweis erbracht, daß die elektrischen Spektren von derselben Natur sind wie die Lichtspektren und daß die oben skizzierte optische Dispersionstheorie auch auf die elektrische Dispersion Anwendung findet. Im einzelnen sei von seinen Resultaten angeführt:

Wasser: Keine Dispersion ($n_{17,0}^2 = 80,26$) von etwa λ (Wellenlänge in Luft) $= 110$ bis $\lambda = 60$ cm. Zwischen 60 und 36 cm gegen 20 Dispersionsstreifen. Von 36—22,4 cm stetige Abnahme des Brechungsindex.

Äthylalkohol: Fünf Dispersionsbanden zwischen 92 und 60 cm.

Benzol: Keine Dispersion von 76—58 cm ($n_{17,0}^2 = 2,287$). Zwischen 53,2 und 51,0 cm zwei scharfe schmale Absorptionsstreifen.

Toluol: Vier Streifen zwischen 70 und 65 cm, dann ein Gebiet fehlender Dispersion, und zwischen 54 und 50 cm zwei scharfe schmale Streifen, die fast genau mit den Benzolstreifen zusammenfallen.

Aceton: Keine Dispersion zwischen 60 und 36 cm ($n_{17,0}^2 = 21,510$). Dagegen liegt ein Streifen zwischen 67 und 66 cm, welcher genau mit einem Toluolstreifen zusammenfällt und daher von COLLEY der Methylgruppe zugeschrieben wird.

[1]) E. MARX, Ann. (4) **12.** 491. 1903.
[2]) H. STARKE, Ann. **60.** 629. 1897; **61.** 804. 1897.
[3]) K. F. LÖWE, Ann. **66.** 403 und 596. 1898.
[4]) SCHOTT u. Gen. Jena.
[5]) A. COLLEY, Journ. d. russ. phys. Ges. (phys. Teil) **39.** 210. 1907; **40.** 121 und 228. 1908; Phys. Ztschr. **10.** 471 und 657. 1909; **11.** 324. 1910.

Diese Vermutung wird dadurch bestätigt, daß OBOLENSKY[1]), der die COLLEYschen Messungen fortsetzte, denselben Streifen auch bei kaukasischem Petroleum (das die Methylgruppe ebenfalls in beträchtlicher Menge enthält) wiedergefunden hat. Seine Messungen erstrecken sich von $\lambda = 93$ bis 56 cm, er fand: Keine Dispersion in den Gebieten $\lambda = 91$ bis 82,4 cm, dann von 74,2 bis 72,6 cm, dann von 61 bis 58 cm. Die Zwischengebiete sind mit schmalen Streifen durchsetzt, deren im ganzen gegen 20 aufgefunden wurden. Er vergleicht das Petroleumspektrum mit einem „kannelierten Bandenspektrum". Er untersuchte auch die Temperaturabhängigkeit von n im Methylstreifen und im dispersionsfreien Teil und glaubt daraus eine kleine Verschiebung des Streifens gegen die größeren Wellenlängen bei Temperaturerhöhung erschließen zu können[2]) (einige Hundertel mm bei 15° Temperatursteigerung). Im dispersionsfreien Teil gilt die LORENZ-LORENTZsche Formel (siehe p. 221) angenähert.

Während die Arbeiten von COLLEY und OBOLENSKY sich mit den feineren Details der Dispersionskurven beschäftigen, versuchten eine Reihe anderer Forscher genaueren Aufschluß über deren Gesamtverlauf zu gewinnen, indem sie die DRUDEschen Bestimmungen ergänzten, insbesondere auf noch kürzere Wellenlängen ausdehnten. Da hierbei die Methode der Drahtwellen auf erhebliche Schwierigkeiten stößt[3]), verwendete H. MERCZYNG[4]) die Reflexionsmethode nach COLE[5]). Der Vergleich mit früheren Messungen ergibt fast durchwegs ein allmähliches Absinken von n gegen den optischen Wert, wie die folgende Tabelle (Werte von n^2) zeigt:

$\lambda_{\text{Luft}} =$	optisch	MERCZYNG 4,5 cm	75 cm	Andere Beobachter[6]) 200 cm	1200 cm	∞
Glyzerin	2,1	16,8	25,4	39,1	56,2	—
Methylalkohol . .	1,8	29,4	33,2	—	34,0	32,7
Amylalkohol . .	1,9	3,31	5,51	10,8	14,3	16—15,4
Essigsäure . . .	1,9	3,5	6,29	7,07	10,3	9,7
Anilin	2,5	4,36	7,14	—	—	7,38—7,5
Äthyläther . . .	1,9	3,26	4,42	—	—	4,25

Ähnlich scheinen die Verhältnisse beim Wasser[7]) und beim Äthylalkohol zu liegen:

Äthylalkohol:

λ_{Luft} (cm)	n	n^2	Beobachter
600—300	5,3	27	COLE[8])
ca 92	4,5	20	COLLEY[9])
ca 62	4,25	18	COLLEY[9])
5	3,25	10,2	COLE[8])
4 5	2,25	5,06	MERCZYNG[10])

[1]) N. OBOLENSKY, Journ. russ. phys. chem. Ges. **41**. (phys. Teil) 265. 1909; Phys. Ztschr. **11**. 433. 1910.
[2]) Über eine ähnliche Erscheinung in der Optik vgl. J. KÖNIGSBERGER, Ann. **4**. 805. 1901.
[3]) E. MARX, Ann. **66**. 603. 1898.
[4]) H. MERCZYNG, C. R. **149**. 981. 1909; Ann. (4) **33**. 1. 1910; **34**. 1015. 1911.
[5]) A. D. COLE, Ann. **57**. 290. 1896.
[6]) Detaillierte Quellenangabe bei P. DRUDE, Ann. **58**. 1. 1896 und LÖWE, Ann. **66**. 390. 1898.
[7]) Siehe die Zusammenstellung bei H. MERCZYNG, Ann. **34**. 1022. 1911, ferner unsere Tabellen p. 208 f.
[8]) R. S. COLE, Ann. **57**. 310. 1896.
[9]) Siehe oben p. 205; die hier angeführten Zahlen sind Mittelwerte aus dem stark mit Banden durchsetzten Spektralteil.
[10]) H. MERCZYNG, l. c.

In flüssiger Luft scheint n seinen größten Wert nicht für ∞ lange Wellen zu erreichen. Denn PETROWA[1]) findet hier $n^2 = 1,33$, v. PIRANI[2]) nach der Nernstmethode (also ν = ca. 10^4—10^5) $n^2 = 2,05$, MERCZYNG[3]) bei $\lambda = 4,5$ cm (also $\nu = 6,7 \cdot 10^9$) $n^2 = 2,18$, während der optische Wert $n^2_{\text{optisch}} = 1,46$ betragen dürfte[4]).

Innerhalb zweier sehr hoher Oktaven findet J. KOSSONOGOW[5]) vorwiegend normale Dispersion. Er gibt folgende Tabelle für n:

λ_{Luft} (cm)	Na-Licht	1,92	2,95	4,30	6,43	9,04
Paraffin, flüssig . . .	1,4857	1,476	1,475	1,458	1,445	1,433
Petroleum	1,4582	1,459	1,453	1,443	1,429	1,417
Ol. Naphtae	1,5028	1,488	1,490	1,472	1,459	1,453
Terpentin	1,4766	1,433	1,432	1,424	1,415	1,393
Benzin	1,4010	1,561	1,560	1,525	1,520	1,504
Rizinusöl	1,4804	1,421	1,385	1,419	1,992	2,000

Dagegen ergeben die älteren Messungen LAMPAS[6]) nach der Prismenmethode, die in die zweithöhere Oktave fallen, vorwiegend anomale Dispersion, z. B. auch beim Terpentinöl. Er fand für n^2:

$\nu =$		$3,75 \cdot 10^{10}$	$5 \cdot 10^{10}$	$7,5 \cdot 10^{10}$
Paraffin . .	fest	2,32	1,99	1,96
Ebonit . .	fest	3,027	2,97	2,43
Schwefel .	fest	3,24	4,03	4,00
Benzol		3,13	3,1	3,04
Glyzerin		3,4	3,1	2,62
Terpentin		3,17	2,96	2,65
Alkohol, absolut . .		6,76	5,25	5,02
Wasser		80,45	88,45	90,23

Wasser nimmt mit seiner bedeutenden normalen Dispersion in dieser Oktave eine Ausnahmestellung ein (siehe auch unten p. 208 f.).

Zusammenfassend dürfte das Gesamtbild, das sich bis jetzt über die Dispersionskurven der Flüssigkeiten[7]) gewinnen läßt, folgendermaßen zu charakterisieren sein.

Der elektrische Grenzwert des Brechungsindex für unendlich lange Wellen ist im allgemeinen viel größer als der (mittlere) optische Wert. Der mittlere Verlauf der Dispersionskurven ist ein Ansteigen in der Richtung wachsender Wellenlängen von einem Minimum, das bei den kürzesten elektrischen Wellen oder in dem bisher nicht erforschten Zwischengebiet liegen muß, gegen jenen Grenzwert, also nach der gewöhnlichen Ausdrucksweise anomale Dispersion (während eben auf der anderen Seite des Minimums, im optischen Spektrum das Umgekehrte die Regel ist). Aber ebenso wie der mittlere Abfall im optischen Spektrum durch optische Dispersionsstreifen unterbrochen ist, in denen der Brechungsindex den in Figur 125, p. 176 dargestellten charakteristischen Verlauf zeigt, so ist auch der mittlere Anstieg auf der elektrischen Seite durch

[1]) M. D. PETROWA, Journ. russ. phys. Ges. **36**. 93. 1904.
[2]) M. v. PIRANI, Diss. Berlin 1903.
[3]) H. MERCZYNG, Ann. (4) **37**. 157. 1912. [Krak. Anz. (A) 1911, p. 489].
[4]) G. D. LIVEING und J. DEWAR, Phil. Mag. **34**. 205. 1892; **36**. 330. 1893.
[5]) J. KOSSONOGOW, Phys. Ztschr. **3**. 207. 1902.
[6]) A. LAMPA, Wien. Ber. **55**. (IIa). Juli und Dezember 1896. — Ann. **61**. 79. 1897.
[7]) Für feste Körper liegen, wie man sieht, zu wenig detaillierte Untersuchungen vor.

14*

elektrische Dispersionsstreifen von ganz derselben Natur unterbrochen. Was die Theorie anlangt, so ist zu bemerken, daß auf der optischen Seite sowohl der Gesamtverlauf, als auch die anomalen Erscheinungen in der Umgebung der Dispersionsstreifen durch die HELMHOLTZ-DRUDEsche Dispersionstheorie (siehe oben p. 170) quantitativ befriedigend wiedergegeben werden. Und die den optischen vollkommen gleichartigen elektrischen Dispersionsstreifen, die COLLEY entdeckt hat, werden wohl auch am besten durch entsprechende Eigenperioden der Moleküle ihre Erklärung finden. Dagegen ist eine theoretische Deutung des Gesamtverlaufs im elektrischen Teil des Spektrums (d. h. des allgemeinen mittleren Anstiegs gegen die langen Wellen hin) zwar von DRUDE [1]) versucht worden, doch hat kürzlich H. MERCZYNG [2]) gezeigt, daß diese Theorie, wenigstens in ihrer einfachsten Form, doch nicht imstande ist, die Erscheinungen quantitativ wiederzugeben. Hier steht also eine befriedigende theoretische Darstellung noch aus.

d) Die D. K. des H_2O.

Wir wollen im folgenden noch eine möglichst vollständige Zusammenstellung der für Wasser im flüssigen und festen Zustand vorliegenden Bestimmungen von ε und n geben, einerseits wegen der Wichtigkeit dieser Substanz, die auch in dielektrischer Beziehung am häufigsten und eingehendsten untersucht wurde, andererseits wegen der Unsicherheit, die trotzdem gerade hier noch über den wahren Verlauf der Dispersionskurve besteht; der Grund dürfte in der verhältnismäßig großen Leitfähigkeit, zum Teil vielleicht auch in elektrolytischer Polarisation zu suchen sein, wodurch sehr bedeutende Fehler verursacht werden können. — Wo die Temperaturangabe fehlt, dürfte die Messung bei etwa 18° C ausgeführt worden sein.

Tabelle über die D. K. des flüssigen Wassers.

ε	ν	t	Literaturstelle
81,04	46—84	16,35	F. HEERWAGEN, Ann. **48**. 35. 1893.
80	50	—	F. J. SMALE, Ann. **57**. 215. 1896.
75,7	60	25	E. ROSA, Phil. Mag. (5) **31**. 188. 1891; **34**. 344. 1892; Phys. Rev. **1**. 233. 1892; **2**. 600. 1892.
73,54	$100-1{,}8\cdot10^6$	—	L. GRAETZ u. L. FOMM, München. Ber. **24**. 184. 1894; Ann. **54**. 626. 1895.
76	$< 10^5$	—	E. COHN u. L. ARONS, Ann. **28**. 454. 1886; **33**. 31. 1888.
80	$< 10^5$	—	E. COHN, Ann. **38**. 42. 1889.
81,90	$< 10^5$	16,3	A. FRANKE, Ann. **50**. 163. 1893.
83,7	$< 10^5$	—	S. TERESCHIN, Ann. **36**. 792. 1889.
81,07	$< 10^5$	18	B. B. TURNER, Ztschr. f. phys. Chem. **35**. 385. 1900.
79,6	$< 10^5$	18,1	NERNST, Ztschr. f. phys. Chem. **14**. 658. 1894.
81,90	$< 10^5$	15	F. RATZ, Ztschr. f. phys. Chem. **19**. 94. 1896.
80,06	ca. $5\cdot10^5$	7	C. NIVEN, Proc. Roy. Soc. **85**. 139. 1911.
75,50	ca. 10^6	17	C. B. THWING, Ztschr. f. phys. Chem. **14**. 286. 1894.
11,04	$6\cdot10^6$	—	F. BEAULARD, C. R. **141**. 656. 1905.
3,072	$8{,}6\cdot10^6$	0	F. BEAULARD, C. R. **144**. 904. 1907.
3,321	$8{,}3\cdot10^6$	—	F. BEAULARD, C. R. **146**. 960. 1908.
3,315	$1{,}1\cdot10^7$	—	
2,787	$2{,}5\cdot10^7$	—	
71,3	Lecherdrähte	—	CAMPETTI, Acc. dei Lincei (5) **3**. II. 16. 1894.

Hierzu kommen noch die folgenden Bestimmungen des elektrischen Brechungsindex.

[1]) P. DRUDE, Ann. **64**. 131. 1898, siehe oben p. 177.
[2]) H. MERCZYNG, Ann. **39**. 1059. 1912.

Tabelle über den elektrischen Brechungsindex des flüssigen Wassers.

n^2	ν	t	Literaturstelle
81,0	$1{,}63\cdot10^7$—$12{,}8\cdot10^7$	19	D. Mazotto, Rend. Acc. Lincei (5) **2**. 301. 1896.
79,38	$2{,}7\cdot10^7$—$9{,}7\cdot10^7$	17	E. Cohn und P. Zeemann, Ann. **57**. 15. 1896.
80,1	$0{,}5\cdot10^8$—$1\cdot10^8$	—	A. D. Cole, Ann. **57**. 310. 1896.
81	ca. 10^8	—	H. O. G. Ellinger, Ann. **46**. 511. 1892; **48**. 108. 1893.
73,8	ca. 10^8	17	E. Cohn, Ann. **45**. 375. 1892.
80,60	$1{,}5\cdot10^8$	17	P. Drude, Ann. **59**. 61. 1896.
81,67	$4\cdot10^8$	17	„ „ „
83,73	$5{,}71\cdot10^8$	—	E. Marx, Ann. **66**. 411. 1898.
83,60	$8\cdot10^8$	17	P. Drude, l. c.
82,5	$8{,}22\cdot10^8$	—	E. Marx, l. c.
78,5	$8{,}3\cdot10^8$	17	
77,2	$9{,}5\cdot10^8$	17	Berechnet von Merczyng, Ann. (4) **34**. 1015. 1911 als Mittelwerte aus den p. 205 angeführten detaillierten Messungen Colleys.
75,7	$1{,}00\cdot10^9$	17	
71,7	$1{,}28\cdot10^9$	17	
70,4	$1{,}34\cdot10^9$	17	
79,6	$1{,}5\cdot10^9$	—	W. R. Blair, Bull. Mount. Weather Obs. **1**. 65. 161. 1908.
77,4	$6\cdot10^9$	17	A. D. Cole, Ann. **57**. 310. 1896.
47,3	$6{,}7\cdot10^9$	17	H. Merczyng, Ann. (4) **34**. 1015. 1911.
42,7	$8{,}6\cdot10^9$	17	„ „ „
85,00	$9{,}375\cdot10^9$	—	E. Marx, Ann. **66**. 411. 1898.
80,45	$3{,}75\cdot10^{10}$	—	
88,45	$5\cdot10^{10}$	—	A. Lampa, Ann. **61**. 79. 1897.
90,23	$7{,}5\cdot10^{10}$	—	

Zu diesen Tabellen ist folgendes zu bemerken. Als zweifellos festgestellt kann die Abnahme des n von etwa $\nu = 10^9 (\lambda_{\text{Luft}} = 30$ cm), an gelten, die deutlich aus den Arbeiten von Colley, Cole und Merczyng hervorgeht, und, wie oben erwähnt, auch bei anderen Flüssigkeiten gefunden wurde. Dagegen erscheint die von Marx und Lampa gefundene Zunahme bei noch kürzeren Wellenlängen befremdend. Gegen ihre Resultate sind Einwände erhoben worden[1]).

Befremdend sind auch die niedrigen Werte von ε, die Beaulard schon bei $\nu = 10^7$ gefunden hat, obwohl sich gegen seine Methode (Kraftwirkung auf dielektrische Ellipsoide) kaum ein Einwand erheben läßt. Er selbst vermutet nach der Gleichung $\varepsilon = n^2(1 - \varkappa^2)$ Werte von $\varkappa$, die sehr nahe an 1 liegen (vgl. p. 211 Anm.).

Über die Temperaturabhängigkeit von ε und n beim Wasser vgl. p. 217 f.

Große Unsicherheit besteht über die D. K. des reinen Eises in der Umgebung von 0°.

Tabelle der D. K. des reinen Eises.

ε	ν	t	Literaturstelle
78,8	0	— 23°	E. Bouty, C. R. **114**. 533. 1892; ib. p. 1421.
93,9	40—80	— 2°	P. Thomas, Phys. Rev. **31**. 278. 1910.
78	ca. 100	0°	J. Dewar u. J. A. Fleming, Proc. Roy. Soc. London **61**. 2 und 316. 1897.
3,36	ca. 10^6	— 2°	C. B. Thwing, Ztschr. f. phys. Chem. **14**. 286. 1894.
2,85	ca. 10^6	— 5°	
3,2	$5\cdot10^6$	— 38—0°	Harms, bei R. Abegg, Ann. **65**. 229. 1898.
1,455	ca. $8{,}6\cdot10^6$	0°	F. Beaulard, C. R. **144**. 904. 1907.
2,04	ca. 10^7	0°	A. Pérot, C. R. **119**. 101. 1894.
2	ca. 10^7	0°	J. Dewar u. J. A. Fleming, Proc. Roy. Soc. London **61**. 2 und 316. 1897.
2	10^7—10^8	0°	R. Blondlot, C. R. **119**. 595. 1894 (siehe auch C. R **115**. 225. 1892).
ca 2	Drudemethode	— 2°	U. Behn u. F. Kiebitz, Bolzmannfestschrift p. 610. 1904.

[1]) W. R. Blair, Am. Phys. Soc. 19. April 1907 und Merczyng, l. c.

Soviel scheint festzustehen, daß bei langsamen Schwingungen Werte von ε gemessen werden, die nahe bei ε des flüssigen Wassers liegen, während bei schnellen Schwingungen, und zwar schon von $\nu = 10^6$ an Werte zwischen 2 und 3 erscheinen. Doch sind die Ansichten geteilt, ob es sich dabei um wirkliche Dispersion oder um Fehlerquellen handelt, die bei höherer Frequenz verschwinden (Leitfähigkeit, elektrolytische Polarisation). Interessant ist in dieser Beziehung der bei verschiedener Frequenz ganz verschiedene Temperaturgang (siehe unten p. 216).

2. Absorption.

Unter Absorption versteht man die örtliche Dämpfung fortschreitender Wellen. Die Amplitude ebener elektromagnetischer Wellen nimmt auf der Strecke x ab im Verhältnis von 1 zu:

$$e^{-\frac{2\pi\varkappa x}{\lambda'}} = e^{-\frac{2\pi n\varkappa x}{\lambda}}.$$

n ist der Brechungsindex, λ' bzw. λ die Wellenlänge im Dielektrikum bzw. im leeren Raum. $\varkappa$ wird als Absorptionsindex des Dielektrikums bezeichnet. Er ist also dadurch definiert, daß auf der Strecke einer Wellenlänge λ' die Amplitude im Verhältnis $1 : e^{-2\pi\varkappa}$ abnimmt. Das Produkt $n\varkappa$, welches die analoge Bedeutung für die Strecke $x = \lambda$ hat, heißt oft Extinktionskoeffizient.

Nach der reinen MAXWELLschen Theorie wird Absorption nur durch die Leitfähigkeit des Mediums hervorgerufen und die absorbierte Energie verwandelt sich in JOULEsche Wärme. Man erhält für den Zusammenhang zwischen n, $\varkappa$, σ (Leitfähigkeit), ν (Schwingungszahl), ε (D. K.) die Gleichungen (47) und (48) auf p. 169. Qualitativ wird dieser von der Theorie geforderte Zusammenhang zwischen Leitfähigkeit und Absorption durch zahlreiche Versuche über die Schirmwirkung von Elektrolyten und verdünnten Gasen bestätigt[1]. In vielen Fällen, z. B. bei wässerigen Salzlösungen, lassen die Formeln den Absorptionskoeffizienten auch quantitativ richtig berechnen[2]. Man spricht dann von normaler Absorption. Für ε kann man meist mit genügender Annäherung die D. K. des Lösungsmittels setzen.

Quantitativ läßt sich die Absorption in Flüssigkeiten einfacher als mit freien HERTZschen Wellen mittelst der Drahtwellen am LECHERschen Paralleldrahtsystem ausführen. Auf indirektem Wege lassen sich gute Schätzungen des Absorptionskoeffizienten nach der sogenannten zweiten DRUDEschen Methode (siehe oben p. 188) gewinnen[3]. Bringt man in den Endkondensator nach der Reihe Flüssigkeiten von steigender Leitfähigkeit, so wird das Leuchten der Zehnderröhre in den Resonanzlagen immer schwächer und die Zahl der deutlich beobachtbaren Resonanzlagen (d. i. die Zahl der Knotenpunkte) wird wegen der zunehmenden Dämpfung geringer. Steigert man aber die Leitfähigkeit über eine gewisse Größe

---

[1]) J. J. THOMSON, Proc. Roy. Soc. **45.** 269. 1889; Rec. Res. 327. Siehe auch E. COHN, Ann. **38.** 217. 1889. — J. STEFAN, Ann. **41.** 414. 1890. — J. J. THOMSON, Phil. Mag. (5) **32.** 321. 335. 1891. — J. MOSER, C. R. **110.** 397. 1890. — ERSKINE, Ann. **62.** 454. 1897. — C. NORDMANN, C. R. **133.** 339. 1901; **134.** 417. 1902. — E. LECHER, Phys. Ztschr. **4.** 32. 1902.

[2]) Vgl. jedoch I. KAROLY, Ungar. Ber. **23.** 276. 1907. (Beibl. **31.** 347. 1907.)

[3]) P. DRUDE, Abh. d. K. Sächs. Ges. d. Wiss., math.-phys. Kl. **23.** 1. u. 59. 1897; Ztschr. f. Phys. Chem. **23.** 267. 1897; Ann. **61.** 466. 1897; Ann. **8.** 336. 1902.

noch weiter, so nimmt das Leuchten der Röhre und die Zahl der beobachtbaren Knotenpunkte wieder zu, da man sich dem Fall vollkommen leitender Überbrückung der Drahtenden nähert. Mittelst eines normal absorbierenden Elektrolyten, dessen $\varkappa$ sich aus der Leitfähigkeit berechnen läßt, kann man den Apparat für Absorptionsmessungen eichen.

Unabhängig von einer Eichflüssigkeit gelang es EICHENWALD [1]), die Absorption direkt durch Aufnahme der Wellenkurve mit dem Bolometer zu bestimmen. Zwei kleine Drahthäkchen, welche die Paralleldrähte isoliert umschlossen, konnten längs derselben meßbar verschoben werden. Sie waren durch die Bolometerleitung verbunden. EICHENWALD zeigte auf diesem Wege, daß Lösungen von NaCl und H_2SO_4 bei 5,5 bis 1 m Luftwellenlänge quantitativ der Theorie von MAXWELL entsprechen.

DRUDE [2]) zeigte zum ersten Male, daß es auch Substanzen mit anomaler Absorption gibt. Auch für sie gilt nach der Theorie (p. 170 ff.):

$$\varepsilon = n^2(1 - \varkappa^2)\ ^{3)} \quad ,$$

aber $\varkappa$ ist in einem weiten Schwingungszahlenbereich weit größer, als es sich nach Gleichung (47), p. 169, mit dem statischen Wert für σ berechnen würde. Besonders Körper, welche die Hydroxylgruppe enthalten, zeigen häufig die anomale Absorption. Für wässerige Salzlösungen dagegen fand auch DRUDE die Absorption normal.

Die Resultate EICHENWALDS und DRUDES wurden durch WILDERMUTH [4]) und VON BAEYER [5]) bestätigt. Der letztere arbeitete bei 74 cm Luftwellenlänge nach derselben Methode wie EICHENWALD, nur mit einem Thermoelement statt mit dem Bolometer. WILDERMUTH ließ die Drahtwellen Flüssigkeitsschichten von wechselnder Dicke durchsetzen und beobachtete ihre Intensität gleichfalls mit einem Thermoelement, das dahinter an die Doppeldrahtleitung angeschlossen war. Die Berechnung gestaltet sich ganz analog wie die für die Farben dünner Blättchen in der Optik [6]). Die Wellenlängen waren 63 cm und 22,2 cm. Wasser zeigte bei den kurzen Wellen anomale Absorption [7]).

In der folgenden Tabelle stellen wir einige Werte des Absorptionskoeffizienten $\varkappa$ nach DRUDE und VON BAEYER zusammen:

---

1) A. EICHENWALD, Ann. **62.** 571. 1897. Siehe auch P. ZEEMAN, Zitingsverlag Kon. Acad. van Wet. 1895/96, pp. 140 u. 188; 1896/97, p. 133. [Beibl. **20.** 562. 1896; **21.** 51. 1897.]

2) P. DRUDE, Abh. K. Sächs. Ges. d. Wiss. **23.** 1. u. 59. 1897; Ann. **58.** 1. 1896; Ztschr. f. phys. Chem. **23.** 267. 1897.

3) F. BEAULARD [C. R. **146.** 960. 1908; **151.** 55. 1910; F. BEAULARD u. L. MAURY, Journ. d. Phys. (4) **9.** 39. 1910; siehe auch C. R. **141.** 656. 1905; Journ. d. Phys. (4) **5.** 165. 1906] hat nach dieser Gleichung für Wasser und einige Alkohole diejenigen Werte von $\varkappa$ berechnet, welche die von ihm nach der Methode der Kraftwirkung auf Ellipsoide gemessenen D. K. mit den von anderen Forschern ermittelten Werten der elektrischen Brechungsindizes in Einklang bringen. Wegen der großen Abweichungen zwischen ε und n^2 ergeben sich alle $\varkappa$ ganz nahe an 1. Obgleich direkte Messungen von $\varkappa$ für die betreffenden Wellenlängen ($\lambda = 12$ m und $\lambda = 35$ m) nicht vorliegen, erscheint dies doch nach den sonstigen Erfahrungen sehr unwahrscheinlich.

4) K. WILDERMUTH, Ann. **8.** 212. 1902.

5) O. v. BAEYER, Ann. **17.** 43. 1905.

6) Siehe darüber V. BJERKNESS, Ann. **44.** 513. 1891; P. DRUDE, l. c. (Abh. d. K. usw.); O. BERG, Ann. **15.** 306. 1904.

7) Über die anomale Absorption des Wassers siehe noch W. D. COOLIDGE, Ann. **69.** 125. 1899; P. DRUDE, Ann. **65.** 498. 1898; V. BUSCEMI, Cim. (5) **9.** 105. 1905.

Flüssigkeit	DRUDE $\lambda = 73$ cm		v. BAEYER $\lambda = 74$ cm	
	$\varkappa$	t^0 C	$\varkappa$	t^0 C
Methylalkohol	0,08	16	0 07	16
Äthylalkohol	0,21	15	0,22	15
Propylalkohol	0,41	15	0,37	15
Isopropylalkohol . . .	0,24	20	—	—
Butylalkohol norm. .	0,45	19	—	—
Butylalkohol sek. . .	0,33	19	—	—
Butylalkohol tert. . .	0,40	18	—	—
Isobutylalkohol	0,47	18	0,45	18
Amylalkohol	0,43	22	—	—
Heptylalkohol	0,31	21	—	—
Allylalkohol	0,07	21	—	—
Benzylalkohol	0,19	21	—	—
Glyzerin	0,42	20	0,35	20

Obgleich sich die Absorption von der Wellenlänge stark abhängig zeigte, handelte es sich in diesen Fällen doch scheinbar nicht um selektive Effekte, nicht um schmale Absorptionsbanden, wie in der Optik, so daß die optische Theorie (siehe oben p. 170) zunächst nicht anwendbar schien. DRUDE[1]) suchte sie den Tatsachen anzupassen (siehe oben p. 177) und folgerte für den Absorptionskoeffizienten und die D. K. bei einer beliebigen Wellenlänge den Zusammenhang:

$$\varkappa = \operatorname{tg}\frac{\varphi}{2} \qquad \operatorname{tg}\varphi = \frac{1}{\varepsilon}\sqrt{(\varepsilon_\infty - \varepsilon)(\varepsilon - \varepsilon_0)} \quad ,$$

worin φ ein Hilfswinkel, ε, ε_∞, ε_0 die D. K. für die betreffende Wellenlänge, für $\lambda = \infty$ (d. i. die statische D. K.) und für $\lambda = 0$ (d. i. n^2_{optisch}) bedeuten. Für einige organische Substanzen stimmt diese Beziehung recht gut[2]). Aber allgemein gilt die DRUDEsche Theorie für den Verlauf der Absorption ebensowenig, wie für die Dispersion[3]).

Erst die COLLEYsche Anordnung (siehe oben p. 189) führte zu der Entdeckung, daß sich doch auch im elektrischen Spektrum selektive Absorption vom Charakter der optischen findet. ROMANOFF[4]), der wie VON BAEYER und WILDERMUTH ein Thermoelement zur Intensitätsmessung benutzte, bestimmte die Absorption einiger Alkohole bei kontinuierlicher Variation der Wellenlänge von 50 bis 100 cm (in Luft). Bei den Wellenlängen, für welche frühere Beobachtungen vorliegen, stimmen seine Resultate mit jenen recht gut überein, wie die folgende Tabelle des Extinktionskoeffizienten $n\varkappa$ zeigt:

Flüssigkeit	v. BAEYER $\lambda = 74$ cm		DRUDE $\lambda = 73$ cm		ROMANOFF $\lambda = 73$ cm	
	$n\varkappa$	t^0 C	$n\varkappa$	t^0 C	$n\varkappa$	t^0 C
Methylalkohol . . .	0,36	18 5	0,42	18,5	0,36	18,5
Äthylalkohol	0,93	18,5	0,93	18,5	1,04	18,5
Isobutylalkohol . . .	1,13	19,0	1,31	19,0	1,15	19,0
Amylalkohol	—	—	1,01	22,0	0,86	19,0

[1]) P. DRUDE, Ann. **64**. 131. 1898.
[2]) Siehe auch K. F. LÖWE, Ann. **66**. 398. 1898.
[3]) H. MERCZYNG, Ann. **39**. 1059. 1912.
[4]) W. ROMANOFF, Ann. **40**. 281. 1913.

Flüssigkeit	WILDERMUTH $\lambda = 63$ cm		ROMANOFF $\lambda = 63$ cm	
	$n\varkappa$	t^0 C	$n\varkappa$	t^0 C
Methylalkohol . . .	0,30	—	0,37	18,5
Äthylalkohol	1,00	—	1,00	18,5
Isobutylalkohol . . .	1,40	—	1,10	19,0

Im übrigen zeigt sich bei den 4 Alkoholen eine scharf ausgeprägte Abhängigkeit der Größe $n\varkappa$ von der Wellenlänge mit deutlichen Maxima und Minima der Absorption. Nach den Resultaten der Dispersionstheorie (siehe oben p. 176) liegt hierin ein weiterer Beweis dafür, daß auch bei diesen im Verhältnis zu den Licht- und Wärmewellen niedrigen Schwingungszahlen Eigenperioden der Molekülschwingungen liegen, wie dies schon COLLEY zur Erklärung seiner Dispersionsmessungen angenommen hatte (siehe oben p. 205).

Für die Bestimmung der Absorption in festen Körpern eignet sich von den bisher erwähnten Methoden nur die DRUDEsche, bei der man einfach die Flüssigkeit im Endkondensator erstarren läßt. Ist dies nicht möglich, so kann man wenigstens eine Schätzung der Absorption gewinnen, indem man die Änderung der Leuchtintensität der Zehnderröhre beobachtet, wenn ein Blättchen des zu untersuchenden Körpers in das mit einem Flüssigkeitsgemisch von gleicher D. K. beschickte Kondensatorkölbchen eingesenkt wird. SCHMIDT[1]) stellte auf diesem Wege bei einigen Kristallen merkliche Absorption fest; er fand auch, daß die letztere oft durch geringe Verunreinigungen herbeigeführt wird. DRUDE[2]) hat eine Anzahl von Substanzen im flüssigen und festen Zustande untersucht und gefunden, daß mehrere im festen Zustand eine bedeutend geringere Absorption haben:

Substanz	$\varkappa$ flüssig	$\varkappa$ fest
Acetonoxalmethylester . .	0,06	0
Acetophenonoxaläthylester .	0,24	< 0,02
Acetophenonoxalmethylester.	0,14	0
Dibenzoylmethan	0,08	< 0,02
Dibenzoylmethan (nicht azid)	0,14	0
Oxymethylenbenzylcyanid .	0,30	0
Chloralhydrat	0,03	< 0,02
Ameisensäure	0,08!	0,17?
Essigsäure	0,07!	0,19
Oxymethylenkampfer . . .	0,05	0,05

Nach einer direkten Methode mittelst freier HERTZscher Wellen von 5 bis 20 cm Länge untersuchte RIGHI[3]) Platten aus Schwefel, Ebonit, Paraffin, Selenit, welche sich vollkommen durchlässig zeigten, während Spiegelglas, Marmor, Tannenholz beträchtlich absorbierten, das letztere viel stärker, wenn die Fasern den Schwingungen parallel, als wenn sie zu ihnen senkrecht verliefen. RIGHI untersuchte nach derselben Methode auch isolierende Flüssigkeiten, BOSE[4]) einige

[1]) W. SCHMIDT, Ann. (4) **9.** 919. 1902; **11.** 114. 1903.
[2]) P. DRUDE, Ztschr. f. phys. Chem. **23.** 282. 1897. Siehe auch K. F. LÖWE, Ann. **66.** 398. 1898.
[3]) A. RIGHI, Optik elektr. Schwing. 123.
[4]) J. C. BOSE, Proc. Roy. Soc. London **60.** 433. 1897.

Mineralien. Bei den letzteren war die Absorption am größten, wenn die elektrischen Schwingungen in die Richtung größter Leitfähigkeit fielen.

Die Absorption elektrischer Wellen im Erdboden untersuchten BRANLEY und LE BON[1]) und LAGRANGE[2]). Sie nimmt, wie zu erwarten, mit der Bodenfeuchtigkeit zu. Die Absorption in Luft, die ebenfalls für die drahtlose Telegraphie von Wichtigkeit ist, zeigt nach IVES und CLYDE GOWDY[3]) zwischen Drucken von 5 mm bis 60 mm Hg zwei Maxima (nahe bei 5 mm und zwischen 40 und 60 mm) und dazwischen ein Minimum (zwischen 25 und 35 mm); doch sind die Änderungen prozentuell überhaupt klein. Dagegen bewirkt die bei noch größerer Verdünnung auftretende Ionisierung, wie schon erwähnt, sehr kräftige Absorption[4]). Die Schirmwirkung ist nach LECHER[5]) am stärksten zwischen 0,05 und 3 mm Hg, während das Hochvakuum wieder als vollkommener Isolator wirkt[6]). Rechnerisch wurde die Absorption in einem Gas von HASENÖHRL[7]) behandelt, indem er die Gasmoleküle als leitende, in ein völlig isolierendes Medium eingebettete Kugeln ansah. Das Verhalten eines verdünnten, stark ionisierten Gases in einem hochfrequenten Wechselfeld hat SALPETER[8]) theoretisch studiert.

IV. Änderung der D. K. mit dem Zustand.

1. Änderung der D. K. mit der Temperatur.

Fast alle D. K. zeigen ziemlich bedeutende Temperaturkoeffizienten. Dabei besteht ein grundsätzlicher Unterschied zwischen festen Körpern einerseits, Flüssigkeiten und Gasen[9]) andererseits, da im allgemeinen jene positive, diese negative Temperaturkoeffizienten haben.

a) Feste Körper.

CASSIE[10]) fand nach der THOMSONschen Methode (siehe oben p. 183) folgende Zunahmen α pro 1^0 C (Intervall 15—60^0, bei Glimmer bis 110^0):

Glimmer . . .	$\alpha = 0{,}0003$	Glas I . . .	$\alpha = 0{,}0012$
Ebonit . . .	$\alpha = 0{,}0004$	Glas II . . .	$\alpha = 0{,}002$

PELLAT und SACERDOTE[11]) fanden bei langsamen Wechseln α beim Ebonit etwa siebenmal größer, bei Paraffin negativ.

FLEMING und DEWAR[12]) untersuchten Eis, Salzlösungen und eine Reihe gefrorener organischer Flüssigkeiten bis zu sehr tiefen Temperaturen und fanden hier eine bedeutende Abnahme:

[1]) E. BRANLEY und G. LE BON, C. R. **128.** 879. 1899.
[2]) E. LAGRANGE, C. R. **132.** 203. 1901.
[3]) J. E. IVES und R. E. CLYDE GOWDY, Phys. Rev. **26.** 196. 1908.
[4]) J. J. THOMSON, Phil. Mag. (5) **32.** 321. 335. 1891.
[5]) E. LECHER, Phys. Ztschr. **4.** 32. 1902/03.
[6]) J. MOSER, C. R. **110.** 397. 1890.
[7]) F. HASENÖHRL, Wien. Ber. (2a) **111.** 1230. 1902; **112.** 30. 1903.
[8]) J. SALPETER, Phys. Ztschr. **14.** 201. 1913.
[9]) Über Gase siehe oben p. 191.
[10]) W. CASSIE, Proc. Roy. Soc. **48.** 357. 1889.
[11]) H. PELLAT und P. SACERDOTE, C. R. **127.** 544. 1898.
[12]) J. DEWAR und J. A. FLEMING, Proc. Roy. Soc. **61.** 2. 299. 316. 358. 368. 1897. Siehe jedoch die Einwände von R. ABEGG, Ann. **62.** 249. 1897; **65.** 229. 923. 1898.

Substanz	$t = 15^0$	Beobachter	$t = -185^0$
Wasser	70,8*)	F. u. D.	2,42
Methylalkohol . .	34,0	THWING	3,13
Äthylalkohol . . .	25,8	NERNST	3,11
Amylalkohol . . .	16,0	„	2,14
Ameisensäure . .	62,0	THWING	2,41
Aceton	21,85	„	2,12
Äthyläther	4,25	NERNST	2,31
Castoröl	4,78	HOPKINSON	2,19
Olivenöl	3,16	„	2,18
Schwefelkohlenstoff .	2,67	„	2,24
Anilin	7,51	SMALE	2,92
Phenol	—	—	2,54
Äthylnitrat . . .	17,72	THWING	2,73

*) $t = -7,5$.

Salzlösungen zeigen zum Teil gleichfalls die bedeutende Abnahme, zum Teil bleiben die großen ε bestehen. Ja einzelne Salze (z. B. KOH, NaOH) und manche Metalloxyde erhöhen sogar die D. K. des Eises bei so tiefer Temperatur (z. B. $\varepsilon = 133$ bei -200^0).

Ähnliche Resultate erhielten WILSON und HOPKINSON[1]) beim Glyzerin.

SCHAEFER und SCHLUNDT[2]) stellten dagegen beim festen Cyanwasserstoff zwischen -70^0 und -25^0 eine Abnahme um etwa $0,6\,^0/_0$ pro Grad fest (DRUDEsche Methode).

GRAY und DOBBIE[3]) fanden für die folgenden definierten englischen Gläser:

1. $43\,SiO_2$, $5\,PbO$, $5\,Na_2O$, $3\,K_2O$:
   $\varepsilon = 7,06$ bei 10^0 $\varepsilon = 7,90$ bei 130^0
2. $10\,SiO_2$, $3\,PbO$, $3\,Na_2O$ (von POWELL, London):
   $\varepsilon = 5,42$ bei 8^0 $\varepsilon = 5,69$ bei 130^0
3. Bleikaliumglas von POWELL:
   $\varepsilon = 7,22$ bei 18^0 $\varepsilon = 7,42$ bei 140^0

Interessant ist die Abhängigkeit von Temperatur und Ladungsdauer, die P. CURIE und COMPAN[4]) bei einer Crownglassorte fanden:

Ladungsdauer in Sekunden	$+13^0$	0^0	-19^0	-75^0	-185^0
10	11,25	9,47	8,44	7,09	6,49
1	9,32	8,44	7,81	7,09	6,49
$^1/_{10}$	8,04 *f* 7,75 *s*	7,75 *f* 7,52 *s*	7,42	7,09	6,49
$^1/_{20}$	7,85 *f* 7,59 *s*	7,50 *f* 7.42 *s*	7,36	7,09	6,49

f und *s* (fallend, steigend) bedeuten, daß der Wert bei der Abkühlung bzw. bei der Wiedererwärmung gemessen wurde. Es zeigt sich hier also eine Temperaturhysterese der D. K., welche wohl mit der Feldhysterese (siehe Anomalien) aufs innigste zusammenhängen dürfte. Auch die Veränderung des Temperaturganges mit der Ladungsdauer hängt offenbar mit den anomalen Erscheinungen zusammen,

[1]) HOPKINSON und E. WILSON, Phil. Trans. A. vol. **189**. 109. 1897. — E. WILSON, Proc. Roy. Soc. **71**. 241. 1903.

[2]) O. C. SCHAEFER und H. SCHLUNDT, Journ. phys. Chem. **13**. 669. 1909.

[3]) A. GRAY und J. J. DOBBIE, Proc. Roy. Soc. London 1900 [Beibl. **24**. 999. 1900].

[4]) P. CURIE und COMPAN, C. R. **134**. 1295. 1902.

welche bei den tiefsten Temperaturen vollständig zurücktreten. Denselben Verlauf ergaben auch noch zwei andere Glassorten. Für $^1/_{20}$ Sekunde Ladedauer läßt sich ε darstellen durch $\varepsilon_0 + \alpha T$ (T abs. Temperatur), wobei:

	I.	II.	III.
ε_0 =	6,03	6,83	6,24
α =	0,00524	0,00520	0,00533

In ähnlicher Weise dürfte vielleicht die Unsicherheit zu erklären sein, die bezüglich der D. K. des Eises (siehe oben p. 209) und ihrer Abhängigkeit von der Temperatur herrscht[1]). In der Nähe von 0° schwanken die Angaben zwischen 90 und 2 oder 3. Bei sehr tiefen Temperaturen (etwa —200°) finden alle Beobachter Zahlen zwischen 2 und 3. FLEMING und DEWAR[2]) bei 124 Wechseln pro Sekunde fanden:

ε	t (Platin)	ε	t (Platin)
2,43	− 206	10,8	−111,0
2,42	− 197,2	23,4	− 93,7
2,42	− 182	37,3	− 77,7
2,43	− 175	46,8	− 63,8
2,59	− 164,3	57,2	− 49,0
3,43	− 149,0	59,1	− 24,5
5,02	− 136,0	70,8 (?)	− 7,5
7,38	− 120,0		

Dagegen folgt aus den Angaben von THOMAS[3]) (40—80 Wechsel) unter 0° zunächst eine kleine Zunahme

t	− 2	− 3	− 5	− 8	− 9	− 12	− 15	− 18	°C
ε	93,9	94,3	93,6	96,1	95,3	95,6	96,0	96,4	

Bei —192° findet auch er einen kleinen Wert, $\varepsilon = 3$.

Bei schnellen Schwingungen aber ist nach BEHN und KIEBITZ[4]) (2. DRUDEsche Methode) ε rund $=2$ von -2^0 bis -190^0, allerdings nur bei entweder sehr reinem oder sehr schnell gefrorenem Eis.

b) Flüssigkeiten.

Die ersten Untersuchungen rühren von PALAZ[5]), CASSIE[6]), NEGREANO[7]) her, später haben sich RATZ[8]), HEINKE[9]), TANGL[10]) mit der Frage beschäftigt. Die Resultate für die Temperaturkoeffizienten weichen zum Teil bedeutend voneinander ab, wie folgende auszugsweise Zusammenstellung zeigt $\left(\beta = -\frac{1}{\varepsilon}\frac{d\varepsilon}{dt}\right)$:

Benzol.

RATZ $\varepsilon = 2{,}2582 - 0{,}00164\,(t - 15)$

$\beta = 0{,}000698$ zwischen 5° und 30°

TANGL $\varepsilon = 2{,}322\,[1 - 0{,}000794\,t - 0{,}0_6259\,t^2]$

$\beta = 0{,}000804$ bei 20°

1) Siehe R. ABEGG, Ann. **65**. 229. 1898.
2) J. DEWAR und J. A. FLEMING, Proc. Roy. Soc. **61**. 2 und 316. 1897.
3) P. THOMAS, Phys. Rev. **31**. 278. 1910.
4) U. BEHN und F. KIEBITZ, Boltzmannfestschrift p. 610, 1904.
5) PALAZ, Beibl. **11**. 259. 1887.
6) W. CASSIE, Proc. Roy. Soc. **48**. 357. 1889 (ausführlich in Phil. Trans, 1890, p. 1).
7) D. NEGREANO, C. R. **114**. 375. 1892.
8) F. RATZ, Ztschr. f. phys. Chem. **19**. 94. 1896.
9) K. TANGL, Ann. **10**. 748. 1903.
10) C. HEINKE, Elektrot. Ztschr. **17**. 483. 499. 1896.

Negreano	$\beta = 0{,}00121$ zwischen 5^0 und 40^0
Cassie	$\beta = 0{,}00110$ bei 20^0
Palaz	$\beta = 0{,}00128$ zwischen 16^0 und 47^0

Toluol.

Ratz	$\varepsilon = 2{,}3444 - 0{,}00216\,(t - 15)$
	$\beta = 0{,}000921$ zwischen 0^0 und 30^0
Tangl	$\varepsilon = 2{,}430\,[1 - 0{,}000977\,t + 0{,}0_6 4632\,t^2]$
	$\beta = 0{,}000907$ bei 15^0
Palaz	$\beta = 0{,}00117$ zwischen 4^0 und 45^0
Negreano	$\beta = 0{,}00153$ zwischen 6^0 und 30^0

Schwefelkohlenstoff.

Ratz	$\varepsilon = 2{,}6233 - 0{,}00249\,(t - 5)$
	$\beta = 0{,}000966$ zwischen 5^0 und 37^0
Tangl	$\varepsilon = 2{,}676\,[1 - 0{,}000977\,t + 0{,}0_6 463\,t^2]$
	$\beta = 0{,}000915$ bei 20^0
Palaz	$\beta = 0{,}000723$ zwischen 3^0 und 17^0
Cassie	$\beta = 0{,}004000$ bei 20^0

Metaxylol.

Tangl	$\varepsilon = 2{,}417\,[1 - 0{,}000796\,t - 0{,}0_6 1074\,t^2]$
oder	$\varepsilon = 2{,}418\,[1 - 0{,}000817\,t]$

Äthyläther.

Ratz	$\varepsilon = 4{,}3150 - 0{,}01857\,(t - 15)$
	$\beta = 0{,}00459$ zwischen 0^0 und 30^0
Tangl	$\beta = 0{,}00430$ bei 20^0

Chloroform.

Ratz	$\varepsilon = 4{,}8004 - 0{,}01721\,(t - 15)$
	$\beta = 0{,}003762$ zwischen 0^0 und 30^0
Tangl	$\varepsilon = 5{,}265\,[1 - 0{,}00410\,t + 0{,}00001510\,t^2 - 0{,}0_7 3329\,t^3]$
	$\beta = 0.00383$ bei 20^0

Anilin.

Ratz	$\varepsilon = 7{,}031 - 0{,}0235\,(t - 15)$
	$\beta = 0{,}00351$ zwischen 0^0 und 30^0

Amylalkohol.

Ratz	$\varepsilon = 15{,}571 - 0{,}1179\,(t - 15)$
	$\beta = 0{,}00757$ zwischen 0^0 und 30^0

Äthylalkohol.

Ratz	$\varepsilon = 26{,}275 - 0{,}1499\,(t - 15)$
	$\beta = 0{,}00576$ zwischen 0^0 und 30^0
Rosa	$\beta = 0{,}00460$

Petroleum.

Obolensky[1]	$n = 1{,}4573 - 0{,}000367\,(t - 17)$ (für $\nu = 3{,}5 \cdot 10^8$ bis $5 \cdot 10^8$)

Olivenöl.

Heinke	$\varepsilon = 3{,}108\,[1 - 0{,}00364\,(t - 20)]$

Rizinusöl.

Heinke	$\varepsilon = 4{,}695\,[1 - 0{,}01067\,(t - 20)]$

Wasser. Die Abhängigkeit der D. K. des flüssigen Wassers von der Temperatur wurde untersucht von Heerwagen[2]), Franke[3]), Rosa[4]), Thwing[5]),

[1]) N. Obolensky, Phys. Ztschr. **11**. 439. 1910. Siehe oben p. 206.
[2]) F. Heerwagen, Ann. **49**. 272. 1893.
[3]) A. Franke, Ann. **50**. 163. 1893.
[4]) A. Rosa, Phil. Mag. (5) **31**. 188. 1891; Phys. Rev. **1**. 233. 1892.
[5]) C. B. Thwing, Ztschr. f. phys. Chem. **14**. 296. 1894.

RATZ[1]), COOLIDGE[2]), PALMER[3]), VONWILLER[4]) und NIVEN[5]); die des elektrischen Brechungsindex von COHN[6]) und DRUDE[7]).

THWING findet ein Maximum bei 4^0, welches jedoch von keinem anderen Beobachter wieder gefunden wurde.

HEERWAGEN stellt zwischen 4^0 und 20^0 die Formel auf

$$\varepsilon = 80{,}878 - 0{,}362\ (t - 17) \quad .$$

DRUDE findet für den Brechungsindex ($\nu = 4 \cdot 10^8$) zwischen 0^0 und 76^0 die Formel

$$n^2 = 88{,}23 - 0{,}4044\, t + 0{,}001035\, t^2 \quad .$$

Wir stellen die Resultate der verschiedenen Beobachter auszugsweise zusammen.

Tabelle über die Abhängigkeit von ε und n^2 des Wassers von der Temperatur.

HEERWAGEN $\nu = 42 - 85$		FRANKE $\nu =$ ca. 40		RATZ $\nu < 10^5$		NIVEN $\nu =$ ca. $5 \cdot 10^5$		COHN $\nu = 10^6 - 10^7$		THWING $\nu = 1{,}5 \cdot 10^7$		DRUDE $\nu = 4 \cdot 10^8$	
t	ε	t	ε	t	ε	t	ε	t	n^2	t	ε	t	n^2
4,70°	85,49	2,7°	90,68	0°	87,70	0°	90,36	9,5°	76,2	0°	79,46	0,2°	87,33
9,85	83,52	3,5	89,85	10	83,80	7	80,06	10,5	75,3	2	80,84	4,1	86,02
12,75	82,44	4,5	88,49	20	79,90	33	69,31	16,8	73,5	4	85,20	7,9	84,49
14,65	81,69	5,5	87,55	30	76,00	59,5	58,32	19,8	72,7	6	80,84	11,6	83,41
16,35	81,04	7,9	86,29			83	37,97	27,2	71,0	9	77,95	16,9	81,20
20,75	79,56	9,7	85,35					31,2	68,6	12	76,20	25,8	77,99
		11,3	84,31					35,5	67,1	15	75,50	39,7	73,44
		12,4	83,47							20	73,92	49,8	70,01
		14,5	82,63							40	69,80	59,7	67,17
		16,3	81,90							65	64,32	70,1	64,83
		18,5	81,06							80	60,50	76,3	62,86
		20,0	80,12							88	57,90		
		24	79,39										
		25,5	78,78										

PALMER, der nur den Temperaturkoeffizienten maß, findet ihn abhängig von der Frequenz. Die Werte der verschiedenen Beobachter für

$$\beta_{17} = -\frac{1}{\varepsilon_{17}} \left(\frac{d\varepsilon}{dt}\right)_{17} \left[\text{bzw.} \ -\frac{1}{n_{17}{}^2} \left(\frac{d n^2}{dt}\right)_{17}\right]$$

sind:

Beobachter	$\beta_{17} \cdot 10^5$	ν	t-Intervall
ROSA	375	50	3—31
COHN	445	10^6—10^7	9—35
HEERWAGEN . .	448	42—85	5—26
FRANKE	614	40	3—25
THWING	626	$1{,}5 \cdot 10^7$	6—20
DRUDE	451	$4 \cdot 10^8$	0—26
RATZ	632	$< 10^5$	4—30
COOLIDGE . . .	432	$2 \cdot 10^8$	4—25
PALMER	440	60	0—16
PALMER	624	10^6	0—16
PALMER	700	$3 \cdot 10^6$	0—16

[1]) F. RATZ, Ztschr. f. phys. Chem. **19**. 94. 1896.
[2]) W. D. COOLIDGE, Ann. **69**. 135. 1899.
[3]) A. DE FOREST PALMER jr., Phys. Rev. **16**. 267. 1903.
[4]) O. U. VONWILLER, Phil. Mag. (6) **7**. 655. 1904.
[5]) C. NIVEN, Proc. Roy. Soc. **85**. 139. 1911.
[6]) E. COHN, Ann. **45**. 376. 1892.
[7]) P. DRUDE, Ann. **59**. 17. 1896.

Für eine große Zahl organischer Flüssigkeiten hat WALDEN[1]) die D. K. bei drei verschiedenen Temperaturen nach der Nernstmethode gemessen.

Flüssigkeit	t	ε_t	t'	$\varepsilon_{t'}$	t''	$\varepsilon_{t''}$
Äthylalkohol	1,5	28,8	18,5	25,4	49,2	20,8
Äthylenglykol	1	46,7	20	41,2	50,5	35,5
Benzylalkohol	1	15,8	19	13,1	49	10,4
Furfurol	1	46,9	19,5	42,0	50	34,9
Benzylcyanid	1,3	19,95	21,5	18,23	51	16,80
Benzonitril	1,5	28,6	22,4	26,2	—	—
Acetonitril	1,5	41,8	20	38,8	—	—
Propionnitril	1	31,3	21	27,5	50	24,6
Nitrobenzol	0	40,3	20,5	35,5	50,5	30,2
Nitromethan	1,5	44,8	20	39,4	—	—
Methylformiat	1	9,20	20,8	8,23	—	—
Äthylnitrat	1,1	21,2	20,7	19,6	50	16,9
Acetophenon	14	18,6	21	18,1	56	15,1
Benzophenon (flüssig)	—	—	21	13,3	63	11,3
Anisol	4	4,7	23,4	4,3	56	3,9
Äthylenchlorid	1	11,55	19,8	10,45	50	9,4
Aceton	1	23,3	22	21,2	—	—
Monochloressigsäure	—	—	20	ca. 21*)	62	20,0
Dichloressigsäure	−9	8,8	22	8,2	—	—
Dichloressigsaures Äthyl	2	11,6	22	10,3	—	—
Trichloressigsaures Äthyl	2	8,3	20,5	7,8	60	6,7
Brompropionsaures Äthyl	2	10,0	22	9,3	—	—
Symm. Diäthylsulfit	1	17,5	19,5	15,9	50,4	13,7
Asymm. Diäthylsulfit	1,2	45,5	20	41,9	—	—
Dimethylsulfat	3	58,3	21	54,8	—	—
Essigsäureanhydrid	1	22,4	18,5	20,7	—	—
Acetylchlorid	2	16,9	22	15,8	—	—
Benzylamin	1	5,5	20,6	4,6	50	4,3
Methylanilin	1,3	7,85	20,8	5,93	—	—
Dimethylanilin	2*)	4,8	20	4,48	51,8	3,9
Äthylanilin	1,5	6,3	19,8	5,9	—	—
Äthylbromid	1,4	10,5	21	9,4	—	—
Brombenzol	1,2	5,46	23,5	5,21	50	4,64
Allylchlorid	1	8,7	20	8,2	—	—
Allylbromid	1	7,4	19	7,0	—	—
Acetylentetrabromid	2,5	8,6	21,5	7,0	—	—
Tetranitromethan	5*)	2,15	23,4	2,13	—	—
Nitromethan	1,5	44,8	20	39,4	—	—
Äthylrhodanid	2,5	34,6	21	29,3	—	—
Äthylsenföl	2	23,4	21	19,5	—	—
Acetylaceton	1	25,9	18,2	23,4	—	—
Paraldehyd	—	—	20,3	14,6	52,5	11,6
Benzaldehyd	1,3	19,9	19,5	18,1	—	—
Epichlorhydrin	1,5	25,5	22	22,6	—	—
Chlorhydrin	3	37,4	19	31	—	—
Chlorschwefel	12	5,3	22	4,9	—	—

*) ganz oder teilweise fest.

Die Regel, daß Flüssigkeiten negative Temperaturkoeffizienten haben, wird dadurch als sehr allgemeingültig erwiesen[2]).

EVERSHEIM[3]) verfolgte nach der NERNSTschen Methode die D.K. von Äthyläther, SO_2, SH_2, Cl_2 in einem weiten Temperaturintervall, und zwar bis über die kritische Temperatur hinaus. Er findet unterhalb der K.T. lineare

[1]) P. WALDEN, Ztschr. f. phys. Chem. **70**. 569. 1910.

[2]) Ein abnormales Verhalten zeigen nach K. F. LÖWE, Ann. **66**. 400. 1898, Benzolmalonräureester und Akonitsäureester bei raschen Schwingungen ($\nu = 4 \cdot 10^8$).

[3]) P. EVERSHEIM, Ann. **8**. 539. 1902 u. **13**. 492. 1904; siehe auch K. TANGL, Ann. **10**. 765. 1903.

Abnahme, in der Umgebung der K. T. sinkt die D. K., wenn auch nicht sprunghaft, so doch sehr rasch noch weiter und bleibt oberhalb der K. T. (bei konstantem Volumen) angenähert konstant.

Noch interessanter ist eine Messungsreihe VERAINS[1]), der an Kohlendioxyd gleichzeitig die D. K. der Flüssigkeit und des gesättigten Dampfes verfolgte. Figur 131 zeigt die Grenzkurve zwischen beiden in den Koordinaten Temperatur und Dielektrizitätskonstante in der Umgebung des kritischen Punktes (2. DRUDEsche Methode).

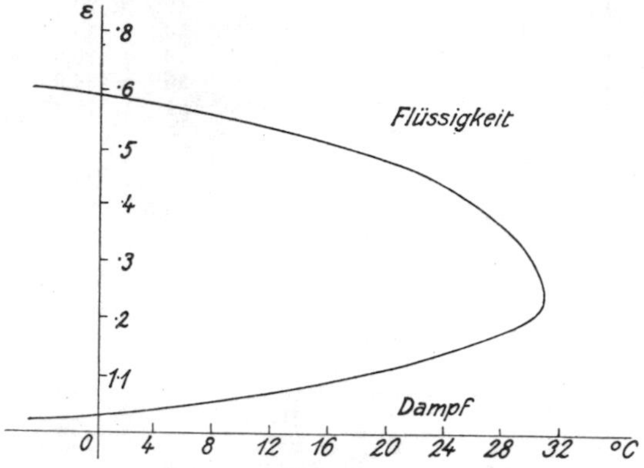

Figur 131.

Bis zur Temperatur des Kohlensäureschneeäthergemisches dehnte ABEGG[2]) seine Messungn an Teoluol, Amylalkohohol, Äther, Äthylalkohol und Aceton aus. Sie werden ebenso wie die von ABEGG und SEITZ[3]) an einigen Alkoholen und Nitrobenzol, sowie die von DRUDE und HEERWAGEN[4]) an Wasser gut dargestellt durch die empirische Formel:

$$\varepsilon = \varepsilon_0 \, e^{-\frac{T}{190}} .$$

Schon LINDE[5]) untersuchte einige verflüssigte Gase, teils nach der SCHILLERschen, teils nach der NERNSTschen Methode, und zwar:

Kohlendioxyd	
t	ε
−7,5	1,621
0	1,584
6,5	1,560
10	1,535
17,5	1,526

Chlor	
t	ε
−60 bis −70	2,158
−19	2,037
0	1,970
+8	1,948

Stickoxydul	
t	ε
−6	1,643
−0,5	1,600
10	1,555
14,5	1,522

Schweflige Säure	
t	ε
23	14,8

SCHLUNDT und SCHAEFER[6]) untersuchten eine Reihe von Wasserstoffverbindungen, zum Teil auch im festen Zustand[7]):

[1]) L. VERAIN, C. R. **154.** 345. 1912. — Thèses Paris 1912, p. 82.
[2]) R. ABEGG, Ann. **60.** 54. 1897.
[3]) R. ABEGG u. W. SEITZ, Ztschr. f. phys. Chem. **29.** 242. u. 491. 1899.
[4]) R. ABEGG, Ann. **62.** 256. 1897.
[5]) F. LINDE, Ann. **56.** 546. 1895.
[6]) O. C. SCHAEFER u. H. SCHLUNDT, Journ. phys. Chem. **13.** 669. 1909; **16.** 253. 1912.
[7]) Weitere Literatur über die D. K. verflüssigter Gase: J. A. FLEMING u. J. DEWAR, Proc. Roy. Soc. **60.** 358. 1896. — W. D. COOLIDGE, Ann. **69.** 125. 1899. — H. M. GOODWIN u. M. DE KAY THOMPSON, Phys. Rev. **8.** 38. 1899. — F. HASENÖHRL, Comm. Phys. Lab. Leiden **51.** 1900. [Beibl. **24.** 119. 1900.] — M. D. PETROWA, Journ. russ. phys. chem. Ges. **36.** 93. 1904. — M. v. PIRANI, Diss., Berlin 1903. — H. MERCZYNG, Ann. (4) **37.** 157. 1912. [Krak. Anz. (A) 1911, p. 489.]

Substanz	t (° C)	ε	Substanz	t (° C)	ε
NH_3	+15	15,9	JH	−50	2,88
„	−50	22,7	„ (fest)	−70	3,95
PH_3	+15	(2,88)	BrH	24,7	3,82
„	−50	2,6	„	−80	6,29
AsH_3	+15	2,05	ClH	27,7	4,60
„	−50	2,58	„	−90	8,85
SbH_3	+15	(1,81)	CNH (fest)	−25	2,4
„	−50	2,58	„ „	−70	3,05
JH	21,7	2,90			

c) Die Clausius-Mosottische Formel.

Großes theoretisches Interesse knüpft sich bei der Temperaturabhängigkeit der D. K. an die Frage nach der Gültigkeit der CLAUSIUS-MOSOTTIschen Beziehung (siehe oben p. 175):

$$\frac{\varepsilon - 1}{\varepsilon + 2} \frac{1}{d} = \text{konst.} \quad ,$$

die ja auch nach der Elektronentheorie in der Form:

$$\frac{n^2 - 1}{n^2 + 2} \frac{1}{d} = \text{konst.}$$

für jede Wellenlänge gelten soll, bei welcher der Körper nicht merklich absorbiert[1]).

LEBEDEW findet die Messungen von PALAZ[2]), FUCHS[3]) und ROSA[4]) in guter Übereinstimmung mit der Formel, ebenso stellt HASENÖHRL[5]) seine Beobachtungen an Flüssigkeiten gut durch die Formel dar, während bei festen Körpern die Abweichungen beträchtlich werden. VERAIN[6]) findet seine Messungen an Luft, gasförmiger und flüssiger Kohlensäure in weiten Temperatur- und Druckgrenzen durch sie gut dargestellt. Die Ungültigkeit der Formel für Dämpfe geht aus den Messungen BAEDECKERS hervor (siehe oben p. 191). Auch HEERWAGEN[7]) (Wasser), RATZ[8]), LINDE[9]), EVERSHEIM[10]), TANGL[11]), OBOLENSKY[12]), WALDEN[13]) finden sie zur Darstellung ihrer Beobachtungen schlecht oder nicht brauchbar. Nach M. v. PIRANI[14]) stimmt sie gut bei vollkommen durchsichtigen Festkörpern, dagegen nicht bei anderen.

---

1) R. LORENZ, Ann. **11.** 77. 1880; **20.** 19. 1883. — H. A. LORENTZ, Ann. **9.** 642. 1880; siehe auch H. A. LORENTZ, The theorie of electrons, p. 145, Leipzig 1909.

2) A. PALAZ, Journ. de phys. (2) **5.** 370. 1885.

3) P. FUCHS, Wien. Ber. (2) **98.** 1240. 1889.

4) A. ROSA, Phil. Mag. (5) **31.** 188. 1891.

5) F. HASENÖHRL, Wien. Ber. **105.** (IIa) 460. 1896; **106.** 69. 1897; siehe auch T. ZITKOWSKY, Beibl. **25.** 964. 1901. [Diss., Freiburg i. Sch. 1900.]

6) L. VERAIN, Thèses, Paris, Gauthiers-Villars 1912.

7) F. HEERWAGEN, Ann. **49.** 276. 1893.

8) F. RATZ, Ztschr. f. phys. Chem. **19.** 94. 1896.

9) F. LINDE, Ann. **56.** 546. 1895.

10) P. EVERSHEIM, Ann. **8.** 539. 1902; **13.** 492. 1904.

11) K. TANGL, Ann. **10.** 749. 1903.

12) N. OBOLENSKY, Journ. russ. phys.-chem. Ges. **41.** (phys. T.) 265. 1909; Phys. Ztschr. **11.** 433. 1910.

13) P. WALDEN, Ztschr. f. phys. Chem. **70.** 583. 1910.

14) M. v. PIRANI, Diss., Berlin 1903.

Auch RUDORF[1]), der ein ausgedehntes Zahlenmaterial der Rechnung unterzogen hat, spricht sich sehr ungünstig über die Formel aus, sowohl im allgemeinen, als insbesondere bei Temperaturänderungen.

Erwähnenswert ist, daß P. DEBYE[2]) aus seiner oben erwähnten (siehe oben p. 158) kinetischen Theorie der Dielektrika eine Verallgemeinerung der CLAUSIUS-MOSOTTIschen Formel ableitet. Danach soll wenigstens für Flüssigkeiten:

$$\frac{\varepsilon - 1}{\varepsilon + 2} \frac{1}{d} = \frac{a}{T} + b$$

sein, worin a und b Konstanten sind, T die absolute Temperatur bedeutet. Diese Formel stellt die Messungen von ABEGG und SEITZ (siehe oben p. 220) sehr gut dar, die natürlich mit der CLAUSIUS-MOSOTTIschen gar nicht stimmen, und enthält die letztere als Spezialfall für $a = 0$.

2. Änderung der D.K. bei Umwandlungspunkten.

Bei Umwandlungspunkten, insbesondere beim Schmelzpunkt, scheint die D.K. in den meisten Fällen eine sprungweise Änderung zu erfahren. Besonders wenn die D.K. der Flüssigkeit beträchtlich ist, fällt sie beim Erstarren auf einen viel kleineren Wert. Dies zeigten ABEGG und SEITZ[3]) bei sehr tiefen Temperaturen nach der Nernstmethode und DRUDE[4]) für eine größere Zahl organischer Flüssigkeiten bei schnellen Schwingungen.

Der letztere findet bei $\nu = 4 \cdot 10^8$:

Substanz	ε flüssig	ε fest
Chloralhydrat	13	3,3
Ameisensäure	57,0	19,6
Essigsäure	6,46	4,1
Phenol	9	4,3
Phtalid	36	4
Diphenylmethan	2,6	2,7
Oxalsäuredimethylester . .	9,2	3,1
Oxymethylenbenzylcyanid .	5	6
Oxymethylenkampfer . . .	12,4	5,1
Dibenzolmethan	10 6	3,6
Dibenzolmethan (nicht acid)	7,6	3,6
Benzoylaceton	15,4	2,8
Acetonoxalmethylester . .	15,4	2,3
Acetophenonoxaläthylester .	7,9	3,3
Acetophenonoxalmethylester.	12,8	2,8
Succinylobernsteinsäureester .	3,0	2,5

Auch beim Wasser tritt, wenigstens bei dieser hohen Frequenz, ein bedeutender Sprung auf[5]).

---

[1]) G. RUDORF, Jahrb. d. Rad. **7.** 38. 1910 (Bericht); siehe auch BATSCHINSKY, Ztschr. f. phys. Chem. **38.** 119. 1901.

[2]) P. DEBYE, Phys. Ztschr. **13.** 97. 1912 (vorläufige Mitt.); siehe auch E. SCHRÖDINGER, Wien. Ber. (2a) **121.** 1937. 1912. Nach SCHRÖDINGERs Theorie wäre die Abhängigkeit für feste Körper viel komplizierter.

[3]) R. ABEGG und W. SEITZ, Ztschr. f. phys. Chem. **29.** 242. 1899. Die D.K. des Amylalkohols fällt beim Erstarren (— 117°) von 32,85 auf 2,4, die des Methylalkohols (bei — 113°) von 64,2 auf 3,07.

[4]) P. DRUDE, Ztschr. f. phys. Chem. **23.** 267. 1897.

[5]) Siehe oben p. 216, besonders U. BEHN und F. KIEBITZ, Boltzmannfestschrift, p. 610. 1904; siehe auch F. BEAULARD, C. R. **144.** 904. 1907.

Eine Reihe weiterer Substanzen untersuchte AUGUSTIN[1]):

Substanz	ε flüssig	ε fest
m-Dinitrobenzol	20,65	2,85
1,3,5-Trinitrobenzol . . .	7,21	2.2
Norm-m-Nitrobenzaldoxim .	48,1	2,5
Iso-m-Nitrobenzaldoxim . .	59,3	2,7
α-Anisaldoxim	9,28	2,7
β-Anisaldoxim	10,9	2,7

Dagegen konnte HATTWICH[2]) bei Schwefel, Paraffin, Kolophonium, Naphtalin, Phenanthren, die er in dem Intervall 15 bis 190^0 nach der 2. DRUDEschen Methode untersuchte, keine Diskontinuität beim Schmelzpunkt entdecken. Schwefel zeigte in dem ganzen Intervall überhaupt keine Änderung (innerhalb etwa $1^1/_2$ $^0/_0$ Genauigkeit), Paraffin und Phenanthren beim Schmelzpunkt ein Maximum[3]), Kolophonium und Naphtalin ein Minimum. Doch ist zu bemerken, daß es sich hier durchwegs um Stoffe mit sehr kleiner D. K. handelt (alle unter 4).

Beim Benzophenon ($C_6H_5COC_6H_5$) fand WALDEN[4]) für die beiden Modifikationen, in denen es auftritt, im flüssigen Zustand dieselbe D. K., dagegen tritt beim Gefrieren der stabilen Form eine erhebliche Abnahme ein.

Flüssige (metastabile) Form.

$t =$	21^0	63^0
$\varepsilon =$	13,3	11,3

Stabile Form (Schmelzpunkt 48,5^0).

	fest	flüssig unterkühlt			flüssig
$t =$	25,5^0	21^0	37^0	46^0	63^0
$\varepsilon =$	3,1	13,2	12,5	12,2	11,2

Auch SCHLUNDT[5]) stellte ein ähnliches Verhalten bei den Halogenverbindungen der Phosphorgruppe fest.

Flüssige Kristalle zeigen bei ihren Umwandlungspunkten (Übergang vom isotrop-flüssigen in den anisotrop-flüssigen Zustand kleine Sprünge in der D. K.[6]). Die CLAUSIUS-MOSOTTIsche Relation $\left(\frac{\varepsilon - 1}{\varepsilon + 2} \frac{1}{d} = \text{konst.}\right)$ gilt für diese Sprünge.

Dagegen gilt sie in den oben angeführten Fällen (Übergang fest—flüssig) gar nicht. Beim Übergang Flüssigkeit—Dampf gilt sie zwar durchaus nicht allgemein, stellt aber doch in manchen Fällen eine so gute Annäherung dar, daß in Anbetracht der enormen Dichteänderung, die dabei stattfindet, von einer bloß zufälligen Übereinstimmung wohl nicht die Rede sein kann[7]).

[1]) H. AUGUSTIN, Diss., Leipzig 1898.
[2]) HATTWICH, Wien. Ber. **117.** (2a) 903. 1908.
[3]) Siehe auch M. v. PIRANI, Diss., Berlin 1903.
[4]) P. WALDEN, Ztschr. f. phys. Chem. **70.** 576. 1910.
[5]) H. SCHLUNDT, Journ. phys. Chem. **5.** 503. 1901; **8.** 122. 1904.
[6]) B. SPECHT, Diss., Halle a. S. 1908. — W. VAUPEL, Diss., Halle a S. 1911. [Fortschr. **64.** (2) 52. 1908 und **67.** (2) 53. 1911.]
[7]) G. RUDORF, Jahrb. d. Rad. u. Electr. **7.** 65. 1910.

3. Abhängigkeit der D.K. vom Druck und Zug.

a) Flüssigkeiten und Gase.

Bei Gasen wird die Abhängigkeit der D. K. vom Druck in sehr vollkommener Weise durch die CLAUSIUS-MOSOTTIsche Formel wiedergegeben[1]), die sich hier, außer bei sehr hohen Drucken, wegen der Kleinheit von $\varepsilon - 1$ auf die Konstanz von $\frac{\varepsilon - 1}{d}$ reduziert (siehe oben p. 192).

Bei Flüssigkeiten gilt die Formel gar nicht; und zwar ist die Zunahme der D. K. durch den Druck stets kleiner, als der Konstanz von $\frac{\varepsilon - 1}{\varepsilon + 2}\frac{1}{d}$ entsprechen würde, besonders bei Flüssigkeiten mit hoher D. K.[2]). RATZ[3]) erhielt folgende Werte von $\frac{\Delta\varepsilon}{\varepsilon}$ (pro Atmosphäre) in dem Intervall von 1 bis 300 Atmosphären.

	Äther	Benzol	Anilin	Amylalkohol
$10^4 \frac{\Delta\varepsilon}{\varepsilon}$	2 32	0,139	0,45	0,42

ORTVAY[4]) untersuchte eine Anzahl von Flüssigkeiten kleiner D. K. nach der von PHILIP[5]) modifizierten NERNSTschen Methode, welche die kleinen Änderungen mit erheblicher Genauigkeit zu bestimmen gestattete. Seine Resultate stellte er durch die Formel dar:

$$\varepsilon_p = \varepsilon_0 (1 + \alpha p - \beta p^2) \quad .$$

Die folgende Tabelle enthält außerdem noch den Wert des mittleren Druckkoeffizienten $\gamma = \frac{\varepsilon_{500} - \varepsilon_0}{500\,\varepsilon_0}$. p ist in kg/cm² gemessen.

Flüssigkeit	t (° C)	ε_0	$\alpha \cdot 10^4$	$\beta \cdot 10^7$	$\gamma \cdot 10^4$
Äthyläther . . .	17,40	4,378	2,187	0,714	1,832
Benzol	20,00	2,285	0,603	0,164	0,525
Xylol	18,76	2,380,	0,630	0,224	0,521
Toluol	19,18	2,383	0,594	0,098	0,537
Schwefelkohlenstoff .	18,91	2,638	0,726	0,133	0,659
Chloroform . . .	17,79	5,042	1,083	0,244	0,964
Paraffin	18,67	2,193	0,538	0,324	0,383
Petroläther . . .	17,07	1,912	0,778	0,227	0,669
Rizinusöl	19,05	4,656	0,674	0,122	0,614

Als Beispiel für die Ungültigkeit der CLAUSIUS-MOSOTTIschen Relation führen wir noch die Werte für Benzol im Detail an:

p	ε_p	$\frac{\varepsilon_p - 1}{\varepsilon_p + 2}$	$v = \frac{1}{d}$	$\frac{\varepsilon_p - 1}{\varepsilon_p + 2} v$
0	2,285	0,2999	1,1379	0,3412
100	2,299	0,3022	1,1271	0,3406
200	2,311	0,3041	1,1167	0,3396
300	2,323	0,3060	1,1069	0,3387
400	2,334	0,3078	1,0978	0,3379
500	2,345	0,3095	1,0893	0,3372

[1]) L. BOLTZMANN, Wien. Ber. (2) **69**. 812. 1874. — K. TANGL, Ann. **23**. 559. 1907. — A. OCCHIALINI, Rend. Linc. **14**. 613. 1905; Cim. (5) **10**. 217. 1905; Phys. Ztschr. **6**. 669. 1905 (siehe oben p. 192).

[2]) W. C. RÖNTGEN, Ann. **52**. 593. 1894.

[3]) F. RATZ, Ztschr. f. phys. Chem. **19**. 86. 1891.

[4]) R. ORTVAY, Ann. (4) **36**. 1. 1911.

[5]) J. C. PHILIP, Ztschr. f. phys. Chem. **24**. 18. 1897.

Analog verhalten sich die anderen Flüssigkeiten. ε nimmt nicht so schnell zu, als für die Konstanz des Ausdrucks notwendig wäre.

b) Feste Körper.

Den Einfluß mechanischen Zuges auf die D. K. von Glas[1]) und Kautschuk[2]) haben Ercolini und Corbino untersucht. Ihre Resultate widersprechen einander. Teilweise dürfte die Verschiedenheit des Materials daran schuld sein, denn beim Kautschuk, der besonders mit Rücksicht auf die Molekulartheorien der Dielektrizität[3]) öfters studiert wurde, liegen noch andere widersprechende Angaben vor. So findet Lampa[4]) bei Zug senkrecht zu den Kraftlinien eine Änderung der D. K. von 2,263 auf 2,727, Schiller[5]) von 3,67 auf 3,51.

Wüllner und Wien[6]) finden eine sehr geringe Abnahme der D. K. des Glases bei Zug senkrecht zu den Kraftlinien. Der Zusammenhang der zwischen dieser Erscheinung und der Volumänderung durch Elektrostriktion (siehe diese) aus theoretischen Gründen[7]) bestehen soll, wird in befriedigender Weise durch die Erfahrung bestätigt.

Adams und Heaps[8]) tordierten das Dielektrikum eines Zylinderkondensators, konnten jedoch keine Kapazitätsänderung infolge der Torsion entdecken.

4. Abhängigkeit der D. K. von anderen Faktoren.

a) Elektrische Feldstärke.

Erblickt man in der bei festen Dielektrizis fast immer vorhandenen Rückstandsbildung (siehe diese) eine Analogie zur magnetischen Hysteresis (siehe diese), so wäre zu erwarten, daß die D. K. (wie die Permeabilität der Ferromagnetika) von der Feldstärke selbst abhängt. Eine solche Abhängigkeit konnte jedoch bisher durch elektromagnetische Messungen nie mit Sicherheit festgestellt werden. Für Glimmer zeigte Mattenklodt[9]) in einer besonderen Untersuchung, daß seine D. K. sich auch in Feldern bis zu $6 \cdot 10^5$ V/cm nicht um mehr als $\frac{1}{10^5}$ ihres Wertes ändert.

Doch ist nach Langevin[10]) die elektrooptische Doppelbrechung (Kerrphänomen, siehe dieses) als eine Abweichung von der genauen Proportionalität zwischen dielektrischer Erregung und Feldstärke anzusehen, was auch zu der oben zitierten Theorie von Debye[11]) und Schrödinger[12]) stimmen würde.

---

[1]) G. Ercolini, Acc. dei Lincei (5) **7.** II. 172. 183. 1898; Nouv. Cim. (4) **8.** 306. 1898 (siehe auch G. Quincke, Ann. **10.** 161. 1880). — O. M. Corbino, Acc. dei Lincei (5) **8.** II. 238. 1899. — G. Ercolini, Nouv. Cim. (4) **12.** 77. 1900. — L. T. More, Beibl. **24.** 1144. 1900.

[2]) G. Ercolini, Cim. (5) **2.** 297. 1901. — O. M. Corbino, Cim. (5) **3.** 85. 1902. — G. Ercolini, Cim. (5) **3.** 85. 1902. — O. M. Corbino u. P. Canizzo, Acc. dei Lincei (5) **7.** II. 286. 1898; Nouv. Cim. (4) **8.** 311. 1898; siehe auch L. Panichi, Nouv. Cim. (4) **8.** 89. 1898.

[3]) A. Lampa, Wien. Ber. **104.** (2a) 681. 1895; **111.** (2a) 982. 1902. — O. Wiener, Phys. Ztschr. **5.** 332. 1904; Leipziger Ber. **61.** 113. 1909; **62.** 256. 1910. — L. Schiller, Diss., Leipzig [gekürzt Ann. (4) **35.** 931. 1911].

[4]) A. Lampa, Wien. Ber. **111.** (2a) 982. 1902.

[5]) L. Schiller, Ann. (4) **35.** 931. 1911; siehe ferner A. Eymer, Diss., Marburg 1906, und P. von Bjerkén, Ann. **43.** 808. 1891.

[6]) A. Wüllner u. M. Wien, Ann. (4) **11.** 619. 1903.

[7]) P. Sacerdote, Ann. de chim. et phys. (7) **20.** 289. 1900; siehe auch A. Wüllner u. M. Wien, Ann. **9.** 1217. 1902.

[8]) E. P. Adams u. C.W. Heaps, Phil. Mag. (6) **24.** 507. 1912 [Beibl. **37.** 294. 1913].

[9]) E. Mattenklodt, Ann. (4) **27.** 359. 1908.

[10]) Langevin, Le Radium **7.** 249. 1910; siehe auch W. Voigt, Gött. Nachr. 577. 1912.

[11]) P. Debye, Phys. Ztschr. **13.** 97. 1912.

[12]) E. Schrödinger, Wien. Ber. **121.** (2a) 1937. 1912.

b) Magnetische Feldstärke.

Trotz zahlreicher Versuche, einen Einfluß starker Magnetfelder auf die D.K. fester und flüssiger Körper festzustellen, konnte ein solcher bisher nicht entdeckt werden.

HALL[1]) untersuchte Glas, VAN AUBEL[2]) Paraffin, Guttapercha, Gummilack, Glas und Schwefel, PALAZ[3]) Paraffin, Ebonit, Kolophonium, Schwefel und einige organische Flüssigkeiten, DRUDE[4]) Schwefelkohlenstoff, ROBERTS[5]) Glas, Hartgummi und Vulkanit. Die von KIMBALL[6]) im Feld eines starken Elektromagneten konstatierten Änderungen werden von VAN AUBEL auf elektrostatische Störungen durch den Spulenstrom geschoben, die sich auch bei seinen eigenen Versuchen bemerkbar machten.

Auch nach einem Einfluß auf den optischen Brechungsindex hat KOCH[7]) bei festen Körpern, Flüssigkeiten und Gasen mittels einer hochempfindlichen Anordnung (Interferenzialrefraktor) vergebens gesucht. Doch ist nach LANGEVIN[8]) die magnetooptische Doppelbrechung (siehe diese) in diesem Sinne zu deuten.

c) Einfluß von Licht und Kathodenstrahlen.

LENARD und SAELAND[9]) machten bei einer lichtelektrischen Untersuchung der Erdalkaliphosphore folgende Bemerkung. In der Zuleitung zu der Belegung eines geladenen Kondensators, in dem sich der Phosphor befand, trat ein kurzer Strom auf, wenn der Phosphor mit rotem Licht bestrahlt wurde. Sie deuten dies als „aktinodielektrische" Verschiebung im Phosphor. Ähnliches wurde von LENARD[10]) und BECKER[11]) an anderen Dielektrizis bei Kathodenbestrahlung gefunden. Die Erscheinung ist wohl noch nicht genügend geklärt.

V. Beziehungen zwischen D.K. und Zusammensetzung.

1. Beziehungen zwischen D.K. und chemischer Konstitution.

Die Bemühungen zielen in erster Linie darauf, die D.K. von Verbindungen aus ihrem Aufbau zu berechnen. Ein allgemeingültiges Gesetz fehlt, doch sind Regelmäßigkeiten aufgedeckt worden, welche ziemlich große Gruppen von Verbindungen umfassen.

Nach THWING[12]) soll die Formel gelten:

$$\varepsilon = \frac{d}{m}(a_1 \varepsilon_1 + a_2 \varepsilon_2 + \ldots) \quad .$$

Darin bedeutet d die Dichte, m das Molekulargewicht der Verbindung, $a_1, a_2 \ldots$ die Zahl der Atome oder Atomgruppen, $\varepsilon_1, \varepsilon_2 \ldots$ Konstante, welche das di-

[1]) HALL, Amer. Journ. of Science (3) **20.** 161. 1880.

[2]) E. VAN AUBEL, Bull. Acad. Science Belgique (3) **10.** 609. 1885; **12.** 280. 1886; Arch. de Genève (4) **5.** **142.** 1898; siehe auch WIEDEMANN, Elektrizität **3.** 1022. 1895.

[3]) M. A. PALAZ, Arch. d. Genève (3) **17.** 287 u. 414. 1887.

[4]) M. P. DRUDE, Ann. **52.** 498. 1894.

[5]) E. C. ROBERTS, Phys. Rev. **12.** 50. 1901.

[6]) M. A. S. KIMBALL, Proc. Amer. Acad. **13.** I. p. 193. 1885.

[7]) K. R. KOCH, Ann. **63.** 132. 1897.

[8]) LANGEVIN, Le Radium **7.** **249.** 1910; siehe auch W. VOIGT, Gött. Nachr., p. 577. 1912.

[9]) P. LENARD u. SEM SAELAND, Ann. (4) **28.** **476.** **1909.**

[10]) P. LENARD, Ann. **64.** 288. 1898.

[11]) A. BECKER, Ann. **13.** 394. 1904.

[12]) C. B. THWING, Ztschr. f. phys. Chem. **14.** 297. 1894; siehe auch S. PAGLIANI, Gaz. chim. ital. **23.** 537. 1893. [Beibl. **17.** 842. 1080. 1893.]

elektrische Verhalten der letzteren charakterisieren. Nach THWING ist zu setzen für:

	ε		ε		ε
H	2,6	OH	1356	CH_2	41,6
C	31,2 = 2,6 × 12	CO	1520	CH_3	46,8
O	41,2 = 2,6 × 16	COH	970	S	2,6 × 32,2
X	2,6 × m_x	NO_2	3090		

Doch hat WALDEN[1]) gezeigt, daß die Formel für manche Körper zu gänzlich falschen Werten führt (z. B. $\varepsilon \sim 100$ statt $\varepsilon \sim 2$). TRAUBE[2]) schränkt die Beziehung dahin ein, daß für einzelne Körperklassen $\frac{m}{d}(\varepsilon - 2{,}6\,d)$ konstant ist, wobei jedoch die Konstante für verschiedene Körperklassen zwischen 0 und 30 variiert.

WALDEN[3]), dessen eingehenden Studien die Frage die meiste Förderung verdankt, gelangt zu dem schon früher von EGGERS[4]) geäußerten Schluß, daß die Dielektrizität nicht eine rein additive Eigenschaft ist, sondern daß die Atome und Atomgruppen eines Moleküls ihre dielektrischen Eigenschaften wechselseitig erheblich beeinflussen. Hohe D. K. werden durch gewisse elektronegative Radikale, und zwar durchwegs Kombinationen polyvalenter Elemente untereinander, ferner durch die Halogene (siebenwertig!) hervorgerufen. Es sind dies:

I. OH, NO_2, CO (bzw. $\overset{|}{C}O$, $\overset{H}{\underset{|}{\overset{|}{C}}}{=}O$, COOH), SO_2.

II. CN, SCN, NCS (Isorhodan), NH_2.

III. F, Cl, Br, J.

WALDEN nennt diese Gruppen Dielektrophore. Beispiele: Wasser $\varepsilon \sim 80$, Methylalkohol $\varepsilon \sim 35$, Cyanwasserstoff $\varepsilon \sim 95$, CH_3NO_2 $\varepsilon \sim 40$, im Vergleich mit der niedrigen D. K. der Kohlenwasserstoffe. — Doch spielt noch ein zweites Moment bei der Erzeugung dieser hohen D. K. mit; denn Ersatz aller Wasserstoffatome durch dielektrophore Gruppen führt zu Körpern mit sehr kleiner D. K., ebenso die Verbindung zweier solcher Gruppen zu einem Molekül. Beispiele: O_2 $\varepsilon = 1{,}49$ (bei -182^0), Br_2 $\varepsilon = 3{,}18$, $(CN)_2$ $\varepsilon = 2{,}5$, $C(NO_2)_4$ $\varepsilon = 2{,}13$, CCl_4 $\varepsilon = 2{,}25$.

Die zweite Radikalart, die notwendig ist, damit die Wirkung des Dielektrophors zur Geltung kommt, nennt WALDEN Dielektrogene. Es sind die elektropositiven Gruppen:

$$H, CH_3, CH_5 \ldots C_6H_5 \ldots$$

also Wasserstoff und die Alkyl- und Allylreste. Einführung eines Radikals der einen Art in einen Körper, der nur Radikale der anderen Art enthält, erhöht die D. K. bedeutend. Dagegen setzt die Einführung eines zweiten, dritten, . . . solchen Radikals die D. K. immer mehr herab[5]), z. B.:

	Benzol		Nitrobenzol		Dinitrobenzol		Trinitrobenzol
	C_6H_6	⟶	$C_6H_5NO_2$	⟶	m-$C_6H_4(NO_2)_2$	—	s-$C_6H_3(NO_2)_3$
ε =	2,26		36,5		20,7		7,2

[1]) P. WALDEN, Ztschr. f. phys. Chem. **70**. 584. 1910.
[2]) J. TRAUBE, Grundriß der phys. Chem., p. **137**. 1904.
[3]) P. WALDEN, Ztschr. f. phys. Chem. **54**. 129. 1906; **46**. 103. 1903; **70**. 569. 1910.
[4]) H. E. EGGERS, Journ. Phys. Chem. **8**. 14. 1904.
[5]) Siehe auch H. E. EGGERS, l. c.

oder:

Essigsäure   Monochloressigsäure   Dichloressigsäure   Trichloressigsäure
$CH_3COOH \longrightarrow CH_2ClCOOH \longrightarrow CHCl_2COOH \longrightarrow CCl_3COOH$
$\varepsilon \sim 7$ 20   7,8   4,6

Die Einführung eines zweiten anderen Dielektrophors superponiert sich aber oft der Wirkung des ersten, z. B.:

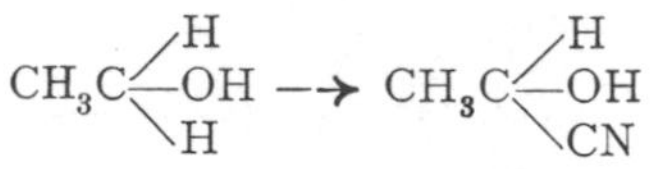

$$CH_3C\overset{H}{\underset{H}{\diagdown}}OH \longrightarrow CH_3C\overset{H}{\underset{CN}{\diagdown}}OH \quad \text{(Milchsäurenitril)}$$
$$\varepsilon = 21{,}7 \qquad\qquad \varepsilon = 37{,}7$$

oder:

$$HC\overset{H}{\underset{H}{\diagdown}}OH \longrightarrow HC\overset{H}{\underset{CN}{\diagdown}}OH \quad \text{(Glykolsäurenitril)}$$
$$\varepsilon = 32{,}5 \qquad\qquad \varepsilon = 67{,}9$$

Oft gelingt es Walden, quantitative Regelmäßigkeiten bei Einführung solcher Gruppen in ähnlich gebaute Verbindungen zu erkennen und so die D. K. vorauszuberechnen, wobei verschiedene Derivationswege zu übereinstimmenden Resultaten führen.

Bezüglich der interessanten Kombinationen über den Zusammenhang der D. K. mit anderen physikalischen Eigenschaften (Dissoziationskraft, Siedetemperatur, Oberflächenspannung, Verdampfungswärme, Binnendruck) müssen wir auf die Originalabhandlung verweisen [1]).

In den homologen Reihen der Fettkörper nimmt nach Tereschin [2]) die D. K. ab. Dagegen ist in der homologen Reihe des Benzols nach Tomaszewski [3]) das umgekehrte der Fall. Mit der D. K. von Isomeren hat sich P. Böhm [4]) beschäftigt. Stereoisomere Verbindungen wurden von Stewart [5]) nach der Drudeschen Methode untersucht. Er konnte bei d-Limonen und Dipentan, d-, l- und i-Pinen, d-, l- und i-Kamphen keinen Unterschied der D. K. entdecken.

Schmidt [6]) findet, daß bei Blei- und Thalliumsalzen die hohe D. K. durch das Metall bedingt ist. Dagegen zeigt elektrolytisch hergestelltes Titanoxyd ($\varepsilon = 7{,}7$) nicht die hohe D. K. des natürlichen (Rutil, $\varepsilon = 117$) [7]).

Für Metalloide gibt Dobroserdow [8]) die Regel an, daß ε in den Horizontalreihen des periodischen Systems mit der Valenz in den Vertikalreihen mit dem Atomgewicht zunimmt.

[1]) Siehe auch Obach, Phil. Mag. (5) **32**. 113. 1891. — C. L. Speyers, Sill. Amer. Journ. (4) **16**. 61. 1903. [Chem. Zentralbl. **2**. 411. 1903.] — J. H. Mathews, Journ. phys. Chem. **9**. 641. 1905. [Amer. Chem. Soc. Buffalo June 22. 1905.] — E. v. Aubel, Journ. de Phys. (3) **5**. 72. 1896.

[2]) S. Tereschin, Ann. **36**. 792. 1889; siehe auch J. C. Philip, Ztschr. f. phys. Chem. **24**. 37. 1897.

[3]) F. Tomaszewski, Ann. **33**. 33. 1888.

[4]) P. Böhm, Diss., Halle 1911.

[5]) A. W. Stewart, Journ. Chem. Soc. **93**. 1059. 1908.

[6]) W. Schmidt, Ann. **11**. 114. 1903.

[7]) Von anderen Arbeiten, in denen konstitutive Einflüsse erörtert werden, seien noch angeführt: H. Landolt u. H. Jahn, Ztschr. f. phys. Chem. **10**. 289. 1892. — H. Jahn u. G. Möller, Ztschr. f. phys. Chem. **13**. 385. 1894. — R. Ladenburg, Ztschr. f. Elektrochem. **7**. 815. 1901. — H. Schlundt, Journ. phys. Chem. **5**. 157. 503. 1901; **8**. 122. 1904.

[8]) D. Dobroserdow, Journ. russ. phys.-chem. Ges. **41**. (chem. T.) 1164. 1909. [Fortschr. **65**. (2) 45. 1909.]

Nach R. LANG[1]) soll für Gase die Gleichung gelten:

$$\frac{\varepsilon - 1}{S} = \text{konst.} = 123 \cdot 10^{-6} \quad .$$

S ist die Summe aller Atomvalenzen des Gasmoleküls. Aber nach DOBROSERDOW[2]) gilt diese Beziehung zwar für H_2, CO, CO_2, N_2O, CH_4, C_2H_4, jedoch nicht allgemein.

Für die anomale Dispersion und Absorption schloß DRUDE[3]), daß dieselbe durch das Auftreten gewisser Atomgruppen im Molekül, namentlich der Hydroxylgruppe bedingt ist. COLLEY[4]) und OBOLENSKY[5]) haben dann für die Methylgruppe nachgewiesen, daß sie einen ganz bestimmten Dispersionsstreifen erzeugt (gemeinsam dem Toluol, Aceton und kaukasischen Petroleum). Auch die Homologen Benzol und Toluol haben zwei Dispersionsstreifen gemeinsam (siehe Dispersion).

2. Mischungen.

a) Mischungsregeln.

Eine allgemeingültige Mischungsregel für die D. K. besteht nicht, offenbar deshalb, weil in vielen Fällen molekulare Anlagerung der Konstituenten stattfindet. Hierfür sprechen die Resultate THWINGS[6]), der Mischungen von Methyl-, Äthyl-, Propylalkohol, Glyzerin und Essigsäure mit Wasser, ferner von Methyl- mit Äthylalkohol untersuchte. Die Kurven, welche die D. K. als Funktion des Gewichtsprozentgehaltes geben, zeigen bei den Wassermischungen Spitzen, und zwar ausnahmslos bei molekularen Mischverhältnissen. Die D. K. des Alkoholgemisches liegt unterhalb der linearen Mischregel.

LINEBARGER[7]) untersuchte 10 Mischungen organischer Flüssigkeiten mit dem NERNSTschen Apparat und fand durchwegs Abweichungen von der linearen Mischregel, aber keine deutlichen Knicke. Im allgemeinen ist die D. K. der Mischung kleiner als die berechnete. Nur bei Äther—Benzol, Äther—Schwefelkohlenstoff war sie größer.

DRUDE[8]) teilt die D. K. von Benzol—Aceton und Benzol—Wasser nebst den Temperaturkoeffizienten als Eichflüssigkeiten für seine sogenannte zweite Methode mit. Die THWINGschen Knicke fand er nicht, vielmehr bei Wasser—Methylalkohol, Wasser—Propionsäure gute Übereinstimmung mit der Gesellschaftsrechnung (Gewichtsprozente)[9]). Bei der theoretisch rationelleren Berechnung nach Volumprozenten sind die Abweichungen größer.

SILBERSTEIN[10]) findet bei Mischungen von Benzol mit Phenylacetat, die keine Volumkontraktion zeigen, die unter dieser Voraussetzung thermodynamisch abgeleitete Mischregel:

$$\varepsilon = \frac{\Sigma\, \varepsilon_i V_i}{\Sigma\, V_i}$$

[1]) R. LANG, Ann. **56.** 534. 1895.
[2]) D. DOBROSERDOW, Journ. russ. phys.-chem. Ges. **41.** (chem. T.) 1385. 1909. [Fortschr. **65.** (2) 46. 1909.]
[3]) P. DRUDE, Ztschr. f. phys. Chem. **23.** 318. 1897; Ann. **60.** 500. 1897.
[4]) A. R. COLLEY, Ph. Ztschr. **11.** 324. 1910.
[5]) N. OBOLENSKY, Ph. Ztschr. **11.** 433. 1910.
[6]) C. B. THWING, Ztschr. f. phys. Chem. **14.** 293. 1894. Ältere Untersuchungen: E. COHN u. L. ARONS, Ann. **28.** 465. 1886; **33.** 23. 1888. BOUTY, C. R. **114.** 1421. 1892.
[7]) C. E. LINEBARGER, Ztschr. f. phys. Chem. **20.** 131. 1896.
[8]) P. DRUDE, Ztschr. f. phys. Chem. **23.** 288. 1897.
[9]) Über Alkohol—Wasser siehe auch R. ABEGG, Ann. **60.** 54. 1897.
[10]) S. SILBERSTEIN, Ann. **56.** 677. 1895.

gut bestätigt (V_i sind die Teilvolumina). EHRENHAFT[1]) hat gezeigt, daß dieselben Überlegungen, falls Kontraktion stattfindet, zu der Formel führen:

$$\varepsilon = \frac{\Sigma \varepsilon_i V_i}{V} \quad ,$$

worin V das wirkliche Volum der Mischung ist. Sie gibt in solchen Fällen eine bessere Annäherung als die SILBERSTEINsche.

PHILIP[2]) prüft die oben (p. 175) aus der Elektronentheorie abgeleitete CLAUSIUS-MOSOTTIsche Mischformel. Sie stimmt sehr schlecht, besser stimmt eine andere, nur durch Analogie mit der Optik begründete, in der an Stelle des CLAUSIUS-MOSOTTIschen Ausdruckes $\frac{\sqrt{\varepsilon} - 1}{d}$ tritt (analog $\frac{n-1}{d}$ in der Optik)[3]). Auch RUDOLFI[4]) findet sie bei Konglomeraten und Mischkristallen gut erfüllt[5]).

b) Kleine Zusätze. Salzlösungen.

Kleine Zusätze fremder Körper beeinflussen die D. K. in manchen Fällen bedeutend, in anderen fast gar nicht. Während z. B. nach LENERT[6]) die D. K. der Bleihaloide sehr von ihrer Reinheit abhängt, wird die der Erdalkaliphosphore durch den Zusatz des Schwermetalles nicht merklich geändert.[7])

Eine ganz eigenartige Abhängigkeit des elektrischen Brechungsindex vom Mischungsverhältnis fand COLLEY[8]) bei 95—100 %igem Alkohol. n nimmt bei geringem Zusatz von Wasser zu absolutem Alkohol sehr stark zu (um etwa 10 % für weniger als 1 % Wassergehalt), dann wieder sehr stark ab, bleibt dann bei weiterem Wasserzusatz konstant. Dann folgt wieder ein solcher „Buckel". Zwischen 0 und 5 % Wassergehalt fand er 5 solche Buckel. Die Konzentrationen, bei denen sie auftreten, sind unabhängig von der Wellenlänge und von der Temperatur, es handelt sich also wohl um verwickelte molekulare Umlagerungen.

Besonderes Interesse verdient der Einfluß kleiner Mengen elektrolytisch leitender Salze auf die D. K. des Wassers. Denn da sie das Leitvermögen bedeutend erhöhen, kann die nur vom rein mathematischen Standpunkt richtige Behauptung, daß ein Leiter als Dielektrikum mit der D. K. ∞ aufgefaßt werden könne, hier leicht zu einem Mißverständnis führen.

COHN[9]) bestimmte den elektrischen Brechungsindex von wässerigen Kochsalzlösungen bis zu einem Leitvermögen σ von ca. $5 \cdot 10^{-8}$ des Quecksilbers. Er fand einen Zuwachs des n^2 gegen destilliertes Wasser ($\sigma = 7{,}4 \cdot 10^{-10}$) von etwa 7 %.

---

[1]) F. EHRENHAFT, Wien. Ber. **111.** (2a) 1549. 1902.

[2]) J. C. PHILIP, Ztschr. f. phys. Chem. **24.** 18. 1897.

[3]) Nach PHILIPs Untersuchungen scheinen bei sehr verdünnten Lösungen vielleicht einfachere Verhältnisse vorzuliegen; siehe auch BOUTY, C. R. **114.** 1421. 1892. Bei Gasen (siehe diese), wo wegen der Kleinheit von $\varepsilon - 1$ alle derartigen Formeln zusammenfallen, wurden sie durch TANGL in einem Falle bestätigt.

[4]) E. RUDOLFI, Ztschr. f. phys. Chem. **66.** 705. 1909.

[5]) Über die D. K. binärer Gemische siehe ferner D. DOBROSERDOW, Journ. russ. phys.-chem. Ges. **44.** (chem. T.) 1. 396. 1912. — A. SCHULZE, Ztschr. f. Elektrochem. **18.** **77.** 1912.

[6]) A. LENERT, Verh. D. Phys. Ges. **12.** 1051. 1910; siehe auch GRAETZ u. FOMM, Ann. **54.** 626. 1895.

[7]) B. WINAWER, Diss., Heidelberg 1909. [Beibl. **34.** 1091. 1910.]

[8]) A. R. COLLEY, Phys. Ztschr. **10.** 663. 1909; siehe auch E. MARX, Ann. **66.** 616. 1898.

[9]) E. COHN, Ann. **45.** 375. 1892.

SMALE[1]) fand nach der oben p. 184 beschriebenen Methode folgende D. K.-Werte in bezug auf Wasser:

Normalgehalt	KCl	HCl	$CuSO_4$	Mannitborsäurelösung
0,001	1,013	0,990	—	—
0,002	1,018	1,033	1,012	—
0,005	1,034	1,064	1,017	—
0,008	1,070	1,090	1,050	—
0,010	1,113	1,126	1,086	—
0,020	—	—	1,128	—
0,030	1,160	—	—	—
0,050	—	—	1,155	—
0,333	—	—	—	1 007
0,666	—	—	—	1,019

DRUDE[2]) dagegen fand bis zur Leitfähigkeit $\sigma = 5 \cdot 10^{-7}$ (Hg = 1) nur Änderungen von weniger als 1% im elektrischen Brechungsindex des Wassers durch Salzzusatz, bei höherer Leitfähigkeit (bis zu $\sigma = 38 \cdot 10^{-7}$) eine bedeutende Abnahme (bis zu 10%). Rohrzuckerlösungen zeigen bei höherer Konzentration einen bedeutend kleineren Brechungsindex und anomale Absorption. — Daß für sehr verdünnte Lösungen (von nur dem 5—6fachen Leitvermögen des reinen Wassers) noch keine Änderung zu bemerken ist, wurde auch durch COOLIDGE[3]) und PALMER[4]) bestätigt ($CuSO_4$ und KCl)[5]).

c) Mechanische Gemenge.

Für eine Emulsion von Wasser in einem Chloroform-Benzolgemisch von gleicher Dichte fand MILLIKAN[6]) gute Übereinstimmung zwischen den gemessenen und den berechneten Werten der D. K. unter der Annahme, daß sich die Wasserkügelchen dabei als vollkommen leitende Partikel nach der CLAUSIUS-MOSOTTIschen Theorie verhalten. — Weichen dagegen die eingelagerten Teilchen von der Kugelgestalt ab (z. B. Pulver mit Luft gemischt), so hängt die D. K. von der Form und Lagerung der Teilchen ab[7]).

---

[1]) F. SMALE, Ann. **60**. 627. 1897.
[2]) P. DRUDE, Ann. **59**. 61. 1896.
[3]) W. D. COOLIDGE, Ann. **69**. 134. 1899.
[4]) A. DE FOREST PALMER jr., Phys. Rev. **14**. 38. 1902; siehe auch E. LECHER, Ann. **42**. 152. 1891 u. E. B. ROSA. Phil. Mag. (5) **31**. 188. 1891.
[5]) Über Lösungen siehe noch H. E. EGGERS, Journ. phys. Chem. **8**. 14. 1904. — P. WALDEN, Bull. Petersbourg 1912, pp. 305, 1055.
[6]) R. MILLIKAN, Ann. **60**. 376. 1897. Ähnliche Versuche mit mechanischen Gemengen: V. BOCCARA u. M. PANDOLFI, Nuov. Cim. (4) **9**. 254. 1899. — F. BEAULARD, C. R. **119**. 268. 1894; **129**. 149. 1899. — F. HLAWATI, Wien. Ber. **110**. (2a) 454. 1901.
[7]) E. FICKER, Ann. (4) **31**. 365. 1910; siehe auch C. B. THWING, Ztschr. f. phys. Chem. **14**. 286. 1894. — K. KIESSLING, Diss., Greifswald 1902. — W. SCHMIDT, Ann. **11**. 114. 1903.

Erwin Schrödinger. Überreicht vom Verfasser.

Physikalische Zeitschrift. 19. Jahrgang. 1918. Seite 4—7.

Die Energiekomponenten des Gravitationsfeldes.

Von Erwin Schrödinger.

(Aus dem II. physikalischen Institut der k. k. Universität Wien.)

1. In der Gravitationstheorie der allgemeinen Relativität spielen — insbesondere für die Art der Einführung des Energietensors der Materie in die Feldgleichungen — eine ausschlaggebende Rolle die 16 Größen t_σ^α, welche Einstein als Energiekomponenten des Gravitationsfeldes bezeichnet[1]). Bedient man sich eines Koordinatensystems, für welches

$$\sqrt{-g} = 1, \qquad (1)$$

so erhält man für die t_σ^α die verhältnismäßig einfachen Ausdrücke

$$\varkappa t_\sigma^\alpha = \frac{1}{2}\delta_\sigma^\alpha g^{\mu\nu}\Gamma^\lambda_{\mu\beta}\Gamma^\beta_{\nu\lambda} - g^{\mu\nu}\Gamma^\alpha_{\mu\beta}\Gamma^\beta_{\nu\sigma}, \qquad (2)$$

wobei — wie im folgenden stets, wenn nicht ausdrücklich das Gegenteil bemerkt — über zweimal auftretende allgemeine Indizes von 1 bis 4 zu summieren ist. — Zeichenerklärung:

$$\Gamma^\lambda_{\mu\nu} = -g^{\lambda\beta}\begin{bmatrix}\mu\nu\\ \beta\end{bmatrix} = -\frac{1}{2}g^{\lambda\beta}\left[\frac{\partial g_{\mu\beta}}{\partial x_\nu} + \frac{\partial g_{\nu\beta}}{\partial x_\mu} - \frac{\partial g_{\mu\nu}}{\partial x_\beta}\right]; \qquad (3)$$

die $g_{\mu\nu}$ sind in gewohnter Weise durch den Ausdruck für das Quadrat des (vierdimensionalen) Linienelements definiert:

$$ds^2 = g_{\mu\nu}\,dx_\mu\,dx_\nu;\ g_{\nu\mu} = g_{\mu\nu},\ g = \text{Det. der } g_{\mu\nu}. \qquad (4)$$

Die $g^{\mu\nu}$ sind die adjungierten, normierten Unterdeterminanten 1. Ordnung im Schema der $g_{\mu\nu}$. Endlich ist

$$\delta_\sigma^\alpha = g_{\mu\sigma}g^{\mu\alpha} = \begin{matrix}0\\1\end{matrix}\Big\}\ \text{für}\ \Big\{\begin{matrix}\sigma \neq \alpha\\ \sigma = \alpha\end{matrix} \qquad (5)$$

und $\varkappa$ (im wesentlichen) die Gravitationskonstante.

Den Gegenstand dieser Mitteilung bildet die explizite Berechnung der Größen t_σ^α in der Umgebung einer ruhenden Kugel aus inkompressibler, gravitierender Flüssigkeit. Die Rechnung wird auf Grund der von Schwarzschild[1]) ermittelten Werte der $g_{\mu\nu}$ exakt durchgeführt für ein räumliches Koordinatensystem, das sich von einem rechtwinkligen kartesischen nur äußerst wenig unterscheidet, ja vielleicht geradezu als ein solches bezeichnet werden könnte. — Man muß bei jeder Berechnung der t_σ^α die Angabe des Koordinatensystems hinzufügen, denn diese Größen bilden keinen Tensor; sie verschwinden beispielsweise nicht in allen Systemen, wenn sie es bei bestimmter Koordinatenwahl tun. Das Ergebnis, zu dem man in diesem speziellen Fall gelangt — exaktes, identisches Verschwinden aller t_σ^α in dem gewählten Bezugssystem — scheint mir gleichwohl so befremdend, daß ich glaube, es zur allgemeinen Diskussion stellen zu sollen.

2. Schwarzschild findet l. c. für das Quadrat des Linienelements

$$ds^2 = (1 - \alpha/R)\,dt^2 - \frac{dR^2}{1-\alpha/R} - R^2(d\vartheta^2 + \sin^2\vartheta\, d\varphi^2) \qquad (6)$$

mit der Abkürzung

$$R = (r^3 + \varrho)^{1/3}. \qquad (7)$$

r, ϑ, φ, t sind gewöhnliche Polarkoordinaten und Zeit, α und ϱ sind Integrationskonstanten, welche von der Dichte und dem Radius der gravitierenden Kugel abhängen und in Wirklichkeit immer außerordentlich klein sind gegen alle in Betracht kommenden Werte von r bzw. r^3

1) A. Einstein, Die Grundlage der allgemeinen Relativitätstheorie (J. A. Barth 1916), S. 45 ff.

1) Schwarzschild, Berl. Ber. 1916, S. 424.

In (6) führen wir neue Koordinaten x_1, x_2, x_3, x_4 ein durch die Gleichungen

$$\begin{aligned} x_1 &= R \sin\vartheta \cos\varphi \\ x_2 &= R \sin\vartheta \sin\varphi \\ x_3 &= R \cos\vartheta \\ x_4 &= t. \end{aligned} \tag{8}$$

Hieraus ergibt sich in bekannter Weise:

$$R^2 = x_1^2 + x_2^2 + x_3^2, \tag{9}$$

ferner

$$\begin{aligned} dt &= dx_4 \\ dR^2 &= \frac{x_\mu x_\nu}{R^2} dx_\mu dx_\nu \\ R^2(d\vartheta^2 + \sin^2\vartheta d\varphi^2) &= dx_1^2 + dx_2^2 + dx_3^2 - dR^2 \\ &= \left(\delta_{\mu\nu} - \frac{x_\mu x_\nu}{R^2}\right) dx_\mu dx_\nu \end{aligned} \tag{10}$$

$$\left[\mu, \nu = 1, 2, 3;\ \delta_{\mu\nu} \begin{matrix} = 0 \\ = 1 \end{matrix} \text{ für } \mu \begin{matrix} \neq \\ = \end{matrix} \nu\right].$$

(Hier verwenden wir unsere Summationssymbolik vorübergehend etwas inkonsequent für Summen, die nur von 1—3 laufen!)

Indem man (10) in (6) einsetzt, erhält man das Linienelement in den neuen Koordinaten

$$ds^2 = (1 - \alpha/R)\, dx_4^2 - \left[\delta_{\mu\nu} + \frac{\alpha x_\mu x_\nu}{R^3(1-\alpha/R)}\right] dx_\mu dx_\nu, \tag{11}$$

woraus man nach (4) abliest:

$$\begin{aligned} g_{\mu\nu} &= -\left[\delta_{\mu\nu} + \frac{\alpha x_\mu x}{R^3(1-\alpha/R)}\right] \text{ für } \mu, \nu = 1, 2, 3. \\ g_{14} &= g_{24} = g_{34} = 0 \qquad g_{44} = 1 - \alpha/R. \end{aligned} \tag{12}$$

Der Buchstabe R hat hier und weiterhin als Abkürzung zu gelten für

$$R = +\sqrt{x_1^2 + x_2^2 + x_3^2}. \tag{13}$$

Um zur Berechnung der t_σ^α die Gleichungen (2) und (3) anwenden zu dürfen, müssen wir vor allem zeigen, daß das gewählte Bezugsystem der Bedingung (1) genügt. Zunächst erhält man auf einer Koordinatenachse, etwa auf der x_1-Achse ($x_2 = x_3 = 0$), für den Fundamentaltensor (12) das einfache Schema:

$$|g_{\mu\nu}| = \begin{vmatrix} -\frac{R}{R-\alpha} & 0 & 0 & 0 \\ 0 & -1 & 0 & 0 \\ 0 & 0 & -1 & 0 \\ 0 & 0 & 0 & \frac{R-\alpha}{R} \end{vmatrix} \tag{14}$$

Für den späteren Gebrauch notieren wir sogleich auch das Schema des **kontravarianten** Fundamentaltensors in einem Punkt der x_1-Achse

$$|g^{\mu\nu}| = \begin{vmatrix} -\frac{R-\alpha}{R} & 0 & 0 & 0 \\ 0 & -1 & 0 & 0 \\ 0 & 0 & -1 & 0 \\ 0 & 0 & 0 & \frac{R}{R-\alpha} \end{vmatrix}. \tag{15}$$

Aus (14) folgt in Anbetracht der Kugelsymmetrie des Feldes, daß Gleichung (1) **überall** erfüllt ist; denn jeder beliebige Punkt läßt sich in die x_1-Achse verlegen durch eine Transformation von der Determinante + 1 (räumliche Drehung). (2) und (3) sind also anwendbar.

Die eben genannte Transformation ist bekanntlich eine lineare. Gegenüber **linearen** Transformationen **besitzen** aber die Größen t_σ^α **Tensorkovarianz** (was leicht zu zeigen ist) — jedenfalls also linear homogene Transformationsformeln. Deshalb wird es genügen, auch diese Größen nur in einem beliebigen Punkt der x_1-Achse zu berechnen, (wodurch sich die Rechnung ungeheuer vereinfacht). Denn da sich zeigen wird, daß sie in einem solchen Punkt sämtlich verschwinden, werden wir schließen dürfen, daß sie **überall identisch** verschwinden.

Aus (12) erkennt man leicht, daß für einen Punkt der x_1-Achse von den 40 Größen $\frac{\partial g_{\mu\nu}}{\partial x_\alpha}$ nur einige wenige von 0 verschieden sind. Für diese gibt eine leichte Rechnung:

$$\left.\begin{aligned} &\frac{\partial g_{11}}{\partial x_1} = \frac{\alpha}{(R-\alpha)^2} \\ &\frac{\partial g_{12}}{\partial x_2} = \frac{\partial g_{13}}{\partial x_3} = -\frac{\alpha}{R(R-\alpha)} \\ &\frac{\partial g_{44}}{\partial x_1} = \frac{\alpha}{R^2} \\ &\text{Alle anderen} = 0. \end{aligned}\right\}. \tag{17}$$

Für die $\Gamma_{\mu\nu}^\lambda$ ergibt sich zunächst aus (3) und (15)

$$\begin{aligned} \Gamma_{\mu\nu}^\lambda &= -(g^{\lambda\lambda})\begin{bmatrix}\mu\nu \\ \lambda\end{bmatrix} = \\ &-\frac{1}{2}(g^{\lambda\lambda})\left[\frac{\partial g_{\mu\lambda}}{\partial x_\nu} + \frac{\partial g_{\nu\lambda}}{\partial x_\mu} - \frac{\partial g_{\mu\nu}}{\partial x_\lambda}\right]. \end{aligned} \tag{18}$$

(Daß über den Index λ **nicht** zu summieren ist, mag durch die runde Klammer angedeutet sein!) Wir haben also die 40 Größen $\begin{bmatrix}\mu\nu \\ \lambda\end{bmatrix}$ daraufhin zu durchmustern, welche von ihnen auf Grund von (17) **nicht** verschwinden.

A. μ, ν, λ „**räumlich**" (d. i. = 1, 2, 3).

1. $\mu \neq \nu$.

a) $\mu \neq \lambda \neq \nu$. (3 Größen). Verschwinden,

da unter (17) keine Größe mit drei verschiedenen Indizes auftritt.

b) $\lambda = \mu$. (6 Größen).

$$\left(\begin{bmatrix}\mu\nu\\ \mu\end{bmatrix}\right) = \frac{1}{2}\left(\frac{\partial g_{\mu\mu}}{\partial x_\nu}\right).$$

Verschwinden, da sich unter (17) keine Größen dieser Art mit nur räumlichen Indizes vorfinden.

2. $\mu = \nu$.

a) $\lambda \neq \mu$. (6 Größen).

$$\left(\begin{bmatrix}\mu\mu\\ \lambda\end{bmatrix}\right) = \left(\frac{\partial g_{\mu\lambda}}{\partial x_\mu}\right) - \frac{1}{2}\left(\frac{\partial g_{\mu\mu}}{\partial x_\lambda}\right).$$

Von 0 verschieden, wenn $\lambda = 1$, $\mu = 2, 3$. und zwar:

$$\begin{bmatrix}22\\ 1\end{bmatrix} = \begin{bmatrix}33\\ 1\end{bmatrix} = -\frac{\alpha}{R(R-\alpha)}.$$

b) $\lambda = \mu$. (3 Größen).

$$\left(\begin{bmatrix}\mu\mu\\ \mu\end{bmatrix}\right) = \frac{1}{2}\left(\frac{\partial g_{\mu\mu}}{\partial x_\mu}\right).$$

Von 0 verschieden für $\mu = 1$, und zwar:

$$\begin{bmatrix}11\\ 1\end{bmatrix} = \frac{1}{2}\frac{\alpha}{(R-\alpha)^2}.$$

B. Ein Index gleich 4. (6 + 9 = 15 Größen).

In jedem Term wird entweder nach x_4, oder es wird eine der Größen g_{14}, g_{24}, g_{34} differentiiert. Daher verschwinden diese 15 Größen.

C. Zwei Indizes gleich 4. (3 + 3 = 6 Größen).

Von 0 verschieden sind offenbar nur

$$\begin{bmatrix}41\\ 4\end{bmatrix} = -\begin{bmatrix}44\\ 1\end{bmatrix} = \frac{1}{2}\frac{\alpha}{R^2}.$$

D. Alle drei Indizes gleich 4. (1 Größe).

Verschwindet. —

Auf Grund dieser Durchmusterung findet man aus (18) mit Rücksicht auf (15):

$$\left.\begin{aligned}\Gamma^1_{22} &= \Gamma^1_{33} = -\frac{\alpha}{R^2}\\ \Gamma^1_{11} &= -\Gamma^4_{41} = \frac{1}{2}\frac{\alpha}{R(R-\alpha)}\\ \Gamma^1_{44} &= -\frac{1}{2}\frac{\alpha(R-\alpha)}{R^3}\\ &\text{Alle anderen} = 0. —\end{aligned}\right\} \quad (19)$$

Die Ausdrücke (2), die wir jetzt zu bilden haben, lassen sich mit der Abkürzung

$$A^\alpha_\sigma = g^{\mu\nu}\Gamma^\alpha_{\mu\beta}\Gamma^\beta_{\nu\sigma} \quad (20)$$

folgendermaßen schreiben:

$$\varkappa t^\alpha_\sigma = \frac{1}{2}\delta^\alpha_\sigma A^\lambda_\lambda - A^\alpha_\sigma. \quad (21)$$

Wir berechnen A^α_σ. Wegen (15) verschwinden in (20) alle Terme mit $\mu \neq \nu$. Schreiben wir etwas ausführlicher:

$$\begin{aligned}A^\alpha_\sigma &= g^{11}\Gamma^\alpha_{1\beta}\Gamma^\beta_{1\sigma} + g^{22}\Gamma^\alpha_{2\beta}\Gamma^\beta_{2\sigma}\\ &+ g^{33}\Gamma^\alpha_{3\beta}\Gamma^\beta_{3\sigma} + g^{44}\Gamma^\alpha_{4\beta}\Gamma^\beta_{4\sigma},\end{aligned} \quad (22)$$

so erkennt man, daß auch die im 2. und 3. Term zusammengefaßten Glieder wegen (19) einzeln verschwinden, und zwar wenn $\beta = 2$ bzw. $= 3$ wegen des dritten, sonst wegen des zweiten Faktors. Bleibt

$$A^\alpha_\sigma = g^{11}\Gamma^\alpha_{1\beta}\Gamma^\beta_{1\sigma} + g^{44}\Gamma^\alpha_{4\beta}\Gamma^\beta_{4\sigma}. \quad (23)$$

Hieraus erkennt man sofort, daß alle jene A^α_σ verschwinden, welche den Index 2 oder 3 enthalten. Es bleiben also nur noch zu untersuchen:

$$A^4_1,\ A^1_4,\ A^1_1,\ A^4_4. \quad (24)$$

In den betreffenden Ausdrücken fallen noch alle jene Glieder fort, in denen $\beta = 2, 3$, ferner jene, in denen eine Γ-Größe den Index 4 einmal oder dreimal enthält. Daraus folgt einmal

$$A^4_1 = A^1_4 = 0. \quad (25)$$

Endlich berechnet man explizite aus (23), (19) und (15):

$$\left.\begin{aligned}A^1_1 &= g^{11}(\Gamma^1_{11})^2 + g^{44}\Gamma^1_{44}\Gamma^4_{41}\\ A^4_4 &= g^{11}(\Gamma^4_{14})^2 + g^{44}\Gamma^4_{41}\Gamma^1_{44}\end{aligned}\right\} = \quad (26)$$

$$= -\frac{R-\alpha}{R}\cdot\frac{1}{4}\frac{\alpha^2}{R^2(R-\alpha)^2} + \frac{R}{R-\alpha}\cdot\frac{1}{4}\frac{\alpha^2}{R^4} = 0.$$

Auf der x_1-Achse verschwinden also alle Größen A^α_σ identisch in $R (= x_1)$. Wegen (21) gilt dasselbe von den t^α_σ. Wie oben vorausgreifend bemerkt, folgt daraus, wegen der Kovarianz dieser Größen bei linearen Transformationen und wegen der Kugelsymmetrie des Feldes, daß die t^α_σ für das gewählte Bezugsystem überall (außerhalb der gravitierenden Kugel) identisch in allen Koordinaten verschwinden. W. z. b. w.

3. Dieses Ergebnis scheint mir unter allen Umständen von ziemlicher Bedeutung für unsere Auffassung von der physikalischen Natur des Gravitationsfeldes. Denn entweder müssen wir darauf verzichten, in den durch die Gleichungen (2) definierten t^α_σ die Energiekomponenten des Gravitationsfeldes zu erblicken; damit würde aber zunächst auch die Bedeutung der „Erhaltungssätze" (s. A. Einstein l. c.) fallen und die Aufgabe erwachsen, diesen integrierenden Bestandteil der Fundamente neuerdings sicher zu stellen. — Halten wir jedoch an den Ausdrücken

(2) fest, dann lehrt unsere Rechnung, daß es wirkliche Gravitationsfelder (d. i. Felder, die sich nicht „wegtransformieren" lassen) gibt, mit durchaus verschwindenden oder richtiger gesagt „wegtransformierbaren" Energiekomponenten; Felder, in denen nicht nur Bewegungsgröße und Energiestrom, sondern auch die Energiedichte und die Analoga der Maxwellschen Spannungen durch geeignete Wahl des Koordinatensystems für endliche Bezirke zum Verschwinden gebracht werden können.

(Eingegangen 22. November 1917.)

Erwin Schrödinger.

Physikalische Zeitschrift. 19. Jahrgang. 1918. Seite 20—22.

Über ein Lösungssystem der allgemein kovarianten Gravitationsgleichungen.

Von Erwin Schrödinger.

(Aus dem II. physikalischen Institut der k. k. Universität Wien.)

Vor einiger Zeit hat Herr Einstein[1]) ein System von Energiekomponenten der Materie $T^{\mu\nu}$ und von Schwerepotentialen $g_{\mu\nu}$ angegeben, welches die allgemein kovarianten Feldgleichungen exakt integriert und von welchem er vermutet, daß es eine Annäherung an die tatsächliche Struktur der Materie und des Raumes im großen darstellt. Es handelt sich, kurz gesagt, um ruhende inkohärente Materie, welche ein dreidimensionales, in sich geschlossenes Raumkontinuum von endlichem Gesamtinhalt und den metrischen Eigenschaften einer Hypersphäre in gleichmäßiger Dichte erfüllt[2]).

Für die Feldgleichungen wird aber dabei eine gegen die ursprüngliche[3]) etwas abgeänderte Gestalt vorausgesetzt.

Die Konzeption des in sich geschlossenen Gesamtraums scheint mir für die allgemeine Relativitätstheorie von ganz außerordentlicher Bedeutung, und zwar nicht nur — und nicht hauptsächlich — wegen des „Verödungseinwandes", von welchem Herr Einstein ausgegangen war; den Hauptwert lege ich vielmehr darauf, daß die allgemeine Relativitätstheorie durch Weiterführung dieses Gedankens das zu werden verspricht, was ihr Name besagt und was sie — nach meiner Ansicht — bisher nur formal, nur sozusagen auf dem Papier gewesen ist[1]).

Unter diesen Verhältnissen ist es wohl nicht ohne Interesse, zu bemerken, daß das völlig analoge System von Lösungen auch schon für die Feldgleichungen in ihrer ursprünglichen Gestalt — ohne die von Herrn Einstein l. c. hinzugefügten Glieder — existiert. Der Unterschied ist äußerlich ganz geringfügig: Die Potentiale bleiben ungeändert, nur der Energietensor der Materie erhält eine andere Gestalt. Das System der $g_{\mu\nu}$ lautet also [vgl. Einstein l. c. Gleichungen (7), (8) und (12)]:

$$g_{44} = 1 \quad g_{14} = g_{24} = g_{34} = 0, \qquad (1)$$

$$g_{\mu\nu} = -\left(\delta_{\mu\nu} + \frac{x_\mu x_\nu}{R^2 - x_1^2 - x_2^2 - x_3^2}\right); \quad \mu, \nu = 1, 2, 3.$$

1) A. Einstein, Berl. Ber. 1917, S. 142. In der Folge mit l. c. zitiert!

2) Richtiger wäre es vielleicht zu sagen: „bildet" (statt „erfüllt").

3) A. Einstein, Die Grundlage der allgemeinen Relativitätstheorie. Leipzig, J. A. Barth, 1916.

1) Man vergleiche besonders De Sitter, Amst. Proc. 19, 527, 1917, dann Einstein l. c. S. 147.

$$\delta_{\mu\nu} = \begin{matrix}0\\1\end{matrix}\Big\} \text{ wenn } \nu \begin{Bmatrix}\neq\\=\end{Bmatrix} \mu .$$

Nimmt man nun für den gemischten Energietensor der Materie zunächst nur an, daß die Komponenten mit ungleichen Indizes verschwinden[1]):

$$|T^\nu_\mu| = \begin{vmatrix} T_1^1 & 0 & 0 & 0 \\ 0 & T_2^2 & 0 & 0 \\ 0 & 0 & T_3^3 & 0 \\ 0 & 0 & 0 & T_4^4 \end{vmatrix}, \quad (2)$$

so sind die Feldgleichungen:

$$-\frac{\partial}{\partial x_\alpha}\begin{Bmatrix}\mu\nu\\ \alpha\end{Bmatrix} + \begin{Bmatrix}\mu\alpha\\ \beta\end{Bmatrix}\begin{Bmatrix}\nu\beta\\ \alpha\end{Bmatrix} + \frac{\partial^2 \lg\sqrt{-g}}{\partial x_\mu\, \partial x_\nu} - \begin{Bmatrix}\mu\nu\\ \alpha\end{Bmatrix}\frac{\partial \lg\sqrt{-g}}{\partial x_\alpha} = -\varkappa\left(T_{\mu\nu} - \frac{1}{2}g_{\mu\nu}T\right) \quad (3)$$

erfüllt, wofern nur

$$T_1^1 = T_2^2 = T_3^3 = \frac{1}{3}T_4^4 = \frac{1}{\varkappa R^2} = \text{const.} \quad (4)$$

Die Rechnung bietet nicht die geringsten Schwierigkeiten, sie verläuft genau wie bei Einstein l. c. Höchstens wäre in logischer Beziehung zu bemerken:

$\varkappa$ und R müssen natürlich schon von Haus aus, d. h. schon beim Anschreiben der Feldgleichungen (3) bzw. der Potentiale (1) als universelle Konstante vorausgesetzt werden. Da sich aber die Rechnung bequem nur für Punkte von der Eigenschaft $x_1 = x_2 = x_3 = 0$ durchführen läßt, so resultieren die Forderungen (4) zunächst nur für solche Punkte, identisch nur in x_4! Zur identischen Erfüllung der Feldgleichungen ist es notwendig, ist es erlaubt, und ist es hinreichend, die identische Gültigkeit von (4) auch in den räumlichen Koordinaten zu fordern. Denn dadurch werden diese Beziehungen invariant gegen beliebige Transformationen der räumlichen Koordinaten x_1, x_2, x_3 unter sich und der Zeit x_4 in sich; und durch eine einfache Transformation dieser Art kann man jeden beliebigen Punkt in eine der beiden „x_4-Achsen" verlegen. —

Es ist wünschenswert, mit dem angegebenen Lösungssystem eine halbwegs anschauliche physikalische Vorstellung zu verbinden. Das ist — bis zu einem gewissen Grade — möglich, wenn man den Einsteinschen Ansatz für den Energietensor einer zusammenhängenden, kompressiblen Flüssigkeit akzeptiert. In diesem Falle gilt[2])

$$T^\nu_\mu = -\delta^\nu_\mu p + g_{\mu\alpha}\frac{dx_\alpha}{ds}\frac{dx_\nu}{ds}\varrho$$

$$\delta^\nu_\mu = \begin{matrix}0\\1\end{matrix}\Big\} \text{ wenn } \nu \begin{Bmatrix}\neq\\=\end{Bmatrix} \mu, \quad (5)$$

wobei p und ϱ Skalare sind, der „Druck" und die „Dichte" der Flüssigkeit. Setzt man hier identisch

$$\frac{dx_1}{ds} = \frac{dx_2}{ds} = \frac{dx_3}{ds} = 0, \quad \frac{dx_4}{ds} = 1, \quad (6)$$

was wegen (1) mit der Grundgleichung

$$ds^2 = g_{\mu\nu}\, dx_\mu\, dx_\nu \quad (7)$$

und mit den Bewegungsgleichungen (Gleichungen der geodätischen Linie)

$$\frac{d^2 x_\tau}{ds^2} + \begin{Bmatrix}\mu\nu\\ \tau\end{Bmatrix}\frac{dx_\mu}{ds}\frac{dx_\nu}{ds} = 0 \quad (8)$$

verträglich ist, so kommt, wegen (1):

$$|T^\nu_\mu| = \begin{vmatrix} -p & 0 & 0 & 0 \\ 0 & -p & 0 & 0 \\ 0 & 0 & -p & 0 \\ 0 & 0 & 0 & \varrho - p \end{vmatrix}. \quad (9)$$

Dieses Schema unterscheidet sich (unter geeigneten Annahmen über ϱ und p) nur äußerlich von unseren obigen Ansätzen [(2) und (4)] für den Energietensor.

Jene Ansätze kommen also darauf hinaus, die Materie im großen unter dem Bild einer kompressiblen, ruhenden Flüssigkeit von konstanter Dichte und konstantem, räumlich isotropem inneren Zug vorzustellen, welch letzterer nach (4) einem Drittel der Ruhdichte der Energie gleich sein muß[1]).

Vom Standpunkte der alten Theorie, welche ja bei Einstein bekanntlich die Rolle der ersten Näherung spielt, befremdet es keineswegs, daß ein Spannungszustand dieses Vorzeichens in einer Materie vorhanden gedacht werden muß, welche über ungeheure Räume gleichmäßig ausgebreitet ist und auf sich selbst nach dem Newtonschen Kraftgesetz einwirkt. [Stuß]

Dagegen frappiert bei näherer Betrachtung folgende Tatsache.

Die Befriedigung der 10. Feldgleichung (Gleichung [3], $\mu = \nu = 4$)) ist dem Umstand zu danken, daß nach (4) der Ausdruck

$$T_4^4 - T_1^1 - T_2^2 - T_3^3 \quad (10)$$

verschwindet. Dieser Ausdruck spielt nun in der ersten Näherung, für welche bekanntlich überhaupt nur die 10. Feldgleichung wesentlich in Betracht kommt, die Rolle der Newtonschen gravitierenden Massendichte. Das Verschwinden des „Massenausdrucks" (10) schien [Vorzeichen verwechselt]

1) Macht man diese Annahme nicht, so erscheint sie später als Forderung neben (4).

2) A. Einstein, Die Grundlage der usw., S. 52.

1) Beiläufig sei daran erinnert, daß dies auch der Absolutbetrag des Lichtdruckes ist; das Vorzeichen ist aber entgegengesetzt!

mir anfangs die Brauchbarkeit des angegebenen Lösungssystems als Bild der Materie im großen stark in Frage zu stellen.

Nunmehr halte ich aber gerade dieses Ergebnis sogar für recht befriedigend[1]).

Erstens einmal muß man von einer Theorie, in welcher auch der Begriff der Masse relativ, d. h. nur durch die Wechselbeziehungen der Körper bestimmt sein soll, geradezu erwarten, wenn nicht fordern, daß sie jedenfalls die Gesamtmasse der Welt zum Verschwinden bringt.

Daß der Massenausdruck in unserem Falle nicht nur in Summa, sondern in jedem einzelnen Punkt verschwindet, ist offenbar nur eine Folge der Fiktion, daß die Materie exakt ruhend und völlig gleichmäßig über den Raum verteilt sei. Es scheint mir ganz im Geiste der Massenrelativitätsforderung gelegen, sich zu denken, daß die Wechselwirkungsfunktion, die wir als träge oder schwere Masse bezeichnen, erst durch Abweichungen von jener gleichförmigen, zeitlich konstanten Verteilung zustande kommt bzw. in Erscheinung tritt; und es schadet gar nichts, daß für die gleichförmige ruhende Verteilung, in welcher die Masse sich ohnedies weder als träge noch als schwere „betätigen" könnte oder würde, der Massenausdruck verschwindet.

Natürlich erwächst nunmehr die Aufgabe, die wirklichen, empirischen Vorgänge für einzelne konkrete Fälle sozusagen durch Variation dieses höchst einförmigen, „inerten" Integralsystems zu gewinnen. Dann — und erst dann — würde, nach meinem Gefühl, die allgemeine Relativitätstheorie jene Forderungen wirklich erfüllen, welche zu ihrer Entstehung die logische Veranlassung waren[1]).

1) Die Klärung der Gedanken in diesem Punkt verdanke ich hauptsächlich wiederholten mündlichen Besprechungen mit Herrn L. Flamm.

Zusatz bei der Korrektur am 20. Dez. 1917:

Nach den Gleichungen (4) hätte die Größe $\frac{1}{\varkappa}$ folgende „physikalischen Bedeutungen":

a) $\frac{1}{\varkappa} = \frac{1}{6\pi^2} \cdot \frac{2\pi^2 R^3 T_4^4}{R} = \frac{1}{6\pi^2} \cdot \frac{E}{R}$;

b) $\frac{1}{\varkappa} = \frac{1}{4\pi} \cdot 4\pi R^2 T^1 = \frac{1}{4\pi} \cdot P$.

Hier ist E die Gesamtenergie der Welt, R (wie oben) ihr Radius, P der gesamte einseitige Zug auf eine Äquatorkugel. Für letzteren ergibt sich zahlenmäßig [mit $\varkappa = \frac{8\pi k^2}{c^2}$ g^{-1}cm, $k^2 = 6{,}68 \cdot 10^{-8}$ g^{-1} cm^3 sec^{-2}, $c = 3 \cdot 10^{10}$ cm sec^{-1}]:

$$P = \frac{4\pi}{\varkappa} = \frac{c^2}{2k^2} \text{ g cm}^{-1} \text{ (d. h. g cm Lichtsek.}^{-2}) = \frac{c^4}{2k^2} \text{ g cm sec}^{-2} = 6{,}06 \cdot 10^{48} \text{ dyn.} —$$ *)

Erwähnt sei noch, daß die Größen c, E, R, oder auch die Größen c, P, R unabhängige physikalische Dimensionen und daher die prinzipielle Eignung zu Einheitsetalons für ein „absolutes" Maßsystem besitzen. —

1) Man vgl. A. Einstein, Die Grundlage der usw. § 2.

(Eingegangen 30. November 1917.)

*) 12. 7. 37. Der Hubblesche Weltradius ist 1,234 × 10²⁷ cm

(Eddington) Die Äquatorkugel hat also die Oberfläche
P. E. 14,9

$4\pi R^2 = 1{,}91 \times 10^{55}$ cm²

Mein Zug wird $\frac{6.06 \cdot 10^{48}}{1.91 \cdot 10^{55}} = 3.17 \times 10^{-7} \frac{\text{dyn}}{\text{cm}^2}$

$= \frac{c^4}{2k^2} \frac{1}{4\pi R^2}$ $\qquad \sqrt{\frac{10^{-24} \cdot 9 \cdot 10^{20}}{500}} \sim 10^{-6}$

Es ist im Wesentlichen wohl die „Energiedichte der Welt"

(ich kriege zwar durch Kontrollrechnung für die letztere 3. 10⁻⁶. – Stefan Boltzmannsches Gesetz lau

$7{,}64 \times 10^{-15} \frac{\text{erg}}{\text{cm}^3\,\text{Grad}^4}$; $T = \sqrt[4]{\frac{3.17 \times 10^{-7}}{765 \cdot 10^{-15}}} = \sqrt[4]{\tfrac{1}{2} \cdot 10^8} \sim 100°$

1) n. Z.

Sonderdruck aus
„Annalen der Physik", IV. Folge,
Bd. 61, 1919.
Verlag von Johann Ambrosius Barth.

23)

5. *Über die Kohärenz in weitgeöffneten Bündeln; von Erwin Schrödinger.*

1. Einleitung.

Eine Reihe theoretischer Erwägungen[1]) sprechen dafür, daß wir uns die Aussendung von Licht vielleicht aus *gerichteten* Elementarprozessen zusammengesetzt zu denken haben, derart, daß bei jedem Emissionsakt nur in einen kleinen, eventuell sehr kleinen Raumwinkel gestrahlt wird. Wenn dem so ist, so sollte man glauben, daß das in den Kohärenzverhältnissen der von einem Volumelement eines Selbstleuchters ausgehenden Strahlung zutage treten müßte. Strahlen, welche unter großem Winkel gegeneinander ausgegangen sind, dürften, wenn man sie in geeigneter Weise, unter hinreichend kleinem, die Beobachtung von Fransen ermöglichendem Winkel kreuzt, nicht mehr interferieren. Obwohl nun die Undulationstheorie bekanntlich von jeher das Gegenteil angenommen hat, ohne mit den Tatsachen in Widerspruch zu geraten, scheint die Frage experimentell doch noch nicht genügend geklärt, wie z. B. aus folgender Bemerkung W. Feussens[2]) hervorgeht, die er an die Darstellung des Fresnelschen Dreispiegelversuches knüpft: „Fresnel macht noch die Bemerkung, daß man die Spiegel einander nähern müsse in dem Maße, als man den Einfall des Lichtes steiler nehme, und schreibt das dem Umstande zu, daß nur solche Strahlen als im Einklang schwingend angesehen werden könnten, welche unter sehr kleinem Winkel gegeneinander von der Lichtquelle ausgegangen seien. *Wir wissen hierüber noch nichts Bestimmtes* . . ."

Überlegt man, wie der Versuch anzustellen sei, so erkennt man sofort, daß die Abmessungen der Lichtquelle, mindestens nach zwei Dimensionen kein allzu großes Vielfaches der Wellenlänge sein dürfen, weil sonst die von den verschiedenen Ele-

1) Vgl. bes. A. Einstein, Phys. Zeitschr. 18. S. 121. 1917.

2) Artikel „Interferenz des Lichtes" in Winkelmanns Handbuch, 2. Auflage, 6, S. 934. 1906.

12

menten der Lichtquelle erzeugten Fransensysteme nicht koinzidieren, sondern einander größtenteils zerstören, d. h. zu gleichmäßiger Helligkeit ergänzen. Derart kleine Lichtquellen werden nun in der experimentellen Optik sehr häufig benötigt, und zwar im wesentlichen stets aus dem eben angeführten Grunde. Sie werden fast immer verwirklicht durch sehr kleine Löcher oder Spalte in einem undurchsichtigen Schirm, den man von rückwärts beleuchtet. Die Kohärenz von Strahlen, die unter beträchtlichen Winkeln von solch einer kleinen Öffnung ausgehen, ist demnach schon in Tausenden optischer Versuche direkt oder indirekt festgestellt worden; ihr Bestehen — in dem bei den jeweiligen Dimensionen der Öffnung zu erwartenden Ausmaß — kann, glaube ich, über jeden Zweifel erhoben gelten.

Ebenso sicher ist, daß solche Versuche durchaus nichts über die „Gerichtetheit" oder „Kugelförmigkeit" der Elementarprozesse aussagen, sondern lediglich die Gültigkeit des Huyghens-Kirchhoffschen Prinzips für den Luftraum beweisen. Nach diesem ist die „Lichterregung" s_P in einem beliebigen Aufpunkt P diesseits des Schirmes gegeben durch ein über die freie Öffnung zu erstreckendes Oberflächenintegral

$$4\pi s_P = \int \left\{ \frac{\partial \frac{s(t - r/c)}{r}}{\partial r} \cos(n r) - \frac{1}{r} \frac{\partial s(t - r/c)}{\partial n} \right\} d O.$$

Wie nun auch immer $s(t)$ von der Stelle dO abhängen mag, jedenfalls wirkt dieses Element im Aufpunkt P wie ein Erregungszentrum mit der Schwingung

$$- \left[\left(\frac{s}{r} + \frac{s'}{c} \right) \cos(n r) + \frac{\partial s}{\partial n} \right],$$

also ganz ähnlich wie ein lichtaussendendes Molekül nach der klassischen Theorie.

Der Versuch, die Forderung nach *Kleinheit* der Lichtquelle durch *geometrisch-optische Verkleinerung* zu erfüllen, führt um keinen Schritt weiter. Man erreicht damit zwar, daß die Kohärenz bis zu viel größeren Winkeln erhalten bleibt, und bekanntlich macht man von diesem Prinzip zur Herstellung feiner Lichtpünktchen oder Lichtlinien für Interferenz- oder Beugungsversuche mit Vorteil Gebrauch. Aber wegen des Sinussatzes, der für punktwiese Abbildung von Flächenelementen erfüllt sein muß, haben die Strahlen, welche von dem verkleinerten *Bild* unter jenem größeren Winkel ausgehen, das Original unter so viel kleinerem Winkel verlassen, daß für die in Rede stehende Frage die Zwischenschaltung des optischen Systems gerade genau überflüssig ist.

Es schien mir darum wünschenswert, auch einmal direkt die Interferenzfähigkeit von Strahlen zu prüfen, welche eine Lichtquelle von hinreichend kleinen *Original*dimensionen unter großen Winkeln verlassen haben. Unter geeigneten Bedingungen erhielt ich positive Resultate bis zu Winkeln von 50—60°. Erst nachträglich wurde mir bewußt, daß damit doch auch wieder ganz und gar nichts für oder gegen die Gerichtetheit des elementaren Emissionsaktes bewiesen ist, sondern wieder nur die Gültigkeit des Huyghens-Kirchhoffschen Prinzips für eine ganz im Luftraum gelegene, den Glühdraht eng umschließende Zylinderfläche. Solange nur die Wellengleichung für den Luftraum als gültig angesehen wird, sind, so glaube ich, der Grad der „Weitwinkelkohärenz" und die *Kleinheit des leuchtenden Querschnittes* für die durch die beiden Strahlen bestimmte Flächenrichtung ganz ebenso *wechselseitig* aneinander gebunden, ja die Aussagen über beide inhaltlich nicht verschieden, wie das bekanntlich für die von Michelson und von Fabry und Perot untersuchte *Kohärenz bei hohem Gangunterschied* und die *Monochromasie* der Lichtquelle zutrifft.

Wenn ich trotz dieser Skepsis an der Bedeutsamkeit der Versuche für die eingangs berührte Alternative doch kurz darüber berichte, so geschieht es einerseits, weil sie vielleicht an und für sich einiges Interesse beanspruchen dürfen, andererseits, weil sie mir eben doch die einzige Möglichkeit einer direkten experimentellen Prüfung jener Hypothese zu bilden scheinen. Sollen die Elementarprozesse gerichtet sein, so muß das Huyghenssche Prinzip, wenn man zu immer kleineren und kleineren Dimensionen übergeht — schließlich jedenfalls für eine, das einzelne lichtaussendende Molekül umschließende Kugel — versagen. Daß bei den kleinsten herstellbaren Selbstleuchtern noch nichts dergleichen zu bemerken ist, ist deshalb vielleicht doch der einmaligen Feststellung wert.

2. Elementare Theorie der Versuche.

Die Lichtquellen waren elektrisch geglühte Drähte. Das zu prüfende „Strahlenpaar" wird durch zwei komplanare, zum Glühdraht parallel und symmetrisch gelegene Spalte ausgeblendet und durch ein unmittelbar hinter der Spaltblende angebrachtes Objektiv unter kleinem Winkel, d. h. in beträchtlicher Entfernung gekreuzt. Untersucht wird mit einer Okularlupe die Lichtverteilung in der zum Glühdraht konjugierten Bildebene. Die Anordnung unterscheidet sich von jener, die Michelson zur Messung der Winkelgröße astronomischer Objekte ausgearbeitet hat[1]), nur durch die veränderten Dimensionen und dementsprechend veränderte Lage von Objekt und Bild, wodurch die — hier eben angestrebten — größeren Achsenwinkel beim Objekt bedingt werden. Die elementare Theorie, bei der wir das Objekt als ebenen leuchtenden Streifen ansehen und von der Beugungserscheinung an den Spaltblenden absehen wollen, ist kurz

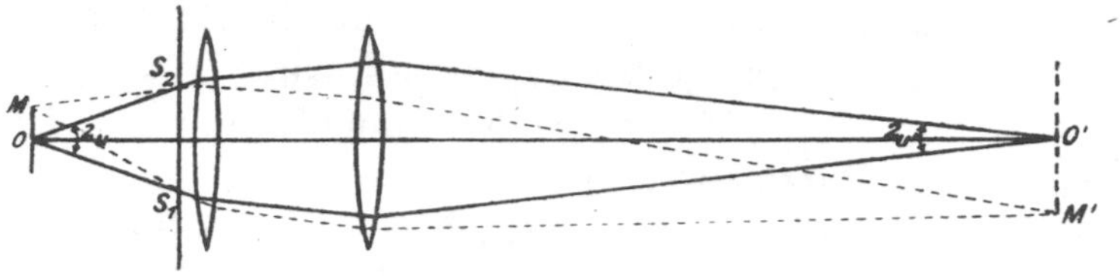

Fig. 1.

die folgende (vgl. Fig. 1, die einen horizontalen Querschnitt senkrecht zu der vertikalen Längsrichtung des Glühfadens und der Spalte darstellt). Die vom Achsenpunkt O der Lichtquelle unter $\sphericalangle S_1 O S_2 = 2u$ divergierenden Strahlen kommen im konjugierten Bildpunkt O' unter dem Winkel $2u'$ zum Schnitt. Nach dem Sinussatz ist

$$\frac{\sin u}{\sin u'} = V, \tag{1}$$

die Linearvergrößerung. Andererseits überlegt man leicht, daß zwei unter dem Winkel $2u'$ sich durchkreuzende Wellenzüge von der Wellenlänge λ ein zur Ebene der Wellennormalen senkrechtes Fransensystem mit sinusförmiger Intensitätsverteilung und der Halbfransenbreite (Abstand vom Maximum zum Minimum)

$$\delta = \frac{\lambda}{4 \sin u'} \tag{2}$$

erzeugen. Hier liegt ein Maximum natürlich bei O', da dorthin die optischen Wege gleich sind. — Ganz dieselbe Überlegung

1) A. A. Michelson, Phil. Mag. (5) **30.** S. 1. 1890; **31.** S. 256. 1891.

ist — und zwar wegen der Kleinheit der Querdimensionen von Objekt und Bild mit ungeändertem u und u' — auf den von O um $O\,M = y$ entfernten Punkt M der Lichtquelle anwendbar. Er erzeugt ein Fransensystem von gleichem δ, nur liegt das Hauptmaximum jetzt bei M'. Sei $O'\,M' = y'$, so ist

$$(3) \qquad \frac{y'}{y} = V = \frac{\sin u}{\sin u'} \,.$$

Die Fransen werden bei wachsender Objektbreite zum erstenmal verschwinden, sobald ein *Rand*element der (zur Achse symmetrisch gedachten) Lichtquelle sein Hauptmaximum auf das erste vom zentralen Element herrührende seitliche Minimum entwirft; denn dann ergänzen sich die Fransensysteme paarweise zu gleichförmiger Helligkeit. Die erforderliche *Halb*breite des Objekts, y, wird gegeben, indem wir δ aus (2) und y' aus (3) gleichsetzen:

$$(4) \qquad \frac{\lambda}{4 \sin u'} = y \frac{\sin u}{\sin u'} \,.$$

Die ganze Breite ist also

$$(5) \qquad 2\,y = \frac{\lambda}{2 \sin u} \,.$$

(Daß man durch vorherige optische Verkleinerung in Wahrheit nichts gewinnt, erkennt man jetzt sofort, weil dabei $\sin u$ genau in demselben Maße vergrößert, wie y verkleinert wird.) — Wächst die Objektbreite noch weiter, so erscheinen die Fransen wieder, man kann sie erzeugt denken allein durch den über die Verschwindungsbreite (5) hinausragenden Teil des Objekts. Durch die überlagerte gleichförmige Erhellung sind sie natürlich undeutlicher. Für ganze Vielfache von $\lambda/2 \sin u$ verschwinden sie immer wieder völlig, dazwischen finden sich Deutlichkeitsmaxima von zusehends abnehmender Deutlichkeit. Michelson konnte so im Laboratorium mit weißem Licht, wo die Verschiedenheit der λs stört, bis zu 5, mit „rotem" Licht bis zu 8 Verschwindungen beobachten.

Wird nicht die Objektbreite, sondern der Spaltenabstand

$$S_1\,S_2 = b$$

variiert, so ist, wenn a der Abstand vom Objekt zur Spaltebene

$$\operatorname{tg} u = \frac{b}{2a} \,.$$

Die Fransen verschwinden, wenn die, jetzt feste, Objektbreite, sagen wir $2y_0$, ein ganzes Vielfaches von (5) ist:

$$2y_0 = \frac{n\lambda}{2\sin u},$$

also wenn

$$\text{(6)} \qquad \operatorname{tg} u = \frac{b}{2a} = \frac{n\lambda/4y_0}{\sqrt{1 - n^2\lambda^2/16y_0^2}}.$$

Ist das Objekt viele Wellenlängen breit, so sind die ersten Verschwindungswinkel klein, die zugehörigen Spaltdistanzen bilden eine arithmetische Reihe

$$\text{(6')} \qquad b_n = \frac{n\lambda a}{2y_0}.$$

Später oder bei kleinem Objekt wachsen sie rascher.

Bisher wurden nur die in der einen Symmetrieebene der Anordnung (Papierebene der Fig. 1) gelegenen Objektpunkte

$\sphericalangle BOA = \beta$
$\sphericalangle BOS_1' = v$
$\sphericalangle S_1'OA = \alpha$
$\sphericalangle BAS_1' = \varphi$
$\sphericalangle AOS_1 = u$

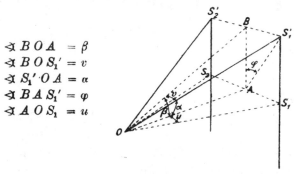

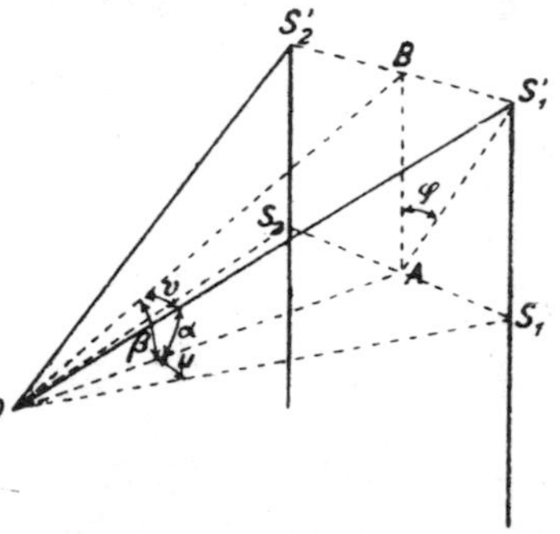

Fig. 2.

und nur der Strahlengang in dieser Ebene betrachtet. Was den ersten Umstand betrifft, so überlegt man leicht, daß die endliche Ausdehunng des Objekts senkrecht zu dieser Ebene nicht stört. Denn was eigentlich in der Bildebene $O'M'$ untersucht wird, sind die durch das optische System zur Deckung gebrachten (Fresnelschen) Beugungsbilder der beiden Spalte. Sind diese nur einigermaßen *lang* gegenüber der Breite des Einzelspalts, so sind die Querdimensionen (*senkrecht* zur Papierebene) des von jedem einzelnen Objektpunkt erzeugten Beugungsbildes verschwindend klein. Die Beugungsbilder *übereinander* gelegener Objektpunkte werden einander daher nicht stören. — Dagegen wird der *Strahlengang außerhalb der Papierebene* berücksichtigt werden müssen, sobald der Aperturwinkel u

nicht sehr klein ist. Es handelt sich im wesentlichen um die Frage nach der *zulässigen Länge der Spalte.*

Betrachten wir (vgl. die perspektivische Fig. 2) ein symmetrisches Strahlenpaar $O S_1'$ und $O S_2'$, dessen Ebene mit der früher betrachteten den Winkel β macht; v sei der halbe Strahlenwinkel, α der Achsenwinkel eines Strahles, φ der der Azimutwinkel zwischen den Ebenen, in denen β und α gemessen sind. Die entsprechenden Winkel im Bildraum seien v', α', β', während φ ungeändert bleibt. Aus einem sphärischen Dreieck im Bildraum folgt

$$\cos v' = \cos \alpha' \cos \beta' + \sin \alpha' \sin \beta' \cos \varphi \, .$$

Den Reziprokwert der Vergrößerung V wollen wir mit ε bezeichnen und als kleine Größe behandeln. Nach dem Sinussatz der geometrischen Optik ist

$$\sin \alpha' = \varepsilon \sin \alpha \, , \qquad \sin \beta' = \varepsilon \sin \beta \, ,$$

also mit Vernachlässigung von ε^4

$$\cos v' = 1 - \frac{\varepsilon^2}{2} (\sin^2 \alpha + \sin^2 \beta) + \varepsilon^2 \sin \alpha \sin \beta \cos \varphi \, .$$

v' ist also, natürlich, ebenfalls klein und man hat

$$\sin^2 v' = \varepsilon^2 (\sin^2 \alpha + \sin^2 \beta - 2 \sin \alpha \sin \beta \cos \varphi) \, . \tag{7}$$

Aus dem konjugierten sphärischen Dreieck des Objektraumes. das bei B einen rechten Winkel hat, folgt

$$\cos \varphi = \sin (B S_1' A) \cdot \cos v; \quad \sin (B S_1' A) = \frac{\sin \beta}{\sin \alpha} \, ,$$

mithin

$$\sin \alpha \cos \varphi = \sin \beta \cos v \, , \tag{8}$$

ferner

$$\cos \alpha = \cos v \cos \beta ; \quad \sin^2 \alpha = 1 - \cos^2 v \cos^2 \beta \, . \tag{9}$$

(8) und (9) in (7) eingesetzt und vereinfacht:

$$\sin^2 v' = \varepsilon^2 [\sin^2 v + \sin^2 \beta (1 - \cos v)^2] \, . \tag{10}$$

Dies ist der Zusammenhang zwischen den Halbwinkeln des betrachteten Strahlenpaares im Objekt- und im Bildraum. Das von ihnen allein erzeugte Fransensystem kann, wegen der Kleinheit von β', mit dem früheren als komplanar, natürlich auch als parallel, die Mittelstreifen als koinzidierend gelten.

Seine Halbfransenbreite, $\bar{\delta}$, ist, analog zu (2), durch $\sin v'$ bestimmt:

$$\bar{\delta} = \frac{\lambda}{4 \sin v'} .$$

Obwohl nun die beiden, bzw. die unendlich vielen, für alle möglichen Winkel β erzeugten Frontensysteme nicht einfach ihre Intensitäten superponieren (da Kohärenz besteht), wird es doch hinreichend und wohl auch notwendig sein, zu verlangen, daß auch für das größte auftretende β noch merklich $\bar{\delta} = \delta$. Dabei werden 10—20% Abweichung die Sichtbarkeit der Fransen in der Mitte des Bildes noch nicht völlig zerstören. — Man wird also verlangen, daß $\sin v'$ merklich gleich $\sin u'$, d. h. wegen (10) und $\sin u' = \varepsilon \sin u$, daß

$$\sin^2 v + \sin^2 \beta \, (1 - \cos v)^2 \simeq \sin^2 u \tag{11}$$

sei. Der Zusammenhang zwischen u und v ist aber offenbar

$$\sin 2 v = \sin 2 u \cos \beta . \tag{12}$$

Aus (11) und (12) kann man sich ungefähr ein Bild machen von der zulässigen Größe von β. $\beta = u$, d. h. eine Länge der Spalten gleich ihrem Abstand voneinander dürfte selbst für $u = 30^0$ noch erlaubt sein. Die linke Seite von (11) bekommt dann den Wert 0,173 (= 0,171 + 0,002), die rechte 0,25. Der Unterschied von 30—40% überträgt sich auf die δ nur mit 15—20%. Das wird die Sichtbarkeit in der Mitte noch nicht aufheben.

Über die Modifikationen, welche die oben erörterten Verschwindungsbedingungen in diesem Falle jedenfalls erfahren, könnte nur eine genauere Durchrechnung der Interferenzerscheinung Aufschluß geben. Ich unterlasse sie, weil sie für das Folgende ohne Bedeutung ist, und weil man dann auch die wahre Form des Objekts (Zylinder, nicht ebener Streifen), ferner etwas wie das Lambertsche Kosinusgesetz in Betracht ziehen müßte — für Interferenzrechnungen eine heikle, auch vom Standpunkte der klassischen Theorie durchaus nicht völlig klarliegende Sache.

3. Versuche mit Photoobjektiven und Wolframdrähten.

Die ersten Versuche wurden mit gewöhnlichen Metallfadenlampen, dann mit einer einfadigen Glühlampe angestellt, aus dem dünnsten technisch verwendeten Wolframdraht, welchen die Firma Westinghouse gütigst für mich herstellen ließ. Die Spalte, aus schwarzem Papier, 0,44 mm breit, 24 mm lang, waren auf den Gleitstücken eines kleinen Längenkomparators montiert und mit Rechts- und Linksschnecke symmetrisch verschiebbar. Sie konnten einander auf 6 mm genähert werden, beim Öffnen wurde der Zwischenraum durch eine bewegliche Nase aus schwarzem Papier abgedeckt. Um die Verschiebung mit der Hand regieren zu können, ließ ich den Strahlengang an einem guten kleinen Metallspiegel reflektieren, so daß der Beobachter mit der Lupe neben den Spalten zu sitzen kommt.

Hat man den Glühdraht annähernd in die richtige Lage gebracht, so sieht man in der Pointierungsebene der Lupe die verwaschenen Beugungsbilder der beiden Spalte. Die genaue Einstellung wird durch vollständiges Zusammenlegen der beiden Hauptmaxima herbeigeführt, am genauesten bei möglichst großer Spaltendistanz b. Schiebt man die Spalte dann wieder ganz zusammen, so bemerkt man eine sehr deutliche Längsstreifung des Hauptmaximums. Bei Vergrößerung von b entspricht die Erscheinung durchaus der Erwartung. Die Breite der Fransen nimmt ab, ihre Deutlichkeit zeigt periodische Schwankungen, Maxima, die durch Stellen fast völligen Verschwindens getrennt sind. Sofern die Öffnung des Objektivs ausreicht, lassen sich drei bis vier dieser Verschwindungsstellen noch mit leidlicher Schärfe einstellen, wenn sich auch die wiedererscheinenden Fransen immer mehr auf die Mitte des Beugungsbildes beschränken. Darüber hinaus wird die Einstellung auf das Verschwinden unscharf, weil die Fransen in einem größeren b-Intervall unsichtbar werden. Spuren von Interferenz konnten, als ganz zarte, nur an einzelnen Stellen sichtbare Maserung, noch bis über die fünfte Verschwindungsstelle hinaus entdeckt werden.

Solange sie noch deutlicher sind, tritt die Polychromie der Fransen klar hervor, auch lassen sie sich in bekannter Weise spektral zerlegen, indem man sie quer auf den Spalt eines kleinen Handspektroskops auffallen läßt. Man sieht darin dann die bekannten, gegen Rot bukettartig divergierenden Längsstreifen. Für die Beobachtung fand ich jedoch die lichtstärkere Erscheinung im unzerlegten Licht günstiger.

Lediglich zur Illustration lasse ich einige Messungsreihen

an verschiedenen Drähten und mit verschiedenen Objektiven folgen. In der letzten Spalte sind aus den b_n die Drahtdicken berechnet, wobei für die Wellenlänge rund 0,6 μ angenommen ist.

Tabelle 1.

Distanz Spaltebene—Bildebene = 6,1 m.

Ordnungszahl n	Verschwindungsstelle b_n (cm)	$b_n/2a = \mathrm{tg}\, u_n$ $(= \sin u_n)$	u_n	Berechnete Drahtdicke $n\lambda/2\sin u_n$ in μ	Lichtquelle und Optik; Objektweite
1	0,73	0,0051	$0^0\,17'5$	58,4	Metallfadenlampe 50 K, 110 V; Zeiss Protarlinse f = 59 cm a = 71 cm
2	1,51	0,0106	$0^0\,37'$	56,4	
3	2,29	0,0161	$0^0\,55'$	55,8	
4	3,03	0,0213	$1^0\,13'$	56,2	
2	0,64	0,0112	$0^0\,39'$	53,4	Dieselbe Lampe; zwei Protarlinsen f = 59 cm und f = 48 cm; a = 28,5 cm
3	0,96	0,0168	$0^0\,58'$	53,4	
1	1,35	0,0095	$0^0\,33'$	31,6	Metallfadenlampe 25 K, 110 V; Zeiss Protarlinse f = 59 cm; a = 71 cm
2	2,79	0,0196	$1^0\,8'$	30,5	
2	1,06	0,0186	$1^0\,4'$	32,3	Dieselbe Lampe; zwei Protarlinsen, f = 59 cm und f = 48 cm; a = 28,5 cm
3	1,64	0,0288	$1^0\,39'$	31,3	
	1,01	0,0177	$1^0\,1'$	16,9	Einfadenlampe; dieselbe Optik; a = 28,5 cm
2	2,11	0,0370	$2^0\,7'$	16,2	
1	2,60	0,0183	$1^0\,3'$	16,4	Einfadenlampe; Protar f = 59 cm; a = 71,2 cm
1	0,76	0,0188	$1^0\,5'$	16,0	Einfadenlampe; Petzval-Porträtobjektiv, f = 28,9 cm; a = 20,2 cm
2	1,52	0,0376	$2^0\,9'$	16,0	
3	2,30	0,0570	$3^0\,16'$	15,8	

Nachherige direkte Ausmessung im Mikroskop ergab für die, nicht sehr gleichmäßige, Dicke der Drähte folgende Werte:

	Mikroskopisch	Interferometrisch
50-Kerzenlampe	51—53 μ	55,6 μ
25-Kerzenlampe	29—30 μ	31,4 μ
Einfadenlampe	14,5—16 μ	16,2 μ

Die Übereinstimmung ist, in Anbetracht der unsicheren Annahme über die Wellenlänge, befriedigend; übrigens sind die Abweichungen nach Vorzeichen und Größenordnung durch die Wärmeausdehnung erklärbar.

Wie erwähnt, finden sich Spuren von Kohärenz auch noch bis zu größeren Winkeln u. Den größten Wert erreichte ich mit der Einfadenlampe[1]) und dem Petzvalobjektiv mit $a = 20{,}4$ cm, $b = 4{,}6$ cm; das entspricht $u = 6^0\,26'$, $2u = 12^0\,52'$ und dürfte schon mehr sein, als durch bisher vorliegende Interferenzversuche für Selbstleuchter sichergestellt ist.

4. Die mikroskopische Anordnung.

Die Hauptursache für das Verschwinden der Fransen bei größeren Winkeln ist ohne Zweifel die übergelagerte gleichförmige Erhellung, welche den immer mehr abnehmenden Helligkeitsunterschied zwischen Maximis und Minimis schließlich verdeckt. Um zu größeren Winkeln vorzudringen, mußten also dünnere Drähte und, wenn das gelingt, abbildende Systeme von größerer Apertur benutzt werden (das Petzvalobjektiv hatte etwa 2×8^0 Öffnung, die Protare noch weniger).

Der Versuch, Wollaston-Platindrähte von 2—4 μ Dicke in einer zu diesem Zweck von der Firma Westinghouse freundlichst für mich hergestellten Lampe zum Glühen zu bringen, mißlang im Vakuum völlig; ich glaube wegen der ungleichmäßigen Dicke der Drähte, die beim Mangel jeglichen Wärmeaustausches an einer zufällig besonders dünn geratenen Stelle durchschmelzen, bevor noch ein größeres Stück ins Glühen kommt. In freier Luft dagegen gelingt es leicht, von einem 2—3 mm langen Stückchen *eine* Stelle (Bruchteile eines Millimeters) zu mäßiger Rotglut zu erhitzen und darin längere Zeit zu erhalten. Die Stelle, die ins Glühen kommt, ist offenbar die dünnste, was für unseren Zweck günstig ist. Die anzulegende Spannung ist etwa 3—5 Volt für 2 mm Gesamtlänge. Mit der Zeit scheint der Glühdraht zu zerstäuben. Das Glühen wird immer intensiver und zieht sich auf die Mitte zusammen, man muß mehr Widerstand vorschalten, um den Draht zu erhalten. Zum Schluß entsteht ein einziges, intensiv leuchtendes Pünktchen, wohl das Ideal einer punktförmigen Lichtquelle, das sich aber leider nur kurze Zeit erhalten läßt; dann schmilzt der Draht an dieser Stelle durch. Bei starker Vergrößerung im Mikroskop erweisen sich die Enden kegelförmig verjüngt gegen die Rißstelle zu.

---

1) Ein anderes Exemplar, für welches die b_n um eine Kleinigkeit größer waren!

Für die Untersuchung in der früher benutzten Anordnung sind die Drähtchen zu lichtschwach — außer etwa im letzten Stadium, das aber viel zu labil ist, um Messungen daran auszuführen. Dagegen drängt sich, da man jetzt mit dem abbildenden System beliebig nahe heran kann, von selbst die Verwendung eines Mikroskopobjektivs auf. Man erzeugt das Streifensystem in der normalen Bildebene und verwendet als Lupe ein passendes Mikroskopokular.

Das anfängliche Bedenken, daß bei der außerordentlich verminderten Bildweite — von 6 m auf etwa 16 cm — die Fransen zu eng werden, erweist sich als unbegründet. Aus theoretischen Gründen muß die *maximale nutzbare Gesamtvergrößerung*, welche zur *numerischen Apertur sin u* gehört, eben hinreichen, um die Fransen für das Auge zu trennen. Denn nach (1) und (2) ist die Fransenbreite 2δ (Abstand von Maximum zu Maximum)

$$2\delta = \frac{\lambda}{2 \sin u} V,$$

wo V die Objektivvergrößerung. Mit einem beliebigen Okular erscheint also der Abstand der hellen Fransen dem Auge so groß, wie bei gewöhnlicher Verwendungsweise desselben Systems ein Objekt von der Länge $\lambda/2 \sin u$. Das ist aber gerade jene Länge[1]), die von der Apertur $\sin u$ eben noch aufgelöst wird und die die Vergrößerung für das Auge trennen, d. h. auf einen Sehwinkel von 2′ bringen muß, um die Auflösungskraft eben auszunützen. Eine solche Vergrößerung reicht dann auch eben hin zur Trennung der Fransen. Für die Fransen handelt es sich aber dabei natürlich um einen *Minimal*wert; eine stärkere Vergrößerung kann förderlich und wird nötig sein, wenn man z. B. die Lichtverteilung zwischen den Fransen untersuchen wollte. Auch wird man damit rechnen müssen, daß in Wahrheit schon zur deutlichen Sichtbarkeit vielleicht doch etwas mehr als die eben erreichte Trennung benachbarter Maxima nötig sein wird. — Nachstehende kleine Tabelle gibt für kleine und mittlere Aperturen die theoretischen Minimalvergrößerungen ($\lambda = 0{,}6\,\mu$):

u =	5°	10°	15°	20°	25°	30°	35°	40°
$\sin u$ =	0,0872	0,1737	0,2588	0,3420	0,4226	0,5000	0,5736	0,6428
Vergr. =	42	84	125	165	208	242	277	310

1) Vgl. z. B. P. Drude, Optik, 2. Aufl., S. 85.

Im einzelnen war die Ausführung diese:

1. *Die Drähte.* An einem auf den Mikroskoptisch passenden Träger wurden in 8 mm Abstand zwei kupferne Zuleitungsdrähte parallel montiert, ihre Enden unter 45° bis auf etwa 3 mm Abstand gegeneinandergebogen. Zwischen ihnen wird in kurzem Bogen ein Stückchen Wollastondraht — natürlich *vor* dem Abätzen — eingelötet. Das Abätzen geschah nach dem Verfahren von Benedicks[1]) in heißer konzentrierter Säure, und zwar wird nur der mittlere Teil des Bogens eingesenkt, so daß die Silberhülle an den Enden erhalten bleibt. Die ganze Prozedur dauert kaum 20 Minuten und gelingt fast immer. Verwendet wurden, nach Angabe auf den Spulen, $2\,\mu$- und $4\,\mu$-Drähte, meistens die letzteren. Aus den oben angeführten Gründen ist die Glühstelle stets noch dünner als dieser Mittelwert.

2. *Die Spalte.* Sie wurden aus Stanniol anfangs aus freier Hand mit dem Taschenmesser geschnitten, später auf der Teilmaschine mit einer Gilletteklinge. Man erhält so sehr schöne Spalte mit vollkommen geraden Rändern und den Spaltenabstand bis auf einige Hundertstel Millimeter nach Wunsch. Ein einziger Schnitt gibt auf Glasunterlage recht gleichmäßig Spaltenbreiten von 0,02—0,03 mm, größere Breiten erreicht man durch zwei parallele Schnitte und vorsichtige Entfernung des Mittelstreifens. Sodann wird das Stanniol auf ein dünnes Deckgläschen gekleistert — natürlich unter Aussparung der Mitte — dieses selbst auf einen passenden Korkring, mit dem es sich auf das Objektiv unter leichter Reibung aufschieben läßt, bis zur Berührung des Deckgläschens mit der Objektivfassung. Die genaue Zentrierung kann durch leichte seitliche Verdrehung des locker sitzenden Korkringes bewirkt werden, während man durch das Okular auf die erleuchteten Spalte blickt.

3. *Messung der Abstände.* Einige Schwierigkeit macht die Messung des Abstandes a (Objekt — Spaltebene), wenn er klein ist. Für größere a (mehrere Millimeter) genügt ein seitlich aufgestelltes Mikrometerfernrohr, aber bei kleinem a verursacht die unsichere Erfassung der Spaltebene von der Seite her zu große prozentuelle Fehler. In diesen Fällen

1) C. Benedicks, Phys. Zeitschr. **17**. S. 319. 1916.

wurde aus Stanniol ein Fensterchen mit einem Querbalken geschnitten und in genau derselben Weise, wie sonst der Doppelspalt, auf das Objektiv aufgeschoben. Das Fensterchen läßt das Objektiv frei, bis auf den Querbalken, der die Güte der Abbildung kaum beeinträchtigt. Nun wird ein durchscheinend versilberter Außenspiegel auf den Objekttisch gelegt und einmal auf das Spiegelbild des Stanniolstreifens, dann — durch mikrometrisches Heben des ganzen Tubus — auf die Kratzer im Spiegel scharf eingestellt. Die Höhendifferenz ist offenbar die Hälfte der gesuchten Distanz.

5. Beschreibung der Mikroversuche.

Da die Spaltblenden nur einen kleinen Bruchteil des Objektivs freilassen und das wenige Licht, das eindringt, nicht zu einem scharfen Bilde vereinigt, sondern auf die breiten Beugungsfiguren der beiden Spalte verteilt wird, ist die Erscheinung äußerst lichtschwach und man muß das Zimmer gut abdunkeln und das Auge einige Zeit lang an die Dunkelheit gewöhnen, um überhaupt etwas zu sehen. Bei den stärkeren Vergrößerungen, die wegen der kleineren Objektdistanz und Spaltendistanz auch eine Verringerung der Spaltbreite nötig machen, ist eine leichte Überlastung des Drahtes nötig, der selten mehr als einen Versuch überlebt.

Da das glühende Drahtstückchen in der Regel nicht genau senkrecht zur optischen Achse steht, sieht man zwei Bilder, die sich an jener Stelle, auf die genau eingestellt ist, durchkreuzen. Es sind, wie gesagt, nicht scharfe Bilder des Drahtes, sondern die breiten Mittelmaxima der Beugungsfiguren von den beiden Spalten, wie sie, von den einzelnen Punkten des Drahtes erzeugt, sich zu zwei breiten, verwaschenen, der Form des Drahtes ähnlichen Lichtbändern zusammensetzen. In der Tat sieht man bei hellerer Glut jedes Band beiderseits von vielen schmäleren, lichtärmeren parallelen Bändern, den sekundären Maximis, begleitet. (Dreht man die Spalte, die natürlich dem glühenden Stück möglichst genau parallel orientiert sind, um 90°, so sieht man nur mehr *ein* viel schmäleres und schärferes *Bild* des Drahtes.) — Die uns interessierende Interferenzerscheinung, die von dem Zusammenwirken der beiden Spalte herrührt, erscheint als eine ungemein zarte, feine und scheinbar scharfe Längsstreifung im

Inneren der zentralen Maxima, ***dort, wo sie sich durchkreuzen***; oder, wenn das Drahtstück zur Achse genau senkrecht steht, so daß es gelingt, die Maxima längs dieses ganzen Stückes zusammenzulegen, dann läuft auch die Streifung diesem ganzen Stück entlang. Bei größeren Winkeln, etwa von $u = 8$—10^0 aufwärts, bemerkt man die Erscheinung gewöhnlich nicht sofort; es kommt vor, daß man recht lange hinter dem Apparat sitzt, am Regulierwiderstand und an der Mikrometereinstellung herumtastet, ohne sie zu finden. Plötzlich wird man sie gewahr, meist dann, wenn man sich entschließt, den Draht doch ein wenig zu überlasten. Das anfangs vergebliche Suchen — bei vollkommen deutlicher Sichtbarkeit der beiden Lichtbänder — mag zum Teil in dem verminderten angularen Unterscheidungsvermögen des Auges bei Dunkeladaptation begründet sein. Daß man sich unterhalb der Schwelle des Tagessehens befindet, erkennt man in diesen Fällen in der Tat an der Farblosigkeit des Bildes („Grauglut") und an den Schwierigkeiten der Fixation. Sicherlich spielt aber auch die Verminderung der Drahtdicke durch allmähliches Zerstäuben eine Rolle. Bei den Weitwinkelversuchen, etwa von 20^0 aufwärts, konnte ich die Streifung fast immer erst im letzten Stadium entdecken, wenn der Draht — bei großer Helligkeit an einer Stelle — schon nahe am Druchschmelzen war. Sie erstreckt sich dann nicht über die ganze Breite des Bandes, sondern ist auf die Mitte beschränkt. Auch muß man schon vorher das Stück absuchen und sich die hellste, daher dünnste Stelle auswählen, wo der Riß erfolgen wird. Diese ist dann hervorragend geeignet, um im letzten Stadium die Streifung in voller Deutlichkeit zu zeigen.

In Anbetracht dieser Schwierigkeiten war eine systematische Untersuchung der ***Streifendeutlichkeit*** bei stufenweiser Änderung der Spaltendistanz b nicht recht ausführbar; jedenfalls nicht ohne ein Mikrospaltenpaar mit mikrometrisch variierbarem Abstand, das ich bis jetzt nicht beschaffen konnte. Ich habe mich darum begnügt, für möglichst große Winkel u die Sichtbarkeit der Interferenzen festzustellen, ohne natürlich behaupten zu wollen, daß ich die obere Grenze erreicht hätte. Meiner Ansicht nach gibt es eine solche Grenze überhaupt nur für bestimmte Objektgröße und in Korrelation zur Unterschiedsempfindlichkeit des Auges für Helligkeiten. — Nach-

6*

folgend stelle ich die Bedingungen zusammen, unter denen *die von dem Zusammenwirken der beiden Strahlenbündel erzeugte Interferenzerscheinung mit Sicherheit konstatiert werden konnte.* Gesamtvergrößerung und Objektabstand *a* gelten für normalen Tubusauszug von 160 mm.

Tabelle 2.

Objektiv	N.A.	Okular	Vergr.	*b* (mm)	*a* (mm)	Spaltbreite (mm)	*b*/2 *a* = tg *u*	*u*
Zeiss, Achromat „A"	0,20	Kompens. 2	30	0,51	8,1	ca. 0,02	0,0315	1° 50′
do.	0,20	Huyghens 2	55	1,30	8,1	0,18	0,802	4° 40′
do.	0,20	„ 4	90	1,59	8,1	0,25	0,0981	5° 40′
do.	0,20	„ 4	90	2,41	8,1	0,19	0,149	8° 30′
do.	0,20	„ 4	90	2,79	8,1	0,27	0,172	9° 50′
Zeiss, Apochr. 16 mm	0,30	„ 2	60	1,29	4,7	0,18	0,137	7° 50′
do.	0,30	„ 4	100	1,70	4,7	0,19	0,181	10° 20′
Leitz, Wetzlar, Nr. 4	ca. 0,5	„ 4	170	1,25	1,86	0,18	0,336	18° 30′
do.	ca. 0,5	„ 4	170	1,58	1,86	0,18	0,425	23° 0′
do.	ca. 0,5	Reichert 12	300	1,79	1,86	0,18	0,481	25° 40′
Zeiss, Apochr. 8 mm	0,65	„ 12	330	0,51	0,62	ca. 0,02	0,411	22° 20′
do.	0,65	Kompens 18	485	0,62	0,62	ca. 0,02	0,500	26° 30′
do.	0.65	„ 18	485	0,68	0,62	0,03	0,548	28° 40′

Als Okular ist immer das schwächste angegeben, das zur Trennung der Fransen für das Auge eben noch hinreicht. Die Okularvergrößerungen sind ungefähr:

Kompens. 2	H. Nr. 2	H. Nr. 4	R. Nr. 12	Komp. 18
2	4	7	10—11	16

Die Gesamtvergrößerung liegt, wie zu erwarten, fast durchwegs zwischen dem Einfachen und Doppelten des früher angegebenen Minimalwertes.

Die Länge des Spaltenpaares war im allgemeinen nicht beschränkt, sie lief über das ganze Objektiv; für den früher mit *a* bezeichneten Winkel bildet dann die obere Grenze der Aperturwinkel. Nur bei den Versuchen mit Apochromat 8 mm wurde eine Beschränkung der Spalthöhe durch einen breiten Stanniolschlitz auf etwa 0,3 mm versucht und vorteilhaft befunden.

Über die wirkliche Dicke der zum Versuch dienenden Drahtstelle läßt sich aus den oben angeführten Gründen nichts ausmachen; die der Rißstelle benachbarten Teile schätze ich nach wiederholter Inspektion mit einem Okularmikrometer auf 1—2 μ ($^1/_3$ bis $^2/_3$ partes, wobei 1 pars = 0,0027 mm). Dem würde ein erstes Verschwinden der Fransen bei $\sin u =$ 0,3—0,15, $u = 9^0$—17^0 entsprechen.

6. Schlußbemerkung.

Schon in der Einleitung wurde hervorgehoben, daß die mitgeteilten Versuche für die Frage nach der Beschaffenheit des elementaren Emissionsaktes leider doch nicht mehr beweisen dürften, als die Gültigkeit des Huyghensschen Prinzips im Luftraum. Wenn sich das Feld im Außenraum in der bekannten Weise durch Integration über die Randwerte auf einer den Draht umhüllenden Zylinderfläche berechnen läßt, dann besteht, wie immer die Elementarprozesse beschaffen sein mögen, die Funktion der Lichtquelle, mathematisch gesprochen, nur in der Vorgabe jener Randwerte. Und wenn nur *entweder* die Randwerte der Bedingung genügen, daß bei der zeitlichen Fourierzerlegung des Feldes im Außenraum bloß Glieder eines bestimmten, nicht zu großen Frequenzbereiches auftreten, *oder* aber das perzipierende Organ bloß auf diesen Frequenzbereich anspricht: dann ist, glaube ich, die Zunahme des Grenzwinkels merkbarer Kohärenz mit abnehmendem Zylinderradius eine rein mathematische Folgerung.

Übrigens läßt auch eine *thermodynamische* Erwägung — in Verbindung mit den nicht zu bezweifelnden Gesetzen der *Beugung* an Hindernissen von der Größenordnung der Wellenlänge — den positiven Ausfall unseres Interferenzversuches vorhersehen; und zwar nach dem schönen Abbildungssatz, den M. v. Laue vor einigen Jahren bewiesen hat.[1])

Bringen wir unseren Draht, kalt, in eine Hohlraumstrahlung, so läßt sich seine Wirkung als „Hindernis" bekanntlich so auffassen, daß für jede der ebenen Sinuswellen, in welche sich die Hohlraumstrahlung, rein mathematisch, auflösen läßt, eine Reihe von Sekundärwellen von ihm ausgeht, deren Intensität zwar nicht von der Richtung unabhängig, aber doch — wenn der Drahtradius mit der Wellenlänge vergleichbar — für einen großen Winkelbereich von derselben Größenordnung ist. Diese Sekundärwellen nun *würden* in

1) M. v. Laue, Ann. d. Phys. **43**. S. 165. 1914.

unserem Spaltinterferometer ein Fransensystem erzeugen, das sich freilich, bei wirklich allseitiger Beleuchtung, wegen der relativ großen allgemeinen Helligkeit der Beobachtung entziehen dürfte. (Wenn man einen geeigneten Teil der beleuchtenden Bündel wegläßt — bei „Dunkelfeldbeleuchtung" — würden sie beobachtbar sein). — Bringt man jetzt auch den Draht selbst, und zwar bei derselben Temperatur, zum Glühen, so müssen die Fransen verschwinden, weil das Instrument nun in einen gleichtemperierten Hohlraum hineingerichtet ist. Da aber zwischen der Sekundärstrahlung und der Glühstrahlung des Drahtes sicher *keine* Kohärenz bestehen kann, muß die Glühstrahlung für sich allein ein dem früheren *komplementäres* Fransensystem erzeugen.

(Eingegangen August 1919.)

Sonderdruck aus
„Annalen der Physik." IV. Folge.
Bd. 77. 1925.
Verlag von Joh. Ambr. Barth in Leipzig.

43) 20/m. Z.

8. *Die Erfüllbarkeit der Relativitätsforderung in der klassischen Mechanik;*

von E. Schrödinger.

Gegen die klassische Punktmechanik mit Zentralkräften, deren Grundlagen in klarster Form von L. Boltzmann[1]) herausgearbeitet wurden, ist bekanntlich schon von E. Mach[2]) der Einwand erhoben worden, daß sie der vom erkenntnistheoretischen Standpunkt sich aufdrängenden Relativitätsforderung nicht genüge: ihre Gesetze gelten nicht für *beliebig* bewegte Koordinatensysteme, sondern nur für eine Gruppe von gleichförmig translatorisch gegeneinander bewegten sogenannten Inertialsystemen. Empirisch zeigte sich, daß dies die gegen den Fixsternhimmel durchschnittlich ruhenden oder gleichförmig translatorisch bewegten Achsenkreuze sind, aber die Grundlagen der klassischen Mechanik lassen den Grund hiefür in keiner Weise erkennen.

Auch die allgemeine Relativitätstheorie konnte in ihrer ursprünglichen Form[3]) der Machschen Forderung noch *nicht* genügen, wie bald erkannt wurde. Nachdem die säkulare Drehung des Merkurperihels aus ihr in staunenswerter Übereinstimmung mit der Erfahrung deduziert war, mußte jeder naive Mensch sich fragen: gegen *was* führt nun nach der *Theorie* die Bahnellipse diese Drehung aus, welche nach der *Erfahrung* gegen das mittlere Fixsternsystem stattfindet? Man erhielt zur Antwort: die Theorie fordert diese Drehung gegenüber einem Koordinatensystem, in dem die Gravitationspotentiale im Unendlichen gewissen Randbedingungen genügen. Der Zusammenhang dieser Randbedingungen mit der Anwesenheit

---

1) L. Boltzmann, Vorlesungen über die Prinzipe der Mechanik, Leipzig, J. A. Barth, 1897.

2) E. Mach, Die Mechanik in ihrer Entwicklung, Leipzig, F. A. Brockhaus, 3. Aufl. 1897. Vgl. bes. Kap. II. 6.

3) A. Einstein, Ann. d. Phys. **49.** S. 769. 1916.

der Fixsternmassen war in keiner Weise deutlich, denn diese letzteren waren in die Rechnung überhaupt nicht eingegangen.

Die Überwindung der Schwierigkeit ist heute angedeutet durch die kosmologischen Theorien, welche eine räumlich geschlossene Welt fordern und dadurch Randbedingungen überhaupt vermeiden. Wegen der begrifflichen Schwierigkeiten, welche diese kosmologischen Theorien immerhin noch darbieten [1]), und nicht zuletzt wegen der mathematischen Schwierigkeiten ihres Verständnisses, ist damit die Lösung einer wichtigen erkenntnistheoretischen Frage, die jedem naturwissenschaftlich Gebildeten sofort einleuchtet, auf ein Gebiet hinübergerückt, auf dem wenige ihr folgen können und auf dem es wirklich nicht leicht ist, sich den klaren Blick für Wahrheit und Dichtung zu bewahren. Ich zweifle nicht daran, daß, wenn die Lösung im Sinne jener Theorien endgültig erreicht sein wird, sie nicht nur in hohem Maße befriedigen, sondern auch in einer Form sich darstellen lassen wird, die einem weiteren Kreis wirkliche Einsicht in dieselbe gewährt. Bei dem heutigen Stand ist es aber vielleicht nicht zwecklos, sich zu fragen, ob nicht durch eine einfache Modifikation der klassischen Mechanik der Machschen Relativitätsforderung genügt und das Bestimmtsein der Inertialsysteme durch den Fixsternhimmel auf einfache Weise verständlich gemacht werden kann.[2])

Der Ansatz für die *potentielle* Energie in der Punktmechanik und im besonderen derjenige für das Newtonsche Potential genügt nun dem Machschen Postulat ohne weiteres, da er nur von der Entfernung der beiden Massenpunkte, nicht von ihrer absoluten Lage im Raum abhängt. Er kann deshalb, da er sich bewährt hat, auch vom Standpunkt jenes Postulates aus beibehalten werden, sei es auch nur als erste

1) H. Weyl, Raum, Zeit, Materie, 5. Aufl. § 39. — Berlin, J. Springer. 1923. Vgl. auch den Aufsatz „Massenträgheit und Kosmos" von demselben Autor im 12. Jahrg. (1924) der „Naturwissenschaften".

2) Die Lösung dieser Aufgabe liegt eigentlich schon in der von Mach gegebenen Darstellung des Trägheitsgesetzes. Sie hat wohl hauptsächlich deshalb so wenig Anklang gefunden, weil Mach eine *von der Entfernung unabhängige* wechselseitige Trägheitswirkung glaubt annehmen zu müssen (a. a. O., S. 228 ff.).

Näherung für ein in Wirklichkeit vielleicht komplizierteres Gesetz. Anders steht es mit der *kinetischen* Energie. Sie ist nach der klassischen Mechanik bestimmt durch die absolute Bewegung *im Raum*, während doch prinzipiell nur *relative* Bewegungen, Abstände und Abstandsänderungen von Massenpunkten beobachtbar sind. Man muß also nachsehen, ob es nicht möglich ist, die kinetische Energie, ebenso wie bisher die potentielle, nicht den Massenpunkten einzeln zuzuteilen, sondern sie gleichfalls als eine Energie der *Wechselwirkung* je zweier Massenpunkte aufzufassen und nur vom Abstand und der Änderungsgeschwindigkeit des Abstandes der beiden Punkte abhängen zu lassen. Um aus der Fülle von Möglichkeiten einen Ansatz auszuwählen, verwenden wir heuristisch die folgenden Analogieforderungen:

1. Die kinetische Energie als Wechselwirkungsenergie soll von den Massen und vom Abstand der beiden Punkte in derselben Weise abhängen, wie das Newtonsche Potential;

2. sie soll dem Quadrate der Änderungsgeschwindigkeit des Abstandes proportional sein.

Für die gesamte Wechselwirkungsenergie zweier Massenpunkte mit den Maßen μ, μ' in der Entfernung r gibt das den Ansatz

$$W = \gamma \frac{\mu \mu' \dot{r}^2}{r} - \frac{\mu \mu'}{r}. \tag{1}$$

Die Massen sind hier in solchem Maß gemessen, daß die Gravitationskonstante gleich 1 wird. Die vorläufig unbestimmte Konstante γ hat die Dimension einer reziproken Geschwindigkeit. Da sie universell sein soll, wird man erwarten, daß es dabei, von einem Zahlenfaktor abgesehen, um die Lichtgeschwindigkeit sich handelt, oder daß γ sich auf einen Zahlenfaktor reduziert, wenn man als Zeiteinheit die Lichtsekunde wählt. Wir werden nachher veranlaßt sein, diesen Zahlenfaktor gleich 3 zu setzen.

Nun denken wir uns einen Massenpunkt μ in der Nähe des Mittelpunktes einer Hohlkugel vom Radius R, die mit der Massendichte σ gleichförmig belegt ist. Wir beziehen alle Aussagen auf ein Koordinatensystem, in welchem die Hohlkugel ruht. In diesem sei der Massenpunkt bewegt, seine räumlichen Polarkoordinaten seien ϱ, ϑ, φ, die eines Flächen-elementes der Kugel R, ϑ', φ'. Die Entfernung r des Punktes von dem Flächenelement ist gegeben durch

$$(2)\quad \begin{cases} r^2 = R^2 + \varrho^2 - 2\,R\,\varrho\,\cos(R\,\varrho) \\ \quad = R^2 + \varrho^2 - 2\,R\,\varrho\,[\cos\vartheta\cos\vartheta' \\ \qquad + \sin\vartheta\sin\vartheta'\cos(\varphi - \varphi')]. \end{cases}$$

Die gesamte *potentielle* Energie ist in jeder Lage dieselbe und wir lassen sie außer Betracht. Durch Differentiation erhält man.

$$(3)\quad \begin{cases} r\dot{r} = \varrho\,\dot{\varrho} - R\,\dot{\varrho}\,[\cos\vartheta\cos\vartheta' + \\ \quad + \sin\vartheta\sin\vartheta'\cos(\varphi - \varphi')] - R\,\varrho\,[-\sin\vartheta\cos\vartheta'\,\dot{\vartheta} + \\ \quad + \cos\vartheta\sin\vartheta'\cos(\varphi - \varphi')\,\dot{\vartheta} - \sin\vartheta\sin\vartheta'\sin(\varphi - \varphi)\,\dot{\varphi}]. \end{cases}$$

Da wir das Koordinatensystem beliebig orientieren dürfen, genügt es für $\vartheta = 0$ zu rechnen. Ferner wollen wir nur die Hauptglieder ausrechnen, die bestehen bleiben, wenn $\varrho \ll R$. Wir dürfen dann die Glieder mit ϱ streichen außer wo sie mit $\dot{\vartheta}$ oder $\dot{\varphi}$ multipliziert sind. Auch wird in dieser Näherung $r = R$. Das gibt

$$(4)\qquad \dot{r} = -\,\dot{\varrho}\cos\vartheta' - \varrho\,\dot{\vartheta}\sin\vartheta'\cos(\varphi - \varphi').$$

Mithin nach (1)

$$(5)\quad \begin{cases} W = \frac{\gamma\,\mu\,\sigma\,R^2}{R}\int\limits_0^{2\pi} d\varphi' \int\limits_0^{\pi} \sin\vartheta'\,d\vartheta'\,[\dot{\varrho}^2\cos^2\vartheta' + \\ \quad + 2\,\varrho\,\dot{\varrho}\,\dot{\vartheta}\sin\vartheta'\cos\vartheta'\cos(\varphi - \varphi') + \\ \quad + \varrho^2\,\dot{\vartheta}^2\sin^2\vartheta'\cos^2(\varphi - \varphi') = \frac{4\,\pi\,\gamma\,\mu\,\sigma\,R}{3}(\dot{\varrho}^2 + \varrho^2\,\dot{\vartheta}^2). \end{cases}$$

Das ist genau der Wert der kinetischen Energie nach der klassischen Mechanik mit der Maßgabe, daß die gewöhnliche Masse m unseres Punktes (in Gramm) gegeben sein muß durch

$$(6)\qquad m = \frac{8\,\pi\,\gamma\,\sigma\,R}{3}\,\mu.$$

Da nun andererseits nach dem Ansatz für die potentielle Energie

$$(7)\qquad m = \frac{\mu}{\sqrt{k}},$$

wo k die gewöhnliche Gravitationskonstante, so muß

(8) $$\frac{1}{\sqrt{k}} = \frac{8\pi\gamma\sigma R}{3}.$$

Oder, wenn wir für σ die gewöhnliche Flächendichte s einführen,

(9) $$s = \frac{\sigma}{\sqrt{k}},$$

wird

(10) $$\frac{4\pi s R^2}{R} = \frac{3}{2k\gamma},$$

eine Beziehung, von der noch zu sprechen sein wird. —

Drückt man die Massen in Gramm aus, so wird die gesamte Wechselwirkungsenergie

(1′) $$W = \frac{\gamma k m m'}{r}\dot{r}^2 - \frac{k m m'}{r}.$$

Bewegt sich ein Massenpunkt m (Planet) in der Umgebung einer großen Masse m' (Sonne), so wird außer der kinetischen Energie (5) gegen den „Massenhorizont" noch seine potentielle *und* seine kinetische Energie (1′) gegen m' in Betracht zu ziehen sein. Man erhält als Gesamtenergie des „Einkörperproblems"

(11) $$W = \left(\frac{m}{2} + \frac{\gamma k m m'}{r}\right)\dot{r}^2 + \frac{m}{2} r^2 \dot{\varphi}^2 - \frac{k m m'}{r}.$$

Die Anwesenheit der Sonne hat also außer der Gravitationsanziehung noch *die* Wirkung, daß der Planet „radial" eine etwas größere träge Masse erhält als „tangential". Durch Anwendung des Flächensatzes, der keine Änderung erleidet,

(12) $$r^2 \dot{\varphi} = f,$$

und die Substitution

(13) $$r^{-1} = \xi$$

erhält man nach Elimination der Zeit aus (11) und (12) in gewohnter Weise

(14) $$(1 + 2\gamma k m' \xi)\left(\frac{d\xi}{d\varphi}\right)^2 + \xi^2 - \frac{2 k m'}{f^2}\xi - \frac{2W}{m f^2} = 0.$$

Mit

(15) $$\xi = \eta + \frac{k m'}{f^2}, \qquad C = \frac{2W}{m f^2} + \frac{k^2 m'^2}{f^4}$$

kommt

$$(16)\qquad d\varphi = \frac{d\eta\sqrt{1+\frac{2\gamma k^2 m'^2}{f^2}+2\gamma k m'\eta}}{\sqrt{C-\eta^2}},$$

von der üblichen Form abweichend durch den Wurzelfaktor im Zähler. Man überzeugt sich leicht, daß derselbe in der Anwendung auf Planetenbahnen nur eine geringfügige Korrektion bildet, falls γ von der Größenordnung des reziproken Lichtgeschwindigkeitsquatrates. Wir können uns daher mit der Näherung begnügen

$$(17)\qquad \varphi = \left(1+\frac{\gamma k^2 m'^2}{f^2}\right)\arcsin\eta - \gamma k m'\sqrt{C-\eta^2} + \text{const.}$$

Während der zweite Term rechter Hand nur eine außerordentlich geringfügige *periodische* Störung bedeutet, liefert der erste eine säkulare Periheldrehung vom Betrage

$$(18)\qquad \Delta = \frac{2\pi\gamma k^2 m'^2}{f^2}$$

pro Umlauf, im Sinne des Umlaufs (φ durchläuft den Winkel $2\pi + \Delta$, bis η und damit auch r zu demselben Wert und in dieselbe Bewegungsphase zurückkehrt). Nun ist nach bekannten Formeln

$$(19)\qquad k m' = \frac{4\pi^2 a^3}{\tau^2},\qquad f = \frac{2\pi a b}{\tau},$$

also

$$\frac{k^2 m'^2}{f^2} = \frac{4\pi^2 a^4}{b^2\tau^2} = \frac{4\pi^2 a^2}{\tau^2(1-\varepsilon^2)}$$

(τ, a, b, ε sind die Umlaufszeit, große und kleine Halbachse und die numerische Exzentrizität der Ellipse). Das gibt

$$(20)\qquad \Delta = \frac{8\pi^3\gamma a^2}{\tau^2(1-\varepsilon^2)}.$$

Man erhält Übereinstimmung mit der aus der allgemeinen Relativitätstheorie abgeleiteten Periheldrehung[1]), also hinsichtlich des Merkur auch mit der Erfahrung, wenn man setzt

$$(21)\qquad \gamma = \frac{3}{c^2}.$$

Der Ansatz (1) erhält dann die genauere Bestimmung

$$(1'')\qquad W = \frac{3\mu\mu'\dot{r}^2}{r} - \frac{\mu\mu'}{r},$$

1) A. Einstein, a. a. O., letzte Seite.

wenn Zeit- und Masseneinheit so gewählt werden, daß Lichtgeschwindigkeit und Gravitationskonstante beide gleich 1 werden. — (10) wird

$$(10') \qquad \frac{4\pi s R^2}{R} = \frac{c^2}{2k} = 6{,}7 \cdot 10^{27} \text{ c. g. s.}$$

Denkt man sich den „Massenhorizont" aus einzelnen Massenpunkten bestehend und läßt unter ihnen unregelmäßig verteilte Geschwindigkeiten zu, welche jedoch in bezug auf passend gewählte Koordinatensysteme nicht von höherer Größenordnung sind als diejenigen, mit denen im Mittelpunkt experimentiert wird, so ändert sich bei hinreichend großem R an dem Resultat (5) nichts weiter, als daß erstens dieses Resultat bezüglich desjenigen unter den genannten Koordinatensystemen gilt, in bezug auf welches der Schwerpunkt der Horizontmassen *ruht*; zweitens tritt noch ein konstantes Zusatzglied auf, herrührend von den Radialgeschwindigkeiten der Horizontmassen, welches aber ohne Einfluß auf die Bewegung ist.

Ferner ist klar, daß man die flächenhafte Verteilung der Horizontmassen auch durch eine im großen Durchschnitt kugelsymmetrisch um den Beobachtungspunkt angeordnete räumliche Verteilung ersetzen darf, wofern die Verhältnisse nur so liegen, daß die innersten Schalen dieser Raumverteilung, für welche R noch nicht hinreichend groß ist, um die oben gemachten Vernachlässigungen zu rechtfertigen, nur verschwindende Beiträge zur gesamten Trägheitswirkung liefern. Sei d die räumliche Dichte dieser Verteilung in g/cm³, R ihr äußerer Radius, so tritt dann offenbar an die Stelle von (10′)

$$(10'') \qquad \int_0^R \frac{4\pi \varrho^2 d}{\varrho}\, d\varrho = 2\pi R^2 d = \frac{c^2}{2k} = 6{,}7 \cdot 10^{27} \text{ c. g. s.},$$

wo wir die Integration für ein innerhalb R konstantes d ausgeführt haben. — Diese merkwürdige Beziehung sagt aus, daß das (negative) Potential aller Massen auf den Beobachtungsort, berechnet mit der *am Beobachtungsort gültigen* Gravitationskonstante, dem halben Quadrat der Lichtgeschwindigkeit gleich sein soll.

Eine grobe Abschätzung des Integrals in (10″) für die leuchtenden Massen unseres Sternsystems ergibt dafür den Wert 10^{16} c. g. s. Dabei ist angenommen, daß eine Kugel vom Radius $R = 200$ parsec (1 parsec $= 3{,}09 \cdot 10^{18}$ cm) gleichmäßig mit Sternen von der Masse der Sonne erfüllt ist, derart daß 30 solcher Sterne auf eine Kugel von 5 parsec Radius entfallen. Es kann somit nur ein ganz verschwindender Bruchteil der auf der Erde und im Planetensystem beobachteten Trägheitswirkungen von der Wechselwirkung mit den Massen unseres Milchstraßensystems herrühren. Das ist in Hinblick auf die Zulässigkeit der hier entwickelten Vorstellungen ein sehr erfreuliches Resultat. Denn würden die Verhältnisse größenordnungsmäßig nur ein klein wenig anders liegen, so wäre es nur sehr gezwungen möglich, sich das Fehlen jeglicher *Anisotropie* der irdischen und planetarischen Trägheit zu erklären. Eine Massenverteilung, wie die an den leuchtenden Sternen festgestellte, müßte zur Folge haben, daß die Körper einer Beschleunigung *in* der galaktischen Ebene einen größeren Trägheitswiderstand entgegensetzen als senkrecht dazu. Ähnliche Folgen müßte der Umstand haben, daß wir uns doch wahrscheinlich nicht genau in der Mitte dieser Massenverteilung befinden. Das oben festgestellte Größenordnungsverhältnis scheint mir die von der unsymmetrischen Lagerung der Massen unseres Milchstraßensystems herrührende Trägheitsanisotropie *eben noch* unter die Grenze der astronomischen Beobachtbarkeit herabzudrücken, wie man durch Vergleich mit der gerade noch gut nachweisbaren Anisotropie der Merkurmasse grob abschätzen kann.

Dagegen scheint nun allerdings aufs neue die Frage aufzutauchen, warum dann unsere Inertialsysteme gerade gegen *unser* Sternsystem drehungsfrei sind (oder dieses gegen sie), wenn sie doch nicht hauptsächlich in ihm, sondern in noch viel weiter entfernten Sternmassen „verankert" sind. Die Ursache, oder besser gesagt der Sachverhalt, ist von unserem ganz naiv elementaren Standpunkt aus offenbar der, daß empirisch überhaupt nur verhältnismäßig geringfügige relative Sterngeschwindigkeiten auftreten, nämlich nur solche, die merklich kleiner sind als die Lichtgeschwindigkeit. Unser Ansatz (1″) läßt für diesen Sachverhalt durchaus keinen Grund erkennen.

Dieser bietet sich aber ganz ungezwungen dar, wenn wir zu der bisher allein verwendeten Kenntnis der Mechanik unseres Sonnensystems noch als rein empirische Grundlage hinzunehmen die Beobachtungen über die bedeutende Zunahme der Trägheit bei Annäherung an die Lichtgeschwindigkeit (Ablenkungsversuche mit Elektronen). Diese Versuche zeigen, daß der Ansatz (1″) nur als Näherung für kleine Geschwindigkeiten aufzufassen ist und für große, d. h. mit der Einheit vergleichbare $\dot{r}$ einer Korrektur bedarf. Sehen wir die „relativistische" Energieformel als Ausdruck der Beobachtungen an

$$\text{(22)} \qquad \text{Kin. En.} = m c^2 \left(\frac{1}{\sqrt{1 - \beta^2}} - 1 \right),$$

so ist es leicht, eine Modifikation von (1″) anzugeben, welche für beliebige Geschwindigkeiten gerade auf (22) führt. Man setze

$$(1''') \qquad W = \frac{\mu \mu'}{r} \left(\frac{2}{(1 - \dot{r}^2)^{3/2}} - 3 \right);$$

setzen wir hier $\dot{r}$ nach (4) ein und führen die mit (5) analoge Rechnung durch (unter Fortlassung des zweiten Klammergliedes in (1‴), das nur konstantes liefert):

$$W = \frac{2 \mu \sigma R^2}{R} \int_0^{2\pi} d\varphi' \int_0^{\pi} \frac{\sin \vartheta' \, d\vartheta'}{(1 - [\dot{\varrho} \cos \vartheta' + \varrho \dot{\vartheta} \sin \vartheta' \cos (\varphi' - \varphi)]^2)^{3/2}}.$$

Setzen wir hier zunächst

$$x = \cos \vartheta', \qquad y = \sin \vartheta' \cos (\varphi' - \varphi),$$

so durchlaufen x und y *zweimal* die Fläche des Einheitskreises, wenn ϑ', φ' ihren ganzen Bereich abstreichen. Man findet

$$W = 4 \mu \sigma R \iint\limits^{x^2 + y^2 \leqslant 1} \frac{dx \, dy}{(1 - [\dot{\varrho} x + \varrho \dot{\vartheta} y]^2)^{3/2} \sqrt{1 - x^2 - y^2}}.$$

Nun führen wir für x und y „ebene Polarkoordinaten" r, ψ ein und erkennen, daß man vorteilhaft statt r sogleich

$$\sqrt{1 - r^2} = z$$

als Variable wählt. Das ergibt

$$W = 4\mu\sigma R\int_0^{2\pi} d\psi \int_0^1 \frac{dz}{(1-a^2+a^2z^2)^{3/2}} = 4\mu\sigma R\int_0^{2\pi}\frac{d\psi}{1-a^2}$$

$$= 4\mu\sigma R\int_0^{2\pi}\frac{d\psi'}{1-v^2\cos^2\psi'}$$

mit den Abkürzungen

$$a = \dot\varrho\cos\psi + \varrho\dot\vartheta\sin\psi,$$
$$v = \sqrt{\dot\varrho^2+\varrho^2\dot\vartheta^2}.$$

Am einfachsten durch Reihenentwicklung des letzten Integrals (oder durch direkte Ausrechnung oder durch Integration im Komplexen) erkennt man nun, daß schließlich

(23) $$W = \frac{8\pi\mu\sigma R}{\sqrt{1-v^2}} = \frac{8\pi\mu\sigma R}{\sqrt{1-\dot\varrho^2-\varrho^2\dot\vartheta^2}},$$

welches nach (6) und (21) mit dem variablen Teil von (22) übereinstimmt, da wir ja bei der jetzigen Rechnung von vornherein die Lichtgeschwindigkeit als Einheit genommen haben.

Beiläufig sei erwähnt, daß zu dem Ansatz (1‴) die Lagrangefunktion

(24) $$L = \frac{\mu\mu'}{r}\left(\frac{2}{\sqrt{1-\dot r^2}} - 4\sqrt{1-\dot r^2} + 3\right)$$

gehört, welche der Gleichung

(25) $$\dot r\frac{dL}{d\dot r} - L = W = \frac{\mu\mu'}{r}\left(\frac{2}{(1-\dot r^2)^{3/2}} - 3\right)$$

genügt. Integriert man L nach (24), ähnlich wie früher W für die Wechselwirkung unseres Massenpunktes mit der Hohlkugel, so erhält man, von einer Konstante abgesehen, die wohlbekannte relativistische Lagrangefunktion eines Massenpunktes

(26) $$L = -mc^2\sqrt{1-\beta^2},$$

wo β wieder das Verhältnis der Geschwindigkeit des Massenpunktes zur Lichtgeschwindigkeit bezeichnet.

Der schwerwiegendste Einwand, welcher sich gegen die in dieser Note aufgezeigten Vorstellungsmöglichkeiten erheben läßt, ist der, daß dieselben in einer heutzutage unerhörten

Weise auf das Prinzip der instantanen actio in distans zurückzugreifen scheinen. Selbstverständlich wird heute niemand, auch der Autor nicht, dazu zu bewegen sein, die Ansätze (1), (1') usw. wirklich in diesem Sinne aufzufassen. Aber ganz ebenso wie wir überzeugt sein dürfen, daß ein viele Lichtjahre entfernter Stern auf ein irdisches Sekundenpendel bei jeder Schwingung einen minimen und scheinbar instantanen Einfluß durch sein Gravitationsfeld ausübt, auch dann, wenn die Gravitation sich in Wahrheit nur mit Lichtgeschwindigkeit ausbreitet, ganz ebenso dürfen wir, glaube ich, mit den von $\dot{r}$ abhängigen Gliedern unserer Ansätze rechnen, ohne uns gegen den Grundsatz der endlichen Ausbreitungsgeschwindigkeit aller Wirkungen zu versündigen, so lange die Verhältnisse nur *so* liegen, daß es im Durchschnitt nicht darauf ankommt, ob wir mit dem augenblicklichen oder mit dem um die Latenszeit zurückliegenden Bewegungszustand des entfernten Weltkörpers rechnen.

In anderen Fällen würde man allerdings zunächst gewissen Schwierigkeiten begegnen, wenn man mit der Berücksichtigung der Latenszeit Ernst machen wollte. Es erweist sich dann als prinzipiell unmöglich, $\dot{r}$ anzugeben. Man könnte es rein empirisch durch den beobachteten Dopplereffekt definieren, aber dieser ist für zwei Beobachter auf zwei verschiedenen Massenpunkten, die einander Lichtzeichen geben, nicht derselbe „im gleichen Augenblick". Die vorerst in eins zusammengezogene kinetische Energie der Wechselwirkung zerfällt damit notwendig wieder in zwei Terme. Im übrigen könnte die Ursache für die Verschiedenheit des Dopplereffekts, wenn die beiden Weltkörper etwa gleiche Masse haben, nur in der Existenz aller übrigen Weltkörper erblickt werden, welche demnach ein Inertialsystem für das Licht ebensogut wie für die Punktbewegung definieren müssen.

Ich halte es für wahrscheinlich, daß man durch Weiterverfolgung dieser Gedanken schließlich nach mancherlei Abänderungen bei der allgemeinen Relativitätstheorie landen würde. Denn diese stellt einen Rahmen dar, den wohl keine künftige Theorie völlig sprengen wird, der aber heute bei weitem noch nicht ganz mit konkreten und lebendigen Vorstellungen ausgefüllt ist. Die hier verwendete Vorstellung, daß die Änderung des relativen, nicht des absoluten Bewegungszustandes der Körper einen Arbeitsaufwand erfordere, halte ich zum mindesten für eine erlaubte und nützliche Zwischenstufe, welche einen einfachen erfahrungsmäßigen Sachverhalt mittels Begriffsbildungen, die jedermann geläufig sind, in einfacher und doch nicht prinzipiell falscher Weise zu verstehen gestattet.

Zürich, Physikalisches Institut der Universität.

(Eingegangen 16. Juni 1925.)

Zürich 6, Huttenstrasse 9

Bemerkung zu meiner Note: Die Erfüllbarkeit der Relativitätsforderung in der klassischen Mechanik;[1] von E. Schrödinger.

Der Grundgedanke, der in der genannten Note ausgeführt wird, nämlich der Gedanke, die "relative" kinetische Energie zweier Massenpunkte m_1, m_2 im Abstand r proportional zu setzen mit

$$\frac{m_1 m_2 \dot{r}^2}{r}$$

- ist das geistige Eigentum Herrn Prof. H. Reissners, und nicht das meine. Der Gedanke liegt in etwas allgemeinerer Form (f(r) statt 1/r) der ersten, und genau dieser Form der zweiten von zwei sehr interessanten Arbeiten Reissners[2] zugrunde, deren erste mir ganz sicher bekannt war, während ich es von der zweiten, welche in die Kriegszeit fällt, nicht mit Sicherheit feststellen kann. Ich bedaure aufrichtig das unbewusste Plagiat, dessen ich mich schuldig gemacht habe, und bitte Herrn Reissner auch an dieser Stelle dafür gebührend um Entschuldigung. - Nur beiläufig erwähne ich, dass Standpunkt und Behandlungsweise meiner Note doch etwas abweichend sind, so dass dieselbe vielleicht gleichwohl nicht ganz jeden Interesses entbehrt; anderseits lässt Herr Reissner seine Konzeption sehr viel weiter tragen, indem er die Gravitation selbst als relative Trägheit verborgener Massenbewegungen zu deuten versucht, was ich nicht unternommen habe. - Interessenten seien bei dieser Gelegenheit noch auf eine Schrift H. Ostens über denselben Gegenstand[3] aufmerksam gemacht.

1) Annalen der Physik (4) 77, 325, 1925.

2) H. Reissner, Physikal. Zeitschr. 15, 371, 1914; 16, 179, 1915.

3) H. Osten, Ueber ein neues Anziehungsgesetz und die relative Definition der Trägheit (Leipzig, E.H. Mayer 1925; erstmals in Astr. Nachr. 219, S. 233; 220, 111; 222, 377.)

Unterschrift: Schrödinger.

Michelsonscher Versuch und Relativitätstheorie.

Bei dem großen Interesse, dem die Relativitätstheorie in den weitesten Kreisen begegnet ist, dürfte es gerechtfertigt sein, auch an dieser Stelle zu berichten über die Wiederholung des sogenannten Michelsonschen Versuches durch D. C. Miller in den Jahren 1921—25 auf dem Gipfel des Mount Wilson, etwa 1700 Meter ü. M.*) Entgegen aller Erwartung war das Versuchsergebnis auf der Hochstation ein anderes als im Meeresniveau, wodurch die Relativitätstheorie in ihrer bisherigen Form ernstlich in Frage gestellt wird.

Das Medium, in welchem die Lichtwellen sich fortpflanzen, ist nicht etwa, wie beim Schall, die Luft, sondern — man kann es nicht anders ausdrücken — der leere Raum. Während eine Klingel, unter den Rezipienten einer Luftpumpe gestellt, leiser und leiser ertönt in dem Maße, als man die Luft auspumpt, erleidet das optische Bild dieser Klingel oder irgendeines andern Gegenstandes unter der Luftpumpe keine merkbare Veränderung, obwohl beim Abpumpen der Luft allmählich ein Vakuum zwischen ihn und unser Auge tritt. Auch die ungeheuren Räume, welche uns von der Sonne und den Sternen trennen, sind im gewöhnlichen Sinne sicherlich so gut wie völlig leer und werden doch von den Lichtwellen durcheilt. Nach der ältern, von Isaak Newton vertretenen sogenannten „Emanationstheorie", nach welcher das Licht aus fortgeschleuderten materiellen Teilchen bestehen sollte, hatte dies Durchsetzen leerer Räume nichts Befremdendes. Sobald aber die Wellennatur des Lichtes erkannt war, mußte man annehmen, daß doch auch der im gewöhnlichen Sinne leere Raum noch gewisser periodischer Zustandsänderungen fähig, also doch nicht eigentlich leer sei, und man nannte ihn deshalb Lichtäther. — In der Sprache dieser Aethertheorie ausgedrückt, handelt es sich bei dem Michelsonschen Experiment darum, festzustellen, ob unsere Erde sich mit einer bestimmten Geschwindigkeit durch den Lichtäther hindurchbewegt, in welchem Falle wir durch geeignet angeordnete optische Versuche einen „Aetherwind" müßten nachweisen können, ähnlich wie man etwa auf dem Verdeck eines fahrenden Schiffes einen Luftzug verspürt; oder ob dies nicht der Fall ist, ob etwa der Aether in der Umgebung der Erde von ihr mitgerissen wird, so ähnlich wie die Luft im Innern einer Schiffskajüte.

Die optischen Versuche, die zur Entscheidung dieser Frage dienen, sind an der Analogie mit dem Schall grundsätzlich sehr leicht zu verstehen. Auf unserem Schiffsverdeck würde man durch genaue Zeitmessungen feststellen können, daß ein Schallsignal, etwa ein kurzer Pfiff, etwas rascher vom Bug rückwärts zum Heck sich fortpflanzt als umgekehrt, vom Heck zum Bug, und zwar aus dem einfachen Grunde, weil im ersten Fall der Ort des Schallempfanges den Schallwellen entgegenkommt, während er im zweiten Fall vor ihnen zurückweicht. Man würde durch solche Messungen ohne sehr große Schwierigkeit feststellen können, nicht nur daß, sondern auch mit welcher Geschwindigkeit das Schiff sich durch die Luft bewegt. — Diese einfache Versuchsanordnung mit Licht genau zu kopieren, ist praktisch unmöglich wegen der ungeheuren Fortpflanzungsgeschwindigkeit des Lichtes, das eine Strecke von 100 m in dem dreimillionsten Teil einer Sekunde zurücklegt. Hier führt aber eine Abänderung ans Ziel, die im ersten Moment höchst unsinnig scheint, weil sie den Einfluß der Bewegung des Mediums noch stärker herabdrückt. Man läßt nämlich das Licht eine Strecke, die in der vermuteten Streichrichtung des „Aetherwindes" liegt, hin und zurück durchlaufen, so daß es wieder in den Ausgangspunkt zurückkehrt. Bei flüchtiger Ueberlegung könnte man meinen, daß der Einfluß einer etwaigen Aetherdrift auf die gesamte zum Hin- und Rückweg benötigte Zeit sich gerade wieder forthebt; eine genauere Rechnung zeigt aber, daß im ganzen doch eine, wenn auch sehr kleine Verzögerung stattfinden müßte. Wir können uns das an folgender Analogie klarmachen: Wenn ein Flugzeug (das uns jetzt den Lichtstrahl veranschaulicht) mit vollkommen konstanter Motorleistung von Zürich nach Basel und wieder zurückliegt, so wird, behaupten wir, die gesamte Flugzeit bei konstantem starkem Westwind etwas größer sein als bei Windstille. Nämlich: von Zürich nach Basel ist der Wind hinderlich, von Basel nach Zürich förderlich; die Hinfahrt wird daher eine längere Zeit erfordern als die Rückfahrt; daher ist der Wind während einer längeren Zeit hinderlich als förderlich, daher wird die gesamte Flugzeit bei Wind etwas länger sein als ohne Wind. Der Einfluß auf die Gesamtzeit ist allerdings viel kleiner als auf die beiden Flugzeiten einzeln genommen; es ist, wie man sagt, nur ein „Effekt zweiter Ordnung", der da übrigbleibt.

Beim Michelsonschen Versuch läßt man nun also ein Lichtstrahlenbündel in der Richtung der vermuteten Aetherdrift eine Strecke hin und zurück durchlaufen. Ein zweites Lichtstrahlenbündel läßt man von demselben Punkt ausgehen und eine gleich lange Strecke gleichfalls hin und zurückeilen, gleichfalls in horizontaler Richtung, aber in rechtem Winkel zu dem ersten, also quer zu der vermuteten Drift. Treffen nun diese beiden Bündel im Ausgangspunkt wieder zusammen, so wird eine ungeahnt feine Messung der Differenz zwischen dem Zeitaufwand des einen und des andern Lichtbündels ermöglicht durch die Wellennatur des Lichtes. Treffen nämlich zwei Wellenzüge zusammen in solcher „Phase", daß Wellenberg auf Wellenberg, Wellental auf Wellental fällt, so verstärken sich ihre Wirkungen und es entsteht im Falle des Lichtes — die Ueberlegung gilt für Wellen jeder Art — vermehrte Helligkeit. Treffen sie aber nur ein ganz klein wenig anders zusammen, so nämlich, daß ein Wellenberg des einen auf ein Wellental des andern fällt, so heben sie sich in ihrer Wirkung auf, es entsteht durch sogenannte Interferenz Dunkelheit. Betrachtet man also das Lichtfeld, auf dem die zwei obengenannten Bündel wieder zusammentreffen, mit einer Lupe und dreht nun den ganzen Apparat (der zu diesem Zweck auf einem Quecksilberspiegel schwimmt) ganz vorsichtig um die Vertikale durch einen rechten Winkel, so daß die beiden Lichtbündel ihre Rollen tauschen, so muß man, wenn eine Aetherdrift vorhanden ist, eine deutliche Verschiebung der hellen und dunklen Stellen des Interferenzfeldes beobachten, und aus der Größe der Verschiebung, den Abmessungen der Lichtwege

---

*) Proceedings American Akademy of Science, Juni 1925.

und der Wellenlänge des Lichtes läßt sich die Triftgeschwindigkeit unschwer berechnen. Dagegen wird das Lichtfeld beim Drehen ungeändert bleiben, wenn der Lichtäther gegen die Erde ruht, etwa von ihr mitgerissen wird wie die Luft im Innern der Schiffskajüte.

Der erste Versuch dieser Art wurde von Michelson und Morley im Jahre 1887 in der Hafenstadt Cleveland (Ohio) ausgeführt, ein zweiter, sehr viel genauerer, von Morley und Miller an demselben Ort, und zwar im Sockelgeschoß des dortigen Laboratoriums. Das Ergebnis war, daß die Lage der Interferenzstreifen bei dem oben beschriebenen Drehen des Apparates vollkommen ungeändert blieb. Das hieß in der Sprache der Aethertheorie, daß der Lichtäther, jedenfalls im Sockelgeschoß eines tiefgelegenen Gebäudes, von der Erde fast vollständig mitgerissen wird. Etwas anders deutete das Resultat die Relativitätstheorie, die ein Weltbild entwarf, wonach es grundsätzlich unmöglich sein sollte, die „absolute" Bewegung eines Körpers im Raum durch Versuche irgendwelcher Art festzustellen, oder anders gesprochen: ein Weltbild, wonach dem Lichtäther doch nicht soviel Materialität zukommen sollte, daß von einem Bewegungszustand desselben überhaupt gesprochen werden dürfe.

Glücklicherweise ließen sich die Experimentatoren doch nicht abhalten von der Durchführung des sogleich ins Auge gefaßten Planes, nämlich den Versuch an einem höher und freier gelegenen Punkt zu wiederholen. Dies geschah im Jahre 1921 auf dem Gipfel des Mount Wilson (bei Pasadena in Kalifornien) in rund 1700 m Seehöhe, und zwar mit demselben Apparat, der 1904/05 in Cleveland benützt worden war. Nach Durchführung der Gipfelversuche wurde er vollkommen demontiert und nach Cleveland zurückgeschafft, wo 1922—24 sehr sorgfältige Kontrollmessungen ausgeführt wurden. Um das Ergebnis vollkommen sicherzustellen, wurde der Apparat dann neuerlich auseinandergenommen, wieder auf den Mount Wilson geschafft und in einer von der ersten möglichst verschiedenen Aufstellung 1924/25 neuerlich eine große Anzahl von Beobachtungen angestellt. — Das bei der gegenwärtigen Einstellung der Physik höchst befremdende Ergebnis war, daß auf dem Gipfel des Mount Wilson in beiden Versuchsreihen (1921 und 1925) übereinstimmend ein vollkommen deutlicher Effekt, d. h. ein Wandern der Interferenzstreifen beim Drehen des Apparates wirklich festzustellen war, während die Versuche in Cleveland früher so gut wie keinen Effekt ergaben. Es scheint danach, daß der gesuchte Aetherwind auf einem Berggipfel von 1700 m Höhe tatsächlich „weht", und zwar mit einer Stärke von etwa 10 km in der Sekunde, d. i. rund ein Drittel der Geschwindigkeit der Erde in ihrer Bahn um die Sonne, während im Meeresniveau der Aetherwind fehlt, d. h. der Aether fast vollständig von der Erde mitgerissen wird.

Da der Beobachter mit seinem Apparat auf der Erde feststeht und mit ihr im Umschwung begriffen ist, war zu erwarten, daß die Richtung der durch die fortschreitende Bewegung der Erde (oder des Sonnensystems?) hervorgerufenen Aetherdrift im Laufe eines Tages einmal die Windrose durchläuft, was die Versuche auch wirklich ergaben. Das gab Anlaß zu der Befürchtung, daß etwa irgendwelche andere Umstände, die periodisch im Laufe eines Tages wechseln, z. B. ungleichförmige Erwärmung durch Strahlung, auf unvermutete Weise den Effekt vorgetäuscht haben könnten. Von den vielen Kontrollversuchen, welche Miller zur Ausschaltung dieses Verdachtes unternommen hat, seien nur die folgenden erwähnt: die Lichtquelle wurde abwechselnd im Innern des Hauses und außerhalb desselben aufgestellt; es wurde mit verschiedenen künstlichen Lichtquellen und auch mit Sonnenlicht gearbeitet; die vitalen Teile des Apparates wurden mit einem besonderen Wärmeschutz umgeben, und es wurde anderseits dieser Wärmeschutz wieder entfernt und der Apparat durch kleine elektrische Oefchen absichtlich in unsymmetrischer Weise erwärmt; endlich wurde zur Ausschaltung etwaiger magnetischer Einflüsse ein besonderer, völlig eisenfreier Apparat aus Beton, Messing und Aluminium konstruiert. Alle diese und noch andere Kontrollen sprachen mit Entschiedenheit gegen das Vorhandensein irgendwelcher sekundärer Umstände, die den Effekt nur vortäuschen.

Dies also die Sprache der Tatsachen. Welche Stellung soll nun die Theorie ihnen gegenüber einnehmen? Ich bin überzeugt, daß es der Leser, wenn er sich ein wenig in die Ausführungen am Anfang dieses Berichtes hineingedacht hat, gar nicht schwer finden wird, sich ein anschauliches und befriedigendes Bild von dem Sachverhalt zu machen: die Erde mit ihren Gebirgen und Tälern bewegt sich durch den Aether hindurch, wie eine Kugel mit erheblich rauher Oberfläche durch eine Flüssigkeit; die Flüssigkeitsteilchen in den Vertiefungen haften fest an der Kugel und werden von ihr mitgerissen, auf den Gipfeln der Rauhigkeiten aber findet schon eine erhebliche relative Verschiebung statt, die Flüssigkeit wird dort nur mehr teilweise mitgerissen; erst in einiger Entfernung von der Kugel — also in für uns unerreichbarer Höhe — würde man auf Flüssigkeitsteilchen stoßen, die ruhen, d. h. an der Bewegung der Kugel nicht mehr merklich teilnehmen.

Ob diese naive Vorstellung im wesentlichen das Richtige trifft, wird sich erst zeigen müssen. Hier sei nur beiläufig erwähnt, daß sie doch sehr erheblichen Schwierigkeiten begegnet, z. B. bei der Erklärung der sogenannten Aberration. Mit diesem Ausdruck bezeichnet man die Tatsache, daß das Licht, das von den Sternen zu uns kommt, eine gewisse Ablenkung erleidet, die in Hoch- und Talstationen genau dieselbe ist, mit dem Bewegungszustand der Erde in ihrer Bahn gesetzmäßig wechselt und sich aus der Vorstellung eines völlig ruhenden, von der Erde gar nicht mitgeführten Aethers genau vorausberechnen läßt. Dieses gesicherte Beobachtungsergebnis schien mit dem ursprünglichen, völlig negativen Ausfall von Michelsons Experiment in krassem Widerspruch zu stehen, und es war eine der schönsten Leistungen der Einsteinschen Relativitätstheorie, daß sie diesen Widerspruch beseitigt hat. (Den Weg, auf dem ihr das gelang, auch nur anzudeuten, würde uns hier viel zu weit führen.) Der jetzt von Miller doch, aber nur auf der Hochstation gefundene „Aetherwind", in der obigen einfachen Weise gedeutet, genügt nicht, um die auf der Höhe und im Tiefland in ganz dem gleichen Betrag festgestellte Aberration ohne Relativitätstheorie verständlich zu machen. Die letztere aber ist dadurch, daß überhaupt ein Aetherwind gefunden wurde, für den Augenblick außer Gefecht gesetzt. Der Zustand des Theoretikers ist also momentan wirklich ein äußerst hilfloser! — Die nächste unabweisliche Aufgabe wird natürlich bestehen in der Ausdehnung der Versuche auf noch größere Seehöhe, um festzustellen, ob wirklich der Effekt nach oben zu immer mehr zunimmt. Eine einzigartige Möglichkeit hiefür würde das Jungfraujoch bieten, das mit seiner Bergbahn, dem Hotel und dem neuen Observatorium dieselben günstigen Arbeitsbedingungen wie der amerikanische Beobachtungsplatz in genau der doppelten Seehöhe vereint.

Die ziemlich umständliche endgültige Berechnung der Millerschen Versuche steht noch aus, und so ist schon aus diesem Grunde vorläufig noch einige Zurückhaltung im Urteil geboten. Soviel läßt sich aber wohl schon jetzt sagen, daß die Relativitätstheorie in ihrer gegenwärtigen Form nicht mit den neuen Erfahrungen vereinbar ist und daß unsere bisherigen Vorstellungen abzuändern sein werden, vielleicht sogar recht erheblich. Bei dem tiefgreifenden Einfluß, den die Relativitätstheorie durch die Umgestaltung der Begriffe von Raum und Zeit auf unser ganzes naturphilosophisches Denken genommen hat, wird man der weiteren Entwicklung dieser Angelegenheit mit Spannung entgegensehen.

E. Schrödinger.

The Absolute Field Constant in the New Field Theory

IN the modification of Maxwell's theory proposed by one of us[1], the notion of an 'absolute field', called b, played an essential part. In the electrostatic case, the universal constant b is simply the upper limit of the field strength, whilst in the general case of an arbitrary field, b sets a limit to the possible values of $\sqrt{(\vec{E}^2-\vec{H}^2)}$, when $\vec{E}$ and $\vec{H}$ are calculated in that Lorentz frame in which the Poynting vector vanishes in the given world-point. (In the exceptional case when there is no such Lorentz frame, that is, if $\vec{E}$ is perpendicular to $\vec{H}$ and $\vec{E}^2 = \vec{H}^2$, there is no limit.) Born and Infeld[2] have calculated b from the experimental values of the charge e and mass m of the electron by equating to mc^2 the total energy of that centrally symmetrical electrostatic solution which has the total charge e. By this procedure b works out to be $9{\cdot}18 \times 10^{15}$ E.S.U.

We now believe that this determination may be wrong, notably too high, because the spin had been neglected. Since the solution for the spinning electron cannot yet be calculated, we must content ourselves with giving a rough estimate. Let μ be the magnetic moment of the spin and r' the *new* radius of the electron (to be calculated here) and let us try tentatively to account for the observed mass m by the energy of the spin only (neglecting the electrostatic energy). The following statement will then be correct as to order of magnitude:

$$\frac{1}{2}\frac{\mu^2}{r'^3} = mc^2.$$

We can assume that μ is Bohr's magneton:

$$\mu = \frac{eh}{4\pi mc} = \frac{e}{2}\cdot\frac{e^2}{mc^2}\cdot\frac{hc}{2\pi e^2} = \frac{er_0}{2\alpha},$$

where

$$\alpha = \frac{hc}{2\pi e^2} = \frac{1}{137{\cdot}2},$$

the fine-structure constant, and $r_0 = e^2/mc^2$, the quantity usually called the radius of the electron; it is connected with the electronic radius r_{el} of the new field theory by the equation

$$r_{el} = 1{\cdot}236 r_0.$$

From our first equation we find now:

$$r' = \frac{r_0}{2\alpha^{2/3}} = \frac{r_{el}}{2{\cdot}472 \times \alpha^{2/3}} = 11 r_{el}.$$

Since r' is considerably larger than r_{el}, the electrostatic energy in the new model will be a small fraction of mc^2, and we are justified in neglecting it for our rough estimate.

Again, the field 'in the interior' of the magneton may safely be equated to the absolute field b, which fact, as to the order of magnitude, will be expressed by

$$b = \frac{\mu}{r'^3} = \frac{2mc^2}{\mu} = 4\alpha\,.\,\frac{e}{r_0}\,.\,\frac{mc^2}{e^2} = 4\alpha\,.\,\frac{e}{r_0^2}.$$

This is to be compared with the value, say b_{el}, formerly calculated from the electrostatic energy:

$$b_{el} = \frac{e}{r_{el}^2} = \frac{e}{(1{\cdot}236 r_0)^2}.$$

Wo havo

$$b = 4(1{\cdot}236)^2\,.\,\alpha\,.\,b_{el} = \frac{b_{el}}{22{\cdot}5}.$$

If the estimates are not too rough, the new point of view increases the radius of the electron by a factor of about 10, and decreases the limiting field to about the twentieth part.

MAX BORN.
Cambridge.

ERWIN SCHRÖDINGER.
Oxford. Jan. 28.

[1] M. Born, NATURE, **132**, 282; 1933.
[2] M. Born and L. Infeld, *Proc. Roy. Soc.*, A, **144**, 426; 1934.

Contributions to Born's New Theory of the Electromagnetic Field

By E. Schrödinger

(*Communicated by F. A. Lindemann, F.R.S.—Received February* 18, 1935)

1—The Introduction of Complex Variables

Born's theory† starts from describing the field by two vectors (or a " six-vector "), **B**, **E**, the magnetic induction and electric field-strength respectively. A second pair of vectors (or a second six-vector) **H**, **D**, is introduced, merely an abbreviation, if you please, for the partial derivatives of the Lagrange function with respect to the components of **B** and **E** respectively (though with the negative sign for **E**). **H** is called magnetic field and **D** dielectric displacement. It was pointed out by Born‡ that it is possible to choose the independent vectors in different ways. *Four* different and, to a certain extent, equivalent and symmetrical representations of the theory can be given by combining each of the two " magnetic " vectors with each of the two " electric " vectors to form the set of six independent variables. Every one of these four representations can be derived from a variation principle, using, of course, entirely different Lagrange functions—physically different, that is, though their analytic expressions by the respective variables are either identical or very similar to each other.

In studying Born's theory I came across a further representation, which is so entirely different from all the aforementioned, and presents such curious analytical aspects, that I desired to have it communicated. The idea is to use two complex combinations of **B**, **E**, **H**, **D** as independent variables, but in such a way that their " conjugates," *i.e.*, the partial derivatives of $\mathscr{L}$, equal their *complex* conjugates. Choosing the following pair of independent variables

$$\mathfrak{F} = \mathbf{B} - i\mathbf{D} \qquad \mathfrak{G} = \mathbf{E} + i\mathbf{H} \tag{A}$$

(which form a true six-vector) the appropriate Lagrangian works out

$$\mathscr{L} = \frac{\mathfrak{F}^2 - \mathfrak{G}^2}{(\mathfrak{F}\mathfrak{G})} \tag{1}$$

† The present paper deals only with the classical aspect of Born's theory, not with its quantization. That aspect is fully expounded in ' Proc. Roy. Soc.,' A, vol. 144, p. 425 (1934).

‡ Particularly in his report to the Int. Conf. Phys., London, October, 1934.

b

and one has

$$\left.\begin{aligned}\mathfrak{F}^* &= \frac{\partial \mathscr{L}}{\partial \mathfrak{G}} = -\frac{2\mathfrak{G}}{(\mathfrak{F}\mathfrak{G})} - \frac{\mathfrak{F}^2 - \mathfrak{G}^2}{(\mathfrak{F}\mathfrak{G})^2}\,\mathfrak{F} \\ \mathfrak{G}^* &= \frac{\partial \mathscr{L}}{\partial \mathfrak{F}} = \frac{2\mathfrak{F}}{(\mathfrak{F}\mathfrak{G})} - \frac{\mathfrak{F}^2 - \mathfrak{G}^2}{(\mathfrak{F}\mathfrak{G})^2}\,\mathfrak{G}.\end{aligned}\right\} \qquad (2)$$

The * indicates the complex conjugate, $\mathfrak{F}^2$ and $(\mathfrak{F}\mathfrak{G})$ the scalar product of $\mathfrak{F}$ with $\mathfrak{F}$ or $\mathfrak{G}$ respectively. The derivative with respect to a vector is short for: a vector, of which the components are the three derivatives with respect to the components of that vector. The units are " natural " units, Born's constant b being equalled to 1 (in other units $\mathscr{L}$ would take the factor b^2).

What is so very surprising is that the square root, which is so characteristic for Born's theory, has disappeared. The Lagrangian is not only rational, but homogeneous of the zeroth degree.

The treatment of the field by the Lagrangian (1) is entirely equivalent to Born's theory, as I shall prove presently. Therefore it cannot yield any new insight which could not, virtually, be derived from Born's original treatment as well. Moreover, for actual calculation the use of imaginary vectors will hardly prove useful. Yet for certain theoretical considerations of a general kind I am inclined to consider the present treatment as the standard form on account of its extreme simplicity, the Lagrangian being simply the *ratio* of the two invariants, whereas in Maxwell's theory it was equal to one of them.

2—The Field-equations and the Condition of Conjugateness

The proof of equivalence could be given by a somewhat lengthy analytical transformation, but it will turn out automatically on a closer description of the new treatment, to which we now proceed. In deriving the field-equations from the Lagrangian (1) we must, of course, pay no attention to the connection (A), but actually regard $\mathfrak{F}$, $\mathfrak{G}$ as the fundamental variables. Moreover, we must *assume* (just as in Maxwell's and in Born's theories) that the six-vector $\mathfrak{F}$, $\mathfrak{G}$ is the four-dimensional curl of a potential four-vector, and that only the four components of the latter are to be varied independently. In other words, we *assume* that the equations

$$\operatorname{curl} \mathfrak{G} + \frac{\partial \mathfrak{F}}{\partial t} = 0, \quad \operatorname{div} \mathfrak{F} = 0 \qquad (3)$$

are satisfied. We then *obtain* by variation in the usual way

$$\operatorname{curl} \frac{\partial \mathscr{L}}{\partial \mathfrak{F}} + \frac{\partial}{\partial t}\left(\frac{\partial \mathscr{L}}{\partial \mathfrak{G}}\right) = 0, \quad \operatorname{div}\left(\frac{\partial \mathscr{L}}{\partial \mathfrak{G}}\right) = 0. \qquad (4)$$

The partial derivatives of $\mathscr{L}$ are given in more detail by the right-hand sides of (2). It should be observed that these expressions, thanks to the first negative sign in the first of them, possess the covariancy of $\mathfrak{F}$, $\mathfrak{G}$ themselves, so that it has an invariant meaning to postulate that they should be equal to the complex conjugates $\mathfrak{F}^*$, $\mathfrak{G}^*$. But the equality may not be taken for granted, it constitutes an important initial condition as we shall see directly.

Since the time derivatives of $\mathfrak{F}$, $\mathfrak{G}$ can be calculated uniquely from the "curl"-equations, contained in (3), (4) (apart, maybe, from singular events like vanishing denominators or determinants), the equations determine the future of $\mathfrak{F}$, $\mathfrak{G}$ uniquely from arbitrary initial values, which only have to comply with the two "div"-equations. Since the latter do not restrict the choice in one point of space, it is clear that we have to *postulate* the complex conjugateness in question in one moment of time, if we wish it to hold at all. We shall inquire later (§ 4) into what restriction this imposes on the choice of $\mathfrak{F}$, $\mathfrak{G}$. The first solicitude is to satisfy ourselves that this initial condition will be preserved by the action of the equations (3), (4), in the same way as they take care of conserving the "div"-equations, once they have been imposed in one moment of time.

In order to see that they do, it is not sufficient to state their apparent symmetry at a glance, (4) being the same set of equations as (3), but with respect to $\partial\mathscr{L}/\partial\mathfrak{G}$ and $\partial\mathscr{L}/\partial\mathfrak{F}$ instead of $\mathfrak{F}$, $\mathfrak{G}$. This *would* be sufficient if (3) *alone* or (4) *alone* sufficed to determine the future (which they do not), for then one could argue that the quantities and their time-derivatives, being conjugate at the beginning, must always remain so. Now the latter argument actually applies, but not in the incorrect way just referred to. Replace the derivatives in (4) by their expressions in $\mathfrak{F}$, $\mathfrak{G}$, taken from (2), and you get *one* set of equations, (3), (4), to determine the future, or one *form* of the complete set. You get a *second* form if you inversely replace $\mathfrak{F}$, $\mathfrak{G}$ in equations (3) by the expressions arrived at by *resolving* equations (2) algebraically with respect to $\mathfrak{F}$, $\mathfrak{G}$ (*i.e.*, determining the latter as algebraic functions of $\partial\mathscr{L}/\partial\mathfrak{G}$, $\partial\mathscr{L}/\partial\mathfrak{F}$). This would be a difficult task, if the equations (2) were not of the peculiar kind which are *their own resolution*. That is to say, $\mathfrak{F}$, $\mathfrak{G}$ are precisely *the same* functions of $\partial\mathscr{L}/\partial\mathfrak{G}$, $\partial\mathscr{L}/\partial\mathfrak{F}$ as the latter are of them. In other words, if you regard (2) as a transformation from a set of six variables to another set of six variables, the "square" of this transformation is the identity. This can easily be proved by straightforward calculation. (Of course, it is not a "chance," but is mathematically connected with the homogeneity of zeroth degree of $\mathscr{L}$ and with the peculiar way of "crossing"

b 2

the variables.) This has the consequence that the two forms of the *complete* set (3), (4), of which we spoke before, are identical, the second being obtained from the first by replacing the variables $\mathfrak{F}$, $\mathfrak{G}$ by those functions of them for which the " conservation of conjugateness " is to be proved. Therefore the argument of which we refused an incorrect application at the beginning, now applies correctly and the conservation of conjugateness *is* proved.

If a solution complies with the condition of conjugateness, its real and imaginary parts, in the co-ordination given by (A), satisfy Born's, or rather Maxwell's equations, as a trivial consequence of our field-equations (3), (4). Whether *other* solutions have any physical meaning at all, we can leave an open question.

In this paper we shall henceforth deal only with solutions which comply with the condition. Then we are allowed to make use of the extreme left-hand side of equations (2). A further consequence is

$$(\mathfrak{F}^* \mathfrak{G}) + (\mathfrak{G}^* \mathfrak{F}) = 0, \tag{5}$$

owing to $\mathscr{L}$ being homogeneous of degree zero. Moreover, $\mathscr{L}$ becomes purely imaginary. For you can easily calculate from (1), (2) that $\mathscr{L}$ is also equal to

$$\mathscr{L} = -\frac{\mathfrak{F}^{*2} - \mathfrak{G}^{*2}}{(\mathfrak{F}^* \mathfrak{G}^*)}, \tag{6}$$

that is to say, it is oppositely equal to its complex conjugate.

We still ignore what restraint it imposes on a set of six numbers, $\mathfrak{F}$, $\mathfrak{G}$, that they should yield their complex conjugates when inserted in the right-hand sides of equations (2). And we equally ignore whether the physical content of the present scheme actually coincides with that of Born's theory. Let us not be preoccupied by these two questions, which, in developing the present scheme, will be settled to the effect that our " condition of conjugateness " is an identical transcription of Born's relations between the real field-vectors.

3—The Tensor of Stress, Momentum, and Energy

The next thing to do is, of course, to calculate Maxwell's tensor of stress, energy, and momentum. The general method consists in writing down the fact that $\mathscr{L}$ does not depend explicitly on the four co-ordinates and transforming these four statements into " divergence-form " with the help of the field-equations. Thus you arrive at the conservation laws, from which the components of the tensor can be read off—up to a constant factor common to all of them. We shall not repeat the well-known procedure, but simply give the results, disposing of the multiplier in such a way as to make the agreement with the Born theory complete later on. The result for the 10 components T_{kl} can be expressed in the following way:

$$T_{kl} = \frac{it_{kl}}{(\mathfrak{F}\mathfrak{G})} + \frac{i}{2}\mathcal{L}\,\delta_{kl}\; ; \quad . \; . \; . \; . \; . \; (k, l = 1, 2, 3, 4) \qquad (7)$$

with

$$\left.\begin{aligned} t_{kl} &= \mathfrak{F}_k\mathfrak{F}_l + \mathfrak{G}_k\,\mathfrak{G}_l - \tfrac{1}{2}\delta_{kl}(\mathfrak{F}^2 + \mathfrak{G}^2); \quad (k, l = 1, 2, 3) \\ t_{14} &= \mathfrak{G}_2\mathfrak{F}_3 - \mathfrak{G}_3\mathfrak{F}_2, \quad \text{etc.} \\ t_{44} &= \tfrac{1}{2}(\mathfrak{F}^2 + \mathfrak{G}^2) \end{aligned}\right\} \qquad (8)$$

We observe that the t_{kl} are identical in form with the components of Maxwell's vacuum tensor, $\mathfrak{F}$, $\mathfrak{G}$ being substituted for **H**, **E**. T_{kl} differs in form only by

(1) The denominator $(\mathfrak{F}\mathfrak{G})$, which is a common feature of all our formulas (and a very significant one as will be shown later).

(2) The additional term $i/2\,\mathcal{L}\delta_{kl}$, a multiple of the unity-tensor, making the sum of the diagonal terms of T_{kl} differ from zero and equal to $2i\mathcal{L}$.

That all components are real, is proved by the consideration that numerically the *same* T_{kl} must follow from expression (6) for $\mathcal{L}$, but expressed by the variables $\mathfrak{F}^*$, $\mathfrak{G}^*$. The negative sign in (6) is conserved throughout the process, and we arrive at the same *expressions* except for the asterisks and a negative sign. Owing to the explicit i, which multiplies t_{kl}, $\mathcal{L}$ in (7), this means that all the T_{kl} are numerically equal to their complex conjugates, therefore real.

4—The Standard Frame. Physical Meaning of Conjugateness

By investigating the transformations of the real tensor T_{kl}, it is easy to find a frame of reference, in which the physical meaning of our "condition of conjugateness" is readily disclosed. What distinguishes a Maxwell tensor from the general symmetrical tensor is only that its roots or eigenvalues have the form $\pm\,\rho$, each double.

The first part of T_{kl}, viz.,

$$\frac{it_{kl}}{(\mathfrak{F}\mathfrak{G})} \qquad (9)$$

is precisely of this type. ρ works out† to

$$\rho = \pm\sqrt{\left(\frac{i}{2}\mathcal{L}\right)^2 - 1}, \qquad (10)$$

† By considering that in Maxwell's case ρ is known to be

$$\pm\sqrt{\tfrac{1}{4}(\mathbf{H}^2 - \mathbf{E}^2)^2 + (\mathbf{HE})^2}.$$

from which, by the way, we conclude that

$$\left(\frac{i}{2}\mathscr{L}\right)^2 \geqslant 1, \tag{11}$$

since the roots of a real symmetrical tensor must be real. We further infer that a real Lorentz-transformation must exist, which transforms (9) (and thereby also T_{kl}) to the diagonal. (There is a well-known exception which we *leave aside* for the moment, namely, $\rho = 0$. In this case the transformed tensor would have to *vanish*, which it actually does, but only in the limit of a " transforming " velocity approaching that of light.) The real Lorentz-transformation in question can, of course, be imposed upon T_{kl} by imposing it on $\mathfrak{F}$, $\mathfrak{G}$, thanks to the covariant form of equations (7), (8).

Let us further expressly *exclude* the case when $(\mathfrak{F}\mathfrak{G})$, the scalar product, vanishes (it will turn out to be the same which we excluded a minute ago). And let us pay attention to the fact that, among other things, the cross-product $[\mathfrak{F} \times \mathfrak{G}]$ is made zero by the said Lorentz-transformation:

$$[\mathfrak{F} \times \mathfrak{G}] = 0. \tag{12}$$

Now from equations (2) you can immediately deduce:

$$[\mathfrak{F}^* \times \mathfrak{F}] = [\mathfrak{G}^* \times \mathfrak{G}] = \frac{2}{(\mathfrak{F}\mathfrak{G})}[\mathfrak{F} \times \mathfrak{G}], \tag{13}$$

which is *true* quite generally, and in the present case *vanishes* by (12). The vanishing of the first and second cross-product means that (1) the real and the imaginary three-vector, composing the complex three-vector, $\mathfrak{F}$, have the same direction, and (2) the same holds for $\mathfrak{G}$, though the common direction in the second case might be different from the first.† But this cannot be, else (12) could not hold. So we have (except for the singular cases which we have excluded):

A Lorentz-frame always existing, in which all the four composing three-vectors are parallel in the world point in question. Owing to the two-fold rotational symmetry (two-fold degeneracy; coincidence of roots) of T_{kl} the Lorentz-frame is, of course, not unique. A translation along the common direction and a rotation around it are free.

In order to obtain further simplification, let us make use of the fact that multiplication of all six components $\mathfrak{F}$, $\mathfrak{G}$ by a factor $e^{i\gamma}$, with γ = real constant, has the following consequences:

† In these statements it is to be understood that a zero-vector may be said to have any direction you please.

(1) it does not interfere with the condition of conjugateness, for the right-hand sides in (2) take the factor $e^{-i\gamma}$, as they should;

(2) according to (1), (7), (8) it leaves the numerical values of the Lagrangian $\mathscr{L}$ and of the tensor $\mathbf{T}_{kl}$ unaltered;

(3) if you apply the process to a solution of (3) and (4) throughout the world (but with γ a constant !) you obtain another solution (though with the same densities of energy, momentum, and stress as before, in every world point).

We shall call that, for shortness' sake, a γ-transformation—without prejudice, whether it is in the same sense "irrelevant" as a Lorentz-transformation. Maybe it is, for it is strongly reminiscent of the one arbitrary phase-constant of wave-mechanics.

For the moment we make use of it, after having made all other components, except, say, $\mathfrak{F}_1$ and $\mathfrak{G}_1$ vanish by one of the aforesaid Lorentz-transformations; we choose γ so as to make $\mathfrak{F}_1$ *real* ($\mathfrak{F}_1$ cannot vanish, since the case $(\mathfrak{F}\mathfrak{G}) = 0$ was excluded). Equation (5) now reads

$$\mathfrak{F}_1 (\mathfrak{G}_1 + \mathfrak{G}_1^*) = 0,$$

showing that $\mathfrak{G}_1$ has now become purely imaginary. Put

$$\mathfrak{G}_1 = i\mathscr{A}\mathfrak{F}_1, \tag{14}$$

where $\mathscr{A}$ is some real constant. By substituting in (2) it can easily be verified that the following set is the only permissible

$$\mathfrak{F}_1 = \frac{\sqrt{1 - \mathscr{A}^2}}{\mathscr{A}}, \quad \mathfrak{G}_1 = i\sqrt{1 - \mathscr{A}^2}. \tag{15}$$

$\mathscr{A}$ is to be allowed from -1 to $+1$; the positive sign of the square root may be taken. We shall call this the "standard field." It is a purely magnetic field with "permeability" equal to $\mathscr{A}^{-1}$, but it might, of course, be transformed into a purely electric field with "dielectric constant" $\mathscr{A}^{-1}$, by a γ-transformation; or finally, into a "mixture" with both constants equal to $\mathscr{A}^{-1}$. If we called *this* the standard field, no further use of the γ-transformation, but only of the Lorentz-transformation, would be necessary to obtain the most general field. For the Lagrange function we calculate in the standard case

$$\frac{i}{2}\mathscr{L} = \frac{1 + \mathscr{A}^2}{2\mathscr{A}}, \tag{16}$$

in compliance with (11). You can read this equation thus: the Lagrangian $\frac{i}{2}\mathscr{L}$ is equal to the arithmetical mean of that permeability (or dielectric constant) and its reciprocal, which arise when the world point is transformed to standard-conditions, or (an almost synonymous alternative of expression) when the energy-flux is abolished by Lorentz-transformation.

Though it is arbitrary, whether the electric or the magnetic case be taken as the standard case, *i.e.*, whether $\mathfrak{F}$ or $\mathfrak{G}$ be made real, yet there is by no means symmetry between them. For the first can range (in the standard case) from zero to infinity, the second from zero to 1. The dissymmetry is not one between electricity and magnetism, but between displacement and field; perhaps the dissymmetry in Nature is similar. By the way, the restriction imposed on the magnitude of the field holds good only for the standard case, not in general.

We have now, without expressly looking out for it, arrived at a thorough knowledge of what the " conditions of conjugateness " really mean. They are fulfilled by all sets of values which are derived from (15) by an arbitrary Lorentz- and γ-transformation, and by no other sets of values, for in the excluded case $(\mathfrak{F}\mathfrak{G}) = 0$, one cannot speak of substituting in equations (2); and the second exception, $\left|\frac{i}{2}\mathscr{L}\right| = 1$, is really the *same* case, as will be shown in § 5. The manifoldness of complex six-vectors complying with the condition is six-fold; the two real constants $\mathscr{A}$ and γ determine, so to speak, the " inner state " of the world point in question; in addition, there are four constants of the arbitrary Lorentz-transformation, four only, because a translation along a rotation round the standard direction does not affect the vector. Thus the 12 real constants of the complex six-vector are reduced to 6, as was to be expected.

Moreover, the identity with Born's theory can now easily be tested by transforming the latter to standard conditions as well. I shall leave that to the reader.†

† In Born's paper (' Proc. Roy. Soc.,' A, vol. 144, p. 425 (1934)), take equations (2.11) to (3.3A) of p. 437. First correct two misprints in the last of them by inserting a minus sign before b^2 and changing — GB into + GB in the numerator. Put $b^2 = 1$ for simplicity and choose a frame with B || E. Then obviously H || D || B || E by (3.3A). In the latter insert F, G from (2.12A), (2.13A). This shows up the numerical coincidence of dielectric constant and permeability ($H = \mathscr{A}B$, $E = \mathscr{A}D$) with

$$\mathscr{A} = \sqrt{\frac{1 - E^2}{1 + B^2}}$$

($\mathscr{A}$ is the designation used in the present paper.) From the last equation express B^2 by E^2 and replace the latter by $\mathscr{A}^2D^2$. Then $B^2 + D^2 = (1 - \mathscr{A}^2)/\mathscr{A}^2$, and, of course, $H^2 + E^2 = 1 - \mathscr{A}^2$; which reduce to our equation (15) when D and E are abolished by a " γ-transformation."

5—THE SINGULAR CASE

We still have to deal with the two singular cases which we have excepted. The first of them consisted in ρ, equation (10), vanishing, or

$$\tfrac{1}{2}\mathscr{L} = \pm\, i, \tag{17}$$

the second in

$$(\mathfrak{F}\mathfrak{G}) = 0. \tag{18}$$

It goes without saying that the second can only be dealt with as a limiting case, because dividing by actual zero is meaningless. As to the first, we observe that equations (2) can be rewritten identically thus:

$$\left.\begin{aligned} \mathfrak{F}^* &= -\frac{2}{(\mathfrak{F}\mathfrak{G})}\left(\mathfrak{G} + \tfrac{1}{2}\mathscr{L}\mathfrak{F}\right) \\ \mathfrak{G}^* &= \frac{2}{(\mathfrak{F}\mathfrak{G})}\left(\mathfrak{F} - \tfrac{1}{2}\mathscr{L}\mathfrak{G}\right) \end{aligned}\right\}, \tag{19}$$

from which by scalar multiplication and using (1) we get

$$(\mathfrak{F}^*\mathfrak{G}^*) = -\,4\,\frac{1 + \frac{1}{4}\mathscr{L}^2}{(\mathfrak{F}\mathfrak{G})}. \tag{20}$$

This shows that whenever $\tfrac{1}{2}\mathscr{L}$ tends to one of the values $\pm\, i$, $(\mathfrak{F}\mathfrak{G})$ cannot be assumed *not* to tend to zero, for then $(\mathfrak{F}^*\mathfrak{G}^*)$ would do so—in contradiction with the assumption. And inversely: whenever $(\mathfrak{F}\mathfrak{G})$ tends to zero, $\tfrac{1}{2}\mathscr{L}$ has to tend to one of the values $\pm\, i$, in order to prevent $(\mathfrak{F}^*\mathfrak{G}^*)$ from becoming infinite. So the two cases (17) and (18) are identical.

We now infer from (19) that in the limit we must have

$$\mathfrak{G} = \mp\, i\mathfrak{F} \tag{21}$$

(in order to prevent the starred vectors from going to infinity). For the real vectors (see (A)) this means

$$\mathbf{B} = \mp\,\mathbf{H} \quad , \quad \mathbf{D} = \mp\,\mathbf{E}. \tag{22}$$

Moreover, from (18) and (21):

$$\mathfrak{F}^2 = 0.$$

For the real vectors that means:

$$(\mathbf{B} - i\mathbf{D})^2 = \mathbf{B}^2 - \mathbf{D}^2 - 2i\,(\mathbf{B}\mathbf{D}) = 0. \tag{23}$$

Now we have to distinguish between *two* cases. (22) and (23) can evidently be fulfilled in the limit by letting all 12 components tend to infinite smallness. This is by no means trivial, it is contained in our standard-treatment (*cf.* equations (15)) in the limit $\mathcal{A} = \pm 1$. The six-vector **B**, **E** coincides with either (+) or (−) the six-vector **H**, **D**—in the special frame of reference chosen in (15), and therefore in every frame. It is the limiting case corresponding to *Maxwell's* theory (the quaint possibility of the negative sign will be dealt with under a general aspect later on). If *not all* the 12 components tend to zero, we infer from (23) and (22)

$$|\mathbf{B}| = |\mathbf{D}| \quad \text{and} \quad \mathbf{B} \perp \mathbf{D}. \tag{24}$$

This is the second case, the, properly speaking, singular one. In addition to the coincidence of displacement (**B**, **D**) and field (**H**, **E**) (or negative of the field), the electric and the magnetic three-vectors have to be equal in size and orthogonal to each other. It is the case well known from the plane light-wave, and we shall refer to it as the " light-case." It is not very astonishing to find it on theoretical treatment side by side with the infinitely weak field. For it is the only one which, by a suitable Lorentz-transformation, can be reduced to arbitrary weakness ! This is the reason why the plane light-wave shares the property of infinitely weak fields, notably the property of being an exact solution common to Maxwell's and Born's equations.

6—Normal and Abnormal Fields

Both in the case of the standard-field (15) and in the " light-case " we encountered the quaint possibility that the displacement-vectors **B**, **D**, were not bound to have the expected direction with respect to the field-vectors, **H**, **D**, but that they could also have the opposite direction. This general feature of the present scheme can immediately be inferred from its complete symmetry with respect to an exchange of $\mathfrak{F}$, $\mathfrak{G}$ with $\mathfrak{F}^*$, $\mathfrak{G}^*$. Remember that the equations (2) are " their own resolutions," that the field-equations (3), (4) are ostensibly symmetrical, and that the supplementary " condition of conjugateness " is also symmetrical ! Hence if the functions $\mathfrak{F}$, $\mathfrak{G}$ describe a possible field, *i.e.*, satisfy (2), (3), (4) and " conjugateness," the functions $\mathfrak{F}^*$, $\mathfrak{G}^*$ also do so. But according to (A) the latter field is obtained from the former by inverting the directions of **D** and **H**. This inversion must result in turning the actual direction of **B** with respect to **H** and of **D** with respect to **E** from the expected to the unexpected (or *vice versa*)—provided the case is simple enough to suggest any expectation at all.

Since this might not always be so, it is better to make the distinction between the two kinds of field in an invariant way. It was stated in (11) that the real quantity

$$\frac{i}{2}\mathcal{L}$$

is always either $\geqslant 1$ or $\leqslant -1$. This gives the appropriate distinction, the former being the "normal" case, the latter the "quaint" one. What is most unexpected about it is that not only $\mathcal{L}$ but *all the components of the energy-momentum-tensor* T_{kl} change their sign, when you replace $\mathfrak{F}$, $\mathfrak{G}$ by their complex conjugates. This can immediately be seen on inspection of (7) and (8), considering that the T_{kl} are *real* and therefore would remain unaltered, if the i that appears explicitly in (7) would also change sign, which, of course, it does *not* (the present process of shifting over from *one* field to *another* field is very liable to be confounded with the one, which we used before in order to *prove* that the T_{kl} are real, and which consisted in using the complex conjugate vectors to describe the *same* field).

Now let us suppose that $\mathfrak{F}$, $\mathfrak{G}$ represent a small parcel of waves, travelling along the direction of positive x (say), with weak field-strength (so, nearly Maxwellian) and of the usual type, *i.e.*—

(1) the density of energy shall be positive throughout the wave-group (or, to put it more distinctly, with respect to what will follow: larger than in the space that is free of waves);

(2) the Poynting vector shall, on the average, have the direction in which the parcel travels, that is the positive x-direction.

Then $\mathfrak{F}^*$, $\mathfrak{G}^*$ will represent a very similar wave-parcel, *which also travels in the direction of positive x.* But the energy density will be *smaller* within the parcel than in the space free of waves, and correspondingly Poynting's vector is, on the average, directed towards the *negative x* !

In order to investigate this more closely, let us consider the standard field (15). There we have

$$\mathfrak{F}^2 = \frac{1-\mathcal{A}^2}{\mathcal{A}^2}, \quad \mathfrak{G}^2 = -(1-\mathcal{A}^2), \quad (\mathfrak{F}\mathfrak{G}) = i\,\frac{1-\mathcal{A}^2}{\mathcal{A}},$$

$$\frac{i}{2}\mathcal{L} = \frac{1+\mathcal{A}^2}{2\mathcal{A}}, \quad \frac{i(\mathfrak{F}^2+\mathfrak{G}^2)}{2(\mathfrak{F}\mathfrak{G})} = \frac{1-\mathcal{A}^2}{2\mathcal{A}},$$

and the density of energy

$$T_{44} = \frac{1-\mathcal{A}^2}{2\mathcal{A}} + \frac{1+\mathcal{A}^2}{2\mathcal{A}}.$$

The other components are: $T_{11} = T_{44}$ and

$$T_{22} = T_{33} = -\frac{1 - \mathscr{A}^2}{2\mathscr{A}} + \frac{1 + \mathscr{A}^2}{2\mathscr{A}}.$$

We can see that all depends on the sign of $\mathscr{A}$. I have kept the two parts asunder, the first arising from t_{kl}, the second from the " spherical " tensor. The first is a normal Maxwell-tensor, if $\mathscr{A} > 0$, with positive density of energy, a pull (numerically equal to the density) in the direction of the lines of force and a numerically equal pressure orthogonal to them. Moreover, it vanishes with vanishing field ($\mathscr{A} = 1$). In an arbitrary frame it will also yield a normal Maxwell-tensor with positive energy, one pull and two pressures (the absolute value in common to all of them, being larger than in the standard frame). If $\mathscr{A} < 0$, this first part always yields the negative of a normal Maxwell-tensor, *i.e.*, with negative energy, two pulls, one pressure. The *second* part is numerically *invariant* under Lorentz- and γ-transformations and represents an isotropic *pull* or *pressure* with a *positive* or *negative* energy density equal to it, according to whether $\mathscr{A} \gtrless 0$. With vanishing field ($\mathscr{A} = \pm 1$) it does not vanish but approaches ± 1. In weak fields (say $\mathscr{A} = 1 - \varepsilon$, normal case) the second part is ineffective, because, in the first approximation, it does not depend on space and time. The first part gives, in the standard frame, the varying energy-density ε (equal to the " susceptibility "). This agrees with Maxwell's expression since, by (15), the field-strength is $\sqrt{2\varepsilon}$.

Without approximation the second part depends, of course, on the co-ordinates and on time. Yet it is Lorentz-invariant and it contributes nothing to Poynting's vector or to the oblique stresses. But it must not be forgotten that the conservation laws only hold for T_{kl} as a whole, not for its two parts separately. I venture to believe that we are here approaching the understanding of how Born's equations describe the exchange of energy between matter and radiation.

The fact that the components T_{kl} do not vanish with vanishing field, and that they approach *different* values (viz., $+1$ or -1) according to whether a normal field ($\mathscr{A} > 0$) or an abnormal field ($\mathscr{A} < 0$) tends to zero—this fact seems very embarrassing. But I think it is essential. You cannot get rid of it by any sort of normalization, unless you wish to drop the one kind of fields altogether. This might be tacitly done in Born's original presentation of his theory. There the abnormal fields correspond to a negative sign of the square root, and one might feel inclined to dictate the positive sign. But a square root, after all, *has* two signs. I cannot remember a case of a square root occurring in the description of a physical phenomenon with one of its signs totally meaningless ! At all events, the presentation offered in *this* paper would make it seem rather artificial, if to (2), (3), (4) and the condition of conjugateness, we were to add the dictate that only such solutions ought to be admitted, which make the expression (1) *negative* imaginary.

That is why I am inclined to believe in the analogy—very obvious from the formal point of view—between Born's " abnormal " fields and Dirac's " negative " solutions.

In conclusion, I wish to express my thanks to Imperial Chemical Industries, Limited, whose generosity made it possible for me to carry out this research.

SUMMARY

A new representation by complex six-vectors is offered of Born's theory of the electromagnetic field. It is dealt with so far only from the classical point of view, without entering into the question of quantization. The ostensibly simple form of the Lagrangian and of the components of the energy-tensor is remarkable, all these quantities being rational and homogeneous functions (of degree zero) of the components of the field. The following points are disclosed, which I consider to be not merely of formal significance:

(1) In addition to the Lorentz transformation a one-parameter-transformation of the field exists (called γ-transformation in this paper), under which the field equations are invariant.

(2) The theory points to a strong dissymmetry between field and displacement, but to none between electricity and magnetism. The only means of accounting for the latter dissymmetry (which is actually met with in Nature) on the lines of the present theory seems to be to avail oneself of the former.

(3) The form of the equations emphasizes the extremely singular character of the case in which electric and magnetic field are equal and perpendicular to each other.

(4) The complete symmetry between " normal " and " abnormal " fields is thrown into relief, reminding one strongly of the so-called positive and negative solutions in Dirac's theory of the electron.

Reprinted from ' Proceedings of the Royal Society of London '
Series A No. 870 vol. 150 pp. 465–477 June 1935

HARRISON AND SONS, Ltd., Printers, St. Martin's Lane, London, W.C.2

¿SON LINEALES LAS VERDADERAS ECUACIONES DEL CAMPO ELECTROMAGNÉTICO?, *por* E. SCHRÖDINGER.

RÉSUMÉ:

Dans ce mémoire on tâche de démontrer par une analogie avec le son que les equations de Maxwell ne sont qu'une approximation et qu'il y manque des termes non-linéaires qui doivent être indispensables pour comprendre véritablement les phénomènes éléctromagnétiques. Les considérations usuelles pour se rendre compte de la densité d'énergie et d'impulsion dans une onde lumineuse peuvent être réproduites mot à mot avec l'approximation *linéaire* d'une onde sonore, conduisant à l'expression correcte pour la pression du son, bien que dans ce cas l'intelligence directe nous montre qu'on ne peut véritablement comprendre ce phénomène sans recuorir à la forme exacte, non-linéaire des équations de la hydrodynamique.

Con esta nota quiero dirigir la atención sobre un asunto muy curioso. Consiste en que la teoría física suele explicar de modo enteramente distinto la presión de la luz y la presión del sonido, aunque apenas quepa duda respecto de la analogía completa entre estos dos fenómenos.

La presión de la luz resulta como consecuencia inmediata de las llamadas leyes de conservación; más especialmente de la conservación del momento o de la impulsión. Cualquier campo electromagnético contiene energía e impulsión. Cuando una onda plana electromagnética es reflejada por un espejo, éste sufre un choque de la misma manera y por la misma razón como lo experimenta una pared que refleja una bola elástica, siendo la causa en ambos casos la inversión de la impulsión en la onda o en la bola reflejada. Debe compensarse este cambio de impulsión por la impulsión igual y de signo inverso adquirida por la pared. Ahora bien: las leyes de conservación y por tanto las expresiones analíticas de la densidad de energía y de impulsión, se deducen por cálculos bien conocidos de las ecuaciones *lineales* de Maxwell para el vacío. Así, pues, se puede decir que estas ecuaciones nos proporcionan la comprensión de la presión de la luz—aunque no describan el proceso por el cual se produce la reflexión en la superficie del espejo.

Podría esperarse que con la presión del sonido el estado del asunto fuese el mismo. Pero no lo es, al menos si se sigue el tratamiento que hasta ahora se ha dado de esta cuestión en los manuales y en los tratados originales. Las ecuaciones que rigen la propagación del sonido en el aire se obtienen por cierta especialización de las ecuaciones generales de la hidrodinámica. Por eso no son lineales sino en primera aproximación. Están de acuerdo todos los autores en que la presión que ejerce una onda sonora al reflejarse no se pueda comprender por la aproximación lineal, sino sólo al tener en cuenta también los términos cuadráticos. Esto, a primera vista, parece contradecir cualquiera analogía entre los dos fenómenos. Mas quiero demostrar en lo que sigue, que es posible, y aun se insinúa casi inevitablemente ya desde el punto de vista puramente formal, mantener esta analogía, que por lo demás es indudable del punto de vista físico. Vamos a ver que dicha analogía se mantiene con tal de que se admita que las ecuaciones de Maxwell por su parte tampoco son más que aproximación lineal de leyes más complicadas. Aunque esta consideración no lleva a determinar las leyes verdaderas, demuestra casi irrefutablemente su carácter no lineal. Confirma, pues, de manera muy simple y elemental, varios razonamientos teóricos de carácter mucho más elevado, que han sido enunciados en los últimos años, y aun dieron lugar a proposiciones concretas en cuanto a la forma de estas ecuaciones (1).

En primer lugar, vamos a examinar con más detalle el caso del sonido. Merced a que en este caso tenemos conocimiento completo de todo lo que pasa, es fácil ver que, en efecto, adoptando una solución rigorosa de las ecuaciones lineales para representar la onda, no se llega a comprender su presión. Imaginemos una onda plana que incide sobre una pared en ángulo recto y es reflejada por ella. Se forma una onda estacionaria que en la superficie de la pared tiene un máximo de fluctuación de presión. Con las leyes lineales, la ley de esta fluctuación se define por un seno, si la onda contiene una frecuencia sola; si es compuesta, las fluctuaciones se superponen. En todo caso, la fluctuación total se produce simétricamente alrededor de la presión normal, de suerte que el valor medio temporal coincidirá con el valor normal.

Ante la imposibilidad de explicar el fenómeno por medio de la aproximación lineal, Lord Rayleigh emprendió la investigación rigorosa teniendo en cuenta los términos cuadráticos de hidrodinámica (2). Tuvo un éxito completo. Ya dos años antes W. Altberg (3), discípulo del célebre Lebedew, había investigado experimentalmente la presión del sonido. El acuerdo de la teoría con sus resultados era bastante satisfactorio.

No tenemos que entrar aquí en los detalles de la teoría de Rayleigh. La cuestión central se deduce ya de lo que acabamos de exponer. Nos preguntamos: ¿Por qué no sería posible deducir leyes de conservación de las leyes *lineales* del sonido por un cálculo análogo al caso de Maxwell? ¿Cuál es la diferencia profunda entre los dos casos, que lo permite en el uno y lo prohibe en el otro? ¿Es que la existencia de leyes de conservación depende de una propiedad muy especial que por casualidad poseen unas ecuaciones mientras que les falta a las otras?

(1) M. Born y L. Infeld, *Proc. Roy. Soc. A.* **144**, 425, 1934 (y también en otras partes); B. Hoffmann, ibidem, **148**, 353, 1935; H. Euler y B. Kockel, *Die Naturwissenschaften*, **23**, 246, 1935.

(2) Lord Rayleigh, *Phil. Mag.* (6), **10**, 366, 1905.

(3) W. Altberg, *Annalen der Physik.* (4), **11**, 405, 1903.

A esta última cuestión hay que contestar negativamente. El derivarse leyes de conservación de un sistema de ecuaciones es consecuencia de que el sistema mismo se deduce de un principio de variación, con tal que el integrando de este principio—la llamada función de Lagrange—no contenga explícitamente ni el tiempo ni las coordenadas. Casi no conocemos en toda la física ningún sistema de ecuaciones que no cumpla esta condición, por lo menos entre los que se refieren a leyes generales y no a un caso especial. Sea lo que fuere, la hidrodinámica no es sin duda una excepción, ni en su forma rigurosa y general, ni en la aproximación lineal que nos interesa ahora. Si se introduce el potencial de velocidad, se trata de una sola ecuación de ondas del tipo de D'Alembert; por tanto, de la ecuación variacional de un principio de Lagrange muy simple y muy bien conocido.

Vamos a entrar en los detalles. Sea φ el potencial definido por ser sus derivadas negativas (con respecto a las coordenadas) las componentes de la velocidad:

$$\vec{v} = - \operatorname{grad} \varphi. \qquad [1]$$

La ecuación de ondas dice

$$\frac{1}{a^2} \varphi_{tt} - \Delta \varphi = 0 \qquad [2]$$

y equivale al principio de variación

$$\partial \int\int\int\int L \, dx \, dy \, dz \, dt = 0 \qquad [3]$$

con

$$L = \frac{1}{2} \left[(\operatorname{grad} \varphi)^2 - \frac{1}{a^2} \varphi_t^2 \right].$$

(a es la velocidad de propagación; los índices t, x, etc., quieren indicar la derivación parcial). Se calcula la derivada *implícita* de L con respecto de t

$$\frac{\partial L}{\partial t} = \operatorname{grad} \varphi \operatorname{grad} \varphi_t - \frac{1}{a^2} \varphi_t \varphi_{tt} =$$

$$= \frac{\partial}{\partial x} (\varphi_x \varphi_t) + \frac{\partial}{\partial y} (\varphi_y \varphi_t) + \frac{\partial}{\partial z} (\varphi_z \varphi_t) - \varphi_t \Delta \varphi - \frac{1}{a^2} \varphi_t \varphi_{tt}$$

o, empleando la ecuación [2]

$$\frac{\partial}{\partial t} \left(L + \frac{1}{a^2} \varphi_t^2 \right) + \frac{\partial}{\partial x} (- \varphi_x \varphi_t) + \frac{\partial}{\partial y} (- \varphi_y \varphi_t) + \frac{\partial}{\partial z} (- \varphi_z \varphi_t) = 0. \qquad [4]$$

Según el principio general que se emplea en la teoría electromagnética y en todas las otras, la última ecuación debe de expresar la conservación de energía. Las cuatro cantidades entre paréntesis—salvo una misma constante multiplicadora—deben de representar la densidad de energía y los componentes de la corriente de energía. De manera muy parecida se deducen otras tres ecuaciones cuya primera dice

$$\frac{\partial}{\partial t}\left(-\frac{1}{a^2}\varphi_z\varphi_t\right)-\frac{\partial}{\partial x}\left(L-\varphi_x^2\right)-\frac{\partial}{\partial y}\left(-\varphi_x\varphi_y\right)-\frac{\partial}{\partial z}\left(-\varphi_x\varphi_z\right)=0 \quad [5]$$

Deben de expresar la conservación del momento lineal. Las cuatro cantidades deben de ser—otra vez salvo la misma constante multiplicadora—la densidad del momento en la dirección de x y tres componentes del tensor de tensión.

Para determinar la constante vamos a considerar el caso especial de onda plana sinusoidal en la dirección x. Se da por

$$\varphi=-\frac{Aa}{\nu}\cos\nu\left(t-\frac{x}{a}\right)$$

$$v_x=-\varphi_x=A\sin\nu\left(t-\frac{x}{a}\right);\qquad v_y=v_z=0$$

$$\varphi_t=Aa\sin\nu\left(t-\frac{x}{a}\right). \quad [6]$$

ν es la frecuencia cíclica, A la amplitud de velocidad. Mirando a [4] y [3] la cantidad que corresponde a la densidad de energía se calcula

$$L+\frac{1}{a^2}\varphi_t^2=\frac{1}{2}\left[(\mathrm{grad}\,\varphi)^2+\frac{1}{a^2}\varphi_t^2\right]=A^2\sin^2\nu\left(t-\frac{x}{a}\right)=v_x^2$$

Ahora se ve que todo está bien si se pone la constante multiplicadora igual a la densidad del aire, que llamaremos ρ_0. Porque $\frac{\rho_0}{2}v_x^2$ es la densidad de energía cinética y la de energía potencial es igual a ella. Y la expresión es justa en cada punto, no sólo por término medio, pues que en una onda sonora en propagación los máximos de velocidad *coinciden* con los de compresión y de dilatación. (Eso se ve con facilidad considerando que cada partícula ejecuta vibración como un péndulo; por eso, en la sazón de máxima velocidad debe de encontrarse en un máximo o en un mínimo de presión, donde la *fuerza* se aniquila).

Así, pues, el valor de la densidad de energía (u) de nuestra onda plana es

$$n=\rho_0 A^2\sin^2\nu\left(t-\frac{x}{a}\right) \quad [7]$$

Una vez fijada la constante, se puede sacar de la ecuación [5] la densidad de impulsión en la dirección de propagación (g_x):

$$g_x = -\frac{\rho_0}{a^2}\varphi_x\,\varphi_t = \frac{\rho_0}{a}A^2\sin^2\nu\left(t-\frac{x}{a}\right). \qquad [8]$$

Se ve que la relación entre la energía y la impulsión es la misma que en una onda luminosa, reemplazándose naturalmente la velocidad de la luz por la del sonido (a). Excuso añadir que la misma relación subsiste para los valores medios temporales:

$$a\,\overline{g_x} = \overline{u}. \qquad [9]$$

Pero $a\,\overline{g_x}$ es precisamente la cantidad de impulsión que, por unidad de tiempo y de superficie, invierte su dirección cuando nuestra onda es reflejada en ángulo recto por un espejo. Calculamos, pues, la presión

$$p = 2\,\overline{u}, \qquad [10]$$

es decir, dos veces la densidad media de energía en la onda incidente.

Este resultado no se conforma completamente con el de Lord Rayleigh, que en nuestras notaciones se escribe

$$p = (\varkappa + 1)\,\overline{u} \qquad [11]$$

representando $\varkappa$ el cociente de los calores específicos del gas. ¿Qué quiere decir esta discrepancia? ¿Quiere decir que nuestra derivación sea con todo eso fútil puesto que nos lleva al resultado correcto?

No. Persiguiendo con cuidado el cálculo de Rayleigh, se encuentra lo siguiente: Si se supone que, dentro de la onda, por término medio espacial (es decir, tomado por toda la onda en un momento dado) la *densidad* coincide con su valor normal, no puede valer lo mismo en cuanto a la *presión*, sino que la presión media será un poco mayor que su valor normal. Eso es debido a no ser lineal la relación adiabática entre densidad y presión. Al revés, suponiendo la igualdad en cuestión para la presión, no regirá para la densidad sino que, el valor medio espacial, será algo menor que el normal. Ahora bien: hay que decidir si se quiere admitir la primera o la segunda hipótesis para hacer el cálculo de la presión que ejerce la onda sobre la pared; es decir, para calcular en cuánto excede la presión a la normal (por término medio temporal), en la superficie de la pared (1). Por causas que ignoro, Rayleigh adopta la primera hipótesis (igualdad de densidad), sin hacer caso de otra posibilidad. Eso lleva a un exceso medio de la presión por toda la onda de

$$(\varkappa - 1)\,\overline{u},$$

que es precisamente la diferencia entre los resultados [10] y [11]. La

(1) Ya reparó en estas circunstancias León Brillouin, *Annales de Physique*, **4**, 528, 1925. (Véase particularmente p. 540.)

suposición de Rayleigh corresponde a un gas que después de encerrado en una caja a presión y densidad normales, se le somete a la agitación sonora que se quiere investigar. Y esa es la disposición de la cual habla explícitamente. A mí me parece mucho más natural suponer la igualdad de presión, pues eso es lo que se establecerá si hay comunicación libre entre las partes agitadas en movimiento sonoro y otras partes del gas, que se han quedado quietas, sin perturbación, por ejemplo, con las partes del aire detrás de la pared. Si dentro de un gas de extensión infinita (o bastante grande), se excita una onda sonora de extensión limitada, me parece evidente que la parte del medio que lleva la onda se extenderá un poco hasta que su presión media iguale a la presión fuera de la onda. Sobre todo, si se trata de comparar y poner en analogía la luz y el sonido, no cabe duda que conviene únicamente la última suposición.

Si se introduce en el cálculo de Rayleigh, se obtiene efectivamente el resultado [10], que nosotros hemos alcanzado a partir de la aproximación lineal usando el mismo método que en el caso de la luz. Este método, por su naturaleza, no deja ninguna libertad en cuanto a la hipótesis en cuestión, sino que elige una de ellas determinada, forzosa y automáticamente (1). Es comprensible y satisfactorio que elija aquélla que del punto visto de la analogía parece ser la más natural.

Es de sumo interés que un fenómeno como la presión del sonido, que ya lo hemos visto antes depende, esencialmente de los términos cuadráticos de cierta ecuación, puede sin embargo deducirse de la ecuación incompleta, que carece de los términos críticos por habérselos descuidado y borrado. Confieso ser la primera vez que me ocurre una cosa así y no poder yo dar explicación satisfactoria desde el punto de vista matemático. Sólo pudiera subrayarse que la deducción lineal tiene carácter un poco formal, y eso en ambos casos, con el sonido y con la luz. Para decir la verdad, el método no llega más que a la *posibilidad* de atribuir a las «ecuaciones de divergencia» (como [4] y [5]) y a las cantidades que aparecen en ellas, la significación física que suele atribuírseles. No se sigue que deben de tenerla forzosamente. Lo más que se puede concluir es que, *si hay* densidad de energía, de impulsión, etc., en la onda, tienen que ser sus expresiones analíticas de la forma encontrada. Ya resulta de la indeterminación de la constante ρ_0, que no puede afirmarse más. Esta constante no se encuentra en la ecuación fundamental [2], ha desaparecido al suprimirse los términos cuadráticos. Sin el razonamiento físico particular, por el cual la hemos determinado arriba, se le podría atribuir cualquier valor, incluso el valor cero. Conviene añadir que el estado del asunto es completamente

(1) El valor preciso de ρ_0 no importa. Si en vez de tomar la densidad normal se tomase su valor medio, ligeramente distinto, eso no daría origen sino a términos del tercero orden en la energía, impulsión, etc.

iguál que en el caso electromagnético. Aquí tampoco alcanzamos a determinar de modo absoluto la presión que ejerce la onda al reflejarse y el calor que produce al absorberse, sino sólo la *relación* entre los dos. Nos hemos olvidado esta indeterminación, porque mucho antes de aplicar las ecuaciones de Maxwell a fenómenos de onda, ya las hemos empleado en electrostática, sacando la constante en cuestión de medidas sobre la ley de Coulomb y después ocultándola por la opción racional de las unidades electromagnéticas.

Estamos, pues, frente a la situación siguiente. Tenemos dos fenómenos físicos muy análogos. Las ondas electromagnéticas llevan energía y impulsión como las ondas sonoras. En ambos casos podemos ofrecer cierta explicación del asunto por ecuaciones lineales. En ambos, la explicación adolece de cierta formalidad e indeterminación. Podemos concebir la razón en el caso del sonido, porque aquí tenemos mucho mejor conocimiento directo y vemos con suma claridad que el fenómeno depende esencialmente de términos de segundo orden. Hay que extrañarse de que se logre, sin embargo, explicarlo descuidando estos términos, y no de que la explicación tenga algún punto débil.

En el otro caso tenemos conocimiento mucho peor de lo que pasa. Y no tenemos más que la explicación «un poco débil» de lo teoría lineal. Ya que no tenemos más, es muy natural que nos hayamos acostumbrado a desatender su flaqueza y a tenerla por la teoría verdadera y genuina. Pero ¿es probable que lo sea? Suponerlo equivaldría a creer que la verdadera teoría de la impulsión del campo electromagnético fuese *copia fiel* de un razonamiento que en el caso del sonido no es más que el sustituto de la explicación real; sustituto malo porque descuida el juego fino de los términos del segundo orden que realmente producen el efecto; sustituto muy feliz, porque logra cumplir su deber a pesar de su negligencia.

Tanta semejanza entre una cosa genuina y otra que no lo es, hay que rechazarla como muy poco verosímil. Mas eso casi equivale a la demostración no sólo de que las ecuaciones de Maxwell no son más que aproximadas, sino también de que los términos suplementarios, que faltan, deben de ser indispensables para proporcionar la explicación real de los efectos que para nosotros tienen el mayor interés.

Phenomenological Theory of Supra-conductivity

THE latest version[1] of F. and H. London's phenomenological theory of supra-conductivity (which on its first appearance[2] was obscured by an erroneous assumption as regards the boundary conditions[3]) can be put into a very simple form. We assume Maxwell's equations for a medium with dielectric constant ε and permeability 1 (choosing the units so as to make $c = 1$ and abolish odious 4π's):

$$\begin{array}{ll}\operatorname{curl} E = -\dot{H} & \\ & (A) \qquad \operatorname{curl} H = \varepsilon\dot{E} + I \qquad (B) \\ \operatorname{div} H = 0 & \end{array}$$

In empty space, $I = 0$. In a normally conducting metal there is a current of conduction I_c in addition to the displacement current $\varepsilon\dot{E}$:

$$I = I_c = \sigma E. \qquad (C)$$

The assumption for the supra-conductor is, that

$$I = I_c + I_s = \sigma E + I_s.$$

That is to say, there is a *third* sort of current I_s, call it the *supra-current*, which either is added to, or (if $\sigma = 0$) replaces the ordinary conduction current I_c.

I_s cannot be given in quite so simple a way as I_c, yet there is a certain *analogy* with the first two types of current. Let us introduce, just for the moment, the sign $I_d = \varepsilon\dot{E}$ for the displacement current. Then from (A)

$$\operatorname{curl} \frac{I_d}{\varepsilon} = -\ddot{H}\ , \ \frac{\dot{I}_d}{\varepsilon} = \ddot{E}\ ; \qquad (D'')$$

and from (A) and (C)

$$\operatorname{curl} \frac{I_c}{\sigma} = -\dot{H}\ , \ \frac{\dot{I}_c}{\sigma} = \dot{E}. \qquad (D')$$

The *new* assumption with respect to I_s is,

$$\operatorname{curl} \Lambda I_s = -H\ , \ \Lambda\dot{I}_s = E, \qquad (D)$$

Λ being a constant of the material, like ε^{-1} and σ^{-1}. The analogy is conspicuous. Λ might be called the constant of supra-conductivity.

The equations (D) would seem rather abundant for the only purpose of introducing the third type of current. But they contain (A), which therefore can be dropped. So the *full* system of equations for the supra-conductor read

$$\operatorname{curl} H = \varepsilon\dot{E} + I \qquad \begin{array}{l}\operatorname{curl} \Lambda(I - \sigma E) = -H \\ \Lambda(\dot{I} - \sigma\dot{E}) = E.\end{array} \quad (1)$$

Thus there are nine equations for the nine vector components of E, H, I. As to the surfaces of discontinuity, the well-known limiting conditions of Maxwell's theory ($E_{||}$, $H_{||}$, $(\varepsilon\dot{E}+I)_\perp$, $H_\perp$ continuous) have, of course, to be retained. In addition, the second curl-equation of (1) requires the continuity of $\Lambda(I - \sigma E)_{||}$ at the surface between two different supra-conductors. (The parallel component of supra-current will therefore have a discontinuity.)

The natural *problem of initial values* for the supra-conductor would be to give oneself E and I. Equations (1) then determine the future development uniquely. If, alternatively, E, H are to be given, one has to take care to choose H solenoidal ($\operatorname{div} H = 0$), but in addition a curl-free part of ΛI remains arbitrary.

The equations containing Λ may be taken to state that the negative of the product Λ by supra-current is a suitable vector potential to represent the E, H-field within every coherent supra-conducting region, the scalar potential being zero. From here the theory of integration is easily developed. We shall only observe, that for the density $\rho = \varepsilon \operatorname{div} E$ we get the equation

$$\ddot{\rho} + \sigma\dot{\rho} + \Lambda^{-1}\rho = 0, \qquad (2)$$

which amounts virtually to $\rho = 0$ always and everywhere in the homogeneous supra-conductor. In the *stationary* case ($\delta/\delta t = 0$), from the last equation of (1), E is zero in the supra-conductor. The E-lines therefore issue orthogonally from its surface, which, for the outside, acts as a surface of constant potential like with an ordinary conductor of vanishing resistance.

I consider this form of London's theory a rational heuristic starting point. So far as I can see, it is both self-consistent and without contradiction of other principles. The actual state of affairs is, of course, more complicated. It is well known that it presents phenomena of hysteresis, which cannot be embodied in a simple field theory.

E. SCHRÖDINGER.

24 Northmoor Road,
Oxford.

[1] *Physica*, **2**, 341 (1935).
[2] *Proc. Roy. Soc.*, A, **149**, 71 (1935).
[3] *Z. Phys.*, **96**, 363 (1935).

Mean Free Path of Protons in the Universe

IT is known that on different occasions and in different forms a dimensionless constant of the order of between 10^{39} and 10^{40} recurs in physics—the variety being due to the fact that two other dimensionless combinations (hc/e^2 and m_P/m_e) are *comparatively* small and, besides, are of the *same* order (10^3). Some of us believe that the *large* constant is the square root of the number of mass-units (protons and neutrons) in the world (N). I propose to name 'Eddington's relation' the relationship between universal constants which springs from this assumption. For it is essentially *one* and we need a name for it, in order to be able to say, this is essentially Eddington's relation, when we are presented with a disguised form of it.

Moreover, it is known that, from that assumption, if Einstein's relation between mean mass density and curvature is admitted, reasonable values result for the radius (R) of the universe and its mean density (ρ); following Eddington: $N = 1{\cdot}57 \times 10^{79}$, $R = 1{\cdot}23 \times 10^{27}$ cm., $\rho = 3{\cdot}32 \times 10^{-27}$ gm./cm.^{3}).

An interesting form of Eddington's relation occurred to me recently. The mean distance between the closely packed mass-units in the nuclei[1] is $\delta = 3 \times 10^{-13}$ cm. It is seen that

$$\frac{R}{\delta} = \frac{1{\cdot}23 \times 10^{27}}{3 \times 10^{-13}} = 0{\cdot}4 \times 10^{40} \sim \sqrt{N} \text{ very nearly.} \quad (1)$$

Now let us call it an 'encounter', when two mass-units approach each other within the distance δ; and let us calculate the average number of encounters (n) along a great circle, assuming that all the units are free and form a gas: then

$$n = \frac{2\pi R \,.\, \pi\delta^2}{2\pi^2 R^3} N = \frac{\delta^2}{R^2} N \sim 1. \quad (2)$$

Thus, with uniform distribution, the mean free path would equal the world's circumference. In other words, the number of protons and neutrons would be just on the border-line of making the universe 'opaque' for a radiation to which each of them presented an absorbing cross-section of $\pi\delta^2$. Or again, the sum of the cross-sections of the particles is roughly of the same order (one sixteenth) as the cross-section of the universe.

There ought to be something essential in these very simple statements—unless Eddington's idea that the mass-unit is connected with the radius, R, is entirely deceptive. For, of course, δ *must* be connected with the mass-unit, since it is so very near to

$$\frac{h}{m_P c} = 1{\cdot}32 \times 10^{-13} \text{ cm.}$$

It ought, by the way, to be remembered that, in adopting Eddington's numbers, we already tacitly admit that the luminous masses concentrated in the nebulæ constitute but a small fraction, about one thousandth, of the mass of the universe.

E. SCHRÖDINGER.

University,
Graz.

[1] Bohr, N., and Kalckar, F., *Kgl. Danske Videnskabernes Selskab. Math.-Phys.*, Comm., **14**, 10, p. 9 (1937).

CELEBRAZIONE DEL SECONDO CENTENARIO DELLA NASCITA
DI LUIGI GALVANI

Bologna 18-21 Ottobre 1937-XV

*Atti della XXIX Riunione della Società Italiana di Fisica
e del Congresso di Fisica*

Sur la théorie du monde d'Eddington.

Prof. E. SCHRÖDINGER (Graz).

1. La théorie, dont je vais vous parler, est la première qui tend à réunir organiquement dans un même ordre d'idées l'aspect que le monde offre en échelle cosmique et son aspect en structure microscopique ou corpusculaire. La méthode suivie par M. EDDINGTON consiste à soumettre l'Univers en bloc, sous sa forme signalée par la théorie de la Relativité Générale, au procédé de quantisation. Cette entreprise est d'ailleurs regardée non comme une application dernière et hasardeuse des méthodes quantistes, mais comme la tâche primaire et principale, qui doit logiquement précéder toute autre application. C'est là un point qui me paraît d'une importance considérable.

Pour en faire ressortir la nécessité, passons en revue les deux théories impliquées, signalant leurs accomplissements et leurs défauts.

Quant à la théorie de la Relativité son plus grand défaut est évidemment de traiter la matière comme un continuum et d'en ignorer complètement la structure corpusculaire. Elle ne sait s'en rendre compte. Par contre son grand accomplissement consiste à signaler *l'union* non seulement de l'espace et du temps (dans la théorie dite « restreinte »), mais de l'espace-temps d'un côté et de la matière de l'autre (dans la théorie dite « générale»). On ne doit plus, comme on le fit jadis, regarder l'espace-temps comme le vase ou la tribune neutre et la matière comme le contenu ou l'acteur, qui y développe son activité. Les propriétés de l'un sont si intimément liées avec celles de l'autre qu' il ne s'agit à peu près que de deux désignations pour une même chose. Il en résulte, que si l'on fait une observation sur un système physique, *isolé* en apparence, les plus primitives conditions de telle observation (à savoir qu' elle a lieu dans l'espace et dans le temps) dépendent néanmoins essentiellement de tout ce qui s'est passé jusqu' alors avec tout le reste du monde.

Avec la théorie des quanta c'est justement l'inverse. On en connaît bien les grands succès en analysant la structure fine de la matière, nous n'avons pas besoin de nous y arrêter. Mais puisque cette théorie se borne à contempler des systèmes relativement petits, consistant très souvent en quelque peu de particules seulement, on voit immédiatement, qu'elle est en défaut en négligeant l'intime liaison que nous venons de signaler entre toute la matière de l'univers. On pourrait dire, que les deux théories en question s'occupent de deux aspects *complémentaires* du monde, l'une de sa connexion à grande échelle, l'autre de sa connexion à petite échelle. Chacune est en défaut parce qu' elle manque de tenir compte de l'autre aspect. Ce qu' il nous faut, c'est évidemment une union des deux.

D'ailleurs, pour reconnaîthe que cette négligence dans la théorie des quanta est bien grave, on n'a pas même besoin de recourir aux idées relativistes. On sait, que la mécanique quantique doit supprimer la notion de « individualité » parmi les différentes particules d'espèce identique. Il est difficile d'éviter, en dépit de cela, de numéroter les électrons (p. e.) qui entrent dans un problème particulier, en feignant une distinction qui n'est pas propre. Or on sait que cela produit un phénomène remarquable, aux conséquences assez importantes, à savoir le fameux *échange* entre les électrons. Eh bien, si nous nous bornons à contempler un nombre choisi d'électrons du monde, faisant abstraction de tout le reste, c'est un procédé purement mental, qui ne réussira pas à empêcher l'échange (ou ce qui y correspond physiquement) entre les électrons que nous envisageons et ceux que nous avons exclus. De sorte qu'on pourrait dire, par plaisanterie, qu'une telle manière de contempler un objet limité expose au danger de se trouver tout d'un coup vis-à-vis de rien.

Tout cela nous suggère la nécessité, de *commencer* l'étude des quanta par leur application à l'univers. En prenant cette décision, nous nous trouvons tout de suite gratifiés d'un aperçu bien joyeux. Nous nous apercevons que la théorie de EINSTEIN, en explorant la nature de l'univers à grande échelle, a inconsciemment préparé le seul moyen rationnel de comprendre réellement sa structure corpusculaire. Le moyen consiste à admettre que l'espace *n'est pas infini.*

Cela est à peu près évident. L'atomisme n'est que l'aspect plus ancien et plus important des discontinuités inhérentes à la Nature. On sait que la mécanique ondulatoire les explique toutes par analogie avec des *vibrations propres discontinues* de systèmes vibrants. Mais pour présenter un spectre discontinu de vibrations propres, le système doit être restreint à un domaine fini de l'espace, soit au moyen de forces coercitives, soit par une enceinte imperméable. En effet, la mécanique ondulatoire se sert perpetuellement de tels préparatifs. P. e. pour représenter la structure atomique d'un gaz, on s'en imagine une portion finie renfermée dans un récipient. C'est ainsi qu'on crée un volume fini, dont les vibrations propres, qui alors forment une série discontinue, sont précisément celles qui interviennent dans la description que donne la mécanique ondulatoire de la composition atomique de cette portion de gaz. Il est vrai que la portion peut être quelconque sans que cela influe sur les résultats. Mais d'en conclure que la même explication subsiste pour un milieu à extension *infinie* — où le spectre devient rigoureusement continu — cela me paraît fort impropre et tient, je crois, à la tendance de remplacer la raison saine par des artifices mathématiques.

Or, il est clair que les rétrécissements artificiels (forces, enceintes, parois) ne sont que des dispositifs provisoires, peu satisfaisants, pour se rendre compte d'une chose aussi fondamentale que l'est l'atomicité. Elle ne peut se comprendre, selon les idées indiquées, que si *l'espace entier* est fini. C'est une manière de voir, en même temps frappante et naturelle.

2. Il s'agit donc dans la théorie de Eddington de quantifier l'espace entier, de même qu'on le fait d'habitude avec les électrons, entourant un noyau atomique, ou avec un gaz contenu dans un récipient. Seulement le point de vue est justement inverse de celui qui vient d'être prononcé. On a l'idée, que tel est maintenant le problème fondamental qui, à son tour, va servir de fondation et de modèle pour les systèmes plus restreints. On adopte naturellement la simplification usuelle de regarder la matière comme uniformément répandue. La seule possibilité d'espace fini est alors l'espace hypersphérique, qui a les propriétés de la surface tridimensionnelle d'une sphère ordinaire à quatre dimensions. Les vibrations propres d'un tel espace se décrivent par une généralisation simple des fonctions bien connues de Laplace. Elles forment une série à longueur d'onde décroissante et — sans doute — à fréquence ascendente. (Observons en passant, que l'assignation correcte des fréquences nous paraît le problème le plus délicat!) Or, puisqu'on veut faire l'analyse en particules *primitives*, on admet le principe d'exclusion de Pauli ou, ce qui revient au même, la statistique de Fermi. Cela veut dire que

chaque vibration propre (= niveau d'énergie) peut se comporter de deux manières seulement : être excitée (occupée) ou non, indiquant respectivement la présence ou l'absence d'*une* particule de cette énergie.

Il s'y joint l'hypothèse la plus importante : on admet que l'état actuel du monde est très voisin de l'équilibre absolu — ce qui pour l'atome s'appelle « état normal », pour un gaz de FERMI (p. e. les électrons métalliques) « état de dégénération complète ». Cela veut dire que, à très peu de chose près, la succession des premiers N niveaux est occupée sans lacune, tandis que les niveaux supérieurs sont vacants. Seulement au voisinage du niveau-seuil ou niveau de limite, qui sépare la partie occupée de la partie vide, il doit y avoir une faible perturbation, une fraction insignifiante des particules se trouvant transportées à des niveaux plus élevés.

Ces particules, excitées légèrement à partir de l'état d'équilibre, sont les seules responsables de tout ce qui se passe dans le monde. Chaque particule que nous manipulons dans nos expériences provient de cette région et ne peut jamais perdre plus d'énergie qu'en y retombant. Il s'ensuit, qu'elle doit nous présenter une énergie *minimum,* celle du niveau- seuil. Cette énergie, on l'identifie avec l'énergie de repos mc^2, qui se rattache à la masse m de la particule. Cela donne la *relation fondamentale* (1)

$$mc^2 = \ldots \frac{hc\sqrt{N}}{R}$$

entre le rayon R de l'espace, le nombre total N des particules et des constantes bien connues. (On voit que je simplifie considérablement en parlant comme s'il n'y avait qu'*une* espèce de particules, disons protons. Je ne veux pas entrer ici dans le problème du rapport des masses, qui est *très* compliqué).

Pour obtenir une seconde relation entre R et N, EDDINGTON admet que l'état de dégénération complète de notre système correspondrait au cas de l'*univers* de EINSTEIN. Alors on a la relation bien connue entre la masse totale M et le rayon R :

$$M\frac{k}{c^2} = \frac{\pi}{2}R.$$

La masse M se compose de la répartition totale. M est inférieure à

(1) Les points (...) correspondent à une constante numérique, que je ne veux pas préciser, puisqu'elle dépend des détails de la théorie, que je ne voudrais pas aborder dans ce bref rapport. (Voir le suivant).

Nm, puisque la suite des niveaux est ascendante et m correspond à sa limite supérieure. On trouve, selon EDDINGTON (²)

$$\frac{3}{5} Nm \cdot \frac{k}{c^2} = \frac{\pi}{2} R.$$

De cette relation et de la première on peut calculer R et N au moyen de constantes purement *terrestres*. On trouve (je donne les valeurs de EDDINGTON)

$N = 3 \cdot 14.10^{79}$ (= deux fois la masse du monde, divisée par la masse d'un atome d'hydrogène).
$R = 1 \cdot 234.10^{27}$ cm $= 400 \cdot 3$ mega parsec.
$M = 2 \cdot 61.10^{55} = 1 \cdot 32.10^{22} \Theta$. ($\Theta$ = soleil).
$\rho = 3 \cdot 32.10^{-27}$ gcm^{-3} = 1 atome d'hydrogène p. 500 cm^3.

La valeur de R est en bon accord avec celle qu'on tire de la récession des nébuleuses extragalactiques. Celle de N ou de ρ paraît un peu grande, mais justement compatible avec la limite supérieure des estimées, qu'on possède, qui d'ailleurs sont très vagues.

Nous venons de signaler que la masse ou l'énergie totale n'est pas N fois la masse m, mais seulement 3/5 de ce produit. Ce défaut d'énergie — pour ainsi dire — n'est autre chose que ce qui dans la théorie Newtonienne se présentait sous la forme de l'*énergie potentielle négative* de la gravitation.

A un autre point de vue ces particules d'énergie inférieure à mc^2 sont la rationalisation de la répartition infinie et même *continue* à énergie négative, dont avait besoin la théorie du positron de DIRAC. Je dis rationalisation, puisque les particules (= niveaux occupés) de EDDINGTON l'emportent sur celles de DIRAC en ce que

1) elles sont discontinues — ce qui correspond à la notion de *particules*;

2) elles sont assez nombreuses (ordre de 10^{79}), mais, enfin, de nombre *fini*;

3) elles se trouvent déjà dans le modèle, chargées du rôle important de composer le gros de la masse mondiale; de sorte qu' on n'a pas besoin de les inventer.

3. Si on calcule les vibrations propres de l'univers de EINSTEIN sur des suppositions convenables pour arriver aux résultats précédents, la longueur d'onde *minimum* en résulte d'un ordre de gran-

(¹) Il se peut, que ce que j'appelle N diffère légèrement de la notation de EDDINGTON. Mais je ne sais m'exprimer d'autre manière.

deur d'environ 10 cm. C'est-à-dire voilà le minimum parmi les niveaux occupés; il correspond à ce que nous avons appelé le niveau-seuil. Les surfaces-nœuds de cette vibration divisent donc l'espace en sections dont les dimensions linéaires sont de l'ordre de 10 cm. Au premier moment on est un peu stupéfait de trouver cette grandeur macroscopique. Mais il n'y a rien d'étonnant, au contraire. Souvenons-nous que l'énergie-seuil représente l'énergie de repos mc^2 de la particule. La théorie courante de De Broglie demande pour une particule même en repos une longueur d'onde infinie. Or, il n'y a pas d'inconvénient à remplacer cet « infini » par les 10 cm que nous venons de signaler. 10 cm correspondent à une vitesse de, grossièrement, 1 cm/sec dans le cas de l'électron ou 0,001 cm/sec dans le cas d'un proton. Ces valeurs extrêmement faibles ne causent aucune difficulté, même si l'on devait admettre que les particules que nous manipulons ne peuvent être réduites à repos qu' à cette limite près. Je crois qu'on peut dire que cet ordre de 10 cm est juste encore acceptable pour remplacer l'infini de la théorie originale de De Broglie, mais qu' une valeur très inférieure à celle-là (si on l'avait trouvée pour la longueur d'onde minimum) aurait déjà causé des inconvénients.

Ce que nous venons de dire sur la longueur d'onde minimum ou sur les compartiments formés dans l'espace par les surfaces nodales n' est qu' une autre manière de voir un résultat déjà cité dans la section antérieure - à savoir que la densité moyenne de

$$\rho = 3 \cdot 32.10^{-27} \text{ gcm}^{-3}$$

équivaut à quelque peu de particules *par litre.* Car il est bien connu que dans un gaz de Fermi complètement dégénéré, le volume moyen par particule est de l'ordre du cube de la longueur d'onde minimum. Nous avons déjà dit que la valeur trouvée pour ρ se rapproche de la limite supérieure estimée par Hubble. En effet la valeur que Hubble estime pour la densité moyenne due aux nébuleuses elles - mêmes n'est *qu'un millième* de la susdite - mais en même temps Hubble juge qu' une densité de poussière inter-galactique d'environ mille fois celle des nébuleuses serait encore assez insignifiante pour échapper justement à l'observation.

Alors tout cela s'accorde très bien. Mais une difficulté énorme paraît subsister. Cete atténuation extrême qu'atteindrait la matière, si on la répartissait uniformément dans l'espace, comment la réconcilier avec les idées habituelles que la théorie a formées d'un gaz dégénéré?

Nous allons voir. Il n'y a pas de limite inférieure pour la densité d'un gaz en dégénération, pourvu que la température soit suffisamment basse. La quantité caractéristique est la suivante

$$\Theta = \frac{n^{\frac{2}{3}} h^2}{mk}$$

où m est la masse d'une particule, n leur nombre par unité de volume, k la constante de BOLTZMANN. La température doit être considérablement inférieure à Θ, pour qu'il y ait dégénération appréciable. Prenant pour n la valeur susdite de EDDINGTON et pour m la masse du proton, on trouve pour Θ environ 10^{-13} °K. Celle-ci paraît une valeur ridicule. On sait que même dans l'espace inter-galactique la lumière des nébuleuses doit créer une température infiniment supérieure à celle-là. Ce résultat n'équivaut-il donc pas à une débâcle complète de la théorie?

En tirant des conclusions il ne faut pas oublier ce qui suit. On sait que la distribution actuelle de la matière dans l'espace est assez inhomogène. La théorie y substitue une répartition uniforme, en construisant ses modèles de l'univers. Il est prudent d'en tenir compte toujours en comparant les résultats de la théorie avec l'observation. Pour la partie gravifique de l'étude en vue de son caractère macroscopique, la substitution est problablement peu significative. Mais la théorie de EDDINGTON entreprend l'analyse du monde en particules *primitives.* Il est à peu près évident que, dans cette partie de l'étude, si l'on admet la répartition uniforme (comme on le fait), elle représente une condition beaucoup plus rigoureuse. Les résultats doivent être comparés, non avec l'univers actuel, mais avec ce que deviendrait l'univers, si l'on y pouvait effectuer une distribution complètement uniforme des particules *primitives.*

Dans cette uniformisation l'importance primaire tient à la décomposition de tous les noyaux atomiques (sauf l'hydrogène), puisqu' ils sont des agglomérations inadmissibles de particules primitives, agglomérations en outre pour lesquelles le principe de PAULI ne vaut plus.

Eh bien, qu' en serait-il de l'univers, si tous les noyaux atomiques se fendaient en éléments primitifs, disons en protons et électrons? Est-ce-que la chaleur des étoiles, de la matière inter-stellaire, la radiation lumineuse et l'énergie cinétique des étoiles et de la radiation cosmique *suffiraient* pour effectuer cette décomposition complète? Suffiraient-elles *justement,* ou y aurait-il un surplus pour animer les particules libérées d'un certain mouvement calorifique?

Nous n'avons pas les données pour décider cette question, pas même approximativement; surtout si, suivant Eddington, les nébuleuses ne sont qu'une petite fraction de la masse de l'univers, dont la plus grande partie serait poussière inter-galactique, de nature chimique inconnue. Cependant le petit calcul suivant sera illuminant.

Un proton, en s'incorporant à un noyau plus élevé, fournit environ 0,008 unités de poids atomique ou 0,008 $m_p c^2$ erg. Cette énergie suffirait pour donner à la masse m une vitesse qui correspond à la température

$$T = 2/3k \cdot 0{,}008\, m_p c^2 = 6.10^{10}\ {}^{\circ}\mathrm{K}.$$

C'est bien au delà de la température probable même pour l'intérieur des étoiles.

Eh bien, pour accepter la théorie de Eddington, on devrait admettre que la chaleur, la radiation lumineuse et l'énergie cinétique que nous rencontrons actuellement dans le monde correspondent *quantitativement* à l'agglomération des particules primitives en noyaux atomiques que nous y rencontrons, de manière que ladite énergie se produirait par la dite agglomération à partir d'un état de répartition uniforme (y compris la dissolution complète) et de température presque à zéro, assez près de zéro, enfin, pour justifier l'hypothèse concernant la dégénération, en dépit de l'extrême raréfaction.

On se rendra aisément compte que l'équivalence quantitative que nous venons de signaler, bien que nous ne soyons pas en état de la démontrer, n'est pas une admission improbable. Je ne crois pas qu'elle soit contredite par la nature chimique de cette partie de la matière que nous connaissons, ni par les présomptions probables concernant le reste.

Disckussion zu Referat Schrödinger.

W. Pauli. — In der logischen Grundlage der vorgetragenen Theorie scheinen mir insbesondere folgende Sachverhalte unklar geblieben zu sein.

1) Aus welchen Annahmen oder Gleichungen folgt bei der Quantisierung der Wellen im endlichen Raum die Beziehung zwischen Frequenz bezw. Energie und Wellenzahl?

2) Wie kann man plausibel machen, dass die Totalenergie bei Besetzung der ersten N Niveaus (nach Division durch c^2) wirklich im dynamischen Sinne die träge Masse *eines* Teilchens bestimmt, wenn dieses sich unter dem Einfluss anderer Teilchen in einem Kraftfeld bewegt?

E. Schrödinger. — Der erste Einwand trifft zweifellos die Hauptschwierigkeit, was ich schon in meiner obigen Bemerkung zum Ausdruck bringen wollte: Observons en passant que l'assignation correcte des fréquences me paraît le problème le plus délicat.

Zu Punkt 2: Nicht durch die Totalenergie der N Teilchen soll die träge Ruhmasse *eines* Teilchens bestimmt werden, vielmehr durch die Energie *eines* Teilchens an der oberen Grenze der Fermi-Verteilung; also durch dasjenige Niveau, unter welches, wegen des Pauli-Verbotes, die Teilchenenergie nicht sinken kann. Dieses Niveau mit dem *Minimalwert* der Masse in die wohlbekannte Beziehung $E = mc^2$ zu bringen, scheint mir plausibel.

EIGENSCHWINGUNGEN DES SPHÄRISCHEN RAUMES (*)

ERWIN SCHRÖDINGER
Accademico Pontificio

SVMMARIVM. — Auctor vibrationes proprias sive characteristicas sphaerici spatii perscrutatur, primum, qua lucis propagatio regitur, D'Alembertiana equatione usus, dein quibus P. A. M. Dirac electronis status describere conatus est equationibus. Nonnulli momenti videtur certas vibrationes proprias in diversis regionibus spatii vi tantopere differre, ut quasi omnino restrictae sint ad angustam vicinitatem unius circuli maximi, in cuius directione propagantur quasi forma fili exigui, qui totum amplectitur spatium. Quomodo vibrationem terminatio transversa ex incertitudinis relatione pateat disseritur. Denique commemoratione dignum Diracensis equationis functiones proprias haud monovalentes fieri sed duos ramos signi oppositi ostendere — in eo certe coordinatarum systemate quod naturalissime investigationi se praestat.

1. — EINLEITUNG.

In den Arbeiten, in denen A. S. EDDINGTON den Zusammenhang erfassen will zwischen dem kosmischen Bau der Welt und ihrer Struktur im Kleinen (1), spielen die Hauptrolle die Eigenschwingungen eines homogenen und isotropen Raumes konstanter positiver Krümmung. Doch wird keine explizite Beschreibung derselben gegeben. Ich empfand dies als Lücke und fülle sie in der vorliegenden Note aus — als eine vielleicht

(*) Memoria presentata il 19 dicembre 1937.

(1) *Relativity Theory of Protons and Electrons*, Cambridge, University Press, 1936. Die älteren Arbeiten sind dort zitiert.

nicht unerlässliche, aber doch wünschenswerte *Vorarbeit* für eine klare Erfassung und Weiterführung von EDDINGTON's Gedankengängen, über deren Bedeutsamkeit ich kürzlich an verschiedenen Stellen (¹) meine Meinung gesagt habe. Schon der bescheidene, höchst werktägliche Rechenfleiss dieser Vorarbeit findet sich durch Unerwartetes belohnt.

Im Abschnitt 2 werden die Eigenlösungen der gewöhnlichen Lichtgleichung aufgestellt, welches die den Mathematikern wohlbekannten Kugelfunktionen dritter Ordnung sind. Ihre nähere Betrachtung im Abschnitt 3 führt zu dem Resultat, dass hier, im sphärischen Raum, die gewöhnliche Lichtgleichung Eigenlösungen besitzt, die nicht den ganzen Raum durchfluten, sondern praktisch auf einen kleinen Teil desselben beschränkt sind. Es handelt sich wohl nicht um « Wellenpackete », aber um « Wellenfäden » mit geringen Querdimensionen; zwar nicht von der Grössenordnung der Wellenlänge, aber doch sehr klein gegen den Gesamtraum. In ihrem Kern erscheinen sie einem lokalen Beobachter als ebene Wellen mit einer Phasengeschwindigkeit etwas grösser als c. — Im Abschnitt 4 ist eine Analyse der sechsgliederigen Drehungsgruppe eingeschaltet — physikalisch gesprochen der Translations-Rotations-Gruppe des sphärischen Raumes. In 5 und 6 wird die Dirac-Gleichung aufgestellt und ihre Kontinuitätsgleichung abgeleitet. Die probeweise Anwendung auf ein bekanntes Problem (Wasserstoffatom; lim $R = \infty$) zeigt im 7. Abschnitt, dass man unversehens auf eine recht eigenartige Darstellung mit *zweiwertiger* Wellenfunktion geführt worden ist, die manche Vorzüge hat. Dadurch wird akut die von EDDINGTON (²) aufgeworfene allgemeine Frage nach eventueller Vieldeutigkeit der Wellenfunktion. Diese Untersuchung ist in einer besonderen Note abgespalten (³), sie legitimiert unser Verfahren. — Im letzten Abschnitt werden die Eigenlösungen der feldfreien Dirac-Gleichung im sphärischen Raum aufgestellt, zuerst *ohne*, dann *mit* dem rätselvollen Massenterm. Selbstverständlich (nach Analogie mit Abschnitt 3) müssen auch unter ihnen solche stabile « fadenförmige » Lösungen auftreten, wie der flache Raum sie nicht darbietet.

(¹) « Nature », 20. Okt. 1937, p. 742 (Referat des vorstehenden Buches). — Vortrag a. d. Galvani-Kongress in Bologna am 20. Okt. 1937 (soll in den Kongressakten und im « Nuovo Cimento » erscheinen).

(²) L. c., p. 60 und 150 ff.

(³) « Ann. der Physik (5) *32*. 49, 1938 (Planckheft).

2. — D'ALEMBERTS GLEICHUNG; EIGENLÖSUNGEN.

Physikalisch handelt es sich um die skalare Lichtgleichung in der Einstein-Welt. Zur Beschreibung der Lage im Raum benützen wir drei Winkel χ, ϑ, φ, deren erste zwei von 0 bis π, der letzte von 0 bis 2π laufen. R ist der Krümmungsradius des Raumes, c die Lichtgeschwindigkeit, t die Zeit. In der Umgebung des Ursprungs sind ϑ, φ gewöhnliche Polarkoordinaten, $R\chi$ entspricht dem Radiusvektor. Das Linienelement lautet

$$ds^2 = -R^2 \left[d\chi^2 + \sin^2\chi \, (d\vartheta^2 + \sin^2\vartheta \, d\varphi^2)\right] + c^2 \, dt^2 \; . \qquad [2.1]$$

Die D'ALEMBERT'sche Wellengleichung für eine Funktion $\psi(\chi, \vartheta, \varphi, t)$ erhält man, indem man deren vierdimensionale, kovariante DivGrad gleich Null setzt. Man findet

$$-\frac{1}{R^2} K\psi + \frac{1}{c^2} \frac{\partial^2\psi}{\partial t^2} = 0 \quad , \qquad [2.2]$$

wo K als Abkürzung für folgenden *Operator* steht

$$K\psi = \frac{1}{\sin^2\chi} \left\{ \frac{\partial}{\partial\chi}\left(\sin^2\chi \frac{\partial\psi}{\partial\chi}\right) + \frac{1}{\sin\vartheta} \frac{\partial}{\partial\vartheta}\left(\sin\vartheta \frac{\partial\psi}{\partial\vartheta}\right) + \frac{1}{\sin^2\vartheta} \frac{\partial^2\psi}{\partial\varphi^2} \right\} \qquad [2.3]$$

Wir suchen die Eigenlösungen, d. h. die zeitlich harmonischen Lösungen von [2.2]. Die Frequenz sei ν. Für den von χ, ϑ, φ abhängigen Faktor in ψ (den wir weiterhin mit ψ bezeichnen) hat man

$$\frac{1}{R^2} K\psi + \frac{4\pi^2\nu^2}{c^2} \psi = 0 \quad . \qquad [2.4]$$

Es handelt sich also um das Eigenwertproblem von K, d. h. um die (verallgemeinerten) Kugelfunktionen auf der (dreidimensionalen) Oberfläche der Einheitskugel im Euklidischen R_4.

1. Methode (Maxwell). — Man transformiere die Laplace'sche Gleichung

$$\frac{\partial^2\Phi}{\partial x_1{}^2}+\frac{\partial^2\Phi}{\partial x_2{}^2}+\frac{\partial^2\Phi}{\partial x_3{}^2}+\frac{\partial^2\Phi}{\partial x_4{}^2}=0 \qquad [2.5]$$

eines Euklidischen Hilfs–R_4 auf Polarkoordinaten r, χ, ϑ, φ:

$$\begin{aligned} x_1 &= r\sin\chi\sin\vartheta\cos\varphi & x_3 &= r\sin\chi\cos\vartheta \\ x_2 &= r\sin\chi\sin\vartheta\sin\varphi & x_4 &= r\cos\chi\ . \end{aligned} \qquad [2.6]$$

(Für die drei Winkel sind absichtlich dieselben Buchstaben gewählt wie oben, obwohl jetzt zunächst von etwas ganz anderem die Rede ist). Die transformierte [2.5] lautet:

$$r^{-3}\frac{d}{dr}\left(r^3\frac{d\Phi}{dr}\right)+r^{-2}\mathrm{K}\Phi=0\quad . \qquad [2.7]$$

Hievon ist $\Phi=r^{-2}$ eine Lösung. Daher (wegen der Gestalt [2.5]) auch alle Derivierten von r^{-2}, beliebig oft und gemischt nach x_1, x_2, x_3, x_4. Nach n-maliger Differentiation ($n=0, 1, 2, 3, \ldots..$) erhält man eine Lösung von folgender Gestalt

$$\Phi=r^{-n-2}\,\psi(\chi,\vartheta,\varphi)\quad .$$

In [2.7] eingesetzt gibt das

$$\mathrm{K}\psi+n(n+2)\,\psi=0\quad .$$

ψ ist also Eigenlösung von K zum Eigenwert $-n(n+2)$. Es löst sonach unsere Amplitudengleichung [2.4] — und wurde deshalb gleich mit dem dort verwendeten Buchstaben bezeichnet. Die Eigenfrequenzen sind

$$\nu=\pm\frac{c}{2\pi \mathrm{R}}\sqrt{n\,(n+2}\quad . \qquad [2.8]$$

Ergebnis: die Eigenfunktionen von K sind die Funktionen

$$\psi=(x_1^2+x_2^2+x_3^2+x_4^2)^{1+1/2(a_1+a_2+a_3+a_4)}\frac{\partial^{a_1+a_2+a_2+a_4}}{\partial x_1^{a_1}\partial x_2^{a_2}\partial x_3^{a_3}\partial x_4^{a_4}}(x_1^2+x_2^2+x_3^2+x_4^2)^{-1}, \qquad [2.9]$$

wenn man darin die Substitution [2.6] ausführt. Der Eigenwert ist $(a_1+a_2+a_3+a_4)\ (a_1+a_2+a_3+a_4+2)$. Der Nachweis der Vollständigkeit erübrigt sich wegen der vollen Analogie zu den LAPLACE'schen Kugelfunktionen.

Bei der Abzählung des *Entartungsgrades* ist zu beachten, dass man sich (weil für alle diese Derivierten [2.5] gilt) auf $a_4=0$ oder 1 zu bezuchränken hat. Im ersten Fall ($a_4=0$) kann a_1 die Werte

$a_1 = 0,\ 1,\ 2,\ 3\ \ldots\ldots n$ haben

mit $n+1,\ n,\ n-1,\ n-2\ldots\ldots 1$ Möglichkeiten

für das Paar a_2, a_3. Das gibt $(n+1)\ (n+2)/2$ Möglichkeiten. Im zweiten Fall ($a_4=1$) ist die Anzahl $n(n+1)/2$. Zusammen $(n+1)^2$. Der Eigenwert $-\ n(n+2)$, welcher der $(n+1)$ ste ist, ist also $(n+1)^2$-fach entartet.

Als *Wellenlänge* dieser Schwingung kann man mit gewissem Recht

$$\lambda=\frac{2\pi R}{n}. \qquad [2.10]$$

bezeichnen.

Die Anzahl der Eigenschwingungen *bis einschliesslich* der mit n nummerierten $(n+1)$ ten ist

$$Z=1^2+2^2+3^2+\ldots\ldots(n+1)^2={}^1/_3\,(n+1)\,(n+{}^3/_2)\,(n+2)\quad .$$

Also

$$Z=\frac{8\pi^3R^3}{3\lambda^3}\left(1+\frac{\lambda}{2\pi R}\right)\left(1+{}^3/_2\,\frac{\lambda}{2\pi R}\right)\left(1+\frac{2\lambda}{2\pi R}\right) \qquad [2.11]$$

Da das gesamte Raumvolumen

$$V=2\pi^2R^3$$

ist, so ergibt sich asymptotisch für $n \gg 1$ d. h. $\lambda \ll R$ die wohlbekannte Debye-Weyl-sche Formel

$$Z = \frac{4\pi}{3} \frac{V}{\lambda^3} \quad .$$

2. Methode (Laplace–Legendre). — Die Laplace'sche Form der Lösungen, die wertvoller ist, bekommt man, indem man ψ gleich dem Produkt einer Funktion von χ allein und einer gewöhnlichen Kugelfunktion setzt, deren Hauptindex wir l nennen:

$$\psi = S(\chi)\, Y_l(\vartheta, \varphi) \quad . \qquad [2.12]$$

Da K nach [2.3] das φ und ϑ in Form des gewöhnlichen Kugelfunktionenoperators enthält, von welchem Y_l Eigenfunktion zum Eigenwert $-l(l+1)$ ist, so bleibt für S die Gleichung

$$\frac{1}{\sin^2\chi} \frac{d}{d\chi}\left(\sin^2\chi \frac{dS}{d\chi}\right) - \frac{l(l+1)}{\sin^2\chi} S + n(n+2)\, S = 0 \quad , \qquad [2.13]$$

welche in der Variablen $x = \cos\chi$ so lautet

$$(x^2-1)\frac{d^2S}{dx^2} + 3x\frac{dS}{dx} - \frac{l(l+1)}{x^2-1} S - n(n+2)\, S = 0 \quad . \qquad [2.14]$$

Sie ist schon von Legendre und vielen anderen Klassikern studiert worden (¹), worauf mein Assistent, Herr Robert Müller, mich freundlichst hinwies, als ich ihm meine Lösungen derselben zeigte. Nehmen wir den Fall $l=0$ voraus

$$(x^2-1)\frac{d^2S}{dx^2} + 3x\frac{dS}{dx} - n(n+2)\, S = 0 \quad . \qquad [2.15]$$

(¹) Vergl. E. Pascal, *Repertorium der höheren Mathematik,* 2. Aufl. Bd. 13, S. 1412 (Teubner, 1929). Dort zitiert: R. Olbricht, *Studien über Kugel- und Cylinderfunktionen,* Leipzig, 1887; Gegenbauer, Wien, Sitzber. *70*, 434, 1874; *75*, 891, 1877; *97*, 259, 1888; *102*, 942, 1893.

In diesem Falle hat man Polynomlösungen

$$S_n = \frac{1}{\sqrt{x^2-1}} \frac{d^n}{dx^n} (x^2-1)^{n+1/2} \qquad [2.16]$$

vom Grade n. Sie (die Funktionen, nicht nur ihr Grad) sind abwechselnd gerad und ungerad. — Die im Intervall $-1 \leqslant x \leqslant 1$ regulären Lösungen von [2.14] sind

$$S_n^l = (1-x^2)^{\frac{l}{2}} \frac{d^l}{dx^l} S_n \quad . \qquad [2.17]$$

Die Polynome S_n und, für festes l, die Funktionen S_n^l ($n = l$, $l+1$, $l+2$, ...) bilden je ein vollständiges Orthogonalsystem zum Differential $\sqrt{1-x^2}\, dx$ (oder $\sin^2\chi\, d\chi$). Die Normierung wäre ähnlich wie bei den gewöhnlichen Legendrepolynomen und LEGENDRE'schen Zugeordneten durchzuführen. — Es lautet also die vollständige Eigenlösung von [2.4].

$$\psi = S_n^l(\chi)\, Y_l(\vartheta, \varphi) \quad . \qquad [2.18]$$

3. — FADENFÖRMIGE EIGENLÖSUNGEN.

Wir schicken zu leichterem Verständnis eine Betrachtung auf der *zwei*dimensionalen Kugelfläche und demgemäss mit den gewöhnlichen LEGENDRE'schen Funktionen Y_l allein voraus. Die D'ALEMBERT'sche Gleichung auf der zweidimensionalen Kugeloberfläche mit dem Radius R würde auf die Amplitudengleichung [2.4] führen, aber mit dem gewöhnlichen Kugelfunktionen-Operator für K, so dass die Eigenlösungen eben die Y_l sind, u. zw. ist die zu Y_l gehörige *Frequenz* (analog zu [2.8])

$$\nu = \pm \frac{c}{2\pi R} \sqrt{l(l+1)}$$

Unter den $2l+1$ Funktionen zu bestimmtem l spielt eine ausgezeichnete

Rolle einmal die *zonale* (Nebenindex $m = 0$), die von φ nicht abhängt; sodann, als entgegengesetztes Extrem, diejenige für $m = l$, die zwar nicht von ϑ unabhängig, aber in ϑ knotenfrei ist. Von einem Normierungsfaktor abgesehen lautet sie

$$Y_l = \sin^l \vartheta \, e^{il\varphi} \quad . \qquad [3.1]$$

(Man könnte sie « Orangenfunktion » nennen). Für *grosses* l zieht sie sich, wegen des ersten Faktors, auf einen immer schmaleren Gürtel beiderseits des Äquators $\left(\vartheta = \frac{\pi}{2}\right)$ zurück. Gegen die Pole zu fällt sie sehr rasch, ungefähr exponentiell, ab. Mit dem Zeitfaktor $e^{-2\pi i\nu t}$ stellt sie eine Welle dar, die auf jenem schmalen äquatorialen Gürtel mit der Geschwindigkeit

$$c' = c\sqrt{1 + \frac{1}{l}} \qquad [3.2]$$

umläuft und das genaueste Analogon zur (zweidimensionalen) ebenen Welle ist, das es auf der Kugelfläche überhaupt gibt. Die Wellenlänge auf dem Äquator ist

$$\lambda = \frac{2\pi R}{l} \quad .$$

Gehen wir nach diesen vorbereitenden Überlegungen zum dreidimensionalen Fall über. Wir wählen in [2.18] $l = n$, und für Y_l die Orangenfunktion [3.1]. S_n^n ist aus [2.17] zu nehmen, wo die Derivierte von S_n sich auf eine Konstante reduziert. Die Lösung sieht also so aus

$$\psi_n = \sin^n \chi \, \sin^n \vartheta \, e^{in\varphi} \quad . \qquad [3.3]$$

n ist die Anzahl der Wellen auf dem Äquator $\left(\chi = \vartheta = \frac{\pi}{2}\right)$ und muss darum *enorm* sein, wenn die Wellenlänge « humane » Grössenordnung haben soll. Wegen der ersten zwei Faktoren ist die Schwingung praktisch auf einen verhältnismässig dünnen Zylinder oder besser vielleicht

Torus beschränkt, dessen Mittellinie (« Seele ») der eben als Äquator bezeichnete Grosskreis $\left(\chi = \vartheta = \frac{\pi}{2}\right)$ bildet. Ein Mikrobeobachter *auf ihm* könnte denselben als z-Axe wählen und würde die Schwingung als eine in der Richtung seiner z-Axe fortschreitende ebene Welle bezeichnen. Was er Wellenebenen nennt, sind in Wahrheit Grosskugeln, die sich alle in der Axe $\vartheta = {0 \atop \pi}$ *unseres* Polarkoordinatensystems schneiden. Diese ist selber ein Grosskreis, u. zw. der zum Äquator *polare*. (Jeder Grosskreis hat hier nicht *zwei* Pole, sondern einen ganzen Grosskreis voller Pole; das Verhältnis der beiden Grosskreise ist ein wechselseitiges).

Da die Schwingung [3.3] sich gerade auf ein Gebiet beschränkt, das um einen Quadranten vom Ursprung entfernt ist, und die Anschauung lieber in der Umgebung des Ursprungs arbeitet, vertauschen wir die Rolle der beiden Kreise vorübergehend durch *Änderung der Koordinatengebung*. Die *bisherige* kann als Parameterdarstellung unseres Raumes angesehen werden, der dabei als Hyperkugelfläche in ein Euklidisches R_4 eingebettet gedacht wird, nach den Formeln [2.6], mit $r = \text{const.} = R$. Die Schwingung [3.3] sieht dann so aus

$$\psi_n = R^{-n} (x_1 + i\, x_2)^n \quad .$$

Wir wählen *jetzt* eine Koordinatengebung χ', ϑ', φ', die aus [2.6], mit $r = R$, hervorgeht, indem man die x_k zweimal zyklisch vertauscht und an die Winkel die Striche anfügt. Unsere Schwingung wird

$$\psi_n = (\sin \chi' \cos \vartheta' + i \cos \chi')^n \quad .$$

Der neue Ursprung ($\chi' = 0$) liegt mitten in ihr drin. Ganz im Kleinen darf man in seiner Umgebung $\cos \chi' = 1$ setzen, $\sin \chi'$ als den Radiusvektor ansehen (gemessen in der Einheit R) und ϑ' als « Winkel mit der z'-Axe ». Im Kleinen sieht die Schwingung also so aus

$$\psi_n = i^n (1 - i\, z')^n = i^n e^{-inz'} \quad .$$

Das sind ebene Wellen in Richtung der z'-Axe, Wellenlänge $\frac{2\pi}{n}$, das heisst $\frac{2\pi R}{n}$.

Den seitlichen Intensitätsabfall untersuchen wir in der Ebene (recte: Grosskugel) $\vartheta' = \frac{\pi}{2}$. Das genügt, denn er ist in jeder Wellenebene der gleiche. Hier hat man nun

$$|\psi_n|^2 = \cos^{2n}\chi' = \left(1 - \frac{\chi'^2}{2}\right)^{2n} = e^{-n\chi'^2} . \qquad [3.4]$$

Die Amplitude ist also praktisch konstant, solange $\chi' \ll \frac{1}{\sqrt{n}}$, und praktisch Null, sobald χ', sagen wir, den Wert $\frac{10}{\sqrt{n}}$ überschreitet. In Zentimetern ist die kritische Grössenordnung (nennen wir sie ρ):

$$\rho = \frac{R}{\sqrt{n}} = \frac{1}{\sqrt{2\pi}} \sqrt{\frac{2\pi R^2}{n}} = \frac{1}{\sqrt{2\pi}} \sqrt{R\lambda} . \qquad [3.5]$$

Die Querdimensionen sind also das geometrische Mittel aus Wellenlänge und Weltradius.

Die eben beschriebene Welle ist das vollkommenste Analogon der «unendlichen monochromatischen ebenen Welle», das es im sphärischen Raum überhaupt gibt. Wellengebilde, die auf *breiterer* Front angenähert konstante Amplitude haben, kann man bestimmt konstruieren, aber sie wären etwas künstliches, überflüssig kompliziertes. (Mit Kugelwellen verhält es sich natürlich anders). [Anmerkung b. d. Korr. (Juni 1938): Inzwischen konnten (in Zusammenarbeit mit P. O. Müller) den obigen «fadenförmigen» Lösungen «hautförmige» an die Seite gestellt werden, die in *zwei* Richtungen unbegrenzt sind, in der Fortpflanzungsrichtung und in *einer* Querrichtung, während senkrecht zu diesen beiden die Intensität beiderseits so abfällt, wie im Text beschrieben. Im Grossen ist die Schwingung beschränkt auf die engste Nachbarschaft einer gewissen Torusfläche, *auf* welcher die Intensität maximal und überall gleich ist. Die merkwürdige Torusfläche hat lauter gleichberechtigte Punkte und teilt den Gesamtraum in zwei kongruente Hälften].

Quantenmechanisch betrachtet, wird die seitliche Begrenzung der ebenen Welle nach der *Unbestimmtheitsrelation* durch den Umstand ermöglicht, dass bei scharfem longitudinalem Impuls der transversale *notwendig* unscharf ist; weil nämlich die lokalen *Translationen*, im Grossen gesehen, Drehungen des sphärischen Raumes in sich sind — und als solche nicht streng vertauschbar.

Wenn der Raum wirklich sphärisch ist, *muss* die grundsätzliche Nichtvertauschbarkeit der Translationen physikalisch bedeutungsvoll sein. Das veranlasst mich, hier einen Abschnitt über die Geometrie dieser Drehungen einzuschalten, obwohl er für das in dieser Abhandlung folgende entbehrlich ist und obwohl ich weiss, dass sich dem Mathematiker darüber nichts Neues mehr erzählen lässt.

4. — DIE SECHSGLIEDERIGE DREHUNGSGRUPPE.

Eine bestimmte Drehung der gewöhnlichen, zweidimensionalen Kugeloberfläche in sich wird durch den Äquator, das zugehörige Polpaar und den Drehwinkel gekennzeichnet. Auf unserer Hypersphäre wird eine Drehung beschrieben durch *zwei* Äquatorkreise und durch *zwei* Drehwinkel, einen auf jedem derselben. Die Beziehung der beiden Kreise zueinander ist jene ein-eindeutige und wechselseitige, die wir schon oben an dem Beispiel der beiden Grosskreise $\left(\vartheta = {0 \atop \pi}\right)$ und $\left(\chi = \vartheta = \frac{\pi}{2}\right)$ kennen lernten und als « polar » bezeichneten, weil jeder der beiden für den anderen *die* Rolle spielt, die auf der zweidimensionalen Kugelfläche das Polpaar für den Äquator spielt. In der Euklidischen Einbettungs-R_4 sind zwei polare Grosskreise die Schnittlinien zweier « total senkrechter » Ebenen mit der Hypersphäre; im Beispiel: der Ebenen $x_1 = x_2 = 0$ und $x_3 = x_4 = 0$.

Im speziellen kann einer von den zwei Drehwinkeln Null sein, dann bleibt der eine Äquator punktweise fest, der andere wird in sich um den anderen Winkel verdreht. Die allgemeine Drehung besteht aus zwei solchen Teildrehungen. Ein Mikrobeobachter auf einem der beiden Kreise nennt *die* Teildrehung, die *seinen* Kreis in sich verschiebt, eine Translation in Richtung desselben, die *andere* Teildrehung eine Rotation *um* denselben als «Achse», das Ganze also eine Schraubung. Für einen Mikrobeobachter auf dem anderen Kreis tauschen die zwei Teildrehungen ihre Rollen. Rotation und Translation sind also vollkommen gleichberechtigt, es kommt nur auf die Lage des Beobachters an. Das eine ist eine (Teil-) Drehung um eine nahegelegene Achse, das andere um eine Achse, deren Punkte alle im (sphärischen) Abstand $R = \frac{\pi}{2}$ vom Beobachter liegen. Übrigens wird schon ein Beobachter, der von beiden Achsen einigermassen weit entfernt ist, wenn er nicht *sehr* genau misst, eine reine Translation zu verspüren glauben.

Notdürftig veranschaulichen lässt sich das Verhältnis der zwei Teildrehungen (wobei freilich ihre Gleichberechtigung verloren geht) durch eine sehr grosse *Kreislinie* und ihre *Achse*. Denkt man sich einmal die eine, ein anderes Mal die andere dieser beiden Linien (welche den zwei polaren Grosskreisen entsprechen sollen) stromdurchflossen, so geben die zwei Systeme magnetischer Kraftlinien ein wenigstens topologisch richtiges Bild der von den zwei Teildrehungen erzeugten *Verrückungen*.

Wir betrachten auf unserer Hypersphäre die sechs Grosskreise, in denen sie von den Koordinatenebenen der Einbettungs-R_4 geschnitten wird. Sie ordnen sich zu drei Paaren *polarer* Kreise. Polare Kreise schneiden einander nicht. Ein hervorgehobener Kreis schneidet die vier zu ihm nicht polaren je in zwei antipodischen Punkten, welche acht Schnittpunkte an vier äquidistanten Stellen des hervorgehobenen Kreises paarweise zusammenfallen. Dort schneiden sich also immer *drei* Kreise und bilden für einen lokalen Geometer ein rechtwinkeliges Achsenkreuz. Im *Ganzen* gibt es *acht* solcher Schnittpunkte (*ein* Paar polarer Kreise enthält also schon alle acht). Sie bilden die *Ecken*, vierundzwanzig sie verbindende Kreisbogenviertel bilden die *Kanten*, zweiunddreissig von letzteren berandete Grosskugelachtel bilden die *Seitenflächen* — von sechzehn *Tetraedern*, in welche die Hypersphäre zerschnitten wird, wobei acht Tetraeder in jeder Ecke zusammenstossen, vier in jeder Kante.

Die ganze Drehgruppe lässt sich aus sechs erzeugenden, unendlich kleinen, speziellen Drehungen aufbauen, deren jede *einen* der sechs Grosskreise in sich dreht, den polaren punktweise fest lässt. Ein lokaler Geometer an einem der Schnittpunkte nennt drei dieser Drehungen Rotationen, die anderen drei nennt er Translationen.

Die *Operatoren*, die diesen sechs erzeugenden Drehungen entsprechen (so entsprechen, wie der Drehung des Kreises $\chi = \vartheta = \frac{\pi}{2}$ in sich die Differentiation nach φ entspricht) sind folgende:

$$M_1 = -i\left(x_2\frac{\partial}{\partial x_3} - x_3\frac{\partial}{\partial x_2}\right) \text{ und zweimal zyklisch (123)}$$

$$N_1 = -i\left(x_4\frac{\partial}{\partial x_1} - x_1\frac{\partial}{\partial x_4}\right) \quad \text{» » »} \qquad [4.1]$$

Sie sind ausgedrückt durch die Koordinaten der Einbettungs-R_4. Aber beim Übergang zu Polarkoordinaten nach [2.6] fällt r heraus. Der Faktor i wurde hinzugefügt, um die Operatoren (d. h. ihre Eigenwerte) reell zu machen, speziell $-i$, weil es dann, mit $h = 2\pi$, direkt die quantenmechanischen Operatoren sind. Die Bezeichnung ist absichtlich der unsymmetrischen Auffassung eines Lokalgeometers im Schnittpunkt ($x_1 = x_2 = x_3 = 0$, $x_4 = R$) angepasst worden. M_1 ist ihm der Drehimpuls um die x-Achse, N_1 der lineare Impuls in Richtung derselben. Nur in der physikalischen Dimension sind wir seiner Auffassung nicht gefolgt, weil es unbequem wäre. Er muss daher, zur Reduktion auf die übliche Einheit, jedes N_k noch durch R dividieren.

Man findet folgende wohlbekannten Vertauschungsrelationen, die weiteren durch den Zyklus (123):

$$M_1 M_2 - M_2 M_1 = i M_3 \qquad N_1 M_1 - M_1 N_1 = 0$$

$$N_1 N_2 - N_2 N_1 = i M_3 \qquad M_1 N_2 - N_2 M_1 = i N_3 \; . \qquad [4.2]$$

$$N_1 M_2 - M_2 N_1 = i N_3 \; .$$

Zur Abkürzung sei

$$\begin{aligned} M^2 &= M_1^2 + M_2^2 + M_3^2 \\ N^2 &= N_1^2 + N_2^2 + N_3^2 \\ MN &= M_1N_1 + M_2N_2 + M_3N_3 \ . \end{aligned} \qquad [4.3]$$

Auf Grund von [4.2] ist

$M^2 + N^2$ und MN mit *allem* (d.i. allen M_k oder N_k) vertauschbar;

M^2 und N^2 mit jedem M_k vertauschbar. [4.4]

Wir merken an, dass nach [4.1] das $M^2 + N^2$ der Operator K von [2.3] ist, das M^2 hingegen der gewöhnliche Kugelfuntionenoperator. N^2 jedoch ist *nicht* mit M^2 gleichberechtigt (trotz der Gleichberechtigung aller sechs Komponenten, *einzeln* genommen); u. zw. deshalb nicht, weil die Struktur der beiden *Tripel* nicht dieselbe ist. (Es gibt *nirgends* einen Lokalgeometer, für den etwa die M_k und die N_k einfach die Rollen tauschten).

Wir wollen die *Eigenwerte* all dieser Operatoren, in ihrer gegenseitigen Zuordnung, bestimmen, dabei aber vorerst bloss die Vertauschungsrelationen [4.2] benützen, nicht die expliziten Ausdrücke [4.1].

Dazu führen wir folgende neue Basis ein

$$\left.\begin{aligned} \xi_1 &= {}^1/_2 (M_1 + N_1) \\ \eta_1 &= {}^1/_2 (M_1 - N_1) \end{aligned}\right\} \text{ und zweimal zyklisch (123).} \qquad [4.5]$$

Das sind Drehungen, die nicht mehr einem einzelnen Grosskreis, sondern zunächst (wie die allgemeine Drehung) einem polaren Paar zugeordnet sind, wobei die zwei Drehwinkel entweder gleich oder entgegengesetzt gleich sind. Diese speziellen Drehungen sind aber, wie man weiss, dadurch besonders interessant, dass ihr Polkreispaar *nicht festliegt*, sondern zweiparametrig variierbar ist, derart dass durch jeden Raumpunkt ein Polkreis geht und alle Punkte sich mit der nämlichen Geschwindigkeit auf Grosskreisen bewegen. Das kümmert uns aber im

Augenblick nicht. Uns sind wertvoll die besonders einfachen Vertauschungsrelationen, die sich aus [4.2] errechnen:

$$\xi_1 \xi_2 - \xi_2 \xi_1 = i\,\xi_3 \text{ und zyklisch}$$
$$\eta_1 \eta_2 - \eta_2 \eta_1 = i\,\eta_3 \text{ und zyklisch} \,. \qquad [4.6]$$
Jedes ξ_k vertauscht mit jedem η_k.

Nach diesen V. R. kann man getrennt für die ξ_k und für die η_k ein sehr wohlbekanntes Schlussverfahren [1] anwenden. Darnach hat die $\sum_1^3 \xi_k^2$ die Eigenwerte

$$\alpha(\alpha+1) \text{ mit } 2\alpha = 0, 1, 2, 3, 4 \ldots \,.$$

Mit jedem derselben sind für (beispielsweise) ξ_3 verträglich die $2\alpha+1$ Stück ganzzahlig abgestuften Eigenwerte $-\alpha$ bis und mit $+\alpha$. Unabhängig davon gilt das völlig Analoge für die η_k und *ihre* Quadratsumme, wo wir die Zahl, die für die ξ_k als α bezeichnet wurde, β nennen wollen. Mehr als diese vier — die zwei Quadratsummen und (etwa) ξ_3 und η_3 — können nicht gleichzeitig scharf sein. Nun ist

$$\sum_1^3 \xi_k^2 = {}^1/_4(M^2+N^2) + {}^1/_2 MN$$
$$\sum_1^3 \eta_k^2 = {}^1/_4(M^2+N^2) - {}^1/_2 MN \qquad [4.7]$$

Also liegen mit α und β auch M^2+N^2 und MN fest. Wir bezeichnen ihre Eigenwerte, nach Dirac, durch Anfügen eines Akzentes ($'$):

$$(M^2+N^2)' = 2\left[\alpha(\alpha+1) + \beta(\beta+1)\right]$$
$$(MN)' = (\alpha-\beta)(\alpha+\beta+1) \,. \qquad [4.8]$$

---

(1) P. A. M. Dirac, *Quantum Mechanics*, Oxford, Clarendon Press 1930, auf p. 88 der ersten Auflage. — Das Wesentliche der Schlussweise geht auf Born-Heisenberg-Jordan zurück. — Die Zerfällung in die ξ und η-Drehungen zeigt unmittelbar, dass die sechsgliederige Drehgruppe das direkte äussere Produkt zweier dreigliederiger ist.

Hiemit ist also verträglich

$$\begin{aligned} \xi_3' &= -\alpha, -\alpha+1, \ldots\ldots \alpha-1, \alpha \\ \eta_3' &= -\beta, -\beta+1, \ldots\ldots \beta-1, \beta \quad , \end{aligned} \qquad [4.9]$$

in beliebiger Kombination. Im Ganzen also

$$(2\alpha+1)(2\beta+1) \qquad [4.10]$$

unabhängige Kombinationen.

Da weiter

$$M_3 = \xi_3 + \eta_3 , \quad N_3 = \xi_3 - \eta_3$$

so gibt es für diese, wenn [4.8] festliegt, die Eigenwerte

$$M_3', \ N_3' = -(\alpha+\beta), \ -(\alpha+\beta)+1 \ldots\ldots (\alpha+\beta)$$

aber *nicht* in beliebiger Kombination, sondern bloss nach Massgabe von [4.9] und in der Anzahl [4.10]. Am übersichtlichsten ist es vielleicht, alles durch die Zahlen auszudrücken

$$n = \alpha + \beta \text{ und } n' = \alpha - \beta$$

mit den Wertebereichen

$$\begin{aligned} 2n &= 0, 1, 2, 3, 4 \ldots\ldots \\ 2n' &= 0, \pm 1, \pm 2, \pm 3 \ldots\ldots \end{aligned}$$

jedoch

$$|n'| \leqslant n \text{ und } 2(n+n') \equiv 0 \pmod 2.$$

(Das heisst n und n' sind entweder beide ganz oder beide unganz).

Man findet

$$\left.\begin{array}{l} (M^2+N^2)' = n(n+2) + n'^2 \\ (MN)' = n'(n+1) \\ \text{womit verträglich ist} \\ M'_3,\ N'_3 = -n,\ -n+1,\ \ldots\ldots n \\ \text{soweit} \\ M'_3 - N'_3 \equiv n + n' \pmod 2\ , \\ |M'_3 + N'_3| \leqslant n + n' \text{ und } |M'_3 - N_3'| \leqslant n - n'\ . \\ \text{Die } \textit{Anzahl} \text{ der Kombinationen ist nach [4.10]} \\ (n+1)^2 - n'^2 \end{array}\right\} \quad [4.11]$$

Das ist die Lösung, wenn man sich nur auf die V. R. [4.2] stützt. Sie wird weiter *eingeschränkt*, wenn man die expliziten Ausdrücke [4.1] mit heranzieht. Dann folgt nämlich

$$MN \equiv 0\ . \qquad [4.12]$$

Dazu muss $n'=0$ und folglich n ganz sein. Das Eigenwertsystem ist

$$\begin{array}{ll} (M^2+N^2)' = n(n+2)\ ; & n = 0,\ 1,\ 2,\ 3\ \ldots\ldots \\ M'_3,\ N'_3 = -n,\ -n+1,\ \ldots\ldots n & \\ |M'_3 \mp N'_3| \leqslant n\ ; & \text{Entartungsgrad} = (n+1)^2\ . \\ \equiv n \pmod 2) & \end{array} \qquad [4.13]$$

Man kann dann, wenn man will, N'_3 fallen lassen und durch M^2 und N^2 ersetzen, das heisst *diese* einzeln scharf machen. M^2 ist, wie man weiss, der Werte $l(l+1)$ fähig, mit $2l = 0, 1, 2, 3, \ldots\ldots$ Da M'_3 ganz, muss auch l ganz sein. Es kann nicht grösser als n werden, weil $(M^2)' \leqslant (M^2+N^2)'$ sein muss. Es muss n erreichen können, weil M'_3 das n erreicht. Darnach hat man folgendes Eigenwertsystem

$$\begin{aligned}
(M^2+N^2)' &= n(n+2) \quad ; \quad n=0,1,2,3\,\ldots\ldots \\
(M^2)' &= l(l+1) \\
(N^2)' &= n(n+2)-l(l+1) \\
M'_3 &= -l,\,-l+1,\,\ldots\ldots\, l-1,\, l \quad .
\end{aligned} \qquad [4.14]$$

Das entspricht genau den früher betrachteten Kugelfunktionen dritter Ordnung. Dieselben liefern, bei festem n, eine « Darstellung » unserer Gruppe. — Physikalisch wichtig scheint mir, dass zwar der Drehimpuls verschwinden kann ($l=0$), ohne dass der lineare Impuls N^2 verschwindet; aber nicht vice-versa. Denn N^2 hat den Mindestwert n, und wenn das Null ist, ist alles Null.

Darstellungen, die zu [4.11] gehören, werden, wie wir sehen werden, durch das Dirac-sche Elektron verwirklicht; aber auch nur ein Spezialfall, nämlich $n'=\pm {}^1/_2$.

Ich füge noch einige Schlüsse über korrelative Schärfe, Mittelwert, Schwankung, auf Grund von [4.2] hier an. Allgemein hat $AB-BA=iC$, wenn A und B hermitesch sind, folgende Konsequenzen:

1) Wenn A und B gleichzeitig schart sind, muss C scharf 0 sein.

2) Für die quadratisch gemittelten Schwankungen ΔA und ΔB gilt (1).

$$\Delta A\, \Delta B \geqslant {}^1/_2 \left|\overline{C}\right| \quad ; \quad \text{daher}$$

3) Wenn $\overline{C} \neq 0$ (oder speziell: C scharf $\neq 0$), sind ΔA und ΔB durch vorstehende Ungenauigkeitsrelation verknüpft; und

4) Wenn A *oder* B scharf ist, muss $\overline{C}=0$.

Man folgert hieraus in unserem Falle:

1. Wenn *eine* der sechs Grössen *scharf* ist, ist nur die, die den gleichen Index trägt, unpräjudiziert. Die vier übrigen haben die Mittel-

(1) H. P. Rorertson, « Phys. Rev. », 34, p. 163, 1929; E. Schrödinger, « Sitz. Ber. der Berl. Akad. », 19. Juni 1930.

werte Null. Insbesondere verschwindet im Mittel *a*) der Drehimpuls senkrecht zu einem *scharfen* Drehimpuls *b*) der Drehimpuls senkrecht zu einem scharfen Impuls *c*) der Impuls senkrecht zu einem scharfen Impuls *d*) der Impuls senkrecht zu einem scharfen Drehimpuls.

2. Die Schärfe *zweier Dreh*impulskomponenten, hat die Konsequenz, dass sie selbst und die dritte Null sind und die Linearimpulse im Mittel Null sind.

*3. Zwei scharfe Linear*impulse verschwinden selber und mit ihnen der *Dreh*impuls um die dritte Achse, ferner die Mittelwerte der drei übrigen Komponenten.

Wir gehen zu den Schwankungen über.

4. Ein nichtverschwindendes $\overline{M}_3$ bindet

$$\Delta M_1 \, \Delta M_2 \geqslant {}^1\!/_2 \left| \overline{M}_3 \right|$$

und

$$\Delta N_1 \, \Delta N_2 \geqslant {}^1\!/_2 \left| \overline{M}_3 \right|$$

Sowohl der orthogonale Drehimpuls, als auch der orthogonale Impuls schwankt also mindestens um $\sqrt{\left| \overline{M}_3 \right|}$. Ist M_3 überdies scharf, so sind diese Schwankungen die quadratisch gemittelten Grössen selber (zum Beispiel $\Delta M_1 = \sqrt{\overline{M_1^2}}$).

5. Ein nichtverschwindendes $\overline{N}_3$ bindet *nicht* seine eigenen Orthogonalkomponenten aneinander, sondern bloss

$$\Delta N_1 \, \Delta M_2 \geqslant {}^1\!/_2 \left| \overline{N}_3 \right|$$

und

$$\Delta N_2 \, \Delta M_1 \geqslant {}^1\!/_2 \left| \overline{N}_3 \right|$$

Ist N_3 überdies scharf, so sind die Schwankungen die quadratisch gemittelten Grössen selber.

Merkwürdig ist, dass es im Falle 5., obwohl weder N_1 noch N_2 scharf sein können, doch nicht zu gelingen scheint, eine untere Grenze für das Produkt ihrer Schwankungen, bei gegebenem $\overline{N}_3$ ausfindig zu machen. Ich habe den Eindruck, dass jede einzeln und auch beide zugleich beliebig klein gemacht werden können, so dass die Null untere Schranke, aber nicht Minimum, ist.

Etwas ähnlich verhält es sich ja mit dem einzelnen Δq oder Δp in der gewöhnlichen Heisenbergrelation; es kann beliebig klein werden, aber die Null nicht erreichen (wenn das auch meistens so gesagt wird).

5. — AUFSTELLUNG DER DIRAC'SCHEN GLEICHUNG.

Es seien y_1, y_2, y_3, y_4 EINSTEIN'sche Weltkoordinaten, und zwar $y_4 = ct$ die kosmische Zeit. Für das allgemeine Linienelement

$$ds^2 = g_{ik}\, dy_i\, dy_k$$

habe ich (1) im Anschluss an Tetrode und FOCK die DIRAC-gleichung wie folgt geschrieben

$$\gamma^k \left(\frac{\partial}{\partial y_k} - \Gamma_k\right) \psi = i \mu \psi \quad ; \qquad \mu = \frac{2\pi mc}{h} \quad . \qquad [5.1]$$

(Alle Summen von 1 bis 4). Die Multiplikationssymbolik ist die übliche, ψ ist eine vierkomponentige Funktion der Weltkoordinaten, die vier γ^k sind ein Quadrupel quadratischer Vierermatrizen, ebenso die vier Γ_k. Die γ^k sind folgendermassen

$$\gamma^k = g^{ki} \gamma_i \qquad [5.2]$$

aus einem weiteren Quadrupel γ_k abgeleitet, welches so *gewählt* wird, dass es die gewünschte Metrik « erzeugt »:

$$\gamma_i \gamma_k + \gamma_k \gamma_i = 2 g_{ik} \quad . \qquad [5.3]$$

Die Γ_k haben den Gleichungen

$$\Gamma_k \gamma_i - \gamma_i \Gamma_k = \frac{\partial \gamma_i}{\partial x_k} - \Gamma_{ik}{}^m \gamma_m \qquad [5.4]$$

(1) « Sitz. Ber. der Berl. Akad. », 25. Februar 1932.

zu genügen, welche nur noch die *Spuren* der Γ_k frei lassen. In diese ist, als Viertelspuren, einmal das mit $\frac{hc}{2\pi ie}$ multiplizierte Viererpotential einzutragen (für das Linienelement der *speziellen* Relativitätstheorie: $A_x, A_y, A_z, -V$). Die dann noch freibleibenden *Realteile* der Viertelspuren bedeuten physikalisch nichts, müssen aber einen Gradienten bilden (manchmal ist es bequem, den von g_{44} zu nehmen; für uns sind sie jedenfalls Null).

Die *Bedeutung* der Γ_k ist die, dass sie die *Parallelverschiebung* von ψ beschreiben

$$\delta\psi = \Gamma_k \psi \, \delta y_k \qquad [5.5]$$

Das Symbol in der Klammer von [5.1] bedeutet also eine *kovariante Gradientbildung* an ψ.

Zur Anwendung auf das Linienelement [2.1] substituieren wir zuerst

$$R \sin \chi = r \qquad [5.6]$$

also

$$ds^2 = -\frac{dr^2}{1-\frac{r^2}{R^2}} - r^2(d\vartheta^2 + \sin^2\vartheta \, d\varphi^2) + dy_4^2 \quad ,$$

bloss deshalb, weil dafür bei EDDINGTON (1) fertig ausgerechnete Formeln für die Γ_{ik}^m (die sogenannten « geschweiften Klammern ») stehen. r, ϑ, φ werden mit y_1, y_2, y_3 identifiziert. Dann ist

$$\begin{aligned}
&\Gamma_{11}^1 = \frac{r}{R^2 - r^2} && \Gamma_{33}^1 = -r \sin^2\vartheta \left(1 - \frac{r^2}{R^2}\right) \\
&\Gamma_{12}^2 = \Gamma_{13}^3 = \frac{1}{r} && \Gamma_{23}^3 = \operatorname{cotg} \vartheta \qquad [5.7] \\
&\Gamma_{22}^1 = -r\left(1 - \frac{r^2}{R^2}\right) && \Gamma_{33}^3 = -\sin\vartheta \cos\vartheta
\end{aligned}$$

(Alle übrigen gleich Null).

(1) A. S. EDDINGTON, *The Mathematical Theory of Relativity*, 2nd ed., pag. 83 f. (Cambridge, University Press, 1930).

Die Metrik

$$g_{ik} = \begin{Bmatrix} -\dfrac{1}{1-\dfrac{r^2}{R^2}} & & & \\ & -r^2 & & \\ & & -r^2 \sin^2 \vartheta & \\ & & & 1 \end{Bmatrix}; \quad g^{ik} = \begin{Bmatrix} -\left(1-\dfrac{r^2}{R^2}\right) & & & \\ & -\dfrac{1}{r^2} & & \\ & & -\dfrac{1}{r^2 \sin^2 \vartheta} & \\ & & & 1 \end{Bmatrix} \quad [5.8]$$

$$g = -\frac{r^4 \sin^2 \vartheta}{1-\dfrac{r^2}{R^2}}$$

erzeugen wir aus:

$$\begin{aligned} \gamma_1 &= -\frac{i\,\alpha_1}{\sqrt{1-\dfrac{r^2}{R^2}}} & \gamma^1 &= i\sqrt{1-\frac{r^2}{R^2}}\;\alpha_1 \\ \gamma_2 &= -\,i\,r\,\alpha_2 & \gamma^2 &= \frac{i\,\alpha_2}{r} \\ \gamma_3 &= -\,i\,r \sin\vartheta\,\alpha_3 & \gamma^3 &= \frac{i\,\alpha_3}{r\sin\vartheta} \\ \gamma_4 &= \alpha_4 & \gamma^4 &= \alpha_4 \end{aligned} \quad [5.9]$$

Die α_k sind eine Dirac'sche Basis, d. h. antikommutativ, hermitesch, Quadrate + 1. Die Gleichungen [5.4] werden nun gelöst durch

$$\begin{aligned} \Gamma_1 &= 0 \\ \Gamma_2 &= {}^1/_2\sqrt{1-\frac{r^2}{R^2}}\;\alpha_1\alpha_2 \\ \Gamma_3 &= \frac{\sin\vartheta}{2}\sqrt{1-\frac{r^2}{R^2}}\;\alpha_1\alpha_3 + \frac{\cos\vartheta}{2}\,\alpha_2\alpha_3 \\ \Gamma_4 &= i\,\varphi_4 \end{aligned} \quad [5.10]$$

Was die Viertelspuren anlangt, so haben wir bloss für das elektrische

Potential einen Platzhalter eingestellt, nämlich φ_4, das nach dem oben gesagten für $-\frac{2\pi e V}{hc}$ steht. Es wird im Beispiel des Abschnittes 7 (wenigstens grundsätzlich) benötigt werden.

Stellt man aus diesen Daten die Gleichung [5.1] zusammen so, ist das Rohprodukt

$$
\begin{aligned}
& i\sqrt{1-\frac{r^2}{R^2}}\,\alpha_1 \frac{\partial\psi}{\partial r} + \frac{i\alpha_2}{r}\left(\frac{\partial\psi}{\partial\varphi} - {}^1/_2\sqrt{1-\frac{r^2}{R^2}}\,\alpha_1\alpha_2\psi\right) + \\
& + \frac{i\alpha_3}{r\sin\vartheta}\left(\frac{\partial\psi}{\partial\varphi} - \frac{\sin\vartheta}{2}\sqrt{1-\frac{r^2}{R^2}}\cdot\alpha_1\alpha_3\psi - \frac{\cos\vartheta}{2}\alpha_2\alpha_3\psi\right) + \qquad [5.11] \\
& + \alpha_4\left(\frac{\partial\psi}{c\,\partial t} - i\varphi_4\psi\right) = i\mu\psi \ .
\end{aligned}
$$

Nach den α_k geordnet gibt das

$$
\begin{aligned}
& \frac{\alpha_1}{r}\sqrt{1-\frac{r^2}{R^2}}\,\frac{\partial}{\partial r}(r\psi) + \frac{\alpha_2}{r\sqrt{\sin\vartheta}}\frac{\partial}{\partial\vartheta}(\psi\sqrt{\sin\vartheta}) + \\
& + \frac{\alpha_3}{r\sin\vartheta}\frac{\partial\psi}{\partial\varphi} - i\alpha_4\left(\frac{\partial\psi}{c\,\partial t} - i\varphi_4\psi\right) = \mu\psi \ . \qquad [5.12]
\end{aligned}
$$

Jetzt machen wir die Substitution [5.6] wieder rückgängig, d. h. führen wieder χ statt r ein. (So spiessbürgerlich es klingt: ich habe mich durch genaue Überlegung der Formeln (43) und (54) meiner vorhin zitierten Arbeit von 1932 überzeugt, dass dies erlaubt ist, *ohne* an ψ etwas zu ändern). Man hat dann

$$
\begin{aligned}
& \frac{\alpha_1}{R\sin\chi}\frac{\partial}{\partial\chi}(\psi\sin\chi) + \frac{\alpha_2}{R\sin\chi\sqrt{\sin\vartheta}}\frac{\partial}{\partial\vartheta}(\psi\sqrt{\sin\vartheta}) + \\
& + \frac{\alpha_3}{R\sin\chi\sin\vartheta}\frac{\partial\psi}{\partial\varphi} - i\alpha_4\left(\frac{\partial\psi}{c\,\partial t} - i\varphi_4\psi\right) = \mu\psi \ . \qquad [5.13]
\end{aligned}
$$

Die gedrängteste Form erhält man, wenn man — vorläufig einfach als Hilfsvariable — einführt

$$\omega = \psi \sin\chi \sqrt{\sin\vartheta} \quad . \tag{5.14}$$

Damit kommt

$$\frac{\alpha_1}{R}\frac{\partial\omega}{\partial\chi} + \frac{1}{R\sin\chi}\left(\alpha_2\frac{\partial\omega}{\partial\vartheta} + \frac{\alpha_3}{\sin\vartheta}\frac{\partial\omega}{\partial\varphi}\right) - i\alpha_4\left(\frac{\partial\omega}{c\,\partial t} - i\varphi_4\,\omega\right) = \mu\,\omega \quad . \tag{5.15}$$

6. — DIE KONTINUITÄTSGLEICHUNG.

Ich erkläre zuerst eine Schreibkonvention, wenn sie auch vielen geläufig sein mag. — Um auch die Zeichenzusammenstellung $\alpha_k\,\psi$ als Matrixprodukt («Kettenmultiplikation») auffassen zu können, ist es üblich geworden, den Index der Dirac-Funktion als «ersten» aufzufassen (obwohl kein zweiter da ist), mit anderen Worten: die Dirac-Funktion als *Spalte*. Das Resultat obiger Multiplikation ist wieder eine Dirac-Funktion — und ist wirklich, bei konsequenter Symbolik, wieder als Spalte zu denken, kann also wieder von links mit einer Matrix multipliziert werden usw. — Es ist klar, dass man *ganz dasselbe* auch durch folgende Symbolik ausdrücken könnte: man denkt ψ als *Zeile*, benützt alle Matrizen, die man benützt, mit vertauschten Zeilen und Kolonnen und schreibt sie von *rechts* an das ψ–Symbol heran; und zwar, wenn mehrere nacheinander wirken sollen, natürlich *so*, dass wieder *Nachbarn* durch Kettenmultiplikation verbunden sind; also: man schreibt sie in der umgekehrten Reihenfolge wie früher. Die beiden Symboliken sind gleichberechtigt, wie rechte Hand und linke Hand.

Man hat vereinbart, *beide* zu verwenden; im allgemeinen die erste. Die zweite besonders dann, wenn man von einem Ausdruck oder einer Gleichung mit bereits erklärten Symbolen übergehen will zum konjugiert- komplexen Ausdruck oder der konjugiertkomplexen Gleichung. Man drückt dann den Übergang zum konjugiertkomplexen *und* das Umstellen von Zeilen und Kolonnen *zusammen* durch ein dem Einzelsymbol angefügtes Kreuz (†) aus (u. zw. *sowohl* an einer Matrix wie an einer ψ-Funktion) und hat ausserdem die Reihenfolge aller zu einem Produkt zusammengetretenen Symbole genau umzukehren. Der Vorzug dieser Doppelsymbolik liegt erstens darin, dass man meist mit hermiteschen Matrizen zu tun hat und diese sich gerade durch das Kreuz überhaupt nicht ändern; zweitens darin, dass sie schmiegsamer ist und beispielsweise die aus α_k gebildete *Bilinearform* durch eine folgerichtige Symbolkombination auszudrücken erlaubt, nämlich durch

$$\chi^\dagger \alpha_k \psi \quad . \tag{6.1}$$

Sie hat aber auch Schattenseiten, vor allem: dass man von jedem verwendeten *Funktions*symbol *wissen* muss, ob es Spalte oder Zeile ist. Darauf, ob es « ganz rechts » oder « ganz links » geschrieben ist, darf man sich nämlich *nicht* verlassen. Auch $\psi \chi^\dagger$ ist eine folgerichtige Kombination, die zuweilen verwendet wird (eine quadratische Matrix, und zwar eine faktorisierbare).

Dies vereinbart, multiplizieren wir [5.15] von links mit $\omega^\dagger i \alpha_4$:

$$\begin{aligned} &\omega^\dagger \frac{i \alpha_4 \alpha_1}{R} \frac{\partial \omega}{\partial \chi} + \omega^\dagger \frac{i \alpha_4 \alpha_2}{R \sin \chi} \frac{\partial \omega}{\partial \vartheta} + \omega^\dagger \frac{i \alpha_4 \alpha_3}{R \sin \chi \sin \vartheta} \frac{\partial \omega}{\partial \varphi} + \\ &\qquad + \omega^\dagger \left(\frac{\partial \omega}{c \partial t} - i \varphi_4 \omega \right) = \mu \omega^\dagger i \alpha_4 \omega \quad . \end{aligned} \tag{6.2}$$

Dies ist eine einzige Gleichung, eine Gleichung zwischen c-Zahlen, eine Gleichung zwischen Bilinearformen, die nach dem Muster [6.1] gehen. Wir schreiben hiezu die konjugiertkomplexe Gleichung (die ja auch richtig ist) an, indem wir « kreuznehmen ». (Das heisst: jedes Symbol ist zu kreuzen, die Reihenfolge der Faktoren in jedem Produkt ist genau umzukehren, jedes explizite i verändert das Vorzeichen). Man findet:

$$\begin{aligned} &\frac{\partial \omega^\dagger}{\partial \chi} \frac{i \alpha_4 \alpha_1}{R} \omega + \frac{\partial \omega^\dagger}{\partial \vartheta} \frac{i \alpha_4 \alpha_2}{R \sin \chi} \omega + \frac{\partial \omega^\dagger}{\partial \varphi} \frac{i \alpha_4 \alpha_3}{R \sin \chi \sin \vartheta} \omega + \\ &\qquad + \left(\frac{\partial \omega^\dagger}{c \partial t} + i \varphi_4 \omega^\dagger \right) \omega = - \mu \omega^\dagger i \alpha_4 \omega \quad . \end{aligned} \tag{6.3}$$

Addiert man [6.2] und [6.3] so folgt die *Kontinuitätsgleichung*, die man am durchsichtigsten *so* schreibt:

$$\frac{1}{R}\frac{\partial s_1}{\partial \chi} + \frac{1}{R\sin\chi}\frac{\partial s_2}{\partial \vartheta} + \frac{1}{R\sin\chi\sin\vartheta}\frac{\partial s_3}{\partial \varphi} + \frac{\partial s_4}{\partial t} = 0 \quad , \qquad [6.4]$$

mit

$$s_1 = \omega^\dagger i c\alpha_4\alpha_1\omega \ ; \quad s_2 = \omega^\dagger i c\alpha_4\alpha_2\omega \ ; \quad s_3 = \omega^\dagger i c\alpha_4\alpha_3\omega \ ; \quad s_4 = \omega^\dagger\omega \ .$$

Diese s_k repräsentieren also orthogonale Komponenten der Stromdichte und die Dichte, im ganz elementaren Sinn, denn $R\,d\chi$, $R\sin\chi\,d\vartheta$, $R\sin\chi\sin\vartheta\,d\varphi$ sind nach [2.1] gerade die Längen räumlicher Linienelemente in Richtung der einzeln wachsenden Koordinaten.

7. — DAS WASSERSTOFFATOM IM FLACHEN RAUM.

In der Literatur ist öfters von der DIRAC'schen Gleichung in Polarkoordinaten die Rede, wirklich angeschrieben habe ich sie noch nirgends gefunden. Man erhält sie aus [5.15], wenn man darin zur Grenze

$$R \to \infty \qquad \left.\begin{matrix} R\chi \\ R\sin\chi \end{matrix}\right\} \to r \text{ (endlich)}$$

übergeht, folgendermassen (die Bezeichnung r kollidiert mit dem vierdimensionalen r von [2.6], was ich zu entschuldigen bitte):

$$\alpha_1\frac{\partial\omega}{\partial r} + \frac{1}{r}\left(\alpha_2\frac{\partial\omega}{\partial\vartheta} + \frac{\alpha_3}{\sin\vartheta}\frac{\partial\omega}{\partial\varphi}\right) - \alpha_4\varphi_4\omega - i\alpha_4\frac{\partial\omega}{c\partial t} = \mu\omega \ . \qquad [7.1]$$

Wir behandeln nach ihr zunächst das wohlbekannte Keplerproblem, denken uns also

$$\varphi_4 = +\frac{2\pi e^2}{hc}\frac{1}{r} \qquad [7.2]$$

(wofür φ_4 weiterhin als Abkürzung stehen bleibe). Wir werden die Rechnung nur so weit führen, als sie wörtlich identisch ist mit derjenigen, die wir sonst im nächsten Abschnitt erledigen müssten. Das « Übungsbeispiel » kostet also keine Zeit und diese Anordnung erweist sich zur Orientierung nützlich.

Wir multiplizieren [7.1] mit α_4 und ordnen wie folgt

$$i\frac{\partial\omega}{c\partial t}=\alpha_4\alpha_1\frac{\partial\omega}{\partial r}+\frac{\alpha_1}{r}\left(\alpha_1\alpha_4\alpha_2\frac{\partial\omega}{\partial\vartheta}+\frac{\alpha_1\alpha_4\alpha_3}{\sin\vartheta}\frac{\partial\omega}{\partial\varphi}\right)-\varphi_4\omega-\mu\alpha_4\omega\ . \qquad [7.3]$$

Das ist die landläufige « Hamiltonsche » Form, der Operator der rechten Seite, wenn man einen Faktor $\frac{hc}{2\pi}$ hinzudenkt, ist der Hamiltonsche. *Mit ihm vertauschen* zwei Observable, für die wir besondere Zeichen einführen (¹)

$$M_3=-i\frac{\partial}{\partial\varphi}\quad\text{und}\quad J=\alpha_1\alpha_4\alpha_2\frac{\partial}{\partial\vartheta}+\frac{\alpha_1\alpha_4\alpha_3}{\sin\vartheta}\frac{\partial}{\partial\varphi}\ . \qquad [7.4]$$

Sie können also mit der Energie zugleich « diagonal » oder « scharf » (HEISENBERG) oder « zu c-Zahlen » (DIRAC) gemacht werden, indem man *ihre* Eigenwertprobleme dem der Energie hinzufügt, behufs *Ordnung* der miteinander entarteten Eigenfunktionen der letzteren. Mit

$$\omega\sim e^{-2\pi i\nu t} \qquad [7.5]$$

erhält man dann folgende drei Gleichungen

$$M_3\,\omega\equiv-i\frac{\partial\omega}{\partial\varphi}=m\omega\ ,$$

$$J\omega\equiv\alpha_1\alpha_4\alpha_2\frac{\partial\omega}{\partial\vartheta}+\frac{\alpha_1\alpha_4\alpha_3}{\sin\vartheta}\frac{\partial\omega}{\partial\varphi}=\alpha_1\alpha_4\alpha_2\frac{\partial\omega}{\partial\vartheta}+\frac{im\alpha_1\alpha_4\alpha_3}{\sin\vartheta}\omega=j\omega\ , \qquad [7.6]$$

$$\alpha_4\alpha_1\frac{\partial\omega}{\partial r}+\frac{\alpha_1 j}{r}\omega-\varphi_4\omega-\mu\alpha_4\omega=\frac{2\pi\nu}{c}\omega\ .$$

(¹) M_3 stellt sich wirklich als Komponente des gesamten Drehimpulses um die Achse $\vartheta=\frac{0}{\pi}$ heraus.

Mit m bezw. j wurden die Eigenwerte von M_3 bezw. J benannt. Die *dritte* Gleichung deckt sich mit derjenigen, die man in dem obenzitierten DIRAC'schen Buch auf p. 252 in der vierten Zeile findet. Wir benützen das nur, um vorweg festzustellen, dass die *Erfahrung* die Werte $j = \pm 1, \pm 2, \pm 3, \ldots\ldots$ fordert, was wir uns merken wollen.

Wenden wir uns der Auflösung der drei simultanen Gleichungen [7.6] zu. Die erste verlangt, dass ω das Azimuth φ nur in dem *Faktor*

$$e^{im\varphi} \tag{7.7}$$

enthalte (das ist eine Vereinfachung, die unsere Darstellung vor der üblichen voraus hat). Welche Werte darf m haben? In einer besonderen Note [Ann. der Physik, (5) *32*, 49, 1938] zeige ich allgemein, dass (in ein und derselben Darstellung) *entweder alle* Wellenfunktionen eindeutig sein müssen oder aber *alle* Wellenfunktionen zwei Zweige mit Vorzeichenwechsel aufweisen müssen. Tertium non datur. Auf unseren Fall angewendet heisst dies, man darf *entweder*

$$2m = 0\ ,\quad \pm 2\ ,\quad \pm 4\ ,\quad \pm 6\ ,\quad \ldots\ldots \tag{7.8}$$

zulassen, *oder*

$$2m = \pm 1\ ,\ \pm 3\ ,\ \pm 5\ , \ldots\ldots\ . \tag{7.9}$$

Damit ist die *erste* Gleichung von [7.6] erledigt.

In der zweiten und dritten sind die Variablen noch nicht wirklich getrennt, weil die Spinvariable noch in beiden vorkommt. Die volle Trennung gelingt, wenn man mit B. L. VAN DER WAERDEN (¹) statt der einen vierstelligen zwei zweistellige Spinvariable einführt (nach dem Schema $2 \times 2 = 4$, *nicht* $2 + 2 = 4$). Ich erkläre.

(¹) *Die gruppentheoretische Methode in der Quantenmechanik*, Berlin, bei Springer 1932.

Die Indizes der Wellenfunktion werden durch Doppelindizes ersetzt:

$$\omega = \begin{cases} \omega_1 \;\ldots\ldots\; \omega_{1\dot{1}} \\ \omega_2 \;\ldots\ldots\; \omega_{1\dot{2}} \\ \omega_3 \;\ldots\ldots\; \omega_{2\dot{1}} \\ \omega_4 \;\ldots\ldots\; \omega_{2\dot{2}} \end{cases} \qquad [7.10]$$

Die vierreihig-vierspaltigen Matrizen α_k werden aus zweireihig-zweispaltigen aufgebaut, welch letztere in doppelter Ausführung auftreten, entweder (als $\beta, \gamma, \ldots\ldots$) mit lauter Indizes erster Art, oder (als $\dot{\beta}, \dot{\gamma}, \ldots\ldots$) mit lauter Indizes zweiter Art, den punktierten;

$$\beta = \begin{pmatrix} \beta_{11} & \beta_{12} \\ \beta_{21} & \beta_{22} \end{pmatrix} \qquad \dot{\gamma} = \begin{pmatrix} \gamma_{\dot{1}\dot{1}} & \gamma_{\dot{1}\dot{2}} \\ \gamma_{\dot{2}\dot{1}} & \gamma_{\dot{2}\dot{2}} \end{pmatrix}$$

Man interpretiert $\beta\dot{\gamma}$ (gleichbedeutend mit $\dot{\gamma}\beta$) als vierreihig-vierspaltige Matrix, und zwar *so*, dass

$$\beta\,\dot{\gamma}\,\omega \text{ (und ebenso } \dot{\gamma}\,\beta\,\omega)$$

diejenige Wellenfunktion ist, deren die Indizes $(k, \dot{l})$ tragende Komponente folgenden Wert hat

$$\sum_{m=1}^{2}\sum_{n=1}^{2} \beta_{km}\,\gamma_{\dot{l}\dot{n}}\,\omega_{m\dot{n}} \quad .$$

Falls β die Einheit ist, schreibt man für $\beta\dot{\gamma}$ (und für $\dot{\gamma}\beta$) kurz $\dot{\gamma}$. Falls $\dot{\gamma}$ die Einheit ist, schreibt man für $\beta\dot{\gamma}$ (und für $\dot{\gamma}\beta$) kurz β. Auch in dieser neuen Bedeutung kommutiert jedes β mit jedem $\dot{\gamma}$.

Man wird sagen, dass ω nur von der ersten Spinvariablen (1, 2) abhängt, wenn $\omega_{1\dot{1}} = \omega_{1\dot{2}}$ und $\omega_{2\dot{1}} = \omega_{2\dot{2}}$. Dann ist ω die «Redublikation» einer zweikomponentigen Funktion. Wenn dagegen $\omega_{1\dot{1}} = \omega_{2\dot{1}}$ und

$\omega_{1\dot{2}} = \omega_{2\dot{2}}$, wird man sagen, ein solches ω hängt nur von der zweiten Spinvariablen $(\dot{1}, \dot{2})$ ab; es ist gleichfalls, aber in anderer Weise, die Redublikation einer zweikomponentigen Funktion.

Das (gewöhnliche) Produkt eines (selbstredend vierkomponentigen) ω, welches nur von (1, 2) abhängt, mit einem anderen, das nur von $(\dot{1}, \dot{2})$ abhängt, *hat* (Aussage, nicht Definition!) die Komponenten

$$\varphi_k \psi_{\dot{i}} \quad ,$$

wenn φ_1, φ_2 bezw. $\psi_{\dot{1}}$, $\psi_{\dot{2}}$ die Komponenten der betreffenden zweikomponentigen Funktionen sind; d. h. es erscheint als das *äussere* Produkt der letzteren.

Wenn ein ω diese spezielle Gestalt hat und man schreibt dies, nur für den Augenblick, abgekürzt

$$\omega = \varphi \dot{\psi}$$

dann ist, nach der Definition von $\beta \dot{\gamma}$, in derselben abgekürzten Schreibweise

$$\beta \dot{\gamma} \omega = (\beta \varphi)(\dot{\gamma} \dot{\psi}) \quad .$$

Man kann alles Gesagte kurz in das Gedächtnisprotokoll zusammenfassen: die Matrizen erster Art wirken nur auf die erste, die zweiter Art nur auf die zweite Spinvariable.

Nach diesen Erklärungen führe man nun ein Tripel zweireihig-zweispaltiger, sogenannter Pauli-Matrizen β_1, β_2, β_3 ein, mit den Relationen

$$\beta_k^2 = 1 \quad ; \quad i\beta_1\beta_2 = -i\beta_2\beta_1 = \beta_3 \text{ (und zyklisch)} \qquad [7.12]$$

und ein zweites, sonst identisches Exemplar, aber mit Punkten $\dot{\beta}_1$, $\dot{\beta}_2$, $\dot{\beta}_3$. (Der Index an β_k hat selbstredend *nichts* mit den Spin-Indizes zu tun, er unterscheidet die drei Matrizes so, wie wenn man sie α, β, γ nennte). Ferner wähle man für unsere α_k von früher folgendes:

$$\alpha_1 = \beta_3 \quad , \quad \alpha_2 = -\beta_2\dot{\beta}_2 \quad , \quad \alpha_3 = +\beta_2\dot{\beta}_3 \quad , \quad \alpha_4 = \beta_1 \quad ; \qquad [7.13]$$

dann wird:

$$\alpha_1\alpha_4\alpha_2 = -\beta_3\beta_1\beta_2\dot{\beta}_2 = i\dot{\beta}_2$$

$$i\alpha_1\alpha_4\alpha_3 = i\beta_3\beta_1\beta_2\dot{\beta}_3 = \dot{\beta}_3$$

$$\alpha_4\alpha_1 = \beta_1\beta_3 = i\beta_2 \ .$$

Die zwei Gleichungen, die wir in Arbeit haben, die letzten beiden aus [7.6], lauten dann

$$i\dot{\beta}_2\frac{\partial\omega}{\partial\vartheta} + \frac{m\dot{\beta}_3}{\sin\vartheta}\,\omega = j\,\omega \qquad [7.14]$$

$$i\beta_2\frac{\partial\omega}{\partial r} + \frac{j\beta_3}{r}\,\omega - \varphi_4\omega - \mu\beta_1\omega = \frac{2\pi\nu}{c}\,\omega \ . \qquad [7.15]$$

Jetzt sind die Variablen hinreichend separiert. Die erste Gleichung bestimmt *den* Faktor von ω, der nur von ϑ und $(\dot{1},\dot{2})$, die zweite *den*, der nur von r und $(1,2)$ abhängt. Diese zwei Faktoren darf man, nach dem oben Erklärten, zweikomponentig getrennt berechnen und ω selbst als ihr äusseres Produkt

$$\omega = \begin{cases} \omega_1\ \omega_{\dot{1}} \\ \omega_1\ \omega_{\dot{2}} \\ \omega_2\ \omega_{\dot{1}} \\ \omega_2\ \omega_{\dot{2}} \end{cases}$$

(Es *ist* aber das ganz gewöhnliche, ordinäre Produkt der vierkomponentig aufgefassten Faktoren).

Jetzt behandeln wir die Gleichung [7.14] sehr ausführlich, weil die Lösung im nächsten Abschnitt sogar zweimal benötigt wird, einmal für die Koordinate ϑ, ein zweites Mal für die Koordinate χ.

Wir wählen die speziellen Matrizes

[7.16]

$$\beta_1 \text{ und } \dot{\beta}_1 = \begin{pmatrix}1 & 0\\ 0 & -1\end{pmatrix} \ ; \quad \beta_2 \text{ und } \dot{\beta}_2 = \begin{pmatrix}0 & 1\\ 1 & 0\end{pmatrix} \ ; \quad \beta_3 \text{ und } \dot{\beta}_3 = \begin{pmatrix}0 & i\\ i & 0\end{pmatrix}$$

Die Lösungsspalte nennen wir

$$\begin{cases} f \\ g \end{cases}$$

und erhalten für diese zwei Funktionen von ϑ die simultanen Differentialgleichungen

$$\begin{aligned} \frac{df}{d\vartheta} - \frac{m}{\sin\vartheta} f + ijg = 0 \quad , \\ \frac{dg}{d\vartheta} + \frac{m}{\sin\vartheta} g + ijf = 0 \quad , \end{aligned} \qquad [7.17]$$

die keine Operatorstenographie mehr enthalten.

Vorbemerkungen:

1. Ist (f, g) ein Lösungspaar zu (m, j), so ist $(f, -g)$ ein Lösungspaar zu $(m, -j)$; wir können also die Untersuchung auf nichtnegative j beschränken.

2. Ist (f, g) ein Lösungspaar zu (m, j), so ist (g, f) eines zu $(-m, j)$; wir können also die Untersuchung auf nichtnegative m beschränken.

3. Der Fall $j = 0$ lässt sich vorweg erledigen. Führt man $lg\, tg \frac{\vartheta}{2}$ als unabhängige Variable ein, so findet man in diesem Falle als *einzige* Lösung

$$f = C\left(tg \frac{\vartheta}{2}\right)^{m} \quad , \quad g = C'\left(tg \frac{\vartheta}{2}\right)^{-m} \quad .$$

Das ist nur für $m = 0$ brauchbar. Wir notieren, dass ein willkürliches Constantenpaar Eigenlösung von [7.17] für $j = m = 0$ ist, und können die weitere Untersuchung auf positive j beschränken.

Statt f und g führen wir P und Q ein:

$$\left.\begin{aligned} f = (\sin\vartheta)^{-m}\ \mathrm{P} \quad , \quad g = (\sin\vartheta)^{-m}\ \mathrm{Q} \quad . \\ \text{Mit} \qquad \qquad \\ z = \cos\vartheta \end{aligned}\right\} \qquad [7.18]$$

erhalten wir

$$-(1-z)\frac{dP}{dz} - mP + ij\sqrt{\frac{1-z}{1+z}}\,Q = 0$$

$$-(1+z)\frac{dQ}{dz} + mQ + ij\sqrt{\frac{1+z}{1-z}}\,P = 0 \quad .$$

Wir setzen weiter

$$P = ip\sqrt{1-z} \quad , \qquad Q = q\sqrt{1+z} \quad . \qquad [7.19]$$

(Die Quadratwurzeln sind im ganzen Gebiet reell; um die Ideen zu fixieren, sollen hier und im folgenden, und auch etwa schon in [7.18], stets die *positiven* gemeint sein). Man findet

$$(1-z)\frac{dp}{dz} = -(m-{}^1/_2)\,p + jq$$

$$(1+z)\frac{dq}{dz} = (m-{}^1/_2)\,q - jp \quad . \qquad [7.20]$$

Nach [7.9] und [7.8] ist $(m - {}^1/_2)$ ganzzahlig oder halbzahlig. Für den ersten Fall hat Hermann Weyl [1] alle brauchbaren Lösungen von [7.20] zu *ganzzahligem* j angegeben. Wenn wir ihnen an die Seite stellen, was wir tun werden, die Lösungen zu halbzahligem $(m - {}^1/_2)$ und halbzahligem j und hinzunehmen die schon erwähnte Ausnahmslösung zu $j = m = 0$, so dürfen wir hoffen, keine Eigenlösungen unseres Problems übersehen zu haben (eine vollständigere Diskussion wäre freilich erwünscht).

Mit Weyl bemerkt man, dass, wenn (p, q) eine Lösung zu (m, j) ist, alsdann $\left(\frac{dp}{dz}, \frac{dq}{dz}\right)$ eine Lösung zu $(m-1, j)$ ist. Das heisst aber nicht, dass aus *einer* brauchbaren Lösung eine unendliche Serie solcher

(1) H. Weyl, *Gruppentheorie und Quantenmechanik*, 1. Aufl. S. 179 (S. Hirzel, Leipzig 1928).

zu demselben j entspringt. Denn das Differenzieren kann entweder das Verschwinden oder den Verlust der erforderlichen Regularität herbeiführen. Um letztere bequem zu beurteilen, vereinigen wir [7.18] und [7.19]:

$$f = i(1+z)^{-\frac{m}{2}}(1-z)^{-\frac{m}{2}+1/2}\,p \quad ; \quad g = (1+z)^{-\frac{m}{2}+1/2}(1-z)^{-\frac{m}{2}}\,q \qquad [7.21]$$

Man überzeugt sich nun, dass

$$p = (1+z)^{j}(1-z)^{j-1} \quad , \quad q = (1+z)^{j-1}(1-z)^{j} \qquad [7.22]$$

eine Lösung von [7.20] zu

$$m = j - 1/2 \qquad [7.23]$$

ist. Zur Regularität der zugehörigen f und g genügt und ist erfordert

$$j \geqslant 1/2 \quad . \qquad [7.24]$$

Für positive, ganz- oder halbzahlige j ist also [7.22] brauchbar.

Jetzt trennen wir.

1) *m halbzahlig, j ganzzahlig.*

Die [7.22] sind dann Polynome vom Grade $2j-1$. Durch sukzessives Differenzieren erhält man $2j-1$ weitere Lösungspaare, im Ganzen also $2j$ Stück, die zu den $2j$ halbzahligen, aber ganzzahlig gestuften m-Werten

$$m = j - 1/2 \;,\; j - 3/2 \;,\; \ldots\ldots \; -j + 1/2 \qquad [7.25]$$

gehören. Man überzeugt sich, dass f und g immer regulär sind. Das ist das Weyl'sche Lösungssystem. Man kann übrigens auch (was Weyl nicht erwähnt, was für uns aber bequemer ist) nach $j-1$ Differentiationen (d. i. bei $m = 1/2$) abbrechen und die Lösungen für negatives m durch Rollentausch von f und g gewinnen, beispielsweise die letzte (für $m=-j+{}^1/_2$) wieder aus [7.22] selber. Die Lösungen zu negativem j bildet man *nicht*, indem man ein solches in [7.22] einträgt, sondern indem man g das Vorzeichen wechseln lässt. Man erkennt, dass man so zu jedem ganzzahligen j eine Anzahl von $2\,|j|$ Stück Lösungspaaren erhält (zu $j=0$ gar keine).

2) *m ganzzahlig, j halbzahlig.*

Die Ausdrücke [7.22] sind jetzt zwar keine Polynome, aber es verläuft doch alles wörtlich ebenso. Man überzeugt sich, dass f und g regulär bleiben, bis man nach $j-{}^1/_2$ Differentiationen bei der Lösung zu $m=0$ angelangt ist. Die Lösungen zu negativem m *muss* man sich allerdings jetzt durch Rollentausch von f und g verschaffen. — Zu positivem j gehören wieder die $2j$ Stück m-Werte [7.25]. Die Lösungen zu negativem j wieder durch Vorzeichenwechsel von g.

Formelmässig kann man alle Lösungen gemeinsam darstellen. Bezeichnet man mit mit j' und m' die *Beträge* von j und m, so ist alles in folgendem Formelpaar enthalten:

$$\begin{aligned} f_{j'm'}(z) &= f_{-j',m'}(z) = -g_{-j',-m'}(z) = g_{j',-m'}(z) = \\ &= i(1+z)^{-\frac{m'}{2}}(1-z)^{-\frac{m'}{2}+{}^1/_2}\frac{d^{j'-m'-{}^1/_2}}{dz^{j'-m'-{}^1/_2}}(1+z)^{j'}(1-z)^{j'-1} \\ g_{j'm'}(z) &= -g_{-j',m'}(z) = f_{-j',-m'}(z) = f_{j',-m'}(z) = \\ &= (1+z)^{-\frac{m'}{2}+{}^1/_2}(1-z)^{-\frac{m'}{2}}\frac{d^{j'-m'-{}^1/_2}}{dz^{j'-m'-{}^1/_2}}(1+z)^{j'-1}(1-z)^{j'} \quad . \end{aligned} \tag{7.26}$$

Diese Formeln bedürfen keines anderen Kommentars als dass $2m'$ nichtnegativ ganz ist. Unzulässige Kombinationen zeigen sich von selber an, indem die Anzahl der vorgeschriebenen Differentiationen unganz oder negativ wird.

Mit Rücksicht auf die vorab gegebene Beschränkung von m auf entweder [7.8] oder [7.9] dürfte [7.26] alle brauchbaren Lösungen von [7.17] enthalten, das heisst, wenn man im Falle [7.8] noch die zu $j=m=0$ gehörige Ausnahmslösung hinzufügt, die aus einem willkürlichen Konstantenpaar besteht.

Damit ist der *zweite* Faktor der Gesamtlösung — der von ϑ und $(\dot{1}, \dot{2})$ abhängige — bestimmt (der *erste* war $e^{im\varphi}$). Der zweite lautet, für die Matrizenwahl [7.13] und [7.16];

$$\omega_{\dot{1}} = f_{jm}(\cos\vartheta) \qquad \omega_{\dot{2}} = g_{jm}(\cos\vartheta) \quad , \tag{7.27}$$

wobei noch die *Alternative* [7.8] *oder* [7.9] besteht und bei Entscheidung für [7.8] die Ausnahmslösung hinzuzufügen wäre.

Der *dritte* — der von r und (1, 2) abhängige — Faktor würde ganz in derselben Weise aus der Gleichung [7.15] zu bestimmen sein. Ich unterlasse es, weil das wörtlich die von Dirac l. c. behandelte (1) und diskutierte Gleichung ist.

Das Bisherige aber war *nicht* überflüssig, denn man wird wohl schon bemerkt haben, dass wir die Alternative für [7.9] entscheiden müssen. Wir haben in ϑ die Weyl'schen, nicht etwa die hier neu hinzugefügten Lösungen zu verwenden. Denn so und nur so erhalten wir gerade genau die (wie die Dirac-Gordonsche Discussion ergibt) von der Erfahrung geforderten j-Werte ± 1, ± 2, ± 3, ... Und das konnten wir nur so erfahren, dass wir die Rechnung bis hierher dem Keplerproblem entlang führten.

Dass wir hier auf eine Darstellung gestossen sind, bei der man geradezu einwertige Wellenfunktionen ausschliessen und bloss zweiwertige zulassen muss — während es sich in den üblichen Darstellungen desselben Problems gerade umgekehrt verhält — das ist höchst bemerkenswert. A. S. Eddington hat an der für selbstverständlich gehaltenen Eindeutigkeit der Wellenfunktion Kritik geübt (2). Man sieht, dass man ihm dafür dankbar sein muss. Wenn er aber gelegentlich meint, die übliche Theorie führe, weil man zweiwertige Wellenfunktionen nicht ausschliessen dürfe, auf die doppelte Anzahl von Niveaus — die richtigen und die falschen — so geht diese Befürchtung zu weit. Man erhält *entweder* die richtigen *oder* die falschen. Denn zweiwertige und einwertige Wellenfunktionen zugleich dürfen keinesfalls zugelassen wer-

(1) *Am gründlichsten aber von W. Gordon*, «Zeitschr. für Phys.», 48, 11, 1928.

(2) *Relativity Theory of Protons and Electrons*, Cambridge, University Press, 1936, p. 60 und p. 150 ff. — S. a. G. Temple, *An introduction to quantum theory*, pp. 106, 131.

den — was ich, wie gesagt, in einer Note im Planckheft der Annalen der Physik ausführlich zeige. Und es scheint so zu sein, dass man, zur Wiedergabe der Tatsachen die Alternative, ob ein- oder zweiwertige Wellenfunktionen zuzulassen sind, je nach der gewählten Darstellung bald in dem einen, bald in dem anderen Sinne zu entscheiden hat — allerdings ohne zureichenden theoretischen Grund.

Diese Art von Unvollkommenheit quantenmechanischer Aussagen ist kein Novum. Beim Vielelektronenproblem wird man vor eine mehrgliederige Alternative gestellt. Die Entscheidung für die antisymmetrische Lösung ist mindestens so wenig begründet wie die zwischen [7.9] und [7.8].

Es erübrigt zu sagen, dass nach alledem unser $M_3 = -i\frac{\partial}{\partial\varphi}$ offenbar der z-Komponente des *gesamten* Impulsmomentes entspricht.

8. — DIE EIGENLÖSUNGEN DER FELDFREIEN DIRAC-GLEICHUNG IM SPHÄRISCHEN RAUM.

Wir greifen auf die allgemeine Gleichung [5.15] zurück, lassen jetzt die Raumkrümmung bestehen, beschränken uns aber auf den feldfreien Fall ($\varphi_4 = 0$). Die HAMILTON'sche Form der Wellengleichung, analog [7.3] lautet jetzt

$$i\frac{\partial\omega}{\partial t} = \frac{\alpha_4\alpha_1}{R}\frac{\partial\omega}{\partial\chi} + \frac{\alpha_1}{R\sin\chi}\left(\alpha_1\alpha_4\alpha_2\frac{\partial\omega}{\partial\vartheta} + \frac{\alpha_1\alpha_4\alpha_3}{\sin\vartheta}\frac{\partial\omega}{\partial\varphi}\right) - \mu\,\alpha_4\,\omega \quad . \qquad [8.1]$$

Wieder sind J und M_3 (vergl. [7.4]) Konstante der Bewegung und bei völlig paralleler Anordnung der Rechnung ist der φ-Faktor [7.7] und der $(\vartheta, \dot{1}, \dot{2})$-Faktor [7.27] der Eigenlösung unverändert zu übernehmen. m ist selbstverständlich wieder nach [7.9] zu wählen, weil der vorige und der jetzige Fall beides Grenzfälle desselben allgemeineren, nämlich des H-Atoms im sphärischen Raum sind. Es bleibt nur der $(\chi, 1, 2)$-Faktor zu bestimmen, wofür man die Gleichung erhält

$$i\,\beta_2\frac{\partial\omega}{\partial\chi} + \frac{j\,\beta_3}{\sin\chi}\,\omega - \mu\,R\,\beta_1\,\omega = \frac{2\pi\nu R}{c}\,\omega \quad , \qquad [8.2]$$

welche sachlich an die Stelle von [7.15] tritt, der Form nach aber mit [7.14] verglichen werden wolle. Ohne das « Massenglied » (das mit $\mu = \frac{2\pi\, mc}{h}$) ist es *dieselbe* Gleichung, nur tritt χ an die Stelle von ϑ, die erste Spinvariable (1, 2) an die Stelle der zweiten $(\dot{1}, \dot{2})$, j an die Stelle des dortigen m; an Stelle des *dortigen* j tritt jetzt $\frac{2\pi\nu R}{c}$ auf.

Der Fall $\mu = 0$ hat an sich Interesse und wir nehmen ihn voraus. *Für diesen Fall* führen wir die Bezeichnung ein

$$\frac{2\pi\nu R}{c} = n'' \qquad [8.3]$$

und nennen die Lösung für diesen Fall $\mathring{\omega}$. Sie genügt der Gleichung

$$i\,\beta_2 \frac{\partial\mathring{\omega}}{\partial\chi} + \frac{j\,\beta_3}{\sin\chi}\,\mathring{\omega} = n''\,\mathring{\omega} \qquad [8.4]$$

und lautet nach [7.27] so

$$\mathring{\omega}_1 = f_{n'',j}(\cos\chi) \qquad \mathring{\omega}_2 = g_{n'',j}(\cos\chi) \quad . \qquad [8.5]$$

Im Unterschied von früher ist aber jetzt der *zweite* Index ganzzahlig

$$j = \pm 1\ , \ \pm 2\ , \ \pm 3\ , \ \pm 4\ , \ \ldots\ldots \qquad [8.6]$$

mit Vermeidung der Null, weshalb die Ausnahmslösung nicht in Frage kommt und n'', weil es absolut grösser als j sein muss, die Werte

$$n'' = \pm {}^3/_2\ , \ \pm {}^5/_2\ , \ \pm {}^7/_2\ , \ \ldots\ldots \qquad [8.7]$$

bekommt. Nach [8.3] sind die Eigenfrequenzen in diesem Falle

$$\nu = \frac{n''c}{2\pi R} \quad . \qquad [8.8]$$

Die Lösung im allgemeinen Fall ($\mu \neq 0$) wird bestimmt durch

$$i\,\beta_2 \frac{\partial \omega}{\partial \chi} + \frac{j\,\beta_3}{\sin \chi}\,\omega = (k + k_0\,\beta_1)\,\omega \quad , \qquad [8.9]$$

wenn jetzt, im allgemeinen Fall, die Abkürzungen eingeführt werden

$$\frac{2\pi\,\nu\,\mathrm{R}}{c} = k \qquad \mu\,\mathrm{R} = k_0 \qquad [8.10]$$

(Es sind die *Licht*wellenzahlen, die zu der erst zu bestimmenden Eigenfrequenz ν des allgemeinen Falles und zu der sogenannten Comptonfrequenz $\frac{mc^2}{h}$ gehören; aber nicht Wellenzahlen pro cm, sondern pro Grosskreis des Raumes). Wir führen ω auf $\mathring{\omega}$ zurück durch den Ansatz

$$\mathring{\omega} = (1 + b\,\beta_1)\,\omega \qquad [8.11]$$

also

$$\omega = \frac{1 - b\,\beta_1}{1 - b^2}\,\mathring{\omega} \quad . \qquad [8.12]$$

Das b ist eine noch zu wählende Zahlenkonstante (eine gewöhnliche Zahl, keine Matrix), der bloss die Werte ± 1 verboten sind

$$b \neq 1 \quad , \qquad b \neq -1 \quad .$$

Aus [8.4] folgt mit [8.11]

$$i\,\beta_2 \frac{\partial \omega}{\partial \chi} + \frac{j\,b_3}{\sin \chi}\,\omega = \frac{n'\,(1 + b\,\beta_1)^2}{1 - b^2}\,\omega \quad .$$

Durch passende Verfügung über b wird dies mit [8.9] zur Deckung gebracht. Dazu muss

$$\frac{(1 + b^2)\,n''}{1 - b^2} = k \quad \text{und} \quad \frac{2b\,n''}{1 - b^2} = k_0 \quad .$$

Durch Addition bezw. Subtraction:

$$\frac{1+b}{1-b}\, n'' = k + k_0 \quad \text{und} \quad \frac{1-b}{1+b}\, n'' = k - k_0 \quad .$$

Seite für Seite multipliziert:

$$n''^2 = k^2 - k_0^2 \quad ,$$

das heisst

$$k = \pm \sqrt{n''^2 + k_0^2} \quad . \qquad [8.13]$$

Für den Zahlenfaktor b berechnet man

$$b = \frac{k - n''}{k_0} = \frac{k_0}{k + n''} \quad ; \qquad 1 - b^2 = \frac{2n''}{n'' + k} \qquad [8.14]$$

Also drückt sich nach [8.12] die Lösung ω des jetzigen Falles ($\mu \neq 0$) durch die Lösung $\mathring{\omega}$ des früheren ($\mu = 0$), die in [8.4] steht, folgendermassen aus

$$\omega = \left(\frac{n'' + k}{2n''} - \frac{k_0}{2n''}\, \beta_1 \right) \mathring{\omega} \quad . \qquad [8.15]$$

Die Matrix β_1 ist aus [7.16] zu entnehmen. So erhält man ausführlicher

$$\omega_1 = \frac{n'' + k - k_0}{2n''}\, \mathring{\omega}_1 \quad ; \qquad \omega_2 = \frac{n'' + k + k_0}{2n''}\, \mathring{\omega}_2 \quad .$$

Weil ein gemeinsamer Zahlenfaktor von ω_1 und ω_2 ohnedies willkürlich bleibt, darf man mit Rücksicht auf [8.13] und mit Eintragung von [8.5] auch nehmen

$$\left.\begin{aligned} \omega_1 &= n''\, f_{n''j}(\cos\chi) \\ \omega_2 &= (k + k_0)\, g_{n''j}(\cos\chi) \end{aligned}\right\} \quad \text{oder} \quad \left\{\begin{aligned} &= (k - k_0)\, f_{n''j}(\cos\chi) \\ &= n''\, g_{n''j}(\cos\chi) \end{aligned}\right. \qquad [8.16]$$

Nun noch eine Vorzeichenvereinfachung. Im vorweg behandelten Falle ($\mu = 0$) war nach [8.8] das Vorzeichen der Frequenz an das von n'' geknüpft. Die jetzige Gleichung [8.13] verlangt eigentlich nicht, dass für k d. h. für ν das Vorzeichen von n'' gewählt werde. Lässt man aber diese Freiheit, so wird, wie eine *sorgfältige* Überlegung zeigt, in [8.16] jede Lösung doppelt gezählt (mit n'' wechselt nämlich g das Vorzeichen). Es empfiehlt sich darum, zu binden

$$\text{sign.}\,(k) = \text{sign.}\,(n'') \quad . \qquad [8.17]$$

Der Grenzfall $\mu = k_0 = 0$ *ist dann in* [8.16] *mit enthalten.*

Ich stelle aus [7.5], [7.7], [7.27] und [8.16] die Gesamtlösung zusammen (mit Beibehaltung der Abkürzung k_0, s. 8.10].

$$\omega = e^{i(m\varphi - 2\pi\nu t)} \begin{cases} n''\, f_{jm}(\cos\vartheta)\, f_{n''j}(\cos\vartheta) \\ n''\, g_{jm}(\cos\vartheta)\, f_{n''j}(\cos\chi) \\ (k_0 + \text{sign.}\,(n'') \underset{+}{\sqrt{n''^2 + k_0^2}})\, f_{jm}(\cos\vartheta)\, g_{n''j}(\cos\chi) \\ (k_0 + \text{sign.}\,(n'') \underset{+}{\sqrt{n''^2 + k_0^2}})\, g_{jm}(\cos\vartheta)\, g_{n''j}(\cos\chi) \end{cases} \qquad [8.18]$$

Die vier Zeilen meinen die vier Komponenten von ω. Der gemeinsame Faktor ist hervorgehoben. In ihm steht das Zeichen ν für $\frac{c}{2\pi R}$ $\text{sign.}\,(n'') \underset{+}{\sqrt{n''^2 + k_0^2}}$.

Die Lösung gilt für die spezielle Matrizenwahl [7.13] und [7.16]. Die Funktionen f und g sind in [7.26] erklärt, wo j' den *Betrag des ersten Index* (also von j oder n'') und m' *den Betrag des zweiten Index* (also von n'' oder j) bedeutet. (Dass j einmal als erster, einmal als zweiter Index auftritt, liegt in der Natur der Sache; für die wirkliche Verwendung könnte man sich die Formeln [7.26] mit einem ganz neutralen Buchstabenpaar, das von allen bisher verwendeten verschieden ist, herausschreiben). — Zulässig sind genau alle *die* Wertetripel (n'', j, m), für welche m die Hälfte einer beliebigen ungeraden Zahl ist und beim Eintragen von [7.26] in [8.18] kein «unganzer» oder «negativer» Differentialquotient auftritt.

Ausführlich sind die Wertevorräte folgende

$$\begin{aligned} n'' &= \pm {}^3/_2,\ \pm {}^5/_2,\ \pm {}^7/_2 \ \ldots\ldots \text{ in inf.} \\ j &= \pm 1\ ,\ \pm 2\ ,\ \pm 3\ \ldots\ldots\ ; \qquad |j| < |n''| \\ m &= \pm {}^1/_2,\ \pm {}^3/_2,\ \pm {}^5/_2\ \ldots\ldots\ ; \qquad |m| < |j|\ . \end{aligned} \tag{8.19}$$

Oder, in Zuordnung, so:

$$\left.\begin{aligned} &\text{Bei gegebenem } n'': \\ &j = -|n''| + {}^1/_2,\ -|n''| + {}^3/_2,\ \ldots\ldots -1,\ 1,\ 2,\ \ldots\ldots\ |n''| - {}^1/_2 \\ &\text{und bei gegebenem } j: \\ &m = -|j| + {}^1/_2,\ -|j| + {}^3/_2,\ \ldots\ldots -{}^1/_2,\ {}^1/_2,\ \ldots\ldots\ |j| - {}^1/_2\ . \end{aligned}\right\} \tag{8.20}$$

Die *Frequenz* ist nach [8.13], [8.17] und [8.10]

$$\nu = \text{sign.}\,(n'') \sqrt[+]{\nu_0^{\,2} + \frac{n''^2 c^2}{4\pi^2 R^2}} \quad ; \quad \left(\nu_0 = \frac{m c^2}{h}\right)\ . \tag{8.21}$$

Ihr Betrag kann nicht ganz auf ν_0 sinken. Das heisst, der Massenpunkt kann nicht ganz zur Ruhe kommen, was im geschlossenen Raum nicht Wunder nimmt.

Die zur Frequenz ν gehörige Wellenlänge am Äquator heisse λ

$$\lambda = \frac{2\pi R}{|n''| - 1}\ . \tag{8.22}$$

Dann wird

$$\sqrt[+]{\nu^2 - \nu_0^{\,2}} = \frac{|n''|}{|n''| - 1}\ \frac{c}{\lambda}\ . \tag{8.23}$$

Die *Phasen*geschwindigkeit einer Äquatorwelle (von ähnlicher Beschaffenheit wie sie im Abschnitt 3 studiert wurde) wird

$$u = |\nu\lambda| = c\,\frac{|n''|}{|n''|-1}\;\frac{|\nu|}{\overset{+}{\sqrt{\nu^2-\nu_0^2}}} \qquad [8.24]$$

Für grosses n'' ist das die de Broglie'sche Dispersionsformel.

Zählt man nach [8.20] den Entartungsgrad ab, so findet man, dass

$$2\,(n''^2 - {}^1/_4)\ \text{Stück} \qquad [8.25]$$

unabhängige Lösungen zu dem nach [8.21] mit n'' eindeutig verknüpften ν-Wert gehören. ($-\nu$ hat seine eigene, ebenso zahlreiche Lösungs familie, was ja selbstverständlich ist).

Mit der Abzählung [4.11] kommt die jetzige zur Deckung, wenn man *so* identifiziert

$$\begin{aligned} n &= |n''| - 1 \\ n' &= \pm\, {}^1/_2 \end{aligned} \qquad [8.26]$$

(was zu den Wertevorräten unseres n'' und des n in [4.11] stimmt). Die Deckung ist so zu verstehen: man erhält die zu bestimmtem ν, also bestimmtem n'', gehörige Anzahl [8.25], indem man den einen zugehörigen Wert von n und *beide* Werte von n' nacheinander nimmt. (Man kann daraus schliessen, dass die an den Eigenfunktionen zu festem ν (nicht mitgerechnet die zu $-\nu$) angreifende *Darstellung* der sechsgliederigen Drehgruppe sich mindestens in zwei, ich denke auch wirklich irreduzible, aufspalten lässt).

Die Eigenwerte der zwei Invarianten aus [4.11] drücken sich nach [8.26] jetzt so aus

$$\begin{aligned} (M^2 + N^2)' &= n''^2 - {}^3/_4 = k^2 - k_0^2 - {}^3/_4 \\ (MN)' &= \pm\, {}^1/_2\, |n''| \quad . \end{aligned} \qquad [8.27]$$

Der Addend $-{}^3/_4$, der hier auftritt, zeigt, dass der Hamilton-Operator unserer Koordinatendarstellung zum Laplaceschen Operator nicht in ganz der einfachen Beziehung steht, die man von kartesischen Koordinaten im flachen Raum her gewöhnt ist.

Die Discussion spezieller Lösungen (wie im Abschnitt 3 für die skalare Lichtgleichung) behalte ich einer späteren Note vor. Dass auch hier « fadenförmige » Lösungen der dort betrachteten Art existieren, liegt auf der Hand.

Diese Note ist eine recht abstrakte Formelsammlung. Ich hoffe, dass sie das Rüstzeug bilden wird für ein tieferes Eindringen in den weit vorausschauenden, aber eben deshalb schwierig zu erfassenden Ideenschatz A. S. EDDINGTON's.

Zusatz b. d. Korrektur (Juli 1938): Vollständige Discussion von [7.17] ergab, dass aus der Reihe der angegebenen Eigenlösungen *auszuscheiden* sind (wegen Unstetigkeit der Derivierten bei $\vartheta = 0, \pi$) diejenigen für $m = 0$, $j \neq 0$; und dass die Reihe im übrigen fehlerfrei und lückenlos ist. Die Ausscheidung hat für das Nachfolgende *keine* Konsequenzen, da die falschen Lösungen nicht ins Spiel kamen.

Nature of the Nebular Red-Shift

FROM an investigation (to be published in *Physica*) of the proper vibrations of expanding spherical space, it follows that—in extremely good approximation—light is propagated with respect to co-moving co-ordinates irrespective of the expansion, except that (*a*) the time-rate of events is slowed down and (*b*) all energy portions decrease, both inversely proportional to the radius of curvature.

The slowing down secures the constancy of the velocity of light and entails the nebular red-shift, which from this point of view takes place *during the passage*. The attempt[1] to decide by observation, whether it is actually due to expansion, rests on two important formulæ, which follow from the new view with great ease. Let l be the linear diameter of a nebula *at the moment of emission* and χ its angular distance from the observer (linear distance divided by the circumference of space), then the angle $d\theta$ between two geodesics of space, pointing at the moment of emission from the observer to the ends of the diameter, is from pure geometry:

$$d\theta = \frac{l}{R \sin \chi}, \qquad (1)$$

R being the radius of curvature at the moment of emission. By the theorem quoted above, $d\theta$ is also the observed angular diameter of the nebula (Hubble and Tolman, equation 3).

Again, let the energy emitted by the nebula within an appropriately chosen unit of time be E_0. It will soon assume the shape of a spherical shell of thickness c (say). Let $R_{\text{obs.}}$ be the radius of space, when this shell reaches the observer. Its surface at this moment is, by pure geometry, $4\pi R^2_{\text{obs.}} \sin^2\chi$. By the theorem quoted above, its thickness then is $c\, R_{\text{obs.}}/R$ and its energy is $E_0\, R/R_{\text{obs.}}$. Hence its energy density ρ is

$$\rho = \frac{E_0}{4\,\pi c\, R^4_{\text{obs.}}} \cdot \frac{R^2}{\sin^2\chi}. \qquad (2)$$

ρ is a measure of the bolometric luminosity, observed outside the earth's atmosphere (Hubble and Tolman, equation 4).

My purpose in re-stating here these two important formulæ due to Tolman is to make the following remarks. Both l and E_0 refer to the moment of emission, which is different for two nebulæ observed simultaneously. Should l and E_0 exhibit a general dependence on R, then it would no longer be reasonable to regard them as *constants*, when equations (1) and (2) are combined (as they actually are) with the hypothesis of uniform spatial distribution of the nebulæ. For the latter, if admitted at all, has to apply to nebulæ which are intrinsically similar at the *same* moment of time—not at such moments as depend on the accidental position of our galaxy.

As regards l, the question is, whether we are inclined to assume (*a*) that the distances between the stars within a nebula behave, on the average, like the distances between two points of a rigid body—say, the ends of the Paris metre rod; or (*b*) like the distance between two distant nebulæ. Clearly the case of the stars is intermediate. To regard l as a constant means to decide for the first alternative. The second one would make l/R constant, giving formula (1) the same form as in the case of a non-recessional explanation of the red-shift (see Hubble and Tolman, equation 3′).

As regards E_0, the possible general decline of the nebular candle-powers has already been mentioned by Hubble and Tolman (see their concluding remarks). To the assumption that the same amount of energy is emitted during every second, there is a peculiarly simple alternative, namely, that the amounts of energy, which *have* been emitted during a second, *remain* equal. On account of the decay of travelling energy, this assumption would mean $E_0 \sim 1/R$, which reduces equation 2 to the same form as in the case of a non-recessional explanation of the red-shift (see Hubble and Tolman, equation 4′). I do not mean to suggest $E \sim 1/R$ particularly. I mention it in the way of an example.

These remarks detract nothing from the importance of deciding by observation how $d\theta$ and ρ actually behave, if the photographs are interpreted as assuming uniform spatial distribution. I understand that present evidence points to observed luminosities (ρ) decreasing with distance *not even quite as rapidly* as we should expect (with E_0 = const.) from the non-recessional explanation. If that is so, I should say they rather support the recessional explanation, in spite of its predicting a still more rapid decrease of the ρ's. The discrepancy, though greater, can here be removed by assuming the E_0's to decrease with time; an assumption which is very plausible in an expanding universe, which, on the whole, cools down; but not at all plausible in a static one.

E. SCHRÖDINGER.

7 Sentier des Lapins,
La Panne, Belgium.
July 31.

[1] Hubble, E., and Tolman, R. C., *Astrophys. J.*, 82, 302 (1935).

THE PROPER VIBRATIONS OF THE EXPANDING UNIVERSE

by ERWIN SCHRÖDINGER

§ 1. *Introduction and summary*. Wave mechanics imposes an a priori reason for assuming space to be closed; for then and only then are its proper modes discontinuous and provide an adequate description of the observed atomicity of matter and light. — Einsteins theory of gravitation imposes an a priori reason for assuming space to be, if closed, expanding or contracting; for this theory does not admit of a stable static solution. — The observed facts are, to say the least, not contrary to these assumptions.

This makes it imperative to generalize to expanding (or contracting) universes the investigation of proper vibrations, started for the the static cases (Einstein- and De Sitter-universe) by the present writer and two of his collaborators [1]). The task is an easy one. The broad results are largely (in part even entirely) independent of the time-law of expansion. In the cases of main practical interest, i.e. with the present slow time rate of expansion and with wave lengths small compared with the radius of curvature of space (R), they are the following.

For *light*: when referred to the customary *co-moving* coordinates, an *arbitrary* wave process exhibits essentially the same succession of states as without expansion. Briefly, the wave function shares the general dilatation. Hence all *wave lengths* increase proportionally to the radius of curvature. — The *time rate* of events is slowed down. It is, in every moment, proportional to R^{-1}. Moreover all *intensities* are affected by a common factor such as to make the total energy of an arbitrary wave process proportional to R^{-1}.

For the *material particle* the broad results are these: a strictly monochromatic process (i.e. a proper vibration) again shares the common dilatation, so that its wave length λ is proportional to R, as before. From the changing λ the changing *frequency* is calculated by de Broglies formula. This implies different frequencies to be affected by different factors. Therefore an arbitrary wave function can no longer be said to simply share the common dilatation. But since de Broglie's dispersion formula persists, the familiar connection (momentum $= h/\lambda$) between linear group velocity ($=$ particle velocity) and wave length is also preserved, which causes the former or more precisely the momentum, to decrease proportional to R^{-1}. As regards the amplitudes, the most reliable information about them, valid for any particle wave function whatsoever, is this, that the *normalisation* is rigorously conserved during the expansion.

These are the broad results. A finer and particularly interesting phenomenon is the following.

The decomposition of an arbitrary wave function into proper vibrations is rigorous, as far as the functions of space (amplitude-functions) are concerned, which, by the way, are exactly the same as in the static universe. But it is known, that, with the latter, two frequencies, equal but of opposite sign, belong to every space function. *These two* proper vibrations cannot be rigorously separated in the expanding universe. That means to say, that if in a certain moment only one of them is present, the other one can turn up in the course of time.

Generally speaking this is a phenomenon of outstanding importance. With particles it would mean production or anihilation of matter, merely by the expansion, whereas with light there would be a production of light travelling in the opposite direction, thus a sort of reflexion of light in homogeneous space. Alarmed by these prospects, I have investigated the question in more detail. Fortunately the equations admit of a solution by familiar functions, if R is a *linear* function of time. It turns out, that in this case the alarming phenomena do not occur, even within arbitrarily long periods of time. Waves travelling in one direction can be rigorously separated from those travelling in the opposite direction. The results for D'Alemberts equation (light) and Gordons equation (material particles), which have been used throughout in this paper for the sake of simplicity, are given in sect. 5 and 6 respectively. I have confirmed the results with Diracs equation, but reserve it to a subsequent paper.

For all I have found hithertoo I would conclude, that the alarming phenomena (i.e. pair production and reflexion of light in space) are not connected with the *velocity* of expansion, but would probably be caused by *accelerated* expansion. They may play an important part in the critical periods of cosmology, when expansion changes to contraction or vice-versa.

§ 2. *The wave equation, its conservation theorem, its general solution.* The familiar wave equation of the second order

$$-\Delta\psi + \frac{1}{c^2}\frac{\partial^2\psi}{\partial t^2} + \mu^2\psi = 0 \tag{1}$$

($\mu = 0$ for light

$\mu = 2\pi mc/h$ for material particles)

is to be regarded as the covariant equation

$$g^{\alpha\beta}\psi;\alpha;\beta + \mu^2\psi \equiv \frac{1}{\sqrt{-g}}\frac{\partial}{\partial x_\alpha}\left(g^{\alpha\beta}\sqrt{-g}\,\frac{\partial\psi}{\partial x_\beta}\right) + \mu^2\psi = 0, \tag{2}$$

specialized for the line element

$$ds^2 = g_{\alpha\beta}\,dx_\alpha\,dx_\beta = -dx_1^2 - dx_2^2 - dx_3^2 + c^2\,dt^2. \tag{3}$$

The line element of the non-static universe can be written [2])

$$ds^2 = -R^2\left[d\chi^2 + \sin^2\chi\,(d\vartheta^2 + \sin^2\vartheta\,d\varphi^2)\right] + c^2\,dt^2. \tag{4}$$

$R(t)$ is the radius of spatial curvature at time t, the function being left open. c is a constant. χ, ϑ, φ are the well-known *co-moving* angular coordinates, they are constant for a nebula without peculiar motion. With (3) equ. (2) reads

$$-R^{-2}K[\psi] + \frac{1}{c^2}R^{-3}\frac{\partial}{\partial t}\left(R^3\frac{\partial\psi}{\partial t}\right) + \mu^2\psi = 0. \tag{5}$$

$K[\ldots.]$ is the differential operator of the second order of which the eigenfunctions are the spherical harmonics, generalized to three dimensions *). It is self-adjoint, with the density function $\sin^2\chi\sin\vartheta$. Its eigenvalues are $-n(n+2)$, with $n = 0, 1, 2, 3, \ldots.$

Equ. (5) admits of a genuine conservation-law. Multiply its left by

---

*) See A.P. p. 323, equ. (2. 3).

$\psi^* \sin^2 \chi \sin \vartheta\, R^3 c^2\, d\vartheta d\varphi d\chi$, from the result subtract its complex conjugate and integrate over the whole space. You get

$$\frac{d}{dt}\iiint\left(\psi^* \frac{\partial\psi}{\partial t} - \psi \frac{\partial\psi^*}{\partial t}\right) R^3 \sin^2 \chi \sin \vartheta\; d\vartheta d\varphi d\chi = 0. \qquad (6)$$

The bracket-expression is just what, with the force-free Gordon-equation, corresponds to the density of probability (or electricity). Thus for an arbitrary material wave function the *normalization* is strictly conserved during the expansion. (I have confirmed this result also for Dirac's equation). In the case of *light* ψ is, properly speaking, real and equ. (6) becomes, properly speaking, trivial.

The general solution of (5) is accomplished by the classical method of separation of variables. Put

$$\psi(\chi, \vartheta, \varphi, t) = \omega(\chi, \vartheta, \varphi)\, f(t), \qquad (7)$$

ω being an eigenfunction of K, known from A.P. For $f(t)$ you obtain

$$R^{-3}\frac{d}{dt}\left(R^3 \frac{df}{dt}\right) + \frac{c^2 n(n+2)}{R^2} f + c^2 \mu^2 f = 0. \qquad (8)$$

Take in (7) for $f(t)$ a linear aggregate, formed of two independent solutions of (8) with the help of two arbitrary constants. Form an infinite of all the solutions like (7). The series can, in the familiar way, be adapted to an arbitrary initial state. What becomes of one of its members in the course of time is independent from all the rest. If at the outset only one was present, that will remain so. We are thus in face of a genuine decomposition into proper vibrations, although the time-factors $f(t)$ are in general not trigonometric functions. They would, of course, assume and re-assume this form in the moment when and as often as $R(t)$ would cease to vary and would remain constant for a time, and during such time every proper vibration would asssume the frequency due to it in that static universe. For light ($\mu = 0$) all these frequencies are inversely proportional to R.

We have quite intentionally called *one* proper vibration the term containing *one* particular spatial function ω, but *both* solutions of (8). The latter correspond to what with $R =$ Const. would be $\cos 2\pi\nu t$ and $\sin 2\pi\nu t$; or, alternatively to $e^{2\pi i\nu t}$ and $e^{-2\pi i\nu t}$. Of course the two parts keep clear of each other also in the general case. But for assigning a quite general physical meaning to this separation, one would have to know, that an $f(t)$ which during a period of constant R (or very slowly varying R) had the form (or approximately the form)

$e^{2\pi i\nu t}$ will re-assume (or approximately re-assume) the form $Ae^{2\pi i\nu' t}$ — and *not* $Ae^{2\pi i\nu' t} + Be^{-2\pi i\nu' t}$ — whenever $R(t)$, after an intermediate period of arbitrary variation, returns to constancy (or to approximate constancy). I can see no reason whatsoever for $f(t)$ to behave rigorously in this way, and indeed I do not think it does. There will thus be a mutual adulteration of positive and negative frequency terms in the course of time, giving rise to what in the introduction I called „the alarming phenomena''. They are certainly very slight, though, in two cases, viz. 1) when R varies slowly 2) when it is a linear function of time (see the following sections).

A second remark about the new concept of proper vibration is, that it is not always invariantly determined by the form of the universe. The separation of time from the spatial coordinates may succeed in a number of different space-time-frames. For De Sitters universe I know three of them. Besides the static one, for which P. O. Müller (l.c.) has redently given the proper vibrations, there is an expanding form with infinite R and an expanding form with finite R *). A proper vibration of one frame will not transform into a proper vibration of the other frame, for the separation of variables is destroyed by the transformation.

---

*) From De Sitters line-element in static form

$$ds^2 = -R_0^2[d\chi^2 + \sin^2\chi\,(d\vartheta^2 + \sin^2\vartheta\, d\varphi^2)] + R_0^2\cos^2\chi\, dt^2$$

the transformation of Lemaître (J. Math. and Phys. M.I.T., **4**, 188, 1925) and Robertson (Phil. Mag. **5**, 835, 1928)

$$\bar{r} = R_0\,\mathrm{tg}\,\chi\, e^{-t} \qquad \bar{t} = t + \lg\cos\chi$$

gives the expanding *flat* form

$$ds^2 = -e^{2\bar{t}}[d\bar{r}^2 + \bar{r}^2(d\vartheta^2 + \sin^2\vartheta\, d\varphi^2)] + R_0^2\, d\bar{t}^2.$$

The following transformation

$$tg\,\chi' = \frac{\mathrm{tg}\,\chi}{\mathrm{Cos}\,t} \qquad \mathrm{Sin}\,t' = \mathrm{Sin}\,t\cos\chi$$

or

$$\sin\chi = \sin\chi'\,\mathrm{Cos}\,t' \qquad \mathrm{Tg}\,t = \mathrm{Tg}\,t'(\cos\chi')^{-1}$$

gives the expanding *curved* form

$$ds^2 = -R_0^2(\mathrm{Cos}\,t')^2[d\chi'^2 + \sin^2\chi'(d\vartheta^2 + \sin^2\vartheta d\varphi^2)] + R_0^2\, dt'^2.$$

(In this footnote R_0 is a constant length and the cosmical times t, $\bar{t}$, t' are dimensionless.)

§ 3. *The secular variation of amplitudes.* In equ. (8) introduce a new independent variable τ by

$$d\tau = R^{-3}\,dt, \tag{9}$$

giving you

$$\frac{d^2 f}{d\tau^2} = -\,[c^2 n(n+2)R^4 + c^2\mu^2 R^6] f. \tag{10}$$

This is the equation of a pendulum with slowly varying constants. The varying frequency is

$$\nu' = \frac{R^3 c}{2\pi}\sqrt{\frac{n(n+2)}{R^2} + \mu^2}. \tag{11}$$

The laws of adiabatic transformation will apply, provided $R^{-1}\,dR/d\tau$ is small compared with ν', or

$$R^{-1}dR/dt \ll \frac{\nu'}{R^3} = \frac{c}{2\pi}\sqrt{\frac{n(n+2)}{R^3} + \mu^2} = \nu, \tag{12}$$

say. In the cases of practical interest this is amply fulfilled, for $2\pi R/n$ is the wave length, hence n is a very large number and ν is, by the last equation, the *true* frequency both in the case of light ($\mu = 0$) and in the case of De Broglie waves ($\mu = 2\pi mc/h$). Following Ehrenfests law of adiabatic transformation the energy of the pendulum will exhibit a secular variation proportional to ν'. This means $\nu'^2\overline{f^2} \sim \nu'$ or

$$\overline{f^2} \sim \frac{1}{\nu'} = \frac{1}{\nu R^3}\,. \tag{13}$$

This is immediately applicable only, when f is *real*, as it is with a pendulum.

As a first application, consider the most general complex solution of (10), which is certainly of the form

$$f = Ae^{2\pi i\nu t} + Be^{-2\pi i\nu t}, \tag{14}$$

with A, B and ν varying slowly with time, the latter according to the last equation (12). Since (10) has real coefficients, the real and the imaginary part of (14) are themselves solutions and we can apply (13) to *them*. This gives by a simple calculation

$$(|A|^2 + |B|^2) \sim \frac{1}{\nu R^3}\,. \tag{15}$$

On the other hand we can apply our conservation theorem from § 2 to (14) and obtain *)

$$(|A|^2 - |B|^2) \sim \frac{1}{\nu R^3}. \tag{16}$$

From (15) and (16) follows, that $|A|^2$ and $|B|^2$ themselves follow the same law. Therefore if e.g. B was initially zero, it will remain zero. We have the important result:

To the degree of approximation of Ehrenfests theorem there is no mutual contamination of positive and negative frequency solutions.

A second application is to the energy density of light. With D'Alemberts equation it is proportional to $\nu^2 \overline{f^2}$, therefore we have

$$\text{energy density} \sim \frac{\nu}{R^3}, \tag{17}$$

which gives the total energy of a proper vibration proportional to ν or to R^{-1}.

If one choses to speak of an energy density of material waves, the law (17), i.e. $\sim \nu/R^3$, also holds for it — to the degree of approximation of Ehrenfests theorem. But there is no point in that, since the conservation of normalization in this case gives more complete and rigorous information.

§ 4. *Group velocity*. We now turn to investigate the most important feature arising from the *superposition* of different proper vibrations. Since everyone of them will show a *secular phase-shift*, we have to investigate, whether or to what extent this might interfere with the fine interlocking of phases that produces *group-velocity*.

Assume a solution of (10) in theform

$$f_n = A_n e^{-i\vartheta_n} \tag{18}$$

with real A_n and ϑ_n, the first varying slowly, the second approximately linearly with τ, i.e. with two coefficients that vary slowly. (We have proved in the preceding section that these assumptions are

*) A more direct way of proving (16) is to apply to the real and to the imaginary part of (14) the relation

$$f_1 \frac{df_2}{d\tau} - f_2 \frac{df_1}{d\tau} = \text{Const.}$$

which holds for any two solutions f_1 and f_2 of equ. (10).

legitimate). The subscript n refers to the integer occurring in (10). An appropriate space function ω, to produce with f_n a progressive wave along a great circle is $e^{in\phi}$ (see A.P. p. 328, equ. 3.3; the factors containing ϑ and χ are immaterial here). So we contemplate

$$\psi_n = f_n e^{in\phi} = A_n e^{i(n\phi - \vartheta_n)}.$$

By equating to zero the differential of the exponent, we find the *phase-velocity* c'_{ph}, which, for the moment, we shall measure as an *angular* velocity and with respect to the variable τ. Thus

$$c'_{ph} = \frac{1}{n}\frac{d\vartheta_n}{d\tau} = \frac{i}{n}\frac{d\, lg\, f_n}{d\tau}. \tag{19}$$

The *last* equation holds with neglect of the variation of the *amplitude* A_n (already known to vary very slowly).

The *group-velocity* c'_{gr} (again angular and with respect to τ) is obtained by equating to zero the *second* differential of the phase, taken with respect to both τ and n. We get

$$c'_{gr} = \frac{d\,\Delta\,\vartheta_n}{d\tau} = i\,\frac{d\,\Delta\, lg\, f_n}{d\tau}. \tag{20}$$

The sign Δ means quasi-differentiation with respect to the integer n and the *last* equation is even safer than in (19), since we may chose A_n initially independent of n.

Now make in equation (10) the R i c c a t i transformation

$$y = \frac{d\, lg\, f}{d\tau}, \tag{21}$$

which turns it into

$$\frac{dy}{d\tau} + y^2 + c^2 n(n+2) R^4 + c^2 \mu^2 R^6 = 0. \tag{22}$$

„Differentiate'' this with respect to n:

$$\frac{d\,\Delta y}{d\tau} + 2y\,\Delta y + 2c^2(n+1)R^4 = 0. \tag{23}$$

From (19), (20) and (21)

$$y = -\,in\,c'_{ph}, \qquad \Delta y = -\,i\,c'_{gr}.$$

Neglecting the *variation* of group velocity with τ, we get from (23)

$$c'_{ph}\, c'_{gr} = \frac{c^2(n+1)}{n} R^4,$$

or, for the *true* and *linear* velocities

$$c_{gr}\, c_{ph} = \frac{n+1}{n} c^2. \tag{24}$$

Since n is extremely large, this is the familiar relation, valid for both light and De Broglie waves. Since from the last equ. (12) or, alternatively, from (22) the familiar value is easily deduced for c_{ph}, the modification of c_{gr} is likewise unappreciable. Quantitative results will be obtained in the following sections.

§ 5. *Closed solution for light, when the radius is a linear function of time.* In this and the following section we investigate the special case

$$R = a + bt. \tag{25}$$

Following (9) we put

$$\tau = \int_{-\infty}^{t} \frac{dt}{(a+bt)^3} = -\frac{1}{2b(a+bt)^2} = -\frac{1}{2bR^2}. \tag{26}$$

Hence from (10)

$$\frac{df^2}{d\tau^2} + \left(\frac{c^2 n(n+2)}{4b^2\tau^2} - \frac{c^2\mu^2}{8b^3\tau^3}\right) f = 0. \tag{27}$$

Specialising for light ($\mu = 0$) and putting for the moment

$$\frac{c^2 n(n+2)}{b^2} = k^2 + 1, \tag{28}$$

we have

$$\frac{d^2 f}{d\tau^2} + \frac{k^2+1}{4\tau^2} f = 0,$$

of which the solutions are

$$f = \tau^\beta \text{ with } \beta = \tfrac{1}{2} \pm \tfrac{1}{2} ik$$

thus

$$\left.\begin{aligned} f &= \frac{1}{a+bt}(a+bt)^{\pm ik} \\ &= \frac{1}{R} R^{\pm ik} \end{aligned}\right\} \tag{29}$$

Since n is very large, k is real, for b is certainly not much larger than c. Hence the second factor has absolute value 1 and is the oscillating part, whereas the first factor is the amplitude, which in this particular case is seen to be *exactly* proportional to R^{-1}.

Two main inferences can be drawn from the solutions (29). If we treat them as in the preceding section we treated (18), combining them with the space-function $e^{in\phi}$, we can write

$$\psi = fe^{in\phi} = \frac{1}{a+bt}\, e^{i[n\phi \pm \sqrt{(c^2 n(n+2))/b^2 - 1}\,.\, lg\,(a+bt)]}. \tag{30}$$

These two progressive waves, travelling in opposite directions, are, in the present case, rigorous solutions and will therefore keep rigorously separated for any length of time. No doubt they are not true exponential waves. If the linear expansion only sets in in a certain moment and comes to rest in a later moment, then *in these two moments* there may be a small amount of contamination.

Next, we calculate the accurate values of the phase- and group-velocity from (30). Proceeding exactly as in the preceding section we find:

$$\left.\begin{aligned} c_{ph} &= \frac{c}{n}\left((n(n+2) - \frac{b^2}{c^2}\right)^{\frac{1}{2}} \\ c_{gr} &= c(n+1)\left(n(n+2) - \frac{b^2}{c^2}\right)^{-\frac{1}{2}} \end{aligned}\right\} \tag{31}$$

Thus c_{ph} is slightly smaller, c_{gr} is slightly greater than without expansion. But as long as b/c is of the order of unity, the effect does not exceed that of curvature itself, viz. it is extremely small.

§ 6. *The same for material waves.* The variable τ is no longer convenient. We therefore return to (8), make the assumption (25) and introduce in (8) the new independent variable

$$z = \frac{\mu c R}{b} = \frac{\mu c a}{b} + \mu c t \tag{32}$$

and the new dependent variable

$$w(z) = zf, \tag{33}$$

which turns (8) into

$$\frac{d^2 w}{dz^2} + \frac{1}{z}\frac{dw}{dz} + \left(1 + \frac{k^2}{z^2}\right) w = 0 \tag{34}$$

(k^2 is the same as in (28)). So w is a Bessel function of the purely imaginary order ik. On inspection it is seen, that both k and z are enormously great, whereas z/k is of the comparatively moderate order: actual wave length divided by Compton wave length. This is the proper working ground for the method of steepest descent, introduced by P. Debye *) into this branch of analysis; it has only to be adapted to the present case of imaginary order. Let us consider the first kind Hankel function

$$H^1_{ik}(z) = -\frac{1}{\pi}\int e^{-iz\sin\zeta - k\zeta}\,d\zeta, \tag{35}$$

the path of integration being primarily $-i\infty \to 0 \to -\pi \to -\pi + i\infty$. I find the suitable point of steepest descent to be $\zeta = -\pi/2 + i\alpha$ with

$$\operatorname{Sin}\alpha = \frac{k}{z} \tag{36}$$

and the appopriate deformed path of integration to ascend in this point from right to left under 45°. My result is

$$H^1_{ik}(z) = \frac{(1-i)e^{k\pi/2}}{\sqrt{\pi z \operatorname{Cos}\alpha}}\, e^{ik(\operatorname{Cotg}\alpha - \alpha)}. \tag{37}$$

Thus from (33), if we drop an irrelevant constant multiplier,

$$f(t) = z^{-3/2}(\operatorname{Cos}\alpha)^{-1/2} e^{ik(\operatorname{Cotg}\alpha-\alpha)}. \tag{38}$$

In order to find the *frequency* (first in the very small time unit in which z is the time) we differentiate the phase with respect to z, or rather $2\pi z$; from (36) we have

$$\frac{1}{2\pi}\frac{d}{dz}\left[k(\operatorname{Cotg}\alpha - \alpha)\right] = \frac{1}{2\pi}\operatorname{Cos}\alpha. \tag{39}$$

Thus we see, by the way, that the factor preceding the exponential in (38) takes proper care of our conservation theorem, for z is proportional to R, by (32). — The *true* frequency is

$$\nu = \frac{\mu c}{2\pi}\operatorname{Cos}\alpha = \frac{c}{2\pi}\sqrt{\frac{n(n+2)-(b/c)^2}{R^2} + \mu^2}, \tag{40}$$

which is De Broglies dispersion formula, including the slight correction for the finite rate of expansion b (compare with the value (12), obtained for infinitely slow expansion). We make an explicit

*) See e.g. Courant-Hilbert, Methoden der Matematischen Physik I, 2. Auflage (Berlin, Springer 1931), S. 455 ff.

note of the phase-velocity

$$c_{ph} = \frac{2\pi R\nu}{n} = \frac{\mu c R}{n} \operatorname{Cos} \alpha \tag{41}$$

and evaluate the group-velocity

$$c_{gr} = R\mu c \frac{d \operatorname{Cos} \alpha}{dn} = \frac{c(n+1)}{\mu R \operatorname{Cos} \alpha}. \tag{42}$$

From the last two formulae

$$c_{ph} c_{gr} = \frac{n+1}{n} c^2, \tag{43}$$

which is in so *literal* agrement with (24) as could not have been anticipated.

H^2_{ik} can. of course, be worked out in the same way and gives the exponential with the negative frequency. So here too, as in the case of light, the positive and negative frequency solutions, when properly defined, keep clear of each-other; there is nothing like a secularly accumulated pair production — at any rate not to the degree of approximation of our asymptotic formulae, which is an *extremely* high one.

§ 7. *Re-stating briefly several useful formulae.* By a few examples I wish to show, that the broad features of the wave-aspect simplify the understanding of the expanding universe.

The nebular red-shift is directly visualisable as the dilatation of all wave-lengths along with R. It is a thing that happens to every portion of light *on its journey*, along with a dilatation of all its dimensions and with a reduction of its total energy; all this is entirely independent of the origin of that portion of light. To speak of a Doppler-effect is rather inappropriate, for the thing has nothing to do with dR/dt in the moment of emission or in the moment of observation, but only with the ratio of the R's of these two moments.

Moreover to the wave-aspect the slowing down of freely moving particles is on the same footing as the red-shift of light, it is just the red-shift of De Broglie waves. Only, since with a particle not the energy but the momentum varies like λ^{-1}, it is here the momentum that goes with R^{-1}; thus, for slow particles, the velocity; their energy then with R^{-2} or with $V^{-2/3}$, if V is the volume. Hence for an ideal monoatomic gas, filling the universe, we should have

$$pV \sim V^{-2/3} \text{ or } pV^{5/3} = \text{const.}$$

showing, that it behaves as on adiabatic expansion.

In certain considerations [3]) the observed angular diameter of a distant object (nebula) and its observed luminosity are of importance.

Draw from the origin ($\chi = 0$) two geodesics of space to the ends of a line element l (linear diameter of the nebula), situated at a distance χ, oriented in the direction of increasing ϑ. From the expression (4) of the line-element the angle $d\vartheta$ between the geodesics is

$$d\vartheta = \frac{l}{R \sin \chi} . \tag{44}$$

If *in the moment of this construction* two light rays are emitted from the extremities of l in the direction of the two geodesics, they will follow the geodesics, irrespective of expansion, and meet in the origin under the angle $d\vartheta$. Thus (44) gives the observed angle, if R and l refer *to the moment of emission.* — This is the first of two important formulae, due to R. C. Tolman.

Again let E_0 be the energy emitted by a nebula during a suitably large unit of time. „Soon'' after emission it will fill a spherical shell with thickness C (say). On observation, at angular distance χ, the thickness will have increased to CR_{obs}/R, if R and R_{obs} refer to the moments of emission and observation respectively. The surface of the shell in the moment of observation is $4\pi R_{obs}^2 \sin^2 \chi$, the energy, contained in it *then*, is $E_0 R/R_{obs}$. Hence the observed energy density ρ is

$$\rho = \frac{E_0}{4\pi C R_{obs}^4} \frac{R^2}{\sin^2 \chi} . \tag{45}$$

This is the second of the two important formulae due to Tolman.

Hubble and Tolmans paper, quoted above, gives a very careful analysis of how to compare (44) and (45) with observations in order to decide, whether the cause of the red-shift actually is expansion. The authors add a lucid and open-minded exposition of the present situation. The task is extremely intricate both from the observational and from the theoretical side. It is impossible to resume it in a few lines. In addition to all the rest of complexity, the general state of affairs in an *expanding* universe suggests, I think, the belief, that nebular diameters (l) and particularly nebular intrinsic luminosities (E_0) might very well themselves undergo, on the average, some kind of secular variation with R. If this possibility is envisaged, the hypothesis of expansion is probably easier to fit in with observations than any non-expansional explanation of the red-shift — although at first sight, i.e. with *constant* l and E_0, the reverse appears to be the case.

Received August 21st 1939.

REFERENCES

1) E. Schrödinger, Commentationes Pontificiae Academiae Scientiarum, **2**, 321, 1938; referred to here as A.P.: ; P. O. Müller, Physik. Zeitschr. **39**, 366, 1938; W. Hepner, Thesis, Edinburgh University (to appear presently).

2) R. C. Tolman, Relativity, Thermodynamics and Cosmology (Oxford, Clarendon Press, 1934) p. 371, equ. 149. 7.

3) E. Hubble and R. C. Tolman, Astrophysical Journal 82, 302, 1935; see formulae (3) and (4) there, which correspond to our (44) and (45) respectively.

PROCEEDINGS

OF

THE ROYAL IRISH ACADEMY

PAPERS READ BEFORE THE ACADEMY.

I.

ON THE SOLUTIONS OF WAVE EQUATIONS FOR NON-VANISHING REST-MASS INCLUDING A SOURCE-FUNCTION.

[From the Dublin Institute for Advanced Studies.]

By ERWIN SCHRÖDINGER.

[Read 21 April. Published 9 October, 1941.]

1. Physical Introduction.

After in 1925/26, by the collaboration of several investigators (following two different lines of thought, which very soon merged into one) the aspect of quantum-theory had undergone a thorough change, a series of important and fundamental contributions to clarify, exploit and develop the new point of view set in from various quarters. But the most decisive step *beyond it* was, in my opinion, the entirely new and original physical hypothesis Enrico Fermi put forward in 1934,[1] viz., the idea that the new type of wave fields, which according to de Broglie, Schrödinger and Dirac were *descriptive of* particles with non-vanishing rest-mass (more especially those fields which describe light-weight particles of the electron-type) should on the other hand be *responsible for* a new kind of interaction between the *heavy* particles that constitute the bulk of the world's mass; in the same way as Maxwellian waves are *descriptive of* the motion of light-quanta and *responsible for* the forces between electrically charged particles. The latter are acted on by the Maxwellian field *because* they are its *sources,* yielding an inhomogeneous contribution or "right hand side" to the Maxwellian wave equation and turning it thereby into what is known as the equation of retarded potentials. Just so the heavy particles are to be the sources of a de Broglie wave field, turning de Broglie's wave equation, viz.,

$$\nabla^2 U - \frac{\partial^2 U}{\partial t^2} - \mu^2 U = 0 \tag{1, 1}$$

into

$$\nabla^2 U - \frac{\partial^2 U}{\partial t^2} - \mu^2 U = f, \tag{1, 2}$$

[1] E. Fermi, Zeitschr. fuer Physik, 88, p. 161, 1934.

where f is a function of the coordinates and the time, describing the distribution of the *heavy* particles. The constant μ is connected with the rest-mass m of those light-weight particles of which U is the wave function by $\mu = \frac{2\pi mc}{h}$. With $\mu = 0$ you get the equation for retarded potentials. The velocity of light, c, has been taken to be unity.

Exactly as in Maxwell's case the *second* order equation (1, 2) is not the fundamental equation to describe the motion of particles with rest-mass m, but the result of eliminating all the field components but one from a set of field equations of the *first* order. Their exact form is not yet entirely agreed upon, nor is the exact way in which the heavy particles enter on their right hand sides. Both issues depend *inter alia* on the spin to be attributed to the two kinds of particles. But the solutions of the first order set can be easily obtained from those of the second order equation, and the latter determines their most fundamental and most characteristic properties.

On account of the all-important rôle the new field of force plays in the nucleus, it deserves an equally extended and careful mathematical treatment as the electromagnetic field has received. To get abreast of that old and well-developed theory will take some effort, especially since the new one is considerably more complicated (quite apart from the question of the system of first order equations, by the mere fact of non-vanishing rest-mass). And, by the way, let me here plead for this task to be dealt with in terms of rigorous "classical" mathematics, not in terms of δ-functions, differential operators raised to the power of -1, and the like. For using them it is, to my mind, not a sufficient excuse that the problem happens to arise within the frame-work of quantum-mechanics, where such precarious tools appear to be hardly avoidable, owing to an incomplete insight into the true physical meaning, as I believe. It will not serve to elucidate such processes as, e.g., "field-quantisation" (to be applied afterwards to the classical solutions) that dubious mathematical methods be introduced already in the classical part of the subject.

The fundamentally new feature, caused by the term $-\mu^2 U$ in equation (1, 1), was revealed already in de Broglie's original treatment of his waves, though he then deduced their properties from different considerations, without actually writing down the wave equation. The cardinal feature is the *dispersion*. Putting $U \sim e^{i\omega t}$, you see that the phase velocity depends on the frequency ω:

$$\text{phase velocity} = \frac{\omega}{\sqrt{\omega^2 - \mu^2}} \quad (> 1, \text{ for } \omega > \mu). \qquad (1, 3)$$

From this the group velocity turns out to be

$$\text{group velocity} = \frac{\sqrt{\omega^2 - \mu^2}}{\omega} \quad (< 1, \text{ for } \omega > \mu). \qquad (1, 4)$$

From this two important consequences can be anticipated for the inhomogeneous equation (1, 2). First, unlike Maxwell's case, to the wave function U in a given world point P will contribute, by their source function f, not only those world-volume-elements from which P is reached by signals travelling with the velocity 1, but also the "nearer" or "earlier" elements, from which *slower* signals pass through P (i.e., reach the point in question exactly at the time in question). In other words the solutions are now bound to be four-dimensional integrals over the interior of the light-cone, not three-dimensional ones over the mantle of the light-cone, as in Maxwell's case.

Secondly, signals of a frequency $|\omega| < \mu$ are not transmitted in the ordinary way at all, because both (1, 3) and (1, 4) become imaginary. There is thus no phase-shift along the line of propagation, but a very strong local damping instead, restricting the range of influence of a source eventually (for $\omega \rightarrow 0$) to a few times the length μ^{-1}. The behaviour is closely analogous to that of light waves in the "second medium" which by its high index of refraction causes *total reflexion* to occur in the first; and it is not analogous to but just a special case of the general behaviour of a quantum-mechanical eigenfunction in those parts of configuration space which would be *inaccessible* to a classical system with the energy corresponding to that eigenfunction, because its kinetic energy would have to be negative there. In the present case the strong local damping, according to Fermi's ingenious discovery, is an adequate description of the extremely short range of nuclear forces. At the same time we gain an insight, at least by analogy with a more familiar case, into why it was in no way possible to treat the light-weight particles ("electrons") within the nucleus as particles; not even in the sense in which they are so treated in the electronic cover, that is to say not even in the classical picture of the nucleus, intended for subsequent quantisation—or "wavisation" or 'fieldisation," as I would prefer to say for the sake of this argument.[2] The reason is, that those light-weight particles, as it were, *are already fields of force* (and not particles) in the adequate classical picture to be formed of the nucleus. It is the same with Maxwell's field in the adequate classical picture of the electronic cover, where it has to be introduced as a field and not as light-quanta. Although energy quanta of electromagnetic radiation are emitted from that region and re-absorbed there, they could not in any way be localised there (except as the field of force between the charged particles), if for no other

[2] I venture to submit that the current nomenclature suffers from a flaw. It is called quantisation, to go over from the classical particle picture of the atom to the wave-mechanical picture. But one also calls "quantisation of Maxwell's field" some devices which result in going over from speaking of waves or fields to speaking of light-quanta. If the latter language is adequate, the two processes, to my mind, appear to lead in *opposite* directions. What they have in common is that both lead from the old, familiar picture to a new, unfamiliar one.

[1*]

reason, because the wave length of the light in question is many times larger than the diameter of the atom. This helps us, at least in the way of an analogy with a more familiar case, to grasp the rôle of the light-weight particles within the nucleus.

It is known, though, that if we were to take for m the mass of the electron outside the nucleus, the range μ^{-1} would still be much larger than the size of the nucleus, as indicated by experiments, which show that only at much smaller distances do the forces between two nuclei deviate appreciably from the ordinary Coulomb force between their charges. A roughly 200 times smaller range has to be assumed by accepting a correspondingly higher mass for the light-weight particle in the nucleus, now called meson and discovered along this line of thought by Yukawa. Why the light-weight particles, radiated from the nucleus, have as a rule a, roughly, 200 times smaller mass, has, I believe, not yet satisfactorily been accounted for. I venture to suspect that it is in some manner connected with the fact that a static or nearly static meson-field corresponds to a meson-energy very much smaller than its rest-mass.

I apologize to the physicists who work along this line for summarizing a state of affairs, which they know so well that they may possibly have to correct some of my statements. My purpose was to arouse the interest of others who do not know them so well, yet might lend their help, especially of mathematicians.

In order not to have this simplified summary create an inadequate idea with a reader who is not intimately acquainted with the latest physical theories, let me mention that the actual interplay of forces between heavy particles at nuclear distance is *enormously* modified by an occurrence, usually named "exchange." It is a forcible consequence of quantum mechanics when *equal* particles approach one another to a distance comparable with the undefinedness of their positions. Heitler and London discovered the all-importance of "exchange" in accounting for the observed nature of chemical bond. For the binding of heavy particles in the nucleus it is of equal or, if possible, even of greater moment.

Since the nuclear force appears to obtain between all those particles (at least) which form the bulk of the world's material and to have nothing to do with their electric charge, I can see no point in looking upon this force otherwise than deeming it to disclose what becomes of *gravitation* at very short distance—but this is my private view only.

2. Mathematical Introduction.

In this section some very convenient mathematical tools are adjusted for our particular purpose. Equation (1, 1) has an infinity of solutions that are regular throughout space-time and every one of them can be superimposed on a given solution of (1, 2) without depriving it of its character; thus in order to distinguish a particular solution of the latter, it is not sufficient to demand regularity or prescribe a particular kind of singularity, but *boundary conditions* have to be added. Yet in doing so, our true aim, as a rule, is only to find out what restrictions to impose upon them, in order that their actual influence be negligible. For that purpose *initial conditions* are usually sufficient, and they are by far the most convenient. For the initial-value-problem can be reduced from four to two independent variables by a remarkably simple method, more details of which will be found in Courant-Hilbert, Methoden der Mathematischen Physik II (Berlin, Springer, 1937), under the heading "Mittelwertmethode."

The method of spherical meanvalues.—Let the operational symbol M, preceding the symbol of a function which *inter alia* depends on x, y, z (thus, e.g., $MU, Mf, M\left[g\frac{\partial f}{\partial x}\right]$ etc.), be defined as turning it into another function of x, y, z, such that

(a) Mf has radial symmetry around the origin of space, that is to say depends only on $r = \sqrt{x^2+y^2+z^2}$;

(b) Mf has, on every sphere around the origin of space, the same meanvalue as f.

Briefly: Mf is the meanvalue of f on spheres around the origin. But we wished to emphasize, that, at least at the outset, it is regarded as a true space function, though a radially symmetrical one.

Now the first cardinal point is that the operators M and ∇^2 *commute* (I leave the proof to the reader). Hence from (1, 2)

$$\frac{\partial^2 MU}{\partial r^2} + \frac{2}{r}\frac{\partial MU}{\partial r} - \frac{\partial^2 MU}{dt^2} - \mu^2 MU = Mf. \tag{2, 1}$$

The second cardinal point is that by solving this equation for MU we have also solved (1, 2) for U, in spite of the averaging process interposed. For obviously

$$(MU)_{r=0} = U_{x=y=z=0},$$

and the origin can be *any* point, it is a mere question of interpreting the coordinates eventually. Since M also commutes with $\frac{\partial}{\partial t}$, the initial values of MU and of its time derivative are obtained by averaging those of U and $\frac{\partial U}{\partial t}$. So our problem is actually reduced to two dimensions (or to one spatial dimension).

There is another little trick. Equation (2, 1) can be written

$$\frac{\partial^2}{\partial r^2}(rMU) - \frac{\partial^2}{\partial t^2}(rMU) - \mu^2 rMU = rMf. \tag{2, 2}$$

This is still handier, for it is entirely the one-dimensional case of (1, 2). The regrettable circumstance that rMf vanishes at the only point where we should need it (viz., at $r = 0$) is met by differentiating (2, 2) with respect to r and putting

$$\chi(r, t) = \frac{\partial}{\partial r}(rMU); \quad q(r, t) = \frac{\partial}{\partial r}(rMf). \tag{2, 3}$$

Thus

$$\frac{\partial^2 \chi}{\partial r^2} - \frac{\partial^2 \chi}{\partial t^2} - \mu^2 \chi = q. \tag{2, 4}$$

Since obviously

$$\chi_{r=0} = (MU)_{r=0} = U_{x=y=z=0}, \tag{2, 5}$$

it suffices to solve (2, 4) with the modified source-function $q(r, t)$ given by (2, 3).

It is useful to observe once for all that the averaging operator M commutes, of course, with any function of r and also with $\frac{\partial}{\partial r}$; moreover that an $\int dr$ . . or $\int dt \int dr$ . . of an averaged function, say of Mf, amounts to $\frac{1}{4\pi}$ times the triple integral or quadruple integral of f/r^2 over the corresponding region of space or of space-time respectively.

Special solutions with spherical symmetry.—We turn to investigate certain regular solutions of equation (2, 4) with $q = 0$. We write it with a neutral variable v

$$\frac{\partial^2 v}{\partial r^2} - \frac{\partial^2 v}{\partial t^2} - \mu^2 v = 0. \tag{2, 6}$$

Obviously $U = v/r$ is then a spherically symmetrical solution of (1, 1), regular except, possibly, for a pole at the origin of space.

First,

$$e^{i\omega t + ir\sqrt{\omega^2 - \mu^2}} \tag{2, 7}$$

is a regular solution of (2, 6) for any real value of ω and with either sign of the square-root, if $\omega > \mu$; whereas for $\omega < \mu$ the square-root must be taken to mean $i\sqrt[+]{\mu^2 - \omega^2}$.

Secondly we derive a solution depending on

$$s = \sqrt{t^2 - r^2} \tag{2, 8}$$

only. Under this assumption (2, 6) reads

$$\frac{d^2 v}{ds^2} + \frac{1}{s}\frac{dv}{ds} + \mu^2 v = 0, \tag{2, 9}$$

of which the solution is a Bessel function, order zero, of the argument $\mu\sqrt{t^2 - r^2}$. It is true that, properly speaking, there is no regular solution of this type. But we shall need it only inside the light-cone $(|t| \geqslant r)$; and the "Bessel-function of the first kind"

$$v = I_0(\mu s) = I_0(\mu\sqrt{t^2 - r^2}) \tag{2, 10}$$

is real and finite throughout this region, including the boundary, being 1 on the (hyper-) surface and vanishing as $s^{-\frac{1}{2}}$ at infinity. On one occasion we shall also use Bessel-solutions with singularity on the (hyper-) surface, but only for the purpose of obtaining from them other solutions by complex integration.

From (2, 10) an infinite set of solutions of (2, 6) can be derived, and also of (1, 1). Of (2, 6) by differentiating arbitrarily often with respect to r and/or t; of (1, 1) *either* by dividing these derivatives by r; *or* by dividing the function (2, 10) itself by r and then differentiating arbitrarily often with respect to any of the four variables x, y, z, t. Among all these one is particularly useful, viz.,

$$\frac{1}{\mu r}\frac{\partial}{\partial r} I_0(\mu s) = \frac{I_1(\mu s)}{s} \tag{2, 11}$$

which is a solution of (1, 1), regular throughout the light-cone and *depending on* $s = \sqrt{t^2 - r^2}$ *only.*

All three, the exponential solution (2, 7) and the two Bessel-solutions (2, 10) and (2, 11), play a prominent part in the general theory. There is an important relation between them, expressing the second one by the first, viz.,

$$\frac{1}{2\pi}\int_{-\infty}^{+\infty} p(\omega, r)\, e^{i\omega t}\, d\omega = I_0(\mu\sqrt{t^2 - r^2}) \quad \text{for } t < -r$$
$$= 0 \qquad \text{for } t > -r, \tag{2, 12}$$

where r is, of course, assumed to be non-negative and the function $p(\omega, r)$ is defined as follows

$$p(\omega, r) = -\frac{ie^{-ir\underset{+}{\sqrt{\omega^2 - \mu^2}}}}{\underset{+}{\sqrt{\omega^2 - \mu^2}}} \qquad \text{for } \omega < -\mu$$
$$= \frac{e^{-r\underset{+}{\sqrt{\mu^2 - \omega^2}}}}{\underset{+}{\sqrt{\mu^2 - \omega^2}}} \qquad \text{for } -\mu < \omega < \mu \tag{2, 13}$$
$$= \frac{ie^{ir\underset{+}{\sqrt{\omega^2 - \mu^2}}}}{\underset{+}{\sqrt{\omega^2 - \mu^2}}} \qquad \text{for } \mu < \omega.$$

To prove this, first observe that the allotment of signs in (2, 13) is such as to enable you to regard the integration (2, 12) as leading along the path, marked by arrows in fig. 1, which represents the complex ω-plane, severed by a cut along the line, joining the branch points $\omega = \pm \mu$ of $\sqrt{\mu^2 - \omega^2}$. The values assigned to this quantity along the path are

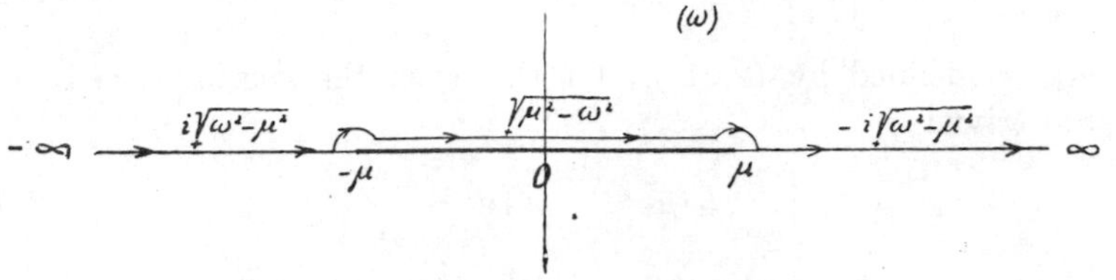

FIG. 1.

indicated in the figure, whereby the complex integrand is assumed to read

$$\frac{e^{-r\sqrt{\mu^2 - \omega^2} + i\omega t}}{\sqrt{\mu^2 - \omega^2}}.$$

Now a careful consideration shows that with $t > -r$ (i.e., either $/t/ < r$ or $t > r$) the two infinite branches of the path can be bent *upwards,* until they meet and then the whole path can be contracted to nothing, thus proving the second part of our statement. Only when $t < -r$ (i.e., t negative and $/t/ > r$), this deformation is disallowed, but then both branches of the path can be bent downwards until they meet and the path can be contracted to the shape indicated in fig. 2. The two small circles give no contribution and the straight parts give

$$\frac{1}{2\pi}\int_{-\mu}^{+\mu} (\mu^2 - \omega^2)^{-\frac{1}{2}} e^{i\omega t} \left(e^{r\sqrt{\mu^2 - \omega^2}} + e^{-r\sqrt{\mu^2 - \omega^2}}\right) d\omega =$$

$$= \frac{1}{2\pi}\int_0^{\pi} e^{i\mu t \cos\phi} \left(e^{\mu r \sin\phi} + e^{-\mu r \sin\phi}\right) d\phi.$$

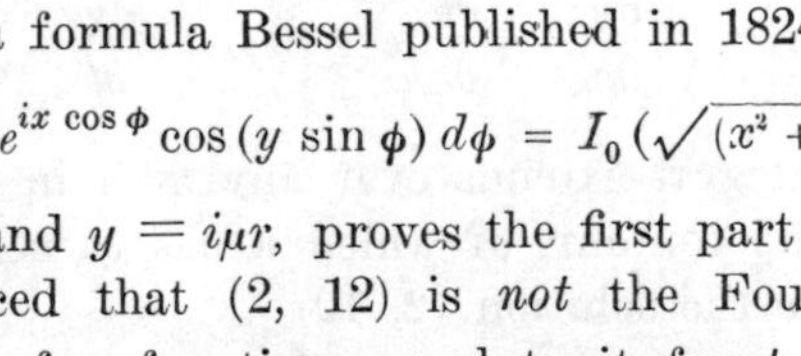

FIG. 2.

Now, according to a formula Bessel published in 1824,[3]

$$\frac{1}{\pi}\int_0^{\pi} e^{ix\cos\phi} \cos(y \sin\phi)\, d\phi = I_0(\sqrt{(x^2 + y^2)}).$$

This, with $x = \mu t$ and $y = i\mu r$, proves the first part of our statement.

It will be noticed that (2, 12) is *not* the Fourier-development of $I_0(\mu\sqrt{t^2 - r^2})$, but of a function, equal to it for $t < -r$, but equal to zero for $t > -r$.

[3] See, e.g., Niels Nielsen, Handbuch der Theorie der Zylinderfunktionen (B.G. Teubner, 1904), p. 52.

We therefore have, by Fourier inversion,

$$\int_{-\infty}^{-r} I_0(\mu\sqrt{t^2 - r^2})\, e^{-i\omega t}\, dt = p(\omega, r), \tag{2, 14}$$

with $p(\omega, r)$ defined by (2, 13). Of this even the special case $\omega = 0$ is not quite trivial:

$$\int_{-\infty}^{-r} I_0(\mu\sqrt{t^2 - r^2})\, dt = \frac{e^{-\mu r}}{\mu}. \tag{2, 15}$$

It will be used to obtain the *static* solution from the general one.

Unfortunately, for the other important Bessel-solution, (2, 11), one cannot obtain such a simple representation as (2, 12), because one is not allowed to perform a differentiation with respect to r under the sign of integration in (2, 12).

3. THE INITIAL-VALUE-PROBLEM.

We deal in this section with the initial-value-problem of equation (1, 2), but can replace it, according to what has been explained, by that of equation (2, 4), which we abbreviate for the moment thus

$$L[\chi] \equiv \frac{\partial^2\chi}{\partial r^2} - \frac{\partial^2\chi}{\partial t^2} - \mu^2\chi = q \tag{2, 4}$$

We follow a method of Riemann (see Courant-Hilbert, l.c., p. 311, where virtually the very same example is treated). With any regular solution r of (2, 6), that is, of

$$L[v] = 0, \tag{2, 6}$$

we have

$$vL[\chi] - \chi L[v] = vq,$$

and, on the other hand,

$$\equiv \frac{\partial}{\partial r}\left(v\frac{\partial\chi}{\partial r} - \chi\frac{\partial v}{\partial r}\right) - \frac{\partial}{\partial t}\left(v\frac{\partial\chi}{\partial t} - \chi\frac{\partial v}{dt}\right),$$

and therefore

$$\iint dr\, dt\, vq = \int d\sigma \left[\left(v\frac{\partial\chi}{\partial r} - \chi\frac{\partial v}{\partial r}\right)\cos(nr) - \left(v\frac{\partial\chi}{\partial t} - \chi\frac{\partial v}{\partial t}\right)\cos(nt)\right],$$

where the double integral extends over any area in the (r, t)-half-plane and the $\int d\sigma$ over its contour, of which n has to be the outside normal. Now we choose for v the solution (2, 10)

$$v = I_0(\mu\sqrt{t^2 - r^2}), \tag{2, 10}$$

and for the area the triangle OAB, fig. 3, with O the origin, OA the axis of negative t, AB part of the line $t = t_0$, where the initial values of χ and $\frac{\partial\chi}{\partial t}$ are supposed to be given, and OB a part of the "characteristic" $r + t = 0$. (The triangle represents, in our reduced number of dimensions, the part of the light-cone between the initial state and the origin.)

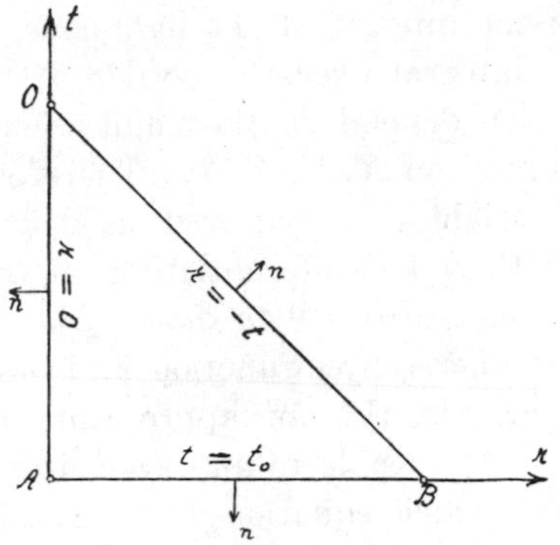

FIG. 3.

Along OA we have $r = 0$ and $\cos(nt) = 0$, moreover $\frac{\partial v}{\partial r} = 0$, from (2, 10); but from (2, 3) also $\frac{\partial\chi}{\partial r} = 0$ there, because $\frac{\partial MU}{\partial r}$ must vanish for $r = 0$, by the very nature of the averaging process, indicated by M. Thus there is no contribution from OA. The one from OB, where $\cos(nr) = \cos(nt) = 1/\sqrt{2}$, whereas from (2, 10) $v = 1$ and the terms with the derivatives of v cancel, clearly is $\chi(B) - \chi(O)$. Along AB we have $\cos(nr) = 0$ and $\cos(nt) = -1$, which produces a certain contribution from the initial state, "collected" with the help of v and its time-derivative, acting in the way of Green functions. In summa we have

$$\iint dr\,dt\,vq = \chi(B) - \chi(O) + \int_0^{-t_0} dr\left(v\frac{\partial\chi}{\partial t} - \chi\frac{\partial v}{\partial t}\right)_{t=t_0}. \qquad (3,\ 1)$$

Inserting from (2, 3) and (2, 10) the proper meaning of χ, q, v, remembering (2, 5) and writing the proper limits in the double integral, we get

$$U(0,0,0,0) = -\int_{t_0}^{0} dt \int_0^{-t} dr\, I_0(\mu\sqrt{t^2 - r^2})\, M\frac{\partial(rf)}{\partial r} +$$

$$+ \int_0^{-t_0} dr \left\{ I_0(\mu\sqrt{t^2 - r^2})\, M\left[\frac{\partial^2 rU}{\partial r\partial t}\right] - \frac{\partial}{\partial t}\left[I_0(\mu\sqrt{t^2 - r^2})\right] M\left[\frac{\partial(rU)}{\partial r}\right]\right\}_{t=t_0} +$$

$$+ M\left[\frac{\partial(rU)}{\partial r}\right]_{t=t_0,\ r=-t_0}, \qquad (3,\ 2)$$

which is the general solution of the initial-value-problem of equation (1, 2)— understanding, of course, that the world-origin has to be shifted to an arbitrary point, say (X, Y, Z, T), and the symbols on the right have to be interpreted accordingly, in order to get the wave function U *there.*

There is no point in writing that out in detail for the moment, but one circumstance is worth mentioning. In view of the meaning of M the three parts on the right hand side of (3, 2) are a quadruple integral over a certain part of the interior of the light-cone, a triple integral over its base and a double integral over the border of this base. Obviously the regions of integration depend on the point where U is required, that is to say, the limits depend on X, Y, Z, T. Therefore, if derivatives of U with respect to these variables are required, as they usually are, it would be cumbersome to get them by differentiating (3, 2). But they can be obtained by applying (3, 2) *directly to them.* For they too are solutions of (1, 2), only with another source-function and other initial values.

By the same device, viz., by an appropriate choice of the source-function, our solution is applicable to any system of differential equations of the first order from which equation (1, 2) results on eliminating all but one of the dependent functions—the tensor- or spinor-components of the field. Take, e.g., Dirac's equation, supplemented by an inhomogeneous term on the right,

$$D[U] \equiv \left(i\frac{\partial}{\partial t} + i\alpha_1\frac{\partial}{\partial x} + i\alpha_2\frac{\partial}{\partial y} + i\alpha_3\frac{\partial}{\partial z} - \mu\alpha_4\right)U = f \tag{3, 3}$$

(For simplicity we have taken $h = 2\pi$, $c = 1$, so that $\mu = m =$ rest-mass.) The α_k are the well-known Dirac matrix-operators (or, alternatively, hypercomplex units). U and f are four-componental spinors (or, alternatively, functions containing the hypercomplex units). Now defining

$$\hat{D} = i\frac{\partial}{\partial t} - i\alpha_1\frac{\partial}{\partial x} - i\alpha_2\frac{\partial}{\partial y} - i\alpha_3\frac{\partial}{\partial z} + \mu\alpha_4 \tag{3, 4}$$

and applying this operator to (3, 3), you get

$$\nabla^2 U - \frac{\partial^2 U}{\partial t^2} - \mu^2 U = \hat{D}f, \tag{3, 5}$$

which is free from the matrix-operators (or from the hypercomplex units) on the left, so that (3, 2), with $\hat{D}f$ instead of f, gives its general solution. The initial value of $\partial U/\partial t$ will now, of course, not be explicitly given, but will have to be obtained from (3, 3), applying it to the initial state. The solution will appear as a four-componental spinor or as a hypercomplex function, according to the interpretation we adopt.

We return to the general discussion of (3, 2). The partial derivatives with respect to r under the integral-signs suggest integration by parts.

You get by careful consideration

$$U(0,0,0,0) = \mu \int_{t_0}^{0} dt \int_{0}^{-t} dr\, r^2 \frac{I_1(\mu\sqrt{t^2 - r^2})}{\sqrt{t^2 - r^2}} Mf - \int_{t_0}^{0} dt\, (rMf)_{r=-t} -$$

$$- \mu \int_{0}^{-t_0} dr\, r^2 \left[\frac{I_1(\mu\sqrt{t^2 - r^2})}{\sqrt{t^2 - r^2}} M \frac{\partial U}{\partial t} - \frac{\partial}{\partial t}\left(\frac{I_1(\mu\sqrt{t^2 - r^2})}{\sqrt{t^2 - r^2}} \right) MU \right]_{t=t_0} + \qquad (3,6)$$

$$+ M \left[\frac{\partial rU}{\partial r} + \frac{\partial rU}{\partial t} - \frac{\mu^2}{2} r^2 U \right]_{t=t_0,\, r=-t_0}.$$

The rôle of Green's function has now been taken over by our second fundamental solution (2, 11). The advantages and drawbacks of this form, to my view, are the following:—

(1) It is more complicated in so far as an integral over the mantle[4] of the light-cone has turned up as a fourth constituent;

(2) this constituent is exactly the same as with Maxwellian potentials, which makes the transition to the limiting case $\mu \to 0$ quite plain;

(3) yet since, in point of fact, μ is very large, the bi-partition of influence of the sources is, as a rule, of poor physical significance. In the static case or with slowly changing sources the mantle integral feigns much too wide a range of action. Only in two instances can we expect the Maxwellian terms to give an approximation, viz., (*a*) for very high frequency, because then the propagation is nearly Maxwellian; (*b*) at very short distance, because the Maxwellian terms contain a lower power of r.

(4) Though the latter circumstance only begins to operate at a distance much smaller than the average distance between nuclear particles, yet the bi-partition becomes rather significant in the case of the field of a moving point-charge; for, as Bhabha has pointed out (see the quotation below), the Maxwellian part then incorporates all the singularity, the other part being regular everywhere. Moreover, in this application, the fact that (3, 6) contains only the source-function itself, not its derivatives, is of invaluable convenience.

In the following we will, as a rule, assume that there has been in the remote past (at time t_0) an initial state such that its present influence can be neglected; and for neatness of writing (though not really of thought) we will write $-\infty$ for t_0 in the limits of integration. To justify both, it is, from (3, 2), at any rate sufficient that in the remote past the source-function f should have tended to zero in the infinity of space a little more rapidly than r^{-1}, and the wave-function U a little more rapidly

[4] I feel the need of taking over, from German usage, this word, to indicate *that* part of the (three-dimensional) boundary of our four-dimensional conical domain that is formed by generatrices; as distinguished from its *base*, formed by the plane space $t = t_0$.

than r^{-2}. (I am suspicious that the latter demand be not *necessary,* but could be reduced by a more careful scrutiny.) In this sense we get from (3, 2)

$$U(0,0,0,0) = -\int_{-\infty}^{0} dt \int_{0}^{-t} dr\, I_0(\mu\sqrt{t^2 - r^2})\, M\left[\frac{\partial(rf)}{\partial r}\right]; \qquad (3,7)$$

and from (3, 6)

$$U(0,0,0,0) = \mu \int_{-\infty}^{0} dt \int_{0}^{-t} dr\, r^2 \frac{I_1(\mu\sqrt{t^2 - r^2})}{\sqrt{t^2 - r^2}} Mf - \int_{-\infty}^{0} dt\, (rMf)_{r=-t} \qquad (3,8)$$

The second of these expressions has been indicated by Stueckelberg[5] and by Bhabha,[6] to both of whom I owe much in the way of getting my own ideas clear. In addition to what has been said before about the relation of these two forms, it is noteworthy that not only is the partition in (3, 8) relativistically invariant, but also the contributions of all the single elements of integration are so; which in (3, 7) is not the case.

4. THE STATIC CASE. FOURIER FORM OF THE GENERAL SOLUTION.

When the source function f, and therefore the q in (3, 1), is independent of t, this equation reads

$$\frac{d^2\chi}{dr^2} - \mu^2\chi = q. \qquad (4,1)$$

Its general solution is obtained by elementary methods and can be written

$$\chi = -\frac{1}{2\mu}\left[e^{-\mu r}\left(C + \int_0^r q e^{\mu r}\, dr\right) + e^{\mu r}\left(C' + \int_r^{\infty} q e^{-\mu r}\, dr\right)\right], \qquad (4,2)$$

with C and C' the constants of integration. We assume q to remain at least finite at infinity and then have to demand the same from χ. The first part in (4, 2) remains finite, and so must the second, hence $C' = 0$. Moreover we know that the derivative

$$\frac{\partial\chi}{\partial r} = \tfrac{1}{2}\left[e^{-\mu r}\left(C + \int_0^r q e^{\mu r}\, dr\right) - e^{\mu r}\int_r^{\infty} q e^{-\mu r}\, dr\right] \qquad (4,3)$$

must vanish for $r = 0$, by the very nature of the averaging process M. Hence

$$C = \int_0^{\infty} q e^{-\mu r}\, dr.$$

[5] E. C. G. Stueckelberg, Société de Physique et d'Histoire Naturelle de Genève, 20 avril, 1939.

[6] H. T. Bhabha, Proc. Roy. Soc. (A), 172, p. 384, 29 June, 1939.

Inserting this into (4, 2) and putting $r = 0$, we get

$$\chi(0) = U(0, 0, 0) = -\frac{1}{\mu}\int_0^\infty q e^{-\mu r}\, dr. \tag{4, 4}$$

On account of the meaning of q, by (2, 3), integration by parts gives the more convenient form

$$U(0, 0, 0) = -\int_0^\infty dr\, r\, e^{-\mu r} Mf = -\frac{1}{4\pi}\int d\tau\, \frac{e^{-\mu r}}{r} f, \tag{4, 5}$$

where $\int d\tau \ldots$ is a triple integration over the whole space. This is the ordinary static potential formula, with just the Yukawa potential exp. $(-\mu r)/r$ in the place of r^{-1}.

It is interesting to compare (4, 5) with the general solutions (3, 7) and (3, 8), which have a widely different appearance. It is seen how inappropriate the dissection into the two parts of the second one really is, for they must rapidly tend to cancel each other, as r increases beyond μ^{-1}. Yet, in the limit $\mu \rightarrow 0$, both (4, 5) and (3, 8) readily give the Coulomb potential. But another limiting case is of considerably greater interest. We would be very much keener on an expression to describe smoothly and perspicuously the transition from less and less rapidly changing sources to the static case. That does not seem to be easy. To get the static case at all from the general solution, we take in (3, 7) f independent of t and change the order of integrations:

$$U(0, 0, 0) = -\int_0^\infty dr\, M\left[\frac{\partial(rf)}{\partial r}\right]\int_{-\infty}^{-r} dt\, I_0(\mu\sqrt{t^2 - r^2})$$

The time integral is given by (2, 15) of the mathematical introduction, and we get (4, 4) all right. But it is perplexing to find the simple Yukawa potential ostensibly the result of oscillating contributions, accumulating over a comparatively long period.

As far as the device, used just now, can be at all extended to the general case, it will consist in replacing I_0 by its Fourier development (2, 12). That gives you

$$U(0, 0, 0, 0) = -\frac{1}{2\pi}\int_0^\infty dr\int_{-\infty}^{+\infty} dt\, \frac{\partial(rMf)}{\partial r}\int_{-\infty}^{+\infty} d\omega\, p(\omega, r)\, e^{i\omega t} \tag{4, 6}$$

Here we have extended the time integration from $-r$ to ∞, which is innocuous according to the second statement of (2, 12). *This is an alternative form of the general solution.* You must remember that in order to get the time dependence of the wave-function in the origin of space, t has to be replaced by $t - T$ (this, then, gives the wave-function at 0, 0, 0, T). Hence this form amounts to a Fourier development of the wave-function, based on a (modified) Fourier development of what is going on in the single contributing volume elements of space. It is more complicated, but more satisfactory from the point of view of the physicist. It is suggestive to simplify it a little, integrating by parts with respect to r, which formally leads to a pure and simple superposition of spherical de Broglie waves of the type (2, 7), issuing from the single elements of volume. But this representation (which I do not trouble to write out) would have to be used with great care, on account of poor convergence. Indeed, I doubt whether it is of any value at all, for not even the general static formula (4, 5) can be obtained from it, because the integrations with respect to t and to ω refuse to converge, before the one with respect to r be performed.

5. The Field of a Point-like Charge in Translatory Motion.

We now assume, in full analogy with electromagnetics, that there are four wave-functions, U_1, U_2, U_3, U_4, behaving, on Lorentz transformation, as a four-vector, and that accordingly the source function is also a four-vector with the components f_1, f_2, f_3, f_4. We call the latter density of current and charge, and think of f_4 as the density of "something" (a scalar in three dimensions) and of the others as the products of this density into the components of an (ordinary three-dimensional) velocity.

By a pointlike charge in translatory motion we understand a set of source functions (a source-vectorfield) with the following properties. We are given a world line with timelike direction throughout, which we call the orbit. The sources are restricted to a narrow "tube" around the orbit. If, at any point of the orbit, we take its tangent as the axis of time and envisage "space," that is to say, the (pseudo-) orthogonal cross-section of the tube, we shall have on it

$$f_1 = f_2 = f_3 = 0, \qquad \int f_4 dt = g, \tag{5, 1}$$

g being a constant, the total charge. We form the idea (though it may be an unnecessary specialisation) that f_4 is always the same spherically symmetric function, restricted, as was already pointed out, to a narrow vicinity of the point in question. To secure the compatibility of these assumptions the orbit must have a finite, continuous curvature and the tube must be sufficiently narrow (with regard to the strongest curvature, i.e. acceleration that occurs), so that the normal spaces in neighbouring points always intersect well outside the tube. Moreover, if for brevity we call "velocity of a point within the tube" the velocity of that point on the orbit to which it is referred by a *normal* cross-section, then the tube shall also be narrow enough, considering both velocity and acceleration, so that the velocity should not sensibly vary on any *oblique* cross-section in which the actually adopted space intersects the tube. Provided that the orbit has no kinks, it is clear that all this can be fulfilled with any desired accuracy, merely by taking the tube sufficiently narrow.

This being decided, and fixing our attention on a point of the orbit, the four space-integrals

$$\int f_1 dt,\ \int f_2 dt,\ \int f_3 dt,\ \int f_4 dt, \tag{5, 2}$$

which according to (5, 1) have the values 0, 0, 0, g, if the time axis is chosen parallel to the tangent, will, if it is chosen otherwise, take values in accordance with the behaviour of the components of a four-vector, multiplied by $\sqrt{1-\beta^2}$. That is to say, they will have the values

$$gv_x,\ gv_y,\ gv_z,\ g \tag{5, 3}$$

where v_x, etc., are the components of ordinary (three-dimensional) velocity.

We now apply the general solution in the form (3, 8)

$$U(0,0,0,0) = \mu\int_{-\infty}^{0} dt \int_{0}^{-t} dr\, r^2 \frac{I_1(\mu\sqrt{t^2-r^2})}{\sqrt{t^2-r^2}} Mf - \int_{-\infty}^{0} dt (rMf)_{r=-t}, \tag{3, 8}$$

but we *restrict* the origin—which, it will be remembered, stands for any point in which we wish to calculate the wave function—to be far away from the tube compared with its diameter. Then we can neglect the variation of r across the tube. The first integral will, e.g. for U_3, contribute

$$\frac{\mu g}{4\pi}\int_{-\infty}^{t_1} dt\, v_z(t) \frac{I_1(\mu\sqrt{t^2-r(t)^2})}{\sqrt{t^2-r(t)^2}}, \tag{5, 4}$$

taken along the orbit, till it emerges from the light-cone, this moment t_1 being defined by

$$t_1 + r(t_1) = 0. \tag{5, 5}$$

The other integral extends over the small three-dimensional region in which the tube pierces the surface of the light-cone, round about the time t_1. On account of the condition $r + t = 0$, we can also write for it

$$-\int_{-\infty}^{0} dt (rMf)_{r=-t} = -\int_{0}^{\infty} dr (rMf)_{t=-r}. \tag{5, 6}$$

To refer this to the ordinary spatial cross-section, we observe that the difference dr measured on the mantle[7] $(t + r = 0)$ is not the same as the difference (say δr) for corresponding points on the spatial cross-section, but we will have

$$dr = \delta r + r' dt,$$

r' being the derivative of the same function $r(t)$ that occurs in (5, 4) and (5, 5). But $dt = -dr$. Hence $dr = \delta r/(1 + r')$. If we insert this in

[7] See the foot-note on p. 12.

(5, 6) the ordinary spatial cross-section-integral is thrown into relief and we get (e.g. for U_3) the contribution

$$- \frac{g}{4\pi}\left(\frac{v_z}{r(1+r')}\right)_{t=t_1}, \tag{5, 7}$$

Collecting (5, 4) and (5, 7), we get (always specifying U_3 to fix our ideas)

$$4\pi U_3 = \mu g \int_{-\infty}^{t_1} dt v_z(t) \frac{I_1(\mu\sqrt{t^2 - r(t)^2})}{\sqrt{t^2 - r(t)^2}} - \frac{g v_z(t_1)}{r(t_1)\,[1 + r'(t_1)]}. \tag{5, 8}$$

I repeat, that v_z is the *ordinary* velocity, to be replaced by v_x v_y, or 1 to obtain U_1, U_2, U_4 respectively.

There is no direct way of transforming (5, 8), analogous to (3, 8) → (3, 7), as one might suspect; it is barred by r having now become a function of t. Yet something along that line will be obtained in sect. 7.

In the static case, i.e. with a point charge at rest, of course

$$U_1 = U_2 = U_3 = 0,$$

and

$$4\pi U_4 = \mu g \int_{-\infty}^{-r} dt \frac{I_1(\mu\sqrt{t^2 - r^2})}{\sqrt{t^2 - r^2}} - \frac{g}{r}. \tag{5, 9}$$

To obtain the expected result, differentiate formula (2, 15) with respect to r, which gives directly

$$-1 + \mu \int_{-\infty}^{-r} dt \frac{r I_1(\mu\sqrt{t^2 - r^2})}{\sqrt{t^2 - r^2}} = -e^{-\mu r};$$

thus

$$U_4 = -\frac{g}{4\pi}\frac{e^{-\mu r}}{r}.$$

The constant is correct, because we had bluntly named "density of charge" the source function itself, without 4π and without the traditional minus sign. As a point of fact, it is beyond my understanding how the latter can be retained, if a universal *attraction* is to be described.

6. SOLUTIONS WITH SINGULARITIES.

The mathematician prefers to look upon (5, 8) as a solution of the *homogeneous* equation (1, 1), with prescribed singularities. An infinite variety of the same or at least of a similar type can be obtained by a very direct and elegant method, though hardly sufficient by itself to ascertain the physical meaning of these solutions. The general principle is familiar, it is that of superposition: the solution of a homogeneous equation can be integrated with respect to any *parameters* which it contains over any *fixed* region of the latter; that is to say, it remains a solution, if that is done. The region must be fixed, that is, its boundary must be indicated without reference to the independent variables of the equation.

The solutions to which attention was directed in section 2 (see (2, 7), (2, 10), (2, 11)), viz.

$$r^{-1}\,e^{i\omega t + ir\sqrt{\omega^2-\mu^2}},\quad r^{-1}\,I_0\left(\mu\sqrt{t^2-r^2}\right),\quad (t^2-r^2)^{-\frac{1}{2}}\,I_1\left(\mu\sqrt{t^2-r^2}\right) \qquad (6,1)$$

(and all the others mentioned there, but not written out) lend themselves to this procedure. For, in addition to the explicit parameter ω, you can measure the distance r and the invariant distance $\sqrt{t^2-r^2}$ from any fixed world-point, the coordinates of which then play the part of parameters.

We will call this point the "parameter point," as distinguished from the point in which the wave function is wanted, which we will call the "at-point," thus translating a brief and handy German expression (Aufpunkt). The coordinates of the latter we have hitherto not explicitly introduced in our formulae, deeming it sufficient to indicate the wave function at the world origin. We now need a notation for them. It is, of course, extremely inconsequent to use x, y, z, t, which up to now served as integration variables only. *Yet we will do so,* preferring an inconsequent to an overcrowded notation. In brief: x, y, z, t are henceforth the coordinates of the "at-point."

In order to produce solutions of the desired type by integration with respect to the parameter-point, it is suggestive to "let it glide" along a time-like world line. But, from the general principle of the method, we are not allowed to stop the integration (coming from $-\infty$ say) at the point where the world line emerges from the light-cone, because this point varies with the "at-point." On the other hand, if we aim at a solution with physical significance, it is not very promising to let the parameter-point enter the region of "virtual simultaneity," which we positively know does not affect the at-point.

I am indebted to my friend A. W. Conway for pointing out to me that the appropriate device is *complex* integration, using *other* Bessel-solutions, viz. such as are singular for the value zero of their argument, that is, on the light-cone.

Just as if we intended after all to follow the device we have just dismissed, we let the space coordinates of the parameter-point be given functions of its time coordinate, which we call u. Then, with a view to solutions like (6, 1), r will be a function of u and of x, y, z, the space coordinates of the at-point. Moreover $s = \sqrt{t^2-r^2}$ has to be replaced by

$$s\,(x, y, z, t, u) = \sqrt{(t-u)^2 - r\,(x, y, z, u)^2}. \qquad (6,2)$$

Then we introduce an arbitrary function $F(u)$ of u alone, to describe "some changing state of things" at the parameter point. But now, instead of integrating unsophisticatedly with respect to the *real variable* u, which would mean along the world line of the parameter-point, we integrate in the complex u-plane along a path we call (L), indicated in fig. 4,

$$\Phi_0[F] = \frac{i}{2}\int_{(L)} \frac{N_0(\mu s)}{r(u)} F(u)\, du. \tag{6, 3}$$

Explanations: we are using the second type of solution out of (6, 1), but instead of the J-function we have taken Neumann's function, characterized by its power-series in (6, 5) below. For shortness, the arguments x, y, z in r and all the five arguments in s have been left out,

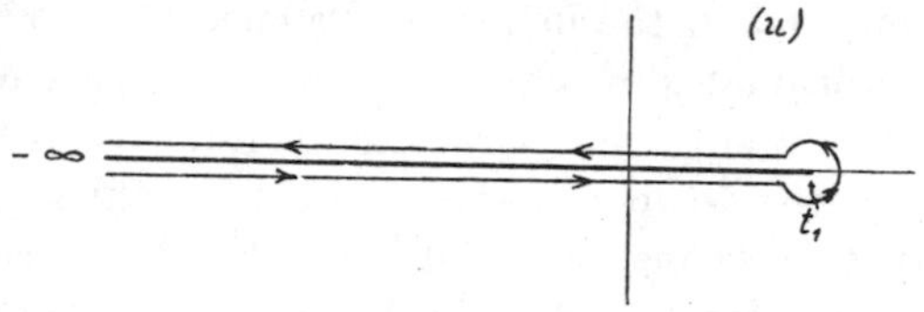

FIG. 4.

but they must be kept in mind. t_1 is, as in the preceding section, the time coordinate of the parameter-point, where its world line emerges from the interior of the light-cone of the past; thus

$$t_1 + r(t_1) = t, \tag{6, 4}$$

corresponding to (5, 5) of section 5. The factor $i/2$ is introduced for convenience. The operational notation $\Phi[F]$ means: solution deduced in precisely *this* way from an arbitrary $F(u)$, as contrasted, e.g., with (6, 7) below. The unbearable restriction that the integrand be strictly analytical all along the world-line, is only provisional and will be removed presently.

The expansion of the Neumann function reads

$$N_0(\zeta) = \frac{2}{\pi} I_0(\zeta)\left(lg\frac{\zeta}{2} + C\right) + \text{series of positive even powers of } \zeta. \tag{6, 5}$$

Now, contemplating (6, 3), (6, 2), (6, 5), (6, 4) and fig. 4, the following will be realized: since $r(u)^{-1}$ behaves regularly at $u = t_1$ and s behaves there as $\sqrt{u - t_1}$, only the logarithmic term of the power series contributes at all to (6, 3), and only along the straight parts of the path, and only because $lg\, s$ adds the constant πi on going round t_1, whereby for this and only for this term the integral from $-\infty$ to t_1 is not entirely cancelled by the one from t_1 to $-\infty$. The factor $i/2 \cdot 2/\pi \cdot i\pi \cdot (-1)$ has been adjusted to give unity. Thus

$$\Phi_0[F] = \int_{-\infty}^{t_1} \frac{I_0(\mu s)}{r} F(u)\, du. \tag{6, 6}$$

(It so happens, that this simple result seems to ridicule our precautions; but see the case (6, 7) below.)

Since only the varying position of the upper limit t_1 compelled us to resort to complex integration, the demand on analyticity of the integrand can, to begin with, be reduced by dissecting the path of integration at a fixed point, say $u = a$ on the real axis, arbitrarily near to, but at a finite distance to the left from, $u = t_1$. We then produce the $\int_{-\infty}^{a}$ by real integration, using I_0/r, and only the remainder, $\int_{a}^{t_1}$, in the way indicated above, using N_0/r. Both parts are solutions separately, and their sum is (6, 6). In the near vicinity of $u = t_1$, to which the demand on analyticity of the integrand is hereby reduced, it will be possible to approximate to $F(u)$ with arbitrary accuracy by an "ersatz" function, making the integrand of (6, 3) analytical, yet changing the value of (6, 6) arbitrarily little, when it turns up there instead of F. In future cases we will take these considerations for granted and refrain from actually performing the dissection.

In its outward appearance (6, 6) is the simplest solution of this general type and it has the advantage that its Fourier analysis can be obtained directly with the help of (2, 12). But actually it is not a very simple thing. For on account of the denominator r it is singular not only along the world-line of the parameter point, but on a two-dimensional manifold, which is best described by saying: for ever in any point of space, after the parameter point has passed it. Therefore it is not astonishing that this solution cannot immediately be adapted to represent the field of a moving point charge. In the next section it will be shown that the latter can, under certain precautions, be represented by a rather complicated combination of integrals of the type Φ_0 [ ].

To obtain it directly, we apply Conway's method to the second kind of Bessel solution. Define

$$\Phi_1 [F] = \frac{i\mu}{2} \int_{(L)} \frac{N_1(\mu s)}{s} F(u)\, du. \tag{6, 7}$$

The expansion of the Neumann function of order 1 reads

$$N_1(\zeta) = \frac{2}{\pi} I_1(\zeta)\left(lg\frac{\zeta}{2} + C\right) - \frac{2}{\pi\zeta} + \text{series of positive odd powers of } \zeta. \quad (6, 8)$$

Whereas the logarithmic term behaves exactly as before, giving a corresponding result, there is now also a residue at $u = t_1$, resulting from the term

$$-\frac{2}{\pi\mu s^2}.$$

Now from (6, 2)

$$s^2 = (t - u)^2 - r(u)^2 = (t - u + r(u))(t - u - r(u)) =$$
$$= -(u - t_1)\, 2r(t_1)(1 + r'(t_1)) + O[(u - t_1)^2].$$

Hence the residue is

$$\frac{2i\, F(t_1)}{\mu r(t_1)(1 + r'(t_1))}.$$

and

$$\Phi_1[F] = \mu \int_{-\infty}^{t_1} \frac{I_1(\mu s)}{s} F(u)\, du - \frac{F(t_1)}{r(t_1)(1 + r'(t_1))}, \tag{6, 9}$$

which, indeed, matches with (5, 8), etc., if for F you take gv_x, gv_y, gv_z and the constant g respectively.

7. Connection between $\Phi_0[\ ]$ and $\Phi_1[\ ]$. Fourier Analysis of the Field of a Moving Point Charge.

Our object is to overcome the difficulty of using $\Phi_1[\ ]$ to express the field, mainly with a view to Fourier-analyzing it. I do not greatly boast of the result, because I have not succeeded in removing certain severe restrictions to its applicability.

The first aim is to establish a connection between $\Phi_0[\ ]$ and $\Phi_1[\ ]$. For this purpose it is necessary to extend the definitions of these operational symbols which we here repeat

$$\Phi_0[F] = \int_{-\infty}^{t_1} \frac{I_0(\mu s)}{r} F(u)\, du, \tag{7, 1}$$

$$\Phi_1[F] = \mu \int_{-\infty}^{t_1} \frac{I_1(\mu s)}{s} F(u) - \frac{F(t_1)}{r(t_1)(1 + r'(t_1))}, \tag{7, 2}$$

to apply also to a function F which depends not only on u (the time coordinate of the parameter point), but also on the *space* coordinates x, y, z of the *at-point*, though definitely *not* on the time coordinate t of the latter. They forfeit their claim to being solutions of equation (1, 1), but that will not matter.

Now differentiate (7, 1) with respect to t. From (6, 4) and (6, 2)

$$\frac{\partial t_1}{\partial t} = \frac{1}{1 + r'(t_1)}; \qquad \frac{\partial s}{\partial t} = \frac{t - u}{s}. \tag{7, 3}$$

Hence

$$-\frac{\partial}{\partial t} \Phi_0[F] = \mu \int_{-\infty}^{t_1} \frac{I_1(\mu s)}{s} \frac{t - u}{r} F(u) du - \frac{F(t_1)}{r(t_1)(1 + r'(t_1))}. \tag{7, 4}$$

In virtue of the fact that from (6, 2) you have

$$\frac{\partial s}{du} = -\frac{(t-u)+r(u)\,r'(u)}{s}, \tag{7, 5}$$

it is possible to combine (7, 2) and (7, 4) in a way that enables you to integrate by parts, viz.,

$$-\frac{\partial}{\partial t}\Phi_0[F]+\Phi_1[r'F] = -\mu\int_{-\infty}^{t_1} I_1(\mu s)\frac{\partial s}{du}\frac{F(u)}{r}\,du - \frac{F(t_1)}{r(t_1)} =$$

$$= -\int_{-\infty}^{t_1}\frac{I_0(\mu s)}{r}\cdot r\frac{\partial}{\partial u}\left(\frac{F}{r}\right)du =$$

$$= -\Phi_0\left[r\left(\frac{F}{r}\right)'\right].$$

(The dash at the round bracket around F/r is to mean, just as in r': partial differentiation with respect to u.) So Φ_1 [ ] is expressed by Φ_0 [ ] through the following remarkable formula:—

$$\Phi_1[r'F] = \frac{\partial}{\partial t}\Phi_0[F] - \Phi_0\left[r\left(\frac{F}{r}\right)'\right]. \tag{7,6}$$

With a changed meaning of F it can also be written

$$\Phi_1[F] = \frac{\partial}{\partial t}\Phi_0\left[\frac{F}{r'}\right] - \Phi_0\left[r\left(\frac{F}{rr'}\right)'\right], \tag{7,7}$$

which is, of course, applicable, whether or no the new F actually depends on x, y, z.

Using this, we can get a new expression for the field of a moving point-source, which written out in full for the third component, as in (5, 8), reads

$$\frac{4\pi}{g}U_3 = \frac{\partial}{\partial t}\int_{-\infty}^{t_1} I_0(\mu s)\left(\frac{v_z}{rr'}\right)du - \int_{-\infty}^{t_1} I_0(\mu s)\left(\frac{v_z}{rr'}\right)'du. \tag{7,8}$$

Moreover one can now insert the Fourier development for I_0 from (2, 12) and obtain

$$\frac{8\pi^2}{g}U_3 = \frac{\partial}{\partial t}\int_{-\infty}^{+\infty} du\,\frac{v_z}{rr'}\int_{-\infty}^{+\infty} d\omega\,p(\omega, r)\,e^{-i\omega(t-u)} -$$

$$-\int_{-\infty}^{+\infty} du\left(\frac{v_z}{rr'}\right)'\int_{-\infty}^{+\infty} d\omega\,p(\omega, r)\,e^{-i\omega(t-u)}, \tag{7,9}$$

where the extending of integration with respect to du from t_1 to ∞ is, of course, not compulsory, but innocuous.

It may be that these expressions turn out to be useful for some purposes. How annoying the denominators are, which have turned up in irksome abundance, need not be emphasized. It will, of course, be possible, to avoid their vanishing in a limited region of the field which interests us, by a suitable choice of the Lorentz frame. But that may be extremely inconvenient.

8. AN ALTERNATIVE GENERAL METHOD.

I should not like to dismiss this paper without, at least, mentioning a much more general method, applicable to the quantum-mechanical wave equation of *any* conservative system, enlarged by an inhomogeneous term or a "source-function." The homogeneous equation, viz.,

$$\frac{h}{2\pi i}\frac{\partial\psi}{dt} + H\psi = 0 \tag{8, 1}$$

admits of the following operational solution.

$$\psi = e^{-\frac{2\pi i t}{h}H}\phi(q_1, q_2 \ldots q_n), \tag{8, 2}$$

pointed out for the first time, I believe, by J. Neumann von Margitta. Obviously ϕ is the function in configuration space to which ψ reduces for $t = 0$.

Now the inhomogeneous equation

$$\frac{h}{2\pi i}\frac{\partial\psi}{dt} + H\psi = f(q_1, q_2 \ldots q_n;\ t), \tag{8, 3}$$

with f a given function of the coordinates and the time, can be solved using von Neumann's result in much the same way as the method of the "variation of constants." It is easily recognized that

$$\psi = e^{-\frac{2\pi i t}{h}H}\left(\phi\,(q_1 \ldots q_n) + \int_0^t e^{\frac{2\pi i t'}{h}H} f(q_1, q_2 \ldots q_n;\ t')\,dt'\right) \tag{8, 4}$$

is *that* solution of (8, 3) which reduces to $\phi(q_1, q_2 \ldots q_n)$ for $t = 0$.

Like Neumann's solution, the present one too is really nothing but a symbolic anticipation of the eigenvalue problem of equation (8, 1). When that is solved and the functions f and ϕ are expanded[8] in a series and/or integral of the eigenfunctions, the symbolic exponential applies as an ordinary one to every eigenfunction, with H replaced by the eigenvalue in question.

This very general method could, of course, be applied to the problem dealt with in the preceding sections. But the devices indicated there are speedier, and even, in another respect, more general; inasmuch as, by solving the second order equation (1, 2), all the systems of first order equations of which it is the eliminant are virtually dealt with at one blow.

---

[8] In the case of f the coefficients of the expansion will, of course, be some functions of t'.

VII.

NON-LINEAR OPTICS.

By ERWIN SCHRÖDINGER.

[From the Dublin Institute for Advanced Studies.]

[Read January 26. Published June 24, 1942.]

Table of Contents.

(*German* letters are used for *complex* vectors and for vectors in the direction of the wave normal of a plane wave. Apart from this, the character as a vector, as a scalar product or the meaning of the derivative with respect to a vector must be understood from the context. The vector-product is indicated by square brackets [ ].)

1. *Report on method followed and results obtained.*

This paper is to be the first of a series in which the non-linear electrodynamics, proposed by Born about seven years ago,[1] and developed by Born and Infeld[2] and others, is to be resumed with the hope that it might after all provide an escape from the "infinities" which, starting from the classical concept of a Maxwellian point-singularity, haunt present day quantum-conceptions of photons, electrons, protons and mesons at every

[1] M. Born, Proc. Roy. Soc. (A), **143**, 410, 1934.
[2] M. Born and L. Infeld, *ibid.*, **144**, 425, 1934.

step.—I wish to stress that we are definitely *not* concerned here with the *family of generalisations* of Maxwell's theory of the vacuum, obtained by supplementing the Lagrangian $\frac{1}{2}(B^2 - E^2)$ by any arbitrary terms, quadratic in the two relativistic invariants; but precisely with that special Lagrangian which—when all the four field-vectors B, E, H, D are measured in terms of a certain universal constant b—reads

$$\mathbf{L} = \sqrt{1 + B^2 - E^2 - (BE)^2} - 1, \qquad (1, 1)$$

meaning that in Maxwell's equations, which are retained,

$$\begin{aligned} \text{curl } E + \dot{B} &= 0 \qquad & \text{div } B &= 0 \\ \text{curl } H - \dot{D} &= 0 \qquad & \text{div } D &= 0 \end{aligned} \qquad (1, 2)$$

one has to put

$$H = \frac{\partial \mathbf{L}}{\partial B}, \qquad D = -\frac{\partial \mathbf{L}}{\partial E}. \qquad (1, 3)$$

The corresponding energy density is

$$\mathbf{U} = \frac{1}{4\pi}\left(\mathbf{L} - E\frac{\partial \mathbf{L}}{\partial E}\right) = \frac{1}{4\pi}\left(\sqrt{(1 + B^2)(1 + D^2) - (BD)^2} - 1\right). \qquad (1, 4)$$

The special features of (1, 1) are:

(i) this definite closed expression is admitted to be the *exact* Lagrangian;

(ii) only one of the three relativistically admissible biquadratic supplementary terms is admitted under the square root, viz. $(BE)^2$, and it is allotted the special coefficient -1.

General reasons for adopting these special features are given in the second of the papers quoted above. In addition, when transformed to one complex six-vector, compounded of the two real ones, the theory takes a so peculiarly simple form[3] as to justify the hope that it—rather than any other non-linear generalization—might meet the facts. For, the simplicity is sort of an accident that constitutes a decisive prerogative of Born's particular choice of the Lagrangian and does not happen with any other one.

For the convenience of the reader I give in sect. 2 an outline of the *complex* version of Born's theory that will be used here throughout. In the complex form all the *differential* equations become truly linear,[4] the non-linearity being devolved to a set of *rational* supplementary conditions. That facilitates the use of approximation methods a great deal and makes

---

[3] E. Schrödinger, Proc. Roy. Soc. (A), **150**, 465, 1935.

[4] Which the equ. (1, 2) are *not,* when (1, 3) is substituted; and without that they cannot be solved.

it well worth while to provide once for all the translation into the complex language of certain simple things, as e.g. of the plane circularly polarized waves and their geometrical relations (see sect. 3).

As regards the first of the two entirely different topics that are dealt with in the present paper (see Table of Contents) a mutual influence between light-waves turns up, that I believe to be new, though it is obviously the most primitive one. A plane wave slightly reduces the velocity of propagation of others that cross it. The reduction, which is of course mutual, is independent of both frequencies and proportional to the energy density of the *crossed* wave and to the fourth power of the sine of half the angle between the wave normals (thus it is greatest, when the two waves are antiparallel). In the investigations that dealt with *mutual scattering*[5] this phenomenon was disguised under the appearance of the two waves scattering light into one another's directions. It escaped notice, that this scattering is *coherent* with the light already travelling in that direction and thus produces an index of refraction, in the same way as the secondary wavelets in the ordinary classical theory of refraction do.

The refractivities due to several rays crossing a given ray are additive. An intense inhomogeneous field of radiation as it exists in the neighbourhood of the sun, ought therefore to deviate a ray that passes through it. Unfortunately the effect is, even in the case of the sun, *far* too small to be detected. Another consequence is a slight change in Planck's formula for black-body-radiation. In the Stefan-Boltzmann law a positive term with T^8 is added, which would reach the order of one per cent. at about $4 \cdot 10^{10}$ °K.

The classical aspect of the *scattering,* properly speaking, which we follow up in sect. 5, proves to be in complete correspondence with Euler's quantum-mechanical findings, the four waves in question satisfying, already classically, what in quantum theory is regarded as the conservation of energy and linear momentum. A statement to the contrary[6] is thereby disposed of.

In Part II "structural" scattering means the one that is produced by the very field of the point-charge, on account of the non-linearity, as distinct from the ordinary Rayleigh-scattering, due to the point-charge being set in motion by the incoming wave. The structural scattering has been investigated before[7] by quantum methods, tacitly or expressly assuming, that the field vectors of the wave field can, in zero'th approximation, be "treated in the same manner as field quantities in the ordinary electromagnetic theory . . . in an empty space."[8] This assumption is at

[5] H. Euler, Zeitschr. f. Phys., 26, 398, 1936.

[6] C. D. Thomas, Phys. Rev. 50, 1046, 1936.

[7] S. Subin and A. Smirnow, Comptes Rendus (Doklady) de l'Académie des Sciences de l'URSS, 15, No. 3, p. 131, 1937.

[8] S. Tomonaga and M. Kobayasi, Scientific Papers of the Institute of Physical and Chemical Research (Tokyo), 34, p. 1643, 1938; the quoted phrase p. 1646.

variance with the general finding (sect. 8) that a strong electrostatic field renders space strongly anisotropic and inhomogeneous for an additional weak field, the "dielectric constant" and "permeability" for the weak field being $(1-E_0^2)^{-\frac{3}{2}}$ and $(1-E_0^2)^{-\frac{1}{2}}$, respectively, *in the direction* of the strong field E_0, but $(1-E_0^2)^{-\frac{1}{2}}$ and $(1-E_0^2)^{\frac{1}{2}}$, respectively, in any direction *orthogonal* to E_0. That results in a strong distortion of the incoming wave field, which is governed by strongly modified, but linear, field equations. In sect. 9 the pertinent solutions of the quasi-static case are given, and applied to the scattering of long waves in sect. 10. A brief outline of the general case (arbitrary wave length) is given in sect. 11. That quantum mechanical handling should evade all these problems and even produce immediately the result for arbitrary wave length—which both the Russian and the Japanese authors seem to claim—is unbelievable to me. Further remarks on essential points, as the angular distribution of the scattered radiation, the interference between Rayleigh and structural scattering and others, indicated by the titles of sect. 9, 12, and 13, will follow below.

2. *Outline of Born's theory in complex form.*

The vacuum is described by two six-vectors, B, E and H, D respectively. We call them magnetic displacement, electric field-strength, magnetic field-strength, electric displacement respectively. They are bundled up to form the complex six-vector

$$\mathfrak{F} = B - iD \quad , \qquad \mathfrak{G} = E + iH, \qquad (2, 1)$$

in which $\mathfrak{F}$ is, geometrically speaking, the "magnetic" part. Maxwell's equations (1, 2) then read

$$\operatorname{curl} \mathfrak{G} + \dot{\mathfrak{F}} = 0 \quad , \qquad \operatorname{div} \mathfrak{F} = 0. \qquad (2, 2)$$

(2, 2) is admitted *straight away.*

In addition a variational principle with the Lagrangian

$$\mathbf{L} = \frac{\mathfrak{F}^2 - \mathfrak{G}^2}{(\mathfrak{F}\mathfrak{G})} \qquad (2, 3)$$

is admitted. The Euler equations that result from it would be essentially non-linear, but they are made to coincide with the complex conjugate of (2, 2) by postulating

$$\begin{aligned} \frac{\partial \mathbf{L}}{\partial \mathfrak{F}} &\equiv \frac{2}{(\mathfrak{F}\mathfrak{G})}\left(\mathfrak{F} - \tfrac{1}{2}\mathbf{L}\,\mathfrak{G}\right) = \mathfrak{G}^* \\ \frac{\partial \mathbf{L}}{\partial \mathfrak{G}} &\equiv \frac{2}{(\mathfrak{F}\mathfrak{G})}\left(-\,\mathfrak{G} - \tfrac{1}{2}\mathbf{L}\,\mathfrak{F}\right) = \mathfrak{F}^*. \end{aligned} \qquad (2, 4)$$

Thus equations (*2, 2*) and (*2, 4*) *alone comprise the whole theory.—All* field vectors are understood to be measured in the unit $b = 9{,}18 \cdot 10^{15}$ e.s.u. introduced by Born.

From (2, 4) $\mathbf{L}$ turns out to be purely imaginary. The ostensibly complicated connection between field- and displacement-vectors that these equations enounce is most easily grasped by making, in the world point in question, $\mathfrak{F} \parallel \mathfrak{G}$ by a suitable, real Lorentz transformation, which is in general possible. We call that a standard frame (for the world point in question). All four real vectors B, D, E, H are now parallel and the following relations hold

$$D = A^{-1}E, \qquad B = A^{-1}H,$$
$$A^2 = 1 - E^2 - H^2, \qquad \frac{i}{2}\mathbf{L} = \frac{1 + A^2}{2A}, \tag{2, 6}$$

with A *real*.—Thus in the standard frame we have simply a "permeability" and a "dielectric constant" equal to it, viz. the invariant A^{-1}, which has absolute value $\geqslant 1$, determined by the sum of the squares of the field-strengths in the standard frame. This sum is always $\leqslant 1$. A ranges from -1 to $+1$. Its sign determines the sign of the real quantity $\frac{i}{2}\mathbf{L}$ which is either $\leqslant -1$ or $\geqslant 1$. In the first case we call the field "abnormal," because B and D are *anti*parallel to H and E respectively. In this paper we shall have little or nothing to do with abnormal fields and can leave it open whether they have any physical significance. Without a notice to the contrary we always mean a normal field.

With a *weak* (normal) field $A \to 1$ and $\frac{i}{2}\mathbf{L} \to 1$, thus $D \to E$ and $B \to H$. Since equations (2, 2) with (2, 1) then turn into the quite ordinary Maxwellian vacuum equations with no distinction between the two real six-vectors, any weak Maxwellian field is an approximate solution of Born's theory. In this case the approximate relation holds

$$0 = \mathfrak{F} + i\mathfrak{G} + (\text{third order}), \tag{2, 7}$$

as can be seen from (2, 4) or directly from (2, 1)—the evidence for the order of the correction follows below.

The only case *not* reducible to the standard frame occurs when the expression (2, 3) of the Lagrangian takes the form 0/0. By scalar multiplication of the two equations (2, 4), member by member, it is found that in this limiting case

$$\frac{i}{2}\mathbf{L} = \pm 1, \qquad \mathfrak{F} = \mp i\mathfrak{G} \tag{2, 8}$$

holds rigorously, so that

$$B = \pm H, \qquad D = \pm E; \tag{2, 9}$$

in addition:

$$|E| = |H|, \qquad E \perp H.$$

With the upper sign this case has to be registered with the infinitely weak normal fields (with the lower sign, of course, with the infinitely weak abnormal fields). To find this particular kind of six-vector in the company of the infinitely weak fields is not astonishing, for it can actually be made indefinitely weak by a suitable Lorentz transformation.

This apparently odd and singular exception happens to be realized throughout space and time in an ordinary plane Maxwellian light wave, which hereby proves to be an exact solution of Born's equations, even if it has an arbitrarily large amplitude. (This shows, incidentally, that none of the field quantities has an insurmountable upper limit in this theory.)

For the energy-momentum-tensor T_{kl} I gave 7 years ago the following formulae, omitting at that time (by pure negligence) the factor $(4\pi)^{-1}$:—

$$\begin{aligned} 4\pi T_{kl} &= \frac{it_{kl}}{(\mathfrak{F}\mathfrak{G})} + \frac{i}{2}\mathbf{L}\,\delta_{kl}\,; \quad (k, l = 1, 2, 3, 4) \\ t_{kl} &= \mathfrak{F}_k\mathfrak{F}_l + \mathfrak{G}_k\mathfrak{G}_l - \tfrac{1}{2}\delta_{kl}(\mathfrak{F}^2 + \mathfrak{G}^2)\,; \quad (k, l = 1, 2, 3) \\ t_{14} &= \mathfrak{G}_2\mathfrak{F}_3 - \mathfrak{G}_3\mathfrak{F}_2 \quad \text{etc.} \\ t_{44} &= \tfrac{1}{2}(\mathfrak{F}^2 + \mathfrak{G}^2). \end{aligned} \tag{2, 10}$$

The T_{kl} are, of course, real. T_{44} = energy density. T_{11}, when positive, indicates a *tension*. For a normal field, tending to zero, the tensor tends to $\delta_{kl}/4\pi$, which has to be subtracted from T_{kl} in order to get the *observable* tensor.

Though theoretically the simplest, these expressions are cumbersome to handle for weak fields, on account of the then small denominator $(\mathfrak{F}\mathfrak{G})$. With the help of (2, 4) the following exact relations are obtained, where p.i. means "pars imaginaria":—

$$\begin{aligned} \frac{\mathfrak{F}_k\mathfrak{F}_l + \mathfrak{G}_k\mathfrak{G}_l}{(\mathfrak{F}\mathfrak{G})} &= -\tfrac{1}{2}\,\text{p.i.}\,(\mathfrak{F}_l^*\mathfrak{G}_k + \mathfrak{F}_k^*\mathfrak{G}_l)\,; \qquad (k, l = 1, 2, 3) \\ \frac{\mathfrak{G}_2\mathfrak{F}_3 - \mathfrak{G}_3\mathfrak{F}_2}{(\mathfrak{F}\,\mathfrak{G})} &= -\,\text{p.i.}\,(\mathfrak{F}_2^*\mathfrak{F}_3)\ \text{etc.} \\ \frac{\mathfrak{F}^2 + \mathfrak{G}^2}{2\,(\mathfrak{F}\mathfrak{G})} &= -\tfrac{1}{2}\,\text{p.i.}\,(\mathfrak{F}^*\mathfrak{G}). \end{aligned} \tag{2, 11}$$

That gives an alternative expression of T_{kl}, viz.

$$\begin{aligned} 4\pi T_{kl} &= \tfrac{1}{2}\,\text{c.i.}\,(\mathfrak{F}_l^*\mathfrak{G}_k + \mathfrak{F}_k^*\mathfrak{G}_l) - \tfrac{1}{2}\,\delta_{kl}\,\text{c.i.}\,(\mathfrak{F}^*\mathfrak{G}) + \frac{i}{2}\mathbf{L}\,\delta_{kl} \qquad (k, l = 1, 2, 3) \\ 4\pi T_{14} &= \text{c.i.}\,(\mathfrak{F}_2^*\mathfrak{F}_3)\ \text{etc.} \\ 4\pi T_{44} &= \tfrac{1}{2}\,\text{c.i.}\,(\mathfrak{F}^*\mathfrak{G}) + \frac{i}{2}\mathbf{L}. \end{aligned} \tag{2, 12}$$

c.i. means "coordinata imaginaria," the imaginary part with the factor 'i' removed.—The only inconvenient denominator that remains is in **L** itself.

For this important quantity you get, by scalar multiplication of the two equations (2, 4) member by member,

$$\mathbf{L} = -2i\sqrt{1 + \tfrac{1}{4}(\mathfrak{F}\mathfrak{G})(\mathfrak{F}^*\mathfrak{G}^*)}, \qquad \text{(exact)} \quad (2,13)$$

which usually is the most convenient to use for weak fields. It shows that the deviation from the limiting value $(-2i)$ is only of the *fourth* order. You can also draw directly from (2, 3)

$$\mathbf{L} = -2i + \frac{(\mathfrak{F} + i\mathfrak{G})^2}{(\mathfrak{F}\mathfrak{G})}, \qquad \text{(exact)} \quad (2,14)$$

which in view of what has just been said about **L**, incidentally proves the correctness of the statement (2, 7). Again from (2, 4)

$$\mathfrak{F}^* + i\mathfrak{G}^* = \frac{\mathfrak{F} + i\mathfrak{G}}{(\mathfrak{F}\mathfrak{G})}(2i - \mathbf{L}) \qquad \text{(exact)} \quad (2,15)$$

or

$$\frac{(\mathfrak{F} + i\mathfrak{G})^2}{(\mathfrak{F}\mathfrak{G})} = \left(\frac{1}{2i - \mathbf{L}}\right)^2 (\mathfrak{F}\mathfrak{G})(\mathfrak{F}^* + i\mathfrak{G}^*)^2. \qquad \text{(exact)} \quad (2,16)$$

Use that for the second term in (2, 14):

$$\mathbf{L} = -2i + \left(\frac{1}{2i - \mathbf{L}}\right)^2 (\mathfrak{F}\mathfrak{G})(\mathfrak{F}^* + i\mathfrak{G}^*)^2 \qquad \text{(exact)} \quad (2,17)$$

or

$$\mathbf{L} = -2i - \frac{1}{16}(\mathfrak{F}\mathfrak{G})(\mathfrak{F}^* + i\mathfrak{G}^*)^2 + \text{(eighth order)}. \qquad (2,18)$$

These are alternatives for (2, 13).

I do not recommend the use of a Taylor series of (2, 3) for weak fields. On account of the ever increasing order of magnitude of the derivatives it is a stumbling-block.

PART I: THE MUTUAL INFLUENCE OF LIGHT-WAVES.

3. *Rules for handling circularly polarized waves.*

Since we are so accustomed to the principle of superposition, it must be well kept in mind that in this theory it is *not nearly* fulfilled. E.g. two strong plane waves superimposed do *not* yield an approximate solution, though each of them separately is an exact solution. But fortunately "weak" in our units only means "not excessively strong" in ordinary units. Thus weak waves will suffice. The field obtained by superposing two or more of them, *qua* weak and Maxwellian, is an approximate solution, which we can try to improve so as to make it a solution of the *next better* approximation—whichever that may be. In this procedure, which we will follow, it is by far most convenient to resolve any wave system in question into its plane *circularly polarized* components.

The following general relations can be checked by applying the connection (2, 1) first to a wave travelling in the x-direction, then e.g. to two of them, travelling in the xy-plane at angles $\pm\,\theta$ with the x-axis. With C any complex number, a plane circularly polarized "normal" wave is represented by

$$\left.\begin{aligned} \mathfrak{F} &= C\,\mathfrak{a}\,e^{i(\nu t - \mathfrak{k}_x x - \mathfrak{k}_y y - \mathfrak{k}_z z)} = C\,\mathfrak{a}\,\Omega \quad \text{(say)} \\ \mathfrak{G} &= i\mathfrak{F}, \end{aligned}\right\} \qquad (3,\,1)$$

provided that the *complex* polarization-three-vector $\mathfrak{a}$, the real three-vector $\mathfrak{k}$, and the *real* frequency ν satisfy the following relations—

$$\mathfrak{a}^2 = \mathfrak{a}^{*2} = 0, \qquad (\mathfrak{a}^*\,\mathfrak{a}) = 2, \qquad [\mathfrak{a}^*, \mathfrak{a}] = 2i\,\frac{|\,\nu\,|}{\nu k}\,\mathfrak{k} \qquad (3,\,2)$$

(k stands for $|\,\mathfrak{k}\,|$, the [ ] for vector product).

From the last relation follows

$$(\mathfrak{k}\,\mathfrak{a}) = (\mathfrak{k}\,\mathfrak{a}^*) = 0. \qquad (3,\,3)$$

If the velocity of propagation is to be that of light (which we take as unity), then

$$|\,\nu\,| = k. \qquad (3,\,4)$$

But we need the following formulae also in the more general case and will therefore *not use* (3, 4).

The wave described by (3, 1) has the following properties:—

amplitude	....	$\lvert C \rvert$.
frequency	....	$\lvert \nu \rvert / 2\pi$.
wave length	....	$2\pi/k$.
propagation vector	....	$\mathfrak{k}$ times the sign of ν.
polarization	right-handed, if ...	$\nu > 0$.
	left-handed, if ...	$\nu < 0$.
velocity of propagation	...	$\lvert \nu \rvert / k$.

Different waves will be distinguished by labelling C, $\mathfrak{a}$, ν, $\mathfrak{k}$, k, Ω with subscripts 1, 2, 3 . . . (which must not be confounded with those used in (2, 10), (2, 11), and (2, 12) for the coordinate-directions, but these hardly ever turn up). We make a note of the following scalar products:—

$$\begin{aligned} (\mathfrak{a}_1\,\mathfrak{a}_2) &= 2\sin^2\theta_{12}\,e^{i\gamma} & (\mathfrak{a}_1{}^*\mathfrak{a}_2{}^*) &= 2\sin^2\theta_{12}\,e^{-i\gamma} \\ (\mathfrak{a}_1\,\mathfrak{a}_2{}^*) &= 2\cos^2\theta_{12}\,e^{i\gamma'} & (\mathfrak{a}_1{}^*\mathfrak{a}_2) &= 2\cos^2\theta_{12}\,e^{-i\gamma'} \end{aligned} \qquad (3,\,5)$$

Here θ_{12} is half the angle between the *wave normals* or propagation vectors (*not* between $\mathfrak{k}_1$ and $\mathfrak{k}_2$). γ and γ' are phase constants that virtually drop out in all relevant results. (Note that only the *products* $\mathfrak{a}_l C_l$ are significant.) From the last equation (3, 2) you easily find

$$[\mathfrak{k}, \mathfrak{a}] = -i \frac{k\nu}{|\nu|} \mathfrak{a}, \qquad [\mathfrak{k}, \mathfrak{a}^*] = i \frac{k\nu}{|\nu|} \mathfrak{a}^*. \tag{3, 6}$$

From the same equ. $\mathfrak{a}$ and $\mathfrak{a}^*$ are linearly independent, and by (3, 3) they are orthogonal to $\mathfrak{k}$. So is the vector product of an *arbitrary* complex vector, say $\mathfrak{b}$, with $\mathfrak{k}$. It can therefore be expressed by $\mathfrak{a}$ and $\mathfrak{a}^*$. The scalar coefficients are found by using the first three equ. (3, 2) and (3, 6):

$$[\mathfrak{k}, \mathfrak{b}] = \frac{i}{2} \frac{k\nu}{|\nu|} \{(\mathfrak{b}\,\mathfrak{a})\,\mathfrak{a}^* - (\mathfrak{b}\,\mathfrak{a}^*)\,\mathfrak{a}\}. \tag{3, 7}$$

(3, 6) are special cases of (3, 7). In view of the general meaning the abbreviation Ω was given in (3, 1) we have (with $\mathfrak{b}$ a constant vector)

$$\operatorname{curl}(\mathfrak{b}\,\Omega_1) = -i[\mathfrak{k}_1, \mathfrak{b}]\,\Omega_1,$$

or by (3, 7)

$$\operatorname{curl}(\mathfrak{b}\,\Omega_1) = \frac{k_1\nu_1}{2\,|\nu_1|} \{(\mathfrak{b}\,\mathfrak{a}_1)\,\mathfrak{a}_1^* - (\mathfrak{b}\,\mathfrak{a}_1^*)\,\mathfrak{a}_1\}\,\Omega_1. \tag{3, 8}$$

This will mainly be used with e.g. $\mathfrak{b} = \mathfrak{a}_1^*$ or $\mathfrak{a}_2$ or $\mathfrak{a}_2^*$ etc., when the scalar products that turn up here are obtained from (3, 2) or (3, 5).

I apologize for this elaborate, though simple, apparatus, which is needed to avoid the cumbersome use of a specialized Cartesian frame.

4. *Interplay of two circularly polarized waves.*

We defer the restriction to two waves only, indicated in the title, for the initial considerations have to be used in later sections. So we start from the *approximate solution*

$$\mathfrak{F} = \sum_l C_l\, \mathfrak{a}_l\, \Omega_l; \qquad \mathfrak{G} = i\,\mathfrak{F}, \tag{4, 1}$$

with all the C_l *small.* For reasons that will soon become clear, we refrain from postulating (3, 4), which states that the velocity of propagation is exactly 1. By (3, 2)

$$\mathfrak{F}^2 = -\mathfrak{G}^2 = 2 \sum_{m>l} (\mathfrak{a}_l\,\mathfrak{a}_m)\, C_l\, C_m\, \Omega_l\, \Omega_m$$

$$\mathfrak{F}^2 - \mathfrak{G}^2 = 4 \sum_{m>l} (\mathfrak{a}_l\,\mathfrak{a}_m)\, C_l\, C_m\, \Omega_l\, \Omega_m$$

$$(\mathfrak{F}\mathfrak{G}) = 2i \sum_{m>l} (\mathfrak{a}_l\,\mathfrak{a}_m)\, C_l\, C_m\, \Omega_l\, \Omega_m. \tag{4, 2}$$

We can exclude the case that both invariants vanish identically, for that would be an *exact* solution (in fact: only *one* plane wave). Yet

$$\mathbf{L} = -\,2i, \tag{4, 3}$$

the same as for a single wave. Equations (2, 4), of which we re-write the first one thus

$$\mathfrak{F} - \tfrac{1}{2}\,\mathbf{L}\mathfrak{G} = \tfrac{1}{2}\,(\mathfrak{F}\mathfrak{G})\,\mathfrak{G}^* \quad , \tag{4, 4}$$

are violated, the left-hand side vanishing, the right-hand side not. We endeavour to satisfy them by inserting the *corrected solution*

$$\mathfrak{F}' = \mathfrak{F} + \mathfrak{p}, \qquad \mathfrak{G}' = \mathfrak{G} + \mathfrak{q} \tag{4, 5}$$

where the correction terms $\mathfrak{p}$ and $\mathfrak{q}$ are presumably of *third* order.

In view of this presumption and of (2, 13), (4, 3) can be used on the left, and, of course, the rough values of the vectors on the right. Thus

$$\mathfrak{p} + i\,\mathfrak{q} = \tfrac{1}{2}\,(\mathfrak{F}\mathfrak{G})\,\mathfrak{G}^*. \tag{4, 6}$$

The *second* equation (2, 4), dealt with in the same way, only repeats (4, 6). We use it to express $\mathfrak{q}$ by $\mathfrak{p}$ in (4, 5), which we then insert into the field-equations (2, 2), giving

$$\begin{aligned} \text{curl}\,\mathfrak{p} - i\,\dot{\mathfrak{p}} &= \tfrac{1}{2}\,\text{curl}\,\{(\mathfrak{F}\mathfrak{G})\,\mathfrak{G}^*\} + i\,(\text{curl}\,\mathfrak{G} + \dot{\mathfrak{F}}) \\ \text{div}\,\mathfrak{p} &= 0. \end{aligned} \tag{4, 7}$$

Now in the third order term on the right, which is the perturbation term properly speaking, the contributions caused by *pairs* of waves have very peculiar physical consequences, entirely different from those due to the co-operation of wave-triplets. In order to study the first kind separately *we now restrict the number of waves to two only.* With this restriction we obtain from (4, 1) and (4, 2)

$$\tfrac{1}{2}\,(\mathfrak{F}\mathfrak{G})\,\mathfrak{G}^* = (\mathfrak{a}_1\mathfrak{a}_2)\,C_1C_2\,(C_2^*\mathfrak{a}_2^*\boldsymbol{\Omega}_1 + C_1^*\mathfrak{a}_1^*\boldsymbol{\Omega}_2) \tag{4, 8}$$

and, using (3, 2), (3, 3), and (3, 8)

$$\begin{aligned} \text{curl}\,\mathfrak{p} - i\,\dot{\mathfrak{p}} = {} & C_1C_2C_2^*\,\frac{k_1\nu_1}{2\,|\nu_1|}\,(\mathfrak{a}_1\mathfrak{a}_2)\,\{(\mathfrak{a}_2^*\mathfrak{a}_1)\,\mathfrak{a}_1^* - (\mathfrak{a}_2^*\mathfrak{a}_1^*)\,\mathfrak{a}_1\}\,\boldsymbol{\Omega}_1 + \\ & + \left(\frac{k_1\nu_1}{|\nu_1|} - \nu_1\right) C_1\,\mathfrak{a}_1\,\boldsymbol{\Omega}_1 + \text{,, (12) ''}, \\ \text{div}\,\mathfrak{p} = {} & 0, \end{aligned} \tag{4, 9}$$

where the symbol "(12)" means here and in the following: *all* the preceding terms repeated, with exchange of subscripts 1 and 2. It might be useful at this stage to consider that all the scalar products occurring here are, from (3, 5), simple functions of the angle between the two wave normals.

The first order term on the right of (4, 9) has, of course, proceeded from the first order term on the right of (4, 7) and would vanish by (3, 4), that is to say, it would vanish if we decided to let the approximate solution from which we started consist of two waves with *unmodified* velocity. *The main result of this section* is obtained by observing that only by starting from waves with slightly modified velocities can you reach a solution of (4, 9) in the simple form

$$\mathfrak{p} = \mathfrak{b}_1 \Omega_1 + \mathfrak{b}_2 \Omega_2 \tag{4,10}$$

with time independent $\mathfrak{b}$'s. For that is prevented by the terms with *unstarred* $\mathfrak{a}_1$ and $\mathfrak{a}_2$ on the right side of (4, 9), because they are themselves solutions of the *homogeneous* equation (it is the "resonance case," well known from the theory of eigenvalue problems). So we use our liberty of choice to kill them off by putting

$$\frac{k_1 \nu_1}{|\nu_1|} - \nu_1 - C_2 C_2^* \frac{k_1 \nu_1}{2|\nu_1|} (\mathfrak{a}_1 \mathfrak{a}_2)(\mathfrak{a}_1^* \mathfrak{a}_2^*) = 0 \tag{4,11}$$

and similarly for subscript 2. Using (3, 5) we obtain the *modified velocities*

$$\begin{aligned} \frac{|\nu_1|}{k_1} &= 1 - 2\,|C_2|^2 \sin^4\theta_{12} \\ \frac{|\nu_2|}{k_2} &= 1 - 2\,|C_1|^2 \sin^4\theta_{12}\,, \end{aligned} \tag{4,12}$$

of which we will have to make frequent use. (Any other procedure would, of course, eventually lead to the same result, but more clumsily.)

Now (4, 9) reads—if we drop the distinction between $|\nu_1|$ and $\mathfrak{k}_1$ in the third order terms, as we may—

$$\text{curl}\,\mathfrak{p} - i\dot{\mathfrak{p}} = \frac{\nu_1}{2}(\mathfrak{a}_1\mathfrak{a}_2)(\mathfrak{a}_2^*\mathfrak{a}_1)\,\mathfrak{a}_1^*\,|C_2|^2 C_1 \Omega_1 + \text{„}(12)\text{"}$$

and is solved by

$$\mathfrak{p} = \tfrac{1}{4}(\mathfrak{a}_1\mathfrak{a}_2)(\mathfrak{a}_2^*\mathfrak{a}_1)\,|C_2|^2 C_1 \mathfrak{a}_1^* \Omega_1 + \text{„}(12)\text{"}. \tag{4,13}$$

From this, with (4, 6) and (4, 8) we get

$$\mathfrak{q} = \frac{i}{4}(\mathfrak{a}_1\mathfrak{a}_2)\{(\mathfrak{a}_2^*\mathfrak{a}_1)\,\mathfrak{a}_1^* - 2\mathfrak{a}_2^*\}\,|C_2|^2 C_1 \Omega_1 + \text{„}(12)\text{"}. \tag{4,14}$$

These are the third order corrections in $\mathfrak{F}$ and $\mathfrak{G}$ which we proposed to find. They will be used in sect. 6 for finding the corresponding corrections in the energy density and in Poynting's vector. In themselves the slight distortions of the wave vectors have no interest. They could be geometrically analysed with the help of (3, 5), e.g. $\mathfrak{p}$ is proportional with $\sin^2\theta_{12}\cos^2\theta_{12}$. It will be observed that our results do not actually contain an indeterminacy of phase, because only the *products* $\mathfrak{a}_1 C_1$ and $\mathfrak{a}_2 C_2$ enter into the description of the main waves, not the factors separately.

For the moment our main result is contained in (4, 12). The velocity of propagation of every wave is reduced by a small amount, proportional to the ratio of the energy-density of the *other* wave to the "energy-density at the surface of the Lorentz-electron." The alteration of velocity is independent of the frequencies. It vanishes, of course (and so do the distortions $\mathfrak{p}$ and $\mathfrak{q}$), when the two waves are parallel, and it has a maximum when they are antiparallel.

It is noteworthy that Born's theory, if we regard it as a classical theory as we did here, gives *no scattering* between two circularly polarized waves, certainly not in this approximation. I have followed up the next one and have gained the impression that in this case there is no scattering in *any* approximation, i.e. rigorously no scattering. The next section will show that in the case of two waves only, the same is true for any kind of polarization.

Is the scattering found by Euler, *l.c.*, thus a pure "quantum effect"?—No.—The next section will show that *three* waves do produce a fourth one classically, provided that between the three propagation vectors *a certain condition* is at least approximately fulfilled, which corresponds exactly to the findings of Euler (but not to those of C. D. Thomas, *l.c.*). That on quantum-mechanical treatment already *two* waves scatter each other is merely due to the fact that wave-quantisation amounts virtually to regarding all possible waves as excited with their zero-point energy, even if they are observationally absent. (But they can, in this state of virtual excitation, only *gain* energy, not lose any; that is why, even quantum-mechanically, two truly excited waves are needed to comply with the energy-momentum principle.)

5. *More than two circularly polarized waves.*

We resume the investigation of the previous section immediately after the equations (4, 6) and (4, 7) at the point when we restricted the number of waves to two only. If there are more of them, then, to begin with, all *those* parts in the third-order perturbation term on the right-hand side of (4, 7), which are contributed by *any pair* of waves, are dealt with in exactly the same way as before. That simply produces certain *sums* instead of single terms in the results. E.g. in the first equ. (4, 12) the index 2 is replaced by a summation index and the term that contains it by a sum over all the *other* waves. Exactly the same happens with the terms written out in full in (4, 13) and (4, 14), which thus yield the total distortion of wave No. 1, whereas the remark "+ '(12)' " is replaced by the remark, that *every* wave suffers the corresponding distortion.

Proceeding in this way we are eventually left with *the remainders* of equations (4, 6) and (4, 7), which remainders govern the *additional* $\mathfrak{p}$, $\mathfrak{q}$, produced by the co-operation of any *three* waves. Again the distortions due to the various contributions in $(\mathfrak{F}\mathfrak{G})\mathfrak{G}^*$ will simply add up. Since more than three waves cannot co-operate in a third-order term, it is sufficient to contemplate a three-wave-system, subscripts 1, 2, 3, which we will do, to fix the ideas. Even so, three contributions to $(\mathfrak{F}\mathfrak{G})\mathfrak{G}^*$ arise—only three, not six, on account of the second equation (4, 1). Singling out one of them, we write in a notation that explains itself

$$\mathfrak{p}_{12,3} + i\mathfrak{q}_{12,3} = \{\tfrac{1}{2}(\mathfrak{F}\mathfrak{G})\mathfrak{G}^*\}_{12,3} = C_1 C_2 C_3^* (\mathfrak{a}_1 \mathfrak{a}_2)\, \mathfrak{a}_3^*\, \Omega_1 \Omega_2 \Omega_3^{-1} \quad (5, 1)$$

$$\operatorname{curl} \mathfrak{p}_{12,3} - i\dot{\mathfrak{p}}_{12,3} = \operatorname{curl}\{\tfrac{1}{2}(\mathfrak{F}\mathfrak{G})\mathfrak{G}^*\} = C_1 C_1 C_3^* (\mathfrak{a}_1\mathfrak{a}_2) \operatorname{curl}(\mathfrak{a}_3^* \Omega_1 \Omega_2 \Omega_3^{-1})$$
$$\operatorname{div} \mathfrak{p}_{12,3} = 0. \quad (5, 2)$$

These are (specimens of) the remainders of (4, 6) and (4, 7). The linear term on the right of (4, 7) we regard as "used up," because we do not intend to change the velocities, to be assumed in (4, 1), any further. And, by the way, in calculating now $\mathfrak{p}_{12,3}$, etc., you can again, as before, identify $|\nu_1|$ with k_1, etc.

To solve (5, 2) we put

$$\begin{aligned} \nu_1 + \nu_2 - \nu_3 &= \nu'_4 \\ \mathfrak{k}_1 + \mathfrak{k}_2 - \mathfrak{k}_3 &= \mathfrak{k}_4, \end{aligned} \quad (5, 3)$$

so that

$$\Omega_1 \Omega_2 \Omega_3^{-1} = e^{i(\nu'_4 t - \mathfrak{k}_{4x} x - \mathfrak{k}_{4y} y - \mathfrak{k}_{4z} z)} = \Omega'_4 \quad (5, 4)$$

(say). The dashes are put in as a reminder that $|\nu'_4|$ will in general *not* equal $k_4 = |\mathfrak{k}_4|$, so that Ω'_4 belongs to a wave which, in general, *not nearly* travels with the velocity of light. Yet a *polarization vector* $\mathfrak{a}_4$, belonging to the *direction* in which this wave travels, is in general definable, and *with it* the general formula (3, 8) gives you the curl, needed in (5, 2). Thus

$$\begin{aligned} \operatorname{curl} \mathfrak{p}_{12,3} - i\dot{\mathfrak{p}}_{12,3} &= \frac{k_4 \nu'_4}{2\,|\nu'_4|} C_1 C_2 C_3^* (\mathfrak{a}_1\mathfrak{a}_2) \{(\mathfrak{a}_3^*\mathfrak{a}_4)\,\mathfrak{a}_4^* - (\mathfrak{a}_3^*\mathfrak{a}_4^*)\,\mathfrak{a}_4\}\, \Omega'_4 \\ \operatorname{div} \mathfrak{p}_{12,3} &= 0. \end{aligned} \quad (5, 5)$$

If now we put

$$\Omega'_4 = e^{i(\nu'_4 - \nu_4)t}\, \Omega_4 \quad (5, 6)$$

with

$$\nu_4 = \frac{k_4 \nu'_4}{|\nu'_4|}, \quad (5, 7)$$

then Ω_4 is the wave exponential that belongs to the same direction and the same polarization as Ω'_4, but proceeds "correctly" with velocity 1.

The purpose of (5, 6) is, to be inserted in *that* term of (5, 5) which carries an unstarred vectorial $\mathfrak{a}_4$. Thus we get the *final solution*

$$\begin{aligned} \mathfrak{p}_{12,3} = \frac{1}{2}\frac{\nu_4}{\nu_4 + \nu'_4} C_1 C_2 C_3^* (\mathfrak{a}_1\mathfrak{a}_2)(\mathfrak{a}_3^*\mathfrak{a}_4)\,\mathfrak{a}_4^*\, \Omega'_4 - \\ + \frac{i}{2} \nu_4 C_1 C_2 C_3^* (\mathfrak{a}_1\mathfrak{a}_2)(\mathfrak{a}_3^*\mathfrak{a}_4^*)\,\mathfrak{a}_4\, \Omega_4\, p(t), \end{aligned} \quad (5, 8)$$

in which p means a scalar function of the time, subjected to

$$\dot{p} = -i\, e^{i(\nu'_4 - \nu_4)t}. \quad (5, 9)$$

So, if we let it vanish at time $t = 0$:[9]

$$p(t) = \frac{1 - e^{i(\nu'_4 - \nu_4)t}}{\nu'_4 - \nu_4} \quad . \qquad (5, 10)$$

$\mathfrak{q}_{12,3}$ is obtained by inserting (5, 8) into (5, 1).

If $\nu'_4 - \nu_4$ is *not* very small, the additional distortions of the type $\mathfrak{p}_{12,3}$ and $\mathfrak{q}_{12,3}$ are in themselves of little interest, though they will have to be considered in sect. 6 (c) with regard to their influence on the energy-density and the Poynting vector. Moreover, there is in this case no point in our manœuvre of introducing Ω_4 instead of Ω'_4. But if $\nu'_4 - \nu_4$ *is* small—which means that a fourth wave is possible, together with which the three given waves very nearly fulfil what in quantum-theory is called the conservation of energy and momentum—then the Ω_4-term describes the scattering that occurs in this case. The fourth wave is *produced* with increasing amplitude, not restricted to the third order of smallness, as all the other effects are. That does not invalidate the many inferences that were based on the smallness of the corrections $\mathfrak{p}$ and $\mathfrak{q}$. For what is produced is an ordinary wave with "correct" velocity and correct polarization vector $\mathfrak{a}_4$. All we have to do when the process continues is to take stock of the fact that we have then a system of four waves instead of only three.[10]

The energy-density produced in the scattered ray is, with sufficient accuracy, $1/4\pi$ times the absolute value squared of its amplitude. From the Ω_4-part of (5, 8), with (5, 10), using (3, 2) and (3, 5), we get

scattered density in wave "4" =

$$= \frac{8\nu_4^2}{\pi} \mid C_1 \mid^2 \mid C_2 \mid^2 \mid C_3 \mid^2 \sin^4\theta_{12} \sin^4\theta_{34} \frac{\sin^2\frac{1}{2}(\nu'_4 - \nu_4)t}{\frac{1}{4}(\nu'_4 - \nu_4)^2} \; . \qquad (5,11)$$

The relevant features can be read off the formula. Remember, by the way, that the θ's are the half angles between the actual directions of propagation, *not* between the $\mathfrak{k}$-vectors.—For t small, the time-function

[9] In view of the following discussion of scattering it is at first sight a little bewildering, that it is not possible to make the entire correction $\mathfrak{p}_{12,3}$ and $\mathfrak{q}_{12,3}$ vanish at $t = 0$. We feel bullied, by *having to* admit a forced vibration, however small, right from the beginning, in a direction in which none was intended. I am afraid that to this we can only say, that our method does not allow us to prescribe the *initial state with an accuracy including the third order.*

[10] From the four-wave-system we would get information about the *weakening* of (some of the) original waves. That our present analysis says nothing about it, is due to the fact that when the scattered wave reaches a small amplitude, say $\epsilon \mid C_1 \mid$, thus an energy density of order $\epsilon^2 \mid C_1 \mid^2$, then a decrease of e.g. the amplitude $\mid C_1 \mid$ of order $\epsilon^2 \mid C_1 \mid$ would be sufficient to make up for the balance. (Please notice, that in discussions of this kind there are always two entirely different questions of "energy-balance," the classical and the quantum-mechanical one. The latter is referred to in the text by the phrase "what in quantum theory is called . . .")

amounts to t^2, as it always does in such cases on non-quantum-mechanical analysis. Classically there is hardly any sound pretext for integrating (5, 11) over anything. If you tried to approach reality by allowing the given rays to consist of many random constituents, you would find that the scattering depends on the precise *shape* chosen for the three "volume elements of allowance" in the three vector-spaces.

It is significant that in the approximate formulae (obtained from (5, 3) just by omitting a dash)

$$\begin{aligned} \nu_1 + \nu_2 &= \nu_3 + \nu_4 \\ \mathfrak{k}_1 + \mathfrak{k}_2 &= \mathfrak{k}_3 + \mathfrak{k}_4 \end{aligned} \tag{5,12}$$

the ν's can have either sign and that the directions of propagation are indicated not by the $\mathfrak{k}_l$ but by the $\nu_l \mathfrak{k}_l / |\nu_l|$.

Obviously the number of negative ν's must be the same on either side of the first equ. (5, 12), thus either zero or two or four. For the sum of the lengths of *three vectors* cannot equal the length of their sum, unless they are all directly parallel.

That entails the following state of affairs. In order to point out one case of efficient scattering, you may give yourself four "arrows," such that, say, vectorially

$$\mathfrak{K}_a + \mathfrak{K}_b = \mathfrak{K}_c + \mathfrak{K}_d.$$

Using *them* (*not also* their negatives!) as the actual propagation vectors, you can now point out 24 different kinds of efficient scattering. To begin with, any one of the four can be the "produced ray" (Nr. 4 in the general scheme). Moreover, any one of the remaining three can be—let me call it the "seconding" ray (Nr. 3 in our scheme). The roles of the remaining two (call them "producing pair", Nr. 1 and Nr. 2) are symmetrical—apart from polarization, that will be discussed immediately. That amounts to 12 possibilities. With every one of them the sign of the ν of the *produced* ray, that is to say, the sense of its polarization can still be chosen, but that fixes the signs of the three other polarizations. These are the 24 cases.

In all of them the directions of propagation and the absolute values of the frequencies are the same. It is remarkable that the angle function which determines the *rate* of production by (5, 11) is *not* always the same. It depends on the pairing. The half angle between the two producing rays and the half angle between the seconding and the produced ray intervene, but in a symmetrical manner. Thus *three* different angle functions turn up.

Three rays of *equal* sense of circular polarization can only produce a fourth one with *the same* polarization. If the three initial polarizations are *unequal,* one of the majority polarization must be the "seconding ray," whereas the "produced" ray follows the minority.

This brings us to the question whether two plane waves of any kind of polarization (linear, elliptical) would, classically, produce scattering. Let their propagation vectors be $\mathfrak{K}_a$ and $\mathfrak{K}_b$, so that the $(\nu, \mathfrak{k})$'s of the *four* circularly polarized waves involved are

$$|\mathfrak{K}_a|, \mathfrak{K}_a; -|\mathfrak{K}_a|, -\mathfrak{K}_a; |\mathfrak{K}_b|, \mathfrak{K}_b; -|\mathfrak{K}_b|, -\mathfrak{K}_b. \quad (5,13)$$

It will suffice to examine e.g. *the first three of them*, whether they can produce a fourth one. Let its propagation vector be $\mathfrak{K}_4$. Since it has to be left-hand polarized, we would have

$$\nu_4 = -|\mathfrak{K}_4| \qquad \mathfrak{k}_4 = -\mathfrak{K}_4. \quad (5,14)$$

Now it will be seen that, however we allot the roles to the three given rays, the linear relation between $\mathfrak{K}_a$, $\mathfrak{K}_b$, $\mathfrak{K}_4$ has to be *the same* as that between $|\mathfrak{K}_a|, |\mathfrak{K}_b|, |\mathfrak{K}_4|$. With only *three* vectors involved, that can only be, if those of them that actually (I mean: with non-vanishing coefficient) turn up in the relation are *directly* parallel. Now $\mathfrak{K}_b$ and $\mathfrak{K}_4$ certainly turn up. $\mathfrak{K}_a$ can drop out, but only if the first and the second ray out of (5, 13) are the "producing" rays. In any case the angle function in (5, 11) is zero.

It is clear that the same holds for any other triplet out of the four rays (5, 13). It is also not difficult to see that it would change nothing, if we admitted, in the directions $\mathfrak{K}_a$ and $\mathfrak{K}_b$, any amount of waves with different frequencies.

Thus, in Born's theory, taken as a classical wave theory, *two plane waves of whatever wave form* can never produce scattering. Initial waves of, at least, *three* different directions are needed.

6. *The energy-density and the Poynting vector of the two-wave system.*

(*a*) *Energy-density.*

The distortions (4, 13) and (4, 14) are likely to modify the energy-density of the two-wave-system. We wish to calculate the first relevant term of the modification. The letter w will indicate the modified *observable* density, that is $T_{44} - \frac{1}{4\pi}$, see (2, 10). The notation (4, 5) is used. From the last of the general formulae (2, 12)

$$4\pi w = \tfrac{1}{2}c.i.\,(\mathfrak{F}'^*\mathfrak{G}') + \frac{i}{2}\mathbf{L}' - 1 \quad (6,1)$$

($\mathbf{L}'$ means the modified $\mathbf{L}$, that is $\mathbf{L}$ formed of $\mathfrak{F}'$, $\mathfrak{G}'$).
From (2, 13)

$$\frac{i}{2}\mathbf{L}' - 1 = \tfrac{1}{8}(\mathfrak{F}\mathfrak{G})(\mathfrak{F}^*\mathfrak{G}^*). \quad (6,2)$$

In this fourth order correction term the dashes on the right-hand side are duly omitted.—Moreover

$$\tfrac{1}{2}c.i.\,(\mathfrak{F}'^*\mathfrak{G}') = \tfrac{1}{2}c.i.\,(\mathfrak{F}^* + \mathfrak{p}^*, \mathfrak{G} + \mathfrak{q}) = \tfrac{1}{2}c.i.\,\{(\mathfrak{F}^*\mathfrak{G}) + (\mathfrak{p}^*\mathfrak{G}) + (\mathfrak{F}^*\mathfrak{q})\}$$
$$= \tfrac{1}{2}c.i.\,\{i\,(\mathfrak{F}^*\mathfrak{F}) + i\,(\mathfrak{p}^*\mathfrak{F}) + (\mathfrak{F}^*\mathfrak{q})\}. \qquad (6,\,3)$$

Expressing $\mathfrak{q}$ by $\mathfrak{p}$ from the very general relation (4, 6), we continue

$$= \tfrac{1}{2}(\mathfrak{F}^*\mathfrak{F}) + \tfrac{1}{2}\{(\mathfrak{p}^*\mathfrak{F}) + (\mathfrak{F}^*\mathfrak{p})\} - \tfrac{1}{4}(\mathfrak{F}\mathfrak{G})(\mathfrak{F}^*\mathfrak{G}^*)\,. \qquad (6,3)\ bis$$

Carrying these results into (6, 1)

$$4\pi w = \tfrac{1}{2}(\mathfrak{F}^*\mathfrak{F}) + \tfrac{1}{2}\{(\mathfrak{p}^*\mathfrak{F}) + (\mathfrak{F}^*\mathfrak{p})\} - \tfrac{1}{8}(\mathfrak{F}\mathfrak{G})(\mathfrak{F}^*\mathfrak{G}^*). \qquad (6,\,4)$$

This is still a very general relation that can be used with *any* small additional $\mathfrak{p}$, $\mathfrak{q}$.—In the case under consideration the terms are calculated from (4, 1) and (4, 2)—with l, m only taking the values 1, 2—and from (4, 13), using also (3, 2) and (3, 5). The first term is, of course, the Maxwellian energy-density including an interference term, which would vanish on integrating over any appreciable volume and/or any appreciable time:—

$$\tfrac{1}{2}(\mathfrak{F}^*\mathfrak{F}) = |C_1|^2 + |C_2|^2 + \cos^2\theta_{12}\{C_1C_2^*e^{i\gamma'}\,\Omega_1\Omega_2^{-1} +$$
$$+ C_2C_1^*e^{-i\gamma'}\,\Omega_2\Omega_1^{-1}\}. \qquad (6,\,5)$$

The second term in (6, 4) is a fourth order correction of the same type as the Maxwellian interference term:

$$\tfrac{1}{2}\{(\mathfrak{p}^*\mathfrak{F}) + (\mathfrak{F}^*\mathfrak{p})\} = \sin^4\theta_{12}\cos^2\theta_{12}(|C_1|^2 + |C_2|^2)\{\ldots\} \qquad (6,\,6)$$

where the curved bracket contains the same as in (6, 5). The relevant correction term is the last one in (6, 4), which from (4, 2) and (3, 5) reads

$$-\tfrac{1}{8}(\mathfrak{F}\mathfrak{G})(\mathfrak{F}^*\mathfrak{G}^*) = -2\sin^4\theta_{12}\,|C_1|^2\,|C_2|^2. \qquad (6,\,7)$$

Leaving aside the interference terms, which for most purposes are uninteresting, we obtain

$$w = \frac{1}{4\pi}\{|C_1|^2 + |C_2|^2 - 2\sin^4\theta_{12}\,|C_1|^2\,|C_2|^2\}. \qquad (6,\,8)$$

We will use this in sect. 7 for obtaining Planck's formula. The energy density is *lowered,* obviously in close connection with the lowering of the frequencies, (4, 12). I say lowering of the *frequencies,* thinking already of an enclosure, where the geometrical shape of the proper vibrations is invariably prescribed by the size and shape of the container.

(*b*) *Poynting's vector.*

Let the modified Poynting vector (components T_{14}, T_{24}, T_{34}) be denoted by the three-vector-symbol $\mathfrak{S}$. So from (2, 12), with the notation (4, 5),

$$4\pi\mathfrak{S} = \tfrac{1}{2}[\mathfrak{F}'^*, \mathfrak{F}'] = \tfrac{1}{2}[\mathfrak{F}^* + \mathfrak{p}^*, \mathfrak{F} + \mathfrak{p}] = \tfrac{1}{2}[\mathfrak{F}^*, \mathfrak{F}] +$$
$$+ \tfrac{1}{2}\{[\mathfrak{F}^*, \mathfrak{p}] + [\mathfrak{p}^*, \mathfrak{F}]\}. \qquad (6,\,9)$$

The square bracket means the vector product. The curved bracket is the correction term. Now from (4, 1), again with two waves only, and from (4, 13)

$$\mathfrak{F} = C_1\,\mathfrak{a}_1\,\Omega_1 + C_2\,\mathfrak{a}_2\,\Omega_2$$

$$\mathfrak{p}^* = \tfrac{1}{4}(\mathfrak{a}_1^*\mathfrak{a}_2^*)(\mathfrak{a}_2\,\mathfrak{a}_1^*)\;|\,C_2\,|^2\,C_1^*\,\mathfrak{a}_1\,\Omega_1^{-1} + \,_{\prime\prime}(12)''. \qquad (6, 10)$$

It will be remembered that "(12)" means the preceding term with the subscripts interchanged.—Now it is immediately seen that there are no fourth order correction terms of the "non-interference" type. We do not bother to write out the others. The relevant result is:

On Born's theory two waves do not modify each other's average energy flow—in the approximation in which (4, 12) is the modified velocity and (6, 8) the modified (averaged) energy-density.

That is amazing. We would expect a *decrease* of flow for *two* reasons: first because the density is reduced, secondly because the velocity is also reduced. I have been searching keenly for a mistake in sign. Not so much my failure to detect one convinces me of the correctness, as does the simple result of the following section, due to two complicated terms cancelling each other, whereas they would add up, if the sign in (6, 8) were wrong.—If you ponder the question, you find out that the *apparent* contradiction arises only with a limited wave parcel, travelling through space filled with a homogeneous plane wave of different direction. It would then appear that the parcel—owing to the Born-reduction of energy-density—transfers *less* energy to the region that it occupies at a later time than it would on Maxwell's theory; whereas, on the other hand, the total energy flow through a fixed plane during the time the parcel takes to cross it, would be even *increased,* because Poynting's vector is the same and the time is longer.

The discrepancy must be accounted for by the refraction and diffraction the parcel causes to the homogeneous wave, to which it is an obstacle of greater optical density—and, by the way, an anisotropic one. It is true that these phenomena are essentially "surface effects," but during the time the parcel takes to cross a fixed plane they may well add up to a "volume effect."

I think this paradox is typical of the breakdown of our inveterate habit of thinking in terms of *linear* theories—of using the principle of superposition without being aware of it.

(*c*) *Remarks on the many-wave-system.*

I wish to show that *no additional corrections of the non-interference type* arise in this case, at least no relevant ones.

The formulae (6, 4) and (6, 9) are valid. To begin with they will obviously give us all the main (= Maxwellian) terms and all the *binary* corrections, as calculated sub (*a*) and (*b*), for any pair of waves. *In addition* the *ternary* $\mathfrak{p}$'s of type (5, 8) have to be inserted in those parts of (6, 4) and (6, 9) that contain $\mathfrak{p}$; with due regard to the fact that these parts are esentially *quaternary*. That is to say, with the specimen (5, 8) for $\mathfrak{p}$ any member of the sum (4, 1) for $\mathfrak{F}$ has to be combined. Now if—and only if—this sum happens to contain precisely our $\mathfrak{a}_4\,\Omega_4$, non-interference terms might be produced in (6, 4) and (6, 9). Are they? By the first part of $\mathfrak{p}_{12,3}$ (see (5, 8)) they are not, because both the scalar and the vector product of $\mathfrak{a}_4$ with itself vanishes. As regards the second part, it only represents a gradual change of the amplitude C_4. Hence you must disregard *this* contribution. It is taken care of by using, naturally, in every moment the amplitudes as they are in that moment.

But *two more* types of new contributions to (6, 4) and (6, 9) have to be considered. One thing is, that the binary $\mathfrak{p}$ of (4, 13) can now also be combined with *another* subscript than the two already occurring in it. But that obviously yields interference terms only.

The other—the last and most important item—is the general form of contribution to the *last* term in (6, 4), viz.

$$\tfrac{1}{8}\, C_1C_2C_3^*C_4^*\,(\mathfrak{a}_1\,\mathfrak{a}_2)(\mathfrak{a}_3^*\,\mathfrak{a}_4^*)\,\Omega_1\Omega_2\Omega_3^{-1}\Omega_4^{-1} =$$

$$= \tfrac{1}{2}\, e^{i(\gamma-\gamma')}\sin^2\theta_{12}\sin^2\theta_{34}\, C_1C_2C_3^*C_4^*\Omega_1\Omega_2\Omega_3^{-1}\Omega_4^{-1}. \qquad (6,11)$$

Two of the subscripts are allowed to coincide, e.g. 1 and 3—not more, because then it becomes a binary contribution, already taken care of sub (*a*).

(6, 11) *is* of the non-interference type, if—and only if—the product of the Ω's is unity, that is, if (5, 12) happens to hold. It is these terms which provoked the reservation "at least no relevant ones". in the second line of this subsection. Though not of the interference type, they are classically not relevant, because they depend entirely on the phase relations between the four waves in question and would vanish on averaging over all "equally probable" phase relations. From the point of view of wave quantisation, (6, 11) is relevant, it is—or leads to—a typical non-diagonal term of the perturbation matrix, belonging to a pair of degenerate levels of the unperturbed problem. (The understanding is, that Born's theory is regarded as a perturbation of Maxwell's theory.) Of course it is precisely these non-diagonal terms which, from the point of view of wave quantisation, are responsible for the *scattering*.

Thus we have explained the precise meaning and accounted for the statement in the beginning of this subsection.—I hope the way in which we shall now dodge the actual use of non-diagonal terms in deducing the modified Planck law, will not appear all too bold.

[12*]

7. *The intensity of black-body radiation.*

The modification of Planck's law is of interest in principle, even though the deviations are bound to be extremely small. We replace this problem by an abridged one. The true problem would be to find out the perturbed eigenvalues and eigenfunctions of the hohlraum; to investigate their Boltzmann statistics; then, from their respective probabilities in a Gibbs canonical ensemble, to deduce the average intensity of radiation in the vicinity of frequency ν at temperature T. Now we are going to do all that, only with the short-cut of leaving out the non-diagonal terms in the perturbation energy. That amounts, of course, to dodging the perturbation problem, properly speaking. I have no doubt about the correctness of this procedure, but an irrefutable mathematical proof thereof would be pretty lengthy. It would have to rest on the following facts:—

(i) all the eigenvalue perturbations are very small, and our analysis aims only at first order terms with respect to them;

(ii) if the eigenvalues are taken in ascending order, the non-diagonal terms are restricted to the neighbourhood of the diagonal; hence already the sum of the terms of a comparatively small bit of the diagonal will be approximately invariant towards the unitary transformation that would produce the perturbed eigenfunctions from the unperturbed ones;

(iii) thus our intended procedure, which amounts to regarding the crude diagonal terms themselves as the e.v. perturbations, allots the correct *average* displacement to the unperturbed eigenstates, the average being taken for a small vicinity of eigenvalues of the whole system;

(iv) *that is sufficient for our statistical purposes*; for, though the eigenstates of that vicinity include some that belong to widely different distributions of intensities, it is well known that the *overwhelming majority* belongs to appreciably the same, viz. the homogeneous and isotropic one of Planck.

Even the abridged problem (to which the wording is adapted in all that follows) has to be handled with care. The question of specific *density* and that of specific *intensity* is no longer practically the same as it is in the customary case, because the customary relation, flow = density × velocity, no longer holds. And we are so liable to use it without being aware of it!

We first quantize the traditional "cube of aether," volume V, in the customary way, whereby we may take (though it is not really essential) as proper vibrations or "radiation oscillators" or "photons" the plane circularly polarized waves with periodic boundary conditions at the surface of the cube. The energy levels in this approximation are

$$\mathbf{H}^0_{(n_j)} = \sum_l h\, n_l\, \nu_l, \qquad (7,1)$$

corresponding to the first part of (6, 8). The bracketed subscript is here and in the following short for the whole series of subscripts $n_1, n_2, n_3, \ldots, n_j, \ldots$ This is the unperturbed problem. The terms of which the last one in (6, 8) is a specimen are regarded as the perturbation energy. The additional *density* produced by the ith and the lth oscillator is

$$-\,8\pi \sin^4\theta_{il}\,\frac{h^2 n_i n_l \nu_i \nu_l}{V^2}, \tag{7, 2}$$

the fraction meaning the product of their approximate densities. Since we now wish to use ordinary units, we must still divide by Born's constant b^2, in order to adjust the physical dimensions; then we have to multiply by V, because we need the contribution to the *total* energy; and finally, we must take the sum over all i and l, excluding $i = l$ and dividing by 2, to compensate the duplication. That gives

$$-\,\frac{4\pi h^2}{Vb^2}\sum_{i,l}\sin^4\theta_{il}\,n_i n_l \nu_i \nu_l\,. \tag{7, 3}$$

Thus the perturbed eigenvalues of our abridged problem are

$$\mathbf{H}_{(n_j)} = h\left(\sum_l n_l\nu_l - \varepsilon\sum_{i,l}\sin^4\theta_{il}\,n_i n_l \nu_i \nu_l\right) \tag{7, 4}$$

with

$$\varepsilon = \frac{4\pi h}{Vb^2} \tag{7, 5}$$

very small (about 10^{-58} sec, if $V = 1$ cm^3).

We aim at finding the modified *intensity*- (not density-) distribution, because that is easier, less equivocal,[11] and because this is the directly observable thing. Now the energy flow connected with the mth oscillator is (in Maxwell's theory) proportional to n_m. In the last section, sub (*b*) and (*c*), we have seen that it is not directly altered by the perturbation. The displacement of the levels has only an indirect influence, viz., by changing the statistics, and thereby the *thermodynamical mean value,* of that particular quantum-number. If we calculate this mean value and divide it by what it would be for $\epsilon = 0$, we get the factor by which the observable radiation of this particular oscillator is enhanced. That is our first business.

The relative probability of the level (7, 4) in a canonical ensemble is

$$e^{-\frac{\mathbf{H}_{(nj)}}{kT}}$$

The mean value $\bar{n}_m$ is conveniently expressed by the "sum-over-states,"

[11] I can think of no legitimate way of dividing the contribution (6, 7) up between the two waves. For an energy density has neither a frequency nor a direction.

$$Z = \underset{(n_j)}{\mathbf{S}}\, e^{-\frac{\mathbf{H}_{(n_j)}}{kT}}, \tag{7, 6}$$

where the sign **S** means the summation *over all sets of integers*, n_1, n_2, n_3, . . . n_j . . . Obviously

$$\bar{n}_m = -\frac{kT}{h}\frac{\partial \log Z}{\partial \nu_m}, \tag{7, 7}$$

provided that we remove unwanted contributions to the derivative through a little trick, viz., replacing (7, 4) by

$$\mathbf{H}_{(n_j)} = h\Big(\sum_l n_l \nu_l - \varepsilon \sum_{i,l} \sin^4 \theta_{il}\, n_i n_l \nu'_i \nu'_l\Big). \tag{7, 4 bis}$$

Insert that in (7, 6) and develop the ϵ-part of the exponential, neglecting ϵ^2:

$$Z = \underset{(n_j)}{\mathbf{S}}\, e^{-\frac{h}{kT}\sum_l n_l \nu_l}\Big(1 + \frac{h\varepsilon}{kT}\sum_{i,l} \sin^4 \theta_{il}\, n_i n_l \nu'_i \nu'_l\Big). \tag{7, 8}$$

Since $i \neq l$, we can continue thus:

$$\begin{aligned} Z &= \Big(1 + \frac{kT\varepsilon}{h}\sum_{i,l} \sin^4 \theta_{il}\, \nu'_i \nu'_l \frac{\partial^2}{\partial \nu_i\, \partial \nu_l}\Big) \underset{(n_j)}{\mathbf{S}}\, e^{-\frac{h}{kT}\sum_j n_j \nu_j} \\ &= \Big(1 + \frac{kT\varepsilon}{h}\sum_{i,l} \sin^4 \theta_{il}\, \nu'_i \nu'_l \frac{\partial^2}{\partial \nu_i \partial \nu_l}\Big) \prod_j \frac{1}{1 - e^{-\frac{h\nu_j}{kT}}}. \end{aligned} \tag{7, 9}$$

The two differentiations amount to multiplying the product by

$$\left(\frac{h}{kT}\right)^2 \frac{1}{\left(e^{\frac{h\nu_i}{kT}} - 1\right)\left(e^{\frac{h\nu_l}{kT}} - 1\right)}.$$

Therefore

$$\begin{aligned} Z &= \Bigg(\prod_j \frac{1}{1 - e^{-\frac{h\nu_j}{kT}}}\Bigg) \cdot \Bigg(1 + \frac{h\varepsilon}{kT}\sum_{i,l} \frac{\sin^4 \theta_{il}\, \nu'_i \nu'_l}{\left(e^{\frac{h\nu_i}{kT}} - 1\right)\left(e^{\frac{h\nu_l}{kT}} - 1\right)}\Bigg) \\ \log Z &= -\sum_j \left(1 - e^{-\frac{h\nu_j}{kT}}\right) + \frac{h\varepsilon}{kT}\sum_{i,l} \frac{\sin^4 \theta_{il}\, \nu'_i \nu'_l}{\left(e^{\frac{h\nu_i}{kT}} - 1\right)\left(e^{\frac{h\nu_l}{kT}} - 1\right)}. \end{aligned} \tag{7, 10}$$

Use that in (7, 7). The differentiation affects only the *undashed* ν_m. In the second sum both i and l can take the value m, but not simultaneously. You get

$$\bar{n}_m = \frac{1}{e^{\frac{h\nu_m}{kT}} - 1} + \frac{2\varepsilon h \nu'_m}{kT} \frac{e^{\frac{h\nu_m}{kT}}}{\left(e^{\frac{h\nu_m}{kT}} - 1\right)^2} \sum_l \frac{\sin^4 \theta_{lm}\, \nu'_l}{e^{\frac{h\nu_l}{kT}} - 1}. \tag{7, 11}$$

Henceforth the dashed ν's can be equalled to the undashed. Moreover, it is now convenient to include the term $l = m$ in the summation—and it is allowed, because the angle function destroys it. The geometrical average of the latter is $\frac{1}{3}$, which we have to use, when we now replace the sum in the customary way by an integral. That integral is well known from Planck's theory. Obviously

$$\sum_l \frac{h\nu_l}{e^{\frac{h\nu_l}{kT}} - 1} = V a T^4 \quad ; \quad a = 7{\cdot}6237{\cdot}10^{-15} \text{ erg./cm.}^3(°K)^4. \quad (7,12)$$

a is the constant of the Stefan-Boltzmann-law for the total *energy-density* of black-body-radiation. Thus

$$\bar{n}_m = \frac{1}{e^{\frac{h\nu_m}{kT}} - 1} + \frac{2\varepsilon\nu_m V a T^4}{3kT} \frac{e^{\frac{h\nu_m}{kT}}}{\left(e^{\frac{h\nu_m}{kT}} - 1\right)^2} . \quad (7,\ 13)$$

Dividing this by its value for $\varepsilon = 0$ and liquidating the abbreviation (7, 5) we finally obtain

$$1 + \frac{8\pi a T^4}{3b^2} \cdot \frac{h\nu_m}{kT} \frac{e^{\frac{h\nu_m}{kT}}}{e^{\frac{h\nu_m}{kT}} - 1} \quad (7,\ 14)$$

for *the ratio in which the energy flow of the* m^th^ *oscillator is enhanced in Born's theory, as compared with Maxwell's.*

Hence the energy flow which all the oscillators of frequencies between ν_m and $\nu_m + d\nu_m$ and of wave normals within the element of solid angle $d\Omega$ carry across a surface element df of their wave front during one second, is obtained by multiplying (7, 14) with the customary Planck expression

$$\frac{2h}{c^3} \frac{\nu_m^3\, d\nu_m\, d\Omega\, df}{e^{\frac{h\nu_m}{kT}} - 1} . \quad (7,\ 15)$$

But, naturally, we wish to express the result in terms of *that* frequency and of *that* frequency interval at which this radiation is observed. And that is *not* $(\nu_m, d\nu_m)$, but $(\nu, d\nu)$, where

$$\begin{aligned} \nu &= \nu_m\left(1 - \frac{8\pi}{b^2}\overline{\sin^4\theta_{lm}}\, a\, T^4\right) \\ &= \nu_m\left(1 - \frac{8\pi a T^4}{3b^2}\right), \end{aligned} \quad (7,\ 16)$$

obtained from (4, 12) and obvious considerations. Thus (7, 15) turns into

$$\frac{2h}{c^3}\,\frac{\nu^3\,d\nu\,d\Omega\,df}{e^{\frac{h\nu}{kT}}-1}\left(1+\frac{32\pi a T^4}{3b^2}-\frac{8\pi a T^4}{3b^2}\cdot\frac{h\nu}{kT}\,\frac{e^{\frac{h\nu}{kT}}}{e^{\frac{h\nu}{kT}}-1}\right), \qquad (7,17)$$

whereas in (7, 14) ν and ν_m can be confounded. On multiplying (7, 14) and (7, 17) the two correction terms which depend on the frequency cancel. The whole correction boils down to the statement:

According to Born's theory, the ordinary Planck law for the specific intensity *at temperature T and frequency ν has to be corrected by the* factor

$$1+\frac{32\pi a T^4}{3b^2}. \qquad (7,18)$$

Numerically

$$a = 7,62\cdot 10^{-15}, \qquad b^2 = 8,43\cdot 10^{31}$$

$$\frac{32\pi}{3}\cdot\frac{a}{b^2} = 3,03\cdot 10^{-45}.$$

The correction would reach 1 per cent. at roughly forty thousand million degrees ($4,26\cdot 10^{10}$ °K).

Of course, our correction applies to the intensity as observed *inside* a cavity of temperature T. On emerging from an opening, a well known geometrical effect reduces the *intensity* in the ratio of the *squares* of the indices of refraction. Now (7, 18) is the *fourth* power of the index of refraction produced by the radiation itself. On observing *outside*, at a temperature for which the correction would be negligible, the factor 32 has to be *halved*. The same holds for the radiation which an incandescent black body sends into a distant part of space that is practically free from radiation.

PART II: THE STRUCTURAL SCATTERING OF LIGHT BY A POINT CHARGE.

8. *Weak field superposed on strong electric field.*

We use the notation $\mathfrak{F}, \mathfrak{G}$ for the strong electrostatic field, which is going to be the known field of a Born point charge in all the following sections, but need not be specified in this one. Again $\mathfrak{p}, \mathfrak{q}$ is used for the weak additional field, and

$$\mathfrak{F}' = \mathfrak{F} + \mathfrak{p}, \quad \mathfrak{G}' = \mathfrak{G} + \mathfrak{q}, \qquad (8,1)$$

for the total field, as in (4, 5). But the case is now very different. $\mathfrak{F}, \mathfrak{G}$ are *not* supposed to be small, but they are supposed to be an *exact* solution. Hence they *need* no supplementing, and cannot determine the additional field uniquely. But they impose modified field-laws on it.

The differential equations for $\mathfrak{p}, \mathfrak{q}$ are, of course, simply

$$\operatorname{curl} \mathfrak{q} + \dot{\mathfrak{p}} = 0\,, \qquad \operatorname{div} \mathfrak{p} = 0\,, \tag{8, 2}$$

from (2, 2). All we have to investigate are the non-differential conditions (2, 4). For this purpose we take the strong field in the y-direction. Calling G the absolute value of its field-strength and A the quantity used already in (2, 6), we have for the strong field alone:

$$\begin{gathered} \mathfrak{G}_y = G, \qquad \mathfrak{F}_y = -\frac{iG}{A}, \qquad A^2 = 1 - G^2 \\ \mathbf{L} = -2i\,\frac{1 + A^2}{2A}, \qquad (\mathfrak{F}\mathfrak{G}) = -\frac{iG^2}{A} = -i\,\frac{1 - A^2}{A}, \\ \mathfrak{G}_x = \mathfrak{G}_z = \mathfrak{F}_x = \mathfrak{F}_z = 0. \end{gathered} \tag{8, 3}$$

For the *total* field we get, neglecting quadratic terms in $\mathfrak{p}, \mathfrak{q}$ (the derivatives of $\mathbf{L}$ are taken from (2, 4)):

$$\begin{aligned} (\mathfrak{F}'\mathfrak{G}') &= -i\frac{1 - A^2}{A} + (\mathfrak{F}\,\mathfrak{q}) + (\mathfrak{G}\,\mathfrak{p}) = -\frac{i(1 - A^2)}{A} + G\left(\mathfrak{p}_y - \frac{i}{A}\mathfrak{q}_y\right), \\ \mathbf{L}' &= -i\frac{1 + A^2}{A} + (\mathfrak{F}^*\mathfrak{q}) + (\mathfrak{G}^*\mathfrak{p}) = -i\frac{1 + A^2}{A} + G\left(\mathfrak{p}_y + \frac{i}{A}\mathfrak{q}_y\right). \end{aligned} \tag{8, 4}$$

Carrying this, to begin with, into *the first* of the equations (2, 4), used for $\mathfrak{F}', \mathfrak{G}'$ and multiplied by $\frac{1}{2}(\mathfrak{F}'\,\mathfrak{G}')$, the main terms cancel and the first order terms read (the right and the left have been exchanged):

$$\begin{aligned} \mathfrak{p} + i\,\frac{1 + A^2}{2A}\,\mathfrak{q} - \tfrac{1}{2}G\left(\mathfrak{p}_y + \frac{i}{A}\mathfrak{q}_y\right)\mathfrak{G} &= \\ = \tfrac{1}{2}\,G\left(\mathfrak{p}_y - \frac{i}{A}\mathfrak{q}_y\right)\mathfrak{G}^* - i\,\frac{1 - A^2}{2A}\,\mathfrak{q}^*. \end{aligned} \tag{8, 5}$$

Here, on account of $\mathfrak{G}^* = \mathfrak{G}$, two terms cancel and two others contract into one. Introducing, just for a second, a *unit vector* in the direction of y, say $\mathfrak{y}$, we get

$$\mathfrak{p} - (1 - A^2)\,\mathfrak{y}\,\mathfrak{p}_y = -\frac{i}{2A}(\mathfrak{q} + \mathfrak{q}^*) - \frac{iA}{2}(\mathfrak{q} - \mathfrak{q}^*). \tag{8, 6}$$

This is the result. The *second equation* (2, 4), treated in the same way, only repeats it. To recognize its meaning, we return to real field-vectors for the weak additional field:

$$\mathfrak{p} = B - iD\,, \qquad \mathfrak{q} = E + iH. \tag{8, 7}$$

(For the rest of this paper, the simple signs E, B, D, H are reserved for the *weak additional field alone.*) If the subscripts $\parallel$ and $\perp$ refer to the direction of the main field, our result reads

$$B_{\|} = \frac{1}{A} H_{\|}\,, \qquad D_{\|} = \frac{1}{A^3} E_{\|}$$
$$B_{\perp} = A H_{\perp}\,, \qquad D_{\perp} = \frac{1}{A} E_{\perp}\,. \tag{8, 8}$$

So the main field renders space in a very peculiar way anisotropic and, in general, inhomogeneous to the weak field. In the case of $B_{\|}$ and $D_{\perp}$ the ratio of displacement and field-strength happens to be the same as for the main field. In the other two cases it is entirely different, with "diamagnetism" and much stronger "dielectric polarization" respectively. Two or three of the ratios are fairly obvious from (2, 6); the one for $B_{\perp}$ is more involved, because the additional field destroys the "standard frame."

The data (8, 8) have to be inserted in (8, 2), that is to say, in the ordinary Maxwell equations of an insulator. They remain linear, because A is to be regarded as a *given function of space.* But they can become pretty complicated.

If the main field is *homogeneous,* it is easy to show that it produces, for a plane wave travelling at an angle θ with the main field, an index of refraction[12]

$$n = (A^2 \sin^2\theta + \cos^2\theta)^{-\frac{1}{2}}. \tag{8, 9}$$

The polarization need not be specified, for—owing to a compensation of the electric and the magnetic anisotropy—there is *no double refraction.* The velocity is *unchanged* in the case of a wave travelling in the direction of the main field or in the opposite direction. It is reduced to Ac for all waves at right angles to it.

9. *The electric and magnetic polarizabilities of a point charge.*

We wish to investigate the behaviour of a plane linearly polarized weak wave passing over a Born point charge, which is the spherically symmetric electrostatic solution of (2, 2), with a singularity of $\mathfrak{F}$ at the centre. We must obtain A. Since the frame is everywhere a "standard" frame, $\mathfrak{G}$ real, $\mathfrak{F}$ imaginary and of vanishing divergence, we have from (2, 6)

$$\mathfrak{F}_r = -\frac{ie'}{r^2}, \quad \mathfrak{G}_r = A\frac{e'}{r^2}, \quad A^2 = 1 - \mathfrak{G}_r^{\,2}. \tag{9, 1}$$

---

[12] S. Subin and A. Smirnow, Comptes Rendus (Doklady) de l'Académie des Sciences de l'URSS, Vol. 1 (x), No. 2, p. 69, 1936, have obtained a similar result, but only under the further restriction, that the main field be weak. Moreover, they say the wave behaves as in a uni-axial crystal, which is not quite correct, for there is no double refraction.

Hence

$$A = \frac{r^2}{\sqrt{e'^2 + r^4}}. \tag{9, 2}$$

The constant e' is obviously the charge in our units. For convenience, we take $e' = 1$ in the general computations. Thus

$$A = \frac{r^2}{\sqrt{1 + r^4}}. \tag{9, 3}$$

By assuming the field to be purely electric and "fixed in space," we disregard the fact that the wave sets the mass point in motion; we attribute to the latter, as it were, an infinite mass of non-electric origin. This is meant to be only a device for dividing up the difficulties. Actually, the problem of Rayleigh scattering and of structural scattering *is one,* and will have to be dealt with as one, particularly in the case of short waves.

In the limiting case of long waves, to which we restrict the present investigation, it will suffice to determine *the electric and magnetic polarizabilities* of the field of the point charge with respect to a superposed weak electrostatic and weak magnetostatic field, which tend to be homogeneous at great distance from the centre. Since the field equations are linear, the two cases can be dealt with separately, with a view to compounding them later on, when the two fields, the electric and the magnetic one, will have to be taken of equal strength and mutually orthogonal at a great distance. Strictly speaking, the *superposed* field will consist there of the two weak homogeneous fields and of two *very* weak ordinary dipole fields. And we must demand *that there be a distance* where that is already the case—it must obviously be large compared with the radius of the region where the main field deviates appreciably from a Maxwellian point field—and which is yet small compared with the wave length. If that is fulfilled, we may call *polarizabilities* the ratios of the dipole-moments to the homogeneous field-strengths respectively, and calculate *from them* the secondary radiation in the ordinary way.

(*a*) *Electric polarizability.*

The additional field is subjected to the differential equations

$$\text{curl } E = 0, \quad \text{div } D = 0. \tag{9, 4}$$

The first demands

$$E = -\text{grad } \Phi, \tag{9, 5}$$

the second, in view of (8, 8),

$$\frac{1}{r^2}\frac{\partial}{\partial r}\left(\frac{r^2}{A^3}\frac{\partial \Phi}{\partial r}\right) + \frac{1}{r^2 \sin\theta}\frac{\partial}{\partial \theta}\left(\frac{\sin\theta}{A}\frac{\partial \Phi}{\partial \theta}\right) + \frac{1}{r^2 \sin^2\theta}\frac{\partial}{\partial \phi}\left(\frac{1}{A}\frac{\partial \Phi}{\partial \phi}\right) = 0. \tag{9, 6}$$

where A is given by (9, 3). Since A does not depend on the angles, the operator of spherical harmonics turns up unadulterated. Since at large distance the two functions of r, belonging to any P_n, will behave as r^n and r^{-n-1}, only $n = 1$ suits our purpose, with the eigenvalue -2 of the spherical harmonic. More especially

$$\Phi = f(r) \cos \theta \tag{9, 7}$$

will correspond to a homogeneous field in the direction $\theta = 0$. For $f(r)$ we get

$$(1 + r^4) f'' + \left(2r^3 - \frac{4}{r}\right) f' - 2r^2 f = 0. \tag{9, 8}$$

This is easily solved by power series. But, as a matter of fact, one solution is

$$f_1 = \frac{1}{\sqrt{1 + r^4}} \cdot \tag{9, 9}$$

An independent one is derived from it in the well-known way by a quadrature. We give it the form

$$f_2 = r - \frac{1}{\sqrt{1 + r^4}} \int_a^r \frac{dr}{\sqrt{1 + r^4}} \cdot \tag{9, 10}$$

With a suitable value of the constant a *any* solution is a numerical multiple of (9, 10)—unless it happens to be a numerical multiple of (9, 9).

f_1 is unsuitable, because it gives a pure dipole potential at infinity. f_2 gives the superposition of dipole and homogeneous field which we need. What we are out for is *their ratio* in (9, 10). Hence the determination of the constant a is of vital importance. At first sight we are at a loss what further condition should fix it!

Now, using (9, 10), you get by (9, 7), (9, 5), (8, 8), and (9, 3) for the *radial component of the dielectric displacement*

$$D_r = -\frac{1}{A^3} \frac{\partial \Phi}{\partial r} = -\left(\frac{\sqrt{1 + r^4}}{r^2} + \frac{2}{r^3} \int_a^r \frac{dr}{\sqrt{1 + r^4}}\right) \cos \theta \ . \tag{9, 11}$$

Of course, this must still be multiplied by a small constant, the amplitude of the weak field. But it will be seen that, however small we choose it, the additional displacement D_r would, for sufficiently small r, *exceed the main displacement* (which increases only like r^{-2}) by an arbitrary large factor, *unless we put* $a = 0$. That gives

$$\Phi = \left(r - \frac{1}{\sqrt{1 + r^4}} \int_0^r \frac{dr}{\sqrt{1 + r^4}}\right) \cos \theta \ . \tag{9, 12}$$

Any other solution—though they all satisfy (9, 6) all right—invalidates the basis on which this equation has been obtained.

This reasoning is suggestive, but incomplete either way. Since the correct choice is vital, it must be proved that the other solutions actually break down, not only the method that has produced them. On the other hand (9, 12) must be positively checked. After regarding a quantity as small in the general theory, in the way, that second order terms are neglected, one is frightened anyhow seeing it going off to infinity *at all*. I have, therefore, with *all* the solutions in question, examined the *total* field. And I have confirmed that with (9, 12) it satisfies the *original* field-equations (2, 2) everywhere except *in* the origin, whereas in every other case it violates them already earlier.

From (9, 12) we obtain the electric polarizability as the ratio of the coefficients of the two simple potentials of which the expression is composed for r large. The signs are such, that the polarizability is *positive*. Its numerical value is just the integral, extended to infinity. That is known from Born's work; it is the complete elliptic Jacobi integral of the first kind, with modul $2^{-\frac{1}{2}}$. We call this polarizability p_B ("Born") and have

$$p_B = 1{\cdot}8541\cdots = \gamma\,. \tag{9, 13}$$

γ is an abbreviation to be used in future for the numerical constant.—Now this would hold for charge 1 of the point, with Born's constant b as the unit of field-strength. We want to have it for the electronic charge e in ordinary c.g.s. units. No other constants than these two being involved, the only combination of the dimension of a *volume* is $(e/b)^{\frac{3}{2}}$. Hence

$$p_B = \gamma \left(\frac{e}{b}\right)^{\frac{3}{2}} \text{cm}^3\,. \tag{9, 14}$$

Born has shown that his point-charge has a *theoretical* rest-mass of electrical origin, *equal* to its electrostatic energy divided by c^2. By equating it to the observed rest-mass m of the electron, he finds for the length $(e/b)^{\frac{1}{2}}$, which he calls r_0 and which is a rough measure of the *dimensions* of the strong field,

$$r_0 = \sqrt{\frac{e}{b}} = \frac{2}{3}\gamma\frac{e^2}{mc^2} = 2{\cdot}28{\cdot}10^{-13}\,\text{cm}\,. \tag{9, 15}$$

Thus

$$p_B = \gamma\, r_0^3 = \frac{8}{27}\gamma^4\left(\frac{e^2}{mc^2}\right)^3 \text{cm}^3\,.$$

Nothing must be changed in this formula, if it is tentatively applied to a mass-point with the *same* charge, but with another mass M, partly of other, say mesonic, origin. For b obviously has to be a universal constant. It can have only *one* value, which is here tentatively determined from the charge and mass of the electron, taken to be *the* mass-point with purely electric mass.—On the other hand it will be seen from (9, 14) that for a point-charge with charge Ze the Born-polarizability would be

$$p_B = \frac{8}{27}\gamma^4 Z^{\frac{3}{2}}\left(\frac{e^2}{mc^2}\right)^3 \text{cm}^3 = \gamma\, Z^{\frac{3}{2}} r_0^3\ \text{cm}^3\,. \tag{9, 16}$$

This will be used in the next section.

(*b*) *Magnetic polarizability.*

The investigation runs exactly parallel to that of sub-section (*a*). The only difference is, that in the differential equation which corresponds to (9, 6) other powers of A intervene, because (8, 8) is not symmetrical with respect to the electric and the magnetic vectors. Calling Φ_m the scalar magnetostatic potential and f_m the function that corresponds to f, we get

$$H = -\operatorname{grad}\Phi_m; \qquad \Phi_m = f_m(r)\cos\theta \tag{9, 17}$$

and

$$(1 + r^4)f_m'' + 2r^3 f_m' - 2r^2 f_m = 0. \tag{9, 18}$$

All solutions Φ_m are numerical multiples of either of the following two:

$$\Phi_{m1} = r\cos\theta, \tag{9, 19}$$

$$\Phi_{m2} = \left(\frac{1}{\sqrt{1 + r^4}} + r\int_a^r \frac{2r^2 dr}{(1 + r^4)^{3/2}}\right)\cos\theta. \tag{9, 20}$$

An examination similar to the previous one shows the following. With none of them do the magnetic vectors avoid singularities at the origin completely. Yet *none of them is objectionable.* For in all cases the *total* field complies with the *original* equations (2, 2) everywhere except *in* the origin. The singularities are harmless—unfortunately, because that prevents a unique determination. In fact one solution, *viz.* Φ_{m2} with $a = \infty$, gives a weak dipole *without a supporting homogeneous field!* Does that perhaps point to the existence of an exact solution with even a strong magnetic dipole—the long desired classical model of the magnetic electron? —Our present dilemma is bound to be solved by the dynamical theory of scattering. For, a truly oscillating dipole without supporting wave must be inadmissible for energetical reasons.[13]

In the meantime let me mention details about the singularities at the origin. They occur with B_r and with H_θ. In general B_r behaves as r^{-2} and H_θ as r^{-1}. The first is avoided with Φ_{m2} and $a = 0$. The second with Φ_{m1} I presume that one of these two cases is the correct one. In the second one the magnetic polarizability is zero, and there is nothing more to be said about it. The first one is worth following up, if it were only to illustrate the peculiar angular distribution of the total scattered radiation, caused by coherent electric and magnetic scattering (see sect. 10).

---

[13] Since this was written the decision has been brought about from the theory outlined below in sect. 11. It turns out that the only correct *quasistatic* solution is Φ_{m2} with $a = 0$. *Thus the diamagnetic polarizability* (9, 23), (9, 24) *is genuine.* What happens is, that in any other case the accompanying *electric* displacement would exhibit an inadmissible singularity at the origin.—I have not altered the text here and elsewhere, in order to leave clear that in the rigorously static case ($\omega = 0$) the indeterminacy remains; which is, I think, a particularly interesting feature.

So we contemplate Φ_{m2} for $a = 0$ and large r. We must take care, for

$$r\int_r^\infty \frac{2r^2dr}{(1+r^4)^{3/2}} \propto r\int_r^\infty \frac{2dr}{r^4} = \frac{2}{3r^2}$$

contributes to the dipole potential. Hence, for large r

$$\Phi_{m2} \propto \left(\frac{1}{3}\frac{1}{r^2} + r\int_0^\infty \frac{2r^2dr}{(1+r^4)^{3/2}}\right)\cos\theta\,. \qquad (9, 21)$$

Thus the magnetic polarizability, which we call p_m, is

$$p_m = -\left(3\int_0^\infty \frac{2r^2dr}{(1+r^4)^{3/2}}\right)^{-1} \qquad (9, 22)$$

It is negative, because the two terms in (9, 21) have the *same* sign.

For evaluating the integral, we first observe that $\int_1^\infty$, by taking the reciprocal variable, proves equal to $\int_0^1$. In $2\int_0^1$ we substitute

$$tg\,\alpha = \frac{1-r^2}{r\sqrt{2}}$$

and obtain

$$\int_0^\infty \frac{2r^2dr}{(1+r^4)^{3/2}} = 2\int_0^{\frac{\pi}{2}} d\alpha\sqrt{1-\tfrac{1}{2}\sin^2\alpha} - \int_0^{\frac{\pi}{2}} \frac{d\alpha}{\sqrt{1-\tfrac{1}{2}\sin^2\alpha}} = 0{\cdot}8471..$$

The numerical values are taken from Jahnke-Emde's bilingual (English-German) tables. Now (9, 22) gives

$$p_m = -\ 0{\cdot}3935. \qquad (9, 23)$$

This is to be compared with (9, 13). The same considerations as there give you for a point-charge Ze

$$\begin{aligned} p_m &= -\ 0{\cdot}3935 \cdot \frac{8}{27}\gamma^3 Z^{3/2}\left(\frac{e^2}{mc^2}\right)^3\ cm^3 \\ &= -\ 0{\cdot}3935\, Z^{3/2}\, r_0^3\ cm^3\,. \end{aligned} \qquad (9, 24)$$

10. *The scattering of long waves.*

(*a*) *Purely electric scattering.*

At first we set aside the magnetic scattering, assuming $p_m = 0$. The peculiar angular effect which it entails is discussed in sub-section (*b*).

The structural scattering has to be compounded with the ordinary Rayleigh-scattering, because they are *coherent*. In the case of long waves, which occupies us, it will be approximately correct to superpose the two kinds of dipole-radiation.—From the elementary theory of the forced vibrations of a free point-charge Ze with mass M, the dipole amplitude that produces the Rayleigh-scattering is, per unit amplitude of the incoming wave field,

$$\overset{\circ}{p}_R = -Z^2 \frac{e^2}{Mc^2}\left(\frac{\lambda}{2\pi}\right)^2, \tag{10, 1}$$

where λ is the wave length and radiation damping has been neglected—that is what the superscript zero shall remind us of. The Rayleigh-polarizability is *negative,* because the *acceleration* (not the elongation) is in phase with the electric vector of the wave.

It has become the custom to speak in terms of the *scattering cross-section,* which is the ratio of the scattered energy to the energy that passes through unit area of the incoming wave-front during the same time. In the present case it is known to be

$$\overset{\circ}{s}_R = \frac{8\pi}{3} Z^4 \left(\frac{e^2}{Mc^2}\right)^2. \tag{10, 2}$$

We make a note of the rule that it is always obtained on multiplying the *square* of the polarizability by

$$\frac{8\pi}{3}\left(\frac{2\pi}{\lambda}\right). \tag{10, 3}$$

Comparing (10, 1) and (9, 16) we see that in the case of the electron ($Z = 1$, $M = m$) the Born-dipol is roughly $(r_0/\lambda)^2$ times weaker than the Rayleigh-dipol. It furnishes in this case only a small correction, viz. a *decrease* of the total scattering, just as radiation damping does—and of the same order of magnitude, as we shall see. Anyhow, for consistency we must have regard to radiation damping too. On the other hand, if the theory should apply to masses M of the order of magnitude of a proton, the ratio may be changed, even reversed. Hence we must also not be rash in throwing away terms with $p_B{}^2$. These circumstances encumber a comprehensive description.

Radiation damping has the effect of slightly reducing the amplitude of the Rayleigh-dipole and slightly shifting its phase. In a familiar complex notation the correction reads

$$p_R = \overset{\circ}{p}_R\left(\frac{1}{1+\kappa^2} + \frac{i\kappa}{1+\kappa^2}\right) \tag{10, 4}$$

with

$$\kappa = \tfrac{2}{3} Z^2 \frac{e^2}{Mc^2}\frac{2\pi}{\lambda}. \tag{10, 5}$$

Compounding the amplitudes p_B and p_R, we get for the resulting amplitude square

$$\left(p_B + \frac{\overset{\circ}{p}_R}{1+\kappa^2}\right)^2 + \frac{\kappa^2 \overset{\circ}{p}_R}{(1+\kappa^2)^2} = \overset{\circ}{p}_R{}^2 \frac{1}{1+\kappa^2} + 2\, p_B \overset{\circ}{p}_R \frac{1}{1+\kappa^2} + p_B{}^2. \quad (10, 6)$$

From this the *resulting cross-section* is obtained with the help of the factor (10, 3). We call it s_e ("electric"). To get the best synopsis, we express it in terms of the rough Rayleigh-cross-section $\overset{\circ}{s}_R$,

$$s_e = \overset{\circ}{s}_R \left[(1+\kappa^2)^{-1} + 2\frac{p_B}{\overset{\circ}{p}_R}(1+\kappa^2)^{-1} + \left(\frac{p_B}{\overset{\circ}{p}_R}\right)^2\right], \quad (10, 7)$$

and introduce two new combinations of numerical constants by putting

$$\frac{p_B}{\overset{\circ}{p}_R} = -\,\gamma_B Z^{-\frac{1}{2}} \left(\frac{r_0}{\lambda}\right)^2 \frac{M}{m} \quad ; \quad \gamma_B = \frac{8\pi^2\gamma^2}{3} \quad (10, 8)$$

$$\kappa^2 = \gamma_d Z^4 \left(\frac{r_0}{\lambda}\right)^2 \frac{m^2}{M^2} \quad ; \quad \gamma_d = \frac{4\pi^2}{\gamma^2}. \quad (10, 9)$$

The subscripts "B" and "d" shall remind of "Born" and "damping" respectively. Ordering (10, 7) by powers of r_0/λ, we get

$$s_e = \overset{\circ}{s}_R \left\{1 - \left(\gamma_d Z^4 \left(\frac{m}{M}\right)^2 + 2\gamma_B Z^{-\frac{1}{2}} \frac{M}{m}\right)\left(\frac{r_0}{\lambda}\right)^2 + \right.$$

$$\left. + \left(\gamma_d^2 Z^8 \left(\frac{m}{M}\right)^4 + 2\gamma_B \gamma_d Z^{\frac{7}{2}} \left(\frac{m}{M}\right)^3 + \gamma_B{}^2 Z^{-1} \left(\frac{M}{m}\right)^2\right)\left(\frac{r_0}{\lambda}\right)^4\right\}. \quad (10, 10)$$

The terms with λ^{-2} confirm the anticipation that—coming from long wave-lengths—the *first* effect of Born-scattering is to reinforce the part of radiation damping in *diminishing* the amount of scattered radiation. For the electron the Born-effect is just a little larger than the damping effect. With M large it might amount to an appreciable fraction of the total scattering, but not because the Born-scattering were then stronger, only because the Rayleigh-scattering is weak.—The terms with λ^{-4} are certainly deficient for two reasons: first, because p_B has only been calculated in first approximation for very long waves; secondly, because the Born-structure is bound to influence the equation of motion directly.

The Russian and the Japanese paper, quoted in the introduction, give a scattering cross-section which corresponds to the very last term, the one with $\gamma_B{}^2$, alone. It agrees with ours, but for the numerical constant. Cases are thinkable where, on account of large M, this term alone prevails.

The angular dependence of the scattered radiation is in the present case ($p_m = 0$) obviously that for a dipole. The distribution of intensity is given by

$$1 + \cos^2 \alpha, \quad (10, 12)$$

where a is the angle with the primary beam and an average is taken over all polarizations of the latter. What is often called the *differential cross-section* for the element $d\Omega$ of solid angle is obtained from (10, 10) by multiplying with the factor

$$\frac{3}{16\pi}(1 + \cos^2 a)\, d\Omega. \qquad (10, 13)$$

(*b*) *The angular effect of magnetic scattering* ($p_m \neq 0$).

If there is a magnetic dipol as well, the angle function is different. It need be *not nearly* symmetrical with respect to front and rear, in spite of the radiating system being small compared with the wave length. The effect is certainly well known to wireless engineers, but less familiar to physicists.

I beg the reader to draw an ordinary x-y-z-frame, with x pointing towards him, y pointing to the right, z vertically upwards. Mark in it the first octant of a sphere, which is to represent a wave surface of the scattered wave. Envisage a Born-electron at the origin O, and the synchronously vibrating dipoles p_e in the y-direction and p_m in the z-direction, produced by an incoming beam proceeding in the x-direction, with its electric vector in the y- and its magnetic vector in the z-direction. Mark on the sphere in the first octant a point P where you wish to determine the scattered radiation. Let θ, ϕ be the customary polar angles, so that $\sin\theta\cos\phi$, $\sin\theta\sin\phi$, $\cos\theta$ are the direction cosines of OP. Let η be the angle POy. Let ξ be the angle, measured on the sphere in P, between the direction in which θ *increases* and the one in which η *decreases*.

Now, with the help of an auxiliary figure, carefully collect in P the θ- and ϕ-components (we mean the directions in which θ increases and in which ϕ increases) of the *four* fields (thus *eight* components!): the electric one issued from p_e, the electric one from p_m, the magnetic one from p_e and the magnetic one from p_m. You will find the resulting components proportional to (I write: equal to):

$$\begin{array}{l|l} H_\theta = -p_m \sin\theta - p_e \sin\eta \sin\xi & E_\theta = p_e \sin\eta\cos\xi \\ H_\phi = p_e \sin\eta\cos\xi & E_\phi = p_m\sin\theta + p_e\sin\eta\sin\xi. \end{array} \qquad (10, 14)$$

Poynting's vector is proportional to (I write: equal to):

$$E_\theta H_\phi - E_\phi H_\theta = p_e^2 \sin^2\eta + p_m^2\sin^2\theta + 2p_m p_e \sin\theta\sin\eta\sin\xi \qquad (10, 15)$$

Now, in your figure you have a triangle with angles ξ and $\frac{\pi}{2}$ and corresponding sides $\frac{\pi}{2} - \phi$ and η, from which

$$\sin\eta\sin\xi = \cos\phi$$

hence

$$\sin\theta\sin\eta\sin\xi = \sin\theta\cos\phi = \cos a$$

where α is the angle of scattering, as in (10, 12) and (10, 13). So the *last* term in (10, 15), which obviously represents the effect of co-operation, happens to be the same for all points P at equal scattering angles; or, as you may also put it, it is independent of the polarization of the primary beam. The squared sines in the other two terms, when averaged over all polarizations, both give just one half of (10, 12). So the final result for the angle function is

$$\tfrac{1}{2}(p_e^2 + p_m^2)(1 + \cos^2\alpha) + 2p_e p_m \cos\alpha \qquad (10, 16)$$

or, say,

$$1 + \cos^2\alpha + \frac{4p_e p_m}{p_e^2 + p_m^2}\cos\alpha \qquad (10, 17)$$

This is to be contrasted with (10, 12).—Just for the sake of illustration let us examine the sign and the amount of the asymmetry that would obtain with the pure Born dipoles (9, 13) and (9, 23)

$$p_e = 1{\cdot}8541\,, \qquad p_m = -\,0{\cdot}3935.$$

You get for the angle function

$$1 + \cos^2\alpha - 0{\cdot}812\cos\alpha \qquad (10, 18)$$

The asymmetry is pretty strong, backward scattering is enhanced. The latter is due to the *diamagnetic* behaviour. Probably neither the astonishingly large amount nor the bewildering sign of the asymmetry has any bearing on facts. For, with the Rayleigh scattering strongly prevailing, the amount is reduced and the sign is changed, because the Rayleigh polarization is *also* negative.

Our dilemma about p_m has a curious parallel in the two papers quoted in the introduction. They use both the same method, which I have criticized above, and their results about the total Born-scattering agree with each other exactly. But Tomonaga and Kobayasi get *no* asymmetry, Subin and Smirnow get an unbelievably strong one, viz. $-\frac{24}{13} = -1{,}846$ in lieu of our $-0{,}812$. Since neither couple knew of the other's work, the discrepancy is not discussed.[14]

11. *Outlook on the general problem of arbitrary wave-length.*

The complete solution of Maxwell's equations

$$\begin{aligned} &\operatorname{curl} E + \dot{B} = 0 \qquad && \operatorname{div} B = 0 \\ &\operatorname{curl} H - \dot{D} = 0 && \operatorname{div} D = 0 \end{aligned} \qquad (11, 1)$$

with the relations (8, 8) holding between field-strengths and displacement-vectors and with the given function (9, 3) for A, are needed not only for

[14] Note added on proof: *Our* asymmetry-factor $0{\cdot}812$ can also be given the (exact) form $\frac{24\pi}{9\pi^2 + 4}$ of which the result $\frac{24}{13}$ seems to be an odd distortion. See also footnote, p. 106.

supplementing the classical aspect of scattering in the region of *not* very long wave-lengths, but also for other purposes. The preceding results of this Second Part are defective and entirely preliminary not only on account of the restriction imposed on the wave length, but even more seriously because field quantisation has not yet been applied. Really to test the efficiency of Born's theory in overcoming certain difficulties, one will have to replace *in quantum electro-dynamics* the crude Maxwellian point charge by the one contemplated here. For that purpose the exact distortion of the light-quanta—I mean the hohlraum-oscillators—in its neighbourhood has to be known. That this is really needed will be recognized by considering such problems as e.g. A. Bramley[15] has preliminarily discussed according to Born's electrodynamics, viz. the forces acting on high energy protons at collision. The velocities in this case are known to be so enormous that the mutual fields, on account of their relativistic flattening, correspond to waves of *extremely* short length.

Let me briefly report on the results I obtained hitherto, reserving the full argument and discussion to a second paper. The problem consists in completely solving equations (11, 1), with the relations (8, 8) and with the function (9, 3) for A. The nature of the latter prescribes *polar coordinates*. The result is best described in terms of the well-known one for $A = 1$, which can be given the following form. There are two kinds of spherical waves, the *electric* multipole-waves (I) and the *magnetic* multipole-waves (II). Both can be expressed by a vector potential alone, that we call ϕ_1, ϕ_2, ϕ_3 in case (I), and ψ_1, ψ_2, ψ_3 in case (II). The subscripts 1, 2, 3 refer to r, θ, ϕ, in this order. It is convenient to take these components here in the general sense of Riemannian covariance, so that, e.g., the third component of the curl would be just $\frac{\partial \phi_2}{\partial r} - \frac{\partial \psi_1}{\partial \theta}$. The frequency is $\frac{\omega}{2\pi}$. Then the amplitudes are

$$
\text{(I)}\quad \begin{cases}
\phi_1 = n\,(n+1)\, r^{-2} \cdot r^{\frac{1}{2}} J_{n+\frac{1}{2}}\, P_n^m\, e^{\pm im\phi} \\[2ex]
\phi_2 = \dfrac{d}{dr}\left(r^{\frac{1}{2}} J_{n+\frac{1}{2}}\right) \dfrac{d}{d\theta}\left(P_n^m\right) e^{\pm im\phi} \\[2ex]
\phi_3 = \dfrac{d}{dr}\left(r^{\frac{1}{2}} J_{n+\frac{1}{2}}\right) P_n^m \dfrac{d}{d\phi}\, e^{\pm im\phi}
\end{cases}
$$

$$
\text{(II)}\quad \begin{cases}
\psi_1 = 0 \\[2ex]
\psi_2 = r^{\frac{1}{2}} J_{n+\frac{1}{2}} (\sin\theta)^{-1}\, P_n^m \dfrac{d}{d\phi}\, e^{\pm im\phi} \\[2ex]
\psi_3 = -\, r^{\frac{1}{2}} J_{n+\frac{1}{2}} \sin\theta \dfrac{d}{d\theta}\left(P_n^m\right) e^{\pm im\phi}
\end{cases}
\qquad (11, 2)
$$

[15] A. Bramley, Journal of the Franklin Institute, Vol. 222, No. 2, p. 141, 1936.

$J_{n+\frac{1}{2}}$ is the Besselfunction of the first kind, argument ωr. P_n^m is the associated Legendre function, argument θ. $e^{\pm im\phi}$ could be replaced by $\begin{smallmatrix}\sin\\ \cos\end{smallmatrix} m\phi$.

This holds for $A = 1$. It turns out that with the function (9, 3) for A the general structure of the solution is conserved; only two changes in the radial functions have to be made. First, *in case (I) only*, the factor A^3 must be added on the right-hand side in the *first* line, the factors A in the second and third line. *Secondly*, and more incisively, the function $r^{\frac{1}{2}} J_{n+\frac{1}{2}}$ has to be replaced by another function, say, F_n, viz. by a *suitably chosen* solution of one of the following two equations,

$$\frac{d^2F_n}{dr^2} \pm \frac{2}{r(1+r^4)} \frac{dF_n}{dr} + \left(\omega^2 - \frac{n(n+1)r^2}{1+r^4}\right) F_n = 0 \quad , \qquad (11,3)$$

where the upper sign refers to case (I), the lower to case (II).

The amazing simplicity of this result must not deceive one into the belief that ordinary routine methods are bound to produce something like that. The possibility of separating variables is by no means trivial. (For a generalization see the Note at the end of this paper.)

The solution of the scattering problem (the electron still being regarded as fixed in space, as it were, of infinite mass) is now straightforward. As is well known, availing yourself of the identity

$$e^{ix\cos\theta} = \sqrt{\frac{\pi}{2}} \sum_0^\infty i^n (2n+1) P_n(\cos\theta)\, x^{-\frac{1}{2}} J_{n+\frac{1}{2}}(x). \qquad (11, 4)$$

you can expand a *plane wave* into a series of the solutions (11, 2), (I) and (II), each of which is physically to be regarded as the superposition of an *incoming* spherical wave and an *outgoing* spherical wave—a wave passing through a focus, if you like.

With the radial functions modified by the presence of the point-charge, no similar expansion of a plane wave can rigorously obtain, because the plane wave is now no longer a solution. What one has to do is to compose of the new type of elementary spherical vibrations a solution that *matches* the composition of the plane wave as regards *incoming* spherical waves, and *differs* from it only as regards *outgoing* ones. *The total difference is the scattered wave.*

The *match* can be made in the limit $r \rightarrow \infty$. Here the new radial functions approach to—well, certainly *not* to the old ones, for that would mean that there is *no* scattering. But they must, of course, approach to $r^{\frac{1}{2}}$ times a Besselfunction of index $n + \frac{1}{2}$, some linear combination of $J_{n+\frac{1}{2}}$ and $J_{-n-\frac{1}{2}}$.

It will be realized that the *ratio of the coefficients of this linear combination*—this ratio as a function of ω and n—is the salient point, the only thing that remains to be established for a complete quantitative solution of our scattering problem. It is the well-known question of the *continuation relation* (Fortsetzungsrelation),[16] in the present case for the transition from $r = 0$ to $r \to \infty$ of *that* solution of (11, 3), that is admitted by its behaviour at $r = 0$ — it is the one with *higher* exponent there in both cases.

The equations (11, 3), when transformed to the variable $z = r^2$, prove to be just of a slightly more elevated nature, as regards their singularities, than those of similar general type (as the hypergeometric one, Bessel's, Mathieu's, Lamé's), which the mathematicians have hitherto studied in detail, to meet the requirements of theoretical physics. That is the reason why the full treatment of our scattering problem has to be postponed.

12. *Coulomb's law modified.*

The results of sect. 8–10 allow to make a first contribution to the modification of the forces between point-charges, viz. for two charges, say[17] Ze and $Z'e$, at rest at a distance r from each other, large compared with r_0. Each of them will produce an electric dipole in the other one, according to the polarizability (9, 16); these dipoles are

$$\frac{Ze}{r^2}\, p'_B \qquad \text{and} \qquad \frac{Z'e}{r^2}\, p_B \tag{12, 1}$$

respectively. p'_B means p_B written with Z' in lieu of Z. Now the *inhomogeneity* $2Ze/r^3$ of the first field pulls on the first of these dipoles *and* the corresponding inhomogeneity of the second field on the second one. That causes an *attraction*, additional to the Coulomb attraction or repulsion (as the case may be). The total additional *attraction* is

$$\begin{aligned} \frac{2\,Z^2 e^2}{r^5}\, p'_B + \frac{2\,Z'^2 e^2}{r^5}\, p_B &= 2\,\gamma r_0^3 \left(Z^2 Z'^{\frac{3}{2}} + Z'^2 Z^{\frac{3}{2}}\right) \frac{e^2}{r^5} \\ &= 2\,\gamma \sqrt{ZZ'}\left(\sqrt{Z} + \sqrt{Z'}\right)\left(\frac{r_0}{r}\right)^3 \frac{ZZ'e^2}{r^2}. \end{aligned} \tag{12, 2}$$

For electronic charges, $Z = Z' = 1$, the correction term amounts to the fraction

$$4\,\gamma \left(\frac{r_0}{r}\right)^3 \tag{12, 3}$$

of the Coulomb force.

---

[16] L. Hopf, Math. Ann., 111, 678, 1935.

[17] Here and earlier in this paper I have included multiple charges just for the sake of generality. I do not presume that there are any in Nature, to which Born's *simple* picture were applicable.

13. *The polarizability of the photon.*

If a space contains per unit volume N particles of polarizability p, it acquires an index of refraction that deviates from unity by

$$2\pi Np.$$

From the results of Part I, say from equation (7, 16), we infer that isotropic radiation of density ρ produces a deviation in the refractive index of

$$\frac{8\pi\rho}{3b^2}.$$

Putting $\rho = Nh\nu$ and then equalling the last two expressions, we obtain

$$p_{photon} = \frac{4}{3}\frac{h\nu}{b^2}.$$

From (9, 15)

$$b^2 = \frac{3}{2\gamma}\frac{mc^2}{r_0^3}; \qquad (\gamma = 1{\cdot}8541).$$

Thus

$$p_{photon} = \frac{8\gamma}{9} r_0^3 \frac{h\nu}{mc^2} = \frac{8}{9}\frac{h\nu}{mc^2} p_B. \tag{13, 1}$$

So if we wished to ascribe the refraction, caused by radiation itself, to a *polarizability of the photon,* we have to take it proportional to its frequency, and such that for $h\nu = mc^2$ it reaches the order of magnitude of the polarizability of the electron.

Let it be noted, that the first relation (13, 1) is based directly on our very first simple result alone, formulae (4, 12), giving the mutual refraction of light beams. None of the later considerations of this paper intervene. The argument is still in a very rough form, not only on account of the averaging over all angles, but because the index of refraction is interpreted as a purely *electric* polarizability of the photons, whereas actually the theory is symmetrical with respect to electric and magnetic quantities. It is remarkable that nevertheless quite a sound estimate of the *scattering cross-section of a photon* is obtained from (13, 1) with the help of the well-known classical factor (10, 3). Using the connection between Compton-wave-length h/mc, Born-radius r_0, and fine-structure-constant α, viz.

$$\frac{h}{mc} = \frac{3\pi}{\gamma}\frac{r_0}{\alpha} \tag{13, 2}$$

and re-arranging the numerical constant, you get

$$s_{photon} = \frac{2^{13}\,\pi^7}{3^3} \cdot \frac{r_0^{\,8}}{a^2\,\lambda^6} \qquad (13,\,3)$$

where λ is the wave-length. H. Euler,[18] from Dirac's "hole-theory," obtains for the same thing an expression which, translated into the same constants, reads

$$s_{photon} = \frac{2^2 \cdot 3^4 \cdot 7\pi^5}{5^3\,\gamma^8} \cdot \frac{r_0^{\,8}}{a^4\lambda^6}. \qquad (13,\,4)$$

The different exponent of a is an essential feature, exhibiting the fact that (13, 4) is a quantum-theoretical result, whereas (13, 3) is derived classically—apart from the primitive subdividing the energy into quanta $h\nu$ in the first paragraph of this section. The *numerical* comparison is hardly illuminating, in view of the roughness of the argument by which (13, 3) has been produced. A refined treatment is bound to modify the numerical constant. As a matter of fact (13, 3) is *larger* than (13, 4), the missing large factor a^{-2} being *over*compensated by the numerical one. If you try to calculate a^{-1} by equalling the two expressions, you get 152 instead of 137.

I wish to thank Dr. H. H. Peng, Scholar of the Institute, for many valuable discussions. It was he who first drew my attention to the indeterminateness of the magnetostatic polarizability of Born's electron, and who, in fact, pointed to *that* possibility which, in the light of the analysis of sect. 11, turns out to be the correct quasistatic solution.

Note added on proof: Mr. Peng pointed out to me, that the general solution, outlined in sect. 11, would hold also in the more general case, when in the fundamental relations (8, 8) quite arbitrary functions *of r alone* would replace the special ones (A^{-3}, A^{-1} etc.) that actually stand. Let these four independent functions be called $\epsilon(r)$, $\mu(r)$, $\epsilon'(r)$, $\mu'(r)$, the first two meaning the "dielectric constant" and "permeability" parallel to the main field, thus for the radial direction, the primed ones for any tangential direction. Then the *two* modifications, required in (11, 2), are, first, that the factor ϵ^{-1} be added to ϕ_1, the factor ϵ'^{-1} to ϕ_2 and to ϕ_3; secondly that the function $r^{\frac{1}{2}}\,J_{n+\frac{1}{2}}\,(\omega r)$ be replaced, in case (I), by $F(r)$, viz. by a solution of

$$\frac{1}{\mu'}\,\frac{d}{dr}\left(\frac{1}{\epsilon'}\,\frac{dF}{dr}\right) + \left(\omega^2 - \frac{n\,(n+1)}{\varepsilon\,\mu'\,r^2}\right)F = 0 \quad ,$$

[18] H. Euler, *l.c.* (Zeitschr. f. Phys. 26, 398, 1936), p. 446, equ. (10, 10).

in case (II) by a solution $G(r)$ of

$$\frac{1}{\varepsilon'}\frac{d}{dr}\left(\frac{1}{\mu'}\frac{dG}{dr}\right) + \left(\omega^2 - \frac{n(n+1)}{\mu\,\varepsilon'\,r^2}\right)G = 0 \;.$$

Of this pair of equations the equations (11, 3) are a special case. That μ has no influence on F, nor ϵ on G, is all right, because there is no radial magnetic (electric) component in case (I) (case II).

I forgot to mention in the text, that it is always the six-vector (B, E) that is obtained directly as the four-curl of the potentials ϕ_1, ϕ_2, ϕ_3, $\phi_4 = 0$ (or alternatively from ψ_1, ψ_2, ψ_3, $\psi_4 = 0$, with B, of course, *always* the space-spacial part of the curl),—whereas (H, D) is then got from (8,8).

IV.

DYNAMICS AND SCATTERING-POWER OF BORN'S ELECTRON.

(From the Dublin Institute for Advanced Studies.)

By ERWIN SCHRÖDINGER.

[Read 22 June. Published 30 November, 1942.]

Table of Contents.

This paper is the continuation of another one,[1] to be quoted here as N.O. Yet I try to resume the subject in a way so as not to make the knowledge, at any rate not the thorough study, of the previous paper indispensable. The complex presentation of Born's theory is *not* required here.—Towards the end of N.O. (sect. 11) it became clear that even the scattering by a Born-singularity *fixed in space* is a very difficult mathematical problem, because it includes the solution of the differential equations (1, 5) and (1, 7) below. Additional complications are introduced when you drop the fiction of fixation of the singularity and allow it to yield to the field the way it has to for safeguarding the conservation laws.

Pending the solution of those two ordinary linear homogeneous differential equations of the second order, I have tried to get ahead by approximation methods, less in the idea of producing already by them very valuable results—for they cannot possibly carry you into the truly interesting region of very short light waves—than with the scope of getting better acquainted with the problem and facilitating its true solution by knowing precisely *what* about the mathematical solution is physically required. A fascinating aspect of the equation of motion has been encountered on the way (sect. 5).

As long as the wave-length of the light is large compared with $r_0 (= 2{,}28 \cdot 10^{-13}$ cm.), Born's theory appears to differ from Lorentz's only

[1] Nonlinear Optics, Proc. R.I.A., 47, 77, 1942.

by terms containing some positive power of r_0/λ as a factor. To many a reader it may seem lunatic to bother about corrections of that small order by classical methods, whilst the Compton-effect shows us that everything goes wrong already with a wave-length of the order $h/2\pi mc \propto 110\,r_0$, unless wave-mechanics, including quantisation of the electro-magnetic field, is introduced.—But, first of all, as has often been observed, the cross-ratio of the two ratios in question is not so huge, that one could declare a theory which is apparently connected with one of them to be unfit ever to account for such features of observation as are apparently controlled by the other one (see e.g. the remark on the reciprocal fine-structure-constant at the end of N.O.). Secondly, though quite convinced that something like field quantisation is unavoidable, I have as yet come across no case where it allowed us to skip the classical treatment altogether—if the case *had* a classical analogue, which it mostly has. The Compton-effect is no exception. For Dirac's equation, employed in deducing the Klein-Nishina formula, is but an ingenious translation into wave-mechanics of Lorentz's classical Hamiltonian. Many cases could be quoted where a detailed knowledge of the classical aspect led to the discovery of a phenomenon, and served as a reliable guide in its quantum-mechanical description, after which that phenomenon was then declared—and perhaps with due right—to be entirely ununderstandable along classical lines of thought. Therefore I believe, if Born's electrodynamics has any bearing on facts at all, its classical understanding will have to precede its quantum-mechanical understanding.

1. The proper vibrations of the perturbation field.

In Part II, sect. 8 of N.O., it was proved, that in Born's nonlinear electrodynamics the following holds. Whenever an electromagnetic field can be regarded as the *sum* of a *weak* field E, B, D, H and a purely electric field E°, D°, which is allowed to be strong, is supposed to be known, and *has to be* an exact solution of the nonlinear field equations, then the *weak* field is, in first approximation as regards its weakness,[2] controlled by Maxwell's equations for an inhomogeneous, anisotropic magnetizable dielectric

$$\text{curl}\, E + \dot{B} = 0 \qquad \text{div}\, B = 0$$
$$\text{curl}\, H - \dot{D} = 0 \qquad \text{div}\, D = 0$$

with

$$D_\parallel = A^{-3} E_\parallel \qquad B_\parallel = A^{-1} H_\parallel \tag{1, 1}$$
$$D_\perp = A^{-1} E_\perp \qquad B_\perp = A H_\perp$$
$$A = \sqrt{1 - E^{\circ 2}}.$$

[2] *This* point of view of approximation is *not* extended in the present paper.

The notation $\|$ and $\perp$ refers to the direction of E°, which, by the way, equals AD°. The weak field is, properly speaking, a *perturbation* field, the equations (1, 1) are perturbational field equations. But we shall occasionally drop the term perturbation(al). To E°, D° we refer as *main field*, or occasionally as the *field of reference*, whereas the sum of the two is called *total* or *true* field. In this paper the field of reference is always going to be that of a Born-electron at rest, even though the contemplated Born-electron may not be permanently at rest. Thus

$$A = \frac{r^2}{\sqrt{1 + r^4}}, \qquad (1, 1)'$$

where r is the distance from the singularity of D°.

The idea of *perturbational field equations* is entirely different from the perturbation theories (p.th.) I began to employ in 1926, though they also were p.th. of a field equation, viz. either of the eigenvalue problem engendered by a certain linear homogeneous partial differential equation (1st method) or of the initial-value-problem of that equation (2nd method). *There* the perturbation consisted in an additional linear and homogeneous term of the equation, causing a *definite* modification of *any* eigen-solution (1st method) or of the unrollment of *any* initial state (2nd method). *Here* the perturbation consists in the quadratic terms of the original equations and creates linear and homogeneous field laws for *any* modification or modulation superposed on a *definite* exact solution of the original equations. The perturbational field laws, though subjected to the suzerainty of the original equations and even of a definite solution thereof, engender an eigenvalue problem of their own. Or rather, it is only they that create one, the only kind to which the original field laws give rise. In their non-linear form they have none, at any rate not in the familiar sense of the word.

For the fictitious case, when the electron is supposed to be permanently at rest in the origin (immovable singularity), the complete formal solution of (1, 1) was communicated *in nuce* in sect. 11 of N.O. The proper vibrations resemble the corresponding Maxwellian ones for empty space: standing spherical waves of all possible electric (I) and magnetic (II) multipole types, which are conveniently described by *vector-potentials*, of which the time-component is always zero. We call the components ϕ_k in case I and ψ_k in case II, whereby the subscripts 1, 2, 3 shall refer to the polar coordinates r, θ, ϕ, in this order. The choice of different letters, ϕ and ψ, just avoids cumbersome subscripts "I" and "II," otherwise it is the same physical quantity, from which the field, notably the field E, B, *not* D, H, is derived in the familiar way. Writing for the moment x_1, x_2, x_3, x_4 for r, θ, ϕ, t and putting

$$\phi_{kl} = \frac{\partial \phi_l}{\partial x_k} - \frac{\partial \phi_k}{\partial x_l}, \qquad \psi_{kl} = \frac{\partial \psi_l}{\partial x_k} - \frac{\partial \psi_k}{\partial x_l}, \qquad (1, 2)$$

the following six equations give the field in case I,

$$\left.\begin{matrix} E_r & E_\theta & E_\phi \\ B_r & B_\theta & B_\phi \end{matrix}\right\} = \left\{\begin{matrix} \phi_{14} & \dfrac{\phi_{24}}{r} & \dfrac{\phi_{34}}{r \sin\theta} \\ \dfrac{\phi_{23}}{r^2 \sin\theta} & \dfrac{\phi_{31}}{r \sin\theta} & \dfrac{\phi_{12}}{r} \end{matrix}\right. \qquad (1, 3)$$

[10*]

whereas in case II the letter ϕ has to be replaced by ψ. The E_r, etc., are field components in the ordinary experimentalist's sense, all of the same physical dimensions, and so are the components of D, H, to be obtained from the "material equations" out of (1, 1).—The components ϕ_k and ψ_k themselves are, by the way, defined in the sense of generalized metrics, which greatly simplified my calculations and slightly simplifies the formulae (1, 2), (1, 4) and (1, 6).

The electric multipole vibration associated with the "associated Legendre function" $P_n^m(\theta)$, $n = 1, 2, 3, \cdots\cdots$, is obtained by putting

$$\begin{aligned}
\phi_1 &= \frac{n(n+1)A^3}{r^2} F_n(r)\, P_n^m(\theta) \begin{matrix}\sin\\ \cos\end{matrix} m\phi\, e^{i\omega t} \\
\phi_2 &= A \frac{dF_n(r)}{dr} \frac{dP_n^m(\theta)}{d\theta} \begin{matrix}\sin\\ \cos\end{matrix} m\phi\, e^{i\omega t} \\
\phi_3 &= A \frac{dF_n(r)}{dr} P_n^m(\theta) \frac{d}{d\phi}\left(\begin{matrix}\sin\\ \cos\end{matrix} m\phi\right) e^{i\omega t} \\
\phi_4 &= 0
\end{aligned} \tag{1, 4}$$

where F_n has to satisfy

$$\frac{d^2F_n}{dr^2} + \frac{2}{r(1+r^4)} \frac{dF_n}{dr} + \left(\omega^2 - \frac{n(n+1)r^2}{1+r^4}\right) F_n = 0. \tag{1, 5}$$

The magnetic multipole vibration, associated with the same P_n^m (but, of course, wholly independent of the aforestanding electric one), is obtained by putting

$$\begin{aligned}
\psi_1 &= 0 \\
\psi_2 &= G_n(r)(\sin\theta)^{-1} P_n^m(\theta) \frac{d}{d\phi}\left(\begin{matrix}\sin\\ \cos\end{matrix} m\phi\right) e^{i\omega t} \\
\psi_3 &= -\, G_n(r) \sin\theta \frac{d}{d\theta} P_n^m(\theta) \begin{matrix}\sin\\ \cos\end{matrix} m\phi\, e^{i\omega t} \\
\psi_4 &= 0,
\end{aligned} \tag{1, 6}$$

where G_n has to satisfy

$$\frac{d^2G_n}{dr^2} - \frac{2}{r(1+r^4)} \frac{dG_n}{dr} + \left(\omega^2 - \frac{n(n+1)r^2}{1+r^4}\right) G_n = 0. \tag{1, 7}$$

It is a matter of straightforward calculation to show that in both cases equ. (1, 1) *are* fulfilled. The substitution, paying attention to the well-known differential equations for $\begin{matrix}\sin\\ \cos\end{matrix} m\phi$ and P_n^m, leads you to demand (1, 5) and (1, 7) for F_n and G_n respectively, and nothing more.

But it turns out that with F_n and G_n *arbitrary* solutions of their respective equations the dielectric displacement D would have a singularity r^{-3} in the origin, and that in consequence of this fact the perturbation equations (1, 1), though they are satisfied all right, are no longer *competent*, the perturbation being, *near* the origin, stronger than the main field (actually the *total* field would violate Born's equations there).

Equ. (1, 5) has at $r = 0$ the exponents -1 and 0. Only the fundamental solution with exponent 0 reduces the singularity of D to r^{-2}, and thereby avoids the deficiency just mentioned.

Equ. (1, 7) has at $r = 0$ the exponents 0 and $+3$. Only the fundamental solution with exponent 3 (by removing the singularity of D altogether) avoids the deficiency.—*These two remarks complete the definition of the proper vibrations.*

For future use we put down the components of E and B, obtained by inserting (1, 4) or (1, 6) in (1, 2) and the result in (1, 3), whereby considerable simplifications take place in virtue of the differential equations for P_n^m, F_n, G_n. Indicating, for shortness, the derivatives with respect to r, θ (*not* $\cos\theta$) and ϕ, occurring on the right hand sides, *by subscripts*, we get in the *electric* case (i.e. with ϕ_k):

$$\begin{aligned}
E_r &= -\frac{i\omega\, n(n+1) A^3}{r^2} F_n\, P_n^m \begin{matrix}\sin\\ \cos\end{matrix} m\phi\; e^{i\omega t}\\
E_\theta &= -\frac{i\omega A}{r} (F_n)_r\, (P_n^m)_\theta \begin{matrix}\sin\\ \cos\end{matrix} m\phi\; e^{i\omega t}\\
E_\phi &= -\frac{i\omega A}{r\sin\theta} (F_n)_r\, P_n^m \left(\begin{matrix}\sin\\ \cos\end{matrix} m\phi\right)_\phi e^{i\omega t}\\
B_r &= 0\\
B_\theta &= \frac{\omega^2 A}{r\sin\theta} F_n\, P_n^m \left(\begin{matrix}\sin\\ \cos\end{matrix} m\phi\right)_\phi e^{i\omega t}\\
B_\phi &= -\frac{\omega^2 A}{r} F_n\, (P_n^m)_\theta \begin{matrix}\sin\\ \cos\end{matrix} m\phi\; e^{i\omega t}.
\end{aligned} \tag{1, 8}$$

In the *magnetic* case (i.e. with ψ_k):

$$\begin{aligned}
E_r &= 0\\
E_\theta &= -\frac{i\omega}{r\sin\theta} G_n\, P_n^m \left(\begin{matrix}\sin\\ \cos\end{matrix} m\phi\right)_\phi e^{i\omega t}\\
E_\phi &= \frac{i\omega}{r} G_n\, (P_n^m)_\theta \begin{matrix}\sin\\ \cos\end{matrix} m\phi\; e^{i\omega t}\\
B_r &= \frac{n(n+1)}{r^2} G_n\, P_n^m \begin{matrix}\sin\\ \cos\end{matrix} m\phi\; e^{i\omega t}\\
B_\theta &= \frac{1}{r} (G_n)_r\, (P_n^m)_\theta \begin{matrix}\sin\\ \cos\end{matrix} m\phi\; e^{i\omega t}\\
B_\phi &= \frac{1}{r\sin\theta} (G_n)_r\, P_n^m \left(\begin{matrix}\sin\\ \cos\end{matrix} m\phi\right)_\phi e^{i\omega t}.
\end{aligned} \tag{1, 9}$$

A stands for the function (1, 1). An individual factor, a power of A, evident from (1, 1), is to be added to every component of E, B, if the corresponding component of D, H is desired. Behold the relatively complete symmetry between the two cases, but also that it is broken not only by F_n and G_n being entirely different functions, but also by entirely different powers of A entering. The statements made above about the nature of the singularities in the origin are now easy to check.

With $A = 1$ and with F_n or G_n replaced by $\sqrt{r}\, J_{n+\frac{1}{2}}(\omega r)$ the potentials (1, 4) with the field-components (1, 8) or the potentials (1, 6) with the field-components (1, 9) describe an ordinary Maxwellian vibration of empty space, *without* an electron at the origin. This vibration is the superposition of an ingoing spherical wave and an outgoing spherical wave, corresponding to the splitting of $\sqrt{r}\, J_{n+\frac{1}{2}}(\omega r)$ into $\sqrt{r}\, H^{(1)}{}_{n+\frac{1}{2}}(\omega r)$ and $\sqrt{r}\, H^{(2)}{}_{n+\frac{1}{2}}(\omega r)$. The latter products, in which H means the Hankel-function, approach, apart from numerical factors, to $e^{i\omega r}$ and $e^{-i\omega r}$, when r becomes large. Hence, if at large distance from the origin, where $A \rightarrow 1$ anyhow, one of these exponentials appears in lieu of F_n or G_n (or forms part of that F_n or G_n that does appear there), then that means an ingoing or outgoing spherical wave, according to the ***sign*** of the exponent. We shall use that in special cases.

On the other hand, slight and pretty obvious *generalisations*, needed in Section 5, are obtained by replacing *everywhere* in (1, 4)–(1, 9) the product $F_n(r)\, e^{i\omega t}$ by $F_n(r, t)$ and the product $G_n(r)\, e^{i\omega t}$ by $G_n(r, t)$ *and* $i\omega$ by $\frac{\partial}{\partial t}$ so that (1, 5) and (1, 7) turn into *partial* differential equations, controlling the functions of two arguments $F_n(r, t)$ and $G_n(r, t)$ respectively. It is easy to check directly, that this procedure yields solutions of (1, 1), more general as regards their time-dependence. But a moment's reflection on Fourier-analysis, or rather Fourier-synthesis with respect to t, is sufficient to render an actual check superfluous.

2. Scattering by an immovable singularity.

Although the point of genuine interest is, naturally, the total response of the electron to an external field, including its being set in motion, we shall first deal in full with the fictitious case, which consists in replacing the electron by an *immovable* singularity at the origin. That is useful for various reasons. First of all, we thus get the effect of non-linearity, so to speak, in pure breed: for a Lorentz electron would under these circumstances not scatter at all. Secondly, the greatest part of the calculus can be taken over without any change to the actual dynamical case. Yet the latter offers, as we shall see later on, one peculiar difficulty, which it is very agreeable to have well separated from the mere technicalities, always involved in a scattering-calculation.—In sects. 9 and 10 of N.O. we dealt with the fictitious case only, and only in first approximation. The results we, rather frivolously, compounded with the known results about the electronic motion, a procedure which, to my amazement, seems to introduce a wrong factor 2 in the Born-correction (see sect. 7, below). So we now remove, one by one, the two deficiencies of the N.O. treatment, viz., (i) the restriction to long waves, (ii) the taking the dynamics for granted.

Supposing the relevant solutions of (1, 5) and (1, 7), viz., the F_n with exponent zero at $r = 0$ and the G_n with exponent three at $r = 0$, to be known—which they are not—the tackling of the fictitious case is straightforward. Like any solution of either equation, ours must approach for $r >> 1$ to Bessel functions, index $n + \frac{1}{2}$, argument ωr, multiplied by $\sqrt{r}$, which we express thus:

$$\begin{aligned} F_n &\rightarrow A_n \sqrt{\omega r}\, J_{n+\frac{1}{2}}(\omega r) + A_{-n} \sqrt{\omega r}\, J_{-n-\frac{1}{2}}(\omega r) \\ G_n &\rightarrow B_n \sqrt{\omega r}\, J_{n+\frac{1}{2}}(\omega r) + B_{-n} \sqrt{\omega r}\, J_{-n-\frac{1}{2}}(\omega r). \end{aligned} \qquad (2, 1)$$

Naturally, the equations only determine the *ratios* A_{-n}/A_n and B_{-n}/B_n. *We assume them to be known for every n and* ω.

Let us now assume a plane, linearly polarized incident wave, consisting —if the electron were not there—solely of the one component of vector-potential

$$A_y = \frac{ia}{\omega} e^{i\omega(t+z)} \qquad (2, 2)$$

and having thus in the origin—if the electron were not there—the electric vector

$$E_y^{incident} = a\, e^{i\omega t}. \qquad (2, 2)'$$

It would, in this case, be exactly represented by the following ϕ_k's and ψ_k's, where *now*, of course, only the *sums* $\phi_k + \psi_k$ have a physical meaning:

$$\begin{aligned} \phi_1 &= a\omega^{-3} e^{i\omega t} \sqrt{\frac{\pi}{2}} \sum_1^\infty i^n (2n+1) P_n^1 \sin\phi\, r^{-2} \sqrt{\omega r}\, J_{n+\frac{1}{2}}(\omega r) \\ \phi_2 &= a\omega^{-3} e^{i\omega t} \sqrt{\frac{\pi}{2}} \sum_1^\infty i^n \frac{2n+1}{n(n+1)} (P_n^1)_\theta \sin\phi \left(\sqrt{\omega r}\, J_{n+\frac{1}{2}}(\omega r)\right)_r \\ \phi_3 &= a\omega^{-3} e^{i\omega t} \sqrt{\frac{\pi}{2}} \sum_1^\infty i^n \frac{2n+1}{n(n+1)} P_n^1 \cos\phi \left(\sqrt{\omega r}\, J_{n+\frac{1}{2}}(\omega r)\right)_r \\ \psi_1 &= 0 \\ \psi_2 &= a\omega^{-2} e^{i\omega t} \sqrt{\frac{\pi}{2}} \sum_1^\infty i^{n+1} \frac{2n+1}{n(n+1)} (\sin\theta)^{-1} P_n^1 \sin\phi \sqrt{\omega r}\, J_{n+\frac{1}{2}}(\omega r) \\ \psi_3 &= a\omega^{-2} e^{i\omega t} \sqrt{\frac{\pi}{2}} \sum_1^\infty i^{n+1} \frac{2n+1}{n(n+1)} \sin\theta\, (P_n^1)_\theta \cos\phi \sqrt{\omega r}\, J_{n+\frac{1}{2}}(\omega r). \end{aligned} \qquad (2, 3)$$

Let me skip re-stating this well-known expansion, though it may appear here in a slightly simpler form than usual.

This expansion *could be imitated exactly*, though only asymptotically for $r \rightarrow \infty$, by inserting (2, 1) in (1, 4) and (1, 6), then combining the single multipole waves with the coefficients A_n and B_n demanded by (2, 3)—*if* the coefficients A_{-n} and B_{-n} were all zero. Thus, *except for them,* the presence of the electron would remain unnoticed at large distance. *The non-vanishing ratios* A_{-n}/A_n and B_{-n}/B_n *alone are responsible for the scattering.*

To render mathematically the assumption, that the incident wave consist precisely of (2, 2), it would be nearly correct, but not quite correct to choose, e.g. for A_n the value

$$a\,\omega^{-3}\sqrt{\frac{\pi}{2}}\;i^n\,\frac{2n+1}{n(n+1)},$$

indicated by comparing (2, 3) with (1, 4). It is perhaps quite interesting to mention that this rough procedure, when applied to the ordinary Rayleigh scattering, just obliterates the effect of radiation damping. The correct procedure is well known to be as follows. With r large

$$\begin{aligned}\sqrt{\omega r}\;J_{n+\frac{1}{2}}(\omega r) &\to \sqrt{\frac{2}{\pi}}\cos\left(\omega r - \frac{(n+1)\pi}{2}\right) = \frac{i^{-n-1}}{\sqrt{2\pi}}\,e^{i\omega r} + \frac{i^{n+1}}{\sqrt{2\pi}}\,e^{-i\omega r}\\ \sqrt{\omega r}\;J_{-n-\frac{1}{2}}(\omega r) &\to \sqrt{\frac{2}{\pi}}\cos\left(\omega r + \frac{n\pi}{2}\right) = \frac{i^{n}}{\sqrt{2\pi}}\,e^{i\omega r} + \frac{i^{-n}}{\sqrt{2\pi}}\,e^{-i\omega r}.\end{aligned} \tag{2, 4}$$

The parts with the "positive" exponentials, when combined with $e^{i\omega t}$ are obviously *ingoing* waves, the others *outgoing* waves. *The former have to be matched. The supernumerary parts of the latter are the scattered radiation.* Hence our constants have to satisfy the relations

$$\begin{aligned}\frac{i^{-n-1}}{\sqrt{2\pi}}A_n + \frac{i^n}{\sqrt{2\pi}}A_{-n} &= a\omega^{-3}\sqrt{\frac{\pi}{2}}\;i^n\,\frac{2n+1}{n(n+1)}\,\frac{i^{-n-1}}{\sqrt{2\pi}}\\ \frac{i^{-n-1}}{\sqrt{2\pi}}B_n + \frac{i^n}{\sqrt{2\pi}}B_{-n} &= a\omega^{-2}\sqrt{\frac{\pi}{2}}\;i^{n+1}\,\frac{2n+1}{n(n+1)}\,\frac{i^{-n-1}}{\sqrt{2\pi}},\end{aligned} \tag{2, 5}$$

whereas the potentials of the scattered waves for large r are obtained by putting $A = 1$ and $m = 1$ in (1, 4) and (1, 6) and inserting there for F_n and G_n the exponential $e^{-i\omega r}$, multiplied by two other constants, which we call a_n and b_n respectively, and which are determined by

$$\begin{aligned}\frac{i^{n+1}}{\sqrt{2\pi}}A_n + \frac{i^{-n}}{\sqrt{2\pi}}A_{-n} - a\omega^{-3}\sqrt{\frac{\pi}{2}}\,\frac{2n+1}{n(n+1)}\,\frac{i^{n+1}}{\sqrt{2\pi}} &= a_n\\ \frac{i^{n+1}}{\sqrt{2\pi}}B_n + \frac{i^{-n}}{\sqrt{2\pi}}B_{-n} - a\omega^{-2}\sqrt{\frac{\pi}{2}}\,\frac{2n+1}{n(n+1)}\,\frac{i^{n+1}}{\sqrt{2\pi}} &= b_n.\end{aligned} \tag{2, 6}$$

It is convenient to introduce by

$$\frac{A_{-n}}{A_n} = \tan\delta_n\,; \qquad \frac{B_{-n}}{B_n} = \tan\delta_n' \tag{2, 7}$$

the *real* constants δ_n and δ_n', which we call the *phase-shifts*. They are of course, functions of ω, determined unequivocally, but in a *very* complicated way by the equations (1, 5) and (1, 7) alone. By working out (2, 5) and (2, 6) we get

$$a_n = \frac{a\omega^{-3} \tan \delta_n}{1 + (-1)^n i \tan \delta_n} \frac{2n+1}{n(n+1)}$$

$$b_n = \frac{ia\omega^{-2} \tan \delta_n'}{1 + (-1)^n i \tan \delta_n'} \frac{2n+1}{n(n+1)}. \qquad (2, 8)$$

The computation of the total energy flow includes nothing worth speaking of, since the field components (1, 8) and (1, 9) asymptotically coincide with the familiar ones. The scattered energy per unit time, integrated over the sphere, is given by the expressions

$$e_n = \frac{2n+1}{4} a^2\omega^{-2} \sin^2 \delta_n ; \qquad e_n' = \frac{2n+1}{4} a^2\omega^{-2} \sin^2 \delta_n', \quad (2, 9)$$

where n is the order of the multipole and the prime indicates the magnetic case. The *total* scattering is

$$e_{total} = \sum_1^\infty (e_n + e_n'). \qquad (2, 10)$$

There is, of course, an interference effect, because all the multipole radiations are coherent. But it cancels out on integrating over all angles. The peculiar angular distribution it produces was discussed in N.O., sect. 10b, for long waves, when the two kinds of dipole-scattering ($n = 1$) prevail and are, in the case of the fixed electron contemplated here, of the same order of magnitude.

The factor $8\pi/a^2$, being the reciprocal of the energy flow in the incident wave, has to be added in (2, 9), in order to obtain the individual *scattering cross-sections.*

Though we have thus completed the formal theory of scattering of light of arbitrary wave length by a fixed Born-singularity, yet already the complete *identity* of the two expressions (2, 9) can tell us that they do not yet contain anything characteristic of our particular problem, and would, indeed, be the same, whatever "mechanism" near the origin produced the phase-shifts. The only non-trivial statement is, that and precisely in what way the two sets of equations (1, 5) and (1, 7) represent this mechanism in our case. To find from them the two infinite sets of functions of ω which they thus determine, *that* is truly *our* scattering problem. The next section explains a method of obtaining at least their *exponents* at $\omega = 0$ and, at the expense of much labour, the early parts of their power series.

3. Determination of the phase-shifts.

(a) *General method.*

To fix the ideas, we concentrate in the first three subsections on the electric case, equ. (1, 5). Yet everything applies, with slight but relevant changes, also to the other equation, which has only *one sign* different. The changes are occasionally mentioned forthwith, but dealt with in full in subsect. (*d*). If you wish to save turning leaves whilst reading the following paragraph, keep your eye on (3, 2) below, which is the form of (1, 5) obtained by the transformation (3, 1). But, for the moment, the exact wording still refers to (1, 5).

Out of many attempts I made, the only one to meet with any success at all was the obvious and well-known one of expanding *the solution itself* into a series of ascending powers of ω^2. It is a method of iterated integrations. The absolute term in the series is a solution of the equation with $\omega^2 = 0$ (let us always call that *the homogeneous one*, for shortness), notably *that* solution which itself satisfies the requirement at $r = 0$; the coefficient of ω^{2k} is always a solution of the corresponding *inhomogeneous* equation with second member: minus the coefficient of ω^{2k-2}; notably *that* solution thereof which *does not impair* the requirement; the requirement, it may be remembered, is: exponent zero at $r = 0$ (exponent three in the magnetic case).

But that is not all. The second, and indeed the most delicate, part of our investigation will consist in examining the solution thus obtained, with regard to the *proportion* in which it "contains" the two Bessel functions—see the statement (2, 1). We come back to that point very soon, but must first give details about the iteration process.

The simple transformation

$$z = r^4, \qquad y(z) = F_n(r) \tag{3, 1}$$

by turning (1, 5) into

$$y'' + \frac{5 + 3z}{4z(1+z)} y' - \frac{n(n+1)}{16z(1+z)} y + \frac{\omega^2}{16z^{\frac{3}{2}}} y = 0, \tag{3, 2}$$

greatly facilitates both parts of our enterprise, because the "homogeneous" equation is now of hypergeometric type. Its two fundamental solutions at $r = 0$ are

$$\begin{aligned} y_1 &= F\left(\frac{n}{4},\ -\frac{n+1}{4};\ \frac{5}{4};\ -z\right) \\ y_2 &= z^{-\frac{1}{4}} F\left(\frac{n-1}{4},\ -\frac{n+2}{4};\ \frac{3}{4};\ -z\right), \end{aligned} \tag{3, 3}$$

where F means the Gaussian series, this notation not to be confounded with F_n. On the other hand, I beg the reader to *remember* that y, y_1, y_2 carry a "silent" subscript n which, particularly when you have to specify it, is actually *easier* to remember, than to disentangle from the other one.

The function from which to start our development in powers of ω^2 is obviously y_1. Let us put

$$y = y_1 + \omega^2 w_1 + \omega^4 w_2 + \ldots + \omega^{2k} w_k + \ldots \qquad (3, 4)$$

The reciprocal of the Jacobian of y_1 and y_2 is easily found to be

$$\Delta^{-1} = \begin{vmatrix} y_1 & y_1' \\ y_2 & y_2' \end{vmatrix}^{-1} = -\,4\, z^{\frac{5}{4}} (1 + z)^{-\frac{1}{2}}.$$

Hence from the well-known expression for a solution of the inhomogeneous equation we get

$$\begin{aligned} w_1 &= \tfrac{1}{4} \left\{ -\, y_1 \int_0^z z^{-\frac{1}{4}} (1 + z)^{-\frac{1}{2}} y_1 y_2 \, dz + y_2 \int_0^z z^{-\frac{1}{4}} (1 + z)^{-\frac{1}{2}} y_1^2 \, dz \right\} \\ w_2 &= \tfrac{1}{4} \left\{ -\, y_1 \int_0^z z^{-\frac{1}{4}} (1 + z)^{-\frac{1}{2}} w_1 y_2 \, dz + y_2 \int_0^z z^{-\frac{1}{4}} (1 + z)^{-\frac{1}{2}} w_1 y_1 \, dz \right\} \end{aligned} \qquad (3, 6)$$

. . . .

The lower limits of the integrals are, to begin with, *all* arbitrary. For the *second* integral in every line the limit zero is uniquely imposed by the singularity $z^{-\frac{1}{4}}$ of y_2, which would otherwise infect the w in question. In the case of the *first* integral in every line the choice is actually free again and again, but adds nothing to generality, because to change one of these limits amounts to nothing more than to adding a *constant* multiplier to the total solution (3, 4). The value zero, always permissible with regard to convergence, is recommended by simplicity.

Before embarking on actual computations it is necessary to scrutinize further what I called the more delicate part of our task, which consists in finding out from an expansion like (3, 4) the ratio A_{-n}/A_n which the function, represented by (3, 4), will exhibit, when decomposed according to (2, 1), this decomposition holding only asymptotically for $r \gg 1$. The trouble is that, naturally, only a few initial terms of (3, 4) can be actually computed, by far too few for comparing them directly with the asymptotic behaviour (2, 4) the Besselfunctions exhibit for $\omega r \gg 1$. Hence, as far as I can see, only the permanently convergent power series are available for the latter. Since a power series, though permanently convergent, is unfit for practical use with large values of its argument, the salvation lies only in the simple fact, that with ω small you will find a region where ωr is still small or at least moderate, so that the power series are of avail, yet r itself is already large enough, to justify the asymptotic decomposition into Besselfunctions, and also, as we shall see, to obtain manageable expressions for the coefficient-functions w_k in (3, 4).

Assume first ω to be *arbitrarily* small, so that, from (3, 4), (3, 3) and (3, 1), the function

$$y = y_1 = F\left(\frac{n}{4}, \; -\frac{n+1}{4}; \; \frac{5}{4}; \; -z\right) \tag{3, 7}$$

is a sufficient approximation for $F_n(r)$. In the point $z^{-1} = 0$, that is to say at infinity, y_1 is a certain well-known mixture (see equ. (3, 9) below) of the two fundamental solutions *there,* which are represented by two power series in z^{-1}, valid for $z > 1$ and having the *leading powers* $z^{-\frac{n}{4}}$ and $z^{\frac{n+1}{4}}$ (or r^{-n} and r^{n+1}) respectively. Now these are precisely the leading powers of the two permanently converging power series that represent the two r-functions in the decomposition (2, 1), one of which—let that be noted—is always an even function, the other an odd one. Hence, in virtue of the existence of the *intermediate* range of r described above, there is no doubt that in this case the desired ratio A_{-n}/A_n can be read off by equating to unity the cross-ratio of the two couples of leading coefficients.

(b) *First approximation.*

Let us carry out this first approximation at once, to see how it works. The relevant transition relation for the hypergeometric function, written with $-z$, to serve our purpose, reads[3]

$$\frac{\Gamma(\alpha)\,\Gamma(\beta)}{\Gamma(\gamma)} F(\alpha, \beta; \gamma; -z) = \frac{\Gamma(\alpha)\,\Gamma(\beta-\alpha)}{\Gamma(\gamma-\alpha)} z^{-\alpha} F(\alpha, 1-\gamma+\alpha; 1-\beta+\alpha; -z^{-1})$$
$$+ \frac{\Gamma(\beta)\,\Gamma(\alpha-\beta)}{\Gamma(\gamma-\beta)} z^{-\beta} F(\beta, 1-\gamma+\beta; 1-\alpha+\beta; -z^{-1}). \tag{3, 8}$$

Using this for (3, 7) we get

$$y_1 = \frac{\Gamma\left(-\frac{2n+1}{4}\right)\Gamma\left(\frac{5}{4}\right)}{\Gamma\left(-\frac{n-5}{4}\right)\Gamma\left(-\frac{n+1}{4}\right)} z^{-\frac{n}{4}} F\left(\frac{n}{4}, \; \frac{n-1}{4}; \; \frac{2n+5}{4}; \; -z^{-1}\right) +$$
$$+ \frac{\Gamma\left(\frac{2n+1}{4}\right)\Gamma\left(\frac{5}{4}\right)}{\Gamma\left(\frac{n+6}{4}\right)\Gamma\left(\frac{n}{4}\right)} z^{\frac{n+1}{4}} F\left(-\frac{n+1}{4}, \; -\frac{n+2}{4}; \; -\frac{2n-3}{4}; \; -z^{-1}\right). \tag{3, 9}$$

On the other hand, from the well-known power series for the Bessel-

[3] See Whittaker and Watson, Modern Analysis, 4th edition, p. 289, where, by the way, a slight flaw in some of the Γ-functions has to be emended.—That our argument is not z, but $-z$ is vital, otherwise the third singular point would block the transition on the real positive axis, where we need it.

functions (x is a neutral variable, used only for this moment)

$$\sqrt{x}\, J_{n+\frac{1}{2}}(x) = \frac{x^{n+1}}{2^{n+\frac{1}{2}}\, \Gamma\left(\frac{2n+3}{2}\right)} \left(1 + O(x^2)\right)$$

$$\sqrt{x}\, J_{-n-\frac{1}{2}}(x) = \frac{x^{-n}}{2^{-n-\frac{1}{2}}\, \Gamma\left(-\frac{2n-1}{2}\right)} \left(1 + O(x^2)\right). \tag{3, 10}$$

Hence from (2, 1)

$$F_n \to \frac{A_n\, (\omega r)^{n+1}}{2^{n+\frac{1}{2}}\, \Gamma\left(\frac{2n+3}{2}\right)} \left(1 + O(\omega^2 r^2)\right) +$$

$$+ \frac{A_{-n}\, (\omega r)^{-n}}{2^{-n-1}\, \Gamma\left(-\frac{2n-1}{2}\right)} \left(1 + O(\omega^2 r^2)\right). \tag{3, 11}$$

Remembering $z^{\frac{1}{2}} = r$ and equating, according to plan, the ratios of the leading coefficients in (3, 9) and (3, 11) we get

$$\tan \delta_n = \frac{A_{-n}}{A_n} = \left(\frac{\omega}{2}\right)^{2n+1} \frac{\Gamma\left(-\frac{2n-1}{2}\right) \Gamma\left(-\frac{2n+1}{4}\right) \Gamma\left(\frac{n+6}{4}\right) \Gamma\left(\frac{n}{4}\right)}{\Gamma\left(\frac{2n+3}{2}\right) \Gamma\left(\frac{2n+1}{4}\right) \Gamma\left(-\frac{n-5}{4}\right) \Gamma\left(-\frac{n+1}{4}\right)}. \tag{3, 12}$$

You observe that the ratio is *never infinite.* If n is *odd* and > 1, either $n - 5$ or $n + 1$ is a non-negative integral multiple of 4, hence in this case $\tan \delta_n$ is *zero*—in our present approximation, not necessarily in the higher ones, which proceed, of course, *always* in odd powers of ω. So we can only say

$$\tan \delta_{2k+1} = O(\omega^{4k+5})\,; \qquad k = 1, 2, 3, 4 \ldots, \tag{3, 13}$$

where $O(\omega^s)$ means: of order ω^s *or smaller.*

The case $n = 1$ is exceptional, and we take it in advance, in order to have done with *all* odd n. (The *magnetic* dipole, by the way, will prove to be *not* exceptional, because it will turn out that in the magnetic case it is the *even* n's for which the first approximation gives nothing.) With $n = 1$

$$\tan \delta_1 = \left(\frac{\omega}{2}\right)^3 \frac{\Gamma(-\frac{1}{2})\, \Gamma(-\frac{3}{4})\, \Gamma(\frac{7}{4})\, \Gamma(\frac{1}{4})}{\Gamma(\frac{5}{2})\, \Gamma(\frac{3}{4})\, \Gamma(1)\, \Gamma(-\frac{1}{2})}. \tag{3, 14}$$

An easy reduction gives you

$$\tan \delta_1 = -\,\omega^3 \frac{\Gamma(\frac{1}{4})^2}{6\sqrt{\pi}}$$

$$= -\frac{2\gamma}{3}\,\omega^3 = -\,\tfrac{2}{3} \cdot 1{\cdot}8541\, \omega^3. \tag{3, 15}$$

Here we have re-introduced Born's constant γ,—that it is a namesake of the customary third argument in Gauss' series is an accident. Originally defined by the complete elliptic integral

$$\gamma = \int_0^\infty \frac{dr}{\sqrt{1+r^4}},$$

it can be transformed, by $r^4 = z$, thus

$$\gamma = \tfrac{1}{4}\int_0^\infty z^{-\frac{3}{4}}(1+z)^{-\frac{1}{2}}\,dz = \frac{\Gamma(\frac{1}{4})^2}{4\sqrt{\pi}}, \tag{3, 16}$$

where we have used

$$\int_0^\infty z^{p-1}(1+z)^{-p-q}\,dz = \frac{\Gamma(p)\,\Gamma(q)}{\Gamma(p+q)}.$$

By the way: $\Gamma(\frac{1}{4})$, more especially just γ, is the only transcendental number, besides π, that I have met with hitherto in developing Born's theory.

To check (3, 15) with previous findings we calculate e_1 from (2, 9) and multiply it by $8\pi/a^2$, to get the corresponding cross-section. We obtain for it $8\pi\gamma^2\omega^4/3$, which corresponds exactly to the polarizability γ found in N.O. by a different method (for checking, use (10, 3) l.c. and consider that $\omega = 2\pi/\lambda$, in our units).—

If n is *even*, the Γ-quotient in (3, 12) is reduced by first eliminating *those* Γ's in which n occurs with a minus-sign, with the help of $\Gamma(p)\Gamma(1-p) = \pi/\sin p\pi$, then using the formula[4]

$$\Gamma(p)\,\Gamma\left(p+\frac{1}{s}\right)\Gamma\left(p+\frac{2}{s}\right)\ldots\Gamma\left(p+\frac{s-1}{s}\right) = (2\pi)^{\frac{s-1}{2}}\,s^{\frac{1}{2}-sp}\,\Gamma(sp)$$

for $s = 4$ and $p = \dfrac{n}{4}$. After some obvious reductions you get

$$\tan\delta_n = -\left(\frac{\omega}{4}\right)^{2n+1}\frac{4\pi^{\frac{3}{2}}\,\Gamma(n+3)}{n(n-1)\,\Gamma\left(\frac{2n+3}{2}\right)^2\Gamma\left(\frac{2n+1}{4}\right)};\quad (n = \text{even}). \tag{3, 17}$$

The coefficient can be expressed by γ alone, which this time is in the denominator. E.g.

$$\tan\delta_2 = -\frac{4}{75\gamma}\,\omega^5. \tag{3, 18}$$

The *negative sign* of all these δ's must mean something similar to what for $n = 1$ we express by saying the polarizability is positive. To interpret the meaning for $n > 1$ precisely, one would have to return to the considerations which led up to (2, 5) and (2, 6); but it is not interesting.

---

[4] Whittaker and Watson, Modern Analysis, 4th ed., p. 240.

The order of magnitude of the *scattering* decreases rapidly for the higher multipoles, *even more rapidly* than the power ω^{2n+1} seems to indicate. For even the *next term* in $\tan \delta_1$, which is expected to be, and actually is, of order ω^5, the same as $\tan \delta_2$, still makes a larger contribution to the total scattering than the whole quadrupole effect. For, in *co-operation* with ω^3, it produces in (2, 9) the power ω^6, whereas the unaided ω^5 of $\tan \delta_2$ only produces ω^8.—This situation is still more marked in the case of the *yielding electron*; for the yielding, as we shall see, produces in $\tan \delta_1$ a term with the *first* power of ω, preceding the one with ω^3, while all the other phase-shifts remain the same, up to all orders in ω.

(c) *Higher approximations.*

The general procedure will be illustrated by the second approximation for the dipole, $n = 1$. The solutions of what we called the "homogeneous equation," which were given in (3, 3) for arbitrary n, are for $n = 1$ the following:

$$y_1 = \tfrac{1}{3}\left(\sqrt{1 + z} + \tfrac{1}{2} z^{-\frac{1}{4}} I\right); \quad \text{with} \quad I(z) = \int_0^z z^{-\frac{3}{4}} (1 + z)^{-\frac{1}{2}} dz \qquad (3, 19)$$
$$y_2 = z^{-\frac{1}{4}} .$$

The second is obvious, because the second Gauss-series in (3, 3) equals 1 for $n = 1$. From y_2 y_1 is easily made out directly. From (3, 16) it will be seen that

$$I(\infty) = 4\gamma . \qquad (3, 20)$$

To obtain w_1 we insert (3, 19) in the first of the recurrent formulae (3, 6), giving

$$w_1 = \frac{1}{36}\left\{- \left(\sqrt{1 + z} + \tfrac{1}{2} z^{-\frac{1}{4}} I\right)\int_0^z z^{-\frac{1}{2}}(1 + z)^{-\frac{1}{2}}\left(\sqrt{1 + z} + \tfrac{1}{2} z^{-\frac{1}{4}} I\right)dz + \right.$$
$$\left. + z^{-\frac{1}{4}}\int_0^z z^{-\frac{1}{4}} (1 + z)^{-\frac{1}{2}}\left(\sqrt{1 + z} + \tfrac{1}{2} z^{-\frac{1}{4}} I\right)^2 dz\right\} . \qquad (3, 21)$$

The *five* integrals with which we are faced here have to be treated, more or less each separately, by partial integrations—the *first* scope being to express them as *simple* integrals, which brings them in direct reach of tables; the *second* scope, to transform those of the simple integrals which *diverge* at $z^{-1} = 0$, where the behaviour of w_1 interests us, into convergent ones. The result of this reduction is

$$w_1 = \frac{1}{9}\left\{- \left(\sqrt{1 + z} + \tfrac{1}{2} z^{-\frac{1}{4}} I\right)\left(\tfrac{1}{2}\sqrt{z} + \frac{1}{16} I^2\right) + \right.$$
$$+ z^{-\frac{1}{4}}\left(\frac{4}{5}\int_0^z z^{-\frac{1}{4}} (1 + z)^{-\frac{3}{2}} dz - \frac{8}{5} z^{\frac{3}{4}} (1 + z)^{-\frac{1}{2}} + \frac{1}{5} z^{\frac{3}{4}} (1 + z)^{\frac{1}{2}} + \right. \qquad (3, 22)$$
$$\left.\left. + \frac{1}{2} z^{\frac{1}{2}} I + \frac{1}{48} I^3\right)\right\} .$$

This is now easy to expand at infinity; for instance

$$I(z) = 4\gamma - 4z^{-\frac{1}{4}} + \frac{2}{5}z^{-\frac{5}{4}} - \frac{1}{6}z^{-\frac{9}{4}} + - \ldots$$
$$\int_0^z z^{-\frac{1}{4}}(1+z)^{-\frac{3}{2}}\,dz = \frac{\pi}{\gamma} - \frac{4}{3}z^{-\frac{3}{4}} + \frac{6}{7}z^{-\frac{7}{4}} - \frac{15}{22}z^{-\frac{11}{4}} + - \ldots, \tag{3, 23}$$

whilst everything else is still more obvious. Let us *imagine* this expansion to be performed, and indicate it, for shortness, by $\{w_1\}_{expand.}$. We must insert it in (3, 4), where we also have to insert for y_1 the expansion (3, 9), already used before, to be specialized now for $n = 1$, when it reads

$$y_1 = \frac{2\gamma}{3}z^{-\frac{1}{4}} + \tfrac{1}{3}z^{\frac{1}{2}}F(-\tfrac{1}{2}, -\tfrac{3}{4}; \tfrac{1}{2}; -z^{-1}). \tag{3, 24}$$

Hence the second approximation to the required solution of (1, 5) or (3, 2), for $n = 1$, reads

$$y(z) = F_1(r) = \frac{2\gamma}{3}z^{-\frac{1}{4}} + \tfrac{1}{3}z^{\frac{1}{2}}[1 + O(z^{-1})] + \omega^2\{w_1\}_{expand}. \tag{3, 25}$$

On the other hand, (3, 11) gives in this case

$$F_1(r) \rightarrow -A_{-1}\omega^{-1}r^{-1}\sqrt{\frac{2}{\pi}}\left[1 + O(\omega^2 r^2)\right] +$$
$$+ A_1\omega^2 r^2 \tfrac{1}{3}\sqrt{\frac{2}{\pi}}\left[1 + O(\omega^2 r^2)\right]. \tag{3, 26}$$

From the confrontation of the last two expansions we must extract second order information about the ratio A_{-n}/A_n, the ultimate scope of all our striving.—One feels tempted again just to compare the leading terms as before, which have remained the same in (3, 26), but have received a small correction, coming from $\{w_1\}_{expand}$ in (3, 25). It so happens that, proceeding thus thoughtlessly, we should commit no fault in the present example, but we would in general and in principle, if the case is to stand as a paradigm of the general method of expanding the phase-shifts in powers of ω^2. The mere fact that (3, 25) needed emendation by the w_1-term, must make us suspect that (3, 26) wants overhauling as well. Indeed, as it stands, it is asymptotic only. This circumstance might, and indeed does, falsify its leading coefficients in the proportion of $[1 + O(\omega^s)] : 1$. We shall find $s = 4$, innocuous in the present case.

Let me expose the method very succinctly. It consists in solving our equation (1, 5) by another iteration process, very similar to the one carried out above in the variable $z = r^4$. This time we have to use the variables

$$x = \omega r \quad ; \qquad f(x) = F_n(r) \tag{3, 27}$$

and have to regard as the main part of the operator of the equation *that* part which, standing by itself, would produce the Besselsolutions

$\sqrt{x}\, J_{n+\frac{1}{2}}$, $\sqrt{x}\, J_{-n-\frac{1}{2}}$, whereas everything that *from this point of view* is superabundant is treated as "perturbation" or "second member." Throwing it actually to the right, the equ. (1, 5) reads

$$f'' + \left(1 - \frac{n\,(n+1)}{x^2}\right) f = -\,\omega^4 \frac{2\,x f' + n\,(n+1)\,f}{x^2\,(\omega^4 + x^4)} \tag{3, 28}$$

$$= -\,\omega^4\, x^{-6}\,(2x\,f' + n\,(n+1)\,f)\,[1 + O\,(\omega^4)].$$

The underlying idea in the last line is, that x be $\gg \omega$ (that is $r \gg 1$), though x itself may be fairly small. If you put, considering (2, 1),

$$\begin{aligned} f_1 &= \sqrt{x}\, J_{n+\frac{1}{2}}(x)\,, \qquad f_2 = \sqrt{x}\, J_{-n-\frac{1}{2}}(x) \\ f_0 &= A_{-n}\, f_2 + A_n\, f_1 \\ f &= f_0 + \omega^4\, u_1 + \omega^8\, u_2 + \ldots\,, \end{aligned} \tag{3, 29}$$

you easily get

$$\begin{aligned} u_1 = (-\,1)^{n+1}\frac{\pi}{2}\Big\{ &- f_1 \int_x^\infty x^{-6}\, f_2\,(2\,x f' + n\,(n+1)\,f)\, dx \; + \\ &+ f_2 \int_x^\infty x^{-6}\, f_1\,(2x\, f' + n\,(n+1)\,f)\, dx \Big\}, \end{aligned} \tag{3, 30}$$

and so on—but if one actually intended to continue the iterations, a sufficient amount of the $O\,(\omega^4)$-terms out of (3, 28) would have to be included *even already* in the formula we have just written down.—The constant limits of the integrals are this time dictated by the necessity of annihilating the u_k's for $x \to \infty$, since f_0 is to be the asymptotic solution.—We need not continue. It is clear that (3, 30) would have to be worked out and taken into account *only at the next step*, the step that would include w_2 in (3, 4).—

Returning after this sort of digression to the actual comparison of the characteristic coefficients in (3, 25) and (3, 26), we need the terms with $z^{-\frac{1}{4}}$ and $z^{\frac{3}{4}}$ out of the expansion abbreviated by $\{w_1\}_{expand}$. From (3, 22) they work out thus

$$\{w_1\}_{expand.} = \ldots - z^{\frac{3}{4}} \frac{\gamma^2}{9} + \ldots + z^{-\frac{1}{4}} \left(- \frac{5}{27}\,\gamma^3 + \frac{4\pi}{45\gamma} \right) + \ldots \tag{3, 31}$$

Hence the characteristic terms in (3, 25) read

$$\begin{aligned} y\,(z) = F_1\,(r) = \ldots\, z^{\frac{3}{4}} &\left(\frac{1}{3} - \omega^2 \frac{\gamma^2}{9} \right) + \ldots + \\ &+ z^{-\frac{1}{4}} \left[\frac{2\gamma}{3} + \omega^2 \left(- \frac{5}{27}\,\gamma^3 + \frac{4\pi}{45\gamma} \right) \right] + \ldots, \end{aligned} \tag{3, 32}$$

Equating their ratio with the one in (3, 26) you get

$$\begin{aligned} \tan \delta_1 = \frac{A_{-1}}{A_1} &= -\frac{2\gamma}{3}\,\omega^3 - \left(\frac{4\pi}{45\gamma} + \frac{1}{27}\,\gamma^3 \right) \omega^5 + \ldots \\ &= -\,1{\cdot}2361\,\omega^3 - 0{\cdot}3867\,\omega^5 + \ldots \end{aligned} \tag{3, 33}$$

(d) *Magnetic multipole waves.*

The *magnetic* case can now be explained in comparative shortness, because from its electric counterpart, dealt with sub (*a*), (*b*), (*c*), it differs only by the fact that the *hypergeometric equation* which serves as an approximation, for $\omega \to 0$, to the *now* competent equation

$$y'' + \frac{1 + 3z}{4z(1+z)} y' - \frac{n(n+1)}{16z(1+z)} y + \frac{\omega^2}{16z^{\frac{3}{2}}} y = 0 \qquad (3, 34)$$

—obtained from the now competent (1, 7) by the substitution

$$z = r^4, \qquad y(z) = G_n(r) \quad — \qquad (3, 35)$$

—I say, the difference lies only in the fact, that the approximating hypergeometric equation has the third argument of its standard solution $\frac{7}{4}$ instead of $\frac{5}{4}$; and in the further fact, that of its two fundamental solutions at $z = 0$, viz.,

$$\left.\begin{aligned} y_1 &= z^{\frac{3}{4}} F\left(\frac{n+3}{4}, \; -\frac{n-2}{4}; \; \frac{7}{4}; \; -z\right) \\ y_2 &= F\left(\frac{n}{4}, \; -\frac{n+1}{4}; \; \frac{1}{4}; \; -z\right) \end{aligned}\right\} \qquad (3, 36)$$

the physical problem selects y_1 to be the approximation function, because the physical problem demands of G_n the exponent 3, not 0, as it did of F_n. Apart from these two changes our present investigation runs completely parallel to the previous one. To emphasize the parallelism, I have used the same letters y, y_1, y_2 as before, and so will I do with $w_1, w_2, w_3, \cdots\cdots$. I hope that will not be confusing. Each of these symbols stood for an *infinite family* of functions anyhow, and now it stands for a second one—viz., for the magnetic counterpart of the first.

This notation agreed upon, the expansion (3, 4) reads alike and we waive copying it. But the reciprocal Jacobian of (3, 36) is

$$\Delta^{-1} = \begin{vmatrix} y_1 & y_1' \\ y_2 & y_2' \end{vmatrix}^{-1} = -\frac{4}{3} z^{\frac{1}{4}} (1+z)^{\frac{1}{2}}, \qquad (3, 37)$$

different from before, but again independent of n. That alone causes a difference in the iteration formulae, corresponding to (3, 6), which read

$$\left.\begin{aligned} w_1 &= \frac{1}{12}\left\{- y_1 \int_0^z z^{-\frac{5}{4}} (1+z)^{-\frac{1}{2}} y_1 y_2 \, dz + y_2 \int_0^z z^{-\frac{5}{4}} (1+z)^{-\frac{1}{2}} y_1^2 \, dz\right\} \\ w_2 &= \frac{1}{12}\left\{- y_1 \int_0^z z^{-\frac{5}{4}} (1+z)^{-\frac{1}{2}} w_1 y_2 \, dz + y_2 \int_0^z z^{-\frac{5}{4}} (1+z)^{-\frac{1}{2}} w_1 y_1 \, dz\right\} \end{aligned}\right\} \qquad (3, 38)$$

. . . .

Applying the general transition-relation (3, 8) to our present y_1 of (3, 36) we get

$$y_1 = \frac{\Gamma\left(-\frac{2n+1}{4}\right)\Gamma\left(\frac{7}{4}\right)}{\Gamma\left(-\frac{n-4}{4}\right)\Gamma\left(-\frac{n-2}{4}\right)} z^{-\frac{n}{4}} F\left(\frac{n+3}{4}, \frac{n}{4}; \frac{2n+5}{4}; -\frac{1}{z}\right) +$$

$$+ \frac{\Gamma\left(\frac{2n+1}{4}\right)\Gamma\left(\frac{7}{4}\right)}{\Gamma\left(\frac{n+5}{4}\right)\Gamma\left(\frac{n+3}{4}\right)} z^{\frac{n+1}{4}} F\left(-\frac{n-2}{4}, -\frac{n+1}{4}; -\frac{2n-3}{4}; -\frac{1}{z}\right), \tag{3, 39}$$

corresponding to (3, 9). The exponents at $z^{-1} = 0$ are seen to be $\frac{n}{4}$ and $-\frac{n+1}{4}$, the same as before. Equating the ratio of the coefficients of these powers again to the one in (3, 11)—which need not be re-written, just think G_n, B_n, B_{-n} instead of F_n, A_n, A_{-n}—you obtain as the *first approximation*, corresponding to (3, 12),

$$\tan \delta_n' = \frac{B_{-n}}{B_n} = \left(\frac{\omega}{2}\right)^{2n+1} \frac{\Gamma\left(-\frac{2n-1}{2}\right)\Gamma\left(-\frac{2n+1}{4}\right)\Gamma\left(\frac{n+5}{4}\right)\Gamma\left(\frac{n+3}{4}\right)}{\Gamma\left(\frac{2n+3}{2}\right)\Gamma\left(\frac{2n+1}{4}\right)\Gamma\left(-\frac{n-4}{4}\right)\Gamma\left(-\frac{n-2}{4}\right)}. \tag{3, 40}$$

Again, the ratio is *never infinite.* With *n even* (= 2, 4, 6, . . .) either $n - 4$ or $n - 2$ is a non-negative multiple of 4, hence the ratio vanishes this time for even n. That means

$$\tan \delta_{2k}' = O(\omega^{4k+3}); \qquad k = 1, 2, 3, \ldots \tag{3, 41}$$

The case $n = 1$ is this time not exceptional, it can be treated along with *n odd.* The reduction of the Γ-quotient gives in this case

$$\tan \delta_n' = \left(\frac{\omega}{4}\right)^{2n+1} \frac{\pi^{\frac{3}{2}}\,\Gamma(n+2)}{n\,\Gamma\left(\frac{2n+1}{2}\right)^2 \Gamma\left(\frac{2n+5}{4}\right)^2}; \quad (n = \text{odd}). \tag{3, 42}$$

These are the magnetic phase-shifts for odd n in first approximation. For $n = 1$ you get, paying attention to (3, 16):

$$\tan \delta_1' = \frac{4\gamma}{9\pi}\,\omega^3. \tag{3, 43}$$

To show the agreement with the magnetic polarizability p_m, obtained in N.O. by a different method, we observe that the complete elliptic integral occurring in (9, 22) l.c., when transformed by the same substitution as used above, in (3, 16), for Born's integral, gives

$$p_m = -\frac{2}{3\pi}\,\gamma. \tag{3, 44}$$

[11*]

The simple ratio $-2/3\pi$ between the two polarizabilities had escaped my notice, until N.O. was under press. It is the same as that of $\tan \delta_1'$ and $\tan \delta_1$ by (3, 43) and (3, 15) above. That proves the agreement with N.O. for the former, because for the latter it has already been checked. The *positive sign* of $\tan \delta_1'$ indicates *dia*magnetism.

Since the magnetic dipole scattering is of the same order of magnitude as the electric one, I have, here too, computed the next approximation, which proves even more laborious than in the other case. Skipping the details, let me only mention that for $n = 1$ the fundamental solutions (3, 36) read

$$\begin{aligned} y_1 &= \tfrac{3}{4} \sqrt{1+z} \int_0^z z^{-\frac{1}{4}} (1+z)^{-\frac{3}{2}} \, dz \\ y_2 &= \sqrt{1+z}. \end{aligned} \tag{3, 46}$$

The integral, by the way, is the same that occurred in (3, 22) and (3, 23) and also the same as the elliptic integral mentioned in the last paragraph. The result of a computation, cramming five pages in a full-size quarto note-book, is that the next term in $\tan \delta_1'$ has the coefficient $\pi/18\gamma$. Thus

$$\begin{aligned} \tan \delta_1' &= \frac{4\gamma}{9\pi} \omega^3 + \frac{\pi}{18\gamma} \omega^5 + \ldots \\ &= 0{,}26230 \, \omega^3 + 0{,}09413 \, \omega^5 + \ldots \end{aligned} \tag{3, 47}$$

I wonder whether this result could be obtained in a few lines, once the theory of the equation (1, 7) were worked out.

Both results, (3, 33) and (3, 47), are in the direction, that with *de*creasing wave-length the scattering increases at first *more* rapidly than the fourth power of $\omega = 2\pi r_0/\lambda$.—Actually, of course, all this was only a preparation for the "real" case, when the singularity is not fixed, but is allowed to follow the impulse of the incident wave. Let us now turn to *this* problem.

4. The kinetic conditions.

As Born and his collaborators, mainly Pryce,[5] recognized, the field equations alone do not yet determine any *dynamics* of the electron, any definite connection, that is, between the motion of a point-singularity and the field around it. This fact is corroborated by the existence of solutions, already indicated in sect. 9 of N.O., which had a point singularity permanently at rest at the origin, yet went over at a moderate distance into a homogeneous electrostatic field of arbitrary, only not too great,

[5] Pryce, Proc. Roy. Soc., A, 155, p. 597, 1936.

strength, thus a field which we would expect to be compatible only with an *accelerated* singularity. We feel naïvely it "ought to set the electron in motion."

Hence, some condition has to be added to the field-equations, something *they do not yet contain.* It must be a condition the solution just alluded to and the more general one investigated on the preceding pages of the present paper *do not comply with.* Moreover, it must obviously be a condition that refers to a mathematically infinitesimal neighbourhood of the singularity. For surely it would not do in a field theory like this to have the shape of the world line of the singularity determined by *actio in distans.*

There can be little doubt as to the nature of the additional demand. The divergence of Born's energy-momentum-tensor vanishes everywhere where it is at all defined. From this, by Gauss' theorem, follow the conservation laws. But if the volume to which the partial integration is to be applied contains a singularity, the latter has to be excluded by a small closed surface, which afterwards has to be contracted to infinitesimal smallness towards the singularity. If and only if the residual surface integrals vanish in this limit, do the conservation laws hold for *any* closed surface. That we wish them to hold, furnishes the condition:

The surface integrals of stress and of energy flow have to vanish in the limit for any closed surface contracted to infinitesimal smallness towards the singularity.—For shortness let us call these four limiting values or residues, since the condition of their vanishing determines the motion, the *kinetic integrals.*

This postulate is not only materially identical with that of Born and Pryce, also the present formulation was known to them. But they stressed other formulations, as the vanishing of the variation of a certain fourdimensional integral; or, alternatively, the volume integral of a certain density of force, essentially the Lorentz one, to vanish. That comes dangerously near to the condition used with Lorentz' electron, where it was admittedly but an *asylum ignorantiae* and clearly involved *actio in distans* inasmuch as the body of the electron was supposed to be rigid or quasi-rigid and its motion as a whole was supposed to be determined by the simultaneous values of the field in the whole region which the body of the electron occupied. It was this quasi-rigidity which gave rise to all the trouble, violation of the energy principle, factor 4/3 in the mass energy relation, etc., difficulties which are probably the reason, why the Lorentz electron, to say the truth, has disappeared from modern theory and is replaced by a somnambulistic tampering with the mathematical-point-electron.—I have no objection to the Born-Pryce formulations, though I have no use for them myself. But it must be clearly understood, that they do not detract from the fact, that the motion of the singularity is exclusively determined by a condition imposed on the field in its immediate neighbourhood; just as the Hamiltonian principle in classical mechanics does not detract from the fact that the dependent variables there are determined by *differential* equations.

After adopting this new principle—new inasmuch as it is not yet contained in the field-equations—I examined the four kinetic integrals for the solution developed in sects. 2 and 3. Since the integrals obviously vanish for the *main field* and since the square of the *perturbation field* is neglected in principle, only the *bilinear* terms deserve attention. Hence every multipole produces, in bilinear co-operation with the main field, its own set of four kinetic integrals, which can be calculated each separately, without referring to the manner in which the multipoles combine to build up this or that particular solution, be it the one we have investigated or a different one. It need hardly be said that the two quasistatic cases dealt with in N.O. are included in the multipole-solutions—viz., for $n = 1$ and $\omega \to 0$.

A detailed calculus shows that in the *magnetic* case (ψ) *all* the kinetic integrals vanish already in virtue of the comparatively weak singularity, viz. of order r^{-1}, which the bilinear parts of the components of stress and energy-flow display as r approaches zero. As regards the *energy-flow,* the same is true in the *electric* case. But the bilinear part of the *stress* reaches in this case the order r^{-2}, just enough to produce a finite residue. Yet *all but one* of these 3 times $\aleph_0$ residues vanish by symmetry on integrating over the angles θ, ϕ, a sphere being taken as the surface of integration, *for convenience.* The non-vanishing residue is that of the y-component of stress for $n = 1$. y is the direction of the electric field at large distance.—Naturally and trivially, the other two electric-dipole-solutions, which do not turn up in the plane-wave-solution, also have non-vanishing stress-residues, but they need not interest us here.

This result is of great importance to us. An arbitrary field, prescribed at moderate distance from the singularity, can be resolved into plane waves. In trying to resolve these further into the eigensolutions of the singularity we find among the latter, as determined in the preceding sections, only just *one* type that needs emendation, viz., the electric-dipole-type. All the other eigensolutions are available, and the resolution with respect to *them* is to be carried out exactly in the same way as in the "fictitious case."

The actual value of the non-vanishing residue is not of interest. It has nothing to do with the "pull exerted on the electron by this solution." Indeed, the phrase in inverted commas is meaningless, because the solution of which it speaks is, from our revised point of view, physically inadmissible and wrong, we have to cast it away and replace it by a good one. The condition for the latter is obvious. Since the angle-integration does not annihilate the residue, the stress components must have a weaker singularity than r^{-2}, very probably of the order r^{-1} only. One easily finds that this means the perturbational field components must not reach the order r^{-2}, but very probably the order r^{-1} only.

At first sight that seems embarrassing. For, as we know, *all but one* of the solutions of equ. (1, 5) engender field-components of order r^{-3}. We could not do better than always choose that *one* which produces but r^{-2}. But we have just found that for $n = 1$ not even that suffices, and that we have to cast away our precious solution in this case. A further reduction of the degree of singularity is required, which seems a rather exacting demand! Yet it can be fulfilled.

5. Accelerating electron at rest.

For the linear perturbation equations (1, 1) to hold, the perturbation field has to mean the deviation from a purely electric field of reference, which has to satisfy Born's non-linear field equations. Not only would the perturbation theory of a *more general kind of main field* be much more complicated and, as a rule, not amenable to a general solution, but *we have none* to which the generalized theory could be applied, the motion of the electron being unknown, being the very object of our investigation. So there is no point in contemplating such a generalization. One might think of using as the field of reference at least a Lorentz-transformed of Born's static, spherically symmetric solution, instead of that solution itself. But it will soon become clear that this would have no advantage, only entail quite unnecessary complication.

On the other hand, of course, the actual field-variation that occurs, when the singularity moves on to a different point in space, cannot possibly be regarded as a *small perturbation*. Hence the perturbation theory is now certainly not applicable to a finite interval of time, only just *to one moment*, giving but a snapshot of the situation. Or perhaps one ought not to say just to *one* moment, but to two infinitesimally adjacent moments. The infinitesimal interval begins with the singularity at rest in the origin and extends to a moment when the singularity is still in the origin, but no longer at rest—it has acquired an infinitesimal velocity. We shall see that this snapshot is sufficient to deduce at least the law of quasistationary motion, including the effect usually referred to as *radiation damping.*

What we are contemplating may be called an *accelerating electron at rest* (in German I would say "beschleunigt ruhendes Elektron"). We are using for the moment in question—and that can be any moment during the motion—*that* Lorentz frame in which the electron is in the situation of a tennis ball, thrown vertically up into the air and *just beginning to fall again.* The task is to find a solution of equations (1, 1) to depict this situation.

Using for a moment the *customary* notion of a moving point-charge, let me recall that its field, when transformed to the rest-frame, is *not even in its immediate neighbourhood* the same as that of a point-charge permanently at rest, though both fields are there purely electric. The deviation is not in itself infinitesimal, not vanishingly small, but small only inasmuch as the *acceleration* is regarded as a small quantity. That can be seen from the following consideration, in which we concentrate attention to the closest vicinity of the charge.

A moment *earlier* the charge was still in motion in some direction, though this motion was already infinitely slow. It was surrounded by infinitesimally weak circular magnetic field lines. A moment *later* the charge *will* be moving in the opposite direction, the magnetic circles re-appearing, but arrowed the other way round. In the moment of actual rest which we are contemplating, the magnetic field is zero, but *its time derivative* is not zero and is also not infinitesimal. It is obviously proportional to the *acceleration.* That entails a finite value of the electric *curl,* and thus a well defined finite addition to the electric field, over and above the static field of the same point charge, when permanently at rest.— We must determine this additional field for Born's electron. For it will give us the clue to the solution.

By transforming the Born solution to a moving frame you find that for a velocity *of the electron*

$$v = \tanh a \qquad (5, 1)$$

in the direction[6] of z, the field components in any point P of the plane $x = 0$ are the following, if θ be the angle between OP and the z-axis:

$$\begin{aligned}
E_x^0 &= 0 & D_x^0 &= 0 \\
E_y^0 &= \frac{\sin\theta\cosh a}{\sqrt{1+r^4}} & D_y^0 &= \frac{\sin\theta\cosh a}{r^2} \\
E_z^0 &= \frac{\cos\theta}{\sqrt{1+r^4}} & D_z^0 &= \frac{\cos\theta}{r^2} \\
B_x^0 &= -\frac{\sin\theta\sinh a}{\sqrt{1+r^4}} & H_x^0 &= -\frac{\sin\theta\sinh a}{r^2} \qquad (5, 2) \\
B_y^0 &= 0 & H_y^0 &= 0 \\
B_z^0 &= 0 & H_z^0 &= 0.
\end{aligned}$$

From the value of B^0 we infer that an electron *at rest* with quasistationary *acceleration* $\dot{v}$ in the direction of the z-axis would have the following value of $-\dot{B}_x^0$ for which we prefer to write $\dot{B}_\phi^0$:

$$\dot{B}_\phi^0 = \frac{\dot{v}\sin\theta}{\sqrt{1+r^4}}, \qquad (5, 3)$$

and the corresponding *curl* of E^0, whence the $\dot{v}$-term of E^0 itself could easily be deduced, but we shall not need it.

Regarding these additions, due to and proportional to the acceleration, as a *perturbation field*—in which we are largely justified, because only tremendously large accelerations would *not* be very small in our units[7]— we can now indicate a solution of (1, 5), for $n = 1$, a solution which engenders a field that in a given moment of time has precisely these features. But since the present investigation has nothing to do with a periodic phenomenon, we prefer to use (1, 5) in the slightly generalized

[6] It is a trifle more convenient to use the z-direction now.—This z and x will not be confounded with the variables $z = r^4$ and $x = \omega r$, used elsewhere.

[7] $c = 1$, $r_0 = 1$.

form, pointed out on p. 96, small print, second paragraph, viz. in the form

$$\frac{\partial^2 F_{1,a}}{\partial r^2} + \frac{2}{r(1+r^4)}\frac{\partial F_{1,a}}{\partial r} - \frac{2r^2}{1+r^4}F_{1,a} - \frac{\partial^2 F_{1,a}}{\partial t^2} = 0. \qquad (5, 4)$$

The additional subscript a in F shall remind us of the notion "accelerating."—The field components are to be read off (1, 8), with $n = 1$ and with the changes indicated in the paragraph just referred to. With the further specification $m = 0$

$$B_\phi = -\frac{r\sin\theta}{\sqrt{1+r^4}}\frac{\partial^2 \dot{F}_{1,a}}{\partial t^2}$$

thus

$$B_\phi = -\frac{r\sin\theta}{\sqrt{1+r^4}}\frac{\partial^3 F_{1,a}}{\partial t^3}. \qquad (5, 5)$$

To match with (5, 3) we must put

$$\frac{\partial^3 F_{1,a}}{\partial t^3} = -\frac{\dot{v}}{r} \qquad (5, 6)$$

for the moment in question, call it $t = 0$. An *exact* solution of (5, 4), complying with this demand and introducing, as we shall see, no spurious field-perturbations, is obtained by putting

$$F_{1,a} = w(r^4)\,t - \frac{1}{6}\frac{\dot{v}}{r}t^3, \qquad (5, 7)$$

with $w(r^4)$ a function still to be determined.[8] You readily test, if you do not remember it from (3, 19), that r^{-1} is itself a solution of (5, 4). Hence $\dot{v}t^3/6r$ only gives the contribution $\dot{v}t/r$. The demand on $w(r^4)$ is therefore

$$\frac{d^2 w}{dr^2} + \frac{2}{r(1+r^4)}\frac{dw}{dr} - \frac{2r^2}{1+r^4}w = \frac{\dot{v}}{r}. \qquad (5, 8)$$

Introducing here again $z = r^4$, we obtain, for pretty perspicuous reasons, exactly *that* inhomogeneous equation that controlled the iteration process (3, 6) for $n = 1$, for which case the solutions of the corresponding *homogeneous* equation are indicated in (3, 19). Formally the solution runs completely parallel to the first line in (3, 6), but intrinsically there is the big difference, first that this time it is not y_1, but precisely the *singular* $y_2 = z^{-\frac{1}{4}} = r^{-1}$ which constitutes the "second member"; secondly, that the lower limits of the integrals are, this time, prescribed by the demand, that the field components, engendered by (5, 7) must, for $t = 0$ at $r \to 0$, not exceed the order r^{-1}. The result is rapidly worked out. I give it

[8] Calling it $w(r^4)$, not just $w(r)$, is a little pedantry, intended to emphasize the intimate, but not quite simple family-relation of this *one* function to the $(n = 1)$-branch of the $w_k(z)$-family in (3, 4).

both in the variable r and z, the first of which is more suitable for physical reflexions, the second for mathematical use:[9]

$$F_{1,a} = \frac{\dot{v}}{3}\left\{\left[-\sqrt{1+r^4}\int_0^r \frac{dr}{\sqrt{1+r^4}} - \frac{1}{r}\left(\int_0^r \frac{dr}{\sqrt{1+r^4}}\right)^2 + \frac{r}{2}\right]t - \frac{1}{2}\frac{t^3}{r}\right\}$$

$$= \frac{\dot{v}}{3}\left\{\left(-\tfrac{1}{4}I\sqrt{1+z} - \tfrac{1}{16}I^2 z^{-\frac{1}{4}} + \tfrac{1}{2}z^{\frac{1}{4}}\right)t - \tfrac{1}{2}z^{-\frac{1}{4}}t^3\right\} \qquad (5,9)$$

I is the integral explained in (3, 19).

We said that no *spurious* fields were introduced. To test that point, using (1, 8) in the manner described in the second small-print-paragraph on p. 96, we state that for $t = 0$ there is, indeed, no magnetic field. In this moment the frightening t^3-term in (5, 9) is altogether innocuous. The *electric* field comes from the t-term alone and is bound to include the "curly" part connected with $\dot{B}$. But it contains something much more important. The term

$$-\frac{\dot{v}}{3}\sqrt{1+r^4}\int_0^r \frac{dr}{\sqrt{1+r^4}} = -\frac{\dot{v}}{12}I\sqrt{1+z}, \qquad (5,10)$$

which for $r >> 1$ (meaning $r >> r_0$) reads, by (3, 20),

$$-\frac{\gamma}{3}\dot{v}\,z^{\frac{1}{2}} = -\frac{\gamma}{3}\dot{v}\,r^2, \qquad (5, 11)$$

gives, by (1, 8), a *homogeneous* field $2\gamma\dot{v}/3$ in the direction of the acceleration $\dot{v}$ which we had imparted to the singularity.

This way of obtaining the equation of motion is rather interesting. The usual way in such cases is, to assume a homogeneous field at $r >> r_0$ and to show that it entails acceleration. Here we have, inversely, assumed acceleration and have revealed the necessity of its being supported by a homogeneous field. The mass $2\gamma/3$ agrees with Born's value. Since we have used the rest-frame, which we could now change, the relativistic variation of mass and the magnetic part of the force are, of course, included. In addition, we shall later on get indirect evidence that our solution also takes proper care of what is usually called *radiation damping.*

That radiation damping be included is, at first sight, amazing, because the second derivative, $\ddot{v}$, which is usually regarded to be responsible for it, has not entered the considerations by which our superpotential function (5, 9) has been derived. What happens is, that the equation of motion which we have read off this solution does not correspond with the elementary Lorentz-equation-of-motion, but with equ. (22)

$$m\,\dot{v}_\mu = e\,v_\nu\,f^\nu_\mu \qquad \text{(22) (Dirac, l.c.)}$$

[9] It is well known that in dealing with the functions of the *lemniscate*, which are the Jacobian elliptic function for modul $1/\sqrt{2}$, you can draw still on a second large mathematical theory, viz., the theory of the Γ- and the hypergeometric function. See Whittaker and Watson, Modern Analysis, p. 524, where Born's constant γ is quoted to eight decimal places.

in a much discussed paper of Dirac's on the classical theory of radiating electrons,[10] to which the same author has quite recently given an extremely abstract and extremely fascinating continuation.[11] Our homogeneous field $2\gamma\dot{v}/3$, supporting the acceleration, is not, as in the elementary Lorentz-equation-of-motion, the difference between the actual field and the electron's own retarded field; our homogeneous field $2\gamma\dot{v}/3$ is to be regarded, just like Dirac's f^{ν}_{μ}, as the difference between the actual field and the arithmetical mean of the electron's retarded and *advanced* fields. Indeed, the t^3-term in (5, 9), could be shown to indicate this mean value rather than the retarded field. (It is true that this t^3 term plays no roll *here*, but it will in the next section, to wit, in (6, 1)).

It would be lunatic to try and pretend that our solution were the only one compatible with the assumed acceleration $\dot{v}$. It is only right that it is not. Indeed, powerful radiations might have been let loose on our electron and might have penetrated towards the singularity even to a distance that were only a fraction of r_0. Yet before they have actually reached it, they must not influence the motion *of the singularity*—not according to the point of view taken here.

What is the meaning of the term with t^3 in (5, 9)? Though we are to use this (super-)potential only for $t = 0$, when the t^3-term contributes nothing to the field, it is bewildering to see a thing turning up which for any $t \gtrless 0$ would engender field-singularities of the entirely forbidden order r^{-3}, to see it turning up as a necessary consequence of our obligation to reduce the actual singularities of the perturbation field from r^{-2} to r^{-1}.

But the term in question is the most natural thing in the world! We must not forget that our field of reference is, and always remains, the spherically symmetric Born field at rest. The fact that the singularity has only just come to rest and is just beginning to shift again, must therefore be expressed in the *perturbation*. It is not difficult to show that the term in question describes (for $t > 0$) precisely the first re-commencement of this shift. In other words the field this term engenders is exactly

$$-\frac{\dot{v}t^2}{2}\frac{\partial}{\partial z}\ \text{(centrally symmetric Born field)},$$

where z is not r^4, but the Cartesian coordinate in the direction of the shift.

6. Oscillating-dipole-potential for the yielding electron.

From the results of the preceding section we must get a *substitute* for the proper vibrations belonging to $n = 1$, that is to say, for the electric-dipole-superpotential F_1, ruled out for violating one of the kinetic conditions. Naturally, the substitute must not hold for one moment only, but have the time factor $e^{i\omega t}$ like the rest.

We must once and for all abandon the idea that the thing we are out for be a solution of the perturbational field equations (1, 1). For,

[10] P. A. M. Dirac, Proc. Roy. Soc., **A**, vol. 167, p. 148, 1938.

[11] P. A. M. Dirac, Proc. Roy. Soc., **A**, vol. 180, p. 1, 1942.

except in the snapshot-meaning of the last section, *there are no perturbation equations in the region where the strong field shifts appreciably.* The solution of a non-existing equation is no object of investigation.

From the periodic nature of the whole phenomenon and from the equation of motion deduced above, it is a safe trial to impart to the singularity a harmonic motion in the direction of the electric field of the incident wave, without prejudice as to the, possibly complex, amplitude of the former, except that it must obviously vanish together with the amplitude of the latter. The next suggestion is to take the snapshot solution (5, 9) in every moment of time and to transform the lot of them to a common origin and to a common Lorentz-frame. But we soon discover that the familiar part of these transformations can be waived, because we are neglecting by principle the *square* of the amplitude of the incident wave and both the snapshot-perturbation and the amplitude of the vibration of the singularity are proportional to the first power thereof. The only relevant part in the reduction of all the snapshots to a common aspect is not that the *frames* of reference but that the *fields* of reference are different. For the field of reference is in every moment the spherically symmetric Born-field in the momentary rest system of the singularity and centred on its momentary position. Now for *this* field the latter two circumstances are not negligible, because its own strength is independent of the amplitude of the incident wave. Hence this field is appreciably different for the different snapshots and has therefore to be added to the snapshot fields. It is convenient to subtract from them at the same time the Born field centered on, and at rest with respect to, the *mean* position of the singularity, which we adopt as the common origin.

Proceeding carefully along these lines, starting from the snapshot-solution (5, 9), using the formulae (5, 2) for the Lorentz-transformed of the Born-field, we find that the field circumstantially described in the preceding paragraph is derived from the following superpotential:

$$F_{1,s}(r)e^{i\omega t} = \frac{i\omega b}{3}\, e^{i\omega t}\left\{-\frac{1}{4}I\sqrt{1+z} - \frac{1}{16}I^2 z^{-\frac{1}{4}} + \frac{1}{2}z^{\frac{1}{4}} + \frac{3}{\omega^2}z^{-\frac{1}{4}}\right\}. \quad (6,\ 1)$$

The understanding is, that $be^{i\omega t}$ be the *elongation* of the singularity, thus

$$b = \text{amplitude of electrons vibration.} \quad (6,\ 2)$$

The variable $z = r^4$. The subscript s in $F_{1,s}$ is to remind us of "substitute." *From the considerations which led to (6, 1)* it follows that this function has a physical meaning only outside a certain region around the origin and must certainly *never* be used at $z = 0$. Hence its singularity there, otherwise appalling, does not embarrass us. Again from those considerations (not from the nature of the singularity, which is physically meaningless) the excluded region tends to zero, as b tends to zero. Since on the other hand b is only a constant multiplier in $F_{1,s}$, it is not very astonishing to find that, as a matter of fact, our function fulfils, just like F_1, which it supersedes, the equation (1, 5) or (3, 2) for

$n = 1$; not exactly, but about in the way some initial trunk of the series (3, 4) does. In fact, where it is at all defined, that is, outside the excluded region, our field again deserves the name of perturbation field full well.

Yet without the preceding considerations we would have had no guide for adopting, nor could we have had the boldness of admitting that particular function. For it belongs, of course, to the lot which engender a field of the order r^{-3} at the origin, inadmissible not only according to the more exacting demands (r^{-1}) of sect. 4, but already on those (r^{-2}) of sect. 1. The actual fulfilment of the exacting demands cannot be read off the function, because the latter ceases to be competent, before the point to which the demands refer is reached; the fulfilment is warranted by the considerations that gave us the function for using it at a little greater distance.

7. Scattering by the yielding electron.

From sect. 4 it follows that the phase-shifts and therefore the intensities of all the scattered multipole waves are the same as in the case of the immovable singularity, discussed in sect. 3, *with the only exception of the electric dipole,* whose superpotential F_1 is superseded by $F_{1,s}$; otherwise the analytic procedure remains the same also in this case.

Obviously the expression (6, 1) which we found for this substituting superpotential is only an approximation, in which higher powers of ω are to follow, just as they do in (3, 4). The question of improving it will be discussed later. The function to which it approximates will *outside* the excluded region near the origin—of which the *size* is insignificant, because it vanishes with vanishing amplitude of the incident wave—necessarily be an *exact* solution of (1, 5) or (3, 2), because the conditions for our perturbation method (1, 1) are there fulfilled. Hence we are justified in copying the asymptotic decomposition (3, 26) for it, just adding the subscript s (for "substitute") in the proper places:

$$F_{1,s}(r) \rightarrow - A_{-1,s}\, \omega^{-1} r^{-1} \sqrt{\frac{2}{\pi}} \left[1 + O(\omega^2 r^2)\right] + \\ + A_{1,s}\, \omega^2 r^2 \tfrac{1}{3} \sqrt{\frac{2}{\pi}} \left[1 + O(\omega^2 r^2)\right]. \qquad (7, 1)$$

In drawing the expansion in descending powers of z, which we need, from (6, 1), the first line of (3, 23) is useful. Again, as in (3, 32), we write out only the characteristic terms:

$$F_{1,s}(r) = \frac{i \omega b}{3} \left\{ \ldots + \frac{3}{\omega^2} z^{-\frac{1}{2}} - \gamma^2 z^{-\frac{1}{2}} + \ldots - \gamma z^{\frac{1}{2}} + \ldots \right\}. \qquad (7, 2)$$

Equating the ratios of the coefficients of these terms in (7, 1) and in (7, 2) we obtain

$$\tan \delta_{1,s} = \frac{\omega}{\gamma} - \frac{\gamma}{3} \omega^3. \qquad (7, 3)$$

(Compare with (3, 15) and behold the missing factor 2. See below.)

We defer the discussion of this result. For, this time, since b has the palpable meaning of the electrons amplitude, we are interested in the coefficients themselves, not only in their ratio. Equating those of $z^{\frac{1}{2}}$ in (7, 2) and r^2 in (7, 1) we get

$$b = \frac{A_{1,s}\, i\, \omega}{\gamma}\sqrt{\frac{2}{\pi}}\,. \qquad (7, 4)$$

Remember on the other hand the equations (2, 5), which resulted from matching by proper-vibrations the ingoing wavelets contained in the incident wave. The first of these equations, taken for $n = 1$, must now be satisfied by our substitute amplitudes $A_{1,s}$ and $A_{-1,s}$. It can be written

$$A_{1,s}(1 - i \tan \delta_{1,s}) = \frac{3\, i\, a}{2\, \omega^3}\sqrt{\frac{\pi}{2}}\,. \qquad (7, 5)$$

Thus

$$b = -\frac{3\, a}{2\, \omega^2 \gamma}(1 - i \tan \delta_{1,s})^{-1}\,. \qquad (7, 6)$$

If we insert here at first only the rough approximation ω/γ for $\tan \delta_{1,s}$, we get

$$b = -\frac{a}{\frac{2\gamma}{3}\omega^2 - \frac{2}{3} i \omega^3}\,. \qquad (7, 7)$$

That is precisely the phase- and amplitude-relation between the field amplitude a and the complex electronic amplitude b of a Lorentz electron with mass $2\gamma/3$ and charge unity. In ordinary units the well-known relation reads

$$b = -\frac{a}{m\,\omega^2 - \frac{2\,e^2}{3\,c^3} i \omega^3}\,.$$

By giving the imaginary part of the denominator correct, *already our roughest approximation includes the ordinary radiation damping.*

We now turn to the full discussion of (7, 3). The term with ω^3 is already peculiar to Born's electron. Being negative, it slightly reduces the small phase-lag of a behind $-b$, ascribed to radiation damping. So one would say the Born-term *counteracts* radiation damping. This correction is only of the relative order ω^2, meaning $(2\pi r_0/\lambda)^2$.

But looking upon things in another way, the Born-term *re-inforces* the effect of radiation damping. Notably it reduces the amount of scattered radiation still further, and this reduction is of the *same order of magnitude* as the well-known reduction ascribed to radiation damping. I shall prove and discuss this statement immediately. But let me say before, that in wording these phrases I have adopted the customary abbreviated expression which compares the *actual* result about the scattered radiation with the result of a truncated theory, which gives *no phase-lag at all. There is not much point in this comparison,* because the second result must be faked. For in a consistent *general* theory—regardless of what causes the scattering—*there is no scattering without phase-shift,* as can be seen from equations (2, 9), which embody that *general* theory.

To prove the statement made above, we observe that what is called the effect of radiation damping on the amount of scattered radiation is represented by the simple fact, that in the formulae (2, 9) stands $\sin^2\delta$, and not just $\tan^2\delta$. Now in sufficient approximation for our present purpose $\sin^2\delta = \tan^2\delta - \tan^4\delta$. Hence from (7, 3), *omitting* at first the Born-term,

$$\sin^2 \delta_{1,s} = \frac{\omega^2}{\gamma^2} - \frac{\omega^4}{\gamma^4}, \tag{7, 8}$$

but *including* it

$$\sin^2\delta_{1,s} = \frac{\omega^2}{\gamma^2} - \frac{\omega^4}{\gamma^4} - \frac{2}{3}\,\omega^4. \tag{7, 9}$$

That proves the statement. By the way, be not astonished to find Born's constant γ appearing in the customary terms, but absent in the Born-term. It stands for both the electrical *polarizability* (which is one half of it) and the *mass* (which is two-thirds of it).

I just said, anticipating what is to follow now, that the polarizability is only one half of γ. In N.O. we found γ for it, and this result has been confirmed in sect. 3b here. Let us calculate the cross-section for electric-dipole-scattering from (7, 9) and (2, 9), where $n = 1$, $\delta_{1,s}$ replaces δ_1 and the multiplier $8\pi/a^2$ is to be added. We get

$$s_{el.\ dipole} = \frac{8\pi}{3}\left(\frac{2\gamma}{3}\right)^{-2}\left[1 - \left(\gamma^{-2} + \frac{2}{3}\gamma^2\right)\omega^2 \ldots\right. \tag{7, 10}$$

In N.O. we obtained for the same physical quantity, under the preliminary assumption that Rayleigh-scattering and structural scattering can be just superposed (interfering, of course, but without mutually disturbing their mechanisms), the equ. (10, 10) l.c., which in our simplifying units and with omission of the ω^4-terms reads

$$s_e = \frac{8\pi}{3}\, m^{-2}\left[1 - \left(\gamma^{-2} + \frac{4}{3}\,\gamma^2\right)\omega^2 \ldots\right]. \qquad \text{(10, 10) N.O.}$$

The only discrepancy is that *the Born-correction is doubled,* which we have to declare as an *error,* caused by the illegitimacy of that preliminary assumption. Since the correction-term in question is a *bilinear* Rayleigh-Born one, the correct Born-polarizability is to be halved, thus $\gamma/2$, not γ. The "destruction" of half of the Born-correction occurs in the most essential step, viz., on solving the inhomogeneous equation (5, 8); it can so to speak be watched. From there on I can see no possibility for one of those stupid little mistakes which so often let you drop a factor, usually 2 or 1/2.

I think one does best to describe the thing the way I did, viz., that the *yielding* electron displays only half the electric polarizability of a fixed singularity. But probably it is logically impossible to distinguish between the influence of the motion on the polarization and that of the polarization on the motion. At any rate there is nothing contradictory in the different behaviour of the yielding and the fixed electron. The two cases cannot be reduced to each other by a change of frame, because it is a question of *acceleration*. And, after all, the second case is only fictitious.

Owing to the presence of the comparatively large Rayleigh-term ω/γ in the electrical-dipole-scattering-constant $\tan \delta_{1,s}$ the expansion of this constant in powers of ω^2 would have to be driven *two* steps further, to include the power ω^7, in order to get for the scattering cross-section the same precision, viz., inclusive of ω^6, as was reached for the fictitious case in sect. 3c with comparative ease.

It is obvious that the *progressive refinement* of the formula (6, 1) for our potential $F_{1,s}$ would have to proceed by the "hypergeometric" iteration process (3, 6), the terms without ω in the curved bracket constituting the "second member" for the *next* step. Since that step already deals with the *relative* order ω^4, the *other* iteration process, (3, 29) and (3, 30), which might be called the "Bessel" iteration, would now have to be consulted as well. The only question of principle that arises is the fixation of the lower limits of the couple of integrals in the "hypergeometric" iteration. For it seems a bit daring to impose a *physical* condition (viz., field not to exceed order r^{-1} at $r = 0$) in a point where admittedly the mathematical function in question never represents the physical quantity in question; moreover, to impose it on the correction terms, whilst the principal term (viz., $3z^{-\frac{1}{2}}/\omega^2$) is excused from it for that very reason.—Yet I think the demand *is* correct.

It is well to remember that these iterations, however far you carry them out, have nothing to do with the restriction to linear terms only of the perturbation field, a restriction that would not be removed, even if the approximation were superseded by an exact solution of (1, 5) and (1, 7). If the classical treatment were intended to give the ultimate description, the omission of all quadratic terms would be a grave deficiency; for among them there must be such as ought really never to be neglected, because they demand an ever increasing velocity of the electron in the direction of propagation of the incident wave, the well-known classical analogue of the Compton effect.

To work it out from Born's theory, beyond the re-statement of trivial classical results, would not only be extremely difficult, but would almost certainly fail to provide us with any useful information.

Again I wish to thank Dr. H. H. Peng, Scholar of the Institute, for interesting discussion and valuable suggestions.

III.

THE GENERAL UNITARY THEORY OF THE PHYSICAL FIELDS.

[From the Dublin Institute for Advanced Studies.]

By ERWIN SCHRÖDINGER.

[Read 25 January. Published 1 July, 1943.]

§ 1. General Description of the Theory.

H. Weyl in his pioneer work[1] of 1918 was the first to draw attention to the primordial significance of the so-called *affine connection.* Whereas the General Theory of Relativity, based on the Riemannian metrical connection, succeeded in tracing back to purely geometrical origin only[2] the gravitational field. Weyl pointed out that the affine connection contained the elements to do the same, and simultaneously, also for the electromagnetic field. The idea was taken up and generalized by Eddington[3] and then, in a most fascinating way, by Einstein.[4] But after having been at the outset very enthusiastic about it, he soon dropped it and investigated other possibilities for a unitary field theory.

The main reason for dropping it was, I believe, æsthetic displeasure, caused by a mistake, concerning the possibility of accounting for the facts with a *Lagrangian that depends only on the sixteen components* R_{kl} *of the affine curvature tensor of 2nd rank.*[5]

It will be shown here, that this assumption alone, without any further specification of the Lagrangian, is already sufficient to produce from pure and straightforward affine geometry the complete system of the differential equations of the combined gravitational and electromagnetic field. That is more than the metrical theory can claim even for the gravitational field alone; which already shows the superiority of the affine

---

[1] H. Weyl, Raum, Zeit, Materie (Berlin, Springer, 1918). Many editions and an English translation (London, Methuen & Co., 1922).

[2] I am sorry that the context entails the use of "only" in relation to the titanic achievement which consisted in the *identification of gravitation and inertia.*

[3] Comprehensive representation in A. S. Eddington, The Mathematical Theory of Relativity (Cambridge University Press, 1923).

[4] A. Einstein, Sitz. Ber. d. Preuss. Akad., pp. 32, 76, 137; 1923. Reported in Supplementary Note 14 of Eddington's later Editions.

[5] See the footnote p. 137 l.c. The mistake consisted not in giving up this assumption, but in *believing* that it was given up.

aspect. The superiority rests on the *absence of a metrical tensor* g_{kl}, which by its legitimate claim of being admitted to the Lagrangian by the side of R_{kl}, renders the Lagrangian too general. One could also say: the existence of the electromagnetic field is the *conditio sine qua non,* to make that very general geometrical description of the (combined) field possible.

But that does not exhaust the superiority. Whereas to the metrical connection one can hardly avoid to attribute an immediate bearing on the behaviour of measuring rods and clocks, which excludes *duplication,* the *affine* connection is not so directly linked with observation. Primarily it only means that some definite one-to-one correspondence between all the "vector-hedgehogs" of every small vicinity is *distinguished.* To assume that Nature distinguishes two or more correspondences of this kind from two or more different points of view is not at all unnatural and leads to no conceptual difficulties, provided that they engender only one metric.

It will be shown in § 7, and more fully in a subsequent communication, that by admitting *two* affine connections (and using the special form of Lagrangian of which we have to speak very soon) a unitary description of the gravitational, electromagnetic and *mesonic* field is obtained. Moreover it is probable that the fields of the Dirac-type can also be accounted for (see § 7).

The main part of the present communication is concerned with the gravitational-electromagnetic case alone, thus with one affinity only. The special Lagrange-function $\mathfrak{L}$ which I consider the most promising will be given by indicating a certain contact-transformed of it, called $\overline{\mathfrak{L}}$, and by indicating it not as a function of the original variables R_{kl} but of some functions thereof, defined by the contact transformation. This ingenious device was introduced here by Einstein in his third 1923-paper. The mathematical element from which we build up our Lagrangian (square-root of the determinant of an affine covariant 2nd-rank-tensor) is strongly reminiscent of the one Einstein suggested in his *first* 1923-paper (but dropped it in the *third* one). This form, which returns later in Born and Infeld's work, was, of course, suggestive. Yet our Lagrangian differs from Einstein's not only slightly, but entirely, for several reasons. He suggested that form for $\mathfrak{L}$, not for $\overline{\mathfrak{L}}$. The second-rank-tensors in question are different. We have to use *several* square-roots, *two* of them already in the one-affinity-case. Finally—and that will turn out to be very essential—our $\overline{\mathfrak{L}}$ is defined by a different contact-transformation.

The resulting *electrodynamics* is, in extremely high approximation, the Born- or Born-Infeld-electrodynamics.[6] Indeed our (contact-trans-

[6] M. Born, Proc. Roy. Soc. (A), **143**, 410, 1934. M. Born and L. Infeld, *ibid.*, **144**, 425, 1934. I have worked out consequences of this theory in Proc. Roy. Irish Acad. (A), **47**, 77; **48**, 91, 1942.

formed) Lagrangian $\bar{\mathfrak{L}}$ is adequately described by saying that it is precisely Born's and Infeld's electrodynamic Lagrangian, *without* any additional term to "take care of gravitation", only expressed in general world metric and then *interpreted* according to our affine theory.

There is still a dimensionless multiplier available in $\bar{\mathfrak{L}}$. It is non-trivial, for $\mathfrak{L}$ itself, when expressed by the R_{kl}, would contain the constant in a complicated way. This numerical constant α is very essential. It controls the "cosmical constant" of the antisymmetrical-tensor-field and allows it any desired value, independent of the cosmical constant properly speaking, the one that obtains for the symmetrical-tensor-field (gravitation). That is necessary in order to represent by two affinities, with two different α-values, two phenomena, so different in this respect, as the electromagnetic field and the meson-field.

There is no difficulty in obtaining all three "cosmical constants" in agreement with the current opinion about them. But in § 7 I shall sketch a heterodox view which I consider to be the most promising. It produces the cosmological term of gravitation as a natural consequence of the existence of the meson-field.

§ 2. Affine Geometry.

Following the procedure of Einstein's 1923-papers we endow the 4-dimensional continuum that is to serve as a *picture of the world,* with pure and straightforward *affine* geometry. Let me briefly describe this geometry, for it is not yet so familiar to physicists as the metrical one. *No Riemannian metric is assumed.* The basic notion is that of parallel displacement of a contravariant vector

$$\delta A^k = - \Gamma_{lm}{}^k A^m dx_l \qquad (\Gamma_{lm}{}^k = \Gamma_{ml}{}^k) . \tag{2, 1}$$

The forty $\Gamma_{lm}{}^k$ are the primitive field variables, just as in Riemannian geometry the ten g_{kl} are. The $\Gamma_{lm}{}^k$ determine what we call the affine connection. You can easily figure out their transformation formulae[7] and find them *linear,* but *not homogeneous.* Thus the $\Gamma_{lm}{}^k$ are not tensor-components. But if you endow the same continuum with two affine connections $\Gamma_{lm}{}^k$ and $(\Gamma_{lm}{}^k)'$, the differences $(\Gamma_{lm}{}^k)' - \Gamma_{lm}{}^k$ *are* tensor-components, because the said inhomogeneity cancels. In particular, *on varying the connection,* the $\delta \Gamma_{lm}{}^k$ constitute a tensor.

[7] A coordinate-transformation is the same thing here as in metric geometry, and so are the transformation formulae for tensors. As there, the prototypes of tensors are the *displacement,* the *gradient,* and the products of such.

From (2, 1) the notion of invariant derivative of a tensor of arbitrary rank ensues in an obvious way, the parallel displacement of a covariant vector B_k being imposed by the postulate that the invariant

$$B_k \ A^k \tag{2, 2}$$

must remain unaltered on displacement. All these *formulae* are exactly the same as in general relativity, with the $\Gamma_{lm}{}^k$ taking the place of the Christoffel-brackets $\{ lm, \ k \}$. *But there is no means of raising or lowering an index.* Contraction is only possible between indices which actually *are* on different levels.

The formula for the covariant derivative of a tensor-*density* (including a scalar density) is also the same as in general relativity, only with $\Gamma_{lm}{}^k$ standing in place of $\{ lm, \ k \}$. That is to say

$$\mathfrak{F}^{\cdots}_{\cdots ; a} = \ldots\ldots - \Gamma_{\sigma a}^{\ \sigma} \ \mathfrak{F}^{\cdots}_{\cdots} \tag{2, 3}$$

Here the semicolon, followed by a, is a convenient shorthand for: covariant derivative with respect to x_a. We have on the right only indicated the *additional* term that occurs when $\mathfrak{F}$ is a *density.* In that term $\mathfrak{F}$ carries the same indices as on the left. *Gothics* are used for densities.

In affine geometry the use of densities cannot be forgone. They arise as genuinely new and independent entities. E.g. the square-root of the determinant formed of the components of any covariant tensor of the second rank

$$\sqrt{Det. \ t_{ik}} = \text{scalar density}, \tag{2, 4}$$

just as it does in general relativity. *There* you can, if you like, contemplate the scalar you obtain on dividing it by $\sqrt{-g}$. But *here* there is no $\sqrt{-g}$ to divide by.

The elementary rule for differentiating a *product* is valid for co-differentiation as in general relativity. But if, by forming products or quotients or otherwise (e.g., by contemplating the determinant of the t_{ik} itself, not its square-root), entities of other *weight* turn up, an obvious generalisation of the meaning of the semicolon *for them* is necessary. We shall not use it.

A four-dimensional integral over an invariably defined domain has an invariant meaning if and only if the integrand is a scalar density. In this case the rule for co-differentiating a product has the agreeable effect, that for the purposes of partial integration the semicolon can be handled like an ordinary $\dfrac{\partial}{\partial x_a}$.

§ 3. THE GEOMETRICAL THEORY.

By carrying the displacement (2, 1) around an infinitesimal parallelogram[8] the existence of the Riemann-Christoffel-tensor is inferred in the familiar way

$$R^i{}_{k,lm} = -\frac{\partial \Gamma_{kl}{}^i}{\partial x_m} + \Gamma_{\tau l}^{\;i}\,\Gamma_{km}^{\;\tau} + \frac{\partial \Gamma_{km}^{\;i}}{\partial x_l} - \Gamma_{\tau m}^{\;i}\,\Gamma_{kl}^{\;\tau}\,. \qquad (3, 1)$$

On contracting with respect to i, m you get the Einstein-tensor

$$R_{kl} = -\frac{\partial \Gamma_{kl}^{\alpha}}{\partial x_\alpha} + \Gamma_{k\beta}^{\alpha}\,\Gamma_{l\alpha}^{\beta} + \frac{\partial \Gamma_{k\alpha}^{\alpha}}{\partial x_l} - \Gamma_{kl}^{\alpha}\,\Gamma_{\alpha\beta}^{\beta}\,. \qquad (3, 2)$$

On account of the third term on the right R_{kl} is not symmetrical. *That is the essential feature in virtue of which affine world-geometry includes electricity.*

We now impose on the affine connection $\Gamma_{kl}{}^m$ the "field-law" that a certain scalar density $\mathfrak{L}$, the Lagrange-function, shall have vanishing Hamiltonian derivatives with respect to the $\Gamma_{kl}{}^m$. The analysis can be carried very far and the structure that is essential for the physical interpretation (equ. (3, 22) below) can be reached, without making about $\mathfrak{L}$ any other assumption than that it shall be a function of the R_{kl} only. This we assume.

Writing $d\tau$ for the product of the four differentials, we have

$$\delta \int \mathfrak{L}\, d\tau = \int \frac{\partial \mathfrak{L}}{\partial R_{kl}}\, \delta R_{kl}\, d\tau\,, \qquad (3, 3)$$

showing that the partial derivatives of $\mathfrak{L}$ constitute a contravariant tensor-density of second rank, say for brevity

$$\frac{\partial \mathfrak{L}}{\partial R_{kl}} = \mathfrak{L}^{kl}\,. \qquad (3, 4)$$

From (3, 2) you easily confirm

$$\delta R_{kl} = -\left(\delta \Gamma_{kl}^{\alpha}\right)_{;\,\alpha} + \left(\delta \Gamma_{k\alpha}^{\alpha}\right)_{;\,l}\,. \qquad (3, 5)$$

Hence (3, 3) gives by partial integration

$$\delta \int \mathfrak{L}\, d\tau = \int \left(\mathfrak{L}^{kl}{}_{;\,\alpha} - \delta^l_\alpha\, \mathfrak{L}^{k\beta}{}_{;\,\beta}\right) \delta \Gamma_{kl}^{\alpha}\, d\tau\,. \qquad (3, 6)$$

Equating to zero the Hamiltonian derivative we get the primordial field-equations

$$\mathfrak{L}^{kl}{}_{;\,\alpha} - \delta^l_\alpha\, \mathfrak{L}^{k\beta}{}_{;\,\beta} + \mathfrak{L}^{lk}{}_{;\,\alpha} - \delta^k_\alpha\, \mathfrak{L}^{l\beta}{}_{;\,\beta} = 0\,. \qquad (3, 7)$$

[8] The existence of which has been secured by the symmetry-condition, added in brackets to (1, 1).

Contracting with respect to l, α :

$$- 4\,\mathfrak{L}^{k\beta}{}_{;\beta} + \mathfrak{L}^{\beta k}{}_{;\beta} = 0 . \qquad (3, 8)$$

Now we split $\mathfrak{L}^{kl}$ into symmetrical and antisymmetrical parts

$$\begin{aligned} \frac{1}{2}\left(\mathfrak{L}^{kl} + \mathfrak{L}^{lk}\right) &= \mathfrak{g}^{kl} \\ \frac{1}{2}\left(\mathfrak{L}^{kl} - \mathfrak{L}^{lk}\right) &= \mathfrak{f}^{kl} . \end{aligned} \qquad (3, 9)$$

Then, from (3, 8)

$$\mathfrak{L}^{k\beta}{}_{;\beta} = - \frac{2}{3}\,\mathfrak{f}^{k\beta}{}_{;\beta} . \qquad (3, 10)$$

Hence (3, 7) reads

$$\mathfrak{g}^{kl}{}_{;\alpha} + \frac{1}{3}\,\delta^{l}_{\alpha}\,\mathfrak{f}^{k\beta}{}_{;\beta} + \frac{1}{3}\,\delta^{k}_{\alpha}\,\mathfrak{f}^{l\beta}{}_{;\beta} = 0 . \qquad (3, 11)$$

Put for brevity

$$\mathfrak{f}^{k\beta}{}_{;\beta} = \frac{\partial\,\mathfrak{f}^{k\beta}}{\partial x_{\beta}} = \mathfrak{i}^{k} \qquad (3, 12)$$

(physically it is going to be the current-density).

We determine to solve the forty equations (3, 11) with respect to the $\Gamma_{kl}{}^{m}$ *implied by the first semicolon.* For thus we express them, in principle, by the R_{kl} and their first derivatives. Carrying that into (3, 2) we get, in principle, sixteen differential equations of the second order for the sixteen R_{kl} .

Now, if the $\mathfrak{i}^{k}$ happened to be zero, then the $\Gamma_{kl}{}^{m}$ would obviously have to be the Christoffel-brackets formed of two symmetrical tensors g_{kl}, g^{kl}, which are uniquely defined by the familiar formulae

$$\begin{aligned} \mathfrak{g}^{kl} &= \sqrt{-g}\; g^{kl} \\ g_{k\alpha}\, g^{l\alpha} &= \delta_{k}^{l} , \end{aligned} \qquad (3, 13)$$

where g is the determinant of the g_{kl} . Even with the $\mathfrak{i}^{k} \neq 0$, the introduction of the Latin g's is very helpful and the solution of the forty linear equations works out thus:

$$\Gamma_{kl}{}^{m} = \left\{kl, m\right\} - \frac{1}{2}\, g_{kl}\, i^{m} + \frac{1}{6}\,\delta_{k}{}^{m}\, i_{l} + \frac{1}{6}\,\delta_{l}{}^{m}\, i_{k} . \qquad (3, 14)$$

Here the { } means the Christoffel-bracket formed of the g's. Moreover we have anticipated a convention to be formulated now: we shall henceforth freely use the g's in the familiar way to raise and lower indices and to go over from tensors to densities and vice-versâ. *Any* covariant symmetric second-rank-tensor and its normalized minors might, by convention, be used that way, that is to say they would furnish affine entities of the required characters. The affine character of the geometry and, more particularly, the meaning of the semicolon remains, of course, untouched. To illustrate the meaning: the letter i_k is just short for $(-g)^{-\frac{1}{2}} g_{k\alpha} \mathfrak{i}^{\alpha}$.

We have now to carry (3, 14) into (3, 2), whereby it is useful to note the contraction of (3, 14), viz.

$$\Gamma_{k\alpha}^{\alpha} = \frac{\partial \log \sqrt{-g}}{\partial x_k} + \frac{1}{3} i_k . \tag{3,15}$$

After some work you get

$$R_{kl} = G_{kl} + \frac{1}{6}\left(\frac{\partial i_k}{\partial x_l} - \frac{\partial i_l}{\partial x_k}\right) + \frac{1}{6} i_k i_l . \tag{3,16}$$

Here G_{kl} is short for the Einstein-tensor—not the one of the present theory (which is R_{kl}) but the one formed in the familiar way out of the g_{kl}.

The form of (3, 16) suggests to avoid the cumbersome task of expressing, first g_{kl}, then G_{kl}, by R_{kl}, but rather to do something like the vice-versâ.

From (3, 4) and (3, 9) the complete differential

$$d\mathfrak{L} = \mathfrak{L}^{kl} dR_{kl} = (\mathfrak{g}^{kl} + \mathfrak{f}^{kl})\, dR_{kl} . \tag{3,17}$$

Now split R_{kl} thus

$$\begin{aligned} \frac{1}{2}\left(R_{kl} - R_{lk}\right) &= \gamma_{kl} \\ -\frac{1}{2}\left(R_{kl} - R_{lk}\right) &= \phi_{kl} . \end{aligned} \tag{3,18}$$

Then

$$\begin{aligned} d\mathfrak{L} &= \mathfrak{g}^{kl} d\gamma_{kl} - \mathfrak{f}^{kl} d\phi_{kl} \\ &= d(\mathfrak{g}^{kl}\gamma_{kl}) - \gamma_{kl}\, d\mathfrak{g}^{kl} - \mathfrak{f}^{kl} d\phi_{kl} \end{aligned} \tag{3,19}$$

Instead of indicating the function $\mathfrak{L}(R_{kl})$ or, what is the same, the function $\mathfrak{L}(\gamma_{kl}, \phi_{kl})$ that is to govern the particular structure of our affine continuum—instead of indicating that function *itself*, it will *amount* to the same, if we give its contact-transformed

$$\mathfrak{g}^{kl}\gamma_{kl} - \mathfrak{L} = \overline{\mathfrak{L}}(\mathfrak{g}^{kl}, \phi_{kl}) . \tag{3, 20}$$

From (3, 19)

$$\begin{aligned} \gamma_{kl} &= \frac{\partial \overline{\mathfrak{L}}}{\partial \mathfrak{g}^{kl}} \\ \mathfrak{f}^{kl} &= \frac{\partial \overline{\mathfrak{L}}}{\partial \phi_{kl}} . \end{aligned} \tag{3, 21}$$

It is convenient to split (3, 16) according to (3, 18). In the symmetrical constituent we make a familiar re-adjustment, in order to throw the "conventional matter tensor" into relief (on the left-hand side). Moreover we copy the relevant equation (3, 12):

$$-\left(G_{kl} - \frac{1}{2} g_{kl} G\right) = T_{kl} + \frac{1}{6}\left(i_k i_l - \frac{1}{2} g_{kl} i^a i_a\right) \qquad (3, 22a)$$

$$\phi_{kl} = \frac{1}{6}\left(\frac{\partial i_l}{\partial x_k} - \frac{\partial i_k}{\partial x_l}\right) \qquad (3, 22b)$$

$$\frac{\partial \mathfrak{f}^{k\beta}}{\partial x_\beta} = \mathfrak{i}^k, \qquad (3, 22c)$$

where we have put for brevity

$$T_{kl} = -\left(\gamma_{kl} - \frac{1}{2} g_{kl} g^{\mu\nu} \gamma_{\mu\nu}\right). \qquad (3, 22d)$$

These are the general field-laws of gravitation and electrodynamics. As claimed in § 1, they result from the affine connection with no other specification of the Lagrangian than that it should depend on the R_{kl} only. Though the quantitative interpretation must be deferred to § 5, we already observe that ϕ_{kl} is the electromagnetic *field* (usually called *B*, *E*). According to (3, 22 b) its "cyclical divergence" vanishes (first set of Maxwell's equations). The second set of Maxwell's equations is (3, 22c), where $\mathfrak{f}^{kl}$ is the conjugate field-density (usually called *H*, $-D$). The *current* proves to be at the same time the negative of the *potential* (in suitable units; this feature is essential for representing also the meson-field by an affinity). The g_{kl} are, of course, the gravitational potential and (3, 22a) are Einstein's field-equations of gravitation. γ^{kl} is in a similar way conjugate to g_{kl} (or, say, to $\mathfrak{g}^{kl}$), as the two electric six-vectors are to each other. It determines T_{kl} which—*in a certain sense* and apart, maybe, from a tensor with vanishing metrical divergence, e.g. the cosmological term—is the field-energy-tensor of the electromagnetic field.

The latter view is strongly supported by the following preliminary consideration about the *conservation laws.* I am greatly indebted to H. W. Peng, who drew my attention to it, and I insert it here, with instant warning, that it must not confuse us about the fact, that our geometrical model is *affine,* and ever remains so, and that all the tensors we use are *true affine* tensors.

We execute on (3, 22a) the analytical operation which would be called "forming the divergence," if the geometry were Riemannian with the metrical tensor g_{kl}. (The true affine divergence could not be formed directly, because the tensors are covariant.) From (3, 14) it will be realised, that the said analytical operation none the less produces an affine tensor-equation. Moreover it produces zero on the left-hand side, whereas the right-hand side, using (3, 22b), (3, 22c) and the simple connection between Gothic and Latin i's, works out thus:

$$O = \frac{\partial (T_k{}^l \sqrt{-g})}{\partial x_l} - \frac{1}{2}\sqrt{-g}\, T^{\mu\nu} \frac{\partial g_{\mu\nu}}{\partial x_k} + \sqrt{-g}\, i^l \phi_{lk} \, . \quad (3, 23)$$

An admissible interpretation of the three terms is: the first one is the frame-bound "naïve" divergence of the electromagnetic field-energy-tensor. The second one, taken negative, is the (equally frame-bound) energy-momentum conferred by the gravitational field on the electromagnetic field. The third one is the energy-momentum conferred by the electromagnetic field on the charges. I say, this is an admissible and quite an illuminating interpretation, but it must be kept in mind that the dissection into the three parts is somewhat arbitrary, the first one because it is not even independent of the frame, the second one, because the distinction between the energy of the field and the energy of the charges does not seem to be very clear. I think this arbitrariness is a necessary and even a precious feature of a theory in which the two fields and the charge actually merge into one. Moreover the consideration is in this form only preliminary. For we have produced the conservation-laws only as *equations which follow from the field-equations.* We are entitled to expect that they are more, viz. that they are *differential identities* entailed by (3, 21) (which we have not used), differential identities between the first members of the field-equations, when the latter are written with all their second members zero. We shall not broach this question in the present paper.

§ 4. THE SPECIAL LAGRANGIAN.

We now introduce a special Lagrangian by

$$\overline{\mathfrak{L}} = 2a \left\{ \sqrt{-\text{Det.}\,(g_{kl} + \phi_{kl})} - \sqrt{-\text{Det.}\,(g_{kl})} \right\}, \quad (4, 1)$$

where a is a *numerical* constant. On computation we get

$$\overline{\mathfrak{L}} = 2a\sqrt{-g}\,(r - 1) \quad (4, 2)$$

with

$$\left.\begin{aligned} r &= \sqrt{1 + \tfrac{1}{2}\phi^{kl}\phi_{kl} - I_2^2} \\ I_2 &= \frac{1}{8\sqrt{-g}}\,\varepsilon^{\alpha\beta\gamma\delta}\,\phi_{\alpha\beta}\,\phi_{\gamma\delta} = \frac{1}{4}\phi^{*kl}\,\phi_{kl} \\ \phi^{*kl} &= \frac{1}{2\sqrt{-g}}\,\varepsilon^{kl\alpha\beta}\,\phi_{\alpha\beta} \, . \end{aligned}\right\} \quad (4, 3)$$

The ϵ is the antisymmetric tensor-density[9] of 4th rank (components $0, \pm 1$). The star indicates the *dual.* I_2 is the "second invariant." It will be seen that $\mathfrak{L}$ is essentially Born's Lagrangian, with ϕ_{kl} in place of his (B, E).

Working out the derivatives required in (3, 21) one obtains

$$\begin{aligned}
\frac{\partial \overline{\mathfrak{L}}}{\partial \phi_{kl}} &= \mathfrak{f}^{kl} = \frac{a\sqrt{-g}}{r}\left(\phi^{kl} - I_2\,\phi^{*kl}\right) \\
\frac{\partial \overline{\mathfrak{L}}}{\partial \mathfrak{g}^{kl}} &= \gamma_{kl} = \frac{a}{r}\Big[g^{\alpha\beta}\,\phi_{k\alpha}\,\phi_{l\beta} - g_{kl}\,(r-1)\Big] \\
\frac{1}{2}\,g^{\mu\nu}\,\gamma_{\mu\nu} &= \frac{a}{2r}\Big[\phi^{\alpha\beta}\,\phi_{\alpha\beta} - 4\,(r-1)\Big] \qquad (4, 4) \\
-\left(\gamma_{kl} - \frac{1}{2}\,g_{kl}\,g^{\alpha\beta}\,\gamma_{\alpha\beta}\right) &= \\
&= \frac{a}{r}\left[-\,g^{\alpha\beta}\,\phi_{k\alpha}\,\phi_{l\beta} + \frac{1}{2}\,g_{kl}\,\phi^{\alpha\beta}\,\phi_{\alpha\beta} - g_{kl}\,(r-1)\right].
\end{aligned}$$

Of course, $\mathfrak{f}^{kl}$ agrees in form with Born's contravariant tensor-density $(H, -D)$. The symmetric tensor in the last line agrees with Born's energy-tensor. The unusual coefficient $\frac{1}{2}$ on the right-hand side of this line is reduced to the familiar $\frac{1}{4}$ by the term $-\,g_{kl}\,(r-1)$, if $r-1$ is small. Only in this approximation does the contraction of our tensor vanish. Its approximate value is $a\,I_2^2\,/\,r$.

We carry these results into (3, 22) and obtain our final system of geometrical field-equations:

$$-\left(G_{kl} - \frac{1}{2}\,g_{kl}\,G\right) = \frac{a}{r}\left[-\,\phi_k{}^{\alpha}\,\phi_{l\alpha} + \frac{1}{2}\,g_{kl}\,\phi^{\alpha\beta}\,\phi_{\alpha\beta} - g_{kl}\,(r-1)\right] + \\ + \frac{1}{6}\left(i_k\,i_l - \frac{1}{2}\,g_{kl}\,i^{\alpha}\,i_{\alpha}\right) \qquad (4, 5a)$$

$$\phi_{kl} = \frac{1}{6}\left(\frac{\partial i_l}{\partial x_k} - \frac{\partial i_k}{\partial x_l}\right) \qquad (4, 5b)$$

$$\frac{a}{\sqrt{-g}}\,\frac{\partial}{\partial x_\sigma}\left[\frac{\sqrt{-g}}{r}\left(\phi^{k\sigma} - I_2\,\phi^{*k\sigma}\right)\right] = g^{k\sigma}\,i_\sigma\,. \qquad (4, 5c)$$

They are twenty equations[10] for the twenty variables g_{kl}, ϕ_{kl}, i_k.

---

[9] Consistent notation would require a Gothic letter to be used for ϵ. We keep to the inconsistent custom.

[10] We should expect four differential identities between them, resulting from the fact, that a transformation of coordinates must leave the four-dimensional integral of the scalar density $\mathfrak{L}$ invariant. But these four identities are of a more complicated type here than in the metrical case. For, the transformation formulae of the Γ^{k}_{lm} involve not only the first but also the second derivatives of one set of coordinates with respect to the other set. That results in differential identities of the second instead of the first order. With *two* affinities a true *tensor* of the type Γ^{k}_{lm} turns up, namely their difference. That may produce first order identities. I should not be astonished if the proper conservation identities could only be obtained *together with the meson-field.*

It is interesting to compute from (3, 20) and from the second set (4, 4) the function $\mathfrak{L}$, the Lagrangian properly speaking. With regard to (4, 3) you easily obtain

$$\mathfrak{L} = \frac{2a\sqrt{-g}}{r}(1 - r + I_2^2). \tag{4, 5}$$

At first sight one wonders how the numerical constant a (the *vital* importance of which will very soon turn out) should have any meaning at all, since also in $\mathfrak{L}$ itself it appears to be just a constant multiplier. But one must not forget that the variational variables are the Γ_{lm}^k. Hence in (4, 5) the g_{kl} have to be expressed by the γ_{kl}, with the help of the second set (4, 4); which is, in principle, possible. It will be realized that this results in a *very complicated* dependence of $\mathfrak{L}$ on a. Apart from the trivial multiplier a, $\mathfrak{L}$ is a complicated function of the $a^{-1}\gamma_{kl}$ and of the ϕ_{kl}. A *moderate* or *large* value of a (as will be required for the electromagnetic field) *enhances* the influence of the anti-symmetrical part of the affine curvature tensor as compared with that of the symmetrical part. A small value of a (as will be required for the meson-field) *reduces* the relative influence of the anti-symmetrical part. In current physical language the value of a will turn out to be inversely proportional to the square of the rest-mass of the "particle" in question.

These considerations show, how vital it is to have chosen the contact-transformation (3, 20) in such a way that it exchanges only the symmetrical variables γ_{kl}, $\mathfrak{g}^{kl}$, and not also the anti-symmetrical variables ϕ_{kl}, $\mathfrak{f}^{kl}$.

§ 5. THE PHYSICAL INTERPRETATION.

The field-equations (4, 5) refer as yet to a purely geometrical construction, the four-dimensional affine picture-continuum. The physical hypothesis consists in establishing, by definition, between the affine tensors of the geometrical model and the physical tensors, as gravitational potential, electric field-strength, etc., *the correlations* which shall hold when the latter tensors are expressed in *gram-centimetre-units* (g.c.u.). We do not introduce the second of time, but put the velocity of light equal to unity. For it is convenient that in the important special case of Galilean or approximately Galilean physical coordinates all the components of a physical tensor should have the same physical dimension and the $\hat{g}_{ik}$ the familiar dimensionless values $-1, -1, -1, 1$.

The affine coordinates of the geometrical model are, by definition, identified with general Einsteinian world-coordinates. The covariant g.c.u.-potential, say $\hat{g}_{kl}$, and the covariant g.c.u.-field strength, say $\hat{\phi}_{kl}$, shall be connected with g_{kl} and ϕ_{kl} respectively by

$$g_{kl} = \gamma\hat{g}_{kl}, \qquad \phi_{kl} = \beta\hat{\phi}_{kl}, \tag{5, 1}$$

where γ and β are physical constants. That entails, in a similar notation,

$$g^{kl} = \gamma^{-1} \hat{g}^{kl}, \qquad \phi^{kl} = \gamma^{-2} \beta \hat{\phi}^{kl}, \qquad (5, 2)$$

$$\sqrt{-g} = \gamma^2 \sqrt{-\hat{g}}, \qquad I_2 = \gamma^{-2} \beta^2 \hat{I}_2, \qquad (5, 3)$$

$$G_{kl} = \hat{G}_{kl}, \qquad g_{kl} G = \hat{g}_{kl} \hat{G}. \qquad (5, 4)$$

From (2, 25)

$$r = \sqrt{1 + \tfrac{1}{2}\gamma^{-2} \beta^2 \hat{\phi}^{kl} \hat{\phi}_{kl} - \gamma^{-4} \beta^4 \hat{I}_2^2}. \qquad (5, 5)$$

If that is to be Born's square-root, we must have

$$\gamma\beta^{-1} = [b] = \frac{b}{c} = 3{\cdot}06 \,.\, 10^5 \, g^{\frac{1}{2}} cm^{-\frac{3}{2}}, \qquad (5, 6)$$

where $[b]$ means Born's constant in g.c.u. and $b = 9{\cdot}18 \,.\, 10^{15}$ e.s.u.

Now from (5, 1) – (5, 4) and (4, 5a) we must have (anticipating that the quadratic i_k-term must be negligible in vacuo)

$$a\gamma^{-1} \beta^2 = \frac{a\gamma c^2}{b^2} = 8\pi\kappa = \frac{8\pi k}{c^2}, \qquad (5, 7)$$

where κ is the gravitational constant in g.c.u. and k the ordinary one ($= 6{\cdot}67 \,.\, 10^{-8}$). Hence

$$a\gamma = \frac{8\pi k b^2}{c^4} = 2 \,.\, 10^{-16} \, cm^{-2}. \qquad (5, 8)$$

From (4, 5b) and (4, 5c) the vector i_k acts both as electric potential ($\hat{A}_k$) and current-density ($\hat{\mathfrak{i}}_k$). More especially.

$$\hat{A}_k = \frac{1}{6\beta} i_k \qquad (5, 9)$$

$$\hat{\mathfrak{i}}_k = -\frac{\gamma}{a\beta} i_k \sqrt{-\hat{g}}. \qquad (5, 10)$$

Thus

$$\hat{\mathfrak{i}}_k = -\frac{6\gamma}{a} \hat{A}_k \sqrt{-\hat{g}} = -\frac{1{\cdot}2 \,.\, 10^{-15} \, cm^{-2}}{a^2} \hat{A}_k \sqrt{-\hat{g}}. \qquad (5, 11)$$

The constant of this equation shall be called the *cosmical constant of light*. According to the present theory it need not be equal to the cosmical constant of gravitation, and so we have to distinguish between the two. The light-constant also turns up in the quadratic i_k-terms of (4, 5a). Expressing them by $\hat{A}_k$, from (5, 6) you obtain their order of magnitude

$$6\beta^2 \hat{A}_k \hat{A}_l. \qquad (5, 12)$$

The corresponding energy density is obtained on dividing by $8\pi\kappa$. Thus, from (5, 7) and (5, 8) it is

$$\frac{6\gamma}{a}\hat{A}_k\hat{A}_l = \frac{1{\cdot}2\,.\,10^{-15}\,cm^{-2}}{a^2}\hat{A}_k\hat{A}_l\,. \qquad (5, 13)$$

By assigning to the numerical constant a, which is completely at our disposal, the value of about 10^{20}, we can easily conform with the traditional view about the constant in (5, 11) and (5, 13). But examining the experimental evidence, I can find nothing to compel us to take a larger than of the order of, say, 10 or, at most, 30. The question will be taken up in § 7.

No cosmological term has turned up for gravitation in equ. (4, 5a). The absence of this term does not infringe on any definite observational evidence.[11] On the other hand, the missing term could be procured by the simple, though somewhat artificial device of assigning to the first square-root within the curved bracket of (4, 1) a numerical factor very slightly larger than 1. But a much more interesting possibility will be pointed out in § 7, viz. that the term in question is the natural consequence of the existence of the meson-field.

For the moment we state, that the correlation between our geometrical picture and physical reality has been satisfactorily established anyhow. The relevant connections are (5, 6) and (5, 8), with the numerical constant a large enough to meet the requirements of observational evidence.

§ 6. The Character of the Union.

The *unions* which this theory establishes are not comparable with the one between electricity and magnetism in Maxwell's theory, they are analogous with that between *field* and *charge* in Maxwell's theory. For whereas, *on the one hand* a Maxwellian field *can* be purely electric or purely magnetic in a given region, but neither of these properties has an invariant meaning, *on the other hand* a field free of charges *can* exist, a charge-distribution without a field *cannot* exist and the two statements that a region is free of charges or that it carries no field both *are* invariant statements.

Now in the present theory we have *three* things

A. Gravitational field.

B. Electromagnetic field.

C. Charges.

---

[11] See R. C. Tolman, Relativity, Thermodynamics and Cosmology (Oxford, Clarendon Press, 1934), § 183.

The statements about a region, expressed symbolically by

$$A = 0, \quad B = 0, \quad C = 0$$

are all three invariant statements. Moreover the *first* entails the *second* and the *third*, whereas the second and the third entail each other. Thus the union is of the type of the Maxwellian charge-field-union, but with a *stronger linkage.* For out of the *six* possible enouncements of the type: "if $A = 0$, then $B = 0 \ldots$" *four* are true (in the case used for comparison only *one* out of *two*).

These considerations will need to be supplemented when other fields are taken into account.

§ 7. Other Fields. The Cosmological Term. Born's Electron.

The subject will be dealt with in full in a later paper. I will here only give a brief sketch.

By a different choice of the primordial numerical constant a, viz. by taking it *small*, one can inflict upon the ϕ_{kl}-waves that strong dispersion of the de Broglie-type which corresponds to the rest-mass of the meson. At the same time the quadratic i_k-term in (4, 5a) which is strongly reminiscent of the primitive energy-tensor of *particles* gains power.

Assuming then, as was foreshadowed in § 1, *two* affinities, the two a-values must be appropriately chosen. There is a suggestion for determining both of them. Since there will be only *one* metric, the constant γ is the same in both cases. Hence, from the *first* equation (5, 11) the "cosmical constant" of the anti-symmetrical-tensor-waves (the light-field and the meson-field respectively) are inversely proportional to the respective a-values. Taking the meson-mass to be 170 electron-masses, its "cosmical constant" works out to be $1{\cdot}94 \,.\, 10^{25}$ cm.$^{-2}$. Hence from the *second* equation (5, 11) we must have

$$1{\cdot}94 \,.\, 10^{25}\, cm^{-2} = \frac{1{\cdot}2 \,.\, 10^{-15}}{a\,a'}\, cm^{-2}, \tag{7, 1}$$

giving

$$a\,a' = 0{\cdot}62 \,.\, 10^{-40}, \tag{7, 2}$$

where a' is the value for the meson.

The underlying idea is, that the full Lagrangian $\overline{\mathfrak{L}}$ including the meson-field, be somewhat like

$$\overline{\mathfrak{L}} = 2a \left\{ \sqrt{-\,\mathrm{Det.}\,(g_{ik} + \phi_{ik})} + \frac{a'}{a}\sqrt{-\,\mathrm{Det.}\,(g_{ik} + \phi_{ik} + \psi_{ik})} - \sqrt{-g} \right\}. \tag{7, 3}$$

ψ_{ik} is the mesonfield. (I have not yet fully tested this Lagrangian. It is likely to give the correct interlocking. A duplication of the metric is avoided by assuming, that $\mathfrak{L}$ depends only on the sum of the two curvature-tensors and on the anti-symmetric part of their difference, but not on the symmetric part of their difference).

If (7, 3) is accepted, *the meson-term creates a cosmical term for gravitation* with the constant $\alpha'\gamma$. We equate it to the numerical value suggested by Tolman, l.c., § 141:

$$\alpha'\gamma = 9{\cdot}3 \,.\, 10^{-58}\, cm^{-2} \,. \tag{7, 4}$$

Combining this with (5, 8) we get

$$\frac{\alpha}{\alpha'} = \frac{2 \,.\, 10^{-16}}{9{\cdot}3 \,.\, 10^{-58}} = 2{\cdot}15 \,.\, 10^{41} \,. \tag{7, 5}$$

From (7, 2) and (7, 5)

$$\left.\begin{aligned} \alpha^2 &= 13{\cdot}3 \\ \alpha'^2 &= 2{\cdot}9 \,.\, 10^{-82} \,. \end{aligned}\right\} \tag{7, 6}$$

For the constant of (5, 11)—the cosmical constant of light—we get

$$\frac{1{\cdot}2 \,.\, 10^{-15}}{\alpha^2} = 9 \,.\, 10^{-17}\, cm^{-2} \,. \tag{7, 7}$$

The reciprocal square root, the "characteristic length" is about 1000 km.

Against such a low order of the characteristic length of the electromagnetic field there is, I think, less experimental evidence than one is liable to fear at first sight. As far as I can see, the only serious objection is, that not only the electric, but also the magnetic field of the earth would die down exponentially within a few thousands of km from the earth's surface and thus might not suffice to account for the concentration of aurora borealis around the poles and for the latitude effect of cosmic radiation.[12] On the other hand the hypothesis opens a way out of a paradox which has resisted solution for almost half a century: the maintenance of the earth's electric charge. For, under this aspect, a point-charge is practically neutralised by the space-charge surrounding it within a sphere of a few thousands of kilometres. Hence the production of single electrons within an extended celestial body no longer violates the equation of continuity of electricity. In the case of the earth a very low rate of production per cm³, about one every fortnight, would suffice to account for the permanent vertical current in the atmosphere.

But I would not like the main argument of this paper to be marred by these speculations, which at first sight may appear fantastic. Hence I beg to regard the numerical estimates of this § as tentative only.

In view of the efficiency of the affine connection in accounting for quite a few important features of the actual world from a minimum of arbitrary assumptions, it is natural to anticipate that it engenders also the fields of the Dirac-type and their interlocking with each other and with the other fields. It is pretty obvious that they must result from the self-dual and self-antidual constituents into which the anti-symmetric part of an R_{kl} can be split, just as the six-vector fields result from the

---

[12] But the *dipole*-field, being the *second* derivative of the Yukawa-potential, dies down much less rapidly than the latter!

anti-symmetric parts themselves. The splitting involves, of course, the secondary metrical tensor g_{kl}, but the tensors you obtain are true affine tensors. And the Lagrangian $\mathfrak{L}$ or $\overline{\mathfrak{L}}$ remains a function of the R_{kl}-tensors only, even though the three-componental tensors will have to stand out in $\overline{\mathfrak{L}}$; for they themselves are functions of the R_{kl} only.

I do not mean that new affine connections will be needed to account for the well-known Dirac-fields. For, after all, the positrons and negatrons are but the sources of the electro-magnetic field, and the heavy nuclear particles the sources of the mesonic field. It ought to be sufficient to take the results of splitting the anti-symmetrical parts of the respective curvature tensors into account, in building up an $\overline{\mathfrak{L}}$-function very much of the type (7, 3).

Another imminent task will be to examine according to the present theory, Born's electron in the immediate neighbourhood of its centre. Since the present theory contains space-charges, I deem it rather probable that the singularity may prove to be only apparent. But the charge will certainly be restricted to a region very small compared with the "radius" of Born's electron ($r_0 = 2{\cdot}28 \,.\, 10^{-13}$ cm.). The absence of a true singularity would be quite interesting even though it has become outmoded to search for a purely classical solution of "the elementary particle."

After reading a copy of this paper, my friend A. J. McConnell, F.T.C.D., remarked that the *duplication* of the affine connection, though admissible, was after all strange. At the same time he asked: was the *symmetry-condition* in (2, 1) necessary? This makes one think of the following *alternative.* If the symmetry-condition is waived, it follows from the transformation formula of $\Gamma'_{lm}{}^{k}$, that together with it also $\Gamma_{lm}{}^{k}$ is a (non-symmetric) affinity and $\frac{1}{2}(\Gamma_{lm}{}^{k} + \Gamma_{ml}{}^{k})$ is a symmetric affinity, which we could take to be the one on which the derivation of (3, 22) is founded. But in addition we have now a 3rd rank *tensor,* viz. $\Gamma_{lm}{}^{k} - \Gamma_{ml}{}^{k}$, anti-symmetric with respect to *m, l,* so with 24 independent components. This tensor, when admitted to the Lagrangian, might account for the meson-field.

The device is not *toto genere* different from the former. For, to give oneself *two symmetric* affinities also amounts to giving *one* symmetric affinity plus a tensor of 3rd rank (viz. their difference). Only, in this case, the latter is *symmetric.*

I wish to thank my friends H. W. Peng and L. W. Pollak for illuminating discussion.

Note, added on proof.—The prospect, cherished in §§ 6 and 7, that the four-vector i_k already includes the actual charges seems to be a fallacy. I therefore beg to regard *all* the suggestions of § 7 as utterly preliminary.

IV.

A NEW EXACT SOLUTION IN NON-LINEAR OPTICS (TWO-WAVE-SYSTEM).

[FROM THE DUBLIN INSTITUTE FOR ADVANCED STUDIES.]

BY ERWIN SCHRÖDINGER.

[Read 12 APRIL. Published 16 JUNE, 1943.]

§ 1. INTRODUCTION.

IN any non-linear theory of light the first task is to find the mutual influence of two[1] plane waves of such further specification (as to wave-form and polarization) as may render the answer simplest. When I tackled this problem last year by methods of approximation, at the outset of my investigations of Born's theory,[2] it escaped me that an exact solution is accessible. As usual, it is simpler than the approximate one. I communicate it here by itself. For all that I know it is only the *second* non-trivial exact solution of any problem in any non-linear electrodynamics (the *first* being the centrally symmetric static solution, "Born's electron").

§ 2. SIMPLIFYING TRANSFORMATION.

If it is at all possible to satisfy Born's theory exactly by the superposition of two plane waves crossing each other under an arbitrary angle, a suitable Lorentz-transformation will make the two waves antiparallel. Hence we can simplify our task by investigating the antiparallel case only, being sure that by this specialisation we lose nothing in generality.

§ 3. COMPLYING WITH THE FIELD-EQUATIONS.

Using the notations introduced in sect. 3 of N.O., the analytic expression of a single plane, *circularly polarized* wave is

$$\begin{aligned} \mathfrak{F} &= C\,\mathfrak{a}\,e^{i(\nu t - \mathfrak{k}\mathfrak{r})} \\ \mathfrak{G} &= i\,A\,\mathfrak{F} \end{aligned} \qquad (1)$$

[1] *One* plane Maxwellian wave is almost of necessity an exact solution. See appendix I.

[2] Proc. Roy. Irish Acad. (A) **47**, 77; **48**, 91, 1942. The first of these two papers ("Non-linear Optics") is referred to here as N.O. Only its first few pages are needed here.

See (3, 1) N.O. But we have here enhanced the setting by the *real constant* A, which (see (2, 1) N.O.) allows for a "dielectric constant" = permeability = A^{-1}. We allow it to be negative, when the wave is called "abnormal." The necessity of including here *abnormal* waves, even though we are not interested in them *per se*, will emerge later.

We recall that for the complex polarization-vector $\mathfrak{a}$

$$\mathfrak{a}^2 = \mathfrak{a}^{*2} = 0, \qquad (\mathfrak{a}^* \mathfrak{a}) = 2, \qquad (\mathfrak{a}\,\mathfrak{k}) = (\mathfrak{a}^* \mathfrak{k}) = 0. \tag{2}$$

From these relations one easily infers [3] that the cross-product

$$[\mathfrak{k}\,\mathfrak{a}] = - i\varepsilon \,|\,\mathfrak{k}\,|\, \mathfrak{a} \tag{3}$$

with $\varepsilon = \pm 1$ (undecided). To satisfy the *field-equations*

$$\text{curl } \mathfrak{G} + \dot{\mathfrak{F}} = 0, \qquad \text{div } \mathfrak{F} = 0, \tag{4}$$

we insert (1) into (4), and find the only further demand.

$$\nu = \varepsilon A \,|\, \mathfrak{k} \,|\,. \tag{5}$$

Hence

$$\varepsilon = \text{sign. } A\nu \tag{6}$$

and

$$|\,A\,| = \text{phase velocity.} \tag{7}$$

Since ν, $\mathfrak{k}$, A can independently be replaced by their negatives, *eight* different types of wave are associated with an (ambivalent) direction. The corresponding three geometrical characteristics of the wave are: direction of propagation (±); polarization (R, L); "normality" (n = normal, a = abnormal). The association of geometrical and analytical characteristics is indicated by the following table:—

Geometrical	Analytical Characteristic			
$+ R\ n$	ν	$\mathfrak{k}$	$\mathfrak{a}$	A
$+ L\ n$	$-\nu$	$-\mathfrak{k}$	$\mathfrak{a}$	A
$- R\ n$	ν	$-\mathfrak{k}$	$\mathfrak{a}^*$	A
$- L\ n$	$-\nu$	$\mathfrak{k}$	$\mathfrak{a}^*$	A
$+ R\ a$	$-\nu$	$-\mathfrak{k}$	$\mathfrak{a}^*$	$-A$
$+ L\ a$	ν	$\mathfrak{k}$	$\mathfrak{a}^*$	$-A$
$- R\ a$	$-\nu$	$\mathfrak{k}$	$\mathfrak{a}$	$-A$
$- L\ a$	ν	$-\mathfrak{k}$	$\mathfrak{a}$	$-A$

(8)

[3] Relations which contain $\mathfrak{a}$ within a cross-product are better not taken over from N.O., but established anew, because the *sign of A* interferes with them. The derivation of (3) is given here in appendix II.

Explanation: In this table ν and A mean *positive* numbers and $\mathfrak{k}$ and $\mathfrak{a}$ mean certain vectors, the relations (3) and (5) holding between them, with $\varepsilon = +1$. On replacing the quantities ν, $\mathfrak{k}$, $\mathfrak{a}$, A *in equations* (1) by the quantities indicated in the 2nd-5th columns *of the table*, you obtain a wave with the characteristics indicated in the *first* column, where the sign + means propagation *in the direction* of $\mathfrak{k}$. Behold that for *abnormal* waves $\nu > 0$ means *left*-hand-polarization.

§ 4. COMPLYING WITH THE ALGEBRAIC CONDITIONS.

Since the field equations (4) are linear, any number of waves like (1) can be superimposed. But in order to obtain a *solution* we must also satisfy the conditions of conjugateness

$$\begin{aligned} \mathfrak{G}^* &= \frac{2}{(\mathfrak{F}\,\mathfrak{G})}\left(\mathfrak{F} - \tfrac{1}{2}\mathbf{L}\,\mathfrak{G}\right) \\ \mathfrak{F}^* &= \frac{2}{(\mathfrak{F}\,\mathfrak{G})}\left(-\,\mathfrak{G} - \tfrac{1}{2}\mathbf{L}\,\mathfrak{F}\right). \end{aligned} \tag{9}$$

See (2, 4) N.O. For a single wave they demand $A = \pm 1$, and thus $|\mathfrak{k}| = |\nu|$. We shall now show that they can be satisfied for a couple of waves, one of which carries the polarization vector $\mathfrak{a}$, the other $\mathfrak{a}^*$. So we put

$$\begin{aligned} \mathfrak{F}_1 &= C_1\,\mathfrak{a}\,e^{i(\nu_1 t - \mathfrak{k}_1 \mathfrak{r})}, & \mathfrak{F}_2 &= C_2\,\mathfrak{a}^*\,e^{i(\nu_2 t - \mathfrak{k}_2 \mathfrak{r})}, \\ \mathfrak{F} &= \mathfrak{F}_1 + \mathfrak{F}_2 & \mathfrak{G} &= i(A_1\mathfrak{F}_1 + A_2\mathfrak{F}_2). \end{aligned} \tag{10}$$

Here $\mathfrak{k}_2$ means just a real numerical multiple of $\mathfrak{k}_1$, the two being either parallel or antiparallel. Consulting the 1st and the 4th column of (8) we see that *the two waves* run antiparallel if they have the *same* "normality," but directly parallel if one is normal, one abnormal.

We have to insert (10) into (9). Paying attention to (2) we easily find

$$\begin{aligned} \mathfrak{F}^2 - \mathfrak{G}^2 &= 2\,(1 + A_1 A_2)\,(\mathfrak{F}_1\,\mathfrak{F}_2) \\ (\mathfrak{F}\,\mathfrak{G}) &= i\,(A_1 + A_2)\,(\mathfrak{F}_1\,\mathfrak{F}_2) \\ \mathbf{L} &= \frac{2\,(1 + A_1 A_2)}{i\,(A_1 + A_2)} \\ (\mathfrak{F}_1\,\mathfrak{F}_2) &= 2\,C_1\,C_2\,e^{i\{(\nu_1+\nu_2)t - (\mathfrak{k}_1+\mathfrak{k}_2)\mathfrak{r}\}} \end{aligned} \tag{11}$$

Now the salient point is this. When (10) and (11) are inserted into (9) and the denominator $(\mathfrak{F}_1\,\mathfrak{F}_2)$ appearing on the right is removed to the left, then the wave-functions turning up there are precisely the original ones, viz.

$$\mathfrak{F}_1^*\,(\mathfrak{F}_1\,\mathfrak{F}_2) = 2\,|C_1|^2\,\mathfrak{F}_2, \qquad \mathfrak{F}_2^*\,(\mathfrak{F}_1\,\mathfrak{F}_2) = 2\,|C_2|^2\,\mathfrak{F}_1. \tag{12}$$

Equating the coefficients of $\mathfrak{F}_1$ and $\mathfrak{F}_2$ separately, you get from the *first* equ. (9)

$$|C_1|^2 = \frac{1 - A_2^2}{(A_1 + A_2)^2}, \qquad |C_2|^2 = \frac{1 - A_1^2}{(A_1 + A_2)^2}. \tag{13}$$

The *second* equ. (9) only repeats this demand.—Subtracting the two equations (13)

$$|C_1|^2 - |C_2|^2 = \frac{A_1^2 - A_2^2}{(A_1 + A_2)^2} = \frac{A_1 - A_2}{A_1 + A_2}, \tag{14}$$

or

$$\frac{A_2}{A_1} = \frac{1 - |C_1|^2 + |C_2|^2}{1 + |C_1|^2 - |C_2|^2}. \tag{15}$$

To simplify writing put

$$|C_1|^2 = W_1, \qquad |C_2|^2 = W_2, \tag{16}$$

the W's being 4π times the energy-density of a single (normal) wave of that amplitude. Then from (15) and (13)

$$\begin{aligned} \frac{1}{A_1^2} &= 1 + \frac{2W_2}{(1 + W_1 - W_2)^2} > 1 \\ \frac{1}{A_2^2} &= 1 + \frac{2W_1}{(1 - W_1 + W_2)^2} > 1, \end{aligned} \tag{17}$$

showing that both waves move with less than light velocity (see (7)).

§ 5. The Signs of the A's. Two Cases.

To find the combination of signs admissible for the A's we make out from (17)

$$\begin{aligned} A_1^2 &= \frac{(1 + W_1 - W_2)^2}{W^2} \\ A_2^2 &= \frac{(1 - W_1 + W_2)^2}{W^2}, \end{aligned} \tag{18}$$

where W stands for the real[4] positive quantity

$$W = \underset{+}{\sqrt{}}\,\overline{(1 + W_1 + W_2)^2 - 4W_1W_2} > 1. \tag{19}$$

Regard to (14)

$$W_1 - W_2 = \frac{A_1 - A_2}{A_2 + A_2} \tag{14 bis}$$

[4] Observe that $W^2 = 1 + (W_1 - W_2)^2 + 2W_1 + 2W_2$.

leaves two ways of extracting the square-roots in (18), to wit, either

$$A_1 = \frac{1 + W_1 - W_2}{W}$$
$$A_2 = \frac{1 - W_1 + W_2}{W}, \tag{20}$$

or (distinguished by ^)

$$\hat{A}_1 = -\frac{1 + W_1 - W_2}{W}$$
$$\hat{A}_2 = -\frac{1 - W_1 + W_2}{W}, \tag{21}$$

giving

$$A_1 + A_2 = \frac{2}{W} > 0, \tag{22}$$

$$\hat{A}_1 + \hat{A}_2 = -\frac{2}{W} < 0, \tag{23}$$

respectively. Hence in the first case at least one of the A's must be positive (normal wave), in the second case at least one of the A's must be negative (abnormal wave).

§ 6. LONGITUDINAL TRANSFORMATIONS.

The two cases remain clearly separated under the aspect of "longitudinal" Lorentz-transformations. Indeed, such a transformation preserves the general form (10) and has therefore, from (11), the *invariants*

$$(1 + A_1 A_2) C_1 C_2, \qquad (A_1 + A_2) C_1 C_2. \tag{24}$$

The second one shows that $A_1 + A_2$ cannot vanish and thus cannot change sign.

Moreover, since the *phases* must be invariants, $\mathfrak{k}_1, \nu_1$ must be a 4-vector, and so must $\mathfrak{k}_2, \nu_2$. Their *invariants*, to wit,

$$\mathfrak{k}_1^2 - \nu_1^2, \qquad \mathfrak{k}_2^2 - \nu_2^2 \tag{25}$$

are positive (under-light-velocity!); hence either of the frequencies can be annihilated and can be made to change sign, which involves a change of sign of the corresponding A and of the direction of propagation of that wave.

Therefore if in a case covered by (20) and (22) one of the A's *is* negative, a Lorentz transformation with gradually increasing parameter will succeed in reversing its sign—and, of course, *before the other A changes sign,* since their sum must remain positive throughout. So we get *both of them positive.*

The same, if in a case covered by (21) and (23) one of the A's *is* positive, you will succeed in making it negative, whilst the other one remains so. And so you get them *both negative.*

Summing up we may say that (20) really refers to a couple of *antiparallel normal waves*, but possibly viewed from a Lorentz-frame in which one of them has become so intense as to impose the features of abnormity on the other one and to reverse its direction.—(21) is the exact counterpart for a couple of *antiparallel abnormal waves.*

Even more striking is the reversal of these considerations. Given e.g. a couple of antiparallel normal waves, however weak, you can always indicate a frame of reference, in which one of them has its direction reversed, dragged along, as it were, by the other one and exhibiting the features of abnormity. In one particular frame it becomes petrified, static, as it were ($\nu = 0$). Moreover you are, in every case, free to choose which of the two you want to subject to such extremity.

It will now be appreciated that we had to include abnormal waves at the outset; not because we are particularly interested in the abnormal couple described by (21), but because the normal couple (20) could otherwise not be exhaustively described.

The quantity W introduced in (19) has a physical meaning, viz. (speaking of the normal couple),

$$\frac{1}{4\pi}(W - 1) = \frac{1}{4\pi}\left(\frac{2}{A_1 + A_2} - 1\right) = \text{energy density}. \qquad (26)$$

A Lorentz-transformation in an arbitrary direction would produce the more general kind of solution with an *arbitrary angle* between the two wave-normals, liquidating the simplification introduced in § 2. There is no reason to follow that up for the moment. But let it be noted that in this case the general features of (10) *are no longer preserved.* E.g. the single waves do not remain transversal. (This had already been revealed by the approximate treatment in N.O.)

Appendix I.

I wish to show that a single plane Maxwellian wave is an exact solution of any non-linear electrodynamics of that very general type which Gustav Mie was the first to envisage more than 30 years ago and of which Born's theory is a special case. The general features are these.

Maxwell's equations are formally retained:

$$\begin{aligned} \operatorname{curl} E + \dot{B} &= 0 \qquad & \operatorname{div} B &= 0 \\ \operatorname{curl} H - \dot{D} &= 0 \qquad & \operatorname{div} D &= 0\,. \end{aligned} \qquad (a_1)$$

The second six-vector H, D is defined by

$$H = \frac{\partial L}{\partial B}, \qquad D = -\frac{\partial L}{\partial E}, \qquad (a_2)$$

where L is an arbitrary function of the fundamental six-vector B, E. Lorentz-invariance is demanded. Moreover it is demanded that in the limit for weak fields

$$H \to B, \qquad D \to E. \qquad (a_3)$$

Now, since L is to be an invariant, it can only be a function of

$$J_1 = \tfrac{1}{2}(B^2 - E^2) \quad \text{and} \quad J_2 = (B\,E). \qquad (a_4)$$

From (a_2) and (a_4)

$$\begin{aligned} H &= \frac{\partial L}{\partial J_1} B + \frac{\partial L}{\partial J_2} E \\ D &= \frac{\partial L}{\partial J_1} E - \frac{\partial L}{\partial J_2} B. \end{aligned} \qquad (a_5)$$

To comply with (a_3), $\frac{\partial L}{\partial J_1}$ and $\frac{\partial L}{\partial J_2}$ must tend to 1 and 0 respectively when both B and E tend to zero. But since those derivatives are functions of J_1 and J_2 only, which tend to zero when B and E do, we must have

$$\left(\frac{\partial L}{\partial J_1}\right)_{\substack{J_1 = 0 \\ J_2 = 0}} = 1, \qquad \left(\frac{\partial L}{\partial J_2}\right)_{\substack{J_1 = 0 \\ J_2 = 0}} = 0. \qquad (a_6)$$

Now for a plane Maxwellian wave $J_1 = J_2 = 0$. Hence in this case, from (a_5) and (a_6)

$$H = B, \qquad D = E.$$

That turns (a_1) into Maxwell's vacuum-equations, which are indeed satisfied by a plane Maxwellian wave. Q.E.D.

APPENDIX II.

(Derivation of equ. (3)).

The cross-product $[\mathfrak{k}\,\mathfrak{a}]$, since it is orthogonal to $\mathfrak{k}$, must be a linear combination of $\mathfrak{a}$ and $\mathfrak{a}^*$:

$$[\mathfrak{k}\,\mathfrak{a}] = p\,\mathfrak{a} + q\,\mathfrak{a}^*, \qquad (a_7)$$

p and q being complex numbers. Scalar multiplication by $\mathfrak{a}$, with regard to (2), gives $q = 0$. Thus

$$[\mathfrak{f}\,\mathfrak{a}] = p\,\mathfrak{a} \;. \tag{a_8}$$

Scalar multiplication by $\mathfrak{a}^*$ gives

$$(\mathfrak{f}\,[\mathfrak{a}\,\mathfrak{a}^*]) = 2\,p \;. \tag{a_9}$$

Vectorial multiplication of (a_8) by $\mathfrak{a}^*$ gives

$$-\;2\,\mathfrak{f} = p\,[\mathfrak{a}\,\mathfrak{a}^*] \;. \tag{a_{10}}$$

The last two equations give

$$p^2 = -\,\mathfrak{f}^2 \;, \qquad \text{thus} \qquad p = \pm\, i\,|\,\mathfrak{f}\,| \;, \tag{a_{11}}$$

which inserted in (a_8) gives equ. (3) Q.E.D.

Behold that the ambivalent sign is genuine, as long as we only use (2). For (2) is symmetric with respect to $\mathfrak{a}$ and $\mathfrak{a}^*$, whereas from (a_8), since $\mathfrak{f}$ is real and p imaginary, follows

$$[\mathfrak{f}\,\mathfrak{a}^*] = -\;p\,\mathfrak{a}^* \;. \tag{a_{12}}$$

VIII.

THE EARTH'S AND THE SUN'S PERMANENT MAGNETIC FIELDS IN THE UNITARY FIELD THEORY.

(From the Dublin Institute for Advanced Studies.)

By ERWIN SCHRÖDINGER.

[Read 28 June. Published 29 November, 1943.]

§ 1. Survey.

For not excessively strong electromagnetic fields in empty space and neglecting gravitation the Unitary Field Theory[1] gives the equations ($c = 1$)

$$\begin{aligned} H &= \text{curl } A \\ E &= -\dot{A} - \text{grad } V \\ \text{curl } H - \dot{E} &= -\mu^2 A \\ \text{div } E &= -\mu^2 V \end{aligned} \qquad (1)$$

and suggests that the constant μ^{-1} be *not* cosmically large (in which case the equations boil down to Maxwell's) but very roughly speaking of the order of the radius of the earth.

Is there observational evidence for or against this? What *lower limit* do known facts impose upon the *characteristic length* μ^{-1}? In other words, how insignificant must the "charge-current-quality" of the potential, as expressed by the μ^2-terms in (1), be in order to have escaped detection? Or are there observations in which it has unwittingly been encountered and from which we can infer the characteristic length?

I think there are. Two independent features of the permanent magnetic field on the surface of the earth, if not put entirely at the door of errors in observation and in drawing the nautical maps, well-nigh elude any explanation by Maxwell's theory. They are the so-called

---

[1] E. Schrödinger, Proc. R. I. Acad., 49 (A), 43, 1943.

"external" field and the "non-potential" field. The first is that part which Maxwell's (we might as well say Gauss') theory is obliged to attribute to external sources, while the second expression refers to the ostensible fact that closed line integrals of the magnetic force do not vanish (or its orthogonal trajectories do not close), which in Maxwell's theory would indicate vertical electric currents in the atmosphere, much stronger than can be accounted for by atmospheric electricity or cosmic rays.

Of the two the "external" field is the much more reliably attested by the analysis of observations. According to the present theory it follows cogently from the main part of the field. *It is precisely that modification of a Gaussian dipole field which the theory predicts.* For quantitative agreement the characteristic length has to be about five times the earth's radius, notably

$$\mu^{-1} = 30{,}000 - 36{,}000 \text{ km} . \qquad (2)$$

This is only about 30 times larger than the value I tentatively computed l.c. from very vague data, but is still 10^{16} times smaller than the "cosmical" value which—if any—may be called the one accepted hitherto.

Accepting (2) the theory predicts a definite distribution of vertical currents, feigned by the vertical component of the vector potential A. *They too are a necessary consequence of the main dipole field,* more especially of its observed slight eccentricity. Though *much* larger than the true atmospheric currents they are just a little too weak to show up well in the observed "non-potential field." According to a recent and highly competent geophysical verdict[2] the latter, that is the magnetically observed vertical currents, give the impression of being (in the alleged order of magnitude) entirely spurious. The theory agrees with this verdict. As a matter of fact the data at present available, when appropriately averaged, *confirm the sign* the theory predicts for the current. But after what has just been said, this must be called a favourable accident—unless the observations were grossly wrong as regards the "external" field, giving it too weak and thus making the value (2) deduced from it too large.

Speaking again of the vertical "currents," the theory does still a little better, inasmuch as it predicts them to be highly sensitive to local or regional disturbances of the field. The latter may conceivably produce "local (regional) currents" considerably stronger than the regular distribution due to the dipole field. Thus even large, apparently irregular

---

[2] Ad. Schmidt, Gerland's Beiträge zur Geophysik, 55, 292, 1939.

deviations could be accounted for otherwise than just by errors in observing or mapping.

There is some additional favourable evidence from the permanent magnetic field of the sun—little as we know about it. It is discussed in section 4.

§ 2. THE "EXTERNAL" FIELD (CENTRED DIPOLE).

It is well known that from (1) any one of the ten components, call it ϕ, follows the de Broglie equation

$$\nabla^2 \phi - \ddot{\phi} = \mu^2 \phi , \tag{3}$$

whose static ($\ddot{\phi} = 0$) standard solutions are the Yukawa potential

$$\phi = \frac{e^{-\mu r}}{r} \tag{4}$$

and its derivatives with respect to x, y, z. For a magnetostatic field we have

$$H = \text{curl } A \qquad \text{curl } H = - \mu^2 A . \tag{5}$$

The field of a *dipole* or the field *outside* a homogeneously magnetized sphere (the equivalence holds here too) is given by

$$\begin{aligned} A &= \text{curl}\left(D \frac{e^{-\mu r}}{r}\right) \\ H &= \text{curl curl}\left(D \frac{e^{-\mu r}}{r}\right) \\ &= \text{grad div}\left(D \frac{e^{-\mu r}}{r}\right) - \mu^2 D \frac{e^{-\mu r}}{r} \end{aligned} \tag{6}$$

where D is a *constant vector*, the dipole strength. We give it the direction of z and we shall use D also for its absolute value. The components of H work out thus

$$\begin{aligned} H_z &= \left(-\frac{1}{r^3} + \frac{3z^2}{r^5}\right)\left(1 + \mu r + \frac{1}{3}\mu^2 r^2\right) e^{-\mu r} D - \frac{2}{3}\frac{\mu^2 D}{r} e^{-\mu r} \\ H_x &= \frac{3zx}{r^5}\left(1 + \mu r + \frac{1}{3}\mu^2 r^2\right) e^{-\mu r} D . \end{aligned} \tag{7}$$

The Gaussian dipole field, for comparison, is obtained with $\mu = 0$. To form a rough idea of the departure, and also with regard to later application to the sun, let us look at the other extreme case, viz.

$$\mu r \gg 1 .$$

In the zx-plane you get approximately

$$H_z = -\frac{D\mu^2 x^2}{r^3} e^{-\mu r} \qquad H_x = \frac{D\mu^2 z x}{r^3} e^{-\mu r}, \tag{8}$$

thus

$$H_z : H_x = (-x) : z .$$

The field is tangential, or "horizontal," speaking of a celestial body (in other words, there is no dip).

With a moderate value of μr the appropriate description *on a sphere* $r =$ const. is this: we have an ordinary dipole field with the dipole strength

$$D\left(1 + \mu r + \frac{1}{3}\mu^2 r^2\right) e^{-\mu r} \tag{9}$$

and a "homogeneous" field in the z-direction

$$(H_z) = -\frac{2\mu^2 D}{3r} e^{-\mu r}, \tag{10}$$

with a sign that reinforces the equatorial field and weakens the polar fields of the dipole.

We venture to identify our additional field (10) in the case of the earth with the main term of the observed "external" field, which main term is *exactly* of this form. The most recent data (1922, including the Carnegie survey of the oceans) have reduced the angle between the homogeneous field and the magnetic axis to the insignificant value of 11°. From the observed values of the two fields (31089 γ and 539 γ respectively) and from (9) and (10) we obtain

$$\frac{\frac{2}{3}\mu^2 r^2}{1 + \mu r + \frac{1}{3}\mu^2 r^2} = \frac{539}{31089} \tag{11}$$

which gives

$$\mu r = 0{\cdot}176$$
$$\mu^{-1} = 36{,}300 \text{ km} . \qquad (12)$$

If the order of ideas set forth here proves tenable there is reason to believe that the first of these figures is still a little too small and the second too large. Indeed some observational evidence points to the existence of a *true external current system*, set up during magnetic disturbances, but enduring throughout quiet periods with an intensity so appreciable that, according to Ad. Schmidt, its complete decay would take some years of unbroken absence of disturbance.[3] He estimates the average value of its field near the equator to be 250 γ. *Its sign is opposite to our field* (10) and to the 539 γ, deduced from the analysis of the average permanent field. This figure would therefore only represent the difference between our field (10) and the 250 γ estimated by Schmidt. In other words the figure 539 in equ. (11) would have to be replaced by 539 + 250 = 789, which results in

$$\mu r = 0{\cdot}217$$
$$\mu^{-1} = 29{,}400 \text{ km} . \qquad (12')$$

The *sign* of Ad. Schmidt's field, by the way, would agree with the assumption that it is due to positive or negative particles, revolving around the earth at some distance in the equatorial plane under the deflecting influence of the earth's dipole field. But that does not mean that this assumption is necessarily correct.

§ 3. THE "NON-POTENTIAL" FIELD (EXCENTRIC DIPOLE).

From the first equation (6), D being a constant vector in the z-direction, the lines of the vector potential A are easily seen to be circles around the magnetic axis. Hence they do not intersect the surface of the earth. *For a perfectly centred dipole field line-integrals along closed circuits on the earth's surface would vanish.*

However, the actual field of the earth is much more closely that of a dipole parallel to the magnetic axis, but displaced from the centre by 342 km in the direction *away from* Long. 18° W., Lat. 6° 5 S., which is a point very near the magnetic equator and not far from the South-Atlantic island *Ascensión*. The displacement is small compared with the radius, about $\frac{1}{19}$. It entails that the now excentric or rather "exaxial" A-circles intersect the surface. The vertical component of A at any point

[3] S. Chapman and J. Bartels, Vol. 2, p. 710 (Oxford, Clarendon Press, 1940); Ad. Schmidt, Zeitschr. f. Geophysik, 1, 3, 1924.

is readily computed by differentiation. The result is (disregarding the sign; $b = 342$ km) :

$$A_{vert.} = \frac{(1 + \mu r)\, e^{-\mu r}\, D}{r^3}\, b \cos \sigma , \tag{13}$$

where $\cos \sigma$ vanishes on the magnetic full-meridian that passes through the "Ascensión point" and is ± 1 respectively in the centres of the two hemispheres separated by this meridian; that is to say, σ is the angular distance from one of the centres. From the second equation (5) the feigned vertical current is (again disregarding the sign)

$$i'_{vert.} = \frac{\mu^2 A_{vert.}}{4\pi} \tag{14}$$

thus

$$i'_{vert.} = \frac{\mu^2 r^2}{4\pi} \cdot \frac{(1 + \mu r)\, e^{-\mu r}\, D}{r^3} \cdot \frac{b}{r^2} \cdot \cos \sigma . \tag{15}$$

We wish to calculate this for $\mu = 0{\cdot}176$, as found in (12) and, say, for $\cos \sigma = 1$. The second factor is with sufficient accuracy the dipole constant $0{\cdot}31089\ \Gamma$. The customary unit for these vertical currents is 10^{-3} Amp./km². So we have to multiply by 10^{14} (omitting now the dash). We obtain

$$i_{vert.\,max.} = \frac{(0{\cdot}176)^2}{4\pi} \times 0{\cdot}31 \times \frac{342 \times 10^5}{(6{\cdot}37)^2 \times 10^{16}} \times 10^{14} \tag{16}$$

$$= 6{\cdot}4 \times 10^{-3}\ \text{Amp./km}^2 .$$

Direct consideration of the *sign* shows, that *ascending* currents are predicted on the Eurasian-African hemisphere, *descending* currents on the American-Pacific one.

The Tables I and II are taken from Ad. Schmidt's paper quoted above. They contain the vertical currents for 144 geographical rectangles, as computed from the largely independent surveys of 1885 and 1922. From comparing the two tables and from estimating the possible errors in observation and in mapping, both Ad. Schmidt and J. Bartels (who assisted the blind master of geophysics in this task) arrive at the conclusion, that the figures are altogether spurious, and the former calls his paper an obituary notice of an effect to which he had been the first to draw attention nearly half a century ago.

TABLE I.—" *Vertical Currents* " *in* 10^{-3} *Amp/km², ex 1885.*

(Positive sign indicates a current towards the earth.)

Latitude.	Longitude East.												Mean.	Absolute Average.
	0° – 30°	30° – 60°	60° – 90°	90° – 120°	120° – 150°	150° – 180°	180° – 210°	210° – 240°	240° – 270°	270° – 300°	300° – 330°	330° – 360°		
60° – 50° N.	– 84	+ 53	– 199	– 78	+ 552	– 268	– 642	– 90	+ 58	+ 155	+ 185	– 444	– 67	234
50 – 40	– 71	+ 65	– 74	– 176	+ 12	– 63	+ 110	+ 268	– 42	+ 7	+ 13	– 546	– 41	121
40 – 30	– 157	+ 32	+ 282	– 177	– 126	+ 91	+ 88	+ 218	– 4	+ 103	+ 390	– 329	+ 34	166
30 – 20	– 48	– 134	+ 202	– 3	– 251	– 103	+ 263	+ 258	+ 168	– 16	+ 222	+ 93	+ 54	147
20 – 10	+ 113	– 24	– 176	+ 32	– 178	– 145	+ 162	+ 356	+ 156	+ 113	+ 7	+ 484	+ 75	162
10 – 0 N.	+ 34	+ 18	– 236	– 34	– 168	– 181	+ 162	+ 152	– 36	+ 175	+ 67	+ 341	+ 25	134
0 – 10 S.	+ 28	– 55	– 182	– 15	– 52	– 47	+ 79	– 249	– 333	+ 157	+ 107	+ 56	– 42	113
10 – 20	+ 59	– 1	– 85	+ 157	– 93	+ 111	+ 178	– 309	– 84	+ 235	+ 42	– 205	0	130
20 – 30	+ 34	+ 256	+ 302	+ 73	– 85	+ 156	+ 217	+ 110	+ 195	– 68	+ 79	– 230	+ 87	150
30 – 40	– 317	+ 54	+ 387	+ 121	+ 55	+ 112	+ 130	+ 245	– 93	– 277	– 77	– 2	+ 28	156
40 – 50	– 307	– 464	– 206	– 144	+ 229	– 47	+ 80	+ 154	– 268	– 305	+ 5	+ 202	– 89	201
50 – 60 S.	– 419	– 705	– 312	–1133	– 79	– 50	– 29	– 15	– 105	– 296	+ 125	+ 61	– 246	277

TABLE II.—" *Vertical Currents* " *in* 10^{-3} *Amp/km*^{2} *ex 1922.*

(Positive sign indicates a current towards the earth.)

Latitude.	Longitude East.												Mean.	Absolute Average.
	0° – 30°	30° – 60°	60° – 90°	90° – 120°	120° – 150°	150° – 180°	180° – 210°	210° – 240°	240° – 270°	270° – 300°	300° – 330°	330° – 360°		
60° – 50° N.	– 155	– 63	+ 116	– 185	– 220	– 8	+ 22	+ 136	+ 76	+ 235	+ 173	– 83	+ 4	123
50 – 40	+ 13	– 196	– 115	– 83	+ 163	– 47	– 51	– 53	+ 70	– 116	– 28	– 144	– 49	90
40 – 30	– 43	– 225	+ 57	+ 233	+ 44	– 104	+ 14	– 31	+ 36	– 97	– 512	– 188	– 68	132
30 – 20	– 136	– 118	+ 125	+ 65	+ 54	– 132	+ 47	+ 168	+ 68	+ 90	+ 310	– 99	+ 37	118
20 – 10	+ 26	– 84	+ 51	– 50	– 22	– 194	+ 42	+ 177	+ 23	+ 75	+ 47	+ 152	+ 20	79
10 – 0 N.	+ 179	– 73	+ 106	– 24	+ 5	– 48	+ 190	+ 61	– 88	– 24	+ 61	+ 23	+ 31	74
0 – 10 S.	+ 112	+ 1	– 35	+ 7	+ 47	– 77	– 323	– 147	+ 204	+ 96	+ 84	– 57	– 7	99
10 – 20	+ 25	+ 122	+ 184	+ 165	+ 13	+ 61	+ 88	+ 4	+ 135	+ 66	– 6	– 61	+ 66	78
20 – 30	– 71	– 125	– 5	+ 76	– 28	+ 65	+ 87	– 35	+ 84	– 38	+ 9	+ 41	+ 5	55
30 – 40	+ 25	– 65	– 256	– 43	– 31	– 13	– 6	+ 40	+ 10	– 29	+ 3	– 50	– 35	48
40 – 50	+ 47	+ 158	– 394	– 220	– 143	+ 2	+ 417	+ 73	+ 32	– 44	– 6	+ 58	– 2	133
50 – 60 S.	– 24	– 212	– 571	– 275	– 164	+ 42	+ 149	– 550	– 91	– 83	+ 48	+ 95	– 136	192

To extract from the tables anything that can at all be compared with the theory, I have excluded the "zone" of 24 rectangles through which the critical meridian passes (figures underlined in the tables) and averaged[4] the 60 values on the one and the sixty on the other hemisphere. The results are given in Table III.

TABLE III (Mean values).

Epoch.	America.	"Zone."	Eurasia.	½ Span.	General Mean.
1885	+ 36·7	+ 26·7	− 81·6	± 59·2	− 15·2
1922	+ 20·2	− 30·1	− 35·0	± 27·6	− 11·2

It is *striking* that the *sign* agrees with the theory in all four cases. For not only are the figures hardly outside the probable fluctuation of the mean of a *random* sample of 60 out of a set of numbers fluctuating so strongly; but even the weaker "effect," that of 1922, is on the other hand still about 8 times larger[5] than the predicted one (the figure 27·6 has to be multiplied by 1·84, giving 50·8, to compare with the predicted *maximum* current of 6·4; or 9·9, if (12′) were adopted.)

For the moment we must be content to state that the "non-potential" effect, predicted from the "external field" effect, is just small enough to be veiled by the errors of observation, so that there is at any rate no contradiction of facts. Now this would, of course, be the other way round had we worked the other way round: using the precarious data of Table III to compute μr and calculating from it the "external" field, you would get it from 5 to 8 times larger than observed. But I think the attitude we have adopted is amply justified. It conforms to the general view, that the "external" effect is the much more reliable datum. This view is supported not only by the jumping variations in Tables I and II, but also by the fact, that the more accurate survey of 1922 has after all *reduced* the non-potential effect to about one half of 1885, while at the same time the "external" field has been *nearly doubled* by the improved survey (the figures are 304 γ and 539 γ respectively). It is, by the way, only the latter survey which brings the "external" field as near as 11° to the predicted direction—from the 1885 data the angle with the dipole axis would be over 50°.

It is well to recall that the regularly distributed weak vertical "current," as predicted in (15) and (16), is brought about by circular

[4] No correction for the *varying size* of the rectangles was applied.
[5] 5 times larger, if we had used the data (12′).

A-lines meeting the surface at grazing incidence. The angle nowhere exceeds $\frac{1}{19}$. Regional disturbances of the magnetic field may conceivably deflect the *A*-lines much more than that from parallelism to the earth's surface. Quite considerable "currents" of irregular distribution could arise in this way and would at any rate *add* to what even in Table II still gives the impression of observational and mapping errors.

We cannot rule out the possibility that even the larger ratio μr, the one computed in (12′), is still too low. For Schmidt's 250 γ - field, being only an estimate may be too low. Hence it is useful to compute after all what would follow for μr from the "vertical currents" ex 1922, taken at their face value, even though we distrust them.

Taking the figure 27·6 from the fifth column of Table III, multiplying it by 1·84, which gives 50·8, and equating it to (15) with $\cos\sigma = 1$, you get in c.g.s. units

$$\frac{\mu^2 r^2}{4\pi} \cdot \frac{(1+\mu r)\, e^{-\mu r} D}{r^3} \frac{b^2}{r^2} = 50{\cdot}8 \times 10^{-14} .$$

Here you have to take

$$\frac{1 + \mu r + \frac{1}{3}\mu^2 r^2}{r^3} e^{-\mu r} D = 0{\cdot}31089$$

$$b = 342 \times 10^5$$

$$r = 6{\cdot}37 \times 10^8 .$$

Putting $\mu r = x$ you get

$$\frac{x^2 (1+x)}{1 + x + \frac{1}{3}x^2} = 0{\cdot}2435 .$$

Solving the cubic equation you find

$$x = \mu r = 0{\cdot}5074$$

$$\mu^{-1} = 12{,}600 \text{ km} .$$

The second figure may be regarded as a lower limit of the characteristic length, but probably a much too low one.

The fields *shielding power* against charged particles coming from far away would be very little changed. The *minimum momentum* a particle needs to be able to reach the surface of the earth at the equator is *increased* (!) by 1·9 per cent. for $\mu r = 0{\cdot}25$ and decreased by 2·4 per cent. for $\mu r = 0{\cdot}5$, compared with $\mu = 0$ for *the same equatorial surface field.* Computation on this matter is in progress at the Institute.

§ 4. The Magnetic Field of the Sun.

The following résumé of the little that is known about the general field of the sun is taken from Chapman-Bartels, l.c., Vol. 1, p. 191.

"Besides the intense local magnetic fields existing in and near sunspots, the sun seems to possess a general magnetic field, discovered by Hale.

Its magnetic axis very nearly coincides with its axis of rotation, the estimated inclination being only 4°; the magnetic axis is supposed to rotate relative to the sidereal system once in about 32 days. The positive direction of the magnetic axis is related to the direction of solar rotation in the same way as for the earth. But the sun's magnetic field differs greatly from that of the earth in that its intensity which at the equator is about 40 Γ at the lowest level at which (by the Zeeman effect) it can be measured, decreases upwards rapidly, to 10 Γ, the lowest measurable value; the range of height in which this decrease occurs is not more than 300 km. There is no reason to suppose that the decrease ceases beyond 10 Γ. Deslandres, from the study of spiral motions of matter in prominences, concludes that above the chromosphere the magnetic intensity is of the order 10^{-7} Γ.

"The rapid radial decrease of the magnetic intensity in the reversing layer of the sun (i.e. in the layer just above the photosphere, which is supported largely by gas pressure) indicates that the lines of magnetic force must be nearly horizontal in the atmosphere, in the south-to-north direction. But all these statements about the sun's field are still uncertain.

"The form of the coronal plumes suggests that the sun is surrounded by a magnetic field extending to at least 100,000 km from the surface; but at present the intensity of this field is quite unknown."

In the case of the sun, whose radius (r_0) is about 109 times that of the earth, the characteristic length μ^{-1}, as given[6] by (12), would be *small* compared with the radius, notably

$$\mu r_0 = 19{\cdot}1 \gg 1 . \tag{17}$$

So, to begin with, the remark about the field being *horizontal* is in striking agreement with (8).

But can our theory account for the radial decrease of the field? Certainly not for the rapid initial fall from 40 to 10 gauss within 300 km, which on any reasonable theory imperatively points within the layer where it occurs, to true horizontal currents in the west-to-east direction, compensating a considerable part of the "internal" field. Whether their existence is amazing or not I cannot judge. But Deslandres' low estimate for the region further out would, on Maxwell's theory, require that the compensation be so complete as to let only one hundred millionth part of the internal field survive. That would seem strange. Some large-scale mechanism, copying either ferromagnetism or supraconductivity, would be needed for that.

---

[6] A *smaller* value of μ^{-1} would re-inforce all the following arguments.

In the present theory the field outside the sources, even if not an exact dipole field as given by (7), would at any rate share with the latter the exponential factor, which between $\frac{1}{2} r_0$ and r_0 above the surface ranges from 10^{-4} to 10^{-8}. That removes the improbable assumption of almost complete compensation.

I do not know how reliable Delandres' estimate is. If the Birkeland-Störmer theory of the origin of the aurora and of the geomagnetic disturbances still held its ground, the necessity of allowing charged corpuscular rays to leave the sun near its equator would also considerably restrict the strength admissible for the magnetic field around the sun. For, the minimum *momentum* $m\,v$ a particle of electrostatic charge e needs, to escape from a dipole field (or to penetrate into it, coming from far away) is given by

$$\frac{m\,v\,c}{e} \geqslant C\,H_{equ.}\,r\ , \tag{18}$$

where r is the distance, from the centre, of the point from which the particle is launched (or to which it has to penetrate). $H_{equ.}$ is the *equatorial* field strength at that distance and C is a numerical factor, which for a Gaussian dipole is the following function of the latitude angle λ

$$C = \left[\frac{\sqrt{1 + \cos^3\lambda} - 1}{\cos\lambda}\right]^2 ,$$

decreasing from $0{\cdot}1716$ to zero, as the point of emission (or destination) moves from the equator to the pole. For the surface of the earth the second member of (18) is on the equator 10^{10} electron-volt. The Birkeland-Störmer particles must be able to leave the sun not far from its equator, but must not be capable of penetrating the earth's field so as to reach (practically) the surface *at the earth's equator*—only at very high latitudes, thanks to the decrease of C. Actually their magnetic stiffness $\left(\frac{m\,v\,c}{e}\right)$ was estimated to be only about 10^8 electron-volt. In addition the sun's radius is about hundred times that of the earth. *So the sun's equatorial surface field would have to be about* 10^{-3} *times weaker than that of the earth.*

Moreover in a Gaussian dipole field the product $H_{equ.}\,r$ varies only as r^{-2}, so that the required ratio of the surface fields would not be much changed by assuming that the particles were launched at considerable distance from the sun. In the new electrodynamics it would, because the product varies exponentially. The new theory also changes the numerical factor C, but amazingly little. In our case it would change from $0{\cdot}17$ to $0{\cdot}022$ on the sun's equator.

However the prevailing view seems to attribute the aurora and the disturbances to streams of highly ionized, but as a whole electrically *neutral* matter, projected from the sun and reaching velocities not greater than 1000–1600 km/sec. Even so I doubt whether the attempted explanations would not be frustrated, if the sun were surrounded by a dipole field whose surface strength and relative extension were in any way comparable with that of the earth.

One more point is worth mentioning. According to the résumé quoted above, the period of precession of the sun's magnetic axis around its axis of rotation (32 days) is a little, but not very much larger than the average period of rotation of the surface (27 days). This has been deemed to indicate that the *source* of the field is a surface layer of moderate thickness, because at greater depth the period of rotation is supposed to increase much more than that. This *location* of the sources is immediately understood in our theory, which gives the universal range of static fields (μ^{-1}) only about 1/19 of the sun's radius, so that fields originating from great depth are cut down by a powerful exponential factor at the surface.

My sincerest thanks are due to L. W. Pollak for his untiring kind advice and discussion as well as for procuring the necessary information from geophysical literature.

Rev. J. McConnell, Scholar of the Institute, was the first to notice that the dipole field of this theory deviates from an ordinary one even on a sphere r = const.

Note added on proof (22 September, 1943): From the general theory, notably from eqn. (5, 8) and (5, 11) [Proc. R. I. Acad., 49 (A), p. 54, 1943], the characteristic length μ^{-1} should be related to Born's constant b thus:

$$\mu^2 = \frac{48\,\pi\,k\,b^2}{a^2\,c^4} = \frac{1 \cdot 2\,.\,10^{-15}\,cm^{-2}}{a^2}\,. \qquad (19') \text{ (wrong)}$$

The *numerical constant* a is *not known*. It was introduced in the Lagrangian of the general theory [p. 51, eqn. (4, 1), *l.c.*]) and it plays a very fundamental rôle, so that it is worth while to examine what value of a is required to produce the characteristic length calculated above, eqn. (12′), from the earth's magnetic field.

But, I am sorry to say, our relation (19) is still disfigured by two coarse numerical blunders, the first coming from (5, 7) and (5, 8), *l.c.*, where a supernumerary 4π has crept in, while the other one is a miscalculation of Born's constant b, which has escaped notice for almost ten years. The correct values of b and r_0 $(= e\, b^{-\frac{1}{2}})$ are

$$\begin{aligned} b &= 3{\cdot}957 \times 10^{15}\ \text{e.s.u.} \qquad (\textit{not}\ 9\cdot 18) \\ r_0 &= 3\cdot 48 \times 10^{-13}\ cm \qquad (\textit{not}\ 2\cdot 28)\ . \end{aligned} \tag{20}$$

We then obtain

$$\mu^2 = \frac{12\, k\, b^2}{a^2\, c^4} = \frac{1\cdot 552\ .\ 10^{-17}\ cm^{-2}}{a^2}\ , \qquad (19)\ (\text{corrected})$$

Considering the required order of magnitude *it is suggestive to try and put*

$$\frac{1}{a^2} = \frac{2\,\pi\, e^2}{h\, c}\ , \tag{21}$$

which gives

$$\mu^{-1} = 29{,}715\ \text{km}\ ,$$

in complete agreement with the estimate (12′).

In terms of universal constants you get, if you adopt (21),

$$\begin{aligned} \mu^{-1} &= \frac{(1\cdot 2361)^2}{\sqrt{24\,\pi}} \left(\frac{e}{m_0\, c}\right)^2 \sqrt{\frac{h\, c}{k}} \\ &= \frac{1}{6} \left[\Gamma\left(\frac{1}{4}\right)\right]^4 (6\,\pi)^{-\frac{3}{2}} \left(\frac{e}{m_0\, c}\right)^2 \sqrt{\frac{h\, c}{k}}. \end{aligned} \tag{22}$$

The second form of the numerical factor is obtained from eqn. (3, 16) in Proc. R. I. Acad., **48**, p. 104, 1942.

XII.

THE POINT CHARGE IN THE UNITARY FIELD THEORY.

[From the Dublin Institute for Advanced Studies.]

By ERWIN SCHRÖDINGER.

[Read 8 November, 1943. Published 3 February, 1944.]

§ 1. The New Features.

Two new features of the electromagnetic field are entailed by the present theory,[1] the two being of an entirely different character. The *first* is the incorporation of the Born-Infeld-theory, which says that already the basic vacuum laws involve the *two* sixvectors, viz. (B, E) *and* (H, D), that coincide in the limit of weak fields, but are connected by non-linear algebraic relations in strong fields. In our present task, which is to determine the field of a point charge, this circumstance only affects the "microscopic" structure of the charge, for only in its immediate neighbourhood is the field strong enough to make the distinction relevant.

Inversely the *second feature* is only exhibited in extended fields. It says that the potentials (A, V) multiplied by a small negative constant, $-\mu^2$, act as *sources*. The possible consequences for the magnetic fields of the earth and of the sun have been indicated.[2]

From the point of view of mathematical technique, these two modifications of customary electrodynamics—for brevity call them the Born-effect and the μ-effect—are very neatly separated. Indeed, the Born-effect becomes negligible as soon as the distance r from the centre is large compared with the "radius of the electron" r_0 ($\propto$ 3×10^{-13} cm), while the μ-effect only sets in when r becomes somewhat comparable with μ^{-1} ($\propto$ 3×10^{9} cm). The gap is wide enough to permit complete separation.

Yet, precisely from our present investigation it will emerge, that the two new features are not entirely disconnected. For they prove to be controlled by virtually the same universal constant, which at the same time accomplishes the devoir of constant of gravitation. It is virtually the constant μ^2 itself I am speaking of.

---

[1] Proc. R. I. Acad., **49** (A), 43, 1943. [2] Proc. R. I. Acad. **49** (A), 135, 1943.

The region of *small* r is dealt with in § 2. The gravitational field turns out to have only an amazingly weak singularity at the centre, comparable to that of an extremely flat cone.

The region of *large* r, discussed in § 3, would be entirely trivial in *flat space,* where the problem is completely answered by the Yukawa potential, $e^{-\mu r}/r$. But when the point charge is embedded in *spherical space,* a new trait emerges: we can present the solution corresponding to *one* singularity only—which current theory cannot. In other words, the universe as a whole need no longer be electrically neutral.

§ 2. The Structure near the Centre.

(*a*) *Mathematical Solution.*

It is imperative to use the universal constants in certain new combinations, which I beg to explain comprehensively.

The "natural unit" of electromagnetic field strength, expressed in c-g-s-units, is Born's constant b $\left(\text{in gramm-cm-units it is } \frac{b}{c}\right)$. b is connected with c and with the charge and mass of the electron by[3]

$$b = \frac{e}{r_0^2} = 3{\cdot}957 \times 10^{15} \text{ e. s. u.} \;, \qquad (2, 1a)$$

$$r_0 = 1{\cdot}2361 \frac{e^2}{m_0 c^2} = 3{\cdot}484 \times 10^{-13} \text{ cm} \;, \qquad (2, 1b)$$

$$1{\cdot}2361 \ldots = \frac{2}{3} \int_0^\infty \frac{dx}{\sqrt{1 + x^4}} \;. \qquad (2, 1c)$$

r_0 is called "radius of the electron."

The letter f I introduce for a reciprocal length of the order of 10^{-9} cm^{-1}, connected with k, the constant of gravitation, by

$$f^2 = \frac{2 k b^2}{c^4} = 2{\cdot}587 \times 10^{-18} \text{ cm}^{-2} \;. \qquad (2, 2)$$

The constant f, or if you like, the constant

$$\mu = \frac{f\sqrt{6}}{a} \qquad (2, 3)$$

---

[3] The numerical values, hitherto disfigured by a ten years old mistake, are corrected here according to Proc. R. I. Acad., 49 (A), 147, 1943.

(which is not *very* different from it) has in the new electrodynamics a fundamental meaning, which I have recently discussed in connection with geomagnetism.[4] From this discussion it would appear, that the *numerical constant* a is near to 12, with a fair guess that

$$a^{-2} = \frac{2\pi e^2}{hc}, \tag{2, 4}$$

the fine-structure-constant. This choice at any rate fits the geomagnetic data admirably.[5] But we shall *not* commit ourselves to it in the following.

Using these notations the field equations read in gramm-cm-units:—

$$G_{kl} = f^2\left(\frac{c^2}{b^2 w}\phi_k{}^a\phi_{la} - g_{kl}\frac{w-1}{w} - \frac{\mu^2 c^2}{b^2}A_k A_l\right), \tag{2, 5a}$$

$$\phi_{kl} = \frac{\partial A_l}{\partial x_k} - \frac{\partial A_k}{\partial x_l}, \tag{2, 5b}$$

$$\frac{1}{\sqrt{-g}}\frac{\partial}{\partial x_l}\left[\frac{\sqrt{-g}}{w}\left(\phi^{kl} - \frac{c^2}{b^2}I_2\,\phi^{*kl}\right)\right] = \mu^2 A^k, \tag{2, 5c}$$

$$w = \sqrt{1 + \frac{1}{2}\frac{c^2}{b^2}\phi^{kl}\phi_{kl} - \frac{c^4}{b^4}I_2^2}. \tag{2, 5d}$$

ϕ_{kl} is the primitive electromagnetic field-tensor (B, E). I_2 is its second invariant, always zero in the following. The asterisk indicates the *dual* tensor.—I beg to notice the arrangement of the constants. Every component ϕ or A is virtually accompanied by the factor $\frac{c}{b}$, reducing it, as it were, to Born's "natural measure." Only *one* further constant is involved, viz. f^2, playing the role of constant of gravitation, but governing—under the name[6] of μ^2—also the new terms, recently discussed in geomagnetism. (In *this* section we drop them.)

We adopt the spherically symmetrical line-element in the form[7]

$$ds^2 = -e^{\lambda}dr^2 - r^2 d\theta^2 - r^2\sin^2\theta\, d\phi^2 + e^{\nu}dt^2, \tag{2, 6}$$

where λ and ν are functions of r, to be determined, and t is the time,

---

[4] Proc. R. I. Acad., **49** (A), 135, 1943. [5] See l.c. Note added on proof.

[6] See (2, 3) above.

[7] A. S. Eddington, *The Mathematical Theory of Relativity*, 2nd ed., Cambridge Press, 1930, p. 83, equ. (38·2).

measured in light-path (g-c-units). The index 1 shall refer to r, 4 to t. The only non-vanishing component of ϕ_{kl} is

$$\phi_{41} = - \phi_{14} = \psi(r), \qquad (2, 7)$$

say. Thus

$$\tfrac{1}{2} \phi^{kl} \phi_{kl} = - e^{-(\lambda+\nu)} \psi^2. \qquad (2, 8)$$

Since $I_2 = 0$,

$$w = \sqrt{1 - \frac{c^2}{b^2} e^{-(\lambda+\nu)} \psi^2}. \qquad (2, 9)$$

From (2, 5c) with $k = 1$, neglecting the μ-term:

$$\frac{1}{r^2} \frac{d}{dr} \left[\frac{r^2 e^{\frac{1}{2}(\lambda+\nu)}}{w} e^{-(\lambda+\nu)} \psi \right] = 0 . \qquad (2, 10)$$

Integrated

$$\frac{\frac{c}{b} e^{-\frac{1}{2}(\lambda+\nu)} \psi}{\sqrt{1 - \frac{c^2}{b^2} e^{-(\lambda+\nu)} \psi^2}} = \frac{\varepsilon}{r^2}, \qquad (2, 11)$$

where ε is the integration constant. Thus

$$\left. \begin{aligned} \frac{c}{b} e^{-\frac{1}{2}(\lambda+\nu)} \psi &= \frac{\varepsilon}{\sqrt{\varepsilon^2 + r^4}} \\ w &= \frac{r^2}{\sqrt{\varepsilon^2 + r^4}} \\ \frac{1}{2} \frac{c^2}{b^2} \phi^{kl} \phi_{kl} &= - \frac{\varepsilon^2}{\varepsilon^2 + r^4} . \end{aligned} \right\} \qquad (2, 12)$$

Turning now to (2, 5a), only the equations with $k = l$ survive. Moreover

$$\left. \begin{aligned} \frac{c^2}{b^2} \phi_1{}^{\alpha} \phi_{1\alpha} &= \frac{c^2}{b^2} \phi_1{}^4 \phi_{14} = \frac{c^2}{b^2} e^{-\nu} \psi^2 = \frac{\varepsilon^2 e^{\lambda}}{\varepsilon^2 + r^4} \\ \frac{c^2}{b^2} \phi_4{}^{\alpha} \phi_{4\alpha} &= \frac{c^2}{b^2} \phi_4{}^1 \phi_{41} = - \frac{c^2}{b^2} e^{-\lambda} \psi^2 = \frac{\varepsilon^2 e^{\nu}}{\varepsilon^2 + r^4}, \end{aligned} \right\} \qquad (2, 13)$$

while the similar expressions for index 2 and 3 vanish.

Using these results and the well-known values[8] of the G_{kl}, we get (neglecting the μ-term)

$$\left.\begin{aligned} G_{11} &= \tfrac{1}{2}\nu'' - \tfrac{1}{4}\lambda'\nu' + \tfrac{1}{4}\nu'^2 - \frac{\lambda'}{r} = f^2 e^{\lambda}\left(1 - \frac{r^2}{\sqrt{\varepsilon^2 + r^4}}\right) \\ G_{22} &= e^{-\lambda}\left[1 + \tfrac{1}{2} r (\nu' - \lambda')\right] - 1 = f^2 r^2 \left(1 - \frac{\sqrt{\varepsilon^2 + r^4}}{r^2}\right) \\ G_{44} &= e^{\nu - \lambda}\left(- \tfrac{1}{2}\nu'' + \tfrac{1}{4}\lambda'\nu' - \tfrac{1}{4}\nu'^2 - \frac{\nu'}{r}\right) = \\ &= - f^2 e^{\nu}\left(1 - \frac{r^2}{\sqrt{\varepsilon^2 - r^4}}\right). \end{aligned}\right\} \quad (2, 14)$$

The equation with G_{33} has been omitted, for it only repeats the one with G_{22}. From the first and the last one you infer

$$\lambda' + \nu' = 0 \quad ,$$

hence

$$\lambda = - \nu \quad , \qquad (2, 15)$$

since both must vanish for $r \rightarrow \infty$. Then the second equation reads

$$e^{\nu}(1 + r\nu') - 1 = f^2\left(r^2 - \sqrt{\varepsilon^2 + r^4}\right)$$

or

$$\frac{d}{dr}(r e^{\nu}) = 1 - f^2\left(\sqrt{\varepsilon^2 + r^4} - r^2\right) , \qquad (2, 16)$$

while the first (or the last) equ. (2, 14) can be written

$$\frac{d^2}{dr^2}(r e^{\nu}) = f^2\left(2r - \frac{2r^3}{\sqrt{\varepsilon^2 + r^4}}\right)$$

and is thus a consequence of (2, 16). From the latter we get by integration

$$e^{\nu} = e^{-\lambda} = 1 - \frac{f^2}{r}\int_0^r \left(\sqrt{\varepsilon^2 + r^4} - r^2\right) dr \quad ; \qquad (2, 17)$$

the constant is chosen so as to avoid a singularity of the function at the origin.

To complete the mathematical solution, we take from the first equ. (2, 12), with regard to (2, 15),

$$\psi = \frac{b}{c}\,\frac{\varepsilon}{\sqrt{\varepsilon^2 + r^4}} \quad .$$

---

[8] A. S. Eddington, l.c., p. 85.

This is the radial field-strength in g-c-units. In g-c-s-units it is $c\psi$. We call that

$$E_r = \frac{b\,\varepsilon}{\sqrt{\varepsilon^2 + r^4}} . \qquad (2, 18)$$

(b) *Geometrical and Physical Discussion.*

From the last equation, taking r large with respect to $\sqrt{|\varepsilon|}$, we infer, that the effective charge in c-g-s-units is $b\,\varepsilon$. Equating it to the electronic charge e, we get from (2, 1a)

$$\varepsilon = r_0^2 .$$

This we introduce into the metrical coefficients (2, 17) and abbreviate

$$\frac{r}{r_0} = x . \qquad (2, 19)$$

Then

$$e^{\nu} = e^{-\lambda} = 1 - f^2 r_0^2 \frac{1}{x} \int_0^x (\sqrt{1 + x^4} - x^2)\, dx . \qquad (2, 20)$$

It is not difficult to see, that the function of x decreases steadily from $x = 0$ and approaches to zero at infinity. The strongest departure from Galilean metric is thus at the centre, viz.

$$e^{\nu} = e^{-\lambda} = 1 - f^2 r_0^2 \qquad (\text{for } r = 0) . \qquad (2, 21)$$

Even this departure is exceedingly small, since from (2, 1b) and (2, 2) the product $f^2 r_0^2$ lies between 10^{-43} and 10^{-44}. Yet we must not call the metric *regular* at the centre. The surface of an infinitely small sphere is not 4π times, but only $4\pi(1 - f^2 r_0^2)$ times the square of its radius. The singularity is of the kind that in two dimensions is presented by the vertex of an extremely flat cone.

Let us compute the *invariant curvature* from (2, 14). Using (2, 19)

$$\begin{aligned} G &= g^{11} G_{11} + 2 g^{22} G_{22} + g^{44} G_{44} \\ &= 2 f^2 \left(\frac{2x^4 + 1}{x^2 \sqrt{1 + x^4}} - 2 \right) . \end{aligned} \qquad (2, 22)$$

It is seen that, although the g_{ik} differ so little from their Galilean values, G *approaches to* infinity for $r \to 0$; as, of course, it must, since the invariant mass-density of Born's electron is known to do so.

Moreover a new physical meaning transpires of the constant f^2, which we have already come to know as "constant of gravitation" and, under the form of μ^2 [see (2, 3)], as controlling the behaviour of extended electromagnetic fields. It is now seen to determine also the curvature "inside" Born's electron, I mean to say for *moderate* values of x. E.g. for $x = 1$, i.e. $r = r_0$, you have

$$G = f^2 (3\sqrt{2} - 4).$$

To compare this with a four-dimensional hypersphere, we equate it to $12/R^2$ and obtain

$$R = 43{,}724 \text{ km},$$

which is to be held, as to order of magnitude, against

$$\mu^{-1} \propto 30{,}000 \text{ km},$$

determined from geomagnetism. —

It remains to be shown that the metrical coefficients (2, 20) for $x \gg 1$ indicate a gravitational mass equal to the inertial and energetic mass m_0. The integral can be transformed thus

$$\int_0^x \sqrt{1 + x^4}\, dx = \int_0^x \frac{dx}{\sqrt{1 + x^4}} + \int_0^x \frac{x^4\, dx}{\sqrt{1 + x^4}},$$

$$\int_0^x \frac{x^4}{\sqrt{1 + x^4}}\, dx = \frac{x}{2}\sqrt{1 + x^4} - \frac{1}{2}\int_0^x \sqrt{1 + x^4}\, dx.$$

By combining these two formulae:

$$\int_0^x \sqrt{1 + x^4}\, dx = \frac{2}{3}\int_0^x \frac{dx}{\sqrt{1 + x^4}} + \frac{1}{3}\, x\sqrt{1 + x^4}.$$

Using this in (2, 20) we get:

$$e^{\nu} = e^{-\lambda} = 1 - f^2 r_0^2 \left(\frac{2}{3x}\int_0^x \frac{dx}{\sqrt{1 + x^4}} + \frac{1}{3}\sqrt{1 + x^4} - \frac{x^2}{3}\right). \tag{2, 23}$$

For $x \gg 1$, with (2, 19):

$$e^{\nu} = e^{-\lambda} = 1 - \frac{f^2 r_0^3}{r}\,\frac{2}{3}\int_0^{\infty} \frac{dx}{\sqrt{1 + x^4}}; \qquad (r \gg r_0).$$

From (2, 2) and (2, 1a)

$$f^2 r_0^3 = \frac{2ke^2}{c^4 r_0} = \frac{2km_0}{c^2}\left(\frac{2}{3}\int_0^{\infty} \frac{dx}{\sqrt{1 + x^4}}\right)^{-1},$$

the latter from (2, 1b) and (2, 1c). Hence finally

$$e^{\nu} = e^{-\lambda} = 1 - \frac{2\,k}{c^2}\,\frac{m_0}{r} \; ; \qquad (r \gg r_0) \; . \qquad (2, 24)$$

This agrees with the well-known Schwartzschild solution for a point mass m_0.

Since Born has shown, that $m_0 c^2$ *is* the field energy of his electron, we have here, for the first time, the model of a point-source whose gravitational field is accounted for by its electric field energy. *The singularity itself contributes nothing.*

This is not so in the case of the traditional solution, which (in simplifying units) reads[9]

$$e^{\nu} = e^{-\lambda} = 1 - \frac{2\,m}{r} + \frac{4\,\pi\,e^2}{r^2} \; . \qquad (2, 25)$$

Here m and e^2 are independent constants of integration, to which any values could be assigned. However, with $e \neq 0$ the electric field energy is infinite anyhow. How is nevertheless a finite gravitational mass produced? Obviously by incorporating an infinite negative mass *in the singularity itself.* That is clearly seen by comparing the behaviour of (2, 25) for $r \rightarrow 0$ with that of $1 - \frac{2\,m}{r}$.

§ 3.—The Cosmic Structure of the Point-Charge.

In the region

$$r_0 \ll r \ll \mu^{-1}$$

we have, from (2, 18), approximately

$$E_r = \frac{b\,\varepsilon}{r^2} = \frac{e}{r^2} \; .$$

When this region is exceeded, the μ-terms in (2, 5) must be taken into account, while the metric can now safely pass for Galilean, $\lambda = \nu = 0$ in (2, 6). Then we easily get from (2, 5b) and (2, 5c)

$$E_r = -\frac{\partial V}{\partial r} \, , \qquad V = e\,\frac{e^{-\mu r}}{r} \, , \qquad (3, 1)$$

where V stands for $c\,A_4$. I apologize for the clash of the two e's.

---

[9] See A. S. Eddington, l.c., p. 185.

No particular relevance, as far as I can see, is attached to the μ-term in (2, 5a), although it reaches the same order as the rest, as soon as r becomes comparable with μ^{-1}.

The physical meaning of space becoming *flat,* is obviously that it becomes what it would be without the point charge in question. It is worth while to examine the latter when embedded in *spherical* space. In other words: what is the *Yukawa potential* (3, 1) in spherical space? I consider it quite relevant (though perhaps not very astonishing) that a solution with only *one* singularity can be indicated. With the classical potential ($\mu = 0$) that is not so, for obvious reasons: the lines of force issuing from the charge must end *somewhere,* they cannot go off to infinity, because in spherical space there is no infinity.

Let me recall the classical features, beginning with the two-dimensional sphere. Here the only solution, apart from the constant, of the Laplace equation

$$\nabla^2 V = \frac{1}{R^2 \sin\theta} \frac{\partial}{\partial\theta}\left(\sin\theta \frac{\partial V}{\partial\theta}\right) = 0 \qquad (3, 2)$$

is

$$V = \log \tan \frac{\theta}{2} , \qquad (3, 3)$$

which has *two* singularities, for $\theta = 0$ and for $\theta = \pi$.

On the three-dimensional hypersphere, using χ for the angular distance from the centre,

$$\nabla^2 V = \frac{1}{R^2 \sin^2\chi} \frac{\partial}{\partial\chi}\left(\sin^2\chi \frac{\partial V}{\partial\chi}\right) = 0 \qquad (3, 4)$$

has, apart from the constant, the only solution

$$V = \cotan\chi , \qquad (3, 5)$$

again with two singularities, at $\chi = 0$ and at $\chi = \pi$.

Of course, the two singularities *need* not be antipodic. The structure of (3, 3) and (3, 5) is best grasped by attributing to a *single* point charge the potentials

$$\log \sin\frac{\theta}{2} \quad \text{or} \quad \chi \cotan\chi , \qquad (3, 6)$$

respectively. They have not *vanishing,* but *constant* Laplacians $\left(\text{viz.} \; -\frac{1}{2R^2} \text{ and } -\frac{2}{R^2}, \text{ respectively}\right)$. That is to say, they represent single point-charges (at $\theta = 0$ and at $\chi = \pi$, respectively), with a neutralising charge spread uniformly over the sphere (or hypersphere). By superposing[10] two or more of them,

$$V = - \sum_k e_k \log \sin \frac{\theta_k}{2} \qquad \text{or} \qquad V = - \frac{1}{\pi R} \sum_k e_k \chi_k \operatorname{cotan} \chi_k, \quad (3, 7)$$

with

$$\sum_k e_k = 0, \qquad (3, 8)$$

you get more general solutions, of which (3, 3) and (3, 5) are simple special cases. (The θ_k and $\pi - \chi_k$ are the angular distances from the different point charges.) But (3, 8) must be observed, the "universe" as a whole must be electrically neutral.

Dropping from now on the two-dimensional case, which only served as a more familiar illustration, let us include the μ-term in (3, 4):

$$\nabla^2 V = \frac{1}{R^2 \sin^2 \chi} \frac{\partial}{\partial \chi} \left(\sin^2 \chi \frac{\partial V}{\partial \chi} \right) = \mu^2 V. \qquad (3, 9)$$

Put for brevity

$$R\mu = a \qquad (3, 10)$$

(which is a very large number, roughly 10^{20}) and introduce the variable

$$z = \sin^2 \frac{\chi}{2}. \qquad (3, 11)$$

Then (3, 9) turns into the hypergeometric equation

$$z(1 - z) V'' + (\tfrac{3}{2} - 3z) V' - a^2 V = 0. \qquad (3, 12)$$

To obtain the solution we need, put

$$V = z^{-\frac{1}{2}} U, \qquad z = 1 - x, \qquad (3, 13)$$

which gives

$$x(1 - x) U'' + (\tfrac{3}{2} - 2x) U' - (a^2 - \tfrac{3}{4}) U = 0. \qquad (3, 14)$$

Comparing this with Gauss' standard form

$$x(1 - x) y'' + [\gamma - (\alpha + \beta + 1) x] y' - \alpha\beta y = 0, \qquad (3, 15)$$

we have to take

$$\alpha = \tfrac{1}{2} + \sqrt{1 - a^2}, \quad \beta = \tfrac{1}{2} - \sqrt{1 - a^2}, \quad \gamma = \tfrac{3}{2}. \qquad (3, 16)$$

---

[10] The factors -1 or $-\frac{1}{\pi R}$, respectively, in (3, 7) serve to give to the e_k the exact meaning of charges.

Then

$$U = F(\alpha, \beta; \gamma; x)$$

is a solution of (3, 14) and, from (3, 13),

$$V = z^{-\frac{1}{2}} F(\tfrac{1}{2} + \sqrt{1 - a^2}, \; \tfrac{1}{2} - \sqrt{1 - a^2}; \; \tfrac{3}{2}; \; 1 - z) \qquad (3, 17)$$

is a solution of (3, 12). It is the one we need.

The factor $z^{-\frac{1}{2}}$ embodies, according to (3, 11), the required Coulomb-singularity at $\chi = 0$, i.e. at $z = 0$, while F here approaches to a constant. Indeed, since

$$\gamma - \alpha - \beta = \tfrac{1}{2} > 0,$$

we have from well-known formulae

$$F(\alpha, \beta; \gamma; 1) = \frac{\Gamma(\gamma)\,\Gamma(\gamma - \alpha - \beta)}{\Gamma(\gamma - \alpha)\,\Gamma(\gamma - \beta)} =$$

$$= \frac{\Gamma(\frac{3}{2})\,\Gamma(\frac{1}{2})}{\Gamma(1 - \sqrt{1 - a^2})\,\Gamma(1 + \sqrt{1 - a^2})} = \frac{\sinh \pi \sqrt{a^2 - 1}}{2\sqrt{a^2 - 1}}.$$

This is an enormously large number. To remove it and obtain the potential of *unity* charge, let us supply a suitable multiplier in (3, 17) and, at the same time, express z by χ and drop the irrelevant 1 under the square root (V (1) means "V for unit charge"):—

$$V(1) = \frac{\mu}{\sinh(R\mu\pi)\sin\frac{\chi}{2}} F\left(\tfrac{1}{2} + iR\mu, \; \tfrac{1}{2} - iR\mu; \; \tfrac{3}{2}; \; \cos^2\frac{\chi}{2}\right). \qquad (3, 18)$$

At the antipodic point, $\chi = \pi$, F approaches to 1 and $V(1)$ becomes vanishingly small, viz. as

$$\frac{\mu}{2} e^{-R\mu\pi}.$$

In the neighbourhood of $\chi = 0$, that is of the value 1 of its 4th argument, our Gauss series, as it stands, is the poorest thinkable instrument (though it converges uniformly, all right).

It is bound to behave there as $e^{-R\mu\chi}$. But it is hardly worth while to go to the trouble of proving this fact.

Any amount of solutions (3, 18) can be superposed with arbitrary factors e_k, the various χ_k being the angular distances from the various point-charges. Condition (3, 8) is not imposed. The universe need not be electrically neutral.

XIII.

UNITARY FIELD THEORY: CONSERVATION IDENTITIES AND RELATION TO WEYL AND EDDINGTON.

[From the Dublin Institute for Advanced Studies.]

By ERWIN SCHRÖDINGER.

[Read 30 November, 1943. Published 17 February, 1944.]

§ 1. Sixteen Identities and an Alternative Expression of the Matter Tensor.

In this[1] theory the symmetric part of the affine Einstein - tensor was called γ_{kl}. It yielded the *tensor of matter*[2]

$$T_{kl} = -(\gamma_{kl} - \tfrac{1}{2} g_{kl} g^{\mu\nu} \gamma_{\mu\nu}) . \qquad (1, 1)$$

In the field variables, eventually adopted, one had (see (3, 21) G U T)

$$\gamma_{kl} = \frac{\partial \bar{\mathfrak{L}}}{\partial \mathfrak{g}^{kl}} , \qquad \mathfrak{f}^{kl} = \frac{\partial \bar{\mathfrak{L}}}{\partial \phi_{kl}} . \qquad (1, 2)$$

It is not obvious that, by inserting the first of these relations in (1, 1), you will get *anything like* the Maxwellian energy tensor, *unless* $\bar{\mathfrak{L}}$ is very carefully chosen.

But it can be *made* obvious. From the mere fact that the (original) Lagrange function $\mathfrak{L}$ shall be a *scalar density* follow the sixteen identities[3]

$$\frac{\partial \mathfrak{L}}{\partial R_{\mu l}} R_{kl} + \frac{\partial \mathfrak{L}}{\partial R_{l\mu}} R_{lk} = \delta^{\mu}_{k} \mathfrak{L} . \qquad (1, 3)$$

Now from G.U.T (3, 4), (3, 9), (3, 18), γ_{kl} and ϕ_{lk} are the symmetrical and the skew part of R_{kl} respectively, while $\mathfrak{g}^{kl}$ and $\mathfrak{f}^{kl}$ are the same of $\partial \mathfrak{L} / \partial R_{kl}$. Hence (1, 3) gives

$$\mathfrak{g}^{\mu l} \gamma_{kl} - \mathfrak{f}^{\mu l} \phi_{kl} = \tfrac{1}{2} \delta^{\mu}_{k} \mathfrak{L} . \qquad (1, 4)$$

---

[1] The General Unitary Theory of the Physical Fields. Proc. Roy. I. A. (A), **49**, 43, 1943. Quoted here G U T.

[2] The nomenclature is open to objection. It disregards the terms quadratic in i_k. I beg to grant it, for brevity.

[3] See Appendix I.

Contracted

$$\mathfrak{g}^{\mu\nu}\gamma_{\mu\nu} - \mathfrak{f}^{\mu\nu}\phi_{\mu\nu} = 2\mathfrak{L}\,. \tag{1, 5}$$

Now we see that the mixed density[4] of (1, 1), viz.

$$\mathfrak{T}_k^{\mu} = -\left(\mathfrak{g}^{\mu l}\gamma_{kl} - \tfrac{1}{2}\delta_k^{\mu}\mathfrak{g}^{\alpha\beta}\gamma_{\alpha\beta}\right), \tag{1, 6}$$

is readily expressed by (1, 4) and (1, 5) thus:

$$\mathfrak{T}_k^{\mu} = -\left(\mathfrak{f}^{\mu l}\phi_{kl} - \tfrac{1}{2}\delta_k^{\mu}\mathfrak{f}^{\rho\sigma}\phi_{\rho\sigma}\right) + \tfrac{1}{2}\delta_k^{\mu}\mathfrak{L}\,. \tag{1, 7}$$

This is the expression we aimed at. It gives a general insight into how the matter tensor is composed of the field tensors, though it can, of course, not obliterate the fact, that the actual choice of $\mathfrak{L}$ does matter. For *weak* fields and Galilean coordinates (1, 7) immediately reduces to the familiar form, because in this limit $\mathfrak{f}^{kl}$ must, for any reasonable choice, approach to ϕ_{kl}, and thus $\mathfrak{L}$ must approach to

$$\mathfrak{L} \rightarrow -\tfrac{1}{2}\phi^{kl}\phi_{kl}\,,$$

since, quite generally,

$$\mathfrak{f}^{kl} = -\frac{\partial\mathfrak{L}}{\partial\phi_{kl}}$$

from G U T (3, 19).

In G U T § 7 I foreshadowed the task of broadening the geometrical basis of the present theory, to comprise other fields, especially the meson field. To conduct this investigation in a satisfactorily general way would be impossible, if it depended essentially on choosing "the right" Lagrangian. The relation (1, 7) — or its generalizations — delays this painful question, by giving substantial insight at least into the all-important interlocking with the gravitational field. — An encouraging attempt to account for the meson-field is given in a subsequent paper.

§ 2. The Conservation Identities.

The conservation laws arise in every physical theory from the group of transformations it admits. Hence they must virtually result from (1, 3) or (1, 4), which completely exploits the general invariance. We wish to produce the conservation laws here in the familiar form of *differential identities between the "first members" of the field equations.*

[4] I recall the agreement, that raising and lowering of indices is effectuated by the g_{kl} and that replacing a Latin letter by the corresponding German one means multiplication by $\sqrt{-g}$.

So we re-write them, from G U T (3, 22), giving names to them

$$\mathfrak{M}_k{}^l = \mathfrak{T}_k{}^l + \tfrac{1}{6}(\mathfrak{i}^l i_k - \tfrac{1}{2}\delta_k{}^l \mathfrak{i}^\alpha i_\alpha) + \mathfrak{G}_k{}^l - \tfrac{1}{2}\delta_k{}^l \mathfrak{G} \tag{2, 1a}$$

$$F_{kl} = \frac{1}{6}\left(\frac{\partial i_l}{\partial x_k} - \frac{\partial i_k}{\partial x_l}\right) - \phi_{kl} \tag{2, 1b}$$

$$\mathfrak{S}^l = \mathfrak{i}^l - \frac{\partial \mathfrak{f}^{l\beta}}{\partial x_\beta}\,. \tag{2, 1c}$$

The 20 field variables are g_{kl}, ϕ_{kl}, i_l. We regard $\mathfrak{T}_k{}^l$ as explained by (1, 6) and γ_{kl}, $\mathfrak{f}^{kl}$ as explained by (1, 2). We shall not have to use derivatives with respect to the connection Γ^k_{lm}, but "metrical" derivatives, with respect to the connection $\left\{ {k \atop lm} \right\}$. Yet, the semicolon (;) being reserved in this theory for the former, we indicate the latter by a vertical bar (|).

We form the divergence of (2, 1a)

$$\mathfrak{M}^{\,l}_{k\,|\,l} = \mathfrak{T}^{\,l}_{k\,|\,l} + \tfrac{1}{6}(\mathfrak{i}^l i_k - \tfrac{1}{2}\delta_k{}^l \mathfrak{i}^\alpha i_\alpha)_{|\,l}\,. \tag{2, 2}$$

Using the facts that, from (2, 1c)

$$\mathfrak{i}^l{}_{|\,l} = \mathfrak{S}^l{}_{|\,l}$$

and that (2, 1b) can be written

$$F_{kl} = \tfrac{1}{6}(i_{l\,|\,k} - i_{k\,|\,l}) - \phi_{kl}\,,$$

we obtain

$$\mathfrak{M}^{\,l}_{k\,|\,l} - \tfrac{1}{6} i_k \mathfrak{S}^l{}_{|\,l} + \mathfrak{i}^l F_{kl} = \mathfrak{T}^{\,l}_{k\,|\,l} + \mathfrak{i}^l \phi_{lk} =$$
$$= \frac{\partial \mathfrak{T}_k{}^l}{\partial x_l} - \tfrac{1}{2}\mathfrak{T}^{\mu\nu}\frac{\partial g_{\mu\nu}}{\partial x_k} + \mathfrak{i}^l \phi_{lk}\,. \tag{2, 3}$$

This form of the conservation laws had been reached in G U T (3, 23) by H. W. Peng. We have discussed it there. It has, of course, not yet the form of an *identity*.

Our aim is to transform also the last two terms into "complete derivatives." Using (2, 1c) you get

$$\mathfrak{i}^l \phi_{lk} = \mathfrak{S}^l \phi_{lk} + \frac{\partial}{\partial x_\beta}(\mathfrak{f}^{l\beta}\phi_{lk}) - \mathfrak{f}^{l\beta}\frac{\partial \phi_{lk}}{\partial x_\beta}\,. \tag{2, 4}$$

With the help of (2, 1b) the last term in (2, 4) allows of a remarkable transformation, which uses of $\mathfrak{f}^{l\beta}$ only its antisymmetry:

$$\mathfrak{f}^{l\beta}\frac{\partial \phi_{lk}}{\partial x_\beta} = \tfrac{1}{2}\mathfrak{f}^{l\beta}\frac{\partial \phi_{l\beta}}{\partial x_k} + \mathfrak{f}^*_{\beta k} F^{*\,\beta l}{}_{|\,l}\,. \tag{2, 5}$$

The asterisk indicates the *dual.* Considering (1, 2) we can continue

$$\mathfrak{f}^{l\beta}\frac{\partial \phi_{lk}}{\partial x_\beta} = \frac{1}{2}\left(\frac{\partial \overline{\mathfrak{L}}}{\partial x_k} - \gamma_{\mu\nu}\frac{\partial \mathfrak{g}^{\mu\nu}}{\partial x_k}\right) + \mathfrak{f}^{*}_{\beta k}\, F^{*\,\beta l}{}_{|\,l}\,. \tag{2, 6}$$

Insert this into (2, 4), then (2, 4) into (2, 3). With a readjustment of dummy indices you get

$$\mathfrak{M}_{k}{}^{l}{}_{|\,l} - \tfrac{1}{6}\, i_k\, \mathfrak{S}^{l}{}_{|\,l} + \mathfrak{i}^{l} F_{kl} - \phi_{lk}\,\mathfrak{S}^{l} + \mathfrak{f}^{*}_{\beta k}\, F^{*\beta l}{}_{|\,l} = \\ = \frac{\partial}{\partial x_\beta}\left(\mathfrak{T}_k{}^{\beta} + \mathfrak{f}^{l\beta}\phi_{lk} - \tfrac{1}{2}\,\delta_k{}^{\beta}\,\overline{\mathfrak{L}}\right) - \tfrac{1}{2}\,\mathfrak{T}^{\mu\nu}\frac{\partial g_{\mu\nu}}{\partial x_k} + \tfrac{1}{2}\,\gamma_{\mu\nu}\frac{\partial \mathfrak{g}^{\mu\nu}}{\partial x_k}\,. \tag{2, 7}$$

Here the last two terms cancel, with regard to (1, 1), on account of very familiar $g_{\mu\nu}$- relations. So we are left with (2, 7), *with these terms abolished.* But then the tensor in brackets must also vanish, as shown in Appendix II. *Alternatively* we could draw on the identities (1, 4), which we have actually not yet used in this section, and on the connection between $\mathfrak{L}$ and $\overline{\mathfrak{L}}$, from G U T (3, 20), viz.

$$\mathfrak{g}^{kl}\,\gamma_{kl} - \mathfrak{L} = \overline{\mathfrak{L}}\,.$$

Thus the fairly elaborate identities between the first members of the field equations (2, 1) read

$$0 = \mathfrak{M}_{k}{}^{l}{}_{|\,l} - \tfrac{1}{6}\, i_k\, \mathfrak{S}^{l}{}_{|\,l} + \mathfrak{i}^{l} F_{kl} - \phi_{lk}\,\mathfrak{S}^{l} + \mathfrak{f}^{*}_{\beta k}\, F^{*\beta l}{}_{|\,l}\,. \tag{2, 8}$$

In G U T p. 52, footnote 10, I had made a somewhat awkward forecast about them. I had overlooked, that this theory entails *much simpler* identities than any previous one, due to the fact that the *scalar density* $\mathfrak{L}$ is a function of the *one tensor* R_{kl} only.

§ 3. The Relation of this Theory to Weyl's and Eddington's.

Weyl's pioneer theory[5] of 1918, which was the first step beyond the General Theory of Relativity and opened the development of the affine field theory, started from the aperçu that there was no meaning in comparing "lengths" in different points. From this point of view the *conservation* of the invariant $g_{ik}\,A^i A^k$ is no longer a reasonable basis for defining the *parallel displacement* of A^k. Weyl admitted that, on displacement along dx_s, all invariants of the type

$$l = g_{ik}\,A^i A^k \tag{3, 1}$$

take on a common factor, thus

$$\delta l = -\, l\,\phi_s\, dx_s\,. \tag{3, 2}$$

[5] See H. Weyl's famous book Raum-Zeit-Materie, Berlin, Springer, 1921.

This leads one to associate with the metric g_{ik} the *affine connection*

$$\Gamma_{lm}^{k} = \left\{ {k \atop l\ m} \right\} - \tfrac{1}{2} g_{lm} \phi^{k} + \tfrac{1}{2} \delta_{l}^{k} \phi_{m} + \tfrac{1}{2} \delta_{m}^{k} \phi_{l} . \qquad (3, 3)$$

The coefficients $-\frac{1}{2}$, $\frac{1}{2}$, $\frac{1}{2}$ are uniquely fixed by the assumption (3, 2).— ϕ_s is Weyl's "vector of metrical connection." In his geometry it is just as fundamental as the tensor g_{ik}. In his field-theory it is identified with the electromagnetic potential.

In the present theory we started from an arbitrary (symmetrical) affine connection Γ_{lm}^{k}. By subjecting it to a variational principle (with unspecified Lagrangian) we introduced a metric g_{ik}. The state of affairs arrived at is strikingly similar to that from which Weyl *started.* Indeed from G U T (3, 11) and (3, 12) our (primary) affinity is linked with the (secondary) metric by

$$\Gamma_{lm}^{k} = \left\{ {k \atop l\ m} \right\} - \tfrac{1}{2} g_{lm} i^{k} + \tfrac{1}{6} \delta_{l}^{k} i_{m} + \tfrac{1}{6} \delta_{m}^{k} i_{l} . \qquad (3, 4)$$

And, apart from an irrelevant factor, our i_k actually *is* the potential [see G U T (3, 22b)].

But comparing (3, 3) and (3, 4) we notice a discrepancy in the coefficients. What does it mean?

Before computing the change it brings about in (3, 2) let me stop for a moment to comment on this notion of δl. It is obtained by displacing in (3, 1) the vector of A^k according to the affinity Γ_{lm}^{k}, while changing g_{ik} to $g_{ik} + dg_{ik}$, i.e. to its value in the neighbouring point. As we know, that is equivalent to displacing it *according to the affinity* $\left\{ {k \atop l\ m} \right\}$. Granting that in the context of Weyl's theory the procedure is well justified, from our point of view it is artificial not to treat all the factors in the same way (a "consistent" use of either the one or the other affinity leads, of course, to $\delta l = 0$).

If now you replace (3, 3) by (3, 4) you obtain in place of (3, 2)

$$\delta l = \tfrac{2}{3} A^{k} i_{k} A_{s} dx_{s} - \tfrac{1}{3} l i_{s} dx_{s} , \qquad (3, 5)$$

which can also be written

$$\delta l = \tfrac{1}{3} (A^{k} dx_{s} - A^{s} dx_{k}) (i_{k} A_{s} - i_{s} A_{k}) + \tfrac{1}{3} l i_{s} dx_{s} . \qquad (3, 6)$$

Thus parallel displacement along dx_s no longer affects all lengths by the same factor. The *direction* of the vector A^k matters. Certain *angles* intervene as indicated by the first term on the right of either (3, 5) or (3, 6).

Very intimately connected with this behaviour is the question: is there anything analogous to Weyl's *gauge transformation* in the present theory? A gauge transformation consists in replacing the g_{kl} and ϕ_{kl} by

$$\lambda g_{kl} \quad \text{and} \quad \phi_k - \frac{1}{\lambda}\frac{\partial \lambda}{\partial x_k} \tag{3, 7}$$

respectively, where λ is an arbitrary positive function of the coordinates. This does not change the *curl* of ϕ_k (which is physically interpreted as the electromagnetic field) and, from (3, 3), leaves Weyl's $\Gamma_{lm}{}^k$ invariant. But with the coefficients $(-\frac{1}{2}, \frac{1}{6}, \frac{1}{6})$, taken from (3, 4), the invariance is destroyed and there is no possible modification of (3, 7) which would restore it.

The absence of gauge invariance in the present stage of the theory is an apparent lack of beauty. But it will turn out to be the contrary from the point of view reached in a subsequent paper. *For, a third, equally fundamental field, is still missing in the union.* It has tacitly been put zero (viz. by assuming the basic affinity *symmetric*). *That is what obstructs gauge invariance* and thus pleads indirectly for the *necessity* of the third field (the three fields are: gravitation, meson, light).

Is our "non-Weylian" relation (3, 4) covered by the more general scheme which A. S. Eddington[6] has set up for the connection between the affine $\Gamma_{lm}{}^k$ and the metrical $\left\{ {k \atop l\,m} \right\}$? It is. From (93, 5) and (93, 6) l.c. Eddington's general connection reads

$$\Gamma^{\sigma}_{\mu\nu} = \left\{ {\sigma \atop \mu\,\nu} \right\} + S^{\sigma}_{\mu\nu} , \tag{3, 8}$$

where $S^{\sigma}_{\mu\nu}$ is a *tensor,* symmetrical in μ, ν and determined by

$$S_{\mu\nu,\sigma} = K_{\mu\nu,\sigma} - K_{\mu\sigma,\nu} - K_{\nu\sigma,\mu} , \tag{3, 9}$$

where $K_{\mu\nu,\sigma}$ is an *unspecified* tensor, symmetric in μ, ν.

As Eddington has observed, Weyl's case (3, 3) is covered by putting

$$K_{\mu\nu,\sigma} = \tfrac{1}{2}\, g_{\mu\nu}\, \phi_\sigma , \tag{3, 10}$$

while (3, 4) would be obtained with

$$K_{\mu\nu,\sigma} = \tfrac{1}{6}\,(g_{\mu\sigma}\, i_\nu + g_{\nu\sigma}\, i_\mu - g_{\mu\nu}\, i_\sigma) . \tag{3, 11}$$

But that is not very significant, because (3, 9) can be solved thus

$$K_{\mu\nu,\sigma} = -\tfrac{1}{2}\,(S_{\mu\sigma,\nu} + S_{\nu\sigma,\mu}) = -\tfrac{1}{2}\,(g_{\nu\alpha}\, S^{\alpha}_{\mu\sigma} + g_{\mu\alpha}\, S^{\alpha}_{\nu\sigma}) . \tag{3, 12}$$

Hence $K_{\mu\nu,\sigma}$ can always be specified so as to produce, by (3, 9), an

[6] The Mathematical Theory of Relativity, 2nd ed., Cambridge University Press, 1930, chapter 7, part 2.

arbitrary[7] $S^{\sigma}_{\mu\nu}$. *Eddington's scheme covers everything.* It was, at the time, more or less intended to do so.

APPENDIX I.

Let K be an *invariant function of* $R_{\mu\nu}$. Let

$$x_k = x_k' + \phi^k$$

denote an *infinitesimal* transformation of the coordinates and let

$$\frac{\partial \phi^k}{\partial x_\mu} = a^k_\mu .$$

Then $R_{\mu\nu}$ transforms thus

$$R'_{\mu\nu} = R_{\mu\nu} + a^k_\mu R_{k\nu} + a^k_\nu R_{\mu k} .$$

Hence we must have

$$0 = K(R'_{\mu\nu}) - K(R_{\mu\nu}) = \frac{\partial K}{\partial R_{\mu\nu}} (a^k_\mu R_{k\nu} + a^k_\nu R_{\mu k}) =$$
$$= a^k_\mu \left(\frac{\partial K}{\partial R_{\mu l}} R_{kl} + \frac{\partial K}{\partial R_{l\mu}} R_{lk} \right) .$$

Since the a's are obviously independent we must have

$$\frac{\partial K}{\partial R_{\mu l}} R_{kl} + \frac{\partial K}{\partial R_{l\mu}} R_{kl} = 0 .$$

Supposing now you are interested not in an invariant, but in an invariant *density* $\mathfrak{L}(R_{kl})$. Then apply the preceding equation to the *invariant*

$$K = \frac{\mathfrak{L}}{\sqrt{\text{Det. } R_{kl}}} .$$

You easily obtain

$$\frac{\partial \mathfrak{L}}{\partial R_{\mu l}} R_{kl} + \frac{\partial \mathfrak{L}}{\partial R_{l\mu}} R_{lk} = \delta^\mu_k \mathfrak{L} ,$$

which is the equation (1, 3) used in the text.

---

[7] *If* $\Gamma^{\sigma}_{\mu\nu}$ *is given,* then there are, of course, severe restrictions on the tensor $S^{\sigma}_{\mu\nu}$ in order that the difference of the two should be representable as the Christoffel-brackets of a metric. E.g. $\frac{\partial}{\partial x_\nu} (\Gamma^{\sigma}_{\sigma\mu} - S^{\sigma}_{\sigma\mu})$ must be symmetric in ν, μ. But these restrictions are not conveyed by the scheme (3, 8), (3, 9).

Appendix II.

We wish to prove that a *mixed density* $\mathfrak{A}_k^\beta$ vanishes identically if

$$\frac{\partial}{\partial x_\beta} \mathfrak{A}_k^\beta = \text{tensor} .$$

In this case the equation

$$\frac{\partial}{\partial x_\beta} \mathfrak{A}_k^\beta = \mathfrak{A}_{k\,|\,\beta}^\beta ,$$

which always holds in a geodetic frame, is a tensor equation and must therefore hold in every frame. Hence, in every frame,

$$\left\{ {k \atop \beta\ \sigma} \right\} \mathfrak{A}_k^\beta = 0 .$$

If you write this equation in a geodetic frame and then vary the frame slightly you obtain

$$\mathfrak{A}_k^\beta \, \delta \left\{ {k \atop \beta\ \sigma} \right\} = 0 .$$

Now, the transformation formulae of the $\{\ \}$ are such, that the $\delta \{\ \}$ can be given any values. Hence the $\mathfrak{A}_k^\beta$ must vanish in the geodetic frame,—hence in every frame. qu. e. d.

Corollary: If for any system of 16 quantities Φ_k^β, defined in every frame, the equations

$$\frac{\partial}{\partial x_\beta} \Phi_k^\beta = 0$$

hold in every frame, the Φ_k^β either vanish or they do not constitute a tensor.

XV.

THE SHIELDING EFFECT OF PLANETARY MAGNETIC FIELDS.

(From the Dublin Institute for Advanced Studies.)

By REV. JAMES McCONNELL and E. SCHRÖDINGER.

[Read 13 December, 1943. Published 1 March, 1944.]

1. Introduction. Summary.

Very much the same as in the case of Einstein's field-equations of gravitation in empty space, Maxwell's equations likewise admit of a term expressing that the *potentials* act also as *sources* of the field—the "cosmical term," as it is usually called. While in the case of gravitation anything but an *extremely* low order of magnitude of this term is excluded by observation, the widespread belief that the corresponding Maxwellian term must be of the same low order, neither rests on direct experimental evidence, nor are there strong theoretical grounds for it. As one of us has recently pointed out,[1] our present knowledge of the earth's magnetic field suggests for the constant in question (μ^2) a value, still moderately small, but after all about 10^{32}-times larger than the "cosmical" value. General field theories seldom fail to produce the term.[2] This fact ought not to be over-emphasized, for they may have been deceived (see the footnote), and at any rate they do not positively indicate the order of magnitude. But quite a strong argument *pro* (which we have never seen mentioned and which would be all-but-quenched, if the term were insignificantly small) is this: the two equations curl $A = H$ and curl $H = -\mu^2 A$ exclude an irrotational static magnetic field, and thus automatically *exclude the existence of an isolated magnetic pole* (the current version of Maxwell's theory has to exclude it explicitly).

Reviewing the situation we deem that, just as in the case of gravitation, the "μ-term" ought not to be regarded as a "new addition" to Maxwell's equations but as being virtually contained in them. We have to decide, not *whether* there is a μ-term or not, but *what upper limit observation sets to the constant* μ.

---

[1] E. Schrödinger, Proc. R.I.A. (A), **49**, 135, 1943.

[2] H. Weyl, Raum-Zeit-Materie (Berlin, Springer, 1921), § 36; A. Einstein, Sitz. Ber. d. Preuss. Akad., p. 137, 1923; E. Schrödinger, Proc. R.I.A. (A), **49**, 55, 237, 275, 1943. In the *last* paper it is pointed out that, what had always been interpreted as the Maxwellian field, is in fact, very likely, the meson field. This is the possible *deception* alluded to above.

The limit is imposed by *large-scale static fields.* The observed structure of the magnetic field *on the surface* of the earth certainly excludes a value of the constant μ considerably larger than $(30{,}000\ \text{km.})^{-1}$; it possibly supports this figure, which, as far as we can see, would not be at variance with any other phenomenon.

The constant intervenes, of course, in computing from the known *surface-field* the field *surrounding* the earth, which is indeed much more strongly affected than the former—and so is its *shielding effect* towards charged particles, coming from outside (aurora-particles, cosmic rays). *This is the object of the present investigation.* We generalize, for the modified field, Störmer's results[3]—but not the refinements of Lemaître and Vallarta, which would be infinitely laborious and is not required in a first survey.

The constant μ enters in form of the product μa, i.e. of the ratio of the radius a of the celestial body and the length μ^{-1}. With the value of μ^{-1} mentioned above, $\mu a = 0{\cdot}2$ and roughly $= 20$ for the sun. That is why we carry the numerical computations as far as $\mu a = 20$.

We can hardly avoid reproducing the main trend of the whole theory of shielding, which we believe to have put into neat form. It proves handier to speak throughout not of "shielding" but of "escape." Since we disregard the bodily screening effect of the planet,[4] the orbits are, as it were, reversible. The minimum momentum which just enables a particle, coming from infinity, to *impinge* on a given point of the surface from a given direction, also just enables a particle of opposite charge to *escape* from there to infinity on the reversed orbit.

Specializing, for the purpose of illustration, in the μ-value quoted above $[\mu = (30{,}000\ \text{km.})^{-1}]$, our results are briefly these:—

$\mu a = 0{\cdot}2$ (earth): The minimum momentum decreases steadily towards the pole. At 50°, where the cosmic-ray latitude-effect stops, it is (for any direction of launching) by about 20 per cent. larger than with $\mu = 0$. The bearing on cosmic rays is hardly significant. But the *percentage increase* (as against the case $\mu = 0$) *increases* considerably at higher latitudes. Hence *there is* a mutual bearing of the precise value assumed for μ and any quantitative theory of the aurora;

$\mu a = 20$ (sun): The minimum momentum for escape is, of course, *considerably lowered* as against $\mu = 0$, though much less than we might anticipate from the exponential decrease of the field. The potential bearing on aurora theories is obvious. But, with the present scanty knowledge of the sun's magnetic field, it is useless.

---

[3] For a general account of the Störmer theory cf. S. Chapman and J. Bartels, Geomagnetism, Vol. 2, p. 833, et seqq. (Oxford, Clarendon Press, 1940).

[4] Precisely to this point—and to the question of periodic orbits—does Lemaître's and Vallarta's improvement on Störmer refer.

§ 2. The Reduced Hamiltonian.

Using spatial coordinates with the line-element

$$ds^2 = g_{ik}\, dx_i\, dx_k \qquad (i, k = 1, 2, 3), \qquad (2, 1)$$

the well-known Hamiltonian of a particle with charge e and rest-mass m_0, moving in an electromagnetic field with the potentials V, A_k $(k = 1, 2, 3)$, reads as follows:

$$H = eV + m_0 c^2 \sqrt{1 + \frac{1}{m_0^2 c^2} g^{ik}\left(p_i - \frac{e}{c}A_i\right)\left(p_k - \frac{e}{c}A_k\right)}. \qquad (2, 2)$$

In ordinary vector notation the potentials of a static magnetic dipole **D** at the origin are[5]

$$\mathbf{A} = \operatorname{curl}\left(\frac{\mathbf{D}e^{-\mu r}}{r}\right), \qquad V = 0. \qquad (2, 3)$$

From this, in polar coordinates, with **D** in the direction $\theta = 0$,

$$A_1 = A_2 = 0 \qquad A_3 = \frac{\sin^2\theta\, D f(r)}{r}, \qquad (2, 4)$$

where 1, 2, 3 refer to r, θ, ϕ respectively, D is the dipole-strength, f is short for

$$f(r) = (1 + \mu r)e^{-\mu r} \qquad (2, 5)$$

Hence (replacing the subscripts 1, 2, 3 by r, θ, ϕ for clarity):

$$H = m_0 c^2 \sqrt{1 + \frac{1}{m_0^2 c^2}\left[p_r^2 + \frac{1}{r^2}p_\theta^2 + \frac{1}{r^2 \sin^2\theta}\left(p_\phi - \frac{\sin\theta\, e D f}{c r}\right)^2\right]}. \qquad (2, 6)$$

Since ϕ is not contained, p_ϕ is a constant of the motion and the problem reduces to the two-dimensional motion in the meridional half-plane r, θ (with the *same* Hamiltonian). Moreover, H is a constant of the motion $\geqslant m_0 c^2$. Let m be *any* constant $\geqslant m_0$. Envisage the following function of the function H

$$F(H) = \frac{1}{2m}\left(\frac{H^2}{c^2} - m_0^2 c^2\right) = \frac{1}{2m}[\ldots] \qquad (2, 7)$$

[5] E. Schrödinger, Proc. R.I.A., 49, 137, 1943.

[33*]

(the square bracket [. . .] being that of (2, 6)). If q is any one of the six variables $r, \theta, \phi, p_r, p, p_\phi$,

$$\frac{\partial F}{\partial q} = F' \frac{\partial H}{\partial q} = \frac{H}{mc^2} \frac{\partial H}{\partial q}. \qquad (2, 8)$$

Hence the equations of motion can be obtained from the (very much simpler) Hamiltonian $F(H)$, provided that we regard the constant m as depending on the particular motion and as linked with its energy constant H by

$$H = mc^2,$$

(which means, that m is the "relativistic mass" of the particle). In a word we have now formally reduced the problem to the *two-dimensional "non-relativistic" motion* with the Hamiltonian

$$\frac{1}{2m}\left[p_r^2 + \frac{1}{r^2} p_\theta^2 + \left(\frac{p_\phi}{r \sin\theta} - \frac{\sin\theta \, e D f}{r^2 c}\right)^2\right] = \frac{p^2}{2m}, \qquad (2, 9)$$

which is of very familiar form. By putting it equal to $p^2 / 2m$, the constant p is obviously the total momentum of the (true) motion.

It is convenient to reduce the momenta by the factor[6] eD/c, and to put

$$\frac{c^2}{e^2 D^2}\left(p_r^2 + \frac{1}{r^2} p_\theta^2\right) = P'^2$$

$$\frac{c}{eD} p_\phi = h \qquad (2, 10)$$

$$\frac{c^2}{e^2 D^2} p^2 = P^2.$$

Then (2, 9) reads

$$P'^2 + \left(\frac{h}{r \sin\theta} - \frac{\sin\theta f(r)}{r^2}\right)^2 = P^2. \qquad (2, 11)$$

Just like P, we take P' non-negative. It is the momentum in the meridional plane or, speaking of the two-dimensional motion, the momentum. The quantity in brackets is the momentum ($m \times$ velocity) in the ϕ-direction. It provides, for the two-dimensional motion, a store of potential energy. But notice that the form of the latter still depends on the value of the integration constant h (= the canonical p_ϕ). Let

---

[6] We take $e > 0$, for convenience.

a be the angle between the three-dimensional velocity and the direction of increasing ϕ, the "magnetic West." Then

$$P' = P \sin a \tag{2, 12}$$

and, from (2, 11),

$$\frac{h}{r \sin \theta} - \frac{\sin \theta f(r)}{r^2} = P \cos a . \tag{2, 13}$$

The sign is not ambiguous, as you verify by forming, with the Hamiltonian (2, 9), the canonical equation which gives $\dot{\phi}$.

§ 3. The Potential Energy.

We have to investigate the restrictions on escape, possibly imposed by the "potential energy."

$$U(r, \theta) = \psi(r, \theta)^2, \tag{3, 1}$$

where

$$\psi(r, \theta) = \frac{h}{r \sin \theta} - \frac{\sin \theta f(r)}{r^2}. \tag{3, 2}$$

If $\mu = 0$, from (2, 5), $f = 1$. In this case the function U has been extensively studied and represented in diagrams[7]. Qualitatively it behaves alike for any μ. To examine the *radial* behaviour, form

$$r^3 \frac{\partial \psi}{\partial r} = - \frac{h}{\sin \theta} r + 2 \sin \theta (1 + \mu r + \tfrac{1}{2} \mu^2 r^2) e^{-\mu r}. \tag{3, 3}$$

For $h \leqslant 0$, we have $\psi < 0$ and $\partial \psi / \partial r > 0$. Thus U *decreases* permanently. *Hence there is no energetic restriction on escape unless h is positive.*

If it is, then from the fact that

$$\frac{\partial}{\partial r}\left(r^3 \frac{\partial \psi}{\partial r}\right) = - \frac{h}{\sin \theta} - \mu^3 \sin \theta \, r^2 e^{-\mu r} < 0, \tag{3, 4}$$

you easily infer, that ψ and u depend on r as qualitatively indicated in Fig. 1.

The relevant point is, that u passes *in every radial direction,* first through a zero-minimum, then through a maximum. The series of these maxima—call it the *rim*—has one minimum at $\theta = \frac{\pi}{2}$ — call it the *pass.*

[7] See e.g. S. Chapman and J. Bartels, l.c., page 837.

This is the point of easiest escape. If we disregard the screening effect of the body of the planet and also disregard a "point set of content zero" of exceptional initial values, then according to a famous theorem of Poincaré's, a particle launched anywhere inside the rim *will* sooner or later reach the *pass* and make its escape, provided it has sufficient energy.

In the *pass* $\partial\psi/\partial r = 0$ and $\theta = \frac{\pi}{2}$. Hence from (3, 2) and (3, 3)

$$\left.\begin{aligned} \psi_{pass} &= \frac{h}{r} - \frac{f(r)}{r^2} \\ h &= \frac{2}{r}\left(1 + \mu r + \tfrac{1}{2}\mu^2 r^2\right)e^{-\mu r} \end{aligned}\right\} \quad (3, 5)$$

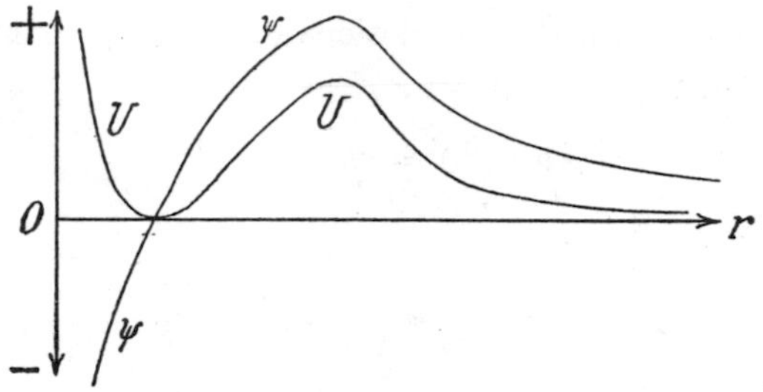

Fig. 1.

that is to say

$$\psi_{pass} = \frac{1}{r^2}\left(1 + \mu r + \mu^2 r^2\right)e^{-\mu r}. \quad (3, 6)$$

The letter r *shall henceforth refer to the pass.*

§ 4. The Minimum Escape Momentum.

Now let the particle be launched at a distance a from the origin (a = radius of the planet), at a pole-distance $\theta = \lambda$ and under an angle α with the "magnetic West" (i.e. the direction of increasing ϕ). From (2, 13)

$$\frac{h}{a \sin\lambda} - \frac{\sin\lambda f(a)}{a^2} = P\cos\alpha\,. \quad (4, 1)$$

We are out to find the smallest P which allows escape. To lower P, we have h at our free disposal. Now, for $\cos\alpha < 0$, h could be negative; but then we could, with impunity, lower P further by taking $h = 0$ instead, since we have seen that only with h positive does any restriction on escape arise. *Hence* h *must be positive anyhow.*

Therefore (3, 5) and (3, 6) obtain and, to permit escape, P must at least equal ψ_{pass}. But if P exceeded ψ_{pass} *by a finite amount,* you could in (4, 1) always change h in the direction that lowers P, irrespective of ψ_{pass} being thereby possibly raised. *So they must be equal.* From (3, 5), (3, 6), and (4, 1) that gives

$$\frac{\cos \alpha}{r^2}\left(1 + \mu r + \mu^2 r^2\right) e^{-\mu r} = \tag{4, 2}$$

$$= \frac{2}{a r \sin \lambda}\left(1 + \mu r + \tfrac{1}{2}\mu^2 r^2\right) e^{-\mu r} - \frac{\sin \lambda}{a^2}\left(1 + \mu a\right) e^{-\mu a} .$$

Putting

$$\mu a = x , \qquad \frac{r}{a} = u \tag{4, 3}$$

you get

$$\sin^2 \lambda \,(1 + x)\, e^{-x} =$$

$$= \left[\frac{1 + u x}{u^2}\,(2u - \sin \lambda \cos \alpha) + x^2\,(u - \sin \lambda \cos \alpha)\right] e^{-ux} . \tag{4, 4}$$

This transcendental equation solves the problem. x is a given quantity. The equation has to be solved for u, which is "the distance of escape," expressed in the unit a, the radius of the planet. Thereafter the minimum momentum for escape is given by (3, 6), viz.

$$a^2 P = \frac{1 + u x + u^2 x^2}{u^2}\, e^{-ux} . \tag{4, 5}$$

The rest of this paper deals with the numerical evaluation of (4, 4) and (4, 5) in a number of cases, chosen for illustration.

But we must still remove an objection which may have occurred to the reader. What if the particle were launched *outside the rim*—then the altitude of the *pass* would be irrelevant? Well, it must not be forgotten, that, given the point and the direction of launching (a, λ, α), the position of the rim still depends on the momentum P we impart to the particle. It is not very difficult to show, that to make the rim contract so far that the point (a, λ) is outside already at the outset, would always require a larger P than the one we have determined.

§ 5. Numerical Evaluation.

From (2, 10) our P is the momentum times

$$\frac{c}{e D}$$

where D is the dipole moment. Our object is to study the influence which various assumptions about the basic constant μ have on the escape-momenta. Now it is not recommendable to make the comparison *for the same value of* D. For, given any information about the actual field at the surface, the value of D to comply with this information depends itself on the value adopted for μ.

We have therefore chosen, always to make the comparison *for the same equatorial surface field.*[8] Calling D' the "Gaussian value" of D i.e. the dipole moment which produces for $\mu = 0$ the same surface field on the equator, we have the relation[9]

$$\frac{D}{a^3}\left(1 + \mu a + \mu^2 a^2\right) e^{-\mu a} = \frac{D'}{a^3} . \tag{5, 1}$$

With the notation (4, 3)

$$D' = D\,(1 + x + x^2)\, e^{-x} , \tag{5, 2}$$

so that we obtain from (4, 5) and the last relation (2, 10) the final formula for the minimum escape momentum p

$$\frac{a^2 c}{e D'} p = \frac{1}{u^2} \frac{1 + ux + u^2 x^2}{1 + x + x^2} e^{(1-u)x} , \tag{5, 3}$$

where u, as before, is determined by (4, 4) as a function of λ, a and $x \,(= \mu a)$.

It is customary and quite convenient to characterize a particle, instead of just by its momentum p, by the product

$$S = \frac{cp}{e} , \tag{5, 4}$$

which is called its *magnetic stiffness* and has, when the particle moves orthogonal to a magnetic field, the well-known meaning: field-strength times radius of curvature of the path.

The dimensionless factor on the right of (5, 3) thus gives S in the unit

$$\frac{D'}{a^2} = a \times H_{equat.} \tag{5, 5}$$

which characterizes the planetary field. Moreover, since e will nearly always be the electronic charge, it is convenient to think of (5, 4) and (5, 5) as expressed in "electron-volt."

The value of (5, 5) in this unit is

$$300\, a\, H_{equat.} = 5{\cdot}7 \times 10^{10} \text{ electron-volts} , \tag{5, 6}$$

---

[8] This is the simplest to keep to in general. In the case of the earth the choice is irrelevant, the deviation of the surface-field from a classical dipole-field being certainly not larger than about 2 per cent.

[9] Cf. Proc. R.I.A. (A), 49, p. 137, 1943.

where a is in cm., $H_{equat.}$ in Gauss and the numerical value refers to the earth. But let us recall, that S (though measured in electron-volt) is *not* in general *the energy*. The two coincide only in the limit for very fast particles, when the energy is a considerable multiple of the rest-energy.

In the following tables and graphs we omit the factor (5, 6), that is to say, *we tabulate and plot as "magnetic stiffness S" directly the dimensionless factor* (5, 3).[10] Only in Fig. 6 are the actual *energies* calculated for electrons and protons, the scale of ordinates is in electron-volt and refers, of course, to the earth.

In the same way we tabulate and plot the dimensionless quantity u as "escape distance,"[10] meaning really $u\,a$. The latter quantity can also be described as the radius of the *circular* orbit concentric with the equator in the equatorial plane. (In the two-dimensional motion the particle is in this case *at rest* on the "pass".)

The substantial task in the numerical evaluation is to find, given x, λ, α, the root u of equation (4, 4), which has then to be inserted in (5, 3). Though, as a rule, nothing but systematic trials, with subsequent interpolation, are of avail, a glance at the approximations obtainable for $x \ll 1$ and for $x \gg 1$ is useful.

For x *small* you get, by developing the exponentials in (4, 4), without difficulty

$$u = u_0 + \frac{\sin\lambda - \cos\alpha}{4\sin\lambda\sqrt{1 - \sin^3\lambda\cos\alpha}}\, u_0^2 x^2 + \ldots \qquad (5, 7)$$

and then from (5, 3), (with the notation (5, 4) and the omission of the factor (5, 5), as agreed upon)

$$S = S_0 + \tfrac{1}{2}\left(1 - \frac{1}{u_0^2} - \frac{(\sin\lambda - \cos\alpha)}{u_0\sin\lambda\sqrt{1 - \sin^3\lambda\cos\alpha}}\right)x^2 + \ldots, \qquad (5, 8)$$

where

$$u_0 = \frac{1 + \sqrt{1 - \sin^3\lambda\cos\alpha}}{\sin^2\lambda}; \qquad S_0 = \frac{1}{u_0^2}$$

are the values for $x = \mu\,a = 0$, known from Störmer's work. The factors of x^2 prove to be *positive* in many cases (actually in all those dealt with below). Thus, strangely enough, there is an initial increase of stiffness and of escape-distance, but followed eventually, and usually

[10] That is the meaning of the words "*reduced* stiffness," "*reduced* escape distance" in the explanation of the tables and graphs.

very soon, by a maximum and subsequent steady decrease. This complicated initial behaviour has an ill effect on the convergence of the power series, which are therefore as a rule of little value.

For x large you deduce from (4, 4)

$$(u - 1) = \log \left\{ \frac{(u + v)x}{\sin^2 \lambda \left(1 + \frac{1}{x}\right)} \left[1 + \frac{2u + v}{u^2 (u + v)} \left(\frac{u}{x} + \frac{1}{x^2}\right)\right]\right\}, \quad (5, 9)$$

where for abbreviation

$$v = - \sin \lambda \cos a . \quad (5, 10)$$

Putting also

$$x' = \frac{x}{\sin^2 \lambda}, \quad (5, 11)$$

you obtain, by carefully developing the logarithms,

$$u = 1 + \frac{\log (1 + v) x'}{x} + \frac{\log (1 + v) x' + 1}{(1 + v) x^2} - \frac{\frac{1}{2} (\log x')^2 + [(1 + v)^2 + \log (1 + v)] \log x'}{(1 + v)^2 x^3} . \quad (5, 12)$$

The order of terms corresponds roughly to their efficiency between about $x = 10$ and $x = 20$, where, generally speaking, the formula works well. Terms of order x^{-3} are neglected, but e.g. $\log x / x^3$ is included. The case of very small λ (neighbourhood of the pole) would need special attention. It is best to draw u numerically from (5, 12) and then to insert it in the following very good approximation of (5, 3)

$$S = \frac{\left(1 - \frac{1}{x^2}\right) \sin^2 \lambda}{1 + (u + v) x}, \quad (5, 13)$$

in which only terms of *relative* order x^{-3} are neglected.

§ 6. Examples.

To study the escape-distance u and the required stiffness S for an extended range of the parameter $x = \mu a$ (viz., from $0 \rightarrow 20$) we picked out 4 cases: a particle launched from the *equator* or from Latitude 45°, either in the horizontal direction of *easiest* escape or vertically. (The "easiest escape" is *eastward* for a positive particle, it corresponds to "easiest arrival" *from the west*—for a positive particle.) The angles λ, a are:

Equator, easiest:		$\lambda = \frac{\pi}{2}$	$a = \pi$
„	vertical:	$\lambda = \frac{\pi}{2}$	$a = \frac{\pi}{2}$
45°	easiest:	$\lambda = \frac{\pi}{4}$	$a = \pi$
„	vertical:	$\lambda = \frac{\pi}{4}$	$a = \frac{\pi}{2}$

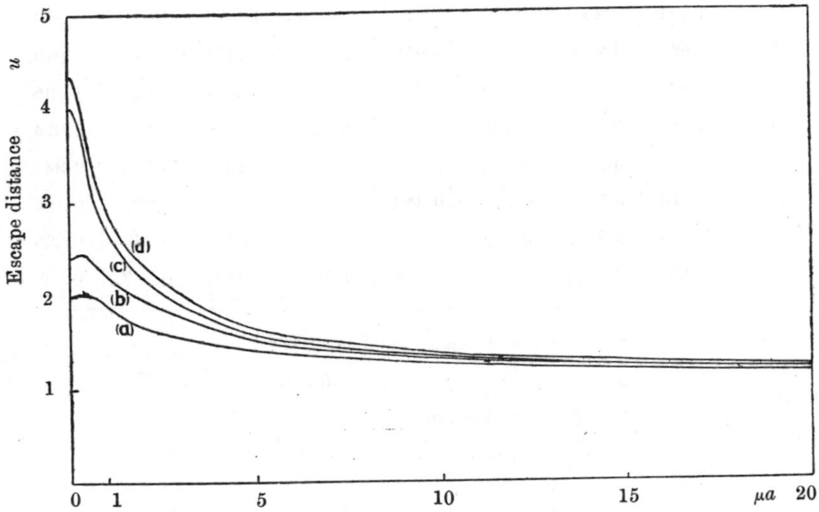

Fig. 2.—Escape distance (in the unit a) as a function of μa for the cases—
(a) vertical escape from magnetic equator; (c) vertical escape from 45° magnetic latitude;
(b) easiest „ „ „ „ ; (d) easiest „ „ „ „ „ .

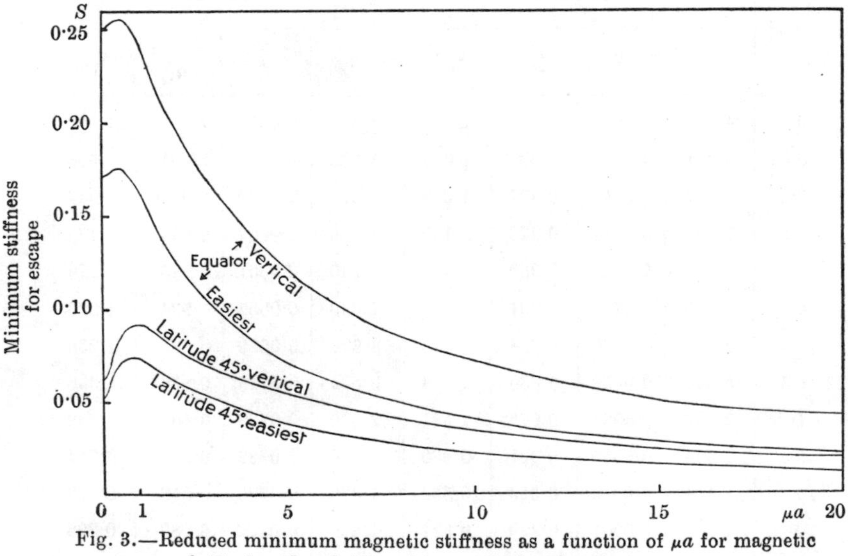

Fig. 3.—Reduced minimum magnetic stiffness as a function of μa for magnetic latitudes 0° and 45° and for vertical and easiest escape.

TABLE I.—Equator.

$x = \mu a$	Vertical				Easiest			
	u	S	$\frac{u}{u_0}$	S/S_0	u	S	$\frac{u}{u_0}$	S/S_0
0	2	0·25	1	1	2·414	0·1716	1	1
0·1	2·007	0·2510	1·003	1·004	2·428	0·1725	1·006	1·005
0·2	2·019	0·2529	1·009	1·011	2·449	0·1741	1·014	1·014
0·25	2·024	0·2537	1·012	1·015	2·455	0·1749	1·017	1·019
0·3	2·027	0·2544	1·013	1·018	2·457	0·1755	1·018	1·023
0·4	2·027	0·2554	1·013	1·021	2·448	0·1761	1·014	1·026
0·5	2·018	0·2553	1·009	1·021	2·424	0·1756	1·004	1·024
1	1·908	0·2418	0·954	0·967	2·220	0·1627	0·920	0·948
5	1·410	0·1206	0·705	0·482	1·513	0·0713	0·627	0·415
10	1·260	0·0726	0·630	0·291	1·317	0·0409	0·546	0·238
20	1·159	0·0433	0·579	0·173	1·190	0·0222	0·493	0·129

u = reduced escape distance

u_0 = ,, ,, ,, for $\mu = 0$

S = reduced stiffness

S_0 = ,, ,, for $\mu = 0$

TABLE II.—Latitude 45°.

$x = \mu a$	Vertical				Easiest			
	u	S	$\frac{u}{u_0}$	S/S_0	u	S	$\frac{u}{u_0}$	S/S_0
0	4	0·0625	1	1	4·327	0·0535	1	1
0·04	4·001	0·0631	1·0002	1·009	4·332	0·0540	1·001	1·008
0·1	3·987	0·0655	0·997	1·048	4·325	0·0560	0·9996	1·047
0·2	3·891	0·0712	0·973	1·139	4·226	0·0607	0·996	1·135
0·25	3·813	0·0742	0·953	1·188	4·140	0·0631	0·935	1·179
0·3	3·725	0·0771	0·931	1·233	4·040	0·0653	0·934	1·220
0·4	3·537	0·0820	0·884	1·313	3·828	0·0689	0·885	1·288
0·5	3·356	0·0858	0·839	1·373	3·625	0·0715	0·838	1·336
1	2·693	0·0925	0·673	1·481	2·890	0·0739	0·668	1·382
5	1·564	0·0550	0·391	0·880	1·636	0·0382	0·378	0·714
10	1·334	0·0345	0·333	0·552	1·376	0·0226	0·318	0·423
20	1·195	0·0201	0·299	0·321	1·220	0·0122	0·282	0·228

Tables I and II and Figs. 2 and 3 contain the results (but differently collected in the figures and in the tables, for practical reasons). Let us repeat, that the "absolute" values u, S are given in the unit a and $a H_{equ.}$ respectively, while the *relative* values u / u_0, S / S_0 are to show the percentage change as compared with the customary assumption $\mu = 0$.

The behaviour can be read off the figures and hardly needs a commentary. It is, on the whole, what was to be expected, except for one notable point. While the initial rising of the S-curves *above* the

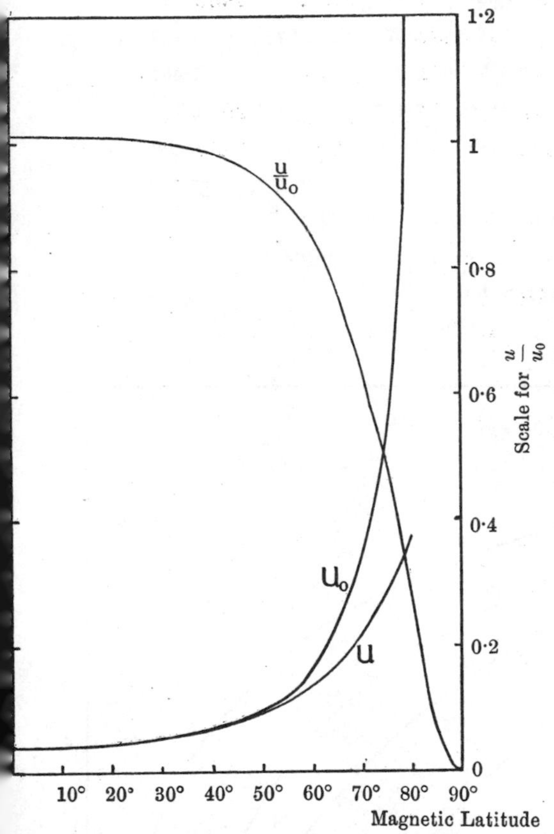

4.—The relative escape distances for vertical escape, u_0 nd u (for $\mu = 0$ and $\mu a = 0{\cdot}2$ respectively) as functions of ae magnetic latitude $\left(\frac{\pi}{2} - \lambda\right)$.

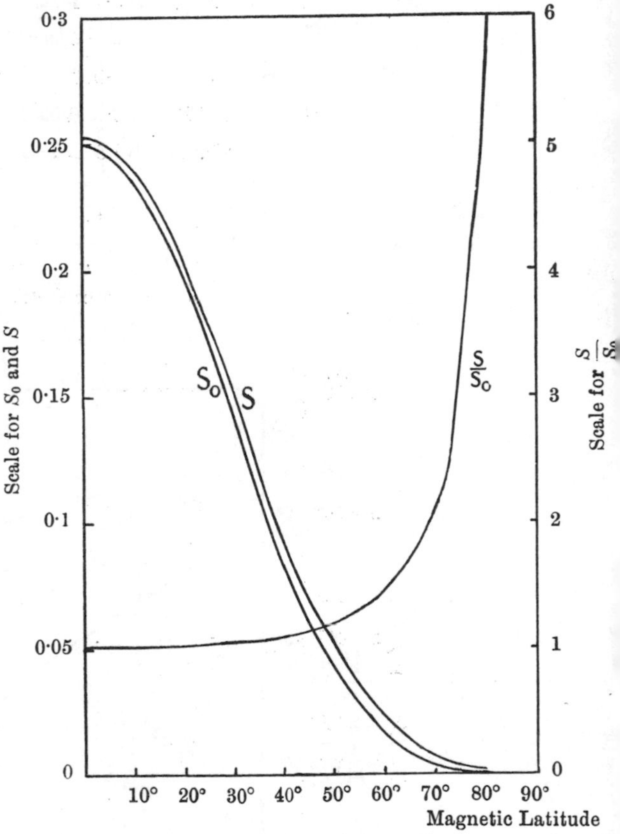

Fig. 5.—The magnetic stiffnesses for vertical escape, S_0 and S (for $\mu = 0$ and $\mu a = 0{\cdot}2$ respectively), as functions of the magnetic latitude $\left(\frac{\pi}{2} - \lambda\right)$.

starting value ($\mu = 0$, customary theory) is quite insignificant at the equator, it develops into a notable feature at the higher latitude.

This induced us, to examine in more detail the dependence on latitude and we chose the case of vertical launching and the parameter $x = \mu a = 0{\cdot}2$ (somewhat suggested[11] by geomagnetic data). The results are given in Figs. 4 and 5 and in Table III.

[11] Cf. Proc. R.I.A. (A), 49, p. 139, 1943.

TABLE III.—Magnetic stiffness and escape distance for vertical escape at different latitudes.

Magnetic Latitude	u_0	S_0	u	S	u/u_0	S/S_0
0°	2	0·25	2·019	0·253	1·0095	1·011
10°	2·062	0·235	2·080	0·239	1·009	1·015
20°	2·265	0·195	2·279	0·200	1·006	1·026
30°	2·667	0·141	2·668	0·148	1·0005	1·049
45°	4	0·062	3·891	0·071	0·973	1·139
60°	8	0·016	6·847	0·023	0·856	1·451
70°	17·097	0·0034	10·917	0·0074	0·639	2·164
80°	66·328	0·00023	18·735	0·0012	0·282	5·472

u_0 = reduced escape distance for $\mu = 0$

u = ,, ,, ,, ,, $\mu a = 0{\cdot}2$

S_0 = reduced stiffness for $\mu = 0$

S = ,, ,, ,, $\mu a = 0{\cdot}2$

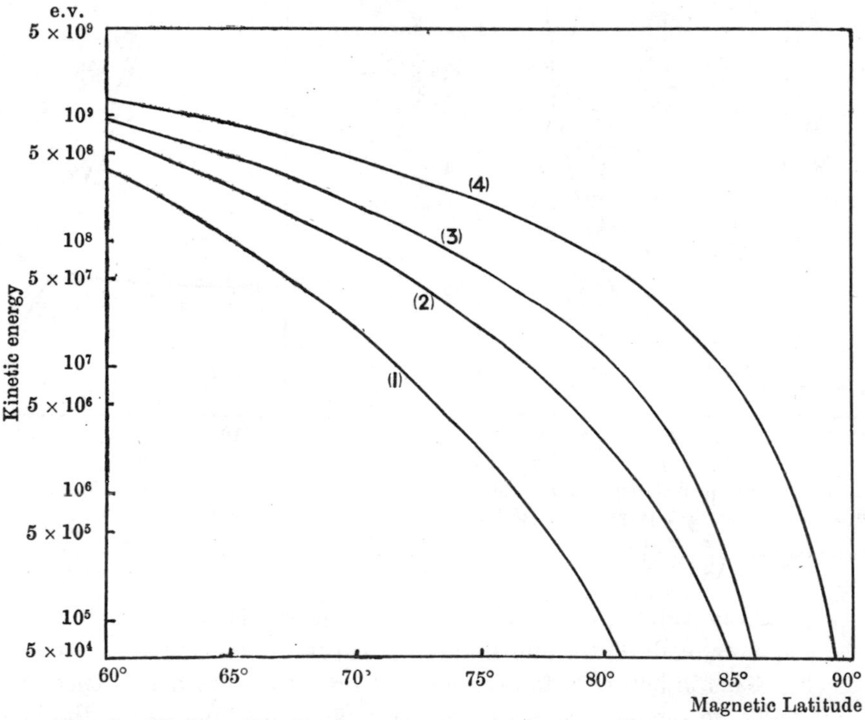

Fig. 6.—Minimum kinetic energy in electron-volts for the aurora region. Vertical launching (or arrival). The scale of ordinates is logarithmic.

(1) proton, $\mu = 0$; (3) electron, $\mu = 0$;
(2) ,, , $\mu a = 0{\cdot}2$; (4) ,, , $\mu a = 0{\cdot}2$.

It will be seen that this moderate value of x, which in the neighbourhood of the equator has no relevant consequences, increases the magnetic stiffness required by a particle to reach the earth in the zone of aurora, by a factor 2, 3, 4 . . . ., which actually increases to ∞ at the pole. At the same time the escape-distance u is steadily *reduced* in a roughly, reciprocal manner. (Of course, none the less, S goes monotonically to zero, u monotonically to infinity with increasing latitude.)

Thus aurora theories would be quantitatively affected, if μa were 0·2 (instead of being zero). We have plotted in Fig. 6 the *energies* of electrons and of protons, required to reach the earth within the auroral zone—both for $\mu = 0$ (curves (1) and (3)) and for $\mu a = 0{\cdot}2$ (curves (2) and (4)). The scale of ordinates is logarithmic.

It will also be observed, that the range of energies which is noticeably affected is considerably lower than that of *cosmic ray particles,* so that *their* expected behaviour is not appreciably altered.

XVI.

THE UNION OF THE THREE FUNDAMENTAL FIELDS (GRAVITATION, MESON, ELECTROMAGNETISM).

[From the Dublin Institute for Advanced Studies.]

By ERWIN SCHRÖDINGER.

[Read 30 November, 1943. Published 10 March, 1944.]

§ 1.—The Second Fundamental Six-Vector.

It was clear from the moment H. Weyl in 1918 inaugurated it, that the affine field theory hinges on the fact, that (even with a *symmetric* connection) the Einstein-tensor is non-symmetric. It is this that enables one to embrace, together with gravitation, electromagnetism—or at any rate a skew-symmetric tensor field. In the theory put forward by the present writer[1] the symmetric constituent of the Einstein-tensor is (apart from sign and a well-known reduction on the diagonal) the matter tensor, while the skew-symmetric constituent is the physical six-vector-field itself.

Since in Nature we find one (and only one) further equally fundamental field of the "integral-spin" type, viz. the meson-field (responsible for nuclear binding), a generalization of the geometrical theory is called for. The only suggestive one is to drop the symmetry-condition, allowing thus the *affine connection* to be non-symmetric. It is striking that this gives birth to just one further tensor of equal standing with the two tensors combined in the Einstein-tensor, and that it is a skew-symmetric one, in admirable agreement with the requirements of physics. The correct allotment of rôles to the two six-vectors will, of course, require careful consideration.

The Einstein-tensor is the contraction of the curvature tensor

$$R^{i}{}_{klm}$$

with respect to i and m. The contraction (i, l) gives nothing new, since R is, by its very nature, antisymmetric in l and m. The third way of

[1] Proc. Roy. I. A. (A), 49, 43, 1943. Quoted G U T.

contracting, viz. with respect to i and k, gives, for the reason just mentioned, a six-vector. This six-vector

(i) vanishes in Riemannian metric;

(ii) is identical with the skew part of the Einstein-tensor in *symmetric* affinity;

(iii) is a new independent tensor in *non-symmetric* affinity.

We propose to find the *field equations* which follow in the *third* case from a procedure, strictly analogous to the one we had adopted in the *second* case, viz. from subjecting the affinity to the condition, that *stationary be* the integral invariant formed of a scalar density $\mathfrak{L}$, unspecified function of the 22 components of the tensors arising from the two contractions of the 4th rank curvature tensor.

We develop the theory for *arbitrary* $\mathfrak{L}$. The inalienable demand of *being a scalar density,* restricts the function sufficiently to throw the main features into relief. On the other hand it is wise to proceed with the *generalization of the geometry* in as small steps as possible, for the mathematics *is* rather involved and the correct assignment of physical meaning to the geometrical entities is not quite easy. Thus it is welcome, that between the symmetric affinity (40 independent components) and the most general non-symmetric affinity (64 components) *an intermediate case* with 44 components exists, which already exhibits the relevant feature, viz., a second independent curvature tensor. The intermediate case is characterized by the symmetry-condition (2, 14) below, which demands just a little less than full symmetry. *In this paper we study only this case,* which we call the "weakly asymmetric" one.[2]

§ 2. The Curvature Tensors.

The basic notion is again the parallel displacement (p. d.) of a contravariant vector

$$\delta A^k = - \Delta_{m l}{}^k A^m d x_l . \qquad (2,1)$$

The postulate that $B_k A^k$ shall not change on p. d. induces the p. d. of a covariant vector

$$\delta B_k = \Delta_{k l}{}^m B_m d x_l . \qquad (2,2)$$

The corresponding invariant derivatives, which we shall only have to

[2] J. A. Schouten (Der Ricci-Kalkül, Berlin, Springer, 1924) has called it *semi-symmetric.*

use transitorily in laying the foundation, will be indicated by a colon (:), thus

$$A^k{}_{:l} = \frac{\partial A^k}{\partial x_l} + \Delta_{ml}{}^k A^m \qquad (2,3)$$

$$B_{k:l} = \frac{\partial B_k}{\partial x_l} - \Delta_{kl}{}^m B_m , \qquad (2,4)$$

and accordingly for tensors of higher rank.

The commutation of two differentiations in A^i works out thus

$$A^i{}_{:l:m} - A^i{}_{:m:l} = R^i{}_{k,\,lm} A^k - 2U_{lm}{}^s A^i{}_{:s} , \qquad (2,5)$$

where

$$U_{lm}{}^s = \tfrac{1}{2}(\Delta_{lm}{}^s - \Delta_{ml}{}^s) \qquad (2,6)$$

and

$$R^i{}_{k,\,lm} = -\frac{\partial \Delta_{kl}{}^i}{\partial x_m} + \frac{\partial \Delta_{km}{}^i}{\partial x_l} + \Delta_{\tau l}{}^i \Delta_{km}{}^\tau - \Delta_{\tau m}{}^i \Delta_{kl}{}^\tau . \qquad (2,7)$$

The tensor property of U follows from (2, 6), because it is the difference of two affinities. Hence $R^i{}_{k,\,lm}$ is a tensor, from (2, 5).

The two contractions of the R-tensor are

$$R_{kl} = -\frac{\partial \Delta_{kl}{}^\alpha}{\partial x_\alpha} + \frac{\partial \Delta_{k\alpha}{}^\alpha}{\partial x_l} + \Delta_{k\beta}{}^\alpha \Delta_{\alpha l}{}^\beta - \Delta_{\beta\alpha}{}^\alpha \Delta_{kl}{}^\beta , \qquad (2,8)$$

which is the Einstein-tensor, and

$$S_{lm} = -\frac{\partial \Delta_{\alpha l}{}^\alpha}{\partial x_m} + \frac{\partial \Delta_{\alpha m}{}^\alpha}{\partial x_l} , \qquad (2,9)$$

which is the "new" six-vector, *not* identical with the skew-symmetric part of R_{kl}, unless $U_{lm}{}^s$ vanishes identically.—The Lagrangian L is to be a function of the R_{kl} and S_{kl}.

Put

$$\Gamma_{lm}{}^s = \tfrac{1}{2}(\Delta_{lm}{}^s + \Delta_{ml}{}^s) \qquad (2,10)$$

so that

$$\Delta_{lm}{}^s = \Gamma_{lm}{}^s + U_{lm}{}^s . \qquad (2,11)$$

For the future we drop the use of the Δ's and of the "colon differentiation" and express things by the Γ's and U's and by differentiation with respect to the symmetric affinity Γ, which we indicate by a semicolon (;). Following this plan, we work out from (2, 8) and (2, 9)

$$R_{kl} = (R_{kl})_\Gamma - U_{kl}{}^{\alpha}{}_{;\alpha} + U_{k\alpha}{}^{\alpha}{}_{;l} + U_{k\beta}{}^{\alpha} U_{\alpha l}{}^{\beta} - U_{\beta\alpha}{}^{\alpha} U_{kl}{}^{\beta} \qquad (2,12)$$

$$S_{kl} = (S_{kl})_\Gamma + U_{k\alpha}{}^{\alpha}{}_{;l} - U_{l\alpha}{}^{\alpha}{}_{;k}. \qquad (2,13)$$

The brackets with subscript Γ mean the expressions (2, 8) and (2, 9) respectively, but written with the Γ's in lieu of the Δ's. That is to say, they are the tensors, familiar from the symmetric case, in exactly the notation used there. The terms in U represent the new additions.

We now introduce what I called the *intermediate* symmetry condition. It consists in demanding[3] of the Δ's

$$\varepsilon^{rtlm} \Delta_{lm}{}^{s} = \text{antisymmetric in } (r, t, s). \qquad (2,14)$$

This condition is trivially fulfilled when Δ is symmetric in l and m, because then (2, 14) vanishes. Accordingly, from (2, 11) it does not restrict Γ. On U it imposes that the *density*

$$\varepsilon^{rtlm} U_{lm}{}^{s} = \mathfrak{W}^{rts} \qquad (2,15)$$

be antisymmetric in its three superscripts. The necessary and sufficient condition is easily found to be[4]

$$U_{kl}{}^{\alpha} = \delta_k^{\alpha} V_l - \delta_l^{\alpha} V_k, \qquad (2,16)$$

with V_k an arbitrary covariant vector field. *This we adopt.*

To work out (2, 12) and (2, 13) we need

$$\left.\begin{aligned} U_{k\alpha}{}^{\alpha} &= -3V_k \\ U_{kl}{}^{\alpha}{}_{;\alpha} &= V_{l;k} - V_{k;l} \\ U_{k\beta}{}^{\alpha} U_{\alpha l}{}^{\beta} &= -3V_l V_k \\ U_{\beta\alpha}{}^{\alpha} U_{kl}{}^{\beta} &= 0 \end{aligned}\right\} \qquad (2,17)$$

Hence

$$\left.\begin{aligned} R_{kl} &= (R_{kl})_\Gamma - V_{l;k} - 2V_{k;l} - 3V_l V_k \\ S_{kl} &= (S_{kl})_\Gamma - 3V_{k;l} + 3V_{l;k}. \end{aligned}\right\} \qquad (2,18)$$

---

[3] Here the primordial ϵ-density, which exists already in an *un-connected* manyfold, exerts its power. As far as I can see, there is only *one* alternative (and so to speak complementary) restriction that could be imposed on Δ, viz. $\Delta_{m\alpha}{}^{\alpha} = \Delta_{\alpha m}{}^{\alpha}$, i.e. $U_{m\alpha}{}^{\alpha} = 0$. It leaves 60 components.

[4] Let me use this occasion to plead against the abuse of writing $g_k{}^{\alpha}$ for the tensor $\delta_k{}^{\alpha}$. It suggests that this tensor has something to do with the metric, while actually it is (just like ϵ) one of the few precious *numerically invariant* tensors that exist already in an *un-connected* manyfold.

For working out the variation we prefer to replace these two curvature tensors by two linear combinations, viz. by

$$\left.\begin{aligned} M_{kl} &= \tfrac{1}{4}\,(S_{kl} + R_{kl} - R_{lk}) \\ P_{kl} &= R_{kl} + 2\,M_{kl} = \tfrac{3}{2}\,R_{kl} - \tfrac{1}{2}\,R_{lk} + \tfrac{1}{2}\,S_{kl}\,. \end{aligned}\right\} \qquad (2, 19)$$

Thus

$$\left.\begin{aligned} P_{kl} &= (R_{kl})_\Gamma + V_{l;\,k} - 4\,V_{k;\,l} - 3\,V_l\,V_k \\ M_{kl} &= V_{l;\,k} - V_{k;\,l}\,. \end{aligned}\right\} \qquad (2, 20)$$

This amounts only to a suitable separation of the two skew-symmetric tensors. The symmetric parts of P_{kl} and R_{kl} are equal.

Moreover we introduce the densities

$$\mathfrak{L}^{kl} = \frac{\partial \mathfrak{L}}{\partial P_{kl}}\,, \qquad \mathfrak{m}^{kl} = -\frac{\partial \mathfrak{L}}{\partial M_{kl}}\,. \qquad (2, 21)$$

And we put, as in G U T eq. (3, 9)

$$\begin{aligned} \tfrac{1}{2}\,(\mathfrak{L}^{kl} + \mathfrak{L}^{lk}) &= \mathfrak{g}^{kl} \\ \tfrac{1}{2}\,(\mathfrak{L}^{kl} - \mathfrak{L}^{lk}) &= \mathfrak{f}^{kl}\,. \end{aligned} \qquad (2, 22)$$

We also keep to the definition of the g_{kl} in terms of the $\mathfrak{g}^{kl}$ G U T (3, 13); to the convention about using them for raising and lowering indices; and to expressing the multiplication by $\sqrt{-g}$ by replacing a Latin letter by the *exactly corresponding* German one.

The variation principle now reads

$$\delta \int \mathfrak{L}\, d\tau = \int (\mathfrak{L}^{kl}\,\delta P_{kl} - \mathfrak{m}^{kl}\,\delta M_{kl})\, d\tau = 0\,, \qquad (2, 23)$$

where $d\tau = dx_1\,dx_2\,dx_3\,dx_4$. The independent variables to be varied are the 40 Γ's and the 4 V's.

§ 3. THE FIELD EQUATIONS OF A WEAKLY ASYMMETRIC AFFINITY.

(a) *Varying the* Γ*'s.*

The variation of $(R_{kl})_\Gamma$ has been worked out previously, G U T (3, 7). We need not repeat it. But there are now *additional terms,* coming from the Γ's which are hidden in the semicolons (;) of P_{kl}, though not of M_{kl}, where they cancel. The work is quite simple and it will suffice to indicate the formulae G U T (3, 8), (3, 10), (3, 11) in their modified form:

$$\left.\begin{aligned} -4\,\mathfrak{L}^{l\beta}{}_{;\beta} + \mathfrak{L}^{\beta k}{}_{;\beta} + 6\,\mathfrak{g}^{k\beta} V_\beta &= 0 \\ \mathfrak{L}^{k\beta}{}_{;\beta} &= -\tfrac{2}{3}\,\mathfrak{f}^{k\beta}{}_{;\beta} + 2\,\mathfrak{g}^{k\beta} V_\beta\,. \end{aligned}\right\} \tag{3, 1}$$

And finally

$$\mathfrak{g}^{kl}{}_{;\alpha} + \delta_\alpha^l\left(\tfrac{1}{3}\,\mathfrak{i}^k - \mathfrak{g}^{k\beta} V_\beta\right) + \delta_\alpha^k\left(\tfrac{1}{3}\,\mathfrak{i}^l - \mathfrak{g}^{l\beta} V_\beta\right) + 3\,\mathfrak{g}^{kl} V_\alpha = 0 \tag{3, 2}$$

Here we have put, as in G U T,

$$\mathfrak{i}^k = \mathfrak{f}^{k\beta}{}_{;\beta} = \frac{\partial \mathfrak{f}^{k\beta}}{\partial x_\beta}\,. \tag{3, 3}$$

The V-terms in (3, 2) can be covered by saying that the $\Gamma_{\alpha\sigma}{}^k$, concealed in the semicolon (;) are replaced by

$$\Gamma_{\alpha\sigma}{}^k - \delta_\alpha{}^k V_\sigma - \delta_\sigma{}^k V_\alpha\,. \tag{3, 4}$$

Hence the solution of the 40 linear equations (3, 2) with respect to the quantities (3, 4) can be read off G U T (3, 14), which is consequently modified, as follows—

$$\Gamma_{kl}{}^m = \left\{ {m \atop kl} \right\} - \tfrac{1}{2} g_{kl}\, i^m + \delta_k{}^m\left(\tfrac{1}{6}\, i_l + V_l\right) + \delta_l{}^m\left(\tfrac{1}{6}\, i_k + V_k\right)\,. \tag{3, 5}$$

These are 40 out of the 44 Euler-equations we require.

(b) *Varying the V's.*

The remaining four are obtained by drawing from (2, 20):

$$\begin{aligned} \delta P_{kl} &= (\delta V_l)_{;k} - 4\,(\delta V_k)_{;l} - 3\,V_k\,\delta V_l - 3\,V_l\,\delta V_k \\ \delta M_{kl} &= (\delta V_l)_{;k} - (\delta V_k)_{;l}\,. \end{aligned} \tag{3, 6}$$

When this is inserted in (2, 23) and the partial integrations performed, the rough result reads

$$0 = -\,\mathfrak{L}^{lk}{}_{;l} + 4\,\mathfrak{L}^{kl}{}_{;l} - 3\,\mathfrak{L}^{lk} V_l - 3\,\mathfrak{L}^{kl} V_l + \mathfrak{m}^{lk}{}_{;l} - \mathfrak{m}^{kl}{}_{;l}\,.$$

By (3, 1) and (2, 22) the first four terms cancel, so that, in view of the antisymmetry of $\mathfrak{m}^{kl}$ we are left with

$$\mathfrak{m}^{kl}{}_{;l} = \frac{\partial\,\mathfrak{m}^{kl}}{\partial x_l} = 0\,. \tag{3, 7}$$

These are the last four Euler equations.

(c) *The Field Equations.*

It remains to insert (3, 5) in the expression (2, 20) of P_{kl}. The troublesome work is facilitated, since the result for $V = 0$ is known from G U T. The remarkable outcome is, that the V-terms cancel out entirely.

Hence, if in full analogy to G U T (3, 18) we put

$$\left.\begin{aligned} \tfrac{1}{2}(P_{kl} + P_{lk}) &= \gamma_{kl} \\ -\tfrac{1}{2}(P_{kl} - P_{lk}) &= \phi_{kl} \end{aligned}\right\} \qquad (3, 8)$$

we obtain as our final result a set of thirty equations, viz.

(i) twenty equations identical with G U T (3, 22);

(ii) ten equations, drawn from (2, 20) and (3, 7) above, namely,

$$\left.\begin{aligned} M_{kl} &= \frac{\partial V_l}{\partial x_k} - \frac{\partial V_k}{\partial x_l} \\ \frac{\partial \mathfrak{m}^{kl}}{\partial x_l} &= 0 . \end{aligned}\right\} \qquad (3, 9)$$

They form a self-contained Maxwellian set.

The attitude is, that the thirty field variables are: g_{kl}, ϕ_{kl}, i_l, M_{kl}, ϕ_l, while γ_{kl}, $\mathfrak{f}^{kl}$, $\mathfrak{m}^{kl}$ are defined as the derivatives of a contact-transformed Lagrangian $\bar{\mathfrak{L}}$, function of $\mathfrak{g}^{kl}$ (or g_{kl}), ϕ_{kl}, M_{kl}. The contact transformation is the same as in G U T, it "exchanges" only the variables γ_{kl} and $\mathfrak{g}^{kl}$.

§ 4. Discussion of the Field Equations.

We have obtained for the second six-vector-field the set of purely Maxwellian equations (3, 9). I mean to say, its density $\mathfrak{m}^{kl}$ is source-free,[5] its potential V_l does *not* assume the rôle of current-and-density. Thus it refuses to be interpreted as the meson-field and apparently we have to "swop," claiming the rôle of meson for the (i, ϕ, $\mathfrak{f}$)-field, the one that proceeds already from a symmetric affinity, while the second field (V, M, $\mathfrak{m}$), which is due to the asymmetry or "torsion" of the connection, has to be the Maxwell-field.

My belief that this assignment of rôles is definitely correct is founded less on the form of field-equations reached at present (which is certainly not yet definitive, see below) than on the following considerations.

[5] The delimitation of the two geometrical six-vectors is, to a certain extent, at our discretion (see p. 279). But to use it differently would at the present stage result in a universal, constant ratio between their "sources", of which I can see no good physical meaning.

By arising from the very Einstein-tensor, the $(i, \phi, \mathfrak{f})$-field is more intimately akin to gravitation and is, next to it, the most fundamental occurrence. In sect. 5 it will be shown that it has, by its potential i_k, a contributory direct influence on the *geodesics,* whereas the $(V, M, \mathfrak{m})$-field has not (only indirectly, by being a gravitating mass and thus modifying the gravitational field).—Now the gravitational field and the mesonic field are actually, to all appearance, universally and jointly produced in the same places, viz. in the heavy nuclear particles. They have at any rate their principal seat in common, while there is absolutely no parallelism between electric charge and gravitating mass.

When I said just before, that the present form of the field-equations is not yet trustworthy, I did not only mean that many important details can only come forth from a definite special choice of the Lagrangian, but also and mainly, that the investigation of the fully non-symmetric case is imperative and may have surprises in store.

In 1925 A. Einstein[6] denounced the custom of allotting the rôles of *electric* and *magnetic* components to the tensor-components labelled (14), etc., and to those labelled (23), etc., respectively, and he gave good and very general grounds in favour of the vice versa. For elementary use it is a mere convention, what you please to adopt. Even in the present stage of the present theory it would not make a lot of difference, if we exchanged simultaneously the rôles of

(i) the *first* and the *second* Maxwellian set (so that e.g. the vanishing of charge-and-current would be implied by the *first* set (3, 9) instead of being expressed by the second one);

(ii) the *primary* six-vector ("E, B") and the secondary six-vector ("D, H");

(iii) electric and magnetic quantities;

or, in short: if we exchanged E with H and D with $-B$.

Now a preliminary examination of the wholly non-symmetrical case gives me the impression that the exchange of rôles will very probably be imperative, thus breaking away from an inveterate habit and bringing Einstein's important remark into its own.—I have mentioned this here, in order not to be blamed later for continually changing my mind and quoting a high authority for excuse.

Whether the present theory *strongly suggests* a noticeable "self-exciting" term in Maxwell's equations, as I recently[7] advocated, must under these circumstances be left in suspense. I would not go so far as to say that the existence of a "μ-term" (as I called it) is ruled out.

[6] A. Einstein, Sitrungsberichte der Preuss. Akad., 9 July, 1925, p. 418.

[7] E. Schrödinger, Proc. Roy. I. A., 49, 135, 1943.

There is a strong general argument in its favour: the lowest *magnetic* singularity it admits is a *dipole,* an isolated *pole* is made *impossible.* At any rate I am still of the opinion that this is a fundamental question to be decided, if possible, by *observation.* —

We turn to discuss the interlocking of the fields. At first sight the $(V, M, \mathfrak{m})$-field, as described by (3, 9), seems to stand aloof from the rest. But, of course, they are interlocked by the Lagrange-function $\mathfrak{L}$, and the nature of the linkage can be partly revealed without specifying $\mathfrak{L}$.

Indeed the obvious generalization of the 16 identities, worked out on page 237/238, equ. (1, 5), gives

$$\mathfrak{g}^{\mu} \gamma_{kl} - \mathfrak{f}^{\mu l}\phi_{kl} - \mathfrak{m}^{\mu l} M_{kl} = \tfrac{1}{2}\delta_k{}^{\mu}\mathfrak{L} . \qquad (4, 1)$$

From this the mixed density of the energy tensor T_{kl}, G U T (3, 22d), works out as follows:

$$\mathfrak{T}_k{}^{\mu} = -(\mathfrak{f}^{\mu l}\phi_{kl} - \tfrac{1}{2}\delta_k{}^{\mu}\mathfrak{f}^{\rho\sigma}\phi_{\rho\sigma}) - (\mathfrak{m}^{\mu l}M_{kl} - \tfrac{1}{2}\delta_k{}^{\mu}\mathfrak{m}^{\rho\sigma}M_{\rho\sigma}) + + \tfrac{1}{2}\delta_k{}^{\mu}\mathfrak{L} . \qquad (4, 2)$$

It is seen that both six-vector-fields contribute, broadly speaking, their Maxwellian share to the gravitating energy, pending a reasonable choice of $\mathfrak{L}$. I recall from G U T (3, 22a), that the ϕ-field contributes in addition the quadratic i-terms.

Moreover the *densities* $\mathfrak{f}^{kl}$ and $\mathfrak{m}^{kl}$ being defined *via* the Langrange function, will also depend on *each-other's fields.* I mean to say, that $\mathfrak{f}^{kl}$ will depend *also* on M_{kl} and $\mathfrak{m}^{kl}$ *also* on ϕ_{kl}. Thus there is also a *mutual interlocking* between the two six-vector-fields. But I find no means of revealing its nature without specifying the Lagrangian.

§ 5. THE GEODESICS. GAUGE TRANSFORMATION.

Without entering on the difficult question of the equations of motion of a singularity, I wish to draw attention to a feature of the *geodesics* which is very likely of physical relevance.

They are known to depend only on the *symmetric* constituent of the affine connection.[8] This is given by (3, 5). But not even the symmetric part is defined uniquely by the "field of geodesics." The most general symmetric affinity with the same geodesics as $\Gamma_{lm}{}^k$ is

$$\Gamma_{lm}{}^k + \delta_l{}^k V_m + \delta_m{}^k V_m , \qquad (5, 1)$$

where V_l is an arbitrary vector-field.

[8] Some general information on the geodesics of an affinity is collected in the Appendix. I owe it to the precious little book of L. P. Eisenhart, Non-Riemannian Geometry, New York, American Mathematical Society, 1927.

Thus it is seen from (3, 5) that—if we adopt the interpretation suggested above—the electro-magnetic field has no direct influence on the geodesics, the meson-field has. *It shares this prerogative with gravitation!*

The way in which $\Gamma_{ml}{}^{k}$ depends on the two potentials i_k and V_k points to the possibility of *restoring gauge invariance* in the unified theory of the *three* fields, while in the two-field-theory it was missing. Indeed, on replacing g_{kl}, V_k, i_k by

$$\lambda g_{kl}, \quad V_k - \frac{1}{3\lambda}\frac{\delta\lambda}{\delta x_k}, \quad i_k - \frac{1}{\lambda}\frac{\delta\lambda}{\delta x_k} \tag{5, 2}$$

respectively, the Γ's, the ϕ's and the M's remain unchanged. (The presence of V_k in (3, 5) makes up for the "deficiency" of the coefficients $\frac{1}{6}$, as against Weyl's $\frac{1}{2}$.)

But it must be noted

(i) that in the *symmetric* part (called γ_{kl}) of the Einstein-tensor, λ does *not* drop out, on account of the terms quadratic in i_k; moreover $i_k - \frac{1}{\lambda}\frac{\delta\lambda}{\delta x_k}$ has, with an arbitrary λ, not vanishing divergence, as our i_k had;

(ii) the latter circumstance would make it imperative to distinguish between the *potential* i_k and the current-and-charge i_k the two coinciding only in the original gauge.

In other words the field equations, as they stand, are *not* invariant towards (5, 2). They would have to be given a more general form that would be simplified (to the form in which they stand) only in one particular gauge.

A very similar situation occurs in § 36 of Weyl's book,[9] even though his theory is based entirely on the concept of gauge invariance.

It is worth noticing that the transformation (5, 2), while it leaves the Γ's invariant, changes, of course, the Christoffel-symbols

$$\left\{ {k \atop l\,m} \right\}, \tag{5, 3}$$

and also their geodesics. Hence the latter, *the geodesics of the metric* g_{kl}, can have no physical significance, if the gauge transformation has.

---

[9] H. Weyl, Raum-Zeit-Materie, 4th ed., Berlin, Springer, 1921.

APPENDIX.

The Geodesics of an Affine Connection.

An affine connection $\Delta_{ml}{}^{k}$ offers no means of distinguishing at the outset a parameter λ along a curve rather than any one of the monotonical functions of λ. Hence the *direction* vector

$$\frac{d x_k}{d\lambda}$$

is only defined up to an arbitrary factor, function of λ. There would thus be no immediate meaning in the demand that $\frac{d x_k}{d\lambda}$ be "its own parallel displacement" along the curve. You can only demand that, when parallel-displaced, it shall indicate the direction of the curve correctly everywhere, in other words that it be *proportional* to the vector $\frac{d x_k}{d\lambda}$ in that point. Applying this to an infinitesimal displacement along the curve, you get

$$\frac{d^2 x_k}{d\lambda^2} + \Delta_{ml}{}^{k} \frac{d x_m}{d\lambda} \frac{d x_l}{d\lambda} = \phi(\lambda) \frac{d x_k}{d\lambda}, \qquad \text{(A 1)}$$

where $\phi(\lambda)$ is an *unspecified* function. *This we adopt as the definition of the geodesics,* but we prefer to write it

$$\frac{d^2 x_k}{d\lambda^2} + \Gamma_{ml}{}^{k} \frac{d x_m}{d\lambda} \frac{d x_l}{d\lambda} = \phi(\lambda) \frac{d x_k}{d\lambda} \qquad \text{(A 2)}$$

for, in (A 1), the antisymmetric part of $\Delta_{ml}{}^{k}$ obviously drops out, *it is irrelevant for the geodesics.*

The definition is self-consistent, for if you change the parameter, the general form of (A 1) or (A 2) is conserved. But, of course, the function $\phi(\lambda)$ changes. This we can use to *annihilate it* by adopting (just as we are wont to do in the metrical case) on every particular geodesic a specially fit parameter s, viz.

$$s = \int^{\lambda} e^{\int^{\lambda} \phi(u)\, du}\, d\lambda , \qquad \text{(A 3)}$$

giving

$$\frac{d^2 x_k}{d s^2} + \Gamma_{ml}{}^{k} \frac{d x_m}{d s} \frac{d x_l}{d s} = 0 . \qquad \text{(A 4)}$$

This prameter s is easily seen to be uniquely determined, up to a linear transformation with *constant* coefficients

$$\hat{s} = a s + b . \qquad \text{(A 5)}$$

It is remarkable that an affine connection of its own affords the means of comparing the lengths of arcs *along every geodesic*—not, of course, from one geodesic to another one. For we shall immediately see that every line element lies on one and only one geodesic.

A solution of (A 4) is uniquely determined by the initial values of x_m and $\frac{d x_m}{d s}$, and vice versa. If you multiply the initial $\frac{d x_m}{d s}$ by a common constant, you get a different solution. But it is readily seen that it describes *the same curve*, only with the help of a different parameter, according to (A 5). Thus, just as in the familiar Riemannian case, there is one and only one geodesic issuing from a given point in a given direction, i.e. with given ratios $dx_1 : dx_2 : dx_3 : dx_4$.

Now envisage any other symmetric affinity. It can always be written

$$\Gamma_{ml}{}^{k} + \Theta_{ml}{}^{k} \,, \tag{A 6}$$

where Θ is a tensor, symmetric in l and m. We ask the question, under what condition will it have *the same geodesics* as $\Gamma_{ml}{}^{k}$? For this to be so, it is *not* necessary that equation (A 4), when you replace Γ by $\Gamma + \Theta$, be identical with [i.e. contain the identical demand on the functions $x_m(s)$ as] the equation (A 4) as it stands. But it *is* necessary that after the replacement it be identical with (A 2), as it stands (apart from the *name* of the independent variable). For this to be so, it is *necessary* that

$$\Theta_{ml}{}^{k} \frac{d x_m}{d s} \frac{d x_l}{d s} = A \,.\, \frac{d x_k}{d s} \tag{A 7}$$

for any set of values of the $\frac{d x_m}{d s}$, where A must at any rate be *the same quantity in all four equations.*—Forming the cross-product with $\frac{d x_i}{d s}$ we obtain six equations which can be written

$$(\Theta_{ml}{}^{k} \delta_r{}^{i} - \Theta_{ml}{}^{i} \delta_r{}^{k}) \frac{d x_r}{d s} \frac{d x_l}{d s} \frac{d x_m}{d s} = 0 \,. \tag{A 8}$$

Since this must hold for any direction vector it is necessary that

$$0 = \Theta_{ml}{}^{k} \delta_r{}^{i} - \Theta_{ml}{}^{i} \delta_r{}^{k} + \Theta_{mr}{}^{k} \delta_l{}^{i} - \Theta_{mr}{}^{i} \delta_l{}^{k} + \\ + \Theta_{lr}{}^{k} \delta_m{}^{i} - \Theta_{lr}{}^{i} \delta_m{}^{k} \,. \tag{A 9}$$

Contracting with respect to (r, i):

$$\Theta_{ml}{}^{k} = \tfrac{1}{5} (\delta_l{}^{k} \Theta_{am}{}^{a} + \delta_m{}^{k} \Theta_{al}{}^{a})$$

or

$$\Theta_{ml}{}^{k} = \delta_l{}^{k} V_m + \delta_m{}^{k} V_l \,, \tag{A 10}$$

if you put the covariant vector

$$\tfrac{1}{5} \Theta_{am}{}^{a} = V_m \,.$$

We have proved (A 10) to be *necessary*. It is also *sufficient*. That is to say, with an *arbitrary* vector-field V_l in (A 10), the geodesics of the connection (A 6) are the same as those of $\Gamma_{lm}{}^k$. For if you write out (A 4) for the connection $\Gamma + \Theta$, you obtain

$$\frac{d^2 x_k}{d s^2} + \Gamma_{ml}{}^k \frac{d x_m}{d s} \frac{d x_l}{d s} = - 2 V_l \frac{d x_l}{d s} \frac{d x_k}{d s} . \quad \text{(A 11)}$$

Given a curve $x_m(s)$ which complies with this equation and is therefore a geodesic of $\Gamma + \Theta$, $- 2 V_l \dfrac{d x_l}{d s}$ is on this curve a function of s. Hence, from (A 2), our curve is also a geodesic of Γ (but, of course, as such not expressed by a "distinguished" parameter).

Summarizing, the symmetric connections

$$\Gamma_{ml}{}^k + \delta_l{}^k V_m + \delta_m{}^k V_l ,$$

with V_m an arbitrary vector field, are the only symmetric connections with the same field of geodesics as $\Gamma_{ml}{}^k$.

It is an interesting corollary, that V_l, though it has no influence on the geodesics, does change the natural comparison of arcs along a geodesic. This, and also the factor of $\dfrac{d x_k}{d s}$ on the right-hand side of (A 11) reminds you intensely of *Weyl's* original conception. But in his theory a third term was added to the Riemannian connection $\left\{ {k \atop l m} \right\}$, namely $- g_{ml} g^{kr} V_r$. Hence his electromagnetic potentials do influence the geodesics.

(*Reprinted from* NATURE, *Vol.* 153, *page* 572, *May* 13, 1944)

THE AFFINE CONNEXION IN PHYSICAL FIELD THEORIES

By PROF. E. SCHROEDINGER
Dublin Institute for Advanced Studies

1. The loss of connexion by general invariance. The essential physical entities are mathematically described as *invariants, vectors, tensors*. That comes from the isotropy and homogeneity of space in Euclidean geometry—or from the pseudo-isotropy of space-time, in the Restricted Theory of Relativity. When the latter is replaced by the idea of *general* invariance, that is, by regarding the three space-co-ordinates and the time only as continuous labels of the world points, which labels may equivalently be replaced by any quadruplet of continuous functions of themselves, the notion of vector or tensor subsists, but any such entity is now necessarily bound to a given world-point, it is 'a tensor at P'. For example, the *displacement*-vector, dx_k, leading from a world-point P with co-ordinates x_k (that is, x_1, x_2, x_3, x_4) to a neighbouring point Q with co-ordinates $x_k + dx_k$, is the prototype of a contravariant vector A^k at P. If you change the labels (that is to say, if you execute a general transformation of the frame) the A^k transform *by definition* as the dx_k, thus* :

$$d\hat{x}_k = \frac{\partial \hat{x}_k}{\partial x_l}\, dx_l \text{ and } \hat{A}^k = \frac{\partial \hat{x}_k}{\partial x_l} A^l. \qquad (1)$$

This rule is obviously inherent in the world point P, because the partial derivatives which form the coefficients *vary* from point to point. In consequence of this, you cannot directly compare a 'vector at P' with a similar 'vector at Q', even when Q is an infinitely neighbouring point.

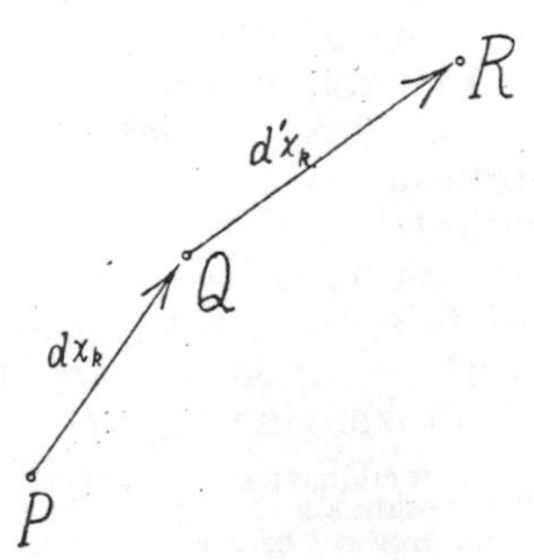

FIG. 1.

* The sum from 1 to 4 always to be taken for an index occurring twice in the same term (as the l in (1)).

For example (see Fig. 1), on proceeding first from P to Q by dx_k, then from Q to R by $d'x_k$, you cannot tell whether the second step is *equal* in direction and length to the first one or not. The bare notion of continuity tells you, of course, that, to indicate *equality*, the $d'x_k$ have to be *very nearly* the same as the dx_k, they must not differ by more than second-order quantities. But within this margin there is no distinction. You cannot tell whether you are moving along a straight line or along a circle, whether in uniform, retarded or accelerated steps. *You have lost the connexion between neighbouring points.* You could no longer, or only in a very restricted way*, set up differential equations to control geometrical or physical *fields*.

2. General affine connexion. To recover this possibility you must reinstate a *connexion*. You must reintroduce some principle to replace the trivial principle of Euclidean geometry : two vectors are equal when their components are equal, quite irrespective of their association with points of the manifold.

What you want to know, or rather, what you want to 'state by decree' in an invariant manner, is : *which* vector at the neighbouring point Q $(x_k + dx_k)$ is to be considered the *same* as a given vector A^k at $P(x_k)$.

The components of that "vector at Q" must differ but infinitesimally from the A^k, and so we suitably term them $A^k + \delta A^k$. The simplest and most straightforward, and at the same time a fairly general way of making the required 'decree', is to demand that the δA^k shall be some bilinear functions of the dx_k and of the A^k, thus :

$$\delta A^k = -\Gamma_{ml}{}^k A^m dx_l, \qquad (2)$$

the $\Gamma_{ml}{}^k$ being 64 coefficients, which can vary arbitrarily from world-point to world-point, that is, they are arbitrary continuous functions of the x_k (the minus sign in (2) is conventional).

If we adopt (2) without any further restrictions on the Γ's, we say we impose (the most general form of) an *affine connexion* or an 'affinity' on our continuum. The Γ's are called the components of the affine connexion. Formula (2) is said to determine 'parallel displacement' according to this affine connexion. This name is objectionable in both its terms. The Euclidean analogue is not 'parallelism' but 'sameness' ; moreover, the word 'displacement', used before for the little vector with components dx_k itself, now indicates the act of transferring the vector A^m along

* Certain derivatives and combinations of derivatives (H. Weyl[2] calls them "linear fields") do retain a meaning even in a non-connected manifold ; for example, the *gradient* of a scalar or the *curl* of a covariant vector.

2

dx_ι. For clearness and brevity, I shall refer to the parallel displacement just as 'the transfer'.

Equation (2) and the notions introduced with regard to it are common to all (generally invariant) field theories. But various theories differ widely as to the way in which the affine connexion is introduced (see Sect. 4 and 5 below).

3. Curvature. Common to all theories is also the basic notion of *curvature,* which results from the affine connexion as follows. The notion of 'sameness', referring to neighbouring points, can *not* in general be extended, by continuous transfer along a curve, to world points finitely apart from one another. The transfer of a vector A^k from P to the distant point Q along a given curve C *is*, of course, unique and reversible; that is, on transferring back along the *same* curve you get back the initial vector at P. But the transfer along some other curve C' would lead to another vector at Q. Alternatively, if you transfer A^k from P to Q along C, then back to P along C', you obtain at P a vector different *in direction and length* from the original A^k.

In the complicated case under consideration (*four* dimensions; *general* affinity) it is scarcely possible to grasp intuitively this interesting behaviour, which is attributed to the *curvature* the continuum possesses in virtue of the affine connexion we have impressed on it.

Mathematically, the curvature is described by a fairly complicated entity, the Riemann-Christoffel curvature tensor $B^i{}_{k,lm}$, which is *always* antisymmetric in l, m, but has in general no other symmetry properties. It has therefore, in the general case, $4 \times 4 \times 6 = 96$ independent components. It is generally believed that this tensor is fundamental in field-theory, but that it enters only in the form of

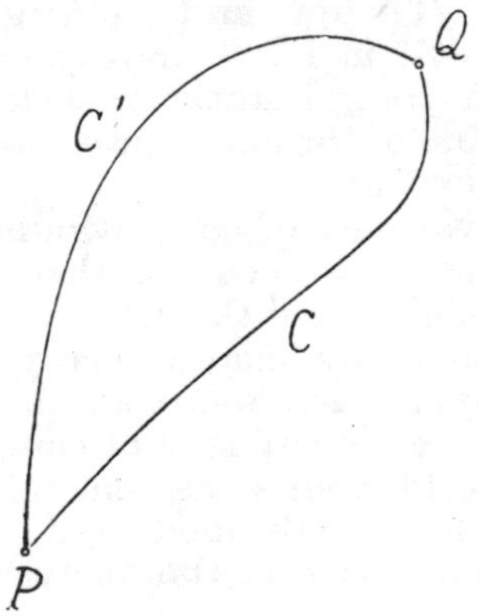

FIG. 2.

3

its 'contractions', of which there are, in general, two*, namely, $B^m{}_{k,lm}$ and $B^k{}_{k,lm}$. We shall have to speak of them later.

4. The affinity resulting from Riemannian metric. Now let us turn to the widely different manners in which various theories introduce the affine connexion $\Gamma_{ml}{}^k$.

Einstein's[1] theory of gravitation is based on Riemannian metric, and the affine connexion results from the metric as a secondary item thus. By introducing the invariant line-element

$$ds^2 = g_{ik}\, dx_i\, dx_k, \qquad (3)$$

you associate with *any* contravariant vector A^k its *invariant*

$$g_{ik}\, A^i A^k \qquad (4)$$

('square of the length'). The required *correspondence* between the vectors A^k at P and $A'^k (= A^k + \delta A^k)$ at the neighbouring point Q can then be set up by adopting the following *four* rules :

(i) The invariants (4) of corresponding vectors shall be equal.

(ii) If A' and B' correspond to A and B respectively, then $A' + \lambda B'$ (where λ is any numerical constant) shall correspond to $A + \lambda B$.

(iii) The δA^k shall be linear functions of the dx_l.

The adoption of these three rules entails the general form (2) for the δA^k. We add a fourth :

(iv) The $\Gamma_{ml}{}^k$ shall be symmetric in m and l, that is, it shall equal $\Gamma_{lm}{}^k$.

The Γ's which result from these four assumptions are the so-called Christoffel-brackets, $\left\{ {k \atop lm} \right\}$, functions of the g_{ik} and their first derivatives, linear in the latter. We do not need their explicit expressions here.

5. Weyl's Theory and Eddington's point of view. H. Weyl[2] in his famous theory of 1918, the first to account for gravitation *and* electromagnetism, dropped the *first* of the above postulates and replaced it by the following :

(i') The invariants of corresponding vectors shall bear a constant ratio to one another, depending only on the two points P and Q. (Of course, this 'gauging ratio' can differ only infinitesimally from unity.)

The underlying idea was that one ought not to admit the physical possibility of comparing 'lengths' at distant world points, as Einstein's theory did indeed admit. Weyl's modification automatically introduces, in addition to the 'metrical tensor' g_{ik}, a

* See the first footnote to Sect. 1. Contraction is only admissible between one upper and one lower index.

'metrical vector' φ_k of equally fundamental standing with g_{ik}, and capable of being interpreted as the electromagnetic potential. For the Γ's you now no longer get just the $\left\{ {k \atop ml} \right\}$, but

$$\Gamma_{ml}^k = \left\{ {k \atop ml} \right\} - \tfrac{1}{2} g_{ml} \varphi^k + \tfrac{1}{2}\delta_m^k \varphi_l + \tfrac{1}{2}\delta_l^k \varphi_m. \quad (5)$$

Sir Arthur Eddington[3], in what he modestly termed a generalization of Weyl's theory, was actually the first to take an entirely different attitude of great significance for the progress of the subject. The general affine connexion (2) is adopted *immediately* (only with the symmetry restriction $\Gamma_{ml}^k = \Gamma_{lm}^k$, which reduces the number of Γ's from 64 to 40). *Metric is made a secondary item.* To appreciate the superiority of this attitude we observe the following.

6. The restrictive Hamiltonian principle. A connected manifold of any type is not yet a field theory. To make it that, you have to impose on its basic geometrical field-quantities—the g_{ik} or the g_{ik} and φ_k or the Γ_{ml}^k, as the case may be—certain restrictions, differential equations. One wishes them to flow from some general principle which leaves as little arbitrariness as possible. Now almost every kind of restriction contemplated hitherto has turned out to be equivalent to a *Hamiltonian principle*, demanding that the space-time integral of an invariant density $\mathfrak{L}$, taken over any fixed region, be *stationary* :

$$\delta \int \mathfrak{L}\, dx_1\, dx_2\, dx_3\, dx_4 = 0. \quad (6)$$

This very convenient way of searching for the 'right' field-equations (you just have to search for 'the right $\mathfrak{L}$') has been widely adopted, and there are general reasons for believing that it is justified. (*If* the field equations amount to a Hamiltonian principle, the *conservation laws* are an automatic consequence of the *general invariance.*)

7. The superiority of the affine point of view. Now if our manifold carries an affine connexion, but *no* metric, the requirement that $\mathfrak{L}$ be an *invariant density* narrows the choice considerably. For the only simple *tensors* indicated by the affinity are in this case the Riemann-Christoffel tensor $B^i_{k,lm}$ and its contractions, mentioned before. The latter are *covariant tensors of the 2nd rank.* They cannot be contracted a second time to form an invariant, because we have no metric and thus no means of raising and lowering indices. If we exclude the B-tensor itself as 'too complicated', then to get an *invariant density* there seems to be no other means but to avail oneself of the fortunate fact that the square-root of the determinant of any covariant 2nd rank tensor *is* one.

On the other hand, if the basic geometrical field-quantities include a metrical tensor g_{ik}, you can raise and lower indices to your heart's desire and you can turn every *invariant* into a *density* by multiplying it by $\sqrt{-g}$—in a word, the choice for $\mathfrak{L}$ is then well-nigh unlimited.

Eddington[3] was the first to point to the somewhat unique possibility of taking for $\mathfrak{L}$ the square-root of the determinant of the 2nd rank curvature tensor. Einstein[4], early in 1923, worked it out more fully. Both of them were ultimately inclined to think that it led to a discouraging dilemma. You were either confronted with a serious quantitative contradiction of facts, or you had to modify the original simple idea to such an extent that the multitude of possibilities for $\mathfrak{L}$, expelled by the front-gate, crept in by the back-door, and rendered the whole enterprise extremely unsatisfactory.

Recent attempts in the same direction take a less pessimistic view. But before speaking of them, we must supplement the "general picture of a field theory" at one point.

8. The problem of identification. When a system of geometrical field-equations has tentatively been established in the way sketched above, the field components which they connect (which are either the original basic geometrical field-quantities or, more often, vectors and tensors built up from them) have to be *identified*, one by one, with the components of the known physical vectors and tensors, connected by more or less well-known *physical* field equations. Now, this business of identification is not so unambiguous and trivial as might be believed on considering that, after all, *gravitation* must be described by a symmetrical g_{ik}-tensor with 10 components, *electromagnetism* by an antisymmetric tensor (6-vector), governed by Einstein's and Maxwell's equations respectively. That does not seem to leave much opportunity for making mistakes in associating geometrical and physical entities.

But even so, the allotment of roles to the single components must be carefully considered. Physicists have got the habit of associating the *electric* field, with the time-spatial components of a 6-vector (that is, with the subscripts (14), (24), (34)) and the magnetic field with the space-spatial ones ((23), (31), (12)). If you are not alive to the fact (pointed out by Einstein[5]) that this is nothing but a habit, and that the converse association is, *a priori*, at least equally admissible, nay even preferable, you may easily reject a field-theory which is powerful enough to include 'sources'; reject it on the ground that it ostensibly produces them 'in the wrong place' (that is, that it exhibits *magnetic* charges and currents instead of *electric* ones, as are observed).

9. The meson-field. Of even greater moment is the following. Recent research on cosmic rays and nuclear structure leave no doubt that a *third* field exists, of equally fundamental standing with gravitation and electromagnetism: the *mesonic* field, responsible for nuclear binding. To-day no field-theory which does not embrace at least this *triad* can be deemed at all satisfactory.

Now the description of the mesonic field includes (or perhaps just consists of) a 6-vector-field governed by equations, of which Maxwell's are a special case. In fact, the two cases differ classically* only by the numerical value of *one* physical constant, the rest-mass, which is very small, possibly zero, for the 'photon', but very much non-zero for the 'meson'. Quantitatively the difference is enormous. It restricts the *range* of mesonic force to 10^{-13} cm., while electromagnetic force certainly extends[6] beyond 20,000 miles from its source and possibly throughout the universe. But general geometrical field theory, by its very nature, does not prejudice the numerical value of any universal constant. Hence very careful consideration is required here to avoid mistakes.

10. The author's recent attempt. We are now in the position to report succinctly on a recent attempt[7] for which I am responsible. The attitude is exactly the same as that described before as taken by Eddington[3] and Einstein[4] around 1923, namely, the affine connexion (2) is adopted as a primitive notion; the field-equations flow from a Hamiltonian principle, whose Lagrangian density $\mathfrak{L}$ is allowed to depend only on the contracted curvature tensor (or *tensors*, see below).

Hence there is no question of a 'new' theory. Yet progress is scored in *two* directions, namely, (i) in freeing oneself, for all general purposes, from the special choice of the Lagrangian $\mathfrak{L}$ and (ii) in accomplishing the union of the *three* fundamental fields and, at least, preparing their correct identification.

11. Unspecified Lagrangian. The freedom referred to in (i) above rests on *two* pillars, the first of which is the conviction, gained from other modern

* At the back of our striving for a unitary field theory, the great problem awaits us of bringing it into line with quantum theory. This point is still covered with deep mist. The present article does not touch on it and has therefore to ignore such features in the conventional description of the physical fields as are concerned with their quantum character; for example, *complex* field variables, the *operators* of spin and isotopic spin, etc.

research[8], that the fundamental description of, for example, the electromagnetic field, must not be expected to involve just *one* six-vector (usually called B,E) but a second, sort of conjugate, six-vector (usually called H,D) whose components are the partial derivatives of the Lagrange function $\mathfrak{L}$ with respect to the components of B,E. From this point of view the field equations can be regarded as provisionally satisfactory even though they still contain those derivatives, and even before the exact functional form of the latter has been made out by deciding upon a special Lagrangian. To make the point clearer: we accept

$$\begin{aligned} &\text{curl}\, E + \dot{B} = 0 \qquad &\text{div}\, B = 0 \\ &\text{curl}\, H - \dot{D} = 0 \qquad &\text{div}\, D = 0 \end{aligned} \tag{7}$$

as Maxwell's equations, without bothering at first what functions exactly H and D are of B and E.

This attitude cannot be extended to the *gravitational* field, because in this case the physical nature of the two sorts of conjugate tensors is completely known, namely, the *gravitational potential* g_{ik} and the *tensor of gravitating matter* (usually called T_{ik}). The question is, precisely, whether every field other than gravitation gives its expected 'correct' contribution to the matter tensor. We cannot even be provisionally satisfied, before ascertaining that they all do.

This gap is filled by the "second pillar", consisting of 16 *simple identities* between $\mathfrak{L}$ and its partial derivatives. These valuable identities flow merely from general invariance, namely, from the trivial demand that the transformational behaviour as a *scalar density* must be forced upon $\mathfrak{L}$, when the tensor components of which $\mathfrak{L}$ is a function are transformed in *their* way. As I said, these identities fill the gap, they secure that every other field contributes its due share to gravitating matter, whatever $\mathfrak{L}$ may be. (This is a special case of the general rule mentioned before, namely, that the conservation laws always follow directly from invariance.)

12. The tensors engendered by the curvature tensor. It is a great relief not to have to decide at an early stage upon the choice of $\mathfrak{L}$, when pursuing the second task, the union of the three fundamental fields. To explain the latter we must enter more closely into the tensors on which $\mathfrak{L}$ depends, the *contractions* of $B^i{}_{k,lm}$.

As mentioned earlier, there are two of them, namely,

$$B^m{}_{k\,lm} \text{ and } B^k{}_{k,lm}.$$

The first is termed the 'Einstein-tensor'. It has in general no symmetry and thus splits up into the sum of a symmetrical tensor and a skew-symmetrical tensor (a 6-vector). The second contraction, $B^k{}_{k,lm}$, is always a 6-vector.

We are thus faced with, altogether, one symmetrical tensor of ten components and two 6-vectors— *in admirable agreement with the physicist's desire, who wishes to account for gravitation, electromagnetism and the meson-field.*

But it must be noted that one or the other of these three tensors may be quenched as an independent entity by the special choice of the affine connexion.

In the affine connexion customarily derived from Riemannian metric ($\Gamma^k{}_{ml} = \left\{ {k \atop lm} \right\}$), *both 6-vectors vanish*. That is why Einstein's theory of gravitation[1] can account for *nothing but gravitation.*

In any *symmetrical* affine connexion ($\Gamma_{ml}{}^k = \Gamma_{lm}{}^k$) the two 6-vectors *coincide* and thus count only as one. That is why the symmetry condition was, with few exceptions[5], adhered to so long as the meson field and its fundamental nature remained unknown.

13. The union of the three fundamental fields. In pursuing the non-symmetric case (though not yet the completely general one) I have reached, along the lines described above, a fully satisfactory unified description of gravitation, electromagnetism and a 6-vectorial meson[7]. The work is far from completed. The completely general case must be tackled, and eventually, of course, the possible special choices for $\mathfrak{L}$ must be examined on their merits. But one point concerning *identification* deserves to be mentioned now.

That 6-vector field which is already obtained with a *symmetrical* connexion and which in all previous attempts was, naturally, identified with electromagnetism, is actually capable of representing either electromagnetism or the meson, according to what value is given to the rest-mass.

The *second* 6-vector field, the one that turns up on dropping the symmetry condition, does not seem to have this equivocal character. It can only be electromagnetism ; and that would mean, only it can be electromagnetism.

This means that the meson-field would appear to be an even more fundamental phenomenon than electromagnetism ; and that it is even more intimately akin to gravitation, its cousin, as it were. This is just what one would expect, since for all that we know, the mesonic field is produced universally by all gravitating matter, irrespective of its electric charge; whereas the latter is in no recognizable relation to the mass.

[1] Einstein, A., ***Ann. Phys.***, **49**, 769 (1916).

[2] Weyl, H., "Raum, Zeit, Materie" (Berlin: Springer; 4th ed., 1918–20); translated by H. L. Brose (London: Methuen, 1922).

[3] Eddington, A. S., "The Mathematical Theory of Relativity" (Cambridge, University Press, 3rd ed., 1923–30, which includes full reports on Weyl (ref. 2) and Einstein (ref. 4)).

[4] Einstein, A., *Sitz. Ber. d. Preuss. Akad.*, 32, 76, 137 (1923).

[5] Einstein, A., *Sitz. Ber. d. Preuss. Akad.*, 414 (1925).

[6] Schroedinger, E., *Proc. Roy. Irish Acad.*, A, **49**, 135 (1943).

[7] Schroedinger, E., *Proc. Roy. Irish Acad.*, A, **49**, 43 (1943). Three more papers, read to the Royal Irish Academy during 1943, in the Press.

[8] Born, M., *Proc. Roy. Soc.*, A, **143**, 410 (1934). Born, M., and Infeld, L., *Proc. Roy. Soc.*, A, **144**, 425 (1934). Schroedinger, E., *Proc. Roy. Irish Acad.*, A, **47**, 77 (1942); **48**, 91 (1942). McConnell, James, *Proc. Roy. Irish Acad.*, A, **49**, 149 (1943).

PRINTED IN GREAT BRITAIN BY FISHER, KNIGHT AND CO., LTD., ST. ALBANS

IX.

ON DISTANT AFFINE CONNECTION.

(From the Dublin Institute for Advanced Studies.)

By ERWIN SCHRÖDINGER.

[Read 11 December, 1944. Published 23 March, 1945.]

A. Einstein and V. Bargmann have recently[1] discovered a new form of geometrical connection of a continuum, the *distant* affine connection. They discuss several variants. We deal here only with the *reciprocal* one (eqn. (2, 3 b) below). Moreover, for clearness we fix attention to the "symmetric"[2] case and handle the "skew-symmetric"[2] one along with it by two remarks at the ends of §§ 2 and 3.

In §§ 1 and 2 I show how the new geometrical structure emerges, by generalisation, from the one that was at the basis of Einstein's "Distant Parallelism" (Fernparallelismus),[3] and consisted in the natural union of an integrable (but in general non-symmetric) infinitesimal affine connection and a (in general not flat) Riemannian metric.

In § 3 I deduce the necessary and sufficient conditions for "symmetrisation" and "skew-symmetrization" in an arbitrary frame. An interesting by-product is, that the two cases are by no means mutually exclusive: very much non-trivial fields exist which are both symmetric and skew-symmetric.

The § 4 contains remarks about "field equations" and about the meaning the new symmetry postulates have for infinitesimal affine connections.

§ 1. Integrable Affine Connection.

In a previously unconnected manyfold of $n = 4$ dimensions we establish an infinitesimal affine connection by associating with any contravariant vector A^ν at the point x_σ the parallel-displaced vector

[1] A. Einstein and V. Bargmann, Annals of Mathematics, **45**, p. 1, 1944; A. Einstein, *ibid.*, p. 15.

[2] Not the notion familiar from infinitesimal affinity. The meaning is made quite clear in the following.

[3] A. Einstein, Sitz. Ber. d. Preuss. Akad. d. Wissensch. (Phys. Math. Cl.), pp. 217, 223, **1928**; R. Weitzenböck, *ibid.*, p. 466; A. Einstein, *ibid.*, pp. 2, 156, **1929**; p. 18, **1930**; A. Einstein and W. Mayer, *ibid.*, pp. 110, 401, **1930**; p. 257, **1931**.

$A^\nu + \delta A^\nu$ at the point $x_\sigma + dx_\sigma$, where

$$\delta A^\nu = - \Delta^\nu_{\rho\sigma} A^\rho dx_\sigma . \tag{1, 1}$$

The array of the n^3 (= 64) quantities $\Delta^\nu_{\rho\sigma}$, arbitrary continuous functions of the x_σ, constitute the affine connection or the affinity. A covariant vector B_ν shall be displaced thus

$$\delta B_\nu = \Delta^\rho_{\nu\sigma} B_\rho dx_\sigma , \tag{1, 2}$$

in order to preserve the scalar product $B_\nu A^\nu$ on displacement.

Let us denote a vector at point (α) by $\overset{\nu}{A^\alpha}$. By continuous transfer, according to (1, 1), along a given path to point (β) it turns into a vector at (β), which we call $\overset{\nu}{A^\beta}$ but which will in general depend on the path. The well-known condition on the $\Delta^\nu_{\rho\sigma}$ for this not to be the case, is the vanishing of their Riemannian-Christoffel-tensor. (The affinity is then called integrable.) We shall express the condition in a simpler form.

Assuming integrability, choose four linearly independent vectors h^ν_1, h^ν_2, h^ν_3, h^ν_4 (in general notation h^ν_a; $a = 1, 2, 3, 4$) at some point and expand them into four *fields* by parallel transfer according to (1, 1). The linear independence will be preserved, because a linear relation would be preserved. Please notice that a is not a tensor-index, just a label. We always write it as subscript, but we herewith extend to it the summation convention.

You have everywhere and for every a and for every dx_σ

$$\delta h^\nu_a = - \Delta^\nu_{\rho\sigma} h^\rho_a dx_\sigma = \frac{\partial h^\rho_a}{\partial x_\sigma} dx_\sigma ;$$

hence

$$- \Delta^\nu_{\rho\sigma} h^\rho_a = \frac{\partial h^\rho_a}{\partial x_\sigma} . \tag{1, 3}$$

Let the 16 functions $h_{\rho a}$ be defined by

$$h_{\mu a} h^\nu_a = \delta^\nu_\rho . \tag{1, 4}$$

(That is to say, the $h_{\rho a}$ are the normalized minors of the determinant of the h^ρ_a.) Then from (1, 3)

$$\Delta^\nu_{\tau\sigma} = - h_{\tau a} \frac{\partial h^\nu_a}{\partial x_\sigma} . \tag{1, 5}$$

From (1, 4) we can write for this also

$$\Delta^\nu_{\tau\sigma} = h^\nu_a \frac{\partial h_{\tau a}}{\partial x_\sigma} . \tag{1, 6}$$

Conversely it is easy to see, that the affinity (1, 6) is integrable, if the $h^\nu{}_a$ are four *arbitrary* linearly independent vector-fields and the $h_{\nu a}$ the normalized minors of the determinant $h^\nu{}_a$. Those minors form four covariant vector fields related to the $h^\nu{}_a$ by

$$h_{\nu a}\, h^\nu{}_b = \delta_{ab}\,, \tag{1, 7}$$

which is an immediate consequence of (1, 4).

From (1, 7) the following equations are true

$$(h^\nu{}_b)_{\text{at } \beta} = (h^\nu{}_a)_{\text{at } \beta}\, (h_{\lambda a})_{\text{at } \alpha}\, (h^\lambda{}_b)_{\text{at } \alpha}\,. \tag{1, 8}$$

Hence the *distant connection* for any vector $\overset{\nu}{A}{}^{\beta}$ must read

$$\overset{\nu}{A}{}^{\beta} = \overset{\nu}{g}{}^{\beta}{}_{\underset{\alpha}{\lambda}}\, \overset{\lambda}{A}{}^{\alpha}\,, \tag{1, 9}$$

where

$$\overset{\nu}{g}{}^{\beta}{}_{\underset{\alpha}{\lambda}} = (h^\nu{}_a)_{\text{at } \beta}\, (h_{\lambda a})_{\text{at } \alpha}\,. \tag{1, 10}$$

In the same way the distant connection for a B_k is found:

$$\underset{\beta}{B_k} = \underset{\alpha}{B_\lambda}\, \overset{\lambda}{g}{}^{\alpha}{}_{\underset{\beta}{k}}\,. \tag{1, 11}$$

The entity g introduced in (1, 10) behaves on coordinate transformation as the direct product of a contravariant vector at (β) and a covariant vector at (α) since it is the sum of four such products. It is the first example of a "bivector," a notion explicitly introduced in the recent Einstein-Bargmann papers.

Put

$$f_{\nu\lambda} = h_{\nu a}\, h_{\lambda a} \tag{1, 12}$$

and define $f^{\nu\lambda}$ by

$$f^{\nu\lambda}\, f_{\lambda\mu} = \delta^\nu{}_\mu\,, \tag{1, 13}$$

so that from (1, 4), (1, 7) and (1, 12) obviously

$$f^{\nu\lambda} = h^\nu{}_a\, h^\lambda{}_a\,. \tag{1, 14}$$

Adopt the f-tensor as metrical tensor, of which it fulfils all requirements; in other words, institute an *association* of co- and contra-variant vectors by

$$A_\rho = f_{\rho\sigma}\, A^\sigma\,, \qquad B^\rho = f^{\rho\sigma}\, B_\sigma\,, \tag{1, 15}$$

with the corresponding association for tensors of higher rank and with the imperative postscript, that for raising or lowering an index in such an entity as $g^{\nu}{}_{\beta}{}_{\lambda}{}_{\alpha}$ you have to use the f-tensor taken at the point to which that index refers.

This has the following consequences, which are either obvious or easy to verify:

(i) The vector $h_{\nu\alpha}$ becomes associated with $h^{\nu}{}_{\alpha}$.

(ii) The four vector fields become mutually orthogonal unity fields.

(iii) The association (1, 15) is preserved on parallel transfer.

(iv) The metrical tensor f is everywhere its own parallel displaced (this is materially the same statement as iii).

(v) The covariant associate of the "distant-affinity-tensor" (1, 10) fulfils the symmetry condition

$$\underset{\beta\ \alpha}{g_{\nu\lambda}} = \underset{\alpha\ \beta}{g_{\lambda\nu}} . \tag{1, 16}$$

(vi) The f-tensor is obtained from it by letting the two points (α) and (β) coincide

$$(f_{\nu\lambda})_{\text{at } \alpha} = \underset{\alpha}{g_{\nu\lambda}} . \tag{1, 17}$$

But let there be no mistake: the metric is in general *not* flat. For, the integrable affinity (1, 6) need not be symmetric in the subscripts. And only if it happens to be so, can it (and actually does it) coincide with the Riemannian affine connection, the one mediated by the Christoffel brackets of the metric.

§ 2. Outline of the E.B.–Connection.

In the recent Einstein-Bargmann-theory, (1, 9) and (1, 11) stipulate a *direct* connection between any pair of points (α) and (β), without reference to continuous transition. There are no vectorfields $h^{\nu}{}_{\alpha}$, no relation (1, 10). The mixed g-tensor—mixed in the double meaning, that it has one upper and one lower index *and* that the two refer to different points—shall depend continuously on the coordinates of the two points, but is otherwise regarded as a primitive datum, just as $\Delta^{\nu}{}_{\rho\sigma}$ in an infinitesimal affinity. We prefer now to write Latin tensor-indices for better contrast with the Greek letters below them, which indicate the points of the continuum; thus the distant connection reads:

$$\underset{\beta}{A^{k}} = \underset{\alpha}{g^{k}{}_{l}}\ \underset{\alpha}{A^{l}} \ ; \qquad \underset{\beta}{B_{k}} = \underset{\alpha}{B_{l}}\ \underset{\beta}{g^{l}{}_{k}} . \tag{2, 1}$$

The infinitesimal connection, contained in it (as (1, 6) is in (1, 9)), would read

$$\Delta^{k}{}_{l\,m} \;=\; \left[\underset{\alpha}{\frac{\partial}{\partial x_m}} \left(\overset{k}{\underset{\alpha}{g}}{}^{\beta}{}_{l} \right) \right]_{\alpha\,\equiv\,\beta} . \qquad (2,\,2)$$

But it is far from being a full equivalent of the complete distant connection (as (1, 6) actually is of (1, 9)), and plays a subordinate rôle, if any.

In the case of § 1 you easily verify from (1, 10), (1, 4) and (1, 7)

$$\overset{k}{\underset{\alpha}{g}}{}^{\alpha}{}_{l} \;=\; \delta^{k}{}_{l} \qquad (2,\,3\text{a})$$

$$\overset{k}{\underset{\beta}{g}}{}^{\alpha}{}_{m}\;\overset{m}{\underset{\alpha}{g}}{}^{\beta}{}_{l} \;=\; \delta^{k}{}_{l} \qquad (2,\,3\text{b})$$

$$\overset{k}{\underset{\beta}{g}}{}^{\alpha}{}_{m}\;\overset{m}{\underset{\gamma}{g}}{}^{\beta}{}_{n}\;\overset{n}{\underset{\alpha}{g}}{}^{\gamma}{}_{l} \;=\; \delta^{k}{}_{l} \qquad (2,\,3\text{c})$$

$$\cdot \quad \cdot \quad \cdot \quad \cdot \quad \cdot \quad \cdot \quad \cdot \quad \cdot$$

$$\overset{k}{\underset{\beta}{g}}{}^{\alpha}{}_{m}\;\overset{m}{\underset{\gamma}{g}}{}^{\beta}{}_{n}\;\cdot\;\cdot\;\cdot\;\cdot\;\cdot\;\cdot\;\cdot\;\overset{r}{\underset{\alpha}{g}}{}^{\epsilon}{}_{l} \;=\; \delta^{k}{}_{l} \qquad (2,\,3\text{d})$$

$$\cdot \quad \cdot \quad \cdot \quad \cdot \quad \cdot \quad \cdot \quad \cdot \quad \cdot$$

In the E.B.-theory, at any rate in the variant I wish to discuss here, the first and the second of these relations are *postulated*; in other words, the connection of a point with itself is to be the identity, and the connection of any two points is to be reciprocal. If the third relation were adopted as well, it would entail all the following ones, and lead back to the case of § 1. It is, therefore, discarded, or rather it is said to characterize *in this theory* the special condition of flatness.

Of the six statements at the end of § 1 the first two become void, since there are no h-vector-fields. The fifth is, in the variant I am discussing, *postulated,* and constitutes a third and very substantial restriction on the $\overset{k}{\underset{\beta}{g}}{}^{\alpha}{}_{l}$. From (v) the (iii), (iv) and (vi) are immediate consequences. As to (iv), the symmetry condition (1, 16) can be written

$$(f_{kr})_{\text{at}\,\beta}\;\overset{r}{\underset{\alpha}{g}}{}^{\beta}{}_{m} \;=\; (f_{mr})_{\text{at}\,\alpha}\;\overset{r}{\underset{\beta}{g}}{}^{\alpha}{}_{k} . \qquad (1,\,16')$$

Multiply this by $\overset{m}{\underset{\beta}{g}}{}^{\alpha}{}_{l}$, and you get from (2, 3 b) and the symmetry of the f-tensor

$$(f_{kl})_{\text{at}\,\beta} \;=\; (f_{rm})_{\text{at}\,\alpha}\;\overset{r}{\underset{\beta}{g}}{}^{\alpha}{}_{k}\;\overset{m}{\underset{\beta}{g}}{}^{\alpha}{}_{l} , \qquad (2,\,4)$$

showing that the symmetrizing metric is carried over into itself by the affine connection. Then (iii) is obvious, while (vi) follows from (2, 3 a).

Remark on the skew symmetrical case: If in (1, 16) and (1, 16′) we had demanded *skew* symmetry by adding a minus sign on the right, f_{kl} would have to be skew symmetric. Hence (2, 4) is unaltered and says again, that the connection carries f_{kl} over into itself.

Since this tensor is not really used for metrical purpose, but only for raising and lowering indices, the two cases are very much alike and could be treated in one, except for one additional condition. As Einstein observed, in the skew case the number of dimensions of the continuum must be even, because otherwise all skew tensors are singular (i.e. have a vanishing determinant). For the sake of clarity we shall keep our ideas fixed on the symmetric case, but the following section virtually embraces both. One would only have to generalize the vocabulary, viz. to replace

"symmetrizing metric" by "tensorfield f_{kl}"

"quadratic form η_{kl}" by "bilinear form η_{kl}"

"pseudo-orthogonal transformation" by "linear transformation that leaves η_{kl} numerically invariant."

§ 3. The Meaning of the Symmetry Property.

In the E.B.-papers the process of "rimming" is given great prominence. It is a linear transformation of contravariant and covariant vectors (or more generally speaking: indices)

$$\overset{*}{A}{}^{k}_{\;\alpha} = \underset{a}{\omega}{}^{a\,k}_{\;\;l} \, A^{l}_{\;\alpha} , \qquad \underset{a}{\overset{*}{B}}{}_{k} = \underset{a}{B}{}_{l} \, \underset{a}{\hat{\omega}}{}^{a\,l}_{\;\;k} , \tag{3, 1}$$

where the ω and $\hat{\omega}$ are arbitrary continuous non-singular matrices, functions of the coordinates of *one* point (a) (the sign $\underset{\beta}{\omega}{}^{a\,k}_{\;\;l}$ is void!), only subject to

$$\underset{a}{\omega}{}^{a\,k}_{\;\;l} \; \underset{a}{\hat{\omega}}{}^{a\,l}_{\;\;m} = \delta^{k}_{m} , \tag{3, 2}$$

in order that the scalar product be preserved on rimming. In matrix notation, which is sometimes handier, we would write for (3, 2)

$$\omega(a)\,\hat{\omega}(a) = 1 .$$

Thus $\hat{\omega}$ is the reciprocal of ω taken at the same point.

Only rimming-invariant relations are recognized. The main purpose of this is, to make all differential relations void. Indeed, the vector $d x_k$ or a gradient $\dfrac{\partial \Phi}{\partial x_k}$ cannot be "rimmed"; the former would cease to be the differential of anything, and the latter to be the gradient of anything. All non-differential tensor equations, if invariant to coordinate transformation, are also invariant to rimming, as far as I can see.

By a suitable rimming the "symmetrizing metric" f_{kl} (if there is one) can be made constant throughout the continuum. Call it then η_{kl}. In the new rimming frame eqn. (2, 4) says that the (new) matrices $\underset{\beta}{\overset{k}{g}}{}^{\alpha}{}_{l}$ are pseudo-orthogonal transformations with respect to the quadratic form η_{kl}. Since the converse is equally obvious, our authors formulate the necessary and sufficient restriction, imposed by the postulate (1, 16) on the $\underset{\beta}{\overset{k}{g}}{}^{\alpha}{}_{l}$ as follows: in a suitable rimming frame they must all become pseudo-rotations of the same quadratic form η_{kl}, which achieves symmetrization in that frame when adopted as a constant metric in it.

We wish to know: what does that mean for the $\underset{\beta}{\overset{k}{g}}{}^{\alpha}{}_{l}$ themselves as they are before rimming? (This question is relevant, whether or not you adhere to the idea of rimming invariance; if you reject it, that is clear; if you accept it, the question virtually means: what is the condition in an arbitrary rimming frame?)

To answer this we distinguish one *fixed* point (α) and rim with

$$\underset{\beta}{\overset{k}{\omega}}{}^{\beta}{}_{r} = \underset{\beta}{\overset{k}{g}}{}^{\alpha}{}_{r}, \qquad \underset{\beta}{\overset{r}{\hat{\omega}}}{}^{\beta}{}_{l} = \underset{\alpha}{\overset{r}{g}}{}^{\beta}{}_{l}, \tag{3, 3}$$

which complies with (3, 2) in virtue of (2, 3 b). The mixed g-matrices "issuing from point (α)," are thereby rimmed to unity matrices:

$$\underset{\alpha}{\overset{*k}{g}}{}^{\beta}{}_{l} = \underset{\beta}{\overset{k}{\omega}}{}^{\beta}{}_{r}\, \underset{\alpha}{\overset{r}{g}}{}^{\beta}{}_{m}\, \underset{\alpha}{\overset{m}{\hat{\omega}}}{}^{\alpha}{}_{l} = \underset{\beta}{\overset{k}{g}}{}^{\alpha}{}_{r}\, \underset{\alpha}{\overset{r}{g}}{}^{\beta}{}_{m}\, \underset{\alpha}{\overset{m}{g}}{}^{\alpha}{}_{l} = \delta^{k}{}_{m}\, \delta^{m}{}_{l} = \delta^{k}{}_{l}\,. \tag{3, 4}$$

A matrix $\underset{\beta}{\overset{k}{g}}{}^{\gamma}{}_{l}$, connecting two arbitrary points (β), (γ) is by the rimming (3, 3) transformed into

$$\underset{\beta}{\overset{*k}{g}}{}^{\gamma}{}_{l} = \underset{\gamma}{\overset{k}{g}}{}^{\alpha}{}_{r}\, \underset{\beta}{\overset{r}{g}}{}^{\gamma}{}_{m}\, \underset{\alpha}{\overset{m}{g}}{}^{\beta}{}_{l} = \underset{\alpha}{\overset{k}{p}}{}^{\alpha}{}_{l}\,. \tag{3, 5}$$

We call the second member a "three-point-expression based on (α)" and we have introduced for it also the sign $\underset{\alpha}{\overset{k}{p}}{}^{\alpha}{}_{l}$, in order to indicate its tensorial nature in the original frame, before rimming (our p is Einstein-Bargmann's W).

If all the matrices (3, 5) are pseudo-rotations of one and the same η_{kl}, the condition is fulfilled and we can take $\overset{*}{g}_{\underset{\beta\beta}{kl}} = \eta_{kl}$ as the symmetrizing metric in the frame reached by the rimming (3, 3). *If they are not, no further rimming can help.* For, in order to turn all the unity matrices (3, 4) into pseudo-rotations of one and the same η_{kl}, this second rimming—call it in matrix notation $\rho(\beta)$ and $\hat{\rho}(\beta) = \rho^{-1}(\beta)$—must satisfy, in matrix notation, to

$$\rho(\beta)\, \rho^{-1}(a) = L(\beta),$$

where $L(\beta)$ is a pseudo-rotation of that η_{kl}. Hence

$$\rho(\beta) = L(\beta)\, \rho(a), \qquad \rho^{-1}(\beta) = \rho^{-1}(a)\, L^{-1}(\beta).$$

Remember that here (α) is our *fixed* point, while (β) can be any point. Hence the ρ-rimming transforms the matrix $\overset{*}{g}$ from (3, 5) into

$$\overset{**}{g} = L(\gamma)\, \rho(a) \overset{*}{g} \rho^{-1}(a)\, L^{-1}(\beta).$$

Now, if $\overset{**}{g}$ is also to be a pseudo-rotation of that η_{kl}, then

$$\rho(a) \overset{*}{g} \rho^{-1}(a) = L^{-1}(\gamma) \overset{**}{g} L(\beta)$$

must also be one, because they form a group. Since this is to hold with the same $\rho(a)$ for all the matrices (3, 5), it is easy to see, that they themselves, or speaking in the original frame, the three-point-matrices $\underset{a}{p}{}^{k}{}_{l}$ must all be pseudo-rotations of some *other*[4] quadratic form; which, however, we shall henceforth call η_{kl} cancelling the useless ρ-rimming. We have the notable result:

The necessary and sufficient condition for symmetrization is, that the three-point-matrices based on the same point (α)*—the p's explained by (3, 5)—all be pseudo-rotations of the same quadratic form* η. *If the condition holds for one choice of the point* (α) *it holds for any other one.*

The form η will in general depend on the choice of (α). In the general case (to which we restrict attention) it will be uniquely determined[5] to within an arbitrary common factor in its ten components.

The symmetrizing metric in the original frame, $g_{\underset{\beta\beta}{kl}}$, is found by undoing the rimming (3, 3) by counter-rimming. But (3, 3) is identical

---

[4] viz. of $\tilde{\rho}\, \eta\, \rho$, where $\tilde{\rho}$ is the transposed of ρ.

[5] But there are notable exceptions, e.g. the case of flatness, characterised by (2, 3c).

at $\beta \equiv \alpha$ Hence obviously

$$g_{\underset{\alpha\alpha}{kl}} = \eta_{kl} . \tag{3, 6}$$

According to statement (iii) at the end of § 1, which in (2, 4) was proved to follow from the symmetry postulate, the symmetrizing metric at any other point (β) is found by affine transfer, thus

$$g_{\underset{\beta\beta}{kl}} = g_{\underset{\alpha\alpha}{mn}} \underset{\beta}{g^{\alpha}{}_{k}^{m}} \underset{\beta}{g^{\alpha}{}_{l}^{n}} . \tag{3, 7}$$

(Counter-rimming gives, of course, the same result.)

Eqn. (3, 6) must hold for any other choice of the point (α) (which we have kept fixed hitherto) say for point (β), provided we understand by η_{kl} the quadratic form we obtain by basing our whole procedure on point (β). But the ratio of the gauge-factors, which are undetermined in η_{kl} must be drawn from (3, 7):

$$\frac{\sqrt{\text{Det. } g_{\underset{\beta\beta}{kl}}}}{\sqrt{\text{Det. } g_{\underset{\alpha\alpha}{kl}}}} = \text{Det. } \underset{\beta}{g^{\alpha}{}_{l}^{k}} . \tag{3, 8}$$

We formulate:

In any frame the symmetrizing metric is determined—in the general case uniquely to within a gauge factor—by the three-point expressions $\underset{\alpha}{p^{\alpha}{}_{l}^{k}}$: *those based on* (α) *determine the metric at* (α) *as the one of which they are pseudo-rotations.*

The gaugefactor is fixed by the fact that the square root of the determinant of the metrical tensor at (β) *bears to the one at* (α) *the ratio: determinant of the mixed g-matrix which transfers a covariant vector from* (α) *to* (β).

Remark on skew symmetry[6]: Are there connections $\underset{\beta}{g^{\alpha}{}_{l}^{k}}$ which are both symmetrizable and skew-symmetrizable? For them the three-point-expressions $\underset{\alpha}{p_{\alpha l}^{k}}$, based on one point (α), would have to leave invariant both a quadratic form η_{kl} and a skew bilinear form, call it ξ_{kl}. Then the same must hold for the mixed form

$$\xi^{k}{}_{l} = \eta^{kr} \xi_{rl} \tag{3, 9}$$

where η^{kr} is defined by

$$\eta^{kr} \eta_{rl} = \delta^{k}{}_{l} . \tag{3, 10}$$

[6] The rest of this section was worked out by F. Mautner, Scholar of the Institute.

Thus the p's must be such pseudo-rotations (with respect to η_{kl}) as leave also $\xi^k{}_l$ invariant. But $\xi^k{}_l$ constitutes itself (in the form $\delta^k{}_l + \varepsilon\xi^k{}_l$, where ε is a small constant) an infinitesimal pseudo-rotation of η_{kl}. Indeed

$$(\delta^k{}_l + \varepsilon\xi^k{}_l)\,\eta_{km}\,(\delta^m{}_s + \varepsilon\xi^m{}_s) = \eta_{ls} + \varepsilon\xi_{sl} + \varepsilon\xi_{ls} = \eta_{ls}\,. \tag{3, 11}$$

Hence, if $\xi^k{}_l$ is not degenerate, i.e. if it has four and only four well defined eigenvectors, it is easy to see that those and only those pseudo-rotations which share these eigenvectors with $\xi^k{}_l$ will leave the latter invariant. Hence, the condition on the p's is that they must all belong to the two-parameter Abelian group of pseudo-rotations which have the same couple of invariant planes as $\xi^k{}_l$, but arbitrary angles of rotation.

While this case, though not "flat," is still fairly trivial, more interesting cases of double symmetry arise, when $\xi^k{}_l$ is degenerate, viz. when its two angles of rotation are equal or oppositely equal. Envisage, e.g. the two forms,

$$\eta_{kl} = \begin{pmatrix} 1 & 0 & 0 & 0 \\ 0 & 1 & 0 & 0 \\ 0 & 0 & 1 & 0 \\ 0 & 0 & 0 & 1 \end{pmatrix}, \quad \xi_{kl} = \xi^k{}_l = \begin{pmatrix} 0 & 1 & 0 & 0 \\ -1 & 0 & 0 & 0 \\ 0 & 0 & 0 & 1 \\ 0 & 0 & -1 & 0 \end{pmatrix} \tag{3, 12}$$

(For ξ_{kl} we could equally well take any one of its orthogonal transformed.) Now the matrix $\xi^k{}_l$ is known to *commute* with any one out of the well-known three-parameter group of orthogonal transformations whose matrices are obtained from the following one

$$\begin{pmatrix} \cos\theta & \sin\theta & 0 & 0 \\ -\sin\theta & \cos\theta & 0 & 0 \\ 0 & 0 & \cos\theta & -\sin\theta \\ 0 & 0 & \sin\theta & \cos\theta \end{pmatrix} \tag{3, 13}$$

(with θ arbitrary) by arbitrary orthogonal transformation. Thus, if all the p's, based on one point (α) are of this form, the connection admits both of symmetrization and of anti-symmetrization.

Actually the p's are allowed even a little more. Indeed, *any* rotation whose invariant planes are the 1–2-plane and the 3–4-plane leaves the $\xi^k{}_l$ adopted in (3, 12) invariant. The group allowed for the p's is, therefore, the direct product of the three-parameter group mentioned above and the (Abelian) group of rotations in the 1-2-plane alone. The allowed group has thus four parameters, as against two in the general case.

§ 4. THE INVARIANTS OF THE THREE-POINT-MATRICES.

Neither a $\overset{k}{\underset{\sigma}{g^{\alpha}{}_{l}}}$ itself, nor any chain product of the type

$$\overset{k}{\underset{\sigma}{q^{\alpha}{}_{l}}} = \overset{k}{\underset{\beta}{g^{\alpha}{}_{m}}} \; \overset{m}{\underset{\gamma}{g^{\beta}{}_{n}}} \; \overset{n}{\underset{\delta}{g^{\gamma}{}_{r}}} \cdots \overset{p}{\underset{\sigma}{g^{\epsilon}{}_{l}}} \tag{4, 1}$$

that depends also tensorially (as opposed to scalarly) on two *different* points has any characteristic property. For it has no invariants. Indeed, it can be transformed into unity or into any other non-degenerate matrix, not only by rimming, but even by a suitable coordinate transformation. Only by taking $(\sigma) \equiv (\alpha)$ you obtain a matrix $\overset{k}{\underset{\alpha}{q^{\alpha}{}_{l}}}$, which suffers, both on rimming and on change of coordinates, only a similarity transformation

$$\overset{*}{q} = \omega \, q \, \omega^{-1} . \tag{4, 2}$$

Hence, such a q has its eigenvalues invariant and nothing else, as is well known.

The simplest q's are our three-point-matrices p, since the "one-point-" and "two-point-matrices" are unity, by (2, 3 a) and (2, 3 b), which we have adopted. Moreover, from (2, 3 b) any $\overset{k}{\underset{\sigma}{q^{\alpha}{}_{l}}}$ can be represented as a product of $\overset{k}{\underset{\alpha}{p^{\alpha}{}_{m}}}$'s and of a single $\overset{p}{\underset{\sigma}{g^{\alpha}{}_{l}}}$; thus as a product of p's alone, if $(\sigma) \equiv (\alpha)$. The prominent rôle of the p's is obvious.

The authors have proposed, though hesitantly, the field equation

$$\overset{k}{\underset{\alpha}{p^{\alpha}{}_{k}}} = 4 \tag{4, 3}$$

as a weakening of the condition of flatness

$$\overset{k}{\underset{\alpha}{p^{\alpha}{}_{l}}} = \delta^{k}{}_{l} . \tag{4, 4}$$

They observe that, if the symmetrizing metric is positive definite, (4, 3) is not a weakening of, but equivalent to (4, 4), because the only real orthogonal transformation with trace 4 is in this case the unity matrix.

Now if we take the signature of special relativity (–, – –, +) and keep to the tacit assumption, that the g's are to be real, then the eigenvalues of a p (since it changes continuously to unity when (β) coincides with (γ)) are of the form

$$e^{i\theta} , \qquad e^{-i\theta} , \qquad a , \qquad \frac{1}{a} , \tag{4, 5}$$

with θ real and a real and positive. θ is the angle of *spatial rotation* and we may take

$$a = \sqrt{\frac{1 - \beta}{1 + \beta}},$$

where β is the velocity involved in the Lorentz-transformation to which our p is equivalent. The demand (4, 3) reads

$$2 \cos \theta + \sqrt{\frac{1 - \beta}{1 + \beta}} + \sqrt{\frac{1 + \beta}{1 - \beta}} = 4 . \qquad (4, 6)$$

Whatever physical interpretation of the p's might be adopted, this seems a strange coupling between θ and β. *Inter alia* it restricts the velocity involved to an absolute maximum, reached for $\theta = \pi$,

$$\beta_{\max} = \frac{2\sqrt{2}}{3} = 0{\cdot}94281 \ldots \qquad (4, 7)$$

The p's based on the same point (α) have mutual invariants, describing their relative orientation. Could one put field-equations that refer to *them*?

Let me finally confess (though I am afraid it is contrary to the basic ideas of our authors): I feel some regret that the symmetrizing metric, which is in general uniquely determined by the distant affinity, has to go to the waste-paper basket, as indeed it does, if the principle of rimming invariance is accepted.

In this context the following question deserves attention. Since among the "three-point expressions based on (α)" are also the infinitesimal ones, the symmetrizing metric ought to be determined already by the infinitesimal affinity (2, 2). It is, therefore, interesting to examine what the new symmetry postulate imposes on an ordinary, infinitesimal affine connection. This question will be dealt with in a joint paper with F. Mautner, Scholar of the Institute, whose lucid discussion was very helpful in the present work. The answer seems to be that the infinitesimal affinity must be one that transfers a metric into itself (i.e. it must make the absolute derivative of some symmetrical covariant tensor of second rank vanish). The Riemannian affine connection (the one mediated by the Christoffel brackets) is a special case. But there are others.

If symmetry is replaced by skew symmetry, the answer is very similar. Again the two cases are *not* mutually exclusive.

XIII.

INFINITESIMAL AFFINE CONNECTIONS WITH TWOFOLD EINSTEIN-BARGMANN SYMMETRY.

(From the Dublin Institute for Advanced Studies.)

By FRIEDRICH MAUTNER and ERWIN SCHRÖDINGER.

[Read 9 April. Published 12 July, 1945.]

§ 1. E.B. Symmetry in an Infinitesimal Affinity.

It has been emphasized[2] that the Einstein-Bargmann[1] symmetry-condition for a distant connection, viz.

$$\underset{\alpha\beta}{g_{kl}} = \pm \underset{\beta\alpha}{g_{lk}} \tag{1, 1}$$

is, with either sign, equivalent to demanding that a non-singular ordinary covariant tensor-field g_{ik} shall exist which is carried over into itself by the distant affinity, thus:

$$(g_{ik})_{\text{at}\,\beta} = (g_{rm})_{\text{at}\,\alpha}\; \underset{\beta}{\overset{r}{g^{\alpha}{}_i}}\; \underset{\beta}{\overset{m}{g^{\alpha}{}_k}} \, . \tag{1, 2}$$

If this g_{ik} is appointed for lowering a superscript, then (1, 1) holds with the $\frac{\text{upper}}{\text{lower}}$ sign, according to whether g_{ik} is $\frac{\text{symmetric}}{\text{skew symmetric}}$. In either case

$$\underset{\alpha\alpha}{g_{ik}} = (g_{ik})_{\text{at}\,\alpha} \, . \tag{1, 3}$$

Notice, by the way, that if (1, 2) holds for a *non*-symmetric g_{ik}, it holds for its symmetric and skew parts separately.

The direct analogue of the E.B. symmetry in the case of an infinitesimal affinity $\Delta^k{}_{lm}$ is the demand, that a *stationary* tensor field g_{ik} shall exist, i.e. one whose invariant derivative vanishes:

$$\frac{\partial g_{ik}}{\partial x_l} - g_{mk}\,\Delta^m{}_{il} - g_{im}\,\Delta^m{}_{kl} = 0 \, . \tag{1, 4}$$

---

[1] A. Einstein and V. Bargmann, Annals of Mathematics, 45, p. 1, 1944; A. Einstein, *ibid.*, p. 15.

[2] E. Schrödinger, Proc. Roy. Ir. Acad., 50, p. 143, 1945; see eqn. (2, 4) and what follows it.

The general expressions for a $\Delta^k{}_{lm}$, complying with this demand for a given symmetrical or skew-symmetrical g_{ik} are obtained as follows.

In either case we define the reciprocal tensor g^{ik} uniquely by

$$g^{kl}\, g_{lm} = \delta^k{}_m \tag{1, 5}$$

and define "curled brackets" by

$$\left\{ {s \atop k\,l} \right\} = \tfrac{1}{2}\, g^{sm} \left(\frac{\partial g_{lm}}{\partial x_k} + \frac{\partial g_{mk}}{\partial x_l} - \frac{\partial g_{kl}}{\partial x_m} \right). \tag{1, 6}$$

Moreover we split Δ into its symmertic and skew parts

$$\Delta^k{}_{lm} = \Gamma^k{}_{lm} + U^k{}_{lm}, \quad \Gamma^k{}_{ml} = \Gamma^k{}_{lm}, \quad U^k{}_{lm} = - U^k{}_{ml}. \tag{1, 7}$$

By suitably combining (1, 4) with the two equations obtained from it by cyclical permutation of $i, k, l,$ one easily finds *in the symmetric case* $(g_{ki} = g_{ik})$

$$\Delta^k{}_{lm} = \left\{ {k \atop l\,m} \right\} + g^{ks} (g_{lr}\, U^r{}_{ms} + g_{rm}\, U^r{}_{ls}) + U^k{}_{lm} \tag{1, 8}$$

and *in the skew case* $(g_{ki} = - g_{ik})$

$$\Delta^k{}_{lm} = \left\{ {k \atop l\,m} \right\} + g^{ks} (g_{lr}\, \Gamma^r{}_{ms} + g_{rm}\, \Gamma^r{}_{ls}) + \Gamma^k{}_{lm}. \tag{1, 9}$$

In the first case, when g is given, U is still entirely arbitrary, but its choice fixes Γ uniquely. The second case is similar, but with the rôles of U and Γ exchanged. The particular choice $U = 0$ in the symmetric case leads to the Riemannian connection. The analogous choice $\Gamma = 0$ in the skew case is, however, as such not invariant. The invariant meaning is, that the symmetric part of Δ is *integrable*.

In the following sections we shall investigate an affinity which complies with both (1, 8) and (1, 9), of course with a different g_{ik}, which will be called f_{ik}, in (1, 9). However, we shall only use (1, 8) directly, not (1, 9), because we have to decide for *one* definition of raising and lowering indices.

Here we wish to point out a second, less direct, manner of transferring the E.B.-conditions to an infinitesimal connection. In § 3 of the R.I.A. paper quoted above it was shown that (1, 1) or its equivalent (1, 2) is equivalent to demanding, that all *three-point-expressions* based on one point (α), when regarded as transformation matrices should leave one and the same constant $\frac{\text{symmetric}}{\text{skew-symmetric}}$ bilinear form η_{ik} numerically invariant. The three-point-matrices of a distant affinity perform a triangular transfer from (α), $\rightarrow (\beta) \rightarrow (\gamma)$ back to $\rightarrow (\alpha)$. Hence the corresponding demand in the infinitesimal case is that a well-known expression, containing the curvature tensor $R^i{}_{klm}$ of the affinity and giving the change of a tensor on parallel displacement around an infinitesimal triangle, shall vanish for some particular $\frac{\text{symmetric}}{\text{skew-symmetric}}$ tensor η_{ik}. The demand reads: the $\frac{\text{sixty}}{\text{thirty-six}}$ equations

$$\eta_{ir} R^r{}_{klm} + \eta_{rk} R^r{}_{ilm} = 0 \qquad (1, 10)$$

shall have a non-vanishing solution for the $\frac{\text{ten}}{\text{six}}$ quantities η_{ik} (the figures refer to the 4-dimensional case). In other words, the curvature tensor shall admit of being $\frac{\text{skew-symmetrized}}{\text{symmetrized}}$ in the first two indices by lowering its superscript with the help of a suitable $\frac{\text{symmetric}}{\text{skew-symmetric}}$ tensor η_{ik}. Notice again that if (1, 10) holds for a *non*-symmetric η_{ik}, it holds for its symmetric and skew parts separately.

As regards the relationship between this second manner of transferring the E.B. conditions to an infinitesimal connection and the first one, that is to say the relationship between (1, 10) and (1, 4), the following points are clear:—

(i) If (1, 4) holds everywhere, then g_{ik} returns to its initial value on parallel transfer around *any* closed circuit, thus also around an infinitesimal one; hence (1, 10) holds everywhere for $\eta_{ik} = g_{ik}$ and, since it is linear and homogeneous and contains no derivatives of η, also for $\eta_{ik} = \phi g_{ik}$, where ϕ is an arbitrary function of the coordinates.

(ii) If we want (1, 10) to hold at *every* point, we must stipulate this explicitly, in contrast to the case of distant affinity, where the corresponding condition holds at every point if it holds at one.

(iii) Even if (1, 10) holds identically for a certain field η_{ik}, we cannot expect (1, 4) to hold for $g_{ik} = \eta_{ik}$, but at best for $g_{ik} = \phi \eta_{ik}$ where ϕ is a suitably chosen function of the coordinates.

Whether in this restricted sense (1, 10) *is* equivalent to (1, 4), we have not been able to decide. There is reason to suspect that it is not. For it seems logically a less exacting demand on g_{ik} to return to its initial value on circuital transfer, than to be its own parallel displaced everywhere along the circuit. If (1, 10) really is weaker, it may be a promising alternative to the one we follow up here, which is (1, 4).

§ 2. CONNECTIONS FULFILLING BOTH SYMMETRY CONDITIONS.

We wish to find the general expression for an affinity which carries both a non-singular symmetric tensor field g_{ik} and a[3] skew tensor field f_{ik} over into themselves.

[3] On the skew field we need now not impose non-singularity, which in the notation (2, 5) would mean $I_2 \neq 0$.

We use explicitly (1, 8). *Drawing of indices is henceforth always performed by* g_{ik} *and* g^{ik}. Our task reduces to determining U according to the second demand. We introduce

$$V_{ikl} = U_{ikl} + U_{kli} + U_{lki} , \qquad (2, 1)$$

which is skew with respect to its *first* two subscripts

$$V_{ikl} = - V_{kil} , \qquad (2, 2)$$

because U is so with respect to its *last* two. From (1, 8) and (2, 1) the affinity looked for now reads[4]

$$\Delta^k{}_{lm} = \left\{ {k \atop l\, m} \right\} + V^k{}_{lm} \qquad (2, 3)$$

and the only further requirement is that it comply with (1, 4), written with f in lieu of g. That gives

$$f_i{}^m V_{mlk} - f_k{}^m V_{mil} = f_{ik;\,l} , \qquad (2, 4)$$

from which V is to be determined. *The semicolon* (;) *here and in all the following stands for invariant differentiation with respect to the curly brackets formed of the* g_{ik} , *not with respect to our affinity* Δ.

We now specialise expressly in the *four-dimensional* case and introduce the simultaneous invariants of the tensors f_{ik} and g_{ik}, viz.

$$I_1 = - \tfrac{1}{4} f^{ik} f_{ki} , \qquad I_2 = - \tfrac{1}{4} \overset{*}{f}{}^{ik} f_{ki} , \qquad (2, 5)$$

where the dual $\overset{*}{f}_{ik}$ is defined by

$$\overset{*}{f}{}^{ik} = \frac{1}{2\sqrt{g}} \, \epsilon^{iklm} f_{lm} \qquad (2, 6)$$

with g the determinant of the g_{ik} and ϵ^{iklm} the numerically invariant alternating density whose 1234-component equals 1. Let us also remember that

$$\overset{*}{f}{}^{ik} f_{kl} = - I_2 \, \delta^i{}_l , \qquad (2, 7)$$

from which

$$\overset{*}{f}{}^{ik} f_k{}^l = - I_2 \, g^{il} \qquad (2, 8)$$

is *symmetrical* in i and l.

From this and the skew symmetry of V, eqn. (2, 2), follows, that the first member of (2, 4) vanishes when multiplied by $p^l f^{ik} + q^l \overset{*}{f}{}^{ik}$,

---

[4] It can readily be seen directly that the necessary and sufficient condition for the affinity (2, 3) to comply with (1, 4) is precisely (2, 2).

where p and q are arbitrary vectors. Hence the same must hold for the second member. On account of the arbitraryness of p and q that means

$$f^{ik} f_{ik;l} = \overset{*}{f}^{ik} f_{ik;l} = 0 . \tag{2,9}$$

This is a resriction on the given tensors f_{ik} *and* g_{ik}, which might have been anticipated. Our problem has no solution, unless the simultaneous invariants of the two fields that are to be stationary are also stationary, and for an invariant that means constant:

$$I_1 \text{ and } I_2 = \text{independent of the coordinates.} \tag{2,10}$$

Moreover, with this condition fulfilled the 24 equations (2, 4) are only of rank 16. Indeed the left-hand side vanishes, if for V_{ikl} you insert

$$\overset{\circ}{V}_{ikl} = p_l f_{ik} + q_l \overset{*}{f}_{ik} , \tag{2,11}$$

where p_l and q_l are again two arbitrary vector fields. This solution of the *homogeneous* equation has to be added to any special solution we find.

To obtain one it is convenient to use a frame which at the point in question makes the derivatives $\frac{\partial g_{ik}}{\partial x_l}$ vanish and gives the g_{ik} *Euclidian* values (if the actual signature is Galilean, we use an imaginary time coordinate). The position of the indices then becomes irrelevant. Moreover we notice that the variables are partly separated, viz., into four groups of six, according to the index l. So we may drop this index for the moment, dealing virtually only with six equations (of rank four). For the other two indices we introduce *matrix notation.* Thus we write for (2, 4)

$$fV - Vf = f' . \tag{2,12}$$

Here f' stands for $f_{;l}$, which at the origin of our geodesic frame equals $\frac{\partial f}{\partial x_l}$. All three matrices f, V, f', are skew-symmetric there.

We split them into their "self-dual" and "anti-self-dual" constituents, putting, e.g.,

$$\sigma = \tfrac{1}{2}(f + \overset{*}{f}), \qquad \alpha = \tfrac{1}{2}(f - \overset{*}{f}), \tag{2,13}$$

so that

$$f = \sigma + \alpha \tag{2,14}$$

and

$$\overset{*}{\sigma} = \sigma, \qquad \overset{*}{\alpha} = -\alpha . \tag{2,15}$$

Similarly

$$f' = \sigma' + a', \qquad (2, 16)$$

where $\sigma' = \sigma_{;\,l}$, $a' = a_{;\,l}$, and finally

$$V = \overset{\sigma}{V} + \overset{a}{V}. \qquad (2, 17)$$

We recall the *matrix*-equations

$$\sigma^2 = -I_\sigma \,.\, 1, \qquad a^2 = -I_a \,.\, 1, \qquad (2, 18)$$

where

$$I_\sigma = \tfrac{1}{2}(I_1 + I_2); \qquad I_a = \tfrac{1}{2}(I_1 - I_2), \qquad (2, 19)$$

and we recall the fact that any matrix of the σ-type *commutes* with any matrix of the a-type. By differentiating (2, 18) we get the further commutation rules

$$\sigma\sigma' + \sigma'\sigma = a a' + a' a = 0. \qquad (2, 20)$$

We now split eqn. (2, 12), from which V is to be determined, into its self-dual and anti-self-dual parts. The result is

$$\left.\begin{aligned} \sigma\overset{\sigma}{V} - \overset{\sigma}{V}\sigma &= \sigma' \\ a\overset{a}{V} - \overset{a}{V}a &= a'. \end{aligned}\right\} \qquad (2, 21)$$

For simplicity we assume $I_\sigma \neq 0$ *and* $I_a \neq 0$, by which we exclude certain special cases. Then (2, 21) is solved by

$$\overset{\sigma}{V} = \frac{\sigma'\sigma}{2\,I_\sigma}, \qquad \overset{a}{V} = \frac{a'a}{2\,I_a}. \qquad (2, 22)$$

For it is easy to prove from (2, 20), that $\sigma'\sigma$ is actually a σ-matrix and $a'a$ an a-matrix. The general solution of (2, 12) is

$$V = \frac{\sigma'\sigma}{2\,I_\sigma} + \frac{a'a}{2\,I_a} + p\,\sigma + q\,a, \qquad (2, 23)$$

where p and q are two arbitrary numbers.

For further work we must at any rate restore the index l which we had suppressed in going over from (2, 4) to (2, 12). But at the same time we bring about a further slight simplification by introducing the *normalized* matrices

$$\hat{\sigma} = \frac{\sigma}{\sqrt{I_\sigma}}, \qquad \hat{a} = \frac{a}{\sqrt{I_a}}. \qquad (2, 24)$$

After doing so, we drop the ^ again! *In this new notation* we have

$$V_l = \sigma_{;\,l}\,\sigma + a_{;\,l}\,a + p_l\,\sigma + q_l\,a, \qquad (2, 25)$$

where p_l and q_l are arbitrary vectors. The commutation rules (2, 20) have to be equipped with the subscript l:

$$\sigma\,\sigma_{;\,l} + \sigma_{;\,l}\,\sigma = \alpha\,\alpha_{;\,l} + \alpha_{;\,l}\,\alpha = 0\,. \qquad (2, 26)$$

The matrix equations (2, 18) read now a little simpler

$$\sigma^2 = \alpha^2 = -1\,. \qquad (2, 27)$$

The work of the next section is greatly facilitated by keeping to our specialized frame and matrix notation and we shall do so, though it reduces the literal validity of our formulae to the origin of the geodesic frame. But they can at any moment, by restoring the matrix-indices in consistent positions, be given generally invariant form, so that they become valid in every frame and therefore at every point. Our main result (2, 25) then reads

$$\begin{aligned} V^m{}_{kl} &= \frac{1}{8\,I_\sigma}\,(f^{ms} + \overset{*}{f}{}^{ms})_{;\,l}\,(f_{sk} + \overset{*}{f}_{sk}) + \\ &+ \frac{1}{8\,I_\alpha}\,(f^{ms} - \overset{*}{f}{}^{ms})_{;\,l}\,(f_{sk} - \overset{*}{f}_{sk}) + \hat{p}_l\,f^m{}_k + \hat{q}_l\,\overset{*}{f}{}^m{}_k\,, \end{aligned} \qquad (2, 28)$$

in the notation explained in (2, 5), (2, 6) and (2, 19), with $\hat{p}_l$ and $\hat{q}_l$ again two arbitrary vector fields. With (2, 28) eqn. (2, 3) gives the general answer to the question formulated in the first paragarph of this section, if the two simultaneous invariants I_1 and I_2 of the two given tensor fields g_{ik} and f_{ik} are *constants* which are neither equal, nor oppositely equal. If they are *not* constant, *no* connection $\Delta^k{}_{lm}$ answers the requirements. In the special cases that they are constants, but either equal or oppositely equal or both, special investigations are needed, on which we will not enter here.

§ 3. The Curvature Tensor.

We now compute the curvature tensor $R^i{}_{klm}$ of the affine connection $\Delta^i{}_{kl}$. In a frame in which the $\left\{ {k \atop l\,m} \right\}$ vanish we get from (2, 3) and a well-known formula

$$\begin{aligned} R^i{}_{klm} &= -\frac{\partial}{\partial x_m}\left\{ {i \atop k\,l} \right\} + \frac{\partial}{\partial x_l}\left\{ {i \atop k\,m} \right\} - V^i{}_{kl;\,m} + V^i{}_{km;\,l} + \\ &\qquad + V^i{}_{sl}\,V^s{}_{km} - V^i{}_{sm}\,V^s{}_{kl} \\ &= B^i{}_{klm} - V^i{}_{kl;\,m} + V^i{}_{km;\,l} + V^i{}_{sl}\,V^s{}_{km} - V^i{}_{sm}\,V^s{}_{kl}\,. \end{aligned} \qquad (3, 1)$$

The *second* expression in which *B means the curvature tensor of the curly bracket connection,* obviously holds in every frame.

But we keep to our geodesic Euclidean frame and matrix notation and write

$$R^{\cdot}{}_{\cdot lm} = B^{\cdot}{}_{\cdot lm} - V_{l;m} + V_{m;l} + V_l V_m - V_m V_l . \qquad (3, 2)$$

Here we have to insert (2, 25). Using (2, 26), (2, 27), the general commutability of σ- and a-matrices and a well-known relation which in our notation reads for σ

$$\sigma_{;m;l} - \sigma_{;l;m} = \sigma B^{\cdot}{}_{\cdot ml} - B^{\cdot}{}_{\cdot ml}\,\sigma \qquad (3, 3)$$

and holds equally for a, we get by an easy reduction

$$R^{\cdot}{}_{\cdot lm} = -\tfrac{1}{2}\sigma B^{\cdot}{}_{\cdot lm}\,\sigma - \tfrac{1}{4}(\sigma_{;l}\,\sigma_{;m} - \sigma_{;m}\,\sigma_{;l}) - $$
$$- \tfrac{1}{2}(p_{l;m} - p_{m;l})\,\sigma + \text{the same with } a, q \text{ in lieu of } \sigma, p . \qquad (3, 4)$$

It is well to recall, that in the matrix equations (3, 2) – (3, 4) all symbols indicate skew matrices with respect to a pair of indices *not* specified in them, with the exception of $p_{l;m}$ and $\;_{l;m}$, which are, with respect to the silent indices, scalars.

To hold in an arbitrary frame (and thus at every point) (3, 4) has to be translated into general tensor notation by restoring the silent indices in consistent positions, as was done with (2, 25) in (2, 28). There is no point in writing that out here.

An alternative form of the two terms containing the B-tensor is obtained by observing that from the considerations following (1, 10) the matrices σ and a commute with R. This, together with the other commutation rules, entails that the eqn. (3, 4), when multiplied by $-\sigma$ from the left and by σ from the right, remains unchanged, except for the B-terms, which now take the form

$$+ \tfrac{1}{2}(B^{\cdot}{}_{\cdot lm} + \sigma a B^{\cdot}{}_{\cdot lm}\,\sigma a) . \qquad (3, 5)$$

§ 4. A Tentative Generalisation of the Cosmological Field Equations.

The field equations of gravitation, when the cosmical term is included, impose on the contracted curvature tensor, the Einstein tensor, of a Riemannian connection, that it shall equal a constant multiple of the metrical tensor g_{kl}:

$$B^m{}_{klm} = \lambda\, g_{kl} . \qquad (4, 1)$$

This is well-nigh equivalent to demanding: the metric shall be such that its Riemannian connection carries its own Einstein tensor over into itself.

It is suggestive to try and generalize this demand by dropping the assumption that the affine connection be engendered by a metric as its Riemannian. Its Einstein tensor must then be expected to be non-symmetric. Denote it by $\lambda(g_{kl} + f_{kl})$, where λ is a constant, $g_{lk} = g_{kl}$ and $f_{lk} = -f_{kl}$. Then the affinity determined in sect. 2 is precisely the one to comply with the demand (for the constant λ drops out)—provided that g_{kl} and f_{kl} comply with

$$I_1 = \text{const.}, \qquad I_2 = \text{const.}',$$
$$I_1 \pm I_2 \neq 0, \tag{4, 2}$$

and thus with

$$\frac{\partial I_1}{\partial x_l} = \frac{\partial I_2}{\partial x_l} = 0. \tag{4, 3}$$

Now we have, in sect. 3, equ. (3, 4), expressed the curvature tensor $R^i{}_{klm}$ of this affinity as function of g_{kl} and f_{kl}. This curvature tensor, when contracted, must equal $\lambda(g_{kl} + f_{kl})$, thus

$$R^m{}_{klm} = \lambda(g_{kl} + f_{kl}). \tag{4, 4}$$

The 24 differential equations (4, 3) and (4, 4) for the 24 field-components g_{kl}, f_{kl}, p_l, q_l seem to formulate our generalized demand completely, apart perhaps from the possibilities $I_1 = \pm I_2$, which call for special examination. Are these equations likely to give an appropriate description of physical fields?

IV.

THE GENERAL AFFINE FIELD LAWS.

[From the Dublin Institute for Advanced Studies.]

BY ERWIN SCHRÖDINGER.

[Read 8 APRIL. Published 21 NOVEMBER, 1946.]

IN three papers[1] I have examined the field laws which in an affinely connected space-time result from imposing the condition that stationary be the space-time integral of a Lagrange density which depends in an unspecified manner on the tensor or tensors obtained by contraction from the affine curvature tensor. But the previous work dealt with special cases only. The affine connection was assumed to be either symmetric or of a particularly simple non-symmetric type, with 44 (instead 64) independent components.

Though already this so-called weakly non-symmetric connection yields all three fields in question, only the general case, dealt with here, is completely satisfactory and gives new information. Only here the separation of the two skew geometrical fields is unique and their identification with the physical fields unequivocal, because one of them is governed by a strictly linear set of equations of the Maxwell type (strictly linear, when written with *two* six-vectors!) and must therefore be identified with electromagnetism, while the field laws and the gravitating effect of the other one, the "meson-field," are extremely involved. When this field is weak, they do approach to the well-known set suggested by Proca. But this is of little moment, because the meson field in the nucleus and in collision problems is probably far too strong to vindicate the linear approximation.

The working out of the general case was delayed for two years by the fact that a set of linear algebraic equations (viz. (1, 7) and (1, 9) below) does not seem to admit of a *simple* solution. It has now turned out that this very fact entails the beautiful separation of the two skew fields and informs us of their intrinsically different nature. This is the reason why in previous work (including the author's own earliest attempt[2]), which accounted for *one* skew field only, this could not without some unnatural strain be identified with electromagnetism. For, from our present point of view, it had nothing to do with it.

---

[1] Proc. Roy. I. A. **49** (A), 43, 1943; 237, 275, 1944.

[2] Proc. Roy. I. A. **49** (A), 43, 1943.

§ 1. The Variational Equations.

It would perhaps be more consistent with our general attitude, if we started by using the general non-symmetric affinity $\Delta^i{}_{kl}$, and invariant derivatives with respect to it, without decomposing it. This method is quite feasible, indeed it shortens some computations and yields the variational equations (1, 7), (1, 9) and (1, 10) at one blow instead of piecemeal. However, the slightly clumsier procedure which we shall follow facilitates the comparison with previous work and avoids certain pitfalls involved in the use of "non-symmetric derivatives." Yet I shall try to make the following presentation self-contained by indicating every step anew, so that the reader could check it up, albeit with much labour.

We split our general affinity $\Delta^i{}_{kl}$ into a symmetric one, $\Gamma^i{}_{kl}$, and a "skew" tensor of the third rank $U^i{}_{kl}$, thus:

$$\begin{aligned} \Delta^i{}_{kl} &= \Gamma^i{}_{kl} + U^i{}_{kl} \\ (\Gamma^i{}_{lk} &= \Gamma^i{}_{kl}, \qquad U^i{}_{lk} = -U^i{}_{kl}). \end{aligned} \tag{1,1}$$

By introducing a notation for the trace vector of the latter

$$U^l{}_{lk} = 3\,V_k\,,$$

we split U up into a trace-free tensor W and another one, depending only on V:

$$U^i{}_{kl} = W^i{}_{kl} + \delta^i{}_k V_l - \delta^i{}_l V_k\,. \tag{1,2}$$

Indeed, by contraction

$$W^l{}_{lk} = 0\,. \tag{1,3}$$

We have to work out the two contracted curvature tensors in terms of the Γ, W and V's. The formulae (2, 12) and (2, 13) Roy. I. Acad. **49** (A). p. 278, are useful. We obtain

$$\begin{aligned} R_{kl} &= (R_{kl})_\Gamma - V_{l;k} - 2V_{k;l} - 3V_lV_k - W^a{}_{kl;a} + W^a{}_{k\beta}W^\beta{}_{al} + 3V_\beta W^\beta{}_{kl} \\ S_{kl} &= \frac{\partial \Gamma^a{}_{al}}{\partial x_k} - \frac{\partial \Gamma^a{}_{ak}}{\partial x_l} + 3\,(V_{l,k} - V_{k,l})\,. \end{aligned} \tag{1,4}$$

Here and throughout this paper the semicolon (;) indicates invariant differentiation with respect to the symmetrical Γ-affinity. By $(R_{kl})_\Gamma$ is meant the Einstein tensor of the Γ-affinity, a tensor whose skew part is, by the way, just $-\frac{1}{2}$ times the Γ-part of S_{kl}.

The Lagrange density is to be an unspecified function of the 22 quantities R_{kl}, S_{kl}, thus $\mathfrak{L}(R_{kl}, S_{kl})$. But since we have introduced four redundant variables, we have to add a suitable term, in order to be allowed to vary the 68 quantities Γ, W, V independently and to fulfil equ. (1, 3) afterwards. Thus our variational principle reads

$$0 = \delta \int [\mathfrak{L}(R_{kl}, S_{kl}) + 2\mathfrak{p}^k W^a{}_{ka}]\, dx_1\, dx_2\, dx_3\, dx_4$$
$$= \int (\mathfrak{L}^{kl}\, \delta R_{kl} + \mathfrak{s}^{kl}\, \delta S_{kl} + 2\mathfrak{p}^k\, \delta W^a{}_{ka})\, dx_1\, dx_2\, dx_3\, dx_4 . \qquad (1,5)$$

The meaning of $\mathfrak{L}^{kl}$, $\mathfrak{s}^{kl}$ is obvious, while $\mathfrak{p}^k$ is the Lagrange multiplier. Moreover we put

$$\mathfrak{L}^{kl} = \mathfrak{g}^{kl} + \mathfrak{f}^{kl}, \qquad \mathfrak{L}^{lk} = \mathfrak{g}^{kl} - \mathfrak{f}^{kl}, \qquad (1,6)$$

so that $\mathfrak{g}^{kl}$ and $\mathfrak{f}^{kl}$ are the ordinary derivatives of $\mathfrak{L}$ with respect to the symmetric and the skew part of R_{kl}, respectively.

(*a*) *Varying the* Γ*'s.*

The well-known relation

$$\delta (R_{kl})_\Gamma = - (\delta \Gamma^a{}_{kl})_{;a} + (\delta \Gamma^a{}_{ak})_{;l}$$

is of great help. One must not forget to vary the Γ's concealed in the semicolons in (1, 4) and be aware that e.g. a term $\mathfrak{L}^{\mu\nu}\, \delta \Gamma^a{}_{\mu\nu}$ yields two terms in the factor of $\delta \Gamma^a{}_{kl}$, one for $\mu = k$, $\nu = l$ and another one for $\mu = l$, $\nu = k$. The rough variational equation must be contracted and the result used to simplify it, paying attention to (1, 3). Then you obtain

$$\mathfrak{g}^{kl}{}_{;a} + \delta^l{}_a (\tfrac{1}{3}\mathfrak{i}^k - \mathfrak{g}^{k\beta} V_\beta - \tfrac{2}{3}\mathfrak{r}^k) + \delta^k{}_a (\tfrac{1}{3}\mathfrak{i}^l - \mathfrak{g}^{l\beta} V_\beta - \tfrac{2}{3}\mathfrak{r}^l) +$$
$$+ 3\mathfrak{g}^{kl} V_a + \mathfrak{f}^{\beta l} W^k{}_{\beta a} + \mathfrak{f}^{\beta k} W^l{}_{\beta a} = 0 . \qquad (1,7)$$

Here we have introduced abbreviations for the two "current densities," viz.

$$\mathfrak{f}^{k\beta}{}_{;\beta} = \mathfrak{f}^{k\beta}{}_{,\beta} = \mathfrak{i}^k, \qquad \mathfrak{s}^{k\beta}{}_{;\beta} = \mathfrak{s}^{k\beta}{}_{,\beta} = \mathfrak{r}^k . \qquad (1,8)$$

(*b*) *Varying the W's.*

Here the procedure is quite straightforward. Only the last three terms in R_{kl}, eqn. (1, 4), contribute, and, of course, the term in (1, 5) that contains the Lagrange multiplier $\mathfrak{p}^k$. Thus the variational equation contains the latter. One expresses it by other quantities by contracting and demanding (1, 3). After eliminating $\mathfrak{p}$ in this manner you get

$$\mathfrak{f}^{kl}{}_{;a} - \delta^l{}_a (\tfrac{1}{3}\mathfrak{i}^k + \mathfrak{f}^{k\beta} V_\beta) + \delta^k{}_a (\tfrac{1}{3}\mathfrak{i}^l + \mathfrak{f}^{l\beta} V_\beta) +$$
$$+ 3\mathfrak{f}^{kl} V_a + \mathfrak{g}^{\beta l} W^k{}_{\beta a} + \mathfrak{g}^{\beta k} W^l{}_{a\beta} = 0. \qquad (1,9)$$

This equation has a structure very similar to (1, 7).

Let me mention by the way, that if you add (1, 7) and (1, 9), then, owing to their symmetry character, their full content is preserved and takes a remarkably simple form, because the terms (except those with $\mathfrak{i}$ and $\mathfrak{r}$) all combine to form a peculiar kind of invariant derivative[3] of $\mathfrak{L}^{kl}$, viz.

$$\mathfrak{L}^{kl}_{+-:a} \equiv \mathfrak{L}^{kl}{}_{,a} + \mathfrak{L}^{\beta l}\Delta^{k}{}_{\beta a} + \mathfrak{L}^{k\beta}\overline{\Delta}^{l}{}_{a\beta} - \tfrac{1}{2}\mathfrak{L}^{kl}(\overline{\Delta}^{\beta}{}_{\beta a} + \overline{\Delta}^{\beta}{}_{a\beta}),$$

where

$$\overline{\Delta}^{i}{}_{kl} = \Delta^{i}{}_{kl} - \tfrac{1}{3}\delta^{i}{}_{k}(\Delta^{\beta}{}_{\beta l} - \Delta^{\beta}{}_{l\beta}),$$

and it is easy to verify that $\overline{\Delta}^{\beta}{}_{\beta a} = \overline{\Delta}^{\beta}{}_{a\beta}$. This shows incidentally that equs. (1, 7) and (1, 9) leave V_l undetermined.—However, we shall not use these conceptions in the following, we have mentioned them only to compare with Einstein, l.c.

(c) *Varying the V's.*

This is also quite straightforward. But the rough result contains the contraction $\mathfrak{g}^{kl}{}_{;l}$ which can be obtained from (1, 7). If the result, drawn from there, is substituted, the variationale quation with respect to the V's amounts to the simple statement

$$4\mathfrak{r}^{k} - \mathfrak{i}^{k} = 0. \qquad (1, 10)$$

According to (1, 8) this says that a certain linear combination of the skew tensors $\mathfrak{s}$ and $\mathfrak{f}$ has a vanishing divergence.

§ 2. The Skew Fields.

Putting

$$R_{kl} = \gamma_{kl} + \phi_{kl}, \qquad R_{lk} = \gamma_{kl} - \phi_{kl} \qquad (2, 1)$$

we rewrite (1, 4) thus[4]

$$\gamma_{kl} = (R_{\underline{kl}})_{\Gamma} - \tfrac{3}{2}(V_{k;l} + V_{l;k}) - 3V_lV_k + W^{a}{}_{k\beta}W^{\beta}{}_{al}$$

$$\phi_{kl} = -\tfrac{1}{2}\left(\frac{\partial\Gamma^{a}{}_{al}}{\partial x_k} - \frac{\partial\Gamma^{a}{}_{ak}}{\partial x_l}\right) + \tfrac{1}{2}(V_{l,k} - V_{k,l}) - W^{a}{}_{kl;a} + 3V_\beta W^{\beta}{}_{kl}$$

$$S_{kl} = \frac{\partial\Gamma^{a}{}_{al}}{\partial x_k} - \frac{\partial\Gamma^{a}{}_{ak}}{\partial x_l} + 3(V_{l,k} - V_{k,l}). \qquad (2, 2)$$

The field equations are obtained by inserting into these 22 equations the values of the Γ's and the W's drawn from (1, 7) and (1, 9) (which are linear algebraic equations with respect to these variables) and by adjoining the definitions (1, 8) and the statement (1, 10).

Because the Lagrangian is left undetermined for the time being, each of the three fields will be represented by *two* " conjugate " tensorial entities in the field equations, gravitation by $\mathfrak{g}$ and γ, the skew fields by $\mathfrak{f}$ and ϕ and by $\mathfrak{s}$ and S respectively. One out of each pair is to be regarded as the primitive field variable, the other one is the derivative of the Lagrange function with

[3] A. Einstein, Annals of Mathematics **46**, 578, 1945. A second paper on the same subject by A. Einstein and E. G. Straus was availaible to me in typescript by the kindness of the authors.

[4] The underlining of the subscripts in $(R_{\underline{kl}})_{\Gamma}$ is short for " symmetrical part of."

respect to the first. The choice is in principle arbitrary, and that independently for each of the three fields.

The exchange of rôles of a pair of variables can be brought about by a contact transformation with respect to it, in a manner that is familiar from thermodynamics and classical mechanics. With the original Lagrangian, γ, ϕ, S are the primitive field variables, $\mathfrak{g}$, $\mathfrak{f}$, $\mathfrak{s}$ are defined via the Lagrangian. For the time being we keep to this point of view. Only in the eventual field-equations we shall reverse it mentally in the case of the gravitational pair γ, $\mathfrak{g}$.

Turning now more particularly to the skew fields, which are described by the last two equations (2, 2) and by (1, 8) and (1, 10), we have to settle another vital point. The secondary field variables are defined by

$$\delta \mathfrak{L} = \mathfrak{g}^{kl} \delta\gamma_{kl} + \mathfrak{f}^{kl} \delta\phi_{kl} + \mathfrak{s}^{kl} \delta S_{kl} . \qquad (2, 3)$$

But since ϕ and S are of the same tensorial character, any linear transformation of them with constant numerical coefficients, accompanied by the induced transformation of $\mathfrak{f}$ and $\mathfrak{s}$, leads to variables of mathematically equal right. And if one such transformation is uniquely determined by the fact that it brings about an *enormous* simplification of the field equations by *separating* them with respect to the two fields and making one of the sets exactly linear, there is reason to believe that those aggregates rather than ϕ and S themselves correspond to the physical fields of observation. We shall see that this state of affairs obtains.

For, contemplate such a transformation

$$\begin{aligned} \bar{\phi} &= a_{11}\phi + a_{12} S \\ \bar{S} &= a_{21}\phi + a_{22} S \end{aligned} \qquad (\text{Det. } a_{ik} = 1) \qquad (2, 4)$$

and the one it induces, viz.

$$\begin{aligned} \bar{\mathfrak{f}} &= a_{22}\mathfrak{f} - a_{21}\mathfrak{s} \\ \bar{\mathfrak{s}} &= -a_{12}\mathfrak{f} + a_{11}\mathfrak{s} . \end{aligned} \qquad (2, 5)$$

Now, from (2, 2) one and only one linear aggregate of ϕ and S, viz. just S itself, is the rotor of a potential. This induces us to put

$$a_{21} = 0 . \qquad (2, 6)$$

Moreover, from (1, 10) and (1, 8) the tensor density $4\mathfrak{s} - \mathfrak{f}$ has a vanishing divergence. It would be utterly ludicrous to have the divergences of two fundamental physical fields proportional to each other! From (2, 5) and (2, 6) this can now only be avoided by taking a_{11} and a_{12} in the ratio

4 : 1. So we put, with no further essential arbitrariness,

$$a_{11} = a_{22} = 1, \quad a_{12} = \tfrac{1}{4}, \quad a_{21} = 0. \tag{2, 7}$$

The result is, that the field

$$\begin{aligned} \bar{S}_{kl} &= S_{kl} \\ \bar{\mathfrak{s}}^{kl} &= \mathfrak{s}^{kl} - \tfrac{1}{4}\mathfrak{f}^{kl} \end{aligned} \tag{2, 8}$$

is governed by an exactly linear set of equations of the Maxwell type (of course, with *two* six-vectors !), while the second field is singled out uniquely as

$$\begin{aligned} \bar{\phi}_{kl} &= \phi_{kl} + \tfrac{1}{4}S_{kl} \\ \bar{\mathfrak{f}}^{kl} &= \mathfrak{f}^{kl}, \end{aligned} \tag{2, 9}$$

with the presumption that it corresponds to the meson-field. Its field equations are the first equation (1, 8) and, from (2, 2),

$$\bar{\phi}_{kl} = -\frac{1}{4}\left(\frac{\partial \Gamma^{\alpha}{}_{al}}{\partial x_k} - \frac{\partial \Gamma^{\alpha}{}_{ak}}{\partial x_l}\right) + \frac{5}{4}(V_{l,k} - V_{k,l}) - W^{\alpha}{}_{kl:\alpha} + 3V_{\beta}W^{\beta}{}_{kl}. \tag{2, 10}$$

The Maxwellian field S, $\bar{\mathfrak{s}}$, (2, 8), except for its gravitating effect, which will turn out "correctly," is kept entirely aloof from the rest by the remarkable fact, that the V-vector drops out rigorously from all the other equations except the last eqn. (2, 2). That is to say, it will be shown to cancel rigorously in the first eqn. (2, 2) and in (2, 10), which has superseded the second equation (2, 2). By this freedom it makes the Γ-terms in the eqn. for S_{kl} illusory, they just add to the potential which is undetermined anyhow. So the Maxwellian field is settled, we have nothing more to do with it. The field $\bar{\phi}$, $\mathfrak{f}$ with its current density $\mathfrak{i}$ are termed the meson-field. On $\mathfrak{f}$ and $\mathfrak{i}$ we put no bars since they are not needed. We proceed to determine the approximate equations of this field.

In solving (1, 9) and (1, 7) (where, by the way, $\frac{1}{3}\mathfrak{i}^k - \frac{2}{3}\mathfrak{r}^k$ is to be replaced by $\frac{1}{6}\mathfrak{i}^k$ according to (1, 10)) approximately for the unknown Γ and W, we must take care never to drop terms with V, in order to make good that they rigorously cancel. The procedure amounts to a development in powers of the $\mathfrak{f}$'s as follows.

From (1, 9) the W's are of the first order in the $\mathfrak{f}$'s. Hence the W-terms in (1, 7) are of the second order, and we may drop them at first and solve for the Γ's concealed in the semicolon. By familiar methods we get

$$\Gamma^{m}{}_{kl} = \begin{Bmatrix} m \\ k\,l \end{Bmatrix} - \tfrac{1}{4}g_{kl}i^{m} + \delta^{m}{}_{k}(\tfrac{1}{12}i_l + V_l) + \delta^{m}{}_{l}(\tfrac{1}{12}i_k + V_k) + \Theta^{m}{}_{kl}. \tag{2, 11}$$

Here one has defined "Latin" g's in the usual way

$$\mathfrak{g}^{kl} = \sqrt{-g}\, g^{kl} \qquad g_{k\alpha}\, g^{l\alpha} = \delta^l_k \tag{2,12}$$

and "appointed" them for raising and lowering of indices. The $\sqrt{-g}$ is appointed to turn any density into the corresponding tensor and vice versa. The $\{\ \}$ are the Christoffel symbols of the g's.

The tensor Θ, symmetric in k, l, is of the second order and is determined thus. First you carry (2, 11) into the semicolon of (1, 9) and find *that all the terms with V cancel.* At the same time you carry (2, 11) into the semicolon of (1, 7), where of necessity all terms cancel except those containing either Θ or W. So you have for the exact determination of these two tensors again 64 linear algebraic equations none of which contains V. Hence Θ and W are rigorously independent of V. The only place where this vector appears in our solution is where it openly shows up in (2, 11)

It is clear how W and Θ could, in principle, be obtained to any approximation by alternating mutual substitution from one set of equations to the other. For the moment we are content with the first order approximation (2, 11), without Θ, and with the corresponding one for W, obtained from (1, 9) by using in the semicolon for Γ the (2, 11), without Θ. By familiar methods one finds

$$W^k{}_{lm} = -\tfrac{1}{2} g^{ki} (f_{mi\,|\,l} + f_{il\,|\,m} - f_{lm\,|\,i}) + \tfrac{1}{3}\delta^k{}_l\, i_m - \tfrac{1}{3}\delta^k{}_m\, i_l . \tag{2,13}$$

The vertical bar (|) means here and in all the following invariant di- entiation with reference to the $\{\ \}$.

After contracting (2, 11),

$$\Gamma^\alpha{}_{\alpha l} = \tfrac{1}{6} i_l + 5 V_l + \Theta^\alpha{}_{\alpha l} , \tag{2,14}$$

we carry (2, 11), (2, 13), and (2, 14) into (2, 10) and, dropping quadratic terms in f, we obtain as *the field equations of the meson field in linear approximation*

$$\bar{\phi}_{kl} = -\tfrac{3}{8}\left(\frac{\partial i_l}{\partial x_k} - \frac{\partial i_k}{\partial x_l}\right) + \tfrac{1}{2}\left(f^\alpha{}_{k\,|\,l\,|\,\alpha} - f^\alpha{}_{l\,|\,k\,|\,\alpha} - g^{\alpha\beta} f_{kl\,|\,\beta\,|\,\alpha}\right), \tag{2,15}$$

together with

$$\mathfrak{f}^{k\beta}{}_{,\,\beta} = \mathfrak{i}^k$$

from (1, 8).

These would be Proca's equations except for the term which contains *explicitly* second derivatives. In principle this means an enormous complication, because it makes the cyclical divergence of $\bar{\phi}_{kl}$ non zero, expresses it by third derivatives. But in actual fact the additional term only amounts to a slight *direct* influence of gravitation on the meson-field and is hardly contradicted by the current view about the latter, which never had occasion to contemplate such influence, direct or indirect.

Indeed if there is no gravitational field[5] the order of derivatives can be exchanged and the first two terms in the bracket merge with the rotor-term modifying its coefficient $-\frac{3}{8}$. The last term is the wave operator on f_{kl}, which according to the very Proca equation is proportional to f_{kl}, and this, in the linear approximation, must be virtually the same as $\overline{\phi}_{kl}$, say $a\overline{\phi}_{kl}$. Hence the last term merges with the first member, modifying the coefficient $+1$ of $\overline{\phi}_{kl}$. If you work this out you get

$$\overline{\phi}_{kl} = \left(\frac{1}{8} + \frac{a}{2}\right)\left(\frac{\partial i_l}{\partial x_k} - \frac{\partial i_k}{\partial x_l}\right) + g'. \tag{2, 16}$$

where g' stands for terms which vanish when there is no gravitational field.

In this sense a *weak* f-field is governed by the Proca equations. By this I will not say that the present theory, if accepted, confirms the Proca equations for the meson from the classical point of view. For there is reason to believe that the enormous mesonic field strength within the nucleus does *not* correspond to a weak f-field.

§ 3. Gravitation.

The first eqn. (2, 2) reads more elaborately

$$\gamma_{kl} = -\frac{\partial \Gamma^{a}{}_{kl}}{\partial x_a} + \frac{1}{2}\left(\frac{\partial \Gamma^{a}{}_{ak}}{\partial x_l} + \frac{\partial \Gamma^{a}{}_{al}}{\partial x_k}\right) + \Gamma^{a}{}_{k\beta}\Gamma^{\beta}{}_{al} - \Gamma^{a}{}_{a\beta}\Gamma^{\beta}{}_{kl} -$$
$$- \frac{3}{2}(V_{k;\,l} + V_{l;\,k}) - 3\,V_l V_k + W^{a}{}_{k\beta} W^{\beta}{}_{al}. \tag{3, 1}$$

Here we insert (2, 11) and (2, 14), not forgetting the Γ's concealed in the semicolons. The lengthy labour, which is mostly impended on terms that eventually cancel, is facilitated by using *transitorily* a frame in which the first derivatives of the g's vanish. The final result reads

$$\gamma_{kl} = G_{kl} - \Theta^{a}{}_{kl\,|\,a} + \frac{1}{2}(\Theta^{a}{}_{ak\,|\,l} + \Theta^{a}{}_{al\,|\,k}) + W^{a}{}_{k\beta} W^{\beta}{}_{al} + \frac{1}{24} i_k i_l. \tag{3, 2}$$

G_{kl} is the Einstein-tensor of the curly brackets of the g_{kl}. To throw the matter tensor into relief we subtract from this equation half its contraction times g_{kl}. Moreover we use an important identity, which springs from the demand that the Lagrangian $\mathfrak{L}$ must be a scalar density[6]

$$\mathfrak{g}^{ka}\gamma_{la} + \bar{\mathfrak{s}}^{ka} S_{la} + \mathfrak{f}^{ka}\phi_{la} = \frac{1}{2}\delta^{k}{}_{l}\,\mathfrak{L}. \tag{3, 3}$$

---

[5] In full rigour this is an unallowed abstraction. By its very existence the f-field produces gravitation!

[6] Proc. R.I.A., 49, 237, 1944. There we had only one skew field, now we have two. Moreover one sign was different there owing to a clumsy definition of ϕ_{kl}.

Thus we get

$$- (G_{kl} - \tfrac{1}{2} g_{kl} G) = \frac{1}{2} \frac{g_{kl}}{\sqrt{-g}} \mathfrak{L} + \ddot{s}_k{}^{\alpha} S_{l\alpha} - \tfrac{1}{2} g_{kl} \bar{s}^{\alpha\beta} S_{\alpha\beta} + $$
$$+ f_k{}^{\alpha} \overline{\phi}_{l\alpha} - \tfrac{1}{2} g_{kl} f^{\alpha\beta} \dot{\overline{\phi}}_{\alpha\beta} + Y_{kl} , \qquad (3, 4)$$

where G is the invariant curvature of the g-metric and Y_{kl} is a symmetric tensor depending only on the g's and f's and of quadratic order in the latter, viz.

$$Y_{kl} = \tfrac{1}{24} (i_k i_l - \tfrac{1}{2} g_{kl} i^{\beta} i_{\beta}) - \Theta^{\alpha}{}_{kl|\alpha} + \tfrac{1}{2} (\Theta^{\alpha}{}_{\alpha k|l} + \Theta^{\alpha}{}_{\alpha l|k}) -$$
$$- \tfrac{1}{4} g_{kl} (\Theta^{\alpha\beta}{}_{\alpha} + \Theta^{\beta\alpha}{}_{\alpha})_{|\beta} + W^{\alpha}{}_{k\beta} W^{\beta}{}_{\alpha l} - \tfrac{1}{2} g_{kl} W^{\alpha\sigma}{}_{\beta} W^{\beta}{}_{\alpha\sigma} . \qquad (3,5)$$

The explicit expression up to quadratic terms of the f's could easily be found, as indicated in the preceding section, by carrying (2, 11) into (1, 7), solving for the Θ's and replacing the W's in the result (and also in the last two terms of (3, 5)) by their linear approximation (2, 13). However (3, 5) is *exact*, and the appoximation of the Θ's and W's can in principle be continued up to any order, as indicated above. In fact, since they are determined by a set of linear algebraic equations which are bound to be compatible the solution can be formally written down, but I could not find a surveyable form of it.

Discussing the gravitational equations (3, 4), we first observe that the first term on the right may include a cosmological term if $\mathfrak{L}$ becomes a multiple of $\sqrt{-g}$ when the skew fields vanish. The s-terms, together with a contribution from the first term, describe the gravitating effect of the electromagnetic field. The remaining terms, again with a contribution from the $\mathfrak{L}$-term, ought to render the gravitating effect of the meson-field. We do not wonder to find the description of this effect rather complicated, even in the quadratic approximation, since in actual fact also the meson field equations (2, 15) were rather complicated, even in the linear approximation, in the presence of a gravitational field.

No useful purpose would be served at the moment by examining this effect more closely, I mean to say by carrying out the evaluation of Y_{kl} in terms of the f-field in the manner described above. A closed, compact solution for the W's and Θ's in terms of the g's and f's would, of course, be most welcome, but I have not yet succeeded in constructing it.

§ 4. SUMMARY AND CONCLUSION.

In this paper I have at last completed a geometrical field theory on which I began work more than two years ago.[7] Whether it is physically

[7] For its earlier history see my report in "Nature," 153, 572, May 13, 1944.

right or wrong, that is to say whether it has a direct bearing on the physical fields it purports to account for geometrically, or not, it must I think be called *the* affine field theory, since it rests almost entirely on the assumption that the fundamental connection of space-time is purely affine. This includes, of course, that no metric is envisaged a priori.

The only restriction is, that in the selection of the special field laws only the curvature tensor is involved, and this only by the second rank tensors it engenders by contraction.

Three fields result, two of which and their interaction conform with our ideas, based on experiment, about gravitation and electro-magnetism and their interaction. The laws governing the third field are much more complicated. But in linear approximation they do conform with a simple linear classical set of equations, proposed for the meson field by Al Proca, conform with it if we disregard a certain direct interaction between gravitation and meson field, an interaction which the present theory asserts, while the proposed set had neither the occasion nor the intention to include anything of the sort.

This encourages one to regard an affine connection of space-time as *the* competent geometrical interpretation (from the classical point of view) of the three physical tensor fields we know.

Let us accept this for the sake of argument. The most important conclusion then concerns the meson field. The linear approximation that I mentioned just before is, for reasons which I do not detail here, almost certain to be entirely insufficient for the enormous meson field strength inside the nucleus and in collisions. If this is so, if the classical field laws of the meson are violently non-linear, we can hardly hope that they will be of much help in guessing the true quantum laws of the meson. This appears to be a despondent negative result. But it would give us an understanding why the attempts, based on linear classical field laws, are not vindicated by anything like a striking order they bring into the known facts.

The present theory offers a less despondent, indeed rather bold, alternative. If we believe affine connection to engender the "classical analogue" of the true laws of Nature, this might induce us to try and modify the classical notion of affine connection itself in such a manner as to produce the true laws. But this requires a new basic idea of a very fundamental kind.

Abdruck aus: Verhandlungen der Schweizer. Naturforschenden Gesellschaft, Zürich 1946. S. 53—61

Affine Feldtheorie und Meson

Von

ERWIN SCHROEDINGER

Dublin Institute for Advanced Studies

HERMANN WEYL hat im Jahre 1918, als er hier in Zürich an der E. T. H. Professor war, ein Buch veröffentlicht, « Raum - Zeit - Materie », das sehr viel von sich reden machte. Er führt darin die drei Jahre vorher bekanntgewordene EINSTEINsche Gravitationstheorie in höchst origineller Weise weiter, in der Absicht, auch das elektromagnetische Feld organisch der Theorie einzugliedern. Seither haben Versuche der verschiedensten Art nicht aufgehört, ein einheitliches geometrisches Bild zu ersinnen, aus dem sich zugleich mit der Schwerkraft und auf ebenso natürliche und ungezwungene Weise auch die anderen fundamentalen Wechselwirkungen der Materie würden verstehen lassen, vor allem eben der Elektromagnetismus und neuerdings auch jene verhängnisvoll starken Kräfte, welche die schweren Teilchen im Atomkern zusammenhalten und Mesonkräfte heissen. Der wohl aussichtsreichste von diesen Versuchen ist die durch das WEYLsche Buch ins Rollen gebrachte *affine* Theorie, die uns heute beschäftigen soll.

Ich werde aber hier nicht versuchen, einen Überblick über die Entwicklung seit 1918 zu geben, an der EDDINGTON, EINSTEIN u. a. beteiligt waren. (Ein solcher ist in meinem kurzen Nature-Artikel vom Mai 1944 enthalten). Das würde uns in zu viel mathematische Details verstricken. Ich möchte die Stellung aufzeigen, welche diese

Ideen und Bestrebungen in unserem gesamten naturwissenschaftlichen Weltbild einnehmen. Dazu muss ich weiter zurückgreifen. Unser physikalisches Weltbild war lange Zeit hindurch auf die komplementären, einander gegensätzlich ergänzenden Begriffe *Kraft und Stoff* gegründet. *Stoff* oder Materie, das greifbare, wägbare Etwas, an das wir in jedem Augenblick stossen — *Kraft,* die Wechselwirkung zwischen den Teilen der Materie, unmittelbar wahrgenommen als Stoss, Druck, Widerstand, wenn Stücke unseres eigenen Körpers an der Wechselwirkung beteiligt sind.

Die Periode, in der dieser Doppelbegriff besonders stark in den Vordergrund trat (ich erinnere an BÜCHNERS Buch, das diesen Titel führt) war zwar naturwissenschaftlich äusserst fruchtbar, philosophisch aber noch von den Nachwirkungen eines krassen Materialismus überschattet, der sich vielleicht mit der Hoffnung trug, die *Seele* oder den *Geist* schliesslich wenigstens unter den Begriff der *Kraft* zu subsummieren, nachdem ihre *stoffliche* Erklärung sich als doch zu naiv und australnegermässig erwiesen hatte.

Verfeinertes Denken hat immer wieder den Versuch gemacht, das Weltgeschehen ohne diesen antithetischen Doppelbegriff zu verstehen und die immerhin etwas geheimnisvolle gegenseitige Beeinflussung durch Kräfte in rein geometrische Vorstellungen aufzulösen. Ich habe den Eindruck, dass schon in der Atomtheorie des DEMOKRITOS, EPIKUROS und LUCRETIUS der Grundgedanke der war, dass die Atome starre, unveränderliche Körperchen von festbestimmter Form seien, die einander ihre Bewegung bloss dadurch mitteilen, dass sie dort, wo sie einander berühren, kein gegenseitiges Eindringen gestatten, also auf eine rein geometrisch völlig durchschaubare Weise. Dass, viel später, dem DESCARTES diese Idee vorschwebte, steht wohl ausser Zweifel.

Viel später, erst vor einigen 50 Jahren, hat HEINRICH HERTZ den Versuch unternommen, den Begriff der Kraft aus seiner ureigensten Domäne, der Mechanik — und damit wohl aus dem ganzen Weltbild zu vertreiben. Seine « neue Mechanik » sollte überhaupt keine Kräfte kennen, sie sollten ersetzt werden durch algebraische Bedingungsgleichungen zwischen den Koordinaten der bewegten Teile — d. h. also durch geometrische Bedingungen, freilich von sehr allgemeiner Art. Man muss darin einerseits eine konsequente Weiterführung der Ideen eines DEMOKRIT und CARTESIUS mit sehr vervollkommneten mathematischen Hilfsmitteln sehen, anderseits bestehen schon intime Beziehungen zum Geometrisierungsbestreben des Kraftbegriffs in der Relativitätsmechanik, das uns hier beschäftigt. Hier wie dort spielt die « geradeste » (oder geodätische) Bahn eine zentrale Rolle.

Aber der Kraftbegriff war ein zu unentbehrlicher Bestandteil unseres Weltbildes geworden, als dass Versuche dieser Art, die sich wohl auch doch noch nicht ganz auf der richtigen Linie bewegten, eine dauernde Nachwirkung kätten haben können. Die Hertzsche « kräftelose Mechanik » wurde ganz und gar überschattet von der grossartigen Entdeckung der *Kraftfelder* durch Faraday und Maxwell. Sie wissen, dass Hertz selber in seinen unsterblichen Bonner-Versuchen die von Maxwell vorausgesagten elektromagnetischen Wellen zum erstenmal im Laboratorium verwirklicht und so die festeste experimentelle Grundlage der Faraday-Maxwellschen Theorie geschaffen hat. Das ist ein eindrucksvolles Beispiel für den ruhigen, unbeirrten Geist eines wirklich grossen Experimentators, dem das Grunddogma feststeht, dass es eigentliche Widersprüche in der Natur nicht geben kann. Sein klares Denken in *einer* Richtung beeinträchtigt nicht sein ebenso klares Denken in einer anderen, selbst wenn es zunächst auf widerstreitende Ergebnisse zu führen scheint.

Der von einzelnen tiefen Denkern immer wieder aufgenommene Kampf gegen die ärgerliche Zweiheit Kraft und Stoff ist heute entschieden, und zwar auf eine nicht ganz erwartete Art : Es hat sich herausgestellt, dass die beiden ganz eigentlich dasselbe Ding sind.

Ich meine die berühmte Entdeckung Einsteins, dass *Masse* und *Energie* dasselbe Ding sind, die einfache Gleichung

$$E = m c^2 \text{ oder } = m$$

(wenn man die Einheiten so wählt, dass die Lichtgeschwindigkeit c gleich eins wird). Die Gleichung verbindet den eminent *dynamischen* Begriff der *Energie* E mit der Grundeigenschaft der Materie, ihrer *Masse,* und zwar Masse in allen drei Bedeutungen, als *träge,* als dem Schwerefeld *unterworfene* und als *felderzeugende* Masse.

Die Masse war von allem Anfang an etwas im Raum streng Lokalisiertes, als Massendichte und Massenströmung. Die Energie ist das von vornherein keineswegs, sie tritt zunächst als etwas sehr Abstraktes, als eine Integrationskonstante auf, die sich auf die Dynamik eines materiellen Gebildes als Ganzes bezieht. Erst aus der Idee der Kraftfelder entwickelte sich die Vorstellung, dass ebenso wie die Kraft, so auch die Energie in wechselndem Betrage kontinuierlich im Raum verbreitet ist. Und da die Verteilung zeitlich wechselt, führt dies zum Begriff nicht nur einer Energie-*Dichte*, sondern auch eines Energie-*Stromes*. Erst diese konnten mit der *Massendichte* und der Massenströmung identifiziert werden. Ich brauche nicht zu sagen, dass sich diese Gleichsetzung nicht etwa nur auf einen guten Einfall stützt, sondern einmal ins Auge gefasst, völlig zwangläufig wird. Im übrigen wissen Sie ja um die « Experimente » grossen Stils, welche den Sachverhalt erst jüngst vor unseren entsetzten Augen bestätigt haben. Eine kleine Abnahme der Atomgewichte, richtiger ausgedrückt der Kernmassen, bei dieser im ganz eigentlichen Sinn *alchimistischen* Reaktion ist die theoretische Basis und die effektive Quelle dieser unerhört grossen Energieproduktion.

Hier kann ich mir eine kurze Abschweifung nicht versagen, wenn sie vielleicht auch nicht ganz unmittelbar zu unserem heutigen Thema gehört. Es ist die Bemerkung, dass die EINSTEINsche Gleichsetzung von Energie und Masse ganz direkt und unmittelbar auf die Grundtatsache der Quantentheorie führt, wenn man sie mit der von alters her geglaubten *Atomistik der Materie* verbindet. Die uns wohl vertrauten *Massenquanten* sind ja dann zugleich auch *Energie*quanten. Auch die Energie tritt also nur portionenweise in die Erscheinung, vielmehr, das «auch» ist gar nicht am Platz, die Behauptung ist von der früheren jetzt nicht verschieden. Und sie ist bekanntlich die Grundbehauptung der Quantentheorie, ihre Quintessenz, von der sie ausgegangen, die ihr den Namen gegeben hat und von der sie bisher nicht abgegangen ist.

Zu diesem erfreulich einfachen Gedankengang gibt es nun freilich ein Gegenstück, das uns noch einiges Kopfzerbrechen macht. Wie sich auf Grund der famosen Gleichsetzung der Atomismus von der Materie auf die Energie überträgt, ebenso zwangläufig muss die Vorstellung eines kontinuierlich im Raum verbreiteten und stetig mit der Zeit veränderlichen *Feldes* umgekehrt auf die Materie übertragen werden. Das ist der Grundgedanke der sogenannten Wellenmechanik, von unserem heutigen Standpunkt aus gesehen. So zahlen wir für die Beseitigung des anstössigen Dualismus Kraft und Stoff einen hohen Preis. Es wird uns zugemutet, dass wir uns dieselbe Erscheinung gleichzeitig unter dem Bild isolierter, diskreter Partikel oder Portionen, aber auch als stetiges, kontinuierliches Feld vorstellen sollen. Das ist eine harte Aufgabe. Man spricht auch hier oft von einem *Dualismus,* dem Dualismus Wellenfeld—Korpuskel. Er ist ganz offenbar ein Überbleibsel der Dualität Kraft und Stoff, die wir überwunden haben. Das kann uns vielleicht darüber trösten. In der Hauptsache sehen wir klar : Kraft und Stoff sind eins. Dass es uns nicht ganz leicht fällt, die Bilder zu verschmelzen, unter denen wir sie bisher, als wir sie für verschieden hielten, einzeln angeschaut haben, darüber dürfen wir uns nicht so sehr verwundern.

2.

Die affine Feldtheorie befasst sich nicht oder noch nicht mit diesen Schwierigkeiten. Sie stellt den Quantenaspekt zunächst zurück und will bloss den Feldaspekt entwickeln, aber erstens einheitlich womöglich für «alles, was es überhaupt gibt», und zweitens so, dass die kontinuierlich im Raum verbreiteten und stetig mit der Zeit veränderlichen *Feldgrössen* nicht als *Kräfte* aufzufassen sind, die auf etwas anderes, das ausserdem noch vorhanden wäre, wirkte. Sie sollen vielmehr alles in allem sein. Die Gesetze ihrer Verteilung im Raum und ihrer Veränderung mit der Zeit sollen sich als rein geometrische Sachverhalte und *im Prinzip* so einfach beschreiben lassen, wie wenn wir etwa eine Kugel beschreiben als Inbegriff der Punkte, die von einem gegebenen Punkt gleichen Abstand haben, oder ein gestrecktes Rotationsellipsoid als die Fläche, auf welcher die Summe der Abstände von zwei gegebenen Punkten konstant ist und dergleichen.

Was damit gemeint sei, lässt sich einigermassen erläutern an dem Beispiel der relativistischen Theorie der Gravitation, die in diesen Bestrebungen unser Vorbild ist. In ihr wird das Verhalten von Materie-Teilchen unter ihrem wechselseitig gravitierenden Einfluss gegründet — nicht gerade auf die Gestalt und Grösse dieser Teilchen selbst, wie DEMOKRIT und DESCARTES es wollten — aber auf die innere Gestalt und Form des Raumzeitkontinuums selber. Dabei liegt aber nicht die Idee zugrunde, dass die Materie als ein fremder Eindringling in den Raum versetzt ist und ihm ihren Stempel aufprägt, vielmehr dass sie selbst recht eigentlich nichts anderes *ist* als eine innere geometrische Gestalteigenschaft des Raumes, genauer gesagt des Raumzeitkontinuums, nämlich seine *Krümmung*.

Lassen Sie mich darauf etwas genauer eingehen. Die innere geometrische Gestalt des Raumzeitkontinuums wird durch gewisse 10 primitive Feldgrössen beschrieben

$$g_{ik} \; (= g_{ki}) \quad i, k = 1, 2, 3, 4.$$

die von Ort zu Ort und von einem Augenblick zum nächsten variieren und die eigentlich an jeder Stelle ein einziges geometrisches Gebilde, einen *Tensor* bilden, dessen Komponenten sie heissen. Aus ihnen kann man direkt den (raumzeitlichen) *Abstand* nahe benachbarter Punkte des Kontinuums ablesen. Denken Sie sich etwa ein sehr engmaschiges, sonst aber ganz beliebiges Dreiecknetz ausgelegt,

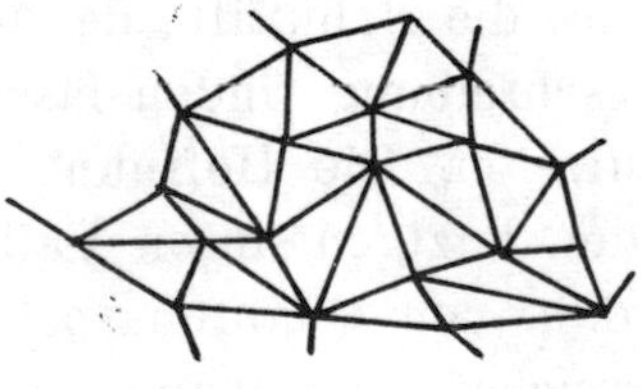

so vermitteln die g_{ik} genau die Kenntnis der Längen all dieser kleinen Strecken — und nichts weiter. Der springende Punkt ist nun aber der. Denken Sie sich Holzstäbchen oder Drahtstückchen von den betreffenden Längen geschnitten und durch Plastilinklümpchen richtig zusammengefügt, dann könnte es zwar wohl sein, dass das so erhaltene Gerüst oder Netz *eben* ausfällt und sich der Tafel anschmiegen lässt. Aber im allgemeinen, wenn die einzelnen Längen beliebig vorgegeben sind, wird es das nicht, sondern

Sie erhalten ein Gebilde von gekrümmter oder höckeriger Form, das Sie durch Verbiegen nicht in die Ebene ausbreiten können, ohne es an irgendeiner Stelle zu zerreissen oder zu zerbrechen. Das ist ein vereinfachtes Bild der inneren geometrischen Formstruktur, von der ich gesprochen habe. Vereinfacht ist es, weil wir doch stillschweigend ein bloss zweidimensionales Gerüst oder Dreiecknetz im Auge hatten, während es sich de facto um eines in vier Dimensionen handelt. (Wohl noch aus einem anderen Grund, aber der bleibe ausser Betracht.) Dieses innerlich gekrümmte vierdimensionale Gebilde soll nun nicht etwa nur den *Schauplatz* der Ereignisse darstellen, sondern diese selbst, die Materie *und* die Art, wie sie sich bewegt; wobei Sie *bitte* nicht vergessen wollen, dass die Stäbchen und Plastilinklümpchen bloss eine weitgehend willkürliche Hilfskonstruktion waren und *nicht* etwa die Materie-Teilchen darstellen !

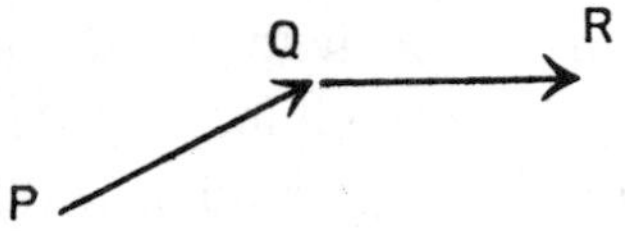

Dieser Teilerfolg auf dem Weg zur Geometrisierung der Kraft ist gross genug, um uns hoffen zu lassen, dass sich auch für den Elektromagnetismus und die Nahkräfte der Kernteilchen eine einfache geometrische Beschreibung finden lässt, ohne noch auf das Quantenproblem einzutreten. Die Hoffnung kann trügen. Es ist möglich, dass es in den letztgenannten Fällen überhaupt keinen « quasiklassischen » (d. h. den Quantenaspekt beiseite setzenden) Zugang gibt. Aber versuchen muss man es wohl.

Soviel ist sicher, die durch den g_{ik}-Tensor vermittelte metrische Struktur des Raumzeitkontinuums ist ausgeschöpft. Sie liefert die Gravitation und nichts weiter. Eine Verallgemeinerung ist nötig. Da hat nun eben Hermann Weyl 1918 hier in Zürich entdeckt, dass die *metrische* Struktur eine sogenannte *affine* in sich schliesst, aber eine sehr spezielle, welche verallgemeinerungsfähig ist. Was ist das nun ?

Affinstruktur ist einer Art Faserstruktur. Es wird uns zunächst nichts über die *Entfernung* zwischen Nachbarpunkten gesagt, wie vorhin, vielmehr nur dies. Denken Sie sich, wir schreiten von einem Punkt P aus in bestimmter Richtung um eine kleine Strecke fort, zum Punkt Q; nun möchten wir vom Punkt Q noch einmal in derselben Richtung und um dieselbe Strecke weiterschreiten; dann wird uns ganz genau gesagt, welchen Punkt R wir so erreichen. Diese Angabe, für jeden Punkt und jede Richtung, heisst (ein spezieller Fall von) Affinstruktur.

Damit können Sie nun erstens beliebig fortfahren und erhalten so eine Kurve, die « immer um gleiche Stücke ganz geradeaus » führt; ferner können Sie dasselbe von jedem Punkt aus und in jeder beliebigen Richtung machen. So führt die Affinstruktur sehr direkt und unmittelbar zur Konstruktion der « geradesten » (oder geodätischen) Linien und sogar zu einem Streckenvergleich entlang jeder solchen Linie. Das ist ein Begriff, der auch in der metrischen

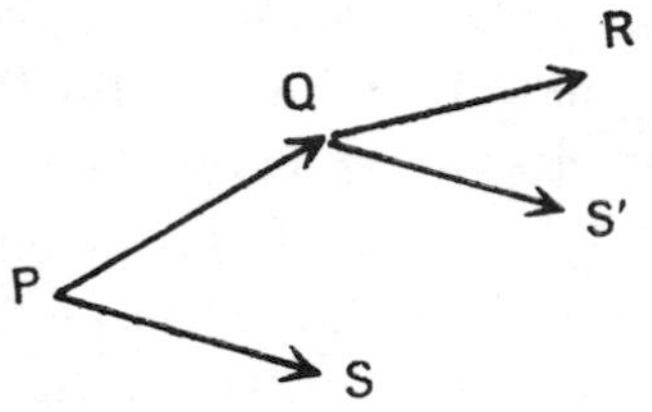

Mannigfaltigkeit auftritt, aber er ist dort ein ziemlich komplizierter, abgeleiteter Begriff.

Eine Affinstruktur der eben beschriebenen Art erfüllt die zwei Forderungen, die man an eine Verallgemeinerung der allgemeinen Relativitätstheorie stellen muss; nämlich sie enthält erstens die letztere als speziellen Fall; sie ist zweitens wirklich reichhaltiger, sie ist imstande, mehr zu erfassen.

Sie ist aber noch nicht allgemein genug. Ich will Sie nicht mit Details langweilen. Man muss von dieser sogenannten *symmetrischen* Affinität zur beliebigen, nichtsymmetrischen übergehen. Mit dieser mathematisch wirklich sehr naheliegenden Erweiterung ist dann eine Grenze erreicht, über die es in *einfacher* Weise nicht weiterführt.

In der allgemeinen (nichtsymmetrischen) Affinität wird einem nicht bloss gesagt, welche Strecke Q⟶R in Q als « gleich und parallel » mit der Strecke P⟶Q in P zu gelten hat (das ist die

Strecke, die von P nach Q führt), sondern auch zu jeder anderen Strecke P→S in P wird einem die « parallele und gleiche » Strecke Q→S' in Q angegeben. Und das ist alsdann der allgemeinste Affinzusammenhang, der sich denken lässt.

Wozu führt das nun ? Welches sind die konkreten Ergebnisse, zu denen diese allgemeinste Affinstruktur führt ?

Diese letzte Verallgemeinerung, und erst sie, liefert in einfacher, ungezwungener Weise *drei* Felder, nicht mehr und nicht weniger, die sich mit den drei physikalischen Feldern, Gravitation, Elektromagnetik und Mesonfeld, vielleicht indentifizieren lassen.

Wie steht es im einzelnen ? Gravitation und elektromagnetisches Feld werden vollkommen erfasst, auch in ihrer Wechselwirkung. Für das Mesonfeld stellt sich heraus, dass es wahrscheinlich etwas viel Komplizierteres ist, als bisher angenommen. Wohl würden seine Feldgleichungen für *schwache* Felder mit den sog. PROCAschen Gleichungen übereinstimmen, die de facto wohl das Beste sind, was wir bisher hatten. Aber — wenn Sie mir erlauben, mich so optimistisch auszudrücken — die Übereinstimmung geht weiter. Nämlich einerseits weiss man, dass die PROCAschen Gleichungen das Mesonfeld für sich allein sicher nicht ganz erfassen können, anderseits sagt die Affintheorie aus, dass die lineare Annäherung bestimmt nicht ausreicht. Dann aber wird der Zusammenhang so verwickelt, dass er sich im Augenblick noch nicht übersehen lässt.

Die Situation ist also so, dass sie heute ziemlich hoffnungsvoll ist für den Grundgedanken, den WEYL vor fast 30 Jahren lanciert hat, aber nicht so sehr dafür, dass wir ihn auch mathematisch bemeistern werden.

Die kurze Situationsschilderung der letzten beiden Absätze ist zu modifizieren. Es hat sich seither herausgestellt, dass das Wechselspiel zwischen Gravitation und Elektromagnetismus verwickelter und enger ist, als es zunächst den Anschein hatte. Die Aussicht auf eine rechnerische Bewältigung des gesamten Zusammenhanges ist jedoch erheblich gestiegen. Er wird wahrscheinlich erfasst von einem verhältnismässig einfachen System affiner Feldgleichungen, das seither aufgefunden wurde, und über welches der Königl. Irischen Akademie am 27. Januar berichtet werden soll.

E. S.

XI.

THE RELATION BETWEEN METRIC AND AFFINITY.

(From the Dublin Institute for Advanced Studies.)

By ERWIN SCHRÖDINGER.

[Read 9 December, 1946. Published 30 June, 1947.]

§ 1. The Customary Relation is too Restricted.

As early as 1918 H. Weyl drew attention to the fact that in Einstein's relativisitc theory of gravitation of 1915, gravitation was based not directly on the metric g_{ik} but on the affine connection

$$\Gamma^{i}_{kl} = \left\{ {i \atop k\,l} \right\} \tag{1}$$

which is engendered by the metric, being the only symmetric connection which transfers the g_{ik} field into itself, in other words, makes its invariant derivative vanish:

$$g_{ik;\,l} \equiv g_{ik,\,l} - g_{\alpha k}\Gamma^{\alpha}_{il} - g_{i\alpha}\Gamma^{\alpha}_{kl} = 0\,. \tag{2}$$

This relationship between the g's and the Γ's is suggested because it makes the metric and the affinity "physically compatible" in the following sense.

The Γ's define a field of geodesics and distinguish on every geodesic a parameter s (up to a linear transformation $s' = as + b$ with arbitrary *constants* a and b), being the only one, for which the differential equation of the geodesic has the simple form:[1]

$$\frac{d^2 x_k}{d s^2} + \Gamma^{k}_{lm} \frac{d x_l}{d s} \frac{d x_m}{d s} = 0\,. \tag{3}$$

This parameter s constitutes sort of a metric along every geodesic. At least the ratio of two line-elements on the same geodesic can be defined as the ratio of their ds's—not for others, because the constant a is free

[1] L. P. Eisenhart, Riemannian Geometry (Princeton University Press, 1926), p. 50; Non-Riemannian Geometry (American Mathematical Society, New York, 1927), p. 57; E. Schrödinger, Proc. Roy. Irish Acad., 49, A, 285, 1944.

on each of these curves. It is natural to demand that this "affine metric," as far as it goes, should be in accord with the metrical stipulation

$$ds^2 = g_{ik}\, dx_i\, dx_k\,, \tag{4}$$

and that is what I meant by the g's and the Γ's being physically compatible.

The relationship (2) secures compatibility, because it amounts to this: that for any vector A^k the invariant

$$g_{ik}\, A^i\, A^k \tag{4a}$$

does not change when A^k is parallel-transferred in *any* direction. It is easy to see that this is a *sufficient* condition for compatibility. It is also easy to see that it is *necessary* for compatibility that the invariant (4) should be conserved when the vector A^k is parallel-transferred *in its own direction.* But to decide whether the first, more exigent, demand is also necessary (which it is not) or whether the second relaxed one is also sufficient (which it is) needs a little further reflexion. The answer, which I have just indicated, is contained in a mémoire of L. P. Eisenhart[2]: The connection (1) is *not* the only symmetric connection, compatible with the metric g_{ik}. I beg permission to expose this here briefly. It does not seem to have found the attention it deserves. Indeed, while compatibility seems a very natural demand, to ask for more seems artificial.

§ 2. The General Relation.

Any symmetric connection Γ^i_{kl} can, without prejudice, be written in the form

$$\Gamma^i_{kl} = \left\{ {i \atop k\,l} \right\} + g^{is}\, T_{skl}\,, \tag{5}$$

where T is an arbitrary tensor, symmetric in its last two indices:

$$T_{slk} = T_{skl}\,. \tag{6}$$

Now, since the invariant (4a) does not change when A^k is transferred in any direction according to the curly bracket affinity, its change. when A^k is displaced according to the connection (5) in the direction of A^k, is proportional to

$$-\ 2 g_{ik}\, A^i\, g^{ks}\, T_{sml}\, A^m\, A^l = -\ 2\, T_{sml}\, A^s\, A^m\, A^l\,. \tag{7}$$

This vanishes if and only if T is subjected to the further symmetry condition

$$T_{[ikl]} = 0\,, \tag{8}$$

where the [ ] indicate summation over the three cyclic permutations.

---

[2] L. P. Eisenhart, Transactions of the American Mathematical Society, 26, 378, 1924. Also idem, Non-Riemannian Geometry, p. 84. (See previous quotation.)

This is a convenient formulation of our *necessary* condition for compatibility. The simplest way of seeing that it is also *sufficient* is the following. If you enhance (5) by an additional *skew* tensor

$$\Omega^{i}{}_{kl} \,(= - \,\Omega^{i}{}_{lk}) \,,$$

then, according to (3), neither the geodesics nor the parameter s distinguished on each of them are changed. Now Ω can always be chosen so that the resulting non-symmetric affinity complies wtih the *sufficient* condition (2). In order that it should, we must have

$$T_{kil} + \Omega_{kil} + T_{ikl} + \Omega_{ikl} = 0 \,. \tag{9}$$

(The superscript of Ω is lowered with the help of g_{ik}.) If here you choose

$$\Omega_{kil} = \tfrac{1}{3}\,(T_{lik} - T_{ilk}) \tag{10}$$

(which is skew in i and l as it should be), you find that (9) is fulfilled, in virtue of (6) and (8).

Thus (5), with T subject to (6) and (8) is the most general affinity physically compatible with the metric g^{ik}.

§ 3. Einstein's Original Theory.

If in Einstein's 1915 theory the field-equations are based on the variational principle[3]

$$\delta \int \mathfrak{g}^{ik} R_{ik} \, dx^{4} = 0 \tag{11}$$

then it makes no difference, whether we take R_{ik} to be the Einstein-tensor of the Christoffel-bracket-affinity and vary only the g_{ik}, or whether we take it to be formed of the more general affinity (5) and vary the g_{ik} and the T_{ikl}. Even more is true. In this case we need not even impose on T the additional symmetry condition (8). Even if we take the *general* symmetric connection $\Gamma^{i}{}_{kl}$ and vary the g_{ik} and the $\Gamma^{i}{}_{kl}$ independently, (11) yields, along with the field-equations $R_{ik} = 0$, the relation (2), which restricts Γ to the Christoffel-affinity (1).

I beg permission to recall the simple proof due to Palatini, since it is not all too well known. If we vary (11), use for δR_{ik} the precious Palatini-expression

$$\delta R_{ik} = - (\delta \Gamma^{\alpha}{}_{ik})_{;\,\alpha} + (\delta \Gamma^{\alpha}{}_{i\alpha})_{;\,k} \,, \tag{12}$$

and perform partial integration with respect to the semicolons, we get

$$\int (R_{ik}\, \delta \mathfrak{g}^{ik} + \mathfrak{g}^{ik}{}_{;\,\alpha}\, \delta \Gamma^{\alpha}{}_{ik} - \mathfrak{g}^{ik}{}_{;\,k}\, \delta \Gamma^{\alpha}{}_{i\alpha}) \, dx^{4} = 0 \,. \tag{13}$$

---

[3] $\mathfrak{g}^{ik}$ is short for $g^{ik}\sqrt{-g}$.

Hence, firstly,

$$R_{ik} = 0 \tag{14}$$

and secondly, (since $\delta \Gamma^{\alpha}_{ik} = \delta \Gamma^{\alpha}_{ki}$)

$$2 \mathfrak{g}^{ik}_{;\alpha} - \delta^{k}_{\alpha} \mathfrak{g}^{i\beta}_{;\beta} - \delta^{i}_{\alpha} \mathfrak{g}^{k\beta}_{;\beta} = 0 . \tag{15}$$

If this is contracted with respect to k and α, one gets $\mathfrak{g}^{i\beta}_{;\beta} = 0$, hence

$$\mathfrak{g}^{ik}_{;\alpha} = 0 \tag{16}$$

which is, of course, equivalent to (2) and thus to (1).

So the variational principle (11) is powerful enough, to select uniquely the Christoffel-affinity not only from those which I called "physically compatible," but indeed from *all* symmetric affinities.

§ 4. Outlook.

In any theory one is inclined, pending a more thorough investigation, to look upon the geodesics (3) as indicating the paths of particles. The T-tensor, if it does not vanish, yields additional "forces," which share with the gravitational "force" the characteristics of being proportional to the mass and independent of the charge, and which would thus seem well fit to depict classically the nuclear force.

The symmetry condition (8) seems a very natural, indeed the only natural, demand to impose at the outset—and then to adopt a variational principle, which must, of course, be different from (11) and yield the field-laws of the two fields, or if you like, of the one field that is proportional to the mass only.

The suggestion is akin to, but distinctly different from, the purely affine theory, which I have tried to develop in recent years,[4] and in which the eventually adopted metric and affinity are *not* in general in the relation (5) cum (8). Einstein, in a recent paper,[5] starts from complex g_{ik} and Γ^{i}_{kl} both of them of hermitian symmetry. Their real parts *are* in the relation (5) cum (8).

Note added on proof, February 2nd, 1947: While the substance of this paper remains true, the outlook of § 4 has become dispensable. The purely affine point of view has in the meantime yielded the satisfactory extension of the General Theory of Relativity. It has been communicated to this Academy on the 27th of January. It is so simple that, before it is thoroughly investigated, no other attempt is called for.

E. S.

[4] Proc. Roy. Irish Acad., **49**, A, 43, 1943, and 237, 275, 1944; **51**, A, 41, 1946.

[5] A. Einstein, Annals of Mathematics, **46**, 578, 1945.

XIII.

THE FINAL AFFINE FIELD LAWS I.

(From the Dublin Institute for Advanced Studies.)

By ERWIN SCHRÖDINGER.

[Read 27 January. Published 12 May, 1947.]

1.

The simplest Lagrange function to adopt in the affine field theory[1] is the square root of the determinant of the Einstein tensor. It is put forth in this paper. One would think that it is too simple to give ultimate satisfaction. But probably it does.

For reasons that will appear later I change the notation and adopt the one used by Einstein in two recent papers[2]. This need not hamper the readers of my previous papers because they need not refer to them. This one is entirely self-contained. It does not deviate a line's breadth from the programme which I had set myself and which, as I stated in the summary of my last paper, entitled The General Affine Field Laws, I had completed, but had not yet specialized. Now the correct Lagrangian is found, the fog sinks and everything becomes much simpler. In this, Einstein's masterful technique of *not* splitting the geometrical entities prematurely into their irreducible constituents, is very helpful. It allows one to put into a few lines the contents of pages. The reason why it took me so long to find out the correct Lagrangian is, that it is the most obvious one and had been tried more than once by others.

The principal changes in the notation are: Γ^i_{kl} shall now mean the basic non-symmetric affinity (called Δ^i_{kl} before), and not, as before, its symmetric part. In the same way $\mathfrak{g}^{ik}$ shall now mean $\dfrac{\partial \mathfrak{L}}{\partial R_{ik}}$, not the symmetric part thereof. Symmetric and skew parts of *anything* shall be expressed by underlining the couple of indices in question or by putting a hook under them, respectively; thus

$$\mathfrak{g}^{\underline{ik}}, \quad R_{\underline{ik}}, \quad \Gamma^i_{\underline{kl}}, \ldots \qquad \text{and} \qquad \mathfrak{g}^{\underset{\vee}{ik}}, \quad R_{\underset{\vee}{ik}}, \quad \Gamma^i_{\underset{\vee}{kl}} \ldots$$

[1] Proc. Roy. I.A. **49**, (A) 43, 1943; 237, 275, 1944; **51**, (A) 41, 1946; Nature 153, 572, 1944.

[2] A Generalization of the Relativistic Theory of Gravitation I and II, by A. Einstein (I), and A. Einstein and E. G. Straus (II). (Annals of Mathematics **46**, 578, 1945; 47, 731, 1946).

2.

The affine field theory is based on an Hamiltonian variational principle

$$\delta \int \mathfrak{L} \, d\tau = 0, \tag{1}$$

where $\mathfrak{L}$ is a scalar density, for which we now adopt

$$\mathfrak{L} = \frac{2}{\lambda} \sqrt{- \text{Det. } R_{\mu\nu}} \, . \tag{2}$$

Here λ is a real constant, for which we could, of course, without any loss of generality take $+1$ or -1 or any other particular value except zero. But to keep λ will (*a*) facilitate the comparison with the field equations used hitherto in an important special case of the present theory, namely in the General Theory of Relativity; and (*b*) it is good to see, that λ does disappear, as it ought to, from the genuine form (18) of the field equations, as opposed to what might be called their para-form (23). The $R_{\mu\nu}$ are the components of the Einstein tensor, the well known functions of the $\Gamma^{i}{}_{kl}$ and their first derivatives

$$R_{\mu\nu} = - \frac{\partial \Gamma^{\sigma}{}_{\mu\nu}}{\partial x_{\sigma}} + \frac{\partial \Gamma^{\sigma}{}_{\mu\sigma}}{\partial x_{\nu}} + \Gamma^{\rho}{}_{\mu\tau} \, \Gamma^{\tau}{}_{\rho\nu} - \Gamma^{\sigma}{}_{\rho\sigma} \, \Gamma^{\rho}{}_{\mu\nu} \, .$$

The independent field variables are the 64 components $\Gamma^{i}{}_{kl}$. We exclude Γ-fields which make the determinant of the $R_{\mu\nu}$ vanish, except perhaps in isolated points. Then the determinant has a constant sign, and we confine attention to the case when it is everywhere negative, or at least not positive, so that $\mathfrak{L}$ is real.—We now perform the variation

$$\delta \int \mathfrak{L} \, d\tau = \int \mathfrak{g}^{kl} \, \delta R_{kl} \, d\tau \, , \tag{3}$$

where

$$\mathfrak{g}^{kl} = \frac{\partial \mathfrak{L}}{\partial R_{kl}} \, . \tag{4}$$

From (4) and (2)

$$\lambda \, \mathfrak{g}^{kl} = - \frac{\text{minor } R_{kl}}{\sqrt{- \text{Det. } R_{\mu\nu}}} \, , \tag{5}$$

where the numerator on the right means the subdeterminant of the member R_{kl}. From (5) the determinant of the $\mathfrak{g}^{kl}$ equals $\frac{1}{\lambda^4}$ times the determinant of the R_{kl}. We may therefore uniquely associate with the (non-symmetric!) tensor density $\mathfrak{g}^{kl}$ two (non-symmetric!) tensors g_{kl}, g^{kl} by

$$\mathfrak{g}^{kl} = g^{kl} \sqrt{-g} \qquad g = \text{Det. } \mathfrak{g}^{kl} = \text{Det. } g_{kl}$$
$$g_{k\sigma} \, g^{l\sigma} = g_{\sigma k} \, g^{\sigma l} = \delta^{l}{}_{k} \, . \tag{6}$$

Then (5) is equivalent to

$$R_{kl} = \lambda \, g_{kl} \, . \tag{7}$$

Irrespective of the connexion (5), (7) the variation (3) works out quite generally thus (for details see the Appendix):

$$\delta \int \mathfrak{L}\, d\tau = \int (\mathfrak{G}^{kl}{}_i - \delta^l{}_i\, \mathfrak{G}^{k\sigma}{}_\sigma)\, \delta \Gamma^i{}_{kl}\, d\tau \qquad (8)$$

with the following abbreviations

$$\mathfrak{G}^{kl}{}_i = \mathfrak{g}^{kl}{}_{,i} + \mathfrak{g}^{\sigma l}\, {}^*\Gamma^k{}_{\sigma i} + \mathfrak{g}^{k\sigma}\, {}^*\Gamma^l{}_{i\sigma} - \tfrac{1}{2}\mathfrak{g}^{kl}\, ({}^*\Gamma^\sigma{}_{i\sigma} + {}^*\Gamma^\sigma{}_{\sigma i}) \qquad (9)$$

and

$${}^*\Gamma^i{}_{kl} = \Gamma^i{}_{kl} + \tfrac{2}{3}\, \delta^i{}_k\, \Gamma_l \qquad (10)$$

$$\Gamma_l = \tfrac{1}{2}\, (\Gamma^\sigma{}_{l\sigma} - \Gamma^\sigma{}_{\sigma l})\, . \qquad (11)$$

Γ_l is a vector, ${}^*\Gamma^i{}_{kl}$ is an affinity. The former could be called the "skew-spur" of the affinity $\Gamma^i{}_{kl}$. It is easy to prove and it is relevant that for the star-affinity the corresponding quantity vanishes:

$${}^*\Gamma^\sigma{}_{l\sigma} = {}^*\Gamma^\sigma{}_{\sigma l}\, . \qquad (12)$$

Since the $\delta \Gamma^i{}_{kl}$ in (8) are independent, our variational equations read

$$\mathfrak{G}^{kl}{}_i = 0\, . \qquad (13)$$

With the help of (6) they can, in much the same way as in the familiar symmetric case, be given the simpler equivalent form

$$g_{ik,l} - g_{\sigma k}\, {}^*\Gamma^\sigma{}_{il} - g_{i\sigma}\, {}^*\Gamma^\sigma{}_{lk} = 0\, . \qquad (14)$$

We multiply this by λ and replace λg_{ik}, according to (7), by R_{ik}, in which, however, we express the original Γ-affinity by the star-affinity according to (10):

$$\Gamma^i{}_{kl} = {}^*\Gamma^i{}_{kl} - \tfrac{2}{3}\, \delta^i{}_k\, \Gamma_l\, .$$

By a short computation we get

$$R_{ik} = {}^*R_{ik} + F_{ik}\, , \qquad (15)$$

where

$${}^*R_{ik} = \text{Einstein tensor of } {}^*\Gamma^i{}_{kl} \qquad (16)$$

$$F_{ik} = \frac{2}{3}\left(\frac{\partial \Gamma_k}{\partial x_i} - \frac{\partial \Gamma_i}{\partial x_k}\right). \qquad (17)$$

Hence

$$({}^*R_{ik} + F_{ik})_{,l} - ({}^*R_{\sigma k} + F_{\sigma k})\, {}^*\Gamma^\sigma{}_{il} - ({}^*R_{i\sigma} + F_{i\sigma})\, {}^*\Gamma^\sigma{}_{lk} = 0\, . \qquad (18)$$

These are our field equations in their genuine form, the only one that I consider to be analytically workable. They are 64 differential equations of the second order for the variables ${}^*\Gamma^i{}_{kl}$ and Γ_l, 68 in number, but there is the injunction (12). (You could, of course, transcribe them into the original independent 64 $\Gamma^i{}_{kl}$.) They contain nothing but these affine variables. They are linear in the derivatives and exhibit a high intrinsic symmetry. A simple and, as I believe, very fundamental way of expressing the meaning of the equations (18) is this: The Einstein tensor R_{kl} is transferred into itself on a certain parallel displacement by the star-affinity.

We shall not enter into the closer examination of equations (18) at the moment, but we must mention a system of first integrals they admit. If (14) is multiplied (and contracted) by g^{ik}, the first term is, according to (6), obviously the derivative $g,_l$ divided by g, or $2(\sqrt{-g}),_l$ divided by $\sqrt{-g}$. So we get

$$\frac{\partial \log \sqrt{-g}}{\partial x_l} = \tfrac{1}{2}\left({}^*\Gamma^{\sigma}{}_{\sigma l} + {}^*\Gamma^{\sigma}{}_{l\sigma}\right). \tag{19}$$

The second member is, from (12), equal to ${}^*\Gamma^{\sigma}{}_{l\sigma}$. It follows that

$$\frac{\partial^* \Gamma^{\sigma}{}_{k\sigma}}{\partial x_l} - \frac{\partial^* \Gamma^{\sigma}{}_{l\sigma}}{\partial x_k} = 0. \tag{20}$$

These are first integrals of (18). They are invariant, though ${}^*\Gamma^{\sigma}{}_{l\sigma}$ is not a vector.

What I called the para-form of the *same* field laws, analytically as I believe not workable but nevertheless of great interest, is obtained as follows. Either by contracting (13), or by equating to zero the Hamiltonian derivative of $\mathfrak{L}$ with respect to Γ_k, one easily obtains

$$\mathfrak{g}^{\overset{ik}{\vee}}{}_{,k} = 0. \tag{21}$$

(Remember that the hook means "skew part of"). Vice versâ, (21) is the condition that the ${}^*\Gamma$'s, drawn from (14)—which is a system of linear algebraic equations with respect to them—comply with (12). This solution for the ${}^*\Gamma$'s is in general unique. For *symmetrical* g_{ik} it is (*uniquely*!) the Christoffel brackets. In the general case it is next to impossible to produce it in a surveyable tensorial form. (This is hard to believe, unless one has tried). But we may, if we choose, regard the ${}^*\Gamma$-symbols as standing *for this solution*, thus for certain, in principle known, functions of the g_{ik} and their first derivatives.

With this understanding we have from (15) and (7)

$${}^*R_{ik} + F_{ik} = \lambda g_{ik}. \tag{22}$$

The equations (21) and (22) are a second formulation of the same field laws. The 20 independent field-variables are now the g_{ik} and the Γ_l. To explain the meaning once again in detail, ${}^*R_{ik}$ is the Einstein tensor of the ${}^*\Gamma^{i}{}_{kl}$; these stand for the unique solution of (14), which complies with (12) on account of (21) *and must therefore also comply with* (20), from the simple consideration by which (20) was obtained; F_{ik} is explained by (17).

By splitting (22) into its symmetrical and skew parts, and forming the cyclical divergence of the latter, we can eliminate F_{ik}, that is to say Γ_k. We thus obtain for the 16 field variables g_{ik} the following 18 equations:

$$^*R_{\underline{ik}} - \lambda g_{\underline{ik}} = 0 \qquad (23a)$$

$$(^*R_{\underset{\vee}{ik}} - \lambda g_{\underset{\vee}{ik}})_{,l} + (^*R_{\underset{\vee}{kl}} - \lambda g_{\underset{\vee}{kl}})_{,i} + (^*R_{\underset{\vee}{li}} - \lambda g_{\underset{\vee}{li}})_{,k} = 0 \qquad (23b)$$

$$\mathfrak{g}^{\underset{\vee}{ik}}{}_{,k} = 0. \qquad (23c)$$

The surplus of 2 equations is vindicated by two trivial differential identities, one between the first members of (23b), and one between those of (23c).

We now have to endorse the remarkable fact, that the actual content of eqns. (23)—with the $^*\Gamma$'s being the solution of (14) and complying with (12) and (20)—differs from the theory presented in Einstein's two papers, quoted above, only by the λ-terms. His theory amounts to putting $\lambda = 0$ in (23). There is a *formal* difference in that he, from the outset, regards all skew tensors as purely imaginary. E.g. the tensors $^*R_{ik}$, g_{ik} are not regarded as non-symmetric-real but as hermitic symmetric. Yet, in virtue of (12) and (20), our $^*R_{ik}$ virtually matches his "hermitized" Einstein tensor. However attractive the hermitic point of view is, it does not constitute an actual discrepancy.—Our vector Γ_k does not *explicitly* turn up in Einstein's version. (Implicitly it does: the tensor whose cyclical divergence vanishes according to (23b) must be the curl of a potential-vector; and that is our Γ_l).

The λ-term is known to have in the symmetrical case ($g_{ik} = g_{ki}$; ordinary General Relativity) little practical significance, except in the cosmological problem. But in the general case the equations (23) become unworkable, except in the approximation that the skew fields are weak. Thus the λ-term acquires fundamental importance by producing the genuine affine form of the field-equations, (18), of which there is good hope to obtain solutions.

3.

As regards the physical interpretation, the first emphasis is on the fact that in the symmetrical case ($g_{ik} = g_{ki}$) the $^*\Gamma^i{}_{kl}$ drawn from (14) are *uniquely* (!) the $\left\{ {i \atop kl} \right\}$; hence $^*R_{ik}$ is symmetric too: and so of (23) only (23a) survives and gives the field equations of General Relativity.

In interpreting the general, non-symmetrical case one is helped by the conservation laws. I defer the details of the calculus to a subsequent paper.

Here I shall only outline the method and indicate the results. One does *not* apply the customary consideration to the Hamiltonian derivatives of $\mathfrak{L}$., as it stands, that is to say as a function of Γ^i_{kl} and $\Gamma^i_{kl,m}$. One observes that $\mathfrak{L}$ is a homogeneous function of the second degree of the R_{kl} so that from (4) and (15)

$$\mathfrak{L} = \tfrac{1}{2}\mathfrak{g}^{kl} R_{kl} = \tfrac{1}{2}\mathfrak{g}^{kl}({}^*R_{kl} + F_{kl}) . \qquad (24)$$

(The first is also directly clear from (5) and (2).) One now regards the ${}^*\Gamma^i_{kl}$ in ${}^*R_{kl}$ as functions of the g_{ik} and $g_{ik,l}$ according to (14), and applies the customary consideration (about the "vanishing of the divergence") to the Hamiltonian derivatives of the scalar density

$$\tfrac{1}{2}\mathfrak{g}^{kl}\,{}^*R_{kl}$$

—to its Hamiltonian derivatives with respect to g^{kl}. Moreover just as in ordinary General Relativity, this scalar density is "equivalent" to a simpler, but not invariant integrand. And in this manner the conservation laws can be put into the form of a plain divergence, involving the pseudotensor $\mathfrak{t}^\alpha_n$:

$$\frac{\partial}{\partial x_\alpha}(\mathfrak{T}^\alpha_n + \mathfrak{t}^\alpha_n) = 0 . \qquad (25)$$

One finds

$$\mathfrak{T}^\alpha_n = \overset{\alpha l}{\mathfrak{g}^\vee} F_{nl} - \tfrac{1}{2}\delta^\alpha_n \overset{\mu\nu}{\mathfrak{g}^\vee} F_{\mu\nu} + \tfrac{1}{2}\delta^\alpha_n \mathfrak{L} . \qquad (26)$$

(Here $\mathfrak{L}$ could be replaced by $2\lambda\sqrt{-g}$.) The expression for $\mathfrak{t}^\alpha_n$ is a fairly complicated quadratic form of the ${}^*\Gamma^i_{kl}$, with coefficients all of the form $\pm\tfrac{1}{2}\mathfrak{g}^{\alpha\beta}$ or $\pm\tfrac{1}{4}\mathfrak{g}^{\alpha\beta}$. There is no point in writing it out now.

The structure of the energy-momentum-tensor (26) strongly suggests that the two skew fields F_{kl} and $\overset{kl}{\mathfrak{g}^\vee}$ are associated as "covariant field tensor" and "contravariant density," so that (17) and (21) amount to (modified) Maxwell equations. This view is upheld by the fact, that from (4) and (15)

$$\frac{\partial\mathfrak{L}}{\partial F_{kl}} = \overset{kl}{\mathfrak{g}^\vee} . \qquad (27)$$

(The variables to be kept constant in this differentiation are the ${}^*\Gamma^i_{kl}$.)

The *last* term in (26) consists, according to (24) of *two parts*. One of them is of the same kind as the *second* term. There is no reason to believe that the other part, the one that contains ${}^*R_{kl}$, is *everywhere* negligible. In saying "not everywhere" I have, of course, in mind the nucleus.

At first sight it might seem, that both skew fields, $\overset{ik}{\mathfrak{g}^\vee}$ and F_{ik}, are "used up" for describing *one* physical entity (as e.g. electromagnetism).

Yet I do think the theory is sufficiently articulate to meet all our needs In particular there is another skew field:

$$\underset{\vee}{g}_{ik}$$

and the set of densities, intimately allied with each-other, but not just identical:

$$\sqrt{-g}\, g^{im} g^{kn} F_{mn}\,, \qquad \sqrt{-g}\, g^{mi} g^{nk} F_{mn}\,, \qquad \tfrac{1}{2}\sqrt{-g}\,(g^{mk} g^{in} - g^{mi} g^{kn})\, F_{mn}.$$

They bear a close relationship to $\mathfrak{g}^{\overset{ik}{\vee}}$ and F_{ik}, respectively, but they do not follow such simple laws as (17) or (21), respectively. That is very welcome. For how else could we hope to lay hand on electric charge, mesonic charge, and matter? We may, I think, hold out the prospect, that those skew fields together, whatever may emerge as the appropriate interpretation, embrace both the electromagnetic and the nuclear field and their interplay with each other and with gravitation. We must not forget, that we are here faced with a truly unitary theory, in which we have to expect all fields to coalesce into an inseparable union, almost as close as that of the electric and the magnetic field entailed by Restricted Relativity.

From the kind of relationship illustrated by (27) it clearly transpires, considering the form (2) of the Lagrangian, that the "true" electrodynamics really *is* of the type indicated by Max Born as early as 1934.[3] We anticipated this some time ago at this Institute. That was the reason why we have endeavoured to develop as far as possible Born's non-linear theory of the electromagnetic field[4] along with the Affine Theory. Some of the results may come in handy now.

I am inclined to believe that the field equations (18) are the ultimate word that can be said on the physical fields, short of introducing the quantum aspect.

If these equations embody what they purport to embody, viz. the genuine union of the field of matter and the electromagnetic field, they ought *inter alia* to explain the magnetic field produced, as we know but completely fail to understand, by a rotating mass as the earth or the sun. This time I do not mean the details about it, but in the first place its existence and general character. The equations ought to have no solution corresponding to a rotating massive sphere save one that includes a magnetic field of the

---

[3] M. Born, Proc. Roy. Soc. (A) **143**, 410, 1934; M. Born and L. Infeld, ibid. **144**, 425, 1934.

[4] E. Schrödinger, Proc. Roy. I.A. **47** (A), 77, 1942; **48** (A), 91, 1942; **49** (A) 59, 1943; 225, 1944.

Rev. James McConnell, ibid. **49** (A), 149, 1943.

Rev. Pius Walsh, O.F.M., ibid. **50** (A), 167, 1945.

observed strength and general features. There can, I think, be little doubt that the magnetic field *is* a direct consequence of the mass rotation. It is well known that the field is just about what a rotating *electric* density, $-\sqrt{\kappa}$ times the actual mass density, would produce. Another way of expressing the same thing is, that the magnetic moment of a rotating mass seems to bear to its moment of momentum the ratio $\frac{\sqrt{\kappa}}{2c}$, which by the way is roughly by the 21st power of 10 smaller than in the case of the electron.

That there is in the case of the earth a substantial angle between the present axis of the field and the present axis of rotation, is probably not a very serious objection. A magnetic field of such colossal dimensions has an enormous time lag of adaptation, due to self-induction. And we do know that the axis of rotation changes its position within the body of the earth. I have no reasonable doubt that the equations (18) will account for the mechano-magnetic phenomenon.

I beg permission to dedicate this paper to the memory of my late father, the Viennese Botanist Rudolf Schrödinger, to whom I owe *much* more than parentage and whose ninetieth birthday happens to be today.

APPENDIX.

For the skew part of the non-symmetric affinity Γ^i_{kl}, that is, for $\frac{1}{2}(\Gamma^i_{kl} - \Gamma^i_{lk})$ we write $\Gamma^i_{\underset{\vee}{kl}}$. For the contraction $\Gamma^l_{\underset{\vee}{kl}}$ we write Γ_k, as in (11) of the text. The invariant derivatives with respect to Γ^i_{kl} are indicated by a semicolon (;). In handling them one has to observe two points that are easily proved.

First, the Palatini-formula acquires an additional term, it reads

$$\delta R_{kl} = -(\delta\Gamma^\alpha_{kl})_{;\alpha} + (\delta\Gamma^\alpha_{k\alpha})_{;l} + 2\Gamma^\alpha_{\underset{\vee}{\beta l}}\,\delta\Gamma^\beta_{k\alpha}.$$

Secondly, the semi-colon-divergence of a contravariant vector-density is no longer the same as its plain divergence, but

$$\mathfrak{A}^k{}_{;k} = \mathfrak{A}^k{}_{,k} + 2\mathfrak{A}^k\Gamma_k.$$

This entails an additional term in the simple rule for partial integration, viz.

$$\int (A^{\cdots}_{\cdots})(B^{\cdot\cdot}_{\cdot\cdot})_{;\alpha}\,\lambda\tau = \int [-(A^{\cdot\cdot}_{\cdot\cdot})_{;\alpha} + 2A^{\cdot\cdot}_{\cdot\cdot}\Gamma_\alpha]\,B^{\cdot\cdot}_{\cdot\cdot}\,d\tau.$$

(We have in mind the case that the contribution of the boundary vanishes). Observing these rules you get

$$\delta\int \mathfrak{L}\, d\tau = \int \mathfrak{g}^{kl}\, \delta R_{kl}\, d\tau = \int \mathfrak{g}^{kl}\left[(-\delta\Gamma^{\alpha}_{kl})_{;\,\alpha} + (\delta\Gamma^{\alpha}_{k\alpha})_{;\,l} + 2\,\Gamma^{\alpha}_{\underset{\vee}{\beta l}}\,\delta\Gamma^{\beta}_{k\alpha}\right] d\tau$$

$$= \int \left[(\mathfrak{g}^{kl}{}_{;\,\alpha} - 2\mathfrak{g}^{kl}\,\Gamma_{\alpha})\,\delta\Gamma^{\alpha}_{kl} - (\mathfrak{g}^{kl}{}_{;\,l} - 2\mathfrak{g}^{kl}\,\Gamma_{l})\,\delta\Gamma^{\alpha}_{k\alpha} + 2\mathfrak{g}^{kl}\,\Gamma^{\alpha}_{\underset{\vee}{\beta l}}\,\delta\Gamma^{\beta}_{k\alpha}\right] d\tau =$$

$$= \int \left[\mathfrak{g}^{kl}{}_{;\,\alpha} - 2\mathfrak{g}^{kl}\,\Gamma_{\alpha} - \delta^{l}_{\alpha}\,(\mathfrak{g}^{k\sigma}{}_{;\,\sigma} - 2\mathfrak{g}^{k\sigma}\,\Gamma_{\sigma}) + 2\,\mathfrak{g}^{k\sigma}\,\Gamma^{l}_{\underset{\vee}{\alpha\sigma}}\right]\delta\Gamma^{\alpha}_{kl}\, d\tau$$

$$= \int (\mathfrak{G}^{kl}{}_{\alpha} - \delta^{l}_{\alpha}\,\mathfrak{G}^{k\beta}{}_{\beta})\,\delta\,\Gamma^{\alpha}_{kl}\, d\tau\,, \qquad \text{(A)}$$

where we have put

$$\mathfrak{G}^{kl}{}_{i} = \mathfrak{g}^{kl}{}_{;\,i} - 2\,\mathfrak{g}^{kl}\,\Gamma_{i} + \tfrac{2}{3}\,\delta^{l}_{i}\,\mathfrak{g}^{k\beta}\,\Gamma_{\beta} + 2\,\mathfrak{g}^{k\sigma}\,\Gamma^{l}_{\underset{\vee}{i\sigma}}\,.$$

Now the *first* term on the right reads explicitly

$$\mathfrak{g}^{kl}{}_{;\,i} = \mathfrak{g}^{kl}{}_{,\,i} + \mathfrak{g}^{\sigma l}\,\Gamma^{k}_{\sigma i} + \mathfrak{g}^{k\sigma}\,\Gamma^{l}_{\sigma i} - \mathfrak{g}^{kl}\,\Gamma^{\sigma}_{\sigma i}$$

and allows a reduction with the *second* and *fourth* term, if you observe the meaning of Γ_i, from (11). That gives

$$\mathfrak{G}^{kl}{}_{i} = \mathfrak{g}^{kl}{}_{,\,i} + \mathfrak{g}^{\sigma l}\,\Gamma^{k}_{\sigma i} + \mathfrak{g}^{k\sigma}\,\Gamma^{l}_{i\sigma} - \mathfrak{g}^{kl}\,\Gamma^{\sigma}_{i\sigma} + \tfrac{2}{3}\,\delta^{l}_{i}\,\mathfrak{g}^{k\beta}\,\Gamma_{\beta}\,.$$

If here you express the Γ-affinity by the $^*\Gamma$-affinity according to (10), the terms containing the *vector* Γ cancel and, in view of the identity (12), you see that our $\mathfrak{G}^{kl}{}_{i}$ is actually the same as indicated in (9).

Hence our above result, labelled (A), proves the assertion (8) of the text.

Note added in proof (17.3.47): It may turn out, that I have overrated the *practical* advantage of (18) over (23). But the latter eqns. cannot in the theory presented here, pass for the fundamental field law, because they contain the constant λ, whose numerical value must, from (1) and (2), be irrelevant, except that it must not vanish.

There has been much controversy about the so-called cosmological term. A. S. Eddington maintained that it embodies the genuine meaning of the field law, viz. the contracted curvature tensor itself determines the metric (see his Mathematical Theory of Relativity, § 66). But there was the strong and justified objection that the geometrical field law ought not to contain any universal constant. This objection is now met by the eqns. (18), which are the straightforward expression of the simplest thinkable affine field law, (1) cum (2). They formulate Eddington's view in an unobjectionable way. They "include the cosmological term" without containing a cosmological constant.

XVI.

THE FINAL AFFINE FIELD LAWS. II.[1]

(From the Dublin Institute for Advanced Studies.)

By ERWIN SCHRÖDINGER.

[Read 9 June. Published 9 February, 1948.]

In this paper I wish first to indicate the place of the theory explained in part I among a *class* that descends from the theory of gravitation in empty space by very natural and straightforward generalization without any further artifice. We shall give a succinct survey of possibilities, some of which have been investigated earlier but without emphasis on their logical connection (sect. 1–4).

In the second half (sect. 5) we examine, whether the equations (23b) and (23c) of part I might be identified with Maxwell's equations, of which they have the general structure.

I. General Survey.

All the theories to be surveyed here are derived from the variational principle

$$\delta \dot{I} = \delta \int \mathfrak{g}^{kl} R_{kl} \, d\tau = 0, \tag{1, 1}$$

where R_{kl} is the Ricci-tensor of an affinity Γ^i_{kl}:

$$R_{kl} = -\frac{\partial \Gamma^\alpha_{kl}}{\partial x_\alpha} + \frac{\partial \Gamma^\alpha_{k\alpha}}{\partial x_l} + \Gamma^\alpha_{k\beta} \Gamma^\beta_{\alpha l} - \Gamma^\beta_{\alpha\beta} \Gamma^\alpha_{kl}, \tag{1, 2}$$

and the contravariant density $\mathfrak{g}^{kl}$ is subject to the condition that its determinant is negative, so that tensors g_{kl} and g^{kl} can and shall always be uniquely defined thus:

$$g = \text{Det. } \mathfrak{g}^{kl} \; (= \text{Det. } g_{kl}), \quad g^{kl} = \frac{\mathfrak{g}^{kl}}{\sqrt{-g}}, \quad g^{kl} g_{km} = g^{lk} g_{mk} = \delta^l_m. \tag{1, 3}$$

The theories differ in two relevant aspects, viz.:

---

[1] See Proc. R.I.A. *51* (A), 163, 1947.

(i) In performing the variation either only the g_{ik} or only the $\Gamma^i{}_{kl}$ or both can be regarded as independent variables. That gives three possibilities to which we shall refer as the metrical, the affine and the mixed cases respectively. In the first two cases the relation between the two groups of variables must be furnished in another way. This introduces in principle an unlimited variety, with regard to which we cannot, of course, attempt anything like completeness.

(ii) Either none, or one or both entities g_{ik} and $\Gamma^i{}_{kl}$ may be *assumed* to be symmetric from the outset, being thus reduced from 16 to 10 or from 64 to 40 independent components respectively. That gives four possibilities in the mixed case, but only two each in the metrical and in the affine cases. Seven of these eight possibilities are dealt with in the following. It will be pointed out why the non-symmetric metrical case is dismissed.

2. The Theory of Gravitation.

In any case we have from (1, 1):

$$\delta I = \int R_{kl}\,\delta\mathfrak{g}^{kl}\,d\tau + \int \mathfrak{g}^{kl}\,\delta R_{kl}\,d\tau = 0 . \qquad (2,1)$$

Now *if* $\Gamma^i{}_{kl}$ *is symmetric* the second integral, with the help of the Palatini-expression for δR_{kl} and partial integration, becomes

$$\int \mathfrak{g}^{kl}\,\delta R_{kl}\,d\tau = \int \left(\mathfrak{g}^{kl}{}_{;\alpha} - \delta^l{}_\alpha\,\mathfrak{g}^{k\beta}{}_{;\beta}\right)\delta\Gamma^\alpha{}_{kl}\,d\tau , \qquad (2,2)$$

the semicolons referring to the affinity $\Gamma^\alpha{}_{kl}$. It is known, that from this the field-equations of gravitation follow in two ways, namely—

(**a**) *Metrical theory* (*Einstein*): One *assumes* $g_{ik} = g_{ki}$ and

$$\Gamma^\alpha{}_{kl} = \left\{ {\alpha \atop k\,l} \right\} ; \qquad (2,3)$$

then the semicolon-derivatives in (2, 2) vanish identically, and since the Ricci-tensor of the Christoffel-affinity *is* symmetric, the vanishing of the first integral in (2, 1) requires

$$R_{kl} = 0 . \qquad (2,4)$$

(**b**) *Mixed theory* (*Palatini*): One assumes again $g_{ik} = g_{ki}$ *and* (in order that (2, 2) may hold) $\Gamma^i{}_{kl} = \Gamma^i{}_{lk}$. The two integrals have to vanish separately. Hence the symmetric part of the bracket in (2, 2) must vanish, from which one easily infers $\mathfrak{g}^{kl}{}_{;\alpha} = 0$ and thus $g_{kl;\,\alpha} = 0$. The latter, in virtue of the assumed symmetry of Γ, entails (2, 3) and we obtain (2, 4) as before. It will turn out presently, that the symmetry assumption about Γ can be spared, without changing the result substantially.

3. Mixed Generalizations.

The attitude **b** is superior to **a**—though they both lead to the same result—because it suggests very natural generalizations; which **a** does not, since there is no simple and natural clue,[2] by what the connection (2, 3) should be replaced, if g_{ik} is non-symmetric. So we *dismiss* the case of a *purely metrical non-symmetric theory.*

For two of the three mixed generalizations we need the general form which (2, 2) takes for a non-symmetric affinity. This decisive step has been worked out in the appendix of part I, viz.

$$\int \mathfrak{g}^{kl}\, \delta R_{kl}\, d\tau = \int \left(\mathfrak{G}^{kl}{}_{\alpha} - \delta^{l}{}_{\alpha}\, \mathfrak{G}^{k\beta}{}_{\beta} \right) \delta \Gamma^{\alpha}{}_{kl}\, d\tau \,, \tag{3, 1}$$

where

$$\mathfrak{G}^{kl}{}_{\alpha} = \mathfrak{g}^{kl}{}_{,\alpha} + \mathfrak{g}^{\sigma l}\, {}^{*}\Gamma^{k}{}_{\sigma\alpha} + \mathfrak{g}^{k\sigma}\, {}^{*}\Gamma^{l}{}_{\alpha\sigma} - \tfrac{1}{2}\, \mathfrak{g}^{kl} \left({}^{*}\Gamma^{\sigma}{}_{\sigma\alpha} - {}^{*}\Gamma^{\sigma}{}_{\alpha\sigma} \right) \tag{3, 2}$$

and

$$\begin{aligned} {}^{*}\Gamma^{i}{}_{kl} &= \Gamma^{i}{}_{kl} + \tfrac{2}{3}\, \delta^{i}{}_{k}\, \Gamma_{l} \,, \\ \Gamma_{k} &= \tfrac{1}{2} \left(\Gamma^{\sigma}{}_{k\sigma} - \Gamma^{\sigma}{}_{\sigma k} \right), \end{aligned} \tag{3, 3}$$

from which identically

$${}^{*}\Gamma^{\alpha}{}_{k\alpha} = {}^{*}\Gamma^{\alpha}{}_{\alpha k} \,. \tag{3, 4}$$

If now $\Gamma^{\alpha}{}_{kl}$ is actually non-symmetric (64 components), the bracket in (3, 1) must vanish and that means that the derivative (3, 2) must vanish.

$$\mathfrak{G}^{kl}{}_{\alpha} = 0 \,. \tag{3, 5}$$

It is known from part I, that this can equivalently be written in the simpler form

$$g_{kl,\alpha} - g_{\sigma l}\, {}^{*}\Gamma^{\sigma}{}_{k\alpha} - g_{k\sigma}\, {}^{*}\Gamma^{\sigma}{}_{\alpha l} = 0 \,, \tag{3, 6}$$

and that it has the consequences

$$\overset{ik}{\underset{\vee}{\mathfrak{g}}}{}_{,k} = 0 \tag{3, 7}$$

and

$$\frac{\partial\, {}^{*}\Gamma^{\alpha}{}_{k\alpha}}{\partial x_{l}} - \frac{\partial\, {}^{*}\Gamma^{\alpha}{}_{l\alpha}}{\partial x_{k}} = 0 \,. \tag{3, 8}$$

---

[2] I admit that (3, 6) might be regarded as a *natural* assumption *when written with* Γ *in place of* ${}^{*}\Gamma$. But it is *reasonable* only with ${}^{*}\Gamma$ explained by (3, 3). This seems to me too far fetched to be adopted *a priori.*

Now we have to distinguish the two cases.

(c) Γ^i_{kl} *non-symmetric,* g_{ik} *symmetric.*

With a symmetric g_{ik} we get from (3, 6)

$$*\Gamma^i_{kl} = \left\{ {i \atop k\,l} \right\}, \qquad (3,9)$$

while the vanishing of the first integral in (2, 1) demands

$$R_{\underline{kl}} = 0. \qquad (3,10)$$

Moreover, as we know from part I,

$$R_{kl} = *R_{kl} + F_{kl}, \qquad (3,11)$$

where $*R_{kl}$ denotes the Ricci-tensor of the $*\Gamma$-affinity (which according to (3, 9) is in the present case symmetric), and

$$F_{kl} = \tfrac{2}{3}\left(\frac{\partial \Gamma_l}{\partial x_k} - \frac{\partial \Gamma_k}{\partial x_l}\right), \qquad (3,12)$$

which is skew. Hence (3, 10) reads

$$*R_{kl} = 0. \qquad (3,13)$$

So we get again only the pure gravitational field, nothing more. F_{kl} is a gratuitous embellishment, the vector Γ_k remaining entirely undetermined.

(d) *Both* Γ^i_{kl} *and* g_{ik} *non-symmetric.*

$*\Gamma^i_{kl}$ is uniquely determined by (3, 6), but not in the simple fashion (3, 9). (3, 11) with (3, 12) holds, but $*R_{kl}$ is no longer symmetric Instead of (3, 10) we get the full set

$$R_{kl} = 0. \qquad (3,14)$$

We split it into its symmetric and skew parts. From the latter we eliminate F_{kl} by differentiation. This yields

$$*R_{\underline{ik}} = 0, \qquad (3,15a)$$

$$*R_{\underset{\vee}{ik},l} + *R_{\underset{\vee}{kl},i} + *R_{\underset{\vee}{li},k} = 0. \qquad (3,15b)$$

This is—with our $*\Gamma^i_{kl}$ playing the rôle of their Γ^i_{kl}—precisely the theory of Einstein and Straus.[3] For, our $*R_{kl}$ is, *a posteriori*, on account of (3, 4) and (3, 8), the same as their *a priori* manipulated ("hermitized") Ricci-tensor, which they call P_{kl}. They give as their field equations our (3, 4)

[3] Annals of Mathematics, *46*, 578, 1945; *47*, 731, 1946.

and (3, 6)—of which (3, 7) and (3, 8) are consequences—and our (3, 15). But on account of the said "manipulation" they could only obtain them by imposing (3, 4) *and* (3, 7) as accessory conditions. This mars the simplicity of the foundation, compared with the point of view developed here.

We have still to examine the third possibility.

(e) Γ^i_{kl} *symmetric*, g_{ik} *non-symmetric.*

The vanishing of (3, 1), which now takes again the simpler form (2, 2), requires only that the *symmetric part* of the bracket vanish, thus,

$$\mathfrak{g}^{kl}{}_{;\alpha} - \tfrac{1}{2}\delta^l_\alpha \mathfrak{g}^{k\beta}{}_{;\beta} - \tfrac{1}{2}\delta^k_\alpha \mathfrak{g}^{l\beta}{}_{;\beta} = 0\,, \tag{3, 16a}$$

while the first integral in (2, 1) furnishes

$$R_{kl} = 0\,. \tag{3, 16b}$$

These are now our field equations, both the semi-colon and the R-tensor referring to the (symmetrical) Γ^i_{kl}. For reasons of economy we defer the further investigation, because it can be settled by a brief corollary to the case **g** below.

4. Affine Generalizations.

If in performing the variation (1, 1) we wish to allow only the Γ^i_{kl} to vary independently, we must somehow give ourselves the g_{ik} as functions of them. Now there is a simple and suggestive general manner of doing that, and that is, to replace the variational principle ostensibly by a different one namely

$$\delta I = \delta \int \mathfrak{L}(R_{kl})\, d\tau = 0\,, \tag{4, 1}$$

where $\mathfrak{L}$ is a scalar density, function only of the R_{kl}, ortherwise arbitrary. Then the array of its partial derivatives have the character of a contravariant second rank density and we may supply the required relation between the g_{ik} and the Γ^i_{kl} by *defining*

$$\mathfrak{g}^{kl} = \frac{\partial \mathfrak{L}}{\partial R_{kl}}\,. \tag{4, 2}$$

Moreover, since a change of scale of all four coordinates in the ratio a (to wit, $x_k = a\,x'_k$) would affect all the R_{kl} by the factor a^2 and $\mathfrak{L}$ by the factor a^4, $\mathfrak{L}$ must be a homogeneous function of the second degree of the R_{kl}. Hence

$$\mathfrak{L} = \tfrac{1}{2}\,\mathfrak{g}^{kl} R_{kl}\,. \tag{4, 3}$$

This shows that, by adopting (4, 2), we fall back on the original form (1, 1) of the variational principle *whatever we may choose for* $\mathfrak{L}$. On the other hand, from (4, 1) and (4, 2)

$$\delta I = \delta \int \mathfrak{L}\, d\tau = \int \mathfrak{g}^{kl}\, \delta R_{kl}\, d\tau = 0 . \qquad (4, 4)$$

The vanishing of *this* integral, that is of (3, 1), which was a common feature of all previous cases, is now the *only* demand. The consequences are literally the same as before—depending however, it will be remembered, on whether or not symmetry of $\Gamma^i{}_{kl}$ is assumed. The *other* condition, viz.

$$\int R_{kl}\, \delta\, \mathfrak{g}^{kl}\, d\tau = 0 \qquad (4, 5)$$

must now *not* be demanded separately. (That it actually follows from (4, 3) and (4, 4) is of no consequence.) That part of the field equations which followed from it, viz. $R_{kl} = 0$ or $\underline{R}_{kl} = 0$, as the case might be, is now superseded by (4, 2). *Only this part depends on the special choice of the Lagrangian.*

We shall follow up here only one particularly suggestive choice, namely

$$\mathfrak{L} = \frac{2}{\lambda} \sqrt{- \mathrm{Det.}\, R_{kl}} . \qquad (4, 6)$$

The factor 2 is put in for convenience. The equally irrelevant constant λ is to facilitate the adoption of a "human" scale for g_{kl}.—It has been explained in part I, that (4, 2) with (4, 6), takes the form

$$R_{kl} = \lambda g_{kl} , \qquad (4, 7)$$

which suggests to look upon λ as the cosmological constant. The set (4, 7) is common to the two cases we have to distinguish now.

(f) $\Gamma^i{}_{kl}$ *non-symmetric.*

This is the theory put forward in part I, the one this series of papers is actually concerned with, so we can be brief about it. We see now why it is so closely related to the Einstein-Straus-theory, explained sub **d** above. The relations (3, 2)-(3, 8), (3, 11), (3, 12) are transferred without change; but since (3, 14) is now superseded by (4, 7), the equations (3, 15) are now replaced by

$$^*\underline{R}_{kl} = \lambda \underline{g}_{kl} \qquad (4, 8a)$$

$$(^*R_{\underset{\vee}{ik}} - \lambda g_{\underset{\vee}{ik}})_{,\, l} + (^*R_{\underset{\vee}{kl}} - \lambda g_{\underset{\vee}{kl}})_{,\, i} + (^*R_{\underset{\vee}{li}} - \lambda g_{\underset{\vee}{li}})_{,\, k} = 0 . \qquad (4, 8b)$$

However, as was explained in part I, the relation (4, 7) affords a more concise way of expressing the field-laws, by inserting (4, 7) in (3, 6), viz.

$$R_{kl\,,\,a} - R_{\sigma l}\,{}^*\Gamma^{\sigma}{}_{ka} - R_{k\sigma}\,{}^*\Gamma^{\sigma}{}_{al} = 0\,. \tag{4, 9}$$

They are, if you keep in mind the definition (3, 3) of the $^*\Gamma$'s, only about the original affine field variables $\Gamma^i{}_{kl}$, and *they contain all the other information*, g_{kl} having become just another name for R_{kl}, expressed, if you please, in a different scale.

(g) $\Gamma^i{}_{kl}$ *symmetric.*

Our variational condition (4, 4) demands, according to (2, 2), which is now competent, the vanishing of the symmetric part of the bracket in (2, 2). We had written that out, sub **e** in (3, 16a), which was *there* to be supplemented by (3, 16b), *now* however' by (4, 7). (Remember that we had delayed further action because the relatively uninteresting case **e** will now be treated as a corollary, by "putting $\lambda = 0$"). With the abbreviation

$$\mathfrak{g}^{kl}_{\vee}{}_{,\,l} = \mathfrak{i}^k \tag{4, 10}$$

one easily obtains, by contracting (3, 16a) with respect to l and a:

$$\mathfrak{g}^{k\beta}{}_{;\,\beta} = -\tfrac{2}{3}\,\mathfrak{i}^k\,. \tag{4, 11}$$

Using this in (3, 16a)

$$\mathfrak{g}^{\underline{kl}}{}_{;\,a} + \tfrac{1}{3}\,\delta^l{}_a\,\mathfrak{i}^k + \tfrac{1}{3}\,\delta^k{}_a\,\mathfrak{i}^l = 0\,. \tag{4, 12}$$

To solve these equations for the $\Gamma^i{}_{kl}$, concealed in the semicolon, we have to supplement the *symmetric* density $\mathfrak{g}^{\underline{kl}}$ in the usual way by a metric, which we must however not call g_{kl} or $g_{\underline{kl}}$, because these symbols have already been given an entirely different meaning, according to (1, 3). So we denote it by s_{kl}, its determinant by s and the contravariant tensor by s^{kl}, thus

$$s = \text{Det. } \mathfrak{g}^{\underline{kl}}\ (= \text{Det. } s_{kl}) \qquad s^{kl} = \frac{\mathfrak{g}^{\underline{kl}}}{\sqrt{-s}}$$

$$s^{kl}\,s_{km} = \delta^l{}_m\,. \tag{4, 13}$$

The solution of (4, 12) works out thus

$$\Gamma^a{}_{kl} = \left\{ {a \atop k\,l} \right\}_s - \tfrac{1}{2}\,g_{kl}\,i^a + \tfrac{1}{6}\,\delta^a{}_k\,i_l + \tfrac{1}{6}\,\delta^a{}_l\,i_k\,. \tag{4, 14}$$

The index s at the curly bracket means that the Christoffel-symbol is to be formed of the s_{kl}. The lowering of the index in i and the "Latinization" is also performed with the s-metric.

By inserting this result into (4, 7) we obtain after some work

$$R_{kl}(\Gamma^{\alpha}{}_{\beta\gamma}) = R_{kl}\left(\left\{{\alpha \atop \beta\gamma}\right\}_s\right) + \tfrac{1}{6}(i_{k,l} - i_{l,k}) + \tfrac{1}{6}i_k i_l = \lambda g_{kl}, \quad (4,15)$$

where the notation is, I think, unambiguous. We split this into its symmetric and skew parts

$$R_{kl}\left(\left\{{\alpha \atop \beta\gamma}\right\}_s\right) + \tfrac{1}{6}i_k i_l = \lambda g_{\underline{kl}} \quad (4,16a)$$

$$\tfrac{1}{6}(i_{k,l} - i_{l,k}) = \lambda g_{\underset{\vee}{kl}}. \quad (4,16b)$$

These are the fairly involved field-equations of the present case, heed being taken of the meaning of the s-metric and the vector i_k, see (4, 10). It is the theory put forth by Einstein[4] as early as 1923 and reviewed in great detail by A. S. Eddington in Note 14 of the 2nd Edition of his Mathematical Theory of Relativity.

A very distinctive feature of the symmetric case is, that not only is the "current" i^k not necessarily zero—as against (3, 7), which holds in the non-symmetric theories—but the occurrence of any skew field at all is tied up with this non-vanishing i_k. Indeed for $i_k = 0$, we get $g_{\underset{\vee}{kl}} = 0$ from (4, 16b), and s_{kl} coincides then with $g_{\underline{kl}}$, so that (4, 16a) become the equations of the pure gravitational field with cosmological term. Yet in view of the exceeding smallness of the constant λ very small values of i_k may suffice to produce a noticeable skew part of g_{kl}.

In interpreting this theory, one seems to have the option whether to regard $g_{\underline{kl}}$ or s_{kl} as the gravitational potential. I believe that only the second alternative has been envisaged, which is simpler. The gravitating effect of the skew field must then be squeezed out of the λ-term in (4, 16a) by developing

$$g_{\underline{kl}} = s_{kl} + \ldots\ldots, \quad (4,17)$$

where the dots indicate a series of ascending even powers of the skew field. However, to account in this way for the comparatively strong gravitating effect which from general principles one is used to and feels bound to attribute to the electromagnetic field, seems to require—in view of the exceeding smallness of λ—too appreciable values of the $g_{\underset{\vee}{ik}}$, inadmissible *if* this skew tensor is to represent electromagnetism.

It is not our task here to deal with these questions, but we must give the promised corollary, settling the case **e** that we left open. With $\lambda = 0$

[4] Sitz. Ber. d. Preuss. Akad., pp. 32, 76, 137 (1923).

we are left with

$$R_{kl}\left(\left\{ {\alpha \atop \beta\gamma} \right\}_s\right) + \tfrac{1}{6}\, i_k i_l = 0$$
$$i_{k,l} - i_{l,k} = 0 . \qquad (4,18)$$

These are, with the metrical tensor s_{kl}, the equations of pure gravitation, enhanced only by an odd energy-tensor, which depends on a vector-field i_k of vanishing curl and, from (4, 10), vanishing divergence

$$\mathfrak{i}^k{}_{,k} = 0 . \qquad (4,19)$$

This seems to be an absurdly trivial generalization. The curl condition alone allows us to choose a frame in which the i_k's are constant, simply by choosing the scalar, of which i_k must be the gradient, as one of the coordinates. We have mentioned the case only for completeness, and also to show that the so-called cosmological term can matter a lot, in spite of its smallness.

5. The Skew Fields.

We return to the non-symmetric affine theory (which is the subject proper of these papers), more particularly to the equations (3, 7) and (4, 8b), which from their build could be Maxwell's equations. Can they?

A preliminary task is, to express the densities $\mathfrak{g}^{\underline{ik}}$ and $\mathfrak{g}^{\overset{ik}{\vee}}$ by $g_{\underset{\vee}{ik}}$ and $g_{\underline{ik}}$. The latter we regard as the metric. A more convenient notation is now desirable. We put

$$g_{\underline{ik}} = h_{ik} , \qquad g_{\underset{\vee}{ik}} = f_{ik} . \qquad (5,1)$$
$$\text{thus } g_{ik} = h_{ik} + f_{ik} .$$

The determinant of h_{ik} we call $\bar{h}$, its normalized minors h^{ik}. First we compute the determinant g. A suitable (complex) transformation reduces h_{ik} to unity and f_{ik} to the components f_{12} and f_{34}. In this frame

$$g = (1 + f_{12}^2)(1 + f_{34}^2) = 1 + f_{12}^2 + f_{34}^2 + f_{12}^2 f_{34}^2.$$

We rewrite this, still in the special frame, thus

$$g = h + \tfrac{1}{2}\, h\, h^{il} h^{km} f_{ik} f_{lm} + \mathfrak{J}_2^2, \qquad (5,2)$$

where

$$\mathfrak{J}_2 = \tfrac{1}{8}\, \varepsilon^{iklm} f_{ik} f_{lm} . \qquad (5,3)$$

But (5, 2) is obviously invariant.

To obtain the $\mathfrak{g}^{\overset{ik}{\vee}}$ and $\mathfrak{g}^{\underline{ik}}$ we behold that

$$dg = g\, g^{ik}\, d g_{ik} = g\, g^{ik} (d h_{ik} + d f_{ik}) = g\, g^{\underline{ik}}\, d h_{ik} + g\, g^{\overset{ik}{\vee}}\, d f_{ik} .$$

Hence

$$\mathfrak{g}^{\underline{ik}} = -\frac{1}{\sqrt{-g}}\frac{\partial g}{\partial h_{ik}} \qquad \mathfrak{g}^{\overset{ik}{\vee}} = -\frac{1}{\sqrt{-g}}\frac{\partial g}{\partial f_{ik}} \,. \tag{5, 4}$$

To carry out the differentiation, we must remember that

$$\frac{\partial h}{\partial h_{ik}} = h\, h^{ik}, \qquad \frac{\partial h^{ik}}{\partial h_{lm}} = -\tfrac{1}{2}\left(h^{il} h^{km} + h^{im} h^{kl}\right). \tag{5, 5}$$

(The latter follows from the well-known relation

$$dh^{ik} = -h^{il} h^{km}\, dh_{lm} \,,$$

in which however the h-product must be symmetrized, in order to be the derivative.) In writing out the equations (5, 4), we introduce the convention that the indices of f_{ik} shall be raised with the help of h^{ik}. This can cause no confusion, because no other convention for raising and lowering has yet been introduced in the exposition of this theory. So from (5, 2)-(5, 5) we easily obtain

$$g = h + \tfrac{1}{2} f^{lm} f_{lm} + \mathfrak{I}_2^{\,2} \tag{5, 6a}$$

$$\mathfrak{g}^{\underline{rs}} = \frac{-h}{\sqrt{-g}}\left[h^{rs}\left(1 + \tfrac{1}{2} f^{lm} f_{lm}\right) - f^{rm} f^{s}{}_{m}\right] \tag{5, 6b}$$

$$\mathfrak{g}^{\overset{rs}{\vee}} = \frac{-h}{\sqrt{-g}}\left(f^{rs} + \frac{1}{2h}\,\mathfrak{I}_2\, \varepsilon^{rslm} f_{lm}\right). \tag{5, 6c}$$

If the h_{ik} are of the order of unity, and the f_{ik} are small, g and $\mathfrak{g}^{\underline{rs}}$ differ from h and $\sqrt{-h}\,h^{rs}$ respectively only by quantities of the second order; $\mathfrak{g}^{\overset{rs}{\vee}}$ is of the first order and differs from $\sqrt{-h}\,f^{rs}$ only by quantities of the third order. Moreover the field relationship between the contravariant density $\mathfrak{g}^{\overset{rs}{\vee}}$ and the covariant tensor $f_{rs}\ (= g_{\underset{\vee}{rs}})$ is precisely the one that in Born's non-linear electrodynamics, written in the general metric h_{ik}, joins the contravariant density and the convariant tensor of the electromagnetic field.

Turning now to the suspected Maxwell equations, (3, 7) and (4, 8b), which we re-write for convenience,

$$\mathfrak{g}^{\overset{ik}{\vee}}{}_{,k} = 0 \,, \tag{3, 7}$$

$$({}^*R_{\underset{\vee}{ik}} - \lambda f_{ik})_{,l} + ({}^*R_{\underset{\vee}{kl}} - \lambda f_{kl})_{,i} + ({}^*R_{\underset{\vee}{li}} - \lambda f_{li})_{,k} = 0 \,, \tag{4, 8b}$$

we see, that they are *not* Maxwell's empty space equations for the two tensors that are in the Born-relationships, because from (3, 11) and (4, 7)

$${}^*R_{ik} + F_{ik} = \lambda f_{ik} \,.$$

There is, however, one distinctive possibility of interpreting them as Maxwell-Born equations *including sources.* If you write (4, 8b) thus—we now use square brackets to indicate the sum over the cyclical permutations, as is often done—

$$f_{[ik,l]} = \frac{1}{\lambda} {}^*R_{[ik,l]}, \qquad (5,7)$$

you may look upon the second member as representing the sources of the f_{ik}-field, or what is usually called the four-vector current.

Analytically the equations (5, 7) are very complicated, not of the first, but of the third order in f_{ik}. Third derivatives are concealed in the second member, if you consider that ${}^*R_{ik}$ is the Ricci-tensor of the ${}^*\Gamma^i_{kl}$, and that the latter are by (3, 6) extremely involved functions of the g_{ik} and their first derivatives. However, one must not expect a very simple connection, if it is a question of accounting by first principles for charge and current, which in a non-unitary theory are looked upon as primitive data.

I do not say that this is necessarily the competent interpretation, but it is a possible one. It has one feature that is very attractive, *if* f_{ik} ($= g_{\underset{\vee}{ik}}$) is to represent electro-magnetism. The source function forcibly turns up in the "cyclical" set, not in the other one, (3, 7) where by inveterate habit we would expect it. This entails, contrary to common usage, that f_{k4} is to be associated with the magnetic field and the space-spatial components of f_{ik} with the electric field. It has been pointed out long ago[5] that this association provides a more reasonable description of the *reversibility* of Maxwell's equations ; for then the components of the magnetic field and of the current change sign automatically when the sign of t is reversed, since they are just those which contain the index 4 once.

Formally one can, of course, always exchange the rôles of the two sets with the help of the ε-density, and in a non-unitary theory it is a matter of taste whether you introduce any skew tensor or its dual as the primitive entity. With us, however, the equations turn up naturally in the above form, and e.g. $g_{\underset{\vee}{14}}$ is naturally associated with $g_{\underline{14}}$ and not with $g_{\underline{23}}$. And the latter two components cannot be exchanged; they do have a very distinctive meaning.

Is there symmetry with respect to the sign of the charge?

Given a tensor g_{kl}, let me call the tensor whose (kl)-component is g_{lk} its mirror image; similarly the mirror image of an affinity Γ^i_{kl} shall be the affinity $\Gamma^i_{\underline{kl}} - \Gamma^i_{\underset{\vee}{kl}}$. Then if g_{kl} and ${}^*\Gamma^i_{kl}$ satisfy (3, 6), their

[5] A. Einstein, Sitz. Ber. d. Preuss. Akad., 1925, p. 414. See my report in "Nature," 153, 572, 1944.

mirror images also do. By this, let me call it, reflexion the Ricci tensor $^*R_{kl}$ is also turned into its mirror image, on account of (3, 4) and (3, 8). Hence the equation (4, 7), which from (3, 11) reads

$$^*R_{kl} + F_{kl} = \lambda g_{lk},$$

if it was originally satisfied will also hold for the mirror images, provided F_{kl} is also reflected, which means changing its sign. Thus with every solution of the field equations is associated another one, obtained from it by changing the sign of the skew tensors. Of course the proposed charge-current density then also changes sign. Let me remark by the way that the symmetric part of the *starred*, but not that of the non-starred affinity is the same in the two associated solutions.

The ostensible lack of symmetry between the charges of opposite sign has often been commented on. To-day it seems to have reduced to the fact that the negative counterpart of the proton is not known. However, a careful theoretical scrutiny by Heitler and J. McConnell[6] has shown the chances for discovering it to be so small, that the question of its existence is hitherto undecided.

In part I I made the point, that the magnetic field surrounding a celestial body is probably a *direct* consequence of its mechanical rotation and that the unified theory ought therefore to account for it. The case has since been strongly advocated by P. M. S. Blackett,[7] who collected valuable new evidence. The symmetry established above does not preclude the possibility of a general explanation—the kind advocated by Blackett—along the lines of the present theory, but it shows that it is not a very simple thing. For it must necessarily be based on the intermediary of at least a general comprehension of the structure of matter. The sign of the field must be bound up with the fact, that the matter producing it is composed of positive protons and negative electrons. We would have to expect rotating matter of the inverse constitution, if it exists, to produce a magnetic field of the opposite sign.

---

[6] Proc. Roy. Ir. Acad. 50 A 12 and another in press.

[7] P. M. S. Blackett, Nature, Vol. *159*, May 17, p. 658, 1947.

PROCEEDINGS

OF

THE ROYAL IRISH ACADEMY

PAPERS READ BEFORE THE ACADEMY.

1.

THE FINAL AFFINE FIELD LAWS. III.[1]

(From the Dublin Institute for Advanced Studies.)

By ERWIN SCHRÖDINGER.

[Read 23 June, 1947. Published 23 February, 1948.]

This Part is concerned with generalizing a set of altogether four and twenty familiar identities. The first four express the conservation laws in the way of an invariant divergence, the next four in non-invariant *form*, namely by plain divergences; the last sixteen give every component of the total stress-energy-momentum as a plain divergence.

The theorems hold and are of equal relevance in the Einstein-Strauss theory and in any affine version whose Lagrangian $\mathfrak{L}$ is a function of the R_{ik} only. It is not astonishing that these new theories open a much more direct and more interesting way than, to my knowledge, any previous conception of a unified field theory did, of drawing upon the hoard of information which in pure gravitational theory is vested in the Lagrange function. The reason is that they are founded on virtually the same Lagrange function, to which nothing is added, only certain symmetry postulates are dropped; as has been explained in Part II. It seems worth while to work out the close kindred, notwithstanding the inordinate obstacles met with in the search for exact solutions of the field equations. Even in the much simpler case of pure gravitation only few are known. Very welcome they would be. Yet for giving the desired clue to the coveted coalescence with quantum theory, general theorems may well prove to be more effectual, or at any rate they will be needed.

Since in the present case the functions that express the affinity explicitly by the fundamental tensor are well-nigh inaccessible by tensor calculus,

[1] Proc. Roy. I. A. *51* (A), pp. 163, 295, 1947.

singularly suited is the method due to Felix Klein, Gött. Nachr. math. phys. Kl. 1917, p. 469. W. Pauli, at the age of 20, has expounded it masterfully in sect. 23 of his famous article, Enzyklopädie der Math. Wissensch. Vol. V 19 (1920). I am indebted to Dr. Papapetrou, Scholar of the Institute, for re-directing my attention to this elegant method and to Pauli's exposition. It is not widely popular. Text-books as a rule still use non-illuminating unsurveyable computations instead.

1. The invariant integral.

We start from considering the invariant integral

$$I^* = \int \mathfrak{g}^{ik} \, {}^*R_{ik} \, d\tau \, , \tag{1, 1}$$

whose intergrand, with the factor $\frac{1}{2}$, is according to Part I, eqn. (24), a part of the Lagrangian $\mathfrak{L}$ on which the affine theory is based. However, this is now less relevant than that the integrand is here regarded as a function of the $\mathfrak{g}^{ik}$ and their derivatives only. For we shall now from the outset define the ${}^*\Gamma^i{}_{kl}$, of which ${}^*R_{ik}$ is the Einstein tensor, as those—rational but extremely intricate—functions of the aforesaid quantities as which the equations

$$\mathfrak{g}^{kl}{}_{,i} + \mathfrak{g}^{\sigma l} \, {}^*\Gamma^k{}_{\sigma i} + \mathfrak{g}^{k\sigma} \, {}^*\Gamma^l{}_{i\sigma} - \tfrac{1}{2} \mathfrak{g}^{kl} ({}^*\Gamma^\sigma{}_{i\sigma} + {}^*\Gamma^\sigma{}_{\sigma i}) = 0 \tag{1, 2}$$

or, equivalently, the equations

$$g_{kl,i} - g_{\sigma l} {}^*\Gamma^\sigma{}_{ki} - g_{k\sigma} {}^*\Gamma^\sigma{}_{il} = 0 \tag{1, 3}$$

give them uniquely. In the symmetrical case ($g_{ik} = g_{ki}$) these functions become the Christoffel-brackets and I^* becomes that Hamiltonian integral on which the analytical developments we wish to generalize are based in the theory of pure gravitation.

We contemplate the variation of (1, 1) for arbitrary $\delta \mathfrak{g}^{ik}$:

$$\delta I^* = \int {}^*R_{ik} \, \delta \mathfrak{g}^{ik} \, d\tau + \int \mathfrak{g}^{ik} \, \delta^* R_{ik} \, d\tau \, . \tag{1,4}$$

We wish to get rid of the second part, in the event that the $\delta \mathfrak{g}^{ik}$ vanish at the boundary. By carefully applying to it the consideration set forth in the Appendix to Part I, we find, it does not vanish on the strength of (1, 2), unless we join the demand that for the non-varied $\mathfrak{g}^{ik}$

$${}^*\Gamma^\sigma{}_{k\sigma} = {}^*\Gamma^\sigma{}_{\sigma k} \, . \tag{1, 5}$$

This is virtually equivalent to

$$\mathfrak{g}^{\underset{\vee}{ik}}{}_{,k} = 0 \, . \tag{1, 6}$$

For, by contracting (1, 2) both ways and subtracting the results, one obtains, as Einstein and Straus have first observed,

$$\mathfrak{g}^{\underset{\vee}{ik}}{}_{,k} = \tfrac{1}{2}\mathfrak{g}^{\underline{ik}}\,({}^*\Gamma^{\sigma}{}_{k\sigma} - {}^*\Gamma^{\sigma}{}_{\sigma k})\,. \tag{1,7}$$

So we can state, that

$$\delta I^* = \int {}^*R_{ik}\,\delta\mathfrak{g}^{ik}\,d\tau \tag{1,8}$$

holds for any $\delta\mathfrak{g}^{ik}$ that vanish at the boundary, provided the unvaried $\mathfrak{g}^{ik}$ comply with (1, 6).

From

$$\delta\sqrt{-g} = \tfrac{1}{2}\sqrt{-g}\,g^{\mu\nu}\,\delta g_{\mu\nu} = -\tfrac{1}{2}\sqrt{-g}\,g_{\mu\nu}\,\delta g^{\mu\nu}\,, \tag{1,9}$$

one easily finds

$$\delta\mathfrak{g}^{ik} = \sqrt{-g}\,(\delta g^{ik} - \tfrac{1}{2}g^{ik}g_{\mu\nu}\,\delta g^{\mu\nu})\,. \tag{1,10}$$

Hence

$${}^*R_{ik}\,\delta\mathfrak{g}^{ik} = -\mathfrak{T}_{ik}\,\delta g^{ik}\,, \tag{1,11}$$

where we have put

$$\mathfrak{T}_{ik} = -\sqrt{-g}\,({}^*R_{ik} - \tfrac{1}{2}g_{ik}g^{\mu\nu}\,{}^*R_{\mu\nu})\,. \tag{1,12}$$

An equivalent form of (1, 8), valid under the same restrictions, is therefore

$$\delta I^* = -\int \mathfrak{T}_{ik}\,\delta g^{ik}\,d\tau\,. \tag{1,13}$$

By specializing in a variation induced by a suitable change of frame, the relations (4, 1) below can be obtained forthwith. But we aim at more, viz. not only at these four, but at twenty-four relations altogether. They are not—or at any rate I shall not prove them to be—strict identities, but depend on (1, 6). In principle we shall always adjoin *this condition*, which the field-laws demand just as they demand (1, 2) and (1, 3). We shall frequently have to refer to it. It will impose increased carefulness and compel us to modify some considerations, because as a rule also the variations must be subjected to it and are then no longer independent.

How the twenty-four relations change, when this condition is discarded, and whether the full identities are of the same general *type*, I cannot tell.

2. The non-invariant integral.

The extended set of relations is obtained, just as in the symmetrical case, by studying a certain non-invariant integral, whose integrand is only a part of that of I^* and contains only first derivatives of the g_{ik}. Put

$$\Lambda_{ik} = {}^*\Gamma^{\alpha}{}_{i\beta}\,{}^*\Gamma^{\beta}{}_{\alpha k} - {}^*\Gamma^{\alpha}{}_{\beta\alpha}\,{}^*\Gamma^{\beta}{}_{ik} \tag{2,1}$$

and

$$\Lambda = \mathfrak{g}^{ik}\,\Lambda_{ik}\,, \tag{2,2}$$

and fix your attention on

$$\int \Lambda \, d\tau \, . \qquad (2,3)$$

Let δ mean any variation that conserves (1, 6) and thus (1, 5). The following relation

$$({}^*\Gamma^{\alpha}{}_{ik} - \delta^{\alpha}{}_{k} {}^*\Gamma^{\sigma}{}_{i\sigma}) \, \delta (\mathfrak{g}^{ik}{}_{,\alpha}) = - 2 \Lambda_{ik} \delta \mathfrak{g}^{ik} - \mathfrak{g}^{ik} \delta \Lambda_{ik} \qquad (2,4)$$

may then be confirmed by going to the trouble of replacing $\mathfrak{g}^{ik}{}_{,\alpha}$ in the second factor of the first member according to (1, 2) and carefully examining the twelve terms that result from executing first the variation and then the product. Let us put for abbreviation

$$\Lambda^{\alpha}{}_{ik} = {}^*\Gamma^{\alpha}{}_{ik} - \delta^{\alpha}{}_{k} {}^*\Gamma^{\sigma}{}_{i\sigma} \, . \qquad (2,5)$$

From (2, 4) we obtain, with regard to (2, 1), (2, 2) and (2, 5)

$$\delta \Lambda = - \Lambda_{ik} \, \delta \mathfrak{g}^{ik} - \Lambda^{\alpha}{}_{ik} \, \delta (\mathfrak{g}^{ik}{}_{,\alpha}) \, , \qquad (2,6)$$

valid if (1, 6) holds for both $\mathfrak{g}^{ik}$ and $\mathfrak{g}^{ik} + \delta \mathfrak{g}^{ik}$. On account of this restriction the Λ-factors in (2, 6) have *not*, as they have in the symmetric case, the dignity of partial derivatives of Λ, nay, the $\Lambda^{\alpha}{}_{ik}$ are not even the values the corresponding partial derivatives take for such $\mathfrak{g}^{ik}$'s as comply with (1, 6). But that does not matter.

Using (2, 6) we work out the variation of the integral (2, 3) for any set of $\delta \mathfrak{g}^{ik}$ that complies with (1, 6) but not necessarily vanishes at the boundary:

$$\delta \int \Lambda \, d\tau = \int \delta \Lambda \, d\tau = \int (\Lambda^{\alpha}{}_{ik,\alpha} - \Lambda_{ik}) \, \delta \mathfrak{g}^{ik} \, d\tau - \int (\Lambda^{\alpha}{}_{ik} \mathfrak{g}^{ik})_{,\alpha} \, d\tau \, . \qquad (2,7)$$

A glance at (2, 5) and (2, 1) shows that

$$\Lambda^{\alpha}{}_{ik,\alpha} - \Lambda_{ik} = - {}^*R_{ik} \, . \qquad (2,8)$$

From this and from the identity (1, 11) we obtain, using the notation (1, 12):

$$\delta \int \Lambda \, d\tau = \int \delta \Lambda \, d\tau = \int \mathfrak{T}_{ik} \, \delta g^{ik} \, d\tau - \int (\Lambda^{\alpha}{}_{ik} \, \delta g^{ik})_{,\alpha} \, d\tau \, , \qquad (2,9)$$

valid, to repeat that, if (1, 6) holds and is preserved by the variation. If the latter vanishes at the boundary, then from (1, 13)

$$\delta \int \Lambda \, d\tau = \int \delta \Lambda \, d\tau = - \delta I^* \, . \qquad (2,10)$$

Notice that (2, 9) was obtained without any reference to the integral I^*. So for us (2, 10) is not just a special case of (2, 9), but a distinctive statement. Both are of crucial relevance in the considerations to follow.

3. Change of the frame.

We shall now be concerned with the change the non-invariant integral (2, 3)—taken over an invariantly fixed region G—suffers under an infinitesimal change of the frame:

$$x'_k = x_k + \xi_k , \tag{3, 1}$$

where the ξ_k and their derivatives are to be arbitrary infinitesimal functions of the x_k. This is a thing entirely different from a variation. The change of the integral is conveniently decomposed into *two parts* of which the first is the volume integral

$$\int \delta^* \Lambda \, \delta \tau , \tag{3, 2}$$

coming from the *local* change of Λ, which we indicate by δ^* (following a widespread custom, with due apology for making thereby of the asterisk a second, entirely different use). By local change one means the one due to the local increments of the vector-, tensor-, etc. components on which Λ depends. E.g.

$$\delta^* g^{ik} = g^{rk} \frac{\partial \xi_i}{\partial x_r} + g^{ir} \frac{\partial \xi_k}{\partial z_r} - \frac{\partial g^{ik}}{\partial x_r} \xi_r , \tag{3, 3}$$

where the first two terms come from the transformation formula and would, they alone, produce the changed value at $x'_k = x_k + \xi_k$, while the third term serves to haul it home to x^k.

The *second part*, to be added to (3, 2), is a contribution, as it were from the boundary. It comes from the slight change in the limits of the integral. In computing this contribution we may obviously disregard the local change of Λ, since we are, of course, concerned with the first order only. So this second contribution is simply

$$\int_{G'} \Lambda \, d\tau - \int_G \Lambda \, d\tau , \tag{3, 4}$$

where G' and G indicate the respective domains of integration. Now from a mere change of the integration variables (as distinguished from a change of frame) we have for any function Λ of the coordinates

$$\begin{aligned} \int_{G'} \Lambda (x'_\alpha) \, d\tau' &= \int_G \Lambda (x_\alpha + \xi_\alpha) \left| \frac{\partial x'_i}{\partial z_l} \right| d\tau = \\ &= \int_G \left(\Lambda (x_\alpha) + \xi_\alpha \frac{\partial \Lambda}{\partial x_\alpha} \right) \left(1 + \frac{\partial \xi_\alpha}{\partial x_\alpha} \right) d\tau = \\ &= \int_G \Lambda (x_\alpha) \, d\tau + \int_G \frac{\partial (\Lambda \xi_\alpha)}{\partial x_\alpha} \, d\tau . \end{aligned} \tag{3, 5}$$

Since the *name* of the integration variables is irrelevant, the last integral represents the difference (3, 4). By adding it to (3, 2) we get

$$\delta^* \int \Lambda \, d\tau = \int \delta^* \Lambda \, d\tau + \int (\Lambda \, \xi_\alpha)_{,\alpha} \, d\tau , \qquad (3, 6)$$

being the total change of our integral under the change of frame (3, 1). (The asterisk on the left is to distinguish it in writing from the variations envisaged in the previous sections.)

The first contribution may be computed by taking in the *second* (!) equality (2, 9) $\delta \mathfrak{g}^{ik} = \delta^* \mathfrak{g}^{ik}$. This is allowed. For, since $\delta^* \mathfrak{g}^{ik}$ is due to a mere change of frame, it most certainly preserves thc condition (1, 6), which is invariant. So we get:

$$\delta^* \int \Lambda \delta\tau = \int \mathfrak{T}_{ik} \, \delta^* g^{ik} \, d\tau + \int (\Lambda \xi_\alpha - \Lambda^\alpha{}_{ik} \, \delta^* \mathfrak{g}^{jk})_{,\alpha} \, d\tau . \qquad (3, 7)$$

In the first integral on the right we use (3, 3) and integrate by parts:

$$\delta^* \int \Lambda d\tau = - \int [(g^{sk} \mathfrak{T}_{rk} + g^{ks} \mathfrak{T}_{kr})_{,s} + \mathfrak{T}_{ik} \, g^{ik}{}_{,r}] \, \xi_r \, d\tau +$$
$$+ \int [\Lambda \xi_\alpha - \Lambda^\alpha{}_{ik} \, \delta^* \mathfrak{g}^{ik} + (g^{\alpha k} \mathfrak{T}_{rk} + g^{k\alpha} \mathfrak{T}_{kr}) \, \xi_r]_{,\alpha} \, d\tau . \qquad (3, 8)$$

Except for the one factor $\delta^* \mathfrak{g}^{ik}$, which we let stand for the moment to save print, this is the final form of the precious expression from which all the identities spring.

4. The identities.

We specialize the change of frame successively in three manners, all three leaving our integral *un*changed, but for different reasons.

(a) If the ξ_k vanish at the boundary, the last term in (3, 6) vanishes and the change of frame amounts for our purpose to a variation. If also the first derivatives of the ξ_k vanish at the boundary, then from (3, 3) the variation vanishes at the boundary. In this case the variation of our non-invariant integral if from (2, 10) equal to the variation of the invariant integral I^* and must vanish for this reason.

Since now the last integral in (3, 8) is zero as well, the first must also be and because ξ_r is arbitrary we conclude

$$\underline{\tfrac{1}{2} (g^{sk} \mathfrak{T}_{rk} + g^{ks} \mathfrak{T}_{kr})_{,s} + \tfrac{1}{2} \mathfrak{T}_{ik} \, g^{ik}{}_{,r} = 0 .} \qquad (4, 1)$$

This *equation*—an identity under (1, 6)—*must*, of course, be invariant. In fact its first member is a tensor also by form, I mean apart from its vanishing. In order not to interrupt the proceedings we defer the discussion. For shortness we introduce the mixed tensor

$$\mathfrak{T}^s{}_r = \tfrac{1}{2}(g^{sk}\mathfrak{T}_{rk} + g^{ks}\mathfrak{T}_{kr}). \qquad (4, 2)$$

(**b**) On account of (4, 1) we get from (3, 8) for *any* change of frame

$$\delta^* \int \Lambda \, d\tau = \int (\Lambda \xi_\alpha - \Lambda^\alpha{}_{ik}\delta^* \mathfrak{g}^{ik} + 2\mathfrak{T}^\alpha{}_r \xi_r)_{,\alpha} \, d\tau \,. \qquad (4, 3)$$

From the transformation formula of $\mathfrak{g}^{ik}$:

$$\delta^* \mathfrak{g}^{ik} = \mathfrak{g}^{rk} \frac{\partial \xi_i}{\partial x_r} + \mathfrak{g}^{ir} \frac{\partial \xi_k}{\partial x_r} - \mathfrak{g}^{ik} \frac{\partial \xi_r}{\partial x_r} - \mathfrak{g}^{ik}{}_{,r}\, \xi_r \,. \qquad (4, 4)$$

Working this into (4, 3) with a convenient change of the dummies and collection of terms we get

$$\delta^* \int \Lambda d\tau = \int \Big[(\delta^r{}_\alpha \Lambda + \Lambda^\alpha{}_{ik}\mathfrak{g}^{ik}{}_{,r} + 2\,\mathfrak{T}^\alpha{}_r)\, \xi_r -$$
$$- (\Lambda^\alpha{}_{rk}\mathfrak{g}^{sk} + \Lambda^\alpha{}_{kr}\, \mathfrak{g}^{ks} - \delta^s{}_r \Lambda^\alpha{}_{ik}\, \mathfrak{g}^{ik}) \frac{\partial \xi_r}{\partial x_s} \Big]_{,\alpha} d\tau \,. \qquad (4, 5)$$

Now it is well known that for *linear* transformations of the coordinates, the components of an affinity behave as those of a tensor. Hence for linear transformations Λ has, from (2, 1) and (2, 2), the character of a scalar density and our integral *is* invariant.

We first take the ξ_r to be arbitrary *constants.* Then the terms with $\frac{\partial \xi_r}{\partial x_r}$ and those with $\frac{\partial \xi_r}{\partial x_\alpha}$ drop out. And since the integral that remains must vanish, *however we may have chosen the boundary*, its integrand must vanish, and that is the first round bracket, comma α. With the notation

$$\mathfrak{t}^\alpha{}_r = \tfrac{1}{2}(\delta^\alpha{}_r \Lambda + \Lambda^\alpha{}_{ik}\, \mathfrak{g}^{ik}{}_{,r}) \qquad (4, 6)$$

we get

$$\underline{(\mathfrak{t}^\alpha{}_r + \mathfrak{T}^\alpha{}_r)_{,\alpha} = 0 \,.} \qquad (4, 7)$$

This again is an invariant identity under (1, 6), though its first member has not invariant form (it is a tensor only inasmuch as it is zero in every frame).

(**c**) On account of this, (4, 5) reduces for *any* frame to

$$\delta^* \int \Lambda \, d\tau = \int \Big\{ 2(\mathfrak{t}^s{}_r + \mathfrak{T}^s{}_r) \frac{\partial \xi_r}{\partial x_s} -$$
$$- \Big[(\Lambda^\alpha{}_{rk}\, \mathfrak{g}^{sk} + \Lambda^\alpha{}_{kr}\mathfrak{g}^{sk} - \delta^s{}_r \Lambda^\alpha{}_{ik}\mathfrak{g}^{ik}) \frac{\partial \xi_r}{\partial x_s} \Big]_{,\alpha} \Big\} \, d\tau \,. \qquad (4, 8)$$

If now we take the derivatives $\xi_{r,s}$ to be arbitrary constants, this leaves the transformation of frame (3, 1) still linear, and by the same reasoning as before we get the last set of sixteen invariant identities under (1, 6)

$$\mathfrak{t}^s{}_r + \mathfrak{T}^s{}_r = \tfrac{1}{2}(\Lambda^\alpha{}_{rk}\,\mathfrak{g}^{sk} + \Lambda^\alpha{}_{kr}\,\mathfrak{g}^{ks} - \delta^s{}_r\,\Lambda^\alpha{}_{ik}\,\mathfrak{g}^{ik})_{,\alpha}\,. \qquad (4,9)$$

5. Discussion.

If you multiply and contract (1, 3) by $g^{km}\,g^{nl}$ and use the relations

$$g^{km}\,g_{kl} = g^{mk}\,g_{lk} = \delta^m{}_l \qquad (5,1)$$

as well as their derivations with respect to x_i, you get the third equivalent form of (1, 2) and (1, 3), namely

$$g^{ik}{}_{,r} + g^{sk}\,{}^*\Gamma^i{}_{sr} + g^{is}\,{}^*\Gamma^k{}_{rs} = 0\,. \qquad (5,2)$$

If you substitute the last factor on the left in (4, 1) accordingly, this relation may be written

$$\tfrac{1}{2}\left[(g^{sk}\,\mathfrak{T}_{rk})_{,s} - g^{sk}\,\mathfrak{T}_{ik}\,{}^*\Gamma^i{}_{sr} + (g^{ks}\,\mathfrak{T}_{kr})_{,s} - g^{ks}\,\mathfrak{T}_{ki}\,{}^*\Gamma^i{}_{rs}\right] = 0\,. \qquad (5,3)$$

Now, if you compute the following two invariant divergences

(*a*) that of the mixed tensor $g^{ks}\,\mathfrak{T}_{kr}$ with respect to the affinity ${}^*\Gamma^i{}_{rs}$ as it stands,

(*b*) that of $g^{sk}\,\mathfrak{T}_{rk}$ with respect to the *mirror image* of ${}^*\Gamma^i{}_{rs}$,

you find their arithmetical mean equal to the first member of (5, 3), apart from terms which vanish by (1, 5), but are tensors anyhow. The peculiar kind of divergence of $\mathfrak{T}_{ik}$ met with here is singularly in keeping with the peculiar invariant derivatives in (1, 4), (1, 5), (5, 2); briefly, if not quite meticulously expressed the rule is: use for the first subscript the ${}^*\Gamma$-affinity, for the second its mirror image.

This results in a strange kind of "symmetry" in the mixed tensor defined by (4, 2). There is nothing to suggest the order of the indices in $\mathfrak{T}^i{}_k$, even though $\mathfrak{T}_{ik}$ be non-symmetric. (If one adopts the attitude of Einstein and Straus, who take non-symmetric tensors as hermitian, $\mathfrak{T}^i{}_k$ is *real*). Another consequence of this symmetric form is that the *inverse* connection—expressing the $\mathfrak{T}_{ik}$ by the $\mathfrak{T}^i{}_k$—is *not at all simple.*

The conservation law (4, 1) is more interesting than in the symmetrical case, not only on account of the extremely complicated functions it involves, if everything were really expressed by the g_{ik} and their derivatives (to check the validity by direct computation is practically impossible), but also because $\mathfrak{T}_{ik}$ does not itself vanish as a consequence of the field equations. If one adopts the affine Lagrangian I have proposed and thus (see Part I):

$$^*R_{ik} = \lambda g_{ik} - F_{ik}, \tag{5, 4}$$

one gets first

$$g^{\mu\nu}\, {}^*R_{\mu\nu} = 4\lambda - g^{\mu\nu}_{\vee} F_{\mu\nu},$$

then from (1, 12)

$$\mathfrak{T}_{ik} = F_{ik}\sqrt{-g} - \mathfrak{g}_{ik}(\tfrac{1}{2} g^{\mu\nu}_{\vee} F_{\mu\nu} - \lambda), \tag{5, 5}$$

and finally from (4, 2)

$$\mathfrak{T}^i{}_k = \mathfrak{g}^{li}_{\vee} F_{lk} - \tfrac{1}{2}\delta^i{}_k \mathfrak{g}^{\mu\nu}_{\vee} F_{\mu\nu} + \lambda \delta^i{}_k \sqrt{-g}. \tag{5, 6}$$

This was the expression given in Part I, eqn. (26). There are other ways of writing it, for instance, since

$$\lambda\sqrt{-g} = \tfrac{1}{2}\mathfrak{L} = \tfrac{1}{4}(\mathfrak{g}^{\mu\nu}\, {}^*R_{\mu\nu} + \mathfrak{g}^{\mu\nu}_{\vee} F_{\mu\nu}),$$

one has also

$$\mathfrak{T}^i{}_k = \mathfrak{g}^{li}_{\vee} F_{lk} - \tfrac{1}{4}\delta^i{}_k \mathfrak{g}^{\mu\nu}_{\vee} F_{\mu\nu} + \tfrac{1}{4}\delta^i{}_k \mathfrak{g}^{\mu\nu}\, {}^*R_{\mu\nu}. \tag{5, 7}$$

Returning to the general discussion, we have at the moment not very much to say about (4, 6), (4, 7), (4, 9), except that no striking simplifications occur, when the various Λ-factors are replaced according to (2, 1), (2, 2), and (2, 5), and $\mathfrak{g}^{ik}{}_{,r}$ in (4, 6) according to (1, 2). So there would be no point in writing that out. The only thing worth mentioning is, that

$$-\Lambda^\alpha{}_{ik}\,\mathfrak{g}^{ik}{}_{,r} = 2\Lambda, \tag{5, 8}$$

not quite identically, only with (1, 5) and (1, 6). This relation together with

$$-\Lambda_{ik}\,\mathfrak{g}^{ik} = -\Lambda \tag{2, 2}$$

is connected with the fact, that Λ is homogeneous of the second degree in the $\mathfrak{g}^{ik}{}_{,l}$ and of the minus first degree in the $\mathfrak{g}^{ik}$ alone. From this and from (2, 6) both relations follow directly, even though the Λ-factors are not true derivatives.

From (5, 8) and (4, 6) follows

$$\mathfrak{t}^\alpha{}_\alpha = \Lambda, \tag{5, 9}$$

showing that the pseudo-density on which our deductions were based has the comparatively simple meaning: trace of the pseudo-energy-tensor.

Sgríbhinní Institiúid Árd-Léinn Bhaile Átha Cliath
Sraith A, Uimh. 6
Communications of the Dublin Institute for
Advanced Studies. Series A, No. 6

Studies in the Non-Symmetric Generalization of the Theory of Gravitation I

BY

E. SCHRÖDINGER

DUBLIN
THE DUBLIN INSTITUTE FOR ADVANCED STUDIES
64-65 MERRION SQUARE
1951

STUDIES IN THE NON-SYMMETRIC GENERALIZATION OF THE THEORY OF GRAVITATION I.

By E. SCHRÖDINGER.

Summary: The field equations are solved for weak fields. Given a weak Maxwellian field, the gravitational field can be found by quadratures. It is entirely different from what older theories would let one expect. Moreover to Maxwell's equations a condition for the four-current is added, viz. that it has to be the gradient of an invariant which satisfies D'Alembert's wave equation. Several possible analogues of the matter tensor are discussed and computed for weak Maxwellian fields including charges. The approximation reached here is insufficient and will have to be extended in order to reveal the reaction of the fields on their sources.

Introduction.

According to Einstein's famous theory of 1916 the gravitational field in empty space is mathematically described as follows. A symmetrical fundamental tensor g_{ik} shall have vanishing covariant derivative with respect to a symmetrical affinity Γ^{i}_{kl}, which by this demand is uniquely determined as the Christoffel-bracket affinity $\left\{ {i \atop k\ l} \right\}$, formed of the g_{ik} and their first derivatives. The contracted curvature tensor R_{ik} of this affinity shall vanish. (A later version of the theory replaces $R_{ik} = 0$ by $R_{ik} = \lambda g_{ik}$; but the constant λ of the dimension $[\text{coordinate}]^{-2}$ is so small on any "human" scale that for most purposes the "cosmical term" can be dropped.)

The non-symmetric generalization of this theory, first pointed out by Einstein[1] and Einstein and Straus[2], consists essentially in dropping the two restrictions "symmetrical", underlined above. At first an undesirable freedom turns up as to how to generalize the notion of "covariant derivative" with respect to a non-symmetric affinity; but this question is unequivocally decided by the demand that the Γ^i_{kl} should again be uniquely determined as functions of the g_{ik} and their first derivatives and go over into the Christoffel-brackets, when g_{ik} becomes symmetric. The two versions as regards λ (= 0 or $\neq$ 0) remain. But another dilemma is more momentous. The theory, as described in the preceding sentences of this paragraph reads

$$g_{\underset{+-}{ik};l} \equiv g_{ik,l} - g_{sk}\Gamma^s_{il} - g_{is}\Gamma^s_{lk} = 0 \qquad (1)$$

$$R_{ik} \equiv -\frac{\partial \Gamma^s_{ik}}{\partial x_s} + \frac{\partial \Gamma^s_{is}}{dx_k} + \Gamma^s_{it}\Gamma^t_{sk} - \Gamma^s_{ts}\Gamma^t_{ik} = \lambda g_{ik} \, . \qquad (2)$$

Now the equations (1), by determining the Γ^i_{kl}, determine a basic vector field with components $\Gamma_k = \Gamma^i_{\underset{\vee}{ki}}$ (the hook $\vee$ is short for "skew part of"). This vector field vanishes, of course, in the symmetric case. It would seem not at all unnatural that it should not do so in the general case, where the demand

$$\Gamma^i_{\underset{\vee}{ki}} = 0 \qquad (3)$$

is indeed a severe further restriction. We shall, however, here follow that more restrictive form of the theory (suggested by Einstein) which adjoins (3) on equal footing to the field equations (1) and (2). This entails that

---

1) A. Einstein, Journal of Mathematics, 46, p.578, 1945.

2) A. Einstein and E.G. Straus, ibid., 47, p.731, 1946.

the indispensable (first) set of Maxwell's equations

$$\mathfrak{g}^{\underset{\vee}{ik}}{}_{,i} = 0 \qquad (4)$$

follows directly from (1) without any further complication.[3)]

The equations (1), (2), (3) with the immediate consequence (4) represent so much the simplest generalization of Einstein's theory of pure gravitation that it is imperative to study its possibilities as closely as one can. Such investigation will carry in different direction according what accomplishment one expects from the theory. One may hope that exact solutions, involving strong fields, will reveal the nature of the ultimate particles. I do not believe this, mainly because I do not believe the ultimate particles to be identifiable individuals that could be described in this fashion. Moreover in the symmetric theory (i.e. in Einstein's theory of 1916) the exact solutions, involving strong fields, have disclos the ingenuity of the mathematicians who discovered them, but nothing more. Not only would their application to the ultimate particles teach us nothir about the latter; but none of the great successes of the theory depended those ingenious solutions. All the results, confirmed by observation, cc be worked out, though with less elegance and much more trouble, by a mathe matician who could handle only routine methods of approximation.

---

3) $\mathfrak{g}^{ik}$ is defined as $g^{ik}\sqrt{-g}$, where g is the determinant of the g_{i} and the g^{ik} are defined by $g^{ik}g_{il} = g^{ki}g_{li} = \delta^k_l$. For a comprehen ive survey see my paper Proc.R.Irish Acad. 51 (A), p.163, 1947. The complication alluded to above is the necessity of distinguishing betwe $\overset{*}{\Gamma}{}^i_{kl}$ and Γ^i_{kl}, the latter intervening in (2), the former in (1) and (3).

In the present theory an assiduous application of such methods to weak fields is bound to tell us something on the interlacing of three things, gravitational field, electromagnetic field, and electric charges, all three of which here spring from one basic conception (so much so that for <u>strong</u> fields the sharp distinction between them would probably disappear). One may hope that this will provide a better foundation to the quantum mechanical treatment of the fields, which at present is based on a number of classical or pseudoclassical field theories of independent origin, cemented together by "interaction terms". Macroscopic experience, embodied in classical theories such as Maxwell's, guides our choice as regards both the basic field equations and the interaction terms, but still leaves much arbitrariness. The most powerful general restriction is, of course, Lorentz-invariance. Is it too much to expect safer guidance from a unified theory based from the outset on the principle of general invariance?

This hope is not abated, but strengthened by the fact that the present theory, as we shall see, is not even in first approximation a simple replica of what one gets by introducing "matter" in the form of a Maxwellian field into the Riemannian manifold that represents pure gravitation in the symmetric theory. A momentous discrepancy is revealed by a brief consideration of equations (1) and (2). From (1) the Γ's are linear functions of the first derivatives $g_{ik,l}$, just as they are in the symmetric case. It is therefore easy to see that in the first member of (2), i.e. in the Einstein tensor, all terms contain two derivations, being either linear in the second derivatives of the g_{ik}, or quadratic in the first. If the skew field, $g_{\underset{\vee}{ik}}$, vanishes you get just the Einstein tensor of the $\left\{ {i \atop k\ l} \right\}$. If the symmetric field, $g_{\underline{ik}}$, is Galilean, only terms containing two derivations on the $g_{\underset{\vee}{ik}}$ (being either linear in their second or quadratic in their first derivatives) can survive. They become an additive supplement to the Einstein-tensor in the case that both the $g_{\check{ik}}$ and the deviations of the $g_{\underline{ik}}$ from (-1,-1,-1 are small. Hence the said $g_{\check{ik}}$-terms, according to the 10 symmetric components of equations (2), constitute the "matter tensor" by which the electromagnetic field "generates" a gravitational field. One would expect in these places the components of Maxwell's stress-energy-momentum tensor, the familiar quadratic forms of the non-differentiated $g_{\check{ik}}$. But this is obviously ultra vires of a theory like ours, which from its fundamental structure must yield here an entity that might loosely be termed an "Einstein tensor, formed of the $g_{\check{ik}}$" with regard to its dependence on the second and first derivatives of the latter.

This has an interesting consequence for the universal constants that are involved, when the equations are expressed in C.G.S-units. In the symmetric theory, where the matter-tensor T_{ik} (say, in energy-units) is introduced explicitly, it is multiplied by

$$\kappa = \frac{8\pi k}{c^4} = 2.073 \times 10^{-48}\ g^{-1}cm^{-1}sec^2 , \qquad (5)$$

which gives it the required dimensions cm^{-2} of the Einstein tensor. In the present theory one must clearly regard the "geometrical" $g_{\check{ik}}$ as the electromagnetic field, measured in some (probably very big) universal unit, say b in C.G.S. Thus instead of κ the constant b^{-2} turns up in the quadratic terms (which are the leading ones). Since b^2 is an energy density ($g\ cm^{-1}sec^{-2}$) the factor b^{-2} has the dimension

$$[b^{-2}] = g^{-1}\ cm\ sec^2 , \qquad (6)$$

which differs from (5) by the square of a length. If one puts

$$b^{-2} = \varkappa l^2 = 2.073 \times 10^{-48}\, l^2 , \qquad (7)$$

one is inclined to think that l must be a universal length of some importance. What may it mean? Well, the fact that the gravitational effect of an electromagnetic field depends on <u>derivatives</u> of the field-strength, means, broadly speaking, that the effect is enhanced for short wavelength or high frequency and reduced for long waves. Our l indicates - again very broadly speaking - the order of magnitude of the wave length for which the gravitational effect is of the same order as judged heretofore.

These considerations may suffice to indicate the strangeness and novelty of the present theory. They raise a host of questions which one cannot hope to decide without going into many more details about its concrete consequences.

1. Radiation Field without Charges.

The 64 equations (1), ordinary linear equations with respect to the 64 Γ's, determine the latter uniquely as rational functions of the g's and their first derivatives. But the routine solution, which expresses each Γ as the quotient of two determinants of rank 64 is practically beyond control, it is just impossible to handle. For many purposes the following procedure is useful. One splits (1) into the symmetric and skew-symmetric parts, writing them thus

$$g_{\underline{ik},l} - g_{\underset{\vee}{sk}} \Gamma^s_{\underset{\vee}{il}} - g_{\underset{\vee}{is}} \Gamma^s_{\underset{\vee}{lk}} = g_{\underline{sk}} \Gamma^s_{\underline{il}} + g_{\underline{is}} \Gamma^s_{\underline{lk}} \qquad (1,1)$$

$$g_{\underset{\vee}{ik},l} - g_{\underset{\vee}{sk}} \Gamma^s_{\underline{il}} - g_{\underset{\vee}{is}} \Gamma^s_{\underline{lk}} = g_{\underline{sk}} \Gamma^s_{\underset{\vee}{il}} + g_{\underline{is}} \Gamma^s_{\underset{\vee}{lk}} \, . \qquad (1,2)$$

Envisage the first equation. Following a well-known routine, multiply it by $\frac{1}{2}$ and add to it, member by member, the two equations obtained by cycli permutations (ikl), after multiplying them by $\frac{1}{2}$ and $-\frac{1}{2}$ respectively. Then on the right only one term survives. Now introduce the symmetric ten sor h^{ik} by *)

$$h^{ik}\, g_{\underline{il}} = \delta^k_l \tag{1,3}$$

(which implies that we assume the determinant of the $g_{\underline{ik}}$ to be $\neq 0$). This enables us to obtain the expressions (1,4) for the $\Gamma^i_{\underline{kl}}$. Exactly the same procedure, applied to (1,2), gives (1,5):

$$\Gamma^i_{\underline{kl}} = \left\{ {i \atop k\ l} \right\} - h^{im}\left(g_{\underset{\vee}{ls}}\Gamma^s_{\underset{\vee}{km}} + g_{\underset{\vee}{ks}}\Gamma^s_{\underset{\vee}{lm}}\right) \tag{1,4}$$

$$\Gamma^i_{\underset{\vee}{kl}} = \left\langle {i \atop k\ l} \right\rangle + h^{im}\left(g_{\underset{\vee}{ls}}\Gamma^s_{\underline{km}} - g_{\underset{\vee}{ks}}\Gamma^s_{\underline{lm}}\right) . \tag{1,5}$$

While the curly bracket is precisely the Christoffel-symbol of the $g_{\underline{ik}}$,

$$\left\{ {i \atop k\ l} \right\} = \frac{1}{2} h^{im}\left(g_{\underline{ml},k} + g_{\underline{km},l} - g_{\underline{kl},m}\right) , \tag{1,6}$$

the pointed bracket stands for a somewhat analogous expression formed from the $g_{\underset{\vee}{ik}}$

$$\left\langle {i \atop k\ l} \right\rangle = \frac{1}{2} h^{im}\left(g_{\underset{\vee}{km},l} + g_{\underset{\vee}{ml},k} + g_{\underset{\vee}{kl},m}\right) . \tag{1,7}$$

Notice that the third term just <u>fails</u> to continue the cyclic permutation. A sometimes useful remark is that the second member of (1,5) could also be written

$$\frac{1}{2} h^{im}\left(g_{\underset{\vee}{km};l} + g_{\underset{\vee}{ml};k} + g_{\underset{\vee}{kl};m}\right) , \tag{1,8}$$

---

*) We must not call it $g^{\underline{ik}}$, because this is something else.

the semicolon meaning the invariant derivative with respect to the symmetric affinity $\Gamma^{i}_{\underline{kl}}$.

The expressions (1,4) and (1,5) are exact, but at first sight not much seems to be gained by them, since the first only expresses the *affinity* $\Gamma^{i}_{\underline{kl}}$ by the *tensor* $\Gamma^{i}_{\underset{\vee}{kl}}$, and the second the other way round. They are useful *inter alia* for investigating solutions *in the neighbourhood* of a symmetric g_{ik}-field. For from (1,5), if the $g_{\underset{\vee}{ik}}$ are *small*, the components of the *tensor* are small of the same order. Hence, from (1,4) the symmetric affinity differs from the Christoffel-brackets only by quantities of the second order. Thus, using in (1,5) the Christoffel-brackets for $\Gamma^{s}_{\underline{km}}$ etc., one gets the tensor, with an error of the third order; and if this is used in (1,4), one gets $\Gamma^{i}_{\underline{kl}}$ with an error of the fourth order. Thus, by alternating substitutions, both parts, and hence the whole Γ^{i}_{kl}, is developed in a series of ascending powers of the $g_{\underset{\vee}{ik}}$: the rule that produces the next term from the preceding one could easily be established. The explicit approximations for the Γ^{i}_{kl} have then to be subjected to the equations (2).

We shall use this first to derive a solution which corresponds to a weak, but otherwise arbitrary field of radiation without charge and current.

On account of (3) the set of equations whose approximate treatment we have just explained has the consequence (4), which is obviously Maxwell's *first* set, in other words it states the vanishing of the *magnetic* four-current. It will thus be seen that in the present theory, at variance with common usage, the magnetic field is represented by the components that have an index 4 , the electric field by those that have none. The vanishing of the *electric* four-current is *not* a field-equation, but a condition we now impose to specify our solutions. We choose a "small" six-vector φ_{ik} for which *exactly*

$$\varphi_{ik,l} + \varphi_{kl,i} + \varphi_{li,k} = 0 \qquad (1,9)$$

and put

$$\underset{\vee}{g_{ik}} = \varphi_{ik} . \qquad (1,10)$$

We anticipate that the $\underline{g_{ik}}$ deviate from their Galilean values only by quantities of the second order, or rather that solutions can be found for which this is the case; but we shall have to prove it. For the moment we assume

$$g_{ik} = \varepsilon_i \delta_{ik} + \varphi_{ik} + \gamma_{ik} , \qquad (1,11)$$

where

$$\varepsilon_1 = \varepsilon_2 = \varepsilon_3 = -1 , \qquad \varepsilon_4 = 1, \qquad \gamma_{ik} = \gamma_{ki} \qquad (1,12)$$

and the γ's are of the second order.*) It is then easily seen that

$$\mathfrak{g}^{\overset{ik}{\vee}} = \varepsilon_i \varepsilon_k \varphi_{ik} + 0_3 , \qquad (1,13)$$

so that the field equations (4) demand

$$\varepsilon_i \varphi_{ik,i} = 0 , \qquad (1,14)$$

third order quantities being neglected. If (1,9) is multiplied by ε_i and differentiated with respect to x_i, one gets, with regard to (1,14),

$$\varepsilon_i \varphi_{kl,i,i} = 0 , \qquad (1,15)$$

which is the D'Alembert equation for every component.

---

*) The symbol ε_i stands outside the summation convention. Its index always agrees with another one in the same term, as in (1,11) and (1,13) but this in itself is not to indicate a summation. Only when the other index itself is a dummy, as in (1,14) and (1,15), summation applies as usual.

So far the φ-field is just an arbitrary charge-free radiation field, governed by Maxwell's equations in empty space, (1,9) and (1,14). We shall see that no further restrictions need be imposed on it. It only remains to determine the γ's accordingly.

In (1,4) the curly brackets are of the order of the γ's, thus by assumption of second order, and so are the other terms. Hence from (1,5)

$$\Gamma^{i}_{\underset{\vee}{kl}} = \left\langle {i \atop k\;l} \right\rangle ,$$

neglecting third order terms. But then from (1,7) and (1,9)

$$\Gamma^{i}_{\underset{\vee}{kl}} = \varepsilon_i \, \varphi_{kl,i} , \tag{1,16}$$

so that (3) is satisfied, in virtue of (1,14). From (1,4) we get

$$\Gamma^{i}_{\underline{kl}} = \left\{ {i \atop k\;l} \right\} - \varepsilon_i \, \varepsilon_s \, (\varphi_{ls} \, \varphi_{ki,s} + \varphi_{ks} \, \varphi_{li,s}) \tag{1,17}$$

with

$$\left\{ {i \atop k\;l} \right\} = \frac{1}{2} \, \varepsilon_i \, (\gamma_{il,k} + \gamma_{ki,l} - \gamma_{kl,i}) . \tag{1,18}$$

With these expressions we have to set up equations (2), where we drop, of course, the cosmical term, so just $R_{kl} = 0$. If here we split the Γ's into their symmetric and skew parts, equations (3) entail a considerable simplification and we get

$$R_{kl} \, (\Gamma^{i}_{\underline{kl}}) - \Gamma^{i}_{\underset{\vee}{kl};i} - \Gamma^{\alpha}_{\underset{\vee}{k\beta}} \, \Gamma^{\beta}_{\underset{\vee}{l\alpha}} = 0 , \tag{1,19}$$

where the first term means the Einstein tensor formed of the $\Gamma^{i}_{\underline{kl}}$, and the semicolon rigorously refers to them, but may in our approximation be replaced by a comma, i.e. by plain differentiation. Here the third term is symmetric in k and l, the second term, which is skew, vanishes by (1,16) and (1,15), and the skew part of the first term

$$\Gamma^{i}_{\underline{ki},l} - \Gamma^{i}_{\underline{li},k} = 0 ,$$

as a quite general and exact consequence of (1). Indeed if (1) is multiplied by g^{ik} and contracted, $\Gamma^{i}_{\underline{li}}$ turns out to be the derivative with respect to x_l of the square root of the determinant of the g_{ik} (not of the $g_{\underline{ik}}$; that would be $\left\{ {i \atop l\, i} \right\}$). So the skew part of (1,19) is satisfied and we are left with the 10 symmetric equations

$$R_{kl}(\Gamma^{i}_{\underline{kl}}) - \Gamma^{\alpha}_{\overset{\vee}{k}\beta}\,\Gamma^{\beta}_{\overset{\vee}{l}\alpha} = 0 \tag{1,20}$$

as the only conditions for the 10 γ_{ik}, given the Maxwellian radiation field φ_{ik}. We write them explicitly, dropping a fourth-order contributi in the first term of (1,20),

$$-\Gamma^{i}_{\underline{kl},i} + \Gamma^{i}_{\underline{ki},l} - \Gamma^{\alpha}_{\overset{\vee}{k}\beta}\,\Gamma^{\beta}_{\overset{\vee}{l}\alpha} = 0 . \tag{1,21}$$

In all that follows the relations (1,9), (1,14), (1,15) must always be remembered. We shall not quote them every time we use them. The evaluati of (1,21) according to (1,16) - (1,18) is straightforward, except for the following not quite obvious passage. By contracting (1,17) and (1,18) with respect to i and l one finds

$$\Gamma^{i}_{\underline{ki}} = \frac{1}{2}\varepsilon_i \gamma_{ii,k} - \varepsilon_i \varepsilon_s \varphi_{is} \varphi_{ki,s} \tag{1,22}$$

Now, in order that the second term in (1,21) be symmetric in k and l, as it must, the last term in (1,22) must also be a derivative with respect to x_k, which it does not *prima facie* appear to be. But from (1,9)

$$\varepsilon_i \varepsilon_s \varphi_{is} \varphi_{ki,s} = - \varepsilon_i \varepsilon_s \varphi_{is} \varphi_{is,k} - \varepsilon_i \varepsilon_s \varphi_{is} \varphi_{sk,i} .$$

If in the last term you first exchange the notation of the dummies i and s, and then commute the two pairs of "skew subscripts" simultaneously, it proves equal to the term on the left. Hence

$$\varepsilon_i \varepsilon_s \varphi_{is} \varphi_{ki,s} = - \frac{1}{4} \varepsilon_i \varepsilon_s (\varphi_{is} \varphi_{is})_{,k} . \qquad (1,23)$$

We shall have to use this relation frequently.

The result of the whole evaluation of (1,21) is

$$\frac{1}{2} \varepsilon_i (\gamma_{kl,i,i} + \gamma_{ii,k,l} - \gamma_{li,k,i} - \gamma_{ki,l,i}) +$$

$$+ \varepsilon_i \varepsilon_s \varphi_{ks,i} \varphi_{li,s} + \frac{1}{4} \varepsilon_i \varepsilon_s (\varphi_{si} \varphi_{si})_{,k,l} = 0 . \qquad (1,24)$$

The γ-terms are, of course, simply the Einstein tensor of a nearly-Galilean metric, well known from the theory of weak gravitational fields e.g. of gravitational waves of infinitesimal amplitude. The φ-terms occupy the place where in the old theory the matter tensor would be stuck in. It is their structure that interests us most, because it is entirely novel. (The solution for γ is performed by well known routine methods, we shall give it in due course.)

One property is obligatory in the φ-terms, because the γ-terms have it: when readjusted by "subtracting the half-spur on the diagonal" they must have vanishing divergence. This is a welcome check on possible mistakes in sign or numerical coefficients. Let us put for abbreviation

$$\varepsilon_i \varepsilon_s \varphi_{ks,i} \varphi_{li,s} + \frac{1}{4} \varepsilon_i \varepsilon_s (\varphi_{si} \varphi_{si})_{,k,l} = \Phi_{kl} . \qquad (1,25)$$

Then we must find

$$\varepsilon_k (\Phi_{kl} - \frac{1}{2} \delta_{kl} \varepsilon_l \varepsilon_m \Phi_{mm})_{,k} = 0 ,$$

or

$$\varepsilon_k \Phi_{kl,k} - \frac{1}{2} \varepsilon_m \Phi_{mm,l} = 0 . \qquad (1,26)$$

Now we have

$$\varepsilon_k \Phi_{kl,k} = \varepsilon_k \varepsilon_i \varepsilon_s \varphi_{ks,i} \varphi_{li,s,k} + \frac{1}{4} \varepsilon_k \varepsilon_i \varepsilon_s (\varphi_{si} \varphi_{si})_{,k,k,l}$$

$$= \frac{1}{4} \varepsilon_k \varepsilon_i \varepsilon_s (\varphi_{si} \varphi_{si})_{,k,k,l} , \qquad (1,27)$$

the first term on the right vanishing by symmetry. On the other hand

$$\varepsilon_m \Phi_{mm} = \varepsilon_m \varepsilon_i \varepsilon_s \varphi_{ms,i} \varphi_{mi,s} + \frac{1}{4} \varepsilon_m \varepsilon_i \varepsilon_s (\varphi_{si} \varphi_{si})_{,m,m} .$$

In the first term on the right

$$\varepsilon_i \varepsilon_s \varphi_{ms,i} \varphi_{mi,s} = \varepsilon_i \varepsilon_s (\varphi_{ms,i} \varphi_{mi})_{,s} = \frac{1}{4} \varepsilon_i \varepsilon_s (\varphi_{mi} \varphi_{mi})_{,s,s}$$

where we have used (1,23). So

$$\varepsilon_m \Phi_{mm} = \frac{1}{2} \varepsilon_m \varepsilon_i \varepsilon_s (\varphi_{si} \varphi_{si})_{,m,m} . \qquad (1,28)$$

This and (1,27) proves (1,26).

The last relation is in itself of interest. For according to it the spur of

$$\Phi_{kl} - \frac{1}{2} \delta_{kl} \varepsilon_l \varepsilon_m \Phi_{mm} ,$$

which here plays the rôle of the stress-energy-momentum tensor, turns out to be

$$\varepsilon_k(\Phi_{kk} - \frac{1}{2} \delta_{kk} \varepsilon_k \varepsilon_m \Phi_{mm}) = - \varepsilon_m \Phi_{mm} = - \frac{1}{2} \varepsilon_m \varepsilon_i \varepsilon_s (\varphi_{si} \varphi_{si})_{,m,m} \qquad (1,29)$$

This is the D'Alembertian of the invariant (the $E^2 - H^2$ of elementary theory) and does not vanish in general, as the spur of Maxwell's energy tensor does. This leads to the astonishing conclusion that in the present theory a pure, charge-free Maxwellian field of radiation is capable of producing a gravitational field which according to the old theory could only be produced by matter other than an electromagnetic field. This raises the hope that in this theory we may be able to picture ordinary matter without sticking it in explicitly.

Now let us attend to the solution of (1,24), which using the notation (1,25) we write

$$\frac{1}{2}\,\varepsilon_i(\gamma_{kl,i,i} + \gamma_{ii,k,l} - \gamma_{li,k,i} - \gamma_{ki,l,i}) + \Phi_{kl} = 0 . \qquad (1,30)$$

For later use we note its contraction, which from (1,28) is

$$\varepsilon_i\,\varepsilon_k(\gamma_{kk,i,i} - \gamma_{ki,k,i}) + \frac{1}{2}\,\varepsilon_k\,\varepsilon_i\,\varepsilon_s\,(\varphi_{is}\,\varphi_{is})_{,k,k} = 0 . \qquad (1,31)$$

We contemplate an infinitesimal change of frame

$$x_l = x_l' + a_l(x_m') \; ; \qquad (1,32)$$

the functions a_l are to be of the same order as the γ's. This does not change the φ_{kl}, nor Φ_{kl} perceptibly, but it does change the γ's, which in any frame must mean the deviations of the $g_{\underline{ik}}$ from $\varepsilon_i\,\delta_{ik}$. One easily finds

$$\gamma_{ik}' = \gamma_{ik} + \varepsilon_k\,a_{k,i} + \varepsilon_i\,a_{i,k} , \qquad (1,33)$$

and from it the following two relations

$$\varepsilon_i(\gamma'_{ik,i} - \gamma'_{ii,k}) = \varepsilon_i(\gamma_{ik,i} - \gamma_{ii,k}) + \varepsilon_i \varepsilon_k a_{k,i,i} - a_{i,i,k}$$

and (1,34a

$$\varepsilon_i(\gamma'_{ik,i} - \tfrac{1}{2}\gamma'_{ii,k}) = \varepsilon_i(\gamma_{ik,i} - \tfrac{1}{2}\gamma_{ii,k}) + \varepsilon_i \varepsilon_k a_{k,i,i} \,.$$

(1,34b

We use them for specializing our transformation a_l <u>in two different way</u> The first will be used much later - we insert it here only as a digressio to save our repeating the same kind of argument then. We can <u>not</u> choose the a_l so that the first member of (1,34a) vanishes, because it has a n vanishing divergence, from (1,31), which holds with the <u>same</u> φ_{is} in all our frames. But we can try to demand

$$\varepsilon_i(\gamma'_{ik,i} - \gamma'_{ii,k}) = \frac{1}{2}\varepsilon_i \varepsilon_s (\varphi_{is}\varphi_{is})_{,k} \qquad (1,35)$$

which leads to the condition for a_k

$$\frac{1}{2}\varepsilon_i \varepsilon_s(\varphi_{is}\varphi_{is})_{,k} + \varepsilon_i(\gamma_{ii,k} - \gamma_{ik,i}) = \varepsilon_i \varepsilon_k a_{k,i,i} - a_{i,i,k}$$

(1,36)

This turns into an <u>inhomogeneous D'Alembert</u> equation, if we make the acce ory demand

$$a_{i,i} = 0 \,, \qquad (1,37)$$

analogous to Maxwell's auxiliary condition (div A + $\dot{A}$ = 0) in the theor of the electromagnetic potential. From this familiar theory it is known that (1,37) will be satisfied, if we choose for a_k the <u>retarded potenti</u> of the first member of (1,36); it will be satisfied because this first member has according to (1,31) vanishing divergence. The conclusion is that - <u>if we have a solution of (1,30)</u> - a frame can always be found, in which (1,35) holds. This we shall use much later. I apologise for the digression, which is hereby ended.

To establish a solution of (1,30) we need a <u>different</u> specialization of a_k, suggested by (1,34b). This is much simpler. We can obviously obtain

$$\varepsilon_i (\gamma'_{ik,i} - \frac{1}{2} \gamma'_{ii,k}) = 0 \qquad (1,38)$$

by choosing for a_k <u>any</u> solution of

$$0 = \varepsilon_i (\gamma_{ik,i} - \frac{1}{2} \gamma_{ii,k}) + \varepsilon_i \varepsilon_k a_{k,i,i} . \qquad (1,39)$$

In the primed frame (1,30) is greatly simplified, it reads

$$\frac{1}{2} \varepsilon_i \gamma'_{kl,i,i} + \Phi_{kl} = 0 , \qquad (1,40)$$

where Φ_{kl} needs no dash, because it has not changed. Any solution of (1,30) can be transformed into a solution of (1,40) that satisfies (1,38). So we lose nothing in generality by adopting the simplified form (1,40) right away and restricting attention to those solutions that satisfy (1,38) - others are of no interest whatever.

We have to shew that such solutions in general exist. Take for γ'_{kl} in (1,40) the retarded potential, and readjust the equation by subtracting its half-spur on the diagonal:

$$\frac{1}{2} \varepsilon_i(\gamma'_{kl} - \frac{1}{2} \delta_{kl} \varepsilon_l \varepsilon_m \gamma'_{mm})_{,i,i} + \Phi_{kl} - \frac{1}{2} \delta_{kl} \varepsilon_l \varepsilon_m \Phi_{mm} = 0 .$$

We have shown above, (1,26), that the Φ-terms have vanishing divergence. Though it is now a question of a tensor-divergence, the same reasoning applies that we used just before in connection with (1,37), borrowing from the elementary theory of retarded potentials; we must only, as it were, apply the argument four times over. It follows that the expression in the round bracket, being the retarded potential of something that has vanishing divergence, has itself vanishing divergence. The four equations which state this fact are precisely (1,38). This really finishes our problem: together with an arbitrary Maxwellian field, the retarded potential solutions of (1,40) are an (approximate) solution of the field-equations.

The solution is, of course, not unique. But two different solutions obviously differ only by a system of gravitational waves of small amplitude, familiar from the symmetric theory. They too are most conveniently investigated in a frame such as we have used; they then take the form of 10 arbitrary wave-functions, interrelated by the four relations (1,38).

It would be interesting to know whether, by superposing on to our solution a suitable system of gravitational waves, one could obtain in general one that gives the γ_{kl} as functions of the local φ_{kl} and their derivatives. I have neither been able to find it, nor to prove definitely that it is impossible. But I suspect the latter.

An alternative method of solving (1,40) is to give oneself φ_{kl} as a Fourier integral, that is to resolve the electromagnetic field into plane waves. Then one obtains the Fourier representation of Φ_{kl} from (1,25) and that of the γ's from (1,40). The condition (1,38) must be checked. An essential feature of this method, which I intend to follow up in a later section, is that for a single plane wave $\Phi_{kl} = 0$. The field-producing "matter" is constituted, as far as our present analysis goes, by the contributions of pairs of plane waves.

2. Charges.

If the four-current does not vanish, (1,9) has to be superseded by the definition of the four-current

$$\varphi_{ik,l} + \varphi_{kl,i} + \varphi_{li,k} = s_{ikl} . \qquad (2,1)$$

This is the only primary modification, but it entails many others. While (1,14) stays

$$\varepsilon_i \varphi_{ik,i} = 0 , \qquad (2,2)$$

(1,15) becomes at first

$$\varepsilon_i \varphi_{kl,i,i} = \varepsilon_i s_{ikl,i} \qquad (2,3)$$

(but it will be restored). Instead of (1,16) we get now

$$\Gamma^{i}_{\underset{\vee}{kl}} = \left< {i \atop k\ l} \right> = \varepsilon_i \varphi_{kl,i} - \frac{1}{2} \varepsilon_i s_{kli} , \qquad (2,4)$$

and instead of (1,17)

$$\Gamma^{i}_{\underline{kl}} = \left\{ {i \atop k\ l} \right\} - \varepsilon_i \varepsilon_s (\varphi_{ls} \varphi_{ki,s} + \varphi_{ks} \varphi_{li,s}) + \frac{1}{2} \varepsilon_i \varepsilon_s (\varphi_{ls} s_{kis} + \varphi_{ks} s_{lis}), \qquad (2,5)$$

while (1,18), of course, stays.

From (2,4) and (2,2) the condition (3) is satisfied. In (1,19) nothing is changed; as before, the second term is the only skew constituent, however it no longer vanishes automatically, but imposes the condition

$$\varepsilon_i s_{kli,i} = 0 , \qquad (2,6)$$

from (2,4) and (2,3). (This, by the way, restores (2,3) to its original form (1,15).) The convenient rule (1,23) becomes now

$$\varepsilon_i \varepsilon_s \varphi_{is} \varphi_{ki,s} = -\frac{1}{4}\varepsilon_i \varepsilon_s(\varphi_{is} \varphi_{is})_{,k} + \frac{1}{2}\varepsilon_i \varepsilon_s \varphi_{is} s_{kis} . \quad (2,7)$$

This causes no additional terms in $\Gamma^{i}_{\underline{ki}}$, which from (2,5) and (2,7) is the same as from (1,22) and (1,23), viz.

$$\Gamma^{i}_{\underline{ki}} = \frac{1}{2}\varepsilon_i \gamma_{ii,k} + \frac{1}{4}\varepsilon_i \varepsilon_s(\varphi_{is} \varphi_{is})_{,k} . \quad (2,8)$$

The evaluation of (1,21) is now easy. Many terms cancel. The net result, superseding (1,24) is:

$$\frac{1}{2}\varepsilon_i(\gamma_{kl,i,i} + \gamma_{ii,k,l} - \gamma_{il,k,i} - \gamma_{ki,l,i}) + \varepsilon_i \varepsilon_s \varphi_{ks,i} \varphi_{li,s} + \frac{1}{4}\varepsilon_i \varepsilon_s(\varphi_{si} \varphi_{si})_{,k,l} + \frac{1}{4}\varepsilon_i \varepsilon_s s_{kis} s_{lis} = 0 . \quad (2,9)$$

The only modification is the addition of the last term.

The interesting novel feature is (2,6) which restricts the distribution of the four-current in an unexpected way. The four-current, owing to the unwonted allotment of indices to the field components, presents itself in the present theory primarily as an antisymmetric tensor of third rank s_{ikl}. To grasp the meaning of (2,6), let us just for the moment return to the customary notation with the help of the antisymmetric density $\mathfrak{E}^{iklm}$ (which must not be confused with the Galilean metric ε_i) We get from (2,6)

$$\varepsilon_i \mathfrak{E}^{rskl} s_{kli,i} = 0 . \quad (2,10)$$

Here k and l ($\neq$ k) are "neither r nor s ", so that there are - disregarding the trivial repetition that results from exchanging k and 1 - only <u>two</u> terms, viz. i = r and i = s. If we <u>suspend the summation rule for a moment</u>, the equation reads

$$(\varepsilon_r \varepsilon^{rskl} s_{klr})_{,r} + (\varepsilon_s \varepsilon^{rskl} s_{kls})_{,s} = 0 .$$

This we multiply by $-\varepsilon_r \varepsilon_s$ and permute the superscripts in a certain way:

$$(\varepsilon_s \varepsilon^{sklr} s_{klr})_{,r} - (\varepsilon_r \varepsilon^{rkls} s_{kls})_{,s} = 0 . \qquad (2,11)$$

Here the summation rule is still suspended and sklr are a definite permutation of 1234. But now we may restore the summation rule <u>inside</u> both the brackets, for this only amounts to multiplying our equation by 3! = 6. Moreover we put quite generally (of course <u>with</u> summation rule)

$$p_m = \frac{1}{6} \varepsilon_m \varepsilon^{mnpq} s_{npq} . \qquad (2,12)$$

Then (2,11) becomes

$$p_{s,r} - p_{r,s} = 0 . \qquad (2,13)$$

Moreover from the definition of s_{ikl} by (2,1) it is easy to shew that

$$\varepsilon_m p_{m,m} = \frac{1}{6} \varepsilon^{mnpq} s_{npq,m} = 0 , \qquad (2,14)$$

which is the equation of continuity of the charge and current. According to (2,13) the four-dimensional curl of p_s vanishes. We know that this means it is a gradient, say

$$p_s = \Phi_{,s} . \qquad (2,15)$$

From (2,14) Φ must satisfy

$$\varepsilon_m \Phi_{,m,m} = 0 . \qquad (2,16)$$

So the restriction imposed on the flow of electricity boils down to this: <u>the four-current is the gradient of an invariant wave-function</u> (i.e. of a solution of D'Alembert's equation).

The solution of (2,9) follows exactly the pattern of (1,24), or (1,30), the latter form comprising (2,9) provided we now supplement the definition of Φ_{kl}, formerly given by (1,25), thus:

$$\Phi_{kl} = \varepsilon_i \varepsilon_s \varphi_{ks,i} \varphi_{li,s} + \frac{1}{4}\varepsilon_i \varepsilon_s (\varphi_{si} \varphi_{si})_{,k,l} + \frac{1}{4}\varepsilon_i \varepsilon_s s_{kis} s_{lis} . \tag{2,17}$$

I emphasized before the remarkable fact that its spur does not vanish eve in the charge-free case. I wish to supply the general value of this spu and also the proof that (1,26) continues to hold, as of course it must. We have now

$$\varepsilon_m \Phi_{mm} = \varepsilon_m \varepsilon_i \varepsilon_s \varphi_{ms,i} \varphi_{mi,s} + \frac{1}{4}\varepsilon_m \varepsilon_i \varepsilon_s (\varphi_{si} \varphi_{si})_{,m,m} + \frac{1}{4}\varepsilon_m \varepsilon_i \varepsilon_s s_{mis} s_{mis} . \tag{2,18}$$

The first term on the right we transform, paying attention to (2,2), (2,7), (2,6) and (2,1):

$$\varepsilon_m \varepsilon_i \varepsilon_s (\varphi_{ms,i} \varphi_{mi})_{,s} = \varepsilon_m \varepsilon_i \varepsilon_s \left[\frac{1}{4}(\varphi_{im} \varphi_{im})_{,s} - \frac{1}{2}\varphi_{im} s_{sim}\right]_{,s}$$

$$= \varepsilon_m \varepsilon_i \varepsilon_s \left[\frac{1}{4}(\varphi_{im} \varphi_{im})_{,s,s} - \frac{1}{2}\varphi_{im,s} s_{sim}\right]$$

$$= \frac{1}{4}\varepsilon_m \varepsilon_i \varepsilon_s (\varphi_{im} \varphi_{im})_{,s,s} - \frac{1}{6}\varepsilon_m \varepsilon_i \varepsilon_s s_{sim} s_{sim} .$$

This gives

$$\varepsilon_m \Phi_{mm} = \frac{1}{2}\varepsilon_m \varepsilon_i \varepsilon_s (\varphi_{si} \varphi_{si})_{,m,m} + \frac{1}{12}\varepsilon_m \varepsilon_i \varepsilon_s s_{mis} s_{mis} , \tag{2,19}$$

which supplements (1,28).

To prove (1,26) in the present case we form from (2,17)

$$\varepsilon_k \Phi_{kl,k} = \varepsilon_k \varepsilon_i \varepsilon_s (\varphi_{ks,i}\ \varphi_{li,s})_{,k} + \frac{1}{4} \varepsilon_k \varepsilon_i \varepsilon_s (\varphi_{si}\ \varphi_{si})_{,k,k,l} + $$
$$+ \frac{1}{4} \varepsilon_k \varepsilon_i \varepsilon_s\ s_{kis}\ s_{lis,k}\ , \qquad (2,20)$$

and from (2,19)

$$\frac{1}{2} \varepsilon_m \Phi_{mm,l} = \frac{1}{4} \varepsilon_m \varepsilon_i \varepsilon_s (\varphi_{si}\ \varphi_{si})_{,m,m,l} + \frac{1}{12} \varepsilon_m \varepsilon_i \varepsilon_s\ s_{mis}\ s_{mis,l}\ . \qquad (2,21)$$

We have to shew that the second members of the last two equations are equal. The first term on the right of (2,20) vanishes (one part by (2,2), the other by symmetry). The second term is the same as the first in (2,21). <u>It remains to be shewn</u> that the last terms, respectively, are equal, that is

$$\varepsilon_m \varepsilon_i \varepsilon_s\ s_{mis}\ s_{lis,m} = \frac{1}{3} \varepsilon_m \varepsilon_i \varepsilon_s\ s_{mis}\ s_{mis,l}\ . \qquad (2,22)$$

The first member can be transformed by using (2,1) and the equation of continuity that follows from (2,1): we get for this first member

$$\varepsilon_m \varepsilon_i \varepsilon_s (\varphi_{mi,s} + \varphi_{is,m} + \varphi_{sm,i})\ s_{lis,m} =$$
$$= \varepsilon_m \varepsilon_i \varepsilon_s\ \varphi_{mi,s} (s_{lis,m} + s_{lmi,s} + s_{lsm,i}) = \varepsilon_m \varepsilon_i \varepsilon_s\ \varphi_{mi,s}\ s_{mis,l}\ .$$

In the second member of (2,22) one may obviously replace s_{mis} by $3\ \varphi_{mi,s}$, on account of the antisymmetry of the other factor and the prescribed summations. This proves (2,22), and thereby the vanishing of the divergence of our present Φ_{kl} (when readjusted by subtracting its half-spur on the diagonal).

Let us survey the procedure by which a complete meaningful solution could be built up, as far as our present analysis goes. One first gives oneself an arbitrary solution Φ of D'Alembert's equation. This determines the four-current s_{ikl} by (2,15) and (2,12). Then one has to determine from Maxwell's equations (2,2) and (2,1) an electromagnetic fiel that may reasonably be regarded as "produced" by that s_{ikl}, and finall from (2,9), a gravitational field γ_{kl} that may reasonably be regarded a "produced" by the Maxwellian field.

This procedure can be accomplished by quadratures, but it leaves at every step wide liberty. One can see exactly to what stage of classic al theories it corresponds: to determine the electromagnetic field, given the motion of the charges, and the gravitational field, given the distribution of matter. What is missing is the "back-coupling", the influence of both fields on the motion of the charges and that of the gravitational field on the electromagnetic field. Obviously our quadratic approximatio is only a first step. To extend it to the next order will be a very laborious task. But it will have to be grappled with, if one wants to know what this theory really says about the interlacing of the fields.

3. The Energy Tensor.

The Φ_{kl} (readjusted by etc.; I shall sometimes suppress this phrase), being for weak fields the sources of the gravitational field, hav a certain claim to be called the matter tensor for weak fields; but they have two competitors to this dignity, viz. arrays that present themselves in the general theory as natural analogues of the pseudotensor of the old theory, usually denoted there by $\mathfrak{t}^{\,l}_{\;m}$. These arrays are most conveniently described in terms of the following abbreviations

$$\Lambda_{ik} = \Gamma^{\alpha}_{i\beta}\Gamma^{\beta}_{\alpha k} - \Gamma^{\alpha}_{\beta\alpha}\Gamma^{\beta}_{ik} \qquad (3,1a)$$

$$\Lambda = \mathfrak{g}^{ik}\Lambda_{ik} \qquad (3,1b)$$

$$\Lambda^{\alpha}_{ik} = \Gamma^{\alpha}_{ik} - \delta^{\alpha}_{k}\Gamma^{\beta}_{i\beta}. \qquad (3,1c)$$

We make a note that

$$R_{ik} = -\Lambda^{\alpha}_{ik,\alpha} + \Lambda_{ik}. \qquad (3,2)$$

In terms of these Λ's the two arrays read, if the cosmical term is dropped and the field equations (1), (2), (3) are fulfilled,

$$\mathfrak{t}^{\alpha}_{l} = \frac{1}{2}(\Lambda^{\alpha}_{ik}\mathfrak{g}^{ik}_{\;,l} + \delta^{\alpha}_{l}\Lambda), \qquad (3,3)$$

and

$$\underset{A}{\mathfrak{t}}{}^{\alpha}_{l} = -\frac{1}{2}\mathfrak{g}^{ik}\Lambda^{\alpha}_{ik,l}. \qquad (3,4)$$

The first reduces in the symmetric case to the familiar pseudotensor of Einstein, of which it is a generalization that I derived two years ago.[4)] The second is a different generalization, a little suspect because it differs from the first even in the symmetric case, but somewhat suggested by the purely affine aspect[5)] (that is why we have distinguished it here by an "A" under the $\mathfrak{t}$). In a later section I shall give a compre-

4) Proc. Roy. Irish Acad., 52 (A), p.1, 1948; eqn. (4,6).

5) ibid. under press.

hensive survey of the derivations of these two pseudotensors, both of which have, of course, vanishing divergence. If this is known for the first, it is easily proved for the second. Indeed their difference

$$t_1^{\alpha} - \underset{A}{t}_1^{\alpha} = \frac{1}{2}(\mathfrak{g}^{ik}\Lambda^{\alpha}_{ik})_{,1} + \frac{1}{2}\delta^{\alpha}_{1}\Lambda$$

has the divergence

$$\frac{1}{2}(\mathfrak{g}^{ik}\Lambda^{\alpha}_{ik})_{\alpha,1} + \frac{1}{2}\Lambda_{,1},$$

which is zero; for

$$(\mathfrak{g}^{ik}\Lambda^{\alpha}_{ik})_{,\alpha} = \mathfrak{g}^{ik}\Lambda^{\alpha}_{ik,\alpha} + \mathfrak{g}^{ik}_{,\alpha}\Lambda^{\alpha}_{ik} = \Lambda - 2\Lambda = -\Lambda$$

since

$$\mathfrak{g}^{ik}\Lambda^{\alpha}_{ik,\alpha} = \Lambda$$

and

$$\mathfrak{g}^{ik}_{,\alpha}\Lambda^{\alpha}_{ik} = -2\Lambda. \qquad (\Lambda)$$

The first follows from the field equation $R_{ik} = 0$, by (3,2) and (3,1b), the second from the facts that Λ is homogeneous of 2nd degree (indeed a quadratic form) in the $\mathfrak{g}^{ik}_{,\alpha}$ and that

$$\delta\Lambda = -\Lambda_{ik}\,\delta\mathfrak{g}^{ik} - \Lambda^{\alpha}_{ik}\,\delta(\mathfrak{g}^{ik}_{,\alpha}),$$

if Λ is regarded as a function of the 80 arguments $\mathfrak{g}^{ik}$ and $\mathfrak{g}^{ik}_{,\alpha}$, to be varied independently (except for the four linear relations (4) betwee the latter, which must be preserved in the variation; to derive the last relation, the Γ's must be expressed by the field equation (1)). This completes the proof, which I have inserted here merely as a digression.

To compute our two pseudotensors for weak fields, including charges, we first evaluate the Λ's, (3,1), up to and including the second order. The last term in (3,1a) is, in virtue of (3), of third order, so we have

$$\Lambda_{ik} = \underset{\vee}{\Gamma}^{\alpha}_{i\beta} \underset{\vee}{\Gamma}^{\beta}_{\alpha k}$$

$$= - \varepsilon_\alpha \varepsilon_\beta (\varphi_{i\beta,\alpha} - \frac{1}{2} s_{i\beta\alpha})(\varphi_{k\alpha,\beta} - \frac{1}{2} s_{k\alpha\beta}) , \qquad (3,5)$$

and

$$\Lambda = - \varepsilon_i \varepsilon_\alpha \varepsilon_\beta (\varphi_{i\beta,\alpha} - \frac{1}{2} s_{i\beta\alpha})(\varphi_{i\alpha,\beta} - \frac{1}{2} s_{i\alpha\beta})$$

$$= - \varepsilon_i \varepsilon_\alpha \varepsilon_\beta \left[\frac{1}{4} (\varphi_{i\alpha} \varphi_{i\alpha})_{,\beta,\beta} - \frac{1}{12} s_{i\alpha\beta} s_{i\alpha\beta}\right] , \qquad (3,6)$$

by (2,7) and (2,1). The evaluation of (3,1c) gives by (2,4), (2,5) and (2,8):

$$\Lambda^{\alpha}_{ik} = \varepsilon_\alpha (\varphi_{ik,\alpha} - \frac{1}{2} s_{ik\alpha}) + \left\{ {\alpha \atop i\,k} \right\} - \varepsilon_\alpha \varepsilon_s (\varphi_{ks} \varphi_{i\alpha,s} + \varphi_{is} \varphi_{k\alpha,s}) +$$

$$+ \frac{1}{2} \varepsilon_\alpha \varepsilon_s (\varphi_{ks} s_{i\alpha s} + \varphi_{is} s_{k\alpha s}) - \delta^{\alpha}_{k} \left[\frac{1}{2} \varepsilon_\beta \gamma_{\beta\beta,i} + \frac{1}{4} \varepsilon_\beta \varepsilon_s (\varphi_{\beta s} \varphi_{\beta s})_{,i}\right] . \qquad (3,7)$$

Moreover, including quantities of the <u>first</u> order only, we have from (1,11) and (1,13)

$$\underset{\wedge}{g}^{ik} = \varepsilon_i \delta_{ik} + \varepsilon_i \varepsilon_k \varphi_{ik} . \qquad (3,8)$$

We turn to (3,3). In the first term on the right both factors are small and need therefore be considered in the first order only. It is convenient to pull the contravariant index down. From the last three equations we get

$$\mathfrak{t}_{\alpha 1} = \frac{1}{2}(\varphi_{ik,\alpha} - \frac{1}{2} s_{ik\alpha})\,\varepsilon_i \varepsilon_k \varphi_{ik,1} -$$

$$- \frac{1}{8} \varepsilon_\alpha \delta_{\alpha 1} \varepsilon_i \varepsilon_s \varepsilon_\beta \Big[(\varphi_{is} \varphi_{is})_{,\beta,\beta} - \frac{1}{3} s_{is\beta} s_{is\beta}\Big] \; . \qquad (3,9)$$

No obvious simplification is possible, but we may notice that the second term on the right represents the half-spur of the first "subtracted on the diagonal". This must be so according to the relation marked (Λ) above.

The evaluation of (3,4) is a little more laborious, because the first factor is finite, so that the whole expression (3,7) must be taken into account. We obtain first, using also (1,18),

$$\underset{A}{\mathfrak{t}}_{\alpha 1} = -\frac{1}{2} \varepsilon_i \varepsilon_k \varphi_{ik}(\varphi_{ik,\alpha} - \frac{1}{2} s_{ik\alpha})_{,1} - \frac{1}{2} \varepsilon_i(\gamma_{\alpha i,i} - \gamma_{ii,\alpha})_{,1} +$$

$$+ \varepsilon_i \varepsilon_s(\varphi_{is} \varphi_{i\alpha,s})_{,1} - \frac{1}{2} \varepsilon_i \varepsilon_s(\varphi_{is} s_{i\alpha s})_{,1} + \frac{1}{8} \varepsilon_\beta \varepsilon_s(\varphi_{\beta s} \varphi_{\beta s})_{,\alpha,1} \, . \qquad (3,10)$$

We write the first term as follows

$$-\frac{1}{2} \varepsilon_i \varepsilon_k(\varphi_{ik} \varphi_{ik,\alpha} - \frac{1}{2} \varphi_{ik} s_{ik\alpha})_{,1} + \frac{1}{2} \varepsilon_i \varepsilon_k(\varphi_{ik,1} \varphi_{ik,\alpha} - \frac{1}{2} \varphi_{ik,1} s_{ik\alpha}$$

Moreover, according to (2,7)

$$\varepsilon_i \varepsilon_s \varphi_{is} \varphi_{i\alpha,s} - \frac{1}{2} \varepsilon_i \varepsilon_s \varphi_{is} s_{i\alpha s} = \frac{1}{4} \varepsilon_i \varepsilon_s(\varphi_{is} \varphi_{is})_{,\alpha} \, .$$

We shall explain presently that we can introduce a frame in which

$$\varepsilon_i(\gamma_{ii,\alpha} - \gamma_{\alpha i,i}) + \frac{1}{2} \varepsilon_i \varepsilon_s(\varphi_{is} \varphi_{is})_{,\alpha} + \frac{1}{4} \varepsilon_i \varepsilon_k \varphi_{ik} s_{ik\alpha} = 0 \, . \qquad (3,11)$$

In this frame we get

$$\underset{A}{t}_{\alpha l} = \frac{1}{2} \varepsilon_i \varepsilon_k \Big[\varphi_{ik,l}\, \varphi_{ik,\alpha} - \frac{1}{4} (\varphi_{ik}\, \varphi_{ik})_{,\alpha,l} - \frac{1}{2} \varphi_{ik,l}\, s_{ik\alpha} + \frac{1}{4} (\varphi_{ik}\, s_{ik\alpha})_{,l} \Big] \quad . \qquad (3,12)$$

The first and the third terms coincide with the first part of (3,9), but the other terms in (3,12) are not diagonal as there. The structure of (2,17) is entirely different.

The demand (3,11) is the generalization, for non-vanishing current, of the demand (1,35). The proof that it can be fulfilled runs exactly analogously to the one we anticipated there in the simpler case, in order to refer to it now. The proof is based on the fact that the contracted field equations (2,9), after an easy reduction, enounce precisely the vanishing of the divergence of the first member of (3,11). This makes it possible to introduce a frame in which these 4 quantities themselves vanish. This frame is in general <u>not</u> the same as would simplify the γ-term in (2,9) (viz. reduce it to its first term) for the purpose of integration.

It is noteworthy that for a single plane wave all three analogues of the matter tensor, viz. (1,25) "readjusted", (3,9) and (3,12), vanish.

Received: December 1950.

5

ON THE DIFFERENTIAL IDENTITIES OF AN AFFINITY

By ERWIN SCHRÖDINGER

(From the Dublin Institute for Advanced Studies.)

[Read 27 February, 1950. Published 20 February, 1951.]

1. Some time ago I communicated a set of *differential identities*[1] engendered by the mere existence of any scalar density that depends only on the Einstein tensor of an *affine connection.* The derivation followed closely the well-known pattern of the *metrical* case. Indeed the Euler equations of the scalar density were admitted from the outset; the components of the affinity were regarded as those functions of the (secondary) g_{ik} which they become by the Euler equations, and the variation that produces the identities referred only to the g_{ik}. In the following I shall indicate a much simpler and more direct way of establishing identities from a scalar density that depends only on the components of an affinity and its first[2] derivatives. One does not lean on the structural details of the metrical case, but only transfers the general idea from the components g_{ik} to the Γ^i_{kl}. I believe four of *these* identities to embody the relevant aspect of the conservation laws in an affine theory. We shall call our density $\mathfrak{L}$ (reminding of Lagrange), but we do *not* subject the Γ^i_{kl} to any restrictions.

2. The variation of the integral (taken between invariantly fixed limits; $d\tau = dx_1\, dx_2\, dx_3\, dx_4$):

$$I = \int \mathfrak{L}\left(\Gamma^n_{ik}, \frac{\partial \Gamma^n_{ik}}{\partial x_m}\right) d\tau \tag{1}$$

for *any* variation of the Γ^i_{kl} reads:

$$\delta I = \int \mathfrak{L}^{ik}_n\, \delta\Gamma^n_{ik}\, d\tau + \int \frac{\partial}{\partial x_m}\left(\frac{\partial \mathfrak{L}}{\partial \Gamma^n_{ik,\,m}}\, \delta\Gamma^n_{ik}\right) d\tau, \tag{2}$$

[1] Proc. Roy. Ir. Ac. 52 (A), p. 1, 1948.

[2] Even this restriction could be dropped; but we do not wish to enlarge upon gratuitous generality.

where the components

$$\mathfrak{L}^{ik}_{n} \equiv \frac{\partial \mathfrak{L}}{\partial \Gamma^{n}_{ik}} - \frac{\partial}{\partial x_m}\left(\frac{\partial \mathfrak{L}}{\partial \Gamma^{n}_{ik,\,m}}\right) \tag{3}$$

form a *tensor density.* Now envisage a coordinate transformation that depends on a parameter λ in such a way that for $\lambda = 0$ it becomes identical. We write it, or rather its inverse,

$$x_l = x_l(x'_r) = x'_l + \lambda\phi_l(x'_r) + \lambda^2\psi_l(x'_r) + \ldots\ldots \tag{4}$$

It is executed in (1) by replacing Γ^{n}_{ik} by

$$\Gamma'^{n}_{ik}(x') = \frac{\partial x'_n}{\partial x_m}\frac{\partial x_s}{\partial x'_i}\frac{\partial x_t}{\partial x'_k}\Gamma^{m}_{st}(x) + \frac{\partial x'_n}{\partial x_m}\frac{\partial^2 x_m}{\partial x'_i\,\partial x'_k}, \tag{5}$$

and $\Gamma^{n}_{ik,\,m}$ by the derivative of the aforestanding quantity with respect to x'_m. This substitution, together with the substitution of

$$d\tau' = dx_1'\,dx_2'\,dx_3'\,dx_4'$$

for $d\tau$, and with the appropriate change of the limits of integration, must, of course, leave the invariant I unchanged anyhow. But now we restrict the transformation (4) by prescribing that at the boundary it shall, for any λ, not only become identical ($x' \equiv x$) but also reduce the transformation (5) of the Γ's to identity. (This simply means some obvious demands on the boundary values of the derivatives intervening in (5)). One consequence of this ruling is that the limits of integration are *not* changed; hence—since the *names* of the integration variables are irrelevant—the only *formal* change in (1) is the appearance of $\Gamma'^{n}_{ik}(x')$ instead of $\Gamma^{n}_{ik}(x')$. For finite λ this is a finite change, still it leaves the integral invariant.

Now we develop (5) with respect to λ, not forgetting the arguments of Γ^{m}_{st} on the right. We obtain

$$\Gamma'^{n}_{ik}(x') - \Gamma^{n}_{ik}(x') =$$
$$= \lambda\left(\phi_m\Gamma^{n}_{ik,\,m} - \phi_{n\ \,l}\,\Gamma^{l}_{ik} + \phi_{r,\,i}\,\Gamma^{n}_{rk} + \phi_{s\ \,k}\,\Gamma^{n}_{is} + \phi_{n,\,i,\,k}\right) + 0(\lambda^2), \tag{6}$$

all functions to be written with x'. According to our assumption about the transformation, the linear term in λ must itself vanish at the boundary. For small λ it amounts to a small variation like the one contemplated in (2). If we use it there, we get $\delta I = 0$, and the second integral on the right vanishes from Gauss' theorem. So we have

$$0 = \int \mathfrak{L}^{ik}_{n}\left(\phi_m\Gamma^{n}_{ik,\,m} - \phi_{n,\,l}\,\Gamma^{l}_{ik} + \phi_{r,\,i}\,\Gamma^{n}_{rk} + \phi_{s,\,k}\,\Gamma^{n}_{is} + \phi_{n,\,i,\,k}\right)d\tau\,. \tag{7}$$

(Everything is now written with the x, without a dash; this is not a further licence, it only means omitting the dashes for simplicity.)

We perform the suggested partial integrations, remembering that the ϕ and their derivatives vanish at the boundary. By a change of dummies in the single terms we give the integrand the form: ϕ_m multiplied by a certain expression; the latter must vanish. With a further simplifying change of dummies this gives:

$$\mathfrak{p}_m \equiv \mathfrak{L}^{ik}{}_n \Gamma^n{}_{ik,m} + (\mathfrak{L}^{lk}{}_{m,k} + \mathfrak{L}^{ik}{}_m \Gamma^l{}_{ik} - \mathfrak{L}^{lk}{}_n \Gamma^n{}_{mk} - \mathfrak{L}^{il}{}_n \Gamma^n{}_{im})_{,l} = 0. \quad (8)$$

These are our four principal identities. We have given a name to their first members, and we also put

$$\mathfrak{p}_m \equiv \mathfrak{p}_m{}^{(1)} + \mathfrak{p}_m{}^{(2)} \quad (9)$$

with

$$\mathfrak{p}_m{}^{(1)} \equiv \mathfrak{L}^{ik}{}_n \Gamma^n{}_{ik,m}. \quad (10)$$

3. We delay the proof that $\mathfrak{p}_m$ has the formal build of a vector density.

We first wish to give $\mathfrak{p}_m$ the form of a "plain divergence," which $\mathfrak{p}_m{}^{(2)}$ already has. In some respect $\mathfrak{p}_m{}^{(2)}$ is less interesting. For it is the plain divergence of something that vanishes if the Γ's are subjected to the field equations which result from taking $\mathfrak{L}$ as the Lagrangian, viz. to $\mathfrak{L}^{ik}{}_n = 0$. We hope that $\mathfrak{p}_m{}^{(1)}$ will even in this case be non-trivial. (But we do *not* posit the aforesaid field equations nor any others in what follows!)

If in (2) we choose

$$\delta\Gamma^n{}_{ik} = \varepsilon\Gamma^n{}_{ik,l} \quad (11)$$

where ε is a small constant, this obviously amounts to replacing every Γ by the value it has in a neighbouring point with the coordinate $x_l + \varepsilon$, the other three x remaining the same. Hence, from (1),

$$\delta I = \varepsilon \int \frac{\partial \mathfrak{L}}{\partial x_l} d\tau. \quad (12)$$

If you equate this to what you get from (2), you obtain, dropping ε,

$$\int \frac{\partial \mathfrak{L}}{\partial x_l} d\tau = \int \mathfrak{L}^{ik}{}_n \Gamma^n{}_{ik,l}\, d\tau + \int \frac{\partial}{\partial x_m}\left(\frac{\partial \mathfrak{L}}{\partial \Gamma^n{}_{ik,m}} \Gamma^n{}_{ik,l}\right) d\tau. \quad (13)$$

Since this must hold for any domain of integration, the combined integrand must vanish. Therefore

$$\mathfrak{p}_m^{(1)} = \mathfrak{L}^{ik}_{\ n} \Gamma^n_{ik,\,m} = \left(\delta^l_m \mathfrak{L} - \frac{\partial \mathfrak{L}}{\partial \Gamma^n_{ik,\,l}} \Gamma^n_{ik,\,m}\right)_{,\,l} \tag{14}$$

$$= \mathfrak{t}^l_{m\ l}\,,$$

where we have put

$$\mathfrak{t}^l_m = \delta^l_m \mathfrak{L} - \frac{\partial \mathfrak{L}}{\partial \Gamma^n_{ik,\,l}} \Gamma^n_{ik\ \ m}\,, \tag{15}$$

(but this is *not* a tensor). So $\mathfrak{p}_m^{(1)}$, and thus the first members of the identities (8) are reduced to "plain divergences."—The relation (14) can also be obtained directly from (3).

4. It is interesting to compute more explicit expressions for the $\mathfrak{t}$-components in the case when $\mathfrak{L}$ contains its arguments only in the form of the Einstein tensor

$$R_{\mu\nu} = -\frac{\partial \Gamma^\alpha_{\mu\nu}}{\partial x_\alpha} + \frac{\partial \Gamma^\alpha_{\mu\alpha}}{\partial x_\nu} + \Gamma^{\alpha\nu}_{\beta}\,\Gamma^\alpha_{\mu\beta} - \Gamma^\beta_{\alpha\beta}\,\Gamma^\alpha_{\mu\nu}\,. \tag{16}$$

Now

$$\frac{\partial R_{\mu\nu}}{\partial \Gamma^n_{ik\ \ m}} = -\,\delta^i_\mu\,\delta^k_\nu\,\delta^m_n + \delta^m_\nu\,\delta^k_n\,\delta^i_\mu\,. \tag{17}$$

Let us use, for the moment just as a convenient abbreviation,

$$\frac{\partial \mathfrak{L}}{\partial R_{\mu\nu}} = \mathfrak{g}^{\mu\nu} \tag{18}$$

(which *is* a tensor, if $\mathfrak{L}$ depends only on the $R_{\mu\nu}$). Then

$$\frac{\partial \mathfrak{L}}{\partial \Gamma^n_{ik,\,l}} = \frac{\partial \mathfrak{L}}{\partial R_{\mu\nu}}\,\frac{\partial R_{\mu\nu}}{\partial \Gamma^n_{ik,\,l}} = -\,\mathfrak{g}^{ik}\,\delta^l_n + \mathfrak{g}^{il}\,\delta^k_n\,. \tag{19}$$

Hence

$$\mathfrak{t}^l_m = \delta^l_m \mathfrak{L} + \mathfrak{g}^{ik}\,\Gamma^l_{ik,\,m} - \mathfrak{g}^{il}\,\Gamma^k_{ik,\,m}\,. \tag{20}$$

I wish to defer to a separate paper the discussion of special cases, in particular of the case when $\mathfrak{L}$ is the square root of the determinant of the $R_{\mu\nu}$. If one thinks of the Γ's as approaching to the Christoffel symbols in a certain limiting case, it seems at first sight unfamiliar, that (20) should contain second derivatives of the metrical tensor in virtue of its containing first derivatives of the Γ's. But, of course, nothing less can be expected under the purely affine aspect. To see that this aspect is not altogether outlandish, let us form the trace of the t-matrix:

$$\begin{aligned} \mathfrak{t}^l{}_l &= 4\mathfrak{L} + \mathfrak{g}^{ik}\Gamma^l{}_{ik,\,l} - \mathfrak{g}^{ik}\Gamma^l{}_{il,\,k} \\ &= 4\mathfrak{L} + \mathfrak{g}^{ik}(-R_{ik} + \Gamma^\beta_{\alpha k}\Gamma^\alpha_{i\beta} - \Gamma^\beta_{\alpha\beta}\Gamma^\alpha_{ik}) \\ &= 2\mathfrak{L} + \mathfrak{g}^{ik}(\Gamma^\beta_{\alpha k}\Gamma^\alpha_{i\beta} - \Gamma^\beta_{\alpha\beta}\Gamma^\alpha_{ik})\,. \end{aligned} \tag{21}$$

In the second line we have used (16), in the third (18) and the homogeneity *any* $\mathfrak{L}(R_{ik})$ exhibits. The second term on the right is of familiar form.

5. We wish to supply the formal proof that the $\mathfrak{p}_n$ explained in (8) is a vector density merely on account of $\mathfrak{L}^{ik}{}_n$ being a tensor density and $\Gamma^n{}_{ik}$ an affinity. The proof is simplified by introducing two special kinds of invariant derivative, only for the present purpose, viz. first

$$\mathfrak{L}^{ik}{}_{n|s} = \mathfrak{L}^{ik}{}_{n,\,s} + \mathfrak{L}^{rk}{}_n\Gamma^i{}_{rs} + \mathfrak{L}^{ir}{}_n\underset{\leftrightarrow}{\Gamma^k{}_{sr}} - \mathfrak{L}^{ik}{}_r\Gamma^r{}_{ns} - \mathfrak{L}^{ik}{}_n\Gamma^r{}_{rs}\,. \tag{22}$$

The pair of subscripts whose order is abnormal has been indicated by $\leftrightarrow$. Contracting we get

$$\mathfrak{L}^{ik}{}_{n|k} = \mathfrak{L}^{ik}{}_{n,\,k} + \mathfrak{L}^{rk}{}_n\Gamma^i{}_{rk} - \mathfrak{L}^{ik}{}_r\Gamma^r{}_{nk}\,. \tag{23}$$

This is a density of the type $\mathfrak{l}^i{}_n$. For it we define

$$\mathfrak{l}^i{}_{n\|m} = \mathfrak{l}^i{}_{n,\,m} + \mathfrak{l}^r{}_n\underset{\leftrightarrow}{\Gamma^i{}_{mr}} - \mathfrak{l}^i{}_r\underset{\leftrightarrow}{\Gamma^r{}_{mn}} - \mathfrak{l}^i{}_n\Gamma^r{}_{rm}$$

(with the same meaning of the arrows). Contracting,

$$\mathfrak{l}_{n\|i} = \mathfrak{l}^i{}_{n,\,i} - \mathfrak{l}^i{}_r\Gamma^r{}_{in}\,. \tag{24}$$

All these quaint derivatives *are* tensors since the antisymmetric constituent of an affinity is one. It can now be proved by straightforward computation, that

$$\mathfrak{p}_n = \mathfrak{L}^{ik}{}_{n\,|\,k\,\|\,i} - \mathfrak{L}^{ik}{}_m B^m{}_{ikn}\,,$$

where B is the curvature tensor of the Γ-affinity.

6. As stated above (in the lines following eqn. (2)) the invariant integral (1) retains its value under the transformation (4) even if the latter is not chosen so as to vanish at the boundary. But, of course, the limits of integration in the variables x' are in this case no longer the same as they were in

the x. The vanishing difference $I - I$ is then, even for the infinitesimal transformation, $\lambda \longrightarrow 0$, no longer obtained by inserting the linear terms of (6) for $\delta \Gamma^n{}_{ik}$ into the second member of (2) (where, of course, the *second* term must now be retained), but a *third* term must be added, representing the contribution from the infinitesimal change of the limits of integration. This additional term is easily made out by a separate, independent, auxiliary consideration, viz. by a change of integration variables back from $x' \longrightarrow x$ (not to be confused with a change of frame). The said term results from the functional determinant of the primed with respect to the unprimed variables and is found to be the integral of the plain divergence of $(-\lambda \mathfrak{L} \phi_l)$. One thus obtains

$$0 = \int \mathfrak{L}^{ik}{}_n \delta \Gamma^n{}_{ik}\, d\tau + \int \frac{\partial}{\partial x_m} \left(\frac{\partial \mathfrak{L}}{\partial \Gamma^n{}_{ik,m}} \delta \Gamma^n{}_{lk} \right) d\tau - \int \frac{\partial}{\partial x_l} (\mathfrak{L} \phi_l)\, d\tau \qquad (25)$$

where $\delta \Gamma^n{}_{ik}$ now stands as an abbreviation for the expression multiplying λ in (6), written, as everything else here, in the unprimed variables. The identity (25) is the generalization of (7) for *arbitrary* ϕ_l. (It may be noticed that this whole procedure is strictly analogous to the one W. Pauli in his famous article of 1920, Enzyklopädie der Math. Wissensch. Vol. V. 19. sect. 23, adopted in the *metrical* case. Our present *affine* case, while naturally richer in details, is simpler in principle, because we need *not* employ a non-invariant "substitute" integrand, as has to be done in General Relativity.)

In performing the partial integrations in the first integral of (25) (cp. the meaning of $\delta \Gamma^n{}_{ik}$ according to (6), as indicated) we must now *retain* the "integrated parts," which we threw away before because they *can* be turned into boundary integrals. In fact they are now the only thing that interests us, and we may leave out the *other* parts, because they vanish according to our previous consideration, from the identity (8). We write the result with a slight re-adjustment of dummies, so as to make it not *too* difficult for the reader, if he so wishes, to ascertain where the single terms come from, and, on the other hand, to compare with (8):

$$0 = \int \left[\left(\mathfrak{L}^{il}{}_m \phi_{m,i} \right)_{,l} + \left(- \mathfrak{L}^{lk}{}_{m,k} - \mathfrak{L}^{ik}{}_m \Gamma^l{}_{ik} + \mathfrak{L}^{lk}{}_n \Gamma^n{}_{mk} + \mathfrak{L}^{il}{}_n \Gamma^n{}_{im} \right) \phi_m \right]_{,l} d\tau$$

$$+ \int \left[- \mathfrak{L} \phi_l + \frac{\partial \mathfrak{L}}{\partial \Gamma^n{}_{ik,l}} \left(\Gamma^n{}_{ik,m} \phi_m - \phi_{n,l} \Gamma^l{}_{ik} + \phi_{r,i} \Gamma^n{}_{rk} + \phi_{s,k} \Gamma^n{}_{is} + \phi_{n,i,k} \right) \right]_{,l} d\tau. \qquad (26)$$

This must hold for *any* ϕ_l and for *any* boundary (the same, of course, for the two integrals which might be written as one). Therefore the integrand must vanish for any ϕ_l. Hence the expressions multiplying the four ϕ's, as well as those multiplying their first, second and third derivatives, must all vanish identically.

From the *undifferentiated* ϕ's we get nothing new, only, in view of (8), the relation (14) over again. The identities that spring from the *second* derivatives of ϕ yield alternative expressions for the even parts of the Hamiltonian derivatives (3). In virtue of (3) these identities amount to simple algebraic relations between the derivatives of $\mathfrak{L}$, and are entirely trivial, if $\mathfrak{L}$ depends only on R_{kl}. The same holds for the identities that spring from the *third* derivatives of ϕ.

Only from the *first* derivatives of ϕ comes valuable new information. If you abbreviate the bracket-expression in (8)—though by itself it is not a tensor—by $\mathfrak{T}^l{}_m$, so that (8), in view of (14), reads

$$(\mathfrak{t}^l{}_m + \mathfrak{T}^l{}_m)_{,l} = 0\,, \tag{8'}$$

then the 16 identities flowing from the coefficients of $\phi_{m,l}$ read

$$\mathfrak{t}^l{}_m + \mathfrak{T}^l{}_m = \left(\mathfrak{L}^{ls} - \frac{\partial \mathfrak{L}}{\partial \Gamma^m{}_{ik,s}}\Gamma^l{}_{ik} + \frac{\partial \mathfrak{L}}{\partial \Gamma^n{}_{lk,s}}\Gamma^n{}_{mk} + \frac{\partial \mathfrak{L}}{\partial \Gamma^n{}_{il,s}}\Gamma^n{}_{im}\right)_{,s}. \tag{27}$$

If $\mathfrak{L}$ depends only on R_{kl}, this becomes, from (19),

$$\mathfrak{t}^l{}_m + \mathfrak{T}^l{}_m = (\mathfrak{L}^{ls}{}_m + \delta^s{}_m \mathfrak{g}^{ik}\Gamma^l{}_{ik} - \mathfrak{g}^{lk}\Gamma^s{}_{mk} - \mathfrak{g}^{il}\Gamma^s{}_{im} + \mathfrak{g}^{ls}\Gamma^k{}_{mk})_{,l}\,. \tag{28}$$

We recall that $\mathfrak{T}^l{}_m$ vanishes if the Γ's are subjected to the field equations $\mathfrak{L}^{ls}{}_m = 0$. One is inclined to regard $\mathfrak{t}^l{}_m$ (or perhaps $-\mathfrak{t}^l{}_m$) as the pseudo-energy-tensor of such a Γ-field.

The Point-Charge in the Non-symmetric Field Theory

GAGANBIHARI BANDYOPADHYAY'S remark[1] about one of the spherically symmetric static solutions, that were given in a paper by one of us[2], is interesting, but it has not the meaning this author attributes to it. This solution cannot possibly refer to an electric charge at the centre, but only—if to anything electromagnetic—to a magnetic charge, that is, to an isolated magnetic pole. Indeed, the one component to which the six-vector is reduced in this solution is radial and is labelled by the indices 1 (referring to the radial direction) and 4 (referring to time). Now, in contrast to the conventional labelling, the present theory has to identify the electric field with the three components of the six-vector that do *not* include the index 4 (*if* the skew part of g_{ik} is to represent electromagnetism). The reason is that the theory definitely yields one and only one set of four Maxwellian vacuum equations. This set has to enunciate the vanishing of the *magnetic* four-current, not of the electric one; and this imperatively demands the association of labels indicated above. We may add that the necessity to reverse the convention is very satisfactory and is, in itself, likely to strengthen our confidence in the new theory. Indeed, very good reasons for reversing the conventional association were pointed out by Einstein[3] long ago and repeated by one of us[4] since.

Thus Bandyopadhyay's remark[1] really means that an isolated magnetic pole, attached to a finite mass, is impossible according to the more stringent version, proposed by Einstein lately[5], of the non-symmetric theory. We might strengthen this argument by saying that, to introduce as a singularity what the field equations definitely disallow where they hold, was a daring enterprise anyhow, justified only by the endeavour to investigate, at the then undeveloped stage of the theory, *all* spherically symmetric solutions.

But what about the electrically charged mass-point ? The same paper[2] (§§ 8 and 9) fully discusses this case as well, though it is analytically far more intricate and has only recently found its explicit expression (see Wyman[6]). It is gratifying to find that the only reasonable solution with a radial *electric* field is not only *compatible* with Einstein's recent more stringent version, but, of necessity, complies with it (see equations 30*b* and 23, *l.c.*[2]).

To sum up : the new theory exhibits a pleasing lack of symmetry with regard to electric and magnetic quantities. Even in its most stringent form it admits of electrically charged mass-points, while isolated magnetic poles are well-nigh inadmissible in any form of the theory.

A. PAPAPETROU

Physical Laboratories,
University, Manchester 13.

E. SCHRÖDINGER

Dublin Institute for Advanced Studies,
64–65 Merrion Square,
Dublin.

[1] *Nature*, **167**, 648 (1951).
[2] Papapetrou, A., *Proc. Roy. Irish Acad.*, **51** (A), 163 (1947).
[3] *Sitz. Ber. d. Preuss. Akad.*, 414 (1925).
[4] Schrödinger, E., *Nature*, **153**, 572 (1944); *Proc. Roy. Irish Acad.*, **51** (A), 215 (1948).
[5] "Meaning of Relativity", Appendix II (1950).
[6] *Canad. J. Math.*, **2**, 427 (1950).

Sgríbhinní Institiúid Árd-Léinn Bhaile Átha Cliath
Sraith A, Uimh. 8

Communications of the Dublin Institute for
Advanced Studies. Series A, No. 8

Studies in the Generalized Theory of Gravitation II: The Velocity of Light

BY

O. HITTMAIR

AND

E. SCHRÖDINGER

INSTITIÚID ÁRD-LÉINN BHAILE ÁTHA CLIATH
64—65 CEARNÓG MHUIRFEANN, BHAILE ÁTHA CLIATH

DUBLIN INSTITUTE FOR ADVANCED STUDIES
64—65 MERRION SQUARE, DUBLIN

1951

STUDIES IN THE GENERALIZED THEORY OF GRAVITATION II: THE VELOCITY OF LIGHT

By

O. HITTMAIR and E. SCHRÖDINGER.

(Received July 1951)

1. The various meanings of the velocity of light.

As is well known, the influence of a gravitational field on the propagation of light was in Einstein's theory of gravitation one of the main issues, which by good luck was just within the reach of careful observation, that decided in favour of this theory. In its recent non-symmetric generalization the question arises, how the skew field, which is tentatively regarded as the electromagnetic field, influences the propagation of waves of this very field itself, that is of light, if our tentative view is appropriate. The subject is touched upon in several recent papers[1]. Pondering these remarks we found that the first requirement is a revision of the concept "velocity of light" which has two fundamental meanings in the older theory, but three in the new one. We shall discuss both cases briefly, beginning, of course, with the older one.

---

1) R. L. Ingraham, Annals of Math., 52, 743, 1950.
P. Udeschini, Rend. Lincei, 9, 256, 1950; 10, 21, 121, 390, 1951.

To declare that the symmetric tensor-field g_{ik} is the world metric, implies the physical assumptions that we have unit measuring rods and clocks which measure the invariant interval

$$ds^2 = g_{ik}\, dx_i\, dx_k$$

in particular cases, viz. a rod for simultaneous positions of its end-points (irrespective of its orientation), and a clock, when at rest, for the two world points indicated by its having advanced by one unit. - A second and independent physical hypothesis is about the propagation of light: the dx_k for two neighbouring points reached by <u>one</u> light signal shall satisfy $ds^2 = 0$.

If we lay out a local frame with the help of such rods and clocks, choosing rectangular Cartesian space coordinates, the g_{ik} acquire the values $g_{11} = g_{22} = g_{33} = -1$, $g_{44} = 1$, all others zero (we shall call this "Galilean"), and the velocity of light becomes 1 in all directions; all this in virtue of our assumptions, which would have to be discarded if experienc contradicted. Needless to say that in this local frame there can be no question of rods or clocks changing, contracting or being retarded, etc., by the gravitational field or by orientation, etc.

In an extended gravitational field one can always adopt a general world frame of which this local frame at a given world point forms part, and usually, with sufficient accuracy, in a wide neighbourhood (it <u>may</u> be a geodesic frame, but that is no the point; the one we use every day is not).

This is the <u>first</u> meaning of the velocity of light in the older theory. It is the only invariant meaning, although - nay, because - it refers to a very special frame. However the very nature of a true gravitational field makes it impossible to choose a world-frame that produces this simple state of affairs everywhere. We cannot avoid using a general frame for studying extended phenomena such as the deflection of light passing near the limb of the sun, or the wavelength of a spectral ray, emitted on a white dwarf and measured in a terrestial observatory. One can as a rule - and does, of course, if one can - avoid $g_{i4} \neq 0$ $(i = 1, 2, 3)$. This leads to

$$ds^2 = g_{44}dx_4^2 - \sum_1^3 \sum_1^3 g_{ik}dx_i dx_k \quad .$$

This induces one to interpret a $g_{44} \neq 1$ as a change of rate of the clock, and non-Galilean spatial g_{ik}'s as a change of length of the rod, depending also on its orientation, and finally to say that the velocity of light is $\neq 1$ and is "anisotropic", But it is quite clear that all these notions are eminently non-invariant and locally meaningless, since they disappear in the local frame. In fact you may, if you are provoked, produce all kinds of freak by choosing a suitably unsuitable frame !

This, then, is the second, the non-invariant concept of the velocity of light. That it is sometimes needed for predicting very definite and substantial phenomena, is well known.

In the way of a digression I should like to repudiate a third meaning, used by Udeschini l. c. and hailing, it seems, from Levi-Cività, viz. to regard $\sqrt{g_{44}}$ as the velocity of light. The idea is, to regard in the above equation the double sum as the square of the distance, say dr^2, and dx_4 as the time interval so that $ds^2 = 0$ entails $\frac{dr}{dx_4} = \pm \sqrt{g_{44}}$. The physicist has no use for this concept. It combines the defects of being non-invariant and yet producing wrong results for the gravitational deviation of a light ray. -

We now turn to the generalized theory in which g_{ik} is non-symmetric. To regard its even part $g_{\underline{ik}}$ as the world-metric amounts to hold on to the assumptions about clocks and measuring rods, now with regard to the invariant

$$ds^2 = g_{\underline{ik}}\, dx_i\, dx_k.$$

In the local frame the $g_{\underline{ik}}$ will then turn out Galilean, as the g_{ik} did before. But what about the propagation of light? It consists of waves of $g_{\check{ik}}$, and the latter are controlled by the field equations just as much as the $g_{\underline{ik}}$. *So there is now no room for an assumption as $ds^2 = 0$ or any other*. If we wish to know how such waves are propagated we have to consult the field equations. These stipulate an intimate interaction between the $g_{\underline{ik}}$- and $g_{\check{ik}}$-fields. Hence, with a rapidly changing $g_{\check{ik}}$-field the $g_{\underline{ik}}$ could in general not remain Galilean for more than a split second!

It is, however, reasonable to define the "behaviour of light" in the following manner. We split the total skew $g_{\check{ik}}$ field additively into two parts: an infinitely weak, rapidly oscillating part that represents the light-wave whose behaviour we wish to investigate, and the remaining background-field, which we do not restrict as to its magnitude but which we consider to vary slowly in space and time, so that we may regard it as constant in the neighbourhood of the point in question just as we do with the Galilean $g_{\underline{ik}}$, whose distortion by the infinitely weak rapidly changing light wave we neglect. In this way we shall find

i) with the $g_{\underline{ik}}$ Galilean and <u>no</u> background-$g_{\underset{\vee}{ik}}$ the propagation of light is normal, $ds^2 = 0$, the velocity of light being constant and $= 1$.

ii) With the $g_{\underline{ik}}$ Galilean and a background-$g_{\underset{\vee}{ik}}$, the latter modifies the propagation of light, owing to the non-linearity of the equations controlling $g_{\underset{\vee}{ik}}$. This behaviour may still be called local and invariant inasmuch as it is only an interplay of local fields and undergoes surveyable changes on Lorentz transformation.

iii) In a general world-frame the background-$g_{\underset{\vee}{ik}}$, by acting as a source of the gravitational field $g_{\underline{ik}}$, has also indirect, non-local, non-specific influence on the non-invariant behaviour of light in such a frame; very generally speaking this influence is of the same type as in the older theory and raises no new problems.

These are the three meanings of the "velocity of light" in the new theory. The feature of specific interest is, of course, (ii), comprising (i) as a special case. We deal with it in the next section.

2. The influence of the local background-field.

It is easy to show[1] that the density $\mathfrak{g}^{\underset{\vee}{ik}}$ and the tensor $g_{\underset{\vee}{ik}}$ are, if you allow for the generalized metric $g_{\underline{ik}}$, in the same relation to each other as the 2 six-vectors in Born's non-linear electrodynamics; $\mathfrak{g}^{\underset{\vee}{ik}}$ is to be identified with the (B,E)-tensor, the $g_{\underset{\vee}{ik}}$ with the (H,D)-tensor. Then the relation $\mathfrak{g}^{\underset{\vee}{ik}}{}_{,k} = 0$ - the only Maxwellian set that the unified theory yields[2] - corresponds to curl E + $\dot{B}$ = 0, div B = while the other set is obtained by <u>defining</u> $g_{[\underset{\vee}{ik},l]}$ as the 4-current and putting it zero where there is to be none. This yields curl H - $\dot{D}$ = 0, div D = 0 (generalized for the metric $g_{\underline{ik}}$). Hence the local velocity of light (the only one that has an invariant meaning), since it is obtained by introducing a local Galilean frame (-1, -1, -1, 1), is governed <u>precisely</u> by Born's theory, and we can make use of results worked out previously.

We shall use the letters B, E, D, H for a field of arbitrary strength (the background field), that we think of as

---

1) E. Schrödinger, Proc. Roy. Ir. Acad. <u>51</u> (A), p. 214, 1948. In equation (5,6a) the factor h is missing in the second term of the 2nd member.

2) Equation (4,8b) l.c, and the suggestion (5,7) become void in the more stringent form of the theory, which we are using here - Also, in the present connection, being interested in local phenomena, we discard the cosmological term altogether.

locally homogeneous and static or, at any rate, as varying slowly in space and time compared with the vibrations of the light-fields whose propagation we are about to investigate (but for which no notation will be required). In the case of a purely electric field E (and the corresponding D, see below) it has been found[3], that the velocity of propagation u in the direction of the wave normal of a weak plane wave crossing the background field is, irrespective of polarization and frequency, given by

$$u^2 = A^2 \sin^2\omega + \cos^2\omega, \tag{1}$$

where ω is the angle between the wave-normal and E. Thus the field E produces anisotropy, but no double refraction, and it does not upset the central symmetry ($\omega \longrightarrow \pi - \omega$). The scalar A, which we regard as positive, is

$$A = \sqrt{1 - E^2}\,. \tag{2}$$

Its reciprocal plays the part of dielectric constant for the background-field

$$D = A^{-1} E\,. \tag{3}$$

It is not difficult to generalize the argument N. O. l. c. so as to embrace the case of parallel fields E and H. The only change is that then

$$A = \sqrt{1 - E^2 - H^2} \tag{2a}$$

while (3) is supplemented by[4]

---

3) E. Schrödinger, Non-linear Optics, Proc. Roy. Ir. Acad. 47(A), p. 101 f. (This paper shall be quoted as N. O.)

4) N. O. p. 81, equations (2,6)

$$B = A^{-1} H. \tag{3a}$$

To obtain the general case when E and H are not necessarily parallel, the simplest way is to put (1), <u>without changing its content</u>, into Lorentz-invariant form. We first express A^2 by the invariants of the (B,E)-tensor. From (2a) and (3a)

$$A^2 = 1 - E^2 - A^2 B^2$$

$$A^2 = \frac{1 - E^2}{1 + B^2} = \frac{2 - E^2 + B^2}{1 + B^2} - 1 = 1 - \frac{E^2 + B^2}{1 + B^2} \tag{4}$$

$$\frac{1 - A^2}{1 + A^2} = \frac{E^2 + B^2}{2 + B^2 - E^2} = \frac{I}{1 + I_1},$$

where we have put

$$I_1 = \tfrac{1}{2}(B^2 - E^2) \qquad I_2 = (BE) = \pm|B|\,|E|$$

$$I = +\sqrt{I_1^2 + I_2^2}\,. \tag{5}$$

From the last equation (4)

$$A^2 = \frac{1 + I_1 - I}{1 + I_1 + I}\,. \tag{6}$$

Now we divide (1) by the square of the wavelength*) λ, in order to introduce the covariant wave vector k_1, k_2, k_3, k_4, the latter being u/λ, while k_2 shall be the component in the direction

---

* One could avoid specializing in harmonic waves; but by doing so no harm is done and language is simplified.

of the background field ($\omega = 0$). Thus, from (1):

$$k_4^2 = A^2 (k_1^2 + k_3^2) + k_2^2, \qquad (7)$$

Inserting the value of A^2 from (6) we easily obtain

$$(1 + I_1)(k_4^2 - k_1^2 - k_2^2 - k_3^2) = - I (k_1^2 + k_3^2 + k_4^2) + I k_2^2 \qquad (8).$$

It remains to put the second member into invariant form. Using transitorily the <u>contra</u>variant components k^l:

$$(1 + I_1)k^l k_l = I k^1 k_1 - I k^2 k_2 + I k^3 k_3 - I k^4 k_4 . \qquad (8a)$$

We now introduce, as a purely mathematical tool the <u>conventional</u> Maxwellian energy-momentum-stress tensor of the tensor (B,E), and call it $4\pi T^l{}_m$. It is easy to see that in our special frame, with both B and E parallel to the direction labelled 2, $T^l{}_m$ is diagonal with components

$- I, \qquad I, \qquad - I, \qquad I.$

Hence the invariant form of (8a) reads

$$(1 + I_1) k^l k_l = - T^l{}_m k^m k_l, \qquad (8b)$$

and must, of course, hold in every frame; which means <u>inter alia</u> for <u>any</u> field (B,E). Given this field, we shall still try to use the most convenient frame. We cannot without loss of generality make T diagonal, because there will be a "Poynting-vector" unless B and E are parallel. But we can reduce that P. V. to one component (say in the 1-direction) and take for "2" and "3" the other two axes of the (threedimensional) "stress-tensor". It is not difficult to see that T^{1}_{m} is then the following array

$$\begin{pmatrix} -w & 0 & 0 & +\sqrt{w^2 - I^2} \\ 0 & I & 0 & 0 \\ 0 & 0 & -I & 0 \\ -\sqrt{w^2 - I^2} & 0 & 0 & w \end{pmatrix} . \qquad (9)$$

The letter w has been chosen for the "energy density". This we introduce in (8b), which at the same time we multiply by the square of the wave-length and thus replace the (covariant) k_1 by

$$-\cos\Theta, \qquad -\sin\Theta\cos\phi, \qquad -\sin\Theta\sin\phi, \qquad u.$$

So Θ is the angle between the wave normal and the "Poynting-vector", ϕ is the azimuth around the latter direction. Taking good care of the signs we get in this way from (8b) and (9)

$$(1 + I_1)(u^2 - 1) = 2u\cos\Theta\sqrt{w^2 - I^2} - w\cos^2\Theta + \\ + I\sin^2\Theta\cos 2\phi - w u^2$$

or

$$u^2 - 2u\cos\Theta\frac{\sqrt{w^2 - I^2}}{1 + I_1 + w} + \frac{w\cos^2\Theta - I\sin^2\Theta\cos 2\phi - I_1 - 1}{1 + I_1 + w}$$

$$= 0. \qquad (10)$$

This quadratic equation gives u, the velocity of propagation of the wave plane in the direction of the wave normal indicated by the angles Θ, ϕ. The most striking feature is the term linear in u, which is bound up with the non-vanishing "Poynting-vector". It means that the centre of symmetry is lost; u has in general different values for opposite directions $(\phi, \Theta) \longrightarrow (\phi + \pi, \pi - \Theta)$. Apart from extreme cases (see below) the two roots have opposite signs; the negative root, with reversed sign, gives u for the opposite direction. The easiest way of procuring a synoptic view of the rather intricate state of affairs is to construct the eikonal - the envelope, after unit time, of all the wave planes that have passed the origin simultaneously in all possible directions. We skip the proof that this eikonal is an ellipsoid in standard orientation, but with its centre displaced in the 1-direction. Taking this for granted we easily find the half-axes and the displacement by computing u in the directions of the coordinates. In this way one obtains for the half-axes

$$(1)\quad \frac{\sqrt{1 + 2I_1 - I_2^2}}{1 + I_1 + w} \qquad (2)\quad \sqrt{\frac{1 + I_1 + I}{1 + I_1 + w}} \qquad (3)\quad \sqrt{\frac{1 + I_1 - I}{1 + I_1 + w}} \tag{11}$$

and for the displacement of the centre in the direction of the "Poynting-vector" (+1-direction)

$$+ \frac{\sqrt{w^2 - I^2}}{1 + I_1 + w} . \tag{12}$$

In general the three half-axes are different. Rotational symmetry around the 2-axis occurs for $w = I$; this is the special case of B and E parallel, from which we started; $u = 1$ for the $\pm$ 2-directions. The ellipsoid is "prolonged". The displacement is zero. – A flattened ellipsoid of rotation around the 1-axis is obtained when both invariants vanish: $I_1 = I_2 = I = 0$. The displacement (12) subsists in this case, and cannot be transformed away. The velocity u in the direction of the "Poynting-vector" is unchanged

$$u = \frac{1}{1 + w} + \frac{w}{1 + w} = 1.$$

It is the case of E and B orthogonal and equal, and from (6) also equal to D and H. It is almost a gift from heaven, due obviously to continuity, that this singular case <u>is</u> embraced, though it seems out of reach of the considerations that led to equation (10).

Since a plane wave proceeding with the maximum velocity $u = 1$ does so in every Lorentz frame, there must also in the general case be just two directions in which (but not in the opposites!) $u = 1$. (For $B \parallel E$ these are the directions ± 2; in the singular case they happen to coincide in the direction + 1). Obviously we have to seek them in the (1,2)-plane, i. e. for $\phi = 0$ or π. So we have $\cos 2\phi = 1$ in equation (10), which we write

$$(1 + I_1 + w)\, u^2 - 2u \cos\Theta \sqrt{w^2 - I^2} + (w + I) \cos^2\Theta - - I - I_1 - 1 = 0 \qquad (1$$

To determine, when u as a function of $\cos\Theta$ has a maximum, we might write out the differential of the first member for increments du, dcos Θ, and then put their quotient = 0. But that amounts to putting the factor of dcosΘ equal to zero. Thus the maxima are determined by

$$-2u\sqrt{w^2-I^2} + 2(w+I)\cos\Theta = 0.$$

We have the legitimate presumption that the maximum values of u are 1; hence

$$\cos\Theta = \pm\sqrt{\frac{w-I}{w+I}} \qquad (14)$$

gives the two directions, symmetrical with respect to the + 1-direction. It is easy to check that (13) actually has the root u = 1 for this value of cos Θ. The extreme cases mentioned before are correctly encompassed by w = I and I = 0, respectively. -

It is hardly necessary to point out that all these deviations from normal behaviour, i. e. from u = 1, are presumably minute, since the unities in which our fields B, E, etc. are measured are presumably extremely outsized. Even so, the consequences of non-linearity have some interest by principle. Easily the quaintest event is, that in an extremely outsized background field the displacement (12) can become bigger than the 1-half-axis of the ellipsoid, which then <u>excludes</u> the origin, so that within a certain cone of wave-normals no positive u is available, and wave fronts cannot proceed in those directions. The condition for this freak to occur is, from (12) and (11),

$$\sqrt{w^2 - I^2} \geqslant \sqrt{1 + 2I_1 - I_2^2}$$

or $$w^2 \geqslant 1 + 2I_1 - I_2^2 + I^2 = (1 + I_1)^2$$

$$w \geqslant 1 + I_1$$

or $$\tfrac{1}{2}(B^2 + E^2) \geqslant 1 + \tfrac{1}{2}(B^2 - E^2)$$

or $$E^2 \geqslant 1. \qquad (15)$$

But can that be? - Well, the only irrescindible requirement in Born's electrodynamics is

$$A^2 = \frac{1 + I_1 - I}{1 + I_1 + I} = \frac{(1 + I_1)^2 - I^2}{(1 + I_1 + I)^2} \geqslant 0.$$

Thus

$$(1 + I_1)^2 - I^2 = 1 + 2I_1 - I_2^2 \geqslant 0$$

or

$$1 + B^2 - E^2 - (BE)^2 \geqslant 0$$

or

$$E^2 \leqslant \frac{1 + B^2}{1 + B^2\cos^2\alpha}, \qquad (16)$$

where α is the angle between B and E. Hence E^2 is well allowed to surpass 1, provided that $B^2 \neq 0$ and $\cos^2\alpha \neq 1$.

One might be inclined to brush aside this freak (as I called it) because it requires field strengths that cannot ever be reached. Far from this, given any non-vanishing (E,B)-field whatsoever, you can, in a suitable Lorentz frame, make E^2 surpass unity. This is almost self-evident, since the independent invariants are

$$\tfrac{1}{2}(B^2 - E^2), \qquad (BE).$$

Thus $|B|$ and $|E|$ may be increased indefinitely, in step with each other, provided that $\cos\alpha$ approaches to zero, so as to keep also the second invariant invariant.

Dirac's New Electrodynamics

ABOUT twenty-five years ago, W. Gordon[1], O. Klein[2] and I[3] shared in establishing a consistent set of field equations for a charge-scalar ψ and the electromagnetic 4-potential A_k. To disencumber the formulæ, we take $c = 1$ and take the A^k to mean the ordinary potentials multiplied by $2\pi e/h$. Then the real Lagrangian density we used reads:

$$\tfrac{1}{4}F^{kl}F_{kl} + \tfrac{1}{2}(\psi_{,\underline{k}} - iA^k\psi)\,(\psi^*_{,k} + iA_k\psi^*) - \tfrac{1}{2}m^2\psi\psi^*, \quad (1)$$

with

$$F_{kl} = A_{k,l} - A_{l,k}. \quad (2)$$

The asterisk means the complex conjugate, a comma ordinary differentiation, underlining the subsequent raising of the subscript; the metric is $(-1, -1, -1, 1)$; m is the reciprocal Compton wave-length of 'the particle'; ψ and A_k have the dimension reciprocal length; the allotment of indices is the customary ($F_{14} = E_x$, etc.), as opposed to the rational. From (1) and (2) one obtains the Euler equations:

$$\left(\frac{\partial}{\partial x_{\underline{k}}} - iA^k\right)\left(\frac{\partial}{\partial x_k} - iA_k\right)\psi = -m^2\psi \quad (3)$$

$$F^{l}{}_{k,l} = -j_k \quad (4)$$

with the 4-current

$$j_k = -\frac{i}{2}(\psi^*\psi_{,k} - \psi\psi^*_{,k}) - A_k\psi\psi^*, \quad (5)$$

for which the equation of continuity follows from (4) and independently from (3).

It seems to have remained unnoticed at the time and, so I believe, ever since, that simplification is obtained by a change of gauge. We put the real quantities:

$$A_k + \left(\frac{i}{2}\log\frac{\psi}{\psi^*}\right)_{,k} = \bar{A}_k \quad (6)$$

$$\psi\exp\left(-\tfrac{1}{2}\log\frac{\psi}{\psi^*}\right) = \sqrt{\psi\psi^*} = \varphi. \quad (7)$$

Then the (unchanged) j_k becomes

$$j_k = -\bar{A}_k\varphi^2, \quad (8)$$

while (3) splits openly into real and imaginary parts. The latter re-asserts that the vector (8) has vanishing divergence; the former reads

$$\frac{\partial}{\partial x_{\underline{k}}}\frac{\partial}{\partial x_k}\varphi = (\bar{A}_k\bar{A}^k - m^2)\,\varphi. \quad (9)$$

That the wave function of (3) can be made real by a change of gauge is but a truism, though it contradicts the widespread belief about 'charged' fields requiring complex representation. It is equally a truism that the bracket in (5) then vanishes, so that (5) turns into (8). But it is interesting that with (8) the equations (4) become those of Dirac's[4] recently proposed theory, the potential becoming proportional to the current.

Dirac's fifth field variable λ is, in the present setting, the square of the real amplitude φ. In a wave phenomenon the *rays*—corresponding to particle paths—are not sharply defined. The concept is based on the assumption that the wave amplitude varies comparatively slowly. The better this holds the sharper is the definition of rays, breaking down entirely when the assumption fails. It is peculiar to our case that the rapidly varying phase, with which the slowly varying amplitude is usually contrasted, is abolished. The only length available for comparison is m^{-1}. If φ does not vary appreciably at such range, then from (9),

$$\bar{A}_k\bar{A}^k - m^2 = 0 \quad (10)$$

holds approximately. This is Dirac's fifth field equation, from which, as he has shown, follows immediately that the vector lines of A_k are *paths* in the field F_{kl} that is described by (2); from (8) the same holds for the vector lines of j_k, which does not depend on the gauge. One is, I think, entitled to say that the stream lines are *rays* of the wave motion ψ as far as such can be spoken of at all. But one must keep in mind that a detailed description of the wave has meaning only with respect to a fixed gauge. By changing the gauge you may turn the wave-(hyper-) surfaces into whatever you please.

There is a handsome symmetry between the equations (4), with (8), and the equation (9). Their left-hand sides exhibit with respect to $\bar{A}_k$ and φ the completest analogy possible for a vector and a scalar, the operators being Div Rot and Div Grad, respectively. On the right, the quadratic invariant of the *other* quantity occupies, one may say, the position of an eigenvalue parameter in the otherwise linear equations. I venture to surmise that we are actually facing an eigenvalue problem. If so, it is mathematically much more involved than those we are accustomed to. Any charge-free Maxwellian field, by the way, satisfies our equations. One is interested in what happens when (3) is replaced by Dirac's wave equation of 1927, or other first-order equations. This and the bearing on Dirac's 1951 theory will be discussed more fully elsewhere.

I wish to thank Dr. Frank Roesler, scholar of the Institute, for illuminating discussion.

ERWIN SCHRÖDINGER
Dublin Institute for Advanced Studies,
64–65 Merrion Square,
Dublin.
Jan. 25.

[1] Gordon, W., *Z. Phys.*, **40**, 117 (1926).
[2] Klein, O., *Z. Phys.*, **37**, 895 (1926).
[3] Schrödinger, E., *Ann. der Phys.*, (4), **81** (1926); **82** (1927).
[4] Dirac, P. A. M., *Proc. Roy. Soc.*, A, **209**, 291 (1951).

2

RELATIVISTIC FOURIER RECIPROCITY AND THE ELEMENTARY MASSES

By ERWIN SCHRÖDINGER

(The Dublin Institute for Advanced Studies.)

[Received 28 January, 1952. Published 16 May, 1952.]

1.—Introduction

The Fourier transformation plays a fundamental rôle in quantum mechanics for two distinct, though not unconnected reasons. It transforms the wave function to the canonically conjugate variable or, more generally and more accurately, from the domain of eigenvalues of a complete set of commuting observables to the like domain of the canonically conjugate set. The second reason is that in the recent development (field quantization) the most widely used special quantum mechanical system is the harmonic oscillator, whose eigenfunctions in the most popular form, i.e., the Hermite orthogonal functions, are known to be their own Fourier transforms, apart from a constant multiplier[1]). This means that they may be taken as the " axes of rotation " in function space around which the unitary transformation from one set of observables to the canonically conjugate set takes place.

Allow me, ostensibly to change the subject. There have been various attempts to account in a sort of apriori fashion for the masses of elementary particles found in nature. The earliest attempt is probably A. S. Eddington's who, in his book " Proton and Electron," claimed that the masses of these two particles are the roots m of the quadratic equation

$$10\, m^2 - 136\, m\, m' + m'^2 = 0\,,$$

(where, by the way, m' has to be about 137 times the smaller m ; but no particle of intermediate mass was known at the time). More recent attempts contemplate the idea that the equations controlling the field that represents the elementary particle be not of second or first order, but that its operator be, in the simplest case of a scalar wave function, a function F of the $\square$ -operator, either a polynomial or an entire transcendental function with only real positive roots. In the case of a polynomial it is easy to show that,

[1] See, e.g., Courant-Hilbert, Methoden der Mathematischen Physik, 2nd edition, III § 10, 2., p. 131 (Berlin, Springer, 1931). H. Weyl Diss. Göttingen 1908.

provided the roots are all different, the only solutions are linear aggregates of solutions of Klein-Gordon equations for particles with various masses.[2]

The most interesting suggestion for specifying the function $F(\Box)$, or the corresponding ones in the case of tensor or spinor wave-functions, is due to Born and his co-workers) [3] and leads us back to the subject of the first paragraph. The suggestion was, *either* to admit only functions F that are their own (four-dimensional) Fourier transforms, *or* only the eigenfunctions of a (four-dimensional) oscillator-equation. However these two specifications are by no means the same. The main object of the following pages is to elucidate both, and their relationship, and possibly to hit on alternatives. Indeed the first specification is obviously much too wide, and even the second, though much more restrictive and somewhat arbitrary, leads to a rather abundant mass-spectrum. Another point that I wish to clear up is, that the necessary requirement of Lorentz-invariance introduces modifications which call for incisive changes in the definitions of Fourier-integrals and of eigenfunctions.

2.—Fourier's Integral Equation

To disencumber our formulae we introduce the following four integral operators, acting on a possibly complex function $f(x)$, defined for all real x:

$$\begin{aligned} N f(x) &= (2\pi)^{-\frac{1}{2}} \int_{-\infty}^{+\infty} e^{-ipx} f(p)\, dp \\ P f(x) &= (2\pi)^{-\frac{1}{2}} \int_{-\infty}^{+\infty} e^{ipx} f(p)\, dp \\ C f(x) &= (2\pi)^{-\frac{1}{2}} \int_{-\infty}^{+\infty} \cos(px) f(p)\, dp \\ S f(x) &= (2\pi)^{-\frac{1}{2}} \int_{-\infty}^{+\infty} \sin(px) f(p)\, dp. \end{aligned} \qquad (2,1)$$

We note that

$$N f(-x) = P f(x) \qquad (2,2)$$

We shall call

$$f(x) = \lambda\, N f(x), \qquad (2,3)$$

[2] The interesting case of multiple roots has been investigated by Walther Thirring, Phys. Rev. **79**, 703, August, 1950.

[3] M. Born and H. S. Green, Proc. Roy. Soc., Edinburgh, A, **62**, 470, 1949. M. Born, Revs. Mod. Phys., **21**, 463, 1949.

where λ is a constant, Fourier's integral equation. By the inversion theorem and subsequent use of (2, 2) we get

$$\lambda f(x) = P f(x) = N f(-x). \tag{2, 4}$$

Multiplying by λ and using (2, 3),

$$\lambda^2 f(x) = f(-x). \tag{2, 5}$$

Multiplying by λ and using (2, 4),

$$\lambda^3 f(x) = \lambda f(-x) = N f(x);$$

again by λ, with (2, 3),

$$\lambda^4 f(x) = f(x), \quad \text{thus} \quad \lambda^4 = 1. \tag{2, 6}$$

The eigenfunctions of (2, 3) are thus divided into four *classes* according to the eigenvalues $1, i, -1, -i$. From (2, 5) the first and the third class consist of even functions, the second and fourth of odd functions. Using (2, 1) the classes can also be characterized by

$$\left.\begin{array}{llll} (\lambda = 1) & f = C f & \text{(I)} \\ (\lambda = i) & f = S f & \text{(II)} \\ (\lambda = -1) & f = -C f & \text{(III)} \\ (\lambda = -i) & f = -S f & \text{(IV).} \end{array}\right\} \tag{2, 7}$$

We shall use the Roman numerals to refer to the classes, and call a function that belongs to one of them a " class function ". It is easy to see that this class division amounts to a splitting of the whole space of functions that have a Fourier transform into four linear, mutually orthogonal subspaces without overlapping and without a remainder. Indeed every such function (i.e., one with a Fourier transform—a restriction that is to be *understood* in all the following) can be uniquely split as a sum of four class functions. The splitting into even and odd is trivial. To split an even function into (I) and (III) take half the sum and half the difference of itself and its C-transform ; similarly with an odd function.

The derivative of a class function is not a class function. E.g., let f_I belong to class (I). From (2, 7) and (2, 1)

$$f'_I = -S\, x\, f_I .$$

[4*]

Using the splitting device just mentioned, you see that $\left(x - \frac{d}{dx}\right) f_I$ and $\left(x + \frac{d}{dx}\right) f_I$ belong to class (II) and to class (IV), respectively. The general rule is that the two operators, which we shall denote by

$$\begin{aligned} \xi &= x - \frac{d}{dx}. \\ \eta &= x + \frac{d}{dx}, \end{aligned} \tag{2, 8}$$

exchange the classes cyclically, the first increasing, the second decreasing the class number by one (in this, (I) is considered to be preceded by (IV)). It follows that the *classes* as a whole (not the single class functions!) are invariant to $\xi\eta$ and to $\eta\xi$, hence also to

$$H = \tfrac{1}{2}(\xi\eta + \eta\xi) = x^2 - \frac{d^2}{dx^2} \tag{2, 9}$$

which we call H, recalling that it is the Hamiltonian of an oscillator in reduced form (eigenvalues 1, 3, 5, ...). All these simple theorems must be restricted by a *caveat*, even beyond the trivial demand, that for applying the operators ξ, η, H the function must possess the required derivatives. For, even so, these operators may deprive a particular function of having a Fourier transform, they may lead outside the function space that we have envisaged. This clearly restricts the sweeping statement about the *classes as a whole* being cyclically transformed. Moreover, one must be prepared to see general inferences, based on the preceding theorems, fail in particular cases.

However, knowing that the oscillator functions are not of this dangerous type, one can now show that they are class functions. Indeed let

$$H\phi - \mu\phi = 0, \tag{2, 10}$$

with μ an eigenvalue. Decompose

$$\phi = f_I + f_{II} + f_{III} + f_{IV}$$

then from our theorem

$$H f_I = g_I;\ H f_{II} = g_{II},\ H f_{III} = g_{III},\ H f_{IV} = g_{IV}\,. \tag{2, 11}$$

If we insert all this into (2, 10), we may conclude (since zero is uniquely split into four zeros),

$$g_I = \mu f_I, \; g_{II} = \mu f_{II}, \; g_{III} = \mu f_{III}, \; g_{IV} = \mu f_{IV}.$$

Thus from (2, 11) all four f-functions would be eigenfunctions for the same μ, which cannot be. Hence three of them must vanish.

This proof, since it is based only on the facts that H leaves the classes invariant and that the eigenvalue in question is not multiple, applies without change (but always with the above *caveat*) to the eigenfunction of a simple eigenvalue of any linear operator G that leaves the classes invariant. Now obviously the following power-products, in which the order of the factors is irrelevant for our purposes, because $\eta\,\xi - \xi\,\eta = 2$, —

$$\xi^n\,\eta^m \quad \text{with} \quad n - m \equiv 0 \pmod{4}, \tag{2, 12}$$

as well as all linear aggregates of such products leave the classes invariant, and exhaust certainly all those operators G that can be expressed as power series of x and $\frac{d}{dx}$. Hence all their non-degenerate eigenfunctions are class functions. Of course, all these operators are not functions of H alone, for instance, ξ^4 is not (hence its eigenfunctions are not the oscillator functions). In any case degeneracy may occur. This may—but need not—destroy the class property of the general eigenfunction belonging to the multiple eigenvalue. Take, for instance, the eigenvalue problem

$$[(H - 1)(H - 3) + k]\,\phi = \nu\,\phi, \tag{2, 13}$$

where k is a real constant. Every eigenfunction of H is an eigenfunction, and since the former are a complete orthonormal set, they are a *complete* set of eigenfunctions of (2, 13) that is always available. Hence the eigenvalue ν can have no higher multiplicity than 2, and *may* be double if and only if both roots of the algebraic equation for H

$$(H - 1)\,(H - 3) + k - \nu = 0,$$

to wit

$$H = 2 \pm \sqrt{1 + \nu - k},$$

are positive odd integers. For this to happen the not-bigger one must be 1, hence $\nu = k$, the other root is 3. This ν *is* degenerate. An arbitrary linear combination of the first and the second oscillator function is an eigenfunction of $\nu = k$, and since the two belong to class (I) and class (II), respectively, the general aggregate is *not* a class function. (The class-number of an oscillator function is its *order*-number, see below). But now take the eigenvalue problem

$$[(H - 1)(H - 9) + k]\,\phi = \nu\,\phi.$$

Here the "roots" are

$$H = 5 \pm \sqrt{16 + \nu - k}.$$

The not-bigger one may be 1, 3 or 5. This happens for $\nu = k$, $k - 12$, $k - 16$, respectively, the pairs of roots being (1 ; 9), (3 ; 7), (5 ; 5), respectively. The first, $\nu = k$, is double, yet *all* its eigenfunctions are of class (I); $\nu = k - 12$ is also double, its general eigenfunction is mixed of class (IV) and class (II) ; the last, $\nu = k - 16$, is not double, its only eigenfunction is the third oscillator function, class (III). This seems strange. But all the others are engaged, those not yet spotted belong to $\nu = k + 4(n + 1)(n + 5)$, with $n = 0, 1, 2, 3, \ldots\ldots$ And they are a complete set.

The splitting of an arbitrary function into class-functions, described above after (2, 7), can be trivially translated into integral operators. Envisage the four symmetric kernels

$$\begin{aligned}
K_I &= (2\pi)^{-\frac{1}{2}} \cos(px) + \tfrac{1}{2}[\delta(p, x) + \delta(p, -x)] \\
K_{II} &= (2\pi)^{-\frac{1}{2}} \sin(px) + \tfrac{1}{2}[\delta(p, x) - \delta(p, -x)] \qquad (2, 14) \\
K_{III} &= -(2\pi)^{-\frac{1}{2}} \cos(px) + \tfrac{1}{2}[\delta(p, x) + \delta(p, -x)] \\
K_{IV} &= -(2\pi)^{-\frac{1}{2}} \sin(px) + \tfrac{1}{2}[\delta(p, x) - \delta(p, -x)],
\end{aligned}$$

where $\delta(p, x)$ is defined as producing the value of the function at $x = p$, when this point is inside the interval of the integration with respect to x, and the value zero, when it is outside ; these kernels, when applied in the fashion (2, 1) to any function $f(x)$, transform it into a function of the class indicated by the subscript. Since this holds also for $f(x) = \delta(p', x)$, with p' a parameter, and obviously yields the K's themselves, written with the parameter p', they are, when looked upon in this way, themselves functions of their respective classes. The four of them together, each taken independently for all real parameter values p between $-\infty$ and $+\infty$, form a continuous complete orthogonal system, as e^{ipx} by itself does, and $\cos(px)$ and $\sin(px)$ together do. The step leading from the latter to (2, 14) seems a natural continuation of the one that leads from the exponential to sine and cosine. This impression will be reinforced, when we obtain slightly less objectionable representations of our kernels that avoid the explicit use of the improper δ-function.

3.—THE CLASS-NUMBERS OF THE OSCILLATOR FUNCTIONS

Let $h_n(x)$ be the $(n + 1)^{st}$ Hermite orthogonal function,

$$h_n(x) = \frac{H_n(x)\, e^{-x^2/2}}{\sqrt{2^n\, n!\, \sqrt{\pi}}}, \quad n = 0, 1, 2, 3, \ldots.. \tag{3, 1}$$

where $H_n(x)$ is the Hermite polynomial (starting with $(2x)^n$). The $h_n(x)$ have a generating function, viz.,

$$\phi(x, t) = e^{-t^2/4 + tx - x^2/2} \equiv \sum_0^\infty \frac{\pi^{\frac{1}{4}}\, h_n(x)\, t^n}{\sqrt{2^n\, n!}}. \tag{3, 2}$$

One easily computes

$$N_x\, \phi(x, t) = e^{t^2/4 - itx - x^2/2} = \phi(x, -it) \tag{3, 3}$$

For the meaning of N see (2, 1) ; we have here added the subscript x, indicating the variable to which the operator is applied. On replacing ϕ in the first and in the last member of (3, 3) by the series (3, 2), one infers

$$h_n(x) = i^n\, N\, h_n(x). \tag{3, 4}$$

Comparing with (2, 3) and (2, 7) we see, that h_0 is of class (I), h_1 of class (II), h_2 of class (III), h_3 of class (IV), h_4 of class (I), etc.

The N-Fourier transform of any function can, therefore, be obtained from the function's series development in terms of the h_n by adding the appropriate factors $(-i)^n$ to the single terms, —or i^n if we desire the P-transform. From this the following bilinear developments follow:—

$$(2\pi)^{-\frac{1}{2}}\, e^{\pm ipx} \equiv \sum_0^\infty (\pm i)^n\, h_n(p)\, h_n(x)$$

$$(2\pi)^{-\frac{1}{2}} \cos px \equiv \sum_0^\infty (-i)^m\, h_{2m}(p)\, h_{2m}(x) \tag{3, 5}$$

$$(2\pi)^{-\frac{1}{2}} \sin px \equiv \sum_0^\infty (-1)^m\, h_{2m+1}(p)\, h_{2m+1}(x).$$

Indeed the first (of which the second and third are only a paraphrase) is made good by observing, that according to what has just been said the symmetric kernel on the left, when applied (in the fashion (2, 1)) to an *arbitrary* function, produces the same result as the kernel on the right. This proves, at any rate, the *formal* correctness of these developments, apart from the delicate question of their *convergence*, on which we will not enter. Using the (improper) development of the (improper) δ-function, "valid" in terms of any orthonormal system,

$$\delta(p, x) = \sum_0^\infty h_n(p)\, h_n(x) \qquad (3, 5a)$$

we obtain for our kernels in (2, 14)

$$K_I(p, x) = \sum_0^\infty h_{4m}(p)\, h_{4m}(x)$$

$$K_{II}(p, x) = \sum_0^\infty h_{4m+1}(p)\, h_{4m+1}(x) \qquad (3, 6)$$

$$K_{III}(p, x) = \sum_0^\infty h_{4m+2}(p)\, h_{4m+2}(x)$$

$$K_{IV}(p, x) = \sum_0^\infty h_{4m+3}(p)\, h_{4m+3}(x).$$

The representations (3, 5) and (3, 6) throw into relief the close analogy mentioned at the end of Section 2, between the splitting of the exponential in sine and cosine, and the splitting of the latter into the K's. It is obvious, but noteworthy, that the K-kernels, just as the sin- and cos-kernels, are reproduced by iteration, in other words, the corresponding integral operations are *idempotent*. The operations P and N with the exponential kernels are, of course, not. Their product is the identity ; this is just Fourier's theorem.

In all this the functions h_n have no particular privilege, except that of being probably the simplest. The considerations of this section can be transferred to any complete orthonormal system that forms the non-degenerate (or, if degenerate, suitably chosen) system of eigenfunctions of an operator composed of power products (2, 12), so that it leaves the four classes invariant. In fact, the relations (3, 5) and (3, 6) could be made to be identically the same, provided that the functions are arranged and labelled in a suitable order. This must be possible since in every class there must be an infinite number of them in order to allow every (reasonable) function of that class to be developed in terms of them. So, while making extensive use of the Hermite functions in the following, we ought to remember that they are not privileged.

4.—World Functions

The extension of these considerations to a finite number of variables x, y, ... does not in itself raise any difficulties or new points of interest, as far as I can see. But in Minkowski space a new technique, and some changes of definition are required to suit the physicist.

In the first place the Fourier transforms of an array of functions $f(x_1, x_2, x_3, x_4)$ which, by definition, form a tensor or spinor will be a similar array (with the same symmetries, if any), which will have to be regarded, by definition, as the components of a tensor or spinor of the same type. We shall demand that the association of these two tensors is Lorentz-invariant, in other words, that the two kinds of transformation (Fourier- and Lorentz-) commute. The latter consists in first *substituting* the x_k as a contravariant vector, then performing a linear transformation of the tensor components, which, however, is the same for our two tensors. Hence the association of a function and its Fourier transform must be invariant to the said *substitution*. It is obvious, looking at (2, 1), that this is achieved by either using N-transforms for the three space variables and a P-transform for the time or *vice-versâ*. Let us, therefore, define

$$L\, f(x_1, x_2, x_3, x_4) =$$

$$= (2\pi)^{-2} \iiiint_{-\infty}^{+\infty} e^{-i(p_4 x_4 - p_3 x_3 - p_2 x_2 - p_1 x)_1} \cdot f(p_1, p_2, p_3, p_4)\, dp_1\, dp_2\, dp_3\, dp_4. \tag{4, 1}$$

The substitution of the x_k can then be met by the *same* substitution of the integration variables p_k, the two together leaving the exponent invariant so that the association is maintained. Fourier's integral equation, corresponding to (2, 3) will now read

$$f = \lambda\, L\, f. \tag{4, 2}$$

Let us define the complete orthonormal set

$$F(n_k, x_k) = h_{n_1}(x_1)\, h_{n_2}(x_2)\, h_{n_3}(x_3)\, h_{n_4}(x_4). \tag{4, 3}$$

Using (3, 4) (where obviously i has to be replaced by $-i$, if N is replaced by P, see (2, 1)), we get at once

$$F(n_k, x_k) = i^{n_4 - n_1 - n_2 - n_3}\, L\, F(n_k, x_k). \tag{4, 4}$$

Generalizing the concept of " class-function ", we call F a class-function *with respect to the operator* L (or Fourier-reciprocal with respect to L) of class $1 + n_4 - n_1 - n_2 - n_3$ (mod 4). (The cumbersome "1" is caused by the lack of a Roman numeral for zero and the customary labelling of the Hermite function, from which we do not wish to depart. What we called class-functions in the preceding were "class-functions with respect to N".)

However in the problem of rest-masses our *functions* are ultimately to play the part of *operators* in a scalar field equation or in a tensorial system of such, their *variables* being replaced by the corresponding differentiators. We shall, therefore, mainly, if not exclusively, be interested in functions or arrays of functions that form a scalar or a tensor not "by definition or ruling" but by the way in which they depend on the x_k. A scalar can then only depend on $-x_1^2 - x_2^2 - x_3^2 + x_4^2$, because this is the only invariant of the x_k; in other cases the possibilities must be examined. A glance at (3, 1) and (4, 3) shows that, to say the least, it would be extremely inconvenient to develop such functions by, or build them up from, the F's, which depend in a very prominent way on the *sum* of the four squares, not on the aforesaid invariant. The obvious suggestion is to use either for the three space coordinates, or for the time, Hermite functions of imaginary argument. But on account of their behaviour outside the light-cone, in the first alternative, or inside, in the second, such products have no Fourier-transforms. Yet they are useful when restricted to the regions where they behave orderly. Let us define $g_n(x)$ by

$$h_n(ix) = i^n g_n(x), \tag{4, 5}$$

so that it is real. Moreover, we define a set of functions of the four arguments x_k and four subscripts n_k as follows:

$$\left.\begin{aligned} G(n_k, x_k) &= g_{n_1}(x_1)\, g_{n_2}(x_2)\, g_{n_3}(x_3)\, h_{n_4}(x_4) \\ &\quad (\text{for } x_4^2 - x_1^2 - x_2^2 - x_3^2 \geqslant 0,\ x_4 > 0) \\ G(n_k, x_k) &= -g_{n_1}(x_1)\, g_{n_2}(x_2)\, g_{n_3}(x_3)\, h_{n_4}(x_4) \\ &\quad (\text{for } x_4^2 - x_1^2 - x_2^2 - x_3^2 \geqslant 0,\ x_4 < 0) \\ G(n_k, x_k) &= 0 \\ &\quad (\text{for } x_4^2 - x_1^2 - x_2^2 - x_3^2 < 0). \end{aligned}\right\} \tag{4, 6}$$

We want to show, that any G obeys (4, 2), and we shall determine their λ's, or class numbers with regard to the operator L. We obtain for them a generating function, suitable for our purpose, by writing out (3, 2) four times over, with n, x and t replaced by the following triplets, respectively:—

$$\begin{matrix} n_1 & n_2 & n_3 & n_4 \\ ip_1 & ip_2 & ip_3 & p_4 \\ t_1 & t_2 & t_3 & -it_4\,; \end{matrix}$$

then we multiply these four identities, members by members. The result can be written

$$\psi\,(p_k,\ t_k) \equiv \pm\ e^{t^2/4 - i\,(t,\,p) - \frac{1}{2}p^2} \equiv$$

$$\equiv \sum_0^\infty i^{n_1 + n_2 + n_3 - n_4} \frac{\pi\, G\,(n_k,\ p_k)\ t_1^{n_1}\, t_2^{n_2}\, t_3^{n_3}\, t_4^{n_4}}{\sqrt{2^{n_1 + n_2 + n_3 + n_4}\, n_1!\ n_2!\ n_3!\ n_4!}}\,. \qquad (4,\,7)$$

The sum is, of course, fourfold. The following abbreviations are used:—

$$(t,\,p) = t_4\,p_4 - t_1\,p_1 - t_2\,p_2 - t_3\,p_3$$

$$t^2 = t_4^2 - t_1^2 - t_2^2 - t_3^2,$$

which are to hold for any quadruplets of variables of this type. According to (4, 6) the upper sign holds when the vector p_k is within the cone of future, the lower, when it is within the cone of past, while for p_k outside the light cone $\psi\,(p_k,\ t_k)$ is to be zero by definition. We use (4, 7) to perform on $\psi\,(x_k,\ t_k)$ the L-operation, defined in (4, 1) :

$$L\ \psi\,(x_k,\ t_k) = (2\pi)^{-2} \int_{-\infty}^{+\infty} \pm\ e^{t^2/4 - i\,(x\,+\,t,\,p) - \frac{1}{2}p^2}\, d^4p$$

$$\equiv \sum_0^\infty i^{n_1 + n_2 + n_3 - n_4} \frac{\pi\, L\, G\,(n_k,\ x_k)\ t_1^{n_1}\, t_2^{n_2}\, t_3^{n_3}\, t_4^{n_4}}{\sqrt{2^{n_1 + n_2 + n_3 + n_4}\, n_1!\ n_2!\ n_3!\ n_4!}} \qquad (4,\,8)$$

All that remains to be done is the evaluation of the fourfold integral, which is restricted to the interior of the light-cone, with the aforesaid change of sign. The procedure differs according to the region in which the vector x_k lies. Moreover, it is sufficient to evaluate the integral in every case for any value of t_k within the *same* region—I mean sufficient for eventually equating the coefficients of the several power products of the t_k. First take x_k and t_k in the cone of future. Then we submit the integration variables in

$$\int_{-\infty}^{+\infty} \pm\ e^{-i\,(x\,+\,t,\,p) - \frac{1}{2}\,p^2}\, d^4p$$

to a Lorentz-transformation which turns the fourth axis in the direction of $x_k + t_k$, leaving the latter with a 4-component only, viz., in our notation $\sqrt[+]{(x + t)^2} = \rho$ (say). Now we introduce pseudo-hyperspherical coordinates $p,\ \theta,\ \phi,\ \chi$ for the p_k in the familiar way, so that $p_4 = p\cosh\chi$, and our symbolic p^2 is the ordinary p^2. After integration over $\theta,\ \phi$ our integral becomes

$$4\pi \int_{-\infty}^{+\infty} \int_{0}^{\infty} \exp\left(-i\rho\, p \cosh\chi - \tfrac{1}{2}p^2\right) \sinh^2\chi\, p^3\, d\chi\, dp. \tag{4, 9}$$

Here the double sign is absorbed, because we ought really to have written $|p|^3$, thus $-p^3$ in the cone of past! Now

$$p^3 e^{-\frac{1}{2}p^2} = \tfrac{1}{8}\left[(8p^3 - 12p)\, e^{-\frac{1}{2}p^2} + 12pe^{-\frac{1}{2}p^2}\right] =$$
$$= \tfrac{1}{8}\left[H_3(p)\, e^{-\frac{1}{2}p^2} + 6\, H_1(p)\, e^{-\frac{1}{2}p^2}\right].$$

The p-integration is virtually the N-transform of these (not-normalized) Hermite functions. Hence, from sect. 3, we get

$$\sqrt{2\pi}\,.\,4\,\pi\, i \int_{0}^{+\infty} \{\exp\left(-\tfrac{1}{2}\rho^2 \cosh^2\chi\right)\}\, \rho^3 \cosh^3\chi - 3\rho \cosh\chi \sinh^2\chi\, d\chi =$$
$$= 4\pi^2\, i\, e^{-\rho^2/2}.$$

(One has used the variable $\rho \sinh\chi$). If x_k and t_k had been in the cone of past, the value of ρ would have been $\underset{-}{\sqrt{(x + t)^2}}$, *and this would have changed the sign,* because we would have been faced with the P-transform, not the N-transform! Hence, carrying the last result into (4, 8) we have

$$L\,\psi(x_k, t_k) = \pm\, i\, e^{-t^2/4 - (t,\, x) - x^2/2}, \tag{4, 10}$$

the sign depending now on the direction of the x_k-vector, the upper sign corresponding to the cone of future. If x_k is space-like, we take also t_k space-like, turn the p_3-axis in the direction of $x_k + t_k$ and easily obtain zero for $L\,\psi$ in this case. To develop (4, 10), including the double sign, in powers of the t_k, we use the second identity (4, 7), in which we replace t_k by $-\,i\,t_k$ and p_k by x_k. Comparing the result with the power series in (4, 8) we get

$$G(n_k, x_k) = i^{-1 + \Sigma n_k}\; L\, G(n_k, x_k), \tag{4, 11}$$

valid for *any* direction of x_k. This proves our first statement, that the G's are class functions with regard to the relativistic Fourier operator L, their values of λ in (4, 2) being

$$\lambda = i^{-1 + \Sigma n_k}. \tag{4, 12}$$

The class number is the smallest positive integer $\equiv \Sigma\, n_k$, (mod. 4). (Our cumbersome " 1 " is obliterated by an accident.) Notice that F and G are never of the same class, the n_k being the same. Indeed the class of G is "higher" by

$$\Sigma n_k - 1 - n_4 + n_1 + n_2 + n_3 = 2(n_1 + n_2 + n_3) - 1 \pmod{4}$$

which is ± 1 according as $n_1 + n_2 + n_3$ is odd or even. Hence they always belong to neighbouring classes.

Returning to the definition of the G-function (4, 6), one feels the urge to envisage its spatial analogue, viz. :

$$\left.\begin{aligned} K(n_k, x_k) &= h_1(x_1) \quad h_2(x_2) \quad h_3(x_3) \quad g_4(x_4) \\ &\qquad (\text{for } x_4^2 - x_1^2 - x_2^2 - x_3^2 \leqslant 0) \\ K(n_k, x_k) &= 0 \\ &\qquad (\text{for } x_4^2 - x_1^2 - x_2^2 - x_3^2 > 0), \end{aligned}\right\} \qquad (4, 13)$$

whose non-vanishing part is restricted to the potential present of the origin. While this K-function is in many respects the counterpart of G, with which it shares *mutatis mutandis* many of the properties that we shall investigate later, it does *not* comply with (4, 2) ; it is not Fourier reciprocal in any sense. This is amazing, since in the two-dimensional case (*space* one-dimensional) the analogy is complete, in fact the two functions differ in this case only by labelling, provided that the change of sign, see (4, 6), is adopted also for K. Each function is then Fourier reciprocal for the (appropriately curtailed) operator L. Of course, for K the change of sign is *unnatural* in the two-dimensional case since it discriminates between a "positive" and a "negative" direction of one-dimensional space ; it is *inadmissible* with space three-dimensional, in default of the required invariant partition of the "present". For the light-cone, i.e., for G, it is extremely natural ; it is obviously connected with the well-known leap in pase by half a period that occurs when a spherical wave passes through a focus. In this little discussion we have left aside the case of *two* space dimensions, which might interest a physicist who was dealing with that rather artificial construct called cylindrical waves. As a simplified model of the actual case it is no good on account of the entirely different character of wave propagation in a space of an even number of dimensions.

By multiplying two specimens of the generating function (4, 7), written with the same set p_k, but different sets t_k and t_k', and integrating the product of the two exponentials over the entire light-cone, "it is easy to show", along the lines that led to (4, 11), that the $G(n_k, x_k)$ form an orthonormal set, provided that one sets aside the qualm about the sign of the Jacobian and controls his bewilderment at obtaining throughout purely imaginary results for the integrated squares of real functions! I hope the reader will kindly excuse my joke. It is truly amazing to see, how a mistake about the Jacobian (the condonable but erroneous assumption that p^3 changes sign when p does) would smooth the path and produce precisely a simple and neat result, apart from the salutary sobering outcry of the said factors $\pm\, i$. In all this the change of sign, ordained in (4, 6), is, of course, irrelevant, since we are dealing with products of two G's, where the sign cancels.

In actual fact the G's are *not* quadratically integrable, as can be seen in the simplest case $n_1 = n_2 = n_3 = n_4 = 0$. The integral of the square of this function is essentially

$$Q = \int\!\!\int\!\!\int\!\!\int e^{-x_4^2 + x_1^2 + x_2^2 + x_3^2}\, dx_1\, dx_2\, dx_3\, dx_4$$

over the interior of the light-cone, the dx_k to be taken positive everywhere. Notice that the integrand is positive, so that Q is, if anything, certainly not zero. Now transform to pseudo-polar coordinates:

$$Q = \int_{-\infty}^{+\infty}\int_{-\infty}^{+\infty}\int_{0}^{2\pi}\int_{0}^{\pi} e^{-r^2} \sin\theta\, \sinh^2\chi\ \ |r^3|\ \ d\phi\, d\theta\, dr\, d\chi.$$

Notice that the $|\ \ |$-sign is required to keep the integrand positive (with all the variables *increasing*). Thus

$$Q = 4\pi \int_{-\infty}^{+\infty}\int_{-\infty}^{+\infty} e^{-r^2}\, |r^3|\ \sinh^2\chi\ dr\, d\chi\,.$$

(Dropping the $|\ \ |$ would lead to $Q = 0$ which is most certainly wrong !). Further

$$Q = 2\pi \int_{-\infty}^{+\infty} d\chi\, \sinh^2\chi \int_{-\infty}^{+\infty} e^{-r^2}\, r^3\ dr = \text{meaningless},$$

since the two integrations are independent ; the integration over the absolute interval r, though convergent, cannot, as it did in (4, 9), save the other from diverging. It is fairly obvious that the squared (real) polynomials that intervene in the case of the higher G functions do not prevent, but reinforce the catsatrophe.

5.—The Self-reciprocal Differential Equation

In Born's and his co-workers' reciprocal theory of rest-masses some prominence was given to an eigenvalue problem, whose operator is obtained from the ordinary D'Alembertian by adding to it its canonically conjugate. We wish to investigate the precise relationship of our sets of functions F,

(4, 3), G, (4, 6), and K, (4, 13), to this eigenvalue problem. For reasons that will flash forthwith we write Born's equation in a slightly generalized form, viz.:

$$S\,\psi \equiv \left(\frac{\partial^2}{\partial x_1^2} - \alpha_1^4\, x_1^2 + \frac{\partial^2}{\partial x_2^2} - \alpha_2^4\, x_2^2 + \frac{\partial^2}{\partial x_3^2} - \alpha_3^4\, x_3^2 + \right.$$

$$\left. + \frac{\partial^2}{\partial x_4^2} - \alpha_4^4\, x_4^2\right)\psi = \mu\,\psi\,, \qquad (5,\,1)$$

where μ is the eigenvalue parameter and the α_k are four positive constants which, we think, of as being close to 1, a little larger or a little smaller. For $\alpha_k = 1$, (5, 1) is Born's equation. It is true that it is not exactly "reciprocal" for any other values, but such will be only used transitorily for a purely mathematical consideration.

Since $h_n(x)$ is the eigenfunction of (2, 10) with $\mu = 2n + 1$, H being given in (2, 9), the $g_n(x)$ of (4, 5) satisfies the same equation (2, 10) with $\mu = -(2n + 1)$. The *same* μ-values hold for $h_n(\alpha x)$ and $g_n(\alpha x)$, respectively, with regard to the operator

$$-\frac{1}{\alpha^2}\frac{d^2}{dx^2} + \alpha^2 x^2. \quad \text{Hence}$$

$$S\,F(n_k, \alpha_k x_k) = [-\alpha_1^2\,(2n_1 + 1) - \alpha_2^2\,(2n_2 + 1) - \alpha_3^2\,(2n_3 + 1)$$

$$+ \alpha_4^2\,(2n_4 + 1)]\;F(n_k, \alpha_k x_k). \qquad (5,\,2)$$

Since these F's form a complete orthonormal world-set, they are obviously *the* eigenfunctions of (5, 1) for the unlimited domain. The eigenvalues are the numbers in the square-brackets and, with suitably irrational α_k, there is no degeneracy. But on the other hand

$$S\,G(n'_k, \alpha_k x_k) = [\alpha_1^2\,(2n'_1 + 1) + \alpha_2^2\,(2n'_2 + 1) + \alpha_3^2\,(2n'_3 + 1) +$$

$$+ \alpha_4^2\,(2n'_4 + 1)]\;G(n'_k, \alpha_k x_k). \qquad (5,\,3)$$

A similar relation holds for $K(n'_k, \alpha_k x_k)$, with the opposite sign of the square bracket. None of these values coincides with an eigenvalue from (5, 2), if the α_k are suitably irrational. Hence in this case the G's and the K's are certainly not eigenfunctions of the same eigenvalue problem.

Can they be expressed linearly, with constant coefficients, by the F's? This is of interest, and it is safer to investigate it for general $\alpha_k \neq 1$ than for $\alpha_k = 1$; but, of course, any such relation that exists in one case yields by mere substitution the same relation in the other case, and *vice-versâ*. We shall defer this question of development and confine ourselves here to showing, that it is a difficult one, because the development, if there is one, must be an infinite series of F's in every case. This has been shown in the following way by my colleague, Frank Roesler, Scholar of the Institute.

Assume there to be an identity

$$G(n'_k, a_k x_k) = \sum_{(n_k)} C_{n'_k, n_k} F(n_k, a_k x_k), \tag{5, 4}$$

the C's being some constants. Let $\mu(n_k)$ denote the square-bracket in (5, 2), and $\mu'(n'_k)$ the one in (5, 3), and apply S to both members of (5, 4) :

$$\mu'(n'_k)\ G(n'_k, a_k x_k) + \Delta = \sum_{(n_k)} \mu(n_k)\ C_{n'_k, n_k}\ F(n_k, a_k x_k). \tag{5, 5}$$

Here Δ stands for the δ'-functions and δ-functions that originate from the discontinuity of G on the (three-dimensional) surface of the cone

$$a_4^2\, x_4^2 - a_1^2\, x_1^2 - a_2^2\, x_2^2 - a_3^2\, x_3^2 = 0.$$

Now, a δ-function is, in any complete orthonormal set, expressed by an infinite series—we had an example in (3, 5a) ; the same holds for a δ'-function. So we shall have

$$\Delta = \sum_{(n_k)} \Delta_{n'_k, n_k}\ F(n_k, a_k x_k), \tag{5, 6}$$

the Δ with indices being some constants. If we insert this in (5, 5) and remember, that the development (5, 4), if it exists, must be unique, we easily obtain

$$C_{n'_k, n'_k} = \frac{\Delta n'_k, n_k}{\mu(n_k) - \mu'(n'_k)}. \tag{5, 7}$$

This shows pretty clearly, that the development (5, 4), if it exists, must have an infinite number of terms ; at the same time a method of determining the coefficients is adumbrated, which, as I mentioned above, is due to Frank Roesler.

If one puts all the four $a_k = 1$, some strange things happen. To every eigenvalue μ of (5, 2) belong now an infinite number of different F's, while in (5, 3) every value μ' of the square bracket commands only a finite number of G's. The μ-values comprise *all* even integers, while the μ'-values, together with their negatives that hold for the K's, comprise all even integers *except* $0, \pm 2$. Quite apart from these quaint three exceptions, the attitude to take towards the very convenient sets, G and K, is doubtful. Perhaps it is a question of terminology, which will have to be adapted to this rather novel case. A certain reluctance to regard the G and K as eigenfu nctions for the unlimited domain is raised by their discontinuities. If the like were admitted in an ordinary problem of eigenvalues, it would sweepingly do away with the distinction of the latter and their eigenfunctions. Still, in the present case, the discontinuities do not occur at random, but on a manifold which is entirely composed of characteristics of the operator S, *when and only when we take all four* $a_k = 1$; but that is precisely what seems to raise the dignity of the G's and K's and calls for the present discussion.

Another and perhaps preferable attitude is to say that the equation (5, 1) gives rise *in a natural way* to three eigenvalue problems, one for the unlimited domain, and one each for the two domains into which it is divided by the characteristic manifold passing through the origin (which is a distinguished point in our problem). Remarkable features are that this natural boundary, unlike an artificially posited one, seems to call for no special boundary conditions, but suggests of its own distinguished solutions such that the eigenvalues of the second and the third problem coincide with those of the first, and exhaust them—with the three exceptions mentioned above. I suspect that this attitude may be profitably extended to other equations with the same characteristics, in particular to the Klein-Gordon equation and to the sets of first order equations to which we are inclined to attribute an *immediate* physical meaning (which equation (5, 1) has not). At first sight there seems to be a marked difference in that the former have continuous spectra. *But so have the two bounded eigenvalue problems of the Born-Green-equation* (5, 1), as we shall see presently. To enlarge on this is, I think, justified by pure interest as well as with a view to the said generalization, and on account of the prominence that, in an attempted theory of rest-mass, has been attributed to the solutions which I called above the " distinguished ". They are distinguished by simplicity (in that they are, apart from the common exponential factor, *polynomials*), and possibly by their simple relativistic covariance, but not, as far as I can see, by any eigenvalue condition.

6.—THE BOUNDED EIGENVALUE PROBLEMS OF EQUATION (5, 1), FOR $a_k = 1$

It is well-known that the operator ξ, defined in (2, 8), turns $h_n(x)$ into $h_{n+1}(x)$, apart from a non-vanishing constant multiplier. From (4, 5) one easily makes out, that η turns $g_n(x)$ in the same way into $g_{n+1}(x)$, the multiplier being the same. Hence from (4, 6)

$$C_{n_k} G(n_k, x_k) = \eta_1^{n_1} \eta_2^{n_2} \eta_3^{n_3} \xi_4^{n_4} G(0, x_k), \tag{6, 1}$$

where the index on η or ξ indicates the variable x_k on which it is to act ; one finds

$$C_{n_k} = (2^{n_1+n_2+n_3+n_4} \, n_1! \, n_2! \, n_3! \, n_4!) \, . \tag{6, 2}$$

Now since $G(0, x_k)$ is an invariant and $\eta_1, \eta_2, \eta_3, \xi_4$ form a contravariant vector, the array of all *those* G's (normalized, or rather de-normalized by the Factors C_{n_k}) that have the same Σn_k form a contravariant tensor of rank Σn_k and a high degree of symmetry, because to a *fixed set* of n_k belong $n_1! \, n_2! \, n_3! \, n_4!$ tensor components that are all equal. From (4, 11) we gather that all the components of such a tensor belong to the same class. As Σn_k increases these tensors get out of hand. One can, of course, form simpler tensors by contraction, but even this needs great care. For though the numerically *different* components can be *labelled* by the four numbers n_k, the number of tensor-indices is Σn_k, each running from 1 to 4.

A simpler method of obtaining covariant solutions is to deal with the eigenvalue problem of 4 Planck-oscillators

$$\left(- \frac{\partial^2}{\partial {x_1}^2} + {x_1}^2 - \frac{\partial^2}{\partial {x_2}^2} + {x_2}^2 - \frac{\partial^2}{\partial {x_3}^2} + {x_2}^2 - \frac{\partial^2}{\partial {x_4}^2} + {x_4}^2 \right) \omega = \mu \omega \qquad (6, 3)$$

in four-dimensional polar coordinates, as I did 10 years ago[3] and Born and Green did of late[4], and to substitute in the eigen-functions of (6, 3) imaginary values for x_1, x_2, x_3, so as to make them solutions of (5, 1) (now always taken with $a_k = 1$). Let

$$\begin{aligned} x_1 &= r \sin \theta \cos \phi \sin \chi \\ x_2 &= r \sin \theta \sin \phi \sin \chi \\ x_3 &= r \cos \theta \sin \chi \\ x_4 &= r \cos \chi \end{aligned} \qquad (6, 4)$$

$(r > 0, \quad 0 \leqslant \chi \leqslant \pi, \quad 0 \leqslant \theta \leqslant \pi, \quad 0 \leqslant \phi < 2\pi)$. The eigen-functions and eigenvalues of (6, 3) are

$$\begin{aligned} \omega_{a, n} &= Y_n (\theta, \phi, \chi) \, r^n \, e^{-r^2/2} \, L^{n+1}_{a+n+1} (r^2) \\ \mu_{a, n} &= 2 (2a + n) + 4 \end{aligned} \qquad (6, 5)$$

$(a, n = 0, 1, 2, 3 \ldots . \quad)$.

Here Y_n is a spherical harmonic of order n on the three dimensional surface of the four dimensional unit sphere in Euclidean R_4. Our functions ω and their first and second derivatives are continuous everywhere, and the same holds for the $F(n_k, x_k)$ defined in (4, 3). Since also the latter are obviously eigenfunctions of (6, 3), belonging to $\mu = 2 \Sigma n_k + 4$, the ω's must be linear aggregates of the F's, more especially each $\omega_{a, n}$ of that finite set of F's for which

$$\Sigma n_k = 2a + n. \qquad (6, 6)$$

We shall use this forthwith.

To obtain a formal solution of (5, 1), we replace χ by $i\chi$, which turns $\begin{matrix}\sin \\ \cos\end{matrix} \chi$ into $\begin{matrix}\sinh \\ \cosh\end{matrix} \chi$ and provides a factor i in x_1, x_2, x_3. So we get

---

[3] E. Schrödinger, Proc. Roy. Ir. Ac., **46**, A, p. 186, 1941. The case of s oscilltors is dealt with as an example of my factorization method.

[4] M. Born and H. S. Green, Proc. Royal Soc., Edinb., **62**, 478, 1949; M. Born, Rev Mod. Phys., **21**, 468, 1949.

$$\psi_{a,\,n} = \tilde{Y}_n\,(\theta,\,\phi,\,\chi)\,(x^2)^{n/2}\quad e^{-x^2/2}\;L_{a+n+1}^{\,n+1}\,(x^2), \tag{6, 7}$$

where x^2 is the notation explained after equation (4, 7) and the tilde is a reminder that the function has changed. L means the derivative of the Laguerre polynomial. But the substitution of imaginary x_1, x_2, x_3 turns formally every F into the corresponding G. See (4, 3), (4, 5), (4, 6). Hence the linear relation expressing ψ by the F's can be read as expressing ψ by the G's. Hence ψ is a decent solution inside the light-cone, and, when defined with the change of sign for the past and by zero outside, it is a class function with respect to the operator L, with class number $2a + n$ (mod 4, positive). To obtain the linear expression of ψ by the G's, one must in general enter into the structure of the pseudo-spherical harmonic $\tilde{Y}_n$. For $n = 0$ the expression is easily found from (6, 1), because in this case we must compose an *invariant* from those G's whose $\Sigma n = 2a$. Now a vector has only one invariant. Therefore, the relation must be

$$e^{-x^2/2}L_{a+1}^{(1)}\,(x^2) = A\,(\xi_4{}^2 - \eta_1{}^2 - \eta_2{}^2 - \eta_3{}^2)^a\quad G\,(0,\,x_k). \tag{6, 8}$$

The operator polynomial is easily expanded, since its constituents commute ; the single terms are given directly by (6, 1) and (6, 2) ; the constant A can be made out by comparing one coefficient. If the relation for $n > 0$ were needed, one would, I suppose, have to turn $\tilde{Y}_n$ into what corresponds to the Laplace form of spherical harmonics, to let the tensorial character emerge.

This is all good and well and fairly simple, but it does not prove that the solutions (6, 5) and their μ-values are the only admissible ones. It is unlikely that the conditions for the function of a variable such as $\cosh\chi$, with a range from 1 to ∞ can be grasped from another problem where the range is $(-1) \rightarrow (+1)$. We must, therefore, examine (5, 1) directly in pseudo-polar coordinates, putting now

$$\begin{aligned} x_1 &= x\,\sin\theta\,\cos\phi\,\sinh\chi \\ x_2 &= x\,\sin\theta\,\sin\phi\,\sinh\chi \\ x_3 &= x\,\cos\theta\,\sinh\chi \\ x_4 &= x\,\cosh\chi. \end{aligned} \tag{6, 9}$$

(We have written x for $\sqrt{x^2}$, for shortness. The ranges are x real, $0 \leqslant \chi$, θ and ϕ as in (6, 4)) We obtain

$$-\frac{\partial^2\psi}{\partial x^2} - \frac{3}{x}\frac{\partial\psi}{\partial x} + x^2\psi + \frac{1}{x^2\sinh^2\chi}\left[\frac{\partial}{\partial x}\left(\sinh^2\chi\,\frac{\partial\psi}{\partial\chi}\right) + \right.$$

$$\left. + \frac{1}{\sin\theta}\frac{\partial}{\partial\theta}\left(\sin\theta\,\frac{\partial\psi}{\partial\theta}\right) + \frac{1}{\sin^2\theta}\frac{\partial^2\psi}{\partial\phi^2}\right] = \mu\psi. \tag{6, 10}$$

Inserting $-l(l+1)$, with l an integer, for the operator of ordinary spherical harmonics, we shall get for the "radial" equation

$$-\frac{\partial^2\psi}{\partial x^2} - \frac{3}{x}\frac{\partial\psi}{\partial x} + x^2\psi + \frac{\kappa}{x^2}\psi = \mu\psi, \tag{6, 11}$$

if we submit the factor depending on χ, say $S(\chi)$, to

$$S'' + 2\operatorname{cotanh}\chi\ S' - \frac{l(l+1)}{\sinh^2\chi}S = \kappa S. \tag{6, 12}$$

This may be written

$$(S\sinh\chi)'' - \frac{l(l+1)}{\sinh\chi}S = (\kappa+1)S\sinh\chi. \tag{6, 13}$$

Hence for $l = 0$ (and $\kappa \neq -1$) equation (6, 12) has the two independent solutions

$$S = \frac{\sinh(\sqrt{\kappa+1}\,\chi)}{\sinh\chi}, \qquad \frac{\cosh(\sqrt{\kappa+1}\,\chi)}{\sinh\chi}. \tag{6, 14}$$

Obviously, the first is the only admissible, any other becomes singular for $\chi = 0$, which is the time axis right in the middle of the light-cone. To deal with $l > 0$, we transform (6, 12) to the dependent variable U by

$$S = U\sinh^l\chi.$$

One gets

$$U'' + 2(l+1)\operatorname{cotanh}\chi\ U' + [l(l+2) - \kappa]\,U = 0 \tag{6, 15}$$

On the assumption that this be satisfied for a given l by

$$U = \frac{d^l S_0}{(d\cosh\chi)^l},$$

as it certainly is for $l = 0$, it is easy to show, that the same holds good for $l + 1$. For if you put

$$Y = \frac{dU}{d\cosh\chi} = \frac{1}{\sinh\chi}U' \tag{6, 16}$$

and insert $U' = Y\sinh\chi$ in the once differentiated equation (6, 15), you get for Y equation (6, 15) with l increased by one. Hence we have that

$$S_l = \sinh^l\chi\,\frac{d^l}{(d\cosh\chi)^l}\left(\frac{\sinh(\sqrt{\kappa+1}\,\chi)}{\sinh\chi}\right) \tag{6, 17}$$

solves (6, 13) for arbitrary l.

Is there any further condition to put on κ? In the hyperspherical case, which differs *only* by the hyperbolic functions being replaced by the trigonometric, the demand for regularity of S_0 at $\chi = \pi$ imposes the demand, that the square root be a non-vanishing integer, say $n + 1$, hence $\kappa = n(n+2)$; this leads to the Laguerre-solutions. S_0 becomes a polynomial of order n in $\cosh \chi$, and so there are only $n + 1$ functions S_l (including S_0). But in our problem there is nothing to suggest that condition on κ. Will *all* the S_l remain regular at $\chi = 0$ in any case? I think so. We may confine ourselves to $\chi \geqslant 0$. The sinh $b\chi$ (we write b for the square root) has a power series in *odd* powers of χ that converges absolutely after any number of differentiations with respect to χ. The same holds for the series in *even* powers obtained on dividing the former by χ, and thus *a fortiori* for the likewise even series which you get, if you divide not just by χ but by the power series of $\sinh \chi$, since $\sinh \chi \geqslant \chi$. Differentiating this even series with respect to χ and dividing the result by $\sinh \chi$ (which amounts to the prescribed differentiation w. r. t. $\cosh \chi$), we again and for the same reasons produce an even series of the said property. Hence we can repeat this process as often as we like. Thus S_l, for $l > 0$, not only remains finite at $\chi = 0$ but has a zero of order l, on account of the sinh-factor in front of the derivative.

We must now look after the radial equation (6, 11). After splitting off the factor $\exp(-x^2/2)$, we use the well-known " polynomial method " and produce the formal solution

$$\psi(x) = e^{-x^2/2} x^a \sum_0^\infty a_k x^k, \tag{6, 18}$$

where a is a root of the characteristic equation, viz.:

$$a = -1 \pm \sqrt{1 + \kappa}. \tag{6, 19}$$

The recurrence formula for the a_k is

$$a_k = \frac{2(k + a) - \mu}{k(k + 1) + a(2k + 3)} a_{k-2}. \tag{6, 20}$$

Regularity on the light cone, $x = 0$, makes only the upper sign in (6, 19) eligible and imposes the condition[5]

$$\kappa \geqslant 0. \tag{6, 21}$$

From (6, 20) the even and the odd part of the series would, unless they break off, each by itself overpower the exponential in (6, 18). Since no choice of μ will break off both, they can only be used separately. But the odd part

---

[5] For $\kappa = 0$, S_0 is 1. For $\kappa > 0$ it is not difficult to prove, that $x^a S_l(\chi)$ behaves as $(x \sinh \chi)^a$, that is $(x_1^2 + x_2^2 + x_3^2)^{a/2}$.

by itself is no good, because it would make the leading term x^{a+1}, not x^a as it has to be. So we discard the odd part and replace k by $2k$, which we *keep in mind* for (6, 18), but rewrite (6, 20) thus:

$$a_{2k} = \frac{2(2k + \alpha) - \mu}{2k(2k + 1) + \alpha(4k + 3)} a_{2(k-1)} \qquad (6, 22)$$

$$(k = 1, 2, 3, \ldots).$$

The eigenvalue condition is, that the numerator vanish for some $2k \geqslant 2$, which we call $2a + 2$; thus

$$\mu = 2(2a + 2 + \alpha) = 2(2a + 1 + \sqrt{1 + \kappa}) \qquad (6, 23)$$

$$(a = 0, 1, 2, 3, 4, \ldots).$$

The final recurrence formula becomes

$$a_{2k} = -\frac{4(a + 1 - k)}{2k(2k + 1) + (4k + 3)(\frac{1}{2}\mu - 2a - 2)} a_{2(k-1)}. \qquad (6, 24)$$

Summing up, our complete solution $\psi(x, \chi, \theta, \phi)$ is

$$\psi = S_l(\chi)\, P_l^m(\cos\theta) \begin{matrix}\sin\\ \cos\end{matrix}\, m\phi\, e^{-x^2/2}\, x^{-1+\sqrt{1+\kappa}} \sum_{k=0}^{a} a_{2k}x^{2k} \qquad (6, 25)$$

$$(a = 0, 1, 2, 3 \ldots;\ l = 0, 1, 2, 3 \ldots;\ m \leqslant l;\ \kappa \geqslant 0).$$

It belongs to the eigenvalue (6, 23). The integer a enters only into the coefficients (6, 24), the number κ besides into S_l, (6, 17). The smallest eigenvalue is 4. The strange thing is that l is in general unbounded. With given a and κ, unless they make μ an even integer, an infinite set of angular functions may be associated to the same radial function. I suppose this unwonted infinite degeneracy is somehow connected with the lack of quadratic integrability (even within the light-cone!), that our functions share with the Laguerre-solutions. For the latter, however, which are given by (6, 25) for even integral μ, that is with $\sqrt{1 + \kappa} = n + 1$, $\alpha = n$, the S_l vanish for $l > n$. We have chosen the notation so as to make (6, 23) in this case match the μ's of (6, 5).

The net result of the lengthy investigations presented in this paper is, that neither the demand of Fourier reciprocity nor the canonically reciprocal equation (5, 1) appears to yield a sound mathematical basis for restricting the choice of the fundamental wave-operators of quantum mechanics in the desired way that would let us expect definite values for the ratios of the rest masses of particles.

2

ELECTRIC CHARGE AND CURRENT ENGENDERED BY COMBINED MAXWELL - EINSTEIN - FIELDS.

By E. SCHRÖDINGER.

(Dublin Institute for Advanced Studies).

[Read 8 June, 1953. Published 2 February, 1954.]

1. I wish to show here that in the unified field theory, first put forward by Einstein [1] and called either the "non-symmetric" or "generalized theory of gravitation" or "final affine field-laws",[2] the electric current-four-vector is in general different from zero throughout the field. In other words the simultaneous presence of an electromagnetic and a gravitational field in a region of space-time entails in general a current-field within that region. This seems to me a remarkable and entirely novel occurrence. Whether or not it be capable of direct experimental proof, it is a relevant feature of this theory.

The present investigation has been prompted by a very important paper of A. Einstein and Mrs. B. Kaufman.[3] For some years the question had been pending whether to adopt as field equations the so-called weak form, which springs directly from a simple variational principle and which I like to write *

$$\begin{aligned} g_{\underset{+-}{ik};\,l} &= 0 \qquad \Gamma^{i}_{\underset{\vee}{ki}} = 0 \\ R_{kl} + \tfrac{2}{3}\left(\Gamma_{l,k} - \Gamma_{k,l}\right) &= 0, \end{aligned} \tag{I}$$

or the "strong" form

$$\begin{aligned} g_{\underset{+-}{ik};\,l} &= 0 \qquad \Gamma^{i}_{\underset{\vee}{ki}} = 0 \\ R_{kl} &= 0. \end{aligned} \tag{II}$$

It results from the former by putting equal to zero the vector Γ_k, which in (I) is a free variable, not algebraically related to the Γ^i_{kl}. By a very

[1] A. Einstein, Annals of Math., **46**, 578, 1945.

[2] *Proc. R.I.A.*, **51** (A), 163, 205, 1947; **52** (A), 1, 1948.

[3] Birthday Volume, "Louis de Broglie", Albin Michel, Paris, 1952, p. 321.

* Though I firmly adhere to *my* version of the theory, which demands the so-called cosmical term λg_{kl} on the right-hand side of the R_{kl}-equations, I have dropped this term in (I) and (II), because it is irrelevant for our present investigation and would tend to obscure it.

ingenious method Einstein and Kaufman l.c. have definitely shown, that (II) has to be discarded. Contemplating weak fields one develops the field variables by successive approximations

$$
\begin{aligned}
g_{ik} &= \eta_{ik} + \underset{1}{g_{ik}} + \underset{2}{g_{ik}} + \cdots \\
\Gamma^{i}{}_{kl} &= \underset{1}{\Gamma^{i}{}_{kl}} + \underset{2}{\Gamma^{i}{}_{kl}} + \cdots .
\end{aligned}
\qquad (1)
$$

Here η_{ik}, which might be written $\underset{0}{g_{ik}}$, stands for the Galilean metric $(-1, -1, -1, 1)$, and there is, of course, no $\underset{0}{\Gamma^{i}{}_{kl}}$. Now it turns out that the equations controlling what may be called "the first correction term", viz., $\underset{2}{g_{ik}}$, involve a contradiction, unless $\underset{1}{g_{ik}}$, which describes the main part of the weak field, fulfils certain conditions. These consist in four bilinear relations between the (second) derivatives of the gravitational potentials $\underset{1}{\underline{g_{ik}}}$ and the (first) derivatives of the electromagnetic field $\underset{\vee}{g_{ik}}$. This restriction in the superposability of two weak fields is, as the authors show, physically quite inadmissible.

This has far-reaching consequences, far beyond the repudiation of the tentative hypothesis (II). The trouble comes, of course, from the skew part of the last set in (II), viz.,

$$\underset{\vee}{R_{kl}} = 0, \qquad (2)$$

for this is the only feature by which (II) differs from (I), which has instead

$$\underset{\vee}{R_{kl}} + \tfrac{2}{3}(\Gamma_{l,k} - \Gamma_{k,l}) = 0. \qquad (3)$$

This shows not only that we have to discard (2) and adopt (3), but also that the Γ_k-vector will in general differ from zero at least in the second order of approximation. Has this a physical meaning?

As will result below in more detail, the field equations (I) amount in the first approximation precisely to this:

(i) Einstein's field equations of pure gravitation in empty space for $\underset{1}{g_{kl}}$.

(ii) Maxwell's *first* quadruplet (the one that does not contain the 4-current) for $\underset{1\vee}{g_{kl}}$.

(iii) *Not* his second quadruplet, but instead the six equations *

$$-\tfrac{1}{2}\underset{1\vee}{g_{kl,s,\underline{s}}} + \tfrac{2}{3}(\Gamma_{l,k} - \Gamma_{k,l}) = 0. \qquad (4)$$

* Underlining of a single index is to mean changing its position according to the metric η_{ik} $(-1, -1, -1, 1)$. There is a well-known differential identity among (ii). Thus (ii) and (iii) amount to nine equations between the ten field variables $\underset{1\vee}{g_{kl}}$ and $\underset{1}{\Gamma_k}$. This is because in Γ_k obviously a gradient is undetermined.

The last set points to a relation between the vector Γ_k and the 4-current, if we hold our first approximation against Maxwell's theory. In the latter the D'Alembertians of the field-components equals the curl of the 4-current. But this does not mean that Γ_k is essentially the current, since in the present theory the allotment of indices is significantly different from, viz., just dual to, the (insignificant) traditional one. The relationship is thus that the curl of the current is essentially the dual of the curl of Γ_k. Now the curl of Γ_k is in general not zero, because this would amount to the set (II) which has been ruled out. This suggests that in the present theory the four-current is in general not zero. In particular we should expect that by the superposition of an arbitrary weak gravitational field and an arbitrary weak charge-free electromagnetic field, a charge-and-current field of the second order is created all over the place.

However this inference is not conclusive. For we must not be guided by Maxwellian concepts beyond the first order of approximation. We shall, therefore, investigate on the platform of the present theory whether the equations which enunciate the vanishing of the four-current, viz.,

$$\underset{\vee}{g}_{ik,l} + \underset{\vee}{g}_{kl,i} + \underset{\vee}{g}_{li,k} = 0 \tag{5}$$

are in general compatible with (I). We shall find that they are not. This will at the same time furnish us with the precise law that governs the second order charge-and-current field in the particular case last mentioned. The method we follow is exactly the one indicated by Einstein and Kaufman l.c.

2. I shall first give a general survey. Equation (5) is very simple. It demands in the first order

$$\underset{1\vee}{g}_{ik,l} + \underset{1\vee}{g}_{kl,i} + \underset{1\vee}{g}_{li,k} = 0 \tag{6}$$

and the same in every following order, the subscript 1 being replaced by 2, 3 .... However it will prove already in general unfulfillable in the second order. From the first set in (I) one easily obtains in the first order

$$\underset{1\,-}{\Gamma}{}^{i}_{kl} = \tfrac{1}{2}\,(\underset{1-}{g}_{ik,l} + \underset{1-}{g}_{il,k} - \underset{1-}{g}_{kl,i}) \tag{7}$$

$$\underset{1\,\vee}{\Gamma}{}^{i}_{kl} = \tfrac{1}{2}\,(\underset{1\vee}{g}_{ki,l} + \underset{1\vee}{g}_{il,k} - \underset{1\vee}{g}_{lk,i}) \tag{8}$$

Hence the second set (I) reads

$$\underset{1\vee-}{g}_{ki,i} = 0\,. \tag{9}$$

The *exact* expression for R_{kl} (simplified with regard to the *exact* second set) reads

$$R_{kl} = R_{kl}\,(\underline{\Gamma}{}^{i}_{kl}) - \underset{\vee}{\Gamma}{}^{i}_{kl\,|\,i} + \underset{\vee}{\Gamma}{}^{s}_{kt}\,\underset{\vee}{\Gamma}{}^{t}_{sl}\,, \tag{10}$$

where the vertical bar indicates invariant differentiation with respect to the symmetric affinity $\Gamma^i_{\underline{kl}}$, and the first term on the right means the Einstein tensor of this affinity, which is known to be a *symmetric* tensor (as a consequence of the first and second set (I)). Hence the third set of (I) splits into the following two *exact* equations:—

$$R_{kl}(\Gamma^i_{\underline{kl}}) + \Gamma^s_{\underset{\vee}{kt}}\Gamma^t_{\underset{\vee}{sl}} = 0 \tag{11}$$

$$-\Gamma^i_{\underset{\vee}{kl}|i} + \tfrac{2}{3}(\Gamma_{l,k} - \Gamma_{k,l}) = 0\,. \tag{12}$$

Of the latter we obtain the first order approximation by using (8)

$$-\tfrac{1}{2}(\underset{1}{g}_{\underset{\vee}{ki},\underline{i},l} - \underset{1}{g}_{\underset{\vee}{li},\underline{i},k} + \underset{1}{g}_{\underset{\vee}{kl},i,\underline{i}}) + \tfrac{2}{3}(\underset{1}{\Gamma}_{l,k} - \underset{1}{\Gamma}_{k,l}) = 0\,. \tag{13}$$

The equations (7), (9), (11), (13) incidentally prove the statements (i), (ii), (iii) anticipated in the previous section. The first and second terms in the first bracket of (13) vanish from (9); but now since we have adjoined (6), the third term also vanishes. Hence we may put

$$\underset{1}{\Gamma}_k = 0\,, \tag{14}$$

since its curl must vanish and an additional gradient in Γ_k is altogether meaningless in this theory.

Proceeding to develop to the second order the equations which in the first order give (9) and (13), we shall obtain, as always in this kind of successive approximation, two types of terms, firstly, the very same linear terms, only written with the subscript 2 instead of 1, secondly, terms quadratic in the first order quantities (those with subscript 1), and containing only them. Denoting these quadratic terms by p_k and Q_{kl} respectively, we shall have

$$\underset{2}{g}_{\underset{\vee}{ki},\underline{i}} + p_k = 0 \tag{15}$$

$$-\tfrac{1}{2}(\underset{2}{g}_{\underset{\vee}{ki},\underline{i},l} - \underset{2}{g}_{\underset{\vee}{li},\underline{i},k} + \underset{2}{g}_{\underset{\vee}{kl},i,\underline{i}}) + \tfrac{2}{3}(\underset{2}{\Gamma}_{l,k} - \underset{2}{\Gamma}_{k,l}) + Q_{kl} = 0\,. \tag{16}$$

No clash is to be expected between *these two* sets, which spring from a reasonable variational principle; it can be shown, that the requirement $p_{k,\underline{k}} = 0$ is fulfilled. But if of (16) we form the cyclical divergence, many terms cancel and we are left with

$$\tfrac{1}{2}(\underset{2}{g}_{\underset{\vee}{kl},m} + \underset{2}{g}_{\underset{\vee}{lm},k} + \underset{2}{g}_{\underset{\vee}{mk},l})_{,i,\underline{i}} = Q_{kl,m} + Q_{lm,k} + Q_{mk,l}\,. \tag{17}$$

Unless the right-hand side vanishes, equation (5) cannot be fulfilled in the second order. In the next section we shall derive a simple expression for the second member of (17), showing that it does not vanish in general.

3. To reduce the congestion of terms we shall in the following make free use, for the first order field $\underset{1}{g_{ik}}$, of equation (6), and also of the relation

$$\underset{1-}{g_{ik,\,\underline{i}}} - \tfrac{1}{2}\,\underset{1-}{g_{ii,\,\underline{k}}} = 0\,, \tag{18}$$

which can always be brought about by a suitable choice of frame. In such a frame the equations of gravitation are simplified to

$$\underset{1-}{g_{ik,\,s,\,\underline{s}}} = 0\,. \tag{19}$$

These three relations hold everywhere and may be used at any stage of the computation. The frame shall further be chosen so, that at the point in question all the $\underset{1-}{g_{ik}}$ and $\underset{1-}{g_{ik,\,l}}$ vanish. Naturally this must only be used after all the intended differentiations have been executed.

We have to compute the quadratic second order terms in

$$\underset{\vee}{\Gamma^{i}{}_{kl\,|\,i}} \tag{20}$$

and then to form their cyclical divergence. From the first set in (I) the following *exact* equation is derived

$$\begin{aligned}\underset{\vee}{\Gamma^{i}{}_{kl}} = {} & \tfrac{1}{2}\,h^{im}\,(\underset{\vee}{g_{km,\,l}} + \underset{\vee}{g_{ml,\,k}} - \underset{\vee}{g_{lk,\,m}}) \\ & - h^{im}\,(\underset{\vee}{g_{sl}}\ \underline{\Gamma^{s}{}_{km}} - \underset{\vee}{g_{sk}}\ \underline{\Gamma^{s}{}_{lm}})\,.\end{aligned} \tag{21}$$

Here h^{im} is the symmetrical tensor *reciprocal* to $\underline{g_{im}}$. When (21) is applied to our case, the second bracket is of second order, and (7) can here be used for the symmetric Γ's. The first bracket is of the first order, and the quadratic terms that arise from it are easily seen. Using also (6) we find for the quadratic terms in $\underset{\vee}{\Gamma^{i}{}_{kl}}$

$$\begin{aligned} & - \underset{1=}{g_{im}}\,\underset{1\vee}{g_{kl,\,m}} - \tfrac{1}{2}\,\underset{1\vee}{g_{sl}}\,(\underset{1-}{g_{sk,\,\underline{i}}} + \underset{1=}{g_{si,\,k}} - \underset{1=}{g_{ki,\,\underline{s}}}) + \\ & + \tfrac{1}{2}\,\underset{1\vee}{g_{sk}}\,(\underset{1-}{g_{sl,\,\underline{i}}} + \underset{1=}{g_{si,\,l}} - \underset{1=}{g_{li,\,\underline{s}}})\,.\end{aligned} \tag{22}$$

To find those in (20), we first form the plain derivative of (22) with respect to x_i, dropping terms that cancel by (18) and (19), and also such as would not yield, on the one intended further differentiation, *second* derivatives of the $\underset{1-}{g_{ik}}$. This leaves us with the following *first* contributions to the quadratic terms in (20) which we are out for:

$$\begin{aligned} & - \underset{1=}{g_{im,\,i}}\,\underset{1\vee}{g_{kl,\,m}} \\ & - \tfrac{1}{2}\,\underset{1\vee}{g_{sl,\,i}}\,(\underset{1-}{g_{sk,\,\underline{i}}} + \underset{1=}{g_{si,\,k}} - \underset{1=}{g_{ki,\,\underline{s}}}) \\ & + \tfrac{1}{2}\,\underset{1\vee}{g_{sk,\,i}}\,(\underset{1-}{g_{sl,\,\underline{i}}} + \underset{1=}{g_{si,\,l}} - \underset{1=}{g_{li,\,\underline{s}}})\,.\end{aligned} \tag{23}$$

The only further contribution comes from the fact that in (20) an *invariant* derivative is demanded. The supplementary terms read

$$-\underset{1\,\vee}{\Gamma^i_{sl}}\;\underset{1\,-}{\Gamma^s_{ki}} - \underset{1\,\vee}{\Gamma^i_{ks}}\;\underset{1\,-}{\Gamma^s_{li}} + \underset{1\,\vee}{\Gamma^s_{kl}}\;\underset{1\,-}{\Gamma^i_{si}}\;.$$

Here from (8) and (6) we have for the skew Γ's :

$$\underset{1\,\vee}{\Gamma^i_{kl}} = \underset{1\,\vee}{g_{kl,\,\underline{i}}}\,,$$

while the symmetric Γ's are given by (7). This leaves us with the following terms, to be added to (23) :

$$\begin{aligned}
&- \tfrac{1}{2}\,\underset{1\,\vee}{g_{sl,\,\underline{i}}}\,(\underset{1}{g_{sk,\,\underline{i}}} + \underset{1}{g_{si,\,\underline{k}}} - \underset{1}{g_{\underline{ki},\,\underline{s}}}) \\
&- \tfrac{1}{2}\,\underset{1\,\vee}{g_{ks,\,\underline{i}}}\,(\underset{1}{g_{sl,\,\underline{i}}} + \underset{1}{g_{si,\,\underline{l}}} - \underset{1}{g_{\underline{li},\,\underline{s}}}) \qquad (23a)\\
&+ \tfrac{1}{2}\,\underset{1\,\vee}{g_{kl,\,\underline{s}}}\,\underset{1}{g_{\underline{ii},\,\underline{s}}}\;.
\end{aligned}$$

The sum of (23) and (23a), with the sign reversed on account of the first negative sign in (12), give us the quantity Q_{kl} of (16) and (17). The first line in (23) and the last line in (23a) cancel from (18). The other two lines match, respectively, since it is irrelevant which of two equal subscripts is "underlined". Hence

$$\begin{aligned}
Q_{kl} = &\ \underset{1\,\vee}{g_{sl,\,\underline{i}}}\,(\underset{1}{g_{\underline{sk},\,i}} + \underset{1}{g_{\underline{si},\,k}} - \underset{1}{g_{\underline{ki},\,s}}) - \\
&- \underset{1\,\vee}{g_{sk,\,\underline{i}}}\,(\underset{1}{g_{\underline{sl},\,i}} + \underset{1}{g_{\underline{si},\,l}} - \underset{1}{g_{\underline{li},\,s}})\,. \qquad (24)
\end{aligned}$$

We have to carry this into (17), which we conveniently write

$$\tfrac{1}{6}\,\epsilon^{klmn}\,\underset{2}{s_{klm,\,i,\,\underline{i}}} = \epsilon^{klmn}\,Q_{kl,\,m}\,, \qquad (17')$$

with the definition

$$\underset{2}{s_{klm}} = \underset{2\,\vee}{g_{kl,\,m}} + \underset{2\,\vee}{g_{lm,\,k}} + \underset{2\,\vee}{g_{mk,\,l}}\,. \qquad (25)$$

This is the charge-current tensor whose four independent components are clearly separated in the four equations (17′) for $n = 1, 2, 3, 4$. In the second member of (17′) the second line of (24) will give the same result as the first line, so we only retain the latter, adding a factor 2. The differentiation with respect to x_m need only be applied inside the bracket, where it makes the middle term drop out by symmetry. Hence

$$\tfrac{1}{6}\,\epsilon^{klmn}\,\underset{2}{s_{klm,\,i,\,\underline{i}}} = 2\,\epsilon^{klmn}\,\underset{1\,\vee}{g_{sl,\,\underline{i}}}\,(\underset{1}{g_{\underline{sk},\,i,\,m}} - \underset{1}{g_{\underline{ki},\,s,\,m}})\,. \qquad (26)$$

On the right we make two changes; we antisymmetrize the middle factor with respect to $\underline{s}$ and $\underline{i}$ and replace the result by one term according to (6) ;

secondly, we antisymmetrize the bracket with respect to $\underline{k}$ and $\underline{m}$. This gives

$$\tfrac{1}{6}\,\epsilon^{klmn}\,\underset{2}{s}_{klm,\,i,\,\underline{i}} =$$

$$= \tfrac{1}{2}\,\epsilon^{klmn}\,\underset{1\vee}{g}_{\underline{si},\,l}\,\left(\underset{1-}{g}_{sk,\,i,\,m} - \underset{1-}{g}_{ki,\,s,\,m} - \underset{1-}{g}_{sm,\,i,\,k} + \underset{1-}{g}_{mi,\,s,\,k}\right) =$$

$$= \epsilon^{klmn}\,\underset{1\vee}{g}_{\underline{si},\,l}\,\underset{1}{B}_{simk}\,. \tag{27}$$

These are the four D'Alembert equations to which the four components of $\underset{2}{s}$ are severally subjected. The last form exhibits the invariance, but for actual computation one may scrap any three of the four terms in the bracket, adding the factor 4 . Since the two fields may be any two independent solutions of Maxwell's and Einstein's equations, respectively, the second member does not in general vanish. But its divergence vanishes, which secures the existence of solutions that fulfil the equation of continuity, that reads

$$\tfrac{1}{6}\,\epsilon^{klmn}\,\underset{2}{s}_{klm,\,n} = 0 \tag{28}$$

and must be satisfied, from (25) .

4. I wish to adumbrate the integration process by which the second order field itself is obtained after $\underset{2}{s}$ has been determined. Differentiating and contracting (25) we obtain

$$\underset{2\vee}{g}_{kl,\,m,\,\underline{m}} + \underset{2\vee}{g}_{lm,\,\underline{m},\,k} - \underset{2\vee}{g}_{km,\,\underline{m},\,l} = \underset{2}{s}_{klm,\,\underline{m}}\,. \tag{29}$$

Using the same notation as in (15) we get

$$\underset{2\vee}{g}_{kl,\,m,\,\underline{m}} = \underset{2}{s}_{klm,\,\underline{m}} + p_{l,\,k} - p_{k,\,l}\,; \tag{30}$$

p_k is obtained by contracting $(i,\,l)$ in (22) , heeding symmetries and (18) :

$$p_k = -\,\underset{1=}{g}_{im}\,\underset{1\vee}{g}_{ki,\,m} + \underset{1\vee}{g}_{si}\,\underset{1=-}{g}_{ki,\,s}\,. \tag{31}$$

With the same conveniences of frame as before we should easily get

$$\underset{2\vee}{g}_{kl,\,m,\,\underline{m}} = \underset{2}{s}_{klm,\,\underline{m}} + \underset{1\vee}{g}_{si}\,\underset{1}{B}_{silk}\,. \tag{32}$$

But this equation is not much good, it is not invariant, because $\underset{2\vee}{g}_{kl}$ is not a tensor. I have written it out mainly to warn of its alluring simplicity. Further terms arising in the differentiation of (31) must be heeded; even then one remains bound to a frame in which (18) holds. But that is usually used for weak gravitational fields.

While the $\underset{2}{s}$-term is, in customary language, just the curl of the charge-current density (or rather its dual), the accessory terms arise from the Riemannian metric and are *not* characteristic of the " generalized " theory. They are the same as for a Maxwellian field in the classical theory of gravitation (Einstein, 1915). I owe this observation to discussions with my friend Professor Cornel Lanczos. It is important for our later remarks concerning clean separation of electricity and magnetism in static fields. Obviously a static metric cannot by itself interfere with this separation.

5. We have tacitly treated the $\underset{1-}{g_{ik}}$ and the $\underset{1\vee}{g_{ik}}$ as of the same order of magnitude. It is important to realize that this is not relevant. If the correlation were essential, it would not only painfully restrict the applicability of our results, but we should be ignorant of the region in which they are applicable. For while we know the order of magnitude of the $\underset{1-}{g_{ik}}$ in any given gravitational field, we do not know the unit in which the tensor $\underset{1\vee}{g_{ik}}$ expresses the electromagnetic field, except that it must be a very large unit. Now if the orders of magnitude were very different, one might suspect, that ostensibly higher order terms, which we have neglected, could be as potent as the quadratic ones, which we have computed. But since the latter have turned out *bilinear*, this could only happen with higher terms that depend only on one of the two fields. Such there cannot be. For they would survive when the other field vanishes. And we know that in the pure gravitational as well as in the pure (Bornian) electromagnetic case the vanishing of the four-current involves no local contradiction.

As can be seen from (27) the orders of magnitude of the second order current field with respect to the first order skew field is determined by the B-tensor, irrespective of our aforesaid ignorance of the unit of the skew field. In macroscopic gravitational fields the B-tensor is, of course, very weak. We shall estimate the order of magnitude presently. First, I wish to point out a general conclusion about *static* fields, i.e., such where all field-quantities are independent of x_4, and $\underset{1-}{g_{k4}} = 0$ $(k = 1, 2, 3)$.

We use the form (27), abbreviated,

$$\tfrac{1}{6}\,\epsilon^{klmn}\,\underset{2}{s}_{klm,\,i,\,\underline{i}} = 2\,\epsilon^{klmn}\,\underset{1\vee}{g}_{si,\,l}\;\underset{1-}{g}_{sk,\,i,\,m}\,. \qquad (33)$$

First let the first order skew field be purely magnetic, i.e., either $s = 4$ or $i = 4$. Only the terms with $s = 4$ survive. Hence $k = 4$. Hence $n \neq 4$. The $\underset{2}{s}$-field is therefore a charge-free field of closed currents and the second order field is also purely magnetic.

Secondly, let the first order skew field be purely electric, i.e., neither s nor i must be 4. Hence $k \neq 4$. And since the fields are static also $l \neq 4$, $m \neq 4$. Hence $n = 4$. Hence the $\underset{2}{s}$-field is a static distribution of charges and the second order field is also purely electrostatic,

If we apply the first case to the permanent magnetic dipole field of the earth, we find the second order field of the same axial symmetry. The part of it that originates from the $\underset{2}{s}$-field outside the earth could observationally be separated from all that comes from the interior (to which, of course, our considerations do not apply, nor would it serve any useful purpose, if they did). Actually a so-called " external " part of precisely this character has been separated, by laborious computations, in the observed permanent field. It is *much* stronger than the one computed here.

For the electric field of the earth the situation is even worse. A uniform surface-charge of the earth would produce around the earth a spherically symmetric volume charge, which a terrestrial observer could not detect, anyhow.

Let us now roughly consider the orders of magnitude. The B-tensor is of the order a/r^3 where a is the gravitational radius of the earth (a few cm) and r the distance from the centre. The magnetic field is of the order D/r^3 where D is the earth's magnetic dipole. But in (27) we need the spatial derivatives of this field, order D/r^4. Thus the second member of (27) is of the order aD/r^7. Its maximum value at the surface, say $r = R$, is aD/R^7. But now two integrations are needed to get the current, and one more to get the field. So we may expect at the surface of the earth a second order field strength aD/R^4 or a/R times the primary field strength (the latter is about one-third of a gauss).

This ratio was to be expected, and is, of course, the same for the electric case. While there is little chance of clinching by macroscopic observation the interrelatedness of the charge-current with *both* fields, it still seems to me of considerable theoretical interest.

Eigenes Exemplar des Verfassers

Reprinted without change of pagination from the
Proceedings of the Royal Society, A, *volume*, 229, pp. 39–43, 1955

The wave equation for spin 1 in Hamiltonian form

BY E. SCHRÖDINGER, FOR.MEM.R.S.
Dublin Institute for Advanced Studies

(*Received* 8 *December* 1954)

If from the differential equations that hold in a Proca field you select the ten that express the time derivatives of the ten components involved, i.e. of the 'electromagnetic' field and its potential vector, you obtain right away for the ten-componental entity an equation that may be said to be at the same time of the Schrödinger, the Dirac and the Kemmer type. The four 10×10-matrices that occur as coefficients are Hermitian and satisfy Kemmer's commutation rules. The fifth is easily constructed. Those of the Proca equations that were not included are merely injunctions on the initial value. They are expressed by one matrix equation, that makes it evident that, once posited, they are preserved. The three spin matrices are indicated. The spin number is 1 or 0, but the aforesaid injunctions exclude 0.

1. EXPOSITION OF THE TASK

The field associated with what is sometimes referred to as 'the vector meson' (being in fact just the entity with spin number 1) is governed by Proca's set of field equations, which is a generalization of Maxwell's electromagnetic equations *in vacuo* that is as ingenious as it is simple. But Kemmer (1939) has succeeded in describing the same field by a matrix equation closely analogous to that of Dirac for spin number $\frac{1}{2}$; in fact, it is of identical form except that for spin 1 the four intervening numerical matrices are of the tenth rank and have a very much more involved algebra. Some years ago I showed (Schrödinger 1943*a* (quoted as PTT), 1943*b* (quoted as SMM)) how to obtain Kemmer's form from Proca's; the procedure used then retains perhaps some merits with regard to the transformations of the set. However, the most obvious way of obtaining one set from the other escaped me, and I wish to supply it here. It has the particular advantage of yielding Kemmer's set in a form in which not the mass term but the time derivative has the matrix factor unity, in other words in the form of a Schrödinger equation. The two forms are familiar from Dirac's spin $= \frac{1}{2}$ case, where the transition from one to the other is simple enough, because all matrices have reciprocals; in the spin $= 1$ case, on account of the eigenvalue 0, they have not.

2. DERIVING THE FIELD LAW

In a Proca field all the following fifteen equations hold between the three 3-vectors E, H, A and the 3-scalar V:

$$\left.\begin{array}{ll} \operatorname{curl} E + \dot{H} = 0, & \operatorname{curl} H - \dot{E} = -\mu A, \\ \operatorname{div} H = 0, & \operatorname{div} E = -\mu V, \\ \operatorname{curl} A = \mu H, & \operatorname{div} A + \dot{V} = 0. \\ \operatorname{grad} V + \dot{A} = -\mu E, & \end{array}\right\} \tag{1}$$

They turn into Maxwell's equations *in vacuo*, if you first replace $\mu^{-1}A$, $\mu^{-1}V$ by A, V respectively and then go to the limit $\mu \to 0$.

For our present purpose we choose as field equations those ten that contain time derivatives, thus

$$\left.\begin{aligned} \dot{E} &= \operatorname{curl} H + \mu A, \\ \dot{H} &= -\operatorname{curl} E, \\ \dot{A} &= -\operatorname{grad} V - \mu E, \\ \dot{V} &= -\operatorname{div} A. \end{aligned}\right\} \tag{2}$$

Of the remaining five *one* is redundant (namely, $\operatorname{div} H = 0$), because it follows from the one written under it. The remaining four are merely injunctions on the initial conditions. When posited they are easily seen to be preserved for all time in virtue of (2).

Now let us multiply (2) by i and comprehend the ten real components into one entity (column) ψ. Then (2) patently takes the form

$$\mathrm{i}\dot{\psi} = (\beta_1 p_x + \beta_2 p_y + \beta_3 p_z + \mu\beta_4)\,\psi, \tag{3}$$

where $p_x = -\mathrm{i}\,\partial/\partial x$, etc., and the β's are certain quadratic matrices of order 10. This is obviously the Schrödinger equation of our system and the operator in brackets is the Hamiltonian, pending the evidence that it is Hermitic, which will emerge forthwith. We call it $\mathscr{H}$; thus

$$\mathscr{H} = \beta_1 p_x + \beta_2 p_y + \beta_3 p_z + \mu\beta_4. \tag{4}$$

We read its matrix off (2) and write it out *in extenso, with a warning*, that the six 'naked' i's in the following scheme are to be taken for zeros at the moment. They will be used presently, but are inserted now only to save printing space. With this warning the $\mathscr{H}$-matrix is the following:

	E_x	E_y	E_z	H_x	H_y	H_z	A_x	A_y	A_z	V
E_x	0	0	0	0	p_z	$-p_y$	$\mathrm{i}\mu$	0	0	0
E_y	0	0	0	$-p_z$	0	p_x	0	$\mathrm{i}\mu$	0	0
E_z	0	0	0	p_y	$-p_x$	0	0	0	$\mathrm{i}\mu$	0
H_x	0	$-p_z$	p_y	0	0	0	i	0	0	0
H_y	p_z	0	$-p_x$	0	0	0	0	i	0	0
H_z	$-p_y$	p_x	0	0	0	0	0	0	i	0
A_x	$-\mathrm{i}\mu$	0	0	$-\mathrm{i}$	0	0	0	0	0	p_x
A_y	0	$-\mathrm{i}\mu$	0	0	$-\mathrm{i}$	0	0	0	0	p_y
A_z	0	0	$-\mathrm{i}\mu$	0	0	$-\mathrm{i}$	0	0	0	p_z
V	0	0	0	0	0	0	p_x	p_y	p_z	0

(5)

The matrix $\mathscr{H} + \beta_5$. The β_5 is the six elements $\pm\mathrm{i}$.

Comparing this scheme with (4), we easily read off the β-matrices. They have only elements ± 1, $\pm \mathrm{i}$. For instance, β_1 is obtained by replacing in our scheme p_x by 1 and everything else by zero. We see at a glance that the β's are Hermitian, and since the p's are also, and commute with the β's, $\mathscr{H}$ is Hermitian. One is not very astonished to find that the four matrices obey Kemmer's commutation rules. I have satisfied myself by checking a sufficient number of samples that they do. These rules are

$$\beta_l^3 = \beta_l, \tag{C$_1$}$$

$$\beta_l \beta_m^2 + \beta_m^2 \beta_l = \beta_l, \tag{C$_2$}$$

$$\beta_l \beta_m \beta_l = 0, \tag{C$_3$}$$

$$\beta_l \beta_m \beta_n + \beta_n \beta_m \beta_l = 0. \tag{C$_4$}$$

Here the subscripts l, m, n are understood to be different. Rule (C_3), by the way, is a consequence of (C_1) and (C_2), but it is convenient to record it separately. In PTT I have shown that there is always a fifth member β_5 of the family, of equal rights, and I have indicated in equation (1·12), p. 138, how to compute it from the other four. But this is an arduous task, because it requires the quaternary products of the four. In the present case there is an easier way, because the squares β_k^2 ($k = 1, 2, 3, 4$) are seen to be diagonal; it is a safe guess that the same will hold for β_5^2. Moreover, its eigenvalues can be inferred from those of the other four squares, because those of the five follow a rigid scheme, which I indicated in SMM, p. 33 (3·1). For our β_5^2, we find 1 at the six diagonal points labelled by the components of H and A, and zero at the four remaining points. That leaves for β_5 little choice, which is decided by obvious considerations of Hermiticity and symmetry. The β_5 matrix consists of the six 'naked' i's in our scheme, which, as we warned, have to be disregarded if the scheme is to represent the Hamiltonian $\mathscr{H}$.

3. Further remarks

This concludes, indeed exceeds, our derivation of the Dirac–Hamilton equation (3) (which does not contain β_5). But I should like to add a few remarks. First, perhaps we should like to see how the β-algebra accounts for the conservation in time of the initial injunctions (i.e. of those out of the equations (1) that contain no time derivative and have not been included in (2), nor, thus, in (3)). Clearly we have to apply to (3) from the left an operator which produces this kind of 'conservation law' from the first member by annihilating the second member. One such operator suggests itself, namely, $\mathscr{H}\beta_5$. Indeed,

$$\mathscr{H}\beta_5\mathscr{H} \equiv 0, \tag{6}$$

since, with regard to (4), all terms vanish, some by (C_3), some by (C_4). Hence we get from (3)

$$\mathscr{H}\beta_5\dot{\psi} = 0. \tag{7}$$

To translate this into tensor language, we observe that $\mathscr{H}$ acting on ψ produces, apart from an irrelevant common factor, the second members of (2), and produces, of course, their time derivatives, when acting on $\dot{\psi}$. But in (7) the β_5 is interposed. This, from our explicit scheme, kills E; V and replaces H by A and A by $-H$ (again apart from an irrelevant common factor). If we do this in the second members of (2) and supply dots we get the meaning of (7) in tensor language:

$$\operatorname{curl} \dot{A} - \mu \dot{H} = 0, \quad \operatorname{div} \dot{H} = 0; \tag{8}$$

six of the ten equations embodied in (7) read $0 = 0$.

So, from the identity (6) we have obtained all but one of the 'equations of conservation'. To get the missing one (which connects E and V) we must try something else. The matrix $\mathscr{H}\beta_4$ suggests itself. If it is multiplied into $\mathscr{H}$, all terms that do *not* contain μ (i.e. no β_4 out of one of the $\mathscr{H}$-factors) cancel for the same reasons as before. So we get

$$\mathscr{H}\beta_4\mathscr{H} = (\beta_1 p_x + \beta_2 p_y + \beta_3 p_z)\,\mu\beta_4^2 + \mu\beta_4^2(\beta_1 p_x + \beta_2 p_y + \beta_3 p_z) + \mu^2\beta_4^3.$$

Hence from (C_2) and (C_1)

$$\mathscr{H}\beta_4\mathscr{H} \equiv \mu\mathscr{H}, \quad (\mathscr{H}\beta_4 - \mu)\,\mathscr{H} \equiv 0. \tag{9}$$

Using this on (3),

$$(\mathscr{H}\beta_4 - \mu)\,\dot{\psi} = 0. \tag{10}$$

The translation into tensor language is performed as before by the help of the second members of (2) and by drawing on our explicit scheme for the way in which β_4 exchanges the vectors A and E and kills H and V. But H and V do come into the picture thanks to the diagonal μ-term of the operator used in (10). Factors $\pm \mathrm{i}$ must this time be carefully heeded, and the result is

$$\operatorname{curl} \dot{A} - \mu \dot{H} = 0, \quad \operatorname{div} \dot{E} + \mu \dot{V} = 0, \tag{11}$$

corresponding to the second and fourth lines in the second members of (2), while from the first and third lines comes, six times, $0 = 0$. The set (11) is complete, since with it the second equation (8) is redundant. Summarizing, we state that in the β-representation the wave equation reads

$$\mathrm{i}\dot{\psi} = \mathscr{H}\psi, \tag{3'}$$

and the injunction on the initial values reads

$$(\mathscr{H}\beta_4 - \mu)\,\psi = 0. \tag{12}$$

It is conserved in time on account of identity (9).

As a further remark let me add that the spin is represented by the three matrices

$$\gamma_{kl} = \mathrm{i}(\beta_k\beta_l - \beta_l\beta_k) \quad (k, l = 1, 2, 3). \tag{13}$$

Each of them has eigenvalues $\pm 1, 0$, they have the required commutation relations among them, and have with the four β's such commutation relations that, when the γ_{kl} are added respectively, with the proper sign, to the so-called components of orbital angular momentum (as $yp_z - zp_y$), these three operator sums *commute* with $\mathscr{H}$. However, since there are not only three but five β's, there are not only three but ten matrices like (13); or rather fifteen, for the five β's themselves prove to be members of the family that are in no way distinguished by commutation rules or by anything else. The formal relations have been studied extensively in PTT and SMM, but not their physical meaning—partly because I was too much absorbed by the intricate formalism, partly because I did not possess the physically meaningful form (3) of the field law. I believe that further investigation will be fruitful.

The sum of squares of the three matrices (13) is diagonal with nine 2's, and a zero at the place labelled (V, V). Thus the Proca field appears to include also spin-number zero. But there is no eigenfunction available for it. At best it could have one non-vanishing component, namely, V. But then this must be zero on account of one of the initial injunctions ($\operatorname{div} E = -\mu V$).

A question by itself is: What *transformations* are physically meaningful?

Lorentz transformations are comparatively trivial. They leave everything unaltered, in particular the numerical values of the β's. In PTT I showed that the same holds for a more extended 10-parameter group of pseudorotations in five dimensions. But I am afraid that this too is rather trivial. One suspects that it is virtually the Lorentz group enhanced by four translations. At the other end of the scale we have, that such equations as (3), (3′), (12) and (C), involving Hermitic matrices, are, of course, covariant to any unitary transformation, applied simultaneously to the matrices and to ψ. This implies no change in the space-time co-ordinates, changes the β_l, reshuffles the components E, H, A, V, all ten among them, albeit linearly and homogeneously, in a fashion that in the case of the electromagnetic field not only Maxwell, but we ourselves would consider devoid of sense. This extended group has not 6, and not 10, but 100 parameters.

What troubles me is this. If we cannot attach physical meaning to more than the 6- or 10-parameter group, then our matrix formulation is degraded to a nice toy. But if we go beyond that, are we not getting into nonsense?

References

Kemmer, N. 1939 *Proc. Roy. Soc.* A, **173**, 91.

Schrödinger, E. 1943*a* Pentads, tetrads and triads of meson matrices. *Proc. R. Irish Acad.* **48**, 135 (quoted as PTT).

Schrödinger, E. 1943*b*. Systematics of meson matrices. *Proc. R. Irish Acad.* **49**, 29 (quoted as SMM).

PRINTED IN GREAT BRITAIN AT THE UNIVERSITY PRESS, CAMBRIDGE
(BROOKE CRUTCHLEY, UNIVERSITY PRINTER)

Eigenes Exemplar des Verfassers.

Reprinted without change of pagination from the
Proceedings of the Royal Society, A, *volume* 232, pp. 435–447, 1955

The wave equation for spin 1 in Hamiltonian form. II

BY E. SCHRÖDINGER, FOR.MEM.R.S.
Dublin Institute for Advanced Studies

(*Received* 25 *April* 1955)

The investigation is mainly concerned with the relation between constants of the motion and the conservation laws in differential form. The operator that commutes with the Hamiltonian is not the one whose Hermitian form obeys a conservation law and therefore yields, on integration over space, the mean (or expectation) value of the constant. There is a general association between the 'commuting' and the 'conserved' operators; the latter does not in general commute with the Hamiltonian. The duplication stems from normalizing by a non-definite Hermitic form, meaning the charge density. It entails that an elementary wave always carries a positive amount of energy, and a momentum *in* the direction in which the wave proceeds, though from the eigenvalues of energy and momentum one might expect either sign. A deep-rooted general connexion between charge quantization and the energy aspect of frequency is suggested. An attempt is made to clarify the relation between mechanical and magnetic spin, the latter appearing to depend in a simple way on the fifth Kemmer matrix.

1. THE TWO FIELDS

The set of fifteen Proca equations

$$\left.\begin{aligned} \operatorname{curl} E + \dot{H} &= 0, \qquad & \operatorname{curl} H - \dot{E} &= -\mu A, \\ \operatorname{div} H &= 0, & \operatorname{div} E &= -\mu V, \\ &\cdots\cdots\cdots\cdots\cdots\cdots\cdots\cdots \\ \operatorname{curl} A &= \mu H, & \operatorname{div} A + \dot{V} &= 0, \\ \operatorname{grad} V + \dot{A} &= -\mu E, \end{aligned}\right\} \tag{1·1}$$

whose most direct transcription into Kemmer's matrix form was discussed in part I (Schrödinger 1955), has gained further interest (Bass & Schrödinger 1955). If (E, H) is the (covariant) electromagnetic six-vector, μ a very small constant (the space-time structure of the field to be fine compared with μ^{-1}), and $(A, -V)$ a covariant four-vector, then (1·1) describes these two fields in very loose coupling, and a not unplausible assumption about the coupling of the (A, V)-field with matter enables one to account for a non-vanishing rest-mass μ of the 'photon' without the danger that the 'third degree of freedom' contradict the absolute values of black-body radiation and light-pressure and without the undesirable loss of gauge-invariance.

The matrix form of (1·1) is

$$\mathrm{i}\dot{\psi} = (\beta_1 p_x + \beta_2 p_y + \beta_3 p_z + \mu\beta_4)\,\psi \equiv \mathscr{H}\psi, \tag{1·2}$$

where $p_x = -\mathrm{i}\dfrac{\partial}{\partial x}$, etc., ψ the 10-component column (E, H, A, V), and $\mathscr{H}$ the Hermitian matrix ((1·3), p. 436). I do not repeat the Duffin (1938) and Kemmer (1939) commutation rules, nor the twelve simple lemmas (Schrödinger 1943*a*,*b*) following from them. For the uncoupled fields ($\mu = 0$), β_4 becomes unemployed, β_5 is not needed, and the other three are reduced ($10 = 6+4$). In the reduced scheme there is no fourth β of equal rights, i.e. such that all four obey the commutation rules, as can be shown by considerations like those on p. 141 of Schrödinger (1943*a*). A further reduction $(6 = 3+3)$ by the unitary transformation

$$E' = 2^{-\frac{1}{2}}(E+\mathrm{i}H), \quad H' = 2^{-\frac{1}{2}}\mathrm{i}(E-\mathrm{i}H) \tag{1·4}$$

is feasible, but it is not useful, because it would not reduce—rather would it 'de-reduce'—the matrix

$$\eta_4 = 1-2\beta_4^2, \tag{1·5}$$

which is diagonal in the original scheme (1·3) and discharges important tasks that have nothing to do with the coupling.

	E_x	E_y	E_z	H_x	H_y	H_z	A_x	A_y	A_z	V
E_x	0	0	0	0	p_z	$-p_y$	$\mathrm{i}\mu$	0	0	0
E_y	0	0	0	$-p_z$	0	p_x	0	$\mathrm{i}\mu$	0	0
E_z	0	0	0	p_y	$-p_x$	0	0	0	$\mathrm{i}\mu$	0
H_x	0	$-p_z$	p_y	0	0	0	i	0	0	0
H_y	p_z	0	$-p_x$	0	0	0	0	i	0	0
H_z	$-p_y$	p_x	0	0	0	0	0	0	i	0
A_x	$-\mathrm{i}\mu$	0	0	$-\mathrm{i}$	0	0	0	0	0	p_x
A_y	0	$-\mathrm{i}\mu$	0	0	$-\mathrm{i}$	0	0	0	0	p_y
A_z	0	0	$-\mathrm{i}\mu$	0	0	$-\mathrm{i}$	0	0	0	p_z
V	0	0	0	0	0	0	p_x	p_y	p_z	0

(1·3)

$\mathscr{H}+\beta_5$, the β_5 being the 6 'naked' $\pm\mathrm{i}$.

In continuing the discussion I do not restrict myself to the possible application to light, i.e. to real ψ and to the special matrices (1·3); they might be changed by unitary transformation. However, I will use *them*, because they are very handy, and, of course, prescribed in the (E,H) section, if it is to mean light. I hope, by doing so, to present also the general ('vector-meson') case more clearly and simply than has been done yet in the matrix form,‡ though naturally the mere change of 'shorthand' cannot *really* produce new knowledge.

We shall have to use again and again the following five equations:

$$0 = (\mathscr{H}\beta_4-\mu)\,\psi, \tag{1·6}$$

$$0 = \mathscr{H}\beta_5\psi, \tag{1·7}$$

$$0 = (\mathscr{H}\beta_k-p_k)\,\psi \quad (k = 1,2,3) \tag{1·8}$$

(p_1 means p_x, etc.). They are proved by showing from the commutation rules that when ψ is replaced by $\mathscr{H}$ in (1·6) to (1·8), they become identities. Hence from (1·2)

‡ There are, however, many points of contact between the present investigation and a paper by Pryce (1948).

they hold for $\dot{\psi}$. Therefore they must hold for ψ, because the field equations entail no time-free differential relations for $\dot{\psi}$ except those that hold also for ψ, namely, the initial injunctions. One may say that (1·6) to (1·8) are something between 'equations' and 'identities'. They hold for any wave function that fulfils the injunctions but not necessarily the wave equation.

If we take just for a moment the Heisenberg point of view—time-dependent matrices, time-independent wave function—then

$$-\mathrm{i}\dot{x} = \mathscr{H}x - x\mathscr{H} = -\mathrm{i}\beta_1, \text{etc.}$$

Thus (1·8) is strongly reminiscent of 'mass times velocity equals momentum'. This is a useful hint, but not quite adequate. We shall see (§5) that the relation is more involved. Indeed, β_1 is *not* simply a velocity.

2. Conservation laws

To keep to consistent matrix notation also for ψ, we call $\psi^\dagger$ the transposed complex conjugate $\tilde{\psi}^*$, meaning simply the *row* ψ^*. From (1·2)

$$\mathrm{i}\psi^\dagger\dot{\psi} = \psi^\dagger(\beta_1 p_x + \beta_2 p_y + \beta_3 p_z + \mu\beta_4)\,\psi. \tag{2·1}$$

By changing the sign of i everywhere, also in p_x, etc., and β_4, we get

$$-\mathrm{i}\dot{\tilde{\psi}}\psi^* = -\tilde{\psi}(\beta_1 p_x + \beta_2 p_y + \beta_3 p_z + \mu\beta_4)\,\psi^*. \tag{2·2}$$

Now for any matrix M of the β ring and any two wave functions a and b,

$$\tilde{a}Mb \equiv \tilde{b}\tilde{M}a.$$

Hence on subtracting (2·2) from (2·1) the μ-terms cancel, because β_4 is Hermitian and purely imaginary, and therefore skew and the negative of its transpose. One easily finds

$$\langle 1\rangle_{,t} + \langle\beta_1\rangle_{,x} + \langle\beta_2\rangle_{,y} + \langle\beta_3\rangle_{,z} = 0, \tag{2·3}$$

where the bracket $\langle\,\rangle$ is short for the Hermitian form of any matrix, e.g.

$$\langle\beta_1\rangle \equiv \psi^\dagger\beta_1\psi,$$

while the commas indicate ordinary differentiation. The methodic objection that special properties of our matrices (1·3) have been used in deriving (2·3) is met by observing that this is a matrix equation and therefore invariant to any simultaneous unitary transformation of the β's and of ψ. This remark applies to many cases and will not be repeated. The much more important non-unitary transformation that will occur later must be treated quite differently (see §4).

Another conservation law is obtained on multiplying (1·2) by $\psi^\dagger\beta_1$ and adding to this, member by member, the first equation (1·8), after having multiplied it by $\psi^\dagger$:

$$\mathrm{i}\psi^\dagger\beta_1\dot{\psi} = \psi^\dagger[(2\beta_1^2-1)\,p_x + (\beta_1\beta_2+\beta_2\beta_1)\,p_y + (\beta_1\beta_3+\beta_3\beta_1)\,p_z + \mu(\beta_1\beta_4+\beta_4\beta_1)]\,\psi.$$

From this we again subtract the exact complex-conjugate equation. Again the μ-terms cancel and we find

$$\langle\beta_1\rangle_{,t} + \langle-\eta_1\rangle_{,x} + \langle\zeta_{12}\rangle_{,y} + \langle\zeta_{13}\rangle_{,z} = 0, \tag{2·4}$$

where
$$\eta_k \equiv 1 - 2\beta_k^2, \tag{2·5}$$
$$\zeta_{kl} \equiv \beta_k\beta_l + \beta_l\beta_k. \tag{2·6}$$

This notation will also be used later for indices 4 and 5 and (2·5) will be extended (see (3·2)). All these η's have square 1. In *our* scheme (1·3) they are diagonal. In (2·6) we understand $k \neq l$.

The Hermitian forms of the following scheme

$$\left.\begin{matrix} \eta_1, & -\zeta_{12}, & -\zeta_{13}, & -\beta_1 \\ -\zeta_{12}, & \eta_2, & -\zeta_{23}, & -\beta_2 \\ -\zeta_{13}, & -\zeta_{23}, & \eta_3, & -\beta_3 \\ \beta_1, & \beta_2, & \beta_3, & 1 \end{matrix}\right\} \tag{2·7}$$

prove themselves by their conservation laws (2·3), (2·4), and two analogues, as the mixed components of a symmetric stress-energy-momentum tensor, the superscripts 1 to 4 labelling the columns from left to right. The stress-, momentum-, etc., densities of the field are precisely these forms, supplemented by the factor $1/8\pi$, if the standardization is taken over from the electromagnetic field. We note by the way that the space integral of $\langle\beta_1\rangle$ is not a component of velocity, but of momentum or of energy flux.

Two further conservation laws, very significant in the case of the meson, less so for light, are obtained in much the same way as (2·4), with index 4 or 5 instead of 1, and with (1·6) or (1·7), respectively, being used instead of (1·8). The first reads

$$\langle\beta_4\rangle_{,t} + \langle\zeta_{14}\rangle_{,x} + \langle\zeta_{24}\rangle_{,y} + \langle\zeta_{34}\rangle_{,z} = 0; \tag{2·8}$$

the second is the same, with 5 instead of 4. The forms of

$$\zeta_{14}, \quad \zeta_{24}, \quad \zeta_{34}, \quad \beta_4 \tag{2·9}$$

are a contravariant four-vector, which (with a suitable standardization) is usually taken to be—I am quoting Heitler (1943)—the 'electrical charge and current density of the meson stream'. The second four-vector, whose components are the forms of

$$\zeta_{15}, \quad \zeta_{25}, \quad \zeta_{35}, \quad \beta_5, \tag{2·10}$$

has (as will be shown in §5) the peculiar property that the space integral of its fourth component vanishes for any ψ that fulfils the injunctions. Hence it is a safe guess that this vector, with a suitable standardization, is the magnetic density and flux, which means that the space integrals of

$$\langle x\beta_5\rangle, \text{etc.}, \tag{2·11}$$

are essentially the *components of the total magnetic moment*, while the space integrals of

$$\langle x\beta_4\rangle, \text{ etc.}, \tag{2·12}$$

are essentially the co-ordinates of the electrical centre. We shall return to this, in particular to the question of normalization.

For a field that in the representation (1·3) is real, all the eight forms of (2·9) and (2·10) are zero, because the matrices are Hermitian and purely imaginary, and therefore skew. Yet it is worth while to indicate briefly the tensorial basis of the law (2·8) and the analogous one for index 5. Envisage the 'Lorentz force' of the field (E, H) on the 'sham four-current' $(-\mu A, -\mu V)$. The four-divergence of this tensor-vector product turns out to be, apart from a constant factor, the *invariant* $H^2 - E^2 + A^2 - V^2$. In the same way the four-divergence of the Lorentz force of *one* field (E, H) on the sham four-current of *another* field $(-\mu A', -\mu V')$ is $HH' - EE' + AA' - VV'$. Since this is symmetric with respect to the two fields, the *difference* of the two tensor-vector products, obtained by exchanging the roles, has four-divergence zero. Equation (2·8) states this fact in the special case of a complex field and its complex conjugate. For index 5 the consideration is much the same: the (E, H)-field must be replaced by its *dual*, and the *other* invariant, $(EH') + (E'H)$, intervenes.

3. The spin

We introduce the ten Hermitian operators

$$\gamma_{ik} \equiv -\mathrm{i}(\beta_i \beta_k - \beta_k \beta_i), \tag{3·1}$$

which, together with the five β_k, form a 'pentekaidekad' (Schrödinger 1943 *a*, p. 145) of matrices, all of equal standing. Along with them we envisage

$$\eta_{ik} \equiv 1 - 2\gamma_{ik}^2. \tag{3·2}$$

The notation

$$\gamma_{0k} \equiv \beta_k \tag{3·3}$$

(by which (2·5) is included in (3·2) with the index zero suppressed) will be used only for the moment in order to recall succinctly the following commutation rules (Schrödinger 1943 *a*, *b*) of these thirty matrices. Any five γ's that have one and only one subscript in common form a 'pentad', i.e. among them they obey the Duffin–Kemmer rules. Hence every γ belongs to two pentads. It commutes with the seven γ's with which it has no subscript or both in common. The commutator of two γ's out of the same pentad is (apart from a factor $\pm\mathrm{i}$) the γ with the two subscripts by which they differ. Of this the definition (3·1) is an example. Every η has the square 1, commutes with every other η and with those γ's with which it has no index or both in common; in particular, $\eta_{ik}\gamma_{ik} = \gamma_{ik}\eta_{ik} = -\gamma_{ik}$. With the eight other γ's it anti-commutes.

We call 'spin matrices' the three γ's with $i, k = 1, 2, 3$, because, for example,

$$yp_z - zp_y + \gamma_{23} \tag{3·4}$$

commutes with $\mathscr{H}$, and because the commutator of any two of them equals i times the third. For a wave function that is real in the representation (1·3) the Hermitian forms of the spin matrices (but not those of their squares) vanish in every representation. These three forms are not components of a six-vector. But related ones that are can be spotted uniquely, because our scheme includes (E, H) and there is only one bilinear six-vector product of any two six-vectors (in our case (E, H) and (E^*, H^*)). Laue (1952, p. 74) points out that until then it played no role in physics. Careful scrutiny reveals that the forms of

$$\left.\begin{matrix} \eta_4\gamma_{23} & \eta_4\gamma_{31} & \eta_4\gamma_{12} \\ \mathrm{i}\eta_4\beta_1 & \mathrm{i}\eta_4\beta_2 & \mathrm{i}\eta_4\beta_3 \end{matrix}\right\} \tag{3·5}$$

are a covariant six-vector, the tensorial indices being those of the γ's in the first line, but (14), (24), (34) in the second. Here η_4 might be replaced by η_5. This would not affect the (A, V) part of our tensor, which is reduced $(10 = 6+4)$, but change the sign of the (E, H) part. That remark will come in useful later, in §6.

It is pleasant to remark that the factor η_4 (or η_5) is needed also for the other part of (3·4), etc., to make its form the component of a six-vector. But one is taken aback by the fact that it destroys the commutability with $\mathscr{H}$, even for $\mu = 0$, when it produces anti-commutability. However, we shall find, as part of a very general rule, that *none* of the forms envisaged in the preceding yields by space integration either the total spin-momentum or the total angular momentum of the field (by these low-browed terms I mean what is usually called 'expectation value'). And we shall find out those forms that do.

Let me add a few remarks about the squares of the γ's and constants of the motion, referring always to the representation (1·3); this does not impair the generality of the relevant statements.

The sum of squares, say

$$M \equiv \gamma_{23}^2 + \gamma_{31}^2 + \gamma_{12}^2, \tag{3·6}$$

is diagonal with nine consecutive 2's followed by a zero, pointing to spin numbers 1 and 0, respectively. Hence M is not a constant of the motion, except in the uncoupled $(\mu = 0)$ six-vector field. For this field also

$$M' \equiv \beta_1^2 + \beta_2^2 + \beta_3^2 = 2, \tag{3·7}$$

and is therefore a constant of the motion. For the uncoupled four-vector neither M nor M' is constant, but $M + M'$, namely,

$$M + M' = 3. \tag{3·8}$$

But since it is 4 for the six-vector, it is not constant for the coupled fields $(\mu \neq 0)$.

4. Transformations

A Lorentz transformation shall mean the same as in (1·1). Hence it must leave the β_k and their derivatives *numerically* unchanged, preserve the form of all equations between matrices, including the wave equation (1·2) and relations like (1·6) to (1·8). The transformation of the tensors E, H, A, V must be expressed by a matrix operator applied to the wave function ψ:

$$\psi \to U\psi, \quad \psi^\dagger \to \psi^\dagger U^\dagger. \tag{4·1}$$

This entails a linear transformation of the Hermitian forms, e.g.

$$\psi^\dagger \beta_1 \psi \to \psi^\dagger U^\dagger \beta_1 U \psi, \tag{4·2}$$

as if only the matrix had changed

$$\beta_1 \to U^\dagger \beta_1 U. \tag{4·3}$$

One must not confuse the two points of view! Moreover, U is in general *not* unitary, and therefore a product is *not* 'transformed' by 'transforming' its factors.

Kemmer (1939) has used the wave equation in a form better suited for our present purpose. It is obtained on multiplying (1·2) by $-\mathrm{i}\beta_4$ and adding to this, member by member, (1·6) after having multiplied it by i. One obtains

$$\beta_4 \dot{\psi} + (\gamma_{14} p_x + \gamma_{24} p_y + \gamma_{34} p_z + \mathrm{i}\mu)\,\psi = 0. \tag{4·4}$$

This has two advantages over (1·2): first, that the time derivative has no longer the factor 1, which commutes with everything; secondly, and more importantly (as was strongly emphasized by Kemmer), that (1·6) can immediately be recovered from (4·4) by multiplying the latter by $\mathrm{i}(1-\beta_4^2)$. Hence when (4·4) is restored we need not bother about (1·6).

To perform a pseudo-rotation in the (x, t)-plane one first introduces ψ' by

$$\psi = \exp(r\beta_1)\,\psi', \tag{4·5}$$

where r is a real number, then multiplies (4·4) by $\exp(-r\beta_1)$. The exponentials commute with everything except with β_4 and γ_{14}. Remembering that every third power is equal to the first and using the commutation rules, one easily confirms

$$\left.\begin{aligned} \exp(-r\beta_1)\,\beta_4 \exp(r\beta_1) &= \beta_4 \cosh r + \mathrm{i}\gamma_{14} \sinh r, \\ \exp(-r\beta_1)\,\gamma_{14} \exp(r\beta_1) &= -\mathrm{i}\beta_4 \sinh r + \gamma_{14} \cosh r. \end{aligned}\right\} \tag{4·6}$$

We thus obtain from (4·4), on rearranging the terms,

$$\beta_4\left(\cosh r \frac{\partial}{\partial t} - \sinh r \frac{\partial}{\partial x}\right)\psi' - \mathrm{i}\gamma_{14}\left(-\sinh r \frac{\partial}{\partial t} + \cosh r \frac{\partial}{\partial x}\right)\psi' + (\gamma_{24} p_y + \gamma_{34} p_z + \mathrm{i}\mu)\,\psi' = 0.$$

This shows, at a glance, that the well-known co-ordinate transformation, combined with (4·5), restores (4·4) and therefore, after what has been said, also (1·6) and (1·2) (the factor $-\mathrm{i}$ in the preceding equation is required in order to replace eventually $-\mathrm{i}\dfrac{\partial}{\partial x'}$ by p'_x).

The lines (4·6) are *not* a special case of (4·3), because the exponential is real and symmetric, hence Hermitian or self-adjoint, *not* unitary. But there is a very general and valuable connexion between the two transforms, which I shall for brevity call the U^{-1}-transform and the $U^{\dagger}$-transform. Let β be any matrix of the β-ring, and U one that intervenes in a Lorentz transformation, as the exponential does in (4·5). Let

$$\left.\begin{aligned} \beta' &= U^{-1}\beta U, \\ \eta_4\beta' &= U^{\dagger}\eta_4\beta U, \end{aligned}\right\} \tag{4·7}$$

then

and *vice versa* (because $\eta_4^2 = 1$). The reason is as follows. A general Lorentz transformation is mediated by a product of *six* $\exp(r\alpha)$ where the α's are

$$\left.\begin{matrix} \beta_1 & \beta_2 & \beta_3, \\ \gamma_{23} & \gamma_{31} & \gamma_{12}, \end{matrix}\right\} \tag{4·8}$$

and r is real for those of the first line, and purely imaginary for those of the second. Hence the former are real and Hermitian, the latter unitary. Moreover, the former anticommute with η_4, the latter commute with it. This entails that if U is the product of the six

$$\eta_4 U^\dagger \equiv U^{-1}\eta_4 \tag{4·9}$$

and vice versa

$$U^\dagger\eta_4 \equiv \eta_4 U^{-1} \tag{4·10}$$

(one has to multiply (4·9) by η_4 from the right and from the left).

The U^{-1}-transform is much more convenient for handling a product. This has induced some authors to call $\psi^\dagger$ what in our notation is $\psi^\dagger\eta_4$, and to associate matrices and forms accordingly. While admitting the convenience of this procedure, I find it obscures other concepts, *inter alia* the demands on Hermiticity. I prefer to think that way: the tensorial character of an array of forms $\langle\beta\rangle$ is, of course, determined by the $U^\dagger$-transformation of the β's, but this is the same as the U^{-1}-transformation of their 'representatives' $\eta_4\beta$.

The reader may make out many examples in the preceding sections. For example, $\langle\eta_4\rangle$ itself is an invariant, because its U^{-1}-representative is unity and commutes with everything. If in the array (3, 5) you drop η_4, you get the U^{-1}-representatives, which must therefore on U^{-1}-transformation behave as a six-vector. And so on.

5. Conservation laws, motion constants, normalization and mean values

The η_4-association is convenient but merely formal. There is a much subtler and far more important association between *two* entirely different operators belonging to any constant of the motion. How is it that from (2·7) the densities of energy and momentum are given by the forms of 1 and of the first three β_k and not by those of $\mathscr{H}$ and the p_k? The latter commute with $\mathscr{H}$, but their character as 'constants' has obviously to do with the conservation laws (2·3) and (2·4) of the former, which do not all commute with $\mathscr{H}$. This is a general occurrence, which is cleared up by, and strongly suggests, using the indefinite form β_4 for normalization. We shall first investigate the energy.

To find its eigenvalues we form

$$\begin{aligned}\mathscr{H}^2\psi &= (\mathscr{H}\beta_1 p_x + \mathscr{H}\beta_2 p_y + \mathscr{H}\beta_3 p_z + \mathscr{H}\beta_4\mu)\,\psi \\ &= (p_x^2 + p_y^2 + p_z^2 + \mu^2)\,\psi \end{aligned} \tag{5·1}$$

from (1·6) and (1·8). The eigenvalues of $\mathscr{H}^2$, say ν^2 (necessarily non-negative, since $\mathscr{H}$ is Hermitian), are therefore determined by

$$-\Delta\psi + \mu^2\psi = \nu^2\psi. \tag{5·2}$$

This has non-singular solutions if and only if

$$\nu^2 \geqslant \mu^2, \tag{5·3}$$

namely,

$$\exp\left[\mathrm{i}\,\sqrt{(\nu^2-\mu^2)}\,(ax+by+cz)\right] \quad (a^2+b^2+c^2 = 1). \tag{5·4}$$

An eigenfunction of $\mathscr{H}$ is obtained by supplementing a suitable function of the β-index (pure 'spin-function'). Hence the eigenvalues of $\mathscr{H}$ are all frequencies that satisfy (5·3). In the following we always assume $\mu \neq 0$. We notice, by the way, that in this case at any rate $\mathscr{H}$ has a reciprocal.

In general there would be no connexion between these eigenvalues and the 'total energy of the field'

$$W \equiv \frac{1}{8\pi}\iiint \langle 1 \rangle \, \mathrm{d}x \, \mathrm{d}y \, \mathrm{d}z. \tag{5·5}$$

But it is brought about, if we accept the normalization

$$I \equiv \frac{1}{8\pi}\iiint \langle \beta_4 \rangle \, \mathrm{d}x \, \mathrm{d}y \, \mathrm{d}z = \pm\mu. \tag{5·6}$$

One of the two signs will be possible in general, apart from the case when the integral vanishes, as, for example, when the wave function is real in the representation (1·3). No deep significance is attached to the factor 8π. We keep it merely as representing *any* constant that might be desired in this place.

First we make out from (1·3) that in this representation

$$\left.\begin{aligned} \langle \beta_4 \rangle &= \mathrm{i}(E^*A - A^*E), \\ \langle 1 \rangle &= E^*E + H^*H + A^*A + V^*V. \end{aligned}\right\} \tag{5·7}$$

Using this and *varying* the wave function in W under the side condition (5·6) for I one easily finds the *only* stationary value

$$W = \mu,$$

which is obviously a minimum, very satisfactory with regard to (5·3).

We proceed to compute W in general. From (1·6) and the *proof* indicated there for this type of equation,

$$\iiint \psi^\dagger \mathscr{H} \beta_4 \mathscr{H} \psi \, \mathrm{d}x \, \mathrm{d}y \, \mathrm{d}z = \mu \iiint \psi^\dagger \mathscr{H} \psi \, \mathrm{d}x \, \mathrm{d}y \, \mathrm{d}z. \tag{5·8}$$

The first factor $\mathscr{H}$ on the left may be thrown on the function preceding it, partial integrations intervening. We develop with respect to orthonormal eigenfunctions of $\mathscr{H}$, taking them discrete for convenience (large cube with periodic boundary conditions):

$$\psi = \Sigma a_k \psi_k, \quad \mathscr{H}\psi_k = \nu_k \psi_k.$$

But now we change the point of view: we adopt not ψ but $\mathscr{H}\psi$ as the wave function, which is just as general. Its development coefficients are

$$b_k = \nu_k a_k.$$

For it we normalize according to (5·6). Then (5·8) gives

$$\pm 8\pi\mu = \mu \Sigma \nu_k a_k a_k^* = \mu \Sigma \frac{b_k b_k^*}{\nu_k}. \tag{5·9}$$

This exhibits the normalization

$$\frac{1}{8\pi} \Sigma \frac{b_k b_k^*}{\nu_k} = \pm 1. \tag{5·10}$$

For the now adopted wave function, to which the cornered brackets shall refer,

$$W = \frac{1}{8\pi}\iiint \langle 1 \rangle \, \mathrm{d}x \, \mathrm{d}y \, \mathrm{d}z = \frac{1}{8\pi} \Sigma b_k b_k^* = \frac{1}{8\pi} \Sigma \frac{b_k b_k^*}{\nu_k} \nu_k. \tag{5·11}$$

Though, of course, in the last sum no term is negative, it is correct to say that W is the mean value of the frequencies taken with weight factors whose *algebraic* sum is by (5·10) normalized to 1 or to -1. One might, of course, equip both ν_k's in (5·11) with vertical bars, indicating the absolute value. But then the weight factors are not normalized. If *one* of the constituent ψ_k is replaced by the one with the opposite sign of ν_k, this *does* affect W, because it makes a re-normalization in (5·10) necessary. If *all* ν_k change sign, W is not affected.

A relation similar to (5·11), which refers to $\mathscr{H}$ itself, holds for every constant of the motion, i.e. for every operator C that commutes with $\mathscr{H}$. Of course the ψ_k must then be chosen to be a complete orthonormal set not only of $\mathscr{H}$, but also of C. The general theorem is this. Whenever a relation of the type (1·6) to (1·8) holds between C and some other operator α, thus

$$(\mathscr{H}\alpha - C)\psi = 0, \tag{5·12}$$

then the space integral of $\langle\alpha\rangle$ is the mean of the eigenvalues of C, taken with the same weight factors, normalized by (5·10):

$$\frac{1}{8\pi}\iiint \langle\alpha\rangle \,\mathrm{d}x\,\mathrm{d}y\,\mathrm{d}z = \frac{1}{8\pi}\Sigma\frac{b_k b_k^*}{\nu_k} C_k. \tag{5·13}$$

The proof consists in dealing with (5·12) as with (1·6) previously, and therefore it need not be repeated. Very often α is a matrix of the β-ring, or at least contains no differentiators (p_x, etc.), so that it is capable of obeying a conservation law, which is then the basis of the 'constancy' of C. But even if no non-trivial relation (5·12) is obtained, then from the trivial one

$$(\mathscr{H}C - \mathscr{H}C)\psi \equiv 0 \tag{5·14}$$

it remains true, that the space integral of $\langle C\rangle$ is the mean of the eigenvalues, not of C, but of $\mathscr{H}C$. This includes the case when C itself is of the α-type and has a conservation law.

The simplest examples are afforded by (1·8) and (1·7). From the first of the former

$$\frac{1}{8\pi}\iiint \langle\beta_1\rangle \,\mathrm{d}x\,\mathrm{d}y\,\mathrm{d}z = \frac{1}{8\pi}\sum_k\frac{b_k b_k^*}{\nu_k} l_k, \tag{5·15}$$

where the l_k are the eigenvalues of p_x

$$p_x\psi_k = l_k\psi_k. \tag{5·16}$$

Notice that the relevant factor in the eigenfunction reads

$$\exp(-\mathrm{i}\nu_k t + \mathrm{i}l_k x).$$

Whatever the signs of ν_k and l_k, the contribution to (5·15) accords with the direction of propagation. There is not such a thing as a wave with momentum opposite to this direction nor, as we have seen, with negative energy. This contrast to the case of spin $\frac{1}{2}$ is well known and remarkable.

According to (1·7) the matrix $\alpha = \beta_5$ corresponds to $C = 0$. Hence the space-integral of $\langle\beta_5\rangle$ vanishes for every wave function, as we mentioned without proof after (2·10). This can be confirmed directly in the representation (1·3). We find

$$\begin{aligned}\langle\beta_5\rangle &= 2\,\text{imag. co-ord.}\,(A^*H)\\ &= 2\mu^{-1}\,\text{imag. co-ord.}\,(A^*\,\text{curl}\,A)\\ &\approx 2\mu^{-1}\,\text{imag. co-ord.}\,(A\,\text{curl}\,A^*).\end{aligned} \tag{5·17}$$

The last line means 'equivalent as an integrand'. Hence the imaginary part of the integral is zero. We return to this in the next section.

The following operator commutes with $\mathscr{H}$:

$$C \equiv \gamma_{23}p_x + \gamma_{31}p_y + \gamma_{12}p_z \tag{5·18}$$

('spatial scalar product of the spin and momentum'; thus the component of the spin in the direction of the momentum is a constant). The corresponding relation (5·12) is obtained in a lengthy but obvious way from (1·8) and the commutation rules:

$$[\mathscr{H}\cdot(-\mathrm{i}\beta_1\beta_2\beta_3 - \mathrm{i}\beta_2\beta_3\beta_1 - \mathrm{i}\beta_3\beta_1\beta_2) - C]\,\psi = 0. \tag{5·19}$$

The Hermitian matrix in round brackets is our α. In the representation (1·3) its form reads

$$2\,\text{imag. co-ord.}\,(EH^*).$$

That the time derivative of its space integral vanishes, can be confirmed directly from (1·1) along the lines followed in (5·17).

Most interesting are the constants of total angular momentum (orbital and spin), which we have not yet been able to compute and which were encumbered by the η_4 dilemma. The operators (3·4), etc., do not serve the purpose, neither without nor with a factor η_4 added. But by forming, for example, the cross-product of the second and third equations (1·8) with y and z and using

$$p_y y - y p_y \equiv -\mathrm{i}, \quad \mathscr{H}_y - y\mathscr{H} \equiv -\mathrm{i}\beta_2,$$

etc., one easily finds

$$\mathscr{H}\cdot(y\beta_3 - z\beta_2)\,\psi = (yp_z - zp_y + \gamma_{23})\,\psi. \tag{5·20}$$

Thus the x-component of total angular momentum is

$$M_{23} = \frac{1}{8\pi}\iiint \langle y\beta_3 - z\beta_2\rangle\,\mathrm{d}x\,\mathrm{d}y\,\mathrm{d}z. \tag{5·21}$$

The three spacial components of the six-vector must obviously be supplemented by three others such as

$$M_{14} = \frac{1}{8\pi}\iiint \langle x - t\beta_1\rangle\,\mathrm{d}x\,\mathrm{d}y\,\mathrm{d}z = \frac{1}{8\pi}\iiint \langle x\rangle\,\mathrm{d}x\,\mathrm{d}y\,\mathrm{d}z - \frac{t}{8\pi}\iiint \langle \beta_1\rangle\,\mathrm{d}x\,\mathrm{d}y\,\mathrm{d}z. \tag{5·22}$$

This is also a constant, namely the product of the energy, (5·11), and the x-co-ordinate of the centre of energy at time zero. To prove the constancy, multiply (2·3) by x and integrate over space. There is no 'trembling motion' of the centre of energy.

Let me return to the remarkable fact that the space integral (5·5), which is of the very same simple build as in Maxwell's theory, has in itself nothing whatever to do with the frequencies, but becomes the mean value of the frequencies, when (5·6) is posited, i.e. when the total charge is normalized. A similar remark holds for the relation between total linear momentum and wave numbers. The well-known relations between the classical quantities and their 'meaning' in quantum mechanics is brought about by the 'quantization' of the charge. This situation is not restricted to the present case, where it is only more conspicuous, because the normalization is more sophisticated.

I submit that it suggests an intimate connexion between two sad lacunae in our understanding of nature. For, on the one hand, I challenge anyone to explain to me, what a portion of energy has to do with a frequency. The fact was discovered by Planck more than half a century ago, an ingenious and immensely fruitful discovery, to which we have got used, but which we do not really understand better than on the first day. On the other hand, there is the quantization of charge, the most accurate and the most universal one, the only case in which we are able to watch quantum-like changes with our own eyes, under Millikan's microscope. But do we understand it, even as well as the elementary masses, which are after all energy parcels? All I suggest is that these two lacunae will probably be filled in simultaneously, at one go.

6. The magnetic moment

In §2 it was suggested that, apart from a constant factor, $\langle\beta_5\rangle$ is the 'magnetic density', because, as we have just proved, its space integral vanishes. Those of $\langle x\beta_5\rangle$, etc., should then be the components of the magnetic moment and should have something to do with the mechanical spin matrices γ_{23}, etc., or perhaps with $\eta_4\gamma_{23}$. We investigate this in our representation (1·3). From the second line (5·17)

$$\begin{aligned}\langle x\beta_5\rangle &= 2\mu^{-1}\,\text{imag. co-ord.}\,(xA^*\,\text{curl}\,A)\\ &= \mu^{-1}\,\text{imag. co-ord.}\,(xA^*\,\text{curl}\,A - xA\,\text{curl}\,A^*)\\ &\approx 2\mu^{-1}\,\text{imag. co-ord.}\,A_zA_y^*, \end{aligned}\tag{6·1}$$

where the last line again means 'equivalent as an integrand'. On the other hand, one finds directly

$$\langle\gamma_{23}\rangle = 2\,\text{imag. co-ord.}\,(E_y^*E_z+H_y^*H_z+A_y^*A_z).\tag{6·2}$$

The unwanted terms can be got rid of by the remark following (3·5). One obtains

$$\iiint\langle x\beta_5\rangle\,dx\,dy\,dz = -\tfrac{1}{2}\mu^{-1}\iiint\langle(\eta_4+\eta_5)\,\gamma_{23}\rangle\,dx\,dy\,dz,\tag{6·3}$$

with two analogous relations. They are, of course, independent of the representation. The connexion between magnetic and mechanic spin is unexpectedly sophisticated.

In the uncoupled case ($\mu = 0$), if the vector-field (A, V) is envisaged by itself (scalar meson of rest-mass zero) there is no β_5 available, indeed, not even β_4. In the five-dimensional representation (scalar meson of rest-mass μ; *not* dealt with in this paper) there is a β_4, but no β_5. It is remarkable that in both these cases the forms $\langle\gamma_{ik}\rangle$, i, $k = 1, 2, 3$, have vanishing space integrals. The forms are of the type indicated in the last line of (6·1); but from the fact that in these cases the A-vector is a gradient, it is easy to see that the space integrals in question vanish.

We are induced to infer, in accordance with general opinion, that the scalar meson has neither a magnetic nor a mechanic spin. However, the inference concerning the latter is not quite as obvious as it might appear at first sight. For owing to the peculiar normalization (5·10) we have seen (cf. the remark after (5·14)) that, anyhow in the case of a constant of the motion, the space integral does *not* yield the mean of the eigenvalues. Though these deductions cannot be directly transferred to an observable that does not commute with the Hamiltonian, it would be preposterous to expect a simple relation in the more complicated case.

My thanks are due to my colleagues, J. L. Synge, F.R.S., and Ernesto Corinaldesi, for extremely illuminating discussions.

References

Bass, L. & Schrödinger, E. 1955 *Proc. Roy. Soc.* A, **232**, 1.
Duffin, R. J. 1938 *Phys. Rev.* **54**, 1114.
Heitler, W. 1943 *Proc. R. Irish Acad.* A, **49**, 1.
Kemmer, N. 1939 *Proc. Roy. Soc.* A, **173**, 91.
Laue, M. von 1952 *Die Relativitätstheorie*, **1**, 5th ed. Braunschweig: F. Vieweg und Sohn.
Pryce, M. H. L. 1948 *Proc. Roy. Soc.* A, **195**, 62.
Schrödinger, E. 1943*a* *Proc. R. Irish Acad.* A, **48**, 135.
Schrödinger, E. 1943*b* *Proc. R. Irish Acad.* A, **49**, 29.
Schrödinger, E. 1955 *Proc. Roy. Soc.* A, **229**, 39 (part I).

PRINTED IN GREAT BRITAIN AT THE UNIVERSITY PRESS, CAMBRIDGE
(BROOKE CRUTCHLEY, UNIVERSITY PRINTER)

Eigenes Exemplar des Verfassers (E.

Reprinted without change of pagination from the
Proceedings of the Royal Society, A, *volume* 232, pp. 1–6, 1955

Must the photon mass be zero?

BY L. BASS AND E. SCHRÖDINGER, FOR.MEM.R.S.
Dublin Institute for Advanced Studies

(*Received* 9 *March* 1955)

The old query concerning longitudinal waves, which already beset the elastic theory of light, has in our day revived in the form expressed in the title. Maxwell's field laws are a singular limiting case in that they admit but transversal waves. If this held only in however close an approximation, some fundamental laws of radiation would seem to be affected by a factor $\frac{3}{2}$, on account of the 'third degree of freedom'. If so, this would render even Maxwell's theory suspect, for we are loath to accept as an adequate description of nature a limiting case whose predictions differ grossly and discontinuously from those reached by a sufficiently close approach to the limit. We show here in the simple, if fictitious, example of an ideal conductor, that by extending Proca's field equations in a plausible fashion to the interior of matter the discontinuity is avoided and the correct factors (not $\frac{3}{2}$ thereof) are already reached with a rest-mass at the upper limit, imposed anyhow by other well-known considerations.

1. THE THIRD DEGREE OF FREEDOM

Electromagnetic waves in a pure vacuum, free of charge and current, are of a highly singular type, a limiting case as it were. This shows up in various ways. The spur of Maxwell's stress-momentum-energy tensor is zero. Plane waves have only two possible states of polarization, not three, as would be expected for a vector wave (e.g. an elastic wave; remember the historical dilemma concerning the 'elastic properties of the ether'). In a plane wave both invariants of the electromagnetic tensor vanish, and this is the reason why it cannot be 'transformed to rest'; if we try, the field gets weaker and weaker and approaches to zero in the limit. In quantum theory the singular behaviour of light has reached the concise formulation: the rest mass of the photon is zero.

Considering the fundamental role of electrodynamics in our physical world-picture, the question seems natural and justified whether we are really faced with this limiting case in full rigour, or perhaps only approximately. A finite rest-mass (to keep to the terms of quantum mechanics) would result in group-velocity decreasing for *long* waves. From the absence of any colour phenomenon in distant eclipsing binaries, de Broglie (1940) estimates that the rest mass could not exceed 10^{-44}g. In this, while the great length of the path is favourable, the visible wavelengths are deplorably short. Going therefore to the other extreme case of a large-scale *static* field, Schrödinger (1943) adduces evidence from the earth's permanent magnetic field. Its minute (and possibly spurious) deviations from Gauss's laws yield about 10^{-47}g for the rest mass m, corresponding to an estimated 30 000 km for the length $h/2\pi mc$, which is the quantity directly deduced from the said small deviations. With a safety margin, we may regard *half* of this, thus 15 000 km, as a *lower* limit (this means that the quantity μ in (2·1) below is certainly smaller than $10^{-9}\,\text{cm}^{-1}$; the corresponding lower limit for the 'Compton wavelength' h/mc is about 100 000 km).

However, these considerations raise a grave intellectual difficulty *in any case*, and the present writers are not aware that it has ever been seriously pondered. It is the following. Unless we are actually faced with Maxwell's limiting case, i.e. unless the said Compton length is truly infinite, or its reciprocal truly zero, a third state of polarization, namely, a longitudinal wave, is possible for any two Maxwellian transversal waves with the same wave normal. The third wave is propagated with the same velocity; it is perfectly respectable, and remains so, however small a value we adopt for the rest mass. There is no reason to withhold from it its full share of energy and momentum when the waves are quantized. Indeed, as we shall see, the state of polarization is not a Lorentz invariant property, a linearly polarized T-wave (as we shall call it) may be transformed into an L-wave and vice versa, though the transformation is rather 'extreme' when the rest mass is small.

If these L-waves contributed to the heating and pressure effects of black-body radiation, we should expect the constant of Stefan's law, the constant in front of Planck's formula, and the measured radiation pressure to be 3/2 times the values we actually find for them. Our actual findings might thus be construed to indicate that we are faced with the limiting case of rest-mass zero.

But this would be a poor and, so we believe, a wrong solution of the dilemma. In a reasonable theory we cannot admit even hypothetically that a certain type of modification of Maxwell's equations, *however small*, would produce the above grossly discontinuous changes. Even if we had it 'from the horse's mouth' that in Nature the limiting case is realized, we should still feel the urge to adumbrate a theory which agrees with experience on *approaching* to the limit, not by a sudden jump *at* the limit.

2. The two wave types

The obvious modification of Maxwell's equations for introducing a finite rest mass is the one due to Proca (for simplicity we omit the arrows over E, H, A):

$$\left.\begin{array}{ll} \operatorname{curl} E + \dot{H} = 0, & \operatorname{curl} H - \dot{E} = -\mu A, \\ \operatorname{div} H = 0, & \operatorname{div} E = -\mu V, \\ \cdots\cdots\cdots\cdots & \cdots\cdots\cdots\cdots \\ \operatorname{curl} A = \mu H, & \operatorname{div} A + \dot{V} = 0, \\ \operatorname{grad} V + \dot{A} = -\mu E. & \end{array}\right\} \qquad (2\cdot1)$$

We have put $c = 1$; μ is properly speaking 2π over the Compton wavelength, but may be called the rest mass, if we take $h = 2\pi$. The set (2·1) is redundant for $\mu \neq 0$. But we do not want it to collapse in this limiting case. We want to think of it as consisting of two sets, the division being indicated by the dotted line, the upper set controlling the six-vector (E, H), the lower the four-vector (A, V), the two fields being very loosely coupled by the μ terms. Apart from the coupling, the former would be strictly Maxwellian, the latter the four-gradient of a scalar D'Alembert potential. Both these descriptions will in general be good approximations, in view of the looseness of the coupling. Therefore, though $(\mu^{-1}A, \mu^{-1}V)$ represent a possible specimen of four-potential for the Maxwellian field, they are on account of the smallness of μ not a very handy one; they would in general contain a tremendously enhanced four-gradient which serves no useful purpose in a four-potential. The latter, of course, may be changed by gauge transformation at will, while the vector field (A, V) may not, since it is a genuine field quantity just like the tensor.

We need not enlarge on the solution theory of (2·1), which is very simple and well known. But we want to have before us a clear picture of the two typical plane-wave solutions. Putting all field components proportional to

$$e^{i(\nu t - \vec{k}\vec{x})} \quad (\nu > 0), \tag{2·2}$$

we have

$$\nu^2 = k^2 + \mu^2, \tag{2·3}$$

which indicates the dispersion. In the following description we use the letters E, A, etc., for the *amplitudes*. A factor i indicates a displacement in phase of $\frac{1}{2}\pi$.

(1) *T-wave.* E, H, $\vec{k}$ are mutually orthogonal in the well-known fashion. $A \parallel E$, $V = 0$. Moreover,

$$E = -i\frac{\nu}{\mu}A, \quad \frac{|H|}{|E|} = \frac{|k|}{\nu} < 1. \tag{2·4}$$

(2) *L-wave.* $E \parallel \vec{k}$, $H = 0$, $A \parallel E$. Moreover,

$$E = -i\frac{\mu}{\nu}A, \quad V = \frac{|k|}{\nu}|A|. \tag{2·5}$$

We first make good our statement about mutual transformability. It rests on the fact that according to (2·3) the four-vector $(\vec{k}, \nu)$ is time-like. Hence its space part $\vec{k}$ can be transformed to zero, so that $\nu = \mu$. If this is done in (2·4), we get $H = 0$; if it is done in (2·5), we get $V = 0$. It will be seen that in both cases we obtain the same very simple type of field, only E and A surviving, remaining parallel, becoming (apart from the phase shift) equal, constant in space, oscillating with the extremely long period $2\pi/\mu$ (at least one-third of a second, according to our estimates). From this 'rest-field', then, either the T-wave (2·4) or the L-wave (2·5) can be obtained by simple Lorentz transformations orthogonal to or parallel to the field vector, respectively. This proves the mutual transformability for infinite plane waves. It ought, however, to be observed that a limited wave packet of either kind would have to have a tremendous width *across* if we wish it to yield a reasonable wave packet of the other kind, i.e. one that comprises at least several wavelengths and not just a fraction of one. This is due to the tremendous flattening by Lorentz contraction. Still, it is true that an arbitrary change of frame does not rigorously preserve the character of a pure T- or L-wave, but in general it generates a slight admixture of the other type, unless the relative velocity of the two frames is parallel to the wave normal.

To appreciate the contrasting features of the two types (2·4) and (2·5), we must observe that the stress-energy-momentum tensor splits cleanly into two parts depending on the tensor and on the vector, respectively. If we deduce from (2·1) the conservation laws in the way familiar from Maxwell's theory, we find, for example for the energy density, the *exact* value

$$\frac{1}{8\pi}(E^2 + H^2 + A^2 + V^2), \tag{2·6}$$

and for the density of linear momentum

$$\frac{1}{4\pi}(E\times H+VA). \tag{2·7}$$

The numerical factors are, of course, taken over from Maxwell. Considering that for our purposes μ/ν is always a very small fraction, it will be seen, that the T-wave resembles very closely an ordinary Maxwellian wave; also energetically, since in (2·6) the A contribution is extremely small, in (2·7) nil, and the ratio of the two field strengths, from (2·4) and (2·3), deviates equally little from unity. The T-wave is very nearly a pure (E, H)-wave. On the other hand, the L-wave (2·5) is very nearly a pure (A, V)-wave, since the trifling longitudinal electric field contributes very little to (2·6) and nil to (2·7).

How are we now to make it plausible that the nearly pure vector waves *even if they were present with comparable intensity in the radiation*, would not contribute to its observable effects?

3. The behaviour of L-waves

We have emphasized that in this theory the vector (A, V) has to be looked upon as a genuine field. How does it interact with matter? Have we, in our thought-experiments, to allow it to be reflected at the 'perfectly conducting' walls of the well-known enclosure? Will it be absorbed and produce heat at the blackened surface of a bolometer or thermopile, or reflected at a surface set up to measure radiation pressure?

We do not make bold and, indeed, it would be absurd, to invent a fully fledged theory of the interaction between matter and our mysterious vector-field. It will suffice to explain that the customary assumptions about 'ideally conducting' material can easily and plausibly be supplemented so as to remove the bugbear of the 'third degree of freedom' from all our theoretical manipulations of the 'hohlraum'. This will at any rate allay the intellectual incongruity pointed out in § 1.

In a perfect conductor there is to be no electric field and therefore no alternating magnetic field, on account of the first equation (2·1). It is true that, in the first Maxwellian set, H must, inside matter, be replaced by the displacement, usually called B. But then it is anyhow the tensor (E, B) that has to be a four-curl. This suggests letting our vector field be controlled by

$$\left.\begin{aligned}\operatorname{curl} A = 0, \quad \operatorname{div} A+\dot{V} = 0,\\ \operatorname{grad} V+\dot{A} = 0,\end{aligned}\right\} \tag{3·1}$$

inside the perfect conductor. In other words, the tensor field vanishes and thus the vector field alone remains, independent and free of coupling. If this seems daring to anyone who is in the habit of calling our vector the four-potential, he must be reminded that as such it would be inefficient since it is a four-gradient.

This leaves in the conductor nothing but L-waves of the type (2·5), simplified by $E = 0$, $\nu = |k|$, phase velocity 1. It is remarkable that they just suffice to satisfy rigorously the most restrictive boundary conditions for any admissible type of wave, incident on a plane boundary from either side; in addition to the customary demand that on the vacuum side E be orthogonal and H be parallel to the boundary, we can obtain *continuity of both A and V*.

We shall not trouble the reader with a detailed account of the computations, which follow exactly the classical pattern of deriving Fresnel's reflexion formulae. The overall results are these. A T-wave, incident from the vacuum, is nearly perfectly reflected, but (*a*) it does lose a small amount of energy to a very weak transmitted L-wave, and (*b*) a further very small amount is lost *qua* T-energy because the reflected wave is not purely T-type, it has an admixture of L-type. An L-wave incident from either side is almost perfectly transmitted, the reflected wave being always very weak; in both cases the wave that proceeds into the vacuum has a very slight T-admixture. *All* energy transfers (due to 'very weak' waves or admixtures) are exceedingly small, namely *quadratic* in μ/ν. This summary description holds in general. There are exceptions; for example, a T-wave whose electric vector is orthogonal to the plane of incidence is totally reflected as a pure T-wave. Also the cases of *extremely* grazing incidence would need special attention, but are, of course, unimportant in our considerations.

4. Conclusions

The conclusion is, that our perfectly reflecting walls do not constitute for the vector field an efficient confinement, calculated to let it approach to a temperature equilibrium, unless there were an enormous output of L-waves somewhere inside the enclosure, and not even then. However, this 'bottling up' of black-body radiation is a theoretician's paradise anyhow. The more realistic and even theoretically preferable demand is: keep the walls at constant temperature and have them sufficiently thick, *so that nothing can escape*. Though 'sufficiently' might mean for the L-waves quite a lot thicker, we are loath to believe that an increase of thickness would really modify well-known fundamental laws. Indeed this cannot be. For the body of the *sun* may be trusted to be a sufficiently thick wall, impregnable to L-waves, thus capable, by Kirchhoff's law, of yielding them abundantly.

Before we try to answer this dilemma (a daring enterprise) we beg to state that we have no predilection and hold no brief for a non-vanishing rest-mass of the photon. Maxwell's set may be exact as far as it goes, then the L-waves are an illusion. But *if* they are not, one is, so we believe, bound to admit that their interaction with matter is very weak, so weak indeed that they have no heating or mechanical effect on small pieces of metal or other material, interposed in their way and calculated either to absorb or to reflect ordinary electromagnetic radiation. This assumption is perhaps not so staggering if we consider the minuteness of the electric field conveyed by the L-waves, according to (2·5). Someone might even be satisfied to brush them aside and give them no further thought merely on the strength of this minuteness. Let him regard our enterprise as no more than an illustration of how that comes about, albeit only in the simplified fictitious example of the ideal conductor.

There is still one point we should like to settle with regard to heat radiation enclosed in a perfectly reflecting cavity. Every constituent T-wave loses at each reflexion a minute fraction, of the order of $(\mu/\nu)^2$, of its intensity. This means a decay of the total T-energy. The loss may be compensated by gains from L-energy. But since the latter is beyond our control, we should like to be satisfied that the decay would be reasonably slow, even when not compensated at all. For this computation we use ordinary c.g.s. units.

Let Ω be the volume of the cavity. The mean path between subsequent reflexions is of order $\Omega^{\frac{1}{3}}$, hence the mean time interval is $\Omega^{\frac{1}{3}}c^{-1}$, and the average number of reflexions per second is $\Omega^{-\frac{1}{3}}c$. The fractional loss per second is therefore of the order of $\Omega^{-\frac{1}{3}}c(\mu/\nu)^2$. It will become appreciable only after a time comparable with

$$t = \Omega^{\frac{1}{3}}c^{-1}(\nu/\mu)^2 \,\text{sec.}$$

The critical fraction (the one that is squared) is the ratio of the Compton wavelength (for which we found at least 10^{10} cm) and the wavelength, for which we take 10^{-4} cm (near infra-red). The square of the ratio is 10^{28}, and therefore, roughly,

$$t > \Omega^{\frac{1}{3}} \times 3 \times 10^{17} \,\text{sec.}$$

Since a year has only $3{\cdot}2 \times 10^7$ sec, we see that for any reasonably sized cavity the decay would be imperceptible for many millions of years.

References

de Broglie, L. 1940 *Le Mecanique Ondulatoire du Photon*, **1**. Paris: Hermann et Cie.

Schrödinger, E. 1943 *Proc. R. Irish. Acad.* A, **49**, 135.

PRINTED IN GREAT BRITAIN AT THE UNIVERSITY PRESS, CAMBRIDGE
(BROOKE CRUTCHLEY, UNIVERSITY PRINTER)

SUPPLEMENTO AL VOLUME IV, SERIE X
DEL NUOVO CIMENTO

N. 2, 1956
2° Semestre

Must the Photon Mass be Zero?

L. BASS and E. SCHRÖDINGER
Dublin Institute for Advanced Studies - Dublin

[Il testo completo di questo lavoro è stato già pubblicato in *Proc. Roy. Soc.*, A **232**, 1 (1955). Qui riportiamo il sommario fornitoci dall'Autore e gli interventi seguiti nella discussione. *N. d. R.*]

Summary. — The hold query concerning longitudinal waves, which already beset the elastic theory of light, has in our day revived in the form expressed in the title. Maxwell's field laws are a singular limiting case in that they admit but transversal waves. If this held only in however close an approximation, some fundamental laws of radiation would seem to be affected by a factor $\frac{3}{2}$, on account of the « third degree of freedom ». If so, this would render even Maxwell's theory suspect, for we are loath to accept as an adequate description of nature a limiting case whose predictions differ grossly and discontinuously from those reached by a sufficiently close approach to the limit. We show here in the simple, if fictitious, example of an ideal conductor, that by extending Proca's field equations in a plausible fashion to the interior of matter the discontinuity is avoided and the correct factors (not $\frac{3}{2}$ thereof) are already reached with a rest-mass at the upper limit, imposed anyhow by other well-known considerations.

INTERVENTI E DISCUSSIONI

— A. J. RUTGERS:

Professor SCHRÖDINGER says that one of the referees of the *Proc. Roy. Soc.* has pointed out that the new theory implies that the sun looses energy at a rate $\frac{3}{2}$ times bigger than assumed at present. This is a favorable circumstance.

The oldest radioactive deposits on earth (Tanganyka and South Rhodesian Shield) have an age of 2700 megayears. The reciprocal value of Hubble's constant ($10^{-17}\,s^{-1}$), which may be taken for the age of the Universe, is $10^{17}\,s = 3000$ megayears.

However the age of the sun, calculated from the hypothesis, that radiation in the past is equal to its present radiation, is 5.7 megayears; this result is based on the latest data (1954) given by EPSTEIN and MOTZ about the helium content of the sun (5.7%); for the present radiation ($2\,ergs\,s^{-1}\,g^{-1}$) of the sun, 1% of the sun's hydrogen is con-erted into helium every 1000 megayears. Now, if the radiation has to be multiplied by a factor $\frac{3}{2}$, the age of the sun has to be multiplied bz. $\frac{2}{3}$, which brings down the age at 3.8 megayears, which is much nearer to the reciprocal value of Hubble's constant.

— E. P. WIGNER:

There is a question which troubles me. It concerns the energy loss of the Sun, due to longitudinal waves and under the assumption of Professor SCHRÖDINGER that the mean free path of those waves in the Sun is much smaller than the diameter of the Sun. Since, on the other hand, the mean free path of the longitudinal waves is much longer than the mean free path of the transversal waves, the energy flux due to the longitudinal waves could be greatly in excess of the energy flux due to transversal waves. This may go so far as to upset the energy balance of the Sun as we believe to know it.

If the statement which I made is correct, there remains at least one way out of the difficulty, even if one assumes that the longitudinal waves do exist. One could assume that the mean free path of the longitudinal waves is larger than the diameter of the Sun. If this is the case, there will be no equilibrium between the Sun's material temperature and the longitudinal waves. Their intensity could correspond to a much lower temperature and the energy flux due to these waves may not be excessive.

— W. PAULI:

Professor PAULI raised the question whether the properties of light waves can be obtained by a continuous transition from the properties of waves associated with particles of very small mass.

— E. P. WIGNER:

As I understand the question, it does not refer to the properties of light waves as visualized in the paper of Professor SCHRÖDINGER but to light waves as they are commonly understood, that is transversal vibrations.

The answer to this question is, in my opinion, no. Since light waves as ordinarily envisaged have no longitudinal component, the processes which correspond to the emission of longitudinal quanta do not exist. In the case of particles with non-zero mass, such as described by Proca's equations, the existence of longitudinal quanta is a consequence of Lorentz invariance. Thus, for instance, we know that a particle with spin 0 cannot decay by emission of a light quantum into another particles with spin 0. The decay is possible under the emission of a Proca particle, that is a particle with non-zero restmass and spin 1. Now Professor SCHRÖDINGER just explained that it is reasonable to assume that the coupling constant for this process, that is the emission of a Proca particle in a transition between two $J=0$ states, decreases as the mass of the Proca particle decreases. If this is true, the probability of the transition between the two $J=0$ states (under the emission of a Proca particle) will decrease as the mass of the Proca particle tends to zero. If this is the case, there is, in a sense, a continuity. Nevertheless, in the way one speaks about selection rules, it is true that the selection rules for the emission of mass zero particles are different from the selection rules for particles with non-zero mass.

— F. CAP:

I want to point out that only an upper limit, but also a lower limit of the photon mass can be given 10^{-65} g calculated from the cosmological constant by myself in a paper published in *Journal de Physique et le Radium*, about 1953.

Anhang
Appendix

NACHWORT UND HINWEISE FÜR DEN BENUTZER

Als Erwin Schrödinger im Jahre 1956 nach Wien zurückkehrte, bezog er als Professor für theoretische Physik der Universität Wien im vierten Stock des Hauses Boltzmanngasse 5 ein Arbeitszimmer, das sich in unmittelbarer Nähe der Zentralbibliothek der physikalischen Institute (heute Zentralbibliothek für Physik in Wien) befand. Er benutzte diese Bibliothek gerne, und es entwickelten sich engere Kontakte als üblich. In dieser Zeit schenkte er der Bibliothek Bücher und Sonderabdrucke jeder Art – viele tragen sein Signum, ein handschriftliches oder gestempeltes S. Seinem Wunsch entsprach es auch, daß sein wissenschaftlicher Nachlaß von der Zentralbibliothek übernommen wurde. Im Jahre 1963, zwei Jahre nach Schrödingers Tod, gelangte tatsächlich ein Großteil dieses Nachlasses an die Bibliothek, nachdem in Kopenhagen wesentlich erscheinende Teilbestände für die Sources for History of Quantum Physics mikroverfilmt worden waren. Eine sofortige Aufschließung war nicht möglich. Erst im Jahre 1981 konnte durch ein Projekt des Jubiläumsfonds der Oesterreichischen Nationalbank mit der systematischen Bearbeitung begonnen werden. In diesem Zusammenhang ergab sich eine intensive Beschäftigung mit dem Werk des vielseitigen Gelehrten.

Die zu Lebzeiten Schrödingers entstandene Sammlung seiner Abhandlungen umfaßte weniger als die Hälfte der nun veröffentlichten Schriften. Ergänzungen wurden an der Bibliothek verlangt, häufiger waren sie für die Bearbeitung des Nachlasses erforderlich; sie erwiesen sich mitunter als zeitraubend und mühevoll.

Viele Separata fanden sich an der Zentralbibliothek für Physik in unbearbeiteten Nachlässen anderer Physiker. Einige Druckwerke konnten noch direkt beim Verlag gekauft werden, andere wurden in Antiquariaten erstanden; einige erhielt die Bibliothek geschenkt. Der 1963 übernommene Nachlaß Schrödingers enthielt wenige seiner gedruckten Abhandlungen; er lieferte jedoch viele wertvolle Hinweise auf bisher bibliographisch nicht erfaßte sowie unveröffentlichte Artikel. Das Erscheinen einiger populärwissenschaftlicher Aufsätze konnte trotz großer Bemühungen nicht nachgewiesen werden. Die Zuordnung eines Aufsatzes, der im Nachlaß in Form von Korrekturbögen ohne Angabe des Zeitschriftentitels und des Erscheinungsdatums aufgefunden wurde [siehe Schriftenverzeichnis: A 210], gelang bisher ebensowenig wie die Ermittlung des Erscheinungsdatums des Aufsatzes *Infinites* in „The Times Review of the Progress of Science“ [A 209]. Gelegentlich wurde ein in nichtwissenschaftlichen Journalen veröffentlichter Beitrag mehr durch Zufall als durch systematisches Suchen gefunden.

Das vorliegende vierbändige Werk enthält Schrödingers Arbeiten aus physikalischen und philosophischen Fachzeitschriften, Kongreßbeiträge, Vorträge und Handbuchartikel sowie Beiträge aus Zeitungen, Wochenblättern und Monatsheften. Auch Vorwörter, soweit sie Bezug auf die Wellenmechanik haben, wurden aufgenommen. Weiters wurden jene wenigen Buchbesprechungen Schrödingers angeführt, die in einem von ihm 1936 erstellten Publikationsverzeichnis enthalten sind. Ebenso findet sich ein Zeitungsinterview aus 1931 [A 88], das Schrödinger für eine Veröffentlichung vorgesehen hatte. Zum ersten Male gedruckt erscheint hier der *Nachtrag* zu der Abhandlung *Die Erfüllbarkeit der Relativitätsforderung in der klassischen Mechanik* [A 45], den Schrödinger nach einem Briefwechsel mit H. Reißner verfaßt hat. Dieser Briefwechsel befindet sich samt der Druckvorlage im Nachlaß des letztgenannten Berliner Physikers. Aus Briefen geht Schrödingers Bestürzung über das unbeabsichtigte Plagiat eindeutig hervor; nicht klar ersichtlich ist, weshalb die Veröffentlichung des Nachtrags letztlich doch unterblieb.

In der vorliegenden Ausgabe scheinen keine der zahlreichen Buchveröffentlichungen auf. Eine Ausnahme wurde bei dem Buch *Abhandlungen zur Wellenmechanik* [B 1.2] gemacht, weil die darin wiederveröffentlichten Zeitschriftenartikel mit einem *Vorwort* und einer *sachlich geordneten Inhaltsangabe* die Intentionen des Autors wiedergeben.

Innerhalb eines Bandes sind die Arbeiten nach Möglichkeit chronologisch geordnet; nur in einigen wenigen Fällen schien eine Umordnung angebracht.

Schrödinger verfaßte seine Artikel in deutscher, englischer, französischer und spanischer Sprache. Bei der Auswahl der Texte wurde in der Regel die Originalfassung bevorzugt. Welch große Bedeutung Schrödinger, der mitunter Übersetzungen selbst ausführte, der Veröffentlichung in der Originalsprache beimaß, zeigte sich bei der Drucklegung seines Beitrages zu „Louis de Broglie, Physicien et Penseur" [A 182]. Er bestand darauf, wie aus Briefen ersichtlich, daß neben der französischen Übersetzung auch seine englische Originalfassung abgedruckt wurde, und zwar auf gegenüberliegenden Seiten!

Als Druckvorlagen dienten meist Sonderdrucke, Belegexemplare, jedoch auch Korrekturabzüge; in manchen Fällen war eine Umgestaltung des Textbildes notwendig. Standen mehrere Separata derselben Abhandlung zur Auswahl, so wurde für die photomechanische Reproduktion eines aus Schrödingers Besitz herangezogen. Manche dieser Sonderdrucke enthalten handschriftliche Aufzeichnungen, stenographische Bemerkungen, Korrekturen, Numerierungen oder Kritzeleien, die durchwegs **alle** von Schrödinger stammen und in dieser Ausgabe erstmals wiedergegeben sind.

Gabriele Kerber
Wolfgang Kerber

SCHRIFTENVERZEICHNIS

Schrödingers Publikationen werden in zwei getrennten Teilen angeführt. Teil A enthält Abhandlungen jeder Art. Teil B enthält seine selbständigen Buchveröffentlichungen: auf die übliche bibliographische Beschreibung der Originalfassung folgt das Inhaltsverzeichnis. Übersetzungen sind in chronologischer Reihenfolge nach dem „index translationum" aufgenommen.

Bemerkungen und Erläuterungen der Bearbeiter sind in eckige Klammern [ ] gesetzt. Nummern weisen auf weitere Veröffentlichungen desselben Artikels hin, z. B. [A 110, B 16.1] bedeutet: Schriftenverzeichnis Teil A, Nummer 110 und Teil B Nummer 16.1. Ist eine Veröffentlichung in den „Gesammelten Abhandlungen" enthalten, so sind Band und Seite am rechten Rand des Schriftenverzeichnisses vermerkt.

A. Abhandlungen

1910

1 *Über die Leitung der Elektrizität auf der Oberfläche von Isolatoren an feuchter Luft* 2/ 3
Sitzungsberichte der kaiserlichen Akademie der Wissenschaften in Wien. Mathematisch-naturwissenschaftliche Klasse, Abteilung 2 a, **119**, (1910), 1215–1222

1912

2 *Zur kinetischen Theorie des Magnetismus (Einfluß der Leitungselektronen)* 1/ 3
Sitzungsberichte der kaiserlichen Akademie der Wissenschaften in Wien. Mathematisch-naturwissenschaftliche Klasse, Abteilung 2 a, **121**, (1912), 1305–1328

3 *Studien über Kinetik der Dielektrika, den Schmelzpunkt, Pyro- und Piezoelektrizität* 1/ 27
Sitzungsberichte der kaiserlichen Akademie der Wissenschaften in Wien. Mathematisch-naturwissenschaftliche Klasse, Abteilung 2 a, **121**, (1912), 1937–1972

4 *Über die Höhenverteilung der durchdringenden atmosphärischen Strahlung (Theorie)* 1/ 63
Sitzungsberichte der kaiserlichen Akademie der Wissenschaften in Wien. Mathematisch-naturwissenschaftliche Klasse, Abteilung 2 a, **121**, (1912), 2391–2406

1913

5 *Notiz über die Theorie der anomalen elektrischen Dispersion* 2/ 11
Verhandlungen der Deutschen Physikalischen Gesellschaft, **15**, (1913), 1167–1172

6 *Radium-A-Gehalt der Atmosphäre in Seeham 1913* 1/ 79
Sitzungsberichte der kaiserlichen Akademie der Wissenschaften in Wien. Mathematisch-naturwissenschaftliche Klasse, Abteilung 2 a, **122**, (1913), 2023–2067

1914

7 *Über die Schärfe der mit Röntgenstrahlen erzeugten Interferenzbilder* 2/ 17
Physikalische Zeitschrift, **15**, (1914), 79–86

8 *Zur Dynamik elastisch gekoppelter Punktsysteme* 1/124
Annalen der Physik, (4), **44**, (1914), 916–934

9 *Zur Theorie des Debyeeffekts* 2/ 25
Physikalische Zeitschrift, **15**, (1914), 497–503

10 *Über die weiche (β) Sekundärstrahlung von γ-Strahlen* (mit K. W. F. Kohlrausch) 2/ 32
Sitzungsberichte der kaiserlichen Akademie der Wissenschaften in Wien. Mathematisch-naturwissenschaftliche Klasse, Abteilung 2 a, **123**, (1914), 1319–1367

11 *Zur Dynamik der elastischen Punktreihe* 1/143
Sitzungsberichte der kaiserlichen Akademie der Wissenschaften in Wien. Mathematisch-naturwissenschaftliche Klasse, Abteilung 2 a, **123**, (1914), 1679–1696

12 *Dielektrizität* 2/ 81
Handbuch der Elektrizität und des Magnetismus, I, [1914], 157–231, Leipzig: Barth. 1918.

1915

13 *Notiz über den Kapillardruck in Gasblasen* 1/161
Annalen der Physik, (4), **46**, (1915), 413–418

14 *Zur Theorie der Fall- und Steigversuche an Teilchen mit Brownscher Bewegung* 1/167
Physikalische Zeitschrift, **16**, (1915), 289–295

1917

15 *Die Ergebnisse der neueren Forschung über Atom- und Molekularwärmen* 1/174
Die Naturwissenschaften, **5**, (1917), 537–543

16 *Die Ergebnisse der neueren Forschung über Atom- und Molekularwärmen (Schluß)* 1/181
Die Naturwissenschaften, **5**, (1917), 561–567

17 *Zur Akustik der Atmosphäre* 4/ 3
Physikalische Zeitschrift, **18**, (1917), 445–453; Nachtrag, 567

1918

18 *Die Energiekomponenten des Gravitationsfeldes* 2/156
Physikalische Zeitschrift, **19**, (1918), 4–7

19 *Über ein Lösungssystem der allgemein kovarianten Gravitationsgleichungen* 2/160
Physikalische Zeitschrift, **19**, (1918), 20–22

20 *Über ein in der experimentellen Radiumforschung auftretendes Problem der statistischen Dynamik* 1/188
Sitzungsberichte der kaiserlichen Akademie der Wissenschaften in Wien. Mathematisch-naturwissenschaftliche Klasse, Abteilung 2 a, **127**, (1918), 237–262

21 *Notiz über die Ordnung in Zufallsreihen* 1/214
Physikalische Zeitschrift, **19**, (1918), 218–220

1919

22 *Wahrscheinlichkeitstheoretische Studien, betreffend Schweidler'sche Schwankungen, besonders die Theorie der Meßanordnung* 1/216
Sitzungsberichte der Akademie der Wissenschaften in Wien. Mathematisch-naturwissenschaftliche Klasse, Abteilung 2 a, **128**, (1919), 177–237

23 *Der Energieinhalt der Festkörper im Lichte der neueren Forschung* 1/277
Physikalische Zeitschrift, **20**, (1919), 420–428; 450–455; 474–480; 497–503; 523–526

24 *Über die Kohärenz in weitgeöffneten Bündeln* 2/163
Annalen der Physik, (4), **61**, (1919), 69–86

1920

25 *Theorie der Pigmente von größter Leuchtkraft* 4/ 13
Annalen der Physik, (4), **62**, (1920), 603–622

26 *Grundlinien einer Theorie der Farbenmetrik im Tagessehen* 4/ 33
Annalen der Physik, (4), **63**, (1920), 397–426; 427–456; 481–520

27 *Farbenmetrik* 4/133
Zeitschrift für Physik, **1**, (1920), 459–466

1921

28 *Versuch zur modellmäßigen Deutung des Terms der scharfen Nebenserien* 3/ 3
Zeitschrift für Physik, **4**, (1921), 347–354

29 *Isotopie und Gibbssches Paradoxon* 1/308
Zeitschrift für Physik, **5**, (1921), 163–166

1922

30 *Dopplerprinzip und Bohrsche Frequenzbedingung* 3/ 11
Physikalische Zeitschrift, **23**, (1922), 301–303

31 *Über die spezifische Wärme fester Körper bei hoher Temperatur und über die Quantelung von Schwingungen endlicher Amplitude* 1/312
Zeitschrift für Physik, **11**, (1922), 170–176

32 *Über eine bemerkenswerte Eigenschaft der Quantenbahnen eines einzelnen Elektrons* 3/ 14
Zeitschrift für Physik, **12**, (1922), 13–23

1923

33 *Ton und Farbe* 4/141
Neue Zürcher Zeitung, 3. Februar, (1923)

1924

34 *Gasentartung und freie Weglänge* 1/319
Physikalische Zeitschrift, **25**, (1924), 41–45

35 *Kann man Atome photographieren?* 3/ 25
Neue Zürcher Zeitung, 7. Februar, (1924)

36 *Über das thermische Gleichgewicht zwischen Licht- und Schallstrahlen* 1/324
Physikalische Zeitschrift, **25**, (1924), 89–94

37 *Bemerkung zu zwei Arbeiten des Herrn Elemér Császár über Strahlungstheorie und spezifische Wärmen* 1/330
Zeitschrift für Physik, **25**, (1924), 173–174

38 *Bohrs neue Strahlungshypothese und der Energiesatz* 3/ 26
Die Naturwissenschaften, **12**, (1924), 720–724

39 *Einiges über die Sterne* 4/143
Neue Zürcher Zeitung, 28., 29., 30. Oktober, (1924)

40 *Über den Ursprung der Empfindlichkeitskurven des Auges* 4/148
Die Naturwissenschaften, **12**, (1924), 925–929

41 *Über die Rotationswärme des Wasserstoffs* 1/332
Zeitschrift für Physik, **30**, (1924), 341–349

1925

42 *Über Farbenmessung* 4/153
Physikalische Zeitschrift, **26**, (1925), 349–352

43 *Die wasserstoffähnlichen Spektren vom Standpunkte der Polarisierbarkeit des Atomrumpfes* 3/ 31
Annalen der Physik, (4), **77**, (1925), 43–70

44 *Über die subjektiven Sternfarben und die Qualität der Dämmerungsempfindung* 4/157
Die Naturwissenschaften, **13**, (1925), 373–376

45 *Die Erfüllbarkeit der Relativitätsforderung in der klassischen Mechanik* 2/181
Annalen der Physik, (4), **77**, (1925), 325–336

46 *Otto Lummer †* 4/161
Neue Zürcher Zeitung, 23. Juli, (1925)

47 *Bemerkungen über die statistische Entropiedefinition beim idealen Gas* 1/341
Sitzungsberichte der Preußischen Akademie der Wissenschaften. Physikalisch-mathematische Klasse, (1925), 434–441

48 *Michelsonscher Versuch und Relativitätstheorie* 2/193
Neue Zürcher Zeitung, 10. September, (1925)

49 *Über das Verhältnis der Vierfarben- zur Dreifarbentheorie* 4/163
Sitzungsberichte der Akademie der Wissenschaften in Wien. Mathematisch-naturwissenschaftliche Klasse, Abteilung 2a, **134**, (1925), 471–490

1926

50 *Zur Einsteinschen Gastheorie* 1/358
Physikalische Zeitschrift, **27**, (1926), 95–101

51 *Die Energiestufen des idealen einatomigen Gasmodells* 3/ 59
Sitzungsberichte der Preußischen Akademie der Wissenschaften. Physikalisch-mathematische Klasse, (1926), 23–36

52 *Quantisierung als Eigenwertproblem (Erste Mitteilung)* 3/ 82
Annalen der Physik, (4), **79**, (1926), 361–376 [B 1.1]

53 *Quantisierung als Eigenwertproblem (Zweite Mitteilung)* 3/ 98
Annalen der Physik, (4), **79**, (1926), 489–527 [B 1.1]

54 *Das Ehrenfestsche Modell der* H-*Kurve* (mit K. W. F. Kohlrausch) 1/349
Physikalische Zeitschrift, **27**, (1926), 306–313

55 *Über das Verhältnis der Heisenberg-Born-Jordanschen Quantenmechanik zu der meinen* 3/143
Annalen der Physik, (4), **79**, (1926), 734–756 [B 1.1]

56 *Quantisierung als Eigenwertproblem (Dritte Mitteilung: Störungstheorie, mit Anwendung auf den Starkeffekt der Balmerlinien)* 3/166
Annalen der Physik, (4), **80**, (1926), 437–490 [B 1.1]

57 *Quantisierung als Eigenwertproblem (Vierte Mitteilung)* 3/220
Annalen der Physik, (4), **81**, (1926), 109–139 [B 1.1]

58 *Der stetige Übergang von der Mikro- zur Makromechanik* 3/137
Die Naturwissenschaften, **14**, (1926), 664–666 [B 1.1]

59 *An Undulatory Theory of the Mechanics of Atoms and Molecules* 3/280
The Physical Review, **28**, (1926), 1049–1070

60 *Spezifische Wärme (theoretischer Teil)* 1/365
Handbuch der Physik, **10**, 275–320, Berlin: Springer. 1926.

61 *Die Gesichtsempfindungen* 4/183
Müller-Pouillets Lehrbuch der Physik 2/1, 11. Auflage, 456–560, Braunschweig: Vieweg. 1926.

1927

62 *Über den Comptoneffekt* 3/251
Annalen der Physik, (4), **82**, (1927), 257–264 [B 1.2]

63 *Der Energieimpulssatz der Materiewellen* 3/259
Annalen der Physik, (4), **82**, (1927), 265–272 [B 1.2]

64 *Energieaustausch nach der Wellenmechanik* 3/267
Annalen der Physik, (4), **83**, (1927), 956–968 [B 1.2]

1928

65 *Neue Wege in der Physik*
Elektrische Nachrichtentechnik, **5**, (1928), 485–488 [A 68]

66 *La mécanique des ondes* 3/302
Électrons et Photons. Rapports et Discussions du Cinquième conseil de Physique, 185–213, Paris: Gauthier-Villars. 1928.

1929

67 *Der erkenntnistheoretische Wert physikalischer Modellvorstellungen* 4/288
Jahresbericht des Physikalischen Vereins zu Frankfurt am Main 1928/29, (1929), 44–51, Englisch: Conceptual Models in Physics and their Philosophical Value [B 4.1, B 4.2, B 13.1]

68 *Neue Wege in der Physik* 3/324
Elektrotechnische Zeitschrift, **50**, (1929), 15–16 [A 65]

69 *Was ist ein Naturgesetz?* 4/295
Die Naturwissenschaften, **17**, (1929), 9–11 [B 16.1], Englisch: What is ą Law of Nature? [B 4.1, B 4.2, B 13.1]

70 *Die Erfassung der Quantengesetze durch kontinuierliche Funktionen* 3/326
Die Naturwissenschaften, **17**, (1929), 486–489

71 *Einstein explained* 4/298
World's Work, (1929), 52–55; 146

72 *Antrittsrede des Hrn. Schrödinger* 4/303
Sitzungsberichte der Preußischen Akademie der Wissenschaften. Physikalisch-mathematische Klasse, (1929), C–CII [A 75]

73 *Adresse an Hrn. Max Planck zum fünfzigjährigen Doktorjubiläum am 28. Juni 1929* [ungezeichnet] 4/308
Sitzungsberichte der Preußischen Akademie der Wissenschaften. Physikalisch-mathematische Klasse, (1929), 341–342

74 *The Nature of the Physical World* [Referat] 4/310
Die Naturwissenschaften, **17**, (1929), 694

75 *Antrittsrede des Hrn. Schrödinger*
Die Naturwissenschaften, **17**, (1929), 723–733 [gekürzte Fassung von A 72]

76 *Das Rätsel des Lichts* 4/311
Die Koralle, **5**, (1929), 294–298

77 *Das Gesetz der Zufälle. Der Kampf um Ursache und Wirkung in den modernen Naturwissenschaften* 4/316
Die Koralle, **5**, (1929), 417–418, Englisch: The Law of Chance: The Problem of Causation in Modern Science [B 4.1, B 4.2, B 13.1]

78 *Verwaschene Eigenwertspektra* 3/330
Sitzungsberichte der Preußischen Akademie der Wissenschaften. Physikalisch-mathematische Klasse, (1929), 668–682

79 *Vorwort* 3/346
Elementare Einführung in die Wellenmechanik von K. K. Darrow, III–IV, Leipzig: Hirzel. 1929.

1930

80 *Das gehetzte Licht* 4/318
Uhu (Das neue Ullstein-Magazin), **6**, (1930), 106–112

81 *Was ist eigentlich Elektrizität?* 4/321
Die Koralle, **6**, (1930), 110–112

82 *Zum Heisenbergschen Unschärfeprinzip* 3/348
Sitzungsberichte der Preußischen Akademie der Wissenschaften. Physikalisch-mathematische Klasse, (1930), 296–303

83 *Über die kräftefreie Bewegung in der relativistischen Quantenmechanik* 3/357
Sitzungsberichte der Preußischen Akademie der Wissenschaften. Physikalisch-mathematische Klasse, (1930), 418–428

84 *Wissenschaft-Kunst-Spiel* 4/324
Die Koralle, **6**, (1930), 404; 410; 425–426, Englisch: Science as Culture [A 87], Englisch: Science, Art and Play [A 113, B 4.1, B 4.2, B 13.1, A 88]

85 *Verabsäumte Pflichten* 4/329
Reclams Universum, **47**, 24. Dezember, (1930), 263

86 *Naturwissenschaft und Ethik* 4/330
Vossische Zeitung, 25. Dezember, (1930)

1931

87 *Science as Culture*
The International Forum, 1. Januar, (1931), 10–11 [A 84]

88 *Interviews with great scientists. Prof. Schrödinger* 4/332
The Observer, 11. Januar, (1931), 15–16 [A 84]

89 *Zur Quantendynamik des Elektrons* 3/369
Sitzungsberichte der Preußischen Akademie der Wissenschaften. Physikalisch-mathematische Klasse, (1931), 63–72

90 *Über die Umkehrung der Naturgesetze* 1/412
Sitzungsberichte der Preußischen Akademie der Wissenschaften. Physikalisch-mathematische Klasse, (1931), 144–153

91 *Spezielle Relativitätstheorie und Quantenmechanik* 3/380
Sitzungsberichte der Preußischen Akademie der Wissenschaften. Physikalisch-mathematische Klasse, (1931), 238–247

92 *Bemerkung zu der Arbeit des Herrn V. Fock: „Die inneren Freiheitsgrade des Elektrons"* 3/391
Zeitschrift für Physik, **70**, (1931), 808–810

1932

93 *Sur la théorie relativiste de l'électron et l'interprétation de la mécanique quantique* 3/394
Annales de l'Institut Henri Poincaré, **2**, (1932), 269–310

94 *Anmerkungen zum Kausalproblem* 4/335
Erkenntnis (zugleich Annalen der Philosophie), **3**, (1932), 65–70

95 *Diracsches Elektron im Schwerefeld I* 3/436
Sitzungsberichte der Preußischen Akademie der Wissenschaften. Physikalisch-mathematische Klasse, (1932), 105–128

96 *Über das Verhalten des Starkeffekts bei plötzlichen Feldänderungen* 3/461
(Experimenteller Teil von H. Rausch von Traubenberg und R. Gebauer; theoretischer Teil von E. Schrödinger)
Zeitschrift für Physik, **78**, (1932), 309–317

1933

97 *L'électron de Dirac dans la theorie de la relativité générale* 3/470
Comptes Rendus du Congrès International d'Électricité Paris 1932 (Première Section), 581–591, Paris: Gauthier-Villars. 1933.

98 *Über den zweiten Hauptsatz der Thermodynamik* 1/423
Sitzungsberichte der Preußischen Akademie der Wissenschaften. Physikalisch-mathematische Klasse, (1933), 165

99 *Warum sind die Atome so klein?* 4/341
Forschungen und Fortschritte, **9**, (1933), 125–126

1934

100 *Über die Unanwendbarkeit der Geometrie im Kleinen* 4/342
Die Naturwissenschaften, **22**, (1934), 518–520

101 *Der Grundgedanke der Wellenmechanik*
Die moderne Atomtheorie; die bei der Entgegennahme des Nobelpreises 1933 in Stockholm gehaltenen Vorträge, 19–36, Leipzig: Hirzel. 1934. [A 110, B 16.1], Englisch: The Fundamental Idea of Wave Mechanics [B 4.1, B 4.2, B 13.1]

1935

102 *The Absolute Field Constant in the New Field Theory* (mit M. Born) 2/195
Nature, **135**, (1935), 342

103 *Contributions to Born's New Theory of the Electromagnetic Field* 2/196
Proceedings of the Royal Society of London, A, **150**, (1935), 465–477

104 *Quelques remarques au sujet des bases de la connaissance scientifique* 4/345
Scientia, Revue internationale de synthèse scientifique, **57**, (1935), 181–191

105 *Equality and Relativity of Freedom*
The Listener, 5. June, (1935), 952–953, Deutsch: Gleichheit und Relativität der Freiheit [A 210]

106 *¿Son lineales las verdaderas ecuaciones del campo electromagnético?* 2/209
Anales de la Sociedad Española de Fisica y Quimica, **33**, (1935), 511–517

107 *Discussion of probability relations between separated systems* 1/424
Proceedings of the Cambridge Philosophical Society, **31**, (1935), 555–563

108 *Die gegenwärtige Situation in der Quantenmechanik* 3/484
Die Naturwissenschaften, **23**, (1935), 807–812; 823–828; 844–849

109 *La nueva mecánica ondulatoria* 3/502
Cursos de la Universidad Internacional de Verano en Santander, **1**, 1-73, Madrid: Signo. 1935.

110 *Der Grundgedanke der Wellenmechanik* 3/569
Les Prix Nobel en 1933, 1–13, Stockholm: Norstedt & Soener. 1935. [A 101]

111 *Trinkspruch* 4/359
Les Prix Nobel en 1933, 79–81, Stockholm: Norstedt & Soener. 1935.

112 *Erwin Schrödinger* [Autobiographische Skizze] 4/361
Les Prix Nobel en 1933, 86–88, Stockholm: Norstedt & Soener. 1935.

113 *Science, Art and Play*
The Philosopher (London), **13**, (1935), 11–18 [A 84]

1936

114 *Probability relations between separated systems* 1/433
Proceedings of the Cambridge Philosophical Society, **32**, (1936), 446–452

115 *Phenomenological Theory of Supra-conductivity* 2/216
Nature, **137**, (1936), 824

116 *Indeterminism and Free Will* 4/364
Nature, **138**, (1936), 13–14

1937

117 *World Structure* 4/366
Nature, **140**, (1937), 742–744

1938

118 *Eigenschwingungen des sphärischen Raumes* 2/227
Commentationes Pontificiae Academiae Scientiarum, **2**, (1938), 321–364

119 *Sur la théorie du monde d'Eddington* 2/218
Il Nuovo Cimento, (N. S.), **15**, (1938), 246–254

120 *Die Mehrdeutigkeit der Wellenfunktion* 3/583
Annalen der Physik, (5), **32**, (1938), 49–55

121 *Mean Free Path of Protons in the Universe* 2/217
Nature, **141**, (1938), 410

1939

122 *Nature of the Nebular Red-Shift* 2/271
Nature, **144**, (1939), 593

123 *The proper vibrations of the expanding universe* 2/272
Physica, **6**, (1939), 899–912

1940

124 *A Method of Determining Quantum-Mechanical Eigenvalues and Eigenfunctions* 3/590
Proceedings of the Royal Irish Academy, **46 A**, (1940), 9–16

125 *Maxwell's and Dirac's Equations in the Expanding Universe* 3/598
Proceedings of the Royal Irish Academy, **46 A,** (1940), 25–47

126 *Boolean Algebra and Probability Theory* (mit T. S. Bróderick) 1/440
Proceedings of the Royal Irish Academy, **46 A**, (1940), 103–112

127 *The General Theory of Relativity and Wave Mechanics*
Wis-en natuurkundig Tijdschrift, **10**, (1940), 2–9 [A 183]

1941

128 *Prof. Richard Bär* [Nachruf] 4/369
Nature, **147**, (1941), 536

129 *Further Studies on Solving Eigenvalue Problems by Factorization* 3/621
Proceedings of the Royal Irish Academy, **46 A**, (1941), 183–206

130 *On the Solutions of Wave Equations for Non-Vanishing Rest-Mass Including a Source-Function* 2/286
Proceedings of the Royal Irish Academy, **47 A**, (1941), 1–23

131 *Exchange and Spin; with a Note by James Hamilton, Scholar of the Institute* 3/645
Proceedings of the Royal Irish Academy, **47 A**, (1941), 39–52

132 *The Factorization of the Hypergeometric Equation* 3/659
Proceedings of the Royal Irish Academy, **47 A**, (1941), 53–54

133 *La structure de l'Univers en relation avec la structure corpusculaire* 4/370
Bulletin de la Société Philomathique de Paris, **123**, (1941), 26–30

1942

134 *Non-linear Optics* 2/309
Proceedings of the Royal Irish Academy, **47 A**, (1942), 77–117

135 *Dynamics and Scattering-power of Born's Electron* 2/350
Proceedings of the Royal Irish Academy, **48 A**, (1942), 91–122

1943

136 *Pentads, Tetrads, and Triads of Meson-Matrices* 3/661
Proceedings of the Royal Irish Academy, **48 A**, (1943), 135–146

137 *Systematics of Meson-Matrices* 3/673
Proceedings of the Royal Irish Academy, **49 A**, (1943), 29–42

138 *The General Unitary Theory of the Physical Fields* 2/382
Proceedings of the Royal Irish Academy, **49 A**, (1943), 43–58

139 *A new Exact Solution in Non-Linear Optics (Two-Wave-System)* 2/398
Proceedings of the Royal Irish Academy, **49 A**, (1943), 59–66

140 *The Earth's and the Sun's Permanent Magnetic Fields in the Unitary Field Theory* 2/406
Proceedings of the Royal Irish Academy, **49 A**, (1943), 135–148

1944

141 *The Point Charge in the Unitary Field Theory* 2/420
Proceedings of the Royal Irish Academy, **49 A**, (1944), 225–235

142 *Unitary Field Theory: Conservation Identities and Relation to Weyl and Eddington* 2/431
Proceedings of the Royal Irish Academy, **49 A**, (1944), 237–244

143 *The Shielding Effect of Planetary Magnetic Fields* (mit J. McConnell) 2/439
Proceedings of the Royal Irish Academy, **49 A**, (1944), 259–273

144 *The Union of the three Fundamental Fields (Gravitation, Meson, Electromagnetism)* 2/454
Proceedings of the Royal Irish Academy, **49 A**, (1944), 275–287

145 *The Affine Connexion in Physical Field Theories* 2/467
Nature, **153**, (1944), 572–575

146 *Rate of n-fold Accidental Coincidences* 1/450
Nature, **153**, (1944), 592–593

147 *The Statistical Law in Nature* 1/451
Nature, **153**, (1944), 704–705

1945

148 *On Distant Affine Connection* 2/477
Proceedings of the Royal Irish Academy, **50 A**, (1945), 143–154

149 *Infinitesimal Affine Connections with Twofold Einstein-Bargmann Symmetry* (mit F. Mautner) 2/489
Proceedings of the Royal Irish Academy, **50 A**, (1945), 223–231

150 *Probability Problems in Nuclear Chemistry* 1/455
Proceedings of the Royal Irish Academy, **51 A**, (1945), 1–8

151 *Österreichische Wissenschaft* 4/375
Kulturelle Schriftenreihe des FAM (Free Austrian Movement), London, (1945), 1–3 [A 152], Englisch: Austrian Science [A 211]

152 *Österreichische Wissenschaft*
Austro American Tribune, **4**, (1945), 7 [A 151]

1946

153 *The General Affine Field Laws* 2/498
Proceedings of the Royal Irish Academy, **51 A**, (1946), 41–50

154 *Affine Feldtheorie und Meson* 2/508
Verhandlungen der Schweizerischen Naturforschenden Gesellschaft, **126**, (1946), 53–61

1947

155 *The Foundation of the Theory of Probability – I* 1/463
Proceedings of the Royal Irish Academy, **51 A**, (1947), 51–66

156 *The foundation of the Theory of Probability – II* 1/479
Proceedings of the Royal Irish Academy, **51 A**, (1947), 141–146

157 *The relation between Metric and Affinity* 2/517
Proceedings of the Royal Irish Academy, **51 A**, (1947), 147–150

158 *The Final Affine Field Laws I* 2/521
Proceedings of the Royal Irish Academy, **51 A**, (1947), 163–171

159 *Der Geist der Naturwissenschaft* 4/379
Eranos-Jahrbuch 1946, **14**, 491–520, Zürich: Rhein. 1947. [A 207], Englisch: The Spirit of Science [A 189, B 12]

1948

160 *2400 Jahre Quantentheorie* 3/687
Annalen der Physik, (6), **3**, (1948), 43–48, Ungarisch: A 2400 éves kvantumelmélet [A 204]

161 *Die Besonderheit des Weltbilds der Naturwissenschaft* 4/409
Acta Physica Austriaca, **1**, (1948), 201–245 [B 16.1], Englisch: On the Peculiarity of the Scientific World-View [B 12]

162 *The Final Affine Field Laws II* 2/530
Proceedings of the Royal Irish Academy, **51 A**, (1948), 205–216

163 *The Final Affine Field Laws III* 2/542
Proceedings of the Royal Irish Academy, **52 A**, (1948), 1–9

164 *Theoretiker und Praktiker* 4/454
Die Furche, 27. März, (1948)

1950

165 *What is an elementary particle?* 4/456
Endeavour, **9**, (1950), 109–116 [A 174, B 13.1], Deutsch: Was ist ein Elementarteilchen? Endeavour, **9**, (1950), 109–118 [A 173, B 16.1], Polnisch: Co to jest cząstka elementarna? [A 203]

166 *Irreversibility* 1/485
Proceedings of the Royal Irish Academy, **53 A**, (1950), 189–195

167 *The Future of Understanding – Die Zukunft des Weltverstehens* 4/464
Three BBC Talks on September 16, 23, 30, (1950) [B 12, B 14.1, B 14.3]

1951

168 *Studies in the Non-Symmetric Generalization of the Theory of Gravitation I* 2/551
Communications of the Dublin Institute for Advanced Studies, Series A, **6,** (1951), 28 S.

169 *On the Differential Identities of an Affinity* 2/580
Proceedings of the Royal Irish Academy, **51 A**, (1951), 79–85

170 *The Point-Charge in the Non-symmetric Field Theory* (mit A. Papapetrou) 2/587
Nature, **168**, (1951), 40–41

171 *Studies in the Generalized Theory of Gravitation II: The Velocity of Light* (mit O. Hittmair) 2/588
Communications of the Dublin Institute for Advanced Studies, Series A, **8**, (1951), 15 S.

172 *A Combinatorial Problem in Counting Cosmic Rays* 1/493
The Proceedings of the Physical Society, Section A, **64**, (1951), 1040–1041

173 *Was ist ein Elementarteilchen?*
Die Pyramide, (1951), 2–4; 24–25; 44–46 [A 165]

174 *What is an elementary particle?*
The Smithsonian Institution's Annual Report, 183–196 [A 165], Washington: U.S. Government Printing Office. 1951.

1952

175 *Dirac's New Electrodynamics* 2/604
Nature, **169**, (1952), 538

176 *Are There Quantum Jumps? Part I* 4/478
The British Journal for the Philosophy of Science, **3**, (1952), 109–123 [B 12]

177 *Are There Quantum Jumps? Part II* 4/493
The British Journal for the Philosophy of Science, **3**, (1952), 233–242 [B 12]

178 *Relativistic Fourier Reciprocity and the Elementary Masses* 2/605
Proceedings of the Royal Irish Academy, **55 A**, (1952), 29–50

1953

179 *L'image actuelle de la matière (Sommaire) – Unsere Vorstellung von der Materie* 4/503
L'homme devant la science, Texte des conférences et des entretiens organisés par les rencontres internationales de Genève 1952, 31–54, Neuchâtel: Baconnière. 1953. Deutsch: Unsere Vorstellung von der Materie [A 180, A 187, B 16.1], Englisch: Our Conception of Matter [B 12], What Is Matter? [A 181, A 208], Our Image of Matter [A 205], Italienisch: L'immagine attuale della materia [A 202]

180 *Unsere Vorstellung von der Materie*
Merkur, **7**, (1953), 131–145 [A 179, mit einer Vorbemerkung der Herausgeber]

181 *What Is Matter?* 4/527
Scientific American, **189**, (1953), 52–57 [gekürzte Fassung von „Our Conception of Matter"; A 179]

182 *The Meaning of Wave Mechanics – La signification de la mécanique ondulatoire* 3/693
Louis de Broglie, Physicien et Penseur, 16–32, Paris: Michel. 1953. Deutsch: Die Bedeutung der Wellenmechanik, Louis de Broglie und die Physiker, 18–25, Hamburg: Claassen. 1955.

183 *The General Theory of Relativity and Wave Mechanics* 3/711
Scientific Papers Presented to Max Born, 65–74, Edinburgh: Oliver & Boyd. 1953. [A 127]

1954

184 *Electric Charge and Current engendered by combined Maxwell-Einstein-Fields* 2/627
Proceedings of the Royal Irish Academy, **56 A**, (1954), 13–21

185 *Relativistic Quantum Theory* 3/721
The British Journal for the Philosophy of Science, **4**, (1954), 328–329 [Auszug aus einem privaten Brief]

186 *Measurement of Length and Angle in Quantum Mechanics* 3/723
Nature, **173**, (1954), 442

187 *Unsere Vorstellung von der Materie*
Naturwissenschaftliche Rundschau, **7**, (1954), 277–282, [gekürzte Fassung von A 179]

188 *Orientierung im Weltall; Erdalter und Weltalter; Die Kohlenstoff-Uhr; Raum und Zeit* 4/533
Orientierung im Weltall, 7–31, Zürich: Fontana. 1954. (Das Internationale Forum. Berichte und Stellungnahmen. 3)

189 *The Spirit of Science*
Spirit and Nature, Papers from the Eranos Yearbooks, 322–341, New York: Pantheon Books. 1954. [A 159]

1955

190 *The Philosophy of Experiment* 4/558
Il Nuovo Cimento, (10), **1**, (1955), 5–15

191 *A Thermodynamic Relation between Frequency-Shift and Broadening* 1/495
Il Nuovo Cimento, (10), **1**, (1955), 63–69

192 *The wave equation for spin 1 in Hamiltonian form [I]* 2/636
Proceedings of the Royal Society of London, A, **229**, (1955), 39–43

193 *Atomenergie* 4/569
Sie und er, 27. Januar, (1955), 20–22

194 *Must the photon mass be zero?* (mit L. Bass) 2/654
Proceedings of the Royal Society of London, A, **232**, (1955), 1–6 [A 197]

195 *The wave equation for spin 1 in Hamiltonian form. II* 2/641
Proceedings of the Royal Society of London, A, **232**, (1955), 435–447

196 *Die Atomisten* 4/575
Merkur, **9**, (1955), 815–824 [B 10.2], Englisch: The atomists [B 10.1]

1956

197 *Must the Photon Mass be Zero?* (mit L. Bass), [Zusammenfassung sowie Diskussionsbeiträge] 2/660
Il Nuovo Cimento, Supplemento, (10), **4**, (1956), 825–826 [A 194]

1957

198 *Festrede, gehalten bei der Eröffnung der fünften Weltkraftkonferenz, Wien 1956* 4/585
Fünfte Weltkraftkonferenz, Wien 1956, Gesamtbericht, Band I, 277–283 [deutsch], 283–289 [englisch], 289–295 [französisch], Wien: Österreichisches Nationalkomitee der Weltkraftkonferenz. 1957. [B 14.1, B 14.3, B 15.1, B 15.2]

199 *Zur Geistesgeschichte der Stellung der Menschen* 4/592
Der Mittelschullehrer und die Mittelschule, **6**, (1957), 280–282

200 *Die Atomtheorie* 4/595
Lebendige Stadt. Almanach 1957, 157–161, Wien: Amt für Kultur und Volksbildung der Stadt Wien. 1957.

1958

201 *Might perhaps Energy be a merely Statistical Concept?* 1/502
Il Nuovo Cimento, (10), **9**, (1958), 162–170

1959

202 *L'immagine attuale della materia*
Discussione sulla Fisica Moderna, 35–57, Torino: Boringhieri. 1959 und 1980. [A 179]

1960

203 *Co to jest cząstka elementarna?*
Postepy Fizyki, **11**, (1960), 135–150 [A 165]

1961

204 *A 2400 éves kvantumelmélet*
Fizikai Szemle, **11**, (1961), 101–104, [A 160]

1962

205 *Our Image of Matter*
On Modern Physics, 45–66, New York: Clarkson N. Potter. 1961. London: Orion Press. 1961. New York: Crowell-Collier Publishing Company. 1962. [A 179]

206 *Die Wandlung des physikalischen Weltbegriffs* 4/600
[Vortrag im Deutschen Museum, München, 6. Mai 1930; B 16.1]

1966

207 *Der Geist der Naturwissenschaft*
Gibt es Grenzen der Naturforschung? 15–36, Freiburg, Basel, Wien: Herder. 1966. (Herder-Bücherei 253) [A 159]

[Ohne Erscheinungsjahr]

208 *What Is Matter?*
Supplementary Readings for Chemical Bond Approach, 2–8 [Gekürzte Fassung von „Our Conception of Matter"; A 179]

209 *Infinites – A Discourse on Transfinite Numbers* 4/609
The Times Review of the Progress of Science [ohne nähere Angabe]

210 *Gleichheit und Relativität der Freiheit* 4/356
[Zeitschrift und Datum unbekannt; gekürzte Fassung von A 105]

[Nachtrag]

211 *Austrian Science*
Science in Austria. Leaflet, presented on the occasion of the meeting of British and Austrian scientists, 12–13, London: Association of Austrian Engineers, Chemists and Scientific Workers in Great Britain. [1945]. [A 151]

B. Bücher

1927

1.1 *Abhandlungen zur Wellenmechanik*
Leipzig: Barth. 1927.
Vorwort und sachlich geordnete Inhaltsangabe, Seite III, V—X 3/ 75
Quantisierung als Eigenwertproblem (1. Mitteilung), 1–16 [A 52]
Quantisierung als Eigenwertproblem (2. Mitteilung), 17–55 [A 53]
Der stetige Übergang von der Mikro- zur Makromechanik, 56–61 [A 58]
Über das Verhältnis der Heisenberg–Born–Jordanschen Quantenmechanik zu der meinen, 62–84 [A 55]
Quantisierung als Eigenwertproblem (3. Mitteilung), 85–138 [A 56]
Quantisierung als Eigenwertproblem (4. Mitteilung), 139–169 [A 57]

1.2 *Abhandlungen zur Wellenmechanik*
Leipzig: Barth. 1928. Zweite, vermehrte Auflage.
[Die 1927 erschienene Auflage wurde um die drei folgenden Beiträge vermehrt:]
Über den Comptoneffekt, 170–177 [A 62]
Der Energieimpulssatz der Materiewellen, 178–185 [A 63]
Energieaustausch nach der Wellenmechanik, 186–198 [A 64]

1.3 *Die Wellenmechanik*
Stuttgart: Battenberg. 1963. (Dokumente der Naturwissenschaften, Abteilung Physik, Band 3, herausgegeben von A. Hermann)
[Das Buch enthält: A 52, A 53, A 55, A 56, A 57]

1.4 *Hadô-rikigaku ronbunshû*
[Übersetzung von *Die Wellenmechanik* ins Japanische von Tanaka Shô und Minami Masatsugu]
Tokyo: Kyôritsu shuppan. 1974. (Schrödinger senshû)

1.5 *Wellenmechanik*. Einführung und Originaltexte. Von G. Ludwig
[Übersetzung des Bandes „Wave Mechanics“ aus der Reihe „Selected Readings in Physics“ von D. ter Haar]
Berlin: Akademie-Verlag. Oxford: Pergamon-Press. 1968. Braunschweig: Vieweg. 1969. (WTB-Wissenschaftliche Taschenbücher, Band 55)
[Das Buch enthält: A 52, A 53, A 55, A 57]

1.6 *Collected Papers on Wave Mechanics*
[Übersetzung der zweiten deutschen Auflage [B 1.2] ins Englische von J. F. Shearer und W. M. Deans]
London: Blackie and Son. 1928.
New York: Chelsea Publishing Company. 1978.

1.7 *Mémoires sur la mécanique ondulatoire*
[Übersetzung der zweiten deutschen Auflage [B 1.2] ins Französische von A. Proca, „Préface" von M. Brillouin, *Avant-propos* und *Additions* von E. Schrödinger] 3/481
Paris: Alcan. 1933.

1928

2.1 *Four Lectures on Wave Mechanics,* delivered at the Royal Institution, London on 5th, 7th, 12th and 14th March, 1928
London, Glasgow: Blackie and Son. [1928].
First Lecture, 1–13
Second Lecture, 14–26
Third Lecture, 27–42
Fourth Lecture, 43–53

2.2 *Vier Vorlesungen über Wellenmechanik*
[Übersetzung ins Deutsche von H. Kopfermann]
Berlin: Springer. 1928.

2.3 *Četyre lekcii po volnovoj mechanike*
[Übersetzung ins Russische]
Char'kow–Kiew: 1936.

1932

3.1 *Über Indeterminismus in der Physik — Ist die Naturwissenschaft milieubedingt?* Zwei Vorträge zur Kritik der naturwissenschaftlichen Erkenntnis
Leipzig: Barth. 1932.

3.2 *Zagadnienia współczesnej nauki — Indeterminizm. Wpływ środowiska na nauki przyrodnicze*
[Übersetzung ins Polnische von E. Poznański]
Warszawa: Mathesis Polskiej. 1933.
[Dieses Büchlein enthält auch den ins Polnische übersetzten Artikel von M. Planck „Der Kausalbegriff in der Physik"]

3.3 [Die Übersetzung von *Über Indeterminismus in der Physik* ins Englische – *Indeterminism in Physics* – stammt von W. H. Johnston [B 4.1, B 4.2, B 13.1]; der Schrödingersche Text *Ist die Naturwissenschaft milieubedingt?* wurde von J. Murphy durch eine freie Übertragung ins Englische zu den Aufsätzen *Is Science a Fashion of the Times?* und *Physical Science and the Temper of the Age* gestaltet. [B 4.1, B 4.2, B 13.1]]

1935

4.1 *Science and the Human Temperament* (translated and with a biographical introduction by James Murphy; a foreword by Lord Rutherford of Nelson)
London: Allen and Unwin. 1935. [B 13.1]
Science, Art and Play, 23–32 [A 84]
The Law of Chance: The Problem of Causation in Modern Science, 33–42 [A 77]
Indeterminism in Physics, 43–65 [B 3.3, B 3.1]
Is Science a Fashion of the Times? 66–85 [B 3.3, B 3.1]
Physical Science and the Temper of the Age, 86–106 [B 3.3, B 3.1]
What is a Law of Nature? 107–118 [A 69]
Conceptual Models in Physics and their Philosophical Value, 119–132 [A 67]
The Fundamental Idea of Wave Mechanics, 133–154 [A 101]

4.2 *Science and the Human Temperament* (translated by Dr. James Murphy and W. H. Johnston)
New York: Norton. 1935.

1944

5.1 *What Is Life?* The Physical Aspect of the Living Cell. Based on Lectures delivered under the auspices of the Institute at Trinity College, Dublin, in February 1943
Cambridge: University Press. 1944. [B 12]
Wiederabdruck: Cambridge: University Press. 1945. 1948. 1951. 1955 und 1967.
The Classical Physicist's Approach to the Subject, 1–17
The Hereditary Mechanism, 18–31
Mutations, 32–45
The Quantum-Mechanical Evidence, 46–55
Delbrück's model discussed and tested, 56–67
Order, Disorder and Entropy, 68–75
Is Life based on the Laws of Physics? 76–87
Epilogue. On Determinism and Free Will, 88

5.2 *Was ist Leben?* Die lebende Zelle mit den Augen des Physikers betrachtet
[Übersetzung ins Deutsche von L. Mazurczak]
Bern: Francke. 1946. (Sammlung Dalp 1)
München: Lehnen. 1946.

5.3 *Was ist Leben?* Die lebende Zelle mit den Augen des Physikers betrachtet
[Zweite Auflage: Übersetzung ins Deutsche von L. Mazurczak und überarbeitet von E. Schneider; nach E. Schrödinger ist dies die einzige brauchbare deutsche Ausgabe]
Bern: Francke. 1951.
München: Lehnen. 1951.

5.4 *Qué es la vida?*
[Übersetzung ins Spanische von G. Mayena]
Buenos Aires: Espasa – Calpe. 1948.
[Eine weitere Übersetzung ins Spanische von R. Guerrero erschien 1976 in Barcelona bei Avance]

5.5 *Qu'est-ce que la vie?* L'aspect physique de la cellule vivante
[Übersetzung ins Französische von L. Keffler]
Paris: Club français du livre. 1949.
Bruxelles: Editions de la Paix. 1951. (Actualité scientifique)

5.6 *Vad ắr liv? Den levande cellen ur fysikalisk synpunkt*
[Übersetzung ins Schwedische von E. R. Ygberg]
Stockholm: Bonnier. 1949.

5.7 *Seimei towa nanika*
[Übersetzung ins Japanische von Shôten Oka und Yasuo Shizume]
Tokyo: Iwanami shoten. 1951.

5.8 *Che cos' è la vita?*
[vermehrt um Scienza e umanesimo [B 9.4]; Übersetzung ins Italienische von P. Lantermo und M. Ageno]
Firenze: Sansoni. 1970.

5.9 *Čto takoe žizn'?*
[Übersetzung ins Russische von A. A. Malinovskij und G. G. Porošenko]
Moskva: Atomizdat. 1972. [2. russische Auflage]
[Bereits 1947 ist in Moskau eine russische Übersetzung von *Was ist Leben?* erschienen.]

6.1 *Statistical Thermodynamics.* A Course of Seminar Lectures delivered in January–March 1944, at the School of Theoretical Physics, Dublin Institute for Advanced Studies
Dublin: Institut for Advanced Studies. 1944. (Hektographie)
Cambridge: University Press. 1946.
Toronto: Macmillan. 1946.
Wiederabdruck: Cambridge: University Press. 1948. 1952 und 1960.

6.2 *Statistische Thermodynamik*
[Übersetzung ins Deutsche von W. Bloch]
Leipzig: Barth. 1952.
Braunschweig: Vieweg. 1978.

6.3 *Statističeskaja termodinamica*
[Übersetzung ins Russische]
Moskau: 1948.

1949

7 *Gedichte*
Godesberg: Küpper. 1949.

1950

8.1 *Space-Time Structure*
Cambridge: University Press. 1950.
Introduction, 1–3
The Unconnected Manifold, 4–26
Affinely Connected Manifold, 27–62
Metrically Connected Manifold, 63–119

8.2 *Jikû no kôzô*
[Übersetzung ins Japanische von Uchiyama Ryôyu und Takabayashi Takehiko]
Tokyo: Kyôritsu shuppan. 1974. (Schrödinger senshû, 2)

1951

9.1 *Science and Humanism.* Physics in Our Time
Cambridge: University Press. 1951.
Wiederabdruck: Cambridge: University Press. 1952.
Preface, ix
The spiritual bearing of science on life, 1–9 [B 12]
The practical achievements of science tending to obliterate its true import, 9–11 [B 12]
A radical change in our ideas of matter, 11–18
Form, not substance, the fundamental concept, 18–21
The nature of our 'models', 21–26
Continuous description and causality, 26–29
The intricacy of the continuum, 29–39
The makeshift of wave mechanics, 39–47
The alleged break-down of the barrier between subject and object, 47–53
Atoms or quanta—the counter-spell of old standing, to escape the intricacy of the continuum, 53–58
Would physical indeterminacy give free will a chance? 58–64
The bar to prediction, according to Niels Bohr, 64–67
Literature, 68

9.2 *Naturwissenschaft und Humanismus*. Die heutige Physik
[Übersetzung ins Deutsche von E. Schrödinger]
Wien: Deuticke. 1951.

9.3 *Scienza e umanesimo*. La fisica del nostro tempo
[Übersetzung ins Italienische von P. Lantermo]
Firenze: Sansoni. 1953.

9.4 *Scienza e umanesimo*. La fisica del nostro tempo
[vermehrt um *Che cos' è la vita?* [B 5.8] in einer Übersetzung von P. Lantermo und M. Ageno]
Firenze: Sansoni. 1970 und 1978.

9.5 *Ciencia y humanismo*. La física en nuestro tiempo
[Übersetzung ins Spanische von I. Bolívar]
Madrid: Alhambra. 1954.

9.6 *Science et humanisme*. La physique de notre temps
[Übersetzung ins Französische von J. Ladrière]
Bruges: Desclée de Brouwer. 1954.
Paris: Desclée de Brouwer. 1954.

9.7 *Kagaku to Hyûmanizumu*
[Übersetzung ins Japanische von Kôji Fushimi et al.]
Tokyo: Misuzu shobô. 1956.

9.8 *Naturvidenskab og humanisme*
[vermehrt um *Bevidsthed og materie* [B 14.5] in einer Übersetzung ins Dänische von C. H. Koch]
København: Munksgaard. 1965.

1954

10.1 *Nature and the Greeks*. Shearman Lectures, delivered at University College, London on 24, 26, 28, and 31 May 1948
Cambridge: University Press. 1954.
Toronto: Macmillan. 1954.
The motives for returning to ancient thought, 1–19 [B 12]
The competition, reason v. senses, 20–31
The Pythagoreans, 32–50
The Ionian enlightenment, 51–66
The religion of Xenophanes. Heraclitus of Ephesus, 67–72
The atomists, 73–87 [A 196]
What are the special features? 88–96 [B 12]

10.2 *Die Natur und die Griechen*. Kosmos und Physik
[Übersetzung ins Deutsche von M. Koffka]
Wien: Zsolnay. 1955.
Hamburg: Rowohlt. 1956. (rowohlts deutsche enzyklopädie 28)
Hamburg, Wien: Zsolnay. 1959. (Jubiläumsausgabe)

10.3 *La naturaleza y los griegos*
[Übersetzung ins Spanische von F. Portillo]
Madrid: Aguilar. 1961.

10.4 *Al-Tabī' ah wa-al-Ighrīq*
[Übersetzung ins Arabische von 'Izzat Quranī]
al-Qāhirah: Dār al-Nahdah al-'Arabīyah. 1963.

1956

11 *Expanding Universes*
Cambridge: University Press. 1956.
Preface
The de Sitter Universe, 1–40
The Theory of Geodesics, 41–64
Waves in General Riemannian Space-time, 65–74
Waves in an Expanding Universe, 75–92
Bibliography, 93

12 *What Is Life? and Other Scientific Essays*
New York: Doubleday. 1956. (Doubleday Anchor Book A 88)
What Is Life? 1–88 [B 5.1]
Nature and the Greeks, 89–109 [abgedruckt sind das erste und das siebente Kapitel von B 10.1]
Science and Humanism, 110–117 [abgedruckt sind die ersten beiden Kapitel von B 9.1]
The Future of Understanding, 118–131 [A 167]
Are There Quantum Jumps? 132–160 [A 176, A 177]
Our Conception of Matter, 161–177 [A 179]
On the Peculiarity of the Scientific World-View, 178–228 [A 161]
The Spirit of Science, 229–250 [A 159]

1957

13.1 *Science Theory and Man*
[Unveränderter Wiederabdruck des 1935 erschienenen Buches *Science and the Human Temperament* [B 4.1, B 4.2], vermehrt um den Aufsatz *What is an Elementary Particle?* [A 165]]
New York: Dover Publications. 1957.
London: Allen and Unwin. 1958.

13.2 *Elm, Nazariye va Ensān*
[Übersetzung ins Persische von Ahmade Āram]
Teheran: Enteshār. 1970.

1958

14.1 *Mind and Matter*. The Tarner Lectures, delivered at Trinity College, Cambridge, in October 1956
Cambridge: University Press. 1958.
The Physical Basis of Consciousness, 1–15, [A 198]
The Future of Understanding, 16–35 [A 167]
The Principle of Objectivation, 36–51
The Arithmetical Paradox. The Oneness of Mind, 52–68
Science and Religion, 69–87
The Mystery of the Sensual Qualities, 88–104

14.2 *La mente y la materia*
[Übersetzung ins Spanische von F. F. Santos]
Madrid: Taurus. 1958.

14.3 *Geist und Materie*
[Übersetzung ins Deutsche von W. Westphal]
Braunschweig: Vieweg. 1959. (Die Wissenschaft, Band 113)
Braunschweig: Vieweg. 1961 und 1965.

14.4 *Ånd og materie sett fra en fysikers synspunkt*
[Übersetzung in Norwegische von E. Alnæs]
Oslo: Dreyer. 1965. (Perspektivbokene. Aktuell viten. 8)

14.5 *Bevidsthed og materie*
[vermehrt um *Naturvidenskab* og *humanisme* [B 9.8] in einer Übersetzung ins Dänische von C. H. Koch]
København: Munksgaard. 1965.

1961

15.1 *Meine Weltansicht*
Hamburg, Wien: Zsolnay. 1961. (Jubiläumsausgabe)
Frankfurt: Fischer. 1963. (Fischer Bücherei, Bücher des Wissens, 562)
Vorwort, 7–9
Suche nach dem Weg (*Vom Herbst 1925*)
Über Metaphysik im Allgemeinen, 13–19
Eine unerfreuliche Bilanz, 20–24
Das philosophische Staunen, 25–28
Das Problem Ich–Welt–Tod–Vielheit, 29–38
Die vedântische Grundansicht, 39–45
Exoterische Einführung in das naturwissenschaftliche Denken, 46–56
Weiteres über die Nicht-Vielheit, 57–68
Bewußtsein, Organisch, Anorganisch, Mneme, 69–79
Über das Bewußtwerden, 80–90 [A 198]
Über das Sittengesetz, 91–101 [A 198]

Was ist wirklich (Von 1960)
Gründe für das Aufgeben des Dualismus, 105–114
Innewerden der Weltgemeinschaft durch die Sprache, 115–136
Unvollkommenheit der Verständigung, 137–152
Die Identitätslehre: Licht und Schatten, 153–170
Die zwei Anlässe zum Staunen. Ersatzethik, 171–179

15.2 *My view of the world*
[Übersetzung ins Englische von C. Hastings]
Cambridge: University Press. 1964.

1962

16.1 *Was ist ein Naturgesetz?* Beiträge zum naturwissenschaftlichen Weltbild
München, Wien: Oldenbourg. 1962.
Wiederabdruck: München, Wien: Oldenbourg. 1967 und 1979. (scientia nova)
Was ist ein Naturgesetz? 9–17 [A 69]
Die Wandlung des physikalischen Weltbegriffs, 18–26 [A 206]
Die Besonderheit des Weltbilds der Naturwissenschaft, 27–85 [A 161]
Der Grundgedanke der Wellenmechanik, 86–101 [A 101]
Unsere Vorstellung von der Materie, 102–120 [A 179]
Was ist ein Elementarteilchen? 121–143 [A 165]

16.2 *¿Qué es una ley de la naturaleza?*
[Übersetzung ins Spanische von J. J. Utrilla]
México: Fondo de Cultura Económica. 1972.

1963

17.1 *Schrödinger – Planck, Einstein, Lorentz. Briefe zur Wellenmechanik*
[Herausgegeben im Auftrage der Österreichischen Akademie der Wissenschaften von K. Przibram]
Wien: Springer. 1963.

17.2 *Letters on wave mechanics: Einstein, Schrödinger, Planck, Lorentz*
[Übersetzung ins Englische und Einführung von M. J. Klein]
New York: Philosophical Library. 1967.

18 *L'immagine del mondo*
Torino: Boringhieri. 1963. (Grafica moderna)
[Ausgewählte Schriften, übersetzt ins Italienische von A. Verson]

1970

19 *Válogatott tanulmányok*
Budapest: Gandolat Kiado. 1970.
[Ausgewählte Schriften, übersetzt ins Ungarische von I. Nagy]

1971

20 *Novye puti v fizike*
Moskva: Nauka. 1971.
[Ausgewählte Schriften, übersetzt ins Russische von A. G. Baronov e. a.]

Auguste Dick
Gabriele Kerber

ZEITTAFEL

1887	12. August: Erwin Schrödinger wird in Wien III., Erdberg, geboren. Nach einigen Jahren Übersiedlung der Familie nach Wien I., Gluckgasse 3, wo Schrödinger bis zu seinem Abgang aus Wien (1920) wohnen wird.
1898–1906	Besuch des k. k. Akademischen Gymnasiums in Wien I.
1906–1910	Studium der Fächer Mathematik und Physik an der Universität Wien; hört u. a. bei Mertens, Escherich, Wirtinger, von Lang, Franz S. Exner, Hasenöhrl.
1910	20. Mai: Promotion zum Dr. phil.; Dissertation: *Über die Leitung der Elektrizität auf der Oberfläche von Isolatoren an feuchter Luft* [A 1].
1910–1911	Präsenzdienst als Einjährig-Freiwilliger (Artillerie).
1911	Ab Oktober: Aushilfsassistent am II. Physikalischen Institut (Exner), betraut mit der Leitung des Praktikums für Physiker.
1913	April: Einleitung des Habilitationsverfahrens (Berichterstatter Hasenöhrl).
1914	9. Januar: ministerielle Bestätigung der venia legendi für Physik (Privatdozent); Habilitationsschrift: *Studien über Kinetik der Dielektrika, den Schmelzpunkt, Pyro- und Piezoelektrizität* [A 3].
1914–1918	Kriegsdienst mit der Waffe.
1915	Ab Juli: im Felde (Isonzo). Auszeichnung: signum laudis.
1916	1. Mai: Ernennung zum Oberleutnant.
1917	Berechtigung zum Tragen des Karl-Truppenkreuzes.
1918	Die vorgesehene Berufung an die Universität Czernowitz wird durch den Zerfall der Monarchie vereitelt.
1919	24. Dezember: Tod des Vaters Rudolf Schrödinger in Wien.
1920	17. Januar: Fakultät beantragt Titel eines außerordentlichen Professors. 26. Februar, 4. März und 11. März: Vorträge über *Farbenmetrik* im Gauverein Wien der Deutschen Physikalischen Gesellschaft [A 26, A 27]. Haitinger-Preis der Akademie der Wissenschaften in Wien. 24. März: Heirat mit Annemarie Bertel (* 1896 † 1965). Sommersemester: als Aushilfsassistent in Wien mit Karenz der Gebühren beurlaubt. Umhabilitation, Lehrauftrag bei Max Wien an der Universität Jena. 6. September: ao. Professor ohne Lehrstuhl in Jena. Wintersemester 1920/21: ao. Professor in Stuttgart (Technische Hochschule).

1921 12. April: Tod des Großvaters Prof. Dr. Alexander Bauer (Technische Hochschule, Wien; Chemie) in Wien.
Sommersemester: Universität Breslau, o. Professor für theoretische Physik.
12. September: Tod der Mutter Georgine Schrödinger, geb. Bauer, in Wien.
12. Oktober: Ankunft in Zürich; Ordinarius für theoretische Physik, Universität Zürich bis 30. September 1927.

1922 Mehrmonatiger Aufenthalt im Höhenluftkurort Arosa (Liegekur, Erkrankung der Lunge).

1925–1926 In rascher Folge entstehen sechs Abhandlungen [A 52, A 53, A 55, A 56, A 57, A 58], (Eingangsdaten 27. Januar bis 21. Juni 1926). Diese Arbeiten weisen den Ausweg aus den Widersprüchen der klassischen Mechanik. Sie stellen – neben Arbeiten Heisenbergs – die Grundlage der modernen Quantentheorie dar.

1927 *Abhandlungen zur Wellenmechanik* kommen gesammelt bei Barth, Leipzig, heraus [B 1.1].
Dezember 1926 bis März 1927: Reise durch die USA.

1927 1. Oktober: Nachfolger von Planck in Berlin.

1929 Mitglied der Preußischen Akademie der Wissenschaften.

1927–1933 Vortragstätigkeit in verschiedenen Städten Deutschlands.

1933 Ende Mai: Verhandlungen mit Sir Lindemann wegen Gastprofessur in England.
3. Oktober: Wahl zum Fellow of the Magdalen College in Oxford auf fünf Jahre. Finanzierung der Gastprofessur durch Imperial Chemical Industries Limited, London.
9. November: Beschluß der Königlichen Akademie in Stockholm der Verleihung des Nobelpreises für Physik (mit Dirac) für 1933.
10. Dezember: Persönliche Entgegennahme des Nobelpreises in Stockholm; Rede: *Der Grundgedanke der Wellenmechanik* [A 101].

1935 31. März: Emeritierung in Berlin.

1936 1. Oktober: Ordinarius an der Universität Graz, zugleich Honorarprofessor an der Universität Wien.

1938 1. September: fristlose Entlassung, überstürzte Abreise aus Österreich, erste Zuflucht bei der Päpstlichen Akademie der Wissenschaften; der Premierminister von Irland, Eamon de Valéra, zu dieser Zeit gerade Präsident der Völkerbundversammlung in Genf, vermittelt.
18. Oktober: Wiederwahl zum Fellow of the Magdalen College in Oxford; Stipendium gesichert für „one term“.
12. Dezember: Einreise in Belgien.

1938–1939 Gastprofessor an der Universität Gent, Belgien, Lehrstuhl der Fondation Francqui.

1939	1. September: Ausbruch des Zweiten Weltkrieges; Ferienaufenthalt an der Nordsee (La Panne) bis Anfang Oktober. De Valéra vermittelt Durchreisevisum für Großbritannien (24 Stunden gültig).
1939–1940	Professor an der Royal Irish Academy.
1940–1956	Senior-Professor an der School of Theoretical Physics des Institute for Advanced Studies in Dublin; zeitweise Direktor dieser Schule; zeitweise Mitglied der Institutsleitung. Kontakt mit Emigranten, insbesondere in London, Oxford und Cambridge sowie in Edinburgh. Zahlreiche Veröffentlichungen, insbesondere in den Proceedings of the Royal Irish Academy, zum Teil in Zusammenarbeit mit jüngeren Scholaren.
1946	Eranos-Tagung in Ascona [A 159], erste Festlandreise nach dem Krieg.
1950–1951	Im Wintersemester: Gastprofessor an der Universität Innsbruck.
1951, 1952	Aktive Teilnahme an den Alpbacher Hochschulwochen (*Struktur der Materie und der Strahlung. Die Materie*).
1956	28. März: Rückkehr nach Österreich. Ordinarius ad personam für theoretische Physik an der Universität Wien. 13. April: Antrittsvorlesung *Die Krise des Atombegriffs*. 17. Juni: Festrede bei der Fünften Weltkraftkonferenz [A 198].
1957	In diesem und den weiteren Jahren krankheitshalber eingeschränkte Vorlesungs-, Vortrags- und Publikationstätigkeit.
1958	30. September: Emeritierung.
1960	Während Liegekur in Alpbach Beendigung von *Meine Weltansicht* [B 15.1].
1961	4. Jänner: Erwin Schrödinger stirbt in Wien IX., Pasteurgasse 4. Sonntag, 10. Jänner: Begräbnis in Alpbach bei Brixlegg (Tirol).

EHRUNGEN UND MITGLIEDSCHAFTEN

Mitgliedschaften in Wissenschaftlichen Akademien:

Berlin, Boston (MA), Brüssel (Flämische Akademie), Dublin, Lima (Peru), London (Royal Society), Madrid, Moskau, München, Rom (dei Lincei; dei XL), Vatikan, Wien.

Ehrendoktorate:

University of Dublin, University of Edinburgh, National University of Ireland, Reichsuniversität Gent.

Auszeichnungen:

Haitinger-Preis für Physik (Akademie der Wissenschaften in Wien), 1920.
Matteucci-Medaille (Società Italiana delle Scienze), 1927.
Nobelpreis für Physik 1933.
Max Planck-Medaille (Deutsche Physikalische Gesellschaft), 1937.
Erwin Schrödinger-Preis (Österreichische Akademie der Wissenschaften), 1956.
Preis der Stadt Wien, 1956.
Österreichisches Ehrenzeichen für Wissenschaft und Kunst, 1957.
Orden Pour le mérite, Friedensklasse, 1957
Paracelsusring der Stadt Villach, 1960.

Sonstige Ehrungen und Mitgliedschaften:

Fellow of the Magdalen College, Oxford, M. A. Oxford
Ehrenmitglied des Elektrotechnischen Vereins Österreichs
Ehrenmitglied des Österreichischen P.E.N.-Clubs
Ehrenmitglied der Österreichischen Physikalischen Gesellschaft
Mitglied der Naturforschenden Gesellschaft Zürich
Mitglied der Deutschen Physikalischen Gesellschaft
Mitglied der American Physical Society
Mitglied der Chemisch-Physikalischen Gesellschaft in Wien

Auguste Dick